सब्जी विज्ञान: सिद्धाँत एवं अनुप्रयोग

भाग–2

सब्जी विज्ञान : सिद्धाँत एवं अनुप्रयोग

भाग–2

डी. आर. भारद्वाज
सब्जी फसल सुधार विभाग
भारतीय सब्जी अनुसंधान संस्थान, वाराणसी (उ0प्र0)

SSPH

SATISH SERIAL PUBLISHING HOUSE
403, Express Tower, Commercial Complex, Azadpur, Delhi-110033 (India)
Phone : 011-27672852, Fax : 91-11-27672046
E-mail : info@satishserial.com, hkjain1975@yahoo.com
Website : www.satishserial.com

Published by :

SATISH SERIAL PUBLISHING HOUSE
403, Express Tower, Commercial Complex, Azadpur, Delhi-110033 (INDIA)
Phone : 011-27672852 Fax : 91-11-27672046
E-mail : info@satishserial.com, hkjain1975@yahoo.com

ISBN 978-93-81226-78-0

Typing at : Nandlal, Abaleshpur, Varanasi (U.P.)
Typeset at: Harminder Kharb *for* Laxmi Art Creation # 9971212252
Printed at: Salasar Imaging Systems, Delhi-110035

प्राक्कथन

वर्तमान समय में हमारे देश में कुल 146.554 मिलियन टन सब्जियों का उत्पादन 8.495 मिलियन हेक्टेयर क्षेत्रफल से होता है, जिसकी उत्पादकता 17.3 टन प्रति हेक्टेयर है। देश की बढ़ती आबादी को देखते हुए खाद्य एवं कृषि संगठन ने अनुशंसा की है कि भारत वर्ष को 2020 तक कुल 225.00 मिलियन टन सब्जियों की आवश्यकता होगी। इसके लिये सब्जी उत्पादन की वर्तमान वृद्धि दर 3.72 प्रतिशत से बढ़ाकर 4.6 प्रतिशत करनी होगी। अतः अगले दशक में द्वितीय हरित क्रान्ति की आवश्यकता होगी क्योंकि खेती योग्य भूमि का उपयोग सड़क विस्तार, गृह निर्माण, उद्योग आदि उद्देश्यों के लिए ज्यादा किया जा रहा है। यह कहना अतिशयोक्ति नहीं होगी कि विश्व स्तर पर भारतवर्ष भिण्डी व फूल गोभी के उत्पादन में प्रथम, प्याज के उत्पादन में द्वितीय व पत्ता गोभी की उत्पादन में तृतीय है। वर्तमान समय में सब्जियों का कुल 9.0 मिलियन यू0एस0 डालर का व्यावसाय हो रहा है, जिसे सन् 2020 तक कुल 20.0 मिलियन यू0एस0 डालर तक पहुँचाया जा सकता है, जिससे प्रचुर मात्रा में विदेशी मुद्रा प्राप्त होगी और सब्जी उत्पादकों का ज्यादा लाभ मिलेगा। विश्व के अग्रणी सब्जी उत्पादक देश चीन, भारत, संयुक्त राज्य अमेरिका, टर्की, इटली, स्पेन, इजिप्ट, मैक्सिको व नाइजेरिया हैं। सब्जियों के प्रमुख निर्यातक देश निदरलैण्ड, मैक्सिको और स्पेन हैं, जबकि आयातक देश संयुक्त राज्य अमेरिका (21.0 प्रतिशत) जर्मनी (18.0 प्रतिशत) तथा यूनाइटेड किंगडम (10.0 प्रतिशत) हैं। अगर फसलवार सब्जियों के व्यावसाय को अन्तर्राष्ट्रीय बाजार में देखा जाये तो टमाटर (36.0 प्रतिशत) का सबसे ज्यादा और इसके बाद मिर्च व प्याज का स्थान आता है। ताजी सब्जियों के निर्यात में भारतवर्ष का योगदान प्रतिवर्ष बढ़ रहा है। सन् 2004–05 में ताजी सब्जियों का कुल 845.5 करोड़ रूपयें का निर्यात किया गया जबकि यह सन 1996–97 में मात्र 75.9 करोड़ रूपये का ही था। यह बात सही है कि आज घरेलू उपयोग एवं निर्यात में तेज गति से गुणवत्ता प्रतिस्पर्धी बाजार विकसित हो रही है। उत्पादन व उत्पादकता दोनों की वृद्धि के लिए संकर किस्मों के अधिक से अधिक उपयोग आवश्यक है, क्योंकि अधिकतर संकर किस्में अधिक उपज के साथ साथ विशेष गुण जैसे–जल्द तैयार होना, प्रतिकूल परिस्थियों में अनुकूलन तथा कीट व रोगों के प्रकोप से मुक्त होती हैं। ऐसी संकर किस्में टमाटर, बैंगन, मिर्च, शिमला मिर्च, भिण्डी, खीरा, लौकी, करेला, कुम्हण, खरबूजा, तरबूज, पत्ता गोभी, फूल गोभी, इत्यादि में उपलब्ध हैं, लेकिन महँगें बीज तथा समय पर अनुपलब्धता के कारण विस्तृत पैमाने पर उत्पादकों द्वारा नहीं अपनाई जा रही हैं।

कृषि विविधीकरण एवं रोजगार सृजन को देखते हुए सब्जियों के उत्पादन को बढ़ाने की प्रचुर सम्भावना हैं। विगत वर्षों में सब्जी प्रोद्योगिकी में बहुत विकास हुआ है जैसे – उन्नतिशील प्रजातियों एवं संकरों का विकास, समन्वित पोषण, रोग एवं कीट प्रबन्धन, संगठित खेती, बेमौसमी खेती, नदियों के किनारे खेती आदि। पुस्तक **''सब्जी विज्ञानः सिद्धाँत एवं अनुप्रयोग''** समय से लिखित उपलब्ध तकनीकी स्रोतों का संगम है जो शोधकर्ताओं, छात्रों, प्रसारकर्ताओं, प्रशिक्षणकर्ताओं एवं उत्पादकों के लिए महत्वपूर्ण है। डा0 डी. आर. भारद्वाज, प्रधान वैज्ञानिक (उधान) ने अथक प्रयास कर बहुमूल्य सूचनाओं एवं अनुभवों को संकलित कर कलमबद्ध किया है। मुझे पूर्ण विश्वास है कि यह पुस्तक सब्जी अनुसंधान, विकास, उत्पादन, शिक्षण एवं प्रशिक्षण से जुड़े लोगों के लिए एक महत्वपूर्ण स्रोत पुस्तक होगी।

आमुख

मानव समाज में सब्जियों का बहुयामी योगदान है क्योंकि ये खाद्य व पोषण सुरक्षा के साथ–साथ सामाजिक–आर्थिक परिवर्तन को भी निर्धारित करती हैं। वर्तमान में विश्व की कुल आबादी 6.0 बिलियन है, जो वर्ष 2025 व 2100 में कम्रशः 8.0 तथा 12.0 बिलियन हो जायेगा। अनुमान है कि सन् 2025 तक विश्व की पूरी आबादी की 83.0 प्रतिशत आबादी विकासशील देशों में निवास करेगी। विश्व में 842 मिलियन लोगों को पूर्ण खाद्य एवं पोषण सुरक्षा आज भी उपलब्ध नही है, जिनमें 798.0 मिलियन कुपोषित लोग विकाशील देशों से हैं एवं अकेले भारत में 25.0 प्रतिशत लोग हैं। कुल 53 प्रतिशत भारतीय बच्चे कुपोषणग्रस्त हैं। खाद्य सुरक्षा इस बात पर निर्भर करेगा कि हरित क्रान्ति को सदा हरित क्रान्ति में बदल दिया जाये जो पारिस्थितकी, आर्थिक, लिंग, सामाजिक समानता व रोजगार सृजन के सिद्धान्त पर आधारित हो। प्रकृति में लगभग 400 वनस्पतियाँ सब्जी के रूप में जानी जाती हैं। उनमें लगभग 70 ऐसी सब्जियाँ हैं, जिनकी खेती विश्व की 42.6 मिलियन हेक्टेयर में व्यावसायिक रूप में की जाती है और अधिक अनुकूलन के कारण पूरे वर्ष उगाई जाती हैं। भारतवर्ष की भौगोलिक दशा एवं जलवायु में विस्तृत विविधता (उष्ण, उपोष्ण और शीतोष्ण) पायी जाती है जिससे अनकों प्रकार की सब्जियाँ कहीं न कहीं पूरे वर्ष उगाई जाती हैं। भारतीय जलवायु में 40 किस्म की सब्जियाँ आर्थिक दृष्टिकोण से विस्तृत क्षेत्रफल में उगाई जाती हैं। मानव जीवन में सन्तुलित आहार के रूप में सब्जियों का स्थान अत्यन्त महत्वपूर्ण है। सब्जियों में 14 आवश्यक तत्व जैसे – लौह, आयोडिन, कैल्शियम, फास्फोरस, सोडियम, पोटैशियम, क्लोरिन, सल्फर, मैगनीज, ब्रोमिन, कापर, कोबाल्ट, जिंक तथा आक्सीजन मिलते हैं, जो अच्छे स्वास्थ्य के लिए आवश्यक हैं। पौष्टिकता बढ़ाने के लिए अनाज एवं दालों को अंकुरित करके खाने से आवश्यक पोषक तत्वों की उपलब्धता कई गुणा बढ़ जाती है, इसलिए लोगों में अंकुरित अनाज एवं दालों को खाने के प्रति जागरूकता की आवश्यकता है। भारत वर्ष में अल्प प्रचलित व कम महत्व रखने वाली सब्जियों की संख्या अनगिनत है, जो पोषक तत्वों से भरपूर एवं रोगों के प्रति अवरोधी क्षमता विकसित करने की प्रमुख स्रोत हैं। इसके साथ ही सब्जियों की एक लम्बी श्रृंखला आहार में विविधता प्रदान करने का उत्तम स्रोत भी है। ब्रोकली, सहजन, सेम, बथुआ इत्यादि कम इकाई क्षेत्र में अत्याधिक उत्पादन एवं अल्पावधि के साथ–साथ विभिन्न फसल चक्रों में सफलतापूर्वक समायोजन, सब्जियों के कुछ ऐसे विशेष गुण हैं जो कृषि के समेकित प्रणाली के लिए बहुत उपयोगी है। सब्जियाँ अन्य फसलों की तुलना में 5–10 गुणा ज्यादा उत्पादकता प्रदान करती हैं। विश्वस्तर पर सब्जियों की खेती 50.0 मिलियन हेक्टेयर में की जाती है, जिनसे 800.0 मिलियन टन सब्जियाँ प्राप्त होती हैं और इनकी कुल उत्पादकता 16 मिलियन टन है। चीन व भारत विश्व के कुल उपज में क्रमशः 46.1 प्रतिशत व 14.3 प्रतिशत का योगदान करते है। वर्तमान समय में भारत 146.554 मिलियन टन उत्पादन के साथ विश्व में द्वितीय स्थान पर है। भारत में 17.3 टन प्रति हेक्टेयर की

उत्पादकता कुल 8.495 मिलियन हेक्टेयर भू–भाग से प्राप्त होती है। सब्जियों में प्रचुर मात्रा में ऊर्जा, विटामिन, प्रोटीन, खनिज लवण, खाद्य रेशा, एन्टी आक्सीडेन्ट पाये जाते हैं। सब्जी फसलों को कीडों, बीमारियों, खरपतवारों, सूत्रकृमियों आदि से मुक्ति के लिए अनेकों प्रकार के घातक कृषि रसायनों का प्रयोग किया जा रहा है। इतना ही नही उपज वृद्धि एवं लम्बी प्रतिकूल परिस्थितियों के सहने, लम्बी अवधि तक ताजा बनाने तथा संरक्षित रखने के लिए भी घातक रसायनों का प्रयोग किया जा रहा है। इन रसायनों का पूर्णरूप से प्रकृति में विखण्डन न होने पर इनके अवशिष्ठ मानव शरीर में पहुँच जाते हैं, जिनसे कैंसर, रतौंधी, लकवा आदि जैसे भयावह रोगों के उत्पन्न होने का खतरा बना रहता है। इसी वजह से विकसित देशों जैसे–अमेरिका, इंग्लैण्ड तथा अन्य यूरोपीय देशों में आजकल कार्बनिक विधि से उगाई गयी सब्जियों की माँग निरन्तर बढ़ रही है। अतः सब्जियों को उगाने से लेकर तुड़ाई उपरान्त तक हानिकारक रसायनों के प्रयोग से दूर रखा जाना आवश्यक है। हमारे देश में भी कार्बनिक विधि से उगाई गई सब्जियों की महानगरों (दिल्ली, मुम्बई, चेन्नई, कोलकाता, बैंग्लुरु आदि) में काफी माँग की जा रही है। देश में गुणवत्तायुक्त सब्जियों की उपलबधता घटती जा रही है। इसके लिए राष्ट्रीय एवं अन्तर्राष्ट्रीय मानक के अनुरूप अनुसंधान संस्थानों एवं विश्वविद्यालयों से विकसित तकनीकों को शीघ्रता से अपनाना चाहिए। सूचना तकनीक के इस युग में विभिन्न विषयों की नवीन जानकारी एवं उसका प्रयोग एक विकसित पद्धति के प्रमुख आयाम है। सूचना विकसित करना ही महत्वपूर्ण नही है, अपितु यह सुनिश्चित करना भी आवश्यक है कि विकसित सूचना जन–जन तक जल्द से जल्द पहुँचे और उत्पादक इन्हें अपनायें।

विषय सूची

भाग–2

अध्याय 12

सब्जियों की संरक्षित व जल खेती

(Protected Cultivation of Vegetables and Hydroponics)

वर्तमान समय में गुणवत्तायुक्त सब्जियों की महत्ता संतुलित आहार प्रदान करने एवं कुपोषण दूर करने में ज्यादा है। प्राकृतिक वातावरण में सब्जियों की उत्पादन एवं उत्पादकता तो बढ़ाया जा सकता है लेकिन एक तरफ बढ़ती जनसख्या (भारतवर्ष की जनसंख्या विश्व की जनसंख्या का 17.0 प्रतिशत) दूसरी तरफ सब्जियों की खेती के लिए कम होती उपयुक्त जमीन व अन्य संसाधन, स्थायी विकल्प को तलाशने के लिए बाध्य करता है। शहरीकरण, औद्योगीकरण, बाजार आदि के बढ़ने से भारतवर्ष में प्रति व्यक्ति कृषि जोत की उपलब्धता मात्र 0.8–0.12 हेक्टेयर है। इसके अलावा कुल उपज को प्रभावित करने वाले घटकों जैसे–भौगोलिक विविधता (ऊँची–नीची जमीन, रेगिस्तान, पहाण, नदी–नाले आदि), प्राकृतिक प्रकोप (कीड़े/बीमारियों का प्रकोप बाढ़, सूखा आदि), भूमण्डलीय करण, उष्णता आदि को समाहित कर लिया जाये तो स्थिति और भयावह हो जाती है। यह बात सत्य है कि इन परिस्थितियों से जूझते हुए कृषकों के अथक प्रयास व वैज्ञानिकों के तकनीकी सहयोग से देश ने हरित क्रान्ति (खाद्य फसलें), श्वेत क्रान्ति (दुग्ध उत्पादन), पीली क्रान्ति (तिलहनी फसलें), नीली क्रान्ति (मछली पालन), इन्द्रधनुशी क्रान्ति (औद्यानिक फसलें) आदि में आशातीत सफलता प्राप्त की है, जिससे पोषक आहार में कमी तो नहीं है, लेकिन पोषकीय गुणों से भरपूर अनुमोदित मात्रा कितना उपलब्ध है, इस पर विचार करना अति आवश्यक है। खेती करने की नवीन तकनीकी को अपनाकर उपरोक्त समस्याओं का समाधान करते हुए सब्जी उत्पादकों एवं सब्जी व्यवसाय से जुड़े लोगों को लाभ प्रदान करना भी आवश्यक है। ऐसा तभी सम्भव है जब हम अनुकूल वातावरण के साथ–साथ प्रतिकूल वातावरण एवं परिस्थिति में भी सब्जी उत्पादन करें। प्रतिकूल वातावरण में सब्जी उत्पादन करने के लिए अनुकूल व नियंत्रित दशा देने वाली संरचनात्मक ढ़ाँचा का विकास करना पड़ेगा। इस

प्रकार कृत्रिम संरचना बनाकर (पौधों को अनुकूल वातावरण प्रदान कर) खेती करने को संरक्षित खेती (protected cultivation) कहते हैं। संरक्षित खेती को निम्न प्रकार परिभाषित किया जा सकता है,

''संरक्षित खेती का तात्पर्य खेती की ऐसी पद्धति से है जिनमें मौसम व बेमौसम पौधों के संतुलित विकास के लिए उपयोगी सूक्ष्म वातावरण (संरचनात्मक ढ़ाँचा) व आवश्यक पोषक तत्व पौधे के आस–पास आंशिक या पूर्ण रूप से नियंत्रित दशा से उपलब्ध हो तथा उन्हें जीवीय व अजीवीय सुरक्षा प्रदान करते हुए गुणवत्तायुक्त उत्पाद को अधिक मूल्य पर बाजार में विक्रय करना है''।

संरक्षित खेती का इतिहास

अगर हम संरक्षित खेती के इतिहास का अवलोकन करें तो पता चलता है कि ''ग्रीन हाउस टेक्नोलोजी'' (Green House Technology) आज से 200 वर्ष पूर्व से अपनायी जा रही है। यूरोप के लोगों को इस तकनीकी में महारथ हासिल था। इसके बाद द्वितीय विश्व युद्ध के समय प्लास्टिक के आविष्कार से एक नवीनतम ''ग्रीन हाउस टेक्नोलोजी'' का प्रादुर्भाव हुआ। वर्तमान समय में लगभग 90.0 प्रतिशत नवीन ग्रीन हाउस का विकास स्थिरता प्रदान करने वाले अल्ट्रा–वायलेट पालीथीन चादर से किया जा रहा है। भारतवर्ष में इस तकनीकि का प्रयोग तथा प्रचार–प्रसार अभी शैश्वावस्था में है। भारतवर्ष में संरक्षित खेती का प्रचलन सन् 1981 में कृषि मंत्रालय, भारत सरकार द्वारा ''कृषि में प्लास्टिक के उपयोग'' पर बनी राष्ट्रीय समिति जिनका पुनर्गठन सन् 1996 में किया गया एवं पेट्रो–केमिकल कार्पोरेशन द्वारा प्लास्टिक फिल्मों/चादरों के उत्पादन व विक्रय से हुआ। भारतीय कृषि अनुसंधान परिषद्, नई दिल्ली द्वारा 9वीं पंचवर्षीय योजना में चलाये गए ए0टी0पी0 एवं पी0डी0सी0 परियोजना के अन्तर्गत ''इण्डो–इजराइल प्रोजेक्ट'' (10.0–15.0 करोड़ रूपये लागत वाली) पूरी तरह से संरक्षित खेती के लिए समर्पित था तथा वर्ष 2000–04 में एन0ए0टी0पी0 मिशन मोड प्रोजक्ट के माध्यम से बैंग्लुरु, पूणे, सोलन व कोयम्बटूर में ''प्रोटेक्टेड नेट परियोजना'' (Protected Net Scheme) का शुभारम्भ किया गया। संरक्षित खेती के महत्व को स्वीकार करते हुए देश में कुल 22 संरक्षित खेती विकास केन्द्रों एवं 18 सहयोगी केन्द्रों की स्थापना औद्यानिक फसलों के सुधार व दिशा प्रदान करने के लिए किया गया है। आँकड़ों के मुताबिक 20वीं शताब्दी के अन्तः तक भारत में संरक्षित खेती (ग्रीन हाउस, पाली हाउस खेती) के अन्तर्गत लगभग 525.0 हेक्टेयर क्षेत्रफल आता है। इतना भी क्षेत्रफल काफी सुखद स्थिति को दर्शाता है क्योंकि पूरे विश्व में ग्रीन हाउस खेती सन् 1999–2000 तक मात्र 2,75,000.0 हेक्टेयर थी। वर्तमान समय में इजराइल, चीन, हालैण्ड, यूरोप, इंग्लैण्ड, अमेरिका, जापान, कोरिया आदि देशों में संरक्षित खेती 30.0–40.0 प्रतिशत में होती है जबकि भारतवर्ष में इसकी स्थिति मात्र 1.0 प्रतिशत हैं। इससे स्पष्ट है कि हमारे देश में संरक्षित खेती को बढ़ावा देने के व्यापक सम्भावनाएं हैं।

अनुकूल वातावरण प्रदान करने वाले नियंत्रित संरचना की हमारे देश में बहुत कमी है। सोलर ग्रीन हाउस'' (शिशा व पालीथीन हाउस) शीतोष्ण एवं उपोष्ण (temperate and tropical) दोनों क्षेत्रों में ज्यादा महत्वपूर्ण है। डिफेन्स रिसर्च एण्ड डेवलपमेन्ट आर्ग्रेनाइजेशन (DRDO) के तहत ''फिल्ड रिसर्च लैबोरेटरी'' लेह ने 60 वीं दशक के पहले सोलर ग्रीन हाउस (solar green house) का उपयोग सब्जियों के उत्पादन के लिए किया और आज ''लेह घाटी'' में लगभग प्रत्येक परिवार में एक पाली

हाउस है। वैज्ञानिक शोध को अग्रसर करते हुए "इण्डियन पेट्रो–केमिकल कार्पोरेशन लिमिटेड" अल्ट्रा वायलेट (ultra violet) को स्थिरता प्रदान करने वाले चादर/फिल्म तथा एल्यूमिनियम संरचना वाले पाली हाउस का निर्माण कर संरक्षित खेती को काफी बढ़ावा दिया। इसके अलावा अनेकों व्यक्तिगत बीज कम्पनियों ने संरक्षित दशा में सब्जियों की खेती को बढ़ावा दिया है। भारतवर्ष में सब्जियों का सबसे ज्यादा संरक्षित खेती का क्षेत्रफल लेह व लद्दाख (जम्मू व कश्मीर) में है (सिंह एवं सहयोगी, 1999)। इस प्रकार भारत की कुल 525.0 हेक्टेयर संरक्षित खेती में 83.4 हेक्टेयर क्षेत्रफल पूर्वोत्तर भारत में होती है। विभिन्न देशों में संरक्षित खेती के क्षेत्रफल का विवरण नीचे की सारिणी में दिया गया है।

सारिणी (12.1) विभिन्न देशों में संरक्षित खेती (ग्रीन हाउस) के अन्तर्गत क्षेत्रफल

देश	क्षेत्रफल (हेक्टेयर)	देश	क्षेत्रफल (हेक्टेयर)
जापान	54000.0	टर्की	10,000.0
चीन	48000.0	हालैण्ड	9600.0
स्पेन	25000.0	यूनाइटेड स्टेट आफ अमेरिका	4000.0
साउथ कोरिया	21000.0	इजराइल	1500.0
इटली	18500.0	भारत	525.0

भारतवर्ष में संरक्षित खेती की स्थिति नीचे की सारिणी में दिया गया है–

सारिणी (12.2) भारतवर्ष में संरक्षित खेती की स्थिति

	आठवीं योजना	1997–98	1998–99	1999–2000
सम्पूर्ण भारत	211.12	359.35	414.05	525.05
उत्तर पूर्व पहाणी क्षेत्र	29.05	42.89	59.55	83.4

संरक्षित खेती से लाभ

भारतीय परिदृश्य में सब्जियों की संरक्षित खेती समय की माँग है। आज जिस प्रकार से आबादी बढ़ी है, उनकी पोषण सुरक्षा में संरक्षित खेती के महत्व को नजर अंदाज नहीं किया जा सकता है। संरक्षित खेती से निम्नलिखित लाभ हैं–

1. भारतवर्ष में ज्यादातर खेती असमतल, पहाणी, रेगिस्तानी, कंकरीली, पथरीली, बर्फीली पहाणियों के नीचे आदि में की जाती है, जहाँ सब्जियों की खेती में क्रिया कलाप बड़ी मुश्किल से सम्पादित की जाती है। अतः यहाँ पर नियंत्रित दशा में संरक्षित खेती कहीं पर सुगमता से की जा सकती है।
2. वर्तमान समय में जमीन विखण्डित होकर छोटे–छोटे जोतों में बदल गयी है, जहाँ पर वृहद स्तर पर खेती करना व उपज सुनिश्चित करना बहुत कठिन कार्य है। अतः इस समस्या का समाधान छोटे स्तर की संरचना बनाकर संरक्षित खेती करना ज्यादा लाभ दायक है।

3. पृथ्वी पर मौसम परिवर्तन जैसे–पाला, कुहरा, आँधी, तापमान वृद्धि, कम या अधिक वर्षा होना, ज्यादा सूर्य की रोशनी, ठण्ड इत्यादि आम बात है। ऐसी स्थिति में सब्जियों की पहले जैसे खेती करना मुश्किल हो गया है। अतः संरक्षित खेती के माध्यम से मौसम की प्रतिकूलता को नजर अन्दाज कर खेती की जा सकती है।
4. जहाँ की मिट्टी सब्जियों की खेती के लिए अनुकूल नही है जैसे–लवणीय, अम्लीय, कम उर्वरता की स्थिति में केवल संरक्षित खेती ही एक सहारा बन सकता है।
5. प्रति इकाई क्षेत्रफल में कम लागत लगाकर उत्पादन व उत्पादकता को बढ़ाया जा सकता है।
6. संरक्षित खेती में मौसम की बाध्यता पूरी तरह समाप्त हो जाती है। जैसे जाड़े के मौसम में भी संरक्षित खेती के माध्यम से खरबूजा का उत्पादन सफलतापूर्वक किया जा रहा है।
7. सब्जियों की गुणवत्तायुक्त उपज एवं अगेती उपज प्राप्त कर अधिक मुनाफा कमाया जा सकता है।
8. संरक्षित खेती के द्वारा वर्ष–पर्यन्त सब्जियों की उपलब्धता सुनिश्चित की जा सकती है।
9. संरक्षित खेती के माध्यम से आवश्यक घटकों जैसे–जल, उर्वरक, श्रम, समय तथा स्थान में कमी करके भी उत्पादन स्तर को यथावत व स्थिर रखा जा सकता है।
10. शहर के आस–पास संरक्षित खेती ज्यादा फायदेमन्द है, क्योंकि उत्पादन, यातायात तथा विपणन लागत बहुत कम हो जाता है।
11. सब्जियों के बाजार में मूल्य नियंत्रण करने हेतु संरक्षित खेती की उपयोगिता सबसे ज्यादा है।
12. संरक्षित खेती के अन्तर्गत ज्यादातर सब्जी फसलों के पौधों के ऊपरी जगह पर सहारा देकर चढ़ाया जाता है, जिससे फसलों पर कीड़े व बीमारियाँ कम लगती हैं। अतः फसल बचाव में कम लागत आती है।
13. विश्व बाजार (निर्यात में) गुणवत्तायुक्त उपज की माँग ज्यादा है। अतः मुक्त खेत में तैयार सब्जी उपभोक्ता मानक के अनुरूप न होने के कारण स्वीकार नही होते हैं। अतः संरक्षित दशा में प्राप्त उपज ही इस मानक की पूर्ति का विकल्प है।
14. वैज्ञानिक शोध में संरक्षित खेती ने एक बड़ी आशा की किरण प्रदान की है, जिससे पूरे वर्ष पौधों का जीवन चक्र पूरा होने से प्रजनक को प्रजाति विकास के लिये प्रजनन वर्ष में कमी आयी है। यही नही दूसरे देशों से आयातित जननद्रव्यों के तुरन्त मूल्याँकन, कीट व रोग की जाँच व उपयोग के स्तर आदि को इस प्रकार के वातावरण में उगाने से जहाँ प्रजनक को कम समय में ज्यादा प्रजाति विकास में प्रबलता प्राप्त हुई है, वही जननद्रव्य संरक्षण में आशातीत सफलता प्राप्त हो रही है।
15. सब्जियों की पर परागित या बहुधा परपरागित फसलों में पृथक्करण दूरी (isolation distance) की बाध्यता इस तकनीकी से पूर्णतया समाप्त हो गयी है।

संरक्षित खेती की संरचना

सब्जियों की संरक्षित खेती करने के लिए अनेकों ढाँचागत संरचना की आवश्यकता पड़ती है। इस आधुनिक वैज्ञानिक तकनीक के अन्तर्गत आने वाले ढाँचागत संरचना को निम्न प्रकार वर्गीकृत किया जा सकता है–

(क) संरक्षित गृह में सूक्ष्म वातावरण नियंत्रण के आधार पर वर्गीकृत संरचना

(1) ग्रीन हाउस (Green house)

ग्रीन हाउस का तात्पर्य ''प्लास्टिक + ग्लास हाउस'' होता है, जिसके अन्तर्गत विश्व में केवल 2,79,000.0 हेक्टेयर क्षेत्रफल आता है (विटवेर एवं कास्टील्ला, 1995)। वर्ष 1992 में डच ग्रीन हाउस उत्पादित सब्जियों का मूल्य 1.6 यू0एस0 बिलियन डालर था (अमेस्लान, 1994) जबकि कनाडा में 98.0 यू0एस0 डालर था (कनाडा सांख्यिकी, 1993)। अमेरिका में ग्रीन हाउस सब्जी उद्योग के अन्तर्गत सन् 1988 में कुल क्षेत्रफल 120.0 हेक्टेयर था, जिससे 31.7 यू0एस0 मिलियन डालर की विक्रय किया गया था (सिन्डेर, 1993)। ग्रीन हाउस के अन्तर्गत नियंत्रित वातावरण उत्पन्न करने के लिए विभिन्न प्रकार के कम्प्यूटरयुक्त संसाधन, यांत्रिक मशीनों तथा संरचनात्मक ढाँचा की आवश्यकता पड़ती है। इसके अलावा भौतिक, रासायनिक एवं जैविक घटक जो वातावरण उत्पन्न करती हैं और पौधों के साथ क्रिया कर उत्पाद देती हैं। (ब) फसल विकास (स) कैसे पौध विकास को परिवर्तित किया जाये और (द) फसल पर लगने वाले कीट–रोग आदि का तकनीकी प्रबन्धन का ज्ञान आवश्यक है।

1. ग्लास हाउस
2. पाली हाउस
3. मिस्ट हाउस
4. पाली टनल हाउस
5. छायादार जाली घर (शेडिंग नेट हाउस)
6. कीटरोधी जाली घर
7. वर्षारोधी घर (रेन सेल्टर)
8. लठ हाउस
9. फ्रेम हाउस
10. हाट बेड
11. क्लोचेज
12. फाइट्रोट्रान ग्रोथ चैम्बर

(2) टनेल (Row cover)

1. लो टनेल
2. फ्लोटिंग कवर

(3) सतह ढँकना (Surface cover)

पलवार (मल्चिंग)

सारिणी (12.3) वाक टनेल में बे–मौसमी सब्जियों की अनुमानित उपज व आर्थिकी

सब्जी फसल	फसल अवधि	उपज (टन/ हेक्टेयर)	अनुमानित लागत लाभ अनुपात
समर स्वाश	मध्य नवम्बर–मध्य फरवरी	40.0–50.0	1:2.0–2.5
लौकी	मध्य अक्टूबर–मध्य फरवरी	25.0–30.0	1:2.5–3.0
खीरा	मध्य अक्टूबर–30 फरवरी	15.0–20.0	1:2.5–3.0
फराश बीन	मध्य अक्टूबर–दिसम्बर	6.0–8.0	1:2.5–3.0
टमाटर	मध्य अक्टूबर–मध्य फरवरी	20.0–25.0	1:2.0–2.5

(ख) बाह्य संरचना तथा मौसम न उत्पन्न करने वाले संरचना के आधार पर वर्गीकरण

1. ओलारोधी जालीघर
2. पक्षीरोधी जालीघर
3. पशुरोधी जाली घर
4. पौध रक्षक (प्लान्ट/ट्री गार्ड)
5. हवा अवरोधी संरचना (विण्ड ब्रेक्स)
6. पौध को सहारा देने वाली संरचना (प्लास्ट स्टेकिंग सिस्टम)

ग्रीन हाउस

1. ग्लास हाउस (Glass house)

ग्लास हाउस का निर्माण एल्यूमिनियम की फ्रेम संरचना पर पारदर्शी काँच या शीशे से ढककर बनाया जाता है। अतः ग्लास से ढककर बने होने के कारण इस हाउस को ग्लास हाउस के नाम से पुकारते हैं। संरक्षित खेती करने के लिए सर्वप्रथम ग्लास हाउस का निर्माण द्वितीय विश्वयुद्ध के समय बनाया गया था, जिसमें ज्यादातर बेमौसमी सब्जियाँ पूरे वर्ष उगाई जाती थी। ऐतिहासिक तथ्यों से पता चलता है कि 18वीं शताब्दी में ग्लास हाउस के माध्यम से टमाटर, खीरा, सलाद, ऐस्पारगस आदि फसलें शौकिया तौर पर फ्रांस व ब्रिटेन में उगाई जाती थी। चूँकि ग्लास हाउस में प्रयोग होने वाला पदार्थ शीशा (काँच) काफी महँगा व आँधी, ओला आदि से जल्द टूटने के कारण सामान्यतः ज्यादा प्रचलन में नहीं आ सका। इस प्रकार के हाउस का प्रयोग महँगा केवल बहुत आवश्यक फसलों व गहन वैज्ञानिक शोध के लिए उपयुक्त पाया गया है। क्षेत्र विशेष की जलवायु के अनुसार इसकी संरचना वर्गाकार, त्रिभुजाकार, गुम्बदाकार आदि होती है। पारदर्शी होने के कारण ज्यादा ऊष्मा का आगमन व निर्गमन प्रकाश पर अनियंत्रण (90.0–95.0 प्रतिशत) आदि अनेकों समस्याएँ आती हैं। वर्तमान समय में सामग्री के आधार पर पारदर्शी ग्लास हाउस या "पारदर्शी

फाइबर ग्लास" का निर्माण गुणवत्ता व लागत के आधार पर पूर्ण नियंत्रित, अर्द्ध नियंत्रित या प्राकृतिक वातायन ग्लास हाउस के निर्माण का प्रचलन है। ग्लास हाउस में टमाटर, भिण्डी, खीरा, ऐस्परागस, मिर्च आदि को उगाकर लाभ कमाया जा सकता है।

2. पाली हाउस (Poly House)

जैसा कि पाली नाम से स्पष्ट है कि संरचनात्मक ढाँचे पर प्लास्टिक से ढककर तैयार हाउस को पाली हाउस कहते हैं। यह संरचना संरक्षित खेती के लिए सबसे उपयोगी एवं कम लागत वाली है। ठण्डे क्षेत्रों या मैदानी भागों में शीत ऋतु में तापमान काफी नीचे चला जाता है, अतः ऐसी स्थिति में सामान्य दशा में खेती करना मुश्किल होता है। इस संरचना में ठण्ड तापमान व आर्द्रता दोनों ज्यादा होती है। बन्द संरचना के कारण इस हाउस में कार्बन डाई आक्साइड (CO_2) में वृद्धि हो जाती है, जिससे पौधों की वृद्धि ज्यादा होती है और फलतः उपज में वृद्धि होती है। पाली हाउस के अन्दर प्रमुख घटक जैसे सूर्य का प्रकाश, तापमान, आर्द्रता, आक्सीजन, कार्बन डाई आक्साइड, ठण्डक, वाष्पोत्सर्जन व पूर्ण वातायन का समायोजन तकनीकी रूप से स्थिर करने से उपज में आशातीत वृद्धि होती है। पाली हाउस का निर्माण जी0आई0 पाइप द्वारा करते हैं, जिसकी उम्र 20–25 वर्ष तक होती है या स्थानीय स्तर पर उपलब्ध बाँस या लकड़ी द्वारा करते हैं, जिसकी उम्र केवल 3–4 वर्ष तक होती है। लेकिन पालीथीन चादर को खराब होने पर बदलने की आवश्यकता होती है। पारदर्शी पालीथीन चादर से हाउस के अन्दर 70.0–80.0 प्रतिशत तक सूर्य की रोशनी प्राप्त होती है। ढकने वाली संरचना अल्ट्रावायलेट किरणों से प्रतिरोधी पालीथीन की चादर, पाली विनायल क्लोराइड फिल्म पालीस्टर फिल्म, एल0डी0पी0ई0पी0वी0सी0 ई0वी0ए0 एक्रीलिक, पालीकार्बोनेट आदि का बना होता है। पाली हाउस में 50.0–100.0 किलो ग्राम/मीटर दबाव सहन करने की क्षमता होती है। एक अध्ययन में पाया गया है कि पाली हाउस के अन्दर ढकने वाली संरचना से कितनी प्रकाश एक पर्त या दो पर्त लगाने से होगी, नीचे की सारिणी में दिया गया है–

सारिणी (12.4) ढकने वाली संरचना में प्रकाश हेतु पर्त

पारदर्शी सामग्री	प्रकाश उपलब्धता (प्रतिशत)	
	एक पर्त	दो पर्त
पारदर्शी शीशा (3.0 मिली मीटर)	88	78
पारदर्शी पालीथीन चादर (100 माइक्रान)	89	79
पारदर्शी पालीकार्बोनेट चादर	84	73
पारदर्शी पालीएस्टर	86	78
पारदर्शी फाइबर शीशा (1000 माइक्रान)	79	62

स्रोत: ग्रीन हाउस एण्ड इनवायरानमेण्टल कन्ट्रोल, एन0सी0पी0एच0 (2004)

वर्तमान समय में पाली हाउस की उपयोगिता काफी ज्यादा बढ़ी है। विभिन्न देशों में निर्मित पालीहाउस का क्षेत्रफल नीचे की सारणी में दिया गया है–

सारिणी (12.5) विभिन्न देशों में पाली हाउस के अर्न्तगत सब्जियों का क्षेत्रफल

देश	क्षेत्रफल (हेक्टेयर)
चीन	2,5000,00*
दक्षिण कोरिया	1,00,000
जापान	42,000
स्पेन	25,000
इटली	18,500
टर्की	9,800
नीदरलैण्ड	9,600
फ्रान्स	5,800
हंगरी	5,500
अल्जीरिया	5,000
यूनाइटेड स्टेट आफ अमेरिका	4,250
ग्रीस	4,240
रोमानिया	3,500
इंग्लैण्ड	3,500
मोरक्को	3,000
कोलम्बिया	2,600
पुर्तगाल	2500
बेल्जियम	2,400
इजराइल	2,200
चील	1,600
पोलैण्ड	1,500
बुल्गेरिया	1,350
यमपत	1,000
आस्ट्रेलिया	600
भारत*	500
जार्डन	450
कनाडा	400
यूनाइटेड स्टेट अमीरात	055

स्रोतः इन्टरनेशनल कमेटी फार प्लास्टिक इन एग्रीकल्चर (2000, *लो टनेल पाली हाउस सहित)

सामान्यतः पाली हाउस में पंखा (fan), कुलिंग पैड (cooling pad), अच्छी सिंचाई सुविधा (ड्रिप, स्पींक्लर आदि) होने के कारण सभी सब्जियों की खेती सफलतापूर्वक की जा सकती है, लेकिन बहुमूल्य सब्जियाँ जैसे–टमाटर, मिर्च, शिमला मिर्च, खीरा, चप्पन कद्दू, फूल गोभी, बंद गोभी, ब्रोकली, भिण्डी, मूली, पालक, खरबूजा, ऐस्परागस, शिशु मक्का आदि की खेती की जाये तो बेमौसम में ज्यादा आमदनी प्राप्त की जा सकती है। इसके अलावा अच्छी गुणवत्ता वाली धनिया, मेथी, फराश बीन, चुकन्दर आदि भी व्यापक पैमाने पर की जाती है।

पाली हाउस का निर्माण हमेशा हवा चलने के अनुरूप पूरब–पश्चिम दिशा में बनाना उपयुक्त रहता है। इसके संरचनात्मक ढाँचा की तैयारी भौगोलिक परिस्थितियों के अनुसार अर्द्ध– चन्द्राकार, त्रिभुजाकार, बहुस्तरीय, लीन–टू टाइप, भूमिगत ट्रेन्च टाइप, आर्क टाइप, इलियोटिकल टाइप, हापरवोलिक या पैरावोलिक टाइप, लो टनेल टाइप, छातानुमा आदि प्रकार के अपनी आवश्यकतानुसार कम, मध्यम व अधिक लागत वाली बनायी जा सकती है। अगर वातावरणीय प्रभाव को देखा जाये तो पाली हाउस प्राकृतिक वातायन वाले, कृत्रिम वातायन वाले या वाष्पीकृत शीतलन पाली हाउस बनाये जाते हैं। भारतीय परिस्थितियों के अनुसार अनेकों माडल जैसे–पूसा माडल, पूना माडल, बेंग्लुरु माण्डल, लेह–लद्दाख माडल, जोरहट माडल, आई0आई0टी0 माडल प्रचलित है। यही नही विदेशों में भी अपनी आवश्यकता के अनुसार पाली हाउस का निर्माण करते हैं और उन्हें इसी नाम से प्रचलित करते हैं जैसे–इजराइली माडल, जापानीज माडल, चायनीज माडल, अमेरिकन माडल, हालैण्ड माडल, इण्डो–इजराइल माडल, भारतीय माडल इत्यादि। नवीन शोधों से ''सोलर पाली हाउस'' (solar poly house) की माँग बढ़ रही है, जिसमें पूरब–पश्चिम में बन रही हाउस में उत्तरी दिशा की दिवार व छत पर थर्मोकूल या काली पालीथीन से ढककर इन्सूलेटेड बना देते हैं, जिससे शीतलन की स्थिति में अन्दर ज्यादा गर्मी बनी रहती है। इस स्थिति का लाभ उठाते हुए लेह–लद्दाख में पाली हाउस के अन्दर अक्टूबर से अप्रैल तक अनेकों सब्जियों को उगाने में सफलता प्राप्त हुई है।

सारिणी (12.6) लेह–लद्दाख में निर्मित पालीहाउस से अक्टूबर से अप्रैल तक सब्जियों की उपज

सब्जी	औसत उपज (किलोग्राम/वर्ग मीटर)	प्रजातियाँ
पालक	3.90	मँमोल
मेंथी	2.80	कसूरी
सरसों	3.0	ए0आर0मु0 ब्लैक
हरी धनिया	1.9	पी0डी0–1
पुदीना	2.7	स्थानीय
टोरिच	2.7	स्थानीय
लेट्यूस	3.0	ग्रेट लेक
सेलरी	3.30	स्थानीय
पार्सले	3.70	स्थानीय
मूली	1.70	पूसा हिमानी
शलजम	2.10	परपल टाप व्हाइट ग्लोब
पत्ता गोभी	2.80	गोल्डेन एकड़
गांठ गोभी	2.50	व्हाइट वियना

स्रोतः फल–फूल (अप्रैल–जून, 1998)

अगर पाली हाउस में सब्जियों की खेती किया जाये तो निश्चित तौर पर प्राकृतिक वातावरण में उगाई गयी सब्जियों की तुलना में ज्यादा उपज प्राप्त होती है। पूर्वोत्तर राज्य के बरापानी

(शिलांग), मेघालय में टमाटर का तुलनात्मक अध्ययन पाली हाउस व मुक्त/प्राकृतिक वातावरण में किया, जिसका परिणाम इस प्रकार है–

सारिणी (12.7) टमाटर की विभिन्न प्रजातियों का पाली हाउस व प्राकृतिक वातावरण में प्राप्त उपज

प्रजाति	**पाली हाउस (उपज कुन्तल/हेक्टेयर)**	**मुक्त/प्राकृतिक वातावरण (उपज कुन्तल/हेक्टेयर)**
बी0टी0 117–5–3–1	342.00	115.00
के0टी0–10	283.60	117.40
बी0टी0–10	294.00	111.65
अर्का आलोक	260.00	57.90
बी0टी0–12	302.40	101.00
सेलेक्शन–2	233.00	73.83
सेलेक्शन–1	200.00	84.03
के0टी0–15	211.560	51.65
एच0--24	243.17	58.75
अर्का आभा	193.50	70.33

इसी प्रकार शिमला मिर्च में भी भारतीय कृषि अनुसंधान परिषद उत्तर–पूर्व पहाणी क्षेत्र के शिलांग (मेघालय) के बरापानी केन्द्र पर भी अधिक उपज प्राप्त हुई।

सारिणी (12.8) टमाटर की विभिन्न प्रजातियों का पाली हाउस में प्राप्त उपज

प्रजाति	**पाली हाउस (उपज कुन्तल/हेक्टेयर)**
कैलिफोर्निया वण्डर	211.70
इन्डेम–3 (संकर)	258.30
महाभारत (संकर)	236.70
एच0वाई0–6801	233.70
अरून (संकर)	192.40
भारत	183.10

पाली हाउस में सब्जियों का उत्पादन महँगा तो होता है, लेकिन निश्चित रूप से गुणवत्ता अच्छी होती है। गुणवत्ता के कारण ही बाजार में उत्पाद का ज्यादा मूल्य प्राप्त होता है।

सारिणी (12.9) पाली हाउस में प्राप्त उपज का तुलनात्मक अध्ययन

सब्जी फसल	**पाली हाउस में उपज (किलो ग्राम/वर्ग मीटर)**	**प्राकृतिक वातावरण में उपज (किलो ग्राम/वर्ग मीटर)**
खीरा	18.00	8.00
टमाटर	15.00	5.30
शिमला मिर्च	13.50	4.20
बैंगन	3.00	2.00
चप्पन कद्दू	10.50	3.70
फूल गोभी	5.20	3.30
पत्ता गोभी	6.00	4.50
ब्रोकली	2.15	1.00
भिण्डी	0.95	0.25
हरी धनिया	12.5	8.10
हरी प्याज	10.5	8.50

पाली हाउस को चलाने के लिए सबसे ज्यादा मांग बिजली की होती है। यह सत्य बात है कि ग्रीष्म वातावरण में ठण्डक पहुँचाना बहुत मुश्किल व खर्चीला है जबकि ठण्ड वातावरण में गरमी पैदा करना आसान है। विश्लेषण में पाया गया कि पाली हाउस में नियंत्रित वातावरण उत्पन्न करने के लिए आकार के अनुसार बिजली की मांग निम्नवत है–

सारिणी (12.10) पाली हाउस के आकार के अनुसार बिजली की माँग

पाली हाउस का आकार (वर्ग मीटर)	**बिजली की आवश्यकता एम्पीयर/वोल्ट**
500.0–1000.0	60/240
1000.0–2000.0	100/240
2000.0–3000.0	150/240
3000.0–4000.0	200/240
4000.0–8000.0	400/240
8000.0–12000.0	600/240

स्रोतः ग्रीन हाउस डिजाइन एण्ड इनवायरान्मेन्टल कन्ट्रोल, एन0सी0पी0ए0एच0, डिपार्टमेन्ट आफ एग्रीकल्चर कार्पोरेशन, कृषि मंत्रालय, भारत सरकार

3. मिस्ट हाउस (Mist House)

संरक्षित खेती के अन्तर्गत "मिस्ट हाउस" की उपयोगिता सबसे ज्यादा है। मिस्ट हाउस के अन्तर्गत नियंत्रित दशा में कृत्रिम रूप से तापक्रम, आर्द्रता, उष्णता, शीतलता, पूर्ण रूप से सुसज्जित यंत्रों के माध्यम से किया जाता है। मिस्ट हाउस का नाम हाउस के अन्दर सिंचाई के लिए इस प्रकार की संरचना से लिया गया है, जिसमें मिस्ट (कुहरे से भरा हुआ) उत्पन्न होता है। आज व्यक्तिगत

बीज कम्पनियों या नर्सरी पौध उत्पादकों द्वारा मिस्ट हाउस ज्यादा उपयोग में लाया जाता है। मिस्ट हाउस सामान्यतः पारदर्शी पाली कार्बोनेट शीट, पारदर्शी शीशा या काँच, पारदर्शी पालीथीन या हरे/धुसर रंग वाली एफ0आर0पी0 चादर से बना होता है। इसका आकार त्रिभुजाकार, अर्द्धचन्द्राकार, बहुस्तरीय मिस्ट हाउस, लीन–टू–टाइप जैसा कम, मध्यम या अधिक लागत वाला बनाया जा सकता है। मुख्यतः मिस्ट हाउस का उपयोग कर्त्तनों में जड़ विकास, उत्तक सवंर्धित पौधों की देखभाल, बीज जमाव, रोग कारकों के प्रभाव व आनुवंशिकी अध्ययनों के लिए किया जाता है।

4. लो टनेल पाली हाउस (Low Tunnel Poly House)

लो टनेल पाली हाउस या रो कवर (row cover) एक अस्थायी संरचना है, जो वर्तमान समय में संरक्षित खेती का प्रमुख अंग है। यह पाली हाउस/ग्रीन हाउस के सिद्धान्त पर कार्य करता है, लेकिन आकार कम होता है। इसकी संरचना छोटे–छोटे सुरंग या गुफा जैसी प्रतीत होती है।

सारिणी (12.11) विश्व स्तर पर लो टनेल के अर्न्तगत क्षेत्रफल

देश	क्षेत्रफल (हेक्टेयर)
चीन	85,000
अफ्रीका	80,000
जापान	56,000
यगपत	50,000
इटली	24,000
स्पेन	17,500
फ्रान्स	16,000
यूनाइटेड स्टेट आफ अमेरिका	15,000
इजराइल	5,000
भारत	1000+
विश्व स्तर पर कुल क्षेत्रफल	882,000

स्रोतः इन्टरनेशनल कमेटी फार प्लास्टिक इन एग्रीकल्चर (2000)

लो टनेल बनाने के लिए 25–30 पतली व पारदर्शी पालीथीन चादर से ढककर बनाते हैं। इसका प्रयोग केवल एक ही बार किया जा सकता है क्योंकि चादर पतला होने के कारण फट जाता है। लो टनेल पाली हाउस के निर्माण के लिए 50–100 माइक्रान या 100 जी0एस0एम0 वाली पारदर्शी पालीथीन चादर का इस्तेमाल करते हैं। विदेशों में ज्यादा संख्या में इस प्रकार की संरचना मशीन द्वारा बनाई जाती है। संरचना हेतु 4.0–6.0 मिली मीटर मोटी लचीली लोहे या एल्यूमिनियम की तार या बाँस की फट्टियों या लकड़ी या प्लास्टिक पाइप से अर्द्धवृत्ताकार चाप बनाकर करते हैं। लो टनेल का आकार 1.0–1.5 मीटर चौड़ा तथा 0.5–1.0 मीटर ऊँचा होता है। आवश्यकतानुसार लम्बाई, चौड़ाई तथा ऊँचाई बढ़ा सकते हैं।

सारिणी (12.12) लो टनेल के अर्न्तगत वायु एवं मृदा तापकम (डिग्री फरेन हाइट)

उपचार		दिन		रात्रि	
		औसतन	**अधिकतम**	**औसतन**	**अधिकतम**
वायु तापकम	खुला (बिना कवर)	73.7	90.00	51.40	32.00
	छिद्र युक्त कवर	83.8	107.00	53.00	36.00
	बिना छिद्र युक्त कवर	99.1	130.00	57.40	38.00
मृदा तापकम	खुला (बिना कवर)	68.20	89.00	60.70	50.00
	काली पालीथीन कवर	71.30	90.00	66.30	56.00
	छिद्र युक्त कवर	75.80	95.00	67.00	56.00
	बिना छिद्र युक्त कवर	89.40	112.00	73.00	60.00

5. छायादार जालीधर (Shed Net House)

वर्तमान समय में छायादार जालीधर जिसे शेडनेट हाउस भी कहा जाता है, का सब्जी उत्पादन में महत्वपूर्ण योगदान है। इसके लिए विभिन्न रंगों वाली नाइलान या प्लास्टिक की जाली प्रयोग की जाती है। छाया प्रदान करने के कारण इसे छायादार जाली कहते हैं। बाजार में 25.0–90.0 प्रतिशत छाया प्रदान करने वाली जाली उपलब्ध है। उपयोगिता के आधार पर 25, 35, 40, 50, 60, 75, 90 प्रतिशत या 25.0–30.0, 40.0–45.0, 50.0–55.0, 65.0–70.0, 85.0–90.0 प्रतिशत औसत छाया वाली पराबैंगनी किरणों से प्रतिरोधी 2.0 मीटर, 2.6 मीटर, 3.0 मीटर, 4.0 मीटर, 5.3 मीटर व 7.0 मीटर तक चौड़ी तथा 25.0 मीटर, 30.0 मीटर और 50.0 मीटर लम्बी हरे, काले, पीले, नीले, चाँदनी, सफेद, लाल आदि रंगों में प्राप्त किया जा सकता है। छायादार जाली का उपयोग भी सब्जियों की नर्सरी पौध उत्पादन हेतु उपयुक्त पाया गया हैं। इस संरचना में पत्तीदार सब्जियों की खेती ज्यादा लाभकारी हैं। इसके प्रयोग से खुले खेत की तुलना में जमीन से नमी ज्यादा समाप्त नही होती है। अगर एकाएक वर्षा हो जाये तो नीचे विकसित हो रहे पौधों को कोई नुकसान नही होता है। गर्मी में तेज लू व आँधी से भी बचाव होती है।

6. कीट रोधी जालीघर (Inset Protecting Net House)

संरक्षित खेती के अन्तर्गत कीट जाली घर बनाकर खेती का प्रचलन भी धीरे–धीरे बढ़ रहा है। इसके पीछे तर्क यह दिया जा रहा है कि मुक्त/प्राकृतिक वातावरण में खेती करने से 30.0–40.0 प्रतिशत उपज कीड़ों के प्रकोप से प्रभावित होकर सड़ जाते हैं या टेढ़े–मेढ़े हो जाते हैं, जिससे कुल उपज व गुणवत्ता दोनों कम हो जाती है। अगर इनके बचाव के लिए कृषि रसायनों का उपयोग किया जाये तो उपज बाजार में विक्रय योग्य नही रहती है। कीट रोधी जाली घर बनाने के लिए 20–40 मेस प्रति वर्ग इंच वाली महीन जाली (मच्छरदानी जैसी) उपयुक्त होती है, जिसके अन्दर कीड़े–मकोड़े प्रवेश नहीं कर पाते हैं। परा बैंगनी किरणों से अवरोधी जाली 20×20, 40×40, 50×50, 50×60 व 120×60 मेस प्रति वर्ग इंच वाली 48.0–52.0 इंच चौड़ी एवं 50.0–100.0 मीटर लम्बी रोल

बाजार में उपलब्ध है। किसी प्रकार की संरचना (अर्द्धचन्द्राकार, त्रिभुजाकार, वर्गाकार, लो टनेल टाइप ऊपर उठी टनेल) स्थायी या अस्थायी रूप से प्लास्टिक या नायलान या लोहे की महीन जाली को चढ़ा देने से कीटरोधी संरक्षित जाली बन जाती है। संरचना बनाने के लिए जी0आई0 पाइप, एंगल आयरन, बाँस या लकड़ी सीमेन्ट के खम्भे, लोहे की सरिया या पत्ती का उपयोग किया जा सकता है। इसमें सबसे ज्यादा फायदा यह है कि कुछ स्तर तक पौधों को प्राकृतिक वातावरण मिल जाता है। कीड़ों द्वारा फैलने वाले रोग बिल्कुल नहीं फैलते हैं। महीन जाली होने के कारण वर्षा की तेज बूँद से जाली के अन्दर पौधे टूटते नही व फूल झड़ते नहीं है। अचानक ओला आदि से बचाव भी होता है।

ध्यान रहे कि कीट रोधी जालीघर में पर–परागित (कीट परागित) सब्जियों को नहीं लगाना चाहिए। इसके लिए फसलें जैसे–मटर, राजमा, लोबिया, मिर्च, बैंगन, टमाटर, मूली, गाजर, शलजम की खेती सफलतापूर्वक की जा सकती है।

सारिणी (12.13) कीट रोधी जालीघर में सब्जियों की पौधशाला

सब्जी फसल	रोपण समय	उद्देश्य
टमाटर	15 जून–15 जलाई	विषाणु मुक्त स्वस्थ पौध उत्पादन
मिर्च	15 जून–15 जलाई	विषाणु मुक्त स्वस्थ पौध उत्पादन
शीमला मिर्च	15 अगस्त–15 सितम्बर	विषाणु मुक्त स्वस्थ पौध उत्पादन
अगेती फूल गोभी	20 मई–20 जून	विषाणु मुक्त स्वस्थ पौध उत्पादन
टमाटर, मिर्च, बैंगन	15–30 दिसम्बर	स्वस्थ पौध उत्पादन
कद्दू वर्गीय सब्जी	25 दिसम्बर–10 जनवरी	बे–मौसम स्वस्थ पौध उत्पादन

7. वर्षा रोधी घर (Rain Protecting House)

वर्षा रोधी घर बिल्कुल पाली हाउस जैसी संरचना की बनी होती है, जिसमें छत या ऊपर की तरफ मजबूत परादर्शी पालीथीन त्रिपाल, पालीकार्बोनेट चादर आदि से ढक देते हैं। वर्षा घर चारों ओर से खुला होता है। ऐसे घर की व्यवस्था उन क्षेत्रों में ज्यादा किया जाता है, जहाँ वर्षा ज्यादा होती है। इसका निर्माण स्थायी या अस्थायी रूप से किया जाता है। स्थायी रूप से एंगल आयरन पाइप, सीमेन्ट के खम्भे आदि से बनाते हैं, जबकि अस्थायी रूप से उपलब्ध साधनों जैसे बाँस, लकड़ी आदि से बनाते हैं। जिन क्षेत्रों में बार–बार व ज्यादा वर्षा न होती हो, इसकी उपयोगिता नही है।

8. लेथ हाउस (Lath House)

लठ या लेथ हाउस का निर्माण लकड़ी द्वारा किया जाता है। संरचना की दृष्टि से पीछे का भाग उठा हुआ तथा आगे का भाग नीचे होता है। दोनों में अन्तर लगभग 1.0 मीटर का होता है। लेथ हाउस बनाने के लिए लकड़ी के फट्टे का प्रयोग ज्यादा किया जाता है। इन फट्टों के बीच में हवा के प्रवाह के लिए खुली जगह होती है। लठ हाउस के अन्तर्गत गमले, कन्टेनर, बाक्स आदि में लगे पौधें रखते हैं। इससे पौधों का कठोरीकरण व पूर्ण विकास हो जाता है।

9. फ्रेम हाउस/कोल्ड फ्रेम (Frame House or Cold Frame)

जमीन से उठी हुई सतह पर बनने वाला बाक्सनुमा संरचना है, जिसके ऊपरी भाग को पारदर्शी शीशा या पालीथीन से ढककर बनाया जाता है और चारों दिशा में लकड़ी के तख्ते से ढक देते हैं तथा वातायन हेतु छिद्र बना देते हैं। इसका निचला तल मिट्टी का ही होता है। छोटे पौधे के विकास व कठोरीकरण हेतु तापक्रम को घटा–बढ़ा सकते हैं। प्रतिकूल वातावरण हेतु उपयोगी है तथा पौधों के रोगकारकों को रोका जा सकता है। कर्त्तनों से पौधा विकसित करने में इसकी उपयोगिता ज्यादा है। अगेती नर्सरी पौध तैयार की जा सकती है।

10. गर्म क्यारी (Hot Bed)

गर्म क्यारी की उपयोगिता ठण्डक मौसम में बीजों के जमाव व कर्त्तनों से नर्सरी पौध विकसित करने के लिये किया जाता है। यह आकार में छोटा होता है। संरचना निर्माण में फ्रेम लकड़ी या स्टील या जस्ता से बनाते हैं। इसके ऊपर पालीथीन की चादर से ढक देते हैं। तैयार क्यारी में कृत्रिम रूप से गर्म पानी या हवा का प्रवाह कराया जाता है। इससे बीज जमाव व कर्त्तन में आँखों का फुटाव ज्यादा होता है। यह उन क्षेत्रों के लिए ज्यादा उपयोगी है जहाँ ठण्डक में सूर्य की रोशनी ज्यादा देर तक उपलब्ध रहती है। इसका उपयोग गर्मी या वर्षा में नहीं किया जा सकता है। ठण्डे देशों में इसकी उपयोगिता पूरे वर्ष तक बनी रहती है।

11. क्लोचेज (Clotches)

क्लोचेज एक पिंजरे जैसी संरचना है, जो एल0डी0पी0ई0 और पी0वी0सी0 की बनी पारदर्शी प्लास्टिक की चादर या अन्य पालीथीन के उपयोग से बनाई जाती है। इसे थैंचिंग (thatching) के नाम से भी जानते हैं। वर्तमान समय में व्यक्तिगत बीज कम्पनियाँ क्लोचेज क्लिप का निर्माण कर बाजार में बेच रही हैं। क्लोचेज बनाने के लिए पेड़ के तनों के चारों तरफ 1.0–2.0 मीटर की दूरी पर 4–6 पतले–पतले बाँस, लकड़ी या लोहे के खम्बे को गाड़ देते हैं। खम्बों की ऊँचाई पेड़ की ऊँचाई से 1.0–1.5 मीटर ज्यादा रखनी चाहिए, जिससे पौधों के बढ़ने पर क्लोचेज संरचना पर कोई प्रभाव न पड़े। यह फलदार वृक्षों के लिए ज्यादा उपयोगी है।

12. फाइटोट्रान (Phytotron)

फाइटो–पौध (plant) ट्रान–इंजीनियरिंग (engineering) अर्थात् पौधों की इन्जिनियरिंग। भारतवर्ष में फाइटोट्रान की सुविधा भारतीय कृषि अनुसंधान संस्थान, पूसा, नई दिल्ली में हैं, जिसमें किसी भी फसल पर किसी भी समय अनुसंधान कार्य किया जा सकता है। यह पूर्णतया संगणक विधि (computer system) से काम करता है। इसमें स्वचालित ग्रोथ चैम्बर (growth chamber) व स्वचालित ग्लास हाउस चैम्बर (glass house chamber) होता है। ग्रोथ चैम्बर का आकार बड़ा होता है, जिसमें इतनी जगह होती है कि ट्रे या गमलों में पौधे विकसित किये जा सकते हैं। कम्प्यूटर के माध्यम से अन्दर प्रकाश, तापक्रम, आर्द्रता, हवा, कार्बन डाई आक्साइड (CO_2) व अन्य आवश्यक घटक उपलब्ध कराया जा सकता है। इसका उपयोग जैव प्रौद्योगिकी व अन्य आवश्यक घटकों हेतु

उपलब्ध कराया जा सकता है। इसका उपयोग जैव प्रौद्योगिकी रोग रोधिता आदि के लिए किया जाता है। स्वचालित ग्लास हाउस के अन्तर्गत पौधे के लिए उपयोगी प्राकृतिक एवं अप्राकृतिक दोनों तरह का वातावरण कम्प्यूटर के माध्यम से उपलब्ध कराया जाता है और पौधे सूक्ष्म वातावरण में वृद्धि करते हैं। ऊतक संवर्धन, इनविट्रो (*In vitro*) व इन विवो (*In vivo*) एवं पराजीनी पौधे (**transgenic plant**) विकसित किये जाते है। फाइटोट्रान के अन्दर काफी साफ–सफाई तथा स्वच्छ वातावरण होता है। निश्चित तौर पर यह तकनीकी काफी महँगी है, लेकिन शोध कार्य में कम समय में ज्यादा प्रजातियों का विकास सुगमता से किया जा सकता है।

13. फ्लोटिंग कवर (Floating Cover)

विकसित देशों में फ्लोटिंग कवर का उपयोग बढ़ रहे पौधे के ऊपर करते हैं, जिससे पौधे ज्यों–ज्यों बढ़ते जाते हैं फ्लोटिंग कवर ऊपर उठता रहता है। ढकने वाला सामग्री, सफेद पारदर्शी चौड़ी चादर, काफी हल्का (10.0–15.0 ग्राम/वर्ग मीटर) होता है। इसे छोटे–छोटे क्यारियों में लगाया जाता है। फ्लोटिंग कवर को पौधों को ढीला ढककर चारों किनारे का हिस्सा मिट्टी व पत्थर से ढककर छोड़ देते हैं, जिससे पौधों को दबाव महसूस नही होता है। इससे पौधे एकाएक आँधी, तूफान, वर्षा, ओला आदि से सुरक्षित रहते हैं। ढकने से विकसित फल चीड़ियाँ, कीट आदि के नुकसान से बच जाते हैं। विश्व स्तर पर फ्लोटिंग कवर का क्षेत्रफल बढ़ रहा है। इसकी सहायता से आलू, मटर, फराश बीन, गोभी, मूली, प्याज, मेथी, शिमला मिर्च आदि फसलों के बीज उत्पादन हेतु किया जा सकता है।

सारिणी (12.14) विश्व स्तर पर फ्लोटिंग कवर का क्षेत्रफल (1999–2000)

देश	क्षेत्रफल (हेक्टेयर में)
यूनाइटेड किंगडम	12000
फ्रांस	10000
इटली	10000
चीन	8000
जपान	6000
यूनाइटेड स्टेट ऑफ अमेरिका	5000
यगपत	5000
कुल योग (क्षेत्रफल में)	**86000**

स्रोतः इण्टरनेशनल कमेटी फार प्लास्टिक इन एग्रीकल्चर (2000)

सतह ढँकना (Surface cover)/पलवार (Mulcling)

संरक्षित खेती में जमीन की सतह को ढकना अति आवश्यक है, क्योंकि इससे सतह द्वारा अनावश्यक नमी उड़कर बर्बाद होने से बच जाती है। इतना ही नहीं अनेकों ऐसी क्रियाएं हैं, जो सतह ढकने से काफी प्रभावित होती हैं, जिसका लाभ संरक्षित खेती में लिया जाता है। परिभाषा के तौर

पर भूमि की सतह को जैविक (कार्बनिक) जीवित या अजैविक (प्लास्टिक) पदार्थों से ढकने की प्रक्रिया को पलवार (mulcling) कहते हैं (दत्ता, 1993)।

संरक्षित खेती में पलवार से लाभ

संरक्षित खेती में पलवार से अनेकों लाभ होते हैं

1. अगेती उत्पादन में सहयोग
2. सब्जियों की गुणवत्ता में सुधार
3. गर्मी व ठण्ड के मौसम में जड़ों को समताप प्रदान करना
4. उर्वरकों के रिसाव से होने वाले नुकसान को कम करना
5. मृदा संरचना में सुधार करना
6. मृदा सौरीकरण में सहयोग करना
7. मृदा को भुरभुरी बनाये रखना

1. जैविक पलवार (Organic Mulch)

जैविक पलवार के अन्तर्गत सामान्यतः भूसा (गेंहूँ, धान, मटर, सरसों आदि), पुआल (धान), पत्ती (आम, नीम, महुवा, पीपल आदि), धास (जिसमें बीज न हो), हरी वनस्पतियाँ (अनुपयोगी), लकड़ी का बुरादा, घरों से निकली राख, गोबर की खाद, कम्पोस्ट, भूसा, कोकोपिट आदि आते हैं, जिनका उपयोग बड़े पैमाने पर संरक्षित खेती के लिए किया जाता है। भूसा के अन्तर्गत सबसे ज्यादा उपयोग गेंहूँ के भूसे का होता है, क्योंकि इसका प्रभाव काफी लम्बे समय तक बना रहता है। इसका उपयोग छोटी क्यारियों में सतह पर व छोटे–बड़े पौधों के जड़ों के पास 5.0–10.0 सेन्टी मीटर मोटी तह बिछाकर मिट्टी से ढककर पानी लगा देते हैं, जिससे वे हवा या अन्य घटकों से क्रिया करते समय उड़ न जाये। धान के पुआल का प्रयोग संरक्षित नर्सरी में पौध उत्पादन के लिए बीज बुआई के बाद क्यारी को ढकते (4.0 इंच मोटी सतह) हैं, जिससे बीज जमाव अच्छी प्रकार हो लेकिन ध्यान रहे कि बीज का प्रांकुर बनते ही पुआल हटा लें अन्यथा पानी सोखकर भारी होने की स्थिति में जम रहे बीजों को दबाकर सड़ा देता है। मुफ्त में उपलब्ध पत्ती पलवार बहुत उपयोगी होता है और वर्ष में अनेकों पौधों की पत्तियाँ वसन्त ऋतु में झड़ती हैं जैसे आम, नीम, बाँस, देवदार आदि। आरा मशीन से प्राप्त लकड़ी का बुरादा सबसे महत्वपूर्ण पलवार माना जाता है, क्योंकि यह जमीन में मिलकर मिट्टी को रन्ध्रयुक्त व हल्का बनाता है। इसके उपयोग से मिट्टी का तापक्रम एक समान बना रहता है। इसके प्रयोग हेतु 1.0–2.0 इंच मोटी बुरादा की सतह बिछाकर मिट्टी में मिला देते हैं। कुछ समय बाद सड़कर पोषक तत्व रूप में विकसित हो रहे पौधों को मिल जाता है। गाँव–गाँव में ठण्डक के समय अलाव जलाना, घरों में कोयला व लकड़ी जलाकर खाना बनाना, गुड़ बनाते समय गन्ने की खोई जलाना आदि से प्रचुर मात्रा में राख बनता है। इन्हीं राखों को संरक्षित खेती में पौधों के विकास के लिए उपयोग किया जाता है। यह पानी व ताप का अवशोषक होता है। इसमें सबसे ज्यादा पोटाश तत्व पाया जाता है, जिससे पौधों का विकास ज्यादा होता है और पौधों पर विकसित हो रहे फूलों

व फलों का रंग चमकदार होता है। इसी प्रकार गोबर की सड़ी खाद का प्रयोग हमारी खेती में वर्षों से होती चली आ रही है। यह केवल मृदा संरचना व जल धारण क्षमता में ही वृद्धि नही करती बल्कि जमीन के अन्दर रहने वाले जीवों को भोजन व संरक्षण भी प्रदान करता है। गोबर की सड़ी खाद जमीन की सतह पर 0.5 सेन्टी मीटर बिछाकर पलवार लगाते हैं। वर्मी कम्पोस्ट में ज्यादा पोषक तत्व पाया जाता है, जो केचुआ से सड़कर 6–7 महीने में तैयार होता है। मृदा तापक्रम नियंत्रित करता है। देश के कुछ राज्यों जैसे पश्चिम बंगाल, ओडिशा, कर्नाटक, तमिलनाडु, आन्ध्र प्रदेश, महाराष्ट्र व केरल में नारियल का उत्पादन ज्यादा होता है। इसके रेशे व छिलके से बहुत अच्छी प्रकार की खाद महीन टुकड़ों में काटकर बनाते हैं। इससे पौधों को गद्देदार संरचना प्राप्त होने के कारण जड़ों का विकास अच्छा होता है। कुछ सब्जियों जैसे–आलू, टमाटर, काशी फल, प्याज, लहसुन आदि में प्रयोग कर ज्यादा उपज प्राप्त की जा सकती है। सामान्यतः कार्बनिक पलवार गृह वाटिका या ट्रक गार्डेनिंग (truck gardening) में उपयोग होता था क्योंकि कार्बनिक पलवार कम उपलब्ध होते हैं तथा उनके प्रयोग में श्रम की ज्यादा आवश्यकता पड़ती है।

जीवित पलवार

जीवित पलवार खेती की ऐसी प्रक्रिया के अन्तर्गत आता है, जिससे एक फसल पास में उग रही दूसरी फसल को सहारा (पानी, पोषक तत्व, संरक्षण आदि) देती है। उदाहरण के लिए बेबी कार्न (baby corn) के खेत में फराश बीन (लता टाइप), लोबिया आदि की खेती करना। फलदार वृक्षों के नीचे सूरन (जिमीकंद) की खेती करना।

अजैविक या प्लास्टिक पलवार

अकार्बनिक पलवार व्यावसायिक उत्पादकों द्वारा सन् 1960 से किया जा रहा है। वर्तमान समय में संरक्षित खेती करने के लिए जिस प्रकार संरचनात्मक ढाँचा में प्लास्टिक का ज्यादा योगदान है, उसी प्रकार मृदा सतह पर प्लास्टिक पलवार का भी बहुत योगदान है। चाहे नमी संरक्षण खरपतवार नियंत्रण की बात, कीट नियंत्रण या मृदा सौरीकरण की बात हो हर जगह प्लास्टिक के रंगीन चादर (काली, पीली, लाल, सफेद) जिनकी मोटाई 50–100 माइक्रान होती है, का उपयोग आवश्यक हो गया है। सस्ता (20.0–30.0 रूपया प्रति किलो ग्राम) तथा लम्बे समय (10–12 महीने) तक यथावत बने रहने के कारण सभी सब्जी उत्पादक अपना रहे हैं। प्लास्टिक पलवार से सब्जियों की गुणवत्ता के साथ–साथ कुल उपज में 25.0 प्रतिशत तक ज्यादा उपज होती है। एक विश्लेषण में पाया गया कि टमाटर के कुल उपज में 56.0 प्रतिशत की वृद्धि, 78.0 प्रतिशत पानी की बचत व 90.0 प्रतिशत खरपतवार का नियंत्रण पाया गया। जी0बी0 गुतल (1993) ने टमाटर में जैविक व अजैविक पलवार परीक्षण कर निम्नलिखित परिणाम प्रस्तुत किये हैं–

सारिणी (12.15) प्लास्टिक पलवार के प्रकार तथा उससे प्राप्त होने वाले उपज नमी का ह्वास तथा खरपतवार नियंत्रण का प्रतिशत

पलवार	उपज (टन/हेक्टेयर)	नमी ह्वास (मिली मीटर)	खरपतवार नियंत्रण (प्रतिशत)
काली एल0डी0पी0ई0 पालीथीन	43.36	4.91	9.0
सफेद एल0डी0पी0ई0 पालीथीन	36.81	6.1	49.0
गन्ना खोई	35.66	5.67	12.0
सूखी घास	38.09	5.22	6.0
नियंत्रित (सामान्य)	27.86	6.90	100.0

प्लास्टिक पलवार की उपयोगिता को देखते हुए अनेकों देश इसे अपना रहे हैं, जिसे सारिणी में दिया गया है–

सारिणी (12.16) प्लास्टिक पलवार का विभिन्न देशों में उपयोग की स्थिति (1999–2000)

देश	क्षेत्रफल
एशिया	9,760,000
चीन	9,600,000
यूरोप	4,50,000
जापान	1,60,000
स्पेन	1,50,000
फ्रांस	1,00,000
अफ्रीका तथा मध्य पूर्व देश	80,000
इटली	75,000
यगपत	30,000
इजराइल	26,000
भारत	100
कुल क्षेत्रफल	**12,130,000**

स्रोत:इण्टरनेशनल कमेटी फार प्लास्टिक इन एग्रीकल्चर (2000)

प्लास्टिक पलवार की उपयोगिता (Advantages of Plastic Mulches)

सब्जियों की खेती में प्लास्टिक पलवार की निम्न उपयोगिता है–

1. मृदा तापमान में वृद्धि

सामान्यतया मृदा में 2.0 इंच की गहराई तक काले पालीथीन पलवार लगाने से 4.0–5.0 डिग्री फारेनहाइट तथा पारदर्शी प्लास्टिक पलवार लगाने से 8.0–10.0 डिग्री फारेनहाइट मृदा तापमान में वृद्धि होती है।

2. मृदा कठोरता में कमी

प्लास्टिक पलवार के नीचे मिट्टी हमेशा ढीली, भुरभूरी व पूरी तरह से वातायनयुक्त होती है, जिससे जड़ों को प्रचुर मात्रा में आक्सीजन प्राप्त होती है। उचित वातावरण होने के कारण सूक्ष्म जीवों की क्रियाशीलता अति उत्तम हो जाती है।

3. रिसकर उर्वरक नुकसान में कमी

प्लास्टिक पलवार लगाने से उर्वरक बहकर नष्ट नहीं होते हैं, बल्कि मिट्टी के उस सतह तक ही रहते है जहाँ पौधों की जड़े सुगमता से प्राप्त कर लेती है।

4. फसल डुबने के प्रभाव से वंचित

अधिक वर्षा या सिंचाई जल लग जाने से पौधों की जड़ें ग्रसित होती हैं अतः प्लास्टिक पलवार लगाने से खेत का पानी आसानी से बाहर निकल जाता है और पौधों को किसी प्रकार का दबाव नही होता है।

5. वाष्पोत्सर्जन में कमी

प्लास्टिक पलवार लगाने से नीचे का पानी वाष्प बनकर वाष्पोत्सर्जित नही होता, बल्कि प्लास्टिक चादर के नीचे पड़ा रहता है। इस प्रकार प्लास्टिक पलवार से फसल वृद्धि सामान्य खेत में उगे पौधों से दुगुना होती है। यह सत्य है कि बड़े पौधों को ज्यादा सिंचाई की आवश्यकता होती है, अतः पलवार किसी भी दशा में सिंचाई परिवर्त्य नहीं है।

6. स्वच्छ उपज

पलवार लगे खेत की उपज हमेशा साफ–सुथरा होता है, क्योंकि नालियों, मेड़ों व खेतों का पानी उछलकर पौधों के फल तक, प्लास्टिक मल्च होने के कारण नहीं पहुँच पाता है। अतः फलों में सड़न नहीं होता है।

7. खरपतवार नियंत्रण

कतारों में की जा रही सब्जी की खेती में काले रंग की प्लास्टिक पलवार लगाने से खरपतवार नियंत्रण में अच्छी सफलता मिलती है। अगर पारदर्शी प्लास्टिक पलवार लगाया जा रहा है, तो पलवार के नीचे खरपतवारनाशी या धूमन का प्रयोग करना चाहिए। दो प्लास्टिक पलवारों के बीच खरपतवार नियंत्रण खरपतवारनाशी से करना उपयुक्त रहता है।

8. अगेती फसल

काले रंग के प्लास्टिक पलवार लगाने से 6–14 दिन पूर्व/अगेती उपज प्राप्त की जा सकती है, जबकि पारदर्शी प्लास्टिक पलवार से 21 दिन अगेती फसल प्राप्त की जा सकती है।

9. फसल विकास

प्लास्टिक पलवार के अन्दर से कार्बन डाई आक्साइड (CO_2) गैस बाहर नही निकल सकती है। यह गैस प्रकाश संश्लेषण के लिए बहुत महत्वपूर्ण है। यह सही है कि प्लास्टिक के अन्दर उच्च स्तर पर कार्बन डाई आक्साइड का निर्माण होता है, जिससे पत्तियाँ अपना भोजन निर्माण करती हैं।

10. प्लास्टिक पलवार के प्रकार (Types of plastic mulch)

औद्यानिक फसलों में दो प्रकार की प्लास्टिक पलवार का उपयोग किया जाता है।

1. संकुचित/रेखावत अल्प सघनता पालीइथीलिन पलवार (Linear Low Density Polyethylene Mulch)
2. उच्च सधनता पालीइथीलिन पलवार (High Density Polyethylene Mulch)

सब्जियों में प्लास्टिक पलवार लगाते समय फिल्म की मोटाई पर ध्यान देना आवश्यक है। कुछ प्रमुख सब्जियों के लिए मोटाई स्तर व उनकी खराब होने की विवेचना नीचे की सारिणी में दिया गया है–

सारिणी (12.17) प्लास्टिक पलवार फिल्म की मोटाई व अनुमानित खराब होने की अवधि (उम्र)

15–25 माइक्रान मोटाई (अनुमानित खराब होने की अवधि लगभग 3–4 महीना)	कम समय वाली फसलें–बैंगन, टमाटर, आलू, भिण्डी, खीरा, शिमला मिर्च, मटर, बीन्स, पत्ता गोभी, फूल गोभी, मूली एवं कद्दू वर्गीय सब्जियाँ
50 माइक्रान मोटाई (अनुमानित खराब होने की अवधि लगभग 11–12 महीना)	मध्यम समय वाले फलदार वृक्ष (पपीता)
100 माइक्रान मोटाई (अनुमानित खराब होने की अवधि लगभग 12–20 महीना)	दीर्घकालीक फलदार वृक्ष (अमरुद, सेव, नीबू वर्गीय फसलें)

मौसम व अन्य परिस्थितियों के अनुसार भी प्लास्टिक पलवार का चुनाव करना चाहिए।

सारिणी (12.18) उद्देश्य एवं उपयोगिता के आधार पर प्लास्टिक पलवार का चयन

उद्देश्य/उपयोगिता	पलवार के प्रकार
वर्षा ऋतु	परफोरेटेड पलवार
बागवानी	मोटा पलवार
मृदा सौरीकरण	पतला व पारदर्शी पलवार
खरपतवार नियंत्रण	काली फिल्म पलवार
कीट भगाने के लिए	सफेद रंग की पलवार व प्रकाश प्रत्यावर्ती पलवार
मृदा लवणता नियंत्रण	काली रंग की पलवार
बीजों की अगेती जमाव	बहुत पतली व पारदर्शी फिल्म पलवार

स्रोत:पी0डी0सी0, ए0ए0यू0, जोरहट (आसाम)

11. प्लास्टिक पलवार के रंग

प्लास्टिक पलवार के रंग पलवार के ऊपर व नीचे के तापमान को ऊर्जा शोषण, प्रेषण व प्रत्यावर्तन के द्वारा प्रभावित करता है। इस प्रकार पौधों के चारों ओर का सूक्ष्म वातावरण प्रभावित होता है। समागम कोण का स्तर (तापीय समागम प्रतिरोध) मिट्टी व पलवार के बीच की मृदा को प्रभावित करती है। जितना पलवार का सम्पर्क मिट्टी से स्थापित होगा उतना ही तापमान बढ़ने से मृदा गर्म होगी। रंगीन पलवार पड़ोसी पौधों की हरी पत्तियों में हो रहे प्रत्यावर्तित ताप की प्रक्रिया प्रदर्शित करते हैं। रंगीन प्लास्टिक पलवार से प्ररोह को ज्यादा ऊर्जा प्राप्त होती है, अतः उपज ज्यादा प्राप्त होती है।

- काली प्लास्टिक पलवार

काली प्लास्टिक पलवार का उपयोग व्यावसायिक सब्जियों की खेती में सबसे ज्यादा होता है विशेषकर खरपतवार नियंत्रित करने के लिए। काले रंग की प्लास्टिक ऊर्जा का तुरन्त अवशोषण करती है। चाहे वह अल्ट्रावायलेट प्रकाश हो या इन्फ्रारेड हो।

- पारदर्शी प्लास्टिक पलवार

पारदर्शी प्लास्टिक पलवार सबसे कम ऊर्जा का शोषण करती है। प्लास्टिक चादर के अन्दर द्रवित पानी के कण सौर ऊर्जा को अन्दर प्रवेश करने देते हैं, लेकिन वृहद् प्रकाशान्तर को बाहर नहीं जाने देते हैं। इस प्रकार की ऊर्जा सामान्य खेती में स्वतः समाप्त हो जाती है लेकिन पारदर्शी प्लास्टिक पलवार में खरपतवार ज्यादा उगते हैं।

- सफेद प्लास्टिक पलवार

इस प्रकार की प्लास्टिक चादर से प्रकाश स्वतः वापस होकर वातावरण में चला जाता है जिससे पौधों को ठण्डक पहुँचती है और मृदा तापमान (–2.0 डिग्री फारेन हाइट) कम हो जाता है। सामान्यतः 1.0 इंच की गहराई पर सफेद प्लास्टिक पलवार का उपयोग गीष्मकालीन सब्जियों के लिए उपयुक्त है क्योंकि गीष्म ऋतु में मृदा तापमान कम रहने से पौधों का विकास उत्तम होता है।

- सिल्वर/एल्यूमिनियम पलवार

सिल्वर व एल्यूमिनियम पलवार मृदा को ठण्डापन पहुँचाते हैं, जिससे एफीड्स को भगाया जा सकता है। एफीड्स कई विषाणु रोगों के संवाहक (vectors) है।

- लाल प्लास्टिक पलवार

टमाटर की कुल उपज व गुणवत्ता में वृद्धि लाल रंग के प्लास्टिक से पायी गयी। इसके अलावा टमाटर की फसल को अगेती झुलसा से बचाया जा सकता है।

12. अन्य रंग के पलवार

1. पीला
2. नारंगी
3. नीला
4. भूरा

उपरोक्त रंग के भी प्लास्टिक पलवार बाजार में उपलब्ध हैं।

सारिणी (12.19) पलवार सामग्री एवं उपज

फसल का नाम	पलवार सामग्री	मोटाई (माइक्रान)	उपज में वृद्धि (प्रतिशत)
टमाटर	प्लास्टिक परत (Plastic film)	25	65.40
बैंगन	प्लास्टिक परत (Plastic film)	25	27.10
मिर्च	प्लास्टिक परत (Plastic film)	25	60.10
भिण्डी	प्लास्टिक परत (Plastic film)	25	55.10
मटर	प्लास्टिक परत (Plastic film)	50	66.60
आलू	प्लास्टिक परत (Plastic film)	50	33.50
फूल गोभी	प्लास्टिक परत (Plastic film)	50	71.00

13. ओलारोधी जालीधर

ओलारोधी जालीधर लचीले शत–प्रतिशत पराबैंगनी किरण प्रतिरोधी नाइलान व प्लास्टिक की जालियों से निर्मित संरचना है, जो सब्जियों के फसलों पर आकस्मिक ओला पड़ने पर रक्षा करता है। इस संरचना का उपयोग उन क्षेत्रों में ज्यादा किया जाता है जहाँ ओला बार–बार (पहाणों में) पड़कर बहुमूल्य सब्जियों को नष्ट कर देते हैं। इसकी बाजार में उपलब्धता 5.30×25.0 मीटर या 5.0×50.0 मीटर के पुलिन्दा रोल में होती है। जलवायु व क्षेत्र के अनुसार इसे छप्पर के आकार का या टनेल/रो कवर के आकार का स्थायी या अस्थायी संरचना जी0आई0 पाइप, एंगल आयरन, पी0वी0सी0 प्लास्टिक, बाँस/लकड़ी व सीमेन्ट के खम्भे, लोहे की पत्ती या सरिया से बनाते हैं। ओलारोधी जालीघर का प्रयोग कुछ प्रमुख फसलें जैसे–शिमला मिर्च, टमाटर, खीरा, घरकीन आदि के उत्पादन में किया जा सकता है।

14. पक्षी रोधी जालीधर

पक्षी रोधी जालीधर का निर्माण उन क्षेत्रों में किया जाता है, जहाँ पर पक्षियों (चमगादड़, कौआ, तोता आदि) के ज्यादा आक्रमण से सब्जियों को उगाना मुश्किल है। संरक्षित खेती में पक्षी जालीघर नाइलान/प्लास्टिक की जालियों से बना संरचनात्मक घर जैसा ढाँचा है। पक्षियों से ज्यादा नुकसान बीज जमाव तथा फल पकने के समय होता है। उदाहरण के लिए मटर की खाने योग्य फलियों, टमाटर के पकते फल पर आक्रमण देखा जा सकता है। जालीघर बड़े खाने वाली या छोटे खाने वाली

वर्गाकार, त्रिभुजाकार व गोलाकार बनाई जाती है। वर्तमान समय में मटर के खेत में पक्षियों को भगाने के लिए, ''बर्ड स्केयरिंग मेटेलिक टेप'' (bird scaring metallic tape) का उपयोग किया जाता है। इसके अलावा मुर्गी, मयूर, बत्तख आदि से बचाव के लिए पक्षी रोधी जालीघर ज्यादा उपयोगी है।

15. पशुरोधी जालीघर

वर्तमान समय में खुले वातावरण में सब्जियों की खेती इसलिए कम होती जा रही है कि खेत में नीली गाय अन्य जानवरों (बन्दरों, सुअरों आदि) से नुकसान ज्यादा हो रहा है। अतः खेती करने के लिए खेत के चारों तरफ बाँस, लकड़ी व पत्थर के खम्भे या एंगिल आयरन के द्वारा घेरकर संरचना बनाते हैं या छोटे–छोटे घर बनाते हैं। इस संरचना में मटर, फराश बीन, मूली, टमाटर आदि सफलतापूर्वक पैदा किया जा सकता है।

16. हवा रोधी संरचना

नदियों के किनारे या रेगिस्तानी क्षेत्रों में गर्मी में सब्जियों की खेती सफलतापूर्वक करने के लिए गर्म हवा या ''लू'' से बचाना आवश्यक होता है। इसके लिए उत्पादक अस्थायी तौर पर स्थानीय संसाधनों से निर्मित संरचना ''टाटी'' (सरपत, ज्वार, बाजरा निर्मित) से गर्म हवा से बचाव करते हैं। राजस्थान के मरूभूमि में गर्म हवा के साथ तेज आँधी भी पूरी फसल को ढक लेता है। अतः फसल दबकर समाप्त हो जाती है। उपरोक्त क्षेत्रों में कद्दू वर्गीय सब्जियों (खरबूजा, तरबूज) व अन्य सब्जियों जैसे पालक, चौलाई, भिण्डी की खेती के लिए हवा अवरोधी संरचना अवश्य बनाना चाहिए।

सब्जियों को सहारा देना

इस प्रकार की संरचना लतादार पौधों को सहारा प्रदान करने के लिए उपयोग किये जाते हैं। उदाहरण के लिए कद्दू वर्गीय सब्जियाँ (लौकी, करेला, चिचिण्डा, ककरोल, खरबूजा, चिकनी व नसदार तोरी, खीरा आदि), फराश बीन (लता वाली), टमाटर (लता वाली) सेम (लता वाली) के लिए मचान तक सहारा देकर चढ़ाया जाता है। यहाँ तक सीमित बढ़वार वाली टमाटर के प्रत्येक पौधों को छोटे–छोटे डण्डे या बाँस के फट्टों या लोहे के एंगल जैसी संरचना से सहारा प्रदान करते हैं। मटर की ''स्वीट पी'' प्रजाति को एंगिल आयरन व रस्सी के सहारे चढ़ाकर गुणवत्तायुक्त उत्पादन किया जाता है। वर्षा ऋतु में उगायी जाने वाली सब्जियों को सहारा देकर अधिक उपज व गुणवत्तायुक्त फलियाँ प्राप्त की जा सकती हैं।

जल कृषि या हाइड्रोपोनिक्स (Water Cultivation or Hydroponics)

संरक्षित दशा में खेती करने की एक विधि जल कृषि या हाइड्रोपोनिक्स (hydroponics) भी है। हाइड्रापोनिक्स का तात्पर्य ''बिना मिट्टी के प्रयोग किये पौधों को आवश्यक पोषक तत्व, जल व खनिज लवण; रासायनिक विलयन के रूप में प्रदान कर नियंत्रित दशा में उगाने का विज्ञान है।'' शब्द हाइड्रोपोनिक्स दो ग्रीक शब्दों से जुड़कर बना हैं, जिसमें पहला शब्द हाइड्रो (hydro)–जल तथा दूसरा शब्द पोनस (ponus)–कार्य अर्थात् जल कार्य या क्रिया। हाइड्रीपोनिक्स जैसी वैज्ञानिक विद्या को विकसित करने का सबसे ज्यादा श्रेय डा0 विलियम एफ0 गेरीके (Dr. Willium

F. Gericke) को दिया जाता है। इनके मृदा विहिन खेती के प्रयोग से टमाटर की पौध 25.0 फीट की ऊँचाई तक बढ़ी। इससे प्रभावित होकर उन्होंने फूलों, जड़कन्दों, फलों, खाद्यान्न फसलों तथा सब्जियों पर व्यापक शोध कार्य प्रारम्भ किया। सकारात्मक परिणामों की जानकारी से यह तकनीकी बहुत जल्द ही यूनाइटेड स्टेट ऑफ अमेरिका के अन्य भागों में फैल गया। इसके अलावा इस तकनीकी का प्रचार–प्रसार यूरोप में भी हुआ। कहा जाता है कि विश्व युद्ध के समय कई मिलियन टन सब्जियाँ इस वैज्ञानिक तकनीक से उत्पादित कर सहयोगी सेनानियों को आपूर्ति की गयी। अमेरिका की सशस्त्र सेनाओं द्वारा आज भी ''फार ईस्ट'' में मृदा विहिन बागवानी (जल कृषि) करते हैं। ''रसियन स्पेस रिसर्च स्टेशन'' व '' अमेरिकन सबमैरीन्स'' के माध्यम से पूर्ण रूप से सुसज्जित प्रयोगशाला तथा उत्पादन इकाई कार्य कर रही है। यह कहना अतिशयोक्ति नही होगी कि ''ग्रीन हाउस कल्टीवेशन'' पूरे विश्व में इस समय हाइड्रोपोनिक्स विधि से किया जा रहा है। जहाँ पर कृत्रिम माध्यम या कृत्रिम माध्यम विहिन दशा में पौधे उगाये जा रहे हैं। वर्तमान समय में नीदरलैण्ड, स्पेन, कनाडा, जापान, यूनाइटेड किंगडम, यूनाइटेड स्टेट ऑफ अमेरिका, इटली, न्यूजीलैण्ड तथा आस्ट्रेलिया द्वारा विस्तृत स्तर पर हाइड्रोपोनिक्स को बढ़ावा दिया जा रहा है। अतः पूरे विश्व के विश्लेषण से पता चला है कि विगत 10 वर्षों में हाइड्रोपोनिक्स या जल क्रिया उत्पादन 4–5 गुना ज्यादा हो गया है।

भारत वर्ष में जल कृषि (hydroponics) तकनीकी का प्रादुर्भाव प्रायोगिक केन्द्र, कालिंगपोंग, दार्जिलिंग (पश्चिम बंगाल) में सन् 1946 में बंगाल सरकार द्वारा प्रारम्भ हुआ। इस केन्द्र का मुख्य उद्देश्य जल कृषि तकनीकी की सरलता, कम लागत वाली, पद्धति का विकास तथा भारतीय परिदृश्य में इसकी महत्ता की विवेचना करना था। भारतीय जलवायु व मृदा स्थिति को देखते हुए रक्षा एवं अनुसंधान विकास संगठन (डी0आर0डी0ओ0) पिथैरागढ़, (उत्तराखण्ड) द्वारा अपने प्रक्षेत्र पर जल कृषि पद्वति को विकसित कर रहा है।

सारिणी (12.20) पाली हाउस/ग्लास हाउस के अन्दर हाइड्रोपोनिक्स के द्वारा प्राप्त उपज

फसल	उपज	परिणाम		
	टन/	हाइड्रोपोनिक्स		प्राकृतिक खेती
	हैक्टेयर	ली गयी फसलों की संख्या/वर्ष	कुल उपज टन/हेक्टेयर/वर्ष	कुल उपज टन/हेक्टेयर/वर्ष
टमाटर	187.54	2	375.00	100.00
शिमला मिर्च	32.00	3	96.00	16.00
बैंगन	28.00	2	56.00	20.00
खीरा	250.00	3	750.00	30.00
चाइनीज पत्तागोभी	50.00	4	200.00	—
पत्ता गोभी	57.50	3	172.5	30.00
सेम	11.50	4	40.0	60.00

जल कृषि के लाभ (Advantage of hydroponics)

सामान्य कृषि की तुलना में जल कृषि के द्वारा निम्नलिखित लाभ होते हैं–

1. शहरीकरण, औद्योगीकरण, असमतल भूमि, जंगल, पहाड़ी भूमि आदि की परिस्थितियों के कारण मृदा विहिन कृषि अत्यन्त उपयोगी तकनीकी है। कृषि के लिए अनुपयोगी जमीन पर उपयुक्त संरचना बनाकर जल कृषि की जा सकती है।
2. छोटे स्तर पर घर के कोने या छत पर जल कृषि अपनाकर परिवार की आवश्यकतानुसार सब्जियाँ उत्पादित की जा सकती हैं।
3. हाइड्रापोनिक्स के माध्यम से प्राप्त होने वाले उपज गुणवत्तायुक्त होते हैं जैसे–उनका आकार, रंग आदि एक समान होते हैं।
4. चूँकि हाइड्रापोनिक्स पद्धति पूर्णतया संरक्षित दशा में होती है, अतः हानिकारक कीड़ों एवं रोगों का प्रकोप कम या बिल्कुल नही होता है।
5. इस पद्धति द्वारा खेती करने में उर्वरकों का प्रयोग बहुत कम होता है क्योंकि पौधों द्वारा वाँछित मात्रा का ही अवशोषण होता है और पौधों के उपयोग से बची उर्वरक की मात्रा पुनः उपयोग की जा सकती है।
6. सस्य क्रियाओं में होने वाले लागत जैसे–खरपतवार नियंत्रण, निकाई–गुड़ाई, मिट्टी चढ़ाना आदि से बचाव होता है।
7. इस पद्धति में खेत की तैयारी की पूर्ण बचत होती है।
8. इस विधि द्वारा पौधों को उगाने से उनमें वृद्धि एवं विकास तेजी से होता है, अतः फलत जल्दी आती है।
9. साफ–सुथरी कृषि पद्धति होने के कारण आकर्षक होती है।
10. जड़ों से होने वाले रोगों से पूर्ण बचाव होता है।
11. कम उर्वर जमीन, उसर जमीन, जल निकास समस्या आदि को दर किनार कर खेती की जा सकती है।

जल कृषि की सीमाएं (Limitation of hydroponics)

जल कृषि (hydroponics) की निम्नलिखित सीमाएं है–

1. यह एक अधिक लागत वाली कृषि पद्धति है, जिसे सामान्य उत्पादक नही अपना सकता है।
2. उत्पादन लागत ज्यादा होने के कारण उपज ज्यादा महँगें होते हैं अतः विपणन हेतु बाजार की समस्या होती है।
3. ऊर्जा आधारित नियंत्रित व्यवस्था होने के कारण, उन्हीं क्षेत्रों में अपनाया जा सकता है, जहाँ पर प्रचुर मात्रा में बिजली उपलब्ध हो।

4. अगर भूलवश किसी प्रकार का संक्रमण या घोल के पोषक तत्वों का असन्तुलन या जल में होने वाले पी0एच0 मान पर परिवर्तन व प्रभाव से पूरी फसल समाप्त हो सकती है।

जल कृषि के लिए उपयुक्त सब्जी फसल

जल कृषि के लिये उपयुक्त फसल टमाटर, खीरा, शिमला मिर्च, लेट्यूस आदि हैं।

जल कृषि के प्रकार एवं तकनीक

जल कृषि निम्न प्रकार की होती है–

1. विलेय संवर्धन (Solution culture)
2. राक वुल संवर्धन (Rock wool culture)
3. सैण्ड संवर्धन (Sand culture)
4. ग्रेवेल संवर्धन (Gravel culture)
5. न्यूट्रिएन्ट फिल्म तकनीकी (Nutrient film Technique)

1. विलेय संवर्धन (Solution culture)

सन् 1804 की शुरूआती समय में वैज्ञानिकों ने गहन शोध से स्पष्ट किया कि पौधों की वृद्धि एवं विकास के लिए संतुलित मात्रा में कैल्सियम, गंधक, फास्फोरस तथा लौह तत्व की महत्वपूर्ण भूमिका है। इसके बाद वर्ष 1860 में 3 जर्मन पादप दैहिकी वैज्ञानिक (plant physiologist) डब्ल्यू फेफर (W. Pfeffer), जुलियस सैक्स (Julius Sachs) तथा डब्ल्यू0 क्नाप (W Knop) ने शोध द्वारा स्पष्ट किया कि किस प्रकार के पोषक तत्व की आवश्यकता, किस प्रकार की संरचना माध्यम में तथा कितनी मात्रा में आवश्यक होगी। इसलिये उन्होंने खनिज लवण विलेय घोल में पौध उत्पादन की प्रक्रिया प्रारम्भ की। इसे निर्धारित करने के लिए तत्वों की शुद्धता का नियंत्रण व रासायनिक घटक की बनावट पर ध्यान केन्द्रित किया गया। इस प्रकार पौध उगाने की प्रक्रिया को जल संवर्धन, जल कृषि या विलेय संवर्धन कहा गया। वैज्ञानिक कैपार्ट (Capart) ने स्पष्ट किया कि अगर विलेय संवर्धन में जड़ों का वातायन होता रहे तो पौधों की वृद्धि ज्यादा होती है। जल कृषि के लिए उपलब्ध होने वाले खनिज लवण व जल को शुद्ध करने की तकनीक विकसित होने से पौधों के लिए आवश्यक तत्वों की माँग पर नियंत्रण किया जाने लगा। इससे सूक्ष्म तत्वों की आवश्यकता का भी निर्धारण होने लगा। आगे स्पष्ट करना आवश्यक है कि मालीब्डेनम, ताँबा व जस्ता जैसे तत्वों की माँग का निर्धारण, बड़े बीज वाले प्रजाति के लिए बहुत ही कठिन है, क्योंकि बड़े बीज वाले पौधों में उपरोक्त तत्वों के साथ–साथ अन्य तत्व प्रचुर मात्रा में होते हैं। ऐसी स्थिति में द्वितीय पीढ़ी में लगाये जाने वाले बीजों से पता चलता है कि जब बिना किसी अतिरिक्त तत्वों के उपयोग से पौध विकसित किया जाता है और कमी के लक्षण स्पष्ट होने लगते हैं।

2. राक वुल संवर्धन (Rock wool culture)

राक वुल संवर्धन में ठोस माध्यम के प्रयोग से पौधों को विकसित किया जाता है। इस पद्धति में विलेय घोल को संवर्धन हेतु डाला जाता है। जड़े इन राक वुल में पड़ी रहकर पोषक तत्वों की शोषण करती हैं।

3. सैण्ड संवर्धन (Sand culture)

सैण्ड संवर्धन तकनीक में स्वच्छ मोटे आकार के बालू का उपयोग किया जाता है। मोटे आकार के बालू किसी प्रकार के पोषक तत्व नहीं प्रदान करते हैं केवल जड़ों को सहारा देकर विकसित हो रहे पौधों को बल देते हैं। इस पद्धति में भी जल विलेय पोषक तत्व दिये जाते हैं।

4. ग्रेवेल संवर्धन (Gravel culture)

इस पद्धति में बड़े–बड़े आकार के कंकड़ (gravel) का उपयोग किया जाता है। इससे ठोस तना वाले व बड़े पौधों को विकसित करने में सुविधा होती है। इस विधि में भी पोषक तत्व घोल के रूप में कंकड़ों के ऊपर डाला जाता है।

राकवुल, सैण्ड व ग्रेवेल संवर्धन, तरल पोषक द्वारा उगाये जाने वाली पद्धति हैं, जिसमें विभिन्न प्रकार की जड़ें विभिन्न समय में विकसित होती हैं और अनेकों आवश्यक पोषक तत्वों की उपलब्धता चाहती हैं। उपरोक्त सभी पद्धतियों में बालू या पर्लेट की सफाई जड़ को नुकसान बिना पहुँचाएं सम्भव नहीं है।

5. न्यूट्रिएन्ट फिल्म तकनीकी (Nutrient film Technique)

न्यूट्रिएन्ट फिल्म तकनीक के माध्यम से पोषक तत्वों को एक पतली फिल्म या बारीक सतह के माध्यम से पौधों की जड़ों को उपलब्ध कराया जाता है। इस तकनीकी की सबसे बड़ी परेशानी यह है कि जड़ों में वातायन नही हो पाता है और प्रत्येक दिन आवश्यक पोषक तत्वों के घोल को बदलने की है क्योंकि घोल में पोषक तत्वों की बनावट (composition) में तेजी से बदलाव होता है। ऐसा इसलिए होता है कि पौधों की जड़ों द्वारा कुछ तत्वों को ज्यादा अवशोषित कर लिया जाता है, जबकि दूसरे तत्व घोल में ही पड़े रहते हैं। यह चयनित अवशोषण प्रक्रिया केवल कुछ आवश्यक पोषक तत्वों की कमी ही नही करता बल्कि अवाँछित पी0एच0मान में परिवर्तन करता है। व्यावसायिक दृष्टिकोण से पतली सतहदार घोल स्वरूप जड़ों के चारों तरफ उपलब्ध कराया जाता है। इस प्रकार घोल को टंकियों से उच्च दबाव से भेजा जाता है, जिसकी देखभाल व नियंत्रण संगणक द्वारा स्वचालित होता है। पुनः कम समय के लिए पंप को बन्द कर दबाव कम किया जाता है और घोल को बहा दिया जाता है। न्यूट्रिएन्ट फिल्म तकनीक के माध्यम से टमाटर व लेट्यूस की खेती सफलतापूर्वक की जा सकती है।

संरक्षित खेती की देखभाल एवं प्रबन्धन

सब्जियों की संरक्षित खेती कई आधुनिक तकनीक के समन्वयन से की जाती है। अतः अधिक गुणवत्तायुक्त उपज प्राप्त करने के लिए संरक्षित खेती में प्रबन्धन की आवश्यकता पौध के वायवीय

भाग व पौध के जड़ भाग के लिए अलग–अलग होती है। इसके अलावा भौतिक घटक जैसे प्रकाश, तापमान, आर्द्रता, हवा की गति व कार्बन डाई आक्साइड की (CO_2) सान्द्रता जो वायवीय भाग को प्रभावित करती है, उसे ग्रीन हाउस वातावरण के नाम से जानते हैं। सामान्यतः निम्न प्रबन्धन की आवश्यकता है।

1. संरक्षित खेती करने के लिए मृदा का उपजाऊ होना आवश्यक है चाहे वह दोमट मिट्टी हो या बलुई दोमट मिट्टी। भारी मिट्टी में फसल का विकास कम होने के कारण उपज व गुणवत्ता दोनों गिर जाती है। जमीन को अधिक उर्वर बनाने के लिए खेत में सनई, ढैंचा लोबिया या अन्य कार्बनिक तत्वों को मिलाना चाहिए।
2. संरक्षित खेती की तैयारी करने के लिए बहुत गहरी जुताई कर समतल बनाना चाहिए। सब्जियों की चाहे नर्सरी पौध उगाना हो या फसल लेना है। नाली, मेड़ व विस्तर क्यारी (बेड क्यारी) बनाकर ही खेती करना चाहिए।
3. संरक्षित खेती में सिचाई जल प्रबन्धन, मृदा की स्थिति, फसल के प्रकार, उपज की प्राप्ति आदि के द्वारा निर्धारित होती है। अतः फसल चक्र अपनाकर झकड़ा जड़ वाली के बाद मूसला जड़ वाली फसल उगानी चाहिए। सतही सिंचाई की जगह टपक सिंचाई/बूँद–बूँद सिंचाई तकनीकी, फौव्वारा सिंचाई तकनीकी, ड्रिप फर्टीगेशन तकनीकी आदि का प्रयोग करना चाहिए। टपक/बूँद–बूँद सिंचाई करने के लिए मुख्य पाइप 2.0 सेन्टी मीटर मोटी खेत तक व खेत के अन्दर सहायक ड्रिपर लाइन (3.0–6.0 मिली मीटर) लगाते हैं। फौव्वारा सिंचाई विधि में फुहार बनाकर 2.0–5.0 मीटर की ऊँचाई पर लगाकर सिंचाई करते हैं। मटर में फौव्वारा सिंचाई (sprinkler irrigation) ज्यादा सफल है। ड्रिप फर्टीगेशन तकनीकी में एक टैंक (100.0–500.0 लीटर क्षमता) से जोड़कर पोषक तत्व व पानी दोनों को मिश्रित कर टपक प्रणाली के अनुसार सिंचाई करते हैं।

1. जल प्रबंधन

भारतवर्ष में संरक्षित खेती के लिए जल प्रबंधन एक प्रमुख घटक है। इसके लिए अनेकों वैज्ञानिक विधियों का विकास किया है। संरक्षित खेती में ड्रिप सिंचाई पद्धति (Drip Irrigation System) सबसे ज्यादा महत्वपूर्ण होती जा रही है। ड्रिप विधि के जरिये पौधों के लिए आवश्यक घुलनशील तत्वों की आपूर्ति करना भी सुविधाजनक होता है, क्योंकि इसमें पोषक तत्व सीधे पौधों की जड़ों को मिल जाते हैं।

2. पोषक तत्व प्रबन्धन

सब्जियों की संरक्षित खेती में पोषक तत्व प्रबन्धन का बहुत बड़ा योगदान है। ऐसी दशा में पोषक तत्वों को संतुलित रूप में आवश्यकतानुसार जड़ क्षेत्र व पर्णीय छिड़काव कर उपलब्ध कराया जाता है। वर्तमान समय में ड्रिप सिंचाई के साथ–साथ आवश्यक पोषक तत्वों को टैंक (tank) में मिश्रित कर घुलनशील अवस्था में पौधों को दिया जाता है। इससे पौधों के जड़ क्षेत्र में पहुँचने के साथ–साथ पौधों को उर्वरक से नुकसान नही होता हैं। फर्टीगेशन (fertigation) में दिये जाने वाले विलेय उर्वरकों का प्रतिशत सारिणी में दिया गया है–

सारिणी (12.21) फर्टीगेशन में दिये जाने वाले विलेय उर्वरकों का प्रतिशत

पोषक तत्व	नत्रजन (प्रतिशत)	फास्फोरस (प्रतिशत)	पोटाश (प्रतिशत)
अमोनियम नाइट्रेट	34	–	–
अमोनियम सल्फेट	21	20	–
यूरिया	46	–	–
अमोनियम फास्फेट	12	61	–
पोटैशियम क्लोराइड	–	–	60
पोटैशियम नाइट्रेट	13	0	44
पोटैशियम सल्फेट	–	–	50
फास्फोरिक अम्ल	–	54	–
मोनोपोटैशियम फास्फेट	–	52	34
कैल्शियम नाइट्रेट	15.50	–	–

स्रोत: सिंह एवं सहयोगी (2005)

संरक्षित खेती के अन्तर्गत चूँकि उन्हीं मूल्यवान सब्जियों की खेती की जाती है, जिनका निर्यात किया जाता है और पोषकीय दृष्टि से ज्यादा उपयोगी हैं (चन्द्रा एवं सहयोगी, 2003)। अतः सब्जियों में जैव उर्वरकों/खादों जैसे राइजोबियम, एजोस्पीरेलिम, एजेक्टोबैल्टर, माइकोराइजा, गोबर की सड़ी खाद, वर्मी कम्पोस्ट आदि का प्रयोग किया जाना चाहिए। उससे उपज पर किसी प्रकार का रसायन अवशेष की सम्भावना नही रहती है। सूक्ष्म पोषक तत्वों (जिंक, लोहा, मैग्नीज, ताँबा, बोरान, मालीब्डीनम) का छिड़काव या आधारीय उपयोग किया जा सकता है।

3. खरपतवार प्रबन्धन

संरक्षित खेती करने में चूँकि सिंचाई, पोषक तत्व उपयोग व अन्य क्रियाएँ वैज्ञानिक तरीके से की जाती है, अतः खरपतवारों का प्रकोप कम रहता है। समय–समय पर निकाई–गुड़ाई करके खरपतवार हाथ द्वारा निकाला जा सकता है। संरक्षित खेती में खरपतवार प्रबन्धन के लिए पलवार का उपयोग करना उत्तम होता है। किसी भी दशा में खरपतवारनाशी का प्रयोग नही करना चाहिए।

4. पादप वृद्धि नियामक का प्रयोग

वर्तमान समय में सब्जियों की संरक्षित खेती में पादप वृद्धि नियामकों की संस्तुत मात्रा, बीज कवच (जीब्रेलिक 500–1000 पी0पी0एम0, काइनेटिन 100 पी0पी0एम0) कर्त्तनों में जड़ विकास मुलायम व तोड़ने हेतु (साइटोकाइनेनि 2000–5000 पी0पी0एम0) फल पकने (इथरेल) आदि के लिए किया जाता है।

5. ग्रीन हाउस के अन्तर्गत वातावरणीय प्रबन्धन

ग्रीन हाउस वातावरण का तात्पर्य एक निश्चित क्षेत्र में सूक्ष्म वातावरण उत्पन्न कर पौधों के विकास में सहायक होने की पद्वति से है। ग्रीन हाउस तापमान जो पूरे पौधे के विकास के लिए आवश्यक तापमान का माध्य है जो एक "शिल्ड सेन्सर" से मापा जाता है, जो पूरे वर्ष बदलता रहता है। यह परिवर्तन स्थानीय मौसम के ऊपर भी निर्भर करता है। कभी–कभी ज्यादा परिवर्तन से ग्रीन हाउस के अन्तर्गत सूक्ष्म वातावरण निश्चित सीमा में स्थिर रखना बहुत मुश्किल होता है। कम तापमान की हवा जब ग्रीन हाउस में प्रवेश करती है, तब उसमें नमी धारण की क्षमता कम होती है। सापेक्ष आर्द्रता का मापन भी हवा के तापमान से किया जाता है जिससे "वेपर प्रेसर डिफिसिट" (vapor pressure deficit) की गणना की जाती है। इस प्रक्रिया से हवा की "वेपर प्रेसर सैचुरेशन" (vapor pressure saturation) तथा ऐम्बियन्ट वेपर प्रेसर" (ambient vapor pressure) एक निश्चित दिये गये तापमान, हवा में नमी की धारण क्षमता व वायु मण्डलीय दबाव का मापन कर सबसे उपयुक्त ग्रीन हाउस वातावरण की आर्द्रता के साथ सह सम्बन्ध स्थापित किया जा सकता है क्योंकि इसका सीधा सम्बन्ध पौधों के उत्स्वेदन (transpiration) प्रक्रिया से है। ग्रीन हाउस के अन्तर्गत कार्बन डाई आक्साइड की औसत सांद्रता हवा में कितनी है, ज्यादा महत्वपूर्ण योगदान फसल विकास से है। ग्रीन हाउस में हवा के मिश्रण बनाने में हवा की गति व दिशा दोनों बराबर मात्रा में योगदान देते हैं। इसी प्रकार प्रकाश जो संरचना पर सीधे पड़ती है और संरचना के अन्तर्गत प्रवेश करती है, का सीधा सम्बन्ध ऊर्जा संचरण से होता है। सौर ऊर्जा का रैडियोमैट्रिक फ्लक्स (radiometric flux) "सोलर इरैडिएक्स" कहलाता है, जिसका मापन ग्रीन हाउस के अन्तर्गत रैडियोमीटर (radiometer) से किया जाता है। प्रकाश संश्लेषण में फोटान फ्लक्स की गति धारा अन्तराल (दो लहरों के शिखर पर का अन्तर) 400–700 एन0एम0 (फोटोसिन्थेटिकैली एक्टीव रैडियेशन या पी0ए0आर0) क्षैतिज रूप से उपयोग किया जाता है। जब सौर शिखर अन्तराल औसतन 0.15–3.0 माइक्रो एम0 होता है, उसे "शार्टवेव रैडियेशन" कहते हैं जबकि 3.0–100.0 माइक्रो एम0 को "लांग वेव रैडियेशन" कहते हैं। धरती के नीचे का वातावरणीय सौर तरंगें 0.4–2.8 माइक्रो एम0 होती है।

6. अवाँछित भाखाओं एवं फलों को हटाना

संरक्षित खेती में उपज की गुणवत्ता पर ज्यादा ध्यान दिया जाता है अतः फलों का आकार–प्रकार बिना कुल उपज को प्रभावित किये प्राप्त होना चाहिए। कद्दू वर्गीय सब्जियों से अवाँछित तनों तथा मिर्च व शिमला मिर्च से अवाँछित फलों को हटा देने से आकार–प्रकार अच्छा होता है तथा आकर्षक फल प्राप्त होते हैं। पौधों की कटाई–छँटाई संरक्षित खेती में उपयोग होने वाली संरचना के ऊपर भी निर्भर करती है। इससे प्रति इकाई पौधों की संख्या, फलों का निर्धारण तथा गुणवत्ता मानक निर्धारित की जा सकती है।

7. संरक्षित खेती में रोग एवं कीट प्रबन्धन

प्राकृतिक वातावरण में की जा रही खेती की तुलना में संरक्षित खेती में रोग व कीट का प्रकोप कम होता है लेकिन सन्तुलित प्रक्रिया में गड़बड़ी होने से पूरी फसल समाप्त हो सकती है। उदाहरण

के लिए खीरा व करेला की खेती, पाली हाउस में करने पर अगर तापमान व आर्द्रता का अनुपात असन्तुलित हो जाता है तो चूर्णिल आसिता रोग (**powdery mildew disease**) मुक्त वातावरण की खेती से अधिक नुकसानदायक होता है। संरक्षित खेती में एकीकृत जीव नाशी प्रबन्धन का प्रयोग उत्तम है। संरक्षित दशा में खेती करने पर कीट एवं मकड़ी का प्रकोप कभी–कभी होता है। कुछ परजीवी जैसे इनकार्निया फारमोसा व ओरियस इन्सीडायोसल के प्रयोग से ज्यादा लाभ मिलता है। जड़ों में लगने वाले कीड़ों को नियंत्रित करने के लिए नीम की खली तथा पौधों की पत्तियों व तनों पर लगने वाले रोगों में ट्राइकोडर्मा (*Trichoderma*) कई सब्जियों में प्रयोग करने पर उपयोगी पाया गया है।

□□□

अध्याय 13

सब्जियों में समन्वित पोषण प्रबन्धन

(Integrated Nutrient Management in Vegetables)

जब रासायनिक उर्वरक उपलब्ध नही थे, तो खेती में स्थानीय स्रोतों से उपलब्ध जैविक खादों का प्रयोग मुख्य रूप से किया जाता था, जिससे कृषि उत्पादन में अपेक्षित स्तर प्राप्त नहीं होता था। परन्तु 60 के दशक में जब हरित क्रन्ति (Green Revolution) का उद्भव हुआ तो उर्वरकों का प्रयोग धीरे–धीरे बढ़ता गया, जिससे उत्पादन में अपेक्षित वृद्धि हुयी। किन्तु शुरूआत में प्रमुख पोषक तत्वों में केवल नत्रजनधारी उर्वरकों का प्रयोग हुआ, लेकिन धीरे–धीरे फास्फेटिक एवं पोटैशिक उर्वरकों के महत्व को समझते हुए इनका प्रयोग होने लगा। परन्तु अन्य पोषक तत्वों जैसे कैल्सियम, मैग्निशियम, गंधक, मैगनीज, लोहा, जिंक, कॉपर, बोरान, मालिब्डेनम व क्लोरिन की मिट्टी में कमी समय के साथ होती रही (सिंह, 2004)। फलस्वरूप इन तत्वों की पौधों को जरूरी मात्रा में उपलब्धता न होने से अधिकांश क्षेत्रों में उत्पादन में ठहराव आ गया तथा उत्पादन में कमी देखी गयी। इस प्रकार कहा जा सकता है कि उर्वरक प्रयोग एवं फसल उत्पादकता का बहुत नजदीकी समबन्ध है। आँकड़े से स्पष्ट होता है कि सन् 1950 तक कुल उर्वरक का प्रयोग 67000 टन था लेकिन सन 1960 तक नत्रजन–फास्फोरस एवं पोटाश का उपयोग 400,000 टन तक बढ़ गया। हरित क्रान्ति के प्रारम्भ में उर्वरक प्रयोग 1.0 मिलियन टन तक हो गया। भारवर्ष में प्रति हेक्टेयर उर्वरक प्रयोग को देखा जाये तो जहाँ सन् 1950 तक मात्र 0.5 किलोग्राम था जो सन् 1966–1967 में बढ़कर 7.0 किलोग्राम हो गया। सन् 1950–51 से सन् 1966–67 तक ''क्रांप प्रोडक्शन इण्डेक्स'' मात्र 2.48 प्रतिशत था और इस काल में उर्वरक की औसत वृद्धि दर 19.41 प्रतिशत था। अतः वर्तमान में समन्वित पोषण प्रबन्धन एवं व्यवहारपरक उर्वरक प्रयोग आवश्यक है। इसे निम्न प्रकार परिभाषित कर सकते है। "Customized fertilizers are defined as nutrient carrier designed to contain macro and / or micro nutrient forms, both from inorganic and/or organic sources

manufacturing through a systemic process granulation, satisfying the crop's nutrition needs, specific to it site, sail and stage, validated by a scientific crop modal capability developed by an accredited fertilizer manufacturing/ marketing company".

पोषक तत्व प्रबन्धन का मूल सिद्धान्त

सब्जियों में उचित पोशक तत्व प्रबन्धन के लिए खाद एवं उर्वरकों का संतुलित मात्रा एवं सही समय पर प्रयोग अन्यन्त आवश्यक है। रासायनिक उर्वरकों के साथ–साथ स्थानीय स्तर पर उपलब्ध कार्बनिक खाद एवं जैविक खाद का प्रयोग इस अनुपात में किया जाये कि पैदावार अधिक लाभप्रद एवं टिकाऊ हो तथा पर्यावरण एवं मिट्टी की भौतिक तथा रासायनिक दशा पर भी कोई बुरा प्रभाव नही पड़ें। इसमें सन्देह नहीं कि रासायनिक उर्वरकों के प्रयोग से सब्जियों के उत्पादन में आशातीत सफलता तो मिली, परन्तु सब्जियों की गुणवत्ता तथा मिट्टी की उत्पादकता में कमी आयी है। इसका मुख्य कारण जरूरत से ज्यादा रासायनिक उर्वरकों पर निर्भरता तथा कार्बनिक खादों का प्रयोग कम होने से पौधों को संतुलित मात्रा में पोषण तत्वों की अनुपलब्धता है। बढ़ती हुई विशाल जनसंख्या को स्वास्थ्य मानकों के अनुसार सब्जियों की निर्धारित मात्रा प्रति व्यक्ति प्रतिदिन लगभग 300.0 ग्राम की उपलब्धता सुनिश्चित करने के लिये सब्जियों के क्षेत्रफल को बढ़ाना तथा सघन खेती आवश्यक है और इसके लिये खाद एवं उर्वरकों का संतुलित प्रयोग और भी महत्वपूर्ण समझा जाता है।

समन्वित पोषक तत्व प्रबन्धन से लाभ

1. पोषक तत्वों का अधिकतम उपयोग व बर्बादी से बचाव।
2. फसलों का अधिकतम उत्पादन प्राप्त करना।
3. पोषक तत्वों को समानुपातिक मात्रा में रखना।
4. मृदा की उत्पादकता व स्वास्थ्य को संतुलित रखना।
5. गुणात्मक व गुणवत्तायुक्त उत्पादन।
6. कीड़े–मकोड़ों के प्रभाव को प्राकृतिक तौर पर कम करना।
7. लाभ व लागत अनुपात में सामंजस्य रखना।

समन्वित पोषक तत्व प्रबन्धन हेतु सुझाव

1. मृदा परीक्षण के आधार ही उर्वरकों/जैविक खादों का प्रयोग।
2. फसल चक्र में हरी खादों का प्रयोग।
3. फसल चक्र में परिवर्तन।
4. जैविक खादों का अधिकतम उपयोग।
5. कार्बनिक जीवांश व अकार्बनिक उर्वरकों का संतुलित उपयोग।

मृदा परीक्षण व विश्लेषण

मृदा परीक्षण, मृदा उर्वरता के मूल्यांकन की एक विधि है। मृदा परीक्षण सूचना का उपयोग विशिष्ट फसल आवश्यकताओं के साथ विभिन्न पोषक तत्वों की सही मात्रा तथा मृदा सुधारकों की मात्रा जो किसी फसल पद्धति में अपेक्षित है, के निर्धारण हेतु किया जाता है।

सारिणी (13.1) मृदा स्वास्थ्य विश्लेषण

भौतिक (Physical)	**रासायनिक (Chemical)**	**जैविक (Biological)**
संरचना (Structure)	पी0एच0 (pH)	श्वसन दर (Respiration rate)
बल्क डेनसीटी (Bulk density)	कैटायन इक्सचेन्ज क्षमता (Cation exchange capacity)	केंचुआ (Earthworms)
जल निकास (Drainage)	पौधों को पोषक तत्व उपलब्धता (Plant available nuttrients)	सूक्ष्मजीव संख्या (Microbial numbers)
जल छनाव दर (Water infiltration rate)	कार्बनिक पदार्थ (Organic matter)	सूक्ष्मजीव सघनता (Microbial biomass)
मृदा सघनता (Soil strength)	संदूषण (Contaminants-metals, toxins)	रोगजनक (Pathogen-plant and man)

डायरेक्टोरेट ऑफ एग्रीकल्चर, स्टेट एग्रीकल्चरल यूनिवर्सिटी एवं खाद उद्योग द्वारा (7.07 मिलियन) मृदा का परीक्षण किया गया, जिससे स्पष्ट हुआ कि मृदा में मृदा मानक की तुलना से नत्रजन की 62.0–37.0 प्रतिशत फास्फोरस की 49.0–47.0 प्रतिशत जिंक की 50.0 प्रतिशत व सल्फर की 41.0–30.0 प्रतिशत तक की कमी पायी गयी।

सारिणी (13.2) मृदा में उपलब्ध पोषक तत्वों का औसत मापदण्ड

गुणधर्म	**न्यूनतम**	**मध्यम**	**उच्चतम**
जैविक कार्बन	0.50 से कम	0.5–0.75	0.75 से अधिक
उपलब्ध नत्रजन (किलो ग्राम/हेक्टेयर)	250.0 से कम	250.0–500.0	500 से अधिक
उपलब्ध फास्फोरस (किलो ग्राम/हेक्टेयर)	11.0 से कम	11.0–25.0	25 से अधिक
उपलब्ध पोटाश (किलोग्राम/हेक्टेयर)	120.0 से कम	120.0–280.0	280 से अधिक
उपलब्ध सल्फर (किलो ग्राम/हेक्टेयर)	22.4 से कम	22.4–35.0	35 से अधिक

मृदा पी0एच0 मान

सारिणी (13.3) मृदा पी0एच0 मान का वर्गीकरण

मृदा पी0एच0 मान	मृदा वर्ग
6.5 से कम	अम्लीय
6.5 से 7.5 तक	सामान्य
7.5 से 8.5 तक	क्षारीय उन्मुख
8.5 से अधिक	क्षरीय

अन्य फसलों की तरह सब्जियों में भी 90.0 प्रतिशत पानी होता है। यदि सूखे पौधों का प्रयोगशाला में परीक्षण किया जाये तो उसमें मुख्य रुप से कार्बन (50.0 प्रतिशत), आक्सीजन (40.0 प्रतिशत) व हाइड्रोजन (5.0 प्रतिशत) अर्थात् 95.0 प्रतिशत मात्रा ऐसे पोषक तत्वों की होती है, जो जमीन से उपलब्ध जल या वातावरण में उपलब्ध वायु से लेते हैं। शेष 5.0 प्रतिशत मात्रा खनिज तत्वों (नत्रजन, फास्फोरस, पोटैशियम, कैल्सियम, मैग्निशियम, गंधक, लोहा, जिंक, कॉपर, बोरान, मालिब्डेनम व क्लोरिन) की होती है।

सारिणी (13.4) पौधों के विकास के लिये आवश्यक पोषक तत्व

वायु एवं जल द्वारा	मृदा द्वारा उपलब्ध होने वाले पोशक तत्व		
उपलब्ध होने वाले पोषक तत्व	मुख्य पोषक तत्व	द्वितीयक पोषक तत्व	सूक्ष्म पोषक तत्व
कार्बन	नत्रजन	कैल्सियम	लोहा
हाइड्रोजन	फास्फोरस मैग्नीज	मैग्नीशियम	
आक्सीजन	पोटैशियम	गन्धक	जस्ता तांबा मालिब्डेनम बोरान क्लोरीन

इन खनिज तत्वों में भी ज्यादातर मात्रा मुख्य व द्वितीयक पोषक तत्वों (नत्रजन, फास्फोरस, पोटैशियम, कैल्सियम, मैगनिशियम व गंधक) की होती है, जबकि सूक्ष्म पोषक तत्वों की मात्रा बहुत ही कम होती है। इनमें से कसी भी तत्व की कमी या अधिकता होने पर फसल की उत्पादकता प्रभावित होती है।

सारिणी (13.5) आवश्यक पोषक तत्वों का वर्गीकरण व पौधों में औसत मात्रा

तत्वों का वर्गीकरण	पोषक तत्व	रासायनिक चिन्ह	पौधों के ग्रहण करने का प्रकार	पौधों में औसत मात्रा (प्रतिशत)
मुख्य पोषक तत्व	नाइट्रोजन	N	NO^-_3, NH^+_4	1.5
	फास्फोरस	P	$H_2PO^-_4$, $H_2PO^{-2}_4$	0.2
	पोटैशियम	K	K^+	1.0
द्वितीयक पोषक तत्व	गन्धक	S	So^{-2}_4	0.1
	कैल्सियम	Ca	Ca^{+2}	0.5
	मैग्नीशियम	Mg	Mg^{+2}	0.2
सूक्ष्म पोषक तत्व	लोहा	Fe	Fe^{+3}, Fe^{+2}	100 पी.पी.एम.
	मैग्नीज	Mn	Mn^{+2}	50 पी.पी.एम.
	जस्ता	Zn	Zn^{+2}	20
	तांबा	Cu	Cu^{+2}	6 पी.पी.एम.
	बोरान	B	H_3BO_3	20 पी.पी.एम.
	मालिब्डेनम	Mo	MO^{+2}_4	0.1 पी.पी.एम.
	क्लोरीन	Cl	Cl^-	0.2

वर्तमान समय में सब्जियाँ ज्यादा उपज देने योग्य तो हैं, लेकिन उसी अनुपात में पोषक तत्वों का मृदा से ह्वास भी करती हैं। नीचे की सारिणी में प्रति हेक्टेयर नत्रजन, फास्फोरस व पोटाश के ह्वास का विवरण नीचे दिया गया है।

सारिणी (13.6) सब्जियों द्वारा मृदा से पोषक तत्वों का अवशोषण (ह्वास)

सब्जी फसल	उत्पादन (टन/हेक्टेयर)	नत्रजन (किलोग्राम)	फास्फोरस (किलोग्राम)	पोटाश (किलोग्राम)
पत्ता गोभी	70.0	370.0	85.0	480.0
गाजर	30.0	125.0	55.0	200.0
फूल गोभी	50.0	250.0	100.0	350.0
खीरा	40.0	70.0	50.0	120.0
बैंगन	60.0	175.0	40.0	300.0
भिण्डी	20.0	60.0	25.0	90.0
प्याज	35.0	120.0	50.0	160.0
लहसुन	35.0	120.0	50.0	160.0
पालक	25.0	120.0	45.0	200.0
टमाटर	50.0	140.0	65.0	190.0

स्रोतः टंडन, 1991, फर्टीलाइजर रेकमेन्डेसन फार हार्टीकल्चरल क्राप्स–ए गाइड बुक, न्यू दिल्ली, पृष्ठ 104

सारिणी (13.7) पोषक तत्व का चक्रीय विश्लेषण एवं सब्जियों में उपयोग के बाद शेष मात्रा

फसल	उपज (टन/हेक्टेयर)	नत्रजन (किलोग्राम/हेक्टेयर)			फास्फोरस (किलोग्राम/हेक्टेयर)			पोटाश (किलोग्राम /हेक्टेयर)		
		अ	ब	स	अ	ब	स	अ	ब	स
आलू	30.0	120.0	131.0	−11.0	80.0	60.0	+20.0	8.00	23.03	−15.02
टमाटर	40.0	100.0	112.0	−12.0	60.0	52.0	+8.0	6.00	152.0	−92.0
बैंगन	30.0	100.0	88.0	+12.0	60.0	20.0	+40.0	40.0	150.0	−110.0
पत्ता गोभी	35.0	120.0	185.0	−35.0	80.0	43.0	+37.0	40.0	240.0	−200.0
फूल गोभी	30.0	120.0	150.0	−30.0	80.0	60.0	+20.0	40.0	210.0	−170.0
गांठ गोभी	30.0	100.0	133.0	−33.0	50.0	92.0	−42.0	40.0	112.0	−72.0
गाजर	30.0	60.0	125.0	−65.0	40.0	55.0	−15.0	40.0	200.0	−160.0
मूली	20.0	80.0	120.0	−40.0	40.0	60.0	−20.0	40.0	120.0	−80.0
प्याज	35.0	100.0	120.0	−20.0	60.0	50.0	+10.0	60.0	160.0	−100.0
लीक	30.0	100.0	100.0	00.0	40.0	65.0	−25.0	60.0	130.0	−70.0
खीरा	30.0	80.0	47.0	+33.0	50.0	34.0	+16.0	70.0	80.0	−10.0
कुम्हण	40.0	90.0	72.0	−18.0	80.0	56.0	+24.0	80.0	128.0	−48.0
खरबूजा	20.0	80.0	68.0	+22.0	50.0	20.0	+30.0	50.0	120.0	−70.0
मटर	10.0	35.0	112.0	−77.0	70.0	43.0	+22.0	50.0	97.0	−47.0
बीन्स	15.0	50.0	130.0	−80.0	80.0	40.0	+40.0	60.0	160.0	−100.0
भिण्डी	20.0	80.0	60.0	+20.0	50.0	25.0	+25.0	50.0	90.0	−40.0
सेलेरी	30.0	120.0	200.0	−80.0	40.0	80.0	+40.0	80.0	300.0	−220.0
लेट्यूस	30.0	100.0	90.0	+10.0	60.0	35.0	+25.0	60.0	160.0	−100.0
स्पिनाच	25.0	80.0	120.0	−40.0	40.0	45.0	−5.0	40.0	200.0	−160.0
एस्परागस	5.0	30.0	120.0	−90.0	80.0	60.0	+20.0	80.0	150.0	−70.0
कसावा	30.0	50.0	187.0	−137.0	50.0	33.0	+17.0	50.0	233.0	−183.0
शकरकन्द	40.0	80.0	190.0	−110.0	60.0	75.0	−15.0	60.0	340.0	−280.0
याम	28.0	120.0	160.0	−40.0	60.0	40.0	+20.0	80.0	172.0	−92.0

अ–प्रयोग किया गया

ब–पौधों द्वारा ह्वास किया गया

स–मृदा में शेष बची मात्रा

स्रोत: क्नाट (1980), हाजरा एवं सोम (1999), भट (2007) एवं पीटर (1998)

सारिणी (13.8) सब्जियों का लवणीय मृदा में सहनशीलता

सब्जी फसल	**सापेक्ष उपज की कमी (प्रतिशत)**			
	0 डीएस एम$^{-1}$	**10 डीएस एम$^{-12.8}$**	**25 डीएस एम$^{-1}$**	**50 डीएस एम$^{-1}$**
चुकन्दर	4.0	5.1	6.8	9.6
ब्रोकली	2.8	3.9	5.5	8.2
टमाटर	2.5	3.5	5.0	7.6
खीरा	2.5	3.3	4.4	6.3
कैंटालूप	2.2	3.6	5.7	9.1
पालक	2.0	3.3	5.3	8.6
पत्ता गोभी	1.8	2.8	4.4	7.0
आलू	1.7	2.5	3.8	5.9
स्वीट कार्न	1.7	2.5	3.8	5.9
मिर्च	1.5	2.2	3.3	5.1
लेट्यूस	1.3	2.1	3.2	5.2
मूली	1.2	2.0	3.1	5.0
प्याज	1.2	1.8	2.8	4.3
गाजर	1.0	1.7	2.8	4.6
बीन्स	1.0	1.5	2.3	3.6

1. कार्बन, हाइड्रोजन एवं आक्सीजन (Carbon, Hydrogen and Oxygen)

कार्बन, हाइड्रोजन एवं आक्सीजन वायु एवं जल द्वारा पौधों को प्राप्त होते हैं। ये पोषक तत्व पौधों के आधारभूत संरचना का निर्माण करते हैं। किसी पौधे के शुष्क पदार्थ में इन तीनों तत्वों का योगदान 96.0 प्रतिशत तक होता है। मृदा में कार्बन की मात्रा का बहुत ही महत्व है। मृदा की भौतिक संरचना में सुधार तथा भूमि की जलधारण क्षमता में वृद्धि एवं पौधों को पोषक तत्व सुलभता से उपलब्ध कराने में कार्बन की अहम् भूमिका है। साधारण मृदा में कार्बनिक पदार्थ की मात्रा 0.2–0.3 प्रतिशत के बीच पायी जाती है। आदर्श कार्बनिक पदार्थ की मात्रा 0.5 प्रतिशत पाई गई है। वे सब्जियाँ जिनको तैयार होने पर पूर्ण रूपेण उखाड़ या तोड़ लिया जाता है, की खेती से कार्बनिक खाद या पौधों का अवशेष खेत में नही गिर पाता है, जिससे मृदा में कार्बन की मात्रा घटती है। अतः आवश्यक है कि कार्बनिक खाद (हरी खाद, गोबर की खाद, कम्पोस्ट, वर्मी कम्पोस्ट, प्रेसमड आदि) के प्रयोग से कार्बन का प्रतिशत बढ़ाया जाये।

2. मृदा द्वारा प्राप्त होने वाले पोषक तत्व

नत्रजन, फास्फोरस, पोटाश आदि मृदा द्वारा प्राप्त होने वाले मुख्य पोषक तत्व हैं। इन्हें मुख्य, द्वितीय एवं सूक्ष्म पोषक तत्वों में विभाजित किया जाता है।

1. मुख्य पोषक तत्व (Primary nutrients)

(i) नत्रजन (Nitrogen)

नत्रजन से पत्तियों का रंग गहरा हरा होता है। यह तत्व पौधों और पत्तियों के विकास में सहायता करता हैं। इसकी उचित मात्रा देने से पौधों में वृद्धि जल्दी होती है और फसल में प्रोटीन की मात्रा भी बढ़ती है। इसलिए यह पत्ती वाली और मुलायम फल वाली सब्जियों जैसे–पालक, चौलाई, मेंथी, पत्ता गोभी, टमाटर आदि के लिए अधिक आवश्यक होता है। फलीदार सब्जियाँ जैसे–सेम, लोबिया और मटर दलहनी सब्जी होने के कारण वायुमण्डल से नत्रजन को अपनी जड़ों में बनने वाले जीवाणु ग्रंथी (nodule) की सहायता से एकत्रित करती हैं। अतः इनमें नत्रजन युक्त उर्वरकों की आवश्यकता अधिक नही देनी होती हैं। नत्रजन की कमी से पौधे प्रायः छोटे हो जाते हैं और उनकी पत्तियाँ पीली पड़ जाती है। साथ ही इनकी अधिकता होने से पौधों में फूल देर से आते हैं। फल भी देर से पकते हैं तथा पौधों की रोग ग्रहण शीलता भी बढ़ जाती है। यद्यपि पौधे नत्रजन को दो रूपों–अमोनियम (ammonium) और नाइट्रेट (nitrate) में ग्रहण करते हैं, परन्तु अधिकतर सब्जियों में नाइट्रेट का अवशोषण शीघ्रता से होता है। उचित जल निकास युक्त भूमि में सब्जियों की वृद्धि अच्छी होती है। क्योंकि उसमें नत्रजन के अमोनिया रूप का नाइट्रेट में परिवर्तन शीघ्रता से होता है। नत्रजन की कमी का लक्षण पौधों के कम विकास एवं पीलापन से प्रारम्भ होता है, जिनमें निचली पत्तियाँ पीली, हल्की भूरी और तना छोटा व कोमल हो जाता है।

सारिणी (13.9) पौधों में नत्रजन के कमी के लक्षण

पोषक तत्व	पौधों द्वारा अवशोषित आयन	कमी के लक्षण
नत्रजन	NH_4, NO_3	पत्तियों में हरापन का कम होना पुरानी व नीचे की पत्तियों का पीला पड़ना नत्रजन की बहुत कमी हो तो पत्तियों का जलना

नत्रजन धारी उर्वरक जिनका सब्जियों की खेती में उपयोग किया जाता है, में अमोनियम सल्फेट, कैल्सियम अमोनियम नाइट्रेट और यूरिया प्रमुख हैं। जैविक खाद या कम्पोस्ट से भी फसल में नत्रजन की पूर्ति की जा सकती है। नत्रजनधारी उर्वरकों में नत्रजन का प्रतिशत नीचे की सारिणी में दिया गया है–

सारिणी (13.10) नत्रजन धारी प्रमुख उर्वरक में नत्रजन की मात्रा

उर्वरक	नत्रजन (प्रतिशत)
यूरिया	46.0
अमोनियम सल्फेट	21.0
कैल्सियम अमोनियम नाइट्रेट	25.0–28.0
अमोनियम–क्लोराइड	25.0–26.0
डाइ अमोनियम फास्फेट	18.0

सारिणी (13.11) सब्जियों में नत्रजन उपयोग की संस्तुत मात्रा व विधि

सब्जी फसल	औसत उपज (कु0/हेक्टेयर) निर्धारित)	मृदा कार्बनिक पदार्थ				उपयोग विधि
		कम	मध्य	उच्च	कार्बनिक मृदा	
ब्रोकली	200.0	180.0	160.0	140.0	100.0	1/3 भाग आधारीय, 1/3 भाग खड़ी फसल पौध रोपण के 2 सप्ताह बाद, 1/3 भाग खड़ी फसल में पौध रोपण के 5 सप्ताह बाद छिड़काव
पत्ता गोभी	500.0	180.0	160.0	140.0	100.0	1/3 भाग आधारीय, 1/3 भाग खड़ी फसल पौध रोपण के 2 सप्ताह बाद, 1/3 भाग खड़ी फसल में पौध रोपण के 5 सप्ताह बाद छिड़काव
गाजर	500.0	120.0	100.0	80.0	50.0	1/2 भाग आधारीय, 1/2 भाग पौध स्थापन के बाद छिड़काव

फूल गोभी	300.0	180.0	160.0	140.0	100.0	1/3 भाग आधारीय, 1/3 भाग खड़ी फसल पौध रोपण के 2 सप्ताह बाद, 1/3 भाग खड़ी फसल में पौध रोपण के 5 सप्ताह के बाद छिड़काव
खीरा	300.0	100.0	80.0	60.0	30.0	1/2 भाग आधारीय, 1/2 भाग पौध लता फैलाव के समय छिड़काव
बैंगन	300.0	120.0	100.0	80.0	50.0	1/2 भाग आधारीय, 1/2 भाग फल लगने के समय
खरबूजा	300.0	100.0	80.0	60.0	30.0	1/2 भाग आधारीय, 1/2 भाग पौध लता फैलाव के समय छिड़काव
प्याज (सूखा)	500.0	130.0	110.0	90.0	60.0	1/4 भाग आधारीय, 3/4 भाग बीज जमाव के 4–5 सप्ताह बाद की खड़ी फसल में छिड़काव
प्याज (हरा)	250.0	80.0	60.0	40.0	20.0	1/4 भाग आधारीय, 1/2 भाग का 4–5 सप्ताह की खड़ी फसल में छिड़काव
कुम्हण	400.0	70.0	50.0	30.0	20.0	1/2 भाग आधारीय, 1/2 भाग पौध लता फैलाव के समय छिड़काव
मूली	400.0	50.0	40.0	30.0	20.0	संपूर्ण भाग आधारीय
पालक	250.0	100.0	80.0	60.0	30.0	1/2 भाग आधारीय, 1/2 भाग का 4–5 सप्ताह की खड़ी फसल में छिड़काव
स्क्वाश	300.0	70.0	50.0	30.0	20.0	1/2 भाग आधारीय, 1/2 भाग पौध लता फैलाव के समय छिड़काव
टमाटर	400.0	130.0	110.0	90.0	60.0	1/2 भाग आधारीय, 1/2 भाग फल लगने के समय
शलजम	400.0	60.0	50.0	40.0	20.0	संपूर्ण भाग आधारीय
तरबूज	500.0	100.0	80.0	60.0	30.0	1/2 भाग आधारीय, 1/2 भाग पौध लता फैलाव के समय छिड़काव

स्रोतः शर्मा एवं सहयोगी, 2011

(ii) फास्फोरस (Phosphorus)

मिट्टी में फास्फोरस पर्याप्त मात्रा (0.02–0.10 प्रतिशत) में उपलब्ध होने से पौध वृद्धि शीघ्र और जड़ों का विकास जल्दी होता है। फल में बीज जल्दी बनते हैं तथा उनमें परिपक्वता भी शीघ्र आता है। साथ ही सब्जी के गुणों में सुधार होता है। यह तरूण पौधों के विकास में भी सहायता करता है, क्योंकि इस समय जड़ों का विकास इसकी मदद से अच्छा होता है। अतः जड़ वाली

सब्जियों जैसे–मूली, गाजर, शलजम व चुकन्दर के विकास में यह विशेष रूप से सहायक होता है। फलीदार सब्जियों जैसे–मटर, सेम, लोबिया व ग्वार, के लिए भी यह अधिक उपयोगी है। इसकी कमी से पौधों की वृद्धि धीमी हो जाती है और पत्तियाँ भूरी व छोटी हो जाती है। बहुत अधिक कमी से पत्तियों की मध्य शिराओं और पर्णवृन्त तथा तनों के भाग बैंगनी रंग के हो जाते हैं।

सारिणी (13.12) पौधों में फास्फोरस के कमी के लक्षण

पोषक तत्व	पौधों द्वारा अवशोषित आयन	कमी के लक्षण
फास्फोरस	H_2PO_4, HPO_4, PO_4	पत्तियों के किनारे बैंगनी रंग का होना

फास्फोरस मिट्टी में मुक्त रूप से नहीं होता है। यह हमेशा फास्फेट के रूप में और अधिकतम कैल्सियम फास्फेट के रूप मिलता है। शैल फास्फेट में फास्फोरस अविलेय रूप में होने से पौधों को यह प्राप्त नहीं होता है।

फास्फोरस यौगिक ही पौधों को तुरन्त प्राप्त होता है, जैसे–कैल्सियम फास्फेट और सोडियम फास्फेट। मिट्टी में डाले गये फास्फोरस का एक प्रमुख भाग अप्राप्य (70.0–80.0 प्रतिशत) यौगिक के रूप में बदल जाता है और स्थिर हो जाता है, लेकिन यह मिट्टी की पी0एच0 (pH) मान और अन्य कारकों पर भी निर्भर करता है।

सारिणी (13.13) फास्फोरसधारी उर्वरकों में फास्फोरस की मात्रा

उर्वरक स्रोत	फास्फोरस (प्रतिशत)	गन्धक (प्रतिशत)
राक फास्फेट	25.0–40.0	–
सिंगल सुपर फास्फेट	16.0–20.0	12.0
ट्रिपल सुपर फास्फेट	48.0–53.0	
डाई अमोनियम फास्फेट	46.0–53.0	
मोनो अमोनियम फास्फेट	46.0–62.0	24.0
पोटैशियम सल्फेट	50.0	18.0
कार्बनिक खाद	5.0–10.0	

फास्फोरस की अधिकतम मात्रा मिट्टी के 6.0–6.5 पी0एच0 मान पर पौधों को प्राप्त होती है। प्रायः यह सुपर फास्फेट उर्वरक द्वारा भूमि में दिया जाता है। नम व सूखी भूमि में फास्फोरस का संचालन कम होता है। अधिक लाभ के लिए इन्हें बीज या पौधों के अगल–बगल देना चाहिए। सब्जियों में इसे 30.0–60.0 किलोग्राम प्रति हेक्टेयर की दर से देना चाहिए। संकर किस्मों में यह मात्रा 80.0 किलोग्राम/हेक्टेयर तक पहुँच जाती है।

सारिणी (13.14) सब्जियों में फास्फोरस उपयोग की संस्तुत मात्रा

सब्जी फसल	औसत उपज (कु0/हेक्टेयर) निर्धारित	मृदा परीक्षण में फास्फोरस स्तर (पी0पी0एम0)					
		Bray's P1:0-10	11–20	21–30	31–40	41–50	51+
		Olsen's P1:0-7	8–15	16–25	26–33	34–41	42+
		फास्फोरस उपयोग (किलोग्राम/हेक्टेयर)[2]					
ब्रोकली	200.0	150.0	100.0	75.0	50.0	25.0	
पत्ता गोभी	500.0	150.0	100.0	75.0	50.0	25.0	
गाजर	500.0	150.0	100.0	75.0	50.0	25.0	0.0
फूल गोभी	300.0	150.0	100.0	75.0	50.0	25.0	0.0
खीरा	300.0	150.0	100.0	75.0	50.0	25.0	0.0
बैंगन	300.0	150.0	100.0	75.0	50.0	25.0	0.0
खरबूजा	300.0	150.0	100.0	75.0	50.0	25.0	0.0
प्याज (सूखा)	500.0	200.0	100.0	100.0	50.0	25.0	0.0
प्याज (हरा)	25.0	150.0	100.0	75.0	50.0	25.0	0.0
कुम्हण	400.0	150.0	100.0	75.0	50.0	25.0	0.0
मूली	400.0	100.0	75.0	50.0	25.0	0.0	0.0
पालक	250.0	150.0	100.0	75.0	50.0	25.0	0.0
स्क्वाश	300.0	150.0	100.0	75.0	50.0	25.0	0.0
टमाटर	400.0	150.0	100.0	75.0	50.0	25.0	0.0
शलजम	400.0	100.0	75.0	50.0	25.0	0.0	0.0
तरबूज	500.0	150.0	100.0	75.0	50.0	25.0	0.0

स्रोतः शर्मा एवं सहयोगी, 2011

(iii) पोटाश (Potash)

आवश्यक पोषक तत्वों में पोटाश प्रमुख तत्व है, जो पौधों के अन्दर इन्जाइम क्रियाशीलता को बढ़ाता है तथा अन्य तत्वों के संतुलन को बनाये रखने में मदद करता है। पोटाश पौधों में कार्बोहाइड्रेट के उत्पादन व स्थानान्तरण के लिये आवश्यक होता है। इसलिए यह उन फसलों के लिये अधिक महत्वपूर्ण है, जो शर्करा, प्रोटीन या स्टार्च को संचित करते हैं। जैसे–आलू, शकरकन्द, गाजर और फल वाली सब्जियाँ जैसे–मटर, खीरा, खरबूजा और तरबूज। इसके द्वारा टमाटर व खीरा के गुण अच्छे हो जाते हैं। पोटाश से पौधों की रोग प्रतिरोधक क्षमता भी बढ़ती है। पाला व शीत से भी पौधों की रक्षा करता है। पानी की अधिकता एवं कमी दोनों आवस्था में पौधों की सुरक्षा करता है।

सारिणी (13.15) सब्जियों के लिये सापेक्ष मृदा परीक्षण में पोटाश स्तर

क्रम सं0	**सापेक्ष स्तर**	**पोटाश (पी0पी0एम0)**
1.	कम	0.0–40.0
2.	मध्यम	41.0–80.0
3.	मध्यम–उच्च	81.0–120.0
4.	उच्च	121.0–160.0
5.	बहुत उच्च	161.0+

स्रोतः शर्मा एवं सहयोगी, 2011

इसकी कमी से पौधे छोटे रह जाते हैं। पुरानी पत्तियों में उपांत हरिमाहीनता हो जाती है और वह झुलस जाती है। जड़ व कन्द वाली सब्जियों में संचायक अंग पतले रह जाते हैं।

सारिणी (13.16) पौधों में पोटाश के कमी के लक्षण

पोषक तत्व	**पौधों द्वारा अवशोषित आयन**	**कमी के लक्षण**
पोटैशियम	K^+	• पौधों का तना कमजोर रहना व पौधों का नीचे गिरना • पत्तियों के किनारे जलना

प्रमुख पोटाशधारी उर्वरक–म्यूरेट ऑफ पोटाश (पोटैशियम क्लोराइड) और पोटैशियम सल्फेट हैं। पोटाशधारी उर्वरकों में पाये जाने वाले पोटाश तत्व की मात्रा नीचे की सारिणी में दिया गया है–

सारिणी (13.17) पोटाशधारी उर्वरकों में पोटाश की मात्रा

उर्वरक स्रोत	**पोटाश (प्रतिशत)**
म्यूरेट ऑफ पोटाश	60.0–62.0
पोटैशियम सल्फेट	50.0
जीवांश खाद या कम्पोस्ट	0.9–1.5

2. द्वितीयक पोषक तत्व (Secondary nutrients)

पौधों को इन पोषक तत्वों की आवश्यकता मुख्य पोषक तत्वों की अपेक्षा कम होती है, इसलिए इन्हें गौण या द्वितियक पोषक (secondary nutrients) तत्व कहते हैं। इनमें कैल्सियम, मैग्नीशियम और गन्धक आते हैं।

(i) कैल्सियम (Calcium)

पौधे इस पोषक तत्व को स्वतन्त्र आयन (Ca^{2+}) के रूप में ग्रहण करते हैं। यह कैल्सियम पेक्टेट (calcium pectate) के रूप में कोशिका भित्ती के नीचे की लैमिना (lamina) के लिये आवश्यक होता है। कैल्सियम पौधे की कोशिका में बने आक्जैलिक अम्ल के प्रभाव को दूर करता है तथा नत्रजन के अवशोषण व प्रोटीन निर्माण की क्रिया को बढ़ाता है। पौधों की जड़ की वृद्धि तथा अग्र भाग के समुचित विकास के लिए कैल्सियम का पर्याप्त मात्रा में उपलब्ध होना आवश्यक है। पौधों में कैल्सियम का संचार सुगमता से न होने के कारण कमी का सबसे पहले प्रभाव अग्रस्थ कलिकाओं पर होता है और उनका विकास रूक जाता है।

सारिणी (13.18) पौधों में कैल्सियम के कमी के लक्षण

पोषक तत्व	पौधों द्वारा अवशोषित आयन	कमी के लक्षण
कैल्शियम	Ca^{++}	• शीर्ष कलिका का विकास रुकना • पौधों की पत्तियों का जलना

कैल्सियम की मात्रा को उपलब्ध कराने के लिए जिप्सम (29.2 प्रतिशत कैल्सियम), राक फास्फेट (33.1 प्रतिशत कैल्सियम) तथा सिंगल सुपर फास्फेट (19.5 प्रतिशत कैल्सियम) का सब्जियों की खेती में प्रयोग करना चाहिए।

सारिणी (13.19) सब्जियों के लिये सापेक्ष मृदा परीक्षण में कैल्सियम स्तर

सापेक्ष मृदा परीक्षण में कैल्सियम (पी0पी0एम0)	सापेक्ष स्तर	कैल्सियम प्रयोग (किलोग्राम / हेक्टेयर)
0–150	कम	225.0
151–299	मध्यम	112.0
300+	उच्च	0.0

स्रोतः शर्मा एवं सहयोगी, 2011

सारिणी (13.20) उर्वरक स्रोतों में कैल्सियम का प्रतिशत

उर्वरक स्रोत	कैल्सियम (प्रतिशत)
जिप्सम	22.0
बूझा चूना	46.0
चूना	60.0
बेसिक स्लैग	29.0
लाइम स्टोन (कैल्साइटिक)	32.0

(ii) मैग्नीशियम (Magnesium)

यह पौधों के पर्णहरित का अनिवार्य अवयव है तथा पौधे के शरीर में इन्जाइम की क्रियाशीलता एवं उनके रासायनिक क्रियाओं के लिए आवश्यक है। मैग्नीशियम तेल और वसा के निर्माण तथा फास्फोरस एवं स्टार्च के परिवहन में सहायक होता है। इसका संचार पौधों में सुगमता से होने के कारण कमी के लक्षण सबसे पहले पौधे की पुरानी पत्तियों पर दिखाई पड़ते हैं। पत्तियों के शिराओं के बीच का हरा रंग नष्ट हो जाता है तथा केवल शिरायें हरी बनी रहती है।

सारिणी (13.21) पौधों में मैग्नीशियम के कमी के लक्षण

पोषक तत्व	पौधों द्वारा अवशोषित आयन	कमी के लक्षण
मैग्नीशियम	Mg^{++}	• पर्ण शिराओं का हरा रहना व शेष भाग का पीला पड़ना • पत्तियों पर लम्बी धारियाँ दिखाई देना • गोभी वर्गीय सब्जियों की पत्तियों का कप आकृति में मुड़ना

मैग्नीशियम की आपूर्ति के लिये इप्सम साल्ट (9.6 प्रतिशत मैग्नीशियम) तथा पोटैशियम मैग्नीशियम (11.1 प्रतिशत मैग्नीशियम) का प्रयोग करना चाहिये।

सारिणी (13.22) सब्जियों के लिये सापेक्ष मृदा परीक्षण में मैग्नीशियम स्तर

सापेक्ष मृदा परीक्षण में मैग्नीशियम (पी0पी0एम0)	सापेक्ष स्तर	मैग्नीशियम प्रयोग (किलोग्राम/हेक्टेयर) छिड़काव (Broadcast)	बैन्ड प्रयोग (Band placement)
0–49	कम	112.0	22.0
50–99	मध्यम	56.0	11.0
100+	उच्च	0.0	0.0

स्रोतः शर्मा एवं सहयोगी, 2011

सारिणी (13.23) उर्वरक स्रोतों में मैग्नीशियम का प्रतिशत

उर्वरक स्रोत	मैग्नीशियम (प्रतिशत)
मैग्नीश्यिम सल्फेट	9.0–20.0
बेसिक स्लैग	3.0
पोटैशियम मैग्नीशियम सल्फेट	11.0
मैग्नीशियम क्लोराइट	7.5
मैग्नीशियम आक्साइड	55.0–60.0
चूना पत्थर	3.0–12.0

(iii) गन्धक (Sulfur)

यह अमीनों अम्ल (मिथियोनिन तथा सिस्टीन) का अनिवार्य अवयव होने के कारण प्रोटीन एवं अन्य रासायनिक द्रव्यों के निर्माण में सहायक होता है। गन्धक के प्रयोग से तिलहनी फसलों में उत्पादन तथा तेल प्रतिशत में आशातीत वृद्धि तथा दहलनी फसलों में जड़ ग्रन्थियों के निर्माण और विकास में सहायता मिलती है। गन्धक (sulfur) का संचरण मृदा में तीव्र एवं पौधों में पुराने से नये अंगों की तरफ कम गति से होता है, जिसके कमी के लक्षण पौधे की नई पत्तियों में दिखालाई पड़ता है। पत्तियाँ शिराओं सहित पीली हो जाती हैं। पौधे बौने व दाने सिरे से मोटे होकर बीच में पतले हो जाते हैं।

सारिणी (13.24) पौधों में गन्धक के कमी के लक्षण

पोषक तत्व	पौधों द्वारा अवशोषित आयन	कमी के लक्षण
गन्धक	SO_4^-	• ऊपरी व नई पत्तियों का पीला पड़ना

गन्धक (sulfur) की आपूर्ति के लिये जिप्सम (18.6 प्रतिशत), सिंगल सुपर फास्फेट (12.5 प्रतिशत), अमोनियम सल्फेट (24.2 प्रतिशत) एवं फेरस सल्फेट (18.8 प्रतिशत) का प्रयोग करना चाहिये।

सारिणी (13.25) उर्वरक स्रोतों में गन्धक का प्रतिशत

उर्वरक स्रोत	फास्फोरस (प्रतिशत)	गन्धक (प्रतिशत)
सिंगल सुपर फास्फेट	16.0	12.0
अमोनियम सल्फेट	20 .0	24.0
पोटैशियम सल्फेट	50.0	18.0
जिंक सल्फेट	–	15.0
पोटैशियम मैग्नीशियम सल्फेट	–	22.0
तत्वीय गंधक	–	80.0–100.0
जिप्सम	–	12.0–18.0
मैग्नीशियम सल्फेट	–	14.0
फेरिक सल्फेट	–	18.0
फेरस सल्फेट	–	4.46
फेरस अमोनियम सल्फेट	–	6.12
पाइराइट	–	2.75

उत्तक विश्लेषण से मुख्य व द्वितीयक पोषक तत्वों की मात्रा का निर्धारण

उत्तक विश्लेषण से मुख्य व द्वितीयक पोषक तत्वों की मात्रा का निर्धारण करने के लिये पौध प्रतिदर्श निम्न प्रकार लिया जाता है–

सारिणी (13.26) उत्तक विश्लेषण के लिये पौध प्रतिदर्श

सब्जी फसल	पौध वृद्धि अवस्था	पौध भाग	प्रतिदर्श के लिये पौध संख्या
बीन्स	पकी अवस्था		20
ब्रोकली	शीर्ष अवस्था	नवीन पकी पत्ती	15
पत्ता गोभी	शीर्ष, 1/2 विकसित अवस्था	नवीन ढकने वाली पत्ती	15
गाजर	मध्य विकसित अवस्था	नवीन पकी पत्ती	25
फूल गोभी	बटनिंग अवस्था	नवीन पकी पत्ती	15
सेलेरी	1/2 विकसित अवस्था	नवीन पकी पत्ती	20
खीरा	अगेती फलत	उपर से 5वीं पत्ती	20
लेट्यूस	शीर्ष, 1/2 आकार	नवीन ढकने वाली पत्ती	20
प्याज	मध्य विकसित अवस्था	उपर का भाग, सफेद नहीं	25
मटर	प्रथम पुष्पन	नवीन पकी पत्ती (leaflet)	50
आलू	फुटाव के 40–50 दिन बाद	नवीन पकी पत्ती	20
कुम्हण/स्क्वाश	अगेती फलत	नवीन पकी पत्ती	15
मूली	मध्य विकसित अवस्था से कटाई तक	नवीन पकी पत्ती	40
पालक	30–50 दिन की अवस्था	नवीन पकी पत्ती	35
स्वीट कार्न	अगेती अवस्था से सिल्क अवस्था तक	अगेती पत्ती	10
टमाटर	प्रथम पके फल	नवीन पकी पत्ती	20
तरबूज	मध्य विकसित अवस्था	नवीन पकी पत्ती	15

स्रोत: शर्मा एवं सहयोगी, 2011

मुख्य व द्वितीयक पोषक तत्वों की क्रान्तिक अवस्था के स्तर का निर्धारण

मुख्य व द्वितीयक पोषक तत्वों की क्रान्तिक अवस्था के स्तर (पौध उत्तक विश्लेषण) का निर्धारण निम्न है–

सारिणी (13.27) मुख्य व द्वितीयक पोषक तत्वों की क्रान्तिक अवस्था स्तर (पौध उत्तक विश्लेषण)

सब्जी फसल	समूह	नत्रजन	फास्फोरस	पोटैशियम	कैल्सियम	मैग्नीशियम	गन्धक
तरबूज	कम	3.5–3.99	0.25–0.29	3.5–3.99	1.00–1.69	0.30–0.40	–
	प्रचुर	4.0–5.5	0.3–0.8	4.0–5.0	1.7–3.0	0.5–0.8	–
	उच्च	>5.5	>0.8	>5.0	>3.0	>0.8	–
खरबूजा	कम	3.50–4.49	0.25–0.29	3.20–3.99	1.20–2.29	0.25–0.34	0.20–0.24
	प्रचुर	4.50–5.50	0.30–0.08	4.0–5.0	2.30–3.00	0.35–0.80	0.25–1.40
	उच्च	>5.5	>0.8	>5.0	>3.0	>0.8	>1.40
चुकन्दर	कम	2.30–3.99	0.18–0.24	1.80–2.99	1.50–2.49	0.20–0.29	–
	प्रचुर	4.00–5.50	0.25–0.50	3.00–4.50	2.50–3.50	0.30–1.00	–
	उच्च	>5.5	>0.50	>4.5	>3.5	>1.00	–
फूल गोभी	कम	2.80–3.29	0.28–0.32	2.00–2.59	1.50–1.99	0.22–0.26	–
	प्रचुर	3.30–4.50	0.33–0.80	2.00–4.20	2.00–3.50	0.27–0.50	–
	उच्च	>4.5	>0.80	>4.20	>3.50	>0.50	–
पत्ता गोभी	कम	2.80–3.59	0.27–0.32	2.50–2.99	0.80–1.09	0.25–0.39	0.25–0.29
	प्रचुर	3.60–5.00	0.33–0.75	3.00–5.00	1.10–3.00	0.40–0.75	0.30–0.75
	उच्च	>5.00	>0.75	>5.00	>3.00	>0.75	>0.75
बीन्स	कम	4.24–4.99	0.25–0.34	2.00–2.24	1.00–1.49	0.25–0.29	–
	प्रचुर	5.00–6.00	0.35–0.75	2.25–4.00	1.50–2.50	0.30–1.00	–
	उच्च	>6.00	>0.75	>4.00	>2.50	>1.00	–
मटर	कम	3.80–3.90	0.25–0.29	1.80–1.90	1.00–1.10	0.22–0.29	–
	प्रचुर	4.0–6.0	0.30–0.80	2.00–3.50	1.20–2.00	0.30–0.70	–
	उच्च	>6.00	>0.80	>3.50	>2.00	>0.70	–
पालक	कम	3.50–3.90	0.25–0.29	4.0–4.99	0.50–0.69	0.40–0.59	–
	प्रचुर	4.0–6.0	0.3–0.6	5.8–8.0	0.7–1.2	0.6–1.0	–
	उच्च	>6.00	>0.60	>8.00	>1.20	>1.00	–
लेट्यूस	कम	4.2–4.6	0.3–0.4	6.5–7.4	1.0–1.9	0.3–0.4	–
	प्रचुर	4.7–5.5	0.5–1.0	7.5–9.0	2.0–3.0	0.5–0.8	–
	उच्च	>5.50	>1.00	>9.00	>3.00	>0.80	–
खीरा	कम	3.80–4.49	0.28–0.34	3.20–3.89	0.99–1.39	0.22–0.29	0.25–0.39
	प्रचुर	4.50–6.00	0.34–1.25	3.90–5.00	1.40–3.50	0.31–1.00	0.40–0.70
	उच्च	>6.00	>1.25	>5.00	>3.50	>1.00	>0.70

बैंगन	कम	3.50–3.99	0.25–0.29	3.00–3.49	0.80–0.99	0.25–0.29	–
	प्रचुर	4.0–6.0	0.30–1.20	3.50–5.00	1.00–2.50	0.30–1.00	–
	उच्च	>6.00	>1.20	>5.00	>2.50	>1.00	–
टमाटर	कम	2.50–3.99	0.20–0.24	1.05–2.89	0.80–0.99	0.25–0.39	0.25–0.39
	प्रचुर	4.00–6.00	0.25–0.75	2.90–5.00	1.00–3.00	0.40–0.60	0.40–1.20
	उच्च	>6.00	>0.75	>5.00	>3.00	>0.60	>1.20
गाजर	कम	1.80–2.09	0.17–0.19	2.50–2.79	0.80–1.39	0.25–0.29	–
	प्रचुर	2.10–3.50	0.20–0.50	2.80–4.00	1.40–3.00	0.30–0.50	–
	उच्च	>3.50	>0.50	>4.00	>3.00	>0.50	–
मूली	कम	2.80–2.99	0.25–0.29	3.50–3.99	2.00–2.99	0.30–0.40	–
	प्रचुर	3.00–6.0	0.30–0.7	4.0–7.5	3.0–4.5	0.5–1.20	–
	उच्च	>6.00	>0.70	>7.50	>4.50	>1.20	–
शलजम	कम	3.00–3.49	0.28–0.32	3.00–3.49	1.00–1.49	0.25–0.29	–
	प्रचुर	3.50–5.00	0.33–0.60	3.50–5.00	1.50–4.00	0.30–1.00	–
	उच्च	>5.00	>0.60	>5.00	>4.00	>1.00	–
प्याज	कम	4.50–4.99	0.25–0.34	3.5–3.99	0.80–0.99	0.22–0.24	0.30–0.49
	प्रचुर	5.00–6.00	0.35–0.50	4.00–5.50	1.00–2.00	0.25–0.40	0.50–1.00
	उच्च	>6.00	>0.50	>5.50	>2.00	>0.40	>1.00
लहसुन	कम	4.00–4.39	0.25–0.29	3.00–3.89	0.60–0.79	0.10–0.14	–
	प्रचुर	4.40–5.00	0.30–0.60	3.90–4.80	0.80–1.50	0.15–0.25	–
	उच्च	>5.00	>0.60	>4.80	>1.50	>0.25	–

स्रोत: शर्मा एवं सहयोगी, 2011
कम=अल्पता

3. सूक्ष्म पोषक तत्व (Micro nutrients)

इन तत्वों की पौधों को सूक्ष्म मात्रा में आवश्यकता होती है। अतः इन्हें सूक्ष्म पोषक तत्वों (micro nutrients) के नाम से पुकारते हैं। इस वर्ग में लोहा, ताँबा, जस्ता, मैगनीज, मालीब्डेनम, क्लोरीन, बोरान, आदि आते हैं। ये तत्व पौधों की वृद्धि एवं जीवन चक्र पूर्ण करने के लिये मुख्य एवं गौड़ पोषक तत्व के समान ही आवश्यक होते हैं। इसके अतिरिक्त चार और तत्वः सोडियम, वेनेडियम, कोबाल्ट और सिलिकान की उपयोगिता कुछ पौधों में विशिष्ट क्रियाओं के लिये निर्धारित की गयी है।

सारिणी (13.28) सब्जी फसलों में सूक्ष्म पोषक तत्वों की स्थिति

सब्जी फसल	जस्ता	लोहा	मैगनीज	मालीब्डेनम	ताँबा	बोरान
बीन्स	उच्च	उच्च	उच्च	कम	कम	कम
ब्रोकली	–	उच्च	मध्यम	मध्यम	मध्यम	उच्च
पत्ता गोभी	कम	मध्यम	मध्यम	मध्यम	मध्यम	मध्यम
गाजर	कम	–	मध्यम	कम	उच्च	मध्यम
फूल गोभी	–	उच्च	मध्यम	उच्च	मध्यम	उच्च
खीरा	–	–	उच्च	–	मध्यम	कम
प्याज	उच्च	–	उच्च	उच्च	उच्च	कम
मटर	कम	–	उच्च	मध्यम	कम	कम
आलू	मध्यम	–	उच्च	कम	कम	कम
मूली	मध्यम	–	उच्च	मध्यम	मध्यम	मध्यम
पालक	उच्च	उच्च	उच्च	उच्च	उच्च	मध्यम
टमाटर	मध्यम	उच्च	मध्यम	मध्यम	मध्यम	मध्यम

स्रोत: शर्मा एवं सहयोगी, 2011

सूक्ष्म पोषक तत्वों की पौध उत्तक विश्लेषण द्वारा क्रान्तिक अवस्था निर्धारण

सूक्ष्म पोषक तत्वों तत्वों की क्रान्तिक अवस्था स्तर (पौध उत्तक विश्लेषण) निम्न है–

सारिणी (13.29) सूक्ष्म पोषक तत्वों तत्वों की क्रान्तिक अवस्था स्तर (पौध उत्तक विश्लेषण)

सब्जी फसल	समूह	लोहा	मैगनीज	जस्ता	ताँबा	बोरान	माली ब्डेनम
तरबूज	कम	40.00–49.00	50.00	18.00–19.00	4.00–5.00	20.00–24.00	–
	प्रचुर	50.00–300.00	50.00–250.00	20.00–150.00	6.00–20.00	25.00–60.00	–
	उच्च	>300.00	>250.00	>150.00	>20.00	60.00	–
खरबूजा	कम	40.00–49.00	40.00–49.00	18.00–19.00	4.00–6.00	22.00–24.00	
	प्रचुर	50.00–300.00	50.00–250.00	20.00–200.00	7.00–30.00	25.00–60.00	–
	उच्च	>300.00	>250.00	>200.00	>30.00	>60.00	–
चुकन्दर	कम	40.00–49.00	25.00–49.00	15.00–19.00		3.00–4.00	–
	प्रचुर	50.00–200.00	50.00–250.00	20.00–200.00	5.00–15.00	–	–
	उच्च	>200.00	>250.00	>200.00	>15.00	–	–
फूल गोभी	कम	25.00–29.00	20.00–24.00	17.00–19.00	2.00–3.00	25.00–29.00	0.30–0.40
	प्रचुर	30.00–200.00	25.00–250.00	20.00–250.00	4.00–15.00	30.00–100.0	0.50–0.80
	उच्च	>200.00	>250.00	>250.00	>15.00	>100	>0.80

पत्ता गोभी	कम	25.00–29.00	20.00–24.00	17.00–19.00	2.00–3.00	25.00–29.00	0.30–0.40
	प्रचुर	30.00–200.00	25.00–200.00	20.00–250.00	4.00–15.00	30.00–100.00	0.50–0.80
	उच्च	>200.00	>200.00	>250.00	>15.00	>100	>0.80
बीन्स	कम	40.00–49.00	15.00–49.00	18.00–19.00	4.00–6.00	15.00–09.00	–
	प्रचुर	50.00–30.00	50.00–300.00	20.00–200.00	7.00–30.00	20.00–75.00	–
	उच्च	>300.00	>300.00	>200.00	>30.00	>75.00	–
मटर	कम	40.00–49.00	25.00–29.00	20.00–24.00	4.00–6.00	–	–
	प्रचुर	50.00–300.00	300.00–400.00	25.00–100.00	7.00–25.00	–	–
	उच्च	>300.00	>400.00	>100.00	>25.00		–
पालक	कम	50.00–59.00	20.00–29.00	20.00–24.00	3.00–4.00	15.00–25.00	–
	प्रचुर	60.00–200.00	30.00–250.00	25.00–100.00	5.00–25.00	25.00–60.00	–
	उच्च	>200.00	>250.00	>100.00	>25.00	>60.00	–
लेट्यूस	कम	40.00–49.00	10.00–14.00	20.00–24.00	5.00–7.00	15.00–22.00	–
	प्रचुर	50.00–100.00	15.00–250.00	25.00–250.00	8.00–25.00	23.00–50.00	–
	उच्च	>100.00	>250.00	>250.00	>25.00	>50.00	–
खीरा	कम	30.00–49.00	20.00–49.00	15.00–249.00	4.00–6.00	22.00–24.00	0.40–0.70
	प्रचुर	50.00–300.00	50.00–300.00	25.00–100.00	7.00–200.00	25.00–60.00	0.80–3.30
	उच्च	>300.00	>300.00	>100.00	>20.00	>60.00	>3.30
बैंगन	कम	40.00–49.00	35.00–39.00	18.00–19.00	5.00–7.00	20.00–24.00	–
	प्रचुर	50.00–300.00	40.00–250.00	20.00–250.00	8.00–60.00	25.00–75.00	–
	उच्च	>300.00	>250.00	>250.00	>60.00	>75.00	–
टमाटर	कम	30.00–39.00	30.00–39.00	18.00–19.00	50.00–7.00	20.00–24.00	
	प्रचुर	50.00–300.00	40.00–250.00	20.00–250.00	8.00–60.00	25.00–75.00	
	उच्च	>200.00	>250.00	>50.00	>20.00	>60.00	
गाजर	कम	40.00–49.00	40.00–59.00	20.00–24.00	3.00–4.00	25.00–29.00	0.40–0.49
	प्रचुर	50.00–300.00	60.00–200.00	25.00–250.00	5.00–15.00	30.00–100.00	0.5–1.50
	उच्च	>300.00	>200.00	>250.00	>15.00	>100.00	>1.50
मूली	कम	40.00–49.00	35.00–49.00	15.00–18.00	3.00–4.00	20.00–24.00	–
	प्रचुर	50.00–200.00	50.00–250.00	19.00–250.00	5.00–25.00	25.00–125.00	–
	उच्च	>200.00	>250.00	>250.00	>25.00	>125.00	–
शलजम	कम	25.00–29.00	20.00–39.00	15.00–19.00	4.00–5.00	30.00–39.00	–
	प्रचुर	40.00–300.00	40.00–250.00	20.00–250.00	6.00–25.00	40.00–100.00	–
	उच्च	>300.00	>250.00	>250.00	>25.00	>100.00	–
प्याज	कम	50.00–59.00	30.00–49.00	20.00–24.00	15.00	18.00–22.00	
	प्रचुर	60.00–300.00	50.00–250.00	25.00–100.00	15.00–35.0	22.00–60.00	
	उच्च	>300.00	>250.00	>100.00	>35.00	>60.00	

स्रोत: शर्मा एवं सहयोगी, 2011 कम=अल्पता

भारतवर्ष की मृदा का लगभग आधा क्षेत्रफल जिंक (49 प्रतिशत), बोरान (12 प्रतिशत) व लोहा (12 प्रतिशत) की कमी से ग्रसित है। इसका विवरण नीचे की सारिणी में दिया गया है–

सारिणी (13.30) भारतीय मृदाओं में सूक्ष्म पोषक तत्वों की स्थिति

सूक्ष्म पोषक तत्व	कमी से ग्रसित क्षेत्र (प्रतिशत)
जस्ता	49.0
लोहा	12.0
मैंग्नीज	4.0
ताँबा	3.0
बोरान	33.0
मालिब्डेनम	–

सूक्ष्म पोषक तत्वों की कमी के कारण

सूक्ष्म पोषक तत्वों की कमी के कई कारण हो सकते हैं, उनमें से कुछ कारण नीचे दिये गये हैं–

1. मुख्य पोषक तत्वों वाले रासायनिक उर्वरकों का प्रयोग
2. कम्पोस्ट व गोबर की खाद, जिसमें मुख्य पोषक तत्वों के साथ–साथ सूक्ष्म पोषक तत्व भी होते हैं, का बहुत कम प्रयोग।
3. कुछ फसलों जैसे कि सब्जी वाली फसलों का मृदा से ज्यादा मात्रा में सूक्ष्म पोषक तत्वों का अवशोषण कर लेना।
4. अम्लीय, क्षारीय, लवणीय–क्षारीय व जलमग्न मृदाओं में सूक्ष्म पोषक तत्वों की उपलब्धता घट जाती है।
5. पैतृक पदार्थ, जिससे मृदा का निर्माण हुआ हो, उसमें सूक्ष्म पोषक तत्वों की मात्रा का कम होना।
6. मृदा/जल प्रबंधन की पारम्परिक विधियों को अपनाना।

सूक्ष्म पोषक तत्वों की कमी के लक्षण

मृदाओं में सूक्ष्म पोषक तत्व कम मात्रा में उपलब्ध हो, तो पौधे अलग–अलग पोषक तत्व के लिए विशिष्ट प्रकार के कमी के लक्षण प्रदर्शित करते हैं। सूक्ष्म पोषक तत्वों की कमी के लक्षण को पहचानना एक बहुत ही जटिल प्रक्रिया है, लेकिन वैज्ञानिकों द्वारा स्थापित मापदण्ड/तत्व प्रबंधन दिग्दर्शिका हो तो आसानी से पहचाना जा सकता है। उदाहरण के लिए पौधों की पत्तियों, फलों, तने के विकास व रंग के आधार पर यह अनुमान लगाया जा सकता है कि कौन से सूक्ष्म तत्व की कमी से पौधा ग्रसित है। सूक्ष्म पोषक तत्वों से ग्रसित पौधे पर प्रथम लक्षण उनकी नई व उपर की पत्तियों पर दिखाई पड़ते हैं। सोडियम के उपयोग से चुकन्दर, शलजम एवं सलाद के उपज में बढ़ोत्तरी देखी गयी है। सूक्ष्म तत्वों की आवश्यकता भले ही न्यूनतम हो, लेकिन इन तत्वों के उपयोग

के बिना अच्छी उपज प्राप्त नही की जा सकती है। मृदा में सूक्ष्म तत्वों की कमी पहले दृष्टिगोचर नहीं होती थी, लेकिन हरित क्रान्ति के बाद मुख्य रूप से अधिक नत्रजन, फास्फोरस एवं पोटाश युक्त उर्वरकों का प्रयोग तथा कम्पोस्ट, गोबर की खाद तथा हरी खाद का प्रयोग कम होने के साथ ही उचित फसल चक्र न अपनाने से वर्तमान में एक दशक से वैज्ञानिकों के अलावा कृषक भी इन तत्वों की स्पष्ट कमी देखने लगे हैं। मृदा में देने के लिए सूक्ष्म पोषक तत्वों के स्रोत, मात्रा व सान्द्रता का विवरण नीचे की सारिणी में दिया गया है–

सारिणी (13.31) मृदा में देने के लिए सूक्ष्म पोषक तत्वों के स्रोत, मात्रा व सान्द्रता

सूक्ष्म पोषक तत्वों का स्रोत	उर्वरक की मात्रा (किलो ग्राम/हेक्टेयर)
आयरन सल्फेट	10.0–15.0
आयरन चिलेट	15.0–20.0
मैग्नीज सल्फेट	5.0–10.0
जिंक सल्फेट	25.0–30.0
कापर सल्फेट	5.0–10.0
बोरेक्स	10.0–15.0
सोडियम मालिब्डेट	1.5–2.0
अमोनियम मालिब्डेट	1.0–1.5

सारिणी (13.32) सूक्ष्म पोषक तत्व एवं द्वितीयक पोषक तत्व की कमी हेतु प्रबन्धन

सूक्ष्म/ द्वितीयक पोषक तत्व	पत्ती ऊतक में स्तर (पी0पी0एम0)		मृदा स्तर माइक्रोग्राम प्रति ग्राम	स्रोत	मृदा प्रयोग किलोग्राम/हे0	पर्णीय छिड़काव (प्रतिशत)
	प्रचुर	क्रान्तिक				
बोरान	30–60	20–30	0.5	बोरेक्स	10–20	0.5
कापर	8–20	4–8	0.2	कापर सल्फेट	5–10	0.1
लोहा	50–250	50–80	2.5–4.5	फेरस सल्फेट	50–100	1–2
मैंग्नीज	30–200	30–50	1.0	मैग्नीज सल्फेट	50–100	1–2
मालीब्डेनम	0.5–5.0	0.2–0.5	0.2	अमोनियम मालीब्डेट	2–5	0.05
जींक	30–100	20–30	0.6–1.0	जींक सल्फेट	20–25	0.5
गंधक	0.16–0.5 प्रतिशत	0.10–0.16 प्रतिशत	10–12	सल्फर तत्व	25–50	–
कैल्सियम	0.35–2.0 प्रतिशत	0.35–0.8 प्रतिशत	–	कैल्सियम क्लोराइड	15–20	0.5
मैग्नीशियम	0.25–1.0 प्रतिशत	0.2–0.25 प्रतिशत	–	मैग्नीशियम सल्फेट	20–25	0.5

स्रोत: सकल एवं सिंह, 2001, समागीना, 1977

भारतवर्ष में उगायी जाने वाली प्रमुख सब्जियों में प्रयोग किये जाने वाले सूक्ष्म पोषक तत्वों की मात्रा नीचे की सारिणी में दिया गया है–

सारिणी (13.33) सब्जियों के लिए सूक्ष्म पोषक तत्वों की आवश्यक मात्रा

फसल	सूक्ष्म पोषक तत्वों की आवश्यक मात्रा (पी0पी0एम0)					
	लोहा	मैंग्नीज	जस्ता	ताँबा	बोरान	मालीब्डेनम
टमाटर	40–200	40–250	20–50	5–20	25–60	0.4–0.7
बैंगन	50–300	40–250	20–250	8–60	25–75	0.5–0.8
पत्ता गोभी	30–200	25–200	20–200	5–15	25–75	–
फूल गोभी	30–200	25–250	20–250	4–15	30–100	–
मटर	50–300	30–400	25–100	7–25	–	–
सेम	50–300	30–400	25–100	7–25	–	–
तरबूज	50–300	50–250	20–150	6–20	25–60	0.8–3.3
खरबूजा	50–300	50–250	20–200	7–30	25–60	–
खीरा	50–300	50–300	25–100	7–20	25–60	–
आलू	40–100	40–250	20–250	–	25–75	–
मूली	50–200	50–250	15–250	5–25	25–125	–
प्याज	60–300	50–250	25–100	15–35	22–60	–
सलाद	50–100	15–250	25–250	8–25	25–50	–

(i) जस्ता (Zinc)

जस्ता पौधों में इन्जाइम उत्प्रेरक का कार्य करता है तथा हरित लवक (chlorophyll) को बनाने और वृद्धि में सहायता करता है। जस्ता सब्जियों के लिये अत्यन्त आवश्यक तत्व है। फराश बीन तथा फूल गोभी में इस तत्व का विशेष महत्व है।

सारिणी (13.34) पौधों में जस्ता के कमी के लक्षण

पोषक तत्व	पौधों द्वारा अवशोषित आयन	कमी के लक्षण
जस्ता	Zn^{++}	पौधों के पत्तियों की वृद्धि रुकना नई पत्तियों का पीला या सफेद होना बेबी कार्न व स्वीट कार्न में सफेद कली या धारियाँ दिखना

सारिणी (13.35) सब्जियों के लिये सापेक्ष मृदा परीक्षण में जस्ता स्तर

सापेक्ष मृदा परीक्षण में जस्ता (पी0पी0एम0)	सापेक्ष स्तर	जस्ता प्रयोग (किलोग्राम/हेक्टेयर)	
		छिड़काव (Broadcast)	बैन्ड प्रयोग (Band placement)
0–0.6	कम	10.0	2.0
0.6–1.2	मध्यम	5.0	1.0
1.2+	उच्च	0.0	0.0

स्रोतः शर्मा एवं सहयोगी, 2011

सारिणी (13.36) उर्वरक स्रोतों में जस्ता का प्रतिशत

उर्वरक स्रोत	जस्ता (प्रतिशत)
जिंक सल्फेट	35.0
जिंक आक्साइड	78.0
जिंक फास्फेट	78.0

स्रोतः शर्मा एवं सहयोगी, 2011

(ii) लोहा (Iron)

लोहे की कमी से पौधों की पत्तियाँ लाल रंग की हो जाती हैं।

सारिणी (13.37) पौधों में लोहा की कमी के लक्षण

पोषक तत्व	पौधों द्वारा अवशोषित आयन	कमी के लक्षण
लोहा	Fe^{++}	नई पत्तियों का रंग पीला या सफेद होना पौधों की पत्तियों में क्लोरोसिस (chlorosis) होना

पौधों के शरीर में लोहा की उपस्थिति दूसरे पोषक तत्वों के अवशोषण में सहायक होती है। लोहा पौधों के क्लोरोप्लास्ट में उपस्थित प्रोटीन के निर्माण तथा क्लोरोफिल के निर्माण में भी सहायता करता है। श्वसन को प्रभावित करने वाले इन्जाइम तथा वाहक (जैसे–केटालेज, पेराक्सीडेज, आक्सीडेज, साइटोक्रोम्स) की बनावट तथा क्रिया–कलाप में लोहे का अपना विशेष महत्व है।

सारिणी (13.38) उर्वरक स्रोतों में लोहा का प्रतिशत

उर्वरक स्रोत	लोहा (प्रतिशत)
फेरस सल्फेट	19.0
फेरिक सल्फेट	23.0
फेरस आक्साइड	77.0
फेरस अमोनियम फास्फेट	29.0
फेरस अमोनियम सल्फेट	14.0

(iii) मैग्नीज (Maganese)

मैग्नीज की कमी मटर, सेम वर्गीय फसलें, पालक तथा सलाद में पाई जाती है, जिसके लक्षण सबसे पहले पत्तियों पर पाये जाते हैं–

सारिणी (13.39) पौधों में मैग्नीज के कमी के लक्षण

पोषक तत्व	पौधों द्वारा अवशोषित आयन	कमी के लक्षण
मैग्नीज	Mn^{++}	पत्तियों में शिराओं के बीच का भाग रंगहीन होना पत्तियों का रंग सफेद होना व झड़ना मटर में मार्स धब्बा बनना

यह तत्व नत्रजन एवं लोहे की क्रिया को भी प्रभावित करता है तथा पौधों के संश्लेषण कार्यों में विशेष महत्व रखता है।

सारिणी (13.40) सब्जियों के लिये सापेक्ष मृदा परीक्षण में मैग्नीज स्तर

मृदा (पी0एच0 मान)	समूह	मैग्नीज प्रयोग (किलो ग्राम/हेक्टेयर)	
		पर्णीय छिड़काव (Foliar application)	मृदा प्रयोग (Soil placement)
5.7 या कम	1	0	0
	2	0	0
5.8–6.3	1	0.3	10
	2	0.2	4
6.4 या उच्च	1	0.4	15
	2	0.3	6

स्रोत: शर्मा एवं सहयोगी, 2011

सारिणी (13.41) उर्वरक स्रोतों में मैग्नीज का प्रतिशत

उर्वरक स्रोत	मैग्नीज (प्रतिशत)
मैग्नीज सल्फेट	26.0
मैग्नीज आक्साइड	63.0
मैग्नस आक्साइड	41.0

(iv) बोरान (Boron)

बोरान तत्व की कमी के लक्षण पहले शीर्षस्थ कलिकाओं तथा नई पत्तियों में प्रकट होते हैं और पौधे की वृद्धि रूक जाती है। पुरानी पत्तियाँ पीली पड़ जाती हैं। बोरान की कमी शलजम, गोभी वर्गीय सब्जियों तथा चुकन्दर में मुख्य रूप से दृष्टिगोचर होती है। बोरान की कमी से फूल गोभी में फूल छोटे तथा भूरे रंग के होकर फट जाते हैं।

सारिणी (13.42) पौधों में बोरान के कमी के लक्षण

पोषक तत्व	पौधों द्वारा अवशोषित आयन	कमी के लक्षण
बोरान	Bo_3^{--}	पत्तियों के उपरी कली का जलना पौधों के फल व फूल झड़ना रोजेट फारमेशन (rosset formation) होना गोभी वर्गीय फसलों में ब्राउन राट (brown) होना

पौधों में कैल्सियम को घुलनशील रखने में सहायक तथा पोटैशियम और कैल्सियम के अनुपात को ठीक पौधों के कोशिका विभाजन तथा प्रेटीन के संश्लेषण, कोशिका भित्ति का आवश्यक अंग तथा कार्बोहाइड्रेट के उपापचय (metabolism) तथा परिवहन (translocation) में सहायक होता है (मैगहार्ग, 1945)।

सारिणी (13.43) सब्जियों के लिये सापेक्ष मृदा परीक्षण में बोरान स्तर

सापेक्ष मृदा परीक्षण में बोरान (पी0पी0एम0)	सापेक्ष स्तर	समूह	बोरान प्रयोग (किलो ग्राम/हेक्टेयर)
0—0.4	कम	1	4.0
		2	2.0
		3	1.0
0.5—0.9	मध्यम	1	2.0
		2	1.0
		3	0.0
1.0+	उच्च	1	0.0
		2	0.0
		3	

स्रोतः शर्मा एवं सहयोगी, 2011

सारिणी (13.44) उर्वरक स्रोतों में बोरान का प्रतिशत

उर्वरक स्रोत	बोरान (प्रतिशत)
बोरेक्स	11.0
सोडियम पेंटाबोरेट	18.0
बोरिक एसिड	17.0

(v) ताँबा (Copper)

ताँबा तत्व का भी सब्जियों में बहुत महत्व है। इसकी कमी प्याज, गाजर, पालक, मटर तथा सलाद में दिखाई देती है। ताँबे की कमी से मटर की फलियों में दाने नहीं बनते तथा प्याज के बाहरी शल्क पत्र कमजोर रह जाते हैं। कमी के लक्षण नई पत्तियों में दिखाई देती है, जिसमें पत्तियों की शिरायें पीले रंग की हो जाती हैं।

सारिणी (13.45) पौधों में ताँबा की कमी के लक्षण

पोषक तत्व	पौधों द्वारा अवशोषित आयन	कमी के लक्षण
ताँबा	Cu^{++}	पौधों की वृद्धि कम होना उपरी पत्ती का जलना पत्तियों के उपरी भाग का सफेद होना पत्तियों के आकार का छोटा होना

यह इन्जाइम में इलेक्ट्रान संचरण तथा पौधों में श्वसन की क्रिया में सहायता करता है।

सारिणी (13.46) सब्जियों के लिये सापेक्ष मृदा परीक्षण में ताँबा स्तर

सापेक्ष मृदा परीक्षण में ताँबा (पी0पी0एम0)	सापेक्ष स्तर	समूह	ताँबा प्रयोग (किलो ग्राम/हेक्टेयर)
0–2.5	कम	1	10.0 छिड़काव (Broadcast)
		2	0.3 पर्णीय छिड़काव (Foliar)
2.6–5.0	मध्यम	1	6.0 छिड़काव (Broadcast) 0.1 पर्णीय छिड़काव (Foliar)
		2	0.0
5.1+	उच्च	1	0.0
		2	0.0

स्रोत: शर्मा एवं सहयोगी, 2011

सारिणी (13.47) उर्वरक स्रोतों में ताँबा (कापर) का प्रतिशत

उर्वरक स्रोत	ताँबा (कापर) (प्रतिशत)
कापर सल्फेट	21.0
कापर अमोनियम फास्फेट	30.0

(vi) मालीब्डेनम (Molybdenum)

मालीब्डेनम तत्व की कमी फूल गोभी, सलाद तथा पालक में दिखाई देती है। मालीब्डेनम की कमी से अंकुरित पौधे पीले रंग के हो जाते हैं। पुरानी पत्तियों का अन्तरा विन्यास कपनुमा हो जाता है। पत्ती के शिरा पर या किनारे पर भूरे रंग का धब्बा दिखने लगता है। दो शिराओं के बीच हरिमाहिनता उत्पन्न होती है। पौधे बौने रह जाते हैं। फूल गोभी में व्हीप टेल (whip tail) नामक बीमारी होती है।

सारिणी (13.48) पौधों में मालीब्डेनम के कमी के लक्षण

पोषक तत्व	पौधों द्वारा अवशोषित आयन	कमी के लक्षण
मालीब्डेनम	MoO_4	पत्तियों का पीला पड़ना गोभी वर्गीय फसलों में व्हीप टेल (whip tail) होना

नत्रजन के संश्लेषण में इसकी आवश्यकता होती है। दलहनी फसलें उसके प्रति संवेदनशील होती हैं तथा पौधों में अमीनो एसिड की मात्रा असंतुलित हो जाती है। इसके प्रमुख स्रोत अमोनियम मालिब्डेट, सोडियम मालिब्डेट तथा मालिब्डेट ट्राईआक्साइड हैं।

सारिणी (13.49) मालीब्डेनम के प्रमुख स्रोत तथा मालीब्डेनम की सान्द्रता (प्रतिशत)

स्रोत	मालीब्डेनम की सान्द्रता (प्रतिशत)
अमोनियम मालीब्डेट	54.0
मालीब्डेनम ट्रोडोक्साइड	66.0
सोडियम मालीब्डेट	39.0
मालीब्डीक एसिड	53.0

(vii) क्लोरीन (Chlorin)

क्लोरीन तत्व की उपस्थिति से फसलें शीघ्र पकती हैं तथा मैग्नीशियम का अवशोषण बढ़ जाता है। परिणामतः प्रोटीन की मात्रा कम हो जाती है।

सारिणी (13.50) पौधों में क्लोरीन तत्व के कमी के लक्षण

पोषक तत्व	पौधों द्वारा अवशोषित आयन	कमी के लक्षण
क्लोरिन	Cl	पत्तियों में क्लोरोसिस (chlorosis) होना पत्तियों में नेक्रोसिस (necrosis) होना

(viii) कोबाल्ट (Cobalt)

कोबाल्ट नत्रजन के यौगिकीकरण करने वाले बैक्टीरिया (bacteria) के लिए आवश्यक पाया गया गया है। यह विटामिन 'बी–12' के निर्माण के लिए भी आवश्यक होता है।

सारिणी (13.51) सूक्ष्म पोषक तत्वों का मृदा प्रयोग के लिये स्रोत एवं संस्तुत दर

पोषण तत्व	स्रोत	संस्तुत दर (किलो ग्राम/हेक्टेयर)
जस्ता	जिंक सल्फेट	5.0–15.0
लोहा	आयरन सल्फेट	10.0–15.0
ताँबा	कापर सल्फेट	5.0
मैग्नीज	मैग्नीज सल्फेट	5.0–15.0
मालिब्डेनम	अमोनियम मालिब्डेट	5.0–10.0
गन्धक	जिप्सम या पायराइट	25.0–30.0

सूक्ष्म पोषक तत्वों का पर्णीय छिड़काव (Foliar application of micro nutrients)

सामान्यतः सब्जी उत्पादन में सूक्ष्म पोषक तत्वों का प्रयोग पर्णीय छिड़काव के रुप में ज्यादा किया जाता है। मुख्य रुप से प्रयोग होने वाले सूक्ष्म पोषक तत्वों का स्रोत, मात्रा एवं सान्द्रता का विवरण नीचे की सारिणी में दिया गया है–

सारिणी (13.52) पर्णीय छिड़काव के लिए सूक्ष्म पोषक तत्वों का स्रोत, मात्रा व सान्द्रता

सूक्ष्म पोषक तत्वों का स्रोत	200 लीटर पानी/हेक्टेयर के लिए मात्रा (ग्राम) सक्रिय बढ़वार (25–30 दिन)	500 लीटर पानी/हेक्टेयर के लिए मात्रा (ग्राम) फूल आने पर (45 दिन)	200 लीटर पानी/हेक्टेयर के लिए मात्रा (ग्राम) (60–75 दिन)
आयरन सल्फेट–7 हाइड्रेट	50.0	125.0	125.0
मैग्नीज सल्फेट–1 हाइड्रेट	30.0	77.0	77.0
जिंक सल्फेट–7 हाइड्रेट	40.0	110.0	110.0
कापर सल्फेट–5 हाइड्रेट	25.0	98.0	98.0
बोरिक एसिड	28.0	72.0	72.0
सोडियम मालिब्डेट	12.0	32.0	32.0
अमोनियम हेक्टा मालिब्डेट–4 हाइड्रेट	10.0	23.0	23.0

सब्जियों में पोषक तत्व उपयोग क्षमता की गणना (Calculation of nutrient use efiiciency in vegetables)

पोषक तत्व क्षमता का तात्पर्य किसी मृदा से अधिकतम उत्पादन उचित प्रजाति एवं सीमित पोषक तत्वों का प्रयोग कर लेना है। वर्तमान में इसे किसी प्रजाति से अधिक उत्पादन लेने के लिए वृद्धि संर्वध के उपयोग से है अथवा उचित पौधे के अग्र भाग एवं जड़ भाग के जैव भार अथवा किसी पौध पदार्थ (बीज, फल, चारा आदि) के लिए उपयोग किये गये तत्व से है।

सारिणी (13.53) सब्जी फसलों की पत्तियों में पोषक तत्वों का स्तर

पोषक तत्व	इकाई	प्रतिशत या पी0पी0एम0 शुष्क पत्ती भार	
		प्रचुर	क्रान्तिक
नत्रजन	प्रतिशत	1.5—4.00	1.00—1.50
फास्फोरस	प्रतिशत	0.25—0.80	0.20—0.25
पोटैशियम	प्रतिशत	2.00—9.00	1.50—2.00
कैल्सियम	प्रतिशत	0.35—2.00	0.35—0.80
मैग्नीशियम	प्रतिशत	0.25—1.00	0.20 0.25
गन्धक	प्रतिशत	0.16—0.50	0.10—0.16
मैग्नीज	पी0पी0एम0	30—200	30—50
लोहा	पी0पी0एम0	50—250	50—80
जस्ता	पी0पी0एम0	30—100	20—30
बोरान	पी0पी0एम0	30—60	20—30
ताँबा	पी0पी0एम0	8—20	4—8
मालिब्डेनम	पी0पी0एम0	0.5—5.0	0.2—0.5

स्रोतः मैती एवं सनवाल, 2004

इस प्रकार मृदा में उर्वरकों एवं अन्य मिलाये जाने वाले पदार्थों के प्रयोग से अधिकतम उत्पादन लेना है। गणना द्वारा यह निर्धारित किया गया है कि प्रयोग किये गये उर्वरक लगभग या कम नत्रजन के लिए 50.0 प्रतिशत, फासफोरस के लिए 10.0 प्रतिशत से कम तथा पोटैशियम के लिए 40.0 प्रतिशत होना चाहिए। ऐसे पौधे जो प्रयोग किये गये उर्वरकों के शोषण की क्षमता रखते हैं, पुरी उत्पादन लागत में कमी लाते हैं तथा प्रयुक्त उर्वरक का नुकसान भी कम होता है। वैज्ञानिकों को यह ध्यान देना चाहिए कि फसल की प्रजाति और उसके अवशोषण क्षमता का अनुपात उत्पादन पर किस प्रकार संकेत दे रहा है। अतः ऐसी प्रजातियों का चुनाव करना चाहिए जो पोषक क्षमता के उपयोग के प्रति अच्छी हों।

सब्जियों में पोषक तत्व क्षमता की गणना निम्न प्रकार करते हैं–

1. Nutrient Efficiency Ratio (NER)
   NER is defined as the crop yield per unit of nutrients in tissue.

$$NER = \frac{\text{Units of Yield, kgs}}{\text{Units of elements in tissue, kg}} \times kg / kg$$

2. Physiological Efficiency (PE)

   PE is defined as the additional grain yield obtained per unit of nutrient absorbed.

$$PE = \frac{\text{Yield F} - \text{Yield C}}{\text{Nutrient uptake F} - \text{Nutrient uptake C}} \times kg / kg$$

   Where F is plants receiving fertilizer and C is plants receiving no fertilizer.

3. Agronomic Efficiency (AE) is expressed as the additional amount of economic yield per unit of nutrient applied.

$$AE = \frac{\text{Yield F} - \text{Yield C}}{\text{Quantity of nutrient applied}} \times kg / kg$$

4. Apparent Nutrient Recovery Efficiency (ANR) has been used to reflect plant ability to acquire applied nutrient from soil.

$$AE = \frac{\text{Nutrient uptake F} - \text{Nutrient uptake C}}{\text{Quantity of nutrient applied}} \times kg / kg$$

सारिणी (13.54) उर्वरक स्रोतों में पोषक तत्वों की मात्रा

उर्वरक का नाम	पोषक तत्वों की प्रतिशत मात्रा		
	नत्रजन	फास्फोरस	पोटैशियम
यूरिया	46.0	–	–
अमोनियम सल्फेट नाइट्रेट	26.0	–	–
अमोनियम क्लोराइड	25.0	–	–
डाइ अमोनियम फास्फेट	18.0	46.0	–
सिंगल सुपर फास्फेट	–	16.0	–
म्यूरिएट आफ पोटाश	–	–	60.0
पोटैशियम नाइट्रेट	13.0	–	40.0
पोटैशियम सल्फेट	–	–	48.0–50.0

सब्जियों में पोषक तत्व उपयोग क्षमता बढ़ाने के उपाय या रणनीती

वर्तमान समय में एक तरफ एउर्वरक काफी मँहगें हो रहें है तो दूसरी तरफ गोबर की खाद/जैविक खाद की उपलब्धता कम या नगण्य जोती जा रही हैं। अतः सब्जियों में पोषक तत्व उपयोग क्षमता बढ़ाने की रणनीती (tactics for enhancing the nutrient use efficiency) पर मंथन आवश्यक हो गया है। कुछ रणनीती के बिन्दु इस प्रकार है –

1. कार्बनिक खाद एवं संश्लेषित उर्वरक का प्रयोग संयुक्त रूप से करने पर ज्यादा लाभ मिलता है जबकि एकल प्रयोग (अलग–अलग) से कम लाभ होता है।
2. फास्फोरस एवं पोटाशधारी उर्वरकों को हमेशा जमीन की सतह से नीचे प्रयोग करें एवं यूरिया को बगल में कतार बनाकर (side banding) प्रयोग करें।

3. मुख्य पोषक तत्वों (macronutrients) का पर्णीय छिड़काव सब्जियों में कम लाभकारी है (केवल सुक्ष्म स्तर पर उस तत्व की कमी से संभाल सकता है)।
4. सूक्ष्म पोषक तत्वों (micro nutrients) का पर्णीय छिड़काव हमेशा लाभकारी होता है।
5. पोषक तत्व के प्रयोग का निर्धारण करते समय फसल का पोषक तत्व के प्रति प्रतिक्रिया (response) एवं पोषक तत्व समापन (removal) का ध्यान रखना चाहिए।
6. अगर अधिक सघन फसल पद्धति अपनायी जा रही है तो उर्वरकों की मात्रा बढ़ा देना चाहिए।
7. यह सत्य है कि मृदा उर्वरता स्तर भिन्न–भिन्न होता है अतः प्रयोग के समय विश्लेषण के आधार पर ही उर्वरक प्रयोग करें।
8. नत्रजानीधारी उर्वरक का प्रयोग अलग–अलग (split) कर 2–3 बार में फसल अवस्था के अनुसार करें।
9. अगर खेत में वर्मीकम्पोस्ट या जैव–उर्वरक (biofertilizers) का प्रयोग किया जाये तो 25–30 प्रतिशत नत्रजन की मात्रा में कमी की जा सकती है।
10. समन्वित पोषक प्रबन्धन (Integrated Nutrient Management or INM) तकनीकी को अगर सब्जियों में अपनाया जाये तो लम्बे समय तक मृदा उर्वरता, मृदा स्वास्थ्य व उपज प्राप्ति बरकरार रखी जा सकती है।
11. भारतीय दशा में सूक्ष्म पोषक तत्वों का प्रयोग सबसे ज्यादा लाभकारी है।

उपयोग सम्बन्धी सावधानियाँ

पोषक तत्व उपयोग करते समय निम्नलिखित सावधानियाँ रखना चाहिए।

1. कार्बनिक खादें पूर्णतया, रासायनिक उर्वरकों की प्रतिस्थापना (substitute) नहीं हैं।
2. उदारतापूर्ण (liberal) उर्वरकों का उयोग आर्थिक रूप से लाभकारी नहीं है।
3. खेत में पौध रोपण के 15–30 दिन पूर्व प्रयोग करें जिससे उनका विघटन (decompose) हो जाये।
4. गोबर की ख़ाद/कम्पोस्ट को पूरे खेत में फैलाकर मृदा से मिश्रित कर लें। इसके बाद सिंचाई कर दें जिससे खरपतवार के बीज जम जायें और खेत की जुताई कर दे जिससे जमे खरपतवार नष्ट हो जाये।
5. आक्सीकरण (oxidation) की क्रिया से कार्बनिक पदार्थ खेत में लगातार कम होते रहते हैं अतः यह वाँछित है कि खेत में कार्बनिक पदार्थ हमेशा मिलाते रहें।
6. कार्बनिक पदार्थों का पलवार (mulch) लगाने से मृदा सतह से पानी कम वाष्पीकृत (evoporation) होता है।
7. खेत की मेड़ बन्दी (bunding) करने से मृदा में प्रयोग की गयी उर्वरक एवं कार्बनिक खाद बहकर बर्बाद नही होती है।

□□□

अध्याय 14

सब्जी फसलों में पादप वृद्धि नियामकों व सूक्ष्म पोषक तत्वों का प्रयोग

(Use of Plant Growth Regulators and Micro Nutrients in Vegetable Crops)

सब्जियों में पाये जाने वाले पोषक तत्वों के आधार पर इन्हें रक्षात्मक भोजन अथवा 'प्रोटेक्टिव फूड' (protective food) भी कहा जाता है। संतुलित भोजन में सब्जियों का महत्व हमारे देश में इसलिये अधिक है कि यहाँ की अधिकांश जनसंख्या शाकाहारी है। साथ ही साथ भारत के कृषि आधारित अर्थ व्यवस्था में सब्जी उत्पादन एक महत्वपूर्ण घटक है। विश्व के सब्जी उत्पादन में भारत का चीन के बाद दूसरा स्थान है, लेकिन उत्पादकता अन्य सब्जी उत्पादक देशों की अपेक्षा काफी कम है, जिसके परिणामस्वरूप दूसरा सबसे बड़ा सब्जी उत्पादक देश होने के बावजूद भी प्रतिदिन प्रति व्यक्ति 300.0 ग्राम सब्जियों की निर्धारित आवश्यकता की पूर्ति भी हम नहीं कर पा रहे हैं। सब्जी उत्पादन कम होने के कई कारण हैं जैसे–उन्नतिशील किस्मों का प्रयोग न करना, उचित सस्य क्रियाओं का अभाव, समन्वित कीट एवं रोग प्रबन्धन न करना इत्यादि। पिछले कुछ वर्षो में कृषि वैज्ञानिकों ने परम्परागत सब्जियों के किस्मों में सुधार कर विभिन्न किस्में विकसित की है, जिससे अधिक पैदावार मिलने लगी है, लेकिन साथ ही साथ कुछ समस्यायें ऐसी हैं, जिनसे उत्पादन प्रभावित हो रहा है। उदाहरण के लिए फूलों एवं पत्तियों का गिरना, फल कम लगना, स्वस्थ बीज होने के बावजूद बीजों का अंकुरण कम होना तथा भण्डारण के दौरान नुकसान होना आदि। इन सभी कारणों को दूर करने के लिये पादप वृद्धि नियामकों (plant growth regulators) व रसायनों का प्रयोग करना लाभदायक सिद्ध हो रहा है। पादप वृद्धि नियामकों के

प्रयोग से बीज जमाव, पौधों की बढ़वार, अधिक शाखायें निकलने, फूल व फल लगने, बेल वाली सब्जियों में लिंग परिवर्तन, पैदावार बढ़ाने, अगेती फसल लेने, फल जल्दी पकाने, फलों की गुणवत्ता में सुधार करने, दलहनी सब्जियों में राइजोबियम की गांठ बनने, कन्द वृद्धि करने तथा कीट एवं बीमारियों के प्रति प्रतिरोधिता उत्पन्न करने में किया जा सकता है। पादप वृद्धि नियामकों द्वारा बहुगुणिता (polyploidy) व नर वन्धता (male sterility) द्वारा उत्पन्न अन्तः प्रजातीय असंयोज्य की प्रक्रिया को समाप्त करने तथा संकर बीज उत्पादन के लिए भी किया जा सकता है।

पादप वृद्धि नियामक (Plant Growth Regulators)

पादप हार्मोन एक प्रचलित ग्रीक शब्द है, जिसका शाब्दिक अर्थ प्रेरणा है। पादप वृद्धि नियामक या हार्मोन प्राकृतिक और कृत्रिम रूप से उत्पन्न होने वाले विशेष कार्बनिक यौगिक हैं, जो पौधों में सूक्ष्म मात्रा में पहुँचकर या संश्लेषित होकर उनके वृद्धि एवं विकास को प्रेरित/रोकते हैं तथा पौधों के अनेक दैहिक एवं उपापचयी क्रियाओं को प्रभावित व नियन्त्रित करते हैं। पादप वृद्धि नियामक सब्जियों के भौतिक–रासायनिक गुणवत्ता को प्रभावित करते हैं।

"A plant growth regulator is an organic compound, either natural or synthetic, that modifies or controls one or more specific physiological process within a plant".

पादप वृद्धि नियामकों के प्रकार

पादप वृद्धि नियामकों को पाँच भागों में बाँटा जा सकता है, जो निम्न हैं–

1. आक्जीन (Auxin)
2. जिब्रेलिन्स (Gibberellins)
3. साइटोकाइनिन्स (Cytokinins)
4. एबसिसिक अम्ल (Abscissic Acid)
5. इथाइलिन (Ethylene)

1. आक्जीन (Auxin)

एफ0डब्ल्यू0 वेन्ट ने सन् 1928 में आक्जीन (auxin) नामक रसायन की खोज की थी तथा बाद में केनेथ थियान ने आक्जीन को शुद्ध रूप में प्राप्त किया और इसकी आण्विक संरचना ज्ञात की। आक्जीन का प्रयोग कोशिका वृद्धि, कोशिका विभाजन, द्वितियक वृद्धि, जड़ों की सक्रियता को बढ़ाने, शीर्षस्थ कोशिकाओं को प्रभावित करने, पत्तियों को झड़ने से रोकने, फूल एवं फलों के लगने और उनकी संख्या तथा आकार में वृद्धि करने, पौधों में जल्दी फूल लाने, फलों के पकने, एकलिंगाश्रयी (dioecious) पौधों में मादा फूलों की संख्या को बढ़ाने तथा खरपतवारनाशी (weedicide) के रूप में प्रयोग करते हैं।

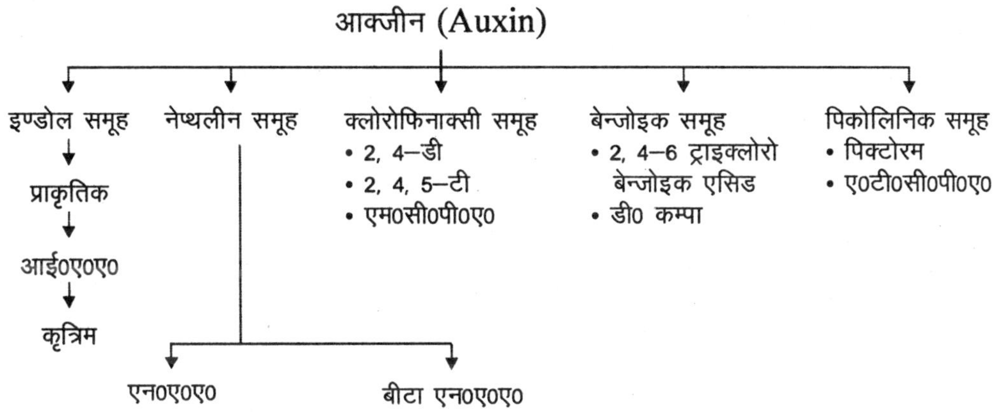

आक्जीन (auxin) का कृत्रिम रूप से संश्लेषण कर निम्न पादप वृद्धि नियामक तैयार किये गये हैं।

1. एम0सी0पी0ए0 (MCPA)
2. ट्रिप्टोफेन (Triptophane)
3. एन0ए0ए0 (NAA)
4. 2–4 डी0 (2,4-D)
5. 2–4–5 टी0 (2,4,5-T)
6. पिकोलिनिक एसिड (Picolinic acid)
7. आई0ए0ए0 (Indole Acetic Acid)
8. आई0बी0ए0 (Indole butyric acid)

पौधों में आई0ए0ए0 (Indole Acetic Acid) आक्जीन का संश्लेषण

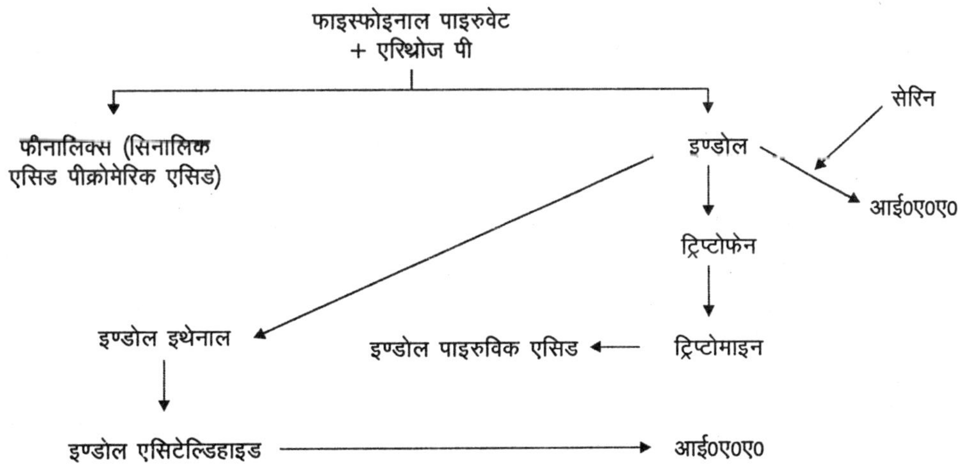

सब्जियों में आक्जीन का प्रयोग

वर्तमान समय में टमाटर, बैंगन, भिण्डी, मिर्च, खीरा, खरबूजा, तरबूज, लौकी आदि में आक्जीन का प्रयोग व्यापक पैमाने पर किया जा रहा है। नीचे की सारिणी में कुछ महत्वपूर्ण फसलों पर प्रयोग होने वाले आक्जीन का विवरण दिया गया है।

सारिणी (14.1) सब्जियों में आक्जीन का प्रयोग

सब्जी फसल	पादप वृद्धि नियामक	प्रयोग विधि/ फसल की अवस्था	सान्द्रता	मात्रा/लीटर पानी में	फसल पर परिणाम
करेला	नेथ्थालिन एसिटिक एसिड	2–4 पत्ती की अवस्था	100 पी0पी0एम0	100.0 मिली ग्राम/लीटर	उपज में
	इण्डोल एसिटिक एसिड	2–4 पत्ती की अवस्था	35 पी0पी0 एम0	35.0 मिली ग्राम/लीटर	उपज में वृद्धि
ककरोल	नेथ्थालिन एसिटिक एसिड	2–4 पत्ती की अवस्था	100 पी0पी0 एम0	100.0 मिली ग्राम/लीटर	बीज रहित फल का विकास
लौकी	नेथ्थालिन एसिटिक एसिड	2–4 पत्ती की अवस्था	25–50 पी0पी0एम0	25.0–50.0 मिली ग्राम/लीटर	मादा फूलों की संख्या में वृद्धि
	2, 4, 5–टी0 (टी0आई0बी0ए0)	2–4 पत्ती की अवस्था	50 पी0पी0 एम0	50.0 मिली ग्राम/लीटर	मादा फूलों की संख्या में वृद्धि
खीरा	2, 4–डी0 (डाइक्लोरोफिनाक्सी एसिटिक एसिड)	2–4 पत्ती की अवस्था	10 पी0पी0 एम0	10.0 मिली ग्राम/लीटर	नरवन्ध्यता का विकास
	2, 4, 5–टी0 (टी0आई0बी0ए0)	2–4 पत्ती की अवस्था	25 पी0पी0 एम0	25.0 मिली ग्राम/लीटर	मादा फूलों की संख्या में वृद्धि
कुम्हण	इण्डोल एसिटिक एसिड	2–4 पत्ती की अवस्था	35 पी0पी0 एम0	35.0 मिली ग्राम/लीटर	उपज में वृद्धि
पेठा	इण्डोल एसिटिक एसिड	2–4 पत्ती की अवस्था	35 पी0पी0 एम0	35.0 मिली ग्राम/लीटर	उपज में वृद्धि
खरबूजा	2, 4, 5–टी0 (टी0आई0बी0ए0)	2–4 पत्ती की अवस्था	50 पी0पी0 एम0	50.0 मिली ग्राम/लीटर	मादा फूलों की संख्या में वृद्धि
	नेथ्थालिन एसिटिक एसिड	2–4 पत्ती की अवस्था	100 पी0पी0 एम0	100.0 मिली ग्राम/लीटर	मादा फूलों की संख्या में वृद्धि
तरबूज	2, 4, 5–टी0 (टी0आई0बी0ए0)	2–4 पत्ती की अवस्था	25–50 पी0पी0एम0	25.0–50.0 मिली ग्राम/लीटर	मादा फूलों की संख्या में वृद्धि

	नेप्थालिन एसिटिक एसिड	2–4 पत्ती की अवस्था	200 पी0पी0 एम0	200.0 मिली ग्राम/लीटर	उपज में वृद्धि
चिकनी/ नसदार तोरी	नेप्थालिन एसिटिक एसिड	2–4 पत्ती की अवस्था	200 पी0पी0 एम0	200.0 मिली ग्राम/लीटर	उपज में वृद्धि
	ब्यूटारिक एसिड	2–4 पत्ती की अवस्था	50 पी0पी0 एम0	50.0 मिली ग्राम/लीटर	बुआई के उपरान्त फलों को डूबोने पर भण्डारण क्षमता में वृद्धि
चिचिण्डा	इण्डोल एसिटिक एसिड	2–4 पत्ती की अवस्था	500 पी0पी0एम0	500.0 मिली ग्राम/लीटर	मादा फूलों की संख्या में वृद्धि
	नेप्थालिन एसिटिक एसिड	2–4 पत्ती की अवस्था	500 पी0पी0एम0	500.0 मिली ग्राम/लीटर	मादा फूलों की संख्या में वृद्धि
टमाटर	नेप्थालिन एसिटिक एसिड	बीज शोधन	20–50 पी0पी0एम0	25.0–50.0 मिली ग्राम/लीटर	फल उपज में वृद्धि
	2, 4–डी0 (डाइक्लोरोफिनाक्सी एसिटिक एसिड)	बीज को 8 घण्टे तक भिंगोकर	0.5 पी0पी0एम0	0.5 मिली ग्राम/लीटर	कुल शर्करा में वृद्धि
	2, 4–डी0 (डाइक्लोरोफिनाक्सी एसिटिक एसिड)	पर्णीय छिड़काव (बीज बुआई के 45, 60 एवं 45 दिन बाद)	0.5 पी0पी0एम0	0.5 मिली ग्राम/लीटर	उपज में वृद्धि
	नेप्थालिन एसिटिक एसिड	पर्णीय छिड़काव (बीज बुआई के 45, 60 एवं 75 दिन बाद)	100 पी0पी0एम0	100.0 मिली ग्राम/लीटर	उपज में वृद्धि
बैंगन	इण्डोल एसिटिक एसिड	बीज शोधन	50 पी0पी0एम0	50.0 मिली ग्राम/लीटर	बीज रहित बैंगन का विकारा
	इण्डोल एसिटिक एसिड	पर्णीय छिड़काव	20 पी0पी0 एम0	20.0 मिली ग्राम/लीटर	उपज में वृद्धि
	2, 4–डी0 (डाइक्लोरोफिनाक्सी एसिटिक एसिड) + लैनोलिन पेस्ट	कक्षीय वृन्त काटकर या पर्णीय छिड़काव कर	20–25 पी0पी0एम0	20.0–25.0 मिली ग्राम/लीटर	बीज रहित बैंगन का विकास

परवल	2, 4–डी0 (डाइक्लोरोफिनाक्सी एसिटिक एसिड) या 2, 4–5 टी0	पुष्पन पूर्व	100 पी0पी0एम0	100.0 मिली ग्राम/लीटर	बीज रहित परवल का विकास
भिण्डी	इण्डोल एसिटिक एसिड	बीज शोधन	100 पी0पी0एम0	100.0 मिली ग्राम/लीटर	उपज में वृद्धि
	नेप्थालिन एसिटिक एसिड	पर्णीय छिड़काव (बीज बुआई के 25 दिन बाद)	15 पी0पी0 एम0	15.0 मिली ग्राम/लीटर	उपज में वृद्धि
फूल गोभी	इण्डोल ब्यूटारिक एसिड	नर्सरी पौध रोपण के समय	10 पी0पी0 एम0	10.0 मिली ग्राम/लीटर	उपज में वृद्धि
	नेप्थालिन एसिटिक एसिड+जिब्रेलिक एसिड+मालिब्डेनम	पर्णीय छिड़काव (बीज बुआई के 30–40 दिन बाद)	120+100+ 2000 पी0पी0एम0	120.0+100.0+ 2000.0 मिली ग्राम/लीटर	उपज में वृद्धि
पत्ता गोभी	नेप्थालिन एसिटिक एसिड	बीज शोधन	0.1 पी0पी0 एम0	0.1 मिली ग्राम/लीटर	उपज में वृद्धि
	इण्डोल ब्यूटारिक एसिड	पर्णीय छिड़काव	0.4 पी0पी0 एम0	0.4 मिली ग्राम/लीटर	उपज में वृद्धि
	नेप्थालिन एसिटिक एसिड + चिलेटेड जिंक	पर्णीय छिड़काव (पौध रोपण के 45 दिन बाद)	100+2000 पी0पी0एम0	100.0+2000.0 मिली ग्राम/ लीटर	उपज में वृद्धि
लहसुन	नेप्थालिन एसिटिक एसिड + चिलेटेड जिंक	जवा बुआई के 60–90 दिन बाद	50 पी0पी0 एम0	50.0 मिली ग्राम/लीटर	उपज में वृद्धि
	नेप्थालिन एसिटिक एसिड + चिलेटेड जिंक	जवा शोधन	100–200 पी0पी0एम0	100.0–200.0 मिली ग्राम/ लीटर	शल्क कन्द के आकार व उपज में वृद्धि
प्याज	इण्डोल एसिटिक एसिड	बीज शोधन	10 पी0पी0 एम0	10.0 मिली ग्राम/लीटर	शल्क कन्द के आकार व उपज में वृद्धि

स्रोतः भारद्वाज एवं सहयोगी, 2010

2. जिब्रेलिन्स (Gibberellins)

जिब्रेलिन्स (Gibberellins) नामक पादप रसायन की खोज सर्वप्रथम जापान के एक पादप दैहिक वैज्ञानिक ई0 कुरोसावा ने जिब्रेला फ्यूजिकोराई नामक फफूँद से जिब्रेलिन नामक तत्व से निकालकर सन् 1930 में किया और उन्होंने इसका नाम जिब्रेलिन्स रख दिया।

जिब्रेलिन का संश्लेषण

एसीटाइल को ए → मेवालोनेट → मेवालोनेट–5 फास्फेट

↓

मेवालोनेट–5 पाइरोफास्फेट

↓

आइसोपेन्टाइल पाइरोफास्फेट अथवा डाइमेथाइल पाइरोफास्फेट → ट्रान्सजरनाइल जरनाइल फास्फेट → कोपाइल पाइरो फास्फेट

↓

काइरिन

↓

काइयूरोनाल → क्यूरेनाल → कायूरेनोइक एसिड → जिब्रेलिक एसिड

जिब्रेलिन्स नामक पादप रसायन का प्रयोग फल बिरलीकरण (fruit thining) के रुप में, सुप्तावस्था को तोड़ने और बीजों के अंकुरण क्षमता को बढ़ाने, फलों के लगने एवं उसकी वृद्धि करने, जायांगी लाइन्स (gynoecious line) में नर फूलों का विकास एवं उनकी संख्या में वृद्धि, मादा फूलों की संख्या में वृद्धि करने, फलों में कुल विलेय शर्करा (TSS) एवं मिठास में वृद्धि करने, में किया जाता है। अब तक 84 विभिन्न प्रकार के जिब्रेलिन्स का आविष्कार किया जा चुका है। सब्जियों में सामान्यतः जी0ए0–3, जी0ए0–4, जी0ए0–7, जीव ग्रो आदि का प्रयोग व्यापक पैमाने पर किया जाता है। इसके अन्य उदाहरण फास्फोन डी0, साइकोसेल, पैक्लोब्यूट्राजाल, एन्सीमाइडोल एवं जिब्रेलिक एसिड है। सब्जियों में जिब्रेलिन की प्रयोग विधि, सान्द्रता एवं इनका परिणाम नीचे की सारिणी में दिया गया है।

सारिणी (14.2) सब्जियों में जिब्रेलिन्स का प्रयोग

सब्जी फसल	पादप वृद्धि नियामक	प्रयोग विधि/ फसल की अवस्था	सान्द्रता	मात्रा/लीटर पानी में	फसल पर परिणाम
करेला	जिब्रेलिक एसिड	दो पत्ती की अवस्था में पर्णीय छिड़काव	60 पी0पी0 एम0	60.0 मिली ग्राम/लीटर	मादा फूलों की संख्या व उपज में वृद्धि
	पैक्लोब्यूट्राजाल	दो पत्ती की अवस्था में पर्णीय छिड़काव	100 पी0पी0 एम0	100.0 मिली ग्राम/लीटर	मादा फूलों की संख्या व उपज में वृद्धि
	साइकोसिल	दो पत्ती की अवस्था में पर्णीय छिड़काव	50–100 पी0पी0एम0	50.0–100.0 मि0 ग्राम/लीटर	मादा फूलों की संख्या व उपज में वृद्धि

	साइकोसिल	दो पत्ती की अवस्था में पर्णीय छिड़काव	250 पी0पी0 एम0	250.0 मिली ग्राम/लीटर	मादा फूलों की संख्या व उपज में वृद्धि
लौकी	साइकोसिल	दो पत्ती की अवस्था में पर्णीय छिड़काव	500 पी0पी0 एम0	500.0 मिली ग्राम/लीटर	मादा फूलों की संख्या व उपज में वृद्धि
	पैक्लोब्यूट्राजाल	दो पत्ती की अवस्था में पर्णीय छिड़काव तथा भूमि शोधन	50 पी0पी0 एम0	1.0 ग्राम दवा/ 20.0 लीटर पानी में	मादा फूलों की संख्या व उपज में वृद्धि
खीरा	जिब्रेलिक एसिड	पुष्पन पूर्व	100 पी0पी0 एम0	100.0 मिली ग्राम /लीटर पानी में	बीज रहित खीरे के फल का विकास
	जिब्रेलिक एसिड (जी0ए0–4 एवं जी0ए0–7 का मिश्रण)	दो पत्ती की अवस्था में पर्णीय छिड़काव	–	–	–
	साइकोसिल	दो पत्ती की अवस्था में पर्णीय छिड़काव	50 पी0पी0 एम0	1.0 ग्राम मात्रा/ 20.0 लीटर पानी में	जायांगी लाइनों में नर पुष्प का विकास
कुम्हण /पेठा	जिब्रेलिक एसिड	पुष्पन के समय एक सप्ताह के अन्तराल पर दो बार छिड़काव	200 पी0पी0 एम0	200.0 मिली ग्राम/लीटर पानी में	मादा फूलों की संख्या व उपज में वृद्धि
खरबूजा	जिब्रेलिक एसिड	मादा फूलों की संख्या व उपज में वृद्धि	40 पी0पी0 एम0	40.0 मिली ग्राम/लीटर पानी में	मादा फूलों की संख्या व उपज में वृद्धि
तरबूज	जिब्रेलिक एसिड–3	मादा फूलों की संख्या व उपज में वृद्धि	40 पी0पी0 एम0	40.0 मिली ग्राम/लीटर पानी में	मादा फूलों की संख्या व उपज में वृद्धि
	जिब्रेलिक एसिड–3	मादा फूलों की संख्या व उपज में वृद्धि	25–50 पी0पी0एम0	25.0–50.0 मिली ग्राम/ लीटर पानी में	मादा फूलों की संख्या व उपज में वृद्धि
परवल	जिब्रेलिक एसिड–3	तुड़ाई उपरान्त फलों पर छिड़काव	1–10 पी0पी0एम0	1.0–10.0 मिली ग्राम/लीटर पानी में	भण्डारण क्षमता में वृद्धि
टमाटर	जिब्रेलिक एसिड	बीज शोधन (3 घण्टे तक भिंगोकर)	5–20 पी0पी0एम0	5.0–20.0 मिली ग्राम/लीटर पानी में	अधिक उपज, कुल विलेय शर्करा में वृद्धि

	साइकोसिल	पर्णीय छिड़काव	200 पी0पी0 एम0	200.0 मिली ग्राम /लीटर पानी में	अधिक उपज
बैंगन	जिब्रेलिक एसिड	नर्सरी पौध का रोपण पूर्व जड़ शोधन	40 पी0पी0 एम0	40.0 मिली ग्राम /लीटर पानी में	अधिक उपज
भिण्डी	जिब्रेलिक एसिड	बीज शोधन	40–150 पी0पी0एम0	40.0–150.0 मिली ग्राम/ लीटर पानी में	अधिक उपज
	साइकोसिल	बीज शोधन (क्षारीय भूमि में)	250 पी0पी0 एम0	250.0 मिली ग्राम /लीटर पानी में	अधिक उपज
	साइकोसिल	बुआई के 25 दिन बाद पर्णीय छिड़काव	500–750 पी0पी0एम0	500.0–750.0 मिली ग्राम/ लीटर पानी में	अधिक उपज
फूल गोभी	जिब्रेलिक एरिड–3	पौध रोपण के 20 व 40 दिन बाद पर्णीय छिड़काव	50 पी0पी0 एम0	50.0 मिली ग्राम /लीटर पानी में	उपज में वृद्धि
	जिब्रेलिक एसिड + यूरिया	पर्णीय छिड़काव	50+10000 (1 प्रतिशत) पी0पी0एम0	50.0+10000.0 मिली ग्राम/ लीटर पानी में	उपज में वृद्धि
	जिब्रेलिक एसिड + नेप्थालिन एसिटिक एसिड + मालिब्डेनम	पौध रोपण के 30 व 40 दिन बाद पर्णीय छिड़काव	100+120 +2000 (1%) पी0पी0एम0	100.0+120.0 +2000.0 मिली ग्राम/लीटर पानी में	उपज में वृद्धि
लहसुन	जिब्रेलिक एसिड–3	पर्णीय छिड़काव	200–400 पी0पी0एम0	200.0–400.0 मिली ग्राम/ लीटर पानी में	उत्पादन और भण्डारण क्षमता में वृद्धि
	सइकोसिल	24 घण्टे तक जवा को डूबोकर बुआई	1000 पी0पी0एम0	1000.0 मिली ग्राम/लीटर पानी में	अधिक उपज
	जिब्रेलिक एसिड	रोपण पूर्व नर्सरी पौध का जड़ शोधन	40 पी0पी0एम0	40.0 मिली ग्राम /लीटर पानी में	उत्पादन और भण्डारण क्षमता में वृद्धि

स्रोतः भारद्वाज एवं सहयोगी, 2010

3. साइटोकाइनिन या फाइटोकाइनिन (Cytokinin or Phytokinin)

साइटोकाइनिन या फाइटोकाइनिन को जुबेनाइल हार्मोन भी कहा जाता है। मिलर ने सन् 1956 में इस महत्वपूर्ण रसायन को काइनिन कहा जबकि स्कूग एवं सहयोगियों ने सन् 1965 में इस रसायन का नाम साइटोकाइनिन रख दिया। इस वर्ग के हार्मोन न्यूक्लिक अम्लों के विघटन से

उत्पन्न होते हैं तथा प्यूरिन वर्ग के होते हैं। इस रसायन का प्रयोग पौधों के विकास, कोशिका विभाजन, शाखाओं की वृद्धि, मार्फोजनेसिस, बीजों के अंकुरण और नवोद्भिद के तेज विकास करने, हरित लवक के संश्लेषण एवं क्लोरोप्लास्ट को विकसित करने, पौधों की कुछ प्रजातियों में पर्णरन्ध्र के खुलने की गति को बढ़ाने तथा पत्तियों में जिर्णावस्था लाने एवं अंग विभेदीकरण में किया जाता है। इस वर्ग के हार्मोन प्राकृतिक तथा कृत्रिम, दोनों प्रकार के होते हैं।

प्राकृतिक (Natural)

प्राकृतिक साइटोकाइनिन के अन्तर्गत एडनिन, जीएटिन, डाईहाइड्रोजियोटिन, डाइमिथाइल, एलाइल एडनिन इत्यादि आते हैं।

कृत्रिम (Synthetic)

कृत्रिम साइटोकाइनिन के अन्तर्गत काइनेटिन, बेन्जाइएडनिन इत्यादि आते हैं।

साइटोकाइनिन का संश्लेषण

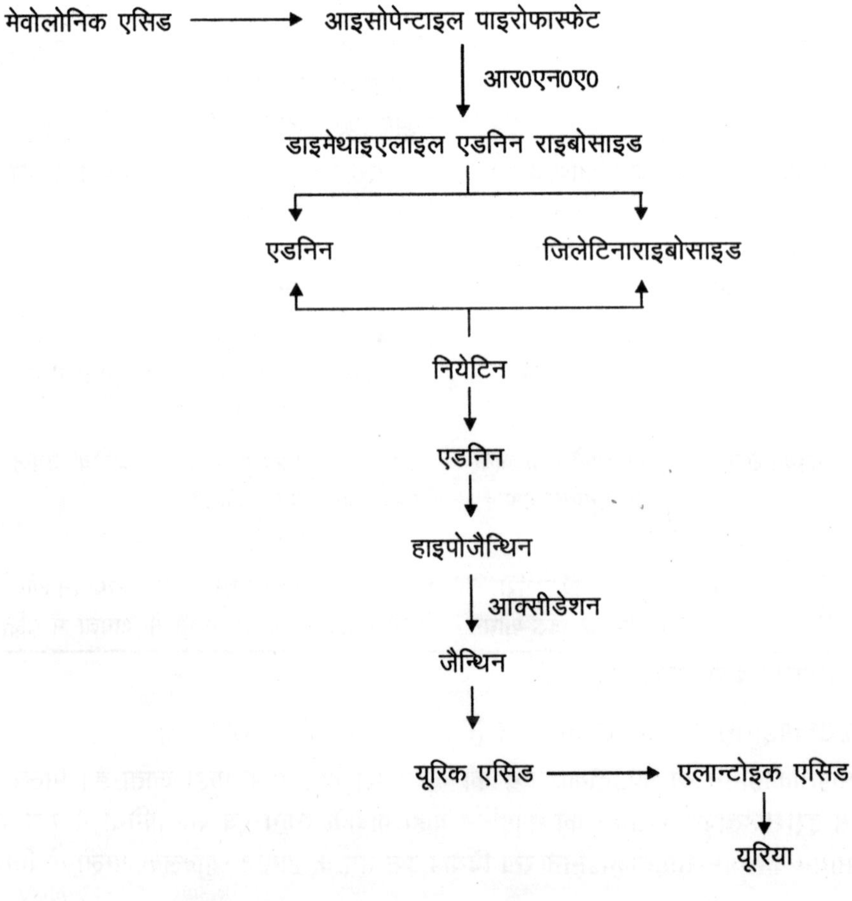

4. एबसीसिक एसिड (Abscissic acid)

अन्य पादप रसायनों के समान एबसीसिक एसिड बहुत ही महत्वपूर्ण है, जिसका संश्लेषण नीचे दिया गया है।

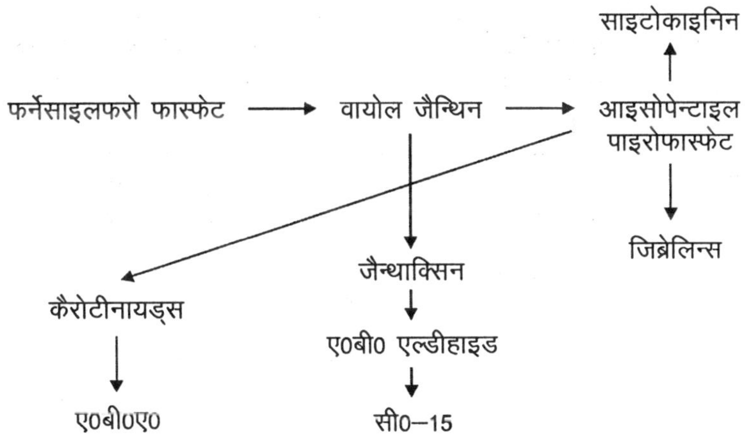

चित्रांकन : एबसीसिक एसिड का संश्लेषण

5. इथाइलिन (Ethylene)

इथाइलिन का पौधों की वृद्धि पर प्रभाव का आँकलन सर्वप्रथम रुस के शरीर वैज्ञानिक डिमिट्री एन0 नेलफ्यूबो ने सन् 1901 में किया था। इन्होंने इथाइलिन की पहचान एक प्रदीप्त गैस के रुप में की थी और अपने अध्ययन में पाया कि मटर पर इस पादप वृद्धि नियामक के प्रयोग से तने की लम्बाई में वृद्धि रुक जाती है तथा तने की मोटाई बढ़ती है। इसके अलावा पौधों की क्षैतिज़ वृद्धि भी देखी गयी है। पैरेट तथा गोसेक ने सन् 1969 में सर्वप्रथम बताया कि इथाइलिन फल परिपक्वता (ripening) को बढ़ाने वाला पादप वृद्धि नियामक है। इस समूह के हार्मोन पौधों की वृद्धि, फलों का पकना, घावों का भरना, जड़ों के प्रस्फूटन, पुष्प का खिलना, अंकुरण आदि को नियंत्रित करते हैं। इस समूह का सबसे महत्वपूर्ण पादप वृद्धि नियामक इथरेल है, जिसका व्यावसायिक स्तर पर उपयोग किया जा रहा है। पौधों में इथाइलिन का संश्लेषण नीचे दिया गया है।

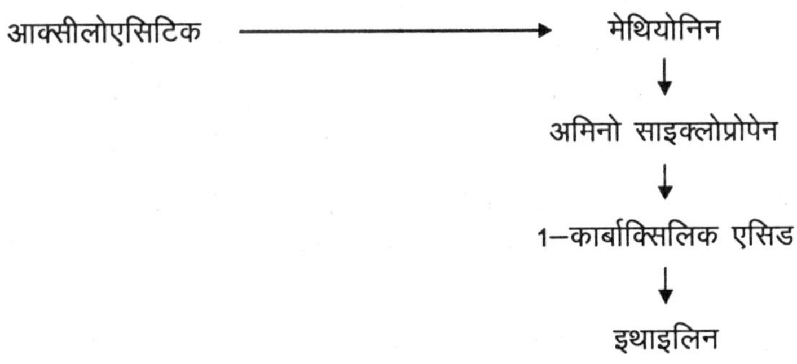

चित्रांकन : इथाईलिन का संश्लेषण

वर्तमान समय में इथाइलिन का प्रयोग व्यापक रुप से किया जा रहा है, जिसका विवरण नीचे की सारिणी में दिया गया है।

सारिणी (14.3) सब्जियों में इथाइलिन का प्रयोग

सब्जी फसल	पादप वृद्धि नियामक	प्रयोग विधि/ फसल की अवस्था	सान्द्रता	मात्रा/लीटर पानी में	फसल पर परिणाम
करेला	इथरेल	दो वास्तविक पत्ती की अवस्था	25 पी0पी0एम0	25.0 मिली ग्राम /लीटर पानी में	मादा फूलों की संख्या में वृद्धि
	इथरेल	दो वास्तविक पत्ती की अवस्था	100 पी0पी0एम0	100.0 मिली ग्राम /लीटर पानी में	मादा फूलों की संख्या में वृद्धि
खीरा	इथेफान	दो वास्तविक पत्ती की अवस्था	125–250 पी0पी0एम0	125.0–250.0 मिली ग्राम/ लीटर पानी में	मादा फूलों की संख्या में वृद्धि
	इथरेल	दो वास्तविक पत्ती की अवस्था	100 पी0पी0एम0	100.0 मिली ग्राम /लीटर पानी में	मादा फूलों की संख्या में वृद्धि
तरबूज	इथेफान	दो वास्तविक पत्ती की अवस्था	150–500 पी0पी0एम0	150.0–500.0 मिली ग्राम/ लीटर पानी में	उपज में वृद्धि
	इथरेल	दो वास्तविक पत्ती की अवस्था	500 पी0पी0एम0	500.0 मिली ग्राम /लीटर पानी में	उपज में वृद्धि
नसदार एवं चिकनी तोरी	इथेफान	दो वास्तविक पत्ती की अवस्था	250 पी0पी0एम0	250.0 मिली ग्राम /लीटर पानी में	मादा फूलों की संख्या में वृद्धि
	इथरेल	दो वास्तविक पत्ती की अवस्था	100 पी0पी0एम0	100.0 मिली ग्राम /लीटर पानी में	मादा फूलों की संख्या में वृद्धि
कुम्हणा	इथेफान	दो वास्तविक पत्ती की अवस्था	250 पी0पी0एम0	250.0 मिली ग्राम /लीटर पानी में	मादा फूलों की संख्या में वृद्धि
	इथरेल	दो वास्तविक पत्ती की अवस्था	50–150 पी0पी0एम0	50.0–150.0 मिली ग्राम/ लीटर पानी में	मादा फूलों की संख्या में वृद्धि
चिचिण्डा	इथेफान	दो वास्तविक पत्ती की अवस्था	50 पी0पी0एम0	50.0 मिली ग्राम /लीटर पानी में	मादा फूलों की संख्या में वृद्धि

टमाटर	इथेफान	बीज शोधन (8 घण्टे तक डूबोकर)	10–20 पी0पी0एम0	10.0–20.0 मिली ग्राम/लीटर पानी में	उपज एवं मिठास में वृद्धि
	इथेफान	पर्णीय छिड़काव	250 पी0पी0एम0	250.0 मिली ग्राम /लीटर पानी में	उपज में वृद्धि
	इथरेल	पर्णीय छिड़काव	250–500 पी0पी0एम0	250.0–500.0 मिली ग्राम/ लीटर पानी में	फलों का शीघ्र पकना
	इथेफान	हरे टमाटर को तोड़कर 2 मिनट तक डूबोना	500–2000 पी0पी0एम0	500.0–2000.0 मिली ग्राम/ लीटर पानी में	फल लाल रंग के हो जाते हैं।
लौकी	इथेफान	दो–चार वास्तविक पत्ती की अवस्था में पर्णीय छिड़काव	100 पी0पी0एम0	4.0 मिली लीटर दवा 20.0 पानी में	उपज में वृद्धि
	इथरेल	दो–चार वास्तविक पत्ती की अवस्था में पर्णीय छिड़काव	100 पी0पी0एम0	100.0 मिली ग्राम /लीटर पानी में	फलों का शीघ्र पकना
लहसुन	इथेफान	बुआई के 20–25 दिन बाद पर्णीय छिड़काव	500 पी0पी0एम0	500.0 मिली ग्राम /लीटर पानी में	शल्ककन्दों के आकार में वृद्धि
	एलार	बुआई के 20–25 दिन बाद पर्णीय छिड़काव	500 पी0पी0एम0	500.0 मिली ग्राम /लीटर पानी में	शल्ककन्दों के आकार में वृद्धि
टिण्डा	इथरेल	दो–चार वास्तविक पत्ती की अवस्था में पर्णीय छिड़काव	100 पी0पी0एम0	100.0 मिली ग्राम /लीटर पानी में	मादा पुष्प की संख्या में वृद्धि
मिर्च	इथेफान	अधपके हरे मिर्च को तुड़ाई के बाद दो मिनट तक डूबोने से	2000–2500 पी0पी0एम0	2000.0–2500.0 मिली ग्राम/ लीटर पानी में	फल लाल रंग के हो जाते हैं।

स्रोत: भारद्वाज एवं सहयोगी, 2010

पादप वृद्धि नियामकों के विभिन्न उपयोग (Various uses of plant growth regulators)

सब्जियों की गुणवत्ता युक्त उत्पादन के लिए पादप वृद्धि नियामकों का अनेक उद्देश्यों से प्रयोग किया जाता है, जैसे–

1. बीज जमाव (Seed germination)

टमाटर के बीज बुआई के पुर्व एन0ओ0ए0 (25.0 मिली ग्राम / लीटर), जिब्रेलिक एसीड–3 (0.5 मिली ग्राम / लीटर), सी0आई0पी0ए0 (10.0 मिली ग्राम / लीटर) और 2, 4–डी0 (0.5 मि0ग्रा / लीटर) से शोधन करने से जमाव प्रतिशत बढ़ जाता है। इसी प्रकार बैंगन के बीज को जिब्रेलिक एसीड (40.0 मिली ग्राम / लीटर), इण्डोल एसिटीक एसीड (50.0 मिली ग्राम / लीटर) और नेप्थेलिन एसीटीक एसीड (25.0 मिली ग्राम / लीटर) में 24 घण्टे तक भिगोकर रखने से जमाव अच्छा होता है। भिण्डी के बीज को जिब्रेलिक एसीड (10.0 मिली ग्राम / लीटर), इण्डोल एसीटीक एसिड (100.0 मिली ग्राम / लीटर), एन0ओ0ए0 (100.0 मिली ग्राम / लीटर) तथा नेप्थेलिन एसिटीक एसिड से शोधित करने पर शत प्रतिशत जमाव होता है। प्याज के बीज को इण्डोल ब्यूटारिक एसिड की 10.0 मिली ग्राम / लीटर पानी में घोलकर नर्सरी में डालने से अधिक जमाव व गुणवत्ता युक्त नर्सरी प्राप्त होती है। कद्दू वर्गीय सब्जियों जैसे–खरबूजा, लौकी, स्क्वाश, तरबूज आदि को इथेफान की 480.0 मिली ग्राम / लीटर पानी में घोलकर बीज को 24 घण्टे तक भिगोने से बीज जमाव अच्छा होता है।

2. बीज सुप्तावस्था समाप्त करने हेतु (Breaking seed dormancy)

साधारणतया आलू के कन्दों में खुदाई के तुरन्त बाद जमाव सम्भव नहीं हैं। जब तक कि उनका सुप्तावस्था (dormancy) समाप्त न हो जाये। इस प्रकार सुप्तावस्था समाप्त करने के लिए जिब्रेलिक एसिड (1.0 मिली ग्राम / लीटर, 2 सेकण्ड के लिए), इथाइलीन क्लोरोहाइड्रीन (1.0 लीटर / 20 कुन्तल कन्द बीज) या थायो यूरिया (1.0 प्रतिशत घोल में एक घण्टे तक डूबोने से) का प्रयोग करना चाहिए। उच्च तापमान के कारण लेट्यूस (lettuce) में उत्पन्न बीज सुप्तावस्था को समाप्त करने के लिए जिब्रेलिक एसिड से शोधन करना चाहिए।

सारिणी (14.4) बीज जमाव, बीज ओज वृद्धि एवं सुप्तावस्था समाप्त करने के लिए प्रयोग होने वाले पादप वृद्धि नियामक

सब्जी फसल	शोधन	प्रभावित गुण	शोध संदर्भ
आलू	आलू कन्द का सी0सी0सी0 रसायन (500.0 मिली ग्राम प्रति लीटर) में डूबोकर शोधन	कन्द उपज वृद्धि	सिद्धिकी एवं पंडिता (1986)
	आलू कन्द का सोडियम स्कार्बेट रसायन (100.0 मिली ग्राम प्रति लीटर) में डूबोकर शोधन	कन्द उपज वृद्धि	मूर्ति एवं सहयोगी (1975)
	आलू कन्द का साइटोजाइम घोल (5 प्रतिशत) में डूबोकर शोधन	कन्द उपज वृद्धि	पंडिता एवं हूडा (1979), सिंह एवं कौर (1981)
टमाटर	टमाटर बीज का इण्डोल ब्यूटारिक एसिड (25–50 पी0पी0एम0) में 15 मिनट तक डूबोकर शोधन	पौध मृत्युदर में कमी, पत्ती की संख्या में वृद्धि, शुष्क भार एवं कुल उपज में वृद्धि	छोकर एवं गुफरान (1968)

	टमाटर बीज का इण्डोल एसिटीक एसिड (30 पी0पी0एम0) में डूबोकर शोधन	उपज में वृद्धि एवं फल धारण में सुधार	मोजारकर एवं सहयोगी (1991), कार एवं सहयोगी (1993)
बैंगन	बैंगन बीज का जिब्रेलिक एसिड (10 पी0पी0एम0) में डूबोकर शोधन	फल धारण में वृद्धि	पटेल एवं सहयोगी (1997)
मिर्च	मिर्च बीज का इथिफान (3.5 एम0एम0) + जिब्रेलिक एसिड (3.0 एम0एम0) में डूबोकर शोधन	बीज जमाव में सुधार	कार्टर एवं इस्टिवेन्स (1998)
समर स्क्वास	बीज प्राइमिंग के लिए पी0ई0जी0 (1.5 एम0पी0ए0)	बीज जमाव में सुधार	बेलेटी (1994)
	पोटैशियम नाइट्रेट (2 या 3 प्रतिशत) पोटैशियम नाइट्रेट + पोटैशियम हाइड्रोफास्फेट (अनुपात 1:1) 2 या 3 प्रतिशत पूर्णतया अंधेरे में 18 डिग्री सेन्टीग्रेड तापमान पर 2 दिनों तक रखकर बीज शोधन	बीज जमाव में सुधार	बेलेटी (1994)
	समर स्क्वास का बीज शोधन कोबाल्ट घोल (1 पी0पी0एम0) में 48 घण्टे तक रखकर	लता विकास, मादा पुष्पों की संख्या व फल उपज वृद्धि	अट्टा (1998)
	समर स्क्वास का बीज शोधन कॉपर (500 पी0पी0एम0) तथा मैग्नीज व जिंक (2000 पी0पी0एम0)	अच्छी जमाव, पौध वृद्धि व फल उपज वृद्धि	अबेड एवं शाराबास (1985)
	समर स्क्वास का बीज शोधन कॉपर (300 पी0पी0एम0) तथा मैग्नीज (1000 पी0पी0एम0)	फल उपज वृद्धि	कुमार एवं सहयोगी (1986)
खीरा	खीरा का बीज शोधन फ्यूसिकोक्सीन जिब्रेलिक एसिड (25 पी0पी0एम0) + इथिफान (50–100 पी0पी0एम0) तथा पोटैषियम हाइड्रोफास्फेट (3 प्रतिशत) द्वारा	उत्तम बीज जमाव	सिंह एवं चौधरी (1998)
करेला	बीज प्राइमिंग सोडियम सेलेनाइट (1.0–10.0 ग्राम) द्वारा बीज शोधन 25 डिग्री सेन्टीग्रेड तापमान पर 28 घण्टे तक रखकर तथा सूखाकर, इसके बाद जिब्रेलिक एसिड (50 पी0पी0एम0) तथा बोरान (25 पी0पी0एम0)	उत्तम बीज जमाव एवं ओज	सिंह एवं सहयोगी (1973)

	बीज शोधन पोटैशियम नाइट्रेट घोल (1 प्रतिशत) में 12 घण्टे तक डूबोकर	उत्तम बीज जमाव	देवी एवं सेल्वाराज (1996)
	बीज शोधन काइनेटिन, इथरेल अथवा मारफैक्टिन (25–100 पी0पी0एम0) में 5-15 घण्टे तक 5 डिग्री सेन्टीग्रेड पर रखने से	मादा व नर पुष्प का संतुलन अच्छा होता है।	प्रकाश (1976)
	पौधों पर बोरान (4 पी0पी0एम0) का छिड़काव	मादा पुष्पन ज्यादा	वर्मा एवं सहयोगी (1984)
लौकी	बीज शोधन जिब्रेलिक एसिड (25–50 पी0 पी0एम0) तथा बोरान (25 पी0पी0एम0)	उत्तम बीज जमाव	सिंह एवं सहयोगी (1973)
तरबूज	जिब्रेलिक एसिड (25–50 पी0पी0एम0) तथा बोरान (25 पी0पी0एम0) द्वारा बीज शोधन	उत्तम बीज जमाव	सिंह एवं सहयोगी (1973)
पेठा	अल्बिजीया अमारा (500 ग्राम / हेक्टेयर) का प्रयोग	उत्तम बीज जमाव	देवी एवं सेल्वाराज (1995)
लूफा	अल्बिजीया अमारा द्वारा बीज प्राइमिंग (500.0ग्राम / हेक्टेयर)	उत्तम बीज जमाव	देवी एवं सेल्वाराज (1995)
मटर	राइजोबियम + फास्फोरस (90 किलो ग्राम / हेक्टेयर) + जिब्रेलिक एसिड (50 पी0पी0एम0)	पौध जड़ों में ज्यादा गांठें	प्रसाद एवं प्रसाद (1999)
लोबिया	जिंक सल्फेट (0.5 प्रतिशत), मैग्नीज सल्फेट (0.5 प्रतिशत) तथा सोडियम मालिब्डेड + डाइ अमोनियम फास्फेट (120.0 ग्राम / किलो ग्राम) बीज में मिलाकर पिलेटिंग एवं फोर्टिफिकेशन	उत्तम बीज जमाव	पोनूस्वामी एवं विजया (1997)
भिण्डी	जिब्रेलिक एसिड (25–50 पी0पी0एम0) तथा बोरान (25 पी0पी0एम0) द्वारा बीज शोधन		सिंह एवं सहयोगी (1973)
	पोटैशियम डाई हाइड्रोजेन फास्फेट (100 पी0पी0एम0) + राइजोबियम द्वारा बीज शोधन	उत्तम बीज जमाव	राजूरकर एवं सहयोगी (1999)
धनिया	स्कार्बिक एसिड (50 पी0पी0एम0) द्वारा बीज शोधन	जायांगी पुष्पों का ज्यादा विकसित होना	–
मेथी	साइकोसेल (50–100 पी0पी0एम0) अथवा ई0एम0एस0 (0.6 प्रतिषत) द्वारा 8 घण्टे तक बीज शोधन	उत्तम बीज जमाव और ज्यादा पौध स्थापन	–
लहसुन	जिब्रेलिक एसिड (250 पी0पी0एम0) द्वारा जवा शोधन	सुप्तावस्था को समाप्त करने और जमाव वृद्धि हेतु	रहमान एवं सहयोगी (2006)
	साइकोसेल (1000 मि0ली0 / लीटर) द्वारा जवा शोधन (लगाने के 24 घण्टे पहले)	उपज एवं भण्डारण क्षमता में वृद्धि	दास एवं सहयोगी (1985 अ तथा ब)

प्याज	नेप्थालिन एसिटिक एसिड (100.0–200.0 मिली ग्राम/लीटर) द्वारा बीज शोधन)	शल्क कन्द उपज वृद्धि	वैश (1969)
	इण्डोल एसिटिक एसिड (10.0 मिली ग्राम/लीटर) द्वारा बीज शोधन)	शल्क कन्द उपज वृद्धि	वैश (1969)
	इण्डोल एसिटिक एसिड (10 मिली ग्राम/लीटर) द्वारा नर्सरी पौध शोधन	शल्क कन्द उपज वृद्धि	सिंह एवं सहयोगी (1982)

स्रोतः भारद्वाज एवं सहयोगी, 2010

3. नर्सरी पौध भाोधन (Seedling treatment)

टमाटर, बैंगन व पत्ता गोभी में पौध रोपण झटका को सहन करने तथा नर्सरी पौध की रोपण के पश्चात् उत्तम विकास के लिए नेप्थेलिन एसीटिक एसिड की 0.1 या 0.2 मिली ग्राम पानी में घोल बनाकर जड़ को डुबोकर शोधन करना चाहिए। इसी प्रकार प्याज के पौधों को प्रत्येक नेप्थेलिन एसीटीक एसिड (Naphthalene acetic acid) या इण्डोल ब्यूटारिक एसिड (Indole butyric acid) की 1.0 मिली ग्राम/लीटर पानी मे घोलकर जड़ को शोधित करना उत्तम पाया गया है।

4. पौधे के वर्धीय भाग की वृद्धि में सहायक पोषक तत्व

अनेकों ऐसे पादप वृद्धि नियामक एवं सूक्ष्म पोषक तत्व हैं जो पौधों के वर्धीय भागों की अच्छी वृद्धि करते हैं। इनके उपयोग से फल अधिक बनते हैं। पादप वृद्धि नियामक एवं सूक्ष्म पोषक तत्वों का विवरण नीचे दिया गया है–

सारिणी (14.5) पौधे के वर्धीय भाग को प्रभावित करने वाले पादक वृद्धि नियामक एवं सूक्ष्म पोषक तत्व

सब्जी फसल	शोधन	प्रभावित गुण	शोध संदर्भ
टिण्डा	मैलिक हाइड्राजाइड (50 पी0पी0एम0) के घोल का 2–4 पत्ती अवस्था में छिड़काव	वर्धीय भाग में वृद्धि करता है और मुख्य अक्ष लम्बा होता है।	सिद्धू एवं सहयोगी (1981)
कुम्हण	जिब्रेलिक एसिड (10–50 पी0पी0एम0) का पर्णीय छिड़काव	लता का ज्यादा विकास	अरोरा एवं सहयोगी (1989)
बीट लीफ	ट्राइकोण्टानाल (200–2000 पी0पी0एम0) का घोल में 5 मिनट तक बीज को डूबोकर शोधन करना	पत्ती भार में वृद्धि	कुण्टे एवं राव थालकर (1981)

स्रोतः भारद्वाज एवं सहयोगी, 2010

शाखाओं एवं उप शाखाओं का विकास

सब्जियों में अनेकों ऐसे पादप वृद्धि नियामक प्रयोग किये जाते हैं, जो उनकी शाखाओं एवं उप शाखाओं के विकास में सहायक हैं, जिनका विवरण नीचे की सारिणी में दिया गया है।

सारिणी (14.6) पौधे के शाखाओं एवं उप शाखाओं को विकसित करने वाले पादप वृद्धि नियामक

सब्जी फसल	शोधन	प्रभावित गुण	शोध संदर्भ
लौकी	मैलिक हाइड्राजाइड (200–300 पी0पी0एम0) के घोल का छिड़काव	उप शाखाओं की संख्या में वृद्धि	–
	जिब्रेलिक एसिड (50 पी0पी0एम0) का पर्णीय छिड़काव	शाखाओं की संख्या में वृद्धि	रहमान एवं करीम (1997)
	नेप्थालिन एसिटिक एसिड (100 पी0पी0एम0) का पर्णीय छिड़काव	शाखाओं की संख्या में वृद्धि	रहमान एवं करीम (1997)
	टीबा (75.0 प्रतिशत) का पर्णीय छिड़काव	शाखाओं की संख्या में वृद्धि	रहमान एवं करीम (1997)
नसदार तोरी	इथरेल (500–1000 पी0पी0एम0) का पर्णीय छिड़काव	शाखाओं की संख्या में वृद्धि	पटनायक एवं सहयोगी (1974)
लहसुन	जिब्रेलिक एसिड (200.0–400.0 मिली ग्राम/लीटर) का पर्णीय छिड़काव	उप शाखाओं पर विकसित कलिकाओं की संख्या ज्यादा	त्यागी एवं अवोबा (1976)

स्रोतः भारद्वाज एवं सहयोगी, 2010

5. पुश्पन (Flowering)

सब्जियों में पुष्पन के लिए पादप वृद्धि नियामकों का प्रयोग बहुतायत से किया जाता है। आलू की पुष्पित न होने वाली प्रजातियों पर जिब्रेलिक एसीड की 50.0 मिली ग्राम/लीटर पानी में घोल बनाकर नवीन पत्तियों पर जब पुष्पन कलिका फुट रही हो, प्रयोग करने पर पूर्ण पुष्प विकसित हो जाते हैं। लेट्यूस में अगेती पुष्पन के लिए भी जिब्रेलिक एसीड का प्रयोग किया जाता है।

सारिणी (14.7) सब्जियों में अगेतीपन पुष्पन एवं फलत के लिए प्रयोग होने वाले पादप वृद्धि नियामक

सब्जी फसल	शोधन	प्रभावित गुण	शोध संदर्भ
लौकी	मैलिक हाइड्राजाइड (200–300 पी0पी0एम0) के घोल का छिड़काव	मादा पुष्प का जल्दी विकसित होना	रंधावा एवं सिंह (1976)
	पैकलो ब्यूट्राजोल (175.0 मिली ग्राम/लीटर) का घोल बनाकर छिड़काव	मादा पुष्प का जल्दी विकसित होना	राय एवं सहयोगी (2003)
करेला	नेप्थालिन एसिटिक एसिड (50 पी0पी0एम0) का पर्णीय छिड़काव	फल का जल्दी पकना	गेदम एवं सहयोगी (1998)
	नेप्थालिन एसिटिक एसिड (50 पी0पी0एम0) का पर्णीय छिड़काव	फल एवं बीज का ज्यादा बनना	गेदम एवं सहयोगी (1998)

टमाटर	नेथ्थालिन एसिटिक एसिड (5–10 पी0पी0एम0) का पर्णीय छिड़काव	फसल का अगेतीपन	सिंह (1995)
लेट्यूस इन्डीव मूली, गाजर चुकन्दर, ब्रेसिंका कुल की सब्जियाँ	जिब्रेलिक एसीड (100–1000 पी0पी0एम0) पुष्प कलिका बनने के पूर्व	ज्यादा पुष्पन	–
शकरकन्द	2,4–डी0 (100 पी0पी0एम0) का छिड़काव	ज्यादा पुष्पन	–
खीरा, खरबूजा तरबूज, लूफा, करेला, लोकी	एन0ए0ए0 (25–100 पी0पी0एम0) का 2 पत्ती अवस्था में छिड़काव	ज्यादा मादा पुष्पन	–

स्रोतः भारद्वाज एवं सहयोगी, 2010

6. लिंग परिवर्तन/प्रदर्शन (Sex modification/Sex expression)

कद्दू वर्गीय सब्जियों में पादप वृद्धि नियामक के प्रयोग से लिंग परिवर्तन/प्रदर्शन किया जा सकता है। अगर इन फसलों पर जिब्रेलिन्स का छिड़काव किया जाये तो नर पुष्प विकसित होते हैं। इसके पर्णीय छिड़काव से खरबूजा व स्क्वाश में मादा पुष्पन में रूकावट आती हैं, लेकिन तरबूज में मादा पुष्पन ज्यादा होता है। आक्सीजन (auxin) व वृद्धि बिलम्ब कारक (retardants) के प्रयोग से मादा पुष्पन, कद्दू वर्गीय सब्जियों में ज्यादा होता है और नर पुष्प कम विकसित होते हैं। खीरा, खरबूजा, लौकी व नसदार तोरी में नेथ्थेलिन एसीटीक एसीड (NAA) की 25.0–100.0 मिली ग्राम/लीटर पानी में घोलकर पर्णीय छिड़काव से ज्यादा मादा पुष्प विकसित होता है। पादप वृद्धि विलम्ब कारक जैसे मैलिक हाइड्राजइड (Maleic Hydrazide) के प्रयोग से खीरा, लौकी, चिचिण्डा, करेला व खरबूजा में ज्यादा मादा पुष्प विकसित हुए, जबकि सी0सी0सी0 (Chloromequat chloride) की 250.0–1000.0 मिली ग्राम/लीटर में घोलकर छिड़काव करने से खीरा, लौकी, खरबूजा, स्क्वाश मेलन व ककड़ी हेतु उपयोगी पाया गया। टी0आई0बी0ए0 (2,3,5-tri-iodobenzoic acid or TIBA) की 25.0–100.0 मिली ग्राम/लीटर की मात्रा खरबूजा, स्क्वाश मेलन, लौकी व तरबूज के लिए उत्तम रहा। अन्य पादप वृद्धि नियामकों में मारफैक्टीन की 25.0 मिली ग्राम/लीटर पानी में घोलकर बीज शोधन या पर्णीय छिड़काव खरबूजा के लिए तथा बी–नाइन की 1200.0–5000.0 मिली ग्राम/लीटर खीरा, करेला, नसदार तोरी, टिण्डा (round melon) व चिकनी तोरी के लिए मादा पुष्पन में लाभकारी पाया गया है। भिण्डी व मिर्च में क्रमशः क्लोरफ्लूरेनाल तथा जिब्रेलिक एसीड (100.0 मिली ग्राम/लीटर पानी में) के प्रयोग से पुंकेसरहीन पुष्प विकसित हुए। इसी प्रकार भिण्डी में इथेफान (400.0–500.0 मिली ग्राम/लीटर) के प्रयोग से गर्भ केसर पुष्प का विकास होता है।

सारिणी (14.8) सब्जियों में लिंग परिवर्तन, लिंग उत्पत्तिकरण, लिंग अनुपात एवं फल धारण में सहायक पादप वृद्धि नियामक एवं सूक्ष्म पोषक तत्व

सब्जी फसल	शोधन	प्रभावित गुण	शोध संदर्भ
टमाटर	नेथ्थालिन एसिटिक एसिड (25–50 पी0पी0एम0) का छिड़काव	पुष्प अंगों के विकास एवं उपज वृद्धि में सहायक	ओइनोफेघारा (1981)
	नेथ्थालिन एसिटिक एसिड (15–25 पी0पी0एम0) का छिड़काव	फल सुधार	कार एवं सहयोगी (1993)
	नेथ्थालिन एसिटिक एसिड (5–25 पी0पी0एम0) का छिड़काव	फल धारण में सहायक	सिंह (1993)
बैंगन	2, 4–डाइक्लोरो फिनाक्सी एसिटिक एसिड (2–4 पी0पी0एम0)	फल धारण में सहायक	नाथमान एवं सहयोगी (1974)
	पैराक्लोरो फिनाक्सी एसिटिक एसिड (20 पी0पी0एम0)	फल धारण में सहायक	शर्मा एवं सहयोगी (1992)
	नेथ्थालिन एसिटिक एसिड (50–75 पी0पी0एम0) का छिड़काव	फल धारण में सहायक	पटेल एवं सहयोगी (1997)
करेला	इथरेल (200–600 पी0पी0एम0) का 2–4 पत्ती की अवस्था में छिड़काव	नर पुष्प विकास को रोकता है।	रविन्द्रन (1971)
	इथरेल (480 पी0पी0एम0) का 2–4 पत्ती की अवस्था में छिड़काव	नर पुष्प विकास को रोकता है एवं मादा पुष्प को ज्यादा विकसित करता है।	सैम्भी (1975)
	इथरेल (50–100 पी0पी0एम0) का 2–4 पत्ती की अवस्था में छिड़काव	फल धारण में वृद्धि	संधु एवं दास (1978)
	बी–9 (500–5000 पी0पी0एम0) का 2–4 पत्ती की अवस्था में छिड़काव	मादा पुष्प की संख्या में वृद्धि	घोस एवं बोस (1970)
	सी0सी0सी0 (500–2000 पी0पी0एम0) का 2–4 पत्ती की अवस्था में छिड़काव	मादा पुष्प की संख्या में वृद्धि	घोस एवं बोस (1970)
	नेथ्थालिन एसिटिक एसिड (100 पी0पी0एम0) का 2–4 पत्ती की अवस्था में छिड़काव	मादा पुष्प प्रारम्भ के गांठों में लगने हेतु प्रेरित करता है, मादा पुष्प की संख्या में वृद्धि तथा नर व मादा अनुपात (26:1) को कम करता है।	विसारिया (1974)

	सी0सी0सी0	मादा पुष्प प्रारम्भ के गांठों में लगने हेतु प्रेरित करता है, एवं उपज में वृद्धि करता है।	मंगल एवं सहयोगी (1981)
लौकी	इथिफान (50–100 पी0पी0एम0) का 2–4 पत्ती की अवस्था में छिड़काव	फल संख्या में वृद्धि	सिंह एवं चौधरी (1989)
	इथरेल (10–20 पी0पी0एम0) का 2–4 पत्ती की अवस्था में छिड़काव	फल संख्या में वृद्धि	सिंह एवं चौधरी (1989)
	मैलिक हाइड्राजाइड (50 पी0पी0एम0) का 2–4 पत्ती की अवस्था में छिड़काव	नर व मादा अनुपात को कम करता है तथा फल धारण में वृद्धि करता है।	अरोरा एवं सहयोगी (1985)
चिचिण्डा	इथिफान (50–100 पी0पी0एम0) का 2–4 पत्ती की अवस्था में छिड़काव	मादा पुष्प की संख्या में वृद्धि	शानमूगाबेलू एवं सहयोगी (1975)
	इथरेल (150 पी0पी0एम0) का 2–4 पत्ती की अवस्था में छिड़काव	मादा पुष्प की संख्या व उपज में वृद्धि तथा नर एवं मादा के अनुपात में कमी	रमास्वामी एवं सहयोगी (1978)
कुम्हण	इथरेल (100 पी0पी0एम0) का 2–4 पत्ती की अवस्था में छिड़काव	नर एवं मादा के अनुपात में कमी	वर्मा एवं सहयोगी (1986) तथा दास एवं दाल (1995)
खीरा	मैलिक हाइड्राजाइड (50–100 पी0पी0एम0)	मादा पुष्प की संख्या में वृद्धि तथा फल धारण क्षमता में सुधार	चौधरी (1983)
	इथरेल (100 पी0पी0एम0) का 2–4 पत्ती की अवस्था में छिड़काव	मादा पुष्प की संख्या में वृद्धि तथा फल धारण क्षमता में सुधार	चौधरी एवं पटनायक (1960) तथा पाटिल एवं सहयेागी (1984)
	नेप्थालिन एसिटिक एसिड (100 पी0पी0 एम0) का 2–4 पत्ती की अवस्था में छिड़काव	ज्यादा मादा पुष्पन	चौधरी (1983)
	नेप्थालिन एसिटिक एसिड (25–100 पी0पी0एम0) का 2–4 पत्ती की अवस्था में छिड़काव	ज्यादा मादा पुष्पन	सिंह एवं सिंह (1984)
	कैफेइक एसिड (50 पी0पी0एम0) का 2–4 पत्ती की अवस्था में छिड़काव	फल धारण क्षमता में सुधार	शर्मा एवं सहयोगी (1982)

	इथिफान (50–100 पी0पी0एम0) का 2–4 पत्ती की अवस्था में छिड़काव	लिंग परिवर्तन	सिंह एवं चौधरी (1998)
	इथिफान (150–250 पी0पी0एम0) का 2–4 पत्ती की अवस्था में छिड़काव	लिंग परिवर्तन	भण्डारी एवं सहयोगी (1974)
टिण्डा	मैलिक हाइड्राजाइड (150–250 पी0पी0 एम0) के एक्वस घोल का 2–4 पत्ती की अवस्था में छिड़काव	मादा पुष्प की संख्या नीचली गांठों पर ज्यादा लगता है।	सिद्धू एवं सहयोगी (1981)
चिकनी तोरी	इथरेल (100–250 पी0पी0एम0) का 2–4 पत्ती की अवस्था में 2–3 बार छिड़काव	मादा पुष्प की संख्या में वृद्धि तथा हर्माफ्रोडाइट पुष्प का विकास	अरोरा एवं सहयोगी (1988) तथा कुमार एवं राव (1988)
नसदार तोरी	इथरेल (100–250 पी0पी0एम0) का 2–4 पत्ती की अवस्था में 2–3 बार छिड़काव	मादा पुष्प की संख्या में वृद्धि तथा हर्माफ्रोडाइट पुष्प का विकास	अरोरा एवं सहयोगी (1988) तथा कुमार एवं राव (1988)
धनिया	मैलिक हाइड्राजाइड या एफ0डब्ल्यू0–450 अथवा इण्डोल ब्यूटोरिक एसिड (150–250 पी0पी0एम0) के एक्वस घोल का 2–4 पत्ती की अवस्था में छिड़काव	मादा व नर पुष्प के अनुपात में कमी तथा हर्माफ्रोडाइड पुष्प का विकास	सिंह एवं रामानुजम (1973)
	मिक्स्टालाल (एलिफैटिक एल्कोहल) की (50 पी0पी0एम0 मात्रा) 2–4 पत्ती की अवस्था में छिड़काव	मादा व नर पुष्प के अनुपात में कमी तथा हर्माफ्रोडाइट पुष्प का विकास	लाल एवं सहयोगी (1996)

स्रोत: भारद्वाज एवं सहयोगी, 2010

7. गैमेटोसाइट (gametocides) तथा नरबन्ध्यता (male sterility) हेतु पादप वृद्धि नियामकों का प्रयोग

अनेकों पादप वृद्धि नियामक पौधों में नरबन्ध्यता उत्पन्न करते हैं, जिसका उपयोग संकर बीज उत्पादन के लिए किया जा सकता है। वृद्धि विलम्ब कारक जैसे मैलिक हाइड्राजाइड की 100.0–500.0 मिली ग्राम/लीटर पानी में घोल बनाकर भिण्डी, मिर्च व टमाटर पर, जिब्रैलिक एसीड–3 का प्याज पर, 2, 3–डाइक्लोरोआइसोब्यूटीरेट (2, 3-dichloroisobutyrate) की 0.2–0.8 प्रतिशत बैंगन, खरबूजा, भिण्डी, प्याज, जड़ वाली सब्जियाँ, पालक तथा टमाटर पर प्रयोग करने से नर बन्ध्यता विकसित हाती है। मिर्च में जिब्रेलिक एसीड (Gibberelic acid) की 100.0 मिली ग्राम/लीटर पानी में डालकर छिड़काव करने से नरबन्ध्यता उत्पन्न होती है।

सारिणी (14.9) सब्जियों में नरवन्ध्यता उत्पन्न करने में सहायक पादप वृद्धि नियामक एवं सूक्ष्म पोषक तत्व

सब्जी फसल	शोधन	प्रभावित गुण	शोध संदर्भ
बैंगन	मैलिक हाइड्राजाइड (100 पी0पी0एम0) का छिड़काव	छिड़काव के 10–12 दिन बाद पूर्ण नरबन्ध्यता	चौधरी एवं जार्ज (1962)
	नेप्थालिन एसिटिक एसिड (50 पी0पी0 एम0) का छिड़काव	छिड़काव के 10–12 दिन बाद पूर्ण नरबन्ध्यता	चौधरी एवं जार्ज (1962)
	2, 4–डी0 (100 पी0पी0एम0) का छिड़काव	छिड़काव के 10–12 दिन बाद पूर्ण नरबन्ध्यता	चौधरी एवं जार्ज (1962)
	24–डी0 (5 पी0पी0एम0)	परागकण वन्ध्यता	
टमाटर	मैलिक हाइड्राजाइड (100 पी0पी0एम0) का छिड़काव, 1 या 2 बार अथवा 50 पी0पी0एम0 का छिड़काव 2 बा	परागकण नरवन्ध्यता का पूर्ण प्रदर्शन (मादा उर्वरता में कोई परिवर्तन नहीं)	चोपरा एवं सहयोगी (1960)
प्याज	मैलिक हाइड्राजाइड (10 पी0पी0एम0)	परागकण वन्ध्यता	–
खीरा	2,4–डी0 (5 पी0पी0एम0)	परागकण वन्ध्यता	
	मैलिक हाइड्राजाइड 250–350 पी0पी0एम0		
तरबूज	2,4–डी0 (5 पी0पी0एम0)	परागकण वन्ध्यता	
गाजर	एन0–नाइट्रोसो एन0–इथाइल यूरिया (एन0इ0यू0) का 0.025–0.6 प्रतिशत का छिड़काव	नरबन्ध्यता का प्रदर्शन	–
	एन0–नाइट्रोसो +एन0एम0–मिथाइल यूरिया (एन0एम0यू0) का 0.025–0.6 प्रतिशत का छिड़काव	नरवन्ध्यता का प्रदर्शन	–
भिण्डी	मैलिकहाइड्राजाइड (4000 पी0पी0एम0) का छिड़काव	नरवन्ध्यता का पूर्ण प्रदर्शन	–
	सोडियम 2,3 डाइक्लोरो आइसोब्यूटीरेट (एफ0डब्ल्यू0–450) का 0.02, 0.4 व 0.5 प्रतिशत का छिड़काव	नरवन्ध्यता का पूर्ण प्रदर्शन	–
	एन0ए0ए0 (50 पी0पी0एम0)	परागकण वन्ध्यता	
	मैलिक हाइड्राजाइड 0.4 प्रतिशत का छिड़काव	नरवन्ध्यता का पूर्ण प्रदर्शन	दूबे एवं सिंह (1968)
	मेंडाक 0.4 प्रतिशत का छिड़काव	नरवन्ध्यता का पूर्ण प्रदर्शन	दूबे एवं सिंह (1968)
	टी0आई0बी0ए0 (50–100 पी0पी0एम0)	परागकण बन्ध्यता	–

8. जायांगी प्रभेद में नर पुष्प उत्प्रेरक तथा पादप वृद्धि नियामक द्वारा जायांगी लाइन का अनुरक्षण (Induction of male flower and maintenance of gynoecious lines through Plant Growth Regulators)

वर्तमान समय में जायांगी लाइन (खीरा, करेला, खरबूजा आदि) का विकास एक महत्वपूर्ण शोध है, जिसमें पौधे केवल मादा पुष्प ही विकसित करते हैं। अतः ऐसे पौधों को प्रकृति में बनाये रखने के लिए नर पुष्प का विकसित होना भी आवश्यक है। जायांगी किस्मों का उपयोग ज्यादातर संकर बीज उत्पादन के लिए किया जाता है। ऐसे पौधों पर नर पुष्प विकसित करने के लिए जिब्रेलिक एसिड (जी0ए0 4/7 की 200 पी0पी0एम0) अथवा सिल्वर नाइट्रेट (सिल्वर थायो सल्फेट की 5000 या 2000 पी0पी0एम0) का छिड़काव 2–4 पत्ती की अवस्था या 8 पत्ती की अवस्था तक छिड़काव कर किया जाता है। जिब्रेलिन्स की 4/7 का छिड़काव जिब्रेलिक एसिड की तुलना में जायांगी लाइन को अक्षुण बनाये रखने के लिए ज्यादा उपयोगी है। सामान्यतः इस पादप वृद्धि नियामक का छिड़काव 2–4 पत्ती की अवस्था तथा 2 अन्य छिड़काव 3 दिन के अन्तराल पर करना चाहिए। इसी प्रकार जायांगी पौधों पर इथिफान (2–सी0पी0ए0) का 250 पी0पी0एम0 2 पत्ती की अवस्था में करने पर अस्थायी रुप से नर पुष्प कम विकसित होते हैं। इस प्रकार संकर बीज उत्पादन करने के लिए एक नर के साथ 4 मादा पौध का कतार में रोपण करते हैं। इथिफान का छिड़काव मादा पौध पर करते हैं, जिससे नर पुष्प का विकास रुक जाता है।

सारिणी (14.10) सब्जियों में जायांगी प्रभेद में नर पुष्प विकास

सब्जी फसल	शोधन	प्रभावित गुण	शोध संदर्भ
बैंगन	जिब्रेलिक एसीड–3 (1500–2000 पी0पी0एम0) का छिड़काव	नर पुष्प विकास	कल्लू एवं फ्रेंकीन (1968)
	सी0सी0सी0 (25–50 पी0पी0एम0) का छिड़काव	नर पुष्प विकास	पाटील एवं सहयोगी (1984)
	सिल्वर नाइट्रेट (50–100 पी0पी0एम0) का छिड़काव	नर पुष्प विकास	–
	सिल्वर थायो सल्फेट (25–50 पी0पी0 एम0) का छिड़काव (2-leaf stage)	नर पुष्प विकास	–
	सिल्वर थायो सल्फेट (500–2000 पी0पी0 एम0) का छिड़काव (2-leaf stage)	नर पुष्प विकास	निज्स एवं विसेर (1979)
खरबूजा	सिल्वर नाइट्रेट (100 पी0पी0एम0) एवं एमीनो इथाक्सी विनाइल ग्लाइसीन (ए0वी0जी0) का 50 पी0पी0एम0 का छिड़काव	पूर्ण पुष्प का विकास	ओवेन्स एवं सहयोगी (1980)

9. संकर बीज उत्पादन (Hybrid seed production)

इथेफान नामक पादप वृद्धि नियामक के प्रयोग से कद्दू वर्गीय सब्जियों में अस्थायी रूप से मादा पुष्पन ज्यादा होता है। सबसे ज्यादा सफलता बटरनट स्क्वाश (butternut squash) में इथेफान के 10 क्रमिक छिड़काव से प्रभावित मादा कतार में संकर बीज उत्पन्न किया गया।

सारिणी (14.11) मादा पुष्प बनने हेतु पादप वृद्धि नियामक का प्रयोग

सब्जी फसल	पादप वृद्धि नियामक का प्रयोग
खीरा, लौकी, करेला, खरबूजा, नसदार, तोरी, तरबूज	नैप्थालिन एसीटिक एसीड (25–100 पी0पी0एम0) का 2 पत्ती अवस्था में छिड़काव इथरेल (250–500 पी0पी0एम0) का 2 पत्ती अवस्था में छिड़काव मैलिक हाइड्राजाइड (50–200 पी0पी0एम0) का 2 पत्ती अवस्था में छिड़काव सी0सी0सी0 (25–50 पी0पी0एम0) का 2 पत्ती अवस्था में छिड़काव टी.0आई0बी0ए0 (10–30 पी0पी0एम0) का 2 पत्ती अवस्था में छिड़काव

10. फल धारण (Fruit setting)

अनेकों सब्जियों में कम फल बनना एक समस्या है। उदाहरण के लिए टमाटर, बैंगन व मिर्च में पुष्पन के समय खराब मौसम के कारण कम फल विकसित होते हैं। टमाटर में अच्छे फल लगने के लिए 2, 4–डी0 (1.5 मिली ग्राम/लीटर), काइनेटिन (5.0 मिली ग्राम/लीटर), नेप्थालिन एसीटीक एसीड (10.0 मिली ग्राम/लीटर) और जिब्रेलिक एसीड–3 (1.0 मिली ग्राम/लीटर) का छिड़काव करना चाहिए। मिर्च में ट्राइएकोटैनाल (1.0 मिली ग्राम/लीटर) का पर्णीय छिड़काव से फूल का झड़ना कम हो जाता है और फल धारण क्षमता में वृद्धि होती है। बैंगन में अधिक फल धारण करने के लिए इण्डोल एसीटीक एसीड (IAAA) की 100.0 मिली ग्राम/लीटर पानी में घोल बनाकर पर्णीय छिड़काव करना चाहिए। लोबिया में इण्डोल ब्यूटारिक एसीड (25.0 मिली ग्राम/लीटर), नेप्थालिन एसीटीक एसीड या इण्डोल एसीटीक एसीड (प्रत्येक की 25.0 मिली ग्राम/लीटर) के छिड़काव से ज्यादा फल धारण पाया गया। कुछ कद्दू वर्गीय सब्जियों में स्वपरागण व परपरागण से फल धारण एक बिकट समस्या बनी हुई है। खरबूजा के स्वपरागण के समय जिब्रेलिक एसीड की 10.0 मिली ग्राम/लीटर के घोल का छिड़काव करने से फल धारण क्षमता में वृद्धि पायी गयी। इसी प्रकार आलू के आश्रय संकरित बीजों (Indoor hybridized seeds) को प्राप्त करने की क्षमता में वृद्धि करने के लिए 2, 4–डी0 (2,4-D) की 250.0 मिली ग्राम/लीटर को सेलूलोज या स्टीकर के साथ परागण के तुरन्त बाद छिड़कना चाहिए।

सारिणी (14.12) फल धारण हेतु पादप वृद्धि नियामक का प्रयोग

सब्जी फसल	पादप वृद्धि नियामक का प्रयोग
टमाटर	नैप्थालिन एसीटिक एसीड (100 पी0पी0एम0) का पुष्पन के समय छिड़काव बी0एन0ओ0ए0 (40 पी0पी0एम0) का छिड़काव टी0आई0बी0ए0 (25–100 पी0पी0एम0) का छिड़काव

मिर्च	ट्रायाकोन्टानाल (10 पी0पी0एम0) का छिड़काव
बैंगन	इण्डोल एसीटिक एसीड (100 पी0पी0एम0) का छिड़काव 2,4–डी0 (2 पी0पी0एम0) का छिड़काव
खीरा	4–सी0पी0ए0 (25–50 पी0पी0एम0) का छिड़काव
बीन्स	2,4–5–टी0 (100 पी0पी0एम0) का छिड़काव

11. बीज रहित फलों का विकास (Development of parthenocarpic fruit)

वर्तमान समय में पादप वृद्धि नियामकों का बहुतायत प्रयोग सब्जियों के फलों के आकार वृद्धि एवं बीज रहित (seedless) के लिए किया जा रहा है। बैंगन में 2, 4–डी0 (2,4-D) का लैनोलिन पेस्ट के साथ कक्षिकृन्त काटकर या पर्णीय छिड़काव करने से बीज रहित बैंगन प्राप्त होते हैं। अनेकों कद्दू वर्गीय सब्जियों में नोक्सा के 0.01 प्रतिशत मात्रा का घोल बनाकर छिड़काव करने से बीज रहित फल प्राप्त होते हैं। पूर्णतया बीज रहित परवल के फल को प्राप्त करने के लिए नेफ्थलिन एसीटीक एसीड (NAA) की 100.0 मिली ग्राम/लीटर पुष्पन पूर्व छिड़काव करना चाहिए। इसी प्रकार मोमोर्डिका कोचीनचाइनेन्सिस (*Momordica cochinchinensis*) से बीज रहित फल प्राप्त करने हेतु 2, 4–डी0, (2,4-D) या 2, 4, 5–टी0 (2,4,5-T) की 100.0 मिली ग्राम/लीटर पानी में घोल बनाकर पुष्पन पूर्व छिड़काव करना चाहिए। जिब्रेलिक एसीड के 100.0 मिली ग्राम/लीटर छिड़काव करने से खीरा के बीज रहित फल प्राप्त होते हैं। तरबूज में बीज रहित फल प्राप्त करने के लिए सर्वप्रथम डिप्लायड लाइन (diploid line) पर 1 या 2 सत्य पत्ती की अवस्था पर 0.2–0.4 प्रतिशत काल्चीसीन (colchicin) नामक पादप जनित रसायन का प्रयोग 2–3 दिनों तक करते हैं, जिससे टेट्राप्लायड लाइन (tetraploid line) प्राप्त होता है। टेट्राप्लायड लाइन (tetraploid line) का संकरण डिप्लायड लाइन (diploid line) से करने पर बीज रहित ट्रिप्लायड (triploid) तरबूज प्राप्त होता है।

12. फल पकना (Fruit ripening)

इथेफान (Ethephon) एवं इथिलिन (Ethylene) उत्पन्न करने वाले यौगिक टमाटर व मिर्च में फल पकने में सहायक हैं। 100.0 मिली ग्राम/लीटर इथेफान को फल पकने की परिवर्तन अवस्था (turning stage) पर छिड़काव से अधिकतम फल पककर लाल हो जाते हैं। टमाटर के हरे उचित आकार वाले फलों को तोड़कर इथीफान के 500.0–2000.0 मिली ग्राम/लीटर के घोल में डूबोकर छाया में रखने से फल पक जाते हैं। हरे मिर्च को 2000.0–2500.0 मिली ग्राम/लीटर पानी में 1 या 2 मिनट तक डूबोने के बाद छाया में रखने से सभी फल पक जाते हैं।

13. पौध वृद्धि प्रतिरोधक/बिलम्ब कारक (Plant growth retardants)

वृद्धि विलम्ब कारकों में ऐसे तत्वों का समूह सम्मिलित है जो पौधों में जिब्रेलिन्स के संश्लेषण को अवरोधित करता है जिससे पौधे की सामान्य वृद्धि में रूकावट हो जाती है। इस प्रकार पौध वृद्धि में उपयोग होने वाले भोज्य पदार्थ पूर्णतया पुष्पन तथा फलत में काम आते हैं। इससे उपज में वृद्धि होती है।

वृद्धि प्रतिरोधक/विलम्ब कारक प्राकृतिक एवं कृत्रिम दोनों प्रकार के होते हैं।

• प्राकृतिक वृद्धि प्रतिरोधक/विलम्ब कारक

बेन्जोइक एसिड, सलाइसाइलिक एसिड, सिनेमिक एसिड, कैफिक एसिड, फेस्टिक एसिड, जुगलोन इत्यादि।

• कृत्रिम वृद्धि प्रतिरोधक/विलम्ब कारक

इस समूह में ऐब्सिसिक एसिड तथा मैलिक हाइड्राजाइ महत्वपूर्ण हैं।

इस समूह में मुख्यतः साइकोसिल (Cycocel), एलार (Allar) प्रमुख रूप से प्रचलित पादप वृद्धि विलम्ब कारक हैं। सब्जियों में अनेकों ऐसे पादप वृद्धि नियामकों/रसायनों का प्रयोग किया जाता है, जिससे पौध विकास कम हो जाता है। कभी–कभी पादप वृद्धि नियामक नर पुष्प कम बने इसके लिए भी प्रयोग में लाये जाते हैं।

सारिणी (14.13) सब्जियों में प्रयोग होने वाले विलम्ब कारक पादप वृद्धि नियामक

सब्जी फसल	पादप वृद्धि नियामक का नाम	प्रयोग विधि/ फसल की अवस्था	मात्रा/लीटर पानी में	फसल पर परिणाम
आलू	साइकोसिल	बुआई के पहले रोपण योग्य कन्दों को घोल में लगभग एक घन्टे तक डुबोने के बाद छाया में सुखाकर बुआई करने पर	500.0 मिली ग्राम/ लीटर पानी में	प्रति पौध कन्दों की संख्या में वृद्धि
लौकी	साइकोसिल	2 से 4 सत्य पत्ती की अवस्था में पर्णीय छिड़काव	500.0 मिली ग्राम/ लीटर पानी में	कुल उपज में वृद्धि
	मैलिक हाइड्राजाइड	2 से 4 सत्य पत्ती की अवस्था में पर्णीय छिड़काव	150.0 मिली ग्राम/ लीटर पानी में	कुल उपज में वृद्धि
भिण्डी	साइकोसिल	बीज बुआई के 20–25 दिनों बाद खड़ी फसल में पर्णीय छिड़काव	500.0 मिली ग्राम/ लीटर पानी में	हरी फलियों के उपज में वृद्धि
	मैलिक हाइड्राजाइड	बीज बुआई के 20–25 दिनों बाद खड़ी फसल में पर्णीय छिड़काव	800.0 मिली ग्राम/ लीटर पानी में	हरी फलियों के उपज में वृद्धि
मटर	साइकोसिल	बीज बुआई के 20–25 दिनों बाद खड़ी फसल में पर्णीय छिड़काव	500.0 मिली ग्राम/लीटर पानी में	फलियों की वृद्धि के साथ–2 प्रोटीन की अधिकता

	मैलिक हाइड्राजाइड	पुष्पन पूर्व	5.0 मिली ग्राम/ लीटर पानी में	हरी फलियों की संख्या में वृद्धि
टमाटर	साइकोसिल	नर्सरी में रोपण योग्य पौधों पर छिड़काव	200.0 मिली ग्राम /लीटर पानी में	कुल उपज में वृद्धि पौधों की पत्ती मरोड़ बीमारी से मुक्ति
लहसुन	एलार	जवा रोपण के 20–25 दिनों बाद खड़ी फसल में	500.0 मिली ग्राम /लीटर पानी में	कन्द उपज में वृद्धि एवं अधिक विकसित जवा
प्याज	मैलिक हाइड्राजाइड	शल्क कन्द खुदाई के 7 दिन पहले छिड़काव	2500.0 मिली ग्राम /लीटर पानी में	शल्ककन्दों की भण्डारण क्षमता में वृद्धि
तरबूज	मैलिक हाइड्राजाइड	2–4 पत्ती की अवस्था में पर्णीय छिड़काव	100.0 मिली ग्राम /लीटर पानी में	कुल उपज में वृद्धि

स्रोतः भारद्वाज एवं सहयोगी, 2010

इसके अलावा कई पादप वृद्धि नियंत्रक/रोकने वाले पोषक तत्व वर्तमान समय में प्रयोग किये जा रहे हैं, जिनका विवरण नीचे दिया गया है–

सारिणी (14.14) सब्जियों में पादप वृद्धि नियंत्रक/पौध वृद्धि रोकने वाले पोषक तत्व

सब्जी फसल	शोधन	प्रभावित गुण	शोध संदर्भ
करेला	इथरेल (480 पी0पी0एम0) के घोल का छिड़काव	लता को ज्यादा फैलने से रोकता है।	सैम्भी (1975)
लौकी	मैलिक हाइड्राजाइड (200 या 300 पी0पी0एम0) के घोल का बार–बार छिड़काव	पौधे का अग्र भाग की वृद्धि को रोकता है।	रंधावा एवं सिंह (1976)
नरूदार तोरी	इथरेल (2000 पी0पी0एम0) का पर्णीय छिड़काव	पौधे का अग्र भाग की वृद्धि को रोकता है।	पटनायक एवं सहयोगी (1976)
	इथरेल (460 पी0पी0एम0) का पर्णीय छिड़काव	पौधे की वृद्धि को रोकता है।	सैम्भी (1976)
	इथरेल (200 पी0पी0एम0) के घोल में बीज शोधन	उपशाखाओं के गांठों की लम्बाई को रोकता है।	संधु एवं दास
धनिया	मिस्टालाल (5 पी0पी0एम0) का 2–4 पत्ती की अवस्था में छिड़काव	पौध वृद्धि में सहायक	लाल एवं सहयोगी (1996)
फराश बीन	पैक्लोब्यूट्राजोल (150 मिली ग्राम/ लीटर) का प्रयोग	पौध वृद्धि को रोकता है।	राय एवं सहयोगी (2002)

स्रोतः भारद्वाज एवं सहयोगी, 2010

14. अधिक बीज उपज एवं गुणवत्ता में वृद्धि (Increase of seed yield and quality)

सब्जी बीज उत्पादन वर्तमान समय में एक व्यावसाय के रुप में विकसित हो रहा है। ज्यादा बीज उपज एवं गुणवत्तायुक्त फलोत्पादन के लिए पादप वृद्धि नियामक एवं सूक्ष्म पोषक तत्व महत्वपूर्ण भूमिका निभा रहे हैं।

सारिणी (14.15) सब्जियों में ज्यादा बीज उपज एवं गुणवत्तायुक्त फसलोत्पादन में सहायक पादप वृद्धि नियामक एवं सूक्ष्म पोषक तत्व

सब्जी फसल	शोधन	प्रभावित गुण	शोध संदर्भ
टमाटर	नेप्थालिन एसिटिक एसिड (15 पी0पी0एम0)	फल की गुणवत्ता एवं बीज की मात्रा में वृद्धि	प्रसाद एवं प्रसाद (1977)
	नेप्थालिन एसिटिक एसिड (200 पी0पी0एम0) 15 दिन के अन्तराल पर पत्ती मरोड़ रोग से ग्रसित पौधों पर छिड़काव	पौध की ऊँचाई में वृद्धि तथा प्रति पौध ज्यादा मात्रा व भार में फलों का बनना	रेड्डी तथा यारागुटैह (1980)
आलू	इथिफान (400.0 मिली ग्राम/लीटर)	कन्द उपज में वृद्धि	मूर्ति एवं बनर्जी (1978) पंडिता एवं हूडा (1979 अ), सेखान एवं सिंह (1985)
	साइकोसिल (25.0 मि0ग्राम/लीटर) अथवा गैलिक एसिड (10.0–100.0 मिली ग्राम/लीटर)	कन्द उपज में वृद्धि	कुमार एवं अग्रवाल (1978)
	मिक्स्टालाल (1.0–2.0 मि.ग्रा./लीटर)	कन्द उपज में वृद्धि	शीड्डा रेड्डी (1988)
करेला	जिंक (20 पी0पी0एम0) का बीज बुआई के 15,30,45 व 60 दिन बाद	फल उपज में वृद्धि	नन्दनी एवं पोट्टी (2001)
	बोरान (4 पी0पी0एम0)	फल भार एवं उपज में वृद्धि	वर्मा एवं सहयोगी (1984)
लौकी	मैलिक हाइड्राजाइड (50 पी0पी0एम0)	अधिक उपज	अरोरा एवं सहयोगी (1985)
	इथरेल (10–20 पी0पी0एम0)	अधिक उपज	मंडल एवं सहयोगी (1990)
	मिक्स्टालाल (30.0 मिली ग्राम/10.0 लीटर) का बीज बुआई के 45 दिन बाद छिड़काव	अधिक बीज उपज	सिंह एवं सहयोगी (1991)
मटर	बोरेक्स (2.5 किलो ग्राम/हेक्टेयर)	फली उपज में वृद्धि	प्रसाद एवं सहयोगी (1998)
	जिंक सल्फेट (0.2 प्रतिशत)	फली उपज में वृद्धि	थापा एवं सहयोगी (2003)

ग्वार	सोडियम मालिब्डेट (0.15 प्रतिशत)	उपज वृद्धि	घोंसिकर एवं सक्सेना (1973)
	कोबाल्ट (2.0 मिली ग्राम)+फास्फोरस (40.0 मिली ग्राम/किलो ग्राम बीज)	शुष्क भार में वृद्धि	सिंह एवं सिंह (1994)
फराश बीन	बोरान, कॉपर, मालिब्डेनम, जिंक एवं मैग्नीज (0.1 प्रतिशत)	उपज वृद्धि	सिंह एवं सहयोगी (1989)
	मालिब्डेनम + राइजोबियम निवेशन	अधिक बीज उपज	कोरिया एवं सहयोगी (1990)
खीरा	टी0आई0बी0ए0 (50 पी0पी0एम0), जिब्रेलिक एसिड (40 पी0पी0एम0), मैलिक हाइड्राजाइड (100 पी0पी0एम0)	अधिक फल उपज	सिंह एवं चौधरी (1998)
	इथिफान (150–250 पी0पी0एम0)	अधिक फल उपज	भण्डारी एवं सहयोगी (1974) तथा सिंह एवं सिंह (1984)
टिण्डा	मैलिक हाइड्राजाइड (50 पी0पी0एम0) 2–4 पत्ती की अवस्था	50–60 प्रतिशत उपज वृद्धि	सिद्धू एवं सहयोगी (1981)
खरबूजा	नाइट्रोफिनोलेट सोडियम + नाइट्रोगुआइकाल सोडियम (5 प्रतिशत) का 8 घण्टे तक बीज शोधन	अच्छी गुणवत्ता के फल एवं उपज में वृद्धि	थम्बूराज एवं सिंह (2003)
लूफ़ा	नेप्थालिन एसिटिक एसिड (100 पी0पी0एम0), एल0आर0 (200 पी0 पी0एम0), प्लानोफिक्स (200 पी0पी0 एम0), पोटैशियम नाइट्रेट (1000 पी0 पी0एम0), पेनिसिलिन (100 पी0पी0 एम0) तथा 2 क्लोरोइथाइल फास्फोनिक एसिड (480 पी0पी0एम0)	अच्छी गुणवत्ता के फल एवं उपज में वृद्धि	दास (1975), अरोरा एवं सहयोगी (1987), अरोरा एवं सहयोगी (1988), कुमार एवं राव (1988), बसू एवं सहयोगी (1996)
चिकनी तोरी	साइकोसेल (750 पी0पी0एम0)	बीज उपज में वृद्धि	पाटिल एवं सहयोगी (2001)
	साइकोसेल (750 पी0पी0एम0)	बीज गुणवत्ता में वृद्धि	पाटिल एवं सहयोगी (2001)
कुम्हण	इथरेल (100 पी0पी0एम0) 2–4 पत्ती की अवस्था	फलत एवं उपज वृद्धि	वर्मा एवं सहयोगी (1986)
	जिब्रेलिक एसिड (10–25 पी0पी0एम0)	बीज मात्रा में वृद्धि	अरोरा एवं सहयोगी (1989)
बीट लीफ	सोडियम मोनोनाइट्रोगुइकाल (0.05 प्रतिशत) से 8 घण्टे तक बीज	हरी पत्ती उपज में वृद्धि	पंडिता एवं सहयोगी (1981)
गाजर	जिब्रेलिक एसीड (100–1000 पी0पी0एम0) का छिड़काव	बीज विकास में वृद्धि	–

चुकन्दर	जिब्रेलिक एसीड (100–1000 पी0पी0एम0) का छिड़काव	बीज विकास में वृद्धि	–
पत्ता गोभी	जिब्रेलिक एसीड (100–1000 पी0पी0एम0) का छिड़काव	बीज विकास में वृद्धि	–
	डुबोकर शोधन ट्राइएकोण्टानाल (200-2000पी0पी0एम0) द्वारा मृदा शोधन	पत्ती भार में वृद्धि	कुण्टे एवं रावथालकर (1981)
मेथी	जिब्रेलिक एसिड (50 पी0पी0एम0) तथा इथरेल (75 पी0पी0एम0) का बीज बुआई के 30-45 दिन बाद प्रयोग	बीज उपज में वृद्धि	साहू एवं सहयोगी (2004)
लहसुन	इथिफान (50 मिली ग्राम/लीटर पानी) का बीज बुआई के 20-25 दिन बाद	जवा के आकार एवं उपज में वृद्धि	तिवारी एवं सहयोगी (1984)
	एलार (500.0 मिलीग्राम/लीटर पानी) का बीज बुआई के 20-25 दिन बाद	जवा के आकार एवं उपज में वृद्धि	तिवारी एवं सहयोगी (1984)
	नेप्थालिन एसिटिक एसिड (50.0 मिली ग्राम/लीटर पानी) का बीज बुआई के 60 व 90 दिन बाद प्रयोग	शल्क कन्द उपज में वृद्धि	दास एवं सहयोगी (1985 अ एवं ब)
पालक	जिब्रेलिक एसिड (10.0 मिली ग्राम/लीटर पानी) का यूरिया के 1 प्रतिशत के साथ छिड़काव	उपज वृद्धि	राव एवं सहयोगी (1972)

स्रोतः भारद्वाज एवं सहयोगी, 2010

15. नर्सरी पौध में जड़ विकास हेतु पादप वृद्धि नियामक

कुंदरु, परवल, करतोली, ककरोल आदि में जड़ विकास हेतु अनेकों प्रकार के पादप वृद्धि नियामक एवं सूक्ष्म पोषक तत्व प्रयोग किये जाते हैं, जिससे पौध एवं ज्यादा गुणवत्तायुक्त फल विकास होता है। उदाहरण के लिए कुंदरु में इण्डोल एसिटिक एसिड एवं नेप्थालिन एसिटिक एसिड जड़ विकास हेतु ज्यादा उपयोगी पाया गया है।

सारिणी (14.16) कुंदरु में जड़ विकास हेतु इण्डोल एसिटिक एसिड (IAA) एवं नेप्थालिन एसिटिक एसिड (NAA) का प्रभाव

सान्द्रता	इण्डोल एसिटिक एसिड (IAA)			नेप्थालिन एसिटिक एसिड (NAA)		
	जड़ विकास (प्रतिशत)	औसत जड़ों की संख्या/कर्तन	औसत जड़ की लम्बाई (सेन्टीमीटर)	जड़ विकास (प्रतिशत)	औसत जड़ों की संख्या/कर्तन	औसत जड़ की लम्बाई (सेन्टीमीटर)
50	80	8.60	11.98	100	12.65	14.66
100	80	10.00	12.50	85	10.00	22.25
नियंत्रित	20	5.00	6.25	–	–	–

आलू के सत्य बीजों के प्रयोग द्वारा आलू के कुल उपज में आशातीत वृद्धि हुई है। सत्य बीज के प्रयोग से वृहद् मात्रा में प्रयोग होने वाले कन्द बच जाते हैं और साथ ही कन्द के भण्डारण, स्थान एवं परिवहन में आने वाले कुल लागत में कमी आती है। वर्तमान समय में जिब्रेलिक एसिड का प्रयोग कर आलू के दिनमान में परिवर्तन किया गया है। तुरन्त प्राप्त किये गये सत्य बीजों (true seeds) में सुप्तावस्था (dormancy) होती है, जिसको समाप्त करने के लिए जिब्रेलिक एसिड की 1500–2000 पी0पी0एम0 मात्रा में 48 घण्टे तक बीज को पानी एवं दवा के घोल में डूबोकर करते हैं।

पादप वृद्धि नियामकों के प्रयोग करने की विधि

सब्जियों मे पादप वृद्धि नियामकों का प्रयोग सुविधानुसार निम्न 6 विधियों द्वारा किया जा सकता है।

1. लेनोलाइन पेस्ट विधि
2. छिड़काव विधि
3. डस्ट विधि
4. एयरोसेल और वाष्प विधि
5. मृदा प्रयोग विधि
6. डुबोकर

1. लेनोलाइन पेस्ट विधि (Lenoline paste method)

यह पेस्ट (paste) आक्जिन के लिये अच्छा विलायक का कार्य करता है। पेस्ट तैयार करने के लिए वसा एवं आक्जिन को उचित अनुपात में मिलाना चाहिए। यह ध्यान दें कि आक्जीन सूखा नही होना चाहिए। तैयार पेस्ट को 0.01 से 0.05 प्रतिशत की दर से प्रयोग करने से कर्त्तन किये हुये तनों से जड़ का शीघ्र विकास होता है। यह विधि सामान्य रुप से प्रयोगशाला परीक्षण हेतु प्रयोग की जाती है।

2. छिड़काव विधि (Spray method)

तुलनात्मक रूप से इस विधि का प्रयोग अन्य विधियों की अपेक्षा बड़े पैमाने पर और विभिन्न उद्देश्यों के लिये किया जाता है। सब्जियों में पादप नियन्त्रण का प्रयोग घोल के रूप में छिड़काव करना सुविधाजनक व अच्छा होता है। घोल तैयार करने के लिए क्षेत्रफल के अनुसार पानी (लगभग 500 लीटर पानी/हेक्टेयर) लेना चाहिए तथा संस्तुत पादप नियामक की मात्रा लेकर पूरे पानी की मात्रा में मिला लेना चाहिए। पानी में अघुलशील रसायनों जैसे पी0सी0पी0ए0, 2, 4–डी0, जिब्रेलिक एसिड तथा टी0आई0बी0ए0 को पहले थोड़े से एल्कोहल में घोलने के बाद पानी में मिलायें। इसी प्रकार मैलिक हाइड्राजाइड को गर्म पानी में घोलने के बाद पूरे पानी में मिलायें तत्पश्चात् छिड़काव करें। वर्षा ऋतु में घोल का प्रभाव सुनिश्चित करने के लिए सेल्वेट–99 (0.1 ग्राम/लीटर) या ट्वीन–20 (5.0 ग्राम/लीटर) का प्रयोग अवश्य करना चाहिए, जिससे घोल पौधों के भागों पर चिपक जायें। छिड़काव सुबह–सायंकाल में करना अधिक लाभप्रद रहता है।

3. धूल विधि (Dust method)

यह व्यावहारिक रुप में सबसे आसान विधि है। इस विधि में पादप वृद्धि नियामकों का प्रयोग जो महीन पाउडर के रुप में होते हैं, पौधों पर छिड़काव के रुप में सुबह या सायंकाल किया जाता है।

4. एयरोसोल और वाष्प विधि (Aerosol and vapor method)

इस विधि द्वारा पादप वृद्धि नियामकों का प्रयोग ग्रीन हाउस में किया जाता है।

5. मृदा प्रयोग (Soil application)

खरपतवारनाशी (weedicide) के रूप में आक्जीन मृदा में प्रयोग करने के लिये यह सबसे उपयुक्त विधि है। यह विधि फलों को गिरने से रोकने तथा फलों की संख्या को बढ़ाने में भी सहायक है। मृदा में रसायन के सक्रिय यौगिक को तरल विलयन के रूप में मिलाया जाता है। रसायन का प्रभाव सक्रिय यौगिक के रासायनिक प्रकृति, अवशोषण क्षमता, मृदा में उपस्थित सूक्ष्मजीव तथा रिसाव की क्षमता पर निर्भर करता है। आक्जीन का अवशोषण मृदा तथा हार्मोन्स के रासायनिक प्रकृति पर निर्भर करता है। सामान्यतः 2, 5–डाइक्लोरोबेन्जोइक एसिड के मृदा में प्रयोग से टमाटर के फलों के आकार में वृद्धि होती है। पैक्लोब्यूट्राजोल का मृदा में प्रयोग पर्णीय छिड़काव से ज्यादा लाभकारी है।

6. डुबोकर (Deep method)

इस विधि में बीजों को पादप वृद्धि नियामकों के 0.02 प्रतिशत घोल में 1–5 मिनट तक डुबोने के पश्चात् छाया में सुखाकर बुआई करते हैं।

प्रमुख सब्जियों में पादप वृद्धि नियामकों का विशिष्ट परिस्थितियों (specific conditions) में प्रयोग

टमाटर (Tomato)

टमाटर के बीज की बुआई से पूर्व 5 पी0पी0एम0 (5.0 मिली ग्राम/लीटर पानी) 2, 4–डी0डी0 के घोल में बीज को 2–5 मिनट तक डुबोकर बुआई करने अथवा 0.02 प्रतिशत का तीन बार पर्णीय छिड़काव (पौध रोपण के 30, 45 और 60 बाद) करने से शाखायें अधिक निकलती हैं, पौधों पर फूल जल्दी आते हैं और फल अधिक बनते हैं। फलों की संख्या में अधिक वृद्धि होती है तथा फल भी शीघ्र पकते हैं। इथिफान का 100–500 पी0पी0एम0 का छिड़काव करने से फूल झड़ना कम हो जाता है तथा कम तापक्रम (13 डिग्री सेल्सियस से कम) और अधिक तापक्रम (25.0 डिग्री सेल्सियस से अधिक) पर भी अच्छी फसल होती है। सामान्यतः 200.0 मिली ग्राम/लीटर साइकोसिल या 2.0 मिली ग्राम/लीटर मिक्साटोल का नर्सरी में ही छिड़काव कर देने से स्वस्थ पौधे तथा अच्छी उपज ली जा सकती है। सी0सी0सी0 नामक पादप वृद्धि नियामक के 250-500 पी0पी0एम0 का नर्सरी में छिड़काव करने से टमाटर के पत्ती मरोड़ विषाणु (tomato leaf curl virus) से मुक्ति मिलती है।

मिर्च (Chillies)

मिर्च की फसल में फूल गिरने की समस्या ज्यादा होती है। मिक्साटोल 2.0 पी0पी0एम0 या 2, 4–डी0 1.0 पी0पी0एम0 का 50 प्रतिशत फूल आने पर छिड़काव किया जाये तो पुष्प का झड़ना कम हो जाता है तथा 40 प्रतिशत तक पैदावार में वृद्धि पायी जाती है। मिर्च में ट्राइएकोटोनाल की 1.0 मिली ग्राम/लीटर पानी में घोलकर पर्णीय पर छिड़काव करने से पुष्प गिरने की समस्या कम हो जाती है और फल ज्यादा लगते हैं।

बैंगन (Brinjal)

साइकोसिल 250–500 पी0पी0एम0 का पर्णीय छिड़काव फूल आने से पहले करने से पुष्प ज्यादा संख्या में लगते हैं फलतः फल अधिक लगते हैं। बुआई के पूर्व बीज को 2, 4–डी0 के 4 पी0पी0एम0 घोल में 24 घण्टे तक डुबोकर बुआई करने से जमाव अच्छा होता है तथा पैदावार में वृद्धि होती है। सामान्यतः 250 पी0पी0एम0 साइकोसिल के घोल में बीज को उपचारित कर बुआई करने से क्षारीयता के प्रति अवरोधी एवं अधिक फलत तथा उत्पादन प्राप्त होता है। बैंगन में इण्डोल एसिटिक एसिड की 100.0 मिली ग्राम/लीटर पानी में घोलकर छिड़काव करने से फल धारण क्षमता बढ़ जाती है।

प्याज (Onion)

सामान्यतः एन0ए0ए0 की 100–200 पी0पी0एम0 या आई0ए0ए0 की 10 पी0पी0एम0 सान्द्रता से बीज शोधित कर बोने पर कन्द के आकार में वृद्धि होती है। जी0ए0–3 की 40 पी0पी0एम0 के घोल में पौधों को रोपण से पूर्व जड़ शोधित करके लगाने से पैदावार में वृद्धि होती है। शल्ककन्दों में कल्ले फूटना प्याज के भण्डारण की प्रमुख समस्या है। मैलिक हाइड्राजाइड की 2500 पी0पी0एम0 के घोल का छिड़काव प्याज की फसल पर खुदाई से 15 दिन पहले कर दिया जाये तो शल्ककन्दों में कल्ले फूटने की समस्या को कम किया जा सकता है।

मटर (Peas)/लोबिया (Cowpea)

मटर, लोबिया तथा अन्य दलहनी सब्जियों में अनेकों पादप वृद्धि नियामकों का प्रयोग प्रमुखता से होता है। इन फसलों में पादप वृद्धि नियामकों का प्रयोग करके उपज को और अधिक बढ़ाया जा सकता है। सामान्यतः 25 पी0पी0एम0 मैलिक हाइड्राजाइड (MH) या (cycocel) साइकोसिल की 500 पी0पी0एम0 का पर्णीय छिड़काव करने से मटर की फली समान रूप से तथा अधिक संख्या में लगती है। बीज को 1.0 प्रतिशत साइटोजिन के घोल से उपचारित करके बुआई करने से अच्छी उपज प्राप्त होती है। लोबिया में 250 पी0पी0एम0 आई0बी0ए0 के घोल का छिड़काव करने से अधिक उपज प्राप्त की जा सकती है। लोबिया में इण्डोल ब्यूटारिक एसीड (IBA) (25.0 मिली ग्राम/लीटर), नैप्थालिन एसिटिक एसिड (NAA) या इण्डोल एसिटिक एसिड (IAA) (25.0 मिली ग्राम/लीटर) पानी में घोल बनाकर छिड़कने पर फल धारण क्षमता में वृद्धि होती है।

पत्ता गोभी (Cabbage)

साइकोसिल (Cycocel) की 250–500 पी0पी0एम0 का 4–5 पत्ती की अवस्था पर छिड़काव कर देने से कम तापक्रम में भी अच्छी बढ़वार, शीर्ष आकार बड़ा तथा समय से शीर्ष बनने लगता है। आई0बी0ए0 (IBA) 0.4 पी0पी0एम0 या एन0ए0ए0 (NAA) 0.1 पी0पी0एम0 या जिब्रेलिक एसीड 5–10 पी0पी0एम0 का छिड़काव करने से शीर्ष का आकार बढ़ जाता है।

फूल गोभी (Cauliflower)

रोपण से पहले तैयार पौध को आई0बी0ए0 (IBA) के 0.1 प्रतिशत घोल में डुबोकर रोपण करने से 10–15 दिन पहले ही शीर्ष आ जाते हैं। शीर्ष सुन्दर तथा आकार में बड़े होते हैं। जिब्रेलिक एसिड 50 पी0पी0एम0 (50.0 मि0ग्रा0/लीटर पानी) पौध रोपण के बाद 20–20 दिन के अन्तराल पर दो बार पर्णीय छिड़काव करने से शीर्ष जल्दी तथा बड़े आकार के बनते हैं, जिससे उत्पादन में वृद्धि होती है।

भिण्डी (Okra)

भिण्डी के बीज को जिब्रेलिक एसिड (GA) के 10.0 गिली ग्राम/लीटर के घोल में या आई0ए0ए0 या एन0ए0ए0 के 100.0 मिली ग्राम/लीटर के घोल में 24 घण्टे तक डुबोकर बुआई करने से बीज का अंकुरण प्रतिशत बढ़ जाता हैं। आई0ए0ए0 का 20 पी0पी0एम0 या मिक्सटालाल (Mixtalal) की 4 पी0पी0एम0 घोल का बुआई से 4–5 सप्ताह बाद यदि पर्णीय छिड़काव किया जाये तो अधिक उत्पादन प्राप्त होता है।

पालक (Spinach)

पालक की फसल में 10.0 मिली ग्राम/लीटर जिब्रेलिक एसिड (GA) को 1 प्रतिशत यूरिया के साथ घोलकर 2–3 पत्ती आने पर छिड़काव किया जाये तो पालक जल्दी कटाई योग्य हो जाती है तथा अच्छी उपज प्राप्त होती है।

आलू (Potato)

आलू की सुप्तावस्था बढ़ाने के लिये 0.03 प्रतिशत मैलिक हाइड्राजाइड (MH) का 20–25 दिन खुदाई के पहले छिड़काव कर देने से आलू में कल्ले फूटने की समस्या को (सुप्तावस्था बढ़ाने में) रोका जा सकता है। सुप्तावस्था को तोड़ने के लिये थायो यूरिया 1000.0 मिली ग्राम/लीटर के घोल या जिब्रेलिक एसिड के 1 पी0पी0एम0 घोल में कन्दों को 1 घण्टे तक डुबोकर रखने से सुप्तावस्था समाप्त की जा सकती है। आइसोप्रोपाइल एन0–3 क्लोरोफिनाल की आलू के अच्छे भण्डारण के लिये उपयुक्त पाया गया है।

कद्दू वर्गीय सब्जियाँ (Cucurbits)

कद्दू वर्गीय सब्जियों में नर–मादा फूलों का अनुपात उपज की दृष्टि से बहुत ही महत्वपूर्ण है। सामान्यतया एक द्विलिंगी पौधे (monoecious) में आरम्भ में केवल नर फूल ही विकसित होते हैं तथा मादा फूल बाद में आते हैं। पौधों की आयु बढ़ने के साथ–साथ नर फूलों की अपेक्षा मादा

फूलों का अनुपात बढ़ने लगता है। इस समूह की सब्जियों में अच्छी किस्म वह मानी जाती है, जिसमें नर फूलों की अपेक्षा मादा फूलों की बहुतायत हो। नर तथा मादा फूलों के अनुपात को वृद्धि नियामकों के प्रयोग से कुछ हद तक नियमित किया जा सकता है।

सारिणी (14.17) कद्दू वर्गीय सब्जियों में वृद्धि नियामकों के प्रयोग का प्रभाव

खीरा	सामान्यतः 10–25 पी0पी0एम0 जिब्रेलिक एसिड के 2 छिड़काव (2 तथा 4 पत्तियों की पौध अवस्था) से मादा पुष्पों की संख्या बढ़ती है। मैलिक हाइड्राजाइड के 250–1000 पी0पी0एम0, एन0ए0ए0 की 100 पी0पी0एम0 या इथरेल 200 पी0पी0एम0 के घोल के छिड़काव से भी मादा पुष्पों की संख्या बढ़ायी जा सकती है।
तरबूज	इसी प्रकार 2, 4, 5–टी का 25–50 पी0पी0एम0 का पौधों के 2 तथा 4 पत्ती की अवस्था पर छिड़काव करने से पौधों पर मादा फूलों की संख्या बढ़ती है। बीज को सीपा (CIPA) के 240–250 पी0पी0एम0 के घोल में 20 घण्टे तक डुबोकर फिर उसे अगेती फसल के रूप में बोने से 80–85 प्रतिशत तक अंकुरण पाया गया है। एन0ए0ए0 का 25 पी0पी0एम0 या जी0ए0 का 10 पी0पी0एम0 के घोल का छिड़काव करने से भी अच्छी उपज प्राप्त होता है।
कद्दू	मैलिक हाइड्रजाइड का 50–100 पी0पी0एम0 तथा इथरेल का 200–500 पी0पी0एम0 पर्णीय छिड़काव 3–4 पत्तियाँ आने पर तथा दूसरा फूल आने के पहले करने पर नर–मादा अनुपात में वृद्धि होती है तथा मादा फूलों की संख्या में बढ़ोत्तरी होती है, जिससे ज्यादा फल उपज मिलती है। इसी प्रकार सीपा (CIPA) के 240–280 पी0पी0एम0 के घोल में बीज डुबोकर उपचारित कर अगेती फसल के रूप में उगाया जा सकता है।
लौकी	मैलिक हाइड्राजाइड का 50 पी0पी0एम0 के दो छिड़काव पौधों पर 2 तथा 4 पत्तियाँ आने पर करते हैं, जिससे मादा फूलों की संख्या में बढ़ोत्तरी होती है फलतः ज्यादा फल लगते हैं। इथरेल की 200–250 पी0पी0एम0 का पर्णीय छिड़काव भी लौकी के अधिक उपज प्राप्त करने में सहायक होता है।
खरबूजा	खरबूजा में जिब्रेलिक एसिड–3 (जी0ए0–3) का लेनोलिन पेस्ट (paste) को स्वयं परागित पुष्पों पर प्रयोग करने से फल धारण क्षमता में वृद्धि होता है।

पादप वृद्धि नियामक के रूप में सूक्ष्म पोषक तत्वों (Micro nutrients) की उपयोगिता

पादप वृद्धि के लिए मुख्य पोषक तत्वों के अलावा कई द्वितीयक एवं सूक्ष्म तत्वों की संतुलित मात्रा में आवश्यकता पड़ती है। अतः प्रत्येक तत्व के योगदान को देखते यह कहा जा सकता है कि एक तत्व दूसरे का विकल्प नहीं हो सकता है। वर्तमान समय में अनेक सूक्ष्म तत्वों को अकेले या अन्य किसी तत्व के साथ पादप वृद्धि नियामक के रूप में सब्जियों की पैदावार वृद्धि में प्रयोग किया जाता है। जैसे बोरान, क्लोरिन, गंधक, जिंक इत्यादि। शरीर क्रिया विज्ञान के रूप में गंधक कई विटामिनों के उपापचय में योगदान करता है। इनमें विटामिन 'ए', थायमिन, बायोटिन तथा को–इन्जाइम प्रमुख हैं। ताँबा पौधों में क्लोरोफिल के निर्माण में सहायक है तथा पौधों में होने वाले अनेक क्रियाओं को उत्प्रेरित करता है। इससे सब्जियों की पैदावार अधिक प्रभावित होती है तथा

पादप वृद्धि पदार्थों के संश्लेषण व इन्जाइमों की क्रियाओं में मदद करता है। इन तत्वों की सूक्ष्म मात्रा का मुख्यतः पर्णीय छिड़काव किया जाता है। कभी–कभी इस प्रक्रिया को पर्णीय खुराक देना या फोलियर फीडींग (foliar feeding) के नाम से भी जाना जाता है। पादप वृद्धि नियामकों के रूप में प्रयोग होने वाले सूक्ष्म पोषक तत्वों को सारिणी में दिया गया है।

सारिणी (14.18) पादप वृद्धि नियामक के रूप में सूक्ष्म पोषक तत्वों का प्रयोग

सब्जी फसल	**सूक्ष्म पोषक तत्व (पादप वृद्धि नियामक के रूप में)**	**सान्द्रता**	**प्रयोग विधि/ फसल की अवस्था**	**फसल पर प्रभाव/परिणाम**
पालक	जी0ए0+यूरिया	10.0 मिली ग्राम/ लीटर पानी में	बीज बुआई के 15–20 दिनों बाद पर्णीय छिड़काव	पत्तियों के आकार में वृद्धि के साथ–साथ कुल उपज में वृद्धि
फूल गोभी	जी0ए0+एन0एन0ए0 +मालीब्डेनम	100.0 मिली ग्राम +120.0 मिली ग्राम + 0.2 प्रतिशत/ लीटर पानी में	पर्णीय छिड़काव	शीर्ष वृद्धि एवं कुल उपज मे वृद्धि
फूल गोभी	बोरान	0.1–0.3 प्रतिशत	पर्णीय छिड़काव	हालों स्टेम नामक दैहिक व्याधि से मुक्ति व उपज में वृद्धि
खीरा	सिल्वर नाइट्रेट	500.0 मिली ग्राम/ लीटर पानी में	2–4 पत्ती की अवस्था में पर्णीय छिड़काव	जायांगी प्रभेद में नर पुष्प विकसित करने के लिए
खरबूजा	सिल्वर थायोसल्फेट	400.0 मिली ग्राम/ लीटर पानी में	2–4 पत्ती की अवस्था में पर्णीय छिड़काव	जायांगी प्रभेद में नर पुष्प विकसित करने के लिए
बैंगन	यूरिया	0.75–1.5 प्रतिशत	पर्णीय छिड़काव	अधिक फल धारण
मिर्च	यूरिया	0.7–1.5 प्रतिशत	पर्णीय छिड़काव	अधिक पुष्पन
बीन्स	बोरान, मैग्नीज, आयरन, मालब्डेनम, कॉपर	0.1 प्रतिशत		गुणवत्ता युक्त अधिक उपज
टमाटर	मैग्नीज	10–16 पी0पी0एम0	फूल आने के पूर्व छिड़काव	अधिक शर्करा व खट्टापन अनुपात
	जिंक सल्फेट	0.50–0.15 प्रतिशत	पर्णीय छिड़काव	उकठा रोग से मुक्ति फास्फोरस व पोटाश शोषण में वृद्धि

	जिंक सल्फेट	2.24 किलो ग्राम / हेक्टेयर	पर्णीय छिड़काव	फास्फोरस व पोटाश शोषण क्षमता में वृद्धि
मटर	अमोनियम मालिब्डेड	0.1 प्रतिशत	पर्णीय छिड़काव	राइजोबियम गाँठ व कुल उपज में वृद्धि
	सल्फेट / कापर सल्फेंट	1.0–2.0 किलो ग्राम / हेक्टेयर	पर्णीय छिड़काव	हरी फली उपज में वृद्धि
फूल गोभी	अमोनियम मालीब्डेड	0.01–0.1 प्रतिशत	पर्णीय छिड़काव	व्हीपटेल बीमारी से मुक्ति
आलू	कॉपर सल्फेट	1.0–2.0 किलो ग्राम / हेक्टेयर	पर्णीय छिड़काव	कन्द उपज में वृद्धि
भिण्डी	कापर सल्फेट	1.0–2.0 किलो ग्राम / हेक्टेयर	पर्णीय छिड़काव	फलियों की संख्या में वृद्धि

स्रोतः भारद्वाज एवं सहयोगी, 2010

पादप वृद्धि नियामकों के प्रयोग में सावधानियाँ

1. यदि पादप वृद्धि नियामक पानी में घुलनशील न हों तो उसे सर्वप्रथम एल्कोहल में घोल लेना चाहिए। उदाहरण के लिए जिब्रैलिक एसिड को 1.0 प्रतिशत सोडियम हाइड्राक्साड तथा मैलिक हाइड्राक्साइड को गर्म पानी में पहले घोलते हैं।
2. निर्धारित जल की मात्रा में वृद्धि नियामकों को घोलकर वाँछित पी0पी0एम0 के घोल बनाते हैं। उदाहरण के लिए 1.0 मिली ग्राम पादप वृद्धि नियामक को अगर 1.0 लीटर पानी में घोल बनाते हैं तो 1 पी0पी0एम0 का घोल बनता है।
3. पादप वृद्धि नियामकों को सावधानीपूर्वक सही मात्रा में घोलते हैं। घोल की सान्द्रता कम या ज्यादा होने पर फसल पर प्रतिकूल प्रभाव (phyto toxic effect) पड़ता है।
4. पादप वृद्धि नियामकों का घोल 6.0–7.0 पी0एच0 मान वाला होना चाहिए। घोल तैयार होने के बाद फसल पर शीघ्र ही छिड़काव कर देना चाहिए अन्यथा रासायनिक क्रिया प्रारम्भ हो जाती है, जो फसल पर विपरीत प्रभाव डाल सकता है।
5. पादप वृद्धि नियामकों का छिड़काव महीन से महीन फूहार वाले स्प्रेयर से करना चाहिए।
6. पादप वृद्धि नियामकों का तेज हवा तथा तेज धूप (दोपहर) में छिड़काव नहीं करना चाहिए। सामान्यतः दोपहर 12.0 बजे से 2.0 बजे तक जब वातावरण खुला हो तभी करना उचित रहता है।
7. पादप वृद्धि नियामकों का वर्षा के मौसम में उचित स्टिकर (sticker) मिलाकर ही छिड़काव करना चाहिए तथा ऐसे समय छिड़काव न करें जब वर्षा होने की सम्भावना हों।
8. पादप वृद्धि नियामकों को विश्वसनीय जगह से ही खरीदना चाहिए।

सारिणी (14.19) पादप वृद्धि नियामकों एवं सुक्ष्म पोषक तत्वों की संक्षिप्त एवं पूर्ण रासायनिक नाम तथा उपयोग

संक्षिप्त नाम	रासायनिक नाम	विशेष उपयोग
बी0ए0	बेन्जाइल एडनिन	उत्तक संवर्धन
आई0ए0ए0	इण्डोल–3 एसिटिक एसिड	जड़ विकास
आई0बी0ए0	इण्डोल–3 ब्यूटारिक एसिड	फल धारण, उत्तक संवर्धन
एन0ए0ए0	नेफ्थालिन एसिटिक एसिड	पुष्पन, फल धारण, उत्तक संवर्धन
एन0ओ0ए0	नेफ्थाक्सी एसिटिक एसिड	बीज रहितपन
जी0ए0	जिब्रेलिक एसिड	पुष्पन, सुप्तावस्था समापन भ्रूण नाशक
एम0ई0एन0ए0	मिथाइल इस्टर ऑफ नेफ्थलीन एसिटिक एसिड	अंकुर रोकना
सी0आई0पी0सी0	आइसोप्रोपाइल–एन0 (3–क्लोरोफिनाइल कोर्बोनेट)	अंकुर रोकना
2, 4–डी0	2, 4–डाईक्लोरो फिनाक्सी एसिटिक एसिड	बीज रहितपन, उत्तक संवर्धन भ्रूण नाशक
2, 4, 5–टी0	2, 4, 5–ट्राईक्लोरोफिनाक्सी एसिटिक एसिड	बीज रहितपन, अंकुर रोकना
टी0आई0बी0ए0	2, 3, 5–ट्राई आइडो बेन्जोइक एसिड	पुष्पन, लिंग परिवर्तन एवं भ्रूण नाशक
पी0सी0पी0ए0	पैराक्लोरो फिनाक्सी एसिटिक एसिड	फल धारण
इथेफान	2–क्लोरोइथाइल फासफोनिक एसिड	लिंग परिवर्तन, फल पकाव
साइकोसिल	2–क्लोरोइथाइल, ट्राईमिथाइल अमोनियम क्लोराइट	
पैक्लोब्यूट्राजोल	(2–आर0एस0, 3–आर0एस0)–1–(4–क्लोरोफिनाइल)–4, 4–डाईमेथाइल	पौध वृद्धि रोकना
एलार	2–(1, 2, 4 ट्रायजोल–1–इल)–पेन्टान–3–ओल सक्सीनिक एसिड –2–2–डाईमिथाइल हाइड्रजाइड	पौध वृद्धि अवरोधक
एफ0डब्ल्यू0–450	2, 3 डाईक्लोरो आइसोब्यूटाइरेट	भ्रूण नाशक
प्रोमेलिन	एन0 (फिनाइल मिथाइल)–1–एच–फ्यूरिन–6 एथाइन (बी0ए0) जिब्रेलिक एसिडान (जीए.4+जी.ए.)	
मैलिक हाइड्राजाइड	1, 2–डी0 हाइड्रो, 3, 6 पिरिडाजीनेवोडाइन	फल धारण
थायो यूरिया	–	सुप्तावस्था समापन
इथिनील क्लोर हाईड्रिन	–	सुप्तावस्था समाप्त करना
काल्चीसीन	4–सी0पी0ए0 4–क्लोरो फिनाक्सी एसिटिक एसीड	बहुगुणिता फल बिरलीकरण
सी0सी0सी0, साइकोसेल	क्लोरमेक्वाट क्लोराइड	पौध वृद्धि अवरोधक, लिंग परिवर्तन

सारिणी (14.20) बाजार मे उपलब्ध कुछ पादप वृद्धि नियामकों के रासायनिक नाम तथा व्यापारिक नाम

	रासायनिक नाम	व्यापरिक नाम (बाजार में बोला जाने वाला नाम)
1.	क्लोरमेक्वाट क्लोराईड	साइकोसेल
2.	क्लोरोइथाइल फास्फोनिक एसीड	इथीफान, प्राक्सी, इथरेल, प्रोप, मैच्योर, फ्लोरेल, सेराम
3.	जिब्रेलिक एसीड	जी0ए0 3, जी0ए0 7, जीब ग्रो
4.	जिब्रेलिन मिक्चर्स	बी0वी0बी0, फैसीनेशन, प्रोकोन
5.	मैलिक हाइड्राजाइड	सकर, स्टफ, रायल, फेयर
6.	मेपीक्वाट क्लोराइड	डी0पी0सी0, पिक्स
7.	मेप्थालीन एसीटीक एसीड	डिप्न ग्रो, हाठयिल्ड
8.	पैक्लोब्यूट्राजोल	पी0पी0 333, बोन्जी, कैम्पीस्टैट, प्रोफाइल, पिक्कोलो
9.	यूनीकोनाजोल	सुमाजिक
10.	डामिनोजाइड	बी–9, एलार

□□□

अध्याय 15

सब्जियों में जल प्रबन्धन

(Water Management in Vegetables)

भारतवर्ष में खेती योग्य कुल 142 मिलियन हेक्टेयर भूमि है, जो कुल सिंचित क्षेत्रफल का लगभग 60 मिलियन हेक्टेयर है। कुल उपलब्ध जल (विश्व की कुल जल का 4.2 प्रतिशत) का 80.0 प्रतिशत जल कृषि के लिए प्रयोग किया जाता है। सामान्यतः कुल भूमि की 65.0 प्रतिशत क्षेत्रफल पर खेती पूर्णतः मानसून की वर्षा पर निर्भर है। वार्षिक वर्षा के आधार पर भारतीय कृषि क्षेत्र को तीन भागों (750.0 मिली मीटर से कम, 750.0–1150.0 मिली मीटर तक और 1150.0 मिली मीटर से अधिक) मे बाँटा गया है। भारतवर्ष में तीनों ही क्षेत्रों का क्षेत्रफल लगभग बराबर बैठता है। इससे स्पष्ट होता है कि पर्याप्त वर्षा के अन्तर्गत केवल एक तिहाई क्षेत्रफल ही आता है, और वह भी वर्षा आधारित होती है। वर्षा का अधिकांश भाग जुलाई से सितम्बर तक ही सीमित है। इस प्रकार मानसून आधारित वर्षा की सामायिकता, अनियमितता और अनिश्चितता ने हमारी कृषि व्यवस्था विशेषतः सब्जी के उत्पादन और उत्पादकता पर प्रतिकूल प्रभाव डाला है। परिभाषा के तौर पर कृषि में उत्पादन व उत्पादकता की वृद्धि हेतु कृत्रिम ढंग से पानी देने की क्रिया को सिंचाई कहते हैं।

गुणवत्ता युक्त सिंचाई जल एक महत्वपूर्ण घटक

राब्जी उत्पादन में गुणवत्तायुक्त सिंचाई जल एक महत्वपूर्ण घटक है, जिसका अनुमान इसी से लगाया जा सकता है कि सब्जियों का 90.0 प्रतिशत या अधिक भाग जल से ओत–प्रोत होता है। अगर भूमि में सब्जियों की वृद्धि हेतु आवश्यक पोषक तत्व प्रचुर मात्रा में उपलब्ध हो, लेकिन जल की कमी हो तो पोषक तत्व पौधों के लिए उपयोगी नहीं हो सकते । अतः पानी पोषक तत्वों के लिए विलेय का काम करता है और पानी के माध्यम से ही पोषक तत्व पौधे में पहुँचता है। नदियों, तालाबों व कुओं द्वारा उपलब्ध सिंचाई जल विभिन्न प्रकार के गुणवत्ता वाले होते हैं। यही कारण है कि विभिन्न क्षेत्रों में

उत्पन्न होने वाले पौधे एवं उनके उत्पाद भी भिन्न–भिन्न होते हैं। जल के गुणों में होने वाले परिवर्तन से वर्तमान समय में खेती करना बहुत बड़ी चुनौती है। सामान्यतः यही माना जाता है कि वह मीठा जल जिसमें क्षारीयता या अम्लीयता का स्तर कम या संतुलित हो, सिंचाई करने पर फसलों का विकास अच्छा होता है। यदि जल की गुणवत्ता असंतुलित हो अर्थात् इलेक्ट्रिकल कन्डक्टीवीटी या (ई0सी0) (electrical conductivity or EC) ज्यादा हो तो पौधों की सिंचाई करने में कुछ दिन में मुरझाकर सूखने लगते हैं।

सारिणी (15.1) कुल लवण की उपलब्धता के आधार पर सिंचाई जल का वर्गीकरण

इलेक्ट्रिकल कन्डक्टीवीटी एम0एम0 म्होज (सेन्टी मीटर)	**जल गुणवत्ता लक्षण**	**किस प्रकार की भूमि के लिए उपयुक्तता**
सी0–1 <1.5–<0.16	शुद्ध जल	सभी प्रकार की मृदा के लिए उपयोगी
सी0–2 1.5–3.0	न्यूनतम लवणीय जल	हल्की एवं मध्यम संरचना वाली भूमि के लिए
सी0–3 3.0–5.0	मध्यम लवणीय जल	हल्की एवं मध्यम संरचना वाली भूमि एवं प्रतिरोधी फसलों हेतु
सी0–4 5.0–10.0	लवणीय जल	हल्की एवं मध्यम संरचना वाली भूमि लेकिन प्रतिरोधी फसलों हेतु
सी0–5 > 10.0	अत्यधिक लवणीय जल	सिंचाई के लिए पूर्णतया अनुपयुक्त

स्रोतः शर्मा एवं श्रीवास्तव (2003)

इसी प्रकार जल में उपलब्ध बोरान की उपलब्धता भी मृदा को प्रभावित करता है जिसका विवरण नीचे की सारिणी में दिया गया है–

सारिणी (15.2) कुल लवण की उपलब्धता के आधार पर सिंचाई जल का वर्गीकरण

इलेक्ट्रिकल कन्डक्टीवीटी एम0एम0 म्होज (सेन्टी मीटर)	**जल गुणवत्ता लक्षण**	**किस प्रकार की भूमि के लिए उपयुक्त है**
वी0–1 <3.0	शुद्ध जल	सभी प्रकार की मृदा के लिए उपयोगी
वी0–2 3.0–4.0	न्यूनतम बोरान युक्त जल	दोमट एवं मध्यम संरचना वाली मृदा के लिए उपयोगी
वी0–3 4.0–5.0	मध्यम बोरान युक्त जल	भारी मृदा के लिए उपयोगी
वी0–4 5.0–10.0	अधिक बोरान युक्त जल	भारी मृदा के लिए उपयोगी
वी0–5 > 10.0	अत्यधिक बोरान युक्त जल	सिंचाई के लिए पूर्णतया अनुपयुक्त

स्रोतः शर्मा एवं श्रीवास्तव (2003)

उचित जल की मत्रा से पौधों की कोशिकाओं में हमेशा फूला हुआ (turgidity) बना रहता है। इससे पौधों में परासरण (osmosis), वाष्पोत्सर्जन (transpiration) एवं वृद्धि (development) सुचारू रूप से चलती रहती है। वातावरणीय तापमान के बढ़ने–घटने पर भी पौधे के अन्दर संतुलित तापमान बना रहता है। इसके अलावा आवश्यक पोषक तत्वों एवं निर्मित भोज्य पदार्थ को एक स्थान से दूसरे स्थान में ले जाने में जल सहायक होता है। जल की कमी से पौधों की सामान्य कार्यिकी जैसे रध्रों का कम खुलना, प्रकाश संश्लेषण की कमी से भोज्य पदार्थों का कम बनना, वात्पोत्सर्जन के असन्तुलन से पौधों का मुरझाना, कोशिका विभाजन एवं वृद्धि में कमी से पौधों का बौना रूप धारण करना, समय से उपज का न मिलना आदि, स्वरूप देखने को मिलते हैं। हमारे देश में पायी जाने वाली बहुवर्षीय सब्जियों के लिए नियत्रित एवं सुनिश्चित सिंचाई अत्यन्त आवश्यक है। सिंचाई जल की गुणवत्ता जिसमें अवाँछनीय रसायन एवं तत्वों की अधिकता न हो क्योंकि सब्जियों में प्रदूषकों अथवा रसायनों का सबसे अधिक हानिकारक व भारी धातुओं की मात्रा, सिंचाई जल द्वारा सब्जियों में एकत्रित हो जाती हैं। सब्जियों की खेती करने के लिए जल में किसी प्रकार का विलेय लवण की मात्रा 400 पी0पी0एम0 (ppm) से ज्यादा नहीं होना चाहिए।

1. औद्योगिक इकाइयों से निकले जल में अत्यधिक मात्रा में जैविक पदार्थ होते हैं परन्तु उसमें भी कहीं अधिक मात्रा हानिकारक भारी धातुओं की होती है, जो सिंचाई जल द्वारा सब्जियों में इकट्ठा हो जाती है।

2. सिंचाई जल में बोरान 0.4 मिली ग्राम/लीटर नाइट्रोजन 12.0–15.0 मिली ग्राम तथा कार्बोनेट (carbonet) एवं बाइकार्बोनेट (bicarbonet) की मात्रा भी अल्प होना चाहिए। परन्तु उपलब्ध सिंचाई जल में सभी रसायनों की मात्रा अत्यधिक होने से ये तत्व हमारी पाचन प्रणाली के पश्चात् रक्त में जाकर अनेकों बीमारियों की पहल करती हैं।

3. सिंचाई जल का सही आँकलन किये बिना अनुचित सिंचाई करना भी लवणों के संकलन एवं अवशोषण को मौका देता है, जिससे सब्जी एवं मृदा दोनों की गुणवत्ता खराब हो जाती है।

4. जल उपयोग क्षमता को बढ़ाने वाले सिंचाई की विधियाँ जैसे ड्रीप स्प्रिकंलर छिड़काव आदि न अपनाया जाना भी काफी हद तक बढ़ावा देता है।

5. शहरों के किनारे आज कल बहुतायत से सब्जियों की खेती की जा रही है, जिसकी सिंचाई शहरों से निकलने वाले गन्दे जल से की जाती है, जिसमें अधिक मात्रा में भारी धातुएं मिली रहती हैं, जो सब्जियों में एकत्रित होकर मनुष्य तक पहुँचती हैं। उपभोग के बाद शरीर में बिकार उत्पन्न होती है।

सारिणी (15.3) सिंचाई जल में लवणता व सीमा की अनुशंसा

समूह	ई0सी0 (माइक्रोम्होस)	ग्रैभीमैट्रिक (पी0पी0एम0)	सोडियम (प्रतिशत)	क्लोराइड्स	सल्फेड्स
समूह–1 (अति उत्तम)	250	175	20	4	4
समूह–2 (अच्छा)	250–750	175–525	20–40	4–7	4–7
समूह–3 (प्रयोग योग्य)	750–2000	525–1400	40–50	7–12	7–12
समूह–4 (उपयोग संदेहपूर्ण)	2000–3000	1400–2100	60–80	12–20	12–20
समूह–5 (अयोग्य)	3000 से ज्यादा	2100 से ज्यादा	80 से ज्यादा	20 से ज्यादा	20 से ज्यादा

स्रोतः ए0जी0–हार्टिकल्चर.टामू.इडू/फूडसेफ्टी काम. आर्गैनिक वेज प्रोड0,(2009)

कभी–कभी सिंचाई जल में सोडियम की मात्रा ज्यादा होती है, जो सब्जी फसल को प्रभावित करती है। जल की गुणवत्ता मापन के लिए चार प्रक्रियाओं पर ध्यान दिया जाता है।

1. कुल लवण की उपलब्ध मात्रा
2. कुल सोडियम अवशोषण अनुपात
3. बायोकार्बोनेट की उपलब्धता
4. बोरान की उपलब्धता

सारिणी (15.4) सोडियम के दुष्परिणाम का एस0ए0आर0 मूल्य के आधार पर वर्गीकरण

एस0ए0आर0 मूल्य	सोडियम के दुष्परिणाम	संकेत
1–10	निम्न	सोडियम संवेदनशील सब्जी फसलों की खेती नहीं करनी चाहिए।
10–18	मध्यम	जिप्सम एवं अन्य रिसने वाले रासायनिक तत्व दुष्परिणाम के प्रभाव को कम करते हैं।
18–26	उच्च	सामान्यतः लगातार उपयोग के लिए उपयुक्त नहीं है।
26	अधिकतम	सामान्यतः प्रयोग के लिए अयोग्य है।

स्रोतः ए0जी0–हार्टिकल्चर.टामू.इडू/फूडसेफ्टी काम आर्गैनिक वेज प्रोड.(2009)

सिंचाई जल असमानता का सब्जियों पर प्रभाव

भारतवर्ष में अनेकों प्रकार की सब्जियों की खेती की जाती है, जिनकी जल माँग (Water demand) अलग–अलग होती है। जल माँग, फसल की अवधि, मौसम एवं मृदा की संरचना पर निर्भर करता है। कुछ सब्जियाँ उथली जड़ वाली होती हैं, जिनकी जड़ वृद्धि एवं विकास धीरे–धीरे होता है तथा कम समय में ही जीवन चक्र पूर्ण हो जाता है, उनमें लगातार नमी बना रहना आवश्यक है,

जबकि दूसरे समूह की सब्जियाँ गहरी जड़ वाली होती है और उनकी वृद्धि एवं विकास के लिए ज्यादा पानी की आवश्यकता होती है। अगर मृदा में थोड़े अन्तराल के लिए जल का असन्तुलन हो जाये तो उत्पादन के साथ–साथ सब्जियों की गुणवत्ता पर विपरीत प्रभाव पड़ता है। विशेषकर उत्तरोत्तर विकास के समय पुष्पन एवं फल विकास के समय जल की कमी से सब्जियों में सबसे ज्यादा हानि होती है। अतः सिंचाई जल का मुख्य उद्देश्य यही होता है कि सब्जी पौधों के जड़ क्षेत्र में मृदा नमी हमेशा समान रूप से बना रहें। टमाटर में सिंचाई जल असमानता का प्रभाव जड़ वृद्धि एवं विकास का अवरूद्ध होना, फूलों का झड़ना, फूलों में निषेचन न होना, फलों का आकार छोटा रहना, पानी की अधिकता से फलों का सड़ना, पानी की अधिकता से फलों का कम मीठा होना, जल की कमी से मृदा में उपलब्ध कैल्सियम का अवशोषण कम होने के कारण पुष्पवृन्त का सड़न और बैंगन में फलों का टेढ़ा–मेढ़ा होना (जल की कमी), फलों का सड़ना (जल की अधिकता, फलों के रंग का उचित विकास न होना तथा जड़ों का सड़न (जल की अधिकता) है।

सारिणी (15.5) सब्जियों में सिंचाई जल की कमी व अधिकता का प्रभाव

सब्जी फसल	जल की कमी	जल की अधिकता
मिर्च	फूलों का गिरना	फलों का सड़ना
	निषेचन की कमी	फलों में शुष्क पदार्थ की मात्रा में कमी आना
	सिकुड़ी फलियाँ	तुड़ाई उपरान्त सम्भलाव की समस्या
	कोमल अविकसित फलों का गिरना	
शिमला मिर्च	फूल कम आना	फल का जल्दी सड़ना
	अनिषेचित पुष्पों का ज्यादा होना	पौधों में रोग लगना
	छोटे एवं टेढ़े फलों का विकसित होना	पौधों की जड़ सड़ना
	पोषक तत्वों के कम अवशोषण से अविकसित पौधों का रह जाना	तुड़ाई उपरान्त भण्डारण एवं सम्भलाव की कमी
प्याज	पौध की वानस्पतिक वृद्धि का रुकना	जड़ों का सड़ना
	शल्क कन्दों का दो भागों में विकसित होना	पौधों में रोगों का लगना
	शल्क कन्द का फटना	गर्दन के पास से प्याज की फसल का गिरना
	छोटे–छोटे शल्क कन्द का बनना	भण्डारण में फफूँद जनित बीमारियों का लगना
मूली	जड़ों का विकसित न होना	जड़ों का सड़ना
	जड़ों का टेढ़ा–मेढ़ा होना	जड़ों का फटना
	जड़ों का खुरदरा होना	जड़ों का ज्यादा मोटा होना
	जड़ों पर अनावश्यक रोयेंदार द्वितीयक जड़ का ज्यादा विकास होना	जड़ों में मिठास की कमी
	जड़ों का दो भागों में बटना	पौध विकास में पत्तियों का अधिक बनना

गाजर	जड़ों का विकसित न होना	जड़ों का सड़ना
	जड़ों का टेढ़ा–मेढ़ा होना	जड़ों का फटना
	जड़ों का खुरदरा होना	जड़ों का ज्यादा मोटा होना
	जड़ों पर अनावश्यक रोयेंदार द्वितीयक जड़ का ज्यादा विकास	जड़ों में मिठास की कमी
	जड़ों का दो भागों में बटना	पौध विकास मे पत्तियों का अधिक बनना
	जड़ों से अरुचिकर महक आना	
पत्ता गोभी	शीर्ष का कम विकसित होना	जड़ों का अधिक व शीर्ष का कम विकास होना
	पत्तियों का उपरी किनारा सूखना	पत्तियों का ज्यादा फैलना
	पत्तियों का सिकुड़ना	
चायनीज पत्ता गोभी	शीर्ष का कम विकसित होना	जड़ों का अधिक व शीर्ष का कम विकास होना
	पत्तियों का उपरी किनारा सुखना	पत्तियों का ज्यादा फैलना
	पत्तियों का सिकुड़ना	
खीरा	मादा पुष्प का कम बनना	पौधों का ज्यादा विकास व फल कम लगना
	परागकणों का वर्तिकाग्र पर कम जमाव के कारण फल बनना	पत्तियों का पीला होना
	फल का टेढ़ा–मेढ़ा होना	छोटे–छोटे फलों का सड़ना
	छोटे व सख्त फलों का बनाव	फलों में असामान्य वृद्धि
	क्रिस्पनेस की कमी	
	फलों का कड़ुवा होना	
खजबूजा	मादा पुष्प का कम बनना	पौधों का ज्यादा विकास व फल कम लगना
	परागकणों का वर्तिकाग्र पर कम जमाव के कारण फल बनना	पत्तियों का पीला होना
	फल का टेढ़ा–मेढ़ा होना	छोटे–छोटे फलों का सड़ना
	छोटे व सख्त फलों का बनाव	फलों में असामान्य वृद्धि
	क्रिस्पनेस की कमी	कम मीठा होना
	फलों का कड़ुवा होना	फल का देर से तैयार होना
	फलों का फटना	
	जल्दी पकना	
तरबूज	मादा पुष्प का कम बनना	पौधों का ज्यादा विकास व फल कम लगना

	परागण कणों का वर्तिकाग्र पर कम जमाव के कारण फल बनना	पत्तियों का पीला होना
	फल का टेढ़ा–मेढ़ा होना	छोटे–छोटे फलों का सड़ना
	छोटे व सख्त फलों का बनाव	फलों में असमान्य वृद्धि
	क्रिस्पनेस (crispness) की कमी	फलों का कम मीठा होना
	फलों का फटना	फल–का देर से तैयार होना
	जल्दी पकना	गूदे रेशेदार होना
	फलों में नाइट्रेट का बढ़ना	फल की गुणवत्ता का खराब होना
	फलों का छोटा रहना	
मटर	मृदा में नत्रजन स्थिरीकरण करने वाले गांठों का कम बनना	पौधे का उकठ कर सूखना
	फसल वृद्धि कम होना	फलियों की असमान परिपक्वता
	पुष्पों का झड़ना	कम फल लगना
	फलियों का कम बनना	पौधों में ज्यादा विकास
	दानों का कम विकसित होना	दानों में कम मिठास

मृदा में सामान्य तापमान व नमी की अवस्था में सब्जी बीजों का जमाव

सब्जियाँ सामान्य तापमान व नमी की अवस्था में बीज जमाव भिन्न–भिन्न समय पर करती हैं, जिनका विवरण नीचे दिया गया है

सारिणी (15.6) सब्जियों में सामान्य तापमान व नमी की अवस्था में बीज जमाव

सब्जी फसल	सामान्य तापमान (डिग्री सेल्सियस)
बीन्स	25.0–30.0
चुकन्दर	20.0
भिण्डी	20.0–30.0
बैंगन	20.0–30.0
गाजर	20.0–30.0
गोभी वर्गीय सब्जियाँ	20.0–30.0
मिर्च एवं शिमला मिर्च	20.0–30.0
लोबिया	20.0–30.0
कद्दू वर्गीय सब्जियाँ	20.0–30.0
प्याज	15.0–20.0
पालक	10.0–15.0
मटर	20.0
मूली	20.0–30.0
टमाटर	20.0–30.0
शलजम	15.0–25.0, 20.0–30.0

जड़ की गहराई के आधार पर सब्जियों का वर्गीकरण

सब्जियों की विभिन्न बढ़वार की अवस्था में पौधों की जड़ों की गहराई एवं अन्तराल में वाँछित परिवर्तन किया जा सकता है। उथली जड़ वाली फसलों द्वारा जमीन की आंशिक गहराई से ही मृदा नमी का अवशोषण होता हैं जिससे उन्हें कम अन्तराल पर पानी देने की आवश्यकता होती है। अधिक गहरी जड़ वाली फसलें जमीन में काफी नीचे से नमी को शोषित करने में समर्थ होती है, लेकिन अन्तः मृदा में नमी की अधिकता होने पर जड़ संबंधी रोगों की बहुत अधिक समस्या अत्पन्न होती है। बीन्स, सलाद, प्याज, मूली आदि उथली जड़ वाली (30.0–50.0 सेन्टी मीटर) जबकि गोभी वर्गीय, कद्दू वर्गीय एवं बैंगन मध्यम जड़ विकास वाली फसलें हैं। जड़ों की गहराई के अनुसार सब्जियों का वर्गीकरण निम्न प्रकार है।

सारिणी (15.7) जड़ों की गहराई के अनुसार सब्जियों का वर्गीकरण

जड़ के प्रकार	फसल	जड़ की गहराई (सेन्टी मीटर)
उथली जड़ वाली	प्याज	30.0–50.0
	लहसुन	30.0–50.0
	पालक	30.0–50.0
	सेलरी	30.0–50.0
मध्यम जड़ वाली	ब्रोकली	40.0–60.0
	ब्रुसेल्स स्प्राउट	40.0–60.0
	पत्ता गोभी	50.0–80.0
	आलू	40.0–60.0
	बैंगन	70.0–120.0
	गाजर	50.0–100.0
	फूल गोभी	40.0–70.0
गहरी जड़ वाली	खरबूजा	90.0–150.0
	टमाटर	70.0–150.0
	भिण्डी	80.0–150.0
	एस्परगस	120.0–180.0
	शकरकन्द	100.0–150.0
	शिमला मिर्च	70.0–120.0
	खीरा	100.0–150.0
	लौकी	80.0–150.0
	मटर	120.0–180.0

जल माँग के आधार पर सब्जियों का वर्गीकरण

वाष्पोत्सर्जन के आधार पर सब्जियों को चार वर्गों में विभाजित किया जा सकता है। पत्ती वाली सब्जियों को 1.0 ग्राम शुष्क पदार्थ बनाने के लिए कद्दू वर्गीय सब्जियों की तुलना में अधिक पानी

की आवश्यकता होती है। सब्जियाँ जिनका वाष्पोत्सर्जन दर अधिक होती है, वह सूखे का दबाव अधिक सहन नही कर पाती हैं और पानी की कमी होने पर उनकी बढ़वार एवं उपज पर प्रतिकूल प्रभाव पड़ता है। इसके विपरीत ऐसी सब्जियाँ जिनका वाष्पोत्सर्जन कम होता है, वह नमी की कमी को सहन कर लेती है। जल माँग के आधार पर सब्जियों को निम्न समूहों में बाँटा जा सकता है।

सारिणी (15.8) जल माँग के आधार पर सब्जियों का समूह

अधिक जल माँग	सामान्य जल माँग	कम जल माँग	न्यनूतम/बहुत कम जल माँग
पालक	बैंगन	एस्परागस	लौकी
चौलाई	मिर्च	बांकला	खरबूजा
पत्ता गोभी	गाजर	चुकन्दर	तरबूज
ब्रोकली	खीरा	ग्वार	फूट
ब्रुसेल्स स्प्राउट	प्याज	लोबिया	कचरी
फूल गोभी	आलू	फराश बीन	केवांच
सेलरी	टमाटर	मटर	ककरोल
मूली		तरोई	करतोली
शलजम		नेनुआ	सहजन
हरी धनिया		सतपुतिया	
		बथुआ	
		पोई	

सब्जियों की पादप वृद्धि की क्रान्तिक अवस्था

सब्जियों में बीज जमाव से लेकर उपज की प्राप्ति तक हमेशा खेत में नमी बना रहना आवश्यक है, लेकिन कुछ ऐसी अवस्था होती हैं, जिनमें प्रचुर मात्रा में पानी का होना आवश्यक है उसे जल की कान्तिक अवस्था कहते हैं।

सारिणी (15.9) सब्जियों की पादप वृद्धि की नमी के प्रति क्रान्तिक अवस्था

सब्जियाँ	सिंचाई की कुल मात्रा (से0मी0)	क्रान्तिक अवस्था
टमाटर	40.0–90.0	फूल आते समय, फल विकसित होते समय
बैंगन	50.0–110.0	फूल आते समय, फल विकसित होते समय
मिर्च	45.0–100.0	पुष्प कलिका के विकास के समय, पूर्ण पुष्पन एवं निषेचन के समय, फल विकास के समय
शिमला मिर्च	–	पुष्प कलिका के विकास के समय, पूर्ण पुष्पन एवं निषेचन के समय, फल विकास के समय
पत्ता गोभी	30.0–35.0	पौध वृद्धि के समय, शीर्ष बनते समय

फूल गोभी	–	पौध वृद्धि के समय, फूल के विकास के समय, शीर्ष में कसावट होने के समय
मूली	20.0–35	जड़ विकास के समय
गाजर	20.0–30.0	जड़ विकास के समय
शलजम		जड़ विकास के समय
प्याज	50.0–75.0	शल्क कन्द के निर्माण के समय, कन्द के विकास के समय
लहसुन	–	शल्क कन्द के निर्माण के समय, कन्द के विकास के समय
भिण्डी	25.0–60.0	फूल आने के समय, फल विकास के समय
खीरा	25.0–50.0	फूल आते समय, फल बनने एवं विकास के समय
खरबूजा	50.0–60.0	लता विकास के समय, फूल आते समय, फल विकास के समय
तरबूज	50.0–60.0	लता विकास के समय, फूल आते समय, फल विकास के समय
मटर	10.0–25.0	फूल आने के समय, फलियों में दाना बनते समय
आलू	50.0–90.0	कन्द निर्माण एवं विकास के समय
फराश बीन	22.0–38.0	फूल आने के समय, फलियों में दाना बनते समय
सेम	10.0–25.0	फूल आने के समय, फलियों में दाना बनते समय
लोबिया	14.0–31.0	फूल आने के समय, फलियों में दाना बनते समय
आलू	50.0–90.0	मटर के दाने के बराबर कन्द बनते समय, कन्द विकास के समय
शकरकन्द	–	पतली जड़ विकसित होते समय, कन्द विकास के समय
एसपरागस	–	एक पत्ती से ज्यादा पत्ती बनते समय
ब्रोकली	–	पौध वृद्धि के समय, शीर्ष विकास के समय
बेबी कार्न	–	सिल्क बाहर निकलने की पुर्व की अवस्था
पालक	–	बुआई से कटाई तक
चौलाई	–	बुआई से कटाई तक
हरी धनिया	–	बुआई से कटाई तक

सब्जियों में जल माँग का निर्धारण

सब्जियों में जल माँग निर्धारण में अनेक घटक महत्वपूर्ण भूमिका निभाते हैं जैसे सक्रिय जड़ों की गहराई, मृदा में नमी का स्तर आदि जो सिंचाई की मात्रा बारम्बारता का निर्धारण करते हैं।

सारिणी (15.10) सब्जियों में जल माँग का निर्धारण

सब्जियां	सक्रिय जड़ों की गहराई (से0मी0)	उपयुक्त मृदा नमी स्तर		सिंचाई की कुल मात्रा (सेन्टी मीटर)
		बार में	उपलब्ध जल (प्रतिशत)	
टमाटर	70.0—120.0	—0.45	50.0	40.0—90.0
बैंगन	70.0—120.0	—0.45	50.0	50.0—110.0
मिर्च	50.0—10.0	—0.45	50.0	45.0—100.0
पत्ता गोभी	50.0—80.0	—0.34	60.0	15.0—20.0
फूल गोभी	40.0—70.0	—0.34	60.0	30.0—35.0
मूली	30.0—50.0	—0.25	70.0	20.0—35.0
गाजर	50.0—100.0	—0.45	50.0	20.0—30.0
प्याज	30.0—60.0	—0.25	70.0	50.0—75.0
लहसुन	30.0—50.0	—	—	—
भिण्डी	50.0—100.0	—0.70	40.0	25.0—60.0
खीरा	70.0—120.0	—0.45	75.0	25.0—50.0
खरबूजा	80.0—150.0	—2.00	40.0	50.0—60.0
तरबूज	40.0—60.0	—	—	—
मटर	60.0—100.0	—0.70	40.0	10.0—25.0
फराश बीन	40.0—70.0	—0.45	50.0	30.0—35.0
आलू	40.0—60.0	—0.35	70.0	50.0—90.0
शकरकन्द	100.0—150.0	—2.00	20.0	15.0—20.0
सलाद पत्ता	30.0—35.0	—0.34	60.0	30.0—35.0
ब्रोकली	40.0—60.0	—	—	—
ब्रुसेल्स स्प्राउट	40.0—60.0	—	—	—
सेलरी	30.0—50.0	—	—	—
स्पिनाच	30.0—60.0	—	—	—
शिमला मिर्च	70.0—120.0	—	—	—
लौकी	80.0—150.0	—	—	—
बाकला	60.0—100.0	—	—	—

सब्जियों में सिंचाई की विधियाँ

भारतवर्ष में अनेकों प्रकार की सब्जियाँ उगायी जाती हैं, जिससे सिंचाई भी अनेक विधियों से की जाती है। सिंचाई की पुरानी प्रचलित विधियों द्वारा जल का अधिक ह्वास (loss) होता है, इसलिए जल की उपलब्ध मात्रा को सिंचाई की आधुनिक विधियों द्वारा उपयोग में लाये जाये तो उत्पादन में वृद्धि के साथ ही जल की बचत भी होगी। कुछ प्रमुख विधियाँ इस प्रकार हैं–

1. पूरे खेत की एक साथ सिंचाई।
2. समतल क्यारी बनाकर।
3. बिस्तर (raised bed) युक्त बुआई हेतु नाली पद्धति द्वारा सिंचाई।
4. हजारे द्वारा।
5. टपक सिंचाई या ड्रिप सिंचाई।
6. फब्बारे द्वारा सिंचाई या छिड़काव पद्धति।

1. पूरे खेत की एक साथ सिंचाई (Flood method)

सब्जियों में पूरे खेत की एक साथ सिंचाई की पद्धति पहले प्रयोग में लायी जाती थी, जब खेत को मेड़ों से बिना बाँटें बुआई करते थे। अब यह विधि कुछ स्थानों पर ही प्रयोग में लाते हैं। जैसे कभी–कभी पालक, चौराई, मूली, धनिया, गाजर आदि को पूरे खेत में छिटक कर बो देते हैं और पौध वृद्धि हेतु पूरे खेत की सिंचाई करते हैं। इसी प्रकार नदियों के किनारे भी सब्जियाँ लगाने पर ऊँचाई से सिंचाई करते हैं और पानी फैलकर नीचे की तरफ अवस्थित पौधों की सिंचाई कर देता है।

2. समतल क्यारी बनाकर (Flat bed method)

वर्तमान समय में भी छोटे–छोटे क्यारियों को बनाकर सब्जियों की खेती करना आम बात है। इस पद्धति से पूरे खेत की सिंचाई करने की अपेक्षा कम पानी लगता है और पानी खेत में आवश्यकतानुसार ही देते हैं। वैसे इस पद्धति से भी पानी का अपव्यय होता है। उदाहरण के लिए मटर, फराश बीन, बाकला, चौराई, लहसुन, पालक, गाजर आदि में सिंचाई इस विधि से करते हैं।

3. बिस्तर युक्त बुआई तथा नाली पद्धति द्वारा सिंचाई (Raised bed method)

वर्तमान समय में कुछ सब्जियों जैसे टमाटर, पत्ता गोभी, फूल गोभी, लीक, मिर्च, शिमला मिर्च, बैंगन लोबिया आदि की खेती बिस्तर युक्त उठी हुई सतह (raised bed) पर करते हैं। इस पद्धति में बिस्तर युक्त सतह के दोनों ओर पौधे लगे होते हैं। सिंचाई नालियों की करते हैं, जिससे पौधे के जड़ों के पास पानी रिसकर स्वतः चला जाता है। इस पद्धति में पानी का अपव्यय बिल्कुल नहीं होता है और पानी देर तक नालियों में रहने के कारण पौधों को उपलब्ध होता है। इस पद्धति का सबसे बड़ा लाभ यह है कि जड़ों के पास पानी बिल्कुल न टिकने के कारण पौधे स्वस्थ्य रहते हैं और खरपतवार नालियों के आस–पास विकसित होते हैं, जिसे बड़े आसानी से निकाला जा सकता है। ऊँची बिस्तर पर होने के कारण फल सड़ने से बच जाते हैं।

4. हजारे द्वारा सिंचाई (Watercane method)

हजारे द्वारा सिंचाई छोटे स्तर पर पौधशाला (नर्सरी) हेतु करते हैं। हजारे में लगने वाले छिद्रयुक्त टोटी से बूँदों के रुप में एक समान पानी गिरता है, जो भूमि की सतह पर पतली परत के रुप में पड़ता

है। इस पद्धति से सिंचाई नर्सरी में बीज बोने के बाद हल्के रुप में की जाती है, जिससे बीज को आवश्यकता से ज्यादा पानी न मिले। जब पौधशाला में पौधे की प्रारम्भिक वृद्धि होती है। उस समय भी हजारे से ही पानी देना फायदेमंद रहता है।

5. टपक सिंचाई या बूँद–बूँद या ड्रिप सिंचाई (Drip irrigation)

कृषि में अधिकांश फसलों की सिंचाई परंपरागत तरीके जैसे–पुरे खेत में पानी लगाना/गूल यानी फ्लड विधि (flood method) द्वारा की जाती है। इन विधियों में जल की धारा को खेत के उपरी भाग में छोड़ते है, जिससे खेत के ढाल के अनुसार समस्त क्षेत्र में जल क्यारियों के द्वारा पहुँच जाता है। यह भी सही है कि उपरोक्त विधियों द्वारा सिंचाई करने में आधे से भी कम जल पौधों को मिल पाता है और शेष नष्ट हो जाता है। खेत में असमान जल वितरण के कारण जल का सदुपयोग नही हो सकता है तथा भारी मात्रा में जल व्यय हो जाता है। इन विधियों की दक्षता सामान्यतः 40.0 प्रतिशत होती है। पहाड़ी क्षेत्रों में ऊँची–निची और ढलान वाले क्षेत्र होने के कारण परम्परागत तरीके से सिंचाई सही तरीके से नहीं की जा सकती है। अगर परम्परागत तरीकों को अपनाना हो तो सिंचाई करने में भूमि को समतल करना पड़ता है, जो काफी महंगा, कठिन तथा असंम्भव भी हो सकता है। ऐसी परिस्थितयों में टपक सिंचाई, सिंचाई की एक ऐसी विधि है, जिसमें खेत को बिना समतल किये सिंचित किया जा सकता है तथा दक्षता भी परम्परागत तरीके से ज्यादा होती है। यह विधि अधिकतर फसलों के लिए अपनाई जा सकती है।

टपक सिंचाई (Drip irrigation) के लाभ

सब्जियों की अधिक उपज, गुण तथा स्वाद बनाये रखने के लिए समुचित जल प्रबन्धन बहुत आवश्यक है। बूँद–बूँद सिंचाई योजना को अपनाने से किसान जहाँ सब्जी की खेती में उत्पादन बढ़ा सकेंगे, वहीं वे आर्थिक दृष्टि से सुदृढ़ बन सकेंगे। वर्तमान समय में कुछ सब्जियों में ड्रिप सिंचाई (drip irrigation) की विधि, उपज एवं गुणवत्ता दोनों के लिए अच्छी साबित हुई है।

- टपक सिंचाई के द्वारा 70.0 प्रतिशत की जल की बचत।
- लगभग 80.0–90.0 प्रतिशत दक्षता तक जल का उपयोग होता है।
- इस विधि में श्रम की बहुत बचत होती है क्योंकि टपक यंत्र को प्रतिदिन आरंम्भ और बन्द करने के लिए ही श्रम की आवश्यकता होती है।
- इस विधि द्वारा सिंचाई करने में मिट्टी का कम हिस्सा नम होता है, इस लिए खेत में खरपतवार भी कम उगते हैं।
- इस विधि में खारे जल का भी उपयोग कर सकते है।
- पौधों के आस–पास नमी की कमी होने के कारण पौधों में बीमारियों और कीड़े–मकोड़े लगने की सम्भावनायें कम होती है।
- जल्दी–जल्दी सिंचाई में मिट्टी में जल भराव नहीं रहता है तथा जल के समान वितरण के कारण पौधों की वृद्धि अधिक होती है।

- टपक सिंचाई में वाष्पोत्सर्जन से होने वाले जल की हानी कम होती है।
- जल को फसलों की आवश्यकतानुसार और नियंत्रित मात्रा में दिया जा सकता है।

सारिणी (15.11) भारतवर्ष में टपक सिंचाई का क्षेत्रफल

प्रदेश	क्षेत्रफल (हेक्टेयर)
महाराष्ट्र	2,00,000
कर्नाटक	50,000
तमिलनाडु	42,000
आन्ध्र प्रदेश	39,500
राजस्थान	35,000
गुजरात	10,000
केरल	7,500
मध्य प्रदेश	3,800
हरियाणा	3,000
ओड़ीशा	3,000
उत्तर प्रदेश	2,500
पंजाब	2,000
आसाम	200
पश्चिम बंगाल	200
अन्य प्रान्त	2000
कुल क्षेत्रफल	**4,02,000**

स्रोतः सोवनियर, इण्टरनेशनल कन्फ्रेन्स आन प्लास्टिक कल्चर एण्ड प्रीसीजन फार्मिंग–2005, एन0सी0पी0ए0एच0, कृषि मंत्रालय, भारत सरकार।

टपक विधि से सिंचाई करने से 50.0–60.0 प्रतिशत तक जल की बचत होती है और सब्जियों की उपज में काफी वृद्धि होती है क्योंकि पौधों को पानी बराबर नियंत्रित मात्रा में मिलता रहता है। नियंत्रित मात्रा में पानी मिलने से खेत में खरपतवार भी कम उगते हैं तथा ऐसी संकर किस्में जो अधिक नमी के प्रति काफी संवेदनशील हैं, उनके लिए काफी लाभप्रद है। ड्रिप विधि के जरिये पौधों के लिए आवश्यक घुलनशील तत्वों की आपूर्ति करना भी सुविधाजनक होता है, क्योंकि इसमें पोषक तत्व सीधे पौधों की जड़ों को मिल जाते हैं। सामान्यतः ड्रिप विधि से सिंचाई करने से परम्परागत सिंचाई की तुलना में पानी की बचत होती है एवं उपयुक्त फर्टिगेशन (fertigation) तकनीकें अपनाने पर उर्वरक की बचत होती है। ड्रिप विधि एवं परम्परागत सिंचाई के विविध पहलुओं की तुलना नीचे की सारिणी में दिया गया है–

सारिणी (15.12) ड्रिप विधि एवं परम्परागत सिंचाई के विविध पहलुओं का तुलनात्मक अध्ययन

घटक	टपक सिंचाई	परम्परागत सिंचाई
पानी की बचत	40.0–80.0 प्रतिशत बचत	वाष्पीकरण, पानी के बह जाने एवं मृदा में नीचे जाने से पानी की क्षति
उर्वरक प्रयोग की क्षमता	80.0–90.0 प्रतिशत	30.0–50.0 प्रतिशत
खरपतवार नियंत्रण खर्च	80.0–100.0 एवं नियंत्रित प्रयोग सम्भव	रिसाव लिचिंग की वजह से भारी क्षति
सिंचाई जल की गुणवत्ता	नगण्य	ज्यादा
जल भराव, जल की हानि	लवणीय एवं क्षारीय जल का प्रयोग सम्भव	सामान्य जल का ही प्रयोग किया जा सकता है।
सिंचाई	जल की हानि बिल्कुल नहीं	अधिक जल की हानि
प्रयोग क्षमता	सभी प्रकार के असमान भौगोलिक स्थिति वाली भूमि में प्रयोग सम्भव	बलुई, ऊँची ढलान वाली मृदा में सम्भव नहीं
उपज	20.0–100.0 प्रतिशत वृद्धि	अपेक्षाकृत कम
गुणवत्ता में सुधार	सब्जियों की गुणवत्ता में ज्यादा सुधार की सम्भावना	जल भराव या पानी की कमी की दशा में गुणवत्ता में गिरावट

सब्जियों में ड्रिप सिंचाई विधि अपनाकर उपज के साथ–साथ गुणवत्ता में काफी वृद्धि की जा सकती है। प्रायः यह पाया गया है कि सब्जियों की उपज एवं गुणवत्ता पर पानी की अधिक मात्रा का कम मात्रा की तुलना में ज्यादा बुरा प्रभाव पड़ता हैं। टमाटर की संकर किस्मों में पानी की अधिक मात्रा देने से पत्ती मरोड़ (leaf curl) एवं अन्य तरह की बीमारीयाँ अधिक आती हैं।

सारिणी (15.13) विभिन्न सब्जियों में ड्रिप सिंचाई से उपज पर प्रभाव

सब्जियाँ	उपज वृद्धि (प्रतिशत)	पानी बचत (प्रतिशत)	सब्जियाँ	उपज वृद्धि (प्रतिशत)	पानी बचत (प्रतिशत)
टमाटर	50	39	बैंगन	14	53
मिर्च	44	62	पत्ता गोभी	2	60
मूली	2	77	चुकन्दर	7	79
करेला	39	53	नसदार तोरी	17	59
तरबूज	88	46	भिण्डी	16	40
शकरकन्द	39	60			

स्रोतः इण्डियन नेशनल कमेटी आन इरिगेशन एण्ड ड्रेनेज (आई0एन0सी0आई0डी0), 1989–1999

तुलनात्मक दृष्टि से देखा जाये तो उपज एवं जल उपयोग का आँकलन सामान्य एवं ड्रिप सिंचाई पद्यति में काफी अन्तर मिलता है।

सारिणी (15.14) उपज एवं जल उपयोग की दृष्टि से सामान्य एवं ड्रिप सिंचाई पद्यति का आँकलन

सब्जी फसल	उपज कुन्तल/हेक्टेयर		उपज वृद्धि (प्रतिशत)	पानी उपयोग (सेन्टी मीटर में)		जल बचत (प्रतिशत)
	साधारण सिंचाई	ड्रिप सिंचाई		साधारण सिंचाई	ड्रिप सिंचाई	
टमाटर	326.0	480.00	50.0	30.00	18.40	39.0
भिण्डी	152.61	177.24	16.0	53.68	32.44	40.0
बैंगन	280.00	320.00	14.0	90.00	42.00	53.0
करेला	154.34	214.71	39.0	24.50	11.55	53.0
नसदार तोरी	171.30	200.00	17.0	42.00	17.20	59.0
मिर्च	42.33	60.88	44.0	109.71	41.77	62.0

स्रोतः एन0सी0पी0ए0 (1990)

ड्रिप सिंचाई पद्धति के प्रकार एवं सिद्धान्त (Principles and types of drip irrigation system)

ड्रिप सिंचाई पद्धति के अन्तर्गत जल स्रोत से पानी को पम्प किया जाता है और नियंत्रित ड्रिप पद्धति के साथ परिवर्तित कर दिया जाता है और पानी पहुँचने के स्थल तक यह कई रुपों में बदल दिया जाता है। जैसे'– बूँद–बूँद (drop by drop), सूक्ष्म जेट्स (tiny jets) व स्प्रे (spray), परिवर्तित होने वाले पानी में मात्रा ज्यादा होने पर पुनः जल स्रोत को वापस हो जाता है। यहीं पानी ''सैण्ड व स्क्रीन फिल्टर'' से होकर मुख्य पाइप लाइन को पहुँचता है। ड्रिप सिंचाई तंत्र में मुख्य, उप–मुख्य तथा लैटरल पाइपों का जाल होता है। मुख्य पाइप से उप–मुख्य पाइप और उप–मुख्य पाइप से लैटरल पाइप से लैटरल पाइप जुड़े होते हैं। ड्रिप सिंचाई तंत्र में ड्रिपरों को लैटरल पाइप से जोड़ देते हैं। इन्हीं ड्रिपरों से जल बूँद–बूँद में करके पौधों के जड़ों के आस–पास गिरता रहता है। ड्रिपरों में जल प्रवाह 2.0–20.0 लीटर प्रति घंटा होती है। ड्रिप सिस्टम में कार्य दबाव (working pressure) 0.6–1.5 किलो ग्राम/सेन्टी मीटर^3 तक होता है। मुख्यतः छः प्रकार के ड्रिप या ट्रिकल पद्धति होते हैं।

ड्रिप सिचांई तंत्र के प्रकार–

ड्रिप सिचांई तंत्र दो प्रकार के होते हैं–

अ. सतही (Surface) ड्रिप सिंचाई तंत्र

ब. उप–सतही (Sub surface) ड्रिप सिंचाई तंत्र

अ. **सतही (surface) ड्रिप सिंचाई तंत्र**–इस प्रकार के तंत्र में मुख्य, उप–मुख्य तथा लैटरल पाइपों को जमीन की सतह के उपर बिछाते हैं।

ब. **उप–सतही (sub surface) ड्रिप सिंचाई तंत्र**–उप–सतही ड्रिप तंत्र में लैटरल पाइपों को पौधों के जड़ों के समानान्तर में जमीन के सतह के नीचे बिछाते हैं, जो फसल को आवश्यकतानुसार जल उपलब्ध कराते हैं। टेप या पाइप दो उत्पाद हैं, जो लैटरल पाइप के तरह प्रयोग किये जा सकते है। टेप, पाइप की तुलना में पतले होते हैं। टेप की लागत पाइप से कम होती है। इसलिए टेप का लैटरल पाइप की तरह उप–सतही ड्रिप तंत्र में प्रयोग करते हैं। अगर तंत्र को स्थाई रूप से लगाना हो तो लैटरल पाइप का प्रयोग करते है क्योंकि पाइपों का जीवन काल टेप से अधिक होता है। उप–सतही ड्रिप सिंचाई तंत्र में उप–सतह नम (wet) होती है और मृदा की उपरी सतह सुखी (dry) रहती है इसलिए उप–सतही ड्रिप सिंचाई में वाष्पोत्सर्जन (transpiration) से होने वाली जल की हानि बहुत कम होती है। मृदा की उपरी सतह सूखी रहने के कारण खर–पतवारों की वृद्धि भी कम होती है।

1. सतह ट्रिकल (Surface trickles)
2. उप सतह ट्रिकल (Sub-surface trickles)
3. बब्लर (Bubbler)
4. स्प्रे (Spray)
5. यांत्रिक घुमाव (Mechanical move)
6. पल्स (Pulse)
7. इको ड्राप ''ड्रम ड्रिप'' सिंचाई पद्धति (Eco-Drop "Drum Drip" irrigation system)

1. सतह ट्रिकल (Surface trickles)

सतह ट्रिकल सिंचाई पद्धति में पानी निकालने वाली (emitter) व सहायक लाइन (lateral lines) मिट्टी की सतह पर होती है। इस पद्धति से सिंचाई दूर–दूर लगे पौधों तथा कतारों में लगे पौधों हेतु किया जाता है। इसमें पानी निकलने की गति एकल निकास बिन्दु स्रोत निकासक में 12.0 लीटर/घण्टा से कम होती है, जबकि लाइन स्रोत निकासक (line source emitters) में 12.0 लीटर/घण्टा/एम0 होता है। सतह ट्रिकल पद्धति में निम्न लाभ होता है।

- लगाने में सुविधाजनक
- निरीक्षण करना आसान
- बदलने में आसान
- निकासक की सफाई आसान
- प्रत्येक पौधे तक रिसाव व पानी निकास को देखना आसान

2. उप सतह ट्रिकल (Sub-surface trickles)

इस विधि में भी पानी का दबाव व देने की पद्धति सतह ट्रिकल जैसा है, लेकिन पानी स्रोत से पानी की पाइप जमीन की सतह से नीचे गुजरती है। इस विधि में बाहर जैसे विषम परिस्थितियों से जुझना नहीं पड़ता है और पाइप नीचे होने से बन्द नहीं होती है। इसके निम्न लाभ है–

- बार–बार पाइप लाइन व सहायक नलिकाओं को फैलाने व निकालने की आवश्यकता नहीं होती है।
- कृषि कार्यों में किसी प्रकार की बाधा उत्पन्न नहीं होती है।
- स्रोत पाइप लाइन व सहायक नलिकाओं की उम्र सीमा बढ़ जाती है, क्योंकि वातावरण से किसी प्रकार प्रभावित नहीं होती है।

3. बब्लर (Bubbler)

इस पद्धति में उच्च दबाव के साथ पानी को मृदा सतह पर एक सूक्ष्म फौब्बारे के रुप में दिया जाता है, जो सतह व उप सतह ट्रिकल से ज्यादा होता है, लेकिन 225.0 लीटर/घण्टा से कम होता है। इस पद्धति में ज्यादा लम्बी सहायक नलिकाओं की जरुरत पड़ती है। पौधे के जड़ के पास पानी रुकने के लिए बेसिन (basin) बनाना आवश्यक है। इसके निम्न लाभ हैं–

- इस पद्धति में अन्य की तुलना में रिसाव में कमी लाया जा सकता है।
- रख–रखाव व ठीक कराने का खर्च कम आता है।
- जल प्रवाह की गति ज्यादा होती है।

4. स्प्रे (Spray)

इस पद्धति में जल छोटे स्प्रे के रुप में दिया जाता है, जिसे जेट (jet), कुहरा (fog) या मिस्ट (mist) कहते हैं। इसमें हवा की उपयोगिता ज्यादा अहम होती है, जबकि सतह या उप सतह ट्रिकल व बब्लर पद्धति में जमीन की भूमिका अहम होती है। स्प्रे पद्धति में पानी निष्कासन गति 175.0 लीटर/घण्टा से कम होती है, जिससे बड़े तथा दूर–दूर लगे पौधों की सिंचाई में सुविधा होती है। हवा की गति व वाष्पोत्सर्जन से नुकसान होते पाया गया है। यह नुकसान तब होता है, जब पौधे छोटे हों व उनका प्रसार कम हों। इसमें किसी प्रकार के रख–रखाव का खर्च नहीं होता है।

ड्रिप सिंचाई संयन्त्र

ड्रिप सिंचाई संयन्त्र द्वारा विभिन्न क्षमता एवं आकार वाले प्लास्टिक के पाइपों को खेत में पानी के मुख्य स्रोत से पौधों की जड़ों तक जाल बिछाया जाता है। मुख्य स्रोत के पानी के दबाव, मिट्टी के प्रकार पौधों की आपसी दूरी तथा फसल की उम्र आदि विभिन्न पहलुओं को ध्यान में रखते हुए बूँद–बूँद कर पानी पहुँचाने में जिन घटकों का उपयोग किया जाता है, उन समस्त घटकों को सम्मिलित ड्रिप सिंचाई संयन्त्र के नाम से जाना जाता है।

ड्रिप सिंचाई संयन्त्र में प्रयुक्त होने वाले घटक

1. मुख्य/उपमुख्य पाइप

मुख्य/उपमुख्य पाइप अधिकांशत पी0वी0सी0 पाइप तथा एच0डी0पी0ई0 के बने होते हैं। इनका मुख्य कार्य पानी को मुख्य स्रोत से प्रक्षेत्र के एक सिरे तक ले जाना होता है। इनको भूमि के अन्दर डिजाइन के अनुसार 30–45 सेन्टी मीटर की गहराई तक दबा दिया जाता है। अधिकांशत 40.0 मिली मीटर से 110 मिली मीटर के विभिन्न क्षमताओं के पाइपों का प्रयोग इस संयन्त्र से किया जाता है। सामान्यतः निम्न क्षमता/आकार के पाइपों का प्रयोग संयन्त्र की स्थापना हेतु किया जाता है। आवश्यकता पड़ने पर अन्य क्षमता या आकार का भी प्रयोग किया जा सकता है।

सारणी (15.15) ड्रिप सिंचाई में प्रयुक्त पाईप का आकार एवं क्षमता

पाइप आकार (मिली मीटर)	पाइप क्षमता (किलो ग्राम प्रति वर्ग सेन्टी मीटर)
40	6
50	6
50	6
50	10
63	4
63	6
75	4
90	4
90	10
110	4
110	6
110	10
122	2.5
125	6
140	2.5
140	4
140	6
140	10
160	2.5
160	4
160	6
160	10

2. लेटरल पाइप (Lateral pipe)

यह कठोर प्लास्टिक के पाइप एल0डी0पी0ई0 एंव एल0एल0डी0पी0 से निर्मित होते हैं। इनका मुख्य कार्य उपमुख्य पाइप से पौधों की जड़ों के पास जल को ले जाना होता है। इनको भूमि के अन्दर अथवा उपरी सतह पर रखा जाता है। यदि पाइप को उपरी सतह पर रखा जाता है तो जिस

अवधि में सिंचाई नहीं की जानी है लेटरल पाइप के रोल बनाकर खेत की मेड़ों पर मोड़ कर रख सकते हैं एवं जब चाहे पूर्वानुसार बिछा सकते हैं। इसी लेटरल पाइप में ड्रिपर (dripper), इमीटर (emitter) लगाये जाते है तथा आवश्यकतानुसार एवं क्षमता के अनुसार लेटरल पाइप प्रयोग में लाये जाते है। सामान्य रूप से प्रयोग किये जाने वाले लेटरल पाइप निम्न हैं– 16 मिली मीटर, 12 मिली मीटर, 6 मिली मीटर एवं माइक्रो टयूब।

3. फिल्टर

इस घटक का कार्य सिंचाई में प्रयोग आने वाली पानी की सफाई करना होता है। सामान्यत स्क्रीन फिल्टर ही प्रयोग किया जाता है परन्तु विशेष परिस्थितियों में जहाँ पर खेत की सिंचाई नाले या नदी से की जा रही हो ऐसी परिस्थितियों में निम्न फिल्टरों का प्रयोग किया जाता है–

- **स्क्रीन फिल्टर**– यह फिल्टर सामान्यतः सभी संयन्त्रों में लगाया जाता है। इसका मुख्य कार्य पानी में सभी सूक्ष्म प्रदूषित कणों को छानना होता है।
- **सैंड फिल्टर**– यह फिल्टर जहाँ पर मुख्य स्रोत से बालू आदि के कण पानी में हो उसकी सफाई के लिए प्रयोग किया जाता है। ऐसे पानी के मुख्य स्रोत, जैसे– नाला, नदी के पानी की सफाई के लिए सैंड फिल्टर प्रयोग किया जाता है।
- **सेन्ट्रीफ्यूगल फिल्टर**– यह फिल्टर ऐसे प्रदूषित जल के लिए प्रयोग किये जाते है जिनमें घुलनशील पदार्थ होते है, उसकी सफाई की जा सकती है।

4. ड्रिपर इमिटर

इस घटक का मुख्य कार्य बूँद– बूँद कर पानी को डिजाईन के अनुसार पौधों की जड़ों को सिंचाई करना होता है। यह घटक सीधे लेटरल पाईप में जोड़ दिया जाता है अथवा माइक्रो ट्यूब की सहायता से लेटरल में जोड़ा जाता है। ये विभिन्न क्षमता के होते हैं। उदाहरण के लिए यदि किसी संयन्त्र में 4 एल0एच0पी0 क्षमता के 400 ड्रिपर का प्रयोग किया गया हो तो 400x4=1600 मिली लीटर पानी एक घण्टे में पौधों को उपलब्ध होगा। सामान्यतः निम्न प्रकार की क्षमता वाले ड्रिपर का प्रयोग किया जाता है–

सारणी (15.16) ड्रिपर क्षमता एवं पानी की उपलब्धता

एल0पी0एच0 क्षमता	लीटर प्रति घण्टा पानी की उपलब्ध
4 एल0पी0एच0	4 लीटर प्रति घण्टा
6 एल0पी0एच0	6 लीटर प्रति घण्टा
8 एल0पी0एच0	8 लीटर प्रति घण्टा

5. यांत्रिक घुमाव (Mechanical move)

यांत्रिक घुमाव पद्धति एक तरह से बब्लर पद्धति का ही सुधरा स्वरुप है, जिसके द्वारा वृहद् स्तर पर लगी फसलों के लिए उपयोग किया जाता है।

- **प्रथम पद्धति**–इस पद्धति में चलते ट्रिकल (traveling trickle) का उपयोग सीधे ड्राप ट्यूब (drop tube) के अलावा स्प्रिंकलर लाइन (sprinkler line) के द्वारा किया जाता है। इसमें संचालन दबाव कम होता है। इससे पूरे खेत में एक समान जल का वितरण होता है। इसमें पाइप लाइन के अवरुद्ध होने का खतरा नहीं होता है।
- **द्वितीय पद्धति**–होस रील या ड्रैग टाइप (hose reel or drag type) ट्रिकल सिंचाई पद्धति जिसमें पूरे खेत में एक समान खीचकर लगाया जाता है या कतार दर कतार लगाकर नियंत्रित किया जाता है। इसमें जल निकालने की गति सामान्य ट्रिकल सिंचाई पद्धति जैसा होता है। इसमें प्रारम्भिक लागत सबसे ज्यादा होती है। कम पानी की आवश्यकता होती है, लेकिन रख रखाव लागत ज्यादा होती है।

6. पल्स (Pulse)

पल्स ट्रिकल पद्धति में उच्च जल प्रवाह गति व सिंचाई में कम समय लगने वाली पद्धति है। पल्स पद्धति में प्रयोग चक्र 5, 10 व 15 मिनट, एक घण्टे में होता है और पल्स निकासक लगभग 5–10 गुना ज्यादा होता है। इसमें पाइप अवरुद्ध होने जैसी समस्या नहीं है, लेकिन पल्स निकासक काफी महंगे होते हैं।

7. इको ड्राप ''ड्रम ड्रिप'' सिंचाई पद्धति (Eco-Drop "Drum Drip" irrigation System)

इको ड्राप ड्रम सिंचाई पद्धति में पानी लोहे या प्लास्टिक के टैंक में भरकर सहायक नलियों के सहारो पौधे की जड़ों तक पहुँचाया जाता है। यह पद्धति गुरुत्वाकर्षण व दबाव ऊर्जा तकनीक पर आधारित है। इको ड्राप ड्रम सिंचाई पद्धति में प्रति ड्रिपर पानी देने की गणना लीटर/घण्टा की जगह प्रति पौध की जाती है। इसके लिए यह सुनिश्चित करना होता है कि प्रति पौध कितना पानी देना है। आवश्यकतानुसार पानी की मात्रा को टंकी में भरना पड़ता है। यह पद्धति पहले फल वृक्षों के लिए ही उपयोगी माना जाता था लेकिन दूर–दूर रोपण होने वाले सब्जियों लौकी पेठा, कुम्हण आदि के लिए भी उपयोगी सिद्ध हो रहा है। उदाहरण के लिए अगर खेत में कद्दू वर्गीय सब्जियाँ जैसे कुम्हण, लौकी, खरबूजा, तरबूज, परवल, कुंदरु आदि लगा है, तो 250 पौध के लिए 2.0 लीटर/पौध की दर से पानी देना है तो 500 लीटर का ड्रम हमें एक बार भरना होगा। पौधों के बड़े होने पर या गर्मी में पानी की आवश्यकता ज्यादा होने पर 2 बार ड्रम भरकर यह सिस्टम चलाया जा सकता है। टंकी का खाली होना, टंकी की जमीन से ऊँचाई व वाल्व (valve) खोलने पर निर्भर करता है। दबाव को वाल्व द्वारा नियंत्रित किया जा सकता है। चूँकि सब्जी फसलों में पौध संख्या ज्यादा होती है। अतः सिस्टम को दो हिस्सों में बाँटकर वाल्व (valve) से नियंत्रित कर चलाया जा सकता है। इस पद्धति से उर्वरक कीटनाशी रोगनाशी पादप वृद्धि नियामक आदि को सीधे ड्रम में घोलकर दिया जा सकता है। पोषक तत्वों में केवल यूरिया या अन्य पोषक तत्व जो अच्छी तरह से जल विलेय हों, का उपयोग किया जा सकता है। यदि फास्फोरस या पोटाश देना हो तो तरल उर्वरक का उपयोग किया जा सकता है। यह प्रणाली (system) सभी प्रकार के जल में कार्यशील है। इसमें माइक्रो ट्यूब के अन्दर का छेद 1.2 या 1.5 मिली मीटर का रहता है। अतः यह प्रणाली

कचरे की अपेक्षाकृत बड़े कण के आने पर भी बन्द नहीं होता है। खारे पानी में नमक जमने पर या कचरे के कड़ ज्यादा आने पर एसिड ट्रिटमेंट (acid treatment) किया जा सकता है। इस प्रणाली (system) का मूल्य प्रचलित ड्रिप सिस्टम की अपेक्षा कम है। कम मूल्य के कारण लघु, सीमान्त व छोटे कृषकों के उपयोग हेतु यह सर्वोत्तम है। इस पद्धति को बिना विद्युत शक्ति के भी आसानी से चला सकते हैं। इस प्रकार विद्युत संकट के समय भी किसान इस पद्धति से सिंचाई कर पौधों को बचा सकते हैं। यदि विद्युत की सुविधा उपलब्ध हो तो 3 हार्स पावर मोनो ब्लाक मोटर से 500.0 लीटर का ड्रम कम समय में भरा जा सकता है। यदि विद्युत बिल्कुल न हो तो ड्रम को ठेला गाड़ी, ट्राली या बैलगाड़ी में रखकर खेत तक ले जाकर पाइप लाइन से जोड़कर चालू किया जा सकता है। इसके लिए जमीन का ढलान +5–10 होने पर बहाव (discharge) में बहुत अन्तर नहीं आता परन्तु ढलान ज्यादा होने पर बहाव का अन्तर बढ़ सकता है। प्रथम व अंतिम बिन्दु पर +5–7 बहाव का अन्तर आ सकता है। ऐसी स्थिति में नियंत्रित टी (T) द्वारा बहाव (discharge) नियमित व नियंत्रित किया जा सकता है। यह सिस्टम कई वर्षों तक लगातार सेवा देता है एवं इसमें टूट–फूट की सम्भावना नगण्य होती है।

ड्रिप सिंचाई तंत्र के अवयव

1. **ड्रिपर (Dripper)**–मुख्य, उपमुख्य तथा लैटरल पाइपों में से आने वाला जल ड्रिपरों के द्वारा सीधे पौधों के पास तक पहुँचता है। ड्रिपर अलग–अलग प्रसाव दर जैसे 2, 4, 8 लीटर प्रति घंटा के होते हैं, जिनको फसल, मृदा का प्रकार तथा फसलों की जलावश्यकतानुसार प्रयोग करते हैं। ड्रिपरों से आये जल हल्के दबाव से बूँद–बूँद करके पौधों के पास जमीन पर गिरता है। पूरे खेत में ड्रिपरों से जल का एक समान प्रभाव और वितरण बनाये रखने के लिए दबाव पुरक ड्रिपरों का प्रयोग किया जाता है। ड्रिपर पॉली प्रॉपीलीन प्लास्टिक के बने होते हैं। ड्रिपरों की बनावट और उनको लैटरल में लगाने के तरीके के आधार पर ड्रिपरों को मुख्यतः दो श्रेणियों में वर्गीकृत किया जा सकता है।

   (क) लैटरल पाइप (lateral pipe) के उपर लगने वाले ड्रिपर–लैटरल पाइप में छिद्र करके इन ड्रिपरों को पाइप पर लगाया जाता है। लैटरल पाइपों के उपर लगने वाले ड्रिपर, बिन्दु स्रोत प्रवाह वाले ड्रिपर होते हैं। इन ड्रिपरों से जल बूदँ–बूँद करके निकलता है।

   (ख) लैटरल पाइप में लगने वाले ड्रिपर

इन ड्रिपरों (drippers) को लैटरल पाइपों को काटकर, कटे हुए भागों के बीच में लगाया जाता है। लैटरल पाइप में ड्रिपर आस–पास लगाये जाते हैं। इस तरह लगाये गये ड्रिपरों से जल का रेखीय प्रवाह होता है। इस तरह के ड्रिपरों का प्रयोग सब्जियों और सघन फसलों में किया जाता है।

लैटरल पाइप (Lateral pipe)

उप मुख्य पाइप से पतले काले प्लास्टिक के पाइप पौधों की कतारों के साथ–साथ डाले जाते है, जिन्हें लैटरल पाइप (Lateral pipe) कहा जाता है। जल, उपमुख्य पाइप से होकर लैटरल पाइपों से होते हुए ड्रिपरों के द्वारा पौधों तक पहुचता है। लैटरल पाइप साधारणतया लो डेन्सिटी पॉली

इथलीन लीनियर, लो डेन्सिटी पॉली इथलीन और हाई डेन्सिटी पॉली इथलीन नामक ठोस तथा मजबूत पदार्थ से बनते है। इसलिए खेत में खुले रूप से बिछाये जाने पर भी सूर्य की किरणों से इनमें कोई छति नहीं होती है, सामान्यतः 10, 12 ,16 मिली मीटर व्यास के लैटरल पाइप बाजार में उपलब्ध है। लैटरल पाइपों में प्रयोग होने वाली प्लास्टिक की मोटाई 1–3 मिली मीटर और दबाव क्षमता 2.5 किलो ग्राम प्रति वर्ग सेन्टी मीटर तक होती है।

8. फौब्बारे द्वारा सिंचाई या छिड़काव पद्धति (Sprinkler irrigation)

इस पद्धति द्वारा सिंचाई में पानी फब्बारे के रुप में वर्षा जल की तरह भूमि पर गिराया जाता है। पानी से छिद्र या ''नाजल'' के माध्यम से उपयुक्त दबाव देकर फौब्बारे के रुप में गिराया जाता है। इस विधि से पानी की मात्रा भूमि की अन्तः दशा पर निर्भर करती है। इस विधि का प्रयोग मुख्यतः सभी फसलों एवं सभी प्रकार के मृदा के लिए किया जा सकता है। यह विधि बलुई, बलुई दोमट एवं असमान भौगोलिक क्षेत्र के लिए ज्यादा उपयोगी होती है। यह विधि उथली जड़ वाली एवं जल के प्रति सहिष्णु फसलें जैसे मटर, पालक एवं सब्जियों की पौधशाला के लिए बहुत लाभकारी है।

सारिणी (15.17) निभिन्न सिंचाई पद्धति से प्याज बीज उपज (तुलनात्मक दृष्टि–2000–2003)

प्रजाति	सिंचाई पद्धति	बीज उपज (किलोग्राम/ हेक्टेयर)	1,000 बीज भार (ग्राम)	जमाव (प्रतिशत)	बीज ओज ईन्डेक्स	रोग प्रकोप (प्रतिशत)
पूसा माधवी	ड्रिप सिंचाई	894.67	3.93	92.13 (74.40)	876.49	–
	सतही सिंचाई	648.94	3.60	79.75 (63.27)	663.71	–
पूसा रेड	ड्रिप सिंचाई	685.33	3.78	92.88 (74.44)	740.73	8.64
	सतही सिंचाई	559.94	3.51	82.22 (65.05)	725.44	16.66

स्रोतः तोमर एवं सहयोगी, 2005

9. वाटर पिल्लो पद्धति (Water Pillow System)

सिंचाई करने की यह नवीन पद्धति है जिसमें ड्रिप (drip) एवं नाली (furrow) को संयुक्त रूप से मिलाकर पलवार जैसे प्रभाव देने वाला बनाया गया है। यह पूर्णतया स्वचालित सिंचाई पद्धति है। इसके मुख्य घटक एक स्थान से दूसरे स्थान तक ले जाने वाली पालीइथीलिन प्लास्टिक का काली पाईप एवं लैटरल्स है। पाईप लचीली होती हैं जिन्हे 2 वर्षों तक उपयोग किया जा सकता है। पाइप एवं लैटरल्स समतल खेत में फैला दिया जाता है जिनमें नुकीलें कंकड़ फसल अवशेष आदि न हों। इस पद्धति से सिंचाई के 2 भाग होते हैं।

(i) भराव (Filling)

(ii) टपकाना (Trickling)

इसमें भराव एक बार किया जाता है जो भराव दर पर निर्भर करता है लेकिन टपकाव मुश्किल वाला है जो लगभग 24 घण्टें लेता है।

□□□

अध्याय 16

सब्जी फसलों में समन्वित खरपतवार प्रबन्धन

(Integrated Weed Management in Vegetable Crops)

वर्तमान समय में अनेकों उन्नत तकनीकों के विकास के बावजूद प्रयोगिक क्षेत्र व कृषक क्षेत्र के उपज में काफी अन्तर है। इस अन्तर के लिए अनेकों घटक जिम्मेदार हैं, उनमें खरपतवार का महत्वपूर्ण स्थान है। परिभाषा के रूप में "खरपतवार अफसली पौधों की प्रजातियाँ हैं, जो अवाँछित रूप से फसलों के साथ अत्यधिक मात्रा में उगकर मुख्य फसल को प्रत्यक्ष व अप्रत्यक्ष रूप से हानि पहुँचाकर उत्पादन पर प्रतिकूल प्रभाव डालती है।" अतः एक प्राथमिक घटक यानी खरपतवार (चौड़ी तथा सकरी पत्ती वाले) को सब्जी प्रक्षेत्र से मुक्त रखना अतिआवश्यक है। सब्जियों की खेती ज्यादा लागत व सधन उत्पादन पद्धति से किया जाता है। इसमें सिंचाई की बारम्बारता ज्यादा होती है और पोषक तत्व (गोबर की सड़ी खाद, कम्पोस्ट, वर्मी कम्पोस्ट, खलियाँ, रासायनिक उर्वरक आदि) भी ज्यादा प्रयोग किये जाते हैं। सब्जियों में खरपतवार का प्रकोप खरीफ/वर्षा, रबी व जायद तीनों ऋतुओं में होता है। सामान्यतया विश्व में लगभग 30,000 पौध प्रजाति को खरपतवार के अन्तर्गत रखा गया है, जो जमीन की फसलों, तालाबों/नदियों, जंगलों, बाग–बगीचों, उद्यानों, खुली जगहों आदि में व्यापक रूप से मिलते हैं। खरपतवार के प्रकोप का स्तर एक मौसम से दूसरे मौसम व एक क्षेत्र से दूसरे क्षेत्र में अलग–अलग होते हैं, क्योंकि वातावरणीय परिवर्तन सस्य पद्धति, मृदा उर्वरता, खेत का खुलापन, जल प्रबन्धन आदि अलग–अलग होते हैं।

सारिणी (16.1) कुल के अनुसार खरपतवार की प्रजातियों की संख्या व प्रतिशत नुकसान

कुल	प्रजातियों की संख्या	प्रतिशत नुकसान
पोयेसी (Poaceae)	44	–
सायप्रेसी (Cyperaceae)	12	27.0
एस्टेरेसी (Asteraceae)	32	43.0
पालीगोनेसी (Polygonaceae)	8	–
एमरैन्थेसी (Amaranthaceae)	7	68.0
ब्रासीकेसी (Brassicaceae)	7	–
लिग्यूमिनोसी / फैबेसी (Leguminoceae/Fabaceae)	6	–
कन्वालुवुलेसी (Convolvulaceae)	5	–
यूफोरबियेसी (Euphorbiaceae)	5	–
चिनोपोडिएसी (Chenopoiaceae)	4	–
मालवेसी (Malvaceae)	4	–
सोलेनेसी (Solanaceae)	3	–

खरपतवार से नुकसान (Losses caused by weeds)

1. उपज में कमी (Yield reduction)

खरपतवार के प्रकोप से उपज में कमी सर्वत्र व्यापी (ubiquitous) है यानी फसलों में वृहद् स्तर पर नुकसान होता है। खरीफ ऋतु की सब्जी फसलों में खरपतवार एक गम्भीर समस्या है, जिनसे उपज में 15.0–85.0 प्रतिशत तक कमी आ जाती है। उन्नत किस्म के बीज, उपयुक्त उर्वरक, सिंचाई एवं फसल सुरक्षा के उपाय जैसे आधुनिक तरीकों को अपनाकर भी कृषक सब्जी फसलों की भरपूर पैदावार नहीं ले पाते हैं, जिसका मुख्य कारण है–खरपतवारों का सही समय पर एवं उचित विधि द्वारा नियंत्रण नहीं कर पाना है। सामान्यतया खरपतवारों से उपज नुकसान का औसत स्तर 34.3 प्रतिशत से 89.8 प्रतिशत है। कुछ सब्जी फसलों में उपज के नुकसान का स्तर सारिणी में दिया गया है–

सारिणी (16.2) खरपतवार के प्रकोप से उपज नुकसान का प्रतिशत

सब्जियाँ	नुकसान (प्रतिशत)
आलू	6.0–82.0
टमाटर	42.0–71.0
बैंगन	15.0–35.0
फूल गोभी	36.0–61.0
पत्ता गोभी	30.0–45.0
भिण्डी	40.0–50.0
मटर	46.0–70.0
फराश बीन	30.0–70.0

लोबिया	33.0—45.0
प्याज	42.0—67.0
लहसुन	60.0—70.0
गाजर	70.0—80.0
चुकन्दर	30.0—95.0
खीरा	43.0—50.0

2. उपज गुणवत्ता में कमी (Poor quality product)

बाजार में सब्जियों का मूल्य गुणवत्ता से निर्धारित होती है। वैज्ञानिकों द्वारा शोध से स्पष्ट किया गया है कि जिस खेत में खरपतवार का प्रकोप ज्यादा होता है, उपज की गुणवत्ता भी ज्यादा प्रभावित होती है।

3. पोषक तत्वों की प्राप्ति हेतु प्रतिस्पर्धा (Competition for nutrients)

परीक्षण में यह देखा गया है कि खरपतवार, बीज द्वारा बुआई की जाने वाली सब्जियों से पूर्व ही उग आते हैं, जो भूमि में मौजूद पोषक तत्वों को तेजी से अवशोषित करते हैं और अपनी वृद्धि करते हैं। यही एक प्रमुख कारण है, जिससे सब्जी फसलों को समुचित पोषक तत्व प्राप्त नहीं हो पाता है। औसतन खरपतवार मुख्य फसल की तुलना में दो गुना नत्रजन व कैल्शियम का अवशोषण तथा 25.0 प्रतिशत ज्यादा पोटैशियम का अवशोषण करते हैं (मलिक एवं सहयोगी, 1998)।

4. जल अवशोषण की अधिकता (Absorption of more water)

मुख्य फसल की अपेक्षा खरपतवार ज्यादा संख्या में होते हैं और उनकी जड़ों का विकास भी ज्यादा होता है। अतः सिंचाई करने पर लगभग 40.0 प्रतिशत जल अवशोषण खरपतवार के द्वारा कर लिया जाता है। अतः सब्जी उत्पादन में पानी एक अत्यन्त महत्वपूर्ण व महंगा घटक है।

5. मुख्य फसल की वृद्धि के लिए स्थान, वायु एवं प्रकाश की अनुपलब्धता (Less availability of space, air and light to main crop)

सब्जी फसलों में देखा गया है कि खरपतवारों की वानस्पतिक वृद्धि बहुत तेजी से होती है और शीघ्र फैलाव के कारण काफी स्थान घेर लेते हैं, जिससे फसल के पौधों को फैलने का स्थान कम मिल पाता है। फलतः फसल को समुचित वायु एवं प्रकाश नहीं मिल पाता है।

6. कीड़ों एवं बीमारियों के भारणदाता (Shelter for diseases and insects)

कई खरपतवार कीड़ों एवं बीमारियों को शरण देकर मुख्य फसल में इनको बढ़ावा देते हैं। उदाहरण के लिए कामन वेच (*Vicia monantha*) खतरनाक कीट हेलिकावर्पा अर्मिजेरा (*Helicoverpa armigera*) को शरण देता है। मकोय पर बैंगन के फल व तना वेधक (fruit and shoot borer) कीट पड़े रहते हैं। कामन लैम्बसक्वार्टर्स यानी बथुआ (*Chenopodium* spp.) पर एफीड अपना जीवन चक्र

पूरा करते हैं। इसी प्रकार खरपतवार की लेन्टाना प्रजाति पर सफेद मक्खी (white fly) का जीवन चक्र चलता रहता है, जो "येलो मोजैक रोग" (yellow mosaic disease) को प्रसारित करता है।

7. फसलों की कटाई करना कठिन (Difficulties in crop harvesting)

खरपतवारों की अधिकता के कारण सब्जी फसलों की तुड़ाई (परवल, मटर आदि) तथा कटाई (मेथी, धनिया, पालक, चौलाई आदि) सुगमता से नहीं की जा सकती है। इसमें अधिक समय एवं धन का व्यय होता है।

8. बीज फसल की गुणवत्ता में कमी (Quality deterioration in seed crop)

खरपतवारों के बीज, सब्जी बीजों के साथ मिलकर उनकी गुणवत्ता पर प्रतिकूल प्रभाव डालते हैं, जिससे उपज की कम कीमत मिलती है एवं अनचाहा आर्थिक नुकसान होता है।

खरपतवारों का वर्गीकरण (Classification of weeds)

1. मौसम आधारित खरपतवार (Season base weeds)

सामान्यतया सब्जियों की खेती पूरे वर्ष लगातार होती रहती है, अतः मौसम के आधार पर वर्गीकरण सर्वमान्य नहीं है, फिर भी मौसम में उग्रता को आधार मानकर इनको दो समूहों में बाँट सकते हैं–

(अ) खरीफ मौसम के खरपतवार (Kharif season weeds)

(ब) रबी मौसम कें खरपतवार (Rabi season weeds)

(अ) खरीफ मौसम के खरपतवार

ट्राइएन्थेमा पार्चुलाकास्ट्रम (*Trianthema portulacastram*), एकिनोक्लोआ कोलोना (*Echinochloa colona*), साइप्रस रोटन्डस (*Cyperus rotundus*),डाइजेरा अरवेंसिस (*Digera arvensis*), एमरैन्थस विरिडीस (*Amaranthus viridis*), आल्टरनैन्थेरा सेसेलीस (*Alternanthera sessilis*), डिजीटारिया सिलिएरीस (*Digitaria ciliaris*), फाइलेन्थस निरूरी (*Phyllanthus niruri*), कामेलिया बेंगालेन्सिस (*Commelia benghalensis*), सिलोसिया अर्न्जेन्टिया (*Celosia argentea*), इल्यूसाइन इंडिका (*Eleusine indica*), ब्रोकीएरिया इयूरीसिफारमिस (*Brachiaria eruciformis*), एजीरक्टम कोनोज्वाडस (*Ageractum conyzoides*), साइनोडान डैक्टीलान (*Cynodon dactylon*)

(ब) रबी मौसम के खरपतवार

चिनोपोडियम एल्बम (*Chenopodium album*), चिनोपोडियम म्यूरेल (*Chenopodium murale*), मेलीलोटस अल्बा (*Melilotus indica*), लथाइरस अफाका (*Lathyrus aphaca*), विसिया सैटाइवा (*Vicia sativa*), कन्वालुवुलस अर्बेन्सिस (*Convoluvulus arvensis*), एस्फोडेलस टेनीफोलियस (*Asphodelus tenifolius*), एनागैलिस अर्बोन्सिस (*Anagallis arvensis*), फ्यूमिया पार्वीफ्लोरा (*Fumia parviflora*), रूमेक्स मारीटीमस (*Rumex maritimus*), स्परगुला अर्वेन्सिस (*Spergula arvensis*), यूफोर्बिया हिरटा (*Euphoribia hirta*), साइनोडान डक्टीलान (*Cynodon dactylon*), साइप्रस रोटन्डस (*Cyperus rotundus*)

सारिणी (16.3) फसल आधारित खरपतवार (Crop base weeds)

फसल	वानस्पतिक नाम
टमाटर	कारथैमस आक्सीकैन्था (*Carthamus oxycantha*), चिनोपोडियम एल्बम (*Chenopodiam album*), सिरसियम अवैन्स (*Circium arvense*), साइनोडान डैक्टीलान (*Cymppm dactylon*), साइप्रस रोटन्डस (*Cyperus rotundus*), विसिया हिरसूटा (*Vicia hirsuta*)
बैंगन	ब्लूमिया प्रजाति (*Blumea* spp.), चिनोपोडियम एल्बम (*Chenopodium album*), साइनोडान डैक्टीलान (*Cynodon dactylon*), साइप्रस रोटन्डस (*Cyperus rotandus*)
मिर्च	एजीरक्टम कोनोज्वाडस (*Ageractum conyzoides*), एमरैन्थस स्पिनोसस (*Amarnthus spinosus*), एर्जीमोन मेक्सिकाना (*Argemone maxicana*), ब्लूमिया प्रजाति (*Blumea* spp.), कैनाविस सटाइवा (*Cannabis sativa*), चिनोपाडियम एल्बम (*Chenopodium album*), सिरसियम अर्वेन्स (*Circium arvense*), साइनोडान डैक्टीलान (*Cynodon dactylon*), यूफोर्गिगा हिरटा (*Euphorbia hirta*), ल्यूकास अरपर्टा (*Leucos arperta*), विसिया हिरसूटा (*Vicia hirsuta*)
शिमला मिर्च	जीरक्टम कोनोज्वाडस (*Ageractum conyzoides*), एमरैन्थस स्पिनोसस (*Amarnthus spinosus*), एर्जीमोन मेक्सिकाना (*Argemone maxicana*), ब्लूमिया प्रजाति (*Blumea* spp.), कैनाविस सटाइवा (*Cannabis sativa*), चिनोपाडियम एल्बम (*Chenopodium album*), सिरसियम अर्वेन्स (*Circium arvense*), साइनोडान डैक्टीलान (*Cynodon dactylon*), यूफोर्विया हिरटा (*Euphorbia hirta*), ल्यूकास अरपर्टा (*Leucos arperta*), विसिया हिरसूटा (*Vicia hirsuta*)
फूल गोभी	चिनोपाडियम एल्बम (*Chenopodium album*), साइनोडान डैक्टीलान (*Cynodon dactylon*), साइप्रस रोटन्डस (*Cyperus rotundus*), डिजीटारिया सान्गुयीनैलिस (*Digitaria sanguinalis*)
पत्ता गोभी	चिनोपाडियम एल्बम (*Chenopodium album*), साइनोडान डैक्टीलान (*Cynodon dactylon*), साइप्रस रोटन्डस (*Cyperus rotundus*), डिजीटारिया सान्गुयीनैलिस (*Digitaria sanguinalis*)
प्याज	एमैरैन्थस विरिडीस (*Amarnthus virdis*), साइनोडान डैक्टीलान (*Cynodon dactylon*), साइप्रस रोटन्डस (*Cyperus rotundus*), ट्रिबुलस टेरेस (*Tribulus terres*)
लहसुन	एमैरैन्थस विरिडीस (*Amarnthus virdis*), साइनोडान डैक्टीलान (*Cynodon dactylon*), साइप्रस रोटन्डस (*Cyperus rotundus*), ट्रिबुलस टेरेस (*Tribulus terres*)
आलू	एर्जीमोन मैक्सिकाना (*Argemone maxicana*), एस्फोडिलस टर्मीफोलियस (*Asphodelus termifolius*), ब्लूमिया प्रजाति (*Blumea* spp.), कैनाविस सैटाइवा (*Cannabis sativa*), चिनोपाडियम एल्बम (*Chenopodium album*), सिरसियम अर्वेन्स (*Circium arvense*), साइनोडान डैक्टीलान (*Cynoclon dactylon*), यूफोर्विया हिरटा (*Euphorbia hirta*), मेलीलोटस अल्बा (*Melilotus alba*)
मूली	चिनोपाडियम एल्बम (*Chenopodium album*), कान्वालुवुलस अर्वेन्सिस (*Convolvulus arvensis*), साइनोडान डैक्टीलान (*Cynodon dactylon*), पोया अन्मुआ (*Poa anmua*)
गाजर	क्राइसैन्थीमम सेगेटम (*Chrysanthemum segetam*), साइप्रस रोटन्डस (*Cyperus rotundus*), आरोबैन्की रमोसा (*Arobanche ramose*), ट्राइएन्थामा मोनोगाइरा (*Trianthama monogyera*)

बीज पत्र के आधार पर वर्गीकरण

एकदलीय (monocotyledon) एवं द्विदलीय (dicotyledon) बीजपत्र के आधार पर खरपतवार का वर्गीकरण नीचे की सारिणी में दिया गया है–

सारणी (16.4) बीज पत्र के आधार पर सब्जी फसलों का वर्गीकरण

दलीय स्थिति	कुल	खरपतवार	फसल
एक बीजपत्री	लीलीएसी	प्याज घास (*Nathoscordum gracile*)	प्याज, लहसुन, सलाद (*Shallots*)
	साइप्रेसी	मोथा (*Cyperus rotundus*)	चायनीय वाटर चेस्टनट्स
	पोएसी	सभी खरपतवार	मक्का, सब्जी बाँस
द्वि बीजपत्री	एपीएसी	स्लेण्डर सेलेरी (*Ciclospermum leptophyllum*), आस्ट्रेलियन कारर (*Daucus glochidiatus*)	सेलेरी, गाजर, पार्सले
	एमरेंथेसी	चौलाई (*Amaranthus* spp.), सोथिसल (*Sonchus oleraceus*), काबलर पेग्स (*Bidens pilosa*), फ्लीबेन्स (*Conyza* spp.), पार्थेनियम (*Parthenium hysterophorus*), आलू घास (*Galinsoga parviflora*)	लेट्यूस, आर्टिचोक
	ब्रासिकेसी	जंगली शलजम (*Brassica tournefortii*), जंगली मूली (*Raphanus raphanistrum*), शलजम घास (*Rapistrum rugosum*) , सेफर्ड पर्स (*Capsella bursapastoris*), पेपर क्रेस (*Lepidium* spp.), लेसर वाइनक्रेस (*Coronopus didymus*)	पत्ता गोभी, फूल गोभी, ब्रोकली, ब्रूसेल्स स्प्राउट्स, चीनी पत्ता गोभी
	चीनोपोडिएसी	फैटहेन (*Chenopodium* spp.)	चुकन्दर
	कन्वलवुलेसी	बेल्वाइन (*Ipomoea plebia*), विंग्डवीन (*Convolvulus erubescens*)	शकरकन्द
	यूफोरविएसी	अरण्डी (*Ricinus communis*), कास्टिक क्रिपर (*Euphorbia drummondii*)	कसावा
	फावेसी	रैटलपोड (*Crotolaria* spp.), वेच (*Vicia monantha*), मेडिक्स (*Medicago* spp.)	मटर, बीन्स
	माल्वेसी	स्माल फ्लावर मैलो (*Vicia hirsuta*), सीडा (*Sida* spp.), ब्लैडर केटमिया (*Hibiscus trionum*), अनोडा खरपतवार (*Anoda cristata*)	भिण्डी, रोसेल
	पालिगोनेसी	डाक्स (Rumex spp.), स्पाइनी इमेक्स (*Emex australis*), नाटविड (*Polygonum aviculare*)	रुहर्ब, सोरेल
	सोलेनेसी	एप्पल ऑफ पेरु (*Nicandra physalodes*), मकोय (*Solanum nigrum*), थार्न एप्पल (*Datura stramonium*)	टमाटर, आलू, शिमला मिर्च, बैंगन

स्रोतः कुमार एवं शर्मा, 2010

खरपतवारों के प्रतिस्पर्धा की क्रान्तिक अवस्था (Crtical period for weed competition)

जब खरपतवार व मुख्य फसल की प्रतिस्पर्धा की बात होती है, तो हमेशा खरपतवार पक्ष ही विजेता होता है क्योंकि उनकी संख्या, तेज वृद्धि, ज्यादा फैलाव, जड़ विकास आदि ज्यादा होता है। लगभग सभी सब्जियाँ प्रारम्भ के कुछ सप्ताह तक बड़ी धीमी गति से वृद्धि करती हैं और प्रतिस्पर्धा का पता नही चलता है। प्रायः यह देखा गया है कि कीट व्याधियों के लगने पर उनके नियंत्रण पर तुरन्त ध्यान दिया जाता है क्योंकि इनका नुकसान प्रत्यक्ष रूप से देखा जा सकता है, परन्तु खरपतवारों की ओर ध्यान नहीं दिया जाता है। जब तक इनको बढ़ने दिया जाता है, तब तक हाथ से पकड़कर उखाड़ने योग्य नहीं हो पाते हैं। उस समय तक खरपतवारों के प्रति अधिक संवेदनशील हो जायें, उसे क्रान्तिक अवस्था प्रथम तृतीय फसल चक्र ही होता है, लेकिन फसल की संरचनात्मक स्थिति, वृद्धि दर एवं विकास पौध की आपसी दूरी और खेत में मौजूद खरपतवार प्रजाति पर निर्भर करता है (ए0वी0आर0डी0सी0, 1990)। क्रान्तिक अवस्था में यदि खरपतवार का नियंत्रण नही किया जाता है, तो उसकी क्षतिपूर्ति बाद में नहीं की जा सकती है। भिन्न–भिन्न सब्जी फसलों में खरपतावारों के प्रभाव का क्रान्तिक अवस्था अलग–अलग होती है। यह वह समय होता है, जब खरपतवार फसलों में अत्यधिक नुकसान पहुँचाते हैं। यदि इस समय सब्जी फसलों को खरपतवारों से मुक्त रखा जाये तो अधिक उपज व लाभ मिलता है।

"The critical weed-free period is the minimum length of time during which the crop should be practically weed-free to avoid a yield or quality reduction".

सारणी (16.5) फसल–खरपतवारों के प्रतिस्पर्धा की क्रान्तिक अवस्था

सब्जी फसल	क्रान्तिक अवस्था (बुआई / रोपण के बाद दिनों में)	फसल विकास की अवस्था
प्याज	30–75	कन्द विकास
लहसुन	30–75	कन्द विकास
पत्ता गोभी	30–45	शीर्ष विकास
फूल गोभी	30–45	शीर्ष विकास
भिण्डी	15–30	10.0–15.0 सेन्टी मीटर ऊँची फसल
टमाटर	30–45	20.0–33.0 सेन्टी मीटर ऊँची फसल
मिर्च	30–45	तदैत
शिमला मिर्च	30–45	तदैव
बैंगन	20–60	–
बीन्स	–	कैनापी अवस्था
आलू	25–30	–
मूली	25–30	–
गाजर	15–20	7.0–10.0 सेन्टी मीटर ऊँची पौध अवस्था
खीरा	–	लता फैलने की अवस्था

स्रोत : सिंह एवं सहयोगी (1993)

खरपतवार प्रबन्धन पद्धति (System of weed management)

खरपतवारों के प्रबन्धन में ध्यान देने योग्य मुख्य बात यह है कि खरपतवारों का सही समय पर नियंत्रण किया जाये। समन्वित खरपतवार प्रबन्धन में खरपतवारों व परिस्थितियों को देखते हुए किसी एक या एक से अधिक विधियों द्वारा खरपतवार नियंत्रण किया जाता है।

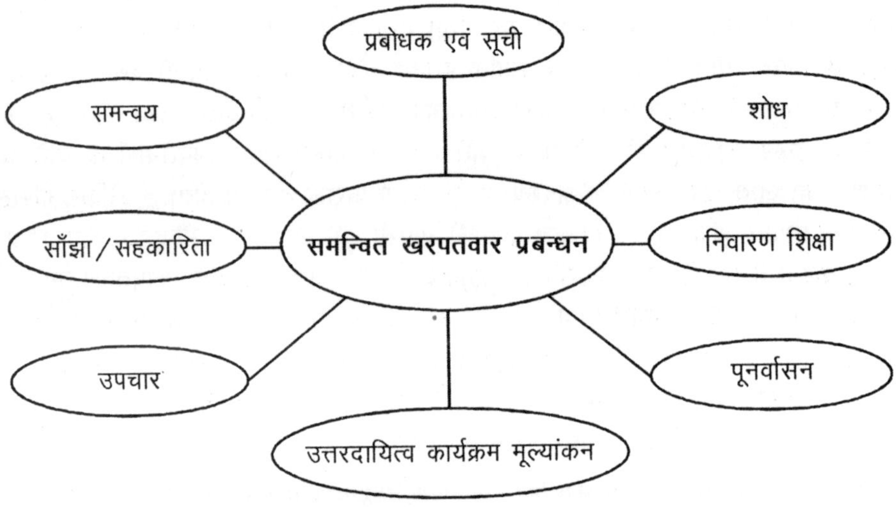

चित्रांकन: समन्वित खरपतवार प्रबन्धन के घटक

खरपतवारों को निम्नलिखित विधियों द्वारा नियंत्रित किया जा सकता है–

1. निरोधक विधियाँ (Preventive methods)
2. यान्त्रिक विधियों एवं सस्य क्रियाओं द्वारा (Management through mechanical and agronomical practices)
3. रासायनिक खरपतवारनाशकों द्वारा नियंत्रण (Chemical method of weed control)
4. जैविक विधियों द्वारा नियंत्रण (Biological method of weed control)
5. जैव रसायनों द्वारा नियंत्रण (Control by bio-herbicides)
6. जैव प्रौद्योगिकी / प्रजनन पद्धति द्वारा खरपतवार नियंत्रण (Control by bio-technology/ breeding methods)

1. निरोधक विधियाँ (Preventive methods)

खरपतवार निरोधक के अन्तर्गत ऐसी सभी विधियों का उपयोग किया जाता है, जिससे खेत में खरपतवार प्रवेश व प्रसार न हो सके। यह यांत्रिक, रासायनिक, जैविक आदि विधियों से सस्ती तथा कम खर्चीली है। खेत में खरपतवार का प्रवेश / प्रसार न हो, इसके लिए निम्नलिखित उपाय करना चाहिए।

• खरपतवार मुक्त बीज का प्रयोग (Use of weed free seed)

खेत में खरपतवार के प्रवेश व प्रसार का एक साधन बीज के साथ खरपतवार के बीज का मिला होना है। अतः बीज का परीक्षण सही तरीके से करना चाहिए। खरपतवार मुक्त बीज बुआई से शत–प्रतिशत बाइ्य खरपतवार को बीज मिश्रण में रोका जा सकता है। सीड एक्ट (1986) के अनुसार भारतवर्ष में अवाँछित खरपतवार तथा कुल खरपतवार की संख्या की सीमा निश्चित की गयी है।

सारिणी (16.6) खरपतवार मिश्रित बीज में प्रतिबन्धित खरपतवार बोज की सीमा

फसल	प्रतिबन्धित खरपतवार	बीज मिश्रण में अनुमति (प्रतिशत)	
		प्रतिबन्धित खरपतवार	कुल खरपतवार
मेथी	सेन्डी (मेलीलोटस अल्बा)	0.1	0.2
लेट्यूस	जंगली लेट्यूस (लैक्टुका सेरियोला)	0.1	0.2
कुम्हण	जंगली कुम्हण (कुकुरबिटा प्रजाति)	0.0	0.0
भिण्डी	जंगली भिण्डी (एबलमास्करा प्रजाति)	0.0	0.0

खरपतवार मिश्रित बीज का क्रय न करें और बुआई पूर्व उसकी सफाई पर विशेष ध्यान देवें। वर्तमान समय में मिश्रित बीज को अलग करने के लिए छलनी, नमक के घोल, स्पेसीफीक ग्रेविटी, न्यूमेटिक व एस्प्रीरेटर, डेन्टेड प्लेट्स, वेल्वेट रोलर्स, कनवेयर बेल्टस, बिजली सेपरेटर, मैग्नेटिक सेपरेटर्स, हर्वाधर, डिस्क सेपरेटर्स आदि का प्रयोग कर खरपतवार के बीज को अलग किया जा सकता है।

बीज खरपतवार से बचाव के लिए दो मुख्य बातों पर ध्यान देना चाहिए–

1. सहकारी/सरकारी/कृषक प्रक्षेत्रों में खरपतरवार से मुक्त बीज का उत्पादन करें।
2. बीज की पूर्ण रूप से सफाई करें।

• गोबर की खाद या कम्पोस्ट की खाद तैयार करने वाले गड्ढ़ों की सफाई (Cleaning of compost pits)

अक्सर देखा गया है कि गोबर की खाद या कम्पोस्ट की खाद तैयार करते समय गड्ढों में पूर्णतया पके बीजों या वर्धीय भागों से प्रसारित होने वाले वनस्पतियों को डाल देते हैं। पके बीज उसी प्रकार खाद में पड़े रहते हैं और खाद प्रयोग से मुख्य खेत में आसानी से पहुँच जाते हैं, जिससे पूरे खेत में फैलकर नुकसान पहुँचाते हैं। इनसे छुटकारा तभी मिल सकती है। जब लगातार 4–5 महीनों तक गड्ढे में औसत तापमान 65.0–90.0 डिग्री सेल्सियस हो या गड्ढे में भरे जाने वाले पदार्थों का शोधन, एक्रोसाइनामाइड (70.0 प्रतिशत हाइड्रेटेड चूना + 20.6 प्रतिशत नत्रजन), मेथाम (एस0एम0डी0सी0), मिलोन, अमोनियम थायोसाइनेट या यूरामान का प्रयोग करें।

• प्रक्षेत्र मशीनों/कृषि यंत्रों की सफाई व मुक्त पशु विचरण पर रोक (Cleaning of agricultural implements and control on free grazing)

सामान्यतया खरपतवारों का फैलाव मुक्त पशु विचरण से भी होता है। खरपतवार पशुओं के खाने व गोबर करने, उनके शरीर से चिपक कर खरपतवार विहिन क्षेत्र में सुगमता से पहुँचते हैं। इसके अलावा प्रक्षेत्र मशीनों/कृषि यंत्रों के सफाई न होने के कारण एक प्रक्षेत्र से दूसरे प्रक्षेत्र में सुगमता से पहुँचते है। कभी नर्सरी पौधों के साथ भी खरपतवार मुख्य खेत में पहुँच जाते हैं। सिंचाई की नालियों, मेड़ों, नहरों व प्रयोग न की जा रही जमीन पर खरपतवार हमेशा उगते हैं और मुख्य खेत में जाने के लिए नर्सरी का साधन बनते हैं, अतः सिंचाई नालियों, मेड़ों, नहरों व रिक्त पड़ी जमीन से खरपतवार नष्ट करें।

2. सब्जियों में यांत्रिक व सस्य विधियों द्वारा खरपतवार नियंत्रण (Management through mechanical and agronomical practices)

सब्जियों में यांत्रिक व सस्य विधियों द्वारा खरपतवार नियंत्रण एक सरल व सबसे प्रभावी विधि है। इसमें कृषि यंत्रों/मशीनों एवं सस्य पद्धतियों की सहायता ली जाती है। यह खरपतवार नियंत्रण की सर्वोत्तम विधि है, परन्तु समय एवं व्यय अधिक होता है। इसके विभिन्न पहलू इस प्रकार है–

• खेतों की ग्रीष्मकालीन जुताई (Summer ploughing)

अच्छे खेत की तैयारी मात्र से लगभग 50.0 प्रतिशत खरपतवार खेत से समाप्त किये जा सकते हैं। अगर सब्जी खेत में पौधों के लिए उचित वातावरण बनाये रखा जाये तो खरपतवार स्वतः नष्ट होते रहते हैं। सब्जी फसलों की कटाई करने के बाद सर्वप्रथम मिट्टी पलटने वाले हल से गर्मियों में खेतों की गहरी जुताई कर खुला छोड़ देना चाहिए। गर्मियों में अधिक गर्मी से मृदा के तापमान में वृद्धि होती है, जिससे कई खरपतवार अत्यधिक गर्मी के कारण सुखकर नष्ट हो जाते हैं तथा उनके बीजों की अंकुरण क्षमता नष्ट हो जाती है। साथ ही साथ कुछ ज्यादा हानि पहुँचाने वाले खरपतवारों जैसे–दूब घास, (*cynodon dactylon*) मोथा (*Cyperus rotundus*) आदि की जड़ें व वानस्पतिक भाग उखड़ कर नष्ट हो जाते हैं। अतः जहाँ तक सम्भव हो, गर्मियों में खेतों की गहरी जुताई अवश्य करें।

• तेज विकास के लिए उचित पौध दूरी व एक समान पौध स्थापन (Right spacing and uniform placement seed/plant for better development)

अनुकूल वातावरणीय परिस्थितियों के होने पर सिफारिश के अनुसार सब्जी फसलों की शीघ्र कतारों में उचित दूरी पर बुआई करें या रोपण करें ताकि फसलें उचित नमी में शीघ्रता से उग जायें। इतना ही नहीं खेत में पौधों की भरपूर संख्या होनी चाहिए तथा उनका विकास भी तेज गति से हो तो खरपतवार स्वतः कमजोर पड़ने लगते हैं। इसके लिए (1) उचित फसल व उपयुक्त प्रजातियों का चुनाव (2) अधिक ओजपूर्ण बीज की बुआई/तैयार पौध का रोपण (3) बीज बुआई/पौध रोपण के पूर्व शोधन व मृदा शोधन। सुप्तावस्था को समाप्त करने वाले साधनों का प्रयोग व जमाव प्रेरक का प्रयोग उचित बीज दर से बुआई/रोपण करना चाहिए।

• उचित बीज बुआई/पौध रोपण की विधि (Seeding/transplanting with right methods)

सब्जियों की खेती अगर उपयुक्त नालियों व विस्तर विधि (raised bed method) के द्वारा किया जाये तो खेत में खरपतवारों का प्रकोप कम होता है, क्योंकि ऐसा करने से सिंचाई केवल नालियों में होती है और शेष स्थानों पर नमी की कमी होने के कारण खरपतवार के बीजों का जमाव नहीं होता है और हो भी जाता है, तो उसका विकास कम होता है।

• उचित बीज बुआई/पौध रोपण का समय (Seeding/transplanting at right time)

सब्जी फसलों की खेती उचित समय से कुछ पहले व बाद में करने से खरपतवार प्रबन्धन में आशातीत सफलता प्राप्त हुई है। वर्तमान समय में अनेकों प्रकाश–असंवेदनशील प्रजातियों का विकास किया जा चुका है, जिससे बिना उत्पादन प्रभावित हुए किसी भी मौसम में अधिक उपज प्राप्त की जा सकती है। अगर कद्दू वर्गीय सब्जियों के बीजों की बुआई मानसून प्रारम्भ होने के मात्र 15 दिन पूर्व कर देने से मुख्य फसल खरपतवारों की हानि से बच जाते हैं। इसी प्रकार मैदानी भागों में कद्दू वर्गीय सब्जियों की फसल की पौध रोपण जब जाड़े में नर्सरी बनाकर जनवरी के अन्त में की जाती है, तो खरपतवार का प्रकोप कम होता है।

• नाली व मेड़ों के लिए कम जगह छोड़ें (Use less area for ridge and furrow)

नालियों व मेड़ों के लिए ज्यादा स्थान प्रदान करने से उन पर खरपतवार ज्यादा उगते हैं और कृषक उन्हें समाप्त करना उचित नही समझते हैं, अतः स्रोत कम करने के लिए इन्हे कम चौड़ा रखें व बीच–बीच में जुताई कर खरपतवार निकालते रहना चाहिए। खेत में जहाँ तक सम्भव हो खरपतवार की संख्या संख्या कम हो तथा पुष्पन पूर्व उखाड़ दें।

• आग द्वारा खरपतवार नष्ट करने का तरीका (Burning of weeds)

खेतों के चारों ओर व खेतों में उगे अधिक बहुवर्षीय खरपतवारों को अकृषित या बेकार पड़ी भूमि से खरपतवारों की कटाई कर एकत्रित करें एवं उनमें आग लगा दें, जिससे उनके प्रसारण में कमी हो जायेगी, यह कार्य विशेष सावधानीपूर्वक करें।

• निकाई–गुड़ाई (Weeding-hoeing)

खरपतवार नियंत्रण की यह सर्वोत्तम विधि है। यदि समय पर श्रमिक उपलब्ध हो जाएं तो फसलों की बुआई के पश्चात् 1–2 बार कुदाली या खुरपी द्वारा निकाई कर खरपतवार नष्ट किये जा सकते हैं। यदि समय पर श्रमिक न मिले या लगातार वर्षा होती रहे तो फिर यह विधि अधिक कारगर साबित नहीं होती है।

• यंत्रों (हैंड हो, व्हील हो, हैंड ब्लेड्स, बैलों द्वार कुल्पा, कल्टीवेटर) द्वारा गुड़ाई

विभिन्न गुडाई यंत्रों द्वारा खरपतवारों को काफी सीमा तक नियंत्रित किया जा सकता है। यह विधि सीधी कतारों में बोई गयी फसलों में अधिक कारगर रहती है। परन्तु यदि खेत उचित नमी पर न हो तो गुड़ाई करना काफी कठिन हो जाता है।

• स्वच्छ बीज शैया (Clean seed bed)

बीज बुआई से पूर्व खेत को अच्छी तरह तैयार करें जिससे खरीफ के प्रथम बारिश में खरपतवार उग आते हैं, उसके बाद खेत की जुताई कर खरपतवार नष्ट कर देना चाहिए।

• उपयुक्त फसलचक्र (Suitable crop rotation)

एक ही फसल को बार–बार उगाने से फसल के खरपतवारों के साथ–साथ कीट व व्याधियों का प्रकोप भी खेत में बढ़ता जाता है। अतः सुविधानुसार फसलों को बदल कर बोयें। फसल चक्र अपनाने की पद्धति बहुत प्राचीन काल से चली आ रही है और खरपतवार नियंत्रण का यह सबसे उत्तम विधि मानी जाती है, लेकिन वर्तमान समय में अधिक रसायनों का प्रयोग कर खरपतवार नष्ट किया जा रहा है और फसल चक्र पद्धति पूरी तरह से उत्पादकों के बीच नहीं अपनायी जाती है। उपयुक्त फसल चक्र अपनाने हेतु निम्न बिन्दुओं पर ध्यान देना चाहिए–

1. विविध वर्धीय भागों के आधार पर एकान्तर फसलें लगाना चाहिए। उदाहरण के लिए पत्तीदार सब्जियों (लेट्यूस, पालक), जड़ वाली फसलें (गाजर, आलू, मूली), शल्क कंदीय फसलें (लहसुन, प्याज, लीक), फल वाली फसलें (खरबूजा, स्क्वास आदि)।
2. एकान्तरित घासें व द्विबीज पत्री फसलों का समावेश करना चाहिए। उदाहरण के लिए मक्का व सब्जियाँ।
3. एकान्तरित फसल चक्र की विविधता को बढ़ावा देना चाहिए। जैसे शरदकालीन व ग्रीष्मकालीन सब्जियाँ।
4. एक ही कुल की सब्जियाँ फसल चक्र में बार–बार नहीं अपनाना चाहिए और एक कुल की सब्जियों के बाद दूसरे कुल की सब्जियों से खरपतवारों का नियंत्रण होता है। उदाहरण के लिए एपीएसी (सेलरी, गाजर) के बाद सोलेनेसी (आलू, टमाटर)।
5. एकान्तर दृष्टि से कमजोर (गाजर, प्याज) तथा अधिक खरपतवार प्रतिस्पर्धी (मक्का, आलू) का प्रयोग करना चाहिए।
6. अधिक समस्या बनने वाले खरपतवारों से ज्यादा बचाव करना चाहिए। उदाहरण के लिए मालवेसी (marlvaceae) कुल में सेलेरी या गाजर सामान्यतः परजीवी व बहुवर्षीय होते हैं।

जरागोजा एवं सहयोगियों (1994) ने निम्न प्रकार के फसल चक्र को अपनाने की संस्तुति की है–

सारिणी (16.7) जलवायु के अनुसार फसल चक्र

जलवायु क्षेत्र	फसल चक्र
शीतोष्ण	शिमला मिर्च–प्याज–शरद कालीन खाद्यान्न फसल
	खरबूजा–बीन्स–पालक–टमाटर
	टमाटर–खाद्यान्न फसल–पड़ती
	लेट्यूस–टमाटर–फूल गोभी
	आलू–बीन्स–गोभी वर्गीय फसल–टमाटर–गाजर
	खरबूजा–आर्टिचोक– बीन्स–चुकन्दर–गेंहूँ–गोभी वर्गीय फसल
उपोष्ण	टमाटर–भिण्डी–हरी बीन्स
	शकरकन्द–मक्का–मूंग
	मक्का–आलू–प्याज

• मिलवा फसल (Mixed croping)

एक ही समय में दो या दो से अधिक फसलों को उगाना व एक फसल के साथ–साथ दूसरी लगी हुई फसल या आपस में मिलाकर उगाना मिलवा फसल कहलाता है। इसमें सबसे आवश्यक पहलू यह है कि फसलें एक समय में तैयार हों। इस पद्धति में स्थान, प्रकाश व अन्य संसाधनों का अच्छा उपयोग होता है। भौतिक रुप से फसल सुरक्षा, उचित व उपयोगी तापक्रम, अच्छी प्रकार से कीड़ों से लड़ने की पौध दक्षता व कम स्तर पर खरपतवार का विकसित होना देखा गया है क्योंकि फसल मृदा को ढक कर रखती हैं।

सारिणी (16.8) जलवायु के अनुसार मिलवा फसल

जलवायु क्षेत्र	फसल चक्र
शीतोष्ण	लेट्यूस + गाजर
	गोभी वर्गीय फसलें + लीक, प्याज, सेलरी, टमाटर
	मक्का + बीन्स, सोयाबीन
उपोष्ण	मक्का + बीन्स + स्क्वास
	टमाटर + अरहर
	गन्ना + प्याज, टमाटर

• सौरीकरण (Solarization)

मृदा सौरीकरण से मृदा जनित बीमारियों व हानिकारक कीड़ों के साथ–साथ अनेकों प्रकार के खरपतवारों से मुक्ति मिलती है। लेब्राडा (1996) ने स्पष्ट किया कि सब्जियों की खेती करने के लिए खेत का साफ–सुथरा, सतह समतल व गीला रखकर प्रारम्भ में पारदर्शक पतले (0.1–

0.2 मिलीमीटर) प्लास्टिक के चादर से (30–45 दिन तक) ढकना चाहिए और यह क्रिया गर्मी के मौसम में जब तेज धूप निकली हो तब करना चाहिए। ऐसी प्रक्रिया से मृदा का तापमान 40.0 डिग्री सेल्सियस से उपर पहुँच जाता है, जिससे अनेकों प्रकार के रोगकारक, कीड़ें एवं खरपतवार नष्ट हो जाते हैं। मृदा सौरीकरण एक साधारण विधि के साथ–साथ आर्थिक दृष्टि से भी लाभदायक है व वातावरण के अनुरुप होने के कारण वृहद् रुप से अपनायी जा सकती है। सौरीकरण से मृदा संरचना में कोई परिवर्तन नहीं आता है, बल्कि प्रति इकाई उपज ज्यादा प्राप्त होती है (कैम्पीग्लिया एवं सहयोगी, 2000)।

• सिंचाई (Irrigation)

सतही सिचाई की तुलना में ड्रिप सिंचाई पद्धति द्वारा सिंचाई करने पर बहुत कम खरपतवार का प्रकोप होता है। ड्रिप पद्धति (drip system) से पानी केवल जड़ों के आस–पास दिया जाता है और शेष जगह सूखी होने के कारण खरपतवार नहीं उगते हैं। बुआई पूर्व सिंचाई करने से खरपतवार जल्दी उग आते हैं और जुताई करने से समाप्त हो जाते हैं।

सारिणी (16.9) ड्रिप पद्धति व सतही सिंचाई करने पर पत्ता गोभी में खरपतवार का प्रभाव

पौध रोपण के	खरपतवारों की संख्या		खरपतवार का शुष्क भार	
बाद (दिन)	ड्रिप सिंचाई	सतही सिंचाई	ड्रिप सिंचाई	सतही सिंचाई
30	1409	1844	128	157
60	948	1530	129	170
80	352	1165	44	60

स्रोतः कुदारीमानी, 1977

• मिथ्या बीज शैय्या (Stale seed beds)

जब सब्जियों में खरपतवार नियन्त्रण के लिये चयनित खरपतवार नियन्त्रण पद्धति कम हो या उपलब्ध न हो तब खेत में मिथ्या बीज शैय्या का निर्माण करते है। यह तकनीकी तब करना चाहिए जब फसल में बीज बुआई के लिए पर्याप्त समय हो।

(अ) बीज शैय्या का निर्माण बुआई के 2–3 सप्ताह पूर्व करना चाहिए जिससे खरपतवार के बीज जम जायें।

(ब) मुख्य फसल की बुआई के समय कम से कम मृदा बाधा (disturbance) से करना भी इस पद्धति में आता है।

(स) बिना अवशेष रखने वाले खरपतवार नाशी का प्रयोग भी खरपतवार नियन्त्रण के लिए किया जा सकता है। जैसे – ग्लाइफोसेट, सल्फोसेट आदि।

• पलवार (Mulch)

अनेकों प्रकार के पलवार जैसे–सूखा भूसा या अन्य फसल अवशेष के प्रयोग से खरपतवार नियंत्रण में सफलता मिलती है। कुछ खरपतवार जैसे मोथा घास की पत्तियाँ नुकीली होने के कारण प्लास्टिक के फिल्म/चादर को आसानी से बेध देती हैं। अतः कुछ खरपतवार नियंत्रण हाथ से भी करना आवश्यक है। सब्जी फसलों में दो कतारों के बीच रिक्त स्थान पर भूसा, धान का पुआल, प्लास्टिक चादर या उखाड़े गये खरपतवारों से जमीन को ढक देना चाहिए। इस विधि से नमी संरक्षण भी होता है और साथ ही पौधों की जड़ों को नियंत्रित तापमान प्राप्त होता है। वर्तमान समय में सब्जी उत्पादन हेतु प्लास्टिक का पलवार ज्यादा उपयोगी सिद्ध हो रहा है। अपारदर्शी प्लास्टिक की चादरें बिछाने पर खरपतवारों को सूर्य का प्रकाश नहीं मिलता है। परिणामतः प्रकाश संश्लेषण बाधित होने के कारण खरपतवार की वृद्धि पूरी तरह रुक जाती है। इतना ही नहीं पलवार लगाने से खेत में नमी बनी रहती है और बार–बार पानी देने की आवश्यकता नहीं पड़ती है। शोध द्वारा यह भी सिद्ध हुआ है कि पलवार लगाने से नत्रजन का रिसाव कम, मृदा संरचना में सुधार तथा शुष्क वातावरण में भी ज्यादा उपज गिलती है। यह सही है कि इस विधि से बहुवर्षीय खरपतवार जैसे मोथा, हिरनखुरी आदि को समाप्त करना बहुत मुश्किल है। काले रंग की प्लास्टिक चादरें टमाटर के मेड़ों पर लगाने से उपज में वृद्धि पायी गयी। इतना ही नहीं काले रंग की चादर के उपयोग से लद्दाख व दक्षिण यूरोप में खरबूजा की खेती व्यापक पैमाने पर की जा रही है। कार्बनिक पदार्थ (छिलका, भूसा, पौध अवशेष) का भी पलवार के रुप में प्रयोग किया जा सकता है। नोगौरोल्स एवं जारागोजा (1999) ने स्पष्ट किया कि विभिन्न प्रकार के पलवार लगाने के बाद भी खरपतवारों को हाथ से निकालना पड़ता है।

3. रासायनिक खरपतवारनाशकों द्वारा खरपतवार निंयत्रण (Chemical method of weed control)

यदि यांत्रिक एवं सस्य क्रियाओं द्वारा प्रतिकूल मौसम व परिस्थितियों जैसे लगातार वर्षा होने या समय पर मजदूरों के न मिलने के कारण अधिक क्षेत्र में हाथों से श्रमिकों द्वारा खरपतवार निकालना सम्भव न हो तो ऐसी स्थिति में खरपतवारों का रासायनिक नियंत्रण काफी कारगर साबित होता है। खरपतवारनाशकों द्वारा खरपतवारों के नियंत्रण में लागत कम आती है, समय की बचत होती है तथा अधिक क्षेत्र में आसानी से नियंत्रण संभव हो जाता है। खरपतवारनाशक, खरपतवारों को उगते ही शीघ्र नष्ट कर देते हैं, जिससे उनकी पुनः वृद्धि नहीं होती है, फूल व बीज नहीं बनते हैं तथा उनका प्रसारण नहीं हो पाता है, जिसे अगले वर्ष फसलों में खरपतवारों का प्रकोप काफी हद तक कम हो जाता है। खरपतवारनाशी रसायनों को प्रयोग करते समय ध्यान रखना चाहिए कि संस्तुति के आधार पर ही उपयुक्त खरपतवारनाशी को उचित मात्रा में सही ढंग एवं उपयुक्त समय पर प्रयोग करें अन्यथा गलत तरीके के प्रयोग करने से हानि एवं फसलों को नुकसान हो सकता है।

सारणी (16.10) भारतवर्ष में उपलब्ध खरपतवारनाशी व उनका व्यावसायिक नाम

सामान्य नाम	व्यावसायिक नाम
एलाक्लोर	एलाक्लोर 48 ई0सी0, कैच 50 ई0सी0, लसो 50 ई0सी0
एनील फास /एनीलाफास	एनिलोगार्ड 30 ई0सी0, एरोजीन 30 ई0सी0, बसाग्राम 40 ई0सी0, रिको 30 ई0सी0, टगार्ड 30 ई0सी0
एट्राजीन	एट्राटाफ 50 डब्ल्यू0पी0, सोलारो
बेन्थियोकार्ब / थायोबेनकार्ब	सातर्न 50 डब्ल्यू0पी0, सातर्न 10 जी0
ब्यूटाक्लोर	एरोक्लोर–मस्कट ब्यूटा क्लोर 50 ई0सी0, ब्यूटानेक्स– हिल्टाक्लोर 50 ई0सी0, डेलक्लोर 50 ई0सी0–रसायन क्लोर, डेलक्लोर 5 जी0–लम्बास्ट, मचेटे– 50 ई0सी0– पिलरसेट, मचेटे– 5 जी.– तीर 50 ई0सी0, मस्कट ब्यूराक्लोर 5 जी0–ट्राप 50 ई0सी0
क्लोराम्बेन	एमीबेन
क्लोरीम्यूरान	क्लासिक
क्लोरसल्फ्यूरान	ग्लीन एफ0सी0
सिन्मेथाइलिन	अरगोल्ड
सइनाजीन	ब्लाडेक्स
साइक्लोसीडीम	सेथोक्सीडीम
डालापोन	वेगफ्रू डालापोन, टफापोन, डालापोन, हेक्सापोन 80 डब्ल्यू0पी0
डाइक्लोफोथ	आइलोक्सान, हिथोलोन
डाइयूरान	हेक्सूरान 80 डब्ल्यू0पी0, अग्रोमेक्स डाइयूरान 50 डब्ल्यू0पी0
फ्लामप्रोप मिथाइल	माटावेन, सुफिक्स प्लस
फ्लूक्लोरैलीन	बासालीन 45 ई0सी0, बासालीन 48 ई0सी0
फ्लूआजीफोप–पी0 (ब्यूटाइल)	फ्यूसीलेड 12.5 ई0सी0
ग्लाइफोसेट	ग्लाइसेल 41 प्रतिशत एस0एल0, रनडीप, वीड आफ
आइसोप्रोटूरान	एरीलोन 50 डब्ल्यू0पी0–हाइटेन, एरीलोन 75 डब्ल्यू.पी.–रोनक 50 डब्ल्यू0पी0, बेल्ग्रान– आइसोगार्ड– 75 डब्ल्यू0पी0, डेल्ट्रान– नोसिलान 50 डब्ल्यू0पी0, ग्रामीनोन 50 डब्ल्यू0पी0– टोल्कास 50 डब्ल्यू0पी0, होप्टोटयूरान 50 डब्ल्यू0पी0–वेगफ्रू टौरस 50 डब्ल्यू0पी0
लीनूरान	लीनूरान
मेथाबेन्जथियाजुरान	एम्बीनील 70 डब्ल्यू0पी0, ट्रीबूनील 70 डब्ल्यू0पी0

मेटोलाक्लोर	डुअल 500 ई0सी0, डुअल 720 ई0सी0
मेटाक्सूरान	डोसानेक्स 80 डब्ल्यू0पी0
मेटसल्फ्यूरान	एल्ली
मेट्री ब्यूजीन	सेन्कोर
नाइट्रोफेन	टोक ई0–25
ओक्साडायोजोन	रोनस्टार 50 ई0सी0
आक्सीफ्लूओरफेन	गोल 23.5 ई0सी0, गोल 0.35 जी0
पैराक्वाट (डाइक्लोराइड)	ग्रामोक्सोन, ग्रामूरोन, स्वीप (उपलब्ध ई0सी0 / एस0जी0 / जी0 / एल0 / ए0एस0 / डब्ल्यू0एस0सी0, वीडाल
पेन्डीमेथालीन	स्टाम्प 30 ई0सी0
प्रेटीलाक्लोर	रेफीट 50 ई0सी0
प्रोपानील	स्टाम एफ0–34
सिमाजीन	टफाजीन 50 डब्ल्यू0वी0
2,4–डी0–इथाइलएस्टर	एग्रोडोन कनसन्ट्रेट 48– क्नाक कीड 18 ई0सी0, एग्रोडोन 18 डब्ल्यू0पी0–क्नाक वीड 36 ई0सी0, एग्रोडेक्स जी0–क्नाक वीड 4 जी0,
डाइमिथाइल एमीन	एग्रोडार 96 टाफासिडे 30 ई0सी0, क्नाक वीड–72– वीडार 96
सोडियम साल्ट	एग्रोसोडियम साल्ट– क्नाक वीड 2,4–डी0, फिरनोक्सोन– फेरनोक्सोन डब्ल्यू0पी0
थिफेन सल्फ्यूरान	हार्मोनी
ट्रिबेन्यूरान	एक्सप्रेस

खरतपवारनाशकों का समूहन (Types of herbicides)

विभिन्न फसलों में खरपतवार नियंत्रण हेतु अलग–अलग खरपतवारनाशक की संस्तुति की गयी है, जिनको निम्नलिखित वर्गों में विभक्त किया जाता है–

1. चयनित खरपतवारनाशक (Selective herbicides)
2. अचयनित खरपतवारनाशक (Non-selective herbicides)

1. चयनित खरपतवारनाशक (Selective herbicides)

चयनित खरपतवारनाशी के अन्तर्गत ऐसे रसायनों को रखा जाता है, जो मिश्रित पादप समुदाय में प्रयोग करने पर केवल चुनिन्दा पादपों को नष्ट करते हैं और शेष समूह को कोई नुकसान नहीं पहुँचाता है। उदाहरण के लिए 2, 4–डी0, एट्राजीन, इ0पी0टी0सी0, ट्राइफ्लूरालीन, एलाक्लोर आदि।

सारिणी (16.11) सब्जी फसलों में चयनित खरपतवारनाशी प्रयोग विधि एवं मात्रा

प्रयोग की स्थिति	खरपतवारनाशी	मात्रा (किलो ग्राम सक्रिय तत्व/ हेक्टेयर)	प्रयोग विधि	सब्जी फसल
जमाव पूर्व प्रयोग होने वाले खरपतवारनाशी	पेन्डामेथालीन प्रोमाइड	1.0–1.6 या 1. 0–2.5	अंकुरण पूर्व	रोपित मिर्च, प्याज, लहसुन, पालक, गोभी वर्गीय सब्जियाँ गाजर कुल की सब्जियाँ दलहनी सब्जियाँ, आलू
	क्लोमाजोन	0.18–0.27	अंकुरण पूर्व	मिर्च, खीरा
	डी0सी0पी0ए0	6.0–7.5	अंकुरण पूर्व	प्याज, गोभी वर्गीय फसलें व लेट्यूस
	मेट्रीब्यूजीन	0.15–0.5	पूर्व या अगेती पइच अंकुरण	सीधे बीज की बुआई फसल एवं रोपित टमाटर व आलू
	नेप्रोपामाइड	1.0–2.0	अंकुरण पूर्व	टमाटर, मिर्च, बैंगन
	प्रोपाक्लोर	5.2–6.5	अंकुरण पूर्व	प्याज व गोभी वर्गीय फसलें
	फ्लूक्लोरैली/ट्रीफ्लू रैलीन	1.00–1.50	रोपण पूर्व (मृदा प्रयोग)	रोपित टमाटर, मिर्च, बैंगन, आलू, भिण्डी, गोभी वर्गीय सब्जियाँ, दलहनी फसलें, लहसुन व गाजर कुल की सब्जियाँ
	ब्यूटाक्लोर	2.0	अंकुरण पूर्व	रोपित टमाटर व कद्दू वर्गीय सब्जियाँ
जमाव उपरान्त प्रयोग होने वाले खरपतवारनाशी (तीन पत्ती की अवस्था तक)	आक्सीफ्लूओरफेन	0.18–0.24	अगेती अंकुरण पश्चात्	सीधे बीज की बुआई फसल व रोपित प्याज, लहसुन तथा आलू

क्लोमाजोन	0.27–0.36	अंकुरण पश्चात्	मिर्च, शिमला मिर्च
लोक्सीनील	0.36	अंकुरण पश्चात्	प्याज, लहसुन, मिर्च, लीक
लीनुरोन	0.5–1.0	अंकुरण पश्चात	एस्पेरागस, गाजर
मेट्रीब्यूजीन	0.075–0.150	अंकुरण पश्चात	टमाटर
रिमसल्फूरोन	0.0075–0.015	अंकुरण पश्चात	टमाटर

सारिणी (16.12) सामान्य रूप से चयनित खरपतवारनाशी का सब्जियों में प्रयोग

खरपतवार नाशक	**मात्रा**	**शोधन**	**खरपतवार**	**किस सब्जी में उपयोगी है**
एलक्लोर	2.4	पश्च	मुख्यतः एक वर्षीय घास	ब्रेसिक कुल की सब्जियाँ व प्याज
बेनफ्लूरैलिन	1.17–1.71	रोपण पूर्व मिलाये	मुख्यतः घास	लेट्यूस लहसुन
बेन्सुलाइड	5.5–7.2	पूर्व बुआई	मुख्यतः घास	कद्दू वर्गीय सब्जियाँ
बेन्टाजान	0.75–1.0	पश्च	केवल द्विबीज क्षेत्रीय	सब्जी मटर, सब्जी बीन्स
क्लोरथाल–डा ईटेल (डी.सी.पी.ए.)	5.25–9.00	रोपण पूर्व पूर्व बुआई बुआई पश्चात्	मुख्यतः घास	प्याज, लेट्यूस, ब्रेसिका कुल की सब्जियाँ, सब्जी बीन्स
क्लोमाजोन	0.18–0.54	रोपण पूर्व रोपण पश्चात्	मुख्यतः घास	मिर्च, शिमला मिर्च, सब्जी मटर
क्लोमाजोन	0.18–0.27	पूर्व	मुख्यतः घास	शिमला मिर्च की सीधी बीज बुआई, खीरा, स्क्वाश कुम्हण
क्लोरपायइलिड	0.70–0.92	पश्च	केवल द्विबीज पत्रीय	ऐस्परागस
डाईयूरान	0.40–2.40	पश्च	मुख्यतः द्विबीज पत्रीय	ऐस्परागस
इथाल फ्लूरैत्रिन	0.8–1.7	रोपण पूर्व	मुख्यतः घास	टमाटर, शिमला मिर्च, बीन्स, स्क्वाश
हेलोसल्फोरान	24.0–48.0 ग्राम	पूर्व एवं पश्च	मुख्यतः द्विबीज पत्रीय	स्क्वाश खीरा
लोक्सीनील	0.36–0.60	पश्च	केवल द्विबीज पत्रीय	प्याज, लीक, लहसुन

आइसोक्साबेन	0.1—0.12	पूर्व पौध प्रयोग	केवल द्विबीज पत्रीय	प्याज, लहसुन
लिनूरोन	0.50—1.25	पूर्व	मुख्यतः द्विबीज पत्रीय	गाजर, आर्टीचोक, एस्परागस, बाकला
मेटाबेन्जटीया–जुरान	1.75—2.45	पूर्व व पश्च	मुख्यतः द्विबीज पत्रीय	प्याज, लहसुन, बाकला, मटर
मेट्रीब्यूजीन	0.35—0.52	रोपण पूर्व / पश्च	एक वर्षीय घास व सामान्य दशा में द्विबीज पत्रीय	टमाटर, एस्परागस
मेट्रीब्यूजीन	0.10—0.35	पूर्व / पश्च	एक वर्षीय घास व सामान्य दशा में द्विबीज पत्रीय	सीधे बीज से टमाटर लगाने पर मटर, गाजर
नाप्रोपामाइड	1.57—2.02	रोपण पूर्व / पश्च	मुख्यतः घास	टमाटर, शिमला मिर्च, आर्टीचोक
नप्तालाम एन0ए0	2.16—2.88	पूर्व	मुख्यतः द्विबीज पत्रीय	खरबूजा व अन्य कद्दू वर्गीय सब्जियाँ
आक्सीफ्लूओरफेन	0.36—0.48	पूर्व / पश्च	मुख्यतः द्विबीज पत्रीय	प्याज, लहसुन, ब्रेसिका कुल की सब्जियाँ
आक्सीफ्लूओरफेन	0.24—0.48	रोपण पूर्व	मुख्यतः द्विबीज पत्रीय	टमाटर, शिमला मिर्च
बेण्डीमेथालिन	1.32—1.65	रोपण पूर्व / रोपण	एक वर्षीय घास व सामान्य दशा में द्विबीज पत्रीय	आर्टीचोक, लेट्यूस, लीक, शिमला मिर्च, टमाटर, ब्रेसिका कुल की सब्जियाँ
पेण्डीमेथालिन	0.66—0.99	पूर्व	मुख्यतः घास	बीज द्वारा बुआई की गयी प्याज
फेमेडिकान	0.55—1.0	पूर्व / पश्च	मुख्यतः द्विबीज पत्रीय	चुकन्दर, पालक
पीरोडेट	0.22—0.33	पश्च	केवल द्विबीज पत्रीय	ब्रेसिका कुल की सब्जियाँ
पोमेट्राइने	0.5—1.50	पूर्व / पश्च	मुख्यतः द्विबीज पत्रीय	आर्टीचोक, सेलरी, मटर, टमाटर, गाजर, शिमला मिर्च
प्रोनामाइड	0.70—1.50	पूर्व / पश्च	मुख्यतः घास	चिकोरी, लेट्यूस, इन्डीव
प्रोपाक्लोर	4.5	पूर्व	मुख्यतः घास	प्याज, ब्रेसिका कुल की सब्जियाँ
रिमुसल्फोरान	705—15.0 ग्राम	पश्च	एक वर्षीय घास	टमाटर

2. अचयनित खरपतवारनाशक (Non-selective herbicides)

अचयनित खरपतवारनाशक वे हैं, जो बिना पादप प्रजाति का ध्यान किये सभी को समान रूप से नष्ट करता है। उदाहरण के लिए–पैराक्वाट, सोडियम क्लोरेट, एक्रोलेन आदि।

संकीर्ण एवं व्यापक प्रभावी खरपतवारनाशक (Narrow and broad spectrum herbicide)

संकीर्ण प्रभावी खरपतवारनाशी उसे कहते हैं, जिसके प्रयोग से पादप समूह के कुछ सीमित प्रजातियों को नष्ट करने की क्षमता होती है और ज्यादातर खरपतवार प्रयोग किये गये खरपतवारनाशी के प्रति सहनशील होते हैं। संकीर्ण प्रभावी खरपतवारनाशी का प्रयोग किसी विशेष खरपतवार से होने वाले नुकसान के लिए ज्यादा लाभकर है। मेटाक्सूरान (metoxuron), डिफेन्जोक्वाट (defemzoquat), डिक्लोफाप (Diclofop) आदि संकीर्ण प्रभावी खरपतवारनाशी हैं, जिनका उपयोग फैलेरिस माइनर (*Phyleris miner*) व एवेना फाटुआ (*Avena phatua*) को नष्ट करने में किया जाता है। वृहद् प्रभावी खरपतवारनाशी उसे कहते हैं जिसके प्रयोग से अनेकों पौध प्रजातियों को समाप्त किया जा सकता है।

मृदा सक्रिय खरपतवारनाशी (Soil active herbicide)

मृदा सक्रिय खरपतवारनाशी के अन्तर्गत् ऐसे रसायन आते हैं, जिनका उपयोग केवल मृदा में ही किया जाता है। उनका उपयोग पौधे के वर्धीय भाग पर नहीं किया जाता है। मृदा में प्रयोग करने से खरपतवार बीज के जमाव व राईजोम, भूस्तारी तथा कन्द आदि के अंकुरण में बाधा उत्पन्न होती है। अतः मृदा सक्रिय खरपतवारनाशी के प्रयोग से फसल को कुछ दिन तक प्रतिस्पर्धा से छुटकारा मिलती है। यह समय 4–8 सप्ताह का होता है। उदाहरण के लिए सीमाजीन, एलाक्लोर, ट्राईफ्लोरालीन, इ0पी0टी0सी0 आदि मृदा सक्रिय खरपतवारनाशी हैं।

मृदा वंध्यकारक (Soil sterilants)

ऐसे खरपतवारनाशी जो मृदा में पड़े रहने के कारण पौधे के वृद्धि को रोक देते है। यह वंध्यता स्थायी या अस्थायी दोनों प्रकार के हो सकते है। अस्थायी प्रभाव समान्यतः 16 सप्ताह तक होता है, जबकि स्थायी बंध्यता का प्रभाव 2 या 2 से अधिक वर्षो तक होता है। अस्थायी बंध्यता रसायन वाष्पशील होते है, जो कुछ दिन में मृदा से समाप्त हो जाते है। इसे धूमक (fumigants) कहते है। मृदा धूमक अस्थायी प्रकृति के होते है जैसे–मेथाम, डाजोमेट आदि।

मृदा धूमक (Soil fumigants)

मेथाम (1.0 किलो ग्राम/20.0 वर्ग मीटर) का प्रयोग पौधशाला में करें और 48 घण्टे के लिए खेत में पानी रखें। सामान्यतया 5–7 दिनों बाद जुताई करें तथा 7–15 दिन बाद बीज बुआई करें। मेथाइल ब्रोमाइड (1.0 किलो ग्राम/20.0 वर्ग मीटर) द्वारा 24 घण्टे तक धूमक करें तथा 3 दिन बाद बीज की बुआई करें।

पर्ण सक्रिय खरपतवारनाशी (Foliage active herbicide)

पर्ण सक्रिय खरपतवारनाशी के अन्तर्गत ऐसे रासायनों को रखा गया है, जो बीज अंकुरण के बाद वर्धीय भाग जमीन से उपर आ जाते है। वर्धीय भागों द्वारा रासयनों का अवशोषण किया जाता

है या अवशोषण के बाद पौधें के अन्य भागों को भेजा जाता है। अतः कम दर पर ऐसे रसायनों का उपयोग पौध की छोटी अवस्था तथा ज्यादा दर पौध की बड़ी अवस्था पर करना पड़ता है। उदाहरण के लिए–2,4,5–टी0, पैराक्वाट, डाईक्वाट, एमीट्रोल आदि।

कुछ ऐसे खरपतवारनाशी है जो मृदा सक्रिय एवं पर्ण सक्रिय खरपतवारों पर समान रूप से काम करते है जैसे–2,4–डी, पिक्लोरैम, एट्राजीन इत्यादि।

सम्पर्क एवं संवाही खरपतवारनाशी (Contact and translocated herbicide)

सम्पर्क खरपतवारनाशी के अंतर्गत ऐसे रसायन आते है, जिसका संवाहन नहीं होता है। बल्कि पादक उत्तकों से संपर्क होता है। अतः पर्णीय छिड़काव किया गया रसायन केवल पत्तियों को नष्ट करता है, जड़ों को नहीं। साधारणतया एकवर्षीय खरपतवारों की जड़ें जिसमें प्ररोह विभाजन न हुआ हो, उसको भी समाप्त करता है। कुछ संपर्क खरपतवारनाशकों में पैराक्वाट, डाईक्वाट, प्रोपैनील व पेट्रोलियम तेल है। संवाहक खरपतवारनाशी को सिस्टेमिक खरपतवारनाशी (systemic weedicide) भी कहते है, जो पौधों पर प्रयोग करने से उनके अंतरिम भागों में संवाहित होकर पौधें के अन्य भागों में पहुँच जाते हैं। इसमें पौधें एक भाग में प्रयोग करने पर भी संम्पूर्ण पौधा मर जाता है। इस प्रकार के खरपतवारनाशी से बहुवर्षीय खरपतवारों के नियंत्रण में सुविधा होती है। उदाहरण के लिए एट्राजील।

अवशेषीय व अ–अवशेषीय खरपतवारनाशी (Residual and non-residual herbicide)

अवशेषीय खरपतवारनाशी के एक बार प्रयोग करने से 3–4 सप्ताह तक उनका अवशेष खेत में पड़ा रहता है और लम्बे समय तक धीरे–धीरे खेत से समाप्त होते हैं। उदाहरण के लिए 2,4–डी0, इ0पी0टी0सी0। अ–अवशेषीय खरपतवारनाशी ऐसे होते हैं जो एक बार प्रयोग करने पर मृदा में कुछ दिनों बाद अक्रिय हो जाते हैं। उदाहरण के लिए पैराक्वाट, डाईक्वाट, एमीट्रोल आदि।

बुआई पूर्व प्रयुक्त होने वाला खरपतवारनाशक (पी0पी0ई0)

इस प्रकार के खरपतवारनाशक बुआई से पूर्व या खेत की अंतिम तैयारी के समय छिड़काव कर भूमि में मिला दिये जाते है जो खरपतवारों के बीजों को उगने से या उगते ही नष्ट कर रोक देते हैं या कुछ उग भी जाते हैं तो शीघ्र नष्ट हो जाते हैं। इनका प्रयोग स्प्रेयर, पावर स्प्रेयर एवं ट्रैक्टर माउन्टेड स्प्रेयर से भी किया जा सकता है। ध्यान रहे कि ये ज्यादातर वाष्पशील (volatile) प्रकृति के होते हैं। अतः इन्हें छिड़काव के साथ ही या तुरन्त पश्चात् भूमि में जुताई द्वारा अच्छी तरह मिलाना अति आवश्यक है अन्यथा इनका प्रभाव कम हो जाता है।

अंकुरण पूर्व एवं बुआई के तुरन्त बाद प्रयोग होने वाले खरपतवार नाशक (पी0ई0)

यह खरपतवारनाशी बीज बुआई के तुरंत पश्चात् (24–36 घण्टे) एवं अंकुरण से पूर्व प्रयोग किये जाते हैं। चूँकि खरपतवार फसल से पहले उग आते हैं। अतः यह उगते हुए या उगे हुए खरपतवारों को नष्ट कर देते हैं तथा अन्य को उगने से रोकते हैं। इन खरपतवारनाशकों के प्रयोग के समय यदि भूमि में थोड़ी नमी हो तो इनकी क्रियाशीलता बढ़ जाती है। यह चयनित प्रकार के खरपतवारनाशक होते हैं, अतः फसल को नुकसान कम पहुँचाते हैं।

अंकुरण पश्चात् खड़ी फसल में प्रयुक्त होने वाले खरपतवार नाशक (Post emergence herbicide)

इस प्रकार के खरपतवारनाशक फसल उगने के पश्चात् या खड़ी फसल में छिड़के जाते हैं। यह चुनिंदा (selective) प्रकार के होते हैं, जो खरपतवारों को विभिन्न रासायनिक क्रियाओं द्वारा नष्ट करते हैं तथा फसल को नुकसान नहीं पहुँचाते हैं। कई बार लगातार, बुआई की प्राथमिकता होने से या लगातार वर्षा होने या किसी अन्य कारणों से बुआई पूर्व (पी0पी0ई0), खरपतवारनाशकों का प्रयोग नहीं किया जा सके, तो बुआई पश्चात् (पी0ओ0ई0) खरपतवारनाशक खड़ी फसलों में प्रयोग कर सकते हैं। चूँकि यह खरपतवारनाशक खड़ी फसल में प्रयुक्त होते हैं, अतः इनके प्रयोग में कुछ विशेष सावधानियाँ रखनी चाहिए, जैसे विशिष्ट खरपतवारों के लिए संस्तुति के अनुसार उचित खरपतवारनाशक की सही मात्रा व सही समय पर सही विधि द्वारा छिड़काव करें अन्यथा फसल पर प्रतिकूल प्रभाव पड़ सकता है।

सारिणी (16.13) फसलवार संस्तुत खरपतवारनाशी एवं उनकी मात्रा

सब्जी फसल	खरपतवारनाशी प्रयोग	खरपतवारनाशी का नाम	संस्तुत मात्रा
आलू	रोपण पूर्व	फ्लूक्लोरैलीन	1.0 किलो ग्राम/हेक्टेयर
	अंकुरण पूर्व	पेन्डीमेथालीन	2.0 किलो ग्राम /हेक्टेयर
	अंकुरण पश्चात्	मेट्रीब्यूजीन	1.0 किलो ग्राम /हेक्टेयर
टमाटर	रोपण पूर्व	ट्रीफ्लूलीन	1.0 किलो ग्राम/हेक्टेयर
	रोपण पूर्व (मृदा प्रयोग)	एलाक्लोर	1.0–1.25 किलो ग्राम/हेक्टेयर
		फ्लूक्लोरैलीन	1.25 किलो ग्राम/हेक्टेयर
	अंकुरण पूर्व	एलाक्लोर	1.0–2.0 किलो ग्राम/हेक्टेयर
		फ्लूक्लोरैलीन	0.20–0.38 किलो ग्राम/हेक्टेयर
	रोपण पश्चात्	मेट्रीब्यूजीन	0.35–0.50 किलो ग्राम /हेक्टेयर
पत्ता गोभी	रोपण पूर्व	फ्लूक्लोरैलीन	0.75–1.5 किलो ग्राम/हेक्टेयर
		पेन्डीमेथालीन	1.0 किलो ग्राम/हेक्टेयर

	अंकुरण पूर्व	एलाक्लोर	2.0–3.0 किलो ग्राम/हेक्टेयर
	रोपण पश्चात्	आइसोप्रोट्टान	0.75–1.0 किलो ग्राम/हेक्टेयर
		एलाक्लोर	1.0–2.0 किलो ग्राम/हेक्टेयर
फूल गोभी	रोपण पूर्व	फ्लूक्लोरैलीन	0.75–1.5 किलो ग्राम/हेक्टेयर
		पेन्डीमेथालीन	1.0 किलोग्राम/हेक्टेयर
	अंकुरण पूर्व	एलाक्लोर	2.0–3.0 किलो ग्राम/हेक्टेयर
	रोपण पश्चात्	आइसोप्रोट्टान	0.75–1.0 किलो ग्राम/हेक्टेयर
		एलाक्लोर	1.0–2.0 किलो ग्राम/हेक्टेयर
प्याज	रोपण पूर्व (मृदा प्रयोग)	फ्लूक्लोरैलीन	1.0–1.5 किलो ग्राम/हेक्टेयर
	रोपण पूर्व (सतही प्रयोग)	एलाक्लोर	1.5–2.0 किलो ग्राम/हेक्टेयर
	रोपण पश्चात्	पेन्डीमेथालीन	0.5–1.0 किलो ग्राम/हेक्टेयर
		नाइट्रोफेन	1.0–2.0 किलो ग्राम/हेक्टेयर
		एलाक्लोर	1.5–2.0 किलो ग्राम/हेक्टेयर
लहसुन	रोपण पूर्व (मृदा प्रयोग)	फ्लूक्लोरैलीन	1.0–1.5 किलो ग्राम/हेक्टेयर
	रोपण पूर्व (सतही प्रयोग)	एलाक्लोर	1.5–2.0 किलो ग्राम/हेक्टेयर
	रोपण पश्चात्	पेन्डीमेथालीन	0.5–1.0 किलो ग्राम/हेक्टेयर
		नाइट्रोफेन	1.0–2.0 किलो ग्राम/हेक्टेयर
		एलाक्लोर	1.5–2.0 किलो ग्राम/हेक्टेयर
गाजर	बुआई पूर्व	फ्लूक्लोरैलीन	0.75–1.5 किलो ग्राम/हेक्टेयर
	अंकुरण पूर्व	पेन्डीमेथालीन	1.0 किलो ग्राम/हेक्टेयर
		नाइट्रोफेन	1.0 किलो ग्राम/हेक्टेयर
	अंकुरण पश्चात्	नाइट्रोफेन	1.0 किलो ग्राम/हेक्टेयर
भिण्डी	अंकुरण पूर्व	फ्लूक्लोरैलीन	1.0 किलो ग्राम/हेक्टेयर
		एलाक्लोर	0.5–1.0 किलो ग्राम/हेक्टेयर
लौकी	बुआई पूर्व	फ्लूक्लोरैलीन	1.0–2.0 किलो ग्राम/हेक्टेयर
	अंकुरण पूर्व	ब्यूटाक्लोर	1.0–1.25 किलो ग्राम/हेक्टेयर
खीरा	बुआई पूर्व	फ्लूक्लोरैलीन	1.5 किलो ग्राम/हेक्टेयर
	अंकुरण पूर्व	सी.डी.ई.सी.	2.0–6.0 किलो ग्राम/हेक्टेयर
मूली	अंकुरण पूर्व	बेन्थियोकार्ब	1.0 किलो ग्राम/हेक्टेयर
		फ्लूक्लोरैलीन	0.5 किलो ग्राम/हेक्टेयर
पालक	अंकुरण पूर्व	बेन्थियोकार्ब	1.0 किलो ग्राम/हेक्टेयर
बैंगन	बुआई पूर्व (मृदा प्रयोग)	फ्लूक्लोरैलीन	1.0–1.25 किलो ग्राम/हेक्टेयर
	अंकुरण पूर्व	पेन्डीमेथालीन	1.0 किलो ग्राम/हेक्टेयर

सारिणी (16.14) प्रमुख फसलों में उपयोग होने वाले खरपतवारनाशी व प्रयोग पद्धति

सब्जी फसल	प्रयोग पद्धति	खरपतवारनाशी	विवरण
पत्ता गोभी	रोपण पूर्व	नाइट्रालीन, ब्यूट्रालीन, ट्राइफ्लूरालीन, फ्लूक्लोरौलीन	केवल सीधे बीज बौने वाले फसल में मिलायें
	अंकुरण पूर्व	एलाक्लोर सी.डी.ए.ए., प्रोपाक्लोर सी0डी0ई0सी0, क्लोरप्रोफाम डी0सी0पी0ए0 आक्सीफ्लूओरफेन, ब्यूट्रालीन	
	रोपण पश्चात्	एलाक्लोर सी0डी0ए0ए0, सी0डी0ई0सी0, डी0सी0पी0ए0 नाइट्रोफेन	
		सिमाजीन, डेस्मेट्रीन	रोपण के बाद 3–4 पत्ती निकलने की अवस्था अतिशीघ्र प्रयोग करें
फूल गोभी	रोपण पूर्व	नाइट्रालीन, ब्यूट्रालीन, ट्राइफ्लूरालीन, फ्लूक्लोरौलीन	केवल सीधे बीज बौने वाले फसल में मिलायें
	अंकुरण पूर्व	एलाक्लोर सी0डी0ए0ए0, प्रोपाक्लोर सी0डी0ई0सी0, क्लोरप्रोफाम डी0सी0पी0ए0 आक्सीफ्लूओरफेन, ब्यूट्रालीन	
	रोपण पश्चात्	एलाक्लोर सी0डी0ए0ए0, सी0डी0ई0सी0, डी0सी0पी0ए0 नाइट्रोफेन	
		सिमाजीन, डेस्मेट्रीन	रोपण के बाद 3–4 पत्ती निकलने की अवस्था अतिशीघ्र प्रयोग करें
गाजर	बुआई पूर्व	ई0पी0टी0सी0, ट्राइफ्लूरैलीन, फ्लूक्लोरैलीन	अति शीघ्र प्रयोग करें।
	अंकुरण पूर्व	क्लोरब्रोमुरान, प्रोफाम, लिनूराल, मेटोब्रोमुरान, मेन्टाक्सूरान, नाइट्रोफेन, प्रोमेट्रीन, प्रोपैजीन, क्लोरोक्सूरान	अति शीघ्र प्रयोग करें।
	अंकुरण पश्चात्	क्लोरेब्रोमुरान, प्रोमेट्रीन, स्टोडार्ड, साल्वेन्ट, क्लोरेब्रोमुरान, क्लोरोक्सूरान, लिनूरान, नाइट्रोलिन	3–4 पत्ती की फसल अवस्था
		क्लोरेब्रोमुरान, क्लोरोक्सूटान, लिनूरान, नाइट्रोकिन	3–4 पत्ती की फसल अवस्था
		प्रोमेट्रीन	4–6 पत्ती की फसल अवस्था
खरबूजा	बुआई पूर्व	वरनोलेट	
	अंकुरण पूर्व	नटटालाम, क्लोराम्बेन, सी0डी0ई0सी0	अतिशीघ्र प्रयोग करें
	अंकुरण पश्चात्	नटटालाम, ट्राइफ्लूरैलीन, सी0डी0ई0सी0	केवल दाने के रूप में प्रयोग करें।

कसावा	रोपण पूर्व	2,4–डी0 (इस्टर), क्लोराम्बेन	
	अंकुरण पश्चात्	ट्राइयाजीन, फ्लूमेट्रान	
अरवी	अंकुरण पूर्व	प्रोपैनील	
	अंकुरण पश्चात्	एमेट्रीन, प्रोमेट्रीन, टाइयाजीन, प्रोमेटोन डाइयूरान, ट्राईफ्लूरैलीन	
लोबिया	बुआई पूर्व	ट्राइफ्लूरैलीन, पेबूलेट	अतिशीघ्र प्रयोग करें
	अंकुरण पूर्व	क्लोरथाल, लिनूरान	
खीरा	बुआई पूर्व	बेन्सूलाइड, ट्राइफ्लूरैलीन, फ्लूक्लोरैलीन	अतिशीघ्र प्रयोग करें
	अंकुरण पूर्व	सी0डी0ई0सी0, डिनोसेब, नाइट्रालीन, नप्टालाम	नाइट्रालीन मिट्टी के साथ मिलायें।
फराश बीन	बुआई पूर्व	ट्राइफ्लूरैलीन, ई0पी0टी0सी0	अतिशीघ्र प्रयोग करें
	अंकुरण पूर्व	यूरिऐस, सी0डी0ए0ए0, सी0डी0ई0सी0, डिफेनामिड, क्लोरथाल	
	अगेती अंकुरण पश्चात्	डिनोसेब	
बैंगन	सीधे जमाव के बाद	डी0सी0पी0ए0	
	अंकुरण पूर्व	एलाक्लोर, नाइट्रोफेन, फ्लूक्लोरैलीन	पौध स्थापन के बाद लेकिन खरपतवार निकलने के पूर्व
मूली	बुआई पूर्व	ई0पी0टी0सी0	
	अंकुरण पूर्व	टी0सी0ए0, ट्राइफ्लूरालीन, डायालेट, लिनूरान	
	अंकुरण पश्चात्	नाइट्रोफेन प्रामेट्राइन	3 पत्ती की पौध अवस्था
		क्लोरोक्सूरान	पौध जमाव के 15 दिन बाद
कद्दू वर्गीय सब्जियाँ	अंकुरण पूर्व	फ्लूकलोरैलीन, ब्यूटाक्लोर, एलाक्लोर, ओक्साडायाजोन	
भिण्डी	बुआई पूर्व	ट्राइफ्लूरैली, फ्लूक्लोरैली, ई0वी0टी0सी0	अतिशीघ्र प्रयोग
	अंकुरण पूर्व	डिफेनामिड, एलाक्लोर, प्रोमेट्रीन, ट्राइफ्लूरैलीन	
लाइमा बीन	बुआई पूर्व	ट्राइफ्लूरैलीन	
	अंकुरण पूर्व	सीडी0ए0ए0, सी0डी0ई0सी0, क्लोरप्रोफाम, क्लोरैम्बेन डिनोसेब (एमाइन), क्लोरथाल	
खरबूजा	पौध रोपण पूर्व	डी0सी0पी0ए0, डिनोसेब	रोपण के 2 सप्ताह पूर्व खेत में डाले।

प्याज	रोपण पूर्व	नाइट्रालीन, ट्राइफ्लूरैलीन, एलाक्लोर, आक्सीफ्लूओरफेन, फ्लूक्लोरैलीन बेन्सूलाइड	रोपण के 2–3 दिन पहले प्रयोग करें।
		आक्सीफ्लूओरफेन व एलाक्लोर को आपस में मिश्रित न करें	ट्राइफ्लूरैलीन को केवल लहसुन में प्रयोग करें।
	बुआई पूर्व	आक्सीफ्लूओरफेन	बुआई के 2–3 दिन आगे प्रयोग करें।
	अंकुरण पूर्व	सी0डी0डी0ए0, क्लोरप्रोफाम, एलिडोक्लोर, डी.सी.पी.ए. नाइट्रोफेन, क्लोरोक्सूरान, पेन्डीमेथालीन	
	रोपण पश्चात्	आक्सीफ्लूओरफेन	रोपण के 2–3 दिन पहले प्रयोग करें।
		क्लोरोक्सूरान, नाइट्रोप्लेन, प्रोवाक्लोर	रोपण के 25 दिन बाद प्रयोग करें।
लहसुन	रोपण पूर्व	नाइट्रालीन, ट्राइफ्लूरैलीन, एलाक्लोर, आक्सीफ्लूओरफेन, फ्लूक्लोरैलीन बेन्सूलाइड	रोपण के 2–3 दिन पहले प्रयोग करें।
		आक्सीफ्लूओरफेन व एलाक्लोर को आपस में मिश्रित न करें	ट्राइफ्लूरैलीन को केवल लहसुन में प्रयोग करें।
	बुआई पूर्व	आक्सीफ्लूओरफेन	बुआई के 2–3 दिन आगे प्रयोग करें।
	अंकुरण पूर्व	सी0डी0डी0ए0, क्लोरप्रोफाम, एलिडोक्लोर, डी.सी.पी.ए. नाइट्रोफेन, क्लोरोक्सूरान, पेन्डीमेथालीन	
	रोपण पश्चात्	आक्सीफ्लूओरफेन	रोपण के 2–3 दिन पहले प्रयोग करें।
		क्लोरोक्सूरान, नाइट्रोप्लेन, प्रोवाक्लोर	रोपण के 25 दिन बाद प्रयोग करें।
शिमला मिर्च, मिर्च, पैपरिका	रोपण पूर्व	बेन्सूलाइड	सीधे बीज बुवाई फसल में प्रयोग करें।
		नाइट्रालीन,ट्राइफ्लूरैलीन, फ्लूफलोरैलीन	रोपण के 4–6 सप्ताह पूर्व प्रयोग करें।
	अंकुरण पूर्व	बेन्सूलाइड, क्लोरप्रोफाम, डिफेनामिड	
	अंकुरण पश्चात्	डिफेनामिड	
	रोपण पश्चात्	क्लोराम्बेन, बेन्सूलाइड, डी0सी0पी0ए0, डिफेनामिड	छिड़काव करें।
आलू	रोपण पूर्व	ई0पी0टी0सी0, फ्लूक्लोरैलीन (कंदों की वृद्धि में सहायक)	अतिशीघ्र प्रयोग
	अंकुरण पूर्व	मेटाब्रोमुरान, नाइट्रोफेन, एलाक्लोर, लिनुरान, डिफेनामिड, एम0सी0पी0ए0, पेन्डीमेथालीन, आइसोप्रोटूरान,	

		मेट्रोब्यूजीन, आक्सीफ्लूओरफेन, सी0डी0ए0ए0, सी0डी0ई0सी0	एकवर्षीय खरपतवार हेतु
	अगेती अंकुरण पश्चात्	पैराक्वाट, डाइक्वाट	जब 10 प्रतिशत पौधे की तना बाहर आ जाये लेकिन खरपतवार भी निकल आए
कुम्हण	अंकुरण पूर्व	क्लोराम्बेन, ब्यूराक्लोर	
	रोपण पूर्व	ट्राइफ्लूरैलीन	अतिशीघ्र प्रयोग करें।
पालक	बुआई पूर्व	साइक्लोएट, प्रोफाम	उच्च बीज दर प्रयोग करें, खरपतवारनाशी मिट्टी में मिलावें।
	अंकुरण पूर्व	सी0डी0ई0सी0, क्लोरप्रोफाम, डिनोसेव, इण्डोथाल, मोनूरान, नप्टालाम ट्राइफ्लूरैलीन, एलाक्लोर, लेनासील, प्रोफाम + डायूरान	
	अंकुरण पश्चात्	प्रोफाम	2–4 पत्ती की फसल अवस्था
स्क्वाश	बुआई पूर्व	बेन्सूलाइड	
	अंकुरण पूर्व	क्लोराम्बेन, डिनोसेब, नप्टालाम, ब्यूटाक्लोर	
	अंकुरण पश्चात्	डी0सी0पी0ए0	बुआई के 4–6 सप्ताह बाद
शकरकंद	रोपण पूर्व	ई0पी0टी0सी0, वरनोलेट	मिश्रित करें
	अंकुरण पूर्व	क्लोराम्बेन, क्लोरब्रोमुरान, सी0डी0ए0ए0	खरपतवार निकलने के पूर्व प्रयोग करें
		डी0सी0पी0ए0, डिफेनामिड, ई. पी0टी0सी0, वरनोलेट	
	अंकुरण पश्चात्	ई0पी0टी0सी0	
शलजम	बुआई पूर्व	ट्राइफ्लूरेलीन, ई.पी.टी.सी.	अतिशीघ्र प्रयोग करें
	अंकुरण पूर्व	डी0सी0पी0ए0, एलाक्लोर, नाइट्रोफेन, डाइयूरान, टी0सी0ए0 लिनूरान	
	अंकुरण पश्चात्	नाइट्राफेन क्लोरोक्सूरान, प्रोमेट्राइन	पौध की तीन पत्ती अवस्था
टमाटर	बुआई पूर्व	पेबूलेट, डिफेनामिड, ट्राइफ्लूरैलीन, नाइट्रालीन, बेन्सूलाइड, सी0डी0ई0सी0 नाप्रोपामाइड, फ्लूक्लोरैलीन, आक्सीफ्लूओरफैन	
	अंकुरण पूर्व	बेन्सूलाइड, डिफेनामिड, मेट्रीब्यूजीन, फ्लूक्लोरैलीन	
	अंकुरण पश्चात्	डिफेनामिड, ट्राइफ्लूरैलीन, नाइट्रालीन	खरपतवार निकलने के पूर्व छिड़काव

	रोपण पूर्व	डिफेनामिड, नाइट्रालीन, पेबूलेट, ट्राइफ्लूरैलीन	रोपण के 4–6 सप्ताह पूर्व
	रोपण के समय	बेन्सूलाइड, सी0डी0ए0ए0, सी0डी0ई0सी0, डी0सी0पी0ए0 आक्सीफ्लूओरफेन	
	रोपण पश्चात्	क्लोराम्बेन, डिफेनामिड, लिनूरान, मेट्रीब्यूजीन	रोपण के 3–30 दिन तक
तरबूज	बुआई पूर्व	बन्सूलाइड, ट्राइफ्लूरैलीन	अतिशीघ्र प्रयोग करें।
	अंकुरण पूर्व	सी0डी0ई0सी0, नप्टालाम	
	अंकुरण पश्चात्	डी0सी0पी0ए0	बीज बुआई के 4 सप्ताह बाद
याम	अंकुरण पूर्व	एट्राजीन + टी.सी.ए. डाइयूरान + टी.सी.ए. क्लोराम्बेन	
	रोपण पश्चात्	डी0सी0पी0ए0 + टी0सी0ए0	
लेट्यूस	अंकुरण पूव	लेनासील, प्रोफाम + डाइयूरान	
अदरक	अंकुरण पूव	एलाक्लोर	

4. जैविक विधियों द्वारा खरपतवार नियंत्रण (Control by bio-herbicides)

जैविक नियंत्रण के अन्तर्गत ऐसे जीवित जीवधारी जैसे–कीड़े, शाकीय भक्षण करने वाली मछलियाँ, अन्य जानवर, रोग जीवधारी व प्रतिस्पर्धा करने वाले पौधे समाहित किये जाते हैं, जो खरपतवार के प्रसार को रोकने में सक्षम हो।

"The biological control of weeds involves the use of living organism, such as insects, herbivorous fish, other animals, disease organism and competitive plants to limit their infestation".

जैविक विधि से खरपतवार नियंत्रण हेतु दो पद्धतियों का प्रयोग करते है–

1. उच्चकोटी की तत्व ज्ञान पद्धति से जैविक नियंत्रण (Classical biological philosophy approach)
2. जैव–खरपतवारनाशी तत्व ज्ञान से नियंत्रण (Biohervicide philosophy approach)

1. उच्चकोटी की तत्व ज्ञान पद्धति से जैविक नियंत्रण (Classical biological philosophy approach)

जैविक नियंत्रण के अन्तर्गत निर्धारित खरपतवार पूरी तरह से समाप्त हो जायेगी, यह बात सत्य नहीं है, बल्कि क्षेत्र विशेष में खरपतवार के स्तर में कमी संख्या के आधार पर करना है, जो समय के साथ बढ़ जाने की स्थिति में होते हैं।

जैविक नियंत्रण पद्धति में जैव कारकों की सफलता निम्नलिखित बातों पर निर्भर करती है।

1. आतिथ्य विशिष्ट (Host specific)

कोई भी जैव–कारक सबसे उत्तम तभी जाना जाता है जब वह आतिथ्य विशिष्ट प्रकृति का हो और वह किसी अन्य पौध पर आक्रमण न करें। कभी–कभी निश्चित पौध के समाप्त होने पर उपलब्धता जैव–कारक दूसरे पौधे का भक्षण कर वृहद् स्तर पर नुकसान करते हैं। उदाहरण के लिए टेलियोनेमा स्क्रूपूलोसा, लेन्टाना घास के प्रति उत्तम जैव कारक है, लेकिन यह कीट तिल तथा साबू को भी नुकसान पहुँचाता है। अतः भारतवर्ष में उपयोग को बन्द कर दिया गया।

2. जैव कारक की कठोरता (Bioagent hardiness)

जैव कारक को बदलती वातावरणीय परिस्थितियों या नवीनतम प्रदाय मौसम में अपने को स्थापित कर कार्य करने में सक्षम कठोर हो।

3. भक्षण प्रवृत्ति (Feeding habit)

कीट जैसे–कारक की भक्षण प्रवृत्ति मुख्यतः आतिथ्य विशिष्ट होते हैं, जो पत्तियों, जड़ों आदि को नुकसान पहुँचाने में सक्षम होते हैं। उदाहरण के तौर पर जो जैव कारक जड़ों को नुकसान कर खरपतवार कम करते हैं, वे बहुवर्षीय खरपतवारों के लिए ज्यादा उपयोगी सिद्ध होते हैं।

4. सुगम बहुगुणन (Ease of multiplication)

जैव कारक में सुगमता से बहुगुणन की क्षमता हो।

जैव कारक के प्रकार (Types of bioagents)

सामान्यतः सब्जियों की खेती जमीन पर (परवल, टमाटर, बैंगन आदि) की जाती है, लेकिन कुछ सब्जियों (करेम साग, कमल आदि) की खेती तालाबों या स्थिर जल में की जाती है। अतः विभिन्न समूहों के लिए अलग–अलग जैव कारक का उपयोग किया जाता है। कुछ प्रमुख जैव कारक निम्न है–

1. कीट (Insects)

जैविक नियंत्रण पद्धति के अन्तर्गत सबसे पहले कीड़ों के उपयोग से खरपतवार को नियंत्रित करने का प्रयास किया गया और वर्तमान में भी सबसे ज्यादा खरपतवार नियंत्रक कीड़े ही हैं। सन् 1902 में सर्वप्रथम हवाई (Hawaii) देश में लेन्टाना कमारा (*Lantana camara* L.) खरपतवार को समाप्त करने के लिए कोरसीडोसेमा लैन्टाना (*Corcidosema lantana*) सूड़ी का उपयोग किया गया था।

2. कार्प मछली (Carp fish)

कार्प मछलियाँ (Carp fishes) ज्यादा मात्रा में जलीय पौधों की भक्षण करती हैं। अतः ऐसे तालाब जहाँ पर नुकसानदायक खरतवार ज्यादा हों, उन्हें समाप्त करने के लिए चयनित मछलियों को पालकर समाप्त किया जा सकता है। उदाहरण के लिए जापानीज ग्रास कार्प (*Ctenopharyngodon idella*) जलीय खरपतवार को समाप्त करने के लिए उत्तम मछली है। चूँकि ये मछलियाँ सभी प्रकार की वनस्पतियों का भक्षण करती हैं, अतः मुख्य फसल को भी खाकर समाप्त करती हैं। उदाहरण के

लिए सिंघाड़ा (*Trapa natans*) व कमल प्रजाति (*Nelumbo* species) की फसल आर्थिक दृष्टि से उत्पादकों के लिए मूल्यवान हैं, लेकिन कई मछलियाँ इनका भी भक्षण करती है। यह सत्य है कि भारत सहित कई देशों में मछलियों के पालने से तालाबों से जलीय खरपतवारों को समाप्त करने में सफलता मिली है।

3. पौध रोगकारक (Plant pathogens)

प्रकृति में कुछ फफूँद खरपतवारों पर रोग उत्पन्न कर उनकी संख्या में कमी करते हैं। रोग उत्पन्न करने वाले रोगकारक (pathogens) को एकत्रित व बहुगुणन कर निर्धारित खरपतवार पर छिड़काव करने से उनकी संख्या में कमी आती है। उदाहरण के लिए आस्ट्रेलिया में रस्ट (rust) उत्पन्न करने वाला फफूँद 'पक्सिनियाँ कोन्ड्रिलीना' (*Puccinia chondrillina*) का उपयोग कर 'क्रोन्ड्रिला जैंसिया' (*Chondrilla juncea*) नामक खरपतवार को समाप्त करने में आशातीत सफलता मिली है। इसी प्रकार 'एकसिया ग्लौका' (*Acacia glauca*) खरपतवार का सफलतापूर्वक समापन 'सेफालोस्पोरियम जोनाटम' (*Cephalosporium zonatum*) के बिजाणु (spore) को सुई द्वारा प्रवेश कराके की गयी थी।

4. प्रतिस्पर्धी पौधे (Competitive plants)

प्रकृति में कुछ पौधे ऐसे होते हैं, जो अन्य पौधों से ज्यादा प्रतिस्पर्धा करने की क्षमता रखते हैं तथा इनसे कोई नुकसान मानवहित में नहीं होता है। उदाहरण के लिए पार्थीनियम (Parthenium) पौध को समाप्त करने हेतु गेंदा (*Tagetes* species) को प्रतिस्पर्धी पौध के रूप में उपयोग किया जा सकता है। कुछ प्रमुख जैव–कारक जो खरपतवार नियंत्रण में सहायक है, उन्हें सारिणी में दिया गया है–

सारिणी (16.15) खरपतवारों को समाप्त/नियंत्रण हेतु उपयोगी जैव–कारक

खरपतवार	जैव कारक	प्रयोग करने वाला देश	जैव–कारक का प्रकार
कोन्ड्रिला जंसिया	पक्सिनियाँ क्रोन्ड्रिलीना	आस्ट्रेलिया	पौध रोग–कारक
सिरसीयम अरवेन्स	सेप्टोरिया सिरसी	–	तना शीर्ष में छेद करने वाली सूड़ी
साइप्रस रोटन्डस	बैक्टा वेरूटाना	भारत, पाकिस्तान, सं0रा0 अमेरिका	पौध रोग–कारक
ओरोबेन्की सेरनुआ	स्क्लेरोटिनिया प्रजाति	सं0रा0 अमेरिका	पत्ती भक्षण कीट
पार्थिनियम हिस्टेरोफोरस	जाइगोग्रामा बाइकोलोराय	भारत, आस्ट्रेलिया	तना गाँठ बनाने वाला कीट
	इपीब्लेमा स्ट्रेनुआना	आस्ट्रेलिया	तना गाँठ बनाने वाला कीट
रूमेल्स प्रजाति	यूरोमाइसीज रूमीसीस	सं0रा0 अमेरिका	पौध रोग–कारक
	गेस्ट्रोफिसा वीरीडुला	सं0रा0 अमेरिका	तितली
ट्रिबुलस टेरेस्ट्रीस	माइक्रोलैरियन्स लार इनार्ड माइक्रोलैरियन्स लाइप्रीफोर्मिस	सं0रा0 अमेरिका	फली बेधक

स्रोत : प्रसाद एवं कुमार (1999)

5. जैव–खरपतवारनाशी तत्व ज्ञान

जैव–खरपतवारनाशी के अन्तर्गत ऐसे रोगकारकों को सम्मिलित किया जाता है, जिनका कृत्रिम रूप से संवर्धन कर उनको छिड़काव युक्त बनाकर कृषकों को उपलब्ध कराया जाता है। ऐसे रासायनिक खरपतवारनाशी बाजार में उपलब्ध हैं। कभी–कभी जैव खरपतवारनाशी को 'माइक्रोहर्वीसाइड' **(mico herbicide)** भी कहा जाता है। इस प्रकार के 'माइक्रोहर्वीसाइड' विशिष्ट या अविशिष्ट दोनों प्रकार के हो सकते हैं। इनके गुणधर्म निम्न प्रकार के होते हैं–

- जैव–खरपतवारनाशी प्रयोग होने वाले मौसम में उपलब्ध खरपतवार पर ही सक्रिय रहते हैं। अतः प्रत्येक मौसम के लिए बार–बार जैव खरपतवारनाशी का प्रयोग अपेक्षित है।
- चयनित खरपतवारों के लिए जैव–खरपतवारनाशी का विकास किया जा सकता है।
- जैव खरपतवारनाशी के लिए औद्योगिक रूप में विकसित किया जा सकता है, क्योंकि प्रत्येक मौसम व अलग–अलग खरपतवार के लिए अलग–अलग जैव खरपतवारनाशी की आवश्यकता होगी। भारतवर्ष में माइक्रोहर्वीसाइड का प्रयोग नहीं के बराबर है लेकिन कुछ देशों में इस दिशा में शोध कार्य प्रगति पर है। कुछ व्यावसायिक 'माइक्रोहर्वीसाइड' निम्नलिखित है

सारिणी (16.16) विदेशों में उपलब्ध व्यावसायिक माइकोहर्वीसाइड (जैव–खरपतवारनाशी)

उत्पाद	घटक	खरपतवार नियंत्रण
डिविने	फाइटोप्थोरा पाल्मीगेस फफूँद के बीजाणु का घोल/खरपतवार की जड़ को सड़ाता है।	नीबू की बाग में मोरेनिया ओडोरेटा हेतु
कोलेगो	कोलेटोट्राइकम ग्लोइस्पोरीओडस के विलेय पाउडर प्रजाति ऐस्चीनोमोन तना व पत्ती पर धब्बा उत्पन्न कर समाप्त करता है	ऐस्चीनोमोन प्रजाति को समाप्त करता है।
बाइपोलारिस	बाइपोलारित, सोथीकोला के विलेय बीजाणु	सारधम हेल्पेन्स को समाप्त करता है
बाइलोफास	स्ट्रेप्टोमाइसिस हाइग्रोस्कोपीकस	अविशिष्ट, सामान्य वनस्पतियों हेतु

स्रोत : प्रसाद एवं कुमार (1999)

6. खरपतवार नियंत्रण में पादप वृद्धि नियामक की उपयोगिता (Role of PGR in weed control)

चौड़ी पत्ती वाली वाले खरपतवार को 2,4–डी0 तथा आइसो प्रोपाइल–एन0–फिनायल कार्बामेट से सकरी पत्ती वाले खरपतवार को नियंत्रित किया जा सकता है। ऐसे अनेकों पादप वृद्धि नियामक हैं, जो खरपतवारनाशी के रूप में कार्य करते है। खरपतवार के प्रति क्रिया के आधार पर इन्हें अनेकों समूहों जैसे–फिनाक्सी एसीटीक एसिड, फिनाक्सी ब्यूटायारिक एसीड, फिनाक्सी प्रोपपियोनिक एसीड, बेन्जोइक एसीड तथा अन्य समतुल्य तत्वों में विभाजित किया गया है।

पौधशाला में प्रयुक्त होने वाले खरपतवारनाशी

मेथाम (1.0 किलोग्राम प्रति 20.0 वर्ग मीटर) का प्रयोग पौधशाला में करें और 48 घण्टे के लिए खेत में पानी रखें। सामान्यतया 5–7 दिनों बाद जुताई करें तथा 7–15 दिन बाद बीज बुआई करें। मिथाइल ब्रोमाइड (1.0 किलोग्राम प्रति 20.0 वर्गमीटर) द्वारा 24 घन्टे तक धूमक करें तथा 3 दिन बाद बीज बुआई करें।

खरपतवारनाशक की मात्रा ज्ञात करना

सक्रिय तत्व (Active ingredient or a.i.)

एक व्यावसायिक रसायनिक उत्पाद जिसकी मात्रा सीधे खरपतवारनाशक के लिए जिम्मेदार हो उसे सक्रिय तत्व कहते है। उदाहरण के लिए यदि उत्पाद पर 50 प्रतिशत डब्ल्यू/वी0 अंकित है तो इसका तात्पर्य है कि इसमें 500.0 ग्राम सक्रिय तत्व प्रति लिटर द्रव में विद्यमान है। अतः प्रयोग कर्त्ता को व्यावसायिक सूत्र के अनुसार 1.0 किलो ग्राम सक्रिय तत्व के प्रयोग हेतु खरपतवारनाशी की मात्रा 2.0 होगी।

अम्ल तुल्यांक (Acid equivalent or a.e.)

किसी भी खरपतवारनाशी से पितृ अम्ल (parent acid) के लिखित उपज की मात्रा को अम्ल तुल्यांक कहते है। उदाहरण के लिए सोडियम लवण का अम्ल तुल्यांक 92.5 प्रतिशत तथा 2,4–डी0 का अम्ल तुल्यांक 68.5 प्रतिशत होता है।

प्रयोग के तौर पर यदि किसी खरपतवारनाशी जैसे–वीडर–96 (Weeder-96) में डाइमिथाइलएमीन, 2,4–डी0 है और उसपर संकेत 72 प्रतिशत डब्ल्य0/वी0 है तो इसका तात्पर्य यह हुआ है कि वीडर–96 में 720.0 ग्राम 2,4–डी0, एमीन साल्ट (amine salt) के रूप में है। उदाहरण के लिए यदि उत्पाद पर 50.0 प्रतिशत डब्ल्यू0/पी0 अंकित है, तो इसका तात्पर्य है कि इसमें 500.0 ग्राम सक्रिय तत्व प्रति लीटर द्रव्य में विद्यमान है।

खरपतवारनाशी सूत्र की गणना

$$\text{खरपतवानाशक की मात्रा प्रति हे0 (किलोग्राम या लीटर)} = \frac{\text{खरपतवारनाशक में प्रयुक्त किये जाने वाले सक्रिय तत्व की मात्रा}}{\text{खरपतवारनाशक की सान्द्रता (प्रतिशत)}} \times 100$$

उदाहरण

सोयाबीन में घास कुल के खरपतवारों के नियंत्रण हेतु कविजालोफोप (टारगर सुपर 5 ई0सी0) नामक खरपतवारनाशी की 50.0 ग्राम सक्रिय तत्व प्रति हेक्टेयर की दर से कितनी मात्रा की जरूरत पड़ेगी। अतः प्रयोगकर्त्ता को व्यावसायिक सूत्र के अनुसार 1.0 किलो ग्राम सक्रिय तत्व के प्रयोग हेतु खरपतवारनाशी की मात्रा 2.0 किलो ग्राम होगी।

खरपतवारनाशकों के प्रयोग सम्बन्धी सावधनियाँ

1. रसायन छिड़कने वाले लोग किट/मास्क का प्रयोग करें।
2. फ्लैटफेन/फ्लैट जेट नोजल लगाकर छिड़काव करें।
3. उचित समय पर सही मात्रा का प्रयोग करें।
4. छिड़काव हेतु निर्धारित रसायन की मात्रा का पानी में घोल बनाकर स्प्रे करें।
5. वायु के विपरीत दिशा में छिड़काव न करें ताकि रसायन शरीर पर न गिरे।
6. छिड़काव के समय बीड़ी, सिगरेट, तम्बाकू या अन्य चीज का प्रयोग न करें।
7. छिड़काव पूरे खेत में समान रूप से करें।
8. छिड़काव पश्चात् स्प्रे को अच्छी तरह साफ करके रखें।
9. रसायन के डिब्बों को तोड़कर, भूमि में गहरा गाड़ देवें।
10. यदि हो सके तो छिड़काव रसायन की खरीद रसीद, अन्य जानकारियाँ जैसे नाम आदि कागज या डायरी में नोट कर लेवें।
11. पूर्ण रूप से खाली पेट (empty stomach) स्प्रे न करें एवं हो सके तो एक साथी जरूर साथ ले जावें।
12. रसायनों को न सूघें, न चखें और न ही स्पर्श करें अन्यथा त्वचा पर विपरीत असर पड़ सकता है।
13. खरपतवारनाशकों को लकड़ी की सहायता से घोलें और स्प्रे करने वाले के शरीर पर किसी प्रकार के घाव आदि न हो।
14. छिड़काव पश्चात् शरीर व कपड़ों को साबुन से अच्छी तरह साफ करें।
15. खरपतवारनाशक छिड़कते समय या बाद में किसी प्रकार का शरीर पर प्रतिकूल प्रभाव हो तो तुरन्त पास के अस्पताल में डाक्टर को दिखावें।

किसी भी खरपतवारनाशी का निर्माण घातक सक्रिय तत्व तथा घोलक वाहक सतह पर चिपकने वाले पदार्थ, झाग न बनाने वाले पदार्थ, चपकाने वाला पदार्थ, समरूप करने वाला पदार्थ आदि से होता है।

खरपतवारनाशी सूत्र किसी में से एक हो सकता है

i. घुनलशील सन्द्रता या ई0सी0
ii. जल विलेय सन्द्रता या ई0सी0
iii. घुलनशील पाउडर या डब्ल्यू0पी0
iv. उड़ने योग्य द्रव्य या एफ0एल0
v. दाना
vi. अन्य– कैप्सूल्स, वैक्स वार, घुलनशील पलवार, एअरोसाल्स

खरपतवारनाशी छिड़काव/वितरण

खरपतवारनाशी छिड़काव/वितरण निम्न प्रकार के होते है–

1. नाजल
2. स्प्रे लान्स
3. स्प्रे ब्रूम

1. नाजल (Nozzle)

नाजल का मुख्य कार्य दबाव के साथ द्रव बूँदों का निर्माण करना। बूँद की संरचना के साथ बदलती रहती है। बूँद (drop) संरचना का निर्धारण वाल्यूम मीन डायमीटर (volume mean diameter) से है जो निम्नवत है।

सारिणी (16.17) घटक एवं छिड़काव के समय बूँद व्यास

घटक	=	बूँद व्यास
एयरोसाल (Aerosol)	=	50 माइक्रान के नीचे
मिस्ट (Mist)	=	100 माइक्रान से कम
फाइन स्प्रे (Fine spray)	=	101–200 माइक्रान
मिडियम स्प्रे (Medium spray)	=	201–400 माइक्रान
कोर्स स्प्रे (Coarse spray)	=	201–400 माइक्रान

2. स्प्रे लान्स (Spray launce)

स्प्रे लान्स पीतल के 90.0 सेन्टी मीटर लम्बे राड से जुडा होता है और अन्त में बदलने योग्य नाजल लगे होते है। यह कभी–कभी हंस जैसी मुड़ने योग्य गर्दन जैसा होता है।

3. स्प्रे ब्रूम (Spray broom)

यह एक उद्धर्वाधर पाइप होता है जिसमें अनेको नाजल (Nozzle) लगा होता है बूम की लम्बाई 1.0 मीटर से 15.0 मीटर लम्बी होती है। समान्यतया 2–3 नाजल (Nozzle) वाले को हाथों द्वारा चलाया जाता है जबकि ज्यादा संख्या वाले को ट्रैक्टर पर आसीन यंत्र (tractor mounted machine) से चलाते है।

□□□

अध्याय 17

सब्जियों में समन्वित कीट एवं सूत्रकृमि प्रबन्धन

(Integrated Insect Pest and Nematode Management in Vegetables)

भारतवर्ष में सब्जियों की खेती के अन्तर्गत क्षेत्रफल लगभग 8.495 मिलियन हेक्टेयर तथा उत्पादन 146.554 मिलियन टन है। सन् 2020 तक 1.3 बिलियन जनसंख्या के लिये 86.00 मिलियन टन अतिरिक्त सब्जियों की आवश्यकता होगी। विश्व में भारत का सब्जी उत्पादन में चीन (473.06 मिलियन टन) के बाद दूसरा स्थान है, लेकिन यहाँ सब्जियों की उत्पादकता काफी कम है, जिससे निर्धारित स्वास्थ्य मानकों के अनुसार प्रति व्यक्ति प्रति दिन 300.0 ग्राम सब्जियों की उपलब्धता को हम पूरा नहीं कर पा रहे हैं। भारतीय परिदृश्य में सब्जी के उपभोग की मात्रा 180.0 ग्राम प्रतिदिन प्रति व्यक्ति है। सब्जियाँ खनिज, विटामिन्स, खाद्य रेशों, उपयोगी पादप रसायनों जैसे–कैंसररोधी एवं प्रति–आक्सीकारक (anti-oxidant) जैसे–फ्लैव्नायड्स (flavonoids), ग्लूकोसिनोलेट्स (glucosinolates) एवं आइसोथायोसाइनेट्स (isothiocynates) का मुख्य स्रोत होने की वजह से हमारे देश के ग्रामीण एवं शहरी लोगों की पोषण एवं स्वास्थ्य सुरक्षा में महत्वपूर्ण योगदान कर रही हैं। उत्पादकता कम होने के कई कारण है तथापि इनमें से एक प्रमुख कारण हानिकारक कीड़ों का प्रकोप भी है, जो निश्चित रूप से उत्पादकता व उपभोग को प्रभावित करता है। सब्जियों में लगने वाले कीट बीज बुआई से फलों की तुड़ाई तक नुकसान पहुँचाते हैं। यदि कीड़ों द्वारा होने वाली इस हानि को एक सीमान्त स्तर तक रोक दिया जाये तो सब्जियों की आवश्यकता काफी हद तक पूरा किया जा सकता है। सब्जियों को कीड़ों से बचाने के लिए रासायनिक दवाओं का प्रयोग अतिरिक्त मात्रा में उत्पादकों द्वारा की जाती है, जिससे हमारे वातावरण में असमानता एवं प्रदूषण (pollution) के साथ–साथ हमारे स्वास्थ्य पर कुप्रभाव पड़ रहा है और घातक बीमारियाँ उत्पन्न होती जा रही हैं। प्रयोग हो रहे घातक

कीटनाशियों के 30–60 प्रतिशत अवशेष मानव में चक्रण कर पहुँच रहे हैं। इतना ही नहीं प्रयोग हो रहे घातक रसायनों का प्रभाव बच्चों तथा गर्भवती महिलाओं में रक्ताल्पता को अन्धापन आदि के रूप में देखा जा रहा है। अतः सब्जियों में समन्वित कीट प्रबन्धन आवश्यक है जिससे घातक रसायनों के प्रयोग को कम किया जा सके।

सब्जियों को क्षति पहुँचाने वाले घटक

• कीड़ों द्वारा क्षति (Loss through insects)

सब्जियों में हानिकारक कीड़ों द्वारा ज्यादा क्षति होती है–

सारिणी (17.1) प्रमुख सब्जियों में हानिकारक कीड़ों द्वारा क्षति

सब्जी फसल	हानि कारक कीट	उपज नुकसान (प्रतिशत)	प्रांत
पत्ता गोभी	डायमण्ड बैक माथ (*Plutella xylostella)*	16.87–98.83	कर्नाटक
	पैरीस ब्रासिकी (*Pieris brassicae)*	88.5	मेघालय
	क्रोसीडोलोमिय बिनोटैलिस (*Crocidolomia binotalis*)	28.09–50.88	कर्नाटक
	पत्ता गोभी बेधक हेलुला अन्डैलिस (*Hellula undalis*)	30.00–58.00	कर्नाटक
चाइनीज पत्ता गोभी	सॉ फ्लाई (*Hellula undalis*)	36.50	उत्तर प्रदेश
	एफिड (*Liapaphis erysimi*)	36.50	उत्तर प्रदेश
मिर्च	थ्रिप्स (*Scirtothrips dorsalis*)	11.80	आसाम
		50.00	तमिलनाडु
		90.00 से ज्यादा	कर्नाटक
	माइट (*Polyphagatarsonemus*)	34.14	आन्ध्र प्रदेश
बैंगन	फल एवं तना बेधक (*Lucinodes orbonalis*)	63.00	हरियाणा
		50.00	तमिलनाडु
		48.00	महाराष्ट्र
		54.00–66.00	कर्नाटक
टमाटर	फल बेधक (*Helicoverpa armigera*)	23.39–37.79	कर्नाटक
भिण्डी	फल बेधक (*Helicoverpa armigera*)	22.10	हिमाचल प्रदेश
	जैसिड (*Amarasca devastance*)	54.00–66.00	कर्नाटक
	सफेद मक्खी (*Bemisis tabaci*)	54.04	राजस्थान
	फल एवं तना बेधक (*Earis vitella*)	54.04	राजस्थान
		22.79–37.52	पंजाब
		38.43	उत्तर प्रदेश

कद्दू वर्गीय सब्जियाँ	फल मक्खी (*Bactrocera cucurbitae*)		
	करेला	60.00–80.00	उत्तर प्रदेश
	खीरा	20.00–39.00	आसाम
	गोर्ड	63.00	गुजरात
	खरबूजा	76.00–100.00	राजस्थान
	चिचिण्डा	63.00	आसाम
	चिकनी तोरी	50.00	आन्ध्र प्रदेश

स्रोत: शीवलिंगास्वामी एवं सहयोगी, 2002

कीटनाशियों के प्रयोग का दुष्परिणाम (Harmful effects of insecticides)

विभिन्न नाशी दवाओं का प्रतिशत

आँकड़ें बताते हैं विश्व में केवल कीड़ों की वजह से 75.0 मिलियन टन उत्पादित सब्जी की हानि होती है, जो कुल उत्पादन का 12.0 प्रतिशत है। भारतवर्ष में कुल कीटनाशियों का लगभग 14.0 प्रतिशत सब्जियों में प्रयोग किया जाता है, जो कुल फसली क्षेत्र के 2.6 प्रतिशत में लगाया जाता है। सब्जियों में कीटनाशी का प्रयोग कुल पेस्टीसाइड (pestcide) प्रयोग का 13.0–14.0 प्रतिशत है, जबकि सब्जियों के अन्तर्गत क्षेत्रफल कृषि क्षेत्रफल का मात्र 2.6 प्रतिशत है। सब्जियों की खेती में इस समय 940.0 ग्राम कीटनाशी की प्रति हेक्टेयर खपत है एवं इसके प्रयोग की वृद्धि दर 2.5 प्रतिशत प्रतिवर्ष है। सब्जियों को ताजा व ज्यादा देर तक रखना बाजार व उपभोक्ता की दृष्टि से उत्तम माना जाता है। भारतवर्ष में सब्जी उत्पादक उपभोक्ता की इच्छापूर्ति के लिए उपज में अनेक प्रकार के कृषि रसायनों का उपयोग कर कुचरित्र करते हैं। उदाहरण के लिए–कृषक एवं विक्रेता फूल गोभी में ज्यादा सफेदी लाने के लिए मिथाइल पैराथियान (methyl parathion) के उपयोग के बारे में जानकारी रखते हैं। इसी प्रकार भिण्डी को हरा बनाये रखने के लिए कापर सल्फेट (copper sulphate) का उपयोग करते हैं। इतना ही नही बैंगन व टमाटर को कार्बेरिल घुलनशील पाउडर के जहरीले घोल में डुबो देते हैं, जिससे फलों में अच्छी चमक बनी रहे। कुछ भी हो सब्जी उत्पादन में कम से कम कीटनाशी का प्रयोग हो इसके लिए उचित मात्रा, उचित पौध अवस्था, उचित उपज के उपभोग की स्थिति तथा कम अवशेष वाली कीटनाशी की पूर्ण जानकारी सब्जी उत्पादकों को दी जानी चाहिए। सन् 1962 में राचेल कार्सन (Rachel Carson) ने अपनी पुस्तक ''साइलेन्ट स्प्रींग'' (Silent Spring) के माध्यम से पूरी दुनिया में बेतहासा कृषि में रसायनों के प्रयोग के दुष्परिणाम से अवगत कराया। असंतुलित मात्रा में कीटनाशकों के प्रयोग से जैविक अनुपात प्रभावित हो रहा है, जिसके परिणामस्वरूप सब्जियों में विभिन्न समस्यायें दिखाई दे रही हैं, जैसे कीड़ों में प्रतिरोधी क्षमता का विकसित होना, चूसने वाले कीड़ों का फिर से ज्यादा संख्या में दिखाई देना, नये कीट प्रजातियों की उत्पत्ति तथा भयंकर प्रकोप के कारण प्राकृतिक मित्र कीड़ों, परजीवी तथा परभक्षी का धीरे–धीरे समाप्त होना, पादप–विषाक्तता, पराग अनुर्वरता, प्रदूषण और विकास अवरूद्धता जैसे प्रभाव देखने को मिल रहे हैं। यही नही कीटनाशी के अवशेष (residue) मानव एवं वातावरण को भयंकर रूप से प्रभावित कर रहे हैं। कीटनाशी अवशेषमुक्त सब्जियों का निर्यात करना मुश्किल हो रहा है।

सब्जियों को हानि पहुँचाने वाले कीट (Harmful insects of vegetable crops)

हानिकारक कीड़ों के प्रकोप से प्रत्यक्ष या अप्रत्यक्ष रूप से विषाणु जनित रोग भी फैलते हैं, जिनके संवाहक कीट ही होते हैं। सब्जियों में लगभग 40.0 प्रतिशत नुकसान कीड़ों द्वारा आँका गया है, जो देश के विभिन्न भागों में पौधों के प्रकार, कृषि जलवायु की दशायें, फसल उगाने का समय आदि पर निर्भर करता हैं। सब्जियों को हानि पहुँचाने वाले नाशीजीव बहुत हैं। भोजन व स्वभाव के आधार पर हानि पहुँचाने वाले कीड़ों का वर्गीकरण निम्न प्रकार से किया जा सकता हैं।

1. कीट (Insect)

कीड़ों से सब्जियों को सबसे अधिक हानि पहुँचती है। इनके स्वभाव के आधार पर निम्न श्रेणियों में विभेदित किया जा सकता है–

• रस चूसने वाले कीट (Sap sucking insects)

रस चूसने वाले कीट अपने चुभाने एवं रस चूसने वाले मुखांगों से पौधों की पत्तियों, फूल, फल तथा अन्य कोमल भागों का रस चुसकर क्षति पहुँचाते हैं, जिससे पौधों पर फूल कम लगते हैं, फल टेढ़े–मेढ़े हो जाते हैं तथा पौधों की बढ़वार व उपज कम हो जाती है। उदाहरण के लिए हरा फुदका, जैसिड, माँहू, एफिड्स, थ्रिप्स, सफेद मक्खी आदि।

• कोमल भागों और पत्तियों को कुतरकर खाने वाले कीट (Biting and chewing type insects)

कोमल भागों और पत्तियों को कुतरकर खाने वाले कीड़ों के गीडार (larva) तथा वयस्क (adult) पत्तियों के कोमल भागों को खाते हैं, जिससे पत्तियाँ जालिकावत/छिद्रयुक्त हो जाती हैं। उदाहरण के लिए कद्दू का लाल भृंग (red pumpkin beetle) व एपिलेंचना भृंग (*Epilachna* beetle)।

• फलों एवं शाखाओं में छेद करने वाले कीट (Fruit and shoot borer insects)

फलों एवं शाखाओं में छेद करने वाले कीट मुख्यतः लेपिडोप्टेरा गण के पाइरालिडि (Pyralidae) और नाकट्यूडी (Noctuidae) वर्ग के कीट आते हैं।

मकड़ी (Mites)

• लाल मकड़ी (Red mites)

गर्मी वाली भिण्डी में लाल मकड़ी बहुत हानिकारक होती है। इसके अण्डे सफेद व गोलाकार (0.1 मिली मीटर व्यास के) होते हैं। एक मादा मकड़ी अपने जीवनकाल में 200 तक अण्डे देती है। प्रौढ़ मादा 3 सप्ताह तक जीवित रहती है। शिशु तथा प्रौढ़ पत्तियों के निचली सतह से रस चूसते हैं और वहीं सिल्कनुमा जाल से ढ़के रहते हैं। इनके रस चूसने से पत्तियों की ऊपरी सतह पर पीली चित्तियाँ उभर आती हैं और धीरे–धीरे पत्तियाँ लाल होकर सूख जाती हैं।

• पीली मकड़ी (Yellow mites)

यह पीले रंग की छोटी मकड़ी है। इसकी पीठ पर सफेद धारियाँ होती हैं। यह आकार में इतनी छोटी होती है कि आसानी से दिखाई नहीं देती है। इसका प्रकोप होने पर पर्ण कुंचन रोग (leaf curl disease) की तरह पत्तों में सिकुड़ाव आ जाता है।

2. सूत्रकृमि (Nematode)

सूत्रकृमि जड़ों में गांठें बना देते हैं, जिससे जड़ें अपना कार्य करना बन्द कर देती हैं। फलस्वरूप पौधे पीले पड़ जाते हैं और सुखने लगते हैं। पौधों की बढ़वार रूक जाती है। ग्रसित पौधों पर फल भी कम लगते हैं और वे छोटे–छोटे रह जाते हैं। सूत्रकृमि टमाटर, बैंगन, मिर्च व कद्दू वर्गीय सब्जियों में ज्यादा लगते हैं।

समन्वित कीट प्रबन्धन (Integrated Pest Management or I.P.M.)

हानिकारक कीड़ों के नियंत्रण का कोई भी एक तरीका प्रभावशाली और स्थायी समाधान नहीं देता है। अतः कीट प्रबन्धन के ऐसे व्यापक कार्यक्रम विकसित एवं प्रयोग करने की आवश्यकता है, जो पर्यावरण एवं मानव स्वास्थ्य के अनुकूल हो तथा हानिकारक कीट संख्या को आर्थिक क्षति स्तर तक न पहुँच पाये, जिससे सब्जी फसलों को होने वाले नुकसान रूक सके। इसी संदर्भ में हानिकारक कीट–नियंत्रण की विभिन्न विधियों को समन्वित और योजनाबद्ध रूप में प्रयोग करने को समन्वित कीट प्रबन्धन (Integrated Pest Management or I.P.M.) कहते हैं। समन्वित कीट प्रबन्धन का पहला एवं सर्वोत्तम उद्देश्य यह होता है कि हानिकारक कीट संख्या आर्थिक क्षति स्तर तक न पहुँच पाये या उसके पहले प्रभावी नियंत्रण हो, जिससे किसान व सब्जी उपभोक्ता दोनों लाभान्वित हों और वातावरण भी सुरक्षित रहें। इसमें जैविक, रासायनिक, भौतिक, यांत्रिक नियंत्रण एवं सस्य क्रियाओं के समुचित चुनव एवं उनके समावेश द्वारा ही सम्भव है। भारतवर्ष में "समन्वित कीट प्रबन्धन" की अवधारणा सर्वप्रथम डॉ० एस० प्रधान द्वारा दी गयी थी। बाद में "कन्ट्रोल" (control) प्रारूप को हटाकर "मैनेजमेन्ट" (mangement) कर दिया गया।

"The strategy to "kill all" pest the way to the concept of "live and let live".

इसी अवधारणा को आत्मसात करते हुए समन्वित कीट प्रबन्धन (Integrated Pest Management or I.P.M.) का प्रादुर्भाव हुआ, जिससे स्वास्थ्यप्रद वातावरण में सभी तकनीकों को अपनाया जाये। इसके बाद सन् 1967 में खाद्य एवं कृषि संगठन (Food and Agriculture Organization) के समूह ने "समन्वित कीट प्रबन्धन " (Integrated Pest Management or I.P.M.) को परिभाषित किया।

"A pest management system that in the context of associated environment and the population dynamics of the pest species, utilizes all suitable techniques in as compaction at levels below these causing economic injury".

or

"IPM is a strategy carried out by farmers that results in the intensity of potential pests at levels below which they become pests, without endangering the productivity and profitability of

the farming system as a whole, the health of the farm family and its livestock and the quality of the adjacent and downstream environments".

Or

"Integrated Pest Management (IPM) is a dynamic and constantly evolving system in which all suitable control tactics and available surveillance and forecasting information are synthesized into a holistic management programe delivered to farmers at intervals as part of sustainable crop management techinique".

समन्वित कीट प्रबन्धन की आवश्यकता (Need of Integrated Pest Management)

सब्जियों पर अनेकों कीट का आक्रमण विभिन्न अवस्था पर देखने को मिलता है। अधिक उत्पादक प्रजातियों/संकर किस्मों के समावेश, एक ही फसल की खेती लगातार करने से कीड़ों की स्थिति व भक्षण की प्रवृत्ति में काफी बदलाव आया है। उनके प्राकृतिक शत्रु भी कम ही रह गये हैं। समन्वित कीट प्रबन्धन से निम्न लाभ हैं

1. पर्यावरण को प्रदूषित होने से बचाता है।
2. यह विधि सिर्फ रासायनिक प्रबन्धन से ज्यादा सस्ती एवं लाभकारी है।
3. कीटनाशकों (insecticides) के उपयोग से जल, वायु एवं जमीन में होने वाले प्रदूषण को कम करता है।
4. कीड़ों के प्रतिरोधी क्षमता में कमी लाता है।
5. कृषि लागत मूल्य कम करता है।
6. स्वास्थ्य के लिए लाभदयक है।

आर्थिक क्षति का स्तर (Econmic threshold level)

प्रमुख सब्जियों में कीड़ों द्वारा आर्थिक क्षति का स्तर (econmic threshold level) अलग–अलग होता है। आर्थिक क्षति के स्तर का ज्ञात न होने के कारण अधिक से अधिक कीटनाशियों का प्रयोग उत्पादकों द्वारा किया जाता है। नीचे की सारिणी में आर्थिक क्षति का स्तर, फसल एवं उनके कीट का विवरण दिया जा रहा है।

सारिणी (17.2) प्रमुख सब्जियों में हानिकारक कीड़ों द्वारा आर्थिक क्षति का स्तर

सब्जी फसल	कीट	आर्थिक क्षति स्तर (Econmic Threshold Level)
पत्ता गोभी	डायमण्ड बैक माथ (*Plutella xylostella*)	2लार्वा (इन्स्टार) प्रति पौधा, पौध रोपण के 1–4 सप्ताह बाद
		5 लार्वा (इन्स्टार) प्रति पौधा, पौध रोपण के 5–10 सप्ताह बाद
		10 लार्वा (इन्स्टार) प्रति पौधा, पौध रोपण के 1–4 सप्ताह बाद
	क्रोसीडोलोमिय बिनोटैलिस (*Crocidolomia binotalis*)	0.3 अण्डा समूह प्रति पौध
फूल गोभी	एफिड्स	30.0 एफिड प्रति पौधा
मिर्च	माइट्स	एक माइट प्रति पत्ती
	थ्रिप्स	दो थ्रिप्स प्रति पत्ती
बैंगन	थ्रिप्स	दो थ्रिप्स प्रति पत्ती
बैंगन	सफेद मक्खी	5.0–10.0 मक्खी प्रति पत्ती
टमाटर	फल बेधक (*Helicoverpa armigera*)	8.0 अण्डा प्रति 15 पौध या एक लार्वा प्रति पौध
भिण्डी	गालमीज (gall midge)	15 पौधों पर 8.0 अण्डे या प्रति पौधा 1.0 लारवा या 2.0 प्रतिशत फल संक्रमण
	फल बेधक (*Earias vitella*)	5.30 क्षतिग्रस्त प्रतिशत फल
	जैसिड (*Amrasca devastance*)	4.46 निम्फ प्रति पौध
	फल बेधक	4–5 निम्फ प्रति पौधा
मटर	एफिड (*Acyrthosiphon pisum*)	3–4 एफिड प्रति तना का अग्रभाग
प्याज	थ्रिप्स	13–14 थ्रिप्स प्रति पौधा
लोबिया	स्पोडोप्टेरा प्रजाति (*Spodoptera* spp.)	12.5 प्रतिशत क्षतिग्रस्त प्रति पौध
	एग्रोमाइजा प्रजाति (*Agromyza* spp.)	1 कीट की पुर्णाअवस्था प्रति 5 पौध
मूली	मूली एफिड्स (*Acyrthosiphon pisum*)	750.0 एफिड प्रति पौधा

कीटनाशियों के अवशेष एवं सान्द्रता का प्रभाव (Residual effects of insecticides and concentrations)

सब्जियों में अनेकों प्रकार के कीटनाशी प्रयोग किये जाते हैं, जिनके प्रारम्भिक स्तर पर प्रयोग की प्रासंगिकता, दृढ़ता अवशेष तथा तुड़ाई के लिए अधिकतम इन्तजार का समय मुख्य घटक बन जाता है। नीचे की सारिणी में इसका विवरण दिया जा रहा है–

सारिणी (17.3) सब्जियों में कीटनाशियों के अवशेष एवं दृढ़ता

फसल व कीटनाशी रसायन	व्यवहार मात्रा		प्रारम्भिक स्तर	दृढ़ता अवशेष (दिनों में)	अधिकतम अवशेष स्तर (पी0पी0एम0)	इन्तजार समय (दिनों में)
मिण्डी						
कार्बरिल	पर्णीय	0.650 प्रतिशत	13.05	0.88 / 5	5.0	5
इण्डोसल्फान	पर्णीय	0.05 प्रतिशत	33.52	5.29 / 7	2.0	8
कार्बोफ्यूरान	मृदा	1.0 किलो ग्राम सक्रिय तत्व / हेक्टेयर	0.34	0.20 / 45	0.2	60
मैलाथियान	पर्णीय	0.05 प्रतिशत	11.20	2.70 / 3	3.0	3
मोनोक्रोटोफास	पर्णीय	0.05 प्रतिशत	6.25	0.10 / 10	0.2	8
साइपरमेथ्रिन	पर्णीय	0.05 प्रतिशत	3.89	0. 045 / 10	0.2	6
बैंगन						
कार्बारिल	पर्णीय	0.10 प्रतिशत	6.45	0.54 / 11	5.0	3
इण्डोसल्फान	पर्णीय	0.05 प्रतिशत	4.10	0.62 / 7	2.0	3
कार्बोफ्यूरान	मृदा	0.05 किलो ग्राम सक्रिय तत्व / हेक्टेयर	–	0.02 / 52	0.2	40
मोनोक्रोटोफास	पर्णीय	0.75 प्रतिशत	0.50	0.04 / 7	0.2	7
साइपरमेथ्रिन	पर्णीय	0.75 प्रतिशत	0.93	0. 0025 / 10	0.5	2
मिर्च						
कार्बारिल	पर्णीय	0.10 प्रतिशत	14.97	0.14 / 10	10	2
इण्डोसल्फान	पर्णीय	440 ग्राम सक्रिय तत्व / हेक्टेयर	0.96 / 7	0.50 / 21	2	5
कार्बोफ्यूरान	मृदा	0.60 किलो ग्राम सक्रिय तत्व / हेक्टेयर	0.36	0.50 / 21	0.2	21
मैलाथियान	पर्णीय	625.0 ग्राम सक्रिय तत्व / हेक्टेयर	1.62 / 7	0.43 / 21	3	3
मोनोक्रोटोफास	पर्णीय	450.0 ग्राम सक्रिय तत्व / हेक्टेयर	1.82 / 7	0.68 / 21	0.2	2
साइपरमेथ्रिन	पर्णीय	0.01 प्रतिशत	2.80	0.40 / 14	0.2	7
पत्ता गोभी						
कार्बारिल	पर्णीय	0.05 प्रतिशत	9.40	0.75 / 10	5.0	3
इण्डोसल्फान	पर्णीय	0.05 प्रतिशत	16.71	1.50 / 10	2.0	10
कार्बोफ्यूरान	मृदा	1.0 किलो ग्राम सक्रिय तत्व / हेक्टेयर	–	0.06 / 72	0.50	50

मैलाथियान	पर्णीय	625.0 ग्राम सक्रिय तत्व/ हेक्टेयर	1.62/7	0.43/21	3	3
मोनोक्रोटोफास	पर्णीय	450.0 ग्राम सक्रिय तत्व/ हेक्टेयर	1.82/7	0.68/21	0.2	2
साइपरमेथ्रिन	पर्णीय	0.01 प्रतिशत	2.80	0.40/14	0.2	7
पत्ता गोभी						
कार्बारिल	पर्णीय	0.05 प्रतिशत	9.40	0.75/10	5.0	3
इण्डोसल्फान	पर्णीय	0.05 प्रतिशत	16.71	1.50/10	2.0	10
कार्बोफ्यूरान	मृदा	1.0 किलो ग्राम सक्रिय तत्व/ हेक्टेयर	–	0.06/72	0.50	50
मैलाथियान	पर्णीय	0.10 प्रतिशत	2.16	0.96/3	3	–
साइपरमेथ्रिन	पर्णीय	0.10 प्रतिशत	3.07	0.17/10	1.0	6
फूल गोभी						
इण्डोसल्फान	पर्णीय	0.07 प्रतिशत	14.50	0.27/15	2.0	10
साइपरमेथ्रिन	पर्णीय	0.007 प्रतिशत	0.35	0.05/15	0.2	3
टमाटर						
कार्बारिल	पर्णीय	0.01 प्रतिशत	18.5	0.40/7	5	2
इण्डोसल्फान	पर्णीय	0.01 प्रतिशत	5.90	0.51/5	2	6
कार्बोफ्यूरान	मृदा	0.5 किलोग्राम सक्रिय तत्व/हेक्टेयर	0.09	एन.डी. /75	1.00	60
मैलाथियान	पर्णीय	0.01 प्रतिशत	3.64	0.08/10	3.0	3
मोनोक्रोटोफास	पर्णीय	0.05 प्रतिशत	9.25	0.71/3	0.20	5
साइपरमेथ्रिन	पर्णीय	0.0075 प्रतिशत	0.93	0.2/10	0.20	5

समन्वित कीट प्रबन्धन तकनीकी (Integrated Pest Management Techniques)

"इन्टीग्रेटेड पेस्ट कन्ट्रोल" (integrated pest control) के अन्तर्गत विभिन्न विधियों को सामूहिक रूप से प्रयोग कर नियंत्रित किया जाना चाहिए। समन्वित कीट प्रबन्धन के अन्तर्गत हानिकारक कीड़ों के प्राकृतिक शत्रुओं का संरक्षण, सस्य प्रबन्धन क्रियाकलाप, मित्र कीड़ों की निगरानी एवं पूर्वानुमान, जैविक, यांत्रिक एवं रासायनिक नियंत्रण पद्धतियों का एकीकरण कर सही निर्णय को लागू करना है। समन्वित कीट प्रबन्धन के अन्तर्गत विभिन्न विधियों को सामूहिक रूप से प्रयोग करते है, जिनका विस्तृत विवरण निम्नवत है–

अ. सस्य प्रबन्धन (Agronomic management)

सस्य प्रबन्धन एक व्यवाहारिक कीट नियंत्रण पद्धति है, जिसका तात्पर्य परम्परागत अपनाये जाने वाले कृषि कार्यों में थोड़ा परिवर्तन करके कीड़ों के आक्रमण को कम किया जा सकता है।

सब्जी उत्पादन संबंधी सस्य क्रियाओं का प्रबन्धन इस तरह से किया जाता है कि हानिकारक कीड़ों के जीवन चक्र, वृद्धि एवं प्रजनन हेतु अनुकूल वातावरण नहीं उपलब्ध हो पाता है। इस नियंत्रण पद्धति के अर्न्तगत गर्मी की गहरी जुताई, बुआई, सिंचाई, कटाई इत्यादि सस्य क्रियाओं का सुनिश्चित करना, इस प्रबन्धन तकनीक का मुख्य आधार है। इस पद्धति को अपनाने से उत्पादक को कोई अतिरिक्त व्यय नही करना पड़ता है। इसके अन्तर्गत निम्नलिखित विधियों को अपनाया जा सकता है–

1. सब्जी फसल एवं खेत का चुनाव (Selection of vegetable crop and site)

सब्जियों के सफल उत्पादन के लिये उचित जलवायु क्षेत्र एवं खेत का चयन आवश्यक होता है। सब्जी की प्रजाति ऐसी होनी चाहिये, जो किसी जलवायु एवं क्षेत्र विशेष के प्रमुख कीड़ों के प्रति अवरोधी एवं सहनशील हो। उस खेत में पहले से कीड़ों के अण्डे लारवा या प्रौढ़ न हों। ध्यान देना चाहिए कि खेत के पास कोई ऐसा पौधा न हो जो कीड़ो को प्रजनन या विकास में सहायक हो।

2. गर्मी की जुताई (Summer ploughing)

गर्मी में भूमि की गहरी जुताई करने से मिट्‌टी के अंदर छुपे विभिन्न कीड़ों के अंडे एवं सुड़ियाँ, सूत्रकृमि, दीर्घकालीन खरपतवार के गाँठें तथा कंद एवं अन्य जीव जो जमीन के नीचे होते हैं, जुताई के बाद ऊपर आ जाते हैं। परिणामस्वरुप धूप व गर्मी के कारण सूखकर नष्ट हो जाते हैं अथवा प्राकृतिक शत्रुओं जैसे चिड़ियों, मेंढक, सर्प आदि का आहार बनते हैं। फसल की कटाई के उपरान्त खेत की गहरी जुताई करके फलमक्खी, कद्‌दू के लाल कीट और कटुआ कीट के जीवनचक्र को नष्ट कर उनकी सक्रियता को समाप्त किया जा सकता है।

3. बीज का चुनाव (Selection of seed)

सब्जी की खेती करने के लिये ऐसे प्रमाणित बीज इस्तेमाल करना चाहिये, जो सभी प्रकार के कीटाणुओं एवं रोगाणुओं से मुक्त हो। रोपण करने वाली सब्जियों जैसे–टमाटर, बैंगन, मिर्च, गोभी वर्गीय सब्जियों इत्यादि का सफेद मक्खी एवं अन्य कीड़ों के प्रकोप से बचाव हेतु संक्रमणरहित बीज व पौध का ही प्रयोग करना चाहिये।

4. बीज शोधन (Seed treatment)

बुआई के पहले बीज का शोधन कीटनाशियों द्वारा कर लिया जाये तो कीट का प्रकोप बहुत कम होता है। जैसे भिण्डी एवं मिर्च का शोधन इमिडाक्लोरोपिड से किया जाये तो चूसक कीड़ों (sucking insects) द्वारा नुकसान कम होता है।

5. भूमि शोधन (Soil treatment)

भूमि को हानिकारक कीटाणुओं एवं रोगाणुओं से रहित करने के लिये भूमि शोधन करना अति आवश्यक है। इसके लिए निम्न कदम उठाये जा सकते हैं–

(क) मृदा सौरीकरण विधि (Soil solarization technique)

गर्मी के महीने में (15 अप्रैल से 15 जून तक) सूर्य के प्रकाश की तीव्रता व धूप से मुख्य खेत के शोधन को मृदा सौरीकरण कहते हैं। इस विधि का प्रयोग पौधशाला में अधिक होता है। इसके लिए पौधशाला की मिट्टी की गहरी जुताई करने के बाद हल्की सिंचाई करके थोड़ा गीला कर लें, जिससे मिट्टी में नमी बनी रहे। इसके बाद मिट्टी को पालीथीन की पारदर्शी 200 गेज की चादर से ढककर चारों तरफ से मिट्टी से दबा देते हैं, जिससे पालीथीन के अन्दर से हवा तथा वाष्प न निकले और अन्दर 48–52 डिग्री सेल्सियस तक बना रहे। इस तरह से 4–6 सप्ताह तक पालीथीन से ढकी अवस्था में छोड़ देते हैं।

(ख) रासायनिक विधि से भूमि भाोधन (Soil treatment through chemicals)

पौधों को मृदा कीड़ों, दीमक, तना एवं जड़ बेधक कीड़ों से सुरक्षा के लिये फ्युराडान की 2.5–3.0 ग्राम मात्रा प्रति वर्गमीटर में अच्छी प्रकार मिलाने के बाद बीज बुआई करते हैं।

6. वैकल्पिक आश्रय पौधों को समाप्त करना (Removal of host plant)

बहुत सारे कीटाणुओं का वैकल्पिक आश्रय पौधा (host plant) विशेषकर रबर, पटसन आदि होता है, जो बेमौसम में हानिकारक कीड़ों को जीवित रखने में सहायक होते हैं। उदाहरण के लिए टमाटर का पर्ण कुन्चन बीमारी का रोग कारक अपना बहुगुणन पार्थिनियम (Parthenium) खरपतवार पर करता है।

7. पौधों के अवशेषों को जलाकर नष्ट करना (Burning of plant residue)

फसलों के अवशेषों में हानिकारक कीट हमेशा छिपे रहते हैं और अपना भोजन प्राप्त करते रहते हैं। अतः इनको जलाकर अवश्य नष्ट कर देना चाहिये। जैसे–सरसों कुल की सब्जियों के अवशेषों को नष्ट कर देने से अनेकों हानिकारक कीट अगली फसल में नुकसान नही पहुँचा पाते हैं। बैंगन एवं भिण्डी के अवशेषों को नष्ट कर देने से अगली फसल में तना बेधक कीड़ों की सुंडिया (grubs) कम हो जाता है। मूलग्रन्थि सूत्रकृमि द्वारा प्रभावित पौधों को समूचा उखाड़कर व जलाकर नष्ट कर देना चाहिये जिससे अगली फसल में संक्रमण का स्तर कम किया जा सके।

8. बुआई का समय तथा फसल अवधि (Sowing time and crop period)

पौधों के रोपण के समय का समायोजन करके कुछ कीटाणुओं के प्रकोप से बचा जा सकता है। जैसे–शीघ्र बुआई की गई सरसों वर्गीय सब्जियों में एफिड (Aphid) का प्रकोप नही होता है। यदि कद्दू वर्गीय सब्जियों की बुआई नवम्बर–दिसम्बर में करें तो लाल भृंग कीट (red pumpkin beetle) का असर नहीं होता है। इसी प्रकार अल्पावधि की प्रजातियों का चुनाव करने से जल्दी पकने के कारण कीड़ों के प्रकोप से बच जाती हैं। फसल कटाई के समय का समायोजन करके भी किसी फसल को कीड़ों के दुष्प्रभाव से बचाया जा सकता है।

9. फसल चक्र (Crop rotation)

उचित फसल चक्र को अपनाने से कीड़ों का प्रकोप कम होता है। एक ही सब्जी फसल को एक ही खेत में बार–बार उगाने से उस फसल पर विशेष कीड़े, बीमारियों व खरपतवार का प्रकोप

अधिक होता है। अतः फसल चक्र (फसलों की अदल–बदल कर खेती करने से) अपनाने से कीड़ों का जीवन चक्र टूट जाता है और अगली फसल में प्रकोप कम होता हैं क्योंकि अपेक्षाकृत संख्या कम हो जाती है। अतः उत्पादकों को कम स्तर पर क्षति होती है।

सारिणी (17.4) सब्जियों में कीट प्रबन्धन के लिये उचित फसल चक्र

फसल चक्र	निर्धारित कीड़े
पत्ता गोभी + गाजर	डायमण्ड बैकमाँथ (Diamond back moth)
ब्रोकली + फराश बीन्स	फ्ली बीटल (Flea beetle)
भिण्डी + लोबिया	पित्त शीरा मोजैक (Yellow vein mosaic)
पत्ता गोभी + फराश बीन्स	रुट फ्लाई (Root fly)
पत्ता गोभी + टमाटर	डायमण्ड बैकमॉथ (Diamond back moth)

10. प्रतिरोधी / सहनशील प्रजातियों का उपयोग (Use of resistant/ tolerant varieties)

किसी फसल विशेष को हानिकारक कीड़ों के प्रकोप से बचने के लिये प्रतिरोधी / सहनशील प्रजातियों का चुनाव सबसे उपयुक्त साधन है। क्योंकि कीट विशेष का प्रबन्धन करना अत्यन्त सरल, दुष्प्रभावरहित एवं आर्थिक दृष्टि से बहुत उपयोगी है। इनके उपयोग से रासायनिक दवाओं की खपत में कमी आती हैं। सब्जियों के प्रमुख कीट प्रतिरोधी प्रजातियों को नीचे की सारिणी में दिया गया है–

सारिणी (17.5) सब्जियों की कीट अवरोधी / सहनशील प्रजातियाँ

फसल	कीट	अवरोधी / सहनशील
बैंगन	तना एवं फल छेदक कीट (*Leucinodes orbonalis*)	पंजाब सदाबहार, पूसा पर्पल लांग, पंजाब बरसाती, पंजाब नीलम, पूसा पर्पल राउण्ड, ए0आर0वी0, 2–सी0, पी0बी0आर0–129–5, एस0 एम0 17–4
	जैसिड, थ्रिप्स, सफेद मक्खी, माँहू	मंजरी गोटा, कल्याणपुर–2, पंजाब चमकीला, पी0बी0आर0–91, गोटे–2, जी0बी0–1, जी0बी0–6
टमाटर	सूत्रकृमि (Nematode)	पंजाब छुहारा
मिर्च	थ्रिप्स	हिसार ललित, पी0एन0आर0–7, ए0सी0– 23, भाष्कर, एन0पी0–46–ए0
पत्ता गोभी	माँहू (*Brevcoryne brassicae*)	रेडड्रम हेड, आलसीजन, एक्सप्रेस मेल, स्योर हेड
फूल गोभी	तना छेदक (*Hellula undalis*)	अर्ली पटना, काठमाण्डू लोकल, के0डल्लू0–5, के0डब्लू0–8, ई0एम0एस0–3,
भिण्डी	जैसिड (*Amrasca biguttula*)	पंजाब पद्मिनी, आई0आई0एच0आर0–21, ए0ई0–15, आई0 सी0–013999, आई0सी0–007194
	फल व तना छेदक	लाल–1, लाल–2, रेड वण्डर

प्याज	थ्रिप्स (*Thrips tabaci*)	अर्का निकेतन, पूसा रतनार, एन0–2–4–1 और सेलक्शन–171, पी0बी0आर0–2, पी0बी0आर0–4, पी0बी0आर0–5, पी0बी0आर0–6
टिण्डा	फल मक्खी (*Dacus cucurbitae*)	अर्का टिण्डा
मटर	पर्ण सुरंगक	एल0एम0आर0–4, 10, 20, जे0पी0–171
कद्दू	फल मक्खी (*Dacus cucurbitae*)	अर्का सूर्यमुखी
करेला	फल मक्खी (*Dacus cucurbitae*)	हिसार–II
टिण्डा	फल मक्खी	अर्का टिण्डा
आलू	गोल्डेन सूत्रकृमि	कुफरी स्वर्ण

स्रोतः डे (2010)

11. अन्तः फसल उगाना (Growing of inter crop)

अन्तः फसल उगाकर सब्जियों में कीड़ों का प्रकोप कम किया जा सकता है। अन्तः फसल के रूप में उस फसल का चुनाव करना चाहिये, जिनके द्वारा छोड़े जाने वाले जैव रसायन या गंध से कीड़ों के प्रौढ़ (adult) दूर भागते हैं एवं उनके द्वारा अण्डा देने की क्रिया भी कम हो जाती है। इस तरह मिश्रित पौध रोपण प्रक्रिया, परभक्षी एवं परजीवी कीड़ों के क्रियाशीलता को बढ़ाती है। उदाहरण के लिए टमाटर एवं बंद गोभी की अन्तः फसलीकरण से इन दोनों सब्जियों में कीट अपेक्षाकृत कम लगते हैं।

सारिणी (17.6) सब्जियों की अन्तः फसल व नियंत्रित होने वाले प्रमुख कीट

अन्तः फसल	:	नियंत्रित होने वाले प्रमुख कीट
बंद गोभी + टमाटर	:	डायमण्ड बैकमाथ
बंद गोभी + गाजर	:	डायमण्ड बैकमाथ
फूल गोभी + टमाटर	:	डायमण्ड बैकमाथ
राजमा + बंद गोभी	:	फल मक्खी
ब्रोकली + बाकला	:	फ्ली बीटल

12. कीड़ों को आकर्षित करने वाले फसलें उगाना (Growing of insect trapping crop)

कुछ फसलों को कीड़े मुख्य फसल की अपेक्षा अधिक पसंद करते हैं, जिन्हें ट्रैप फसल (trap (crop) कहते हैं। ट्रैप फसल को मुख्य फसल के चारों ओर किनारे (border) के रूप में या फसल के साथ एक निश्चित दूरी पर बीच–बीच में पंक्तियों में लगाते हैं, जिसमें कीड़े अपेक्षाकृत ज्यादा लगते हैं और उन्ही पर उनका नियंत्रण कर दिया जाता है ताकि मुख्य फसल हानिकारक कीड़ों से बच जायें। उदाहरण के लिए टमाटर की प्रत्येक 14 लाइनों के बाद एक लाइन गेंदा, टमाटर रोपण के लगभग 15 दिन पहले लगाकर फल छेदक कीट (*Helicoverpa* spp.) का प्रकोप कम किया जा सकता है। इस विधि से पर्ण सुरंगक कीट (leaf miner) द्वारा फसल को होने वाली नुकसान से बचाया

जा सकता है। पत्ता गोभी के 10 पंक्तियों के बाद सरसों की दो पंक्तियाँ लगाई जाती हैं। सरसों की एक पंक्ति पत्ता गोभी के रोपण के 15 दिन बाद तथा दूसरा पंक्ति रोपण के 35 दिन बाद की जाती है। सरसों के पौधों की ओर डायमण्ड बैकमाथ (*Plutella xylostella*), पर्ण जालक, पर्ण सुरंगक तथा एफिड्स आकर्षित होते हैं, जिस पर 0.5 प्रतिशत डाइक्लोरोवास का छिड़काव कर नियंत्रित किया जा सकता है।

सारिणी (17.7) वाष्पशील पदार्थ निकालकर पौधों का कीट से स्वयं सुरक्षा

पौध (Plant)	**शाकाहारी (Herbivore)**	**निकलनेवाला वाष्पशील पदार्थ (Volatile released)**	**आकर्षित करते हैं। (Attraction of insects)**
सरसों कुल के सदस्य (members of Brassicaeae)	एफिड्स (*Brevicoryne brassicae, Myzus persicae*)	आइसोथायोसाइनेट्स (isothiocynates)	एफिड परजीविता (Aphid parasitoids)
लाइमा बीन (Lima bean)	टेट्रानिकस अर्टिकी (*Tetranychus urticae*)	(इ)– बीटाओसीमेन (E)-β-ocimene	दुसरे का शिकार करने वाला चीटी (predatory mites)
लाइमा बीन (Lima bean)	मिथिमा सेपाराटा (*Mythimna separata*)	विशिष्ट वाष्पशील (specific volatiles)	कोटेशिया करीयाई (*Cotesia kariyai*)
ब्रुसेल्स स्प्राउट (Brussell's sprout)	पायरिस ब्रासिकी (*Pieris brassicae*)	ऐल्डीहाइड्स व टरपीनोयड्स (aldehydes and terpenoids)	कोटेशिया ग्लोमेराटा (*Cotesia glomerata*)

स्रोत: केसलर एवं बाल्डवीन, 2001

13. उर्वरक एवं सिंचाई प्रबन्धन (Management of fertilizer and irrigation)

पौधों में उर्वरकों का संतुलित प्रयोग करना चाहिये, जिससे हानिकारक कीड़ों का प्रकोप अप्रत्यक्ष रूप से प्रभावित होता हैं। फास्फोरस तथा पोटैशियम की पर्याप्त मात्रा जहाँ पौधों में कीड़ों के प्रति प्रतिरोधिता उत्पन्न करती हैं, वहीं नत्रजन की अधिकता से कीड़ों का प्रकोप अधिक होता हैं। पौधें में जल की कमी होने से फ्लोएम (phloem) रस में घुले सुक्रोज तथा नत्रजन की सान्द्रता बढ़ जाती है, जिससे एफिड के आक्रमण अधिक होते हैं। मृदा में छुपे रहने वाले कीट जैसे–दीमक, कटवर्म, व्हाइट ग्रब आदि का प्रकोप सिंचाई करने पर कम हो जाता है।

ब. यांत्रिक नियंत्रण (Mechanical control)

यांत्रिक विधियों का प्रयोग करके हानिकारक कीड़ों को काफी हद तक नियंत्रित किया जा सकता है। इनसे तत्काल परिणाम मिलता है और ये सुरक्षित भी हैं। कुछ कीट जो साफ दिखाई दें और आसानी से पकड़े जा सकते हैं, उनको पकड़कर खत्म कर देना चाहिए। हड्डा बीटल, तम्बाकू की सूड़ी के अण्डे एवं प्ररोह और फल को भेद कर खाने वाली सूड़ी (बैंगन व भिण्डी के फल भेदक)

बहुत आसानी से देखकर कीट की विभिन्न अवस्थाओं में नष्ट कर देने से इनसे होने वाले प्रकोप एवं क्षति से बचाया जा सकता है। इस विधि में ज्यादा लागत नहीं आती है एवं यह सुरक्षित भी है। यांत्रिक उपायों के अन्तर्गत निम्नलिखित क्रियायें सम्मिलित हैं–

1. जाल अथवा अवरोधक का इस्तेमाल करना (Use of net or barrier)

मिर्च, टमाटर, बैंगन तथा गोभी वर्गीय सब्जियों की पौधशाला को जाल से ढँकने या नेट हाउस (net house) में नर्सरी उगाने से पौधों पर सफेद मक्खी (whitefly) द्वारा विषाणु का संचरण नहीं होता है।

2. फेरोमोन ट्रैप या बायोल्यूर का प्रयोग (Use of pheromon trap or Biolure)

फेरोमोन ट्रैप या बायोल्यूर के प्रेयोग (use of pheromon trap or biolure) में गंध रहित रबर पर पतंगों की विशेष गंध (फेरोमोन) बाह्य हार्मोन के रूप में भरी होती है। ये अपनी सुगन्ध से विपरित लिंग के कीड़ों को अपनी ओर आकर्षित करते हैं।

बायोल्यूर के प्रकार एवं उनके द्वारा आकर्षित पतंगे निम्नलिखित हैं–

- बायोल्यूर एच0–टमाटर की फल बेधक सुंड़ी के नर पतंगे।
- बायोल्यूर–स्पो0–बंद गोभी एवं फूल गोभी सुड़ी के नर पतंगें।

टमाटर के फल बेधक कीट व तम्बाकू की सुड़ी के नियंत्रण के लिए एन0पी0वी0–एच0 व एन0पी0वी0–एस0 का 350 सूड़ी समतुल्य घोल का दोपहर बाद छिड़काव करने से लाभ होगा। विभिन्न प्रकार के पतंगों के लिए अलग–अलग फेरोमोन ल्यूर का उपयोग किया जाता है। यह एल्यूमिनियम/पालीइथीलीन की बनी छोटी थैली में बन्द मिलता है। उपयोग के समय थैली को खोलकर ट्रैप के ढक्कन में बने स्थान पर ल्यूर (lure) को लगाया जाता है। यह खेत में लगाने के बाद 3–4 सप्ताह तक कार्य करता है। पुनः 15–20 दिन बाद नये ल्यूर की जरूरत पड़ती है। कद्दू वर्गीय सब्जियों को नुकसान पहुँचाने वाली फल मक्खी (*Bactrocera cucurbitae*) तथा बैंगन के तना एवं फल छेदक (*Leucinodes orbonalis*) के नर कीट को फेरोमोन ट्रैप (pheromon trap) के द्वारा पकड़कर नष्ट कर दिया जाता है। इसके लिये 20–25 ट्रैप प्रति हेक्टेयर लगा दिये जाते हैं।

2. प्रकाशपुंज का प्रयोग (Use of light)

प्रकाश की ओर आकर्षित होने वाले कीड़ों के लिये प्रकाश पुंज का उपयोग किया जाता है। उदाहरण के लिए लेपिडोप्टेरा वर्ग के कीड़ों की सूड़ियाँ ही पौधों को ज्यादा नुकसान पहुँचाती हैं। इनकी रोकथाम के लिये अगर सायंकाल 2.0 घण्टे प्रकाश की व्यवस्था करें तथा पास में किसी बड़े बर्तन में पानी भर कर रखें, जिससे कीड़े उसमें गिरकर नष्ट हो जायें।

स. जैविक एवं प्राकृतिक नियंत्रण (Biological and natural control)

एकीकृत कीट प्रबन्धन के समस्त घटकों में जैविक नियंत्रण सबसे महत्वपूर्ण है। सब्जियों में जैव नियंत्रण प्रक्रिया अक्सर जैव विविधता एवं प्राकृतिक शत्रुओं के छिपने के स्थान की कमी से बाधित होता है या सफल नहीं हो पाती है। अतः प्राकृतिक नियंत्रण प्रक्रिया को बढ़ावा देने के लिए प्राकृतिक कार्यक्रमों (मिश्रित खेती, प्राकृतिक वातावरण के पौध संरक्षण, कम जुताई, खेत का परती छोड़ना आदि) को अपनाना चाहिए। अतः खेत के छोटे खण्ड को अलग छोड़ देने से प्राकृतिक जैविक घटक स्वतः सक्रिय हो जाते हैं। जैविक कीट नियंत्रण के लिये अधिक मात्रा में परभक्षी और परजीवी मित्र कीट एवं सूंडी (जीवाणु, कवक और विषाणु) के प्रयोग से हानिकारक कीड़ों की विभिन्न अवस्थाओं में महामारी की तरह रोग उत्पन्न करके नष्ट कर देते हैं, जिससे हानिकारक कीड़ों की संख्या प्राकृतिक रूप से नियंत्रित हो जाती है। जैविक कीट नियंत्रण में इन्हीं कारकों का प्रभावी ढंग से एकीकृत कीट प्रबन्धन में प्रयोग होता हैं एवं मित्र कीड़ों को सुरक्षित रखने का प्रयास किया जाता हैं। कीड़ों के जैविक नियंत्रण के लिए सन् 1964 के अन्त तक 200 तरह के जैविक घटकों को पहचाना जा चुका था। पूरे विश्व में 150 हानिकारक कीड़ों के नियंत्रण के लिए 400 परजीवी एवं परभक्षी कीड़ों को पहचाना जा चुका है। इसके अलावा विषाणु, जीवाणु एवं सूत्रकृमि को भी कीट नियंत्रण में इस्तेमाल किया गया। इन घटकों का महत्व ज्यादा है क्योंकि यह सूक्ष्म कीटनाशी स्तनधारी जीवों के लिए सुरक्षित है।

- जन्तु एवं पक्षियों का प्रयोग (Use of animal and birds)

हानिकारक कीड़ों की विभिन्न अवस्थाओं को खाने वाले जन्तु एवं पक्षी हमारे खेतों पर हमेशा विचरण करते रहते हैं–जैसे कौआ, नीलकंठ, मैना आदि, का संरक्षण करना चाहिये। इसके अतिरिक्त लेडी बर्ड बिटिल, मिडोग्रास हापर, मकड़ी, गिरगिट एवं बग हानिकारक कीड़ों को खाकर उनकी संख्या कम करते हैं। चीन में बनी गुफाओं पर चित्रकारी से पता चलता है कि उस समय बत्तख का प्रयोग फसल में लगने वाले कीड़ों के नियंत्रण के लिए किया जाता था, जो आज भी प्रचलित है। दूसरे उदाहरण के तौर पर नारंगी वाली फसलों में लगने वाले कीड़ों के नियंत्रण के लिए लाल चींटी का प्रयोग किया जाता है, जबकि पहली बार सन् 1762 में टिड्डी (हायरोग्लाइफस बनियान) के नियंत्रण के लिए चिड़िया, भारतीय मैना को मारीशस में प्रयोग किया गया। इसके 10 वर्ष बाद टिड्डी की संख्या नियंत्रित हो गयी। जैविक घटक लेडी बर्ड बिटिल का पहली बार सन् 1988 में कैलिफोर्निया में स्केल कीट (scale insects) के नियंत्रण के लिए प्रयोग हुआ।

- परभक्षी कीट (Predators)

विगत वर्षों में जैविक कीट प्रबन्धन की दिशा में काफी प्रगति हुई है। ये कीट अपने भोजन के लिए दूसरे कीड़ों का शिकार करते हैं। परभक्षी कीड़ों में मकड़ी, ड्रैगन मक्खी, डैससल मक्खी, कास्सोनेलिड, चीटियाँ आदि। इसी प्रकार क्राइसोपरला कारनिया (*Chrysoperla carnea*) परभक्षी कीट सफेद मक्खी, हरा फुदका, माँहू आदि का भक्षण करते हैं। इस परभक्षी कीट की 50,000 लारवा तुल्यांक प्रति हेक्टेयर की दर से 10 दिन के अन्तराल पर 3 बार छोड़ने पर उपरोक्त कीड़ों से फसल

को सुरक्षित रखा जा सकता है। क्राइसोपरला, बायोलप नामक बैक्टीरिया भी बाजार में उपलब्ध है, जिन्हे 1.0 किलो ग्राम प्रति हेक्टेयर की दर से छिड़कना चाहिये। हीरक पृष्ठ पतंगा (diamond backmoth) , टमाटर, फल बेधक तथा बैंगन में फल छेदक पर इसका अच्छा प्रभाव पड़ता है। सूक्ष्म जीवों से तैयार कीटनाशी पदार्थ, रासायनिक कीटनाशी दवाओं की तुलना में काफी सस्ते होते हैं और इसके प्रयोग से पारिस्थितिक तंत्र (ecological system) को भी कोई नुकसान नहीं होता है। सब्जियों में बी0टी0 का प्रयोग हीरक पृष्ठ पतंगा (*Plutella xylostella*) तना एवं फल बेधक 'एरियास वाइटेला' (*Erias vitella*) और फल बेधक 'हेलिकोवर्पा आर्मीजेरा' (*Helicoverpa armigera*) के नियंत्रण के लिये किया जाता है।

सारिणी (17.8) सब्जी कीड़ों के प्रभावी नियंत्रण के लिए प्राकृतिक/जैविक परजीवी

फसल	कीट	संख्या	परजीवी / परभक्षी	परजीविता
सरसों वर्गीय फसल	प्लूटेल्ला जाइलोस्टैल्ला (*Plutella xylostella*)	29	एपान्टेलेस प्लूटेल्ली (*Apanteles plutellae*)	3.5
			ब्राकीमेरिया इक्जकारीनाटा (*Brachyomeria excarinata*	59.0
			डियडग्मे सेमीक्लसम (*Diadegme semiclausum*)	20.35
	क्रोसीडोलोमिय बिनोटैलिस (*Crocidolomia binotalis*)	10	एपान्टेलेस क्रोसीडोलोमिया (*Apanteles crocidolomia*)	–
	हेल्लुला अनडैलिस	4	ब्राकन प्रजाति	16.7
टमाटर	हेलिकोवर्पा आर्मीजेरा (*Hellicoverpa armigera*)	120	ट्राइकोग्रामा प्रजाति (*Trichogramma* spp.)	80
भिण्डी	स्पोडोप्टेरा लिटुरा (*Spodoptera litura*)	42	टेलीनोमस रोवानी (*Telenomus rowani*)	10–20
			पेरिबिया ओरबाटा (*Peribaea orbata*)	24
	इरियास प्रजाति (*Earias spp.*)	27	ट्राइकोग्रामा प्रजाति (*Trichogramma* spp.)	0.7–56
	एफिस प्रजाति (*Aphis spp.*)	34	काक्सीनेल्ला सेप्टेमपक्टाटा (*Trichogramma stempuctata*)	–
			क्राइसोपरला कारनिया (*Chrysoperla carnea*)	–

स्रोतः डे (2010)

लेपिडोप्टेरा वर्ग के कीड़ों को विषाणु बीमारी द्वारा नियंत्रित करने के लिये हेलिकोवर्पा एन0पी0वी0 तथा स्पोडोप्टेरा एन0पी0वी0 500 लाख लारवा समतुल्य सांयकाल कुछ अल्ट्रावायलेट प्रतिरोधी पदार्थ जैसे–चारकोल और कुछ एडजुवेन्ट पदार्थ जैसे गुड़ के साथ प्रयोग करके उपरोक्त कीड़ों की संख्या में भारी कमी की जा सकती है। टमाटर में अण्डा परजीवी कीट "ट्राइकोग्रामा" तना एवं फल–बेधक कीड़ों के नियंत्रण में काफी महत्वपूर्ण है। इसके अण्डे 250000 प्रति हेक्टेयर की

दर से प्रति सप्ताह छोड़ते हैं। सब्जी फसलों में हानिकारक कीड़ों के जैविक नियंत्रण में प्रयोग होने वाले (जैविक नियंत्रकों) की मात्रा का विवरण निम्न सारिणी में दिया गया है–

सारिणी (17.9) कीड़ों के जैविक नियंत्रण में प्रयोग तथा जैविक नियंत्रकों की मात्रा

जैविक नियंत्रक	मात्रा	अधिक कीट	सब्जी फसल
ट्राइकोग्रामा प्रजाति *(Trichogramma brassiliensis)*	50,000–75,000 क्रोसाइटा अंडे/हेक्टेयर प्रति सप्ताह	डायमण्ड बैक माथ	फूल गोभी/पत्ता गोभी
		फल बेधक	टमाटर
		तना एवं फल बेधक	बैंगन
	25,000 क्रोसाइटा अंडे–1/हे0	तथा फल बेधक	भिण्डी, टमाटर
टेलिनोमस रिगस	10,000 अंडे–1/हेक्टेयर	तम्बाकू की इल्ली	फूल गोभी/टमाटर
एच0एन0पी0वी0	250 लार्वा/हेक्टेयर	फल बेधक	टमाटर
एच0एन0पी0वी0	250 लार्वा/हेक्टेयर	तम्बाकू की इल्ली	फूल गोभी, टमाटर
क्राइसोपरला कारनिया	3000 लार्वा/हेक्टेयर	एफिड, जैसिड एवं सफेद मक्खी	गोभी वर्गीय सब्जियों, आलू, टमाटर, मिर्च,
(Chrysoperla cornea)	50000 प्रथक इस्टार लार्वा/हे0	एफीड	भिण्डी, पत्तागोभी
बी0टी0 *(Bacillus thuringiensis)*	1.0–1.5 किलोग्राम/हेक्टेयर	तना एवं फल बेधक	बैंगन
		डायमण्ड बैक मोथ	गोभी वर्गीय सब्जियाँ
		फल बेधक	टमाटर

स्रोत : डे (2010)

- परजीवी कीट (Parasitic insects)

ऐसे कीट जो अपना जीवन चक्र दूसरे कीड़ों के उपरी शरीर पर या शरीर के आन्तरिक भाग में पूरा करते हैं, जिसके परिणाम स्वरूप दूसरे हानिकारक कीट मर जाते हैं। ये परजीवी कीट अलग–अलग किस्म के होते हैं। जैसे–अण्डा परजीवी, सुण्डी परजीवी, सुण्डी प्यूपा परजीवी आदि।

- ट्राइकोग्रामा परजीवी वेधक सूंडी के अण्डे को परजीवित करके मार डालते हैं।
- एपेन्टेलिस जाति के परजीवी कीट हानिकारक सूंडियों के अन्दर अण्डा देकर उन्हें नष्ट कर देते हैं।
- कुछ जैविक घटक ऐसे होते हैं, जो कीड़ों के शरीर में रोग पैदा करके हानिकारक कीड़ों को मारते हैं। जैसे–जीवाणु, विषाणु, फफूँद एवं सूत्रकृमि

जैविक नियन्त्रण के अन्तर्गत "बायोपेस्टीसाइड" (biopestcide) का योगदान दिन–प्रतिदिन बढ़ता जा रहा है।

- न्यूक्लियो पालीहेड्रोसिस वाइरस (Nucleo Polyhedrosis Virus or N.P.V.)

सामान्यतः 250 गिडार से बना न्यूक्लियो पालीहेड्रोसिस वाइरस (Nucleo Polyhedrosis Virus or N.P.V.) के घोल को प्रति हेक्टेयर 500.0–600.0 लीटर पानी के साथ मिलाकर छिड़काव

करना चाहिए। फली छेदक सूड़ियों के लिए यह बहुत प्रभावशाली है। प्रयोग के लिए 1.5 मिली लीटर प्रति लीटर पानी के साथ करना चाहिए।

• ट्राइकोग्रामा (*Trichogramma* spp.)

यह छोटी ततैया है, जो पतिंगों के परजीवी होती हैं। क्राइसोपरला कारनिया (*Chrysoperla cornea*) नामक परभक्षी कीट का अण्डा परजीवी ट्राइकोग्रामा (*Trichogramma*) फल छेदक, सफेद मक्खी, हरा फूदका, माहूँ, आदि का भक्षण करते है। ट्राइकोग्रामा अपने अण्डे पतिंगों के अण्डों के अन्दर देती है। वहीं पर इसकी वृद्धि होती है, जिससे वह पतिंगों के लार्वा को बनने नही देती तथा सब्जियों को नुकसान से बचाती है। यह कार्ड के रुप में उत्पादकों को मिलता है। अण्डों में से ट्राइकोग्रामा की ततैया परजीवी 7–10 दिन के अन्दर निकलकर खेत में जैव नियंत्रण का कार्य करती है। सामान्यतः 2–5 कार्ड प्रति एकड़ लगाते हैं। लगाने का अन्तराल 10–15 दिन का रखते है। सब्जियों के लिए ट्राइकोग्रामा किलोनिस व ट्राइकोग्रामा टोइडियाबेक्टी का प्रयोग करते हैं। फल छेदक, सफेद मक्खी, हरा फूदका, माँहू, आदि के लिए अण्डा परजीवी ट्राइकोग्रामा (*Trichogramma*) को 50000/हेक्टेयर की दर से 10 दिन के अन्तराल पर तीन बार छोडने पर उपरोक्त कीड़ों से फसल को सुरक्षित रखा जा सकता हैं।

• बी0टी0 जीवाणु (Bt.)

जैविक घटकों में सबसे ज्यादा योगदान बी0टी0 यानी बैंसिलस थूरीनजेन्सीस'' (*Bacillus thuringiensis*) का है, जो लेपिडोप्टेरस कीट तथा कोलारैडो पोटैटो बिटिल्स का पूर्ण नियंत्रण करता है। यह विशेष प्रकार का जीवाणु है, जो गोभी में लगने वाली हरी सूंडी (*Plutella xylostella*), 'एरियास वाइटेला' (*Erias vitella*) और टमाटर में लगने वाली फली छेदक कीट हेलिकोवर्पा आर्मीजेरा (*Hellicoverpa armigera*) को मारने में प्रयुक्त होता है। इनके द्वारा प्राकृतिक रुप से महामारी रोग होने से हानिकारक कीट दूसरी बार क्षति नहीं पहुँचा पाता है। टमाटर के फल बेधक कीट की प्रथम अवस्था लार्वा को मारने के लिए बहुत ही प्रभावकारी जैविक कीटनाशी है। बी0टी0 का सक्रिय तत्व क्रिस्टलीय डेल्टा–एण्डोटाक्सिन है। यह फली बेधक की भक्षण क्रिया को तुरन्त रोक देता है। अतः फल बेधक 1–3 दिन के अन्दर मर जाते हैं। फसल की आर्थिक नुकसान होने से पूर्व जब फल बेधक प्रारम्भिक काल में हो तो 0.50–1.50 किलो ग्राम 500.0–700.0 लीटर पानी में मिलाकर प्रति हेक्टेयर की दर से 10–15 दिन के अन्तराल पर छिड़काव करना चाहिए। यह बात सही है कि वर्तमान समय में बी0टी0 जीवाणु (*Bt.*) की उपलब्धता के कारण कुछ जैविक कारकों जैसे प्लुटेल्ला जाइलोस्टेला (*Plutella xylostella*) का सीमित प्रयोग है। इसी प्रकार निश्चित आतिथ्य पौध विशिष्टता वले न्युक्लियर पालीहेड्रोसिस वायरस का प्रयोग हेलियोथिस आर्मीजेरा (*Heliothis armigera*), स्पोडोप्पटेरा लिटुरा (*Spodoptera litura*) तथा प्लुटेल्ला जाइलोस्टेला (*Plutella xylostella*) के प्रति भी सीमित प्रयोग है। इस समय व्यावसायिक उत्पादन की कमी तथा सिमित क्षेत्रफल में प्रयोग बी0टी0 जीवाणु (*Bt.*) की महत्व को कम कर रहा है। एन0पी0वी0–एच0 तथा एन0पी0वी0–एस0 का 250 लारवा तुल्यांक का सायंकाल प्रयोग या धुप से बचाने वाले चारकोल पाउडर या एडुजुएवेन्ट जैसे सीरा (mollases) में मिलाकर प्रयोग करने से निर्धारित कीट को नियंत्रित किया जा सकता है।

सारिणी (17.10) प्राकृतिक जैव कीटनाशक के रूप में फफूँद

बी0टी0 प्रजाति	व्यावसायिक नाम	वाँछित कीट	फसल
बी0टी0 वार0 कुर्सतकी (*Bt* var. *kurstaki*)	हाल्ट (Halt)	डायमण्ड बैंक माथ (Diamond back moth), लेपीडोप्टेरस कैटरपिलर (Lepidopterous caterpillar)	पत्ता गोभी (Cabbage)
	बायोलेप (Biolep)	कॉटन बालवार्म (Cotton bollworm)	कपास (Cotton)
	बायोएसाप (Bioasap)	कॉटन बालवार्म (Cotton bollworm)	कपास (Cotton)
	डेलफिन (Delfin)	कॉटन बालवार्म (Cotton bollworm)	कपास (Cotton)
		तम्बाकू सूँड़ी (Tobacco caterpillar)	रेड़ (Caster)
	डिपेल (Dipel)	कॉटन बालवार्म (Cotton bollworm)	कपास (Cotton)
		फल छेदक (Fruit borer)	टमाटर, बैंगन, भिण्डी
	बायोबीट (Biobit)	लेपीडोप्टेरस कैटरपिलर (Lepidopterous caterpillar)	अधिकतम फसलों पर
बी0टी0 वार0 गालेरी (*Bacillus thuringiensis* var. *galleriae*)	स्पीकटूरिन (Spicturin)	अमेरिकन बालवार्म (American bollworm)	कपास (Cotton)
		तम्बाकू सूँड़ी	मिर्च
		डायमण्ड बैक माथ (Diamond back moth)	पत्ता गोभी, फूल गोभी
बी0टी0 वार0 आइजावाईल (*Bacillus thuringiensis* var. *awaizai*)	जेंटरी (Xentari)	लेपीडोप्टेरस कैटरपिलर (Lepidopterous caterpillar)	सब्जियाँ
बी0टी0 वार0 मोरीसोनी (*Bacillus thuringiensis* var. *morrisoni*)	फोयल (Foil)	कोलियोप्टेरन बीटल (Coleopteran beetles)	सब्जियाँ
	नोवोडोर (Novodor)	कोलियोप्टेरन बीटल (Coleopteran beetles)	सब्जियाँ
	ट्रीडेन्ट (Trident)	कोलियोप्टेरन बीटल (Coleopteran beetles)	सब्जियाँ

स्रोतः गोविन्दन एवं थोण्डाइमान, 2013

• फफूँद (Fungus)

वतावरण में विभिन्न प्रकार के लाभदायक फफूँद पाये जाते हैं, जो अपने प्रकृति के अनुसार हानिकारक कीड़ों के अन्दर कवक प्रसार से सूंडी को मारते हैं। जैसे–व्यूवेरिया बासियाना, मेटारायजियम एनीसोप्ली, न्यूमोरिया रिलीयाई आदि।

व्यूवेरिया बासियाना या त्रिवेणी या काली सेना (*Beauveria bassiana*)

व्यूवेरिया बासियाना (*Beauveria bassiana*) या काली सेना या त्रिवेणी (*Viveria basiana* or Triveni) के छिड़काव से आलू का कटुआ, टमाटर फली छेदक, सफेद मक्खी, माहू थ्रिप्स, दीमक

व छाल खाने वाले कीड़ों के नियंत्रण के लिए प्रयोग किया जाता है। प्रयोग के लिए 3.0 किलो ग्राम व्यूवेरिया बासियाना या त्रिवेणी (*Veauveria basiana* or Triveni) 750–1000 लीटर पानी के साथ छिड़काव करने से लेपिडोपटेरा समूह (lepidoptera) के लिए हुत लाभदायक होता है। इस जैव कीटनाशक का प्रयोग 5.00 किलो ग्राम सड़ी गोबर की खाद के साथ 3.0 किलो ग्राम त्रिवेणी या काली सेना मिलाकर 10–15 दिनों तक छायादार स्थान में रखकर प्रति हेक्टेयर बुआई के समय प्रयोग करना चाहिए।

ट्राइकोडर्मा (*Trichoderma*)

ट्राइकोडर्मा एक भिन्न मित्र फफूँद है, जो प्राकृतिक रूप से मिट्टी में पाया जाता है। यह जैविक फफूँदनाशक है, जो मिट्टी एवं जीवों में पाये जाने वाले अन्य हानिकारक फफूँदों का नाशकर पौधों को स्वस्थ एवं निरोगी बनाता है। आर्द्र गलन, उकठा, जड़ सड़न, तना सड़न, कालर राट, फल सड़न जैसी बीमारियों के लिये ट्राइकोडर्मा सबसे प्रभावकारी एवं सफल रोग नियंत्रक है।

ट्राइकोडर्मा (*Trichoderma*) का प्रयोग विधि

1. बीज उपचार
2. भूमि शोधन
3. जड़ोपचार विधि
4. खड़ी फसल में प्रयोग

1. बीजोपचार (Seed treatment)

सामान्यतः 8.0–10.0 ग्राम ट्राइकोडर्मा पाउडर और 50.0 ग्राम गुड़ या चीनी 1.0 किलो ग्राम बीज शोधन के लिये पर्याप्त होता है। गुड़ या चीनी का प्रयोग ट्राइकोडर्मा पाउडर को बीज पर चिपकाने के लिये प्रयोग किया जाता है।

2. भूमि शोधन (Soil treatment)

भूमि शोधन के लिये 4.0–5.0 किलो ग्राम ट्राइकोडर्मा पावडर को 60.0 किलो ग्राम सड़ी गोबर की खाद में मिलाकर एक सप्ताह तक छाया वाले स्थान में रखकर प्रति हेक्टेयर की दर से छिड़काव करना चाहिए।

3. जड़ोपचार विधि (Root treatment)

सामान्यतः 10.0 ग्राम ट्राइकोडर्मा एवं 100.0 ग्राम सड़ी हुई गोबर की खाद प्रति लीटर पानी में घोलकर रोपण वाली सब्जियों के जड़ को डुबोकर रोपण करें।

4. खड़ी फसल में प्रयोग (Application in standing crop)

सामान्यतः ट्राइकोडर्मा की 10.0 ग्राम मात्रा को प्रति लीटर पानी की दर से सब्जी पौधों की जड़ों को देना चाहिए। इसके अलावा हरी खाद के लिये खेत में लोबिया सनई या ढैंचा पलटने के बाद 4.0–5.0 किलो ग्राम ट्राइकोडर्मा पावडर प्रति हेक्टेयर कर दर से बुरकाव करें।

ट्राइकोडर्मा के प्रयोग में सावधानियाँ

1. ट्राइकोडर्मा एवं अन्य फफूँदनाशकों का प्रयोग एक साथ न करें।
2. सूखी मिट्‌टी में ट्राइकोडर्मा का प्रयोग न करें।
3. ट्राइकोडर्मा की सफलता के लिये खेत में नमी एवं पर्याप्त कार्बनिक खाद होना आवश्यक है।
4. तेज धूप में शोधित बीज न रखें।

सारिणी (17.11) प्राकृतिक जैव कीटनाशक के रूप में फफूँद

जैव कीटनाशक के रूप में फफूँद (Entomopathogenic Fungi)	मेजबान (Host)
इन्टमोफ्थोरा मस्की (*Entomophthora muscae*)	डीप्टेरन कीट (Dipteran insects)
इन्टमोफ्थोरा थ्रीपीडिम (*Entomophthora thripidm*)	थ्रीप्स (Thrips)
इन्टमोफागा अलीसी (*Entpmophaga aulicae*)	लेपिडोप्टेरन कीट (Lepidopteran insects)
इन्टमोफ।गा ग्राइली (*Entpmophaga grylli*)	आथ्रोप्टेरन कीट (Orthopteran insects)
इरिनिया नियोएफिड्स (*Erynia neoaphidis*)	एफिड्स (Aphids)
नियोजायगीइटेस फ्रेसेनी (*Neozygites fresenii*)	एफिड्स (Aphids)
कोनिडियोबोलस आवसकुरस (*Conidiobolus obscurus*)	एफिड्स (Aphids)
मैसोफोरा सीसाडीना (*Massospora cicadina*)	सीकाडा (Cicada)
जुफ्थोरा रैडिकान्स (*Zoophthora radicans*)	हेमीप्टेरा व लेपिडोप्टेरा कीट (Hemiptera and Lepidoptera insects)
एस्चरसोनिया एलीयरोडिस (*Aschersonia aleyrodis*)	व्हाइट फ्लाइज, स्केल्स (Whiteflies, Scales)
बिवेरिया बासियाना (*Beauveria bassiana*)	अनेकों के लिए मेजबान (Wide host range)
मेटाराइजियम एनिसोप्ली (*Metarhizium anisopliae*)	अनेकों के लिए मेजबान (Wide host range)
पैसीलोमाइसिस फारिनोसस (*Paecilomyces farinosus*)	कोलियोप्टेरन व लेपिडोप्टेरन कीट (Coleopteran and Lepidopteran)

पैसीलोमाइसिस फ्युमोसोरोसियस (*Paecilomyces fumosoroseus*)	अनेकों के लिए मेजबान (Wide host range)
व्यूवेरिया ब्रांगनियारिटी (*Beauveria brongniartii*)	काकचैफर्स व गन्ना वेधक (Cockchafers and Sugarcane borer)
हीरसुटेला थोम्पसोनी (*Hirsutella thompsonii*)	स्पाइडर माइट, सिट्रस माइट, कोकोनट् एरियोफाइड माइट (Spider mite, Citrus red mite, Coconut eriophyid mite)
मेटाराइजियम फ्लावोविरिडी (*Metarhizium flavoviride*)	आर्थोप्टेरन कीट (Orthpteran insects)
नोमोरासीया रिलेयी (*Nomuraca rileyi*)	लेपिडोप्टेरा कीट (Lepidptera insects)
वर्टीसिलियम लेकानी (*Verticillum lecanii*)	अनेको के लिए मेजबान (एफिड्स, व्हाइट फ्लाइज, स्केलस) (Wide host range)

• विषाणु (Virus)

यह बहुत सूक्ष्म जैविक घटक है, जो विभिन्न प्रकार के हानिकारक कीड़ों के अन्दर रोग पैदा करके उनकों क्षति पहुँचाते हैं। पोषक कीट के अन्दर आन्तरिक कणों की संरचना के आधार पर विषाणु कई प्रकार के होते हैं, जिसमें न्यूक्लियर पालीहेड्रासिस (NPV) के विषाणु को आसानी से समूह में संवर्धित किया जा सकता है, जिससे इसका प्रयाग कीट प्रबंधन में व्यापक होता है।

बायोवाइरस–एच0 (Bio -virus-H)

यह न्यूक्लियर पाली हाइड्रोसिस वाइरस (एन0पी0वी0) पर आधारित अमेरिकन सूंड़ी का जैविक कीटनाशक है, जिसका उपयोग फूल गोभी, पत्ता गोभी, टमाटर, मिर्च, भिण्डी आदि पर किया जाता है। इसमें विषाणु कण होते हैं, जिन्हें सूड़ी द्वारा खा लेने पर सुंड़ियों का शरीर 2–4 दिन के भीतर गाढ़ा भूरा, फूला हुआ, गलकर सड़ जाता है, जिससे सफेद तरल पदार्थ बाहर निकलता है और सुडियों की मृत्यु हो जाती है। साधारणतया 100.0–200.0 मिली लीटर वायो वाइरस–एच0 दवा का प्रति एकड़ के हिसाब से 15 दिन के अन्तराल पर छिड़काव करना चाहिए। टमाटर के फल बेधक कीट व तम्बाकू की सूड़ी के नियंत्रण के लिए एन0पी0पी0–एच0 व एन0पी0वी0–एस0 का 350 सुड़ी समतुल्य घोल का दोपहर बाद छिड़काव करने से लाभ होगा।

कीट प्रतिरोधी किस्मों का विकास

फूल गोभी एवं बंद गोभी की फसल कीटों के आक्रमण के प्रति काफी संवेदनशील है। भारतवर्ष में बंद गोभी की फसल में डायमण्ड बैंक माथ (प्लूटेला जाइलोस्टेला) कीट का 90 प्रतिशत प्रकोप होता है और इस कीट के द्वारा हमारे देश में की गयी नुकसान/क्षति का आँकलन लगभग 168 मिलियन अमेरिकी डालर के बराबर है (सन्दूर, 2004)। डिक्सन एवं सहयोगी ने पाया कि आस्ट्रेलिया

की ग्लोसी पत्तियों (glossy leaves) वाली फूल गोभी की प्रभेद पी.आई 234599 डायमण्ड माथ के प्रति अवरोधी थी, लेकिन इस गुण को अलग करना मुश्किल था, क्योंकि अवरोधीता का गुण एक दूसरे से नजदीकी रूप में जुड़े थे। ग्लासिनेस गुण (glossiness trait) सामान्य रूप से अप्रबल था। फूल गोभी में पत्तियों की सतह पर पाये जाने वाला मोमिया परत, 'कैबेज फ्ली बीटल' के प्रति कीट रोधी गुण प्रदर्शित करता है (कल्लू, 1988)।

सारिणी (17.12) फूल गोभी की सब्जियों में कीट रोधी गुण स्रोत

फूल गोभी	जैविक प्रतिबल	प्रतिरोधी स्रोत	संदर्भ
	डाइमंड बैंक माथ	पी.आई. 234599	लीन एवं सहयोगी, 1984
	कैबेज लूपर	पी.आई. 234599	लीन एवं सहयोगी, 1984

अनेकों बी0टी0 क्राइ जीन (cry 1A, cry1AB, cry1AC, cry 1 A (b), cry 1Ab3, cry 1Ba1, v 1c, cry 1Ba1, cry 1Ia3, and cry 9Aa) का उपस्थापन बंद गोभी (मेट्ज एवं सहयोगी, 1995, जीन एवं सहयोगी, 2000, भट्टाचार्या एवं सहयोगी, 2002, पौल एवं सहयोगी, 2005, काइस्टे एवं सहयोगी, 2006) व फूल गोभी (खुवसीनोव एवं सहयोगी, 2001, चकावर्ती एवं सहयोगी, 2002, काइस्टे एवं सहयोगी, 2006) की फसल में कीटों के आक्रमण के प्रति कीट रोधिता के लिये किया गया है।

1. जैव–प्रौद्योगिकी तकनीक से प्रबन्धन या सूक्ष्म जीव कीटनाशियों द्वारा सब्जी फसल सुरक्षा

जैव–प्रौद्योगिकी तकनीक के माध्यम से पराजीन पौध का विकास सर्वप्रथम टमाटर में किया गया। भारतवर्ष में अनेकों फसलों में बी0टी0 जीन का प्रत्यारोपण किया गया है। इसमें सबसे ज्यादा परिणाम पत्ता गोभी एवं बैंगन में प्राप्त हुआ है। अब यह जानना आवश्यक हो गया है कि आनुवंशिक परिवर्तन किसी भी दशा में कितने समय तक सार्थकता सिद्ध करता है या संवेदनशीलता प्रदर्शित करता है। वर्तमान समय बिना बी0टी0 जीन के संकर का रासायनिक शोधन कर संवेदनशील पौधों को बचाने का उत्तम विधि है, लेकिन सब्जी उत्पादक ऐसा कर पायेगें, असम्भव लगता है। बी0टी0 बैक्टीरिया पर आधारित सुंडीनाशक सुड़ियों में तुरन्त लकवा, आँतों का जाम होना, भूखापन आदि लक्षण प्रकट करते है। संक्रमण से 2–3 दिन में सुड़ियों में लकवापन उत्पन्न होता है और मृत्यु हो जाती है। सामान्यतः बी0टी0 बैक्टीरियायुक्त बायोलैप की 200.0–400.0 ग्राम दवा 200.0–250. 0 लीटर पानी में मिलाकर प्रति एकड़ 15 दिन के अन्तराल पर छिड़काव करने से फूल गोभी, पत्ता गोभी, टमाटर, बैंगन, मिर्च एवं भिण्डी के कीड़ों का नियंत्रण प्रभावी ढंग से किया जा सकता है।

द. वानस्पतिक कीटनाशक (Botanical insecticide)

वर्तमान समय में कार्बनिक उत्पाद की महत्ता दिन–प्रतिदिन बढ़ती जा रही है। रासायनिक नियंत्रण से उत्पादित सब्जियों को राष्ट्रीय एवं अन्तर्राष्ट्रीय बाजार में बेचना मुश्किल है। वानस्पतिक

कीटनाशकों का उपयोग मनुष्य के लिये सुरक्षित तथा हानिकारक कीड़ों को मारने के लिये प्रभावशाली है। आधुनिक समय में होने वाली अधिकांशतः मानवीय बीमारियों का कारण उनके द्वारा उपयोग की जाने वाली विषाक्त सब्जियाँ हैं, जिनकी सुरक्षा हेतु अंधाधुध विषैले कीटनाशकों का उपयोग किया जाता है। वानस्पतिक कीटनाशक का प्रभाव वातावरण पर कम पड़ता है और सब्जियों पर विषाक्त अंश नही होता है। अतः वैज्ञानिकों ने पौध आधारित सुरक्षित उत्पाद का प्रयोग करने पर बल दे रहे हैं। कुछ पौध जैसे–नीम, गुलदाउदी, करंज, महुआ, शरीफा आधारित उत्पाद प्रमुख हैं। नीम आधारित बहुत से कीटनाशी जैसे–नीम, अजाल, नीम अर्क, नीम गोल्ड, निम्बीसिडिन, इकोनीम, निम्बा आदि वानस्पतिक कीटनाशक बाजार में उपलब्ध हैं, जिनका उपयोग होना चाहिये। रासायनिक कीटनाशकों के अत्यधिक प्रयोग से कीड़ों में इनके प्रति प्रतिरोधक क्षमता विकसित हो चुकी है तथा ये अत्यन्त मँहगें होने के कारण किसानों को इन पर अत्यधिक खर्च करना पड़ता है। अतः प्राकृतिक कीटनाशकों का प्रयोग आवश्यक है। कुछ उत्पाद का विवरण नीचे दिया जा रहा है।

• नीम आधारित कीटनाशी

1. निम्बीसीडीन (Nimbicidin)

यह एक नीम के तेल से बना कीटनाशक द्रव्य है, जिसमें अजाडीरेक्टीन नामक पदार्थ विष (poison) का काम करता है। साधारणतया 200.0–300.0 मिली लीटर निम्बीसीडीन को 60.0–100. 0 लीटर पानी में मिलाकर प्रति एकड़ छिड़काव करने से सब्जियों में लगने वाले कीड़े से बचाव किया जा सकता है। यह सभी हानि पहुँचाने वाले कीड़ों के अण्डे, सुड़ी व प्यूपा के बनने से रोकता हैं तथा सुड़ी को पत्ता खाने से रोकता हैं। इसकी गन्ध से सुड़ी एवं तितली दूर भागती हैं, जिसके कारण मादा तितली फसल पर अण्डे नहीं दे पाती। यह नर व मादा तितली के मिलने की क्रिया में बाधा डालती है, जिसके कारण अण्डा बनने की क्रिया में बाधा पड़ता है। यह मादा में अण्डा देने की क्षमता को भी खत्म कर देता है। इसके जहर के प्रभाव से सुड़ी एवं प्यूपा (pupa) दोनों मर जाते हैं। यह लाभदायक कीड़ों को किसी भी रूप में नुकसान नही पहुँचाता है, जो कि समन्वित कीट प्रबन्धन का मुख्य अंग है।

2. इकोनीम प्लस (Econim Plus)

इकोनीम प्लस में अजाडीरेक्टीन नामक तत्व 10,000 पी0पी0एम0 होता हैं। यह नीम तेल व अजाडीरेक्टीन का उपयुक्त मिश्रण है। सब्जियों में लगने वाले सभी रस चूसने, काटने व पीसने वाले कीड़ों को नियंत्रित करता है। साधारणतया 200.0–500.0 मिली लीटर दवा को 200.0–300.0 लीटर पानी में घोल बनाकर प्रति एकड़ की दर से छिड़काव करके उपर्युक्त सभी कीड़ों का नियंत्रण किया जा सकता है। पत्ता गोभी में डाइमण्ड बैक मोथ (Dimond Backmoth) , टमाटर में फल छेदक और बैंगन में फल व तना छेदक कीड़ों के नियंत्रण के लिए बहुत ही लाभदायक है।

3. नीम के बीज से बना कीटनाशक (Neem kenel base insecticide)

एक हेक्टेयर में लगी सब्जी फसल पर छिड़काव के लिए लगभग 700.0 लीटर घोल की आवश्यकता होती है। इतने घोल बनाने के लिए 36.0 किलो ग्राम नीम के बीज की आवश्यकता होती

है। नीम के बीज की थोड़ी–थोड़ी मात्रा को पानी देकर पीसें। पीसा हुआ भाग 100.0 लीटर वाले वाले टब में जमा करें तथा इसे पानी से भर दें। लगभग 12 घण्टे बाद मलमल के कपड़े से छान लें। अब इस घोल का 2.8 लीटर मात्रा, 17.2 लीटर पानी में मिलायें और इस प्रकार प्राप्त 20.0 लीटर के घोल को छिड़काव के लिए प्रयोग करें।

4. नीम के तेल आधारित कीटनाशक का प्रयोग (Use of neem oil)

नीम का तेल बीज से निकलता है। एक लीटर अर्क निकालने के लिए 1.0 लीटर पानी में 30.0 मिली लीटर नीम का तेल मिला दें। इन्हें अच्छी तरह मिला कर एक चुटकी साबुन का पाउडर मिला दीजिये। इसे तैयार करने के बाद तुरंत इस्तेमाल करें अन्यथा तेल पानी के ऊपर आ जायेगा और घोल बेकार हो जायेगा।

5. नीम की पत्तियों का अर्क (Extract of neem leaf)

सामान्यतः 5.0 किलो अर्क बनाने के लिये 1.0 किलोग्राम नीम की पत्तियाँ चाहिये। पत्तियों को रात भर पानी में भिगोंकर सुबह पानी में ही कुचलकर छान लें और उसमें एक चुटकी साबुन का पाउडर मिलायें। इसका प्रयोग पत्ती खाने वाले कैटरपिलर और टिड्डों से बचाने के लिये करते हैं।

6. नीम की खली का अर्क (Extract of neem cake)

नीम के बीजों से तेल निकालने के बाद फल के बचे हुए भाग (खली) भी कीड़ों को समाप्त करने के लिये प्रयोग करते हैं। सामान्यतः 100.0 ग्राम खली से 1.0 लीटर अर्क बनेगा। नीम की खली को पतले कपड़े में बाँधकर 1.0 लीटर पानी में रात भर भिगों दें। सुबह इस पानी को छान दें। इसमें एक चुटकी साबुन का पाउडर अच्छी तरह मिला दें। इसे सूर्यास्त के बाद छिड़कना असरदार होता है, क्योंकि दिन के समय में सूर्य की किरणें इसके गुणों को कम कर देती है।

- लहसुन का अर्क (Use of garlic extract)

लहसुन का अर्क तैयार करने के लिए 100.0 ग्राम बारीक पिसा हुआ लहसुन लें, इसे 48 घण्टें के लिये 4 बड़ी चम्मच मिट्टी के तेल में भिगोंकर रख दें। अब एक चुटकी साबुन के पाउडर को आधा लीटर पानी में घोलकर पीसे लहसुन में मिला दें। इसके बाद घोल को छानकर प्लास्टिक के डिब्बे में रख लें। 1.0 लीटर घोल बनाने के लिये 15.0 मिली लीटर लहसुन के घोल का अर्क मिलाते हैं। एक एकड़ खेत के लिये 15.0 लीटर घोल को 1000.0 लीटर पानी में मिलाना काफी होगा।

- तम्बाकू का अर्क (Use of tobacco extract)

तम्बाकू का अर्क बनाने के लिए 4.0 लीटर पानी में 250.0 ग्राम तम्बाकू की पत्तियाँ डालकर आधे घंटे तक उबालते हैं। इसमें एक चुटकी साबुन का पाउडर डालकर अच्छी तरह मिला दें। एक भाग घोल में 4 भाग पानी में मिलाकर छिड़का जा सकता है। इस घोल में थोड़ा चुने का घोल मिलाने

से घोल की शक्ति बढ़ जाती है। याद रहे कि तम्बाकू का यह घोल बहुत ही जहरीला होता है। इसकी अल्प मात्रा भी मनुष्यों एवं जनवरों, दोनों को मौत के पास पहुँचा सकता है। यह भी ध्यान रहे कि पौधों पर एक बार छिड़काव कर देने के बाद 4–5 दिन तक ऐसी फसल को खाने के लिए प्रयोग नहीं करना चाहिये।

• करंज की पत्तियों का अर्क (Extract of Karanj leaf)

करंज का प्रयोग दवा के रूप में तथा कीटाणुनाशक के रूप में प्रयोग करते हैं। सामान्यतः 1.0 किलो ग्राम पत्तियों को 5.0 लीटर पानी में रात भर भिगोंकर सुबह इसे पानी सहित पीस लें। इसके बाद इसे छानकर अलग कर लें। एक चुटकी साबुन के पाउडर को घोल में मिला दें और छिड़काव करें।

सारिणी (17.13) कीड़ों के नियंत्रण के लिये वानस्पतिक कीटनाशी का प्रयोग

वानस्पतिक कीटनाशी	कीट	सब्जी फसल
नीम का तेल	फल बेधक	भिण्डी, टमाटर, बैंगन
एन0एस0के0ई0	फल बेधक	भिण्डी, टमाटर, बैंगन
एन0एस0के0ई0	डायमण्ड बैक माथ	फूल गोभी, पत्ता गोभी
लैन्टाना (पत्ती का रस)	लीफ माइनर	आलू, बैंगन, मिर्च, फूल गोभी, पत्ता गोभी
नीम की खली	सूत्रकृमि	प्याज
गेंदा (जड़ों का निचोड़)	सूत्रकृमि	टमाटर

य. अन्य जैविक नियंत्रक (Other biological means)

• छाछ (Whey)

छाछ अथवा दही भी काफी उपयोगी जैविक कीटनाशक है। इसका घोल तैयार करने के लिए 5.0 लीटर छाछ को ताँबे या मिट्टी के बर्तन में अथवा प्लास्टिक के जार में भरकर मिट्टी अथवा भूसे के अंदर 8–10 दिनों तक ढककर रखें। इसके पश्चात् इसका 100.0 लीटर पानी में घोल बनाकर फसल पर छिड़काव करने से विभिन्न फसलों में होने वाला चूर्णील आसिता (powdery mildew) रोग नियंत्रित हो जाता है।

• गोमूत्र (Cow urine)

गाय के गोमूत्र में 33 प्रकार के तत्व पाये जाते हैं, जिनके फलस्वरूप वनस्पति पर आने वाले कीट, फफूँद तथा विषाणु रोगों पर नियंत्रण होता है। गोमूत्र में उपस्थित गंधक कीटनाशक का कार्य करता है। देशी गाय का 10.0 लीटर गोमूत्र ताँबे के बर्तन में डाल लें। इसमें 1.0 किलो ग्राम नीम के पत्ते डालकर इसे 15 दिनों तक गलने दें। इसके पश्चात् इसे ताँबे के कढ़ाई में उबालें। जब यह 50 प्रतिशत (5.0 लीटर) शेष रह जाये तो इसे नीचे उतारकर छान लें तथा इसमें 100 गुना पानी

मिलाकर फसल पर डालने से यह और अधिक असरदार हो जाता है। इससे न केवल विभिन्न कीड़ों तथा सुंडियों पर नियंत्रण होगा बल्कि उपज भी बढ़ेगी। नीम के पत्तों के स्थान पर सीताफल के पत्ते अथवा निम्बोली पाउडर का भी उपयोग किया जा सकता है।

र. रासायनिक कीट नियंत्रण (Chemical control of insects)

समन्वित कीट प्रबन्धन में विभिन्न कीट नियंत्रण पद्धतियों को अपनाने के बाद भी यदि नाशीजीवों का स्तर आर्थिक क्षति स्तर से ऊपर जाने लगे तो मृदा, वातावरण एवं स्वास्थ्य को देखते हुये सुरक्षित रसायनों का प्रयोग कीड़ों को मारने हेतु किया जाना चाहिये।

सारिणी (17.14) अतिरिक्त विषाक्तता हानि के आधार पर कीटनाशकों का वर्गीकरण

विवरण	वर्ग I अत्यधिक विषैला	वर्ग II अधिक विषैला	वर्ग III सामान्य विषैला	वर्ग IV बहुत कम विषैला
नीचे वाले त्रिकोण का रंग	लाल	पीला	नीला	हरा
ऊपर वाले त्रिकोण में चिन्हित	विष	विष	खतरा	सावधान
अन्य सावधानियाँ	बच्चों से दूर रखें यदि जहरीलेपन के लक्षण दिखाई दें तो तुरन्त डॉक्टर को बुलायें।	बच्चों से दूर रखें	बच्चों से दूर रखें	बच्चों से दूर रखें
उदाहरण	मोनोक्रोटोफॉस	बेगोन, डाई क्लोरोवास, फैनवलरेट, साइपरमेथ्रिन	कार्बेण्डाजिम (बाविस्टिन) मैलाथियान कार्बेरिल	कैप्टान

सब्जियों में कीटनाशी रसायनों का छिड़काव बेतहासा किया जा रहा है। आवश्यकता इस बात की है कि वैज्ञानिकों द्वारा कीटनाशी रसायनों की संस्तुत मात्रा ही प्रयोग करना चाहिए। कुछ कीटनाशी रसायनों की संस्तुत मात्रा का विवरण नीचे की सारिणी में दिया जा रहा है–

सारिणी (17.15) कुछ कीटनाशी रसायनों का छिड़काव संस्तुति व मात्रा

रासायनिक नाम	व्यावसायिक नाम	संरूपण	संस्तुत मात्रा मिली लीटर या मिली ग्राम/ लीटर	हानिकारक कीट	प्रमुख सब्जियाँ
कार्बारिल	सेविन	50 डब्लू0पी0	2.0 ग्राम	फल मक्खी, लाल भृंगक कीट	कद्दू वर्गीय सब्जियाँ

कार्बोसल्फान	मार्सल	25 डी0एस0	2.0 मिली0	बैंगन का तना एवं फल बेधक	बैंगन
मोनोक्रोटोफास	नुवाक्रान	36 ई0सी0	1.5 मिली0	हरा फुदका, माँहू	भिण्डी, बैंगन, मटर, टमाटर, मिर्च, लोबिया
कार्बोफ्यूरान	फ्यूराडान	3 जी0	2.0 ग्राम	तना एवं फल बेधक कीट, हरा फुदका	बैंगन, भिण्डी, लोबिया, मटर
इमिडाक्लोप्रिड	स्टेलोन, एटम	200 एस0एल0	0.4 मिली0	हरा फुदका, सफेद मक्खी, माहूँ, थ्रिप्स	मिर्च, बैंगन, टमाटर, भिण्डी
इमिडा क्लोप्रिड	कानफिडोर, सेन्सर	17.8 एस0एल0	0.0045 मिली0	चूसने वाले कीट	–
मैलाथियान	साइथियान	50 ई0सी0	2.0 मिली0	हरा फुदका, तना एवं फल बेधक कीट, फल मक्खी, लाल भृंगक कीट	भिण्डी, बैंगन एवं कद्दू वर्गीय सब्जियाँ
फोरेट	चिमेट	10 जी0	15.0 किलोग्राम / हेक्टेयर	मृदा में रहने वाले कीट	
क्विनालफास	इकालक्स	25 ई0सी0	2.0 मिली लीटर	हीरक पृष्ठ कीट, हरा फुदका, माँहू	फूल गोभी, पत्ता गोभी, टमाटर, भिण्डी
क्लोरोपायरीफास	डर्सवान	20 ई0सी0	2.0 मिली लीटर	दीमक	–
आक्सी डेक्टान मिथाइल	मेटासिस–टाक्स	25 ई0सी0	2.0 मिली लीटर	चूसने वाले कीट, थ्रिप्स	
प्रोपरजाइट	ओमाइट	57 ई0सी0	3.5 मिली लीटर	माइट	मिर्च
सल्फर	सल्फेक्स, थायोविट	80 डब्लू0 जी0 डब्लू0 पी0	3.0 मिली लीटर	माइट	मिर्च
थायमेथोक्जेम	एकटारा	25 डब्लू0 जी0	0.2 मिली लीटर	चूसने वाले कीट	बीज उपचार
ट्राजयोफास	होस्टाथियान	40 ई0सी0	2.0 मिली लीटर	पर्ण सुरंगक कीट, सफेद मक्खी	भिण्डी, लोबिया, टमाटर, मिर्च
फास्फोमिडान	डाइमेक्रान	85 ई0सी0	1.0 मिली लीटर	चूसक कीट / फल बेधक	मिर्च, बैंगन, भिण्डी, टमाटर
साइपरमेथ्रिन	रिपकार्ड–सिम्बुश	10 ई0सी0	1.2 मिली लीटर	फल बेधक	लोबिया, भिण्डी, बैंगन
डेल्टामेथ्रिन	डेसिस	2.8 ई0सी0	1.0 मिली लीटर	हरा फुदका, तना एवं फल बेधक	भिण्डी, बैंगन, टमाटर, लोबिया।
कारटय ह्यइड्रोक्लोराइड	पदान	50 एस0पी0	2.0 मिली लीटर	फल बेधक	मृदा प्रयोग
डाईकोफाल	केल्थेन	18.5 ई0सी0	5.0 मिली लीटर	माइट्स	मिर्च, टमाटर, भिण्डी

कीटनाशकों का प्रतिक्षाकाल (Waiting period of insecticides)

सब्जी उत्पादक अपने खेतों में विभिन्न प्रकार की कीटनाशी रसायनों का प्रयोग करते हैं, लेकिन इस बात से अवगत नहीं होते कि पौधों पर इसका जहरीलापन कब तक बना रहता है। कभी–कभी उत्पादक रासायनिक घोल के छिड़काव व पाउडर का भुरकाव करने के एक दिन के बाद ही सब्जियों को तोड़कर बाजार में बेच देते हैं। इससे हानिकारक रसायन सीधे मानव शरीर में पहुँचते हैं। आवश्यकता इस बात की है कि प्रत्येक रसायन का जहरीलापन कितने दिनों तक बना रहता है, ज्ञान रखना चाहिए। नीचे की सारिणी में कुछ कीटनाशकों के प्रयोग एवं उनका प्रतिक्षाकाल दिया गया है।

सारिणी (17.16) सब्जियों में कीटनाशकों का प्रतिक्षाकाल (दिनों में)

कीटनाशी	भिण्डी	पत्ता गोभी	बैंगन	फूल गोभी	टमाटर	मटर
मैलाथियान	3	7	1	7	–	3
फेनवालरेट	5	10	5	3	3	–
इण्डोसल्फान	8	10	3	10	5	–
सायपरमेथ्रिन	3	10	1	–	–	1
मोनोक्रोटोफास	18	–	–	12	–	9
फास्फोमिडान	10	–	–	–	–	6
कार्बारिल	–	–	25	25	30	–
क्यूनालफास	–	–	10	27	–	–
डाइमेथोएट	–	10	–	7	–	–

स्रोत : डे (2010)

मित्र कीटों के प्रति सुरक्षित कीटनाशी

सब्जियों में अनेकों प्रकार के कीटनाशी का प्रयोग किया जाता है, जिससे निर्धारित कीट तो नियंत्रित हो जाते है लेकिन कीटनाशी के सम्पर्क में आने वाले अनेकों प्रकार के उपयोगी कीट भी नष्ट हो जाते है। अतः ऐसे कीटनाशी का प्रयोग करना चाहिए जो निर्धारित कीट को मारने के साथ–साथ प्राकृतिक रूप से उपयोगी कीड़ों को बचाया जा सके, जिसका विवरण नीचे की सारिणी में दिया गया है–

सारिणी (17.17) सब्जियों के प्राकृतिक शत्रुओं के लिए सुरक्षित कीटनाशी

फसल	कीट	प्राकृतिक शत्रु	कीटनाशी	परीक्षण
बीन्स	माइट	एम्बलीऐस टेट्रानिकीओरस (*Amblyeius tetranychivorous*)	गन्धक	प्रौढ़ प्रयोगशाला परीक्षण
पत्ता गोभी	टोबैको कैटर पीलर	टेलेनोमस रीमस (*Telenomus remus*)	मोनोक्रोटोफास, नीम सत्व, फोजालोन	प्रौढ़ प्रयोगशाला परीक्षण

	डायमण्ड बैक माथ	कोटेशिया, प्लुटेल्ली (*Cotesia plutellae*)	फोजालोन, परमेथ्रीन, डेल्टामेथ्रीन, फेनवलरेट, साइफरमेथ्रीन, फ्लुवालीनेट, नीम सत्व	प्रौढ़ प्रयोगशाला परीक्षण
भिण्डी	माइट	एम्बलीऐस टेट्रानिकीओरस (*Amblyeius tetranychivorous*)	गन्धक	प्रौढ़ प्रयोगशाला परीक्षण
टमाटर	फल बेधक	कम्पोलेटिस क्लोरिडी (*Campoletis Chloridae*)	ऐसीफेट फोजालोन	प्रौढ़ प्रयोगशाला परीक्षण
		ट्राइकोग्रामा ब्रासीलीएन्सिस (*Trichogramma brassiliensis*)	फ्लुवालीनेट	प्रौढ़ प्रयोगशाला परीक्षण
मटर	एफिड	काक्सीनेला सेपटेम्प पंकटाटा (*Coccinella septempunctata*)	मोनोक्रोटोफास	प्रक्षेत्र परीक्षण
बैंगन	एपीलैक्ना बिटल	पेडयोबीएस फोबियोलैटस (*Pediobius foveolatus*)	इण्डोसल्फान, फोजालोन	प्रक्षेत्र परीक्षण

कीटनाशी संरुपण (Formulation of insecticide)

कीटनाशियों को उनकी शत–प्रतिशत अवस्था में कभी भी प्रयोग में नहीं लाया जाता है। इन्हें सरलता से प्रयोग में लाने के लिये कई संरूपणों में बदल दिया जाता हैं। कीटनाशियों के संरूपण ठोस तथा द्रव रूपों में होते हैं।

• ठोस संरूपण (Solid formulations)

1. कीटनाशी धूल (Dust)

सान्द्रता 0.1–25.0 प्रतिशत तक हो सकती है उदाहरण के लिए मैलाथियान पावडर

2. दानेदार कीटनाशी (Granule)

दाने 0.25–2.38 मिली मीटर परिधि के होते हैं। इस प्रकार के दानेदार कीटनाशियों की 2.0–10.0 प्रतिशत सान्द्रता की होती हैं। उदाहरण के लिए फ्यूराडान या कार्बोफ्यूरान 3 जी0, फोरेट–10 जी0।

3. जल मिश्रण चूर्ण (Wetable powder)

सामान्य रूप से इस संरूपण में कीटनाशी की 25, 40 या 50 प्रतिशत मात्रा उपस्थित रहती है। जैसे–कार्बारिल–50 डब्ल्यू0पी0, थायोडिकार्ब–75 मिली0, सल्फर–80 मिली0, डायफ्लूबेन्जूरान–25 मिली0 आदि।

• जल संरूपण (Liquid formulations)

1. विलयन – वर्तमान समय में अनेकों कीटनाशी विलयन के रूप में उपलब्ध हैं जिनका प्रयोग व्यापक रूप से हो रहा हैं।

2. घुलनशील सान्द्र (Emulsifiable concentrate)

यह बहुत सामान्य विलेय संरूपण है, जो कीटनाशी के विलायक तथा आक्सीकारकों के मिश्रण से बना होता हैं। जैसे–क्लोरोपायरीफास 20 ई0सी0, अल्फामेथिन–10 ई0सी0, डाइक्लोरोवास–76 ई0सी0, डाइकोफाल–18.5 ई0सी0, डाईमेथोएट–30 ई0सी0 इत्यादि।

3. सान्द्र कीटनाशी द्रव

जल के साथ विलेय कीटनाशियों के सामान्य प्रयोग की अपेक्षा यह संरूपण अधिक विषाक्तता को छोड़ता है। जैसे–फास्फोमिडान को आइसोप्रोपाइल अल्कोहल में विलयन, मैलाथियान 95 प्रतिशत।

• धूम्रक (Fumigants)

कीटनाशियों की वाष्पशील (volatile) अवस्था धूम्रक कहलाती है। ये वे संरूपण है, जिन्हें दबाव के अन्तर्गत द्रव अवस्था में रखा जाता है। ये गोलियों के रूप में भी बनाये जाते हैं। जैसे–फास्फीन अथवा हाइड्रोजन फास्फाइड, एल्यूमीनियम फास्फाइड, अमोनियम कार्बोनेट।

कीटनाशी की वाँछित सान्द्रता का घोल तैयार करना

बाजार में उपलब्ध कीटनाशी में सक्रिय तत्व का प्रतिशत अलग–अलग होता है। ऐसी स्थिति में उत्पादकों को वाँछित सान्द्रता का घोल तैयार करना मुश्किल होता हैं। अतः वाँछित सान्द्रता का कीटनाशी घोल तैयार करने को सरल तरीका सारिणी में दिया गया है।

सारिणी (17.18) वाँछित सान्द्रता का कीटनाशी घोल तैयार करना

घोल की वाँछित सान्द्रता (प्रतिशत)	**प्रतिशत सक्रिय तत्व (एक्टीव इनग्रेडिएन्ट) की व्यावसायिक उत्पाद में उपलब्धता)**							
	20	**25**	**30**	**35**	**50**	**75**	**100**	**20**
0.010	0.5	0.4	0.3	0.29	0.20	0.13	0.10	0.5
0.020	1.0	0.8	0.67	0.57	0.40	0.27	0.20	1.0
0.050	2.5	2.0	2.50	1.50	1.00	0.67	0.50	2.5
0.075	3.5	3.0	3.3	2.20	1.50	1.00	0.75	3.5
0.1	5.0	4.0	6.67	2.86	2.00	1.33	1.00	5.0
0.2	10.0	8.0	17.00	5.71	4.00	2.67	2.00	10.0
0.5	25.0	20.0	33.33	15.00	10.00	6.67	5.00	25.0
1.0	50.0	40.0	66.66	28.52	20.00	13.33	10.00	50.0

सब्जियों में फसलवार समन्वित कीट प्रबन्धन

सारिणी (17.19) फसलवार सब्जियों में समन्वित कीट प्रबंधन

अवस्था	कीट/नाशी जीव	समन्वित कीट प्रबन्धन पैकेज
अ–कद्दूवर्गीय सब्जियाँ	**समन्वित कीट प्रबन्धन**	
बुआई से पूर्व	सूत्रकृमि एवं अन्य मृदा में रहने वाले हानिकारक कीट	1. गर्मी में गहरी जुताई।
		2. नीम की खली 200.0 किलो ग्राम/ हेक्टेयर भूमि में प्रयोग
वानस्पतिक वृद्धि अवस्था	बिटिल्स, लाल भृंग कीट	1. ग्रब्स (grubs) एवं वयस्क कीड़ों को पकड़कर नष्ट करना
		2. सेविन 2.0 किलो ग्राम/हेक्टेयर के छिड़काव से पत्ती काटने वाले बीटिल्स का नियंत्रण
		3. लाल भृंग कीट का प्रकोप प्रारम्भिक अवस्था में रोकने के लिये 1.5 किलोग्राम कार्बरिल या 2.5 किलो ग्राम मैलाथियान राख में मिलाकर प्रति हेक्टेयर की दर से बुरकाव करें।
फूल एवं फलत अवस्था	बिटिल्स, फल मक्खी	1. शीतकाल के महीनें में खेत की जुताई करने से सुप्तावस्था में पड़े प्यूपा बाहर आने के कारण ठण्ड व धूप की गर्मी से मर जाते हैं। खेत की सफाई रखी जाये। वयस्क कीड़ों को पकड़कर नष्ट करें।
		2. फल मक्खी से ग्रसित फलों को एकत्रित कर गहरे गड्ढों में दबायें तथा गड्ढों के ऊपर फालीडाल धूल 2 प्रतिशत या मैलाथियान 5.0 प्रतिशत धूल का बुरकाव करें। इससे सूड़ियाँ मर जायेंगी तथा प्रौढ़ नहीं निकल पायेंगे।
		3. पका केला के 1.0 किलो ग्राम में 10.0 मिली लीटर मैलाथियान मिलाकर मिट्टी के छिछले बर्तन में जगह–जगह रखने से मक्खियाँ आकर्षित होकर मर जाती हैं।
		4. 20 मिली0 मैलाथियान 50 ई0सी0 + 200 ग्राम गुड़ + 20.0 लीटर पानी के साथ प्रति हेक्टेयर छिड़काव करें। अधिक प्रकोप की दशा में एक सप्ताह के अन्दर दूसरा छिड़काव करें।

		5. 20.0 ग्राम मैलाथियान + 200.0 ग्राम गुड़ + 2.0 लीटर पानी मिलाकर छिछले बर्तन में जगह–जगह रखने से नर मक्खियाँ आकर्षित होकर मर जाती हैं। (आई0आई0वी0आर0)
		6. जहरीला चारा बेट (मिथाइल यूजिनाल) 5 मिली लीटर + मैलाथियान 2.0 मिली लीटर + 1.0 लीटर पानी) चौड़े मुँह वाले बर्तन में जगह–जगह रखा जाये और चारे को 3–4 दिन के अन्तराल पर बदलते रहे। (उ0प्र0 कृषि अनुसंधान परिषद्)
		7. अप्रैल से अगस्त तक 25 दिन के अन्तराल पर इण्डोसल्फान 0.07 प्रतिशत (2.0 मिली लीटर दवा 1.0 लीटर पानी में) घोल बनाकर छिड़काव करें।
ब–गोभी वर्गीय सब्जियाँ		
बुआई से पूर्व	सूत्रकृमि एवं डायमण्ड बैक माथ	1. गर्मी में गहरी जुताई तथा पौधशाला का मृदा सौरीकरण।
		2. ऊँची क्यारियों में पौध उगाना।
		3. नीम की खली 200.0 किलो ग्राम/ हेक्टेयर की दर से मृदा में मिलायें।
		4. मुख्य भूमि में पौध रोपण के 15 दिन पूर्व 25 कतार पत्ता गोभी के बाद दो कतारें, सरसों की ट्रैप फसल (trap crop) के रूप में उगायें।
वानस्पतिक वृद्धि की अवस्था	डायमण्ड बैक माथ, तम्बाकू की सूंडी	पत्ता गोभी की 20 कतारों का रोपण करें तथा इसके साथ सरसों की दूसरी कतार की बुआई करें। सरसों की कतार कीड़ों हेतु प्रपंच फसल के रूप में कार्य करता है।
		1. बी0टी0 का 500 ग्राम/हेक्टेयर की दर से छिड़काव करें।
		2. ट्राइकोकार्ड्स का एक लाख अण्डे/हेक्टेयर (5 कार्ड) 10–10 दिन के अन्तर पर लगायें।
		3. आवश्यक होने पर इण्डोसल्फान की 0.07 प्रतिशत या क्यूनालफास 0.05 प्रतिशत घोल का छिड़काव करें। वानस्पतिक कीटनाशी जैसे–निमारीन व निम्बेसिडिन की 0.005 प्रतिशत घोल का छिड़काव करें।

फूल एवं फलत की अवस्था	डायमण्ड बैक माथ एवं अन्य लेपिडोप्टेरस	1. बी0टी0 का 500 ग्राम/हेक्टेयर की दर से छिड़काव करें। 2. ट्राइकोकार्ड्स का एक लाख अण्डे/हेक्टेयर (5 कार्ड) 10–10 दिन के अन्तर पर। 3. ब्यूवेरिया बैसियाना 2.0 ग्राम/लीटर पानी (500 ग्रा0/250.0 लीटर पानी/हेक्टेयर) एक से दो छिड़काव आवश्यकतानुसार करें। 4. आवश्यकतानुसार 5 प्रतिशत एन0एस0के0ई0 का छिड़काव। 5. डायमण्ड बैक माथ का प्रकोप ट्रैप फसल पर होने की दशा में कीटनाशकों का छिड़काव केवल ट्रैप फसल (trap crop) पर ही करें। 6. प्रकोप होने की दशा में डी0बी0एम0, स्पोडोप्टेरा तथा हेलिकोवर्पा तीनों के नियंत्रण हेतु फेरोमोन ट्रैप/ल्यूर 15–20 प्रति हेक्टेयर की दर से लगायें।
	माँहू व अन्य चूसने वाले कीट	1. एन0एस0के0ई0 के 5 प्रतिशत या निम्बीसिडीन 1.0–2.0 लीटर/हेक्टेयर की दर से छिड़काव करें। 2. लहसुन 7.0 किलो ग्राम का सत्व 500.0 ली0 पानी के साथ घोलकर प्रति हेक्टेयर की दर से छिड़काव करें। 3. विभिन्न प्रकार की गोभी के फसल के चारों ओर सरसों की 4–5 कतार की बुआई काफी उपयोगी सिद्ध हुई हैं। इससे मुख्य फसल पर इस कीट का प्रकोप अपेक्षाकृत कम होता है जिससे ज्यादा रासायनिक दवाओं का प्रयोग नहीं करना पड़ता है। 4. कीट पीले रंग की ओर आकर्षित होते हैं। अतः पीले रंग की पट्टियों पर चिपचिपा पदार्थ (ग्रीस) लगाकर खेत में कई जगह टाँग देना चाहिए, जिससे भी इस कीट का प्रकोप कम हो जाता हैं। 5. कीट नियंत्रण के लिए फास्फोमिडान की 250.0 मिली लीटर या रोगार व मिथाइल डेमीटान की 1.0 लीटर का प्रति हेक्टेयर छिड़काव उपयोगी सिद्ध हुआ है।

स–आलू

भण्डारित आलू व खेत में कंद की विकसित अवस्था	आलू का कंद शलभ	1. बुआई के लिए कीटरहित स्वस्थ्य कंदों का प्रयोग करना चाहिए। 2. मेंड़ों पर मिट्‌टी चढ़ाते रहना चाहिए तथा प्रत्येक बरसात के बाद खुले आलू के कंदों को मिट्‌टी से ढकते रहना चाहिए। 3. खेत में शलभ के नियंत्रण हेतु इण्डोसल्फान 0.07 प्रतिशत (2.0 मिली लीटर दवा एक लीटर पानी में) का घोल बनाकर छिड़काव करना चाहिए। 4. खोदाई के बाद और भण्डारण करने के पहले आलू को खुला नही रखना चाहिए। सांयकाल या रात के समय कंदों को तिरपाल आदि से ढकना आवश्यक होता है, क्योंकि प्राथमिक आक्रमण खुले आलू पर व इसी समय अपने अण्डे खुले आलू की आखों मे दें देती है। जब ऐसे आलू भण्डारगृहों में रखे जाते हैं तो इसका प्रकोप चरम सीमा पर पहुँच जाता है। 5. भण्डारगृहों के आलू कंदों के नीचे और ऊपर बालू की 2.5–5.0 सेन्टी मीटर मोटी परत फैलाकर इस कीट की रोकथाम काफी हद तक कम की जा सकती है। 6. सुखी नीम की पत्तियों के पाउडर या पत्तियों को भण्डार में आलू की तहों में प्रयोग करना चाहिए। 7. बीज के लिए रखे जाने वाले कंदों पर 5.0 प्रतिशत मैलाथियान धूल की 1.5 किलो ग्राम मात्रा प्रति टन आलू की दर से प्रयोग करना चाहिए।

द– टमाटर

बुआई से पूर्व	सूत्रकृमि एवं अन्य मृदा में रहने वाले कीट	1. गर्मी में गहरी जुताई तथा धूप में सुखाना ऊँची/उभरी हुई क्यारियों में नर्सरी तैयार करना। 2. नीम की खली का 200.0 किलो ग्राम प्रति हेक्टेयर की दर से प्रयोग 3. हेलिकोवर्पा के विरूद्ध टमाटर की नर्सरी से 15 दिन पूर्व गेंदे की नर्सरी ट्रैप क्राप (trap crop) के रूप में उगाना।
बीज/पौधशाला	सरपेण्टाइन लीफ माइनर, सफेद मक्खी	1. नर्सरी के प्रारम्भ में सफेद मक्खी के प्रवेश को रोकने के लिये लो–टनेल पाली हाउस या 100 गेज की नायलान की जाली का प्रयोग करें।

		2. नीम सत्व (एन0एस0के0ई0) के 5.0 प्रतिशत का छिड़काव करें। 3. हेलिकोवर्पा आर्मिजेरा के नियंत्रण हेतु टमाटर की 25 दिन पुरानी स्वस्थ पौध का रोपण तथा टमाटर की प्रत्येक 16 लाइनों के बाद एक लाइन गेंदे की 40 दिन पुरानी पौध से ट्रैप क्राप (trap crop) के रूप में रोपण।
वानस्पतिक वृद्धि की अवस्था	सफेद मक्खी एवं अन्य चूसने वाले कीट	1. इमिडाक्लोरोपिड 200.0 मिली लीटर प्रति हेक्टेयर की दर से छिड़काव। 2. लहसुन 7.0 किलो ग्राम/ हेक्टेयर की सत्व का छिड़काव द्वारा विषाणुवाहक कीड़ों का नियंत्रण सम्भव। 3. नीम सत्व (एन0एस0के0ई0) के 5 प्रतिशत का छिडकाव 4. प्रभावित पौधों को उखाड़कर नष्ट कर दें।
फल एवं फलन की अवस्था	फल बेधक (हेलिकोवर्पा अर्मिजेरा)	1. फल बेधक के नियंत्रण के लिये 15–20 फेरोमोन ट्रैप/ल्यूर प्रति हेक्टेयर की दर से फसल घेरे से 15.0–30.0 सेन्टी मीटर पर लगायें। ल्यूर (lure) 15 दिन के अन्तराल पर बदलते रहें। 2. फल छेदक के गिडार को हाथ से पकड़ कर नष्ट कर दें। 3. ट्राइकोग्रामा प्रिटियोसम/ट्राइकोग्रामा कीलोनिस 1.0 लाख अण्डे (5 कार्ड)/हेक्टेयर की दर से 10–10 दिन के अन्तराल पर 5 बार लगायें। 4.एन0पी0वी0–एच0 250 गिडार से बना 250 लारवा तुल्यांक (लार्वल इक्वीवैलेंट)/हेक्टेयर की दर से 10 दिन के अन्तर पर दो बार छिड़काव करें। 5. नीम सत्व (एन0एस0के0ई0) के 5 प्रतिशत (500.0 ग्राम/हेक्टेयर) या लहसुन के 7.0 किलो ग्राम का सत्व प्रति हेक्टेयर की दर से छिड़काव करें। 6. रोग जनित जीवाणु बैसिलस थ्यूरिनजियेन्सिस, (*Bacillus thuringiensis*) जो डाइपेल या डेल्फिन नामों से बाजार में मिलती है। सामान्यतः 1.0–

		1.5 किलोग्राम मात्रा प्रति हेक्टेयर प्रयोग करने से कीट का नियंत्रण होता है।
		7. नीम आधारित वानस्पतिक कीटनाशी जैसे–निम्बीसिडीन, निमारिन आदि के 0.5 प्रतिशत घोल का छिड़काव से कीट का नियंत्रण होता है।
य– बैंगन		
बुआई से पूर्व	सूत्रकृमि, दीमक	1. गर्मी में गहरी जुताई तथा पौधशाला का मृदा सौरीकरण।
		2. ऊँची क्यारियों में पौध उगाना।
		3. नीम की खली को 200.0 किलो ग्राम/ हेक्टेयर मिलाना।
		4. क्लोरोपायरीफास 50 ई0सी0 1.0 लीटर/हेक्टेयर की दर से मृदा उपचार।
पौध तैयार करने की अवस्था	हड्डा बिटिल	1. इण्डोसल्फान 35 ई0सी0 1.5 लीटर/ हेक्टेयर की दर से अथवा कार्बारिल 50 डब्ल्यू0पी0 2.0 किलोग्राम/हेक्टेयर का छिड़काव।
		2. एन0एस0के0ई0 के 5 प्रतिशत का छिड़काव।
		3. निम्बीसीडिन 1.0–2.0 ली0/ हेक्टेयर के प्रयोग से सूत्रकृमि एवं चूसने वाले कीड़ों की रोकथाम ।
		4. फोबोलेट्स नामक लाभदायक कीट का प्रयोग 65–70 प्रतिशत तक का प्रयोग कीट नियंत्रण में सहायक है।
		5. जीवाणु जनित कीटनाशी का धूल (बी0टी0 3×10^6 जीवाणु प्रति ग्राम) का छिड़काव करने पर 82 प्रतिशत तक कीट का नियंत्रण होता है।
	माँहू/जैसिड्स/ माइट्स	1. इमिडाक्लोरोपिड 17.5 एस0एल0 1.0 मिली लीटर दवा/3.0 लीटर पानी (0.03 प्रतिशत) की दर से छिड़काव।
		2. मोनोक्रोटोफास 0.2 प्रतिशत की दर से छिड़काव।
		3. डाइकोफाल 50 डब्ल्यू0पी0 1.0 मिली ग्राम / हेक्टेयर की दर से छिड़काव।
वानस्पतिक वृद्धि की अवस्था	फल एवं तना बेधक	1. प्रभावित शाखाओं को निकालकर नष्ट करना।

		2. ट्राइकोकार्ड्स 5 कार्ड/ हेक्टेयर की दर से 10–10 दिन के अन्तर पर प्रयोग करें। 3. नीम सत्व (एन0एस0के0ई0) के 5 प्रतिशत का छिड़काव।
फूल एवं फलत की अवस्था	फल एवं तना बेधक	1. प्रभावित शाखाओं को निकालकर नष्ट करना। 2. ट्राइकोकार्ड्स 1.0 लाख अण्डे/ हेक्टेयर (5 कार्ड) 10–10 दिन के अन्तर पर प्रयोग करें। 3. नीम सत्व (एन0एस0के0ई0) के 5 प्रतिशत का छिड़काव ।
	माँहू, जैसिड्स, माइट्स	1. लहसुन 2.5 किलो ग्राम का सत्व निकालकर 200 ली0 पानी में मिलाकर प्रति हेक्टेयर की दर से छिड़काव करें। 2. सड़े छांछ को 1:10 (10.0 लीटर छांछ + 100. 0 लीटर पानी) के अनुपात में मिलाकर प्रति एकड़ छिड़काव लाभकरी होगा। 3. स्टेफीलीनीड भृंग लाभदायक कीट है, जो इस कीट को खाकर समाप्त करता है। 4. क्राइसोपर्ला परभक्षी कीट भी सहायक है।
मिर्च/शिमला मिर्च		
बुआई से पूर्व	सूत्रकृमि, दीमक	1. गर्मी में गहरी जुताई तथा पौधशाला का मृदा सौरीकरण। 2. ऊँची क्यारियों में पौध उगाना। 3. नीम की खली 200.0 किलो ग्राम/हेक्टेयर मिलाना। 4. क्लोरोपायरीफास 50 ई0सी0 1.0 लीटर/ हेक्टेयर की दर से मृदा उपचार।
पौध तैयार करने की अवस्था	थ्रिप्स, जैसिड्स	1. निम्बीसीडिन 1.0–2.0 लीटर/हेक्टेयर छिड़काव। 2. लहसुन का सत्व निकालकर छिड़काव करें। 3. अधिक प्रकोप की दशा में इमिडाक्लोरोपिड 17. 5 एस0एल0 1.0 मिली लीटर दवा/3.0 लीटर पानी (0.03 प्रतिशत) की दर से छिड़काव करें या डाइमेथोएट 2.0 मिली लीटर/ लीटर पानी के साथ छिड़काव करें।

वानस्पतिक वृद्धि की अवस्था	तम्बाकू कट वर्मस	1. प्रारम्भिक अवस्था में अण्डे एवं गिडारों के समूहों को पकड़ कर नष्ट करें।
		2. फेरोमोन ट्रैप 15–20 प्रति हेक्टेयर की दर से लगायें (स्पोडोप्टेरा तथा हेलिकोवर्पा ट्रैप/ल्यूर को अलग–अलग कतारों में लगायें) और 15–15 दिन बाद ल्यूर (lure) को बदलते रहें।
		3. हेलिकोवर्पा एन0पी0वी0 250.0 मिली लीटर/हेक्टेयर की दर से शाम के समय छिड़काव।
		4. नीम सत्व (एन0एस0के0ई0) के 5 प्रतिशत का छिड़काव करें।
	माइट्स, जैसिड्स	1. डाइकोफाल 50 डब्लू0पी0 1.0 मिली ग्राम /हेक्टेयर छिड़काव
		2. मोनोक्रोटोफास 2.0 मिली लीटर/लीटर की दर से छिड़काव वानस्पतिक अवस्था की भाँति।
फूल एवं फलत की अवस्था	तम्बाकू कट वर्मस, फली बेधक	1. फेरोमोन ट्रैप 10–15 हेक्टेयर की दर से वानस्पतिक वृद्धि के समय लगायें।
		2. ट्राइकोडार्ड्स 1.0 लाख अण्डे/हेक्टेयर (5 कार्ड) साप्ताहिक अन्तराल पर लगायें।
		3. हेलिकोवर्पा एन0पी0वी0 250.0 मिली लीटर /हेक्टेयर की दर से छिड़काव
		4. बी0टी0 500.0 ग्राम/हेक्टेयर की दर से छिड़काव लेपिडोप्टेरस के विरूद्ध करें।
	माइट्स, थ्रिप्स	1. डाइमेथोएट 1.5 लीटर अथवा इण्डोसल्फान 2.0 लीटर अथवा मोनोक्रोटोफास 2.0 ली0 प्रति हेक्टेयर की दर से 15 दिन के अन्तराल पर छिड़काव
		2. डाइकोफाल 50 डब्ल्यू0पी0 1.0 किलो ग्राम/हेक्टेयर छिड़काव।
भिण्डी		
बुआई से पूर्व	मृदा एवं सूत्रकृमि	1. गर्मी में गहरी जुताई तथा पौधशाला का मृदा सौरीकरण।
		2. नीम की खली 200.0 किलो ग्राम/हेक्टेयर मिलाना।
		3. सड़ी हुई गोबर की खाद का प्रयोग करें।

वानस्पतिक अवस्था	सफेद मक्खी, जैसिड्स	1. येलो पेन/स्टिकी ट्रैप 5 प्रति हेक्टेयर की दर से प्रयोग।
		2. इमिडाक्लोरोपिड (0.03 प्रतिषत) 17.5 एस0एल0 1.0 मिली लीटर/3.0 लीटर पानी की दर से प्रयोग करें।
		3. मोनोक्रोटोफास 2.0 मिली लीटर/लीटर पानी (0.2 प्रतिशत) की दर से छिड़काव करें।
वानस्पतिक वृद्धि की अवस्था	तम्बाकू कट वर्मस, शाखा/ फल बेधक (इरियास प्रजाति)	1. प्रभावित शाखा को नष्ट कर दें।
		2. फेरोमोन ट्रैप 15–20 प्रति हेक्टेयर लगायें तथा ल्यूर 15–15 दिन के अन्तराल पर बदलते रहें।
		3. ट्राइकोगार्ड्स (एक लाख अण्डे) 5 कार्ड/हेक्टेयर साप्ताहिक अन्तराल पर लगायें।
		4. बी0टी0 500.0 ग्राम/हेक्टेयर छिड़काव।
		5. नीम सत्व (एन0एस0के0ई0) के 5.0 प्रतिशत का छिड़काव।
		6. इण्डोसल्फान 1.5 लीटर अथवा फेनवैलिरेट 300.0–500.0 मिली लीटर प्रति हेक्टेयर आवश्यकता पड़ने पर छिड़काव।
फूल एवं फलत की अवस्था	सफेद मक्खी	इण्डोसल्फान 1.5 लीटर अथवा फेनवैलिरेट 300.0–500.0 मिली लीटर प्रति हेक्टेयर आवश्यकता पड़ने पर छिड़काव।
	शाखा/फल बेधक	इण्डोसल्फान 1.5 लीटर अथवा फेनवैलिरेट 300.0–500.0 मिली लीटर प्रति हेक्टेयर आवश्यकता पड़ने पर छिड़काव।
	अमेरिकन बाल वर्म	इण्डोसल्फान 1.5 लीटर अथवा फेनवैलिरेट 300.0–500.0 मिली लीटर प्रति हेक्टेयर आवश्यकता पड़ने पर छिड़काव।
फसल वृद्धि एवं फलत अवस्था	लाल मकड़ी	पत्तियों एवं फलों पर पानी की तेज फुहार देने पर इसके प्रकोप को कुछ कम किया जा सकता है।
		मई–जून के महीने में अधिक प्रकोप होने पर 15 दिन के अन्तराल पर डाइकोफाल 0.04 प्रतिशत या इथिफान 0.04 प्रतिशत का छिड़काव करना फायदेमंद पाया गया है। दवा का छिड़काव सूर्योदय पूर्व करने से ज्यादा प्रभावकारी पाया गया है।

मटर एवं दलहन वर्गीय सब्जियाँ		
बुआई से पूर्व	दीमक, सूत्रकृमि	1. गर्मी में गहरी जुताई तथा पौधशाला का मृदा सौरीकरण। 2. नीम की खली 200.0 किलो ग्राम/ हेक्टेयर मिलाना।
वानस्पतिक अवस्था	तना मक्खी	1. नीम सत्व (एन0एस0के0ई0) के 5 प्रतिशत या निम्बीसीडिन 1.0–2.0 लीटर प्रति हेक्टेयर का छिड़काव । 2. इमिडाक्लोरोपिड 35 ई0सी0 2.0 लीटर/हेक्टेयर का छिड़काव करें।
	लाल माइट्स	1. डाइकोफाल 50.0 प्रतिशत डब्ल्यू0 पी0 का छिड़काव 2. क्राइसोपरला परभक्षी 2 ग्रब्स (grubs) प्रति पौध की दर से खेत में छोड़ें
फल एवं फलत अवस्था	फली छेदक	1. फेरोमोन ट्रैप 15–20 प्रति हेक्टेयर की दर से फसल सतह से 15.0–30.0 सेन्टी मीटर ऊपर लगायें। 2. ट्राइकोकार्डस (1.0 लाख अण्डे) 5 कार्ड/ हेक्टेयर साप्ताहिक अन्तराल पर 4–6 बार लगायें। 3. हेलिकोवर्पा एन0पी0वी0–एच0 250 एल0इ0 का सायंकाल छिड़काव एवं 10 दिन बाद पुनः छिड़काव। 4. नियंत्रण हेतु इण्डोसल्फान 0.07 प्रतिशत (2.0 मिली लीटर दवा 1.0 लीटर पानी में) घोल बनाकर पहला छिड़काव फसल में फल आने की अवस्था में तथा दूसरा छिड़काव आवश्यक होने पर पुनः छिड़काव 15 दिन बाद करना चाहिए।
	तम्बाकू की सूँड़ी	1. ट्राइकोकार्ड्स 5 कार्ड/हेक्टेयर । 2. एस0एल0 एन0पी0वी0 250 एल0ई0/हेक्टेयर का छिड़काव 3. बी0टी0 500.0 ग्राम की दर से छिड़काव । 4. क्वीनालफास 1.25 लीटर या इण्डोसल्फान 1. 5 लीटर/हेक्टेयर की दर से आवश्यकता पड़ने पर छिड़काव।

सामान्य प्रबन्धन

अन्य क्रियाओं के अतिरिक्त सब्जियों की उपज बढ़ाने के लिए इनमें लगने वाले हानिकारक कीड़ों का सामान्य नियंत्रण करना बहुत आवश्यक है, ताकि इनसे होने वाले नुकसान से बचा जा सके। महत्वपूर्ण सब्जियों (फूल गोभी, बंद गोभी, मटर, शजलम, गाजर, मूली, प्याज, लहसुन तथा आलू) के हानिकारक कीड़ों के बारें में विस्तृत रूप से बताया गया है। इस जानकारी से सब्जी उत्पादक अपनी फसलों में लगने वाले हानिकारक कीड़ों से छुटकारा पा सकेंगे।

सारिणी (17.20) सब्जियों में लगने वाले कीटों का सामान्य प्रबन्धन

फसल	कीट	प्रबन्धन
फूल गोभी, बंद गोभी तथा ब्रोकली	कटुआ कीट, दीमक	इस पतंगे की काली भूरी सुण्डियाँ रात के समय सक्रिय होकर पौधों को जमीन की सतह से काट देती हैं। नवरोपित पौधों को अधिक नुकसान होता है। कीट के नियंत्रण के लिए अच्छी तरह से सड़ी गोबर की खाद का प्रयोग करें। अगर खेत में दीमक का प्रकोप हो तो पौध रोपण के बाद क्लोरपाइरीफॉस 20 ई0सी0 (2.0 मिली लीटर प्रति लीटर पानी) पौधों के साथ भूमि में डालें। इसके अतिरिक्त पौधों की समय से सिंचाई करने से भी कीट के आक्रमण को कम किया जा सकता है।
	सफेद तितली	हरे–काले रंग की सुण्डियाँ पौधों के पत्तियों को खाकर नुकसान पहुँचाती हैं। तितली पौधों के पत्तियों की निचली सतह पर पीले रंग के अण्डे समूहों में देती हैं। अण्डों से सुण्डियाँ निकलकर पत्तियों पर पलती हैं तथा पौधों को काफी नुकसान पहुँचाती हैं। गोभी की सफेद तितली के अण्डों को इकट्ठा करके नष्ट कर दें। सफेद तितली के नियंत्रण के लिए सब्जी उत्पादक मैलाथियान 50 ई0सी0 (1.0 मिली लीटर प्रति लीटर पानी) का छिड़काव 10 दिनों के अन्तराल पर करें। बीज वाली फसल पर इण्डोसल्फान 35 ई0सी0 (1. 5 मिली लीटर प्रति लीटर पानी) या फेनवेलरेट 20 ई0सी0 (1.0 मिली लीटर प्रति लीटर पानी) का छिड़काव किया जा सकता है।
	डायमण्ड बैक मॉथ	इस कीट की सुण्डियाँ हरे रंग की होती हैं, जो पत्तियों में हरे रंग की परत को खाकर नुकसान पहुँचाती हैं। बाद में पत्तियों में छेद बन जाते हैं। सुण्डियाँ छूने पर एकदम जमीन पर गिर जाती हैं। सुण्डियों द्वारा ग्रसित फूल गोभी व बंद गोभी बाजार में अच्छे दामों पर विक्रय नहीं हो पाती है। डायमण्ड बैक मॉथ के नियंत्रण के लिए सब्जी उत्पादक मैलाथियान 50 ई0सी0 (1.0 मिली0 प्रति लीटर पानी) का छिड़काव

	10 दिनों के अन्तराल पर करें। बीज वाली फसल पर इण्डोसल्फान 35 ई0सी0 (1.5 मिली लीटर प्रति लीटर पानी) या फेनवेलरेट 20 ई0सी0 (1.0 मिली लीटर प्रति लीटर पानी) का छिड़काव किया जा सकता है। शीर्ष वाली फसल पर बैक्टीरिया युक्त कीटनाशी बी0टी0 (डाइपेल 8 एल0 या बायोलेप या बायोबिट) 1.5–2.0 मिली लीटर प्रति लीटर पानी में घोलकर छिड़काव कर सकते हैं।
माँहू	पत्तियों की निचली सतह पर हरे रंग के छोटे–छोटे कीट जिन पर राख जैसा चूर्ण देखा जा सकता है, जो रस चूसते रहते हैं। संक्रमण से पत्तियों का रंग पीला पड़ जाता है तथा पत्तियाँ मुड़कर सूख जाती हैं। दिसम्बर से मार्च तक ज्यादा नुकसान होता है। बीज वाली फसल मध्य फरवरी से जून माह तक अधिक प्रभावित होती है। माँहू की रोकथाम के लिए मैलाथियान 50 ई0सी0 (1.0 मिली लीटर प्रति लीटर पानी) या साइपरमेथरिन 10 ई0सी0 (1.0 मिली लीटर प्रति लीटर पानी) पौधों पर आक्रमण होने पर छिड़कें। फसल की तुड़ाई दवा छिड़काव के 5 दिनों बाद करें। बीज वाली फसल में पौधों के किनारे मिट्टी में फोरेट 10 जी0 (15.0 किलो ग्राम प्रति हेक्टेयर) मिलाए या फसल पर मिथाइल डेमेटान 25 ई0सी0 (1.0 मिली लीटर प्रति लीटर पानी) या डायमेथोएट 30 ई0सी0 (1.0 मिली लीटर प्रति लीटर पानी) का छिड़काव करें। परागण करने वाले कीड़ों को ध्यान में रखते हुए छिड़काव सायंकाल करें।
पेंटेड बग	इस कीट के प्रौढ़ एवं जिवाणु पत्तियों तथा फलियों से रस चूसते रहते हैं। प्रकोप अधिक होने पर बीज सिकुड़ जाते हैं तथा उपज में कमी आ जाती है। बीज वाली फसल में पौधों के किनारे मिट्टी में फोरेट 10 जी0 (15.0 किलो ग्राम प्रति हेक्टेयर) मिलाए या फसल पर मिथाइल डेमेटान 25 ई0सी0 (1.0 मिली लीटर प्रति लीटर पानी) या डायमेथोएट 30 ई0सी0 (1.0 मिली लीटर प्रति लीटर पानी) का छिड़काव करें। परागण करने वाले कीड़ों को ध्यान में रखते हुए छिड़काव सायंकाल करें।
लाल मकड़ी	यह कीट नवरोपित पौधों की रोएँदार जड़ों और छाल पर पलते हैं, जिससे प्रभावित पौधे सूखकर मर जाते हैं। लाल मकड़ी प्रभावित क्षेत्रों में पौध रोपण के समय क्लोरपाइरीफॉस 20 ई0सी0 (2.0 लीटर 25.0 किलोग्राम रेत में मिलाकर) खेतों में प्रति हेक्टेयर की दर से डालें। इस उपचार से

		जमीन में रहने वाले अन्य कीड़ों जैसे दीमक आदि का भी नियंत्रण हो जायेगा।
मटर	पर्ण सुरंगक कीट	इस कीट के लार्वा पत्तियों पर सुरंगे बनाते हैं तथा फरवरी से अप्रैल तक हानि पहुँचाते हैं। प्रकोपित पत्तियों पर तिरछी सुरंगे दिखाई देती हैं। पत्तियों को प्रकाश की विपरीत दिशा में रखने पर सुरंगों में लार्वा देखें जा सकते हैं। सुरंगों की संख्या अधिक होने पर प्रकाश संश्लेषण क्रिया बाधित होती है, जिससे पौधों की वृद्धि रूक जाती है। फरवरी के दूसरे सप्ताह तक या फूल आने से 15 दिन पहले फसल में मिथाइल डेमेटान 25 ई0सी0 (1.0 मिली0 प्रति लीटर पानी) का छिड़काव करें। इसके 15 दिनों बाद पुनः छिड़काव करें। इसके अलावा मिथाइल पैराथियान 50 ई0सी0 (1.0 मिली लीटर प्रति लीटर पानी) या डाइक्लोरवॉस 100 ई0सी0 (1.0 मिली लीटर प्रति 2.0 लीटर पानी) का भी छिड़काव किया जा सकता है। छिड़काव तभी करें जब 40.0 प्रतिशत या इससे अधिक प्रकोप हो।
	फली बेधक	नवजात सुण्डियाँ पत्तियों पर पलती हैं तथा बाद में फलियों में घुसकर बीज खाती हैं। कार्बरिल 50 डब्ल्यू0पी0 (2.0 ग्राम प्रति लीटर पानी) या इण्डोसल्फान 35 ई0सी0 (2.0 मिली लीटर प्रति लीटर पानी) का छिड़काव करें। दवा छिड़काव के 7 दिनों बाद ही फलियाँ तोड़ें।
	थ्रिप्स	ये कीट काले, मटमैले पीले रंग के होते हैं। वयस्क एवं निम्फ समूह में रहकर पत्तियों, कलियों एवं फूलों को खुरच कर खाते हैं, जिससे उन पर सफेद धब्बे बन जाते हैं। पत्तियाँ समय से पहले मुड़कर सूख जाती हैं। अधिक नमी होने पर खेतों में इस कीट का प्रकोप बढ़ जाता हैं। पर्ण सुरंगक कीट के नियंत्रण में प्रयोग किए जाने वाले कीटनाशी इस कीट के नियंत्रण में प्रयोग किए जा सकते हैं।
शलजम, गाजर, मूली	तेला	यह कीट छोटे, मुलायम, शरीर वाले, हरे रंग के प्रौढ़ व निम्फ समूहों में रहकर तनों के ऊपरी भाग तथा पत्तियों से रस चूसते हैं, जिससे पौधे अस्वस्थ लगते हैं और पत्ते मुड़ जाते हैं। जड़ वाली फसलों पर मैलाथियान 50 ई0सी0 (2. 0 मिली लीटर प्रति लीटर पानी) का 15 दिनों के अन्तराल पर छिड़काव करें। बीज वाली फसल पर मिथाइल डेमेटान 25 ई0सी0 (1.0 मिली लीटर प्रति लीटर पानी) का छिड़काव करें।

मस्टर्ड सॉ फ्लाई	यह मक्खी पत्तों तथा फूलों को नुकसान पहुँचाती हैं और मुख्यतः बीज फसल को काफी हानि होती है। इस मक्खी के लारवा जो गहरे हरे रंग के होते हैं बाद में पूरे पत्तियों को खा जाते हैं। बीज वाली फसल में पौधों के किनारे मिट्टी में फोरेट 10 जी0 (15.0 किलोग्राम प्रति हेक्टेयर) मिलाए या फसल पर मिथाइल डेमेटान 25 ई0सी0 (1.0 मिली लीटर प्रति लीटर पानी) या डायमेथोएट 30 ई0सी0 (1.0 मिली लीटर प्रति लीटर पानी) का छिड़काव करें। परागण करने वाले कीड़ों को ध्यान में रखते हुए छिड़काव सायंकाल के समय करें।
दीमक	प्रायः हल्की भूमि तथा असिंचित क्षेत्रों में रहकर जमीन के अन्दर से जड़ों को काटकर क्षति पहुँचाते हैं। क्लोरोपाइरीफॉस 20 ई0सी0 (2.0 मिली लीटर प्रति लीटर पानी) के घोल से गिला (drenching) करने से दीमक कीट को नियंत्रित किया जा सकता है।
प्याज तथा लहसुन थ्रिप्स	यह कीट पीले से गहरे भूरे रंग के होते हैं, जो कोमल पत्तियों पर पलते हैं। पत्तियों पर चाँदीनुमा सफेद धब्बे बन जाते हैं। ग्रसित पत्तियाँ समय से पहले मुड़कर सूख जाती हैं। प्रकोपित पौधों में कन्द जल्दी पक जाते हैं तथा उनका आकार छोटा रह जाता है। वयस्क थ्रिप्स को पीले या सफेद चिपकने वाले प्रपंचों से पता किया जा सकता है, क्योंकि ये कीट इन रंगों की तरफ आकर्षित होते हैं। कीटनाशक दवाई पत्तियों के आधार तक जाना आवश्यक हैं, क्योंकि अधिकतर कीट वहीं इकट्ठे रहते हैं। मैलाथियान 50 ई0सी0 (2.0 मिली लीटर प्रति लीटर पानी) या इण्डोसल्फान 35 ई0सी0 (2.0 मिली लीटर प्रति लीटर पानी) या साइपरमेथरिन 10 ई0सी0 (1.0 मिली लीटर प्रति लीटर पानी) का छिड़काव भी लाभकारी रहेगा।
प्याज की मक्खी	इस मक्खी के लार्वा कंदों में घुसकर नुकसान पहुँचाते हैं। वयस्क मक्खी पौधे के आधार के पास अण्डे देती है। शिशु (लार्वा) पौधे तक पहुँचकर पत्तियों के द्वारा विकसित हो रहे कंद तक पहुँच जाते हैं। प्याज थ्रिप्स तथा प्याज की मक्खी प्याज व लहसुन के कंदों को नुकसान पहुँचाते हैं। प्याज की मक्खी के नियंत्रण हेतु कार्बेरिल 4 जी0 (10.0 किलोग्राम प्रति हेक्टेयर) मिट्टी में डालें तथा उसके बाद हल्की सिंचाई कर दें। दो–तीन वर्ष का फसल चक्र अपनाएं तथा फसल के पुराने अवशेषों को जलाकर नष्ट कर दें।

आलू	सफेद लट	यह कीट रेतीली भूमि में लगाई गयी फसल में ज्यादा देखा गया है। इस कीट की वयस्क तथा शिशु (grubs) दोनों अवस्थाएं हानिकारक हैं तथा यह कीट सर्वभक्षी कीट है। वयस्क प्रायः बेल, जामुन, फलदार पौधों पर पलते हैं, जबकि ग्रब (grubs) पौधों की जड़ों के आस–पास रहकर उन्हें काटकर हानि पहुँचाते हैं। ग्रब, सफेद रंग के 'सी' आकार के भूमि में देखे जा सकते हैं। नियंत्रण के लिए खेत में फसल लगाने से पहले गहरी जुताई करें, अच्छी तरह गली–सड़ी गोबर खाद डालें। आलू की फसल में कटुआ कीट का भी प्रकोप देखा गया है। इस कीट के लारवा उग रहे पौधों को जमीन के पास से काट देते हैं। भूमि उपचार के लिए क्लोरोपाइरीफॉस 20 ई0सी0 (2 लीटर प्रति 25.0 किलोग्राम रेत प्रति हेक्टेयर) मिट्टी में मिलाएं। आलू में मिट्टी चढ़ाते समय क्वीनालफॉस 25 ई0सी0 (2.0 किलो ग्राम) या क्लोरोपाइरीफॉस 20 ई0सी0 (2.0 लीटर) 25.0 किलो ग्राम सूखी रेत में मिलाकर प्रति हेक्टेयर के हिसाब से मिट्टी में मिलाए। इससे सफेद लट का प्रकोप बन रहे आलूओं पर नियंत्रित हो सकेगा।
	आलू का पतंगा	इस कीट की सुण्डियाँ, (grubs) आलू की फसल को खेत तथा भण्डारगृहों में आलू के कंदों को हानि पहुँचाती हैं। ग्रसित आलू के कंदों की आँखों के आस–पास तथा सतह पर सुण्डियों की काली बिष्ठा लगी देखी जा सकती है तथा सुण्डियाँ अन्दर ही अन्दर सुरंगें बनाकर पलती रहती हैं। आलू खाने योग्य नहीं रहते हैं। यह कीट हिमाचल प्रदेश के काँगड़ा घाटी में अधिक पाया जाता है। आलू के पतंगों के नियंत्रण के लिए स्वस्थ एवं प्रमाणित बीज का प्रयोग करें। फसल में मिट्टी ठीक तरह से चढ़ाएं। खुदाई के बाद आलू को तिरपाल से ढक दें। आलू को खोदकर खुला न छोड़ें बल्कि इन्हें 5.0–8.0 सेन्टी मीटर मोटी रेत की तह से ढक दें ताकि मादा पतंगा कंदों पर अण्डे न देने पाए। खेतों में फरवरी–मार्च में सुण्डियाँ या पतंगे दिखाई दें, तो फसल पर मोनोक्रोटोफाँस 36 ई0सी0 (1.5 मिली लीटर प्रति लीटर पानी) या डेल्टामेथरिन 2.8 ई0सी0 (1.0 मिली लीटर मिली लीटर प्रति लीटर पानी) का छिड़काव करें। भण्डारगृहों में बोरियों को मेलाथियान 50 ई0सी0 (2.0 मिली लीटर प्रति लीटर) से उपचारित करें। साइपरमेथारिन 10 ई0सी0 (8.0 मिली लीटर प्रति किग्रा0 रेत) एक क्विंटल आलू कंदों के ऊपर भुरकाव कर दें। आलू के पतंगे को नियंत्रित करने के

	लिए फेरोमोन ट्रेप का प्रयोग भी लाभकारी है। खाने के उद्देश्य से रखे आलू को कीटनाशी दवाईयों से उपचारित न करें। भण्डारगृहों की खिड़कियों में जाली का प्रयोग करें ताकि मादा पतंगे आलू पर अण्डे देने न जा सकें।
हड्डा भृंग	इस कीट की सुण्डियाँ (grubs) तथा वयस्क (भृंग) दोनों ही पत्तियों के हरे पदार्थ को खाकर जाली सी बना देती है जिससे पौधों की वृद्धि कम हो जाती हैं। सुण्डियों तथा प्रौढ़ कीड़ों को इकट्ठाकर नष्ट कर दें। ग्रब समूहों में या अकेले पत्तों पर देखें जा सकते हैं, जो पीले भूरे रंग के तथा बालों वाले होते हैं। कार्बेरिल 50 डब्ल्यू0पी0; 2.0 ग्राम/लीटर या इण्डोसल्फान 35 ई0सी0; 2.0 मिली लीटर प्रति लीटर या साइपरमेथरिन 10 ई0सी0; 1.0 मिली लीटर प्रति लीटर पानी का छिड़काव करने से इस कीट को नियंत्रित किया जा सकता है।
तेला	शिशु तथा वयस्क कीट कोमल पत्तियों से रस चूसते रहते हैं, जिससे पत्तियाँ मुड़ जाती हैं। अधिक ग्रसित पौधों में आलू के कंद नहीं बन पाते हैं। यह कीट एक विषाणु रोग भी फैलाता है, जिससे फसल को अधिक नुकसान होता है। नियंत्रण के लिए मिथाइल डेमेटॉन 25 ई0सी0, 1.0 मिली लीटर प्रति लीटर दवाईयों का छिड़काव करें।

सब्जियों हेतु कीटनाशी रसायनों का चुनाव करते समय सावधानियाँ

सब्जियों को हल्का पकाकर सलाद के रूप में, कच्चा तथा कम प्रसंस्कृत कर उपयोग में लाया जाता है। अतः सब्जियों में रसायनों का चयन एवं प्रयोग करते समय निम्न बातों का ध्यान रखना चाहिए–

1. सब्जियों में कम समय तक असर करने वाले रसायनों का प्रयोग करना चाहिये। जैसे–मैलाथियान, कार्बेरिल, डाईक्लोरोवास, इण्डोसल्फान, डाइमेथिएट इत्यादि।
2. मिट्टी के अन्दर जो कीड़े नुकसान पहुँचाते हैं, उन्हें मारने के लिये स्पर्श विष (contact poison) वाले कीटनाशी (insecticide) का प्रयोग करना चाहिये जैसे–क्लोरोपायरीफास, थिमेट आदि। इन रसायनों का असर काफी समय तक रहता है। यदि खेत में जड़ व कन्द वाली सब्जी लगी है तब ऐसे रसायनों को भूमि शोधन के लिये प्रयोग करें।
3. जो कीड़े पत्तियों एवं शाखाओं को खाते हैं, उनके लिये मैलाथियान, कार्बेरिल, डी0डी0वी0पी0 इत्यादि रसायनों का प्रयोग करना चाहिये।

4. जो कीट पत्तियों का रस चूसते हैं या शाखाओं एवं तनों में छेद करके क्षति पहुँचाते हैं, उनके लिये सर्वांगी रसायनों का प्रयोग करना चाहिये। जैसे–डाइमेक्रान, कार्बोफ्यूरान, मेटासिस्टाक्स, डाइमिथेएट आदि।
5. फलों को नुकसान पहुँचाने वाले कीड़ों की रोकथाम के लिये रसायनों का कीड़ों के प्रकोप से पूर्व या प्रकोप के समय ही करना चाहिए। यदि एक बार जब कीट फलों में अण्डे दे देता है या लार्वा फलों में प्रवेश कर जाता है, तो नियंत्रण बहुत मुश्किल होता है।
6. कीटनाशी रसायनों के प्रयोग से पहले जो भी सब्जी खेत में है, उसे उपयोग के लिए तोड़ लेना चाहिये तथा प्रयोग के 10–15 दिन बाद ही सब्जियों को तोड़ना व इस्तेमाल करना चाहिये। अच्छा होगा कि खेत में छिड़काव/भुरकाव करने के बाद खेत में तख्ती/बोर्ड पर "सावधान कीटनाशक का उपयोग किया गया है", लिख दें।
7. रसायनों में आर्गेनोफास्फेट समूह की पेस्टीसाइड को छोड़कर अन्य सभी समूह के रसायनों का प्रयोग सावधानीपूर्वक करना चाहिये क्योंकि ये मिट्टी में लम्बी अवधि तक पड़े रहते हैं, जिससे ये सब्जियों में बड़ी आसानी से इकट्ठा हो जाते हैं।
8. विश्वास व शुद्धता हेतु पैक बन्द अच्छे निर्माताओं की कम्पनी का अच्छी स्रोत से ही कीटनाशक खरीदें।
9. कद्दू वर्गीय सब्जियों में बी0एच0सी0 तथा डी0डी0टी0 नामक कीटनाशकों का उपयोग कदापि न करें।
10. कीटनाशक के पैकेट/बोतल पर लिखे हुए दिशा–निर्देशों का पालन करें।
11. हमेशा सिफारिश किये गये कीटनाशकों की अनुमोदित मात्रा का ही उपयोग करें।
12. प्रति हेक्टेयर फसल में कीटनाशक के छिड़काव के लिए कम से कम 500.0 लीटर पानी का उपयोग करें।

कीटनाशक का उपयोग करते समय सावधानियाँ

- कीटनाशक दवा के डिब्बों को खोलने से पहले, उन पर लगे चिन्हों को हमेशा पढ़ियें। ऐसा करने से आप, अपने आपको घायल होने से बचा सकते हैं।
- इस बात की गणना करना बहुत जरूरी है कि प्रयोग करने के लिए दवा की कितनी मात्रा और पानी की आवश्यकता है।
- कीटनाशक दवा को छिड़कने या भुरकने वाला यंत्र कार्य करने की ठीक दशा में होना जरूरी है। यदि यंत्र ठीक नहीं है, तो किसी सक्षम कारीगर से इसकी मरम्मत कराना अच्छा रहता है।
- कीटनाशक दवा से भरा यंत्र चलाने वालों को उपयुक्त सुरक्षात्मक कपड़े पहनना जरूरी है। कीटनाशक दवाओं का उपयोग करने के बाद यंत्र चलाने वालों को सुरक्षात्मक कपड़े उतारकर साफ कपड़े पहनने चाहिए।

- जिस जगह पर दवा छिड़कने या बुरकने का कार्य चल रहा हो, वहाँ पर काफी मात्रा में पानी, साबुन और तौलिया का होना भी जरूरी है।
- यदि पास में मधुमक्खियों के छत्ते हों, तो मधुमक्खी पालकों को दवा छिड़कने के कार्यक्रम के बारे में सूचना दे देनी चाहिए, ताकि वे उपयुक्त सावधनियाँ बरत सकें।
- कीटनाशक दवा का उपयोग करने से पहले पके फलों और खाने सब्जियों को तोड़ लेना चाहिए।

उपयोग के दौरान सामान्य हिदायतें

- कीटनाशक दवाओं का उपयोग करते समय कभी भी अकेले काम नहीं करें।
- जहाँ पर कीटनाशक दवा का उपयोग हो रहा हो, वहाँ पर बच्चों और मनुष्यों को मत आने दें। उन्हें दवाओं को कभी भी मत छूने दें।
- उपयोग के लिए बताई गई हिदायतों को फिर से पढ़ें।
- कीटनाशी प्रयोग करने से पहले सुरक्षात्मक साफ कपड़े पहनें। यदि काम करते समय कपड़े दवा से दूषित हो जाएं तो तुरन्त दूसरे कपड़ें पहनें।
- त्वचा, विशेष रूप से चेहरा और कोमल अंगों को, दवा से दूषित होने से बचायें। यदि त्वचा कीटनाशक दवा से दूषित हो जाये तो तुरन्त साबुन और पानी से धो लेना चाहिये।
- कीटनाशक दवाओं का उपयोग करते समय आँखों और चेहरे को कभी न मलें। कीटनाशक दवा की भाप और पाउडर में श्वास लेने से बचें।
- कीटनाशक दवाओं का उपयोग करते समय कभी भी पानी न पियें, न खाना खायें और न ही धूम्रपान करें।
- कीटनाशक दवा का जिस क्षेत्र में उपयोग किया जा रहा हो, उसमें खाने की सामग्री, पीने का पानी, मादक पेय, तम्बाकू या खाना पकाने के बर्तन न रखें।
- यदि पहले छिड़काव यंत्र को खरपतवार नाशक दवा का उपयोग करने के लिए इस्तेमाल किया गया हो, तो उसे वाशिंग सोडा (2.0 ग्राम प्रति लीटर) के घोल से अच्छी तरह साफ कर लें और फिर अन्य कीटनाशक दवा छिड़कें।
- कीटनाशक दवा का छिड़काव या भुरकाव, उस दिन नहीं करें जब तेज हवा चल रही हो।
- उस आदमी के ऊपर अधिक निगरानी रखनी चाहिए, जो दवा छिड़कने का काम न किया हो। कम अनुभव वाले आदमी को हानि होने की अधिक सम्भावना रहती है।
- कीटनाशक दवा छिड़कने वालों को अधिक आराम देने की व्यवस्था की जानी चाहिये। ऐसे मनुष्यों को एक दिन में 8 घण्टे से अधिक काम नहीं करना चाहिये।
- जो मनुष्य कीटनाशक दवाओं के उपयोग सम्बन्धी कार्य को कुछ समय तक लगातार करते रहते हैं, वे उसे रोजमर्रा का कार्य समझ कर सावधनियों की तरफ ध्यान नहीं देते हैं। इस प्रकार की प्रवृति को रोकना चाहिए।

- गर्मी के मौसम में कीटनाशकों का छिड़काव सुबह में सुरक्षात्मक कपड़ों को पहनने से असुविधा नहीं होती है।

कीटनाशकों का घोल तैयार करते समय सावधानियाँ

कीटनाशकों के सांद्रण से घोल तैयार करने में ही सबसे अधिक खतरा है। घोल तैयार करते समय निम्न सावधानियाँ बरतनी चाहिए–

- कीटनाशकों का घोल किसी खुली जगह या हवादार कमरे में तैयार करना चाहिए। घोल तैयार करते समय यह ध्यान रखें कि हवा का बहाव आपके पीठ की तरफ से हो रहा हो।
- कीटनाशकों के डिब्बों को सावधानीपूर्वक खोलें, जिससे द्रव या पाउडर बाहर न फैलें। कारखानों के सीलबन्द डिब्बे को खोलने में विशेष सावधानी बरतनी चाहिए। बोरों या थैलियों को चाकू या ब्लेड (blade) से काटकर खोलें। थैली को फाड़कर खोलने से पाउडर बाहर बिखरने का खतरा रहता है।
- घोल बनाते समय कीटनाशक के डिब्बे को बाल्टी के पास ही रखें। डिब्बे से कीटनाशक पलटते समय शरीर का कोई भी अंग डिब्बे के नीचे न आने दें। डिब्बे से कीटनाशकों को खींचने के लिये कभी भी मुँह का प्रयोग न करें।
- कीटनाशक की सही मात्रा माप कर पानी में मिलायें।
- कीटनाशक मिलाने के लिए गहरा बर्तन और लम्बे भुठिया हैंडिल (handle) वाले घोलक का उपयोग करना चाहिए। घोल बनाने के लिए नंगे हाथ का इस्तेमाल न करें।
- भोजन के डिब्बे या ऐसी बाल्टियों का प्रयोग न करें, जिनमें बाद में नहाने या पीने का पानी रखना है।
- छिड़काव पम्प में कीटनाशी घोल भरते समय कीप का प्रयोग करना चाहिए। द्रव को इधर–उधर फैलने नहीं देना चाहिए।

जब कीटनाशी छिड़कें / बुरकें

- यह निश्चित कर लें कि छिड़काव में रिसाव नहीं हो रहा हैं। महंगे कीटनाशी की बरबादी तो होती है, साथ ही छिड़काव करने वाले व्यक्ति के स्वास्थ्य पर भी असर पड़ता है। यह पर्यावरण प्रदूषण को भी जन्म देता है।
- मौसम चाहे कोई भी हो, हमेशा सुरक्षात्मक कपड़े पहनकर कीटनाशी का छिड़काव करें।
- मुँह और नाक को ढकने के लिए रूमाल या किसी अन्य उपयुक्त कपड़े का इस्तेमाल करें। बाद में कपड़े को नष्ट कर दें। तौलिया, पगड़ी या किसी अन्य कपड़े का इस्तेमाल करने से वह संदूषित हो जाता है और बाद में उसका पुनः उपयोग करने पर विषाक्तता का खतरा रहता है।

- छिड़काव यंत्र माप के लिए निशान लगायें, जिससे दिये गये क्षेत्र में कीटनाशी की उपयुक्त मात्रा का छिड़काव हो सके।
- कीटनाशी का छिड़काव हमेशा हवा के बहाव की दिशा में करें। छिड़काव खेत में नीचे की ओर से रहे, जिससे छिड़काव करने वाला व्यक्ति सदैव अनुपचारित क्षेत्र में रहे।
- बहुत तेज हवा के समय छिड़काव न करें। हवा का हल्का बहाव कीटनाशी छिड़काव में सहायक होता है, लेकिन 12.0 किलो मीटर प्रतिघण्टे से तेज हवा छिड़काव में बाधा पहुँचाती है।
- यह ध्यान रखें कि हवा के बहाव के कारण कीटनाशी जल्दी ही काटी जाने वाली फसल, चारा, पानी, मनुष्य और पशुओं पर न पड़ें।
- छिड़काव यंत्र की बन्द नलिका को खोलने के लिए कभी भी फूँक न मारें और न ही मुँह का इस्तेमाल करके कीटनाशी खीचें।
- यदि किसी व्यक्ति में कीटनाशी विषाक्तता के लक्षण दिखाई दें या बिना किसी लक्षण के भी उसकी तबियत खराब हो तो उसे जल्दी से जल्दी डॉक्टर के पास ले जायें। साथ में छिड़के गये कीटनाशी का नाम पट्टी (lable) या पर्चा भी भेजें। हो सकता है कीटनाशी का कोई जहरीला असर न हुआ, लेकिन फिर भी सावधानी बरतें।

छिड़काव के बाद क्या करें ?

- कीटनाशी के डिब्बे को कस के बन्द करने के बाद वापस भण्डारगृह में सुरक्षित रख दें।
- छिड़काव यंत्र में कभी भी कीटनाशी न बचा रहने दें। अगर यंत्र में कीटनाशी बच गया हो तो उसे बंजर भूमि पर छिड़कें। कभी भी कीटनाशी को नहरों, तालाबों और कुओं में न डालें।
- छिड़काव यंत्र को पहले साबुन और पानी से धोयें और बाद में कई बार अधिक पानी लेकर धोयें। इसी तरह से डिब्बों, डंडियों और नपना गिलासों को भी साफ करें। इस तरह से प्राप्त हुए प्राप्त हुए संदूषित पानी को बंजर भूमि पर छिड़क दें।
- साफ पानी और साबुन से खूब नहायें। कपड़ों को अलग से धोयें। खराब कपड़ों को धोने के लिये घर न ले जायें।
- छिड़काव के समय पहनी हुई टोपी, जूते–मोजे, पेटी, चश्मा आदि को धोयें, अक्सर लोग इन्हें नहीं धोते हैं और ऐसे ही फिर पहन लेते हैं। इससे स्वास्थ्य को खतरा उत्पन्न हो सकता है।

खाली डिब्बों को नश्ट करना

- कभी भी खाली डिब्बों को नहरों, तालाबों आदि में न डालें।
- कीटनाशी के खाली डिब्बों को किसी अन्य प्रयोग में न लायें।
- धातु या प्लास्टिक के डिब्बों को निम्न प्रकार से साफ करें।

- डिब्बे को एक मिनट के लिये उलट कर रखें, जिससे कीटनाशी पूरी तरह से खत्म हो जाएं।
- आधे डिब्बे में पानी भरें, ढक्कन बन्द करें और भली–भाँति कुछ देर तक हिलाएं।
- पानी फेंद दें और फिर एक बार एक मिनट के लिए उलट कर देर तक हिलावें।
- इस तरह से डिब्बे को दो बार और धोयें।
- इस पानी को उसी तरह फेंके जैसे बचे हुए कीटनाशी को फेका जाता है।
- डिब्बों, थैलों और पॉलीथीन की थैलियों को काट–फाड़ कर ऐसा कर दें कि वे दुबारा प्रयोग में न आ सकें। इनको बेकार पड़ी जमीन के अन्दर लगभग 0.5 मीटर की गहराई में दबा दें।
- कभी भी कागज के खाली डिब्बों को जलायें नहीं और अगर जलाना ही पड़े तो धुयें के पास न खड़े हों।

सब्जियों में सूत्रकृमि प्रबन्धन (Nematode management in vegetable crops)

सब्जी उत्पादकों द्वारा वर्ष भर खेत को किसी न किसी फसल में व्यस्त रखना होता है अर्थात् खेत किसी भी समय रिक्त नहीं रहता है। खेत में लगातार फसल लगे रहने से मिट्टी में कई हानिकारक सूक्ष्म जीव स्वतः बढ़ते रहते हैं, जो अनुकूल वातावरण मिलने पर विकराल रूप धारण कर लेते है। सर्वेक्षण में पाया गया है कि मिट्टी जनित सूक्ष्म जीव सूत्रकृमि (nematode) एक ऐसा ही भयानक सूक्ष्म जीव है, जो लगातार फसल लिए जाने से बढ़ता है। इस सूक्ष्म जीव के बारे में यह भी खोज की गयी है कि सूत्रकृमि 200 से अधिक किस्म के पौधों को संक्रमित कर सकता है। सूत्रकृमि (nematode) के प्रकोप से सब्जी की उत्पादन व उत्पादकता ही कम नही होती बल्कि उपज की गुणवत्ता में भी गिरावट आती हैं। ये पौधों के ऐसे शत्रु है, जो बाह्य रूप से दिखाई नहीं पड़ते हैं, केवल जमीन के अन्दर स्वतंत्र रूप से रहकर जड़ों (root) में प्रवेश कर पौधों को नुकसान पहुँचाते हैं। जड़ों के प्रभावित/ग्रसित होने से पौधों के जड़ों से पोषक तत्वों का अवशोषण नहीं होता है। जड़ों में संक्रमण होने से अन्य रोगकारक का भी संक्रमण होने लगता है। वर्तमान समय में सूत्रकृमि की कई हजार प्रजातियाँ स्वच्छ जल या लवणयुक्त जल या मृदा में पाई जाती हैं, जो सूक्ष्म जीवों, सूक्ष्म दर्शी (microscope) से देखें जाने वाले पौधों, जानवरों, मानव आदि को किसी न किसी रूप में नुकसान पहुँचाते हैं। सूत्रकृमि की सैकड़ों प्रजातियाँ ऐसी हैं, जो आर्थिक दृष्टि से मानव उपयोगी पौधों को क्षति पहुँचाते हैं। पूरे विश्व में जीवनोपयोगी पौधों जैसे धान्य एवं दलहनी फसलें, केला, कसावा, नारियल, आलू, चुकन्दर, गन्ना, शकर कंद, याम आदि में प्रतिवर्ष 12.3 प्रतिशत का नुकसान होता है, जबकि विकासशील देशों में 14.0 प्रतिशत का नुकसान होता है (सेंसर व फ्रेकमान, 1987)। आर्थिक दृष्टि से उपयोगी पौधों जैसे सब्जियाँ, फल व अखाद्य फसलों को लगभग 14.0 प्रतिशत का नुकसान होता है। अगर आर्थिक दृष्टि से विश्लेषण किया जाये तो विश्व में प्रतिवर्ष कुल 80.0 बिलियन यू0 एस0 डालर का नुकसान होता है। भारतवर्ष में अगर फसल की उपज की मात्रात्मक व गुणात्मक नुकसान का आँकलन किया जाये, तो प्रतिवर्ष 240 बिलियन रूपये का नुकसान होता है (सेहगल एवं गौड़, 1999)। टमाटर, बैंगन, मिर्च आदि में 50.0–60.0 प्रतिशत नुकसान होता है व फसल की शुरुआती अवस्था में सूत्रकृमि के प्रकोप से 80.0–90.0 प्रतिशत पैदावार कम हो जाती है।

क्या हैं सूत्रकृमि?

सूत्रकृमि (Nematode) वास्तव में बहुत सूक्ष्म (0.3 से 10.0 मिली मीटर लम्बे) जीव होते हैं, जिन्हें नग्न आँखों से नहीं देखा जा सकता है। दूरबीन से देखने में ये सर्प के समान पानी में घूमते हुए दिखाई देते हैं। मिट्टी में ये पानी की पतली सतह में रहते हैं, जो मिट्टी के कणों के चारों ओर रहती हैं। सूत्रकृमि को मिट्टी से निकालकर केवल प्रयोगशाला में ही देखा जा सकता है किन्तु रोग ग्रसित पौधों से निकालकर कोई भी इन्हें दूरबीन से देख सकता है। सूत्रकृमि की लगभग 100000 से अधिक प्रजातियाँ हैं, लेकिन 25000 ही चिन्हित हो पायी हैं। इनका पूरा जीवन चक्र, प्रजनन विधि आदि सम्पूर्ण विवरण का अध्ययन वैज्ञानिकों द्वारा किया जा चुका है। इसके नियंत्रण के उपायों पर भी कई अनुसंधान किये गये हैं। यह परजीवी, एनीमल किंगडम का सदस्य है। इसलिए इसे भयानक माना गया है। जिन खेतों में ये स्थापित हो गये हैं, वे खेत अच्छी फसल न प्राप्त करने लिए प्रमाणित हो जाते हैं।

सूत्रकृमि का वर्गीकरण (Classification of nematodes)

पौधों को रोग ग्रसित कर प्रभावित करने वाले सूत्रकृमि का वर्गीकरण इस प्रकार किया जा सकता है।

फाइलम	(Phylum)	:	नेमाटोडा	(Nematoda)
आर्डर	(Order)	:	टाइलेन्कीडा	(Tylenchida)
सब आर्डर	(Sub order)	:	टाइलेनकीना	(Tylenchina)
सुपर फेमली	(Super family)	:	टाइलेन्कोआइडिया	(Tylenchoidea)

सामान्यतः सूत्रकृमि एक फसल में कई पीढ़ियाँ पूरी करके अपनी संख्या में भारी वृद्धि कर लेते हैं।

सारिणी (17.21) पौधों को रोग ग्रसित करने वाले सूत्रकृमि के वंश व प्रभावित फसल

कुल	वंश	प्रभावित फसल
अन्गुइनीडी (Anguinidae)	अन्गुइना (*Anguina*)	गेहूँ का "सीड गाल" सूत्रकृमि
	डीटीलेनकस (*Ditylenchus*)	तना व शल्क कंद (प्याज) सूत्रकृमि
बेलोनोलैमिडी (Belonolaimidae)	बेलोनो लैमस (*Belonolaimus*)	दलहनी व कद्दू वर्गीय सब्जियों के स्टींग सूत्रकृमि
	टाइलेनकोरिहिंकस (*Tylechorhynchus*)	तम्बाकू, मक्का (स्वीट कार्न, बेबी कार्न), कपास का स्टंट सूत्रकृमि
पार्टीलेन्कीडी (Party lenchidae)	प्राटीलेन्कस (*Partylenchus*)	लेसन सूत्रकृमि (lesion nematode) सामान्यतः सभी फसलों को ग्रसित करता है।
	रेडोफोलस (*Radopholus*)	बरोवींग नेमैटोड (burrowing nematode) केला को ग्रसित करता है।

	नाकोबस (*Nacobbus*)	फाल्स रूटनाट नेमैटोड (False root knot nematode)
होप्लोलैमीडी (Hoplo laimidae)	होप्लोलैमस (*Hoplolaimus*)	लैन्स नेमाटोड (Lance nematode)—कार्न को ग्रसित करता है।
	रोटीलेनकस (*Rotylenchus*)	स्पाइरल नेमाटोड (Spiral nematode)– सभी फसल को ग्रसित करता है।
	हेलियोकोटीलेन्कस (*Heliocotylenchus*)	स्पाइरल नेमाटोड (Spiral nematode)– सभी फसल को ग्रसित करता है।
	रोटीलेनकूलस (*Rotylenchulus*)	रेनीफार्म सूत्रकृमि (Reniform nematode)—टमाटर को ग्रसित करता है।
	स्कूलेल्लोनेमा (*Scutellonema*)	ड्राई राट नेमेटोड (Dry rot nematode) कसावा, याम आदि को ग्रसित करता है।
हेटेरोडेरीडी (Hetoroderidae)	ग्लोबोडेरा (*Globodera*)	राउण्ड सिस्ट नेमाटोड (Round Cyst nematodc) आलू को ग्रसित करता है।
	हेटेरोडेरा (*Heterodera*)	चुकन्दर का सिस्ट नेमाटोड (Cyst nematude of suger beet) चुकन्दर को ग्रसित करता है।
	मेलोइडोगाइन (*Meloidogyne*)	रूट नाट नेमाटोड (Root Knot nematode) सभी फसल को ग्रसित करता है।
सुपर फेमली–(Criconematidae)	क्रिकोनेमेल्ला (*Criconemella*)	रिंग नेमाटोड (Ring nematode)
	हेमीसाइक्लियोफोरा (*Hemicycliophora*)	शीथ नेमाटोड (Sheath nematode)
फेमिली पैराटाइलेन्कीडी (Paratylenchus)	पैराटाइलेन्कस (*Partylenchus*)	पीन नेमाटोड (Pin nematode)
फेमिली टाइलेन्कूलीडी (Tylenchulidae)	टाइलेन्कूलस (*Tylenchulus*)	नीबू वर्गीय अंगूर की फसल को ग्रसित करता है।
सब आर्डर (Sub Order)	अफेलेन्कोआइडीडी (*Aphelenchoididae*)	चौलाई का पर्णीय सूत्रकृमि
आर्डर–डोरी लैमिडा	बुर्साफेलेन्कुरा (*Bursaphelenchus*)	रिंग नेमाटोड (Ring nematode)
लोंगी डोरीडी (Longidoridae)	लोंगी डोरस (*Longidorus*)	नीडल नेमोटोड (Needle nematode)
	जिफीनेमा (*Xiphinema*)	डागर नेमाटोड (Dagger nematode)
ट्राइकोडोरीडी (Trichodoridae)	पैराट्राइकोडोरस (*Paratrichodorus*)	सब्जियों का स्टबी रुट नेमाटोड (Stubby root nematode of vegetables)
	ट्राइकोडोरस (*Trichodorus*)	चुकन्दर, आलू आदि का स्टबी रुट नेमाटोड (Stubby root nematode of sugar beet, potato)

सूत्रकृमि का खेतों में प्रवेश कैसे?

सूत्रकृमि सामान्यतया एक खेत से दूसरे खेत या एक क्षेत्र से दूसरे क्षेत्र में कई तरह से पहुँचते हैं।

1. गोबर की खाद/मुर्गी की खाद (Through farm yard mannure/poultry litter)

सूत्रकृमि का प्रसारण ज्यादातर गोबर की खाद, मुर्गी की खाद आदि के द्वारा होती है। सूत्रकृमि के ''गाल्स'' (galls) पूर्ण रूपेण विकसित हो जाने पर खाद के साथ मिश्रित होकर स्वस्थ खेतों में पहुँच जाते हैं। गीली खाद डालने से खेतों में सूत्रकृमि अधिक प्रभावी हो जाते हैं।

2. बीज या जड़ों द्वारा (Through seed and roots)

कुछ सूत्रकृमि के ''गाल्स'' काले, कड़े तथा आकार में बड़े होते हैं, जो बीज के साथ मिश्रित होकर स्वस्थ खेत में पहुँचकर संक्रमण करते हैं। इसी प्रकार सब्जी फसलों जैसे–परवल का प्रसारण जड़युक्त विकसित पौध से करने पर सूत्रकृमि बड़ी आसानी से नये खेत में प्रवेश कर जाते हैं।

3. यांत्रिक विधि द्वारा (Through mechanical means)

अवसर देखा गया है कि सूत्रकृमि से संक्रमित खेत में यांत्रिक क्रियाएं जैसे–खेत की जुताई, बुआई, गुड़ाई, मिट्टी चढ़ाना, जड़ कंदों की खुदाई आदि विभिन्न प्रकार की मशीनों द्वारा किया जाता है, जिससे सूत्रकृमि के अण्डे या नवजात सूत्रकृमि दूसरे खेत या क्षेत्र में वही मशीन बिना सफाई के उपयोग करने पर प्रसार हो जाता है।

4. सिंचाई या जलबहाव द्वारा (Through irrigation or water flow)

सूत्रकृमि के फैलने का एक स्रोत सिंचाई व जल बहाव भी है। जब एक संक्रमित खेत से पानी बहकर दूसरे खेत में जाता है या सिंचाई की नाली उससे निकल कर जाती है, तो सूत्रकृमि दूसरे खेत में सुगमता से फैल जाते हैं।

5. पशुओं के खुरों द्वारा (Through animals)

पशुओं को चराते समय कभी–कभी उनके खुरों में सूत्रकृमि के अण्डे आदि फसकर दूसरे खेत में बड़े आसानी से पहुँच जाते हैं।

नुकसान की प्रकृति (Nature of damage)

पौध परजीवी सूत्रकृमि का नुकसानदायक स्वरूप फसल की वृद्धि एवं विकास सामान्यतया सूत्रकृमि की जनसंख्या (सघनता) व आतिथेय (host) से निर्धारित होती हैं। सूत्रकृमि, प्रोट्रूसीबल

स्टाइलेट (protrusible stylet) द्वारा आतिथेय कोशिकाओं का भक्षण कर नुकसान पहुँचाता है। लगातार कोशिकाओं के भक्षण तथा स्राव से आतिथेय कोशिकायें एक विशिष्ठ पोषकीय कोशिकाओं में परिवर्तित हो जाती हैं, जिससे मल्टीन्यूक्लिएट जाइण्ट कोशिका, सिन्किट्रीयम कोशिका अथवा दाई/सेवक कोशिका (nurse cell) का निर्माण होता है। इससे सूत्रकृमि को स्थायी रूप से भोजन उपलब्ध होता रहता है। कुछ सूत्रकृमि "गाल्स" का निर्माण पौधों की जड़ों, पत्तियों तथा बीजों पर करते हैं। जब सूत्रकृमि पादप कोशिकाओं का भक्षण करते हैं, तब कोशिका मृत्यु के कारण चोट (lesion) बन जाता है, जो बाद में पूरी तरह बदरंग हो जाता है। संक्रमित पौधों में सुगमता से अनेकों मृदा रोगकारक जैसे–जीवाणु (bacteria), कवक (fungus), तथा रोग जटिलता/रोग लक्षण (disease complex/disease syndrome) विकसित होते हैं। इनके द्वारा उत्पन्न किये रोगों के लक्षण को पहचानना बहुत मुश्किल होता है। कई सूत्रकृमि ऐसे हैं, जो पादप विषाणु के संवाहक हैं। अतः यह कहा जा सकता है कि सूत्रकृमि पौध रोगकारक पहले से प्रवृत्त धारक (predisposing agent) तथा पादप विषाणु वाहक हैं। पादप परजीवी सूत्रकृमि, लाभदायक नत्रजन स्थिरीकरण करने वाले राइजोबियम जीवाणु (दलहनी फसलों में) के क्रिया–कलाप में व्यवधान उत्पन्न करते हैं।

सूत्रकृमि संक्रमण के लक्षण

सब्जियों में सूत्रकृमि (nematode) का प्रकोप सामान्यतः एक से डेढ़ माह की फसल हो जाने के बाद आरम्भ होता हैं। प्रभावित फसल की बढ़वार रूक जाती है। दिन–प्रतिदिन फसल देखने पर लगता है कि जैसे फसल में कोई बढ़वार हुई ही नही है। पत्तियाँ आकार में अनियमित, फूल व फल कम लगते हैं। फलों का आकार काफी छोटा हो जाता है। कुल उत्पादन में 60.0 प्रतिशत की कमी हो जाती है। देखने में पौधे न तो सड़ेंगे, न गलेगें और न ही मुरझायेगें या मरेगें। इन पौधों को उखाड़कर देखेंगे तो पायेगें कि जड़ों में गाँठ बन चुकी है। ये गांठें मुख्य जड़ के साथ लगी होती हैं तथा अनियमित आकार की होती है। इन गाँठों को काटकर देखने पर सूत्रकृमि दिखाई पड़ते हैं।

सारिणी (17.22) सूत्रकृमि के लिए उपयुक्त मेजबान (host) एवं प्रजाति

कीट	सूत्रकृमि की प्रजाति	उपयुक्त मेजबान
ब्लैक वाइन वीविल (*Otiorhynchus sulcatus*)	हेटेरोरैह्बडीटीस फोरा (*Heterorha bolilis bacterriophor*)	अच्छा
	एस0 फेल्टी (*S. feltial*)	अच्छा
	एस0 कारपोकैप्सी (*S. carpocapsae*)	बहुत अच्छा
कोलोरैडो पोटैटो वीविल (*Leptinotarsa decemlineata*)	एस0 कारपोकैप्सी (*S. carpocapsae*)	बहुत अच्छा
कार्न रूट वर्म (*Diabortica* spp.)	एस0 कारपोकैप्सी (*S. carpocapsae*)	अच्छा

जापनीज बटिल (*Papillis Japonica*)	एच0 बैक्टेरियोफोरा (*H. bacteriophora*)	अति उत्तम
	एस0 कारपोकैप्सी (*S. carpocapsae*)	बहुत अच्छा
	एस0 ग्लासेरी (*S. glasere*)	अच्छा
व्हाइट ग्रब्स (*Phyllophaga* spp.)	एच0 बैक्टेरियोफोरा (*H. bacteriophora*)	बहुत अच्छा
चैपर्स (*Cyclocephata* spp.)	एच0 बैक्टेरियोफोरा (*H. bacteriophora*)	बहुत अच्छा
लीफ माइनर (*Liriomyza trifolia*)	एस0 कारपोकैप्सी (*S. carpocapsae*)	अच्छा
ब्लैक कटवर्म (*Agrotis ipsilon*)	एस0 कारपोकैप्सी (*S. carpocapsae*)	बहुत अच्छा
डायमण्ड बैक माथ (*Plutella xylostella*)	एस0 कारपोकैप्सी (*S. carpocapsae*)	बहुत अच्छा
कार्न इयरवर्म (*Helicoverpa zea*)	एस0 रायोब्रेवी (*S. riobrave*)	अति उत्तम
स्पोडोस्टेरा प्रजाति (*Spodoptera* spp.)	एस0 कारपोकैप्सी (*S. carpocapsae*)	निम्न

सब्जियों में लगने वाले सूत्रकृमि का एकीकृत प्रबन्धन

1. सस्य प्रबन्धन (Cultural management)

सूत्रकृमि का प्रभावी रूप से प्रबन्धन करने के लिए निम्नलिखित सस्य विधियों को अपनाना चाहिए।

अ–आतिथेय फसलों के साथ फसल चक्र (Fallow crop rotation along with host plant)

सूत्रकृमि की संख्या घटाने का सबसे उत्तम उपाय अ–आतिथेय फसलों के साथ फसल चक्र अपनाना है। अगर लगातार एक ही फसल या एक ही समूह की कोई अन्य फसल की खेती होती है, तो खेत में सूत्रकृमि की संख्या बढ़ती रहती है। फसल चक्र केवल 2–3 वर्ष तक अ–आतिथेय पौधों के साथ अपनाया जाये, तो बहुत से सूत्रकृमि भूख के कारण मर जाते हैं क्योंकि खाने के लिए उपयुक्त आतिथेय (suitable host) उपलब्ध नही रहता है। इसके अलावा ऐसी स्थिति में उनकी पुनः प्रजनन व बहुगुणन क्षमता समाप्त हो जाती है। आलू का सिस्ट सूत्रकृमि (हेटेरोडेरा रोस्टोकियेंसिस) का प्रभावी प्रबन्धन मक्का, हरी बीन्स आदि के साथ फसल चक्र से ही किया जा सकता है। इसी प्रकार चुकन्दर में लगने वाले हेटेरोडेरा स्काचीटी सूत्रकृमि के नियंत्रण हेतु जर्मनी में फसल–चक्र को अपनाने के लिए सामूहिक नियम बनाये गये। मेलायडोगाइन इन्कागनीटा के नियंत्रण के लिए केवल 2 वर्षों तक अ–आतिथेय फसलों को फसल–चक्र में शामिल करना चाहिए। सब्जी फसलों को नुकसान पहुँचाने वाला ट्राइकोडोरस प्रजाति का सूत्रकृमि फसल–चक्र से नियंत्रित करना मुश्किल है क्योंकि इनके आतिथेय पौध की संख्या ज्यादा है। प्रकृति में केवल सनई तथा ऐस्परागस जैसे अ–आतिथेय फसल इस सूत्रकृमि को रोकने में मदद करता है।

खेत में कुछ सूत्रकृमि जैसे प्राटीलेन्कुस प्रजाति की संख्या कम करने के लिए गेंदा का उपयोग करना चाहिए। गेंदा की जड़ों से स्रावित होने वाला अर्क में सूत्रकृमि नाशक गुण होता है। इसी प्रकार ऐस्परागस की जड़ों से सूत्रकृमि नाशक तत्व निकलते है, जो स्वतः खेत में फैलकर कई प्रकार के सूत्रकृमि की संख्या में कमी लाते हैं।

• स्वच्छ कृषि पद्धति (Clean Agriculture Practices)

सूत्रकृमि ग्रसित खेत में ट्रैक्टर, बेडमेकर आदि का प्रयोग करने के बाद पूरी तरह सफाई करके ही नये क्षेत्र में जुताई या अन्य कृषि कार्य करना चाहिए अन्यथा सूत्रकृमि तेजी से उन क्षेत्रों में सब्जी फसलों को नुकसान पहुँचाने लगते हैं जहाँ पहले उनकी पहचान भी नही थी। सूत्रकृमि की प्रसार रोकने के लिए नर्सरी पौध, बीज, गमले आदि सूत्रकृमि से मुक्त होना चाहिए।

• खेत में जल भराव (Flooding of the field)

सामान्यतया सूत्रकृमि के अनुकूलन व प्रजनन हेतु हल्की नमी युक्त मृदा तथा कुछ स्तर तक वातायन ही उपयुक्त है। अगर कुछ महीनों तक खेत में पानी लगा रहे तो अनेकों प्रकार के सूत्रकृमि मर जाते हैं लेकिन खेत में लम्बी अवधि तक जलभराव बनाये रखना कठिन काम है।

• खाद का निर्जमीकरण (Sterilization of mannure)

सामान्यतया खेतों में गीली या बिना सड़ी खाद डालने से सूत्रकृमि की वृद्धि होती है। बिना निर्जमीकरण के खाद प्रयोग से सूत्रकृमि मिट्टी में पहुँचकर एक वर्ष बाद ही अपनी संख्या कई गुणा बढ़ाकर फसल को प्रभावित करने लगते हैं ।

खाद का निर्जमीकरण करने के लिए दो विधियों का प्रयोग किया जाता है।

(i) प्राकृतिक विधि (Natural method)

इस प्रक्रिया में खाद को धूप में अच्छी तरह सुखाते हैं और खाद से पानी पूरी तरह सूख जाने के एक माह बाद ही डालते हैं।

(ii) रासायनिक विधि (Chemical method)

इसमें रसायन फार्मलीन द्वारा निर्जीवीकरण किया जाता है। एक ट्रैक्टर ट्राली खाद को अच्छी तरह फैला लेने के बाद 10 लीटर फार्मलीन रसायन को 100 लीटर पानी में मिला लेते हैं। इस मिश्रण को खाद के आधे भाग पर छिड़क देते हैं तथा आधे भाग के खाद को छिड़के हुए भाग से ढक देते हैं। इस तरह पूरे खाद को एक बड़ी पालीथीन शीट से ढक देते हैं तथा इसे 8 दिनों तक पड़ा रहने देते हैं। इस उपचार को निर्जमीकरण क्रिया कहते हैं। अतः सूत्रकृमि से बचाव के लिए उपचारित खाद का ही उपयोग करना चाहिए।

2. भौतिक विधियाँ (Physical methods)

सूत्रकृमि के नियंत्रण के लिए अनेकों भौतिक विधियों जैसे–उष्मा विकिरण, रसाकर्षण दबाव आदि का प्रयोग किया जा सकता है, लेकिन वृहद् स्तर पर अपनाना मुश्किल है और आर्थिक दृष्टि से लाभप्रद नही है।

(i) उष्मा (Heat)

सूत्रकृमि के नियंत्रण के लिए शल्क कन्द, कन्द, राइजोम (rhizome) आदि के लिए ऊष्मा उपचार सबसे उत्तम है, लेकिन ध्यान रहे कि केवल सूत्रकृमि ही मरे, आतिथेय पौध नही। फसल के उदाहरण के लिए शकरकंद को 45.0 डिग्री सेन्टीग्रेड पर 30 घण्टे तक उपचार करने से सूत्रकृमि का नियंत्रण होता है लेकिन मात्र 60 प्रतिशत ही कंद जमाव (प्रस्फूटन) कर पाते हैं।

(ii) विकिरण (Radiation)

विकिरण द्वारा सूत्रकृमि का सम्पूर्ण नाश किया जा सकता है, लेकिन विकिरण को कितने समय तक दिया जाना है, किन अवस्था में देना है, आदि का निर्धारण सही–सही होना आवश्यक है। यह महंगी प्रक्रिया है।

3. रासायनिक विधियाँ (Chemical methods)

सूत्रकृमि को नियंत्रित करने वाले रसायनों को सूत्रकृमि नाशक (nematicide) के नाम से जानते है। सामान्यतः दो प्रकार के सूत्रकृमि नाशक (nematicide) होते है–

1. ध्रुमीकरण (Fumigants)
2. अ–ध्रुमीकरण (Non fumigants)

रासायनिक गुणों के आधार पर सूत्रकृमि नाशक (nematicide) को चार भागों में बाँटा जा सकता है।

- हेलोजीनेटेड एलिफैटिक हाइड्रोकार्बन्स (Halogenated aliphatic hydrocarbon)
- मिथाइल आइसोथायोसाइनेट लिबरेटर्स (Methyl isothiocynate libraters)
- आर्ग्रेनो फास्फेटस (Organophosphates)
- आर्गेनोकार्बामेट्स (Organo carbamates)

सारिणी (17.23) सब्जियों में प्रयोग होने वाले सूत्रकृमि नाशक **(Neamaticide)**

समूह		सामान्य नाम
फ्यूमीगैन्टस (Fumigants)	**अ–हेलोजीनेटेड एलीफैटिक हाइड्रोकार्बन्स**	
	ब्रोमोमेथेन	मिथाइल ब्रोमाइड
	ट्राइक्लोरो नाइट्रामेथेन	क्लोरोपिकरीन
	1, 3 – डाइक्लोरोपेन	1, 3–डी
	1, 2– डाइब्रोमोइथेन	इ0डी0बी0
	1,2, डाईब्रोमो–3 क्लोरोप्रोपेन	डी0बी0सी0पी0
	ब–मिथाइल आइसोथायोसाइनेट लिबरेटर्स	
	मिथाइल आइसोथायोसाइनेट	एम0आई0टी0
नान फ्यूमीगैन्टस (Non-fumigants)	**अ– आर्गेनोफास्फेटस**	
	ओ–इथाइल एस0एस0 डाइप्रोपाइल फास्फोरोडाइ थायोट	इथोप्राय
	टो0ओ0– डाइइथाइल ओ0 {(मिथाइल सल्फीनाइल) फिनाइल)}	
	फारफोरो थायोट	फेन सल्फोथियान
	इथाइल 4–(मिथाइलथायो) एम–टोलिल आइसोप्रोपाइल	-
	फास्फोफोरेमाइड	फेनामीफास
	ब– आर्ग्रेनोकार्बामेट्स	
	2, 3 डाइहाइड्रो– 2,2– डाइमिथाइल–7, बेन्जोफरनाइल मिथाइल कार्बामेट	कार्बोफ्यूरान
	2–मिथाइल एन0एन0– (मिथाइलथायो) प्रोपियानेल्डीहाइड ओ– (मिलाइल कार्बोमोइल) ओक्जीम	एल्डीकार्ब
	मिथाइल एन0एन0–(डाइमिथाइल कार्बामाइल)– एन (मिथाइल कार्बामोइल) आक्सी) 1–थायोफार्मीमिडेट	ओक्समिल

रासायनिक विधि से चुकन्दर का सूत्रकृमि "हेटेरोडेरा स्काचटी" कार्बन डाइ सल्फाइड के प्रयोग से नियंत्रित किया जा सकता है लेकिन प्रयोग मंहगा है तथा सन्तोषप्रद परिणाम भी नही मिलता है। कुछ महत्वपूर्ण सूत्रकृमि नाशक (nematicide) का वर्णन नीचे दिया गया हैं–

1. ध्रुमीकारक रसायन (Fumigants)

मृदा फ्यूमीगेन्टस के रूप में प्रयोग होने वाले रसायन, द्रव, तैलयुक्त श्वेत मिश्रणसान्द्र (emulsifiable concentrate) तथा दाने (granules) के रूप में बाजार में मिलते हैं। खेत में ध्रुमीकारक रसायन का

प्रयोग पूरे खेत में एकसार छिटककर (broadcast) या कतारों (row treatment) में डालकर शोधन किया जाता है। वाष्प शील रसायनों को प्रयोग के तुरन्त बाद पालीइथीलीन के चादर से 48 घन्टे तक ढककर रखना चाहिए। कम स्तर पर प्रयोग करने के लिए जमीन में छोटे–छोटे छिद्र बनाकर रसायन सुई लगाने जैसे हैण्ड एप्लीकेटर से प्रयोग करें या दाने को 15.0–30.0 सेन्टी मीटर की दूरी पर तथा 15.0 सेन्टी मीटर की गहराई पर डालकर प्रयोग करें लेकिन छिद्र को मिट्टी से तुरन्त ढक देना चाहिए।

क्लोरोपिकरीन (ट्राइक्लोरो नाइट्रोमेथेन) (Trichloro-nitromethen)

सूत्रकृमि के नियंत्रण के लिए इस रसायन का प्रयोग मृदा में करने की खोज मैथ्यूज द्वारा सन् 1919 में किया गया था। इस रसायन से जड़गाँठ सूत्रकृमि का नियंत्रण बड़ी सुगमता से होता है। रसायन मंहगा होने के कारण सूत्रकृमि नियंत्रण के लिए इसका प्रयोग बहुत कम होता है। मिट्टी में प्रयोग कर पालीथीन के चादर से ढक देते है। इसमें वाष्प दबाव ज्यादा होता है।

डी0डी0 मिश्रण (D.D. Mixture)

डी.डी. मिश्रण (1, 3 डाइक्लोरोप्रोपेन–1, 2–डाइक्लोरोप्रोपेन मिश्रण) का प्रयोग कार्टर द्वारा सन् 1943 में किया गया। इसमें वाष्प दबाव कम होता है। अतः प्रयोग के बाद पालीथीन चादर या मिट्टी में बने छिद्र को बन्द करने की आवश्यकता नहीं पड़ती है।

इथाइल डाईब्रोमाइड (Ethyl Dibromide)

इस रसायन को 1, 2–डाईब्रोमोइथेन के नाम से जाना जाता है जिससे जड़गाँठ सूत्रकृमि का नियंत्रण प्रभावी ढ़ंग से होता है।

डी0बी0सी0पी0 (D.B.C.P.)

इस रसायन का नाम ''1, 2 डाईबोमो–3–क्लोरोप्रोपेन है। जिसमें सूत्रकृमि नाशक (nematicide) के गुण की पहचान मैकबेथ तथा वर्गीसन द्वारा सन् 1955 में की गयी थी, लेकिन सूत्रकृमि प्रबन्धन में आज सबसे ज्यादा उपयोग होता है।

2. मिथाइल आइसोथायोसाइनेट (M.I.T.)

इस रसायन का प्रयोग भी सूत्रकृमि नाशक के रूप में किया जाता है।

3. अधुमीकारक रसायन (Non-fumigants)

अधुमीकारक रसायन रसायन का प्रयोग निमेटीसाइड के रूप में इसलिए ज्यादा प्रचलन में हैं क्योंकि प्रयोग से पौधों के लिए नुकसान देय नही होता है, लेकिन स्तनपायी जीवधारियों के लिये विष है। इस प्रकार के रसायन पानी में मिलकर खेत में हर जगह फैल जाते हैं। सूत्रकृमि नाशक के रूप में केवल कम गहराई में फैल जाते हैं व केवल कम गहराई में फैली जड़ों पर ही कार्य करता है। नियंत्रण केवल नशीलापन (Narcotization) तथा व्यवहार परिवर्तन (behaviour modification)

के कारण होता है न कि सूत्रकृमि के मार देने से। इससे सूत्रकृमि का विकास व प्रजनन रूक जाता है। भारतवर्ष में सूत्रकृमि नाशक (nematicide) का प्रयोग कम होता है क्योंकि रसायन मँहगा है, प्रयोग में कठिनाई होती है और सूत्रकृमि के प्रकोप की जानकारी भी कम है। सावधानी से अगर सूत्रकृमि नाशक का प्रयोग किया जाये तो सब्जियों की उत्पादन व उत्पादकता बढ़ जाती है।

4. जैविक नियंत्रण (Biological control)

जैविक विधियों को अपनाकर सूत्रकृमि का नियंत्रण प्रभावी तथा कम लागत पर किया जा सकता है। ट्रैप फसल (trap crops) प्रतिरोधी प्रजातियाँ एवं एण्टागोनिस्टीक पौध (antagonistic plants) अपनी जड़ों से ऐसे तत्वों का स्राव (root exudates) करते हैं जिससे सूत्रकृमि की संख्या कम होती है। अगर खेत में दूसरे का शिकार करने वाला प्रीडेटर्स (predators) या परजीवी (parasite) ज्यादा होगें तो सूत्रकृमि की संख्या स्वतः कम होती रहती है। मृदा वातावरण में परिवर्तन, कार्बनिक पदार्थों के प्रयोग या सीधे अन्य जीवों को प्रतिस्थापित कर सूत्रकृमि प्रबन्धन की जा सकती है। अगर भिण्डी व टमाटर में बीज बुआई तथा पौध रोपण के 3 सप्ताह पूर्व मरगोसा (margosa) अण्डी या मूँगफली की खली का मात्र 2.0 प्रतिशत प्रयोग करने से मेलोयडोगाइन जवानिका (*Meloidogyne javanica*) की संख्या कम होती है और पौधे सूत्रकृमि के नुकसान से बच जाते है (सिंह एवं सीतारमैया, 1966)।

5. प्रतिरोधी प्रजातियों का प्रजनन (Breeding for resistance)

अगर सूत्रकृमि प्रतिरोधी प्रजाजियों का प्रजनन किया जाये, तो सब्जी उत्पादकों को सबसे ज्यादा लाभ होगा। थामसन एवं स्मीथ (1957) ने सोलेनम एस्कूलेन्टम (*Solanum esculentum*) तथा सोलेनम पेरूवियेनम (*Solanum peruvianum*) के संकरण से टमाटर की एच0इ0एस0–4875 का विकास किया, जो मेलायडोगाइन इन्कागनिटा (*Meloidogyne incognita*) के प्रति ज्यादा प्रतिरोधी पाया गया। जब एच0इ0एस0–4875 का पश्च संकरण कर संतति विकसित की गयी, जिसमें मेलायडोगाइन जवानिका (*Meloidogyne javanica*) के प्रति प्रतिरोधी पायी गयी। इसी प्रकार विनस्टीड एवं बारहम (1995) ने टमाटर की प्रजाति हवाई–5229 का विकास किये, जिसमें मेलायडोगाइन इन्कागनीटा (*Meloidogyne incognita*), मेलायडोगाइन जवानिका (*Meloidogyne javanica*) तथा मेलायडोगाइन एरीनैरिया (*Meloidogyne arinaria*) के प्रति प्रतिरोधिता पायी गयी। अध्ययन में पाया गया कि सोलेनम के प्रभेद, सोलेनम वेरनेइ (*Solanum vernei*) तथा सोलेनम ट्यबरोजम वार0 एण्डीजेना (*Solanum tuberosum* var. *andigena*), हेटेरोडेरा रास्टोचिएन्सिस (*Heterodera rostochiensis*) के प्रतिरोधी गुण विद्यमान है। लोबिया की तीन प्रजातियाँ–मिस क्राउडर (miss crowder), पर्पल हाल पिंक आई (Purple Hall Pink Eye) तथा ब्राउन सीडेड स्थानीय (Brown Seeded Local) जड़गाँठ सूत्रकृमि के प्रति प्रतिरोधी है जिसका विकास भारतीय कृषि अनुसंधान संस्थान, नई दिल्ली द्वारा किया गया है और खेती के लिए अनुमोदित की गयी है।

सब्जियों में लगने वाले प्रमुख सूत्रकृमि तथा उनका प्रबन्धन (Important nematode of vegetables and their management)

सब्जियों में निम्नलिखित सूत्रकृमि का प्रकोप अधिक होता है जिसके प्रबन्धन की तकनीक नीचे दी जा रही है–

1. जड़ गाँठ सूत्रकृमि (Root Knot nematode)

शायद ही भारतवर्ष की कोई सब्जी फसल हो जो जड़ गाँठ सूत्रकृमि (root knot nematode) के संक्रमण से बची हो। पूरे विश्व में 97 से ज्यादा जड़गाँठ सूत्रकृमि की पहचान की गयी है, जिनमें 14 प्रजातियाँ भारतवर्ष में पायी जाती हैं। जिसमें मेलोयडोगाइन इन्कागनीय / इण्डिका (*Meloidogyne incognita/indica*), मेलोयडोगाइन लक्नोविका (*Meloidogyne lucknowica*), मेलोयडोगाइन ट्रीटीकुरीजी (*Meloidogyne triticooryzae*) तथा मोलोयडोगाइन पिपेरी (*Meloidogyne piperi*) विस्तृत रूप से पाये जाते हैं और नुकसान पहुँचाते हैं। जड़गाँठ सूत्रकृमि ''मेलोयडोगाइन प्रजाति (*Meloidogyne* spp.) पूरे विश्व की एक भयंकर सूत्रकृमि है (सासेर, 1980) जो सब्जी फसलों को ज्यादा नुकसान पहुँचाता है। विश्वस्तर पर इस सूत्रकृमि से लगभग 5.0 प्रतिशत का नुकसान होता है जबकि उष्ण व उप–उष्ण जलवायु के विकासशील देशों में नुकसान का स्तर और ज्यादा हो सकता है (टेलर व सासेर, 1978)। इसके भयानक प्रकोप को देखते हुए ''इन्टरनेशनल मेलायडोगाइन प्रोजेक्ट'' सन् 1975–84 तक चलाया गया जिसका मुख्यालय 'नार्थ कैरोलिना स्टेट यूनिवसीटी (यू0एस0ए0) था तथा सहयोगी केन्द्र के रूप में उष्ण व उप उष्ण जलवायु के देश थे।

सबसे ज्यादा जड़गाँठ सूत्रकृमि का प्रकोप टमाटर, आलू व चुकन्दर पर होता है। इस सूत्रकृमि के लक्षण जमीन के अन्दर फैले जड़ों में गाँठ के रूप में देखा जा सकता है जिसे–''रूट गाल'' (root gall) या नाटेड रूट्स (knotted roots) कहते हैं। जड़ों पर विभिन्न प्रकार के ''गाल्स'' बनते हैं, जो सूत्रकृमि की प्रजाति तथा आतिथेय पौध पर निर्भर करता है। कद्दू वर्गीय सब्जियों में बड़े आकार तथा मिर्च में छोटे आकार के ''गाल्स'' बनते हैं। सामान्यतया मेलोयडोगाइन हैप्ला (*Meloidogyne hapla*) के संक्रमण से छोटे गाँठ तथा मेलायडोगाइन इन्कागनीटा (*Meloidogyne incognita*) व मेलोयडोगाइन जवानिका (*Meloidogyne javanica*) के संक्रमण से बड़े ''गाल'' (gall) बनते है। जब प्रकोप का स्तर ज्यादा होता है, तो बड़े व कई सहायक गाँठ विकसित होते हैं, जबकि कम प्रकोप पर छोटे गाँठ बनते है। जड़ गाँठ सूत्रकृमि से गाजर की मुख्य जड़ में विभाजन (forking of tap root) तथा आलू में उभार (tubercle) बनते हैं। पौध के उपरी भाग में लक्षण स्वरूप खनिज लवण की कमी जैसा, पीलापन, पौध का बौनापन, उकठापन (दिन के गर्म समय में) दिखता है। इसके अलावा हरिमाहीनता पत्तियों का झड़ना व पौध की बीमार जैसे दिखने की प्रवृत्ति आती है। जड़ गाँठ सूत्रकृमि स्यूडोमोनास सोलेनेसिएरम (*Pseudomonas salanacearum*) से प्रतिक्रिया (interaction) कर टमाटर, बैंगन व आलू में ''स्यूडोमोनास विल्ट'' नामक बीमारी उत्पन्न करता है।

आतिथेय पौध (Host plant)

जड़ गाँठ सूत्रकृमि के आतिथेय पौध (Host plant) कद्दू वर्गीय सब्जियों, कैप्सिकम, बीन्स, टमाटर, गाजर, बैंगन, सेलरी, अदरक, लेट्यूस आदि हैं।

रोकथाम एवं नियंत्रण

जड़ गाँठ सूत्रकृमि बहु पौध भक्षीय (polyphagous) प्रकृति के साथ बहुत अधिक प्रजनन क्षमता रखता है। वर्तमान समय में अपनायी जा रही सघन (intensive) कृषि पद्धति में जड़ गांठ सूत्रकृमि को पूरी तरह नियंत्रण करना मुश्किल है। अतः विभिन्न विधियों को अपनाकर इस सूत्रकृमि की संख्या हानि के स्तर से कम रखना ही लाभदायक है।

सस्य क्रियांए (Cultural practices)

सूत्रकृमि के रोकथाम के लिए सबसे उत्तम तरीका सुधरी सस्य क्रियाओं को अपनाना है।

- ग्रीष्मकाल (मई–जून) में 20.0 सेन्टी मीटर गहरी जुताई 15 दिन के अन्तराल पर करने से सूत्रकृमि ज्यादा संख्या में ऊपर चले आते हैं। भीषण गर्मी तथा तेज धूप के कारण मर जाते हैं।
- मुख्य फसल का प्रतिद्वन्दी पौध (antagonistic plants) जैसे–गेंदा (Marigold) के साथ अन्तः फसल लगाने से अनेकों मृदा सूत्रकृमि विशेषतः गाँठ सूत्रकृमि की संख्या में कमी आती है। अन्तः फसल या अन्तरावर्ती फसल के रूप में गेंदा की बुआई की जा सकती है। गेंदा की फसल के जड़ों से मिट्टी में ऐसे रसायन का रिसाव होता है, जो सूत्रकृमि की बढ़वार को रोकता है।
- रोग प्रतिरोधी या अ–आतिथेय फसल (non-host crops) जैसे–सरसों, तिल, मक्का, गेहूँ का फसल चक्र अपनाने से निर्धारित सूत्रकृमि के नुकसान स्तर में आशातीत कमी की जा सकती है।
- खेत में कार्बनिक खाद या गोबर की खाद 18.0–20.0 टन/हेक्टेयर डालने से सूत्रकृमि की संख्या में कमी आती है क्योंकि इन खादों से सूत्रकृमि के लिए घातक तत्व निकलते हैं। इतना ही नहीं इन खादों के प्रयोग से फसल की सहनशीलता स्तर में वृद्धि होती है तथा खेत में सूत्रकृमि एन्टागोनिस्टीक प्रभाव देने वाले सूक्ष्मजीवों की संख्या बढ़ती है।

• अगर 10.0–12.0 कुन्तल सरसों की खली प्रति एकड़ की दर से मिलाया जाये तो खली से स्राव स्वरूप तत्वों का रिसाव होता है, जो सूत्रकृमि के बढ़वार को रोकते है।

ब. प्रतिरोधी प्रजातियाँ (Resistant varieties)

प्रतिरोधी प्रजातियाँ समन्वित सूत्रकृमि प्रबन्धन प्रक्रिया में महत्वपूर्ण भूमिका अदा करती हैं। यह सत्य है कि प्रतिरोधी प्रजातियों की उपलब्धता कम है। कभी–कभी उत्पादन की दृष्टि से उपयोगी

न होने के कारण उपलब्ध प्रजातियाँ भी कृषकों द्वारा कम अपनाई जाती हैं। कुछ प्रजातियाँ जो जड़ गाँठ सूत्रकृमि के प्रति प्रतिरोधी या सहनशील हैं, उनका विवरण इस प्रकार है:

सारिणी (17.24) जड़ गाँठ सूत्रकृमि के प्रति प्रतिरोधी या सहनशील प्रजातियाँ

फसल	प्रतिरोधी या सहनशील प्रजातियाँ
टमाटर	एस0एल0–120, हिसार ललित, पी0एन0आर0–7, हिसार नं0–1, हिसार नं0–2, हिसार नं0–3, एन0टी0–3, एन0टी0–8, एन0टी0–12, रोनिटा, पेट्रियाट, पी0ए0यू0–5, मंगला तथा कर्नाटक हाइब्रिड
मिर्च	पूसा ज्वाला, सी0ए0पी0–63, सी0ए0–2057, सिन्धूरी, एन0पी0–46–ए, मोहिनी, एस0पी0–26, पी0 6–3, के0–235
बैंगन	बरसाती म्यूटेन्ट, 82–आई0बी0, सी0–152, आई0एच0आर0–29–5, जी0ए0यू0–1
मटर	बी0–58, सी0–50
आलू	कुफरी देवा
भिण्डी	कान्की लोकल ग्रीन, हरी चिकनी, वैशाली बाढेर
कुम्हण	दास्ना, जयपुरी
खरबूजा	शाहजानपुरी
नसदार तोरी	पनीपती, मेरठ स्पेशल

स. रासायनिक नियंत्रण (Chemical control)

रासायनिक विधि में सूत्रकृमि नाशक (nematicide) का प्रयोग ही सूत्रकृमि की संख्या नियंत्रग में सहायक है। चूँकि जड़गाँठ सूत्रकृमि के नियंत्रण में ज्यादा रसायन को आवश्यकता अधिक मूल्य तथा रसायन का ज्यादा अवशेष खेत में पड़े रहना, कुछ ऐसे बिन्दु हैं, जो इसकी प्रासंगकिता पर प्रश्न खड़ा करते हैं। अगर उचित मात्रा तथा प्रचुर सुरक्षा के साथ रसायनों का प्रयोग किया जाये तो सूत्रकृमि नियंत्रण में सफलता मिलती है, सूत्रकृमि नियंत्रण के लिए रसायनों को निम्न रूपों में प्रयोग किया जा सकता है–

पौधशाला शोधन (Nursery treatment)

अध्ययन में यह पाया गया है कि सूत्रकृमि संक्रमित पौध का स्वस्थ पौध खेत में रोपण करने से इनका प्रसार होता है। जड़ गाँठ सूत्रकृमि सबसे ज्यादा नुकसान पुराने पौधों की तुलना में नवोदभिद (कोमल व नये) पौधों को पहुँचाते हैं। अगर पौधशाला में ही सूत्रकृमि नाशक (nematicide) का प्रयोग किया जाये तो इसकी मात्रा भी कम लगेगी तथा लागत मूल्य भी घटेगी। सूत्रकृमि मूक्त पौध तैयार करने के लिए कार्बोफ्यूरान (Furadan-3G) की 0.3 ग्राम सक्रिय तत्व (a.i.) प्रति वर्ग मीटर

पौधशाला के लिए पर्याप्त है। पौधशाला का शोधन करने के लिए सेबूफास (wetable powder) की 0.3 या कार्बोफ्यूरान (Furadan-3G) या बेनफ्यूरोकार्ब (Oncole-50WP) की 0.3 या 0.6 ग्राम सक्रिय तत्व (a.i.) प्रति वर्ग मीटर बीज की बुआई के समय प्रयोग करना चाहिए।

बीज शोधन (Seed treatment)

बुआई के पूर्व अगर बीज को भिंगो लिया जाये या "सीड ड्रेसिंग" (seed dressing) की प्रक्रिया पूरी किया जाये तो टमाटर, बैंगन, मिर्च आदि के नवोद्भिद पौध को संक्रमण से काफी हद तक बचाया जा सकता है। कुछ पौधों के आन्तरिक भागों में काम करने वाले (systemic) निमेटीसाइड जैसे–फेनामीफास आइसोफेनफास, कार्बोसल्फान आदि की 2–3 प्रतिशत डब्ल्यू/डब्ल्यू मात्रा का प्रयोग करना चाहिए। भिण्डी, लौकी, परवल, करेला आदि में कार्बोसल्फान (मार्शल 25 एस0 टी0) की 3 प्रतिशत डब्ल्यू0/डब्ल्यू रसायन से शोधित करने पर जड़गाँठ सूत्रकृमि कम लगते हैं। बीज भिंगोते समय अगर डाइमेथोएट या कार्बोसल्फान का प्रयोग किया जाये तो अगेती अवस्था में सूत्रकृमि से छुटकारा मिल जाती है।

प्रक्षेत्र शोधन (Field treatment)

अगर टमाटर, बैंगन व भिण्डी लगाने के पूर्व कार्बोफ्यूरान 3–जी0 की 2.0 किलो ग्राम सक्रिय तत्व प्रति हेक्टेयर प्रयोग करने से जड़ गाँठ सूत्रकृमि से सुरक्षा होती है लेकिन रसायनों से मिट्टी उपचार अत्यधिक महंगा होता है। अनुमानतः यह खर्च 20,000 रूपया प्रति एकड़ आता है, जिसे अपनाना सभी के द्वारा सम्भव नही है।

जैविक नियंत्रण (Biological control)

जड़ गाँठ सूत्रकृमि नियंत्रण की अन्य विधियों की तुलना में जैविक नियंत्रण विधि काफी प्रभावी, सस्ता व वातावरण के अनुकूल है। इस सूक्ष्म जीव के नियंत्रण हेतु कई जैव–कारकों (bioagents) का उपयोग किया गया, लेकिन इसमें मात्र तीन जैव कारक सबसे उपयुक्त पाये गये–

1. पीसीलोमाइसीज लिलासीनस (*Paecilomyces lilacinus*) (खान एवं गोस्वामी, 2002)
2. स्यूडोमोनास फ्लूरेसेन्स (*Pseudomonas fluorescens*)
3. पस्टौरिया पानेट्रान्स (*Pasteuria panetrans*)

बाजार में कुछ जैव कारक के घोल उपलब्ध हैं, जैसे– पीसीलोमाइसीज लिलासीनस (बायोनेमाटान, योरकर) और पास्टौरिया पानेट्रान्स (पासूस्सुरिया 50 डब्ल्यू0पी0, ट्राइकोडर्मा विरिडी (*Trichoderma viride*) तथा ट्राइकोडर्मा हार्जीएनम (*Trichoderma harzianum*) (ट्राइकोस्टार ट्राइकोगार्ड, बायोडर्मा इकोडर्मा आदि)। इनके प्रयोग से जड़ गाँठ सूत्रकृमि को नियंत्रित किया जा सकता है।

2. पोटैटो सिस्ट सूत्रकृमि या गोल्डेन निमेटोड (Potato cyst nematode or Golden nematode)

पोटैटो सिस्ट सूत्रकृमि "ग्लोबोडेरा रोस्टोचिएन्सिस (*Globodera rostochiensis*) या ग्लोबोडेरा पालिडा (*Globodera pallida*) आलू को भंयकर नुकसान पहुँचाने वाला सूत्रकृमि है। इसका प्रकोप सबसे ज्यादा तमिलनाडु, कर्नाटक तथा केरल में देखा गया है। इसे " गोल्डेन निमेटोड" के नाम से भी जानते है। इस सूत्रकृमि के प्रकोप से पूरी दुनिया में 9 प्रतिशत आलू का नुकसान (40 मिलियन टन) होता है (कृष्णा प्रसाद, 1995)। भारतवर्ष में गोल्डेन निमेटोड की पहचान विजयानगरम् प्रान्त के नीलगिरि पहाड़ियों में स्थित उटकमण्ड (Ootac mund), तमिलनाडु, एफ0जी0 जोन्स (1961) द्वारा किया गया। कम तापमान वाले क्षेत्रों में "ग्लोबोडेरा" का प्रकोप ज्यादा होता है।

संक्रमित पौधे छोटे, धब्बे युक्त तथा कम विकसित होते हैं। दिन में अस्थायी रूप से उकठापन, बौना पौधा, अस्वस्थ पीली पत्तियाँ तथा जड़ों का विकास कम हुआ हो, जैसे लक्षण मिलता है। संक्रमित पौधों में आलू की संख्या कम कंदों का आकार अनियमित तथा कंद उपज बिल्कुल कम होता है। कई वर्षों बाद उपज काफी कम हो जाती है। पहले यह सोलेनेसी कुल के पौधों (टमाटर, बैंगन, आलू) को नुकसान पहुँचाता है। दूसरी अवस्था में जड़ों को संक्रमित कर दीर्धकाय (giant) कोशिका का निर्माण करते हैं। बाद में चलकर सिस्ट जो पूरी तरह से सुरक्षित होते हैं तथा अण्डों से भरे होते हैं, आलू के न रहने पर भी मृदा में कई वर्षों तक जीवित रहते हैं। ग्लोबोडेरा रोस्टोचिएनिसस की आर0ओ0–1 (RO 1) तथा आर0ओ0–5 (RO 5) और ग्लोबोडेरा पालिडा की पी0ए0–2 (Pa 2) तथा पी0ए0–3 (Pa 3) सूत्रकृमि के प्रभेद भारतवर्ष में पाये जाते हैं। कंदों के साथ लगे मिट्टी के कण अण्डे युक्त सिस्ट के प्रसारण में सहायक होते हैं। इसके अलावा खेतों में प्रयोग होने वाले मशीन, जूट के बोरे, कृषकों के पैर आदि से नये क्षेत्र व खेत में प्रसारण होता है।

रोकथाम एवं नियंत्रण (Prevention and control)

1. सस्य क्रियाएं (Cultural practices)

अ–आतिथेय गोभी वर्गीय की सब्जियाँ जैसे–पत्ता गोभी, फूल गोभी, चुकन्दर, गाजर, लहसुन, मूली, शलजम आदि को भी फसल पद्धति में स्थान देना चाहिए। प्रयोग द्वारा नीलगिरी की पहड़ियों में उपयुक्त फसल–चक्र, आलू–पत्ता गोभी, गाजर पाया गया है, जो कृषकों द्वारा व्यापक रूप से अपनाया जा रहा है।

2. प्रतिरोधी प्रजातियाँ (Resitance varieties)

आलू की कुफरी स्वर्ण एक उपयुक्त प्रतिरोधी प्रजाति है।

3. रासायनिक नियंत्रण (Chemical control)

गोल्डेन निमेटोड (golden nematode) के नियंत्रण के लिए कार्बोफ्यूरान (फ्यूराडान 3 जी) का 2.0 किलोग्रगाम सक्रिय तत्व प्रति हेक्टेयर की दर से प्रयोग करना चाहिए। इससे आलू की कुल उपज में वृद्धि होती है।

3. बरिंग निमेटोड (Burring nematode)

सब्जियों में बरिंग निमेटोड (*Radopholus similis*) का सबसे ज्यादा प्रकोप अदरक में होता है। सामान्यतया केरल, कर्नाटक व आन्ध्र प्रदेश में इस सूत्रकृमि की उग्रता सबसे ज्यादा होती है (पर्वतारेड्डी व सिंह, 1980)। वर्तमान समय में इसकी उग्रता ओडिशा, मणिपुर, महाराष्ट्र, मध्य प्रदेश, हिमाचल प्रदेश व गुजरात में भी देखा जा सकता है क्योंकि बिना नियंत्रण के अदरक, सब्जी केला, हल्दी आदि के वर्धीय भाग दूसरे क्षेत्रों में पहुँच रहे हैं। सब्जी केला में इस सूत्रकृमि से ''टापलिंग बीमारी'' फलत की अवस्था में होती है। संक्रमण से पत्तियाँ जल्द गिर जाती है, पौधों में ओज नही रह जाता तथा अन्ततोगत्वा ढेर में फलियाँ छोटी हो जाती है और वजन भी कम हो जाता है। जड़ों में संक्रमण होने से सड़न होने लगती है।

रोकथाम व नियंत्रण

इस सूत्रकृमि से बचाव के लिए निम्न उपाय करना चाहिए।

- पौध प्रसारण सामग्री/नवोद्भिद पौध सूत्रकृमि से मुक्त हो।
- अगर प्रकंद में किसी प्रकार की बदरंग दिखाई पड़ती हो तो निकाल देना चाहिए तथा बोर्डेक्स मिश्रण या सूत्रकृमि नाशक से शोधित करना चाहिए।
- प्रकंदो को 50–55 डिग्री सेल्सियस तापमान पर 20–25 मिनट तक शोधित करना चाहिए।
- पौध रोपण (सब्जी केला) के पूर्व राइजोम को सूर्य की रोशनी में सुखाना चाहिए।
- कार्बोफ्यूरान की 6 ग्राम सक्रिय तत्व या फोरेट की 3 ग्राम सक्रिय तत्व प्रतिवर्ष 2–3 बार प्रयोग से सब्जी केले में सूत्रकृमि का प्रकोप कम हुआ।
- रोपण के समय प्रति पौध नीम की खली की 400.0 ग्राम मात्रा का प्रयोग करें और इतनी ही मात्रा 4 माह पुराने पौधों को पुनः देना चाहिए।
- संवेदनशील प्रजातियों का उपयोग न करें। वर्तमान समय में अनेकों अवरोधी प्रजातियाँ इस सूत्रकृमि के प्रति उपलब्ध हैं।
- उचित फसल–चक्र को अपनाना आवश्यक है।

4. रेनीफार्म सूत्रकृमि (Reniform nematode)

सामान्य नाम ''रेनीफार्म'' की व्युत्पत्ति पूरी तरह से परिपक्व गुर्दाकार मादा सूत्रकृमि से हुई। इसकी 10 स्पीशीज सम्पूर्ण विश्व में पायी जाती है, लेकिन सबसे ज्यादा वितरण व आर्थिक महत्व ''रोटीलेन्कुलस रेनीफार्मिस'' (*Rotylenchulus reniformis*) का है। यह सबसे ज्यादा पश्चिम बंगाल में उगाई जाने वाली सब्जियों को संक्रमित करता है। इस सूत्रकृमि से होने वाला नुकसान चाहे वह पौध के ऊपरी भाग पर हो या पौध के जमीन के अन्दर विकसित होने वाले भाग हो, का अनियमित आकार के फल व बीजों का विकास होता है। इसके आक्रमण के बाद द्वितीयक प्रकोप फ्यूजेरियम प्रजाति (*Fusarium spp.*), वर्टिसिलियम (*Verticilium spp.*), प्रजाति, स्कलेरोशियम राल्फसी (*Sclerotium rolfsii*) तथा राइजोक्टोनिया सोलानी (*Rhizoctonia solani*) का होता है।

रेनीफार्म सूत्रकृमि लम्बे समय तक सूखी मिट्टी में भी जीवित रहता है (गौड़ तथा पेरी, 1991)। उपयुक्त तापमान तथा आतिथेय पौध के प्राप्त होने पर जीवन–चक्र मात्र 3–4 सप्ताह में पूरा हो जाता है। प्रत्येक अण्डे के समूह में 30–200 अण्डे होते हैं।

रोकथाम एवं नियंत्रण

• फसल चक्र

रेनीफार्म सूत्रकृमि के बचाव व नियंत्रण के लिये फसल–चक्र अपनाना चाहिए। सब्जी की खेती में सरसों, बेबीकार्न, गेंदा आदि को स्थान देना आवश्यक है।

• जैविक/कार्बनिक खाद

अगर सब्जी खेती में प्रचुर मात्रा में गोबर की सड़ी खाद तथा नीम, करंज, सरसों आदि की खली प्रयोग किया जाये, तो रेनीफार्म सूत्रकृमि का प्रकोप कम होता है।

• ग्रीष्म कालीन जुताई

गर्मी के मौसम (मई–जून) में खेत की 2–3 बार गहरी जुताई करने से इस घातक सूत्रकृमि से बचाव किया जा सकता है।

• जल प्रबन्धन (सिंचाई)

सिंचाई व जुताई का काम कई बार करने से मादा "रोटीलेन्कुलस रेनीफार्मिस" उत्तेजित होकर अण्डे देती है, जो मिट्टी के ऊपर आ जाने के कारण सूखकर मर जाते हैं।

• प्रतिरोधी प्रजातियाँ

सब्जियों की प्रतिरोधी प्रजाति जैसे–लोबिया की पूसा फाल्गुनी, सी–152 तथा आर0सी0–48, प्याज की "इवरग्रीन" तथा मिर्च की पूसा ज्वाला की खेती करनी चाहिए।

• रासायनिक नियंत्रण

कार्बोफ्यूरान (फ्यूराडान 3 जी) की 2.0 किलो ग्राम सक्रिय तत्व (a.i.) प्रति हेक्टेयर मृदा में प्रयोग करने से इस सूत्रकृमि का प्रभावी नियंत्रण सम्भव है, लेकिन कम मूल्यवान सब्जियों में इसका प्रयोग महँगा होता है। रसायन का उचित उपयोग पौधशाला बीज शोधन, नवोद्भिद पौध शोधन एवं गमलों में किया जा सकता है।

5. लेजन या घाव करने वाले सूत्रकृमि (Lesion or Wound nematode)

घाव करने वाले सूत्रकृमि "प्राटीलेंकुस स्पीशीज" (*Pratylenchus* spp.) को सामान्य भाषा में "रूट लेजन निमेटोड" भी कहते हैं, जिसका तात्पर्य जड़ों पर बदरंग धब्बों का विकसित होना है। यह सूत्रकृमि अनेकों सब्जियों को संक्रमित करता है, जिससे बहुत ज्यादा नुकसान होता है। यह सूत्रकृमि अपनी प्रत्येक अवस्था पर पौधों को नुकसान पहुँचाता है। संक्रमित पौधे की जड़ों पर गहरे

लाल–भूरे रंग का घाव बनता है, जो कोशिकाओं में हुए रंग परिवर्तन के कारण होता है। घाव बने स्थान पर जल शिक्त (water soaked) अवस्था विकसित होती है, जो बाद में भूरा व काला पड़ जाता है। ज्यादा प्रकोप से प्राथमिक जड़ें समाप्त हो जाती है और अन्ततोगत्वा जड़ें सड़ जाती हैं। पुष्पों का आकार कम हो जाता है। द्वितीयक संक्रमण मृदा जनित कवक व जीवाणु का होता है, जो जड़ सड़न में सहयोग करते है। प्राटीलेन्कुस सूत्रकृमि उकठा रोग उत्पन्न करने वाला वर्टिसिलियम डाहली (*Verticillium dahlia*) से मिकर ''पोटैटो अर्ली डाइंग सिन्ड्रोम'' (potato early dying syndrome) उत्पन्न करता है।

रोकथाम व नियंत्रण

- ग्रीष्मकालीन खेती की जुताई करनी चाहिए।
- खेत में कार्बोफ्यूरान (फ्यूराडान 3 जी0) की 1.0 किलो ग्राम मात्रा प्रति हेक्टेयर प्रयोग से पौधों को ग्रसित होने से बचाया जा सकता है।
- खेत में गेंदा लगाने से इनकी संख्या में कमी होती है और नुकसान का स्तर भी कम होता है।
- गर्म पानी से शल्क कंदों का शोधन करने से जड़ों में लगे सूत्रकृमि से छुटकारा मिलती है।

6. चुकन्दर सिस्ट निमेटोड (Sugar beet cyst nematode)

चुकन्दर सिस्ट निमेटोड ''हेटेरोडेरा स्काचटी'' (*Heterodera schachtii*) सिस्ट निमेटोड मात्र ऐसा सूत्रकृमि है, जो दलहनी फसल पर पराश्रयी (parasitize) होकर जीवन–चक्र पूरा करता है। इस सूत्रकृमि का भयंकर प्रकोप लोबिया, मूँग, सब्जी सोयाबीन आदि पर होता है। संक्रमित पौधा पीला, बौना, कम ओज वाला तथा कम फलियों वाला होता है। यह अपना जीवन–चक्र 29.0 डिग्री सेल्सियस तापमान पर 16 दिनों में और 10.0–24.0 डिग्री सेल्सियस तापमान पर 45–80 दिनों में पूरा करता है। हेटेरोडेरा स्काचटी का प्रकोप चुकन्दर, ब्रेसिका समुदाय की सब्जियों (पत्ता गोभी, फूल गोभी आदि) तथा स्पीनाच पर ज्यादा होता है। कभी–कभी इस सूत्रकृमि का भयंकर प्रकोप चुकन्दर में होता है। लक्षण के रूप में मुख्य कंद में अनेकों जड़ों का विकास हो जाता है। चुकन्दर में इस सूत्रकृमि से 25 से 50 प्रतिशत नुकसान होता हैं।

रोकथाम व नियंत्रण

- ग्रीष्म कालीन खेत की जुताई अवश्य करनी चाहिए।
- सामान्यतया 2–3 वर्षों का फसल चक्र, अ–आतिथेय फसलों अल्फाल्फा, धान्य फसल या आलू को समाहित कर करना चाहिए।
- कार्बोफ्यूरान (फ्यूराडान 3 जी0) की 1.0–2.0 किलो ग्राम सक्रिय तत्व की मात्रा प्रति हेक्टेयर प्रयोग करना चाहिए।

- जैव कारक जैसे पास्टौरिया पेनेट्रान्स (पासुट्सुरिया 50 डब्ल्यू0पी0) का मृदा में प्रयोग करने से इनकी संख्या में कमी आती है।

सोयाबीन/कामन बीन सिस्ट सूत्रकृमि (Soybean/common bean cyst nematode)

सोयाबीन/कामन बीन सिस्ट निमेटोड "हेटेरोडेरा ग्लाइसीन्स" (*Heterodera glycines*) का ज्यादा प्रकोप सोयाबीन फसल पर होता है, लेकिन इस भयानक सूत्रकृमि से सब्जी सोयाबीन तथा सेम भी नहीं बच पाता है। भयंकर प्रकोप होने से 30.0–75.0 प्रतिशत तक उपज कम होती है। संक्रमित पौधे बौने तथा उनकी पत्तियाँ पीली पड़ जाती हैं। पौधों को उखाड़कर देखने पर जड़ें छोटी तथा उन पर जीवाणु के गाँठें भी कम होती हैं।

रोकथाम एवं नियंत्रण

- सामान्यतः खेत में 2–3 वर्ष का फसल–चक्र अपनाना चाहिए।
- ट्राइकोडर्मा पाउडर से बीज शोधन करना चाहिए। अध्ययन में पाया गया कि फ्यूजेरियम, वर्टिसिलियम आदि इस सूत्रकृमि की संख्या में कमी लाने में सहायक हैं।

7. तना एवं शल्क कंद सूत्रकृमि (Stem / scale or bulb nematode)

तना एवं शल्क कंद सूत्रकृमि "डिटीलेन्कुस स्पीशीज" (*Ditylenchus* spp.) का भी प्रकोप आलू तथा प्याज में देखा जाता है। डिटीलेन्कुस की एक अन्य प्रजाति "डिटीलेन्कुस डेस्ट्रक्टर" (*Ditylenchus destructor*) आलू में "पोटैटो राट" नामक बीमारी उत्पन्न करता है। इसी प्रकार डिटीलेन्कुस डिपसासी (*Ditylenchus dipsaci*) प्याज के कंदों में सड़न उत्पन्न करता है। प्याज के शल्क कंद के अलावा इसका पराश्रयी व्यवहार तना व पत्तियों पर होता है। कभी–कभी यह सूत्रकृमि सूखे प्याज के शल्क कंद पर भूरे–सफेद रंग के रूई जैसी संरचना भी बनाता है। जिसे "निमेटोड वुल" कहते हैं जिस पर यह कई वर्षों तक जीवित रहता है।

रोकथाम एवं नियंत्रण

- सामान्यतया 2–3 वर्षों का फसल चक्र अपनाने पर "डिटीलेन्कुस डिपसारी " सूत्रकृमि की संख्या में कमी आती है।
- बीजों, शल्क कंदों एवं तना कंदों को 46.0 डिग्री सेल्सियस तापमान वाले गर्म पानी में 1.0 घन्टा तक किसी सूत्रकृमि नाशक या 0.5 प्रतिशत फार्मेल्डिहाइड के साथ हवा बन्द जार या अन्य साधन में रखकर शोधन करने पर नियंत्रण में मदद मिलती है।
- सूत्रकृमि प्रतिरोधी प्रजातियों की खेती करें।

8. स्टिंग सूत्रकृमि (Sting nematode)

स्टिंग सूत्रकृमि "बेलोनोलीमस स्पीशीज" (*Belonolimus* spp.) कई प्रकार की उपयोगी सब्जियों जैसे–कद्दू वर्गीय सब्जियाँ (लौकी, कुम्हण, खरबूजा, खीरा आदि) क्रुसीफर्स (पत्ता गोभी, फूल गोभी,

मूली आदि) तथा आलू को भयंकर रूप से संक्रमित कर नुकसान पहुँचाता है। नवोद्भिद पौधों में जब संक्रमण होता है, तब पौधों का विकास मन्द गति से होता है तथा ज्यादा प्रकोप होने पर पौधों की मृत्यु हो जाती है। विकसित पौधों की जड़ें छोटी, सिकुड़ी हुई तथा चोटिल होती हैं। प्रकोप जड़ के अग्र भागपर लक्षण दिखता है। पौधों को बाह्य रूप से देखने पर ऐसा लगता है, जैसे पोषक तत्व की कमी हो। पौधे बदरंग, बौने तथा झुके हुए लगते हैं। विशेष रूप से बेलोनोलैमस लांगीकौडेट्स (*Belonolimus longicaudatus*) बेबीकार्न की जड़ों तथा आलू के कंद पर आक्रमण करता है।

रोकथाम एवं नियंत्रण

स्टिंग सूत्रकृमि की रोकथाम एवं नियंत्रण बहुत मुश्किल है, लेकिन नीचे वर्णित तरीकों को अपनाकर प्रबन्धन करना चाहिए।

- अ–आतिथेय पौधों के साथ 3–4 वर्षों का फसल चक्र अपनाना चाहिए।
- कार्बोफ्यूरान की 2.0–3.0 किलो ग्राम सक्रिय तत्व प्रति हेक्टेयर प्रयोगर करने से फसल की बचाव की जा सकती है।

□□□

अध्याय 18

सब्जियों में समन्वित रोग प्रबन्धन

(Intergrated Disease Management in Vegetables)

विटामिन, खनिज लवण तथा प्रति आक्सीकारक अवयवों से भरपूर सब्जियाँ हमारे दैनिक आहार की प्रमुख घटक हैं। भारतवर्ष में उगाई जाने वाली सब्ज़ियों का विशाल समूह है, जिनमें कुछ सब्जियों की खेती पूरे वर्ष की जाती है। सब्जी उत्पादन में सबसे बड़ा सीमान्तक घटक उसमें लगने वाले विभिन्न प्रकार की बीमारियाँ हैं। इतना ही नहीं, तुड़ाई उपरान्त भी कई प्रकार की बीमारियों का संक्रमण सब्जियों पर देखा जा सकता है। यह सत्य है कि देश में सब्जी का उत्पादन एवं उत्पादकता दोनों में काफी वृद्धि हुई है, लेकिन उसी गति से रोग सम्बन्धी समस्याओं में भी वृद्धि हुई है। केवल रोगों द्वारा विश्व में तुड़ाई पूर्व लगभग 65.0 मिलियन टन सब्जियाँ नष्ट हो जाती हैं, जो कुल उपज की 10.5 प्रतिशत है। इसमें या तो पौध शरीर क्रिया विज्ञान में परिवर्तन के कारण उपज नही दिये या फसल तुड़ाई के पूर्व किसी प्रकार के प्रकोप से उपज नही प्राप्त हुई, सम्मिलित है। अन्य विकासशील देशों में रोग द्वारा क्षति का स्तर 44.0 मिलियन टन है। इसी प्रकार तुड़ाई उपरान्त भी रोगकारकों (pathogens) द्वारा अनेक सब्जियों में नुकसान होता है। सब्जियों में संकर बीजों के ज्यादा उपयोग से समस्या और जटिल होती जा रही है। लगभग सभी फसलों में संकर बीजों का मुक्त व्यापार राष्ट्रीय व अन्तर्राष्ट्रीय स्तर पर हो रहा है। सब्जियों में बीज जनित रोगों का प्रसार इन्हीं संकर बीजों के माध्यम से तेजी से फैल रहा है। सामान्य रोगकारकों से नुकसान कई प्रकार के हो सकते हैं, जैसे भूमि में बीज का सड़ना, बीज के जमाव तथा उसके ओज में कमी, बीज के रंग एवं आकार में परिवर्तन, पौधों के वृद्धि एवं विकास पूर्व मर जाना, पत्तियों का मुड़ना, पत्तियों में छेद होना, पत्तियों पर धब्बे पड़ जाना, पौधों के बढ़वार में रूकावट, पौधों का पीला पड़ना, पौधों

के कई भागों में विकृति होना, फलों का सड़ना एवं झड़ना, तनों व जड़ों का सड़ना, फलों का अविकसित रह जाना इत्यादि। सब्जियों पर धब्बे बन जाने से बाजार में इनका मूल्य कम हो जाता है और ये सब्जियाँ उपभोग के योग्य नही रह जाती हैं तथा इनका भण्डारण भी नहीं किया जा सकता है। भारतवर्ष में प्रति इकाई विनाशक (pesticide) प्रयोग मात्र 0.7 किलो ग्राम/हेक्टेयर है, जबकी यूरोपियन देशों में प्रति इकाई विनाशक (pesticide) प्रयोग की मात्रा 3.7 किलो ग्राम/हेक्टेयर है। समन्वित नाशक प्रबन्धन को निम्न प्रकार से परिभाषित किया जा सकता है।

"Integrated pest management (IPM) is a strategy carried out by farmers that results in the intensity of potential pests at levels below which they become pests, without endangering the productivity and profitability of the farming system as a whole, the health of the farm family and its livestock, and the quality of the adjacent and downstream environments".

रोग (Disease)

पौधों में किसी जीव के कारण उत्पन्न असामान्य लक्षणों को रोग (disease) कहते हैं।

"Disease is the manifestation of abnormal physiological condition(s) in the plants incited by an organism".

रोगजनक (Pathogens)

पौधों में जो जीव, रोग उत्पन्न करते हैं, उसे रोगजनक (pathogens) कहते हैं और जिस पौधों में रोग उत्पन्न होता है उसे परपोषी (host) कहते हैं।

सब्जी बीज, पौध, फूल तथा फल में आने वाले उपरोक्त परिवर्तन के लिए निम्नलिखित रोगजनक जिम्मेदार हैं–

1. कवक (Fungus)
2. जीवाणु (Bacteria)
3. विषाणु (Virus)
4. माइक्रोप्लाज्मा (mycoplasma) तथा
5. पौध आश्रित सूत्रकृमि (nematode)

ये सभी रोगकारक बीज व फसल को प्रभावित करते हैं।

(1) फफूँद जनित रोग (Fungal diseases)

फफूँद या कवक से पौधों के प्रत्येक भाग जैसे–बीज, पुष्प, फल, पत्तियाँ, डंठल व जड़ भाग ग्रसित हो जाते हैं। कहा जाता हैं कि फफूँद या कवक रोगकारक द्वारा सब्जी फसलों को पहुँचाई गयी हानि अन्य सभी रोगकारकों द्वारा होने वाली हानि के योग से अधिक है।

सारिणी (18.1) सब्जियों में कवक से उत्पन्न बीमारी के प्रकोप का स्तर एवं संक्रमण की स्थिति

फसल	रोग	रोगकारक	उग्रता (%)	औसत संक्रमण (%)
बैंगन	फोमोप्सिस ब्लाइट	फोमोप्सिस बेक्सान्स	10.0–70.0	32.5
	ह्वाइट राट	स्केलेरोटीनिया स्कलेरोटिओरम	5.0–22.0	8.7
	कालर राट	स्केलेरोटियम राल्फसी	10.0–30.0	15.3
	लीफ ब्लाइट	आल्टरनेरिया आल्टरनाटा	5.0–35.0	25.2
	रूट राट	राइजोक्टोनिया सोलानी	10.0–40.0	21.8
	राइजोपस फ्रूट राट	राइजोपस स्टोलोनीफर	2.0–12.0	5.2
	लीफ स्पाट	कोरयनेस्पोरा कासीकोला	4.0–10.0	6.5
	विल्ट	फ्यूजेरियम सोलानी	2.0–7.0	3.1
	माइरोथेसियम लीफ स्पाट	माइरोथेसियम रोरीडुम	2.0–6.0	2.4
टमाटर	आल्टरनेरिया ब्लाइट	आल्टरनेरिया सोलानी	15.0–90.0	40.0
		आल्टरनेरिया आल्टरनाटा एफ0 स्पीशीज लाइकोपर्सीकी	5.0–30.0	15.2
	सेप्टोरिया लीफ स्पाट	सेप्टोरिया लाइकोपर्सीकी	3.0–10.0	4.6
	लेट ब्लाइट	फाइटोस्थोरा इन्फेस्टान्स	5.0–80.0	12.5
	व्हाइट राट	स्केलेरोटीनिया स्केलेरोटिओरम	5.0–15.0	7.3
	कालर राट	स्केलेरोटियम राल्फसी	10.0–40.0	19.6
	ग्रे लीफ स्पाट	स्टेमफिलियम सोलानी	10.0–30.0	15.7
	फ्रूट राट	राइजोक्टोनिया क्लेडोस्पोरियम, पिथियम	5.0–20.0	15.2
	ब्लैक लीफ मोल्ड	स्यूडोसर्कोस्पोरा फूलीजेना	0.0–3.0	1.4
	विल्ट	फ्यूजेरियम आक्सीस्पोरम एफ0 स्पीरीज लाइकोपर्सिकी	2.0–8.0	3.2
	लीफ स्पाट	माइरोथेसियम रोरीडुम	5.0–12.0	6.5
मिर्च/ शिमला मिर्च	डाईबैक	कोआनेफोरा कैप्सिकी	15.0–60.0	35.4
	एन्थ्रैकनोज	कोलेटोट्राइकम कैप्सिकी	10.0–40.0	15.2
	फाइटोप्थोरा ब्लाइट	फाइटोप्थोरा कैप्सिकी	5.0–20.0	6.9
	लीफ ब्लाइट व फ्रूट राट	आल्टरनेरिया आल्टरनाटा	5.0–20.0	13.7
		आल्टरनेरिया सोलानी	5.0–20.0	13.7
	लीफ स्पाट	सकोस्पोरा कैप्सिकी	10.0–35.0	20.4
	कालर राट	स्केलेरोटियम राल्फसी	2.0–5.0	3.4
	व्हाइट राट	स्केलेरोटीनिया स्केलेरोटिओरम	1.0–4.0	2.2
	रूट राट	राइजेक्टोनिया सोलानी	5.0–12.0	6.9
	माइरोथेसियम लीफ स्पाट	माइरोथेसियम रोरीडुम	0.0–3.0	1.4

कद्दू वर्गीय सब्जियाँ	मृदुरोमिल आसिता	स्यूडोपेरोनोस्पोरा कुबेन्सिस	10.0–80.0	35.8
	एन्थ्रैकनोज	कोलेटोट्राइकम लैजीनैरियम	35.0–90.0	55.3
	सर्कोस्पोरा लीफ स्पाट	सकोस्पोरा सिट्रूलीना	20.0–50.0	32.6
	गमी स्टेम/लीफ ब्लाइट	डिडीमेल्ला ब्राइमै	5.0–20.0	12.5
	वाइन एण्ड फ्रूट राट	स्केलेरोटियम, राइजेक्टोनिया, पिथियम, स्केलेरोटीनिया	10.0–25.0	15.7
	चूर्णील आसिता	स्फाइरोथेका फूलीजीनिया	15.0–45.0	18.7
		इरीसीफी सिकोरेशिएरम	15.0–45.0	18.7
	फाइटोष्थोरा ब्लाइट	फाइटोष्थोरा सिन्नामोमी	25.0–60.0	35.5
दलहनी सब्जियाँ	लीफ ब्लाइट	स्यूडोसर्कोस्पोरा क्रुएन्टा	20.0–90.0	60.9
		सर्कोस्पोरा क्रुएन्टा	20.0–90.0	60.9
	एस्कोचीटा ब्लाइट	एस्कोचीटा फैजियोलोरम	5.0–15.0	8.5
	रूट राट	राइजेक्टोनिया सोलानी	10.0–25.0	12.7
	असीस्टेम ब्लाइट	मैक्रोफोमिना बटाटीकोला	5.0–30.0	15.3
	कालर राट	स्केलेरोटियम राल्फसी	5.0–15.0	9.2
	फोमा लीफ ब्लाइट	फोमा फैजियोलीना	3.0–12.0	9.7
	रस्ट	यूरोमाइसेस फैजियोली	10.0–30.0	12.2
	चूर्णील आसिता	इरीसीफी पिसी	20.0–90.0	50.8
	मृदुरोमिल आसिता	पेरोनोस्पोरा पिसी	5.0–60.0	15.3
	व्हाइट राट	स्केलेरोटीनिया स्कलेरोटिएरम	10.0–35.0	25.1
	विल्ट	फ्यूजेरियम सोलानी एफ0 स्पीशीज पिसी	8.0–10.0	7.6
	लीफ स्पाट	माइरोथेसियम रोरीडुम	2.0–8.0	4.3
गोभी वर्गीय सब्जियाँ	लीफ स्पाट	आल्टरनेरिया ब्रासिकी	5.0–30.0	16.9
		आल्टरनेरिया ब्रासिकोला	5.0–30.0	16.9
	मृदुरोमिल आसिता	पेरोनोस्पोरा पैरासीटीका	5.0–25.0	10.0
	व्हाइट राट	स्केलेरोटिनिया स्केलेरोटिओरम	5.0–15.0	8.7
	रूट राट/वायर स्टेम	राइजोक्टोनिया सोलानी	10.0–25.0	12.5
	ब्लैक लेग	फोमा लिन्गम	2.0–5.0	2.2
जड़ वाली सब्जियाँ	लीफ स्पाट	आल्टरनेरिया रैफानी	15.0–60.0	30.8
	कालर राट	स्केलेरोटियम राल्फसी	2.0–8.0	4.9
	व्हाइट राट	स्केलेरोटिनिया स्केलेरोटिओरम	1.0–3.0	2.5
	लीफ स्पाट	सर्कोस्पोरा डौकी	2.0–5.0	2.1
भिण्डी	लीफ ब्लाइट	सर्कोस्पोरा एबलमास्की	25.0–85.0	60.4
		सर्कोस्पोरा हीबीसीना	25.0–85.0	60.4
	चारकोल राट	मैक्रोफोमिना फैजियोलिना	5.0–20.0	11.5
	लीफ स्पाट	माइरोथेसियम रोरीडुम	3.0–7.0	3.5

प्याज/ लहसुन	पर्पल ब्लाच	आल्टरनेरिया पोरी	15.0–70.0	43.8
	लीफ ब्लाइट	स्टेमाफिलियम वेसीकैरियम	10.0–40.0	22.3
	मृदुरोमिल आसिता	पेरोनोस्पोरा डेस्ट्रक्टर	5.0–25.0	8.6
सूरन	कालर राट	स्केलेरोटियम राल्फसी	15.0–55.0	24.6
पत्तीदार सब्जियाँ	लीफ स्पाट	सर्कोस्पोरा स्पीशीज	10.0–25.0	14.9
पौधशाला	डेम्पिंग आफ	राइजोक्टोनिया	30.0–85.0	47.6
		पिथियम	30.0–85.0	47.6
		फाइटोफ्थोरा	30.0–85.0	47.6
		कोलेटोट्राइकम	30.0–85.0	47.6
		स्कलेराटियम	30.0–85.0	47.6
		फोमोप्सिस	30.0–85.0	47.6
		आल्टरनेरिया	30.0–85.0	47.6
		फ्यूजेरियम	30.0–85.0	47.6

सामान्यतः सब्जियों में जब वृद्धि एवं विकास होती रहती है, तो उसी समय रोगों का प्रबंधन किया जाता है, जबकि अधिकांश रोग के कारक बीजों (seed born) द्वारा फैलते हैं, जिनका विवरण नीचे की सारिणी में दिया गया है–

सारिणी (18.2) प्रमुख फफूँद जनित बीजों के रोग एवं रोगकारक की वजह

सब्जी	रोग का नाम	रोगकारक की वजह
बैंगन	फोमिप्सिस झुलसा	आन्तरिक
टमाटर	अगेती झुलसा	आन्तरिक एवं बाह्य
	सप्टोरिया पर्ण दाग	आन्तरिक
	प्यूजोरियम विल्ट	आन्तरिक एवं बाह्य
मिर्च	एन्थ्रेक्नोज	आन्तरिक
गोभी वर्गीय सब्जियाँ	अल्टरनेरिया झुलसा	आन्तरिक
	ब्लैक लेग	आन्तरिक एवं बाह्य
	मृदुरोमिल आसिता	बाह्य
कद्दू वर्गीय सब्जियाँ	एन्थ्रेक्नोज	आन्तरिक एवं बाह्य
	मृदुरोमिल आसिता	बाह्य
मटर	एफेनोमाइसिस (जड़ सड़न)	बाह्य
	चूर्णील फफूँद	बाह्य
	एन्थ्रेक्नोज	आन्तरिक

लोबिया	एस्कोकाइटा	आन्तरिक
	मेक्रोफोमिना (तना सड़न)	आन्तरिक एवं बाह्य
फराश बीन	एस्कोकाइटा	आन्तरिक
	मेक्रोफोमिना (तना सड़न)	आन्तरिक एवं बाह्य
मूली	अल्टरनेरिया झुलसा	आन्तरिक एवं बाह्य
प्याज	अल्टरनेरिया झुलसा	आन्तरिक एवं बाह्य
गाजर	अल्टरनेरिया झुलसा	आन्तरिक एवं बाह्य

सारिणी (18.3) प्रमुख फफूँद जनित उकठा रोगकारक एवं आतिथेय

आतिथेय	रोगकारक	संदर्भ
टमाटर	प्यूजोरियम आक्सीस्पोरम एफ0 स्पीशीज लाइकोपरसिकी	अब्दुल वाहिद एवं सहयोगी, 2001
मूली	प्यूजोरियम आक्सीस्पोरम एफ0 स्पीशीज रफानी	टोइट और पेल्टर, 2003
पत्ता गोभी	प्यूजोरियम आक्सीस्पोरम एफ0 स्पीशीज कांगलुटीनान्स	नोमुरा एवं सहयोगी, 1979
फूल गोभी	यूजोरियम आक्सीस्पोरम एफ0 स्पीशीज कांगलुटीनान्स	नोमुरा एवं सहयोगी, 1979
मटर	प्यूजोरियम आक्सीस्पोरम एफ0 स्पीशीज पीशी	साकोडा एवं सहयोगी,2004
बीन्स	प्यूजोरियम आक्सीस्पोरम एफ0 स्पीशीज फैजीओली	कीहो और धींगरा, 1999
सेलेरी	प्यूजोरियम आक्सीस्पोरम एफ0 स्पीशीज आपी	हीथ और रपापोर्ट, 1990
खीरा	प्यूजोरियम आक्सीस्पोरम एफ0 स्पीशीज कुकुमेरीना	अमुरदोव और सिडरोवा, 1983
धनिया	प्यूजोरियम आक्सीस्पोरम एफ0 स्पीशीज कोरीयनडेरी	लाकरा और दासगुप्ता, 2000
तरबूज	प्यूजोरियम आक्सीस्पोरम एफ0 स्पीशीज नीवेअम	झोउ और इवर्टस, 2004
खरबूजा	प्यूजोरियम आक्सीस्पोरम एफ0 स्पीशीज मेलोनिस	अमुरदोव और सिडरोवा, 1983

सारिणी (18.4) प्रमुख वर्टीसिलियम जनित उकठा रोगकारक एवं आतिथेय

आतिथेय	रोगकारक	संदर्भ
खीरा	वर्टीसिलियम डाहेली	कोस्टाच और टोमेस्क्यु, 1987
टमाटर	वर्टीसिलियम डाहेली	कोस्टाच, 1977
फूल गोभी	वर्टीसिलियम डाहेली	डेबोडे एवं सहयोगी, 2004
आलू	वर्टीसिलियम एल्बोअतुरम	जोनस्टान और राबेरी, 1980
	वर्टीसिलियम डाहेली	जोनस्टान और राबेरी, 1980
बैंगन	वर्टीसिलियम डाहेली	कोस्टाच, 1977
चुकन्दर	वर्टीसिलियम डाहेलीः	मुलर एवं सहयोगी, 2004

(2) जीवाणु जनित रोग (Bacterial diseases)

जीवाणुओं का प्रकोप जड़ों, तनों, पत्तियों आदि पर देखा जा सकता है, जिसका विवरण नीचे की सारिणी में दिया गया है–

सारिणी (18.5) सब्जियों में जीवाणु से उत्पन्न बीमारी, प्रकोप का स्तर एवं संक्रमण की स्थिति

फसल	बीमारी	रोग कारक	उग्रता (%)	औसत संक्रमण (%)
बैंगन	विल्ट	रालस्टोनिया सोलेनैशिएरम	2.5	2.4
टमाटर	विल्ट	रालस्टोनिया सोलेनैशिएरम	2.5	2.4
आलू	विल्ट	रालस्टोनिया सोलेनैशिएरम	2.5	2.4
शिमला मिर्च	विल्ट	रालस्टोनिया सोलेनैशिएरम	2.5	2.4
टमाटर	लीफ स्पाट	सैन्थोमोनास कम्पेस्ट्रीस पी0वी0 वर्सीकैटोरिया	25.0–80.0	45.7
	लीफ स्पेक	स्यूडोमोनास सिरींजी पी0वी0 सिरींजी	15.0–70.0	25.3
	विल्ट	रालस्टोनिया सोलेनैशिएरम	1.0–3.0	1.7
	साफ्ट राट	इरवीनिया कैरोटोवोरा पी0वी0 कैरोटोवोरा	2.0–18.0	8.4
मिर्च	लीफ स्पेक	सैन्थोमोनास कम्पेस्ट्रीस पी0वी0 वर्सीकैटोशिया	5.0–38.0	18.8
	साफ्ट राट	इरवीनिया कैरोटोवोरा पी0वी0 कैरोटोवोरा	2.0–10.0	4.9
	विल्ट	रालस्टोनिया सोलेनैशिएरम	3.0–8.0	3.6
शिमला मिर्च	लीफ स्पेक	सैन्थोमोनास कम्पेस्ट्रीस पी0वी0 वर्सीकैटोशिया	5.0–38.0	18.8
	साफ्ट राट	इरवीनिया कैरोटोवोरा पी0वी0 कैरोटोवोरा	2.0–10.0	4.9
	विल्ट	रालस्टोनिया सोलेनैशिएरम	3.0–8.0	3.6
लोबिया	कामन ब्लाइट	सैन्थोमोनास कम्पेस्ट्रीस पी0वी0कम्पेस्ट्रीस	10.0–45.0	25.6
	हालो ब्लाइट	स्यूडोमोनास सिरींजी पी0वी0 फैजियोलीकोला	5.0–12.0	7.3
गोभी वर्गीय सब्जियाँ	ब्लैक राट	सैन्थोमोनास कम्पेस्ट्रीस पी0वी0 कम्पेस्ट्रीस	10.0–60.0	21.7
	साफ्ट राट	इरवीनिया कैरोटोवोरा पी0वी0 कैरोटोवोरा	5.0–15.0	8.2
कद्दू वर्गीय सब्जियाँ	विल्ट	इरवीनिया ट्राकेफिला	0.0–2.0	1.2
जड़ वाली सब्जियाँ	साफ्ट राट	इरवीनिया कैरोटोवोरा पी0वी0 कैरोटोवोरा	5.0–10.0	5.5
पत्ती वाली सब्जियाँ	साफ्ट राट	इरवीनिया कैरोटोवोरा पी0वी0 कैरोटोवोरा	7.0–16.0	8.9

सारिणी (18.6) प्रमुख फफूँद, जीवाणु एवं वर्टीसिलियम जनित उकठा रोगकारक हेतु रोगप्रतिरोधी प्रजातियाँ

आतिथेय	रोगप्रतिरोधी प्रजातियाँ	संदर्भ
आलू	कैम्पबेल 14, मैनेस्टी, नार किंग रूसेट, रिडेव (वर्टीसिलियम)	रिवेज एवं सहयोगी, 1985, रिवेज एवं सहयोगी, 1977, जोनसन एवं सहयोगी,1985, जोनसन एवं सहयोगी,1980
मटर	कामेलोट (फफूँद)	किऊजमैन, 2001
बीन्स	सी0ओ059196, सी0ओ033142 (फफूँद)	रूडोल्फो और स्वर्टज, 2000
खीरा	जीनओऊ–5 (फफूँद)	ली एवं सहयोगी, 2000
खरबूजा	लांग्टीजूगुअन (फफूँद)	वांग, 2000
तरबूज	किंग्फा–8 (फफूँद) सुमीत (फफूँद)	झांग एवं सहयोगी, 1999, सेन्क,1961
टमाटर	टाइचुन्ग अस्वेज–4 (फफूँद), बी0टी0–10 (जीवाणु), एल0इ079–5 (जीवाणु), बी0डब्ल्यू0आर0–5 (जीवाणु), सनराइज, कास्केड, माउन्टेन स्प्रींग, सनबीम (वर्टीसिलियम, फफूँद)	लीन और हांग, 1989, कल्लू एवं सहयोगी, 2002, लोरीबुसवे, 2008
बैंगन	एस0एम0–6–7 (जीवाणु), पी0पी0सी0 (जीवाणु), बी0डब्ल्यू0आर0–12 (जीवाणु), बी0बी0–44 (जीवाणु), ए0 आर0यू0–2सी0 (जीवाणु)	कल्लू एवं सहयोगी, 2002,

(3) विषाणु जनित रोग (Viral diseases)

वर्तमान समय में विषाणुओं के संक्रमण से सब्जी उत्पादकों को काफी नुकसान हो रहा है। प्रकृति में लगभग 4000 किस्म की विषाणुओं की उपलब्धता है, जिनमें लगभग 1000 का पूर्ण विवरण मिलता है। इसके अलावा इसके अनेकों प्रभेद जंगली एवं खेती योग्य पौधों पर प्रत्यक्ष या अप्रत्यक्ष रुप से संक्रमण करते हैं। कभी–कभी भिन्न–भिन्न किस्म के विषाणु पौधों पर एक समान लक्षण उत्पन्न करते हैं, जिससे सही पहचान करना मुश्किल होता है। विषाणुओं द्वारा पौधों पर निम्न प्रकार के लक्षण उत्पन्न होते हैं–

- **मोजैक (Mosaic)**–मोजैक के अन्तर्गत हल्के भूरे या पीले रंग के सामान्य्र धब्बे बनते हैं।
- **माटलिंग (Mottling)** –इससे अनियमित आकार के हल्के एवं गहरे धब्बे पत्तियों पर बनते हैं।
- **वेन क्लियरिंग (Vein clearing)**– पूर्ण विभेदित पारदर्शी नसें विकसित होती हैं।
- **वेन बैंडिंग (Vein banding)**– पूरी नसों पर गहरे रंग के धारियाँ बनती हैं।
- **इनेशन (Enation)**–ऊतकों में विकृति अथवा पत्तियों की नीचली सतह पर विकसित होने वाली नसों में ज्यादा वृद्धि।

- **स्टंटिंग (Stunting)**–पौधों की ऊँचाई घट जाती है। कभी–कभी दो कलिकाओं के बीच की दूरी (internode) भी घट जाती है।
- **नेकरोसिस (Necrosis)**–कोशिकाओं एवं ऊतकों की मृत्यु हो जाती है, जिससे भूरे या काले रंग का लक्षण पौधों पर दिखता है।
- **ब्लिस्टरिंग (Blistering)**–पत्तियों के किनारों का असमान वृद्धि, जिससे नसें गहरी, हरी तथा उभड़ जाती हैं।
- **फिलीफार्म (Filiform) / सु स्ट्रींग (shoe-string)**–पत्तियाँ बड़ी होकर सूई जैसी पतली हो जाती हैं।
- **रुगोसिली (Rugosily)**–पौधों की वृद्धि रुक जाती है। नसें जलसिक्त (water soaked) एवं ऊतक अन्तः नसों में उठ जाते हैं।
- **रिंगस्पाट (Ring spot)**–केन्द्रीय कोशिकाओं की मृत्यु या अँगूठी जैसी संरचना विकसित होती है।
- **रोजेट (Rosette)**–पौधे छोटे व शाखा युक्त होने लगते हैं।
- **विरसेंट (Virescent)**–सफेद या रंगीन ऊतक जो विकसित होकर हरी होती हैं।

सारिणी (18.7) सब्जियों में विषाणु व फाइटोप्लाजमा से उत्पन्न रोग, संक्रमण स्रोत, आथित्य व लक्षण

रोग / विषाणु	संक्रमण स्रोत	आतिथेय	लक्षण
टोमैटो लीफ कर्ल जेमिनी वायरस (Tomato leaf curl geminivirus)	व्हाइट फ्लाई (*Bemisia tabaci*), persisttent	वृहद (भिण्डी, तम्बाकू, कपास, एजीरैटम कोनीजोयडस, हिबिस्कस प्रजाति)	पौधे छोटे, नीचे की तरफ मुड़े हुये व पत्तियाँ भंगुर हो जाती हैं। पहले विकसित पत्तियाँ पीली व बाद में मरोड़ जाती हैं। पुरानी पत्तियाँ माँसल व भंगुर हो जाती हैं। पौधे शाखयुक्त व बौने होने लगते हैं।
टोमैटो स्पाटेड विल्ट (Tomato spotted wilt tospovirus or TSWV)	यान्त्रिक व थ्रिप्स (*Thrips tabaci, Frankniella occidentalis and Scirtothrips dorsalis*), persisttent	वृहद (आलू, बैंगन, मिर्च, शिमला मिर्च, लोबिया)	एकाएक सूखना, पौधे का विकास रूकना व बाद में पत्तियों का तांबा जैसा होकर गिरना। फलों पर लाल व पीले सकेन्द्रीय रींग का बनना।
टोमैटो मोजैक (Tomato mosaic tobamovirus or ToMV)	टो0एम0वी0, यान्त्रिक, सी0एम0वी0 सैप, बीज, यान्त्रिक, एफीड ToMV-sap, seed, mechanical, CMV-sap, seed, mechanical, aphid	वृहद (कद्दू वर्गीय सब्जियाँ आलू, बैंगन, मिर्च, शिमला मिर्च, लोबिया, चौलाई, बथुआ)	टी0एम0वी0 में उग्र मोजैक माटलिंग, पत्तियों के किनारे गहरा हरा भाग का बनना। सी0एम0वी0 में पौधे बौने होने लगते हैं।

	(*Myzus persicae* and *Aphis gossypii*), non-persisttent		
मिर्च पत्ती मरोड़ (Chilli leaf curl virus or ChlCV)	व्हाइट फ्लाई (*Bemisia tabaci*), persisttent	वृहद् (आलू, बैंगन, मिर्च, शिमला मिर्च, लोबिया)	पत्ती मरोड़, पत्ती के आकार का घटना, पौधे का विकास रूकना व फलों के आकार का घटना।
भिण्डी का पीत्त शिरा रोग (Okra Yellow Vein Mosaic geminivirus or OYVMV)	व्हाइट फ्लाई (*Bemisia tabaci*), persisttent	कम (हिबिस्कस प्रजाति, एबलमास्कस प्रजाति, होलीहाक्, अल्था रोजिया)	पहले पत्तियों के किनारे की नसें समाप्त हो जाती हैं। नई पत्तियाँ पीले रंग की हो जाती हैं।
भिण्डी का पत्ती मरोड़ (Okra leaf curl geminivirus or OLCV)	व्हाइट फ्लाई (*Bemisia tabaci*), persisttent	(तम्बाकू, कपास, हिबिस्कस प्रजाति)	मुख्य तना व सहायक तना का लपेटना (twisting), पत्तियाँ माँसल, और नई पत्तियों का लम्बा होना।
लोबिया का गोल्डेन मोजैक (Coepea golden mosaic geminivirus or CpGMV)	व्हाइट फ्लाई (*Bemisia tabaci*), persisttent	(लोबिया, सेम)	पत्तियों पर सुनहरा धब्बा और पत्तियों के किनारे पीले रंग का धब्बा बनना।
खीरा मोजैक (Cucumber mosaic cucumovirus or CMV)	सैप, बीज, यान्त्रिक, एफीड (*Myzus persicae* and *Aphis gossypii*) non-persisttent	वृहद (कद्दू वर्गीय सब्जियाँ आलू, बैंगन, मिर्च, शिमला मिर्च)	पहले विकसित पत्तियों पर गहरा हरा धब्बा बनना, पीले रंग की पत्तियों पर माटलिंग, पौधे का विकास रूकना और फलों पर माटलिंग का धब्बा बनना।
खीरा का हरा माटल मोजैक (Cucumber green mottle mosaic tobamovirus or CGMMV)	सैप, बीज, यान्त्रिक (sap, seed and mechanical)	कम (कद्दू वर्गीय सब्जियाँ)	हल्के तौर पर नसें समाप्त हो जाती हैं। पहले विकसित पत्तियों पर गहरा हरा माटल धब्बा बनता है।
करेला का पत्ती मरोड़ (Bitter gourd leaf distortion geminivirus or BLDV)	सैप, बीज, व्हाइट फ्लाई (sap, seed and (*Bemisia tabaci*), persisttent	कम (कद्दू वर्गीय सब्जियाँ)	पहले संक्रमित पत्तियों के किनारे की नसें समाप्त हो जाती हैं। पौधों पर फूल कम बनता है।
तरबूज कलिका नेकरोसिस (Watermelon bud necrosis tospovirus)	सैप, कलिका और थ्रिप्स (*Thrips tabaci*, *Frankniella occidentalis* and *Scirtothrips dorsalis*), persisttent	वृहद (कद्दू वर्गीय सब्जियाँ, मिर्च, शिमला मिर्च, लोबिया, मटर)	कलिका भूरी या काली पड़ जाती है।
तरबूज मोजैक (Watermelon mosaic potyvirus)	सैप और एफीड (*Aphis gossypii Aphis craccivora* and *Myzus persicae* and) non-persisttent	कम (कद्दू वर्गीय सब्जियाँ)	अग्र भाग का ज्यादा बनना (proliferation)। पत्ती मरोड, पौधे का विकास रूकना और पत्तियों का छोटा होना।

फराश बीन का गोल्डेन मोजैक (Bean golden mosaic geminivirus or BGMV)	व्हाइट फ्लाई (*Bemisia tabaci*), persisttent	कम (लोबिया, सेम, फराश बीन)	पत्तियों पर सुनहला धब्बा और पत्तियों के किनारे पीले रंग का धब्बा बनना। पौधे का विकास रूकना।
फराश बीन कामन मोजैक (Bean common mosaic potyvirus or BCMV)	परागकण, सैप, बीज और एफीड (*Aphis gossypii, Aphis craccivora* and *Myzus persicae* and *Acyrthosiphon pisum*), non-persisttent.	कम (लोबिया, फराश बीन)	गहरा हरा, पीला धब्बा बनना, पत्तियों पर माटलिंग, पौधे का विकास रूकना और फलों पर माटलिंग का धब्बा बनना।
प्याज एलो ड्वार्फ (Onion yellow dwarf potyvirus or OYDV)	सैप, एफीड (*Aphis gossypii Aphis ruminis* and *Aphis maidas* and *Myzus persicae*), non-persisttent	कम (प्याज, लहसुन, लिली)	पत्तियों के आधार से पीली पतली धारियों का विकसित होना।

खरपतवार जिस पर विषाणु पाये जाते हैं, निम्नलिखित हैं–

सारिणी (18.8) खरपतवार पर पाये जाने वाले सब्जियों के विषाणु

क0 सं0	सब्जी फसल	विषाणु	खरपतवार
1.	भिण्डी	भिण्डी का पीत्त शिरा रोग	मालवा सिलवेस्ट्रीस (*Malva sylvestris*), सिडा रहम्बीफोलिया (*Sida rhombifolia*), क्रोटान बोनप्लाण्डीनम (*Croton bonplandianum*)
2.	टमाटर	टोमैटो लीफ कर्ल जेमिनी वायरस	एजीरैटम कोनीजयोड्स (*Ageratum conyzoides*), वरनोनिया इण्डिका (*Vernonia indica*)
3.	खीरा	खीरा मोजैक वायरस	स्टेलेरिया इण्डिका (*Stelleria indica*)

सारिणी (18.9) सब्जियों में वाहक जनित विषाणु

सब्जी फसल	विषाणु जनित रोग
खीरा	खीरा/खरबूजा मोजैक वायरस
फराश बीन	फराश बीन कामन मोजैक
लोबिया	लोबिया का गोल्डेन मोजैक
भिण्डी	भिण्डी का पीत्त शिरा रोग
टमाटर	टोमैटो लीफ कर्ल

सब्जियों में वाहक जनित विषाणु का रासायनिक प्रबन्धन निम्नलिखित हैं–

सारिणी (18.10) सब्जियों में विषाणु वाहक का रासायनिक प्रबन्धन

फसल	रोग	वाहक	प्रबन्धन
बीन्स	यलो मोजैक	एफीड	कार्बोफ्यूरान @ 1.5 किलोग्राम प्रति हेक्टेयर बीज बुआई के समय दो –तीन बार डाइमेथिओट (0.05) का पर्णीय छिड़काव फास्फोमिडान (0.2 प्रतिशत) का छिड़काव 10 दिन के अंतराल पर
करेला	मौजेक	एफीड	बीज जमाव के तुरन्त बाद डाइमेथियोट या फास्फोमिडान (0.05 प्रतिशत) का 10 दिन के अन्तराल पर छिड़काव
करेला	विचेज ब्रुम (witches bromm)	लीफ हापर	कार्बोफ्यूरान का 1.5 किलोग्राम/हेक्टेयर बीज लगाने के समय प्रयोग और इसी दवा का 5–6 बार प्रणीय छिड़काव।
बैंगन	लिटिल लीफ	लीफ हापर्स	सामान्यतः 10–50 पी0 पी0 एम0 ट्रेटासाइक्लिक (एन्टीबायोटिक) या 50–100 पी0 पी0 एम0 क्लोर न्फेनीकाल का प्रयोग करें। नवोद्‌मिद को कार्बोफ्यूरान (0.2 प्रतिशत) के घोल में डुबाकर 24 घन्टे बाद रोपण करे। वाहक कम होते है।
मिर्च	मोजैक	एफीड	कार्बोफ्यूरान की 1.5 किलोग्राम/हेक्टेयर पौध रोपण के समय प्रयोग करे। इसके बाद 3–4 बार पर्णीय छिड़काव 10 दिन के अन्तराल पर करें।
मिर्च	लीफ कर्ल	व्हाइट फ्लाई	कार्बोफ्यूरान की 1.5 किलोग्राम/हेक्टेयर पौध रोपण के समय प्रयोग करें। इसके बाद 3–4 बार डाइमेथियार का 10 दिन के अन्तराल पर पर्णीय छिड़काव करें।
लोबिया	मोजैक	एफीड	डाइमेथियोट (0.05 प्रतिशत) का 10 दिन के अन्तराल पर छिड़काव
लोबिया	यलो चकत्ता	व्हाइट फ्लाई	दानेदार या घोल बनाने योग्य कीटनाशक या खनिज तेल का प्रयो करें।
खीरा	मोजैक	एफीड व बीज जनित	डाइमेथिओट (0.05 प्रतिशत) या आक्सीडेमेटान मिथाइल का प्रत्येक सप्ताह छिड़काव
खीरा	ग्रीन माटल	बीज जनित	सामान्यतः 70.0 डिग्री सेन्टीग्रेड तापमान पर शुष्क बीज शोधन 3 दिन तक करना चाहिए। मिथाइल ब्रोमाइड द्वारा भूमि शोधन

फराश बीन	कामन मोजैक	एफीड	कार्बोफ्यूरान या डाईसल्फान या फोरेट 10 जी दाने का 1.5 किलोग्राम/हेक्टेयर बुआई के समय प्रयोग। जमाव उपरान्त 2–3 बार डाइमेथिओट (0.05 प्रतिशत) का छिड़काव
फराश बीन	गोल्डेन मोजैक	व्हाइड फ्लाई	कार्बोफ्यूरान या डाईसल्फान की 1.5 किलोग्राम प्रति हेक्टेयर बुआई पूर्व मृदा प्रयोग
फराश बीन	फिलोडी	लीफ हापर्स	आक्सी टेट्रासाइक्लिन हाइड्रोक्लोराइड घोल (500 पी0पी0एम0) का प्रत्येक सप्ताह पूर्णीय छिड़काव
भिण्डी	इनेशन लीफकर्ल	व्हाइड फ्लाई	डाईमेथिओट (0.05 प्रतिशत) का 10 दिन के अन्तराल पर्णीय छिड़काव
भिण्डी	यलो वेन मोजैक	व्हाइड फ्लाई	डाईमेथियोट (0.05 प्रतिशत) का 4–5 बार पर्णीय छिड़काव या आक्सी डेमेटान मिथाइल (0.02 प्रतिशत) का 10 दिन के अन्तराल पर छिड़काव। कार्बोफ्यूरान की 1.0 किलोग्राम प्रति हेक्टेयर बुआई के समय प्रयोग। प्रतिरोधी प्रजाति अर्का अनामिका व अर्का अभय का प्रयोग
कुम्हण	मोजैक	एफीड	बुआई के समय कार्बोफ्यूरान (1.5 किलोग्राम प्रति हेक्टेयर) का प्रयोग। फास्फोमिडान (0.5 प्रतिशत) का 10 दिन के अन्तराल पर छिड़काव
कुम्हण	यलोवेन मोजैक	व्हाइड फ्लाई	कार्बोफ्यूरान की 1.50 किलोग्राम/हेक्टेयर बीज बुआई के समय प्रयोग। इसके बाद डाइमेथियोट या फास्फोमिडान (0.2 प्रतिशत) का छिड़काव 10 दिन के अन्तराल पर करें।
मूली	मोजैक I व II	एफीड	कार्बोफ्यूरान की 1.5 किलोग्राम/हेक्टेयर बीज बुआई के समय प्रयोग। इसके बाद 2–3 छिड़काव फास्फोमिडान का 0.05 प्रतिशत 10 दिन के अन्तराल पर करें।
मूली	फिलोडी	लीफ हापर	थिमेट 10 जी0, डाईसल्फोटान या कार्बोफ्यूरान की 1.50 किलोग्राम प्रति हेक्टेयर बुआई के समय प्रयोग
टमाटर	लीफ कर्ल	व्हाइट फ्लाई	पौध रोपण के समय कार्बोफ्यूरान की 1.50 किलोग्राम प्रति हेक्टेयर प्रयोग। डाईमेथिओट की 10 दिन के अन्तराल पर 3–4 बार पर्णीय छिड़काव
टमाटर	टोमैटो मोजैक	सम्पर्क व बीज	ट्राइसोडियम फास्फेट घोल से बीज शोधन। नर्सरी पौध की सोडियम हाइपोक्लोराइड से जड़ शोधन 95 व 30 मिनट क्रमशः करें

टमाटर	स्पाटेड विल्ट	थ्रीप्स	कार्बोफ्यूरान की 1.50 किलोग्राम। हेक्टेयर की दर से मृदा शोधन। इसके बाद डाइमेथिओट (0.05 प्रतिशत) का 10 दिन के अन्तराल पर पर्णीय छिड़काव
टमाटर	फर्न लीफ	एफीड	सर्वांगी (systemic) कीटनाशी जैसे – फास्फोमिडान (0.05 प्रतिशत) या आक्सी डेमेटान मिथाइल (0.02 प्रतिशत) का 10 दिन के अन्तराल पर छिड़काव
टमाटर	मोजैक	एफीड	रोगी पौधों की छँटनी। खरपतवार नियन्त्रण। एफीड नियन्त्रण हेतु फास्फोमिडान (0.05 प्रतिशत) छिड़काव
टमाटर	बड नेकरोसिस	थ्रीप्स	कार्बोफ्यूरान की 1.5 किलोग्राम/हेक्टेयर से मृदा शोधन तथा इसके बाद डाइमेथोएट (0.05 प्रतिशत) का 10 दिन के अन्तराल पर पर्णीय छिड़काव
आलू	लैटेन्ट या फैन्ट मोजैक पी0वी0 एक्स0 व पी0बी0एस0	एफीड	प्रमाणित बीज प्रयोग। रोगी पौधों की छँटनी/एफीड नियन्त्रण हेतु फास्फोमिडान (0.05 प्रतिशत) का 10 दिन के अन्तराल पर पर्णीय छिड़काव
आलू	मोजैक पी0वी0वाई0	एफीड	प्रमाणित बीज प्रयोग। रोगी पौध छँटनी। पश्चिमी मैदानी क्षेत्र में 4–5 वर्ष बाद बीज कन्द बदल लें।
आलू	रूगोसा मोजैक पी0वी0एक्स0+ पी0वी0वाई0	एफीड	उत्तर पश्चिमी मैदानी क्षेत्र में 4–5 वर्ष बाद बीज कन्द बदल दें
आलू	क्रींकल मोजैक पी0वी0एक्स0+ पी0वी0वाई0	एफीड	उत्तर पश्चिमी मैदानी क्षेत्र में 4–5 वर्ष बाद बीज कन्द बदल दें
आलू	लीफ राल	एफीड	फोरेट की 10.0 किलोग्राम/हेक्टेयर बीज कन्द लगाते समय और मिथाइल डेमेटान 25 ई0सी0 (1.2 लीटर/हेक्टेयर) या डाईमेथोएट (1.2 लीटर प्रति हेक्टेयर या मोनोक्रोटोफास 40 ई0 सी (1.2 लीटर प्रति हेक्टेयर) छिड़काव करें
याम मोजैक	याम मोजैक विषाणु	एफीड	विषाणु रोग प्रतिरोधी प्रजातियों का प्रयोग करें
अरवी	मोजैक, दशीन मोजैक विषाणु	एफीड	विषाणु रोग प्रतिरोधी प्रजातियों का प्रयोग करें
शकरकंद	फिदरी माटल रोग, माटल पोटी वायरस	एफीड	विषाणु रोग प्रतिरोधी प्रजाति का प्रयोग। विषाणु ग्रासित पौधों की छँटनी

समन्वित रोग प्रबन्धन के घटक (Component of integrated disease management)

यह सत्य है कि रोगकारक आधारित फफूँदनाशक के प्रयोग न होने के कारण फफूँदनाशक वर्ष प्रतिवर्ष महँगें होते जा रहे है और अनेकों रोगकारक में फफूँदनाशकों के प्रति रोधिता उत्पन्न होती जा रही है। वर्तमान समय में ज्यादा फफूँदनाशक सर्वांगी प्रकृति के हैं, जिसका प्रभाव मानव स्वास्थ्य पर पड़ रहा है। इस प्रकार सब्जियों में समन्वित रोग प्रबन्धन आज की सबसे बड़ी आवश्यकता है। प्रकृति से किसी भी रोगकारक को समूल नष्ट नहीं किया जा सकता है बल्कि केवल फसलों में नुकसान के स्तर को कम किया जा सकता है। रोग प्रबन्धन अकेले केवल रोगकारक के विरोध में खड़ी की गयी पद्धति नही है, बल्कि इसमें आतिथेय (host) एवं वातावरण (environment) को समाहित किया गया है। अतः समन्वित प्रबन्धन के अन्तर्गत ऐसी योजना बनाना चाहिए, जिससे एक समय में कई रोगकारकों को नियंत्रित किया जा सके। इसके अन्तर्गत चार प्रमुख घटकों को सम्मिलित किया जाता है।

- रोगकारक (Pathogen)
- आतिथेय (Host)
- समय (Time)
- वातावरण (Environment)

• रोगकारक (Pathogen)

रोगकारक प्रबन्धन के अन्तर्गत रोग संचारण (inoculation), निर्मूल करना व बचाव करना सम्मिलित है।

• आतिथेय (Host)

आतिथेय के अन्तर्गत संरक्षण देने वाले पौधे की ओज (vigour), उचित पोषण से रोधिता उत्पन्न करना व आनुवंशिक परिवर्तन व रासायनिक दवाओं के प्रयोग से बचाव करना सम्मिलित हैं।

• समय (Time)

समय प्रबन्धन के अन्तर्गत बीज बुआई/पौध रोपण के दिन में तालमेल स्थापित करना है, जिसमें रोगकारक के लिए उचित वातावरण, हमारी मुख्य फसल के साथ एकरूपता न बना सके और कुल उपज पर किसी प्रकार दुष्परिणाम भी न हो।

• वातावरण (Environment)

वातावरण प्रबन्धन के अन्तर्गत जल प्रबन्धन, मृदा प्रबन्धन व फसल प्रबन्धन को सम्मिलित किया जाता है।

समन्वित रोग प्रबन्धन का सिद्धान्त (Principles of integrated disease management)

समन्वित रोग प्रबन्धन के सिद्धान्त को मुख्यतया पाँच भागों में विभाजित किया जा सकता है–

1. त्याग (Avoidance)
2. निषेध (Exclusion)
3. निर्मूलन (Eradication)
4. बचाव (Protection)
5. आतिथेय प्रतिरोधिता (Host resistance)

1. त्याग (Avoidance)

त्याग समन्यवन के अन्तर्गत फसलों को किसी क्षेत्र विशेष में ऐसे समय में लगाना जब उस क्षेत्र में वातावरणीय दशा से संचरण प्रभावी न हो। इसमें ऐसे भी चयनित क्षेत्र सम्मिलित हैं, जहाँ पर रोगमुक्त बीज उत्पादन किया जा रहा हो, प्रजाति जो रोग से बच जाती हो, रोगमुक्त बीज का चुनाव व सस्य पद्धतियों में परिवर्तन किया गया हो। उदाहरण के लिए अगर भिण्डी की खेती मैदानी भागों में जुलाई के प्रथम सप्ताह में बीज की बुआई करके किया जाये तो भिण्डी की ''सर्कोस्पोरा लीफ ब्लाइट'' (Cercospora leaf blight) से छुटकारा मिल जाती है। इसी प्रकार गर्मी में खीरा की खेती करनी है, तो फरवरी के प्रथम सप्ताह में बीज की बुआई की जाये या नर्सरी पौध का रोपण जनवरी के अन्तिम सप्ताह में की जाये तो फसल मृदुरोमिल आसिता (downy mildew) बीमारी से बचाव हो जाती है।

2. निषेध (Exclusion)

निषेध का तात्पर्य रोग कारकों का नये क्षेत्र में प्रवेश व स्थापन को रोकना है, जो पहले वहाँ पर दिखाई नहीं देता था। इसके लिए बीज प्रमाणीकरण, बीज शोधन, पौध संरक्षण व रोग वाहक कीट को नष्ट करने की पद्धति को अपनायी जाती है। ये सभी विधियाँ रोग के फैलने में रोक लगाने हेतु आवश्यक व लाभप्रद है।

3. निर्मूलन (Removal)

निर्मूलन की योजना तब अपनायी जाती है, जब किसी क्षेत्र विशेष में किसी रोगकारक का प्रवेश हो चुका हो, ऐसी स्थिति में निर्मूलन ही एक रास्ता है, जिसमें जैविक नियंत्रण विधियाँ, फसल–चक्र एवं रासायनिक शोधन को अपनाया जाता है। अगर खाद्यान्न फसलों के साथ सब्जियों का फसल–चक्र अपनाया जाये तो जड़ गाँठ सूत्रकृमि (root knot nematode), मटर की उकठा आदि को प्रभावी तरीके से रोका जा सकता है। इससे सोलानी राल्फसी व वर्टिसीलियम डाहली का प्रबन्धन सफलतापूर्वक होती है। अगर पूरी तरह सड़ी हुई म्यूनिसपल स्लज (municipal sludge) को उच्च दर (10 प्रतिशत डब्ल्यू/डब्ल्यू) प्रयोग किया जाये तो मटर में ''एफेनोमाइसीस रूट राट''

बीन व मूली का राइजेक्टोनिया "रूट राट" को कम किया जा सकता है। इसी प्रकार खीरे का "फ्यूजेरियम विल्ट" व मिर्च" शिमला मिर्च के फाइटोफ्थोरा क्राउन राट" को नियंत्रित किया जा सकता है।

4. बचाव (Prevention)

बचाव के अन्तर्गत पौध व रोगकारक के बीच विघ्न या अवरोध पैदा किया जाता है। यह किसी भी पद्धति से किया जा सकता है लेकिन रासायनिक बाधा सबसे ज्यादा प्रभावी होता है। इस पद्धति के अपनाने से द्वितीयक संचरण व संक्रमण को उन रोग कारकों को नियंत्रित करने में सफलता प्राप्त हुई है, जो बड़ी तेजी से संक्रमण करते है। रोगी पौधे पर रासायनिक छिड़काव व कीट वाहक नाश विघ्न उत्पन्न करने वाले साधन व फन्दे में फसाने वाले फसल (trap crop) का उपयोग किया जाता है।

5. आतिथेय रोधिता (Host resistance)

आतिथेय रोधिता रोग प्रबन्धन का सबसे उत्तम तकनीक है। इसके लिए रोगरोधी व रोग सहनशील प्रजातियों का विकास एवं मूल्यांकन किया जाना चाहिए। ऐसी प्रजातियों के विकास के समय ध्यान देना चाहिए कि उनकी कुल उपज व गुणवत्ता प्रभावित न हो।

समन्वित रोग प्रबन्धन के सफल उपाय

समन्वित रोग प्रबन्धन में सफलता तभी प्राप्त होती है जब निम्न बिन्दुओं पर ध्यान दिया जाये–

1. अविवेकपूर्ण फफूँदनाशकों के उपयोग का त्याग करना चाहिए।
2. कई रसायनों/पौध वृद्धि नियामकों तथा सूक्ष्म पोषक तत्वों, सभी को मिलाकर फसलों पर छिड़काव न करें।
3. मृदा में नुकसानदायक तथा लाभदायक दोनों प्रकार के सूक्ष्म जीव पाये जाते हैं अतः समय से कर्षण क्रिया, गर्मी की जुताई, हरी फसल को उगाकर पलटाई, उपयुक्त कार्बनःनत्रजन अनुपात संतुलित मात्रा में मुख्य व सूक्ष्म तत्वों का उपयोग, मृदा में वातायन आदि के द्वारा मृदा स्वास्थ्य को बनाये रखना चाहिए।
4. उपयोग किये जाने वाले बीज, निर्धारित मानक के अनुसार स्वच्छ, आन्तरिक व बाह्य रोगकारक मुक्त, संक्रमित फसल अवशेष मुक्त होने चाहिए।
5. प्रक्षेत्र को स्वच्छ रखने के लिए संक्रमित फसल अवशेष को एकत्रित कर जला देना चाहिए और एकान्तर (alternate) व समानान्तर (collateral) खरपतवार आतिथेय इत्यादि निर्मूल कर देना चाहिए।
6. मृदा जनित बीमारियों को दूर करने में फसल चक्र व मिश्रित खेती जैसी पद्धति ज्यादा प्रभावी होता है, अतः इसे अपनाना आवश्यक हैं। आतिथेय फसल का चुनाव किसी विशेष रोग कारक के लिए किया जा सकता है।

7. बे–मौसम की सब्जियों की सघन खेती से बचना चाहिए क्योंकि ऐसा करने से रोगकारक लम्बे समय तक खेत में बने रहते हैं और ऐसे रोगकारकों का जीचन चक्र टूट नही पाता है।
8. रोगकारक का सही निदान तथा रोग चक्र का ज्ञान अवश्य रखना चाहिए, जिससे वाँछित बचाव या नियंत्रक पद्धति सही समय व सही क्रांतिक अवस्था (critical stage) में उपयोग किया जा सके।
9. फफूँदनाशक की उपयुक्त मात्रा, प्रयोग का जगह, सही छिड़काव की विधि व बूँदों का आकार पर विशेष ध्यान देना चाहिए।
10. सब्जियों में जैव नियंत्रकों के उपयोग को बढ़ावा देना चाहिए। विशेषतः उनको जो गोबर की सड़ी खाद व कार्बनिक पदार्थों में वृद्धि करते हैं। ध्यान देना चाहिए की असंवेदनशील तथा अनुरूपता वाले जैव नियंत्रक हों।
11. सब्जियों में सहनशील/सहिष्णु एवं अवरोधी मुक्त परागित किस्मों (open pollinated varieties) व संकर (hybrids) किस्मों का चुनाव करें।
12. तुड़ाई उपरान्त प्रबन्धन तकनीक को उचित व सावधानीपूर्वक अपनाना चाहिए, जिससे सब्जी उपज व बीज रोग प्रभावित/संक्रमित न हो।

रोगकारक के श्रोत (Source of pathogen)

किसी भी रोग का समुचित प्रबन्धन के लिए यह जानना बहुत आवश्यक है कि रोगकारक कहाँ से आते हैं और कहाँ पर जीवित रहते हैं।

1. बीज में रोग का संक्रमण
2. पौधशाला में रोग का संक्रमण
3. आर्थिक रूप से उपयोगी सब्जी उत्पाद पर संक्रमण
4. मृदा में उपस्थिति रोग कारक का संक्रमण

1. बीज में रोग का संक्रमण (Seed diseases)

बीज में रोग का संक्रमण कई प्रकार से होता है। इसमें फूल, फल, पुष्पवृन्त, बीजांग इत्यादि मुख्य हैं। इसके अलावा पौधों में प्राकृतिक छिद्र जैसे स्टोमेटा, लेन्टीसेल, हाइडेथोड इत्यादि से भी रोग कारक सब्जी के बीज में प्रवेश करते हैं। बीज द्वारा फैलने वाली बीमारियाँ मुख्य रूप से तीन प्रकार की होती हैं–

1. आन्तरिक बीज जनित बीमारियाँ रोगकारक या बीजांग के आधार में जीवित रहता है जैसे बैंगन का फोमोप्सिस झुलसा, मिर्च का एन्थ्रेक्नोज।
2. बाहय बीज जनित बीमारियाँ जिसमें रोगकारक बीज के छिलके पर रहता है। जैसेः अल्टरनेरिया झुलसा (alternaria blight), मृदुरोमिल आसिता (downy mildew)।
3. बीज में संक्रमित फसल अवशेष एवं रोग संरचना का मिश्रण जैसेः स्कलोरोटिनिया झुलसा।

समन्वित रोग प्रबन्धन हेतु पहल

वर्तमान समय में सब्जी फसलों पर अनेकों प्रकार के रोगकारकों का व्यापक प्रकोप देखा जा रहा है, जिसके लिए अनेकों प्रकार की जैविक एवं रासायनिक रोगनाशक दवाओं का प्रयोग किया जा रहा है। कुछ सब्जियों में लगने वाले प्रमुख रोग एवं उनके प्रबंधन का विवरण नीचे की सारिणी में दिया गया है–

सारिणी (18.11) विभिन्न सब्जी फसलों में समन्वित रोग प्रबन्धन

सब्जी फसल	फसल अवस्था	व्याधि	समन्वित रोग प्रबन्धन
गोभी वर्गीय सब्जियाँ	बुआई / रोपण के समय	ब्लैक राट	ट्राइकोडर्मा विरिडी द्वारा 2.0 ग्राम / 100.0 ग्राम बीज की दर से बीजोपचार
			संस्तुत नत्रजन एवं फास्फोरस उर्वरकों का आधारीय प्रयोग करें।
	फूल एवं फलत की अवस्था	ब्लैक राट	100 पी0पी0एम0 स्ट्रेप्टोसाइक्लिन + 2.0–2.5 ग्राम / लीटर पानी के साथ घोलकर छिड़काव करें।
	फल परिपक्वता	ब्लैक राट	प्रभावित पत्तियों को निकालकर जमीन में गहराई पर दबा दें।
			प्रभावित पौधों को खेत से निकाल देना चाहिए।
			प्रभावित शीर्ष (फूल) को निकाल देना चाहिए।
			फसल के अवशेषों को तुड़ाई पश्चात् जलाकर नष्ट कर दें।
बैंगन	बीज व नर्सरी तैयार करने की अवस्था	मृदा जनित रोग (पीथयम, फाइटोप्थोरा, राजोक्टोनिया आदि)	ट्राइकोडर्मा विरिडी या ट्राइकोडर्मा हरिजएनम से बीजोपचार (2.0 ग्राम / 100.0 ग्राम बीज में मिलाकर) करें।
			स्यूडोमोनास फ्लोरिसेन्स की 4.0 ग्राम मात्रा / लीटर पानी की दर से नर्सरी पौध की जड़ोपचार
			नत्रजन, फास्फोरस व पोटाश उर्वरकों की संस्तुत मात्रा से अधिक प्रयोग न करें।
	वानस्पतिक वृद्धि की अवस्था	जीवाणु उकठा (वैक्टीरियल विल्ट)	प्रभावित पौधों को खेत से निकाल कर नष्ट कर देना चाहिए।
			सामान्यतया 15.0 किलो ग्राम / हेक्टेयर की दर से ब्लीचिंग पाउडर का सिंचाई की नालियों के माध्यम से प्रयोग करें।

टमाटर	बीज/पौधशाला	अगेती झुलसा	ट्राइकोडर्मा विरिडी या कार्बोन्डाजिम (2.0 ग्राम/100.0 ग्राम बीज 2.0 ग्राम/100.0 ग्राम बीज की दर से) द्वारा बीजोपचार
		आर्द्र गलन	लगभग 20.0 सेन्टी मीटर ऊँची उठी हुई क्यारियों में नर्सरी उगायें।
			उचित जल निकास सुविधा के साथ बीजों की विरल बुआई करें।
		पिछेती झुलसा	प्रभावित पौधों को नष्ट कर दें।
			हल्की सिंचाई करें।
	फल की अवस्था	अगेती झुलसा	मैन्कोजेब की 2.0–2.5 किलो ग्राम मात्रा प्रति हेक्टेयर की दर से छिड़काव करें।
			खेत को खरपतवार से मुक्त रखें।
			कैप्टान 2.0 किलो ग्राम/हेक्टेयर की दर से छिड़काव करें।
मिर्च /शिमला मिर्च		एन्थ्रैक्नोज	ट्राइकोडर्मा विरिडी या ट्राइकोडर्मा हरजिएनम की 2.0 ग्राम/100.0 ग्राम बीज में मिश्रित कर बीजोपचार करें।
			बैविस्टीन की 1.0 ग्राम मात्रा/100 ग्राम बीज में मिलाकर बीज शोधन करें।
	फूल एवं फलत अवस्था	अगेती पर्ण चित्ती/पर्ण धब्बा	मैंकोजेब 2.0–2.5 किलो ग्राम/हेक्टेयर का छिड़काव बीमारी दिखाई देने पर करनी चाहिए।
भिण्डी		कालर	प्रभावित पौधों को निकालना
			ट्राइकोडर्मा विरिडी की 2.0 ग्राम दवा/ किलो ग्राम बीज में मिलाकर शोधित कर बुआई करें।
		खर्रा रोग	घुलनशील गंधक की 3.0 किलो ग्राम या डाइनाकैप 1.0 लीटर/हेक्टेयर की दर से छिड़काव एवं 10 दिन बाद दूसरा छिड़काव प्रभावी होगा।

रोग प्रतिरोधी प्रजातियों एवं संकरों का उपयोग

समन्वित रोग प्रबन्धन के अन्तर्गत रोग प्रतिरोधी या रोग सहनशील प्रजातियों को खेती के लिए बढ़ावा दिया जाता है। वर्तमान समय में संकर प्रजातियों का उपयोग सब्जियों में ज्यादा किया जा रहा है, जिससे अनेक रोगों का प्रादुर्भाव हो रहा है। अतः संकर प्रजातियों की तुलना में मुक्त परागित किस्मों को प्राथमिकता देना चाहिए। सब्जियों की रोग प्रतिरोधी किस्मों एवं उनके प्रजनन केन्द्र का विवरण नीचे की सारिणी में दिया गया है:–

सारणी (18.12) सब्जियों की रोग प्रतिरोधी किस्में तथा उनके प्रजनन केन्द्र

फसल	रोग एवं रोग कारक	प्रतिरोधी प्रजाति	प्रजनक केन्द्र
टमाटर	जीवाणु उकठा (स्यूडोमोनास सोलेनेसिएरम)	शक्ति (एल0बी0–79)	केरल कृषि विश्वविद्यालय, वेल्लानीकारा (केरल)
		अर्का आलोक (बी0डब्ल्यू0आर0–5)	भारतीय बागवानी अनुसंधान संस्थान, बैंग्लुरू (कर्नाटक)
		उत्कल पल्लवी (बी0टी0–1)	ओडिशा कृषि एवं प्रौद्योगिकी विश्वविद्यालय, भुबनेश्वर (ओडिशा)
		उत्कल दिप्ती (बी0टी0–2)	ओडिशा कृषि एवं प्रौद्योगिकी विश्वविद्यालय, भुबनेश्वर (ओडिशा)
	पिछेती झुलसा (फाइटोफ्थोरा इन्फेस्टान्स)	एच0–36, एच0–86 व एच0–88	भारतीय सब्जी अनुसंधान संस्थान, वाराणसी
		टी0आर0बी0–1	पंजाब कृषि विश्वविद्यालय, लुधियाना (पंजाब)
		टी0आर0बी0–2	पंजाब कृषि विश्वविद्यालय, लुधियाना (पंजाब)
		हिसार अनमोल (एच0–24)	चौधरी चरण सिंह हरियाणा कृषि विश्वविद्यालय, हिसार (हरियाणा)
बैंगन	जीवाणु उकठा	अर्का केशव (बी0डब्ल्यू0 आर0–12)	भारतीय बागवानी अनुसंधान केन्द्र, बैंग्लुरू (कर्नाटक)
	(स्यूडोमोनास सोलेनेसिएरम)	अर्का निधि	भारतीय बागवानी अनुसंधान केन्द्र, बैंग्लुरू (कर्नाटक)
		अर्का नीलकंठ	भारतीय बागवानी अनुसंधान केन्द्र, बैंग्लुरू (कर्नाटक)
		उत्कल तारिणी (बी0बी0–7)	ओडिशा कृषि एवं प्रौद्योगिकी विश्वविद्यालय, भुबनेश्वर (ओडिशा)
	फोमोप्सिस राट (फोमोप्सिस वेक्सान्स)	सूर्या (एस0एम0 6–6)	केरल कृषि विश्वविद्यालय, वेल्लानीकारा (केरल)
		जे0सी0–1	आसाम कृषि विश्वविद्यालय, जोरहट (आसाम)
		जे0सी0–2	आसाम कृषि विश्वविद्यालय, जोरहट (आसाम)
		पूसा भैरव	भारतीय कृषि अनुसंधान संस्थान, नई दिल्ली
भिण्डी	पित्त शीरा मोजैक विषाणु	पूसा सावनी (अब रोग प्रतिरोधी नही है)	भारतीय कृषि अनुसंधान संस्थान, नई दिल्ली
		91–4	भारतीय कृषि अनुसंधान संस्थान, नई दिल्ली
		सेलेक्शन–2	राष्ट्रीय पादप आनुवंशिक संसाधन ब्यूरो, नई दिल्ली
		पंजाब पद्मिनी	पंजाब कृषि विश्वविद्यालय, लुधियाना (पंजाब)
		पी0–7	पंजाब कृषि विश्वविद्यालय, लुधियाना (पंजाब)
		पी0बी0–57	मराठवाड़ा कृषि विश्वविद्यालय, परभनी (महाराष्ट्र)
		परभनी क्रांति	मराठवाड़ा कृषि विश्वविद्यालय, परभनी (महाराष्ट्र)
		अर्का अभय (सेलेक्शन–4)	भारतीय बागवानी अनुसंधान केन्द्र, बैंग्लुरू (कर्नाटक)

		अर्का अनामिका (सेलेक्शन–10)	भारतीय बागवानी अनुसंधान केन्द्र, बैंग्लुरू (कर्नाटक)
		वर्षा उपहार (एच0आर0बी0 9–2)	चौधरी चरण सिंह हरियाणा कृषि विश्वविद्यालय, हिसार (हरियाणा)
		हिसार बरसाती (एच0आर0बी0–55)	चौधरी चरण सिंह हरियाणा कृषि विश्वविद्यालय, हिसार (हरियाणा)
		उत्कल गौरव	ओडिशा कृषि एवं प्रौद्योगिकी विश्वविद्यालय, भुबनेश्वर (ओडिशा)
		के0एस0–404	शाकभाजी अनुसंधान केन्द्र, चन्द्रशेखर आजाद कृषि एवं प्रौद्योगिकी विश्वविद्यालय, कल्याणपुर (कानपुर)
मिर्च	जीवाणु उकठा (स्यूडोमोनास सोलेनेसिएरम)	एल0सी0ए0–235 (आन्ध्र प्रदेश)	क्षेत्रीय शोध केन्द, लाम, एन0जी0आर0 कृषि एवं प्रौद्योगिकी विश्वविद्यालय, हैदराबाद (आन्ध्र प्रदेश)
		एल0सी0ए0–305 (आन्ध्र प्रदेश)	क्षेत्रीय शोध केन्द्र लाम, एन0जी0आर0 कृषि एवं प्रौद्योगिकी विश्वविद्यालय, हैदराबाद (आन्ध्र प्रदेश)
		उत्कल रश्मि (बी0सी0 21–2)	ओडिशा कृषि एवं प्रौद्योगिकी विश्वविद्यालय, भुबनेश्वर (ओडिशा)
		ए0ए0यू0एम0–1	आसाम कृषि विश्वविद्यालय, जोरहट (आसाम)
		ए0ए0यू0एम0–2	आसाम कृषि विश्वविद्यालय, जोरहट (आसाम)
शिमला मिर्च	जीवाणु उकठा (स्यूडोमोनास सोलेनेसिएरम)	अर्का गौरव	भारतीय बागवानी अनुसंधान संस्थान, बैंग्लुरू (कर्नाटक)
खरबूजा	मृदुरोमिल आसिता (स्यूडोसर्कोस्पोरा कुबेन्सिस)	पंजाब रसीला (एम0आर0–12)	पंजाब कृषि विश्वविद्यालय, लुधियाना (पंजाब)
तरबूज	चूर्णिल आसिता (इरीसीफी चिकोरैशिएरम) व एन्थ्रैक्नोज (कोलट्ट्राइकम लैजिनैरियम)	अर्का मानिक	भारतीय बागवानी अनुसंधान संस्थान, बैंग्लुरू (कर्नाटक)
सब्जी मटर	चूर्णिल आसिता (इरिसीफी पालीगोनी)	पी0आर0एस0–14	शाकभाजी अनुसंधान केन्द्र, चन्द्रशेखर आजाद कृषि एवं प्रौद्योगिकी विश्वविद्यालय, कल्याणपुर (कानपुर), उत्तर प्रदेश
		रचना	शाकभाजी अनुसंधान केन्द्र, चन्द्रशेखर आजाद कृषि एवं प्रौद्योगिकी विश्वविद्यालय, कल्याणपुर (कानपुर), उत्तर प्रदेश
		के0एस0–225	शाकभाजी अनुसंधान केन्द्र, चन्द्रशेखर आजाद कृषि एवं प्रौद्योगिकी विश्वविद्यालय, कल्याणपुर (कानपुर), उत्तर प्रदेश
		के0एस0–245	शाकभाजी अनुसंधान केन्द्र, चन्द्रशेखर आजाद कृषि एवं प्रौद्योगिकी विश्वविद्यालय, कल्याणपुर (कानपुर), उत्तर प्रदेश

		जे0पी0–4	जवाहरलाल नेहरु कृषि विश्वविद्यालय, जबलपुर (मध्य प्रदेश)
		जे0पी0–83	जवाहरलाल नेहरु कृषि विश्वविद्यालय, जबलपुर (मध्य प्रदेश)
		जे0पी0–71	जवाहरलाल नेहरु कृषि विश्वविद्यालय, जबलपुर (मध्य प्रदेश)
		जे0पी0–885	जवाहरलाल नेहरु कृषि विश्वविद्यालय, जबलपुर (मध्य प्रदेश)
		अर्का अजीत (एफ0सी0–1)	भारतीय बागवानी अनुसंधान संस्थान, बैंग्लुरू (कर्नाटक)
		आई0पी0–3	गोविन्द बल्लभ पंत कृषि एवं प्रौद्योगिकी विश्वविद्यालय, पंतनगर, उधमसिंह नगर (उत्तराखण्ड)
		पन्त मटर–5	गोविन्द बल्लभ पंत कृषि एवं प्रौद्योगिकी विश्वविद्यालय, पंतनगर, उधमसिंह नगर (उत्तराखण्ड)
		पी0एम0आर0–21	गोविन्द बल्लभ पंत कृषि एवं प्रौद्योगिकी विश्वविद्यालय, पंतनगर, उधमसिंह नगर (उत्तराखण्ड)
		डी0पी0पी0–62	हिमायल प्रदेश कृषि विश्वविद्यालय, पालमपुर (हिमाचल प्रदेश)
		वी0पी0–9003	विवेकानन्द पर्वतीय कृषि अनुसंधानशाला, अल्मोड़ा (उत्तराखण्ड)
		वी0पी0–8902	विवेकानन्द पर्वतीय कृषि अनुसंधानशाला, अल्मोड़ा (उत्तराखण्ड)
		पूसा अलंकार (डी0एम0आर0–7)	भारतीय कृषि अनुसंधान संस्थान, नई दिल्ली
		एच0एफ0पी0–4	चौधरी चरण सिंह हरियाणा कृषि विश्वविद्यालय, हिसार (हरियाणा)
		एच0एफ0पी0–12	चौधरी चरण सिंह हरियाणा कृषि विश्वविद्यालय, हिसार (हरियाणा)
फूल गोभी	ब्लैक राट (सैन्थोमोनास कम्पेस्ट्रीस) व कर्ड इन्फ्लोरेन्स ब्लाइट	पूसा शुभ्रा	भारतीय कृषि अनुसंधान संस्थान, नई दिल्ली
पत्ता गोभी	ब्लैक राट (सैन्थोमोनास कम्पेस्ट्रीस)	पूसा मुक्ता	भारतीय कृषि अनसंधान संस्थान, क्षेत्रीय शोध केन्द्र, कटराई (हिमाचल प्रदेश)
लोबिया	बैक्टीरियल ब्लाइट (सैन्थोमोनास कम्पेस्ट्रीस, पी0वी0, विग्नीकोला)	पूसा कोमल	भारतीय कृषि अनसंधान संस्थान, क्षेत्रीय शोध केन्द्र, कटराई (हिमाचल प्रदेश)
फराश बीन	कामन मौजेक वाइरस व रस्ट (यूरोमाइसिस)	पन्त अनुपमा (यू0पी0एफ0–191)	गोविन्द बल्लभ पंत कृषि एवं प्रौद्योगिकी विश्वविद्यालय, पंतनगर, उधमसिंह नगर (उत्तराखण्ड)

सारिणी (18.13) बंद गोभी एवं फूल गोभी सब्जियों में रोग रोधिता के लिये स्रोत

सब्जी फसल	जैविक प्रतिबल	प्रतिरोधी स्रोत	संदर्भ
फूल गोभी	डाउनी मिल्ड्यू	बी.आर.–2, सी.सी., ई.सी. 177283, कीबीजीएन्ट, मेरोजीएन्ट	शर्मा एवं सहयोगी, 1991
		के.टी.–9, अर्ली विन्टर एडमस वहाइट हेड, पूसा हाईब्रिड–2	शर्मा एवं सहयोगी, 1995
		कुवारी–7, कुवारी–8, कुवारी–4, फर्स्ट अर्ली लक्ष्मी	पाण्डे एवं सहयोगी, 2001
	स्केरोटिनिया राट	जनवान, अर्ली विन्टर एडमस वहाइट हेड, पूसा स्नोबाल,के.–25	शर्मा एवं सहयोगी, 1995
	ब्लैक राट	पूसा सुभ्रा, एस.एन. 445, लवयाना	शर्मा एवं सहयोगी, 1995
	अल्टरनेरिया ब्लैक राट	एम.जी.एस.–2, पुआ किआ	चटर्जी, 1993
	कर्ड ब्लाइट	पूसा स्नोबाल के.–1	–
बंद गोभी	ब्लैक लेग	पूसा ड्रमहेड	–
	क्लब रूट	बडजर सिपर, शेटलैण्ड कैबेज, ग्लोबेले, ब्रेसिका नैपस, ब्रेसिका कम्प्रेस्ट्रिस	क्रुट एवं सहयोगी, 1983
	कैबेज येलो	बडजर ब्लू ब्वाय, बडजर बेल्ले	शर्मा एवं सहयोगी, 1991
	स्केरोटिनिया राट	ब्रेसिका नैपस, ब्रेसिका चाइनेन्सिस	शर्मा एवं सहयोगी, 1995
	पाउडरी मिल्ड्यू	ब्रेसिका नैपस, ब्रेसिका चाइनेन्सिस	शर्मा एवं सहयोगी, 1995
	व्हाइट रस्ट	ब्रेसिका कारीनाटा	शर्मा एवं सहयोगी, 1995
	फ्यूजेरियम विल्ट	सानीबेल	–
	राइजोक्टोनिया राट	सानीबेल	–
	बन्द गोभी मोजैक	सानीबेल	–
	ब्लैक राट	पूसा मुक्ता	–

स्रोत : सिंह एवं सहयोगी, 2012

पौधशाला में रोग प्रबन्धन (Disease management in nursery)

पौधशाला में बीज लगाने पर बहुत से बीज या तो जमने के पहले या जमने के बाद मर जाते हैं। पौधशाला में लगने वाले इस बीमारी को आर्द्रगलन रोग (damping off) कहते हैं। यह बीमारी टमाटर, मिर्च, शिमला मिर्च, बैंगन, पत्ता गोभी व फूल गोभी में ज्यादा लगता है। इसमें बीज के जमने के तुरन्त बाद लेकिन जमीन से बाहर निकलने के पहले ही अंकुरित बीज गलकर मर जाते हैं। दूसरी अवस्था बीज के जमीन से बाहर आने के बाद देखा जाता है, जिसमें नई, कोमल पौध का तना गलकर जमीन पर गिर जाता है। यह गलन जमीन के सतह से ही पौध के तना पर दिखाई देता है। गलन खासकर 2–3 पत्ती की अवस्था में देखी जाती है। इस बीमारी के कई कारण है लेकिन मुख्य रूप से राइजोक्टोनिया, पिथियम, फाइटोप्थोरा, फ्यूजेरियम, स्केलेरारिटरम फफूँद द्वारा होता है। इसके

अलावा फोमोप्सिस, फोमो, कोलेटोट्राइकम, आल्टरनेरिया आदि के द्वारा भी नर्सरी पौध संक्रमित होते हैं। ये नवोद्भिद् पौध (seedlings) पर बीज जमाव के 20 दिन बाद प्रभावित करते हैं।

प्रबन्धन

इस रोग से निजात पाने के लिए जैविक तथा रासायनिक दोनों विधियों का प्रयोग किया जा सकता है। अधिक तापक्रम वाले क्षेत्र में पौधशाला को गर्मी के दिन में सफेद पॉलीथीन से ढककर बहुत अधिक रोगकारकों को नष्ट किया जा सकता है। यह विधि उन स्थानों पर अधिक फायदेमंद है। जहाँ पर गर्मी के महीने में सूर्य के प्रकाश की तीव्रता अधिक होता है और दिन का तापमान 45.0 डिग्री सेल्सियस या उससे अधिक तक जाता है। इसके साथ ही साथ शुष्क गर्मी की अवधि लम्बी होती हो। इस विधि से पौधशाला की मिट्टी आंशिक रूप से कीटाणु मुक्त/निर्जमीकृत हो जाता है। उसमें रोग कारक मर जाते हैं तथा बहुत से मित्र जैविक नियंत्रक फफूँदों का बढ़वार हो जाता है। पौधशाला के मिट्टी को सूर्य के प्रकाश में शोधन करने को मृदा सौरीकरण (solarization) कहते हैं। इस प्रक्रिया में सफेद पोलिथीन के चादर से ढककर चारों तरफ से मिट्टी से बन्द कर देते हैं ताकि पालीथीन के अन्दर से हवा तथा वाष्प न निकले। इस तरह से मई–जून (लगभग एक महीना) के महीने में छोड़ देते हैं। उसके बाद सफेद चादर हटाकर नर्सरी विस्तर (nursery bed) तैयार करते हैं व बीज की बुआई कर देते हैं। अगर कुछ दिनों तक चादर के अन्दर का तापमान 48.0–50.0 डिग्री सेल्सियस तक बना रहता है तो यह पौधशाला के रोग से बचाव अच्छी तरह कर सकता है। जिन स्थानों पर यह सम्भव नहीं है पौधशाला में ट्राइकोडरमा (*Trichoderma*) की विभिन्न प्रजातियों (ट्राइकोडरमा विर्डि, ट्राइकोडरमा हर्जिएनम आदि) द्वारा 6.0–10.0 ग्राम प्रति किलो ग्राम बीज में तथा एसपरजिलस नाइजर (*Aspergillus niger*) 6.0–8.0 ग्राम बीज शोधन एवं भूमि में 10.0–25.0 ग्राम प्रति वर्ग मीटर प्रयोग किया जा सकता है, लेकिन इसके प्रयोग में बहुत सारी सावधानियों की आवश्यकता पड़ती है। ट्राइकोडर्मा की कुछ प्रजातियाँ फफूँदनाशक जैसे–पेन्सीक्यूरान, कॉपर हाइड्राक्साइड, कैप्टान की कम मात्रा के साथ मिलाने पर असंवेदनशील होती है। अतः इन रसायनों के साथ मिश्रित कर बीज शोधन करने से रोगकारक कम किये जा सकते हैं। रासायनिक विधि में भूमि का शोधन कैप्टान के 0.3 प्रतिशत घोल से करना चाहिए। इस घोल का 5.0–6.0 लीटर प्रति वर्ग मीटर क्षेत्रफल की दर से मिलाना चाहिए। उसके दूसरे दिन बीज का शोधन कारबेन्डाजिम 0.25 प्रतिशत की दर से करके लगाना चाहिए। बीज जमने के 10–15 दिन पर अगर पौधों में कोई ऊपर से गलन दिखे तो एक बार कैप्टान 0.25 प्रतिशत के घोल का छिड़काव करना चाहिए। पौधशाला में आर्द्रगलन बीमारी (Damping off) से बचाव करने के लिए रसायन के अलावा जैविक विधि भी काफी फायदेमंद है। सर्वप्रथम जैव पदार्थ का उस मिट्टी में बढ़वार तथा उस क्षेत्र विशेष का होना चाहिए। उसके लिए पौधशाला में कम्पोस्ट तथा अन्य कार्बनिक खाद की पर्याप्त मात्रा होनी चाहिए, जिससे जैव पदार्थ का अच्छी तरह वृद्धि हो सके। ध्यान रहे कि जिस भी जैव नियंत्रक के तैयार पदार्थ का प्रयोग करना है, उसमें उसके जीवित तथा सक्रिय बिजाणु (spores) का पर्याप्त मात्रा होना चाहिए। इसके प्रयोग करने के बाद कुछ दिन तक पौधशाला में वर्षा एवं धूप से बचाव करने की व्यवस्था होनी चाहिए। जैव नियंत्रक मिलाते समय पौधशाला की मिट्टी में पर्याप्त नमी होनी चाहिए। इसका प्रयोग दो तरह से किया जाता है। पौधशाला को अच्छी तरह

तैयार करके उसमें तैयार किया गया मिश्रण, जैव नियंत्रक पदार्थ 15.0–25.0 ग्राम प्रति वर्ग मीटर क्षेत्रफल के हिसाब से मिट्टी में अच्छी तरह मिला देना चाहिए। उसके 1–2 दिन बाद बीज की बुआई कर सकते हैं। जैव नियंत्रक पदार्थ से बीज का शोधन भी किया जा सकता है। इसके लिए 5.0 ग्राम तैयार मिश्रित जैव पदार्थ प्रति किलो ग्राम बीज की दर से इस तरह बीज में लपेटें की पूरा का पूरा गिले बीज की सतह पर चिपक जाये। उसे ठण्डे में सुखाकर तब बीज लगावें। बीज को शुद्ध जैव पदार्थ से भी शोधित किया जाता है, लेकिन यह प्रयोगशाला में किसी तकनीकी सहायक से ही करवाना चाहिए। इस तरह से शोधित करने पर 10^{8}–10^{10} बिजाणु प्रति मिली लीटर घोल की आवश्यकता होती है। बीज लगाने के बाद पौधशाला की किसी भी वाह्य प्रतिकूल प्रभाव से बचाना चाहिए।

पौध पर संक्रमण तथा रोग प्रबन्धन (रासायनिक प्रबन्धन व अन्य)

सामान्यतः सब्जियों की खेती में अनेकों प्रकार के रोग का संक्रमण पौधों के विभिन्न अवस्था पर देखने को मिलता है, जिसका प्रबंधन नीचे दिया गया है।

• टमाटर (Tomato)

टमाटर में वैसे तो कई बीमारियाँ लगती हैं, लेकिन इसमें अगेती झुलसा एवं कालर राट प्रमुख है। अगेती झुलसा के लिए दो तरह के रोगकारक आल्टरनेरिया सोलानी (40.0–50.0 प्रतिशत नुकसान) व अल्टरनेरिया आल्टरनाटा एफ0 प्रजाति लाइकोपर्सिकी (*Alternaria alternata* f. sp. *lycopersicae*) (10.0–15.0 प्रतिशत नुकसान) जिम्मेदार हैं। इसमें संक्रमण का लक्षण नवम्बर तथा फरवरी महीने में दिखता है। इस रोग का संक्रमण प्रारम्भ हो जाने के बाद रोकना कठिन कार्य है। इसके लक्षण पत्तियों, टहनियों, फूलों एवं फलों पर दिखाई देता है। गहरे भूरे रंग के धब्बे पर कई छल्लेनुमा संरचना साफ दिखाई पड़ता है। कभी–कभी फफूँद के बिजाणु भी उसके ऊपर स्पष्ट होते हैं। इस रोग से बचाव के लिए स्वच्छ बीज का प्रयोग तथा संक्रमित फसल अवशेष को जलाना चाहिए। पौधों पर रोग के लक्षण प्रारम्भ होते ही क्लोरोथेलोनील 0.2 प्रतिशत के घोल का छिड़काव करने से रोग काफी हद तक रूक जाता है।

कालर राट (collar rot) या तना के नीचे से गलन खासकर अगेती फसल में अधिक लगता है। फसल की प्रारम्भिक अवस्था तथा फल लगने की अवस्था में रोग दिखाई पड़ता है। इस रोग के लक्षण में पूरा पौधा मुरझा जाता है तथा हल्का पीला होकर सूखने लगता है। पौधे को उखाड़कर देखने पर तना तथा जड़ के संयुक्त स्थान पर सफेद फफूँद की वृद्धि दिखाई देता है, जो तने से चिपका रहता है। इस पर सरसों के दाने की तरह गोल संरचना भी रहता है, जो मिट्टी में झड़कर गिर जाता है और अगले साल फसल में पुनः रोग पैदा करता है। इस बीमारी से बचाव के लिए सर्वप्रथम संक्रमित पौधे को उखाड़कर जला देना चाहिए। खेत की गर्मी में जुताई आवश्यक है। रोग लगने के प्रारम्भ में ही अगर कापर आक्सीक्लोराइड 0.3 प्रतिशत घोल का तने के पास खूब अच्छी तरह से छिड़काव किया जाए तो बीमारी रूक जाती है। जहाँ तक सम्भव हो सके इस दवा का प्रयोग सायंकाल में करना चाहिए। पिछेती झुलसा फाइटोफ्थोरा इन्फेस्टान्स (*Phytophthora infestans*)

रोगकारक से होता है। यह बीमारी उत्तर–पश्चिम प्रान्तों में सामान्य रूप से पायी जाती है, लेकिन इसका प्रकोप उत्तर–पश्चिम प्रान्तों में सामान्य पत्तियों, टहनियों एवं फलों पर आता है। पत्तियों का हल्का पीला हरा जलसिक्त लक्षण दिखता है। बचाव के लिए 0.25 प्रतिशत मैन्कोजेब को 5–7 दिन के अन्तराल पर छिड़काव करने से बचाव होता है। मेटल एक्सिल + मैन्कोजेब की 0.2 प्रतिशत का एक छिड़काव लक्षण दिखने पर करना लाभप्रद होता है।

• बैंगन (Brinjal)

बैंगन में मुख्य रूप से फोमोप्सिस झुलसा (phomopsis blight), सफेद सड़न तथा तना गलन बीमारी आती है, जो फसल को बहुत अधिक नुकसान पहुँचाती है। फोमोप्सिस झुलसा के लक्षण पत्ती, फल व तना पर दिखाई देता है। पत्तियों पर गोल धब्बे, तने का सूखना तथा फल का सड़ना इसके लक्षण हैं। संक्रमित क्षेत्र में छोटे–छोटे काले बिन्दु के प्रकोप से उकठा की तरह लक्षण प्रतीत होता है। इस रोग का मुख्य स्रोत बीज तथा संक्रमित फसल अवशेष हैं। अतः इसका नियंत्रण यहीं से करना चाहिए। फसल अवशेष को जला दें। स्वस्थ बीज का चुनाव स्वस्थ फसल से करें। बीज का शोधन कार्बेन्डाजिम 0.25 प्रतिशत से करें। खड़ी फसल पर 1–2 बार कार्बेन्डाजिम 0.1 प्रतिशत घोल के छिड़काव करें। सफेद सड़न बीमारी का लक्षण ठण्डे मौसम में दिखाई पड़ता है। इसमें पहले टहनियाँ गलती हैं, उसके बाद उससे सटे फल पत्ती गलने लगते हैं। संक्रमित भाग बाद में सुखकर कड़े हो जाते हैं और काले संरचना में बदल जाता है। यह फफूँद का सुप्तावस्था (dormancy) है। इस रोग के नियंत्रण का सबसे प्रभावकारी तरीका यह है कि इस संरचना को खेत या बीज में मिलने ही न दिया जाये। खेत में सभी संक्रमित भाग को सूखने के पहले निकालकर जला दिया जाये। खेत में फूल आने के समय से ही 2 बार फफूँदनाशकों–मैन्कोजेब 0.25 प्रतिशत तथा कार्बेन्डाजिम 0.1 प्रतिशत का एक के बाद दूसरे का छिड़काव करना चाहिए। छिड़काव 8–10 दिन के अन्तराल पर फल बनने तक करना जरूरी है।

तना गलन में राइजोक्टेनिया तथा स्केलोरोटियम दोनों फफूँद शामिल हैं। दोनों में ही उकठा रोग के लक्षण दिखाई देते हैं। संक्रमित पौध को उखाड़ने पर सफेद फफूँद दिखाई देता है। ऐसी स्थिति में कापर–आक्सीक्लोराइड 0.3 प्रतिशत का छिड़काव करें तथा जब तना का छिलका गीला हो तो कार्बेन्डाजिम 0.1 प्रतिशत का छिड़काव करना चाहिए। छिड़काव का जगह तने का निचला हिस्सा होगा और जड़ तक का भाग भीग जाना चाहिए।

• मिर्च (Chilli)

मिर्च में सिर्फ एक ही बीमारी अधिक विनाशकारी है, जिसे डाई–बैक (die back) कहते हैं। इस रोग में पौधे का सबसे ऊपरी सिरा गलना प्रारम्भ करता है और नीचे की तरफ बढ़ता है। यह गलन गिला होता है, जो बाद में सूख जाता है। इसमें दो तरह के फफूँद सम्मिलित हैं। इसका एक रूप फल पर दिखाई देता है। इसमें तैयार हरा फल सड़ने लगता है। सबसे अधिक प्रभाव लाल फल पर दिखाई देता है, जो काला पड़ने लगता है। काला फल का पूरा का पूरा बीज या तो सड़ जाता है या रोगवाहक हो जाता है। यह बीमारी शिमला मिर्च में भी होता है। इसके नियंत्रण के लिए स्वस्थ बीज का प्रयोग करना चाहिए। बीज का शोधन कार्बेन्डाजिम 0.25 प्रतिशत से करने के बाद ही

लगावें। खड़ी फसल में मैन्कोजब 0.25 प्रतिशत एवं कार्बेन्डाजिम 0.1 प्रतिशत का छिड़काव करें। इस रोग से बचाव के लिए संक्रमित टहनियों को थोड़ा नीचे से काटकर जला दें तथा इसके तुरन्त बाद कापर–आक्सीक्लोराइ 0.3 प्रतिशत घोल का छिड़काव करें। जीवाणु धब्बा का प्रभाव भी किसी–किसी वर्ष बहुत हो जाता है। इसमें छोटे–छोटे धब्बे बनते हैं। धब्बे के चारों तरफ पीला घेरा होता है। इसके नियंत्रण के लिए स्ट्रेप्टोसाइक्लीन 150 पी0पी0एम0 का एक बार छिड़काव करना चाहिए।

• कद्दू वर्गीय सब्जियाँ (Cucurbits)

कद्दू वर्गीय सब्जियों जैसे खीरा और करेला में मृदुरोमिल आसिता, लौकी में सर्कोस्पोरा एवं एन्थ्रेक्नोज, परवल में फाइटोप्थोरा, फल सड़न इत्यादि का प्रकोप सामान्यतः होता है। मृदुरोमिल आसिता रोग के लक्षण पत्तियों पर छोटे–छोटे कोणीय, अनियमित आकार के पीले से भूरे रंग के धब्बे बनते हैं। इसके नीचली सतह पर सुबह के समय सफेद रोयेंदार फफूँद की वृद्धि दिखाई पड़ता है। बाद में यह धब्बा मिलकर पूरे पत्ते को सुखा देता है। इस रोग के लिए मैन्कोजेब दवा का 0.25 प्रतिशत का छिड़काव 7 दिन के अन्तराल पर करते रहने से रोग कम हो जाता है। रोग ग्रसित फसल से कभी भी बीज को न निकालें। फसल अवशेष को खेत में ही जला देना चाहिए। एन्थ्रेक्नोज बीमारी में छोटे–छोटे भूरे धब्बे पत्तियों तथा टहनियों पर दिखाई देता है। टहनी पर नारंगी रंग का बीजाणु का समूह होता है। पत्तियाँ बड़ी तेजी से गलती हैं। इसका प्रभाव खरीफ के मौसम में ज्यादा होता है। रोग के लक्षण फल तथा बीज पर भी पड़ता है तथा बीज जनित हो जाता है। इसके लिए कार्बेन्डाजिम 0.1 प्रतिशत घोल का छिड़काव रोग का अच्छी तरह नियंत्रण करता है। सर्कोस्पोरा पर्ण दाग में बहुत छोटे–छोटे धब्बे बनते हैं। इन धब्बों के बीच में सफेद रंग के असंख्य बीजाणु होते हैं। इस रोग के नियन्त्रण के लिए थायोफनेट–मिथाइल 0.1 प्रतिशत या ट्राइएडिमीफान 0.05 प्रतिशत घोल का छिड़काव रोग के नियंत्रण हेतु बहुत प्रभावकारी है। इस वर्ग की सब्जियों में फल सड़न भी प्रमुख बीमारी है। फल सड़न के लिए कई फफूँद जिम्मेदार हैं, जैसे फाइटोफ्थोरा, पीथियम, राइजोक्टोनिया, स्केलोरोटियम, माइक्रोफोमिना, कोलेटोट्राइकम इत्यादि। ये सभी फफूँद मिट्टी से आते हैं और जो फल मिट्टी से सटा होता है उस पर संक्रमण होता है। अतः इससे बचाने का सबसे अच्छा उपाय सब्जी को मचान पर चढ़ाकर खेती की जानी चाहिए। कोई भी फफूँद नाशक इसके लिए प्रभावी नहीं है। इसके साथ ही साथ कीड़ों से भी फसल की सुरक्षा करनी चाहिए। आल्टरनेरिया झुलसा खरबूजा, तरबूज इसी कुल के अन्य सब्जियों को रोगी बनाता है। इस रोग का प्रकोप पहले थाले के निकट की पत्तियों पर होता है, जो नम वातावरण में किनारे की ओर तेजी से बढ़ता है। प्रभावित भाग गोलाकार तथा जलीय होता है, जो बाद में भूरे रंग का तथा कुण्डलाकार घेरे से युक्त होता है। नियंत्रण हेतु क्लोरोथैलोनिल की 0.2 प्रतिशत घोल का छिड़काव 8–10 दिन के अन्तराल पर करना चाहिए।

• गोभी वर्गीय सब्जियाँ (Cole crops)

गोभी वर्गीय सब्जियों में चार प्रमुख बीमारियाँ जैसे काला धब्बा (जीवाणु), अल्टरनेरिया पर्ण दाग, मृदुरोमिल आसिता तथा सफेद गलन हैं। अल्टरनेरिया पर्ण दाग लगभग पूर्ण तथा गोल होता है जिसके चारों तरफ पीला घेरा होता है। धब्बे भूरे होते हैं, लेकिन बीजाणु बन जाने पर काला हो

जाता है। इस पर गोल छल्ले भी दिखते हैं। इसका विनाशकारी रूप बीज बनने के समय हो जाता है। नीचे की सभी पत्तियाँ गिर जाती हैं। इसके अच्छी तरह नियंत्रण के लिए नीचे की सभी रोगग्रसित पत्तियों को तोड़कर जला दें। उसके बाद क्लोरोथैलोनिल 0.2 प्रतिशत घोल का छिड़काव किसी अच्छे स्टीकर के साथ मिलाकर करना चाहिए। दूसरा छिड़काव मैन्कोजेब 0.25 प्रतिशत घोल से करना अधिक फायदेमंद होता है। तना विगलन लक्षण फूल गोभी व पत्ता गोभी में पत्तियों एवं तनों पर जलीय दाग के रूप में दिखाई पड़ती है। रोगी पत्तियाँ शीघ्र मुरझाकर मर जाती है। रोगी पौधे के तने पर रूई के समान सफेद रंग की कवक दिखाई पड़ती है तथा तना का भीतरी गूदा (pith) नष्ट हो जाता है। रोग कम तापमान व मृदा में अधिक नमी होने पर व्यापक होता है। नियंत्रण हेतु रोग ग्रसित अवशेष एकत्रित कर जला दें व कार्बेन्डाजिम की 1.0 ग्राम/लीटर पानी में डालकर छिड़काव करें।

मृदुरोमिल आसिता तथा सफेद गलन बीमारी ठण्डे मौसम में दिखाई पड़ती है। मृदुरोमिल रोग में पत्तियों के नीचे वाले भाग में हल्के सफेद या भूरा रंग के रोऐंदार फफूँद की वृद्धि दिखाई पड़ती है, जो दोपहर के समय समाप्त हो जाता है। इसके ऊपरी सतह पर छोटे–छोटे बिन्दुवार धब्बा बनता है। बाद में ये धब्बा स्पष्ट हो जाता है। इस रोग से बचाव के लिए घना रोपण न करें। मैन्कोजेब 0.25 प्रतिशत के घोल का छिड़काव करना चाहिए। सफेद गलन की परेशानी फूल बनने तथा बीज बनने के समय आती है। इस बीमारी से काफी नुकसान होता है। इसमें फूल वाला भाग गीला होकर गलने लगता है। इस पर सफेद फफूँद की वृद्धि होती है, जो बाद में कड़ा होकर स्केलोरोशिया बन जाता है। संक्रमण से बचाव के लिए इन स्केलोरेशिया को एकत्र करके जला दिया जाए। फूल बनने के समय से ही मैन्कोजेब 0.25 प्रतिशत तथा कार्बेन्डाजिम 0.1 प्रतिशत का छिड़काव करना चाहिए। काला सड़न रोग से पत्तियों की शिराएं काले या काले भूरे रंग की तथा पत्तियो पर ''वी'' आकार के धब्बे दिखाई पड़ते हैं। बीज बोते समय स्ट्रेप्टोसाइक्लिन 0.01 प्रतिशत (100.0 मिली ग्राम/किलोग्राम बीज) से उपचारित करें। खड़ी फसल में स्ट्रेप्टोसाइक्लिन 1.0 ग्राम/10.0 लीटर पानी में घोल बनाकर तीन बार छिड़काव करें।

• लोबिया (Cowpea)

लोबिया का स्यूडोसर्कोस्पोरा (*Pseudocercospora*) बीमारी के लक्षण भिण्डी की तरह ही काला, चूर्णील /पाउडरनुमा होता है। इसके प्रकोप से पूरा का पूरा पत्ता पहले ही गिर जाता है। इस तरह पौधा समय से पहले ही मर जाता है। लोबिया के पत्तियों पर किट्ट रोग, एसकोकायटा, फोमा व वेब झुलसा रोग होता है। इन सब रोगों का प्रकोप अलग–अलग किस्मों तथा जगह के अनुसार बदलता रहता है। इन सभी रोगों के प्रकोप से बचने के लिए सबसे अच्छी दवा हेक्साकोनाजोल है, जिसका 0.05 प्रतिशत का घोल 8 दिन के अन्तराल पर 2 बार छिड़क देने से सभी बीमारी रूक जाती है। यह दवा न मिलने पर ट्राइएडिमीफान 0.05 प्रतिशत का छिड़काव करें। इसमें तना गलन बहुत अधिक लगता है, जो दो प्रकार का होता है। राइजोक्टोनिया (Rhizoctonia) के प्रभाव वाले तना गलन जड़ के ऊपर से सटे तने के भाग में कत्था या हल्के लाल रंग का छिलका हो जाता है। बाद में पूरा पौधा हल्का पीला होकर मुरझा जाता है। स्केलोराटियम (Sclerotium) तना गलन में किसी स्थान पर सफेद फफूँद की वृद्धि अवश्य दिखाई पड़ती है। अतः दोनों रोगों का अच्छी तरह पहचान

लेना चाहिए। राइजोक्टोनिया तथा सड़न के लिए कार्बेन्डाजिम 0.1 प्रतिशत के घोल से तना का निचला भाग भिगाना चाहिए, जबकि दूसरी बीमारी स्कलेरोटियम (sclerotium) पर कापर–आक्सीक्लोराइड 0.3 प्रतिशत के घोल का प्रयोग करना चाहिए। दोनों रोगों में दवा का प्रयोग प्रारम्भिक अवस्था में करने से फायदा होता है। उग्र रूप से संक्रमित पौधे को उखाड़ कर जला देना चाहिए।

• मटर (Pea)

मटर के बीज और मूल विगलन रोग में बुवाई के बाद बीज अंकुरण से पूर्व ही सड़ जाते हैं अथवा उगने के बाद मर जाते हैं। नियंत्रण हेतु बीजों को कवकनाशी, जैसे–कार्बोन्डाजिम 2.0 ग्राम या थाइरिम 2.5 ग्राम या जैव फफूँदनाशक ट्राइकोडरमा विरीडी के 4.0 ग्राम/किलोग्राम बीज की दर से उपचारित करें एवं खेत में उचित जल निकास करें। इससे उकठा रोग भी नियंत्रित होता है। मटर की सबसे प्रमुख बीमारी चूर्णील फफूँद है, जिसका लक्षण सफेद पाउडर की तरह पत्तियों एवं फलियों पर दिखाई पड़ता है। इससे फलियों का आकार छोटा हो जाता है और दाने नही भरते हैं। इस बीमारी की रोकथाम के लिए मटर की बुआई देर से करें और पेन्कोनाजोल 0.05 प्रतिशत की दर से 8 दिन के अन्तराल पर दो बार छिड़काव करें। मटर तथा लोबिया में किट्ट (रस्ट) रोग भी आता है, इसका लक्षण पत्तियों, टहनियों एवं अन्य सभी भागों पर गेरूई रंग का उभरा हुआ तथा पाउडरनुमा धब्बा बनता है। इस बीमारी से बचने के लिए फ्लूसिलाजोल 0.05 प्रतिशत का 1–2 बार छिड़काव करना चाहिए। उकठा रोग में संक्रमित पौधे सूख जाते हैं एवं जड़ को चीर कर देखने पर बीच का भाग भूरा दिखायी देता है। बीजों को कार्बेन्डाजिम 2.0 ग्राम प्रति किलोग्राम बीज की दर से अथवा ट्राइकोडरमा विरिडी (*Trichoderma virdi*) के 4.0–5.0 ग्राम प्रति 1.0 किलोग्राम बीज की दर से उपचारित करें। उचित फसलचक्र अपनायें।

फराश बीन (French bean)

फराश बीन में तना गलन (stem rot) तथा सफेद सड़न मुख्य बीमारी है। तना गलन में पौधा मुरझा जाता है तथा सफेद गलन में पत्तियाँ, फलियाँ एवं टहनियाँ गल जाती हैं। इसके अलावा इस फसल पर श्यामव्रण बीमारी (anthracnose) का भी प्रकोप होता है। सर्वप्रथम रोग के लक्षण बीज पत्राधारों पर जंग (rust) के रंग के छोटे–छोटे धब्बों के रूप में दिखाई देता है। फलियों पर विशेष प्रकार के गड्ढे विकसित होते हैं, जिनके बीच का भाग गहरे भूरे/स्लेटी रंग का तथा किनारे लाल से भूरे रंग के होते हैं। इसके लिए स्वस्थ बीज का उपयोग करें तथा थाइरम (2.0 ग्राम/किलोग्राम बीज) फफूँद नाशक दवा से बीजोपचार करें। सामान्यतः 8–10 दिन के अन्तराल पर कार्बेन्डाजिम 50 डब्ल्यूपी0 1.0 ग्राम दवा प्रति लीटर (100.0 ग्राम/100.0 लीटर पानी) अथवा मैन्कोजेब 2.5 ग्राम दवा प्रति लीटर (250.0 ग्राम/100.0 लीटर पानी) का छिड़काव करें।

कोणदार पर्णचित्ती (Angular leaf spot)

कोणदार पर्णचित्ती रोग के संक्रमण में पत्तियों पर कोणदार धब्बे बन जाते हैं तथा फलियों की सतह पर गोलाकार धब्बे दिखाई देते हैं। स्वस्थ बीजों का प्रयोग करें व संक्रमित क्षेत्रों में उचित फसल

चक्र अपनायें। बीजों को थाइरम या जैविक फफूँदनाशक (*Trichoderma virens*) 4.0 ग्राम प्रति किलोग्राम बीज या ट्राइकोडर्मा विरेन्स + कार्बेन्डाजिम (1:1) के 2.0 ग्राम प्रति किलोग्राम बीज से उपचारित करें। राइजोक्टोनिया अंगमारी में पौधों के तनों पर भूमि के साथ लाल भूरे रंग के धंसे हुए धब्बे दिखाई देते हैं और नमी वाले वातावरण में फफूँद तनों से जड़ों तक फैल जाती है। जड़ें सड़ने लगती हैं तथा पौधा निर्बल हो जाता है। अधिक नमी में रोगग्रस्त पत्तियों तथा फलियों पर झुलसने के लक्षण दिखाई देते हैं। नमी वाले मौसम में फलियों पर भूरे रंग का कवक जाल भी दिखाई देता है और इसमें छोटे–छोटे स्क्लेरोशिया (sclerotia) भी बन जाते हैं। फलियों में बीज छोटे तथा सिकुड़े हुए बनते हैं। बहुवर्षीय फसल चक्र अपनायें। रोग मुक्त बीज का उपयोग करें तथा कोणदार पर्ण चित्ती रोग हेतु बीजोपचार संस्तुत दवाओं से करें। रोग के लक्षण दिखते ही मैंकोजेब (0.25 प्रतिशत) का छिड़काव करें। जीवाणु अंगमारी रोग के प्रारम्भिक अवस्था में पत्तों के नीचे वाली सतह पर जलसिक्त धब्बे बनते हैं, जो बड़े होकर मिल जाते हैं। ऐसे धब्बे भूरे, सूखे व सख्त होते हैं जिनके बाहर संकुचित पीला छल्ला दिखाई देता है। फलियों पर गहरे रंग के धब्बे बनते हैं। यह रोग बीज जनित (seed born) है। रोगग्रस्त फलियों में बीज सिकुड़े हुए व रंगहीन बनते हैं। संक्रमण से बचाव के लिए स्केलोरेशिया को एकत्र करके जला दिया जाये। फूल बनने के समय से ही मैन्कोजेब 0. 25 प्रतिशत तथा कार्बेन्डाजिम 0.1 प्रतिशत का छिड़काव करना चाहिए। काला सड़न रोग से पत्तियों की शिराएं काले या काले भूरे रंग की तथा पत्तियों पर "वी" आकार के धब्बे दिखाई पड़ते हैं। बीज बोते समय स्ट्रेप्टोसाइक्लिन 0.01 प्रतिशत (100.0 मिली ग्राम/ किलोग्राम बीज) से उपचारित करें। खड़ी फसल में स्ट्रेप्टोसाइक्लिन 1.0 ग्राम/10.0 लीटर पानी में घोल बनाकर 3 बार छिड़काव करें (पाण्डेय एवं पाण्डेय, 2012)।

• भिण्डी (Okra)

भिण्डी में सबसे प्रमुख बीमारी सर्कोस्पोरा (*Cercospora*) की पर्ण धब्बा है, जो सर्कोस्पोरा एबलमास्ची (*Cercospora hibisina*) तथा सर्कोस्पोरा हीबीसीना (*Cercospora hibisina*) के द्वारा होता है। इस बीमारी के लक्षण खरीफ के मौसम में लगायी जाने वाली फसल में लगता है। काले पाउडर की तरह बिखरा हुआ धब्बा बनता है, जो बाद में मिल जाता है। काला चूर्णी पाउडर पत्ती की दोनों सतह पर होता है। पत्तियाँ सूख जाती हैं और बहुत जल्दी ही गिर जाती है, जिससे सिर्फ पौधे की टहनियाँ बच जाती है। इस रोग से बचाव के लिए ट्राइएडिमीफान 0.05 प्रतिशत का घोल बनाकर 6–7 दिन के अन्तराल पर छिड़काव करना चाहिए। अगर यह दवा उपलब्ध न हो तो बिटेरटैनाल की 0.05 प्रतिशत या डिफेन्कोनाजोल की 0.025 प्रतिशत या हेक्साकोनाजोल या 0.05 प्रतिशत का छिड़का व 6 दिन के अन्तराल पर किया जा सकता है। भिण्डी की बुआई जुलाई के प्रथम सप्ताह में पूरी कर लेना चाहिए। ग्रसित पौधों की पत्ती व तना आदि को एकत्र कर जला देना चाहिए।

• लहसुन एवं प्याज (Garlic and Onion)

लहसुन और प्याज में मुख्य बीमारी परपल धब्बा (purple blotch) एवं स्टेमफिलीयम झुलसा (stemphillium blight) है। इससे पूरी फसल बेकार हो जाती है। इसका अधिक प्रकोप बीज वाले फसल पर पड़ता है। पत्तियाँ बीच से ही मुड़कर टूट जाती हैं, इससे बीज वृन्त सूख जाता है और

बीज के दाने नहीं बनते। रोग का लक्षण पत्ती, बीज वृन्त या हल्के लाल रंग के धब्बे के रूप में होता हैं। इसके बाद यह काला पड़ने लगता है। इस बीमारी का प्रकोप और भी बढ़ जाता है जब थ्रिप्स (thrips) का असर होता है। अतः बीमारी के संक्रमण से बचाने के लिए थ्रिप्स का रोकना अति आवश्यक है जिसके लिए किसी अर्न्तप्रवाही कीटनाशक का प्रयोग करें। तत्पश्चात् क्लोरोथेलोनील 0.2 प्रतिशत के साथ स्टीकर 0.1 प्रतिशत मिलाकर छिड़काव करें। मैन्कोजेब 0.25 प्रतिशत भी रोग के लिए कारगर दवा है लेकिन कीटनाशक तथा स्टीकर का प्रयोग साथ में अवश्य करना चाहिए क्योंकि प्याज व लहसुन की पत्तियाँ चिकनी होती हैं, जिस पर दवा मुश्किल से रुकती है। इससे दोनों बीमारी के अलावा मृदुरोमिल फफूँद जो प्याज पर आता है, वह भी रूक जाता है।

आलू (Potato)

आलू में वैसे कई बीमारियाँ आती हैं, लेकिन मैदानी क्षेत्रों में पिछेती झुलसा (late blight), अगेती झुलसा (early blight) तथा काला धब्बा प्रमुख हैं। पिछेती झुलसा में मौसम का असर अधिक पड़ता है। अगर आलू में कंद बनने के समय वर्षा हो जाये, तो यह बीमारी अवश्य ही विनाशकारी रूप धारण करेगा। अतः ऐसे मौसम के प्रारम्भ से ही मैन्कोजेब दवा का छिड़काव करना चाहिए। इस रोग में पत्तियाँ गिली होकर किनारों से गिरने लगती है। सुबह के समय धब्बे के आन्तरिक भाग स्वस्थ भाग से सटा रहता है। वहाँ हल्का हरा धूसर रंग का बना रहता है। साथ ही साथ सफेद फफूँद दिखाई देता है। इस रोग के बचाव के लिए रोग आने से पहले जैसे ही खराब मौसम हो छिड़काव करें अन्यथा यह बीमारी नहीं रूकता है।

अगेती झुलसा वैसे कभी–कभी लगता है, जिसमें गोले–गोले भूरे रंग के धब्बे बनते हैं। ये पत्तियों पर चारों तरफ फैले रहते हैं। यह रोग भी मेन्कोजेब 0.25 प्रतिशत या क्लोरोथैलोनिल 0.2 प्रतिशत के छिड़काव से रूक जाती है। आलू के छिलका पर छोटा–छोटा, काला उभरा हुआ रूखड़ा परत जमा रहता है। यह आलू की गुणवत्ता को खराब करता है तथा तना का कैंकर रोग (canker disease) पैदा करता है। इस रोग से बचने के लिए आलू को कार्बेन्डाजिम 0.1 प्रतिशत घोल में डूबोकर लगाना चाहिए। स्वस्थ आलू बीज का प्रयोग करना चाहिए। इस बीमारी का धीरे–धीरे प्रकोप बढ़ रहा है। खेत में पर्याप्त मात्रा में पोटाश की मात्रा देनी चाहिए।

• पत्तीदार सब्जियाँ (Leafy vegetables)

पत्ती वाली सब्जी जैसे पालक, धनिया, लेट्यूस इत्यादि में कभी–कभी बीमारी आती है, जिस पर यथा सम्भव फफूँदनाशकों का प्रयोग न करने की सलाह दी जाती है, लेकिन धनिया पर तने के ऊपर गाँठ, दाने का मोटा हो जाना तथा उसकी टहनी टेढ़ी–मेढ़ी हो जाती हैं। संक्रमित दाने उँगली के हल्के दबाव से पाउडर बन जाता है। इससे पूरे धनिया की दाने वाली फसल बरबाद हो जाती है। रोग से बचाव के लिए स्वस्थ व स्वच्छ बीज का चुनाव रोग मुक्त खेत से करें। बीज को लगाने से पहले कार्बेन्डाजिम के 0.25 प्रतिशत से शोधित कर लें। खड़ी फसल में इसी दवा के 0.1 प्रतिशत घोल का एक बार पुनः छिड़काव कर दें।

• धनिया (Coriander)

धनिया में तना गाँठ बीमारी का प्रभाव फूल आने के पहले से ही प्रारम्भ होता है। इसमें हरी धनिया के तने पर छोटे–छोटे गाँठ बन जाते हैं। तना का भाग टेढ़ा–मेढ़ा हो जाता है। पौधे पर दाने कम बनते हैं। फसल पक जाने पर बीज मोटा हो जाता है। इस बीमारी की रोकथाम के लिए संक्रमण प्रारम्भ होने के पहले ही पौधों को उखाड़कर जला देना चाहिए। उसके बाद खड़ी फसल में 7 दिन के अन्तराल पर कार्बेन्डाजिम 0.1 प्रतिशत की दर से घोल बनाकर 2 बार छिड़काव करना चाहिए। दाने पक जाने के बाद सुखाने के समय उसमें से मोटे एवं फूले हुए दानों तथा संक्रमित मोटे एवं अनियमित आकार वाली छोटी–छोटी टहनियों को निकाल देना चाहिए। संक्रमित दानों को दबाने पर आसानी से पाउडर बन जाता है। बीज लगाते समय कार्बेन्डाजिम 0.2 प्रतिशत की दर से शोधित कर देना चाहिए।

• जड़ वाली फसल (Root crops)

जड़ वाली फसल जैसे मूली, गाजर, शलजम इत्यादि में पर्णदाग लगता है जो खासकर समय से पहले बोई जाने वाली या बीज वाली फसल में अधिक लग जाता है। इसके लिए मैन्कोजेब 0.25 प्रतिशत का एक बार छिड़काव करें।

• हल्दी (Turmeric)

हल्दी में पर्ण दाग (leaf spot) बीमारी का प्रकोप सितम्बर के महीने से दिखाई देता है। रोग के लक्षण प्रारम्भ में निचली पत्तियों पर छोटे–छोटे भूरे या काले रंग के धब्बे बनते हैं। इसके बाद पत्तियाँ सूखकर गिर जाती हैं। इसके नियंत्रण के लिए निचली पत्तियों को तोड़कर जला देना चाहिए। इसके बाद खड़ी फसल में 7 दिन के अन्तराल पर कार्बोन्डाजिम 0.1 प्रतिशत की दर से घोल बनाकर दो बार छिड़काव करना चाहिए। इस दवा में किसी भी स्टिकर 0.1 प्रतिशत (टीपाल) की दर से अवश्य मिला लेना चाहिए।

• अदरक का तना सड़न (Root rot of ginger)

अदरक के तना सड़न के लिए सबसे बड़ी समस्या है। इसका प्रकोप कभी भी हो सकता है। यह बीमारी मिट्टी से आती है। इसमें पौधा मुरझाकर सूख जाता है। इस रोग का संक्रमण अदरक के गाँठ तथा तने के जोड़ वाले स्थान पर दिखाई देता है। यहाँ से पौधा सड़कर गिर जाता है। संक्रमित पौधे को धीरे से खीचने पर यह आसानी से टूट कर उपर आ जाता है। इस बीमारी का सिर्फ एकीकृत विधि अपनाकर ही रोका जा सकता है। सर्वप्रथम गर्मी में गहरी जुताई करें। संक्रमित पौधों को उखाड़कर जला दें। बरसात में सनई की हरी खाद अवश्य प्रयोग करें। हरी खाद की जुताई के बाद ट्राईकोडर्मा पाउडर की 2.0–3.0 किलो ग्राम मात्रा प्रति हेक्टेयर की दर से कम्पोस्ट में मिलाकर खेत में देना चाहिए। अदरक की गाँठ लगाते समय ट्राईकोडर्मा पाउडर का 1.0 प्रतिशत का घोल बनाकर डुबा लें। खड़ी फसल में इसका प्रयोग तने के निचले हिस्से में इस प्रकार करें कि ट्राईकोडर्मा पाउडर का घोल गाँठ तक चला जाये।

मसाले का सफेद सड़न (White rot of spices)

बीमारी का लक्षण लगभग सभी मसालों पर दिखाई देता है। इसमें फूल आने के समय तथा जाड़े के मौसम में पौधे का कोई भी भाग गीला होकर गलने लगता है। इसका संक्रमित भाग बाद में सफेद होकर सड़ जाता है तथा इसके अन्दर काले रंग का स्क्लेरोसिया (Sclerotia) बन जाता हैं। यह मिट्टी में 5–8 साल तक जीवित रहता है और यही रोग फैलाता है। इसके नियंत्रण के लिए संक्रमित पौधे को स्क्लेरोसिया बनने से पहले निकालकर जला दें। फूल आने के समय कार्बेन्डाजिम 0.1 प्रतिशत का घोल बनाकर तथा इसके 7 दिन के बाद एक बार मैन्कोजेब 0.25 प्रतिशत का घोल बनाकर छिड़काव करें।

सारिणी (18.14) सब्जियों में प्रयोग होने वाले कवकनाशी, व्यावसायिक नाम व संस्तुत मात्रा

फफूँदनाशक	व्यावसायिक नाम	मात्रा मि0ग्रा0 / ली0 पानी में या मि0ली0 / प्रति ली0 पानी में)
कैप्टान	कैप्टाफ, धानुतान	0.2–0.25
थाइरम	हेक्साथीर, थीरीडी	0.2–0.25
कार्बेन्डाजिम	बाविस्टीन, डेरोसाल, धानुस्टीन	0.05–0.1
थायोफानेट मिथाइल	टाप्सिन एम0, सेरेकोबिन एम0, कवर	0.05–0.1
डीनोकैप	काराथेन	0.1
मैन्कोजेब	डाइथेन एम0–45, इण्डोफिल एम0–45, धानुका एम0–45	0.2–0.25
जिनेब	डाइथेन जेड–78	0.2–0.25
जिरम	कुमार–एल0	0.2–0.25
कापर आक्सीक्लोराइड	ब्लाइटाक्स–50, फाइटोलान, ब्लू कापर, धानुकोप	0.3
बेटेवल सल्फर	सल्फेक्स, धानुसाल, कुमुलस	0.25–0.3
ट्राइडीमार्फ	कैलीक्सीन	0.05–0.1
ट्राइडेमेफान	बेयकोर	0.05
पेनकोनाजोल	टोपास	0.025–0.05
प्रापीनेब	एन्ट्राकाल	0.2
टेबूकोनाजोल	फोलीकुर	0.05
डिफेनकोनाजोल	स्कोर	0.025–0.05
बिटर टैनोल	बेयलेटान	0.05
हेक्साकोनाजोल	कोन्टाफ	0.025–0.05
फ्लूसीलाजोल	पँच	0.05
ट्राइफोरीन	सैपराल	0.5–0.01
पेन्कीक्यूरान	मोन्सेरेन	0.05–0.01
कापर हाइड्राक्साइड	कोसीडे	0.2–0.25
प्रोपीकोनाजोल	टिल्ट	0.25–0.05

सस्या क्रियात्मक प्रबन्धन (Agronomical management)

समन्वित रोग प्रबन्धन घटकों के अन्तर्गत सस्य क्रिया प्रणाली को एक महत्वपूर्ण घटक माना जाता है। इस प्रक्रिया के अपनाने से रोग कारकों की संख्या खेत में ज्यादा कम देखी गयी हैं। सस्य पद्धति का सीधा सम्बन्ध मृदा सूक्ष्म जीवों, जैव–विविधता, फसल स्वास्थ्य व सतत् कृषि से है।

- सही फसल चक्र (Suitable crop rotation)

यह सही है कि एकल फसल चक्र अपनाने से रोगों का प्रकोप तेजी से बढ़ता है। अध्ययन में यह पाया गया है कि खाद्यान्न फसलों के साथ सब्जियों का फसल चक्र अपनाने से मटर का उकठा बीमारी तथा सूत्रकृमि प्रकोप कम हो जाता है। इसके द्वारा स्क्लेरोटिना राल्फसी व वर्टिसिलियम डाहलीए (*Verticillium dehalie*) भी कम हो जाते है, क्योंकि क्रमागत जुताई व खेत सूखने से वे समाप्त हो जाते हैं।

- मिश्रित खेती (Mixed cropping)

मिश्रित खेती करने से रोगकारक का फैलाव कम होता है और एक रोगकारक से एक ही फसल प्रभावित होती है और दूसरी फसल से उपज मिल जाती है।

- अंतरवर्ती फसल (Inter cropping)

अन्तरावर्ती फसल पद्धति अपनाने से रोगों का प्रकोप कम होता है।

- बहुफसली (Multi cropping)

बहुफसली खेती करने से रोग का प्रकोप कम होता है।

उचित पौध दूरी (Suitable planting distance)

सब्जी फसलों की कतार से कतार व पौध से पौध की दूरी उचित रखने से खेत में पौध संख्या निश्चित होती है और रोगकारक का प्रकोप कम हो जाता है।

- पाश फसलें (Trap crop)

सब्जियों के कुछ रोग कीट के द्वारा फैलायें जाते हैं अतः मुख्य फसल के साथ हानिकारक रोग कारक के वाहक कीट को आकर्षित करने वाले फसलों की कुछ कतारें या पौध स्थापित करने से भी रोग प्रबन्धन में सफलता मिलती है।

- जीवांश खादों का उपयोग

भूमि में जीवांश खादों का उपयोग करने से सब्जी फसलों को सन्तुलित पोषण (सभी तत्व) मिलता है, जिससे वे रोग से लड़ने के लिए सक्षम बनते हैं। जीवांश खादों के उपयोग से भूमि में लाभकारी सूक्ष्म जीवों की संख्या में वृद्धि होती है, जिससे सब्जी फसल में रोग कम लगते हैं।

• आतिथेय खरपवतवारों का समापन (Removal of host plant)

यह पाया गया है कि खेत में खरपतवार के लगातार बने रहने के कारण रोगकारक के बीजाणु उन पर रहकर अपना जीवन चक्र चलाते रहते हैं। अतः इस प्रकार के खरपतवारों को पहचानकर जरूर नष्ट करना चाहिए।

• सही समय पर या समय परिवर्तन कर बीज बुवाई व पौध रोपण

कुछ ऐसे रोगकारक हैं, जो सही समय पर बुआई करने से कम संक्रमण करते हैं, जबकि कुछ रोग कारक इस प्रकार के हैं, जो बीज बुआई व पौध रोपण के समय में परिवर्तन कर देने से संक्रमण नहीं के बराबर हो जाता है। अतः सब्जी की खेती करते समय इसका विशेष ध्यान रखना चाहिए।

• मृदा सौरीकरण (Soil solarization)

मृदा जनित बीमारियों के रोगकारक की संख्या कम करने में मृदा सौरीकरण का महत्व बहुत ज्यादा है। वर्तमान समय में अनेकों देश पालीथीन की सफेद चादर या आवश्यकतानुसार रंगीन चादर से गर्मी के महीने में मिट्टी को ढककर मृदा सौरीकरण करते हैं। मृदा सौरीकरण का उपयोग पौधशाला, अधिक मूल्यवान सब्जियों की खेती व बेमौसम सब्जियों की खेती करने के लिए ज्यादा उपयोगी है। सुसुप्त मृदा रोगकारक जैसे– मैक्रोफोमिना फैजियोलिना, फ्यूजेरियम आक्सीस्पोरम, एफ0 स्पीशीज पीसी, स्यूडोमोनास स्पीशीज, स्ट्रेप्टोमाइसीज स्कैबीज, वर्टिसिलियम डाहलीए, फाइटोफ्थेरा स्पीशीज, पीथियम स्पीशीज आदि, जो सामान्यतः अनेकों सब्जी फसल पर संक्रमण करते हैं, का नियंत्रण/बचाव सफलतापूर्वक किया जा सकता है। मृदा सौरीकरण में स्कलेरोटिना राल्फसी के जीवित स्कलेरोशिया की संख्या कम करने में मदद मिलती है। प्रयोग में मृदा सौरीकरण से टमाटर में "कार्की रूट" बीमारी में 10–35 प्रतिशत अधिक उपज प्राप्त हुई। इसी प्रकार बैंगन में भी वर्टिसिलियम विल्ट के प्रति 215 प्रतिशत अधिक उपज प्राप्त हुई। तरबूज के विल्ट बीमारी में मृदा सौरीकरण ज्यादा उपयोगी है क्योंकि इससे उपनाशक स्थिति खेत में उत्पन्न होती है। गोभी वर्गीय सब्जियों में कार्बनिक पदार्थ की अधिकता करने व मृदा सौरीकरण दोनों के अपनाने से पत्ता गोभी का पीला बीमारी बहुत कम हो जाता है।

जैव रोग नाशक (Biological pesticide)

जैव रोगनाशकों के प्रयोग का मुख्य उद्देश्य खेत व फसल में उपस्थित सभी रोगकारकों की संख्या अनुकशानदायक अवस्था तक नीचे लाने का प्रयास है। इसमें प्रतिद्वन्द्वी (antagonist) के लिए वातावरण बनाना, वृहद् स्तर पर प्रतिद्वन्द्वी का उपस्थापन, अरोगकारक प्रभेदों में वृद्धि या अन्य उपयोगी सूक्ष्म जीवों की संख्या बढ़ाना है। जैव–नियंत्रक में प्रतिद्वन्द्वी की क्रिया–प्रणाली–मृदा जनित पादप रोगकारक के प्रतिस्पर्धा, एन्टीबायोसिस एवं माइकोपैरासिट्ज्म है। इस प्रकार की पद्धति को अपनाकर व ट्राइकोड़र्मा हरजीएनम (*Trichoderma harzianum*) के प्रयोग से फ्यूजेरियम आक्सीस्पोरम एफ0 स्पीशीज मिलोनिस (*Fusarium oxysporum* f sp. *melonis*) को नियंत्रित करने में आशातीत सफलता प्राप्त हुई है। घातक मेटाबोलाइट्स (metabolites) या एन्टीबायोटिक जब जैव–नियंत्रण

एजेन्ट से निकलता है, तब उसका सीधा प्रभाव दूसरे जीवों पर पड़ता है। इस प्रकार के तत्व वाष्पशील या अवाष्पशील होंगे या दोनों होंगे। प्रतिद्वन्दी जैसे–टी0 वाइरेनस सामान्यतया ग्लीओटाक्सिन टी0 वीरीडी–वीरीडीन व टी0 वीरीडीन–ट्राइकोडरमिन उत्पन्न करते हैं। टी0 पालीस्पोरम का उपयोग पिथियम अल्टीमम (*Pithium ultimum*) व मैक्रोफोमिना फैजियोलिना (*Microphomina phaseolina*) को नियंत्रित करने के लिए किया जाता है। माइकोपैरासिटीज्म (micoparasitism) या हाइपरपैरासिटीज्म (hyperparasitism) की व्याख्या एक कवक का दूसरे पर पराश्रयी होकर किमोट्राफीक वृद्धि (chemotrophic growth), पहचान, लगाव व अश्रेणीकरण स्थिति को अपनाते हैं। रोगकारक कोशिकाओं के गलने/पचने के लिए लाइटीक इन्जाइम, चीटीनेस व बीटा 1 व 3 ग्लूकोनोसेस सबसे ज्यादा प्रभावी व महत्वपूर्ण है। टमाटर का मुरझान रोग (फ्यूजेरियम आक्सीस्पोरम एफ0 स्पीशीज) का प्रबन्धन स्यूडोमोनास फ्लोरेसेन्स जीवाणु प्रजाति द्वारा बीज उपचार + पौधों की जड़ों का उपचार + भूमि उपचार + पर्णीय छिड़काव के द्वारा हानिकारक कवक का शत–प्रतिशत नियंत्रण होना पाया गया है।

जैव नियंत्रक के अन्तर्गत पौध रोग कारक की संख्या में कमी या रोग उत्पन्न करने वाले क्रिया कलापों में आदमी के अलावा एक या एक से अधिक सूक्ष्म जीवों के उपयोग से नियंत्रित करना है। यह एक विस्तृत परिभाषा है जिसके अन्तर्गत ऐसी क्रियाओं को समाहित किया जाता है, जो "एन्टागोनिस्ट" के लिए उपयुक्त वातावरण, एन्टागोनिस्ट का वृहद् पैमाने पर उत्पादन के साथ–साथ अरोग कारक प्रभेदों या उपयोगी सूक्ष्मजीवों में बढ़ोत्तरी करना है। मृदा जनित पादप रोग कारक के जैव नियंत्रण पद्धति के अन्तर्गत एन्टागोनिस्ट हेतु 3 प्रमुख विधियों को अपनाया जाता है–

1. प्रतिस्पर्धा (Competition)
2. एन्टीबायोसिस (Antibiosis)
3. माइकोपैरासिट्ज्म (Mycoparasitism)

1. प्रतिस्पर्धा (Competition)

प्रतिस्पर्धा तभी होती है जब दो या दो से अधिक सूक्ष्म जीवों का योगदान किसी एक स्रोत हेतु तुरन्त प्रतिपूर्ति होनी होती है। इस पद्धति के अन्तर्गत सफलतापूर्वक ट्राइकोडर्मा हरजियेनम (*Trichoderma harzianum*) के द्वारा फ्यूजेरियम आक्सीस्पोरम एफ0 स्पीशीज मेलोनिस (*Fusarium oxysporum* f.sp. *melonis*) की जा सकती है।

2. एन्टीबायोसिस (Antibiosis)

एन्टीबायोसिस के अन्तर्गत नुकसानदायक "मेटाबोलाइट्स या एन्टीबायोटिक्स जैव नियंत्रक द्वारा उत्पन्न होते हैं और दूसरे जीव पर सीधा प्रभाव डालते हैं। ये यौगिक या तो उड़नशील (volatile) या अ–उड़नशील (non-volatile) दोनों प्रकार के हो सकते हैं। उदाहरण के लिए ग्लीओटाक्सिन का उत्पादक ट्राइकोडर्मा वायरेन्स (*Trichoderma virens*), वीरीडीन का उत्पादक ट्राइकोडर्मा वीरीडी (*Trichoderma viride*) व ट्राइकोडर्मा पालीस्पोरम (*Trichoderma polysporum*) है, जो पिथियम अल्टीमम (*Pythium ultimum*) तथा मैक्रोफोमिना फैजियोलिना (*Macrophomina phaseolina*) को नियंत्रित करने के लिए उपयोगी हैं।

3. माइकोपैरासिट्ज्म (Mycoparasitism)

माइकोपैरासिट्ज्म या हाइपरपैरासिटज्म के अन्तर्गत ऐसी प्रक्रियाओं को समाहित किया जाता है जिनमें एक कवक दूसरे पर पराश्रित (parasitising) करता है। इसमें केमोट्राफिक (chemotrophic) विकास, पहचान, लगाव/जुड़ाव और टूटने (degradation) की प्रक्रिया आती है। लाइटिक इन्जाइम्स (lytic enzymes), चिटीनेस (chitinases) तथा बीटा–1, 3 ग्लूकानोसेस (B-1,3 glucanoses) का उत्पादन सबसे ज्यादा लाभकारी रोगकारक कोशिका भित्ती के गलाने (lysis) के काम आता है।

प्रतिद्वन्दी/एन्टागोनिस्ट (Antagonist)

वर्तमान समय में अनेकों प्रतिद्वन्दी/एन्टागोनिस्ट को निकाला गया है, जिनमें कुछ का उपयोग मृदा जनित रोगकारक के प्रबन्धन हेतु किया जा रहा है। कुछ एन्टागोनिस्ट किसी रोगकारक के प्रति विशिष्ट होते हैं। जबकि सामान्यतया अनेकों कवक एन्टागोनिस्ट बहुयामी (broad spectrum) आतिथेय होते हैं जिनमें पर पराश्रित करते हैं। कुछ जैव नियंत्रक धारक, जो सब्जियों के लिए उपयोगी हैं, इस प्रकार है–

सारिणी (18.15) जैव नियंत्रक धारक की उपलब्धता

जैव नियंत्रक धारक	प्रतिद्वन्दी/एन्टागोनिस्ट
कवक	ट्राइकोडर्मा स्पीशीज, एस्परजिलस नाइजर, एस्परजिलस फ्लेवस पिथियम नान्न, ट्राइकोथेसियम, पिसीलोमाइसिस लीलासीनस, पेनिसिलियम, माइरोथेसियम, कोर्टीसियम पिथियम क्लीगानड्रम पेनियोफोरा गिगान्टीया, कैन्डिडा ओलियोफिला, स्पोरीडेसमियम स्केलेरोटीबोरम, कोनोथाइरियम मिनीटान्स, एम्पेलोमाइसिज क्विसकैलिस, चिटोमियम, क्लैडोस्पोरियम, फ्यूजेरियम सेमीटेक्टम, ट्यूबरकुलीना, फियालोफोरा, कैटेनैरिया, वर्टीसिलीयम
जीवाणु	स्यूडोमोनास स्पीशीज, एग्रोबैक्टेरियम रेडियोबैक्टर, बैसिलम स्पीशीज
एक्टिनोमाइसिज	स्ट्रेप्टोमाइसिज ग्रीसेयस व स्ट्रेप्टोमाइसिज रीमोसम

जैव नियंत्रक का उत्पादन व उपयोग

ऐस्परजिलस नाइजर "वी0 आइसोलेट" के माध्यम से पत्ती रोग कारक जैसे–आल्टरनेरिया सोलानी व कोलेटोट्राइकम कैप्सिसी को नियंत्रित किया जा सकता है। जैव नियंत्रकों में सबसे ज्यादा उपयोग ट्राइकोडर्मा की विभिन्न प्रजातियों जैसे–ट्राइकोडर्मा हरजियेनम, ट्राइकोडर्मा वीरीडी, ट्राइकोडर्मा वाइरेन्स, ट्राइकोडर्मा कोनीनगी, ट्राइकोडर्मा हैमेटम, ट्राइकोडर्मा पालीस्पोरम, ट्राइकोडर्मा अवरियो वीरीडी, ट्राइकोडर्मा पीलूलीफेरम, ट्राइकोडर्मा स्यूडोकोनीनगी तथा ट्राइकोडर्मा लोंगीब्रैचीएटम का किया जाता है। इन सभी प्रजातियों को सुगमता से किसी भी मृदा से अलग किया जा सकता है, लेकिन विशिष्ट मृदा वातावरण में प्रभावी उपयोग के लिए प्रतिरोधी हो। एन्टागोनिस्ट के बहुगणन के लिए उपयुक्त पी0एच0 मान, तापमान तथा भोज्य पदार्थ की आवश्यकता पड़ती है। इसके लिए

सबसे उपयुक्त पी0एच0 मान 5.5–6.0 के मध्य होना चाहिए, लेकिन इनकी वृद्धि व विकास 5.0–9.0 तक पी0एच0 मान होने पर भी चलता रहता है। इसी प्रकार सबसे उपयुक्त तापमान 25.0–30.0 डिग्री सेल्सियस होता है। जहाँ तक भोज्य पदार्थ के उपयुक्त होने की बात है, उसमें प्रतिद्वन्दी/एन्टागोनिस्ट के बढ़ने व जीवित रहने की पर्याप्त क्षमता होनी चाहिए। इजराइल, बुल्गैरिया, संयुक्त राज्य अमेरिका, आस्ट्रेलिया, स्वीडेन, कनाडा व भारतवर्ष व्यावसायिक स्तर पर जैव नियंत्रकों/जैव रसायनों का उत्पादन व सब्जियों में उपयोग, मृदा जनित रोगों को नियंत्रित करने के लिए कर रहे है। सामान्यतः बाजार में जैव नियंत्रक 2 जैव धारकों के मिश्रण या अकेले, विभिन्न नामों से विक्रय किये जाते है जैसे–ट्राइकोडेक्स, ट्राइकोडर्मिन, एन्टागान टी0वी0, एन्आगान कोम्बी, ए0क्यू0 10, ट्राइकोगार्ड, निपरोट, बायोकोट इत्यादि।

जैव नियंत्रकों का उपयोग सामान्यतः मृदा प्रयोग व बीज शोधन के रूप में किया जाता है। सीधे खेत में बोये जाने वाले फसलों हेतु बीज शोधन के रूप में ज्यादा उपयोगी होता है। पौधशाला में पौध तैयार करने हेतु बीज शोधन व जमीन शोधन दोनों रूपों में किया जा सकता है। जैव नियंत्रक के उपयोग की सफलता तभी सुनिश्चित की जा सकती है। जब खेत में प्रचुर मात्रा में अच्छी प्रकार सड़ी गोबर की खाद (कार्बनिक मात्रा), उपयुक्त नमी तथा स्थापन के समय अधिकतम विषम वातावरणीय घटकों के प्रभाव से बचाया जाये। जैविक बीज शोधन के अन्तर्गत बीज कवच पर परत चढ़ाना, बीज को भिगोना, पौधों के जड़ों को डुबोना, शुष्क पाउडर शोधन आदि प्रक्रियाएं आती है। साधारणतया 5.0 ग्राम जैव नियंत्रक प्रति किलो ग्राम बीज के साथ मिलाकर शोधन करते है, जिसमें बिजाणु 10^6–10^9 प्रति मिलीलीटर होना आवश्यक है। इसी प्रकार 10–25 ग्राम पाउडर प्रति वर्ग मीटर क्षेत्रफल की दर से प्रयोग करना उत्तम रहता है।

□□□

अध्याय 19

सब्जी फसलों की तुड़ाई पूर्व एवं उपरान्त प्रबन्धन

(Pre and Post Harvest Management of Vegetables)

सब्जियों की उपज, पोषक मूल्य और गुणवत्ता उनके आनुवंशिक (genetic), जलवायु (climatic), जैविक, भूसम्बन्धी (edaphic), रासायनिक (chemical) तथा अन्य कारकों के परस्पर संयोग पर निर्भर करता है। आनुवंशिक कारक सब्जियों के किस्म सम्बन्धित गुण होते हैं, जो उसके वंशानुगतित्व से नियंत्रित होते हैं। जलवायु के अन्तर्गत, वर्षा, तापक्रम तथा सूर्य के प्रकाश की गहनता तथा किस्म, जैविक कारक के अन्तर्गत फसल पर वातावरणीय कारकों का प्रभाव, भूसम्बन्धी कारकों में मृदा की भौतिक, रासायनिक तथा जैविक गुण आते हैं, जिससे पौधों को आवश्यक पोषक तत्व और जल की आपुर्ति होती है। रासायनिक उपचार के अन्तर्गत प्रयोग किये गये उर्वरक, खरपतवारनाशी, कीटनाशी, कवकनाशी एवं पादप वृद्धि नियामक आदि कारक आते हैं। सब्जियों के उत्पादन और उसके गुणवत्ता पर उपयुक्त कारकों के अकेले या परस्पर संयोग पर निर्भर करता है। ये सभी कारक पौधे से क्लोरोफिल, कैरोटिनायड और जैन्थोफिल तथा अन्य रसायनों के निर्माण में सहयोग करते हैं। अतः सब्जियों में प्रबन्धन (तुड़ाई पूर्व एवं तुड़ाई उपरान्त) एक महत्वपूर्ण प्रक्रिया है। इस प्रक्रिया को दो भागों में बाँटा जा सकता है।

1. सब्जियों की तुड़ाई पूर्व प्रबन्धन (Pre harvest management of vegetables)
2. सब्जियों की तुड़ाई उपरान्त प्रबन्धन (Post harvest management of vegetables)

1. सब्जियों की तुड़ाई पूर्व प्रबन्धन (Pre harvest management of vegetables)

सब्जियों की गुणवत्ता को प्रभावित करने वाले विभिन्न कारकों व सब्जियों की तुड़ाई पूर्व प्रबन्धन का नीचे वर्णन किया गया है।

(1) सब्जियों की किस्मों का गुणवत्ता पर प्रभाव

पादप प्रजनक पहले किस्म विकास के समय केवल उनकी उत्पादकता (उपज) तथा रोग प्रतिरोधिता को ही वरीयता देते थे, लेकिन अब इस दृष्टिकोण में परिवर्तन हो रहा है। विगत वर्षों में अमेरिकन, व कनाडियन डिपार्टमेन्ट ऑफ एग्रीकल्चर ने "लीनेच" आलू की किस्म का उत्पादन करने से इसलिए रोक लगायी कि उसमें "सोलेनिन" की मात्रा मानक से अधिक थी। अब तो यहाँ के खाद्य एवं औषधि प्रशासन ने यह आवश्यक बना दिया है कि अब भविष्य में जो भी पादप किस्में विकसित की जायेंगी, वह पोषक तथा विषैले पदार्थों की निर्धरित मात्रा के मानदण्डों के अनुरुप होंगी और जिस पर जी0आर0ए0एस0 या 'ग्रास' (Generally Recognized As Safe GROS) का लेबल लगा हो, उन्हीं को उगाने के लिए अनुमोदित किया जायेगा। इसके तहत् हाल के वर्षों में गेंहूँ की अधिक प्रोटीन, टमाटर की अधिक विटामिन 'सी' और कैरोटीन तथा मक्के में अधिक लाइसिन और ट्रिप्टोफेन को ध्यान में रखकर प्रजनन का कार्य किया जा रहा है।

(2) जलवायु का प्रभाव (Effect of climate)

पारिस्थितिक तथा भौतिक कारक भी उत्पाद के रासायनिक और पोषक सम्बन्धी घटकों तथा उत्पाद के आकार–प्रकार को प्रभावित करते हैं। पौधों में ऐसी क्रियायें होती हैं, जिससे वे सुक्रोज (sucrose) तथा हेक्सोज (hexose) को एस्कार्बिक अम्ल (ascorbic acid) में परिवर्तित करते हैं। प्रकाश, तापक्रम, कार्बनडाई आक्साइड (CO_2) आदि का एस्कार्बिक अम्ल के निर्माण पर बहुत प्रभाव पड़ता है, क्योंकि एस्कार्बिक अम्ल के पूर्वगामी पदार्थ का निर्माण प्रकाश संश्लेषण के दौरान होता है। सब्जियों को चाहे सीधे खाने के लिए (सलाद सब्जी आदि) उगाया जाये या प्रसंस्कृत पदार्थ (केचप, प्यूरी, जूस आदि) तैयार करने के लिए उगाया जाये, दोनों पर वातावरणीय कारकों तथा सस्य उपचार का बहुत अधिक प्रभाव पड़ता है। फसल जहाँ पर उगाई जाती है, वहाँ की जलवायु, भूमि के प्रकार, सिंचाई, कटाई–छँटाई, विरलीकरण तथा मूलवृंत आदि का उत्पाद की गुणवत्ता पर प्रभाव पड़ता है। इसी प्रकार वृद्धि नियामक, उत्पाद के आकार, प्रकार, तैयार होने की अवधि तथा अन्य वृद्धि सम्बन्धी कारकों को प्रभावित करते हैं। प्रायः यह पाया गया है कि कीटनाशी का प्रयोग उत्पाद के सुगन्ध तथा अन्य वृद्धि सम्बन्धी कारकों को प्रभावित करते हैं और कीटनाशी के अधिक प्रयोग से उनके अवयव ऐसे हानिकारक पदार्थ का निर्माण करते हैं, जिनके अवशेष प्रसंस्कृत पदार्थ में भी बने रहते हैं। उदाहरण के लिए आलू की गुणवत्ता पर मृदा की नमी, तापक्रम, उर्वरक, कीटनाशी रसायन तथा पौधों के वानस्पतिक भाग के काटने के प्रभाव के बारे में भली–भाँति अध्ययन किया गया है। उत्पाद की गुणवत्ता पर उसके उगाये गये स्थान तथा मौसम का भी प्रभाव पड़ता है। प्रायः यह पाया गया है कि आलू जिसे बलुई या हल्की बलुई दोमट भूमि में उगाया जाता है, उसमें शुष्क पदार्थ की मात्रा बहुत अधिक होती है। इसका मुख्य कारण यह है कि भूमि जिसमें नमी की मात्रा

कम होती है, उसमें उगाये गये आलू के कन्दों में शुष्क पदार्थ की मात्रा अधिक होती है। अधिक शुष्क पदार्थ के लिए आलू में खोदाई के काफी पहले सिंचाई रोक दी जाती है। खरबूजा में मिठास (14.0 प्रतिशत ब्रिक्स) जैसी गुणवत्ता प्राप्त करने के लिए शुष्क वातावरण काफी लाभप्रद है। अगर फल पकने के समय वर्षा हो जाये तो मिठास काफी कम हो जाती है। इसी प्रकार तरबूज में तापमान के ज्यादा उतार–चढ़ाव से फल फटने लगता है।

(3) सूर्य के प्रकाश का प्रभाव (Effect of sun light)

टमाटर में यह पाया गया है कि फसल, जिसे प्रकाश में उगाया गया, छाया में उगाई गयी फसल की तुलना में सब्जी तथा शुष्क पदार्थ की मात्रा अधिक होती है। इसी प्रकार शलजम, जिसकी खोदाई सुबह के समय होती है उसमें रिबोफ्लेविन की मात्रा अधिक होती है। इसी प्रकार प्रकाश थाइमिन के निर्माण में उत्प्रेरक का कार्य करता है। प्रकाश पौधे के विकास में भी उत्प्रेरक का कार्य करता है, जिससे पौधे आवश्यक पोषक तत्व को अवशोषित करते हैं। प्रकाश का किसी पोषक तत्व के संश्लेषण पर प्रभाव फल की किस्म, प्रकाश की गहनता तथा अवधि, तापमान तथा मृदा की उर्वरता पर निर्भर करता है। टमाटर के फल में शुष्क पदार्थ की मात्रा पर प्रकाश के प्रभाव को सारिणी में दिया गया है–

सारिणी (19.1) टमाटर के फल में शुष्क पदार्थ की मात्रा पर प्रकाश तथा छाया का प्रभाव

टमाटर किस्म	घटक	अवस्था	
		प्रकाश	छाया
प्रोटेन्टे	शुष्क पदार्थ प्रतिशत	6.4	5.7
	शर्करा (ग्राम / 100.0 मिली ग्राम)	3.6	3.0
	शुष्क पदार्थ	7.0	5.6
एलसा क्रैग	शर्करा (ग्राम / 100.0 मिली ग्राम)	3.0	2.7

(4) तापक्रम का प्रभाव (Effect of temperature)

विभिन्न पोषक तत्वों के संवहन (translocation), संश्लेषण, संचयन के लिए भिन्न–भिन्न तापक्रम की आवश्यकता होती है। पौधे की बढ़वार के लिए जो तापक्रम अनुकूल होता है, वह आवश्यक नहीं है कि पोषक मान बढ़ाने के लिए भी उपयुक्त हो।

(5) मिट्टी की बनावट व जीवांश की उपलब्धता (Soil structure and availability of organic matter)

खेत की मिट्टी की बनावट एवं उपलब्ध जैविक पदार्थों की मात्रा उपज की गुणवत्ता को प्रभावित करती है। जिस खेत में जैविक पदार्थ की मात्रा ज्यादा होती है, उसमें वाँछित गुणवत्ता जैसे–चमक, महक, आकार–प्रकार आदि उत्तम होता है। सुगंध एवं आकर्षक रंग विश्व बाजार को ज्यादा प्रभावित करते हैं। यह देखा गया है कि करेले व परवल की फसल को अगर जैविक

विधि से उत्पादित किया गया है, तो उनके फलों में चमक ज्यादा होती है व फलों को काफी लम्बे समय तक रखा जा सकता है। यही नही कुम्हण (pumpkin) में उच्च कैरोटिन की मात्रा जैविक विधि से उत्पादित फल में होती है।

(6) उर्वकों का प्रभाव (Effect of fertilizers)

असंतुलित रासायनिक उर्वरकों के प्रयोग से उत्पादन तो बढ़ाया जा सकता है, लेकिन उनकी गुणवत्ता को नहीं। मुख्य पोषक तत्वों के प्रयोग से होने वाले प्रभाव को नीचे दिया गया हैः

• नत्रजन (Nitrogen)

नत्रजन के उपयोग का टमाटर के कुल ठोस पदार्थ (total soluble solids) के निर्माण में सीध ा सम्बन्ध होता है। इसका प्रमुख कारण यह हो सकता है कि नत्रजन के प्रयोग से पत्तियाँ देर से मुरझाती हैं और उनमें प्रकाश संश्लेषण की क्रिया अधिक दिन तक होती है। उदाहरण के लिए जिस खेत में नत्रजन की पूर्ति के लिए यूरिया का प्रयोग किया जाता है, उससे उत्पादित कद्दू वर्गीय सब्जियाँ शीघ्र खराब होने लगती हैं। इतना ही नहीं नाइट्रेट की मात्रा फलों में ज्यादा हो जाती है, जो स्वास्थ्य की दृष्टि से अच्छा नहीं है।

• फास्फोरस (Phosphorus)

फास्फोरस टमाटर के फल में एक प्रमुख प्रतिरोधक (buffer) है। टमाटर की किस्मों में फास्फोरस की मात्रा में परिर्वतन होने पर उनके पी0एच0 मान और अम्लता स्तर में भी परिवर्तन होता है। फास्फोरस का प्रयोग सामान्यतया गुणों में सुधार करता है और रोग प्रतिरोधिता में वृद्धि करता है।

• पोटैशियम (Potassium)

भूमि में पोटैशियम के सांद्रण का टमाटर की अम्लता से सीधा सम्बन्ध होता हैं। पोटैशियम के अधिक प्रयोग से फल में अम्लता बढ़ती है। पोटैशियम तत्व, टमाटर के फल में एक प्रमुख धनायन होता है, जबकि फल में कार्बनिक अम्ल प्रमुख ऋणायन होते हैं। पोटैशियम का फल में अम्लता को संतुलित रखने में महत्वपूर्ण भूमिका होती है। तरबूज की फसल में पोटैशियम के उपयोग से कटाई उपरान्त श्वसन प्रक्रिया धीमी रहती है।

(7) सिंचाई का प्रभाव (Effect of irrigation)

सब्जियों से गुणवत्ता व अधिक उपज प्राप्त करने के लिए खेत में कितना पानी दिया जाये, किस समय दिया जाये व किस अवस्था में दिया जाये, ज्यादा महत्व रखता है। ज्यादा पानी की अवस्था में उगाया गया फल निश्चित रुप से भण्डारण क्षमता को कम करता है। यदि टमाटर में फल वृद्धि के समय पानी रोक दिया जाये, तो फल के ठोस पदार्थ में काफी वृद्धि होती है। फल के ठोस पदार्थ में यह वृद्धि परासरणी नियन्त्रण (osmoregulation) के द्वारा होती है। पानी के अभाव में

परासरण द्वारा फल की कोशिकायें बढ़ जाती है। फल में अधिक शर्करा और अम्ल के निर्माण होने से उसमें अच्छी सुगन्ध आती है। टमाटर की शुष्क क्षेत्र व शुष्क दशा में जो खेती की जाती है, उसकी गुणवत्ता अच्छी होती है। सिंचाई पर किये गये परीक्षणों से यह ज्ञात होता है कि उपज का फल के ठोस पदार्थ की मात्रा से ऋणात्मक सम्बन्ध होता है। यदि सिंचाई का उचित प्रबन्ध कर लिया जाये तो बिना उपज में घटाव के अच्छे गुणों वाले फल लिये जा सकते हैं। इसीलिए टमाटर जहाँ ड्रिप सिंचाई (Drip irrigation) की सुविधा उपलब्ध है, वहाँ के उत्पाद अच्छे गुण वाले होते हैं। अगर खरबूजा व तरबूज में फल लगने व पूर्ण विकसित होने के बाद सिंचाई बंद कर दिया जाये, तो फलों में ठोस पदार्थ व मिठास काफी बढ़ जाता है। सायंकाल सिंचाई करने पर फलों में अधिक शर्करा व अम्ल बनने के कारण फलों में सुगन्ध बढ़ती है। प्याज में भण्डारण के दौरान उन शल्क कन्दों के भार में कमी पाई गयी, जिन्हें सिंचित की अपेक्षा असिंचित खेतों से पैदा किया गया था। शिमला मिर्च में तीखापन कम सिंचाई वाले खेतों से ली गयी फसल में अधिक था।

(8) पलवार (मल्च) का प्रभाव (Effect of mulch)

प्लास्टिक मल्च युक्त खेतों से तोड़े गये टमाटर के फलों को नियंत्रक की अपेक्षा फलों की गुणवत्ता काफी अच्छी पायी गयी और साथ ही यह देखा गया कि उनमें राड़न तथा फटने से कम क्षति होती है। प्याज में धान की भूसी की पलवार मल्च (mulch) के रुप में प्रयोग करने पर देखा गया कि शल्क कंद का भार सर्वाधिक रहा। टमाटर की फसल प्लास्टिक को मल्च पलवार के रुप में प्रयोग करने पर फलों के आकार में वृद्धि पाई गयी। कार्बनिक पलवार के प्रयोग से गुणवत्तायुक्त परवल, धरकीन, पेठा आदि के फल प्राप्त किये जा सकते हैं।

(9) सब्जियों में पाये जाने वाले हानिकारक तत्वों का गुणवत्ता पर प्रभाव

सब्जियों में विभिन्न प्रकार के एल्केलायड (alkaloid) पाये जाते हैं, जिनका गुणवत्ता पर बहुत प्रभाव पड़ता है। कुछ प्रमुख हानिकारक तत्वों को नीचे दिया गया है–

- ग्लुकोसिनोलेट (Glucosinolate)

गोभी वर्गीय सब्जियों में विशेषकर ब्रैसिका (*Brassica*) वंश की सब्जियों में ग्वाइट्रोजन पाया जाता है, जो थाइरायड ग्रंथि को बढ़ा देता है। प्राकृतिक रुप से पाये जाने वाले थायोग्लुकोसाइड (thioglucoside) ग्वाइट्रोजन के स्रोत होते हैं। ये ग्लुकोसाइड कुछ इंजाइम्स (enzymes) के साथ क्रिया करके पत्ता गोभी, ब्रोकली और फूल गोभी की सुगन्ध को प्रभावित करते हैं। एलिल थाइसाइनेट का निर्माण भी विभिन्न इंजाइमिक क्रियाओं के द्वारा होता है। थायो ग्लुकोसाइड इंजाइमिक अपघटक (हाइड्रोलिसिक) के बाद ग्लुकोज और बाइसल्फेट बनाता है, जैसे थाइओं ग्लुकोसाइड, एलिल थायोग्लुकोसाइड (सिनीग्रिन) के रुप में पत्ता गोभी, केला, ब्रुसेल्स स्प्राउट, ब्रोकली और सरसों में पाया जाता है। जब ये सब्जियाँ काटी जाती हैं, तब एक विशेष प्रकार का इंजाइम थायोग्लूकोसिडेज (माइरोसिनेज), एलिलथायोग्लूकोसाइड को ग्लूकोज पोटैशियम बाई सल्फेट और एलिल थायोसाइनेट (ग्वाइट्रोजेनिक) यौगिक के रुप में अपघटित करता है। इसी प्रकार केला, शलजम, गांठ गोभी में प्रोग्वाइट्रिन या ग्वाइट्रिन नामक यौगिक पाया जाता है, जिसके अपघटन से ग्लूकोज, पोटैशियम, बाइसल्फेट और इसके 3 अस्थाई यौगिक जैसे–थायो साइनेट,

नाइट्राइल, गंधक और ग्वाइट्रिन बनते हैं। ग्वाइट्रिन (5–विनाइल आक्जेजोलिडिन–2–थाइओन) एक प्रभावी थाइरोटाविजन है, जो एक अन्य अस्थिर यौगिक आइसोथाइओसाइनेट, जिसमें हाइड्राक्सिल समूह होता है, से बनता है। ग्वाइट्रिन्स का थाइरायड विरोधी प्रभाव आयोडीन के कार्बनिक बन्ध (organic binding) के टूटने के कारण होता है। इसी कारण ऐसे मरीजों को बाहर से आयोडीन की आपूर्ति करने पर भी घेंघा (goitre) रोग की समस्या दूर नहीं होती है। थाइआइसोसाइनेट, आइसोथाइओसाइनेट और नाइट्राइल आयन, ग्वाइट्रोजेन्स के रुप में तभी हानि पहुँचाती है, जब भोजन में आयोडीन की कमी होती हैं। ऐसे स्थान जहाँ के लोगों के आहार में आयोडीन की कमी है। वहाँ के लोगों में गोभी कुल की सब्जियों के खाने से ग्वाइटर की समस्या में वृद्धि हो सकती है, लेकिन पकाते समय ग्वाइट्रोजन की मात्रा में काफी कमी हो जाती है। गोभीवर्गीय सब्जियों में फूल गोभी तथा केले में थायोसाइनेट की मात्रा अधिक होती है। इसके लिए आवश्यकता है कि प्रसंस्करण की ऐसी तकनीक विकसित की जाये, जिससे ग्वाइट्रोजेनिक की मात्रा प्रसंस्कृत पदार्थ में न बढ़ें।

• नाइट्रेट (Nitrate) की मात्रा का गुणवत्ता पर प्रभाव

सब्जियों में नाइट्रेट की संतुलित मात्रा का होना बहुत आवश्यक है। इसकी प्रमुख वजह यह है कि नाइट्रेट का जो भाग पचने से बनता है, वह नाइट्रेट आयन के रुप में बदल जाता है जिसकी अधिकता से मीथियोग्लोबुनीमिया की बीमारी उत्पन्न हो जाती है। इस रोग से नाइट्रेट आयन हिमोग्लोबिन के साथ क्रिया करके आक्सीजन लेने में रुकावट पैदा कर देता है। इसी प्रकार जब नाइट्राइट आयन द्वितीयक तथा तृतीयक के साथ क्रिया करके एन–नाइट्रोसी यौगिक बनाता है। ये एन–नाइट्रोसी यौगिक प्रयोगशाला में पशुओं पर किये गये परीक्षण में कैंसरकारी पाये गये और अब तो यह पूरी तरह से स्पष्ट हो गया है कि मानव के भोजन में 76.0 प्रतिशत से ज्यादा नाइट्रेट का स्रोत सब्जियाँ ही होती है। कुछ प्रमुख सब्जियों में नाइट्रेट की मात्रा को नीचे की सारिणी में दिया गया है–

सारिणी (19.2) प्रमुख सब्जियों में नाइट्रेट की मात्रा

सब्जियाँ	नाइट्रेट की मात्रा (मिली ग्राम में)
पत्ता गोभी	390.0
सलाद	1200.0
स्पीनाच	2100.0
चुकन्दर	1500.0
मूली	1100.0
ब्रोकली	410.0
बुसल्स स्प्राउट	7.0–12.0
फूल गोभी	37.0
सेलेरी	1200.0

स्रोतः एम0ए0एफ0एफ0–1992

विभिन्न सब्जियाँ नाइट्रेट की मात्रा में परिवर्तन भूमि में उपलब्ध नत्रजन की मात्रा और नत्रजन के उपयोग पर निर्भर करता है। सामान्यतः सलाद, सिलेरी, मूली, स्पिनाच और चुकन्दर में नाइट्रेट की मात्रा अधिक होती है जबकि आलू और पत्ता गोभी में कम तथा टमाटर में बहुत ही कम होता है। यहाँ पर यह बताना महत्वपूर्ण होगा कि पकाने पर नाइट्रेट की मात्रा कम हो जाती है। जैसे फूल गोभी को पकाने पर शत–प्रतिशत नाइट्रेट समाप्त हो जाता है, लेकिन पालक आदि में उबालने के बाद भी 43.0 प्रतिशत तक नाइट्रेट बचा रहता है। नाइट्रेट की संस्तुत मात्रा प्रति व्यक्ति (60.0 किलो ग्राम वजन) प्रति दिन 219.0 मिलीग्राम है। अतः यह बराबर ध्यान दिया जाना चाहिए कि उत्पाद में नाइट्रेट की मात्रा कम हो।

• आक्जिलेट Oxelate की मात्रा का गुणवत्ता पर प्रभाव

पौधे में आक्जिलेट विलेय तथा अविलेय दोनों रुपों में पाया जाता है, जिसका हमारे स्वास्थ्य से गहरा सम्बन्ध होता है। विभिन्न सब्जियों में आक्जिलेट की मात्रा को सारिणी में दिया गया–

सारिणी (19.3) सब्जियों में आक्जेलिक अम्ल की मात्रा

सब्जियाँ	**आक्जेलिक अम्ल की मात्रा (मिली ग्राम / 100 ग्राम)**
चौलाई	772.0
ब्रुसेल्स स्प्राउट	4.0
पत्ता गोभी	3.0
सिलेरी	37.0
स्पिनाच	658.0
फूल गोभी	19.0
खीरा	15.0
फराश बीन	31.0
गांठ गोभी	10.0
भिण्डी	8.0
नसदार तोरी	27.0
चिकनी तोरी	34.0
हरी मिर्च	67.0

सबसे अधिक आक्जिलेट की मात्रा चौलाई (amaranth) तथा स्पिनाच (spinach) में पाई जाती है, जो लगभग 44.0–157.0 ग्राम / किलो ग्राम (शुष्क भार) होती है। इसकी लगभग 39.0–48.0 प्रतिशत मात्रा जल विलेय (water soluble) होती है। नाइट्रेट उर्वरक स्पिनाच में आक्जिलेट (oxelate) की मात्रा को बढ़ाते हैं, जबकि अमोनियम उर्वरक का प्रभाव कम पड़ता है। सामान्यतया फास्फेट उर्वरक स्पिनाच में आक्जिलेट की मात्रा को कम करते हैं। आक्जिलेट की मात्रा को कम करने के आसान उपाय हैं–उबालना। उबालने से जल में विलेय आक्जिलेट कम हो जाते हैं। आक्जिलेट कैल्सियम के साथ संयोग करके कैल्सियम आक्जिलेट बना लेता है, जिससे शरीर में कैल्सियम की कमी होने लगती है। मानव शरीर में मूत्र सम्बन्धि पथरी की बीमारी उत्पन्न होती है,

वह कैल्सियम आक्जिलेट का ही रुप है। आक्जिलेट की अधिकता होने पर रक्त में थक्का बनने की क्रिया धीमी पड़ जाती है तथा रक्त में कैल्सियम की कमी हो जाती है। मानव शरीर में आक्जिलेट की हानिकारक मात्रा का स्तर 2.0–5.0 ग्राम निर्धारित किया गया है।

सारणी (19.4) चौलाई की कुछ प्रजातियों में आक्जिलेट व नाइट्रेट की मात्रा

प्रजाति	आक्जिलेट (प्रतिशत)	नाइट्रेट (प्रतिशत)
एमरेंथस ट्राइकलर	4.61	0.68
एमरेंथस लीवीडस	4.30	0.33
एमरेंथस वीरीडीस	4.27	0.63
एमरेंथस डुवियस	3.77	0.20
एमरेंथस हाइपोकोन्ड्रियाकस	3.66	0.55
एमरेंथस कुएन्टस	3.94	0.53
एमरेंथस कौडेस	3.60	0.48

• पाच्य योग्य स्टार्च की कम मात्रा

स्वीटकार्न की गुणवत्ता उसमें शर्करा और पालीसैकराइड की मात्रा पर निर्भर करती है। स्वीट कार्न में शर्करा और पालीसैकराइड की मात्रा का जीन के द्वारा नियंत्रण होता है। अच्छी गुणवत्ता के लिये स्वीटकार्न में परिपक्वता के समय कुल शुष्क पदार्थ की 20.0 प्रतिशत मात्रा शर्करा की होनी चाहिए।

• कद्दू वर्गीय सब्जियों में कड़ुवापन

कद्दू वर्गीय सब्जियों में कुड़ुवापन का निर्धारण जीन की क्रिया से नियन्त्रित होता है। लगभग 12 प्रकार के कारक कुड़ुवापन को निर्धारित करते हैं, जिसे कुकुरबिटेसिन (cucurbitacin) कहते हैं। अगर कड़ुवा बीज की बुआई की गयी है तो फल कड़ुवापन लिए होता है।

(10) गुणवत्ता पर परिपक्वन प्रौढ़ता तथा परिपक्वता का प्रभाव

सब्जियों को ताजे खाने तथा प्रसंस्करण के लिए पूर्ण विकसित आकार और संरचना होनी चाहिए। परिपक्वन प्रौढ़ता तथा परिपक्वता सब्जी तथा प्रसंस्करण के प्रकार पर निर्भर करता है। उदाहरणस्वरुप दो दालवाली (dicot) सब्जियाँ जैसे–लोबिया, फराश बीन, मटर, लोबिया आदि की फलियाँ पूर्ण विकसित होने के साथ–साथ मुलायम भी रहनी चाहिए। चूँकि एक पौधे पर लगे सभी फल एक समय पर नहीं पकते हैं अतः उसकी तुड़ाई काफी मुश्किल होती है। प्रायः यह देखा गया है कि छोटे शीर्ष वाली पत्ता गोभी में एस्कार्बिक अम्ल की मात्रा अधिक होती है। छोटी पत्ती वाली शलजम में थियामिन और रिबोफ्लेविन की मात्रा एस्कार्बिक अम्ल की तुलना में अधिक होती है, लेकिन बड़ी पत्तियों वाली किस्मों की तुलना में कैरोटीन की मात्रा कम होती है। यह पूरी तौर से साबित हो चुका है कि सब्जियों और विशेषकर गोभी वर्गीय सब्जियों की समय पर कटाई की जानी

चाहिए। सब्जियों की तुड़ाई उपयोग के आधार पर भी निर्भर करती है। बाजार में सब्जियों की आपूर्ति हेतु जब वह पूरी तरह से परिपक्व हो तब तुड़ाई की जानी चाहिए, लेकिन जब सब्जियों को दुरस्थ स्थानों पर भेजना हो, तो उसकी तुड़ाई एक सप्ताह पहले करनी चाहिए लेकिन इस बात का ध्यान देना चाहिए कि बहुत पहले तुड़ाई करके भण्डारण करने पर सब्जियाँ सिकुड़ जाती है और उनकी सुगन्ध भी समाप्त हो जाती है। इसी प्रकार बहुत बिलम्ब से तुड़ाई करके उसे लम्बी अवधि तक भण्डारण करने पर उसमें गंधक यौगिकों की मात्रा बढ़ जाती हैं तथा एस्कार्बिक अम्ल और जल विलेय विटामिन की मात्रा कम हो जाती है। अतः उपरोक्त बातों को ध्यान में रखकर यदि सब्जियाँ उगाई जाये तो उनकी अच्छी बाह्य औद्यानिक गुण तथा स्वास्थ्य की दृष्टि से पौष्टिक होने के कारण बाजार में अच्छी माँग होगी।

(11) तुड़ाई के समय का प्रभाव

अगर सब्जियों की तुड़ाई सुबह के समय की जाती है तो उनमें उपयोगी पोषक तत्वों की मात्रा ज्यादा रहती है। सुबह प्रकाशपुंज पौधों को उत्प्रेरित करते हैं, जिससे रिबोफ्लेविन, थायमीन, एस्कार्बिक अम्ल आदि जैसे तत्व ज्यादा से ज्यादा सब्जियों में संचित हो जाते हैं।

(12) तुड़ाई की स्थिति का प्रभाव

सब्जियों मे तुड़ाई की स्थिति का सबसे ज्यादा महत्वपूर्ण स्थान है। उदाहरण के लिए भिण्डी की तुड़ाई 1.0 सेन्टी मीटर डण्ठल के साथ करने से तुड़ाई उपरान्त प्रबन्धन अच्छा होता है। इसी प्रकार मिर्च व शिमला मिर्च की तुड़ाई डण्ठल युक्त अवस्था में ही करें। टमाटर की तुड़ाई ब्रेकर अवस्था (breaker stage) में करें। भिण्डी–बैंगन में डण्ठल की उपयोगिता ज्यादा है। गाजर, मूली, शलजम, चुकन्दर आदि के साथ कुछ कोमल पत्तियाँ उपभोक्ता के लिए उत्तम होती है।

(13) उत्पादन तकनीक

जब बैंगन, मिर्च, टमाटर, लतावाली वाली फराश बीन, स्नो पी, सेम आदि को व्यक्तिगत पौधों को सहारा देकर उत्पादन करते हैं या मचान (पण्डाल) बनाकर या बाँस के खम्भों पर चढ़ाकर खेती करते हैं, तो प्रकाश व तापक्रम दोनों के अनुपातिक मिश्रण से फलों के सभी भागों पर समान रंग विकसित होते हैं। अगर लौकी, कुम्हण, करेला, चिकनी तोरी, नसदार तोरी, परवल, कुंदरु आदि को जमीन पर छोड़ दिया जाता है, तो एक तरफ फल पीले रंग के हो जाते हैं और दूसरी तरफ हरापन। इससे उपभोक्ता को सब्जियाँ पसन्द नहीं आती हैं और बाजार मूल्य प्रभावित होता है।

2. सब्जियों की तुड़ाई उपरान्त प्रबन्धन (Post-Harvest Management of Vegetables)

सब्जियों में अधिक नमी की मात्रा, अधिक इकाई आकार, अधिक श्वसन दर, मुलायम बनावट, खरोंच के प्रति संवेदनशील, सड़ने व जल्दी नुकसान होने वाली प्रवृत्ति के कारण तुड़ाई उपरान्त नुकसान अन्य खाद्य फसलों की तुलना में ज्यादा होती है। ऐसी स्थिति में उत्पादन बिना बढ़ाये, तुड़ाई उपरान्त नुकसान कम करके सब्जियों की उपलब्धता को बढ़ाया जा सकता है। दूसरा सबसे बड़ा

लाभ यह है कि सब्जी उत्पादन बढ़ाकर पूर्ति करने में जो लागत आया है, उससे कम लागत में ही गुणवत्तायुक्त सब्जियाँ उपलब्ध कराई जा सकती है। जल्दी नष्ट होने वाली सब्जियों में तुड़ाई उपरान्त प्रबन्धन की व्यवस्था भारत जैसे विकासशील देश में कम हुआ है क्योंकि तुड़ाई, खोदाई, कटाई आदि के लिए उपयुक्त यन्त्रों का अभाव है। उपज की सही अवस्था में उनका एकत्रीकरण उत्पादक क्षेत्रों से नही होता है। इसके अलावा उत्पादकों के प्रति उदासीन रवैया, बिचौलियों का होना, बाजार विशेषज्ञों का अभाव और उपभोक्ताओं का सही हस्तानान्तण पद्धति से सब्जी प्राप्त करने की स्थिति की अनभिज्ञता आदि शामिल है (सिदि्दकी एवं मंगल, 1996)। तुड़ाई उपरान्त प्रबन्धन तकनीकी, कृषि के विभिन्न आयामों का एक महत्वपूर्ण घटक माना जाना चाहिए। उसमें सब्जियों के लिए विशेष रुप से जोड़ना चाहिए। आँकलन से पता चलता है कि विभिन्न सब्जियों में 40.0–80.0 प्रतिशत तक एक फसल से दूसरी फसल, प्रजाति पैकिंग, बुनियादी ढाँचा और एक मौसम से दूसरे मौसम में तुड़ाई उपरान्त नुकसान होता है। जैसा कि सारिणी में दिया गया है–

सारिणी (19.5) तुड़ाई उपरान्त सब्जियों में नुकसान का स्तर

सब्जियाँ	तुड़ाई उपरान्त नुकसान (प्रतिशत)	टिप्पणी
प्याज	6.01–40.0	भण्डारण एवं परिवहन
आलू	30.0–40.0	तुड़ाई एवं भण्डारण
लहसुन	0.9–2.7	भण्डारण
टमाटर	6.7–33.5	परिवहन और विपणन
बैंगन	3.7–13.4	विपणन
पत्ता गोभी	3.0–15.0	विपणन
फूल गोभी	10.0–13.2	परिवहन और विपणन
बीन्स	7.45	–
चिकनी तोरी	8.0–15.0	परिवहन और विपणन
लौकी	7.0–10.0	परिवहन और विपणन
भिण्डी	5.0–10.0	विपणन
मिर्च	4.0–35.0	प्रक्षेत्र एवं भण्डारण
चुकन्दर	10.0–15.0	विपणन
मूली	3.0–5.0	विपणन
गाजर	5.9	प्रक्षेत्र
परवल	19.81	विपणन एवं भण्डारण
लहसुन	0.9–2.7	विपणन एवं भण्डारण

स्रोतः मंगल एवं सिद्दिकी (2001)।

आज जब क्षेत्र विस्तार एवं उपज वृद्धि हो रही है, अगर तुड़ाई उपरान्त प्रबन्धन तकनीकों को विकसित कर अमल में नही लाया गया, तो नुकसान ज्यादा हो सकता है। औसतन भारतवर्ष में प्रतिवर्ष 25–30 प्रतिशत तक उपज का नुकसान होता है, जिसे अगर रुपये में बदलकर देखा जाये तो प्रतिवर्ष 15,000 करोड़ रुपये का नुकसान होता है (एनन, 1998)। अतः तुड़ाई उपरान्त सब्जी

उपज को प्रभावित करने वाले घटकों का विश्लेषण कर उचित कदम सही समय पर उठाना आवश्यक है। अधिकतर सब्जियों में 80.0 प्रतिशत तक पानी होता है और कुछ सब्जियाँ जैसे–टमाटर, पत्ता गोभी व खीरा में 90.0–95.0 प्रतिशत तक पानी पाया जाता है (मयनाई व हाकमुथ, 1997)। अगर सब्जियों से केवल 5.0 प्रतिशत तक पानी बाहर निकाल दिया जाये तो वे मुरझा जाती हैं तथा सिकुड़ने के कारण बाजार योग्य नही रह पाती है। इसके अलावा तुड़ाई एवं परिवहन से इनमें खरोंच आ जाती है और सड़ने लगती है। ऐसी स्थिति में सब्जियों को देर तक भण्डारण करना मुश्किल होता है। कभी–कभी कुछ सब्जियों में असमान्य नुकसान देखने को मिलता है जैसे–कन्दीय (आलू) एवं शल्क कन्दीय (प्याज) फसलों में अंकुरण/जमाव होकर कल्ले निकलना है, जिससे बाजार में विक्रय योग्य माँग नही रहती है। अतः बाजार की दृष्टि से ज्यादा नुकसान देखने को मिलता है।

सब्जियों में तुड़ाई उपरान्त नुकसान के लिए जिम्मेदार घटक

(क) प्राथमिक घटक (Primary factor)
(ख) द्वितीयक घटक (Secondary factor)

(क) प्राथगिक घटक (Primary factor)

1. यान्त्रिक कारण (Mechanical injury)
2. पादप दैहिक क्रिया–जैव रासायनिक कारण (Physio-bio chemical losses)
3. सूक्ष्म जीवीय नुकसान (Microbial losses)
4. भौतिक नुकसान (Physical losses)

(ख) द्वितीयक घटक (Secondary factor)

1. फसल पकने की स्थित (Stage of maturity)
2. फसल काटने का समय (Time of harvesting)
3. भण्डारण की सुविधा (Storage facilities)
4. परिवहन एवं वितरण स्थिति (Transportation and distribution status)

सब्जियों में तुड़ाई उपरान्त नुकसान के लिए जिम्मेदार घटकों का विवरण फसलवार निम्नवत् है।

(1) टमाटर (Tomato)

- प्रक्षेत्र स्तर पर नुकसान अपर्याप्त कटाई/तुड़ाई के साधनों तथा हस्तान्तरण तरीकों से होता है। इसके अलावा तुड़ाई के बाद फलों को समय से बाजार में न भेजने से भी नुकसान होता है।
- विपणन स्तर पर नुकसान मुख्यतः हस्तान्तरण व परिवहन तरीकों से होता है।
- थोक बाजार में नुकसान विपणन की लम्बी प्रक्रिया व सम्मिलित लोगों की वजह से होती है।

टमाटर मुख्यतः तुड़ाई के बाद बाँस की टोकरियों में या बोरों में भरकर रखी जाती है, जिससे खरोंच पड़ने के कारण नुकसान होता है तथा टोकरी पूरी तरह भर जाने पर खेत के किनारे उड़ेल

दिया जाता है, जहाँ पर तेज सूर्य की रोशनी एवं ताप के कारण भी नुकसान होता है। पैकिंग कन्टेनर मुख्यतः टोकरियाँ होती है। अतः फलों के बीच रगड़ ज्यादा होती है, जिससे पके फल फट जाते हैं, जो बाद में अनेक कारकों द्वारा प्रभावित/ग्रसित हो जाते हैं। अतः भण्डारण व परिवहन साधनों के अनुसार टमाटर की तुड़ाई करनी चाहिए। सर्वेक्षण से पता चला है कि दिल्ली में 7.2–34.7 प्रतिशत, महाराष्ट्र में 15.0–20.0 प्रतिशत और उत्तर प्रदेश में 4.0–10.0 प्रतिशत तक का नुकसान तुड़ाई उपरान्त होता है (मदन एवं सहयोगी, 1993)। दिल्ली के खुदरा व्यापारी जिनकी अपनी सब्जी की दुकान है, का कहना है कि लगभग 6.75 प्रतिशत का नुकसान है और घुमकर ठेले पर बेचने वालों का 8.8 प्रतिशत का नुकसान होता है। तुड़ाई उपरान्त टमाटर को ग्रसित करने वाले कारकों में फाइटोफ्थोरा इन्फेस्टान्स (*Phytophthora infestanse*), फ्यूजेरियम प्रजाति (*Fusarium* species), राइजोपस प्रजाति (*Rhizophus* species) व इरविनिया प्रजाति (*Erwinia* species) प्रमुख है (श्रीधर एवं सिन्हा, 1993), जबकि कीड़ों में हेलिकोवर्पा आर्मीजेरा (*Helicoverpa armigera*) व बेमीसिया टबाकी (*Bemisia tabacci*) ज्यादा नुकसान करते हैं (सिंह एवं सिंह, 1975)। तमिलनाडु में किये गये अध्ययन के मुताबिक सर्दियों के फसल के मुकाबले गर्मियों व वर्षा ऋतु की फसल में तुड़ाई उपरान्त 8.0–9.0 प्रतिशत अधिक हानि होती है। देशी टमाटर में यह हानि 6.0–9.0 प्रतिशत तथा संकर किस्मों में 4.0–7.0 प्रतिशत तक पाई गई है। तुड़ाई के समय ढेरियों में लगाने एवं ग्रेडिंग करने पर हानि 5.0 प्रतिशत पाई गई। बाँस की टोकरियों में तकिया (cushion) लगाने के उपरान्त हानि केवल 3.0 प्रतिशत पाई गयी। तुड़ाई से लेकर ग्रेडिंग, पैकिंग एवं परिवहन में संकर टमाटर में हानि 25. 3 प्रतिशत तथा देशी किस्मों में यह हानि 32.8 प्रतिशत तक पाई गई।

(2) प्याज (Onion)

प्याज का 50.0–60.0 प्रतिशत रबी मौसम में व 40.0–50.0 प्रतिशत खरीफ मौसम में उपलब्धता रहती है। केवल रबी मौसम के प्याज का भण्डारण बे मौसम (अगस्त–नवम्बर) में बेचने के लिए किया जाता है (मदन एवं सहयोगी, 1993)।

तुड़ाई उपरान्त नुकसान के निम्नलिखित कारण हैं–

- शल्क कन्द से नमी में ज्यादा मात्रा होने के कारण भण्डार गृह में रखने की क्षमता कम होती है तथा परिवहन में भी नुकसान होता है।
- शल्क कन्दों की खुदाई तकनीक एवं घटिया हस्तान्तरण से एकत्रीकरण व पैकिंग के समय ज्यादा नुकसान होता है। कटे व सड़े शल्क कन्दों से बदबू आने लगती है व बचाव करने वाली छिलके फट जाते हैं, जिससे भार में कमी आने लगती है। सुखाने व क्युरिंग (curing) के समय लगभग 3.0–5.0 प्रतिशत तक भार में नुकसान होता है।
- छँटाई एवं श्रेणी करण के बाद प्याज को जूट के बोरे में विभिन्न मोटाई वाली परत में भरकर (50.0 किलो ग्राम) भण्डार गृह तक भेजा जाता है। भरे बोरों को सही तरीके से उठाने के बजाय बिना घ्यान दिये गिरा देते हैं, जिससे पटकने की वजह से नुकसान होता है। परिवहन में भी ट्रकों पर मानक से ज्यादा भरे बोरों को लादते हैं, जिससे भी नुकसान होता है।

सर्वेक्षण के मुताबिक गुजरात प्रान्त के बहादुर गढ़ क्षेत्र में प्याज की तुड़ाई उपरान्त नुकसान ज्यादा होता है। पुरानी भण्डारण पद्धति से लगभग 25–40 प्रतिशत तक का नुकसान होता है (मैनी,

1983)। अधिक तापमान व आर्द्रता पर रोगों द्वारा 60 प्रतिशत तक नुकसान होता है। प्याज में सूक्ष्म जीवों विशेषतः वैक्टीरियल साफ्ट राट व "वेट राट" (*Aspergillus niger*) द्वारा नुकसान होता है (गुप्ता एवं सहयोगी, 1983)।

(3) लहसुन (Garlic)

सामान्यतः लहसुन को गुच्छों (बंडल) में बाँधकर 10–15 दिनों तक छाया में सुखाया जाता है। ढीले जूट के बोरे में भरकर बाजार/भण्डारण हेतु भेजा जाता है। तुड़ाई के तुरन्त बाद लहसुन में सड़न नहीं होता है। अतः खुदाई के बाद जल्द बाजार में भेजने की बाध्यता नहीं होती है। लहसुन के भण्डारण में केवल भार में गिरावट व जवों के सड़ने की होती है। मुख्यतः सड़न 'माइक्रोफोमिना फैजियोलिना (*Microphomina phaseolina*) द्वारा ज्यादा होता है (रथ एवं मोहन्ती, 1978)।

(4) आलू (Potato)

एक–तिहाई आलू का उत्पादन उत्तर प्रदेश (वर्ष में दो बार) में होता है, जिसकी खुदाई अक्टूबर के अन्त से लेकर फरवरी व मार्च तक होती है। शीत गृह में आलू का भण्डारण इन्ही महीनों में तक किया जाता हैं। आलू में नुकसान लगभग 25.0–40.0 प्रतिशत तक होता है, जो सामान्यतः खुदाई (कटे कन्द), हस्तान्तरण एवं परिवहन, तथा सड़न, सिकुड़न व भण्डारण में होने वाले परिवर्तन से है (सुब्रामनियम, 1986)। प्रजाति के अनुसार तुड़ाई उपरान्त नुकसान परिवर्तनशील होता है। विपणन स्तर तक नुकसान 7.29–10.25 प्रतिशत तक होता है जबकि खुदरा स्तर पर 6.77 प्रतिशत तक संयुक्त रूप से प्रत्येक प्रजाति व क्षेत्र में होता है। सफेद व पहाणी प्रजातियों की तुलना में लाल रंग की प्रजातियों में रोगों द्वारा ज्यादा नुकसान होता है। आलू में ज्यादा सड़न फ्यूजेरियम आक्सीस्पोरम, राइजोक्टोनिया, आरहीजस तथा पीथियम एफानीडरमैटम द्वारा होता है। सड़न के अलावा आलू की गुणवत्ता में गिरावट 'स्पोन्डीलोक्लैडियम एट्रोवायरन्स' और राइजोक्टोनिया सोलानी द्वारा होता है। कन्दों को काटकर नुकसान पहुँचाने वाला प्रमुख कीट 'कट वर्म' (एगरोटिस प्रजाति) है।

(5) बैंगन (Brinjal)

बाजार में बैंगन की माँग फलों की चमक, खरोच व दाग–धब्बों से मुक्त, कसावट युक्त, हल्का भार वाला, फलवृन्त व तना हरे रंग का तथा कीड़ों से ग्रसित न हो के आधर पर की जाती है। बैंगन में नमी का नुकसान ज्यादा होता है, जिससे फल मुरझा जाते हैं तथा ताजगीपन समाप्त हो जाती है (कालरा एवं सहयोगी, 1988)। बैंगन के फलों पर पड़ी झुर्री इस बात की परिचायक है कि उनमें तुड़ाई उपरान्त नमी समाप्त हो गयी है। अन्य कारकों में तुड़ाई के समय नुकसान, रोगों एवं कीटों के प्रकोप से होता है। बैंगन में बीमारियों द्वारा लगभग 3–7 प्रतिशत नुकसान होता है, जिनमें 'आल्टरनेरिया टेनूइस' हेलामिन्थोस्पोरम स्पेसीफेरम (*Helminthosporium speciforum*) तथा ट्राइकोथेसियम रोजियम (*Trichothesium roseum*) द्वारा सबसे ज्यादा होता है (प्रसाद एवं पोद्दार, 1977)। बैंगन की गुणवत्ता खराब करने में सबसे ज्यादा योगदान फल छेदक (इरियास प्रजाति) का है।

(6) भिण्डी (Okra)

भिण्डी को तुड़ाई उपरान्त केवल 2–3 दिनों तक रखा जा सकता है। फलियों का आकार रंग, मुलायमयुक्त, म्यूसीलेज व कोमल बीज भिण्डी की गुणवत्ता घटक हैं। भिण्डी में मुख्यतः नुकसान फलियों का बदरंग होना, टुटना और हस्तान्तरण व परिवहन से होता है। खरीददारों द्वारा भी फलियों के चयन व कोमलता की जाँच परख करते समय उपरी नोक को तोड़कर नुकसान किया जाता है। रोग कारकों में फ्यूजेरियम आक्सीस्पोरम व पीथियम बटलेरी नुकसान ज्यादा करता है (मण्डल एवं दास गुप्ता, 1981)। कीट में स्पाटेड बालवर्म फल छेदक (इरियास प्रजाति) प्रमुख है।

(7) फूल गोभी, पत्ता गोभी व गांठ गोभी (Cauliflower, cabbage and Knol-Khol)

ब्रसिका (Brassica) समूह की सब्जियाँ फूल गोभी, ब्रोकली आदि ठण्डक सहन करने के कारण शीतकाल में उगाई जाती है। अवैज्ञानिक पद्धति से शीर्ष कटाई करने से रोगों का प्रकोप विशेषतः 'साफ्ट राट' (soft rot) से नुकसान होता है। पैकिंग के समय पत्तियों के ज्यादा निकाल देने से भी नुकसान होता है। हस्तान्तरण, पैकिंग व परिवहन हेतु ढीले जूट के बोरे का प्रयोग होता है, जिनसे एक शीर्ष से दूसरा शीर्ष व एक बोरे से दूसरे बोरे के रगड़ से तुड़ाई उपरान्त नुकसान होता है। खुले बाजार में विपणन के कारण भार में कमी आ जाती है और गुणवत्ता भी शीघ्र समाप्त हो जाती है (मण्डल एवं दसगुप्ता, 1981)। प्रमुख कारण निम्न है–

1. यान्त्रिक नुकसान
    - अनुचित व अवैज्ञानिक कटाई पद्धति
    - बाजार में बेचने के लिए शीर्ष से ज्यादा पत्तियों को काटकर निकाल देना
    - हस्तान्तरण व वितरण के लिए अनुचित साधनों (कन्टेनर) का प्रयोग
    - सही पैंकिंग का न होना
    - घटिया हस्तान्तरण, ट्रकों पर चढ़ाने व उतारने का गलत तरीका
    - बिना सतह बनाएं समूह परिवहन
2. चयन व श्रेणीकरण की कमी (देर से विपणन व ढीला शीर्ष से गुणवत्ता में कमी)
3. पीलापन व अन्य बदरंग शीर्ष
4. साफ्ट राट (soft rot) व ब्राउन राट (brown rot) से सड़न

(8) गाजर, चुकन्दर, मूली व शलजम (Carrot, sweet potato radish and turnip)

- गाजर, चुकन्दर, मूली व शलजम के पूर्ण विकसित जड़ों को निकालने के पूर्व खेत की सिंचाई कर देते हैं व जड़ों को खींचकर बाहर निकालते हैं। तुड़ाई उपरान्त निम्न नुकसान होता है–
- पानी के प्रति संवेदनशील होने के कारण उकठा, सूजन, सिकुड़न आदि होता है व ताजगीपन समाप्त हो जाती है।

- यान्त्रिक नुकसान व जड़ों से मिट्टी आदि हटाते समय खरोंच लग जाना
- घटिया हस्तान्तरण, पैकिंग व परिवहन
- कवक 'कोलेट्रोट्राइकम कैप्सी' (*Colletotrichum capsi*) द्वारा जड़ों का ग्रसित हो जाना।

(9) पत्तीदार सब्जियाँ (Leafy vegetables)

पत्तीदार सब्जियों में तुड़ाई के उपरान्त निम्न नुकसान होता है–

- उच्च नमी की अवस्था में सड़न
- यान्त्रिक कटाई से नुकसान
- सड़न
- पानी की ज्यादा कमी से सिकुड़न
- पत्तियों से ज्यादा पानी का नुकसान
- उपज का घटिया हस्तान्तरण

(10) मटर व बीन्स (Peas and beans)

मटर व बीन्स में तुड़ाई उपरान्त निम्न नुकसान होता है–

- खाने योग्य पकने की अवस्था व तुड़ाई की पद्धति
- अनुचित पैकिंग पदार्थों का उपयोग
- परिवहन व घटिया हस्तान्तरण

अनेक बीमारियों का प्रकोप (श्रीधर एवं सिन्हा, 1993) जैसे–

मटर–कोलेटोट्राइकम पीसी एवं फाइटोफ्थोरा पैरासीटीका

बीन्स–एन्थ्रेक्नोज

प्रमुख किट (श्रीनिवासन, 1993) जैसे–

मटर–इटैला जिन्केनेल्ला, हेलिकोवर्पा आर्मीजेरा एवं लैम्पीडेस बोयेटिक्स

बीन्स–लैम्पीडेस बोयेटिक्स

सब्जियों में तुड़ाई उपरान्त नुकसान कम करने के उपाय (Preventive measures to reduce the post harvest losses in vegetables)

भारत जैसे विकासशील देश में सब्जियों में तुड़ाई उपरान्त प्रबन्धन की व्यवस्था सबसे ज्यादा भयावह है, क्योंकि यहाँ पर न तो तुड़ाई की मशीनें हैं, न ही अधिक उत्पादक क्षेत्रों में उनके एकत्रीकरण केन्द्र हैं, न ही रखने के उपयुक्त कन्टेनर हैं, न ही व्यावसायिक भण्डारण गृह है व

शीत–श्रृंखला आदि का अभाव है। समय रहते पहचान व मात्रात्मक नुकसान का विश्लेषण उचित कदम उठाये जाने की आवश्यकता है। तुड़ाई उपरान्त नुकसान को कम करने के लिए अनेकों तुड़ाई पूर्व व उपरान्त पद्धतियों को अपनाया जा सकता है।

(1) प्रजातियों का चुनाव (Selection of varieties)

सब्जियों में फसलों की उचित प्रजातियों का चुनाव ही उनकी हस्तान्तरण, भण्डारण व वाँछित गुणवत्ता का महत्वपूर्ण घटक हैं। उद्देश्य परक प्रजातियों के चुनाव से ही तुड़ाई उपरान्त नुकसान को कम किया जा सकता है। लम्बे समय तक भण्डारण क्षमता रखने वाली प्रजातियाँ, प्रसंस्करण, परिरक्षण योग्य प्रजातियाँ, व तुड़ाई उपरान्त कम नुकसान होने वाली प्रजातियाँ ज्यादा उत्तम रहती हैं। इसी प्रकार प्रसंस्कृत, प्रशीतित व डिब्बाबन्द सब्जियों का मानक एवं उपयुक्त प्रजातियों का वर्णन नीचे दिया गया है–

सारिणी (19.6) ताजी सब्जियों के निर्यात हेतु उपयुक्त प्रजातियाँ

सब्जियाँ	गुणवत्तायुक्त मानक	संकर एवं मुक्त परागित प्रजातियाँ
करेला	**बड़ा आकार**–हरा, 20.0–25.0 सेन्टी मीटर लम्बा व कम गृवा वाला	काशी उर्वशी, पूसा हाइब्रिड–1, विवेक (संकर)
	छोटा आकार–हरा, 14.0 सेन्टी मीटर तक लम्बा, भुथरा, उभारयुक्त	अर्का हरित, पूसा दो मौसमी, पूसा हाइब्रिड–2
लौकी	**लम्बी**–हल्की हरी, सीधी, 25.0–30.0 सेन्टी मीटर लम्बी, औसत वजन, 800.0–1000.0 ग्राम	काशी गंगा, नरेन्द्र रश्मि, पूसा नवीन, पूसा हाइब्रिड–3, वरद (संकर), काशी बहार (संकर)
	गोल– हल्की हरी, चपटी गोल, लम्बोतर, वजन 600.0–800.0 ग्राम	पंजाब कोमल, पूसा समृद्धि, वी0आर0–1
घरकीन	4.0–6.0 सेन्टी मीटर लम्बा, पतला	अजैक्स
खरबूजा	**जलीदार (नेटेड)**–गोल, 500.0–800.0 ग्राम, मिठास 12.0–14.0 प्रतिशत, कसा व नारंगी रंग, बीज कक्ष छोटा	पूसा शरबती
	चिकना (स्मूथ)–गोला, 400.0–600.0 ग्राम, 11.0–14.0 प्रतिशत मिठास रसयुक्त व सुगंधयुक्त	काशी मधु, पंजाब सुनहरी, पंजाब हाइब्रिड, पूसा रसराज (संकर), हरा मधु
तरबूज	फल गोल या लम्बोतर, हल्का हरा, चित्तिदार, गूदेदार, कम बीज या बीज एक सीध में, मिठास 11.0–12.0 प्रतिशत, वजन 5.0–10.0 किलो ग्राम	सुगर बेबी, दुर्गापुर केशर, अर्का ज्योति (संकर), अर्का मानिक
परवल	हल्का हरा, गूदेदार, कम या मुलायम बीज वाला, रेखीत या अरेखित, 5.0–6.0 सेन्टी मीटर लम्बा, बीच में फूला हुआ	काशी अलंकार, स्वर्ण रेखा, स्वर्ण अगेती

कुन्दरु	गहरा हरा रंग, 4.0–5.0 सेन्टी मीटर लम्बा, कम व्यास वाला	इन्दिरा कुन्दरु, वी0आर0के0–1 व बी0आर0के0–2
कुम्हण	हल्का चित्तीदार या अचित्तीदार, पीला गूदा, गूदेदार कम बीज कक्ष, औसत वजन 1.0–1.5 किलो ग्राम व ज्यादा कैरोटिन	काशी हरित, पूसा विशेष, पूसा अलंकार, पूसा हाइब्रिड–1, अर्का चन्दन, काशी हरित, नरेन्द्र अमृत
चिकनी तोरी	हल्का हरा, 15.0–20.0 सेन्टी मीटर लम्बा, औसत वजन 100.0–125.0 ग्राम	काशी दिव्या, हरिता, पूसा सुप्रिया, पूसा स्नेहा
नसदार तोरी	हल्का हरा, 15.0–20.0 सेन्टी मीटर लम्बा, औसत वजन 100.0–125.0 ग्राम	अर्का सुमित, अर्का सुजात, गौरव, पूसा नसदार, स्वर्ण मंजरी, स्वर्ण उपहार
पेठा	आकार के अनुसार हरा, सफेद या अन्य रंग का, मुलायम गूदेदार, कम बीज, एक सीध में बीज व औसत वजन 6.0–8.0 किलो ग्राम	काशी धवल, पूसा धवल
भिण्डी	फलियाँ 10.0–12.0 सेन्टी मीटर लम्बी, मुलायम व चिकने पतले, सख्त रेशा न विकसित हो	काशी प्रगति, काशी विभूति, शीतला उपहार, शीतला ज्योति, वर्षा उपहार
टमाटर	आकर्षक लाल रंग, वजन 80.0–85.0 ग्राम, रसदार, खटासयुक्त, पतला छिलका	काशी विशेष, काशी हेमन्त, एस0–12, सी0ओ0–3, पूसा रुबी, अर्का सौरभ, मार्ग ग्लोब, काशी अभिमान
मिर्च	हरा, ठोस व सीधा फल, 5.0–6.0 सेन्टी मीटर लम्बा, हल्का तीखा	काशी अनमोल, पंत सी0–1, पंजाब लाल
शिमला मिर्च	छिलका मोटा व गूदेदार, हरा, लाल, पीला या चाकलेट रंग का, अच्छी सुगन्ध	कैलिफोर्निया वण्डर, यलो वण्डर, अर्का मोहनी, अर्का गौरव, अर्का वसन्त
बैंगन	कम बीज, ज्यादा गूदा, गोल या बेलनाकार, लम्बोतर (15.0–20.0 सेन्टी मीटर लम्बा), चमकदार बैगनी रंग, कहीं–कहीं पर पूरा हरा रंग	पूसा क्रांति, आजाद क्रांति, काशी संदेश, पूसा अनुपम, हिसार जमुनी, अर्का शील, अर्का केशव, हिसार श्यामल, अर्का शिरिश, काशी तरू
फूल गोभी	मक्खन जैसे सफेद या कृम रंग के गॅठे शीर्ष, रिसिनेस की समस्या से मुक्त, शीर्ष का वजन 500.0–800.0 ग्राम	पूसा दिपाली, पंत गोभी–3, पंतगोभी–4, पंतशुभ्रा, पूसा शुभ्रा, काशी अगेती
पत्ता गोभी	सख्त शीर्ष तथा आन्तरिक सतह सफेद रंग का, शीर्ष का औसत भार 700.0–900.0 ग्राम	गोल्डेन एकर, पूसा मुक्ता, क्विस्टो, बजरंग, एम–45
गांठ गोभी	शीर्ष चिकना, गूदा मक्खन या हल्के सफेद रंग का,	ह्वाइट वियना, अर्ली परपल वियना
मूली	जड़ सीधी, लम्बाई 20.0–25.0 सेन्टी मीटर गूदा सफेद व छिलका लाल लेकिन कुरकुरा, औसत चरपराहट, अच्छा स्वाद व सुगंध, सख्त ऊतक न बनें	पूसा रेशमी, कल्याणपुर नं0–1, को0–1, अर्का निशान, काशी हंस
गाजर	हल्का या गहरा नारंगी या पीले रंग की 12. 0–18.0 सेन्टी मीटर लम्बी, 2.5–4.5 सेन्टी मीटर व्यास वाली, बेलनाकार या उपरी सिरा मोटा तथा नीचे धीरे–धीरे पतला, उच्च कैरोटिन	पूसा यमदग्नी, सेलेक्शन–223, पूसा केशर, पूसा मेघाली

शलजम	जड़ें चिकनी, गोल (6.0–7.0 सेन्टी मीटर लम्बी व 7.0–8.0 सेन्टी मीटर व्यास), पीले मक्खन रंग की सख्त सतह, अम्बरी पीले रंग का गूदा, हल्की सुगन्ध व कुरकुरापन	पूसा स्वर्णिमा, पूसा चन्द्रिमा, गोल्डेन बाल, पूसा कंचन
चुकन्दर	चिकनी व चमकदार सतह, गूदा रक्त जैसा लाल, काटने पर स्तर अलग–अलग न हों	डेट्राइट डार्क रेड, क्रिमसन ग्लोब, अर्ली वण्डर
प्याज	शल्क कन्द ठोस, रसीला, औसत चरपराहट, हल्का से गहरा लाल रंग, कुल विलेय ठोस, 10.0–12.0 प्रतिशत, शल्ककन्द का वजन 70. 0–90.0 ग्राम, चौड़े से ग्लोव आकार, व्यास 34.0–36.0 मिली मीटर (खाड़ी देशों में) व 42. 0–44.0 मिली मीटर (यूरोपीय देशों में)	पंजाब सेलेक्शन, पूसा रत्ना, एग्रीफाउण्ड लाइट रेड, पूसा रेड, हिसार–2, अर्का बिन्दु
लहसुन	लम्बा जवा 1.15–1.85 सेन्टी मीटर	एग्रीफाउण्ड ह्वाइट या जी0–41, जी0–282, यमुना सफेद (जी0–1)
मटर	गहरा हरा रंग, 8.0–10.0 सेन्टी मीटर लम्बी व 1.4–1.6 सेन्टी मीटर चौड़ी फली, गोल हल्के हरे बीज, मुलायम गूदा तथा अधिक मिठास, दाने फली के अन्त तक भरी हो, प्रत्येक फली में 6 से ज्यादा दाना	आजाद मटर–3, काशी नन्दिनी, काशी मुक्ति, काशी शक्ति, हिसार हरित, अर्ली वैड्जर
फराश बीन	रेशारहित फलियाँ, चपटी गोल, गूदेदार, हल्के हरे या पीले रंग के	पूसा पार्वती, अर्का कोमल, पंत अनुपमा, स्वर्ण प्रिया, काशी परम
लोबिया	फलियाँ हल्की या गहरी हरी, 18.0–25.0 सेन्टी मीटर लम्बी, गूदेदार रेशारहित, बीज बहुत छोटे, स्थानीय बाजार हेतु 30.0 सेन्टी मीटर लम्बी	काशी कंचन, काशी श्यामल, पूसा कोमल
सेम	फलियाँ चौड़ी हरे रंग की, कम बीज, 8.0–10. 0 सेन्टी मीटर लम्बी व 3.0–4.0 सेन्टी मीटर चौड़ी, रसदार रेशारहित	काशी हरिता, को0–1, को0–2, बाल कोंकण, जवाहर सेम–53, जवाहर सेम–79, रजनी, पूसा सेम–2, पूसा सेम–3
ग्वार	फलियाँ 10.0–12.0 सेन्टी मीटर लम्बी, गूदेदार रेशारहित, चिकनी व मुलायम	पूसा नवबहार, शरद बहार, पूसा सदाबहार
टिण्डा	हल्का हरा, गोलाकार	अर्का टिण्डा, टिण्डा एस0–48

(2) सस्य पद्धतियाँ (Agronomical practices)

सामान्य सस्य क्रियाएँ जो फसल वृद्धि के लिए आवश्यक हैं तथा फसल बचाव के लिए अपनाएं गये सुरक्षित तरीकों से ही ज्यादा देर तक सब्जियों को रखा जा सकता है। उचित समय पर पानी व पोषक तत्वों की पूर्ति करने से शल्क कन्द, कन्द, पत्तियाँ व फल की गुणवत्ता में वृद्धि होती है, जिससे तुड़ाई उपरान्त उनकी व्यवस्था में कम लागत आती है। तुड़ाई उपरान्त प्रयोग होने वाले रसायनों, पादप वृद्धि नियामकों व कवकनाशकों से भी सब्जियों के व्यवहार व गुणवत्ता पर असर डालता है।

(3) तुड़ाई, खुदाई व कटाई (Picking, digging and cutting)

सब्जी की गुणवत्ता ही उसके बाजार मूल्य को अच्छी दिशा देते हैं यानी ज्यादा से ज्यादा मूल्य प्राप्त करने के लिए एवं सब्जियों को सड़ने, गलने टूटने–फूटने, खरोंच एवं चोट से बचाने के लिए कैसे, किस समय व किस अवस्था पर तुड़ाई की जाये इसका ध्यान देना किसानों के लिए बहुत जरूरी है। सब्जियों के सही समय पर तुड़ाई, खोदाई, कटाई का प्रभाव बाजार या उपभोक्ता के उपयोग (भण्डारण, ताजा उपभोग व प्रसंस्करण) पर सीधा पड़ता है। फसल के पकने/तोड़ने की स्थिति का निर्धारण उपभोक्ता के उपयोग पर आधारित होता है। सामान्यतः सब्जियों की तुड़ाई/खोदाई/कटाई का कार्य उचित आकार व कोमल अवस्था से होता है। देर से खोदाई करने पर जड़ वाली सब्जियों में "स्पान्जीनेस (sponginess) व पीथीनेस"(pithiness) कद्दू वर्गीय सब्जियों में ज्यादा रेशापन तथा अन्य सब्जियों की गुणवत्ता में कमी आने लगती है। जब ज्यादा गर्मी पड़ रही हो तो खेत से सब्जियों को नहीं तोड़ना चाहिए, क्योंकि सब्जियों में सिकुड़न (shriveling) आ जाता है। इसी प्रकार वर्षा होते समय व वर्षा के तुरन्त बाद सब्जियों की तुड़ाई नहीं करनी चाहिए, क्योंकि नुकसानदायक रोगकारकों (pathogens) का प्रकोप ज्यादा होता है। यान्त्रिक विधि से तुड़ाई करते समय उचित यन्त्र का सही स्थिति में उपयोग करना चाहिए। अच्छा होगा कि सब्जियों की तुड़ाई सुर्योदय के समय करें तथा तुड़ाई के उपरान्त साफ–सफाई कर छायादार स्थान में रखें। कुछ सब्जियों में तुड़ाई, खोदाई व कटाई के समय ध्यान देने योग्य बातों को नीचे की सारिणी में दिया गया है–

सारिणी (19.7) सब्जियों में तुड़ाई, खोदाई व कटाई के समय ध्यान देन योग्य बातें

फसल	बुआई/रोपण के पश्चात् तुड़ाई (दिन)	पुष्पन के बाद (दिन)	तुड़ाई, खोदाई व कटाई के समय ध्यान देने योग्य गुण
खीरा	60–70	6–10	• गहरा हरा रंग या हल्का हरा रंग या सफेद व काँटेदार (प्रजाति के अनुसार) • 20.0–25.0 सेन्टी मीटर लम्बा (प्रजाति व बाजार माँग के अनुसार) • 3–4 दिनों के अन्तराल पर तुड़ाई
लौकी	60–100	12–15	• छिलकें में हल्की दाब लगाकर व उपर हल्के रोयें को देखकर • काटकर देखने पर बीज काफी मुलायम होना चाहिए। • अंगुली के नाखुन को धसाकर। • (30.0–35.0 सेन्टी मीटर लम्बे या गोल (बाजार माँग के अनुसार) • हल्का हरा • 800.0–1000.0 ग्राम भार तक • 3–4 दिनों के अन्तराल पर तुड़ाई

करेला	**55–100**	13	• कोमल हरा फल • फल की औसत लम्बाई 20.0–25.0 सेन्टी मीटर (माँग व प्रजाति के अनुसार) • 2–3 दिनों के अन्तराल पर तुड़ाई
चिकनी तोरी	50–60	5–7	• गहरा हरा/हल्का हरा, चिकना • फल रेशेदार न हो • 3–4 दिनों के अन्तराल पर तुड़ाई • लम्बाई 16.0–20.0 सेन्टी मीटर
आरा तोरी	**55**	6	• गहरा हरा/हल्का • उभरी नसें • 20.0–22.0 सेन्टी मीटर लम्बी • 4 दिनों के अन्तराल पर
सतपुतिया	**50**	5–6	• हल्का/गहरा हरा • चिकनी या नसदार • गोलाकार/लम्बा/लम्बोतर (प्रजाति के अनुसार) • गुच्छे के सभी फल एक बराबर हों • 3 दिनों के अन्तराल पर तुड़ाई • 6.0–8.0 सेन्टी मीटर लम्बा व गोलाकार
परवल	**80–90**	8	• हल्का हरा/गहरा हरा • चित्तीदार, एक तरफ नुकीला या दोनों तरफ नुकीला • फल को काटकर देखने पर बीज कड़े न हों • फल पीले न पड़ते हों
कुन्दरु	**85**	6	• कोमल • फल पीले न पड़ते हों • हल्का व चित्तीदार
पेठा	**75–120**	6	• फलों पर जब गहरा सफेद पाउडर की पर्त बन जाये • काटकर देखने पर गूदे काफी कसे हों
ककड़ी	**45–50**	4–5	• फल कोमल व कुरकुरें हों • 15.0–20.0 सेन्टी मीटर लम्बें हो • हल्के हरे हो
फूट	70–80	20–25	• फल पीले या हल्के लाल हों • फल भित्ती या छिलका फटना प्रारम्भ करें • काटने पर गूदेदार परत पर चीनी के कण जैसी चमक हो • हल्की मिठास हो
खरबूजा	60–70	28–30	• फल का छिलका पीला, पीला–हल्का या भूरा रंग का हो जाये • फल स्वतः डंठल से अलग हो जाये या लगा रहे (प्रजाति के अनुसार) कमजोर पड़ जाये

			• दूर के बाजार के लिए "हाफ स्लिप" (half slip) अवस्था व नजदीक के बाजार के लिए "फूल स्लिप" (full slip) की अवस्था में तोड़ें • महक आने प्रारम्भ हो जाएं
तरबूज	90–100	30–40	• तने पर लगे प्रतान सूखने लगें • जमीन पर लगे फल–भाग हल्के पीले पड़ जाये • फल को हाथ से थप–थपाने पर गद–गद की आवाज आये तो फल पका है अन्यथा टक–टक की आवाज आने पर फल कच्चा होता है।
टिण्डा	60–70	7–8	• हल्का हरा • डंठल भी हरा • 3–4 दिनों के अन्तराल पर तुड़ाई
कुम्हण या कद्दू	75–80	20–25	• फल हल्का भूरा हो जाये

(4) संसाधन/क्यूरिंग (Curing)

जड़ वाली सब्जियों जैसे शल्क कन्द व कन्द में क्यूरिंग (Curing) करने पर तुड़ाई उपरान्त नुकसान के स्तर में कमी लाया जा सकता है। संसाधन/क्यूरिंग की क्रिया खुदाई के बाद प्रक्षेत्र पर ही किया जाता है। क्यूरिंग की प्रक्रिया उच्च तापमान व उच्च आर्द्रता पर होने से उपरी छिलके का सुबेराइजेशन (suberization) हो जाता है, जिससे बाहरी रोग कारकों के प्रवेश से छुटकारा मिल जाता है।

(5) बाजार के लिए सब्जियों की तैयारी यानी पैक हाउस आपरेशन (Pack house operation)

सब्जियों को बाजार में बेचने के लिए तुड़ाई उपरान्त प्रबन्धन में अनेकों प्रकार की तैयारी की जाती है, जिनमें मुख्यतः धुलाई, छँटाई, श्रेणीकरण, बचाव हेतु शोधन और बाद में पैकिंग। जड़ व कन्दीय फसलों की धुलाई उपर लगी हुई मिट्टियों को हटाने के लिए किया जाता है। सफाई के अलावा धुलाई करने से सब्जियों की दशा में सुधार होता है। प्रक्षेत्र गर्मी से मुक्ति व मुरझाने से भी मुक्ति मिल जाती है। इससे सब्जियों पर चिपके रहने वाले रोग कारकों में कमी होती है। उपज कीचड़, धूल, गन्दगी व अन्य बाह्य पदार्थों से मुक्त होना आवश्यक है। उत्पाद कीड़ों से ग्रसित/संक्रमित न हो। उपज में सिकुडन, खरोच, वार्ट्स, स्कैब, कटा–फटा होने की दशा में बाजार में मूल्य कम मिलता है व उपभोक्ता पसंद नही करता है। बाजार हेतु सब्जियों की श्रेणीकरण अति आवश्यक है और श्रेणीकरण उपभोक्ता के माँग के आधार पर किया जाता है। पहले निर्यात योग्य व बाद में देश में उपयोग होने वाले उत्पादों की श्रेणी बनाये जाते हैं। भारतवर्ष में सब्जियों की श्रेणीकरण दो प्रकार से की जाती है।

1. अच्छी गुणवत्ता अथवा सामान्य श्रेणी
2. आम लोगों हेतु गुणवत्ता या व्यावसायिक श्रेणी

वर्तमान समय में सब्जियों की सावधानी से हस्तान्तरण, श्रेणीकरण व बाजार उन्मुख न होने के कारण उत्पादक को बहुत कम मूल्य मिलता है, इतना ही नहीं परिवहन में नुकसान ज्यादा, परिवहन व भण्डारण लागत ज्यादा तथा गुणवत्ता में कमी के कारण मूल्य कम होना सामान्य बात है। तुड़ाई उपरान्त सब्जियों को प्रभावित/ग्रसित/संक्रमित करने वाले रोगकारकों, सड़न से नुकसान, अंकुरण होना व भार के नुकसान को कम किया जा सकता है। इसके लिए सेनीसेन्स, रिटारडेन्टस, इथीलीन एब्जार्बेन्टस, वृद्धि नियामक, फफूँदनाशक, जीवाणुनाशक, फन्जीसाइडल इमल्सन व अन्य शोधन जैसे–पूर्वशीतन द्वारा करके भी नुकसान पर नियन्त्रण रखा जा सकता है। भारतवर्ष में आलू व प्याज को छोड़कर तुड़ाई उपरान्त बचाव के प्रबन्धन सब्जियों में कम ही किये जाते हैं। पैक हाउस आपरेशन (Pack House Operation) के अन्तर्गत उन सभी प्रक्रियाओं एवं मापदण्डों को अपनाया जाता है, जिसके माध्यम से सब्जियों को उत्पादक से सही अवस्था में उपभोक्ता तक पहुँच जाये। इस प्रक्रिया का रेखांकन इस प्रकार किया जा सकता है।

तुड़ाई
↓
रखाव व पटल
↓
प्रसंस्करण पूर्व संरक्षण
↓
धुलाई/सुखाना
↓
शोधन/सुखाना
↓
श्रेणीकरण
↓
पैकिंग
↓
चिन्हक लगाना
↓
स्वच्छ पटिया पर रखाव/सजाना
↓
पूर्व शीतन
↓
भण्डारण
↓
परिवहन

पैक हाउस पद्धति का रेखांकन

6. पैकिंग (Packing)

पैकिंग भी एक महत्वपूर्ण घटक है, जिससे सब्जियों की गुणवत्ता बढ़ाई जा सकती है। उत्तम गुणवत्ता के कन्टेनर में सब्जी रखकर परिवहन करने से नुकसान कम होता है और आकार–प्रकार बना रहता है। इससे लम्बे समय तक सब्जियाँ ताजी बनी रहती हैं। पैकिंग करते समय यह ध्यान देना चाहिए कि कन्टेनर इतना मजबूत हो कि किनारे से न मुड़े एवं झटके लगने पर सब्जियों को नुकसान न पहुँचे। आधुनिक पैकिंग साधनों में प्लास्टिक फील्म बैग, पेपर बोर्ड बाक्सेज जिस पर पालीथीन की धारीदार सतह हो व प्लास्टिक नेट, के अलावा परिवर्तित वातावरणीय पैकेजिंग व्यवस्था से उपभोक्ता तक ताजी सब्जी पहुँचती है।

7. परिवहन (Trasportation)

तुड़ाई उपरान्त प्रबन्धन तकनीकी के अन्तर्गत परिवहन व सब्जियों का वितरण एक महत्वपूर्ण घटक है, जिसका निर्धारण उत्पाद की मात्रा व मण्डी के आकार पर निर्भर करता है। भारतवर्ष में सब्जियों को बाजार तक परिवहन करने की दशा अत्यन्त दयनीय स्थिति में है। स्थानीय बाजार के लिए सब्जियाँ बैलगाड़ी, ट्रैक्टर ट्राली या टेम्पों के माध्यम से भेजा जाता है। बेतरतीब रखी गयी संब्जियाँ खरोंचयुक्त हो जाती हैं, टमाटर, मिर्च फट जाते हैं, धनिया, मेथी, पालक आदि के पत्ते काले पड़ जाते हैं, जैसे नुकसान देखे जा सकते हैं। दूर के बाजार में भेजते समय कार्ट्स, ट्रेलर्स व ट्रक के माध्यम से भेजा जाता है जिससे धक्के लगने पर भी सब्जियाँ खराब न हो, टायरों में हवा का दबाव भी कम हों तथा धीमी गति से वाहन को चलाकर सब्जियों को मण्डी तक पहुँचायें, जिससे आपसी रगड़ से बच सके। अगर वाहन को रास्ते में रुकना पड़े तो गाड़ियों व कन्टेनरों में वातायन व प्रशीतन की व्यवस्था अवश्य होनी चाहिए। बहुत दूर तक बाजार के लिए रेलगाडी उत्तम है या इसके लिए रेफ्रीजरेटेडे उच्च आर्द्रता व रैक युक्त वाहन का प्रयोग किया जाना चाहिए, जिससे यान्त्रिक, दैहिक व परिवहन नुकसान कम हो। कम समय में नुकसान होने वाली अधिक मूल्यवान सब्जियों को (निर्यात करने के लिए) हवाई जहाज के द्वारा भेजना उपयुक्त रहता है। तीब्र परिवहन के कारण सब्जियों की परिपक्वता की गति कम होता है तथा विभिन्न जटिल जैव रासायनिक प्रक्रियाओं की गति का घटाकर सूक्ष्म जीवों द्वारा होने वाले विकृति एवं सड़न में कमी होती है।

8. भण्डारण (Storage)

सब्जियों का भण्डारण कर, न केवल अधिक उपज की अवस्था में दाम नियन्त्रित किया जा सकता है बल्कि अनुपलब्धता की अवस्था में उपलब्ध कराया जा सकता है। इससे बाजार में आमद ज्यादा होने पर विकट स्थिति से बचा जा सकता है। उपभोक्ता को हमेशा सब्जियाँ उपलब्ध रहती हैं और उत्पादक को उपज का उचित मूल्य भी प्राप्त होता है। भारतवर्ष में सबसे ज्यादा आलू व प्याज का भण्डारण किया जाता है। अन्य सब्जियों के भण्डारण की व्यवस्था पर प्राथमिकता के आधार पर पहल की जा रही है। प्याज व आलू हेतु ऐसी व्यवस्था की जा रही हैं, जिससे कम से कम नुकसान हो। वर्तमान समय में रेफ्रीजरेटर/कन्ट्रोल्ड/माडीफायड भण्डारण तरीके से कम तापमान पर भण्डारण कर उनको लम्बे समय तक रखा जा सकता है, क्योंकि इस पद्धति से उनकी

दैहिक / उपापचयी क्रियाओं पर नियन्त्रण किया जा सकता है। भारतवर्ष सब्जियों की कम कीमत, संधाधन का अधिक दाम व चलाने का खर्च अधिक होने के कारण अभी कम प्रचलन में है। माडीफाइड व कन्ट्रोल्ड एटमास्फीयर (modified and controlled atmosphere) तकनीक से सब्जियों को रखने की अवधि में काफी विस्तार की सम्भावना है। वाष्पीय कुल चैम्बर्स (cool chambers) व "कुल होम" (cool home) में सुविधापूर्वक व सुगमता से सब्जियों को लम्बे समय तक रखा जा सकता है। सब्जियों के उपयुक्त भण्डारण के दौरान उचित तापक्रम तथा आर्द्रता को बनाये रखना अत्यन्त आवश्यक है। उचित तापमान तथा आर्द्रता बनाये रखने के लिए भी नियमित वातायन अत्यन्त आवश्यक है। खेत स्तर पर सब्जियों के भण्डारण हेतु भारतीय कृषि अनुसंधान संस्थान पूसा, नई दिल्ली के वैज्ञानिकों द्वारा विकसित किये गये प्रदूषण रहित शून्य ऊर्जा शीत प्रकोष्ठ (Zero Energy Cool Chamber) का भी प्रयोग किया जा सकता है। इन प्रकोष्ठों का निर्माण स्थानीय स्तर पर उपलब्ध ईंट, बालू तथा बाँस की सहायता से बहुत कम लागत में किया जा सकता है। ये प्रकोष्ठ वाष्पीय शीतन के सिद्धान्त पर कार्य करते हैं और उनके अन्दर का तापमान 15.0 डिग्री सेल्सियस के आस–पास रहता है। इस विधि में दीवारों के बिच 15.0–20.0 सेन्टी मीटर स्थान चारों तरफ छोड़ा जाता है, जिसमें बालू या अन्य जलग्राही पदार्थ भरते हैं, जिससे एक बार या कई बार पानी से नम किया जाता है जिसके कारण अन्दर का तापमान बाह्य वातावरण के तापमान से कम बना रहता है।

9. सब्जी परीक्षण (Vegetable testing)

सब्जियों का परीक्षण उनका अधिक उत्पादन हो जाने से कम कीमत, खराब होने से बचाव और उपभोक्ता को बिना मौसम उपलब्धता एक महत्वपूर्ण भूमिका निभाती है। सब्जी उत्पादक मिलकर एक छोटी इकाई स्थापित कर इस कार्य को कर सकते हैं। अब तो सब्जियों में कटाई के बाद रख–रखाव में कमी के कारण होने वाले नुकसान से बचने के लिए देर से पकने वाले, उन्हें अधिक समय तक हरा और ताजा रखने, और टिकाऊ रखने वाले जीन डाले गये हैं। सन् 1994 में अमेरीका में "फ्लेवर सेवर" टमाटर विकसित किया गया। इसका छिलका इतना मोटा था कि दीवार पर मारों तो फटने की बजाय गेंद की तरह टप्पा खाने लगें, लेकिन स्वाद पसंद नहीं आया, इसलिए कुछ दिनों तक शोर मचाकर ये पराजीनी टमाटर भी पिचक गया। भारत में भारतीय कृषि अनुसंधान संस्थान, नई दिल्ली (IARI, New Delhi) में ऐसा पराजीनी टमाटर पर परीक्षण किया जा रहा है, जो स्वादिष्ट भी है और टिकाऊ भी।

सब्जियों में सस्योत्तर तकनीकी

1. प्याज (Onion)

देश की प्याज के कुल उत्पादन का 30.0–40.0 प्रतिशत भाग खुदाई के बाद की जाने वाली विभिन्न प्रक्रियाओं के कारण खराब हो जाता है। यदि सावधानीपूर्वक उन्नत सस्योत्तर तकनीकें अपनाई जायें, तो इस हानि को काफी सीमा तक कम किया जा सकता है। ये प्रक्रियाएं निम्न हैं–

(1) प्याज सुखाना (drying), पकाना (curing) एवं गर्दन काटना (neck cutting)

प्याज सुखाने का उद्देश्य बाहरी छिल्के एवं गर्दन के पास की अधिक नमी को निकालना होता है, जिससे विभिन्न प्रकार के रोगाणु शल्क कन्दों को प्रभावित न कर सकें। प्याज को पकाना (curing) एक अतिरिक्त प्रक्रिया है, जिससे छिलके के रंग का विकास होता है तथा खेत में श्वसन क्रिया (respiration process) की गर्मी का ह्वास होता है। सुखाने एवं पकाने की अवधि क्षेत्र–विशेष के मौसम पर निर्भर होती है। साधारणतया खरीफ मौसम में तापमान कम होता है, अतः 10–12 दिन में यह प्रक्रिया पूरी होती है। किन्तु रबी मौसम में 2–3 दिन में ही हो जाती है क्योंकि तापमान काफी अधिक होता है। सुखाने की सबसे अच्छी विधि यह होती है कि उन्हें पंक्तियों में इस प्रकार रखा जाये, जिससे एक पंक्ति का कन्द दूसरी पंक्ति की पत्तियों से भलि–भाँति ढक जाये। इससे कन्द को धूप से कोई हानि नहीं होती है। इस विधि को विन्डो–क्योरिंग (windo curing) कहते हैं। इसके पश्चात् कन्द की गर्दन/गाँठ के उपर 2.0–2.5 सेन्टी मीटर छोड़कर काटी जाती है तथा 7–10 दिन तक छाया में हवादार स्थान पर सुखाई जाती है। इससे कन्द की गर्दन तंग हो जाती है तथा रोग के जीवाणु आदि के प्रवेश की संभावना नहीं रहती व भण्डारण क्षमता बढ़ जाती है।

(2) प्याज की छँटाई एवं श्रेणीकरण

प्याज को बाजार से भेजने से पूर्व छँटाई करना बहुत आवश्यक होता है अन्यथा बाजार में उचित मूल्य नहीं मिलता है। इसके लिए कटे–फटे, सड़े–गले, मोटी गर्दन वाले, जुड़वे तथा रोगग्रस्त कन्द को अलग करके निकाल देते हैं। इसके बाद कन्द के आकार के अनुसार ए, बी या सी (सुविधानुसार) श्रेणी बनाकर शल्ककन्दों को अलग करके बेचने पर अच्छा भाव प्राप्त होता है। केवल 'ए' एवं 'बी' समूह के शल्क कन्द का भण्डारण करना चाहिए। श्रेणीकरण हाथ से या मशीन द्वारा (motorized) करने की पद्धति विकसित की गयी है। मशीन द्वारा श्रेणीकरण करने पर प्याज को पाँच समूह (आकार) के अनुसार विभाजित किया जाता है, जिसकी क्षमता हाथ द्वारा करने से पाँच गुना अधिक है। मशीन द्वारा श्रेणीकरण करने पर 90.0 प्रतिशत तक एकरुपता होती है, जबकि हाथ द्वारा करने पर 70.0 प्रतिशत तक एकरुपता होती है।

(3) शोधन (Treatment)

प्याज की खोदाई उपरान्त अनकों प्रकार के शोधन किये जाते हैं, जिससे भण्डारण के बाद नुकसान कम से कम हो। अगर शल्ककन्दों पर गन्धक के द्वारा धुआँ देकर (fumigation) शोधन किया जाये तो भण्डारण में मोल्ड के द्वारा होने वाले नुकसान से बचा जा सकता है। अगर पूरी तरह से पकी हुई (curred) शल्क कन्द को खोदाई के एक माह के अन्दर गामा किरणों के 60–90 जी0वाई0 से विकिरणित किये जायें, तो शल्ककन्द की सुप्तावस्था (dormancy) जो फुटाव (sprouting) को रोकती है। इनमें फुटाव (sprouting) 5.0–20.0 डिग्री सेल्सियस पर बहुत ज्यादा होता है, जबकि वजन का कम होना 0.0–2.0 डिग्री सेल्सियस पर होती है। पुरवा या पछुवा हवा का आवागमन सुगमता से हो सके। ऐसे भण्डार गृह की कीमत लगभग 5000/– रुपये होती है, जो 4–5 वर्ष तक खराब नहीं होती है। राष्ट्रीय बागवानी अनुसंधान एवं विकास प्रतिष्ठान, नासिक

के क्षेत्रीय अनुसंधान केन्द्र, करनाल द्वारा इसमें परिवर्तन करके बीच में एक प्लेटफार्म और लगाया है, जिससे हवा का आगमन अधिक होने के कारण हानि बहुत कम होती है (पाण्डेय एवं सहयोगी, 1988)। इन्हें टू टियर चाल या संशोधित चाल कहते हैं। नासिक के आस–पास प्याज के गोदाम को चाल बोलते हैं। संरचना के किनारे बाँस या लकड़ी से 1.0–2.0 सेन्टी मीटर की दूरी पर लगाते हैं और छत, छप्पर या एस्बेस्टास, टाइल या टिन की चद्दरों के बने होते हैं। साधारणतया चौड़ाई, ऊँचाई तथा लम्बाई क्रमशः 1.5×1.5×13.5 का बनाकर 30.0 मीटर तक रखते हैं। इसकी क्षमता 20. 0–45.0 टन तक होती है। एक भण्डार गृह की कीमत 1.25–3.00 लाख होती है। बिहार में 2–3 टियर एवं गुजरात में 1 टियर (one tier) के भण्डार गृह प्रचलित हैं। खिड़कियों एवं दरवाजों से हवा का आवागमन अच्छा होता है। फर्श भी ऊँचाई पर बनाते हैं और नीचे से हवा आने–जाने का प्रबन्ध होता है।

2. आलू सुखाना (Drying)

आलू को चूँकि नम दशा में खोदाई की जाती है अतः खुले हवा में सुखाना आवश्यक होता है। नमी ज्यादा होने की दशा में अनेकों रोग कारकों का संक्रमण होता है तथा भण्डारण करने पर सड़ने की प्रवृत्ति तेज हो जाती है। अच्छा होगा खोदाई के समय खेत में ही आंशिक रुप से भण्डारण कर लिया जाये। सीधे सूर्य के प्रकाश में नहीं सुखाना चाहिए अन्यथा आलू के कन्द हरे होने लगते हैं। सुखाते समय आलू की पतली परत आवश्यक है।

(1) क्यूरिंग (Curing)

आलू की क्यूरिंग करने से शुष्क पदार्थ की मात्रा बढ़ जाती है अतः वर्धीय भाग को खोदाई के 15 दिन पूर्व निकाल देना चाहिए। अगर खुदाई कर आलू को 15 दिनों के लिए ढेर में रखा जाये तो भण्डारण अच्छा होता है। आलू को सुबेराइजेशन (suberization) 15.0 डिग्री सेल्सियस तापमान व 95.0 प्रतिशत सापेक्ष आर्द्रता पर रखकर करना चाहिए, जिससे कटे होने पर भी भण्डारण सही होता है।

(2) श्रेणीकरण (Grading)

आलू का श्रेणीकरण सबसे बड़ा तथा सबसे छोटा स्वरुप में नहीं करना चाहिए, बीज के लिए श्रेणीकरण सामान्यतः 30–125 ग्राम वजन का करना उपयुक्त होता है।

3. टमाटर (Tomato)

(1) सफाई, चुनाव व श्रेणीकरण (Cleaning, selection and grading)

टमाटर तोड़ने के बाद अच्छी प्रकार से साफ किया जाना आवश्यक है। बाह्य रोग कारकों से छुटकारा के लिए सूक्ष्म मात्रा में क्लोरीनेटेड जल से भी धुलाई करनी चाहिए। सड़े, दबे, छोटे व सूर्य की रोशनी से जले (दागदार) फलों को निकालकर श्रेणीकरण करना चाहिए। केवल कसे हुए (firm), चमकदार छिलके वाले एवं एक समान फल का चुनाव करना उत्तम रहता है।

(2) फल शोधन (Fruit treatment)

टमाटर के फलों की तुड़ाई उपरान्त जिब्रेलिक अम्ल (GA_3) से शोधित करने से उनके रंगों का विकास मन्द गति से व अच्छी प्रकार होती है, लेकिन कच्चे फलों की तुड़ाई कर जिब्रेलिक अम्ल का प्रयोग करने से रंग विकसित नहीं होता है।

(3) भण्डारण (Storage)

टमाटर को ब्रेकर फल अवस्था (breaker fruit stage) में तुड़ाई कर अगर ठण्डे स्थान पर रखा जाये तो 5 दिनों तक गर्मी में खराब नहीं होता है, बल्कि इसमें उत्तम रंग विकसित होता है और साथ ही साथ एस्कार्बिक अम्ल की मात्रा भी बढ़ जाती है। अगर 13.0 डिग्री सेल्सियस तापमान पर पूर्वशीतन किया जाये, तो शीत नुकसान/चिलींग इंन्जूरी (chilling injury) नहीं होता है।

4. बैंगन (Brinjal)

(1) सफाई (Cleaning)

बैंगन की तुड़ाई डण्ठल सहित की जाती है और तुड़ाई के तुरन्त बाद अच्छी प्रकार पानी में डुबोकर सफाई करते हैं। अच्छा होगा कि सफाई कपड़े से पोछकर किया जायें।

(2) छँटाई (Sorting)

पीले पड़े फल, सड़े हुए व दागदार फल, झूलसा, कीट ग्रसित, या किसी अन्य यान्त्रिक तरीके से नुकसान हुए फलों को निकाल देना चाहिए। एफीड, माइट, थ्रीप्स से ग्रसित फलों का बाजार में मूल्य नहीं मिलता है।

(3) श्रेणीकरण (Grading)

बैंगन का श्रेणीकरण, छोटा, मध्यम व बड़े आकार को मानकर किया जाता है। निर्यात के समय बैंगन के फल प्रत्येक कार्टन (corton) में एक समान होना चाहिए।

(4) पैकिंग (Packing)

बैंगन की पैकिंग (packing) हमेशा 4.5–9.0 किलो ग्राम के कार्टन में करना चाहिए।

5. भिण्डी (Okra)

(1) सफाई व श्रेणीकरण (Cleaning and grading)

प्रक्षेत्र में ही तुड़ाई के बाद हवादार व छिछलें क्रेट्स (crates) में फलियों को एकत्रकर छाया में रखना चाहिए। तुरन्त ठण्डा करने पर फलियों से गर्मी निकल जाती है, जिससे देर तक फलियों का ताजापन बना रहता है। भिण्डी में तुड़ाई के उपरान्त सबसे महत्वपूर्ण कार्य फलियों की सफाई व श्रेणीकरण है। जब प्रक्षेत्र से भिण्डी लाई जाती है तो उसमें प्रचुर मात्रा में फलों के सूखे भाग (पुटक

पुष्प दल, आदि) मिट्टी के कण आदि लगे होते हैं। जब फलियों की तुड़ाई की जायें तो फलों से लगे डंठल की लम्बाई 1.00 सेन्टी मीटर अवश्य हो। बड़ी फलियों (over size pods) टेढ़ी–मेढ़ी व संक्रमित फलियों तथा तुड़ाई के दौरान क्षतिग्रस्त फलियों की छँटनी कर देनी चाहिए। भिण्डी की फलियों का श्रेणीकरण सामान्यतया हाथ से या चलते कनवेनर (moving Conveyors) या 'स्टैण्डर्ड ग्रेडिंग टेबल्स' (standard grading tables) के माध्यम से किया जाता है। निर्यात की दृष्टि से या दूर के बाजार में भेजने के लिए पैकिंग का वजन हमेशा 3.5–4.5 किलो ग्राम ही होना चाहिए। पैकिंग स्वयं बन्द होने (self locking) फाइबर बोर्ड कार्टन्स जिसकी मजबूती 200.0–250.0 पौण्ड प्रति वर्ग इंच हो, का चुनाव करना चाहिए। माँग के अनुसार कार्टन की भितरी आकार 10.9.0×34.0×26.9 सेन्टी मीटर से 16.0×37.6×27.9 सेन्टी मीटर होना चाहिए।

परिवहन (Transportation)

सावधानीपूर्वक परिवहन हेतु भेजना चाहिए अन्यथा फलियाँ रगड़ जाने के कारण काली पड़ जाती हैं। हवादार स्थिति में परिवहन न होने से फलियों से गर्मी उत्पन्न होती है, जिससे उनका रंग खराब हो जाता है और बाजार योग्य नहीं रह पाती हैं।

6. खीरा (Cucumber)

खीरा के फलों का तुड़ाई उपरान्त पूर्व शीतन (pre cooled) नहीं किया जाता है, जबकि यह आवश्यक है कि तुड़ाई के उपरान्त 24–48 घण्टे के अन्दर हाइड्रोकुल्ड (hydro cooled) द्वारा 24.0 डिग्री सेल्सियस तापमान से 13.0 डिग्री सेल्सियस तक लाया जाये। इसके लिए 4 डिग्री सेल्सियस ठण्डे पानी में 15 मिनट तक रखना चाहिए।

7. शिमला मिर्च (*Capsicum*)

मिर्च की तुलना में शिमला मिर्च, नान–क्लाइमेट्रिक (non climacteric) श्वसन को प्रस्तुत करता है। अगर तुड़ाई के उपरान्त फलों को ठण्डा कर लिया जाये तो बदरंग होने से बच जाता है। ठण्डा करने के लिए बलपूर्वक हवा देना या वैक्यूम (vaccum) या हाइड्रो कुलिंग (hydro colling) करना पड़ता है।

8. मिर्च (Chillies)

मिर्च की तुड़ाई हमेशा डण्ठलों समेत करना चाहिए। तुड़ाई उपरान्त फलों को हवादार प्लास्टिक क्रेट्स (plastic crates) में रखना चाहिए। उपज को छायादार स्थान में रखकर उसकी चमक व ताजापन बरकरार रखी जा सकती है। छायादार स्थान में रखने से सूर्य की तेज रोशनी, तेज हवा व वर्षा से भी बचाव होता है। परिवहन हमेशा प्लास्टिक क्रेट्स में ही करें क्योंकि छिद्रयुक्त थैलों में रखकर भेजने से यान्त्रिक नुकसान होता है और फल रगड़ जाने के कारण सड़ने लगते हैं। मिर्च की धुलाई अन्य सब्जियों जैसी नहीं की जाती है क्योकि सतह पर पानी ज्यादा होने से फल टूटकर या पिचक कर बर्बाद हो जाते हैं। अतः सतह पर लगी मिट्टी को हल्के से कपड़े से रगड़कर साफ

करना चाहिए। तुड़ाई के उपरान्त किसी भी प्रकार से शोधन की आवश्यकता नहीं होती हैं। मिर्च का श्रेणीकरण हाथ से या चलते कनवेयर (moving conveyor) से करना उत्तम होता है। फल में दिखने वाले किसी भी प्रकार के नुकसान चाहे वह यान्त्रिक हो, कीड़े से हो, रोग से हो या अन्य कारणों से हो, काफी मुलायम (softening) हो गया हो, निकाल देना चाहिए। मिर्च की पैकिंग 3. 0–8.0 किलो ग्राम के कार्टन में करना अच्छा होता है। अगर परिवहन में मिर्च को 12.0 डिग्री सेल्सियस तक ठण्डा रखा जाये तो, उच्च गुणवत्ता बनी रहती है। मिर्च की पैकिंग पूर्व या अर्द्ध 'टेलीस्कोपिक टू पीस'' (telescopic two piece) फाइबरबोर्ड कार्टन्स में ठीक रहता है, लेकिन ध्यान रहे कि कार्टन की मजबूती 200–250 पौण्ड प्रति वर्ग इंच जरुरी है।

9. मटर (Peas)

मटर की तुड़ाई के बाद फलियों की अच्छी प्रकार सफाई होनी चाहिए। फलियों की घुलाई नहीं की जाती है। अच्छा होगा खेत से तुड़ाई के बाद उसे ठण्डा रखा जाये, फलियों को रखने के लिए अगर तापमान शून्य डिग्री सेल्सियस पर है, तो उत्तम है। फिल्म पैकेजिंग (film packaging) की जाये तो नमी के नुकसान को रोका जा सकता है। परिवहन पूर्व हाइड्रोकूलिंग करना चाहिए। इसके बाद कलियों के उपर बर्फ (ice) लगाकर भेजें।

10. फराश बीन (French bean)

सामान्यत फराश बीन की तुड़ाई पुष्पन के 9–15 दिनों के अन्दर किया जाता है। अतः तुड़ाई उपरान्त अच्छी प्रकार सफाई आवश्यक है। फलियों की श्रेणीकरण रंग, उनका आकार, बीज की स्थिति आदि के आधार पर की जाती है।

11. ग्वार (Cluster bean)

ग्वार की तुड़ाई कोमल अवस्था में गुच्छे में कुछ डण्ठल के साथ किया जाता है। ग्वार की श्रेणीकरण नहीं की जाती है। केवल ताजापन बनाए रखने हेतु फलियों को तुरन्त ठण्डा करें और हवादार क्रेट (crate) में रखकर विपणन के लिए भेज देना चाहिए।

12. गाजर (Carrot)

खुदाई के उपरान्त गाजर से नमी का नुकसान सबसे ज्यादा होता है, जिससे जड़कन्द में सूखापन तथा बाजार विक्रय गुण समाप्त होने की दशा देखने को मिलती है। गाजर का वजन न घटे, अतः खुदाई के बाद प्लास्टिक क्रेट (crate) में ढक कर रखना चाहिए। श्रेणीकरण से पूर्ण अच्छी प्रकार पानी से धुलाई पतली जड़ों को निकालना यान्त्रिक, कीट व रोग से प्रभावित जड़ों को बाहर करना जरुरी है। कोशिश करनी चाहिए कि गाजर को हमेशा एक आकार, रंग आदि के अनुसार ही करें। सामान्य तापक्रम पर ताजे गाजर का भण्डारण 3–4 दिनों से ज्यादा नही किया जा सकता है।

13. खरबूजा (Muskmelon)

खरबूजा की तुड़ाई उपरान्त छायादार स्थान में रखकर फलों की गर्मी समाप्त की जाती है। इसके बाद प्रत्येक फलों को कपड़े से पोछकर साफ करना आवश्यक है। श्रेणीकरण करते समय, आकार, रंग, जालिकावत संरचना का ध्यान आवश्यक है। पैकिंग हमेशा प्लास्टिक क्रेट में गद्देदार पदार्थ (cushioning material) भर कर करना चाहिए।

14. पत्तीदार सब्जियाँ (Leafy vegetables)

पत्ता गोभी, चायनिज पत्ता गोभी, सरसों, पालक, लेट्यूस, सेलरी, हरी प्याज, चौलाई, बथुआ, मेथी आदि इस समूह की प्रमुख सब्जी हैं। शीर्ष बनाने वाली पत्तीदार सब्जियों में तुड़ाई उपरान्त प्रबन्धन, शीर्ष न बनाने वाली पत्तीदार सब्जियों की तुलना में ज्यादा नहीं करना पड़ता है। शीर्ष बनाने वाली पत्तीदार सब्जियों की अनावश्यक पत्तियों को तेज चाकू से काटकर अलग कर दें, तथा पानी से धुलाई करके छायादार स्थान में सूखा लें। रुप–रंग व आकार–प्रकार के अनुसार श्रेणीकरण कर दें। बिना शीर्ष वाली पत्तियों को तुड़ाई उपरान्त बण्डल बना लें। पानी में डालकर धुलाई करें तथा छायादार चौकीपर रखकर पानी निकलने दें। इसके बाद नम कपड़े में रखकर बाजार में भेजें। चूँकि पत्तीदार सब्जियों में तेज गति से श्वसन व ताप विकसित होने के कारण ज्यादा देर तक रखना मुश्किल होता है। अगर पत्तीदार सब्जियों का पूर्वशीतन तथा हाइड्रोकूलिंग (hydro cooling) किया जाये, तो अच्छा परिणाम मिलता है। लेट्यूस को लकड़ी के क्रेट्स (wooden crates) जो हवादार हो बाजार के लिए उपयुक्त है। प्रत्येक क्रेट्स में लेट्यूस के 24 शीर्ष ही रखें। लकड़ी के क्रेट्स में सेलरी के 20–30 शीर्ष रखें। ब्रोकली को कार्ड बोर्ड सन्दूक जिसमें 5.0 किलो ग्राम तक शीर्ष रखा जाये, अच्छा होगा। धनिया, हरी मेथी को समूह / गूच्छा (bunch) में रखें।

15. फूल गोभी (Cauliflower)

कटाई उपरान्त फूल गोभी के शीर्ष के पास से अनावश्यक पत्तियों को निकाल देना चाहिए। ध्यान रहें कि कटाई के समय शीर्ष के साथ कुछ डण्ठल भी हों। श्रेणीकरण उनकी कसावट, रंग व आकार के आधार पर किया जाता है। सूर्य की रोशनी में शीर्ष रखने से पीलापन विकसित होता है। प्लास्टिक फिल्म पैकेजिंग (plastic film packaging) सबसे उत्तम है। स्थानीय बाजार के लिए उपज को कन्टेनर में भरकर भेजना चाहिए, लेकिन कन्टेनर बहुत बड़ा नहीं होना चाहिए।

□□□

अध्याय 20

सब्जियों की पैकिंग, श्रेणीकरण, विपणन, निर्यात एवं भण्डारण

(Packing, Grading, Marketing, Export and Storage of Vegetables)

आधुनिक तकनीकों के माध्यम से सब्जियों की गुणवत्ता एवं उपज में आशातीत वृद्धि हुई है। उत्पादन के बाद पहली प्राथमिकता होती है कि उत्पादन को सुरक्षित तरीके से उपभोक्ता तक किस प्रकार पहुँचायी जाये। एक आँकडें के मुताबिक 20.0–40.0 प्रतिशत सब्जियाँ आज भी उपभोक्ता तक सही हालत में नहीं पहुँच पा रही हैं (सिंह, 1981)। इसमें सबसे महत्वपूर्ण घटक पैकिंग हेतु प्रयोग होने वाले साधन व तरीके हैं। अगर उत्पादकों को पैकिंग पदार्थ व सुधरी तकनीक की जानकारी हो जाये, तो उपभोक्ता कहीं भी हों, सब्जियों को उपलब्ध कराया जा सकता है। पहाणों पर उगने वाली सब्जियाँ जैसे–टमाटर, पत्ता गोभी, फूल गोभी, मिर्च, शिमला मिर्च, फराश बीन, मटर, खीरा आदि वहाँ भले ही मौसम की हों, लेकिन अगर इसकी उपलब्धता मैदानी भागों में हो जाये तो बे–मौसम की मानी जाती हैं क्योंकि जो मौसम पहाणों में उगने के लिए उपयुक्त हैं, वह मौसम मैदानी भागों में उस समय उगाने के लिए उपयुक्त नहीं होता है। इतना ही नहीं जब बाजार में सब्जियों की आवक (supply) ज्यादा होती है, तो दूसरे क्षेत्रों में लगने वाले बाजारों में भेजकर अधिक मुद्रा अर्जित की जा सकती है। सब्जियाँ बहुत ही जल्द खराब हो जाती हैं और इन्हें ज्यादा समय तक रखना सम्भव नहीं होता है। अतः उत्तम पैकिंग करके कुछ घण्टों एवं दिनों तक सुरक्षित रखा जा सकता है और उपभोक्ता तक स्वच्छ एवं सस्ते दर पर सब्जियाँ उपलब्ध करायी जा सकती हैं। उचित पैकिंग करके सब्जियों को दैहिक, कार्यिकीय एवं रोगों के कारण होने वाले नुकसान के स्तर को कम किया जा सकता है। यह सत्य है कि समुचित व्यवस्था के अभाव में उत्पादक, उपभोक्ता तक

सब्जियाँ पहुँचाने में असमर्थ होता है। आवश्यकता इस बात की भी है कि ऐसी प्रजातियों को विकसित किया जाये, जिनके परिवहन में रगड़ एवं सिकुड़न जैसे घटकों से उत्पाद सुरक्षित रह सके। पहाणों से जो सब्जियाँ मैदानी क्षेत्रों में लायी जाती हैं, क्षेत्रवार उनका विवरण तालिका में दिया गया है–

सारिणी (20.1) पहाणों सं मैदानी क्षेत्रों में लायी जाने वाली सब्जियाँ

प्रान्त	महत्वपूर्ण क्षेत्र	प्रमुख सब्जियाँ
हिमाचल प्रदेश	सोलन, शिमला, कुल्लू, कांगड़ा एवं महास	टमाटर, हरी मटर, शिमला मिर्च, फराश बीन, पत्त गोभी, फूल गोभी एवं खीरा
जम्मू एवं काश्मीर	अनन्तनाग, श्री नगर, वारामूला	टमाटर, पत्त गोभी, गांठ गोभी, शिमला मिर्च, हरी मटर, खीरा एवं लौकी
उत्तर प्रदेश एवं उत्तराखण्ड की पहाड़ियाँ	अल्मोड़ा नैनीताल, पिथौरागढ़	टमाटर, शिमला मिर्च, हरी मटर, फराश बीन, पत्ता गोभी एवं फूल गोभी

पैकिंग (निचयन) की प्रासंगिकता

1. सब्जियों को परिवहन के समय होने वाले नुकसान से बचाना।
2. सूक्ष्म जीवों एवं कीड़ों से होने वाले नुकसान से बचाना।
3. दैहिक एवं जैव रासायनिक परिवर्तन में कमी लाना।
4. तुड़ाई उपरान्त होने वाले भार में कमी लाना।
5. सब्जियों को सिकुड़न, रगड़ आदि से बचाना।

पैकिंग (निचयन) प्रक्रिया का उद्देश्य (Objective of packing operation)

पैकिंग प्रक्रिया में निम्नलिखित उद्देश्यों की पूर्ति आवश्यक है (पानटैस्टीको, 1975)

1. उपभोक्ता एवं थोक व्यापारी के लिए पैकिंग आसानी से एक स्थान से दूसरे स्थान तक ले जाने के उपयुक्त हो।
2. गोदाम एवं भण्डार गृह में सुविधापूर्वक रखा जा सके।
3. सब्जियों की गुणवत्ता को यान्त्रिक नुकसान से बचाया जा सके।
4. पैकिंग ऐसी हो जिनमें नमी की नुकसान को रोका जा सके।
5. उत्पाद साफ सुथरा एवं स्वच्छ बना रहें।
6. पैकिंग पूरी तरह से याता–यात एवं सेवा के लिए उपयुक्त हो।

7. उपभोक्ता के लिए काफी आकर्षक हो।
8. किसी भी दशा में सस्ता (economical) हो।
9. पैकिंग ऐसी हो कि उपर रखी सब्जियाँ किसी भी दशा में नीचे की सब्जियों को दबाकर नुकसान न पहुँचा सके।
10. पैकिंग में वातायन का पूरा ध्यान होना चाहिए, जिससे प्रत्येक फल/फूल/पत्ती आदि को हवा मिलती रहे।

पैकिंग पूर्व प्रक्रिया (Pre-Packaging Operation)

पैकिंग पूर्व निम्नलिखित प्रक्रिया आवश्यक है–

1. पकाव गुणांक (Maturity indices)
2. तुड़ाई तकनीकी (Harvesting technique)
3. श्रेणीकरण (Grading)
4. धुलाई (Washing)
5. मोमीकरण (Waxing)
6. पूर्व प्रशीतन (Pre-cooling)
7. अन्य घटक (Other components)

1. पकाव गुणांक (Maturity Indices)

अगर सब्जियाँ पकने की सही अवस्था पर नहीं तोड़ी गयी हैं, तो उत्पाद की गुणवत्ता घटिया एवं असमान पकाव बाद में शुरू हो जाता है, जैसे टमाटर, खरबूजा, तरबूज आदि। तुड़ाई की अवस्था का प्रभाव परिवहन की दूरी के अनुसार होता है। टमाटर को जब जलयान में भरकर विदेशों में भेजना है, तब हरे व पूर्ण विकास की अवस्था में तोड़ना उपयुक्त रहता है। इसे कार्यिकी परिपक्वता की अवस्था (physiological maturity) कहते हैं, जबकि व्यावसायिक परिपक्वता अलग होती है (सन्धू, 1984)। सर्वप्रथम संयुक्त राज्य अमेरिका में इलेक्ट्रोनिक कलर यंन्त्र (aspectrophotometer) से परिपक्वता की अवस्था टमाटर में निर्धारित की गयी थी (नाटूवेटेटी एवं चेन, 1980) तथा बाद में पेनीट्रोमीटर (penitrometer) की सहायता से हरे, कसे हुए लाल रंग तथा मुलायम पड़े टमाटर की अवस्था को पहचाना जाने लगा (मिजरैक एवं सहयोगी, 1985)। सबसे आसान तरीका चाकू से टमाटर काटकर देखने पर पके फल में बीज नहीं कटता है जबकि अपरिपक्व फल में बीज आसानी से कट जाते हैं। कम या मध्यम दूरी तक के बाजार हेतु हल्का लाल अवस्था (pink breaker stage) में ही तोड़ना उपुयक्त रहता है। पूरी तरह से पककर लाल हुए फल को केवल स्थानीय बाजार में ही बेचा जा सकता है। यह अवस्था घर में खाने, प्रसंस्करण एवं बीज निकालने के लिए उपयुक्त होता है (सैन्डूजा एवं सहयोगी 1987)।

2. तुडाई तकनीकी (Harvesting techniques)

सब्जी की गुणवत्ता ही उसके बाजार मूल्य को अच्छी दिशा देते हैं। ज्यादा से ज्यादा मूल्य प्राप्त करने के लिए एवं सब्जियों को सड़ने, गलने, टूटने–फूटने, खरोंच व चोट से बचाने के लिए कैसे, किस समय व किस अवस्था पर फलों की तुड़ाई की जाये, इसका ध्यान सब्जी उत्पदाकों को देना आवश्यक है। तुड़ाई सुबह के समय करनी चाहिए ताकि तापमान का असर कम पड़े और सब्जियाँ देर तक ताजी अवस्था में बनी रहें। तुड़ाई उपरान्त सब्जियों को छाया में रखना चाहिए। पैकिंग की सफलता में सही तुड़ाई तकनीकी का महत्वपूर्ण योगदान है। विकसित देशों में श्रम की समस्या व अधिक मजदूरी के कारण ज्यादातर मशीनों द्वारा तुड़ाई (mechanical harvesters) की जाती है (सिम्स एवं सहयोगी, 1977) लेकिन भारतवर्ष में ज्यादातर तुड़ाई हाथ द्वारा की जाती है, जिसमें समय एवं श्रम दोनों ज्यादा लगता हैं और गुणवत्ता भी खराब हो जाती हैं। हाथ द्वारा तुड़ाई करने पर जीवाणु (bacteria) एवं फफूँद fungus) आदि का प्रकोप भी ज्यादा होता है (गौड़ एवं बाजपेयी, 1982)। यह सही है कि हाथ द्वारा तोड़े गये फल को काफी दिनों तक सुरक्षित रखा जा सकता है (फुक्स एवं बरकाईगोलन, 1979)।

3. धुलाई (Washing)

सब्जियों की पोटली पैक करने के पहले पूरी तरह से धुलाई करके छाया में सुखाना आवश्यक है। इससे उत्पाद (फलों/फूलों/पत्तियों) पर चिपके किटाणु आदि निकल जाते हैं। विकसित देशों में धुलाई हेतु क्लोरिन जल या पोटेशियम परमैगनेट मिश्रित जल का प्रयोग उत्पाद को रोगकारक मुक्त करने के लिए किया जाता (गिराल्डो एवं सहयोगी, 1977)। भारतवर्ष में सब्जियों की धुलाई साधारण जल से केवल लगी हुई मिट्टी को हटाने के लिए किया जाता है। हल्की धुलाई करने पर कीटाणु पूरी तरह से नही हटते हैं।

4. पूर्व प्रशीतन (Pre-cooling)

• ठण्डे हवा द्वारा प्रशीतन (Cooling by cold air)

इस प्रक्रिया के लिए कुछ घण्टों तक ठण्डे हवा को उत्पाद के उपर प्रवाहित करते हैं, जिससे उत्पाद की गुणवत्ता एवं रखने की क्षमता बढ़ जाती है।

• ठण्डे पानी द्वारा प्रशीतन (Cooling by cold water)

इस विधि में सब्जियों को ठण्डे जल में कुछ मिनट तक के लिए रखा जाता है। स्थानीय स्तर पर उत्पाद को शून्य ऊर्जा गृह (zero energy chamber) में रखकर भी कुछ समय तक बचाया जा सकता है।

5. मोमीकरण (Waxing)

कुछ सब्जियों के सतह पर मोमीकरण करके भी दूर के बाजार में भेजा जाता है। इसके लिए वैक्साल (waxol) 0–6 का प्रयोग किया जाता है, जिससे उत्स्वेदन (transpiration) कम हो जाता है तथा सब्जियों की गुणवत्ता बढ़ जाती है। इसके अलावा बाहरी रोगों एवं कीटों के प्रकोप में कमी आती है (कैस्ट्रो एवं सहयोगी, 1973, गुप्ता एवं कश्यप, 1984 तथा पाठक, 1988)।

6. श्रेणी करण (Grading)

पैकिंग के पूर्ण फलों का श्रेणीकरण करने से उत्पाद का मूल्य बढ़ने के साथ–साथ पोटली पैक करने में भी काफी सुविधा होती है। उपभोक्ता का आकर्षण श्रेणीवार उत्पाद पर ज्यादा रहता है, क्योकि उन्हें अपनी आवश्यकतानुसार चुनाव का अवसर मिलता है। जैसे टमाटर में प्रसंस्करण हेतु बड़े तथा सलाद हेतु मध्यम व छोटे फल की आवश्यकता पड़ती है। टमाटर का श्रेणीकरण तीन भाग में (प्रथम समूह–100.0 ग्राम, द्वितीय समूह–50.0–100.0, तथा तृतीय समूह–20.0–50.0 ग्राम) उनके आकार प्रकार के आधार पर किया जाता है। विदेशों में अब श्रेणीकरण का काम कम्प्यूटर आधारित छाँटक (computer base sorters) की सहायता से किया जाता है। भारतवर्ष में श्रेणीकरण का कार्य कम स्तर पर हाथ द्वारा किया जाता है या बिल्कुल नहीं किया जाता है। इससे उत्पादकों को उनके उत्पाद का वास्तविक मूल्य नहीं मिल पाता है। रंग के आधार पर पका हरा, पूरी तरह पका तथा लाल रंग की अवस्था में तोड़कर बाजार में दूरी के अनुसार भेजते हैं। आज के प्रतिस्पर्धात्मक बाजार में कई बहुराष्ट्रीय कम्पनियाँ जैसे स्पेन्सर, रिलायंस फ्रेश, वालमार्ट, मदर डेयरी आदि खुदरा व्यापार में प्रवेश कर सब्जियों को सीधे उत्पादक से ही खरीद कर उपभोक्ता को प्रदान कर रही हैं। इस स्थिति में सब्जियों का श्रेणीकरण, उत्पादकों को उनके उत्पाद का उचित मूल्य प्रदान करने में और बढ़ जाता है। इसके अतिरिक्त श्रेणीकरण खाद्य प्रसंस्करण प्रक्रियाओं के बेहतर नियन्त्रण तथा क्षमता बढ़ाने में भी महत्वपूर्ण है।

श्रेणीकरण क्या है?

श्रेणीकरण उत्पाद या पदार्थ को उसके भौतिक संरचना या गुणों के आधार पर अलग–अलग समूहों में बाँटने की प्रक्रिया है।

श्रेणीकरण की आवश्यकता एवं लाभ

सब्जियों के श्रेणीकरण से निम्न लाभ हैं–

1. श्रेणीकरण मशीनों द्वारा किए जाने वाली प्रक्रियाओं के लिए बेहतर होते हैं। उदाहरण के लिए टमाटर से छिलका उतारने की प्रक्रिया, उबलते पानी का उपचार (blanching), फलों का गूदा निकालना आदि।
2. आलू तथा अन्य सब्जियों के गोलाकार या अण्डाकार होने से उनका छिलका उतारने में ऊर्जा, समय एवं धन की बचत होती है।
3. ककड़ी, कद्दू, लौकी आदि का आकार एक समान होने से उनकी पैकेजिंग में आसानी हो जाती है, जिससे परिवहन में भी सुविधा होती है। उदाहरण के लिए पेठा फल का परिवहन के लिए बेलनाकर (cylindrical) होना चाहिए।
4. कुछ खाद्य प्रसंस्करण की प्रक्रियाओं में ऊष्मा के एक समान वितरण की आवश्यकता होती है। जैसे उबलते पानी का उपचार (blanching), पास्तुरीकरण (pasteurization), निर्जमीकरण (sterlization) आदि। इसलिए एक आकार वाले सब्जियों के फल से आसानी होती है।
5. सब्जियों के भार नियन्त्रण में सुविधा होती है।

6. उपभोक्ता की दृष्टि से एक समान पदार्थ देखने में अच्छे लगते है तथा होटल प्रबन्धन व्यवसाय दृष्टि से भी यह महत्वपूर्ण है।
7. श्रेणीकरण का मुख्य लाभ सब्जी उत्पादकों को उचित दाम का मिलना है।
8. उपभोक्ता को एक रूप रंग व एक समान सब्जियों की प्राप्ति होती है।

श्रेणीकरण का आधार (Base of grading)

मुख्यतः भौतिक गुणों के आधार पर सब्जियों को चार श्रेणियों में विभाजित करते हैं।

1. आकार या शक्ल
2. परिमाण या मात्रा
3. वजन
4. रंग

1. आकार या भाक्ल के आधार पर वर्गीकरण (Classification on the basis of size or shape)

आकार के आधार पर सब्जियों का श्रेणीकरण प्रसंस्करण की दृष्टि से ज्यादा उपयोगी है। इसके अलावा खुदरा मूल्य हेतु भी महत्वपूर्ण है। आकार के आधार पर यह कार्य हाथों या मशीन से किया जााता है।

आकार या शक्ल के आधार पर निम्न मशीनों का उपयोग किया जाता है।

- बेल्ट और रोलर यंत्र (Belt and Roller)
- डिस्क आधारित वर्गीकरण यंत्र (Disc)
- फलों के प्रतिबिम्ब के आधार पर प्रसंस्करण (Image processing)

बेल्ट तथा रोलर (वलय) आधारित वर्गीकरण यंत्र द्वारा सब्जियों को उनके आकार के आधार पर अलग–अलग किया जाता है। सब्जी एक संवाहक पट्टी (convener belt) पर चलते हैं तथा पट्टी का झुकाव एक ओर को होता है। फल या पट्टी संवाहक पट्टी के एक ओर बने खाँचों से आकार के आधार पर प्रवेश कर वर्गीकृत किये जाते हैं।

2. परिमाण के आधार पर वर्गीकरण (Classification on the basis of weight)

परिमाण के आधार पर वर्गीकरण को सीधे शब्दों में छलनी से छानना भी कहा जा सकता है। इसमें सब्जियों को उनके परिमाण के आधार पर दो या दो से अधिक वर्गों में बाँटा जा सकता है। जब सब्जियों का प्रसंस्करण किया जाता है, तो उसमें ऊर्जा का संवहन काफी महत्वपूर्ण हो जाता है। ऊर्जा का संवहन परिमाण पर निर्भर करता है। परिमाण की भिन्नता उसके कम या अधिक प्रसंस्कृत होने के लिए जिम्मेदार होती है। जालियाँ या छलनियाँ मुख्यतः दो प्रकार की होती हैं–

- स्थिर सुराखयुक्त तथा

- परिवर्तनशील सुराख युक्त।

इसके अतिरिक्त यह जालियाँ स्थिर, घुमने वाली या फिर हिलने वाली होती है।

स्थिर सुराख युक्त जाली या छलनी

स्थिर सुराख वाली जालियाँ निम्न हैं–

1. समतल सतह (flat bed) वाली जाली
2. गोलाकार (drum, rill or rotary) जाली

1. समतल सतह (flat bed) वाली जाली

इस प्रकार के यंत्रों से छाँटने की दर निम्न बातों पर निर्भर करती है।

- सब्जियों का परिमाण एवं वितरण जाली का प्रकार।
- हिलाने की दर एवं आयाम (amplitude)।
- सुराखों को बंद होने से रोकने के लिए किये गए उपाय।

2. गोलाकार (drum, rill or rotary) जाली युक्त वर्गीकरण यंत्र

इस प्रकार के यंत्र मुख्यतः तीन प्रकार के होते हैं–

1. संकेद्रीय जाली
2. समानान्तर जाली
3. श्रेणीक्रम जाली

इस प्रकार के यंत्रों में जाली या छलनी को धरातल से 5–10 डिग्री का झुकाव दिया जाता है। इस प्रकार की जालियों की यांत्रिक क्षमता सब्जियों के वजन तथा घर्षण व हिलने आदि के उपर निर्भर करता है।

परिवर्तनशील सुराख वाली छलनियाँ

परिवर्तनशील सुराख वाली छलनियों में या तो सुराख निरंतर एक–दूसरे से दूर होते हैं या फिर सुराखों को चरणबद्ध तरीके से बढ़ाया जाता है। दोंनो प्रकार की छलनी (ड्रम एवं परिवर्तनशील सुराख) युक्त उपकरण/यंत्र है। परन्तु यह ड्रम छलनी की तुलना में फलों को ज्यादा शालीनता के साथ छाँटते हैं जिससे फलों में चोट लगने का खतरा कम होता है। इस प्रकार की छलनियों का उपयोग नरम व मुलायम सब्जियों को छाँटने में किया जाता हैं। निरंन्तर परिवर्तनशील वलय (roller) या झुकी हुई संवाहक पट्टी लगी होती है। इसको विभिन्न गतियों से घुमाया जाता है, जिससे सब्जियाँ पंक्तिबद्ध हो जायें एवं सबसे छोटी वीमा (माप) सुराख की ओर हो जाए। विभिन्न प्रकार के वलय (roller) अलग–अलग प्रकार के पदार्थों के वर्गीकरण में सहायक होते हैं। कुछ वलय (roller) तथा उनके उपयोग नीचे बताए गए हैं।

1. प्लास्टिक की तह चढ़े हुए वलय (Roller)

यह सामान्यतः आलू, खीरा, शिमला मिर्च आदि के वर्गीकरण के लिए उपयोग में लाये जाते हैं।

2. रबर की तह वाली चरखियाँ

यह गोल आलू, प्याज आदि के वर्गीकरण के लिए उपयोगी पाये गए हैं।

3. यूरेथिन की तह चढ़ी हुई वलय (Roller)

यह सेब, टमाटर आदि के वर्गीकरण के लिए उपयोग में लाये जाते हैं।

4. वी–आकार की चरखियाँ

यह सामान्यतः अंडाकार या समतल पदार्थों, जिनका व्यास ज्यादा हो, के वर्गीकरण के लिए उपयोग में लायें जाते हैं जैसे कि मशरुम, समतल प्याज आदि। वजन के आधार पर वर्गीकरण अन्य तरीकों की अपेक्षा अधिक सही है। इसका उपयोग अधिक मूल्य वाले सब्जियों के वर्गीकरण में किया जाता है। गोबिन्द बल्लभ पंत कृषि एवं प्रौद्योगिकी विश्वविद्यालय पंतनगर, उधम सिंह नगर (उत्तराखण्ड) ने फलों के वर्गीकरण हेतु फलसोत्तर प्रौद्योगिकी एवं खाद्य प्रसंस्करण अभियंत्रण विभाग द्वारा वजन के आधार पर वर्गीकरण यंत्र तैयार किया गया है। यह विभिन्न प्रकार के फलों इसमें एक फल का हापर से वलयाकार रोलरों द्वारा फल वाहक यंत्र तक ले जाया जाता है। वलयाकार रोलरों द्वारा फलों को अंत में फल वाहक यंत्र पर छोड़ दिया जाता है। फल वाहक यंत्र की गति इस प्रकार समन्वित की जाती है कि वलयाकार रोलर एक चक्कर में दो फल ले जा सके तथा उसे फल वाहक यंत्र पर छोड़ दे। फल वाहक यंत्र तथा वजन करने हेतु तुलाओं से संतुलन में रहता है। फल वाहक यंत्र के दोनों ओर फल वजन करने हेतु एसेम्बली होती है। वजन तुला में रखें फल के वजन से अधिक होने पर एक ओर गिर पड़ता है। इस वर्गीकरण यंत्र द्वारा 50.0, 100.0, 150.0, 200.0 ग्राम के फलों का वर्गीकरण सुगमता पूर्वक किया जा सकता है। इसकी क्षमता लगभग 350.0–400.0 किलो ग्राम प्रति घंटा एवं इसकी कीमत लगभग 30,000 रुपया है।

इसके मुख्य भाग निम्न है–

1. हापर
2. वाहक
3. फल संवाहक
4. वजन करने हेतु तुला
5. संग्रहण प्लेटफार्म
6. ऊर्जा वितरण हेतु प्रणाली

सारिणी (20.2) सब्जियों के विपणन हेतु श्रेणीकरण का मानक

सब्जियाँ	सामान्य श्रेणीकरण	व्यावसायिक श्रेणीकरण
अरवी	व्यास 25.00 मिली मीटर एवं अधिकतम लम्बाई 50.00 मिली मीटर	व्यास 25.0 मिली मीटर या ज्यादा, लम्बाई 30.0–45.0 मिली मीटर
बैंगन (लम्बा)	हरा डंठल, भुरा चकत्ता से मुक्त व सिकुड़न रहित	सिकुड़न व भूरे धब्बे मुक्त, (फल का 20 प्रतिशत क्षेत्रफल)
बैंगन (गोल)	सिकुड़न रहित, उचित आकार, यान्त्रिक नुकसान रहित, चमकीला, हरा डंठल, 65.0–150.0 मिली मीटर व्यास, 5–10 प्रतिशत पैकिंग / दबाव नुकसान, हरा–भूरा क्षेत्रफल (<10 प्रतिशत)–जनवरी–मार्च व (< 25 प्रतिशत) सितम्बर–अक्टूबर	सिकुड़न 20 प्रतिशत तक, बिना आकार–प्रकार, मन्द दिखने वाला सूखा या बिना डंठल का, 20 प्रतिशत तक पैकिंग / दबा नुकसान हरा–भूरा क्षेत्रफल (< 25 प्रतिशत) जनवरी–मार्च व (< 50 प्रतिशत) सितम्बर–अक्टूबर
धनिया पत्ती	तना मुलायम व पत्तियाँ पीला नहीं होना चाहिए।	हल्का पीला रंग
कैप्सिकम (बेल पेपर)	व्यास 46.0–85.0 मिली मीटर व लम्बाई कम से कम 70.0 मिली मीटर	व्यास 30.0–45.0 मिली मीटर (तने के अन्त से) व लम्बाई कम से कम 50.0 मिली मीटर
कैप्सिकम	कसावट युक्त, व्यास 50.0 मिली मीटर या अधिक तथा लम्बाई 50.0 मिली मीटर या उपर	हल्का मुलायम, व्यास 30.0–49.0 मिली मीटर लम्बाई की सीमा नहीं
पत्ता गोभी	कम कसावट स्वीकार्य नहीं, पत्तियाँ कसी हुई हल्का हरा रंग, औसत वजन 250.0–800.0 ग्राम (बिना कटी–फटी पत्ती)	हल्की कसावट व भार, सफेद रंग खुला शीर्ष भार विवरण नहीं, 50.0 मिली मीटर लम्बाई तक साफ कटी, 20.0 मिली मीटर चौड़ी व गहरी,
फूल गोभी	राइसीनेस <10 प्रतिशत क्षेत्रफल तक, बर्फ जैसी सफेद, दूधिया रंग कसावटयुक्त शीर्ष जिसमें शीर्ष नुकसान, <1.0 वर्ग सेन्टी मीटर, कीट के नुकसान से मुक्त औसत वजन 200.0–1000.0 ग्राम	राइसीनेस >10 प्रतिशत सतही क्षेत्रफल, कम कसावट वाला शीर्ष, मन्द चमक, 2.0 वर्ग सेन्टी मीटर तक कीट नुकसान, लेकिन कीट न लगें हों, औसत वजन 1.5 किलो ग्राम
गाजर	लाल रंग, शुरुआत में मोटा तथा नीचे की तरफ पतला होते हुए, 3 गाँठें, कटा–फटा न हो, उपर का भाग 10.0 मिली मीटर तक हरा, व्यास 25.0–40.0 मिली मीटर व लम्बाई 150.0 मिली मीटर	हल्का पीला परिदृश्य, बिना–आकार प्रकार का पतले आकार का बनावट न हों, 5 गाँठों तक किसी प्रकार कटा न हो, 70.0 मिली मीटर लम्बा, 3.0–5.0 मिली मीटर चौड़ा, गहरा रंग, 11.0–30.0 मिली मीटर लम्बा, उपरी भाग हरा, व्यास 11.0–25.0 मिली मीटर या ज्यादा

खीरा	हरा या हल्का भूरा, ठोस, सीधा, व्यास 35.0–50.0 मिली मीटर व लम्बाई 125.0–180.0 मिली मीटर	पीला, टेढ़ा, हल्का किनारे पर , सिकुड़न व्यास 30.0–34.0 मिली मीटर, लम्बाई कम से कम 75.0 मिली मीटर
करेला	हरा 10 प्रतिशत तक रंगीन, मुलायम, कसा हुआ, खरोंच मुक्त, व्यास 25.0–55.0 मिली मीटर व लम्बाई 60.0–200.0 मिली मीटर	हल्का पीला रंग, (20 प्रतिशत क्षेत्रफल तक) हल्का खरोंच युक्त या हल्का भद्दा दिखावट व्यास 25.0–50.0 मिली मीटर व लम्बाई 60.0–200.0 मिली मीटर
ककड़ी	हरा रंग, मुलायम, व्यास 10–30 मिली मीटर	हल्का पीला (10 प्रतिशत क्षेत्रफल तक) व्यास 31.0–40.0 मिली मीटर
लौकी	हरा/हल्का हरा, एकसार मुलायम, बिना–कटा या अधिकतम दो जगह < 50.0 मिली मीटर लम्बाई का कटा, भूरा रंग/< 10 प्रतिशत क्षेत्रफल का मापन, छिलका फटा न हो व काले किनारे से मुक्त हों, पैकिंग व दबाव नुकसान 10 प्रतिशत क्षेत्रफल से ज्यादा न हो, वजन 300.0–800.0 ग्राम	हल्का सफेद, 50.0 मिली मीटर की लम्बाई तक, किसी संख्या तक कटा, भूरा रंग, 11–75 प्रतिशत तक मापन, फटा छिलका 75 प्रतिशत क्षेत्रफल तक, किनारे का काला भाग <30.0 मिली मीटर, पैकिंग/दबाव नुकसान 20 प्रतिशत तक, फल भार की सीमा नहीं लेकिन दुर्गुण मुक्त
भिण्डी	गहरा हरा या हल्का हरा, मुलायम व कसावटयुक्त, बीज दिखाई न पड़े, ताजापन, काली धारियाँ न हो, व्यास < 18.0 मिली मीटर (वृन्त के अन्त तक) लम्बाई 50.0–130.0 मिली मीटर (तना को छोड़कर)	बीज दिखाई पड़े लेकिन फलियाँ पकी न हों, हल्की काली धारियाँ, लम्बाई की कोई सीमा नहीं व व्यास <20.0 मिली मीटर
मेथी	हरी पत्तियाँ छोटी व साफ सुथरी	हल्के पीले रंग की (बदली पीली पत्तियाँ) नीचे की तरफ मुड़ी पत्तियाँ
पालक	हरी पत्तियाँ छोटी व साफ सुथरी	हल्के पीले रंग की (बदली पीली पत्तियाँ) नीचे की तरफ मूड़ी पत्तियाँ
प्याज	प्रजाति के अनुरुप रंग, पूरी तरह से कन्द पके हो, एक सतह से ज्यादा कटा न हों व 10 मि0मी0 लम्बा, छिल्का 25 प्रतिशत क्षेत्रफल तक, कलिका का जमाव न हुआ हो, धूप से जला न हों, काले चूर्णिल धब्बे <25 प्रतिशत, दो कन्द न जुड़े हों, गर्दन का व्यास 15.0 मिली मीटर, यान्त्रिक नुकसान न हो, बदरंग न हो व व्यास 40.0–60.0 मिली मीटर	तीन सतह से ज्यादा गहरा कटा न हो, लम्बाई कन्द के व्यास का 50 प्रतिशत कलिका निकली हो, छिलका व कन्द में सूर्य की तेज रोशनी से 50 प्रतिशत क्षेत्रफल से ज्यादा झुलसा न हों, काले चूर्णिल धब्बे 50 प्रतिशत, दो कन्द /फटे कन्द गर्दन >15.0 मिली मीटर व्यास यान्त्रिक नुकसान >1.0 वर्ग सेन्टी मीटर से ज्यादा न हो, क्षेत्रफल का 90 प्रतिशत बदरंग, व्यास 25.0–80.0 मिली मीटर

आलू	प्रजाति के अनुरुप रंग, मिट्टी रहित हरे धब्बे न हो, कटा न हो यदि कटा हो तों 2.0 मिली मीटर गहराई तक व लम्बाई अधिकतम 25.0 प्रतिशत कन्द व्यास तक प्राकृतिक रुप से फटा न हों, पूरे आकार का हो, भूरा रंग छिलका पर प्रभाव 15 प्रतिशत से ज्यादा नहीं, यान्त्रिक नुकसान न हो व धब्बेदार न हो, व्यास 40.0–60.0 मिली मीटर	हरें धब्बे युक्त अधिकतम 3 जगह तक 2.0 मिली मीटर से ज्यादा कटा न हों व लम्बाई में कन्द व्यास का 50.0 प्रतिशत तक अधिकतम 3 प्राकृतिक रुप से कटा हों, अनियमित आकार, छिलका का भूरा रंग 75 प्रतिशत से ज्यादा न हों, कन्द व्यास के 50 प्रतिशत तक नुकसान, कन्द किसी भी आकार का
मटर	हरा, ताजा, सुखा छिलका 10 प्रतिशत क्षेत्रफल से ज्यादा न हों, छिलका कटा न हों, फलियों पर भूरा या काला धब्बा न हो, किनारे का भाग काला न हों	सूखा छिलका >10.0 प्रतिशत क्षेत्रफल तक फटा छिलका, 20.0 प्रतिशत से ज्यादा भूरा या काला धब्बा न हों फली का किनारा काला न हों,
शकर कन्द	प्रजाति के अनुरुप रंग जड़ कन्द कटे व नुकसान रहित हों, आकार नियंत्रित हों 40.0–80.0 मिली मीटर व्यास के हो और लम्बाई 60.0 मिली मीटर	दोनों किनारे कटे हों, लेकिन फफूँद के संक्रमण से मुक्त हो, हल्की कटी अवस्था स्वीकार्य, व्यास 25.0–90.0 मिली मीटर, लम्बाई 60.0 मिली मीटर अथवा ज्यादा
मूली	सफेद / बर्फ जैसी सफेद, साफ व नियमित आकार द्वितीयक जड़ें कटी हों, भूरा / काला धब्बा <5 प्रतिशत क्षेत्रफल से ज्यादा न हों, हरी पत्तियाँ लगी हो, लेकिन कुल भार की 50.0 प्रतिशत से ज्यादा न हों, व्यास 25.0–50.0 मिली मीटर व लम्बाई कम से कम 150.0 मिली मीटर	अनियमित आकार / टेढ़ा / जुड़वा जड़ स्वीकार्य, क्षेत्रफल के <10 प्रतिशत भूरे / काले धब्बे स्वीकार्य, पीली / उकठी हुई पत्तियाँ को 20.0–60.0 मिली मीटर व कम से कम लम्बाई 150.0 मिली मीटर होनी चाहिए।
टिण्डा	हरा रंग, मुलायम, फल व्यास 25.0–60.0 मिली मीटर	फलों पर काले धब्बे ज्यादा न हों, व्यास 60.0–70.0 मिली मीटर
टमाटर	प्रजाति अनुरुप (आंशिक रुप से लाल रंग) सूखे–कटे न हों व कीट नुकसान से मुक्त हो, सफेद / पीले सूर्य की रोशनी से सक्त / झुलसे न हों, नियमित आकार, पैकिंग व दबाव नुकसान <10 प्रतिशत क्षेत्रफल तक, हरा / पीला रंग क्षेत्रफल के <20 प्रतिशत तक, फल पर काले / भूरे धब्बे न हों, व्यास 45.0–59.0 मिली मीटर (देशी) व 30.0–45.0 मिली मीटर (अण्डाकार) तथा लम्बाई कम से कम 55.0 मिली मीटर	अधिकतम 4 सूखे धब्बे सुई की नोंक से ज्यादा कीट नुकसान न हों, सूर्य की रोशनी से झूलसा भाग 210.0 मिली मीटर व्यास से ज्यादा न हों, अनियमित आकार, दबाव नुकसान <50 प्रतिशत क्षेत्रफल तक हरा / पीला धब्बा 75 प्रतिशत, काला / भूरा धब्बा < 1.0 वर्ग सेन्टी मीटर क्षेत्रफल तक, 30.0–40.0 मिली मीटर (देशी), 25.0–29.0 मिली मीटर (अण्डाकार) तथा लम्बाई 30.0–54.0 मिली मीटर या 30.0–45.0 मिली मीटर (अण्डाकार प्रजाति)

शलजम	व्यास 45.0–80.0 मिली मीटर (गोल प्रजाति)	व्यास 35.0–45.0 मिली मीटर (गोल प्रजाति)
खरबूजा	प्रत्येक फल का वजन 500.0–800.0 ग्राम, छिलका जालिकावत मिठास (टी0एस0एस0) 14.0–16.0 प्रतिशत गूदा हल्का पीला से गुलाबी	वजन सीमा नहीं, छिलका चिकना या जालिकावत, मिठास 10 प्रतिशत से ज्यादा, वजन 300.0–900.0 ग्राम
तरबूज	मिठास 12.0–13.0 प्रतिशत, वजन 3.5–8.00 किलो ग्राम तक, एक सीध में बीज या बीजरहित, लाल या पीला गूदा, अण्डाकार	मिठास 8 प्रतिशत से ज्यादा, वजन सीमा नहीं, बीज वितरण/विन्यास सीमा नहीं, लाल व पीला गूदा, कोई आकार

सब्जियों की पैकिंग एवं भण्डारण हेतु उपयुक्त सामग्री

सब्जियों की तुड़ाई उपरान्त पैकिंग एवं भण्डारण के लिए उपयुक्त सामग्री का बहुत योगदान है। सामान्यतया पैकिंग एवं भण्डारण के लिए जूट के बोरे, प्लास्टिक के बोरे, बाँस की टोकरियाँ आदि का प्रयोग किया जाता है। जब प्लास्टिक के बोरों में सब्जियों की पैकिंग या भण्डारण की जाती है, तो प्लास्टिक सब्जियों के श्वसन (respiration) द्वारा उत्सर्जित गैसों के आवागमन में अवरोध पैदा करती हैं, जिससे सब्जी उत्पाद के आस–पास कार्बन डाई–आक्साइड (CO_2) की सान्द्रता बढ़ जाती है और आक्सीजन की कमी होने लगती है। परिणामस्वरुप सब्जियों की भण्डारण क्षमता तथा बाजार में लम्बे समय तक रखकर बेचने की क्षमता समाप्त हो जाती है।

सारिणी (20.3) श्वसन दर के अनुसार सब्जियों का वर्गीकरण

वर्गीकरण	5 डिग्री सेल्सियस तापकम	सब्जियाँ
बहुत धीमा	5 से कम	शुष्कीकृत सब्जियाँ
धीमा	5–10	प्याज, लहसुन, आलू
मध्यम	10–20	पत्ता गोभी, गाजर, मिर्च, टमाटर
तेज	20–40	फूल गोभी, लाद पत्ती, बांकला
बहुत तेज	40–60	हरी प्याज, ब्रुसेल्स स्प्राउट
अत्यधिक तेज	60 से अधिक	मटर, पालक, ब्रोकली, ऐस्परागस

आजकल अधिक सिकुड़ने वाली पतली बहुस्तरीय पाली ओलेफिन प्लास्टिक का प्रयोग सब्जियों के भण्डारण लिए किया जा रहा है, इससे कार्बन डाईआक्साइड व आक्सीजन की मात्रा को आसानी से नियन्त्रित किय जा कता है। उदाहरण के लिए टमाटर को यदि पारगम्य प्लास्टिक में 4.0–6.0 प्रतिशत कार्बन डाई आक्साइड, 4.0–6.0 प्रतिशत आक्सीजन एवं 90.0 प्रतिशत सापेक्षिक आर्द्रता पर रखा जाये तो टमाटर की भण्डारण क्षमता कमरे के तापमान पर ही 7 दिन और बढ़ाया जा सकता है। कहीं–कहीं पर एस्कार्बिक अम्ल आधारीय पालीसैसे एवं कैट चाल आधारीय पालीसैसे को आक्सीजन आवशोषण के रुप में प्रयोग किया जा सकता है। ये सैसे कार्बनडाई–आक्साइड भी

उत्पन्न करते हैं, जब प्लास्टिक की गैसों के प्रति पारगम्यता बहुत कम होती है। ऐसी दशा में जल वाष्प एवं कार्बन डाई आक्साइड की सान्द्रता काफी बढ़ जाती है, जिससे भण्डारित पदार्थ को काफी हानि होती है। ऐसी स्थिति में प्लास्टिक में 2.0–5.0 मिली मीटर के कई छिद्र बना दिये जातें हैं, जिससे वायु का सुचारु रुप से पारगमन हो सके। प्याज को 150 गेज की पालीथीन में 6.4 मिली मीटर के 32–46 छिद्र बनाकर 24 डिग्री सेल्सियस एवं 55 प्रतिशत आर्द्रता पर रखने से भण्डारण में हानि कम होती है एवं शल्क कंद से कल्ले कम निकलते हैं।

(1) जलयान समूह हेतु पैकिंग (Bulk shippers)

इसके अन्तर्गत कोरूगेटेड संदूकें (corrugated boxes) मोल्डेड पल्प ट्रेज (moulded pulp trays), डीप पाकेट ट्रेज (deep pocket trays), फोम्ड पाली स्टीरीन ट्रेज (foamed poly styrene trays) आदि समूह पैकिंग करते हैं। पैकिंग हेतु उत्पादन के आकार–प्रकार एवं नष्ट होने की प्रकृति पर निर्भर करता है।

- वायर बाउण्ड वेनियर क्रेट्स (Wire bound veneer crates)

इस प्रकार के क्रेट्स लकड़ी के बने सन्दूक (nailed wooden boxes) के समान होते हैं। इसमें पैकिंग की हुई उत्पाद को प्रचुर मात्रा में हवा मिलता रहता है। वेनियर एवं वायर बाउण्ड क्रेट्स को आंशिक स्कोप फाइबर बोर्ड लीड्स या वेनियर कवर (venner cover) से बन्द किया जाता है।

- प्लास्टिक कन्टेनर्स (Plastic containers)

प्लास्टिक के कन्टेनर का निर्माण मुख्यतः पालीप्रोपीलीन, उच्च सघनता वाले पालीइथीलीन, फैली हुई पालीस्टीरीन आदि को मोल्ड करके किया जाता है। ये हल्के भार वाले पानी के प्रति अवरोधी एवं उत्पाद को रखने हेतु गद्देदार तथा तापमान के आवागमन के गुण रखते हैं। यह बात सही है कि इनके उत्पादन में खर्च आता है। अतः मल्टी ट्रीप्स (multi trips) हेतु प्रयोग करते हैं।

- बल्क कन्टेनर्स (Bulk containers)

बल्क कन्टेनर्स या पैलेट बाक्सेज (pallet boxes) द्वारा सुविधापूर्वक उठाकर बाजार में बेचा जा सकता है। बल्क बाक्सेज का निर्माण सामान्यतः प्लाइवुड (ply wood), सान–लम्बर वायर बाउण्ड वेनियर (sawn-lumber wire bound veneer), फाइबर बोर्ड वायर (fiber board wire) या इनके आपसी मिश्रण से तैयार किया जाता है। पैलेट बिन्स (pallet biens) या बल्क बाक्सेज (bulk boxes) के उपयोग के अनेकों लाभ हैं।

1. हस्तान्तरण खर्च में औसतन 40–45 प्रतिशत की कमी होती है।
2. हस्तान्तरण के समय में बचत होता है।
3. इससे दुर्घटना में कमी आती है।
4. भण्डारण स्थान का समुचित उपयोग किया जाता है।
5. उत्पाद को नुकसान से बचाया जा सकता है।
6. एक सार उत्पाद की तह (stacking) लगाने में सुविधा होती है।

पैकिंग करने के साधन

सब्जियों की पैकिंग करने के अनेकों साधन उपलब्ध हैं, जैसे बाँस की टोकरियाँ, जूट का बोरा, प्लास्टिक बोरा, प्लास्टिक की थैलियाँ, कोरूगेटेडे फाइबर, प्लास्टिक बोर्ड आदि भी इसके अलावा मड पार्ट्स, जूट बैग, बोरा तथा पालमीरा इत्यादि का उपयोग भी आवश्यकतानुसार किया जाता है।

(1) जूट/प्लास्टिक का बोरा

उत्पादकों को अपनी उपज को पैकिंग करने का सबसे बड़ा साधन जूट/प्लास्टिक की बोरियाँ होती हैं। इसके अन्तर्गत क्रैफ्ट पेपर सैक्स, दोहरी दीवार का पेपर बैग्स, विन्डो बैग्स, फाइबर नेट बैग्स, प्लास्टिक नेट बैग्स एवं पेपर मेश बैग्स आता है। ये बोरियाँ पतले धागेनुमा या पूरी तरह से छिद्र विहिन होती है। इसमें आसानी से आलू, प्याज लहसुन, शकरकन्द आदि को पैक किया जा सकता है। पालीइथलिन बैग्स में जड़ वाली सब्जियों की पैकिंग की जाती है। जूट के बोरे भी 5–6 दिनों तक यातायात में बाधा उत्पन्न करते हैं। इस प्रकार के साधन आर्द्रता एवं ऊष्मा रोधक होने के कारण रोग बढ़ते हैं। उदाहरण के लिए जूट के बोरे में पत्ता गोभी एवं फूल गोभी को पैक करने से इरविनिया राट (*Eriwinia* rot) द्वारा भारी नुकसान (50 प्रतिशत) होता है। इसको कम करने के लिए बाजार पूर्व बोरों का शोधन आवश्यक है।

(2) टोकरियाँ (Baskets)

टोकरियों में सब्जियों की पैकिंग करना आम बात है। ये टोकरियाँ बाँस की, अरहर के तने की या जंगलों में उपलब्ध अन्य पेड़–पौधों की छालों से भी बनाया जाता है। इन टोकरियों में सूरन, टमाटर आदि की पैकिंग सरलतापूर्वक की जा सकती है। बाँस की स्थिरिता और एक–पर–एक तह लगाने की योग्यता परिसीमन के कारण केवल इसे सिर पर रखकर ढोने तथा बैलगाड़ियों पर कम संख्या में रखकर कम दूरी तक भेजने के उपयुक्त हैं। कमजोर होने के कारण रफ हैण्डलिंग (rough handling) नहीं किया जा सकता है। सामान्यतः 2–3 तह लगाने पर भार बढ़ने के कारण टूट जाते हैं या पिचक जाते हैं। सरकार बाँस की टोकरियों पर प्रतिबन्ध लगा दिया है, अब जंगल में इनकों काटना मना है।

(3) लकड़ियों से बना सन्दूक

लकड़ियों के सन्दूक में रखकर जल्दी नष्ट होने वाली सब्जियों को दूर के बाजारों में सफलता पूर्वक भेजी जाती है। इसमें टमाटर, अदरक, शिमला मिर्च आदि को आसानी से पैक किया जा सकता है। लकड़ियों से तैयार सन्दूक कई गुणों के कारण उत्तम माना जाता है, लेकिन व्यावसायिक स्वरूप के कारण उपलब्ध होना काफी मुश्किल हो गया है। इस प्रकार जहाँ 100 प्रतिशत इसका प्रयोग होता था। अब यह मात्र 8.0 प्रतिशत ही रह गया है (तिवारी 1985)। वर्तमान समय में लकड़ियों के सन्दूक कम मिलते हैं, क्योंकि सरकार द्वारा जंगलों में पेड़ों की कटाई पर प्रतिबन्ध लगा दिया गया है।

(4) कोरूगेटेड फाइबर बोर्ड के कार्टन्स (सी0एफ0बी0 कार्टन्स)

वर्तमान समय में कोरूगेटेड फाइबर बोर्ड कार्टन्स के माध्यम से सब्जियों का निचयन (packing) करके निर्यात किया जाता है। इसका प्रचलन सन् 1980 से प्रारम्भ हुआ। इस साधन के उपयोग

करने से लकड़ियों के बने सन्दूक का प्रयोग कम होगा। चूँकि इसका उत्पादन कारखानों में लकड़ी की लुग्दी तथा अन्य पदार्थों जैसे धान व गेंहूँ का भूसा, गन्ना आदि की पत्तियों के बनने के कारण सस्ती होती है तथा इससे अन्य लाभ भी होता है।

1. इसके बनाने में मात्र 40 प्रतिशत खराब लकड़ियों का प्रयोग होता है।
2. अन्य की तुलना में 70–80 प्रतिशत भार में हल्का होता है, जिससे एक जगह से दूसरे जगह पर ले जाने में आसानी होती है और परिवहन भी सस्ता होता है।
3. चिकना होने के कारण कोमल सब्जियों में खरोच नहीं आता है।
4. अच्छी प्रकार से निचयन (packing) किया जा सकता है और सभी सब्जियों को यातायात प्रदान किया जा सकता है।
5. यह साफ सुधरा व स्वास्थ्य के लिए उपयुक्त है।
6. अन्तर्राष्ट्रीय बाजार के अनुसार चित्रण व लिखावट सुन्दर तरीके से सम्भव है।
7. नमी अवरोधी बनाया जा सकता है।
8. इस प्रकार के कार्टन्स को आसानी से नष्ट किया जा सकता है।

(5) सख्त प्लास्टिक क्रेट्स

सख्त प्लास्टिक क्रेट्स में रखकर अनेकों किस्म की सब्जियों को दूर के बाजारों में भेजा जा सकता है। इनका निर्माण कारखानों में पाली प्रोपीलीन चादर से होता है, जिससे क्रेट्स पानी के प्रति अवरोधी, आकर्षक चित्रण, एक पर तह लगाने में आसानी व मजबूती और दूर के बाजार के लिए उपयुक्त है। इनकी मजबूती व गुणवत्ता के कारण इन्हें बार–बार प्रयोग में लाया जा सकता है। सख्त प्लास्टिक क्रेट्स मँहगें होते हैं।

(6) पालीथीन फिल्म

इसमें कई प्रकार के फिल्म जैसे–एच0डी0पी0ई0, एल0डी0पी0ई0 आदि आते हैं। इसके कुछ उदाहरण इस प्रकार हैं।

- स्ट्रेच फिल्म (Stretch film or polyvinyl chloride)

यह मुख्यतः पालीइथीलीन या पालीप्रोपेलीन से बना होता है, जिसमें फैलने एवं सिकुड़ने का गुण विद्यमान होता है। इस गुण के कारण उत्पाद को मजबूती से बाधा जा सकता है। इसमें पूरी प्रक्रिया बिना ऊष्मा दिये किया जा सकता है। यह उपभोक्ता पैकिंग के लिए उपयुक्त है।

- फिल्म रैप (Film wrap)

सब्जियों को ऊष्मा संकुचन प्लास्टिक फिल्म में लपेटकर रखा जा सकता है। इससे निम्न लाभ है।

- भार नुकसान कम और लम्बे समय तक रखा जा सकता है।
- फल विकृति को कम किया जा सकता है।
- कम तापमान की वजह से नुकसान कम किया जा सकता है।
- टोकरी मे रखे सब्जियों को द्वितीयक रोगाणु से बचाया जा सकता हैं।

प्लास्टिक में गैसों की पारगम्यता, प्लास्टिक के स्वभाव, तापमान, गैसों की सान्द्रता एवं प्लास्टिक की मोटाई पर निर्भर करती है। प्लास्टिक की मोटाई को निम्न रुप से दर्शाया जा सकता है।

सारिणी (20.4) प्लास्टिक की मोटाई

1.0 माइक्रान मीटर	0.001 मिली मीटर	4 गेज
12.5 माइक्रान मीटर	0.0125 मिली मीटर	50 गेज
25 माइक्रान मीटर	0.025 मिली मीटर	100 गेज
100 माइक्रान मीटर	0.1 मिली मीटर	400 गेज

सब्जियों के पैकिंग एवं भण्डारण में निम्न रासायनिक स्वभाव वाली प्लास्टिक प्रयोग में लायी जाती है –

1. सेलूलोज एसीटेट (CA)
2. एथिल विनाइल एल्कोहल के पालीमर्स (EVOH)
3. उच्च सघनता वाली पालीइथाइलीन (HDPE)
4. कम सघनता वाली पालीइथाइलीन (LDPE)
5. पालीइथाइलीन टेरीफथलेट (PET)
6. पालीस्टारिन (PS)
7. पाली विनाइल ब्यूटाइरल (PVB)
8. पाली विनाइल क्लोराइट (PVC)
9. पाली विनाइलीडीन क्लोराइट (PVC)

• पालीथीन नेट (Polyethylene net)

जालीदार झोले बनाकर (पतली रस्सियों या प्लास्टिक क्लीप) सब्जियों की पैकिंग की जा सकती है। ये आकर्षक होने के साथ–साथ हल्के वजन के तथा इन्हें हवादार भी बनाया जा सकता है। इसमें आलू, प्याज तथा गाजर को पैक किया जा सकता है।

• **सेल फैन (Cellophane)**

यह नमी अवरोधी होता है और इससे ऊष्मा को रोका जा सकता है। सन् 1970 तक इसका व्यापक उपयोग होता था।

• **सेलूलोज एसीटेट फिल्म (Cellulose acetate film)**

यह देखने में पारदर्शी व चमकदार होता है। इसमें आक्सीजन व कार्बनडाइ आक्साइड का वातायन अच्छा होता है।

• **पालीस्टीरीन (Polystyrene)**

यह फिल्म सेलूलोज एसीटेट फिल्म के समान है। इसका प्रयोग लेट्यूस एवं टमाटर की पैकिंग हेतु किया जाता है। इसमें अन्य हरी सब्जियों की पैकिंग की जा सकती है।

सारिणी (20.5) सब्जियों के निचयन हेतु प्रयोग होने वाले उपयुक्त साधन

निचयन का प्रकार	निचयन के लिए उपयुक्त सब्जियाँ
जूट या प्लास्टिक का बोरा	आलू, प्याज, लहसुन
बाँस या अन्य घास से बनी टोकरियाँ	टमाटर, सूरन, गाजर, अदरक, हरी मटर
लकड़ियों से बने सन्दूक	शिमला मिर्च, अदरक, टमाटर, खरबूजा
कोरूगेटेड फाइबर बोर्ड के बने कार्टन्स	प्रायः सभी प्रकार की सब्जियाँ जैसे–लौकी, कुम्हण, तरबूज, पत्ता गोभी, फूल गोभी, बीन्स, लोबिया, भिण्डी
सख्त प्लास्टिक क्रेट्स	मशरूम, पालक, चौलाई
बुने हुए सैक्स या नेट (20.0–25.0 किलो ग्राम क्षमता)	पत्ता गोभी
लकड़ी के क्रेट्स या हवादार कार्ड बोर्ड टोकरियाँ (जिसमें 25 शीर्ष आ जायें)	लेट्यूस, सेलरी
हवादार कार्ड बोर्ड टोकरियाँ (5.0 किलो ग्राम क्षमता)	ब्रोकली
छोटे लकड़ी के क्रेट्स (10.0–15.0 किलो ग्राम क्षमता)	हरा प्याज बण्डल बना करके, सरसों या सरसों परिवार की अन्य हरी पत्तियाँ

उपभोक्ता पैकिंग (Consumer packing)

इस प्रकार की पैकिंग उपभोक्ता की सुविधानुसार की जाती है। इससे उपभोक्ता को धूल, गन्दगी, कीड़ों आदि से मुक्त सब्जियाँ प्राप्त होती है, जिससे सुविधापूर्वक एक स्थान से दूसरे स्थान पर ले जाया जा सकता है। पूर्व–पैकिंग (pre-packing) का मुख्य उद्देश्य होता है कि उत्पाद को श्वसन (respiration), वाष्पोर्त्सजन (transpiration) एवं जैव रासायनिक (biochemical) प्रक्रियाओं को समय से नियन्त्रित करना। इसके कुछ सामान्य विधियाँ इस प्रकार हैं–

1–बैग्स (Bags)

अनेकों प्रकार के पारदर्शी एवं अपारदर्शी पैकिंग/फिल्म थैले विभिन्न तत्वों से निर्मित होते हैं। इन सभी में पालीइथीलीन ज्यादा प्रयोग होता है। अन्य उपयोगी पैकिंग पदार्थ जैसे–सेलोफोन (cellophone), सेलूलोज एसीटेट (cellulose acetate), पोलियों फिल्म (polio film), पोलीस्टीरीन (polystyrene) इत्यादि ज्यादा महत्वपूर्ण है। इनके पैकिंग उत्पादों के कई लाभ है–

- उत्पाद को पारदर्शी पैक में आसानी से देखा जा सकता है।
- इसमें पानी, गन्दगी, धूल, कीड़े, आदि प्रवेश नहीं कर पाते।
- इसमें लचीलापन एवं मजबूती ज्यादा होती है।
- इस प्रकार के पदार्थों से बने पालीइथीलीन थैले जैसे उत्पाद में सब्जियों को ज्यादा दिनों तक सुरक्षित रखा जा सकता है।

(2) मेश थैले (Mesh bags)

समान्यतः मेश थैले कई प्रकार के पदार्थों से बनाया जाता है, जिनमें प्लास्टिक, रूई आदि के धागे ज्यादा महत्वपूर्ण भूमिका निभाते हैं। इसमें उत्पाद को भरकर बन्द किया जा सकता है।

(3) उपभोक्ता ट्रे (Consumer trays)

उपभोक्ता ट्रे समान्यतः पल्प बोर्ड (pulp board), चीप बोर्ड (chip board), मुड़ी हुई फोम प्लास्टिक (molded foam plastic) या साफ प्लास्टिक (clear plastic) से बने होते हैं, जो बाजार में विभिन्न अकार में उपलब्ध होते हैं।

(4) शिंक फिल्म रैप्स (Shink film wraps)

विभिन्न प्रकार के फिल्म मुख्यतः पालीप्रोपीलीन (polypropylene), पालीइथीलिन (polyethylene), पालीस्टीरीन (polystyrene) एवं रबर हाइड्रोक्लोराइड (rubber hydrochloride) के बने होते हैं। इसमें पैकिंग करने से भौतिक नुकसान को कम किया जा सकता है।

(5) स्ट्रेच रैप्स (Stretch wraps)

इस प्रकार के स्ट्रेच रैप्स पूरी तरह फैलाने पर फैल जाते हैं और छोड़ने पर पुनः अपनी यथा स्थिति में सिकुड़कर आ जाते हैं।

पैकिंग (निचयन) पदार्थों के चुनाव में ध्यान देने योग्य बातें

1. उत्पाद किस प्रकार का है?
2. उत्पाद तकनीकी क्या है?
3. भण्डारण पद्वति क्या है?

4. हैण्डलिंग पद्वति क्या है?
5. परिवहन व्यवस्था कैसी है?
6. बाजार किस प्रकार का है?
7. उपभोक्ता परिवेश कैसा है?
8. पुनः उपयोग / समाप्त करना / दूसरे उत्पाद बना देने की स्थिति कैसी है?

सामान्यतः स्थानीय उपलब्ध सामग्रियों के माध्यम से सब्जी उत्पादकों द्धारा पैकिंग निचयन किया जाता है।

सब्जियों के निचयन में प्रयोग होने वाली गद्देदार सामग्री (Cushioning material)

परिवहन में सब्जियों के खराब होने से बचाने के लिए गद्देदार सामग्री (cushioning material) की महत्ता ज्यादा है। गद्देदार सामग्री के रूप में सुखी घासे, सुखा पुवाल, बुरादा, कटे कागज आदि का प्रयोग किया जाता है। सब्जियों के आपस में रगड़कर खराब होने से बचाने के अलावा सब्जियों से निकलने वाले गर्मी को भी कम करने में सहायता प्रदान करते हैं। गद्देदार सामग्री का चुनाव करते समय ध्यान देना चाहिए कि उसमें किसी प्रकार का संक्रमण न हो और कठोर भी न हो कि मुलायम फलों को नुकसान पहुँचायें। गद्देदार सामग्री इस प्रकार की होनी चाहिए कि उसमें स्वयं किसी प्रकार की दैहिक क्रिया (physiological activities) न हो। वर्तमान समय में गद्देदार सामग्री के रूप में निम्न का प्रयोग किया जाता है।

1. मोल्डेड पल्प ट्रे (Moulded pulp tray)
2. हनी काम्ब पार्टीशन (Honey comb partition)
3. सेल पैक (Cell pack)
4. धान का भूसा (Rice straw)
5. अखबार के टुकड़ें (News paper cutting)

फसलवार पैकिंग (Crop wise packing)

विश्व भर में सब्जियों की पैकिंग सामान्यतः टोकरी (baskets), सन्दूक (boxes) या थैले (bags) में किया जाता है। थैले में भरने पर किसी उत्पाद की भौतिक नुकसान से बचाना लगभग मुश्किल है। भारतवर्ष में मुख्यतः सब्जियों की पैकिंग कर एक स्थान से दूसरे स्थान पर भेजने हेतु बड़े थैले या झल्लियों (sacks) का उपयोग किया जाता है। कुछ सब्जियों की पैकिंग इस प्रकार है।

(1) टमाटर (Tomato)

पुरानी प्रचलित तरीके में टमाटर को सन्दूकों (boxes) में भर करके बाजार में बेचने हेतु भेजा जाता था। इसमें टमाटर को ज्यादा नुकसान होता है। अगर अपराइट कोन (चौड़ा आधार तथा उपर सकरा) का प्रयोग किया जाता है तो नुकसान का स्तर 15 प्रतिशत से घटाकर 3 प्रतिशत तक लाया

जा सकता है। आधार पर पुआल तथा सूखा घास पैकिंग पदार्थ के रूप में किया जाना चाहिए। आधार पर व टमाटर के दो सतहों में रखते समय बीच में गद्देदार पदार्थों (cushioning materals) को रखकर पैकिंग करना चाहिए। पूरी तरह से पके टमाटर की पैकिंग न करके कुछ अधपके फलों को ही तोड़ना उपयुक्त रहेगा, जिससे दूर के बाजार में सुगमतापूर्वक भेजा जा सके। अमेरिका में मुख्यतः 60.0 पौण्ड वजन के तथा लास इन्जिल्स (Los Angeles) में 40.0 पौण्ड की पैकिंग फाइबर बोर्ड कार्टून्स द्वारा सुगमतापूर्वक किया जाता हैं। दिखाई पड़ने वाले बड़े पके पिंक रंग के फल को नेल्ड वुड प्लेट्स (nailed wood plates) या लग्स (lugs) को केवल दो स्तर तथा छोटे फलों को तीन स्तर में किया जाता है। सामान्यतः 10.0 मिली मीटर मोटे फिल्म (उच्च सघनता वाले पालीइथीलीन) में पैंक करने से धब्बे, दाग व कम तापमान की वजह से होने वाले नुकसान से बचाया जा सकता है। ऐसे पालिइथलिन के थैले जिनमें पूर्णतया वातायन न होता हो, बंद कर परिवर्तित वातावरण (modified atmosphere) में रखने से भण्डारण क्षमता बढ़ जाती है। पहाणों से टमाटर मैदानी भागों में 10.0–12.0 किलो ग्राम वजन के पैक के साथ बाजार में उपलब्ध होते हैं।

2. आलू (Potato)

विकसित देशों में आलू की पैकिंग निम्न तरीके से किया जाता है–

- बरलैप थैले (Burlap bags)

  जिनमें लगभग 100 पौण्ड तक पैक किया जा सकता है।

- पेपर थैले (Paper bags)

  इसमें 10.0, 15.0, 25.0 एवं 50.0 पौण्ड के वजन तक पैक किया जा सकता है।

- फाइबर मेश सैक्स (Fiber mesh sacks)

  इसमें 10.0 एवं 15.0 पौण्ड तक पैक किया जा सकता है।

- प्लास्टिक फिल्म सैक्स (Plastic film lacks)

  इसमें 5.0, 10.0, एवं 15.0 पौण्ड तक पैक किया जा सकता है।

- फाइबर या पेपर ट्रेज (Fiber or paper trays)

  इसमें केवल आकर्षक कन्दों की 1.0 या 3.0 पौण्ड की मात्रा प्रति पैक की जा सकती है।

उपभोक्ता पैकिंग के रूप में छिद्रयुक्त काटन मेश थैले (cotton mesh bags) और क्रैफ्ट थैले (craft bags) ज्यादा महत्वपूर्ण है। उपभोक्ता हेतु वातायनयुक्त पालीइथीलीन थैले (ventilated polyethylene bags) में 5.0 से 10.0 पौण्ड तक पैक किया जा सकता है। परीक्षण के द्वारा पता चला है कि पालीइथीलीन के थैले जिनमें 1/4 इंच व्यास वाले छिद्र जिनकी संख्या पूरे थैले में 32–48

होने पर 70–75 प्रतिशत आर्द्रता (relative humidity) बरकरार रखा जा सकता है। टिण्टेड प्लास्टिक थैले (tinted plastic bags) का उपभोक्ता पैकिंग के लिए ज्यादा उपयोग किया जा रहा है, क्योंकि इस प्रकार के थैले में प्रकाश का प्रवेश कम हो जाता है। पारदर्शी थैले (clear film bags) में आलू को सीधे प्रकाश से बचाना आवश्यक है, क्योंकि प्रकाश से कन्द हरे हो जाते हैं।

3. प्याज (Onions)

भारतवर्ष में प्याज को हेसियन थैले, झल्लीदार जूट के बोरे या बाँस के टोकरी में बन्दकर किसानों द्वारा बाजार तक लाया जाता है। हेसियन थैले/झल्लीदार जूट के बोरे ज्यादा प्रयोग करने का मुख्य कारण उत्पाद में वातायन एवं हस्तान्तरण में सुविधाजनक होना है। थैले एवं टोकरियाँ उपर तक भरकर सिलाई कर दी जाती है। छोटे–छोटे पैक बनाने से प्याज में भार का नुकसान ज्यादा होता है, अतः बड़े–बड़े पैक बनाना उत्तम रहता है।

4. शिमला मिर्च (Capsicum)

सामान्यतः शिमला मिर्च को 10.0–12.0 किलो ग्राम वजन में पैक करके दूर के बाजार हेतु भेजना उपयुक्त रहता है। बाँस की टोकरियों में पैक करके भी नजदीक के बाजार में बेचा जा सकता है।

5. हरी मटर (Green peas)

हरी मटर को सामान्यतः वातायनयुक्त झिल्लीदार जूट के बोरे में 40.0 किलो ग्राम के वजन तक पैक किया जा सकता है।

6. पत्ता गोभी (Cabbage)

पत्तागोभी हेतु 50.0 किलो ग्राम का पैक सबसे उपयुक्त पाया गया है।

7. फूल गोभी (Cauliflower)

फूलगोभी को 20.0–30.0 किलो ग्राम में पैक करके भेजना सबसे उत्तम रहता है। इसे पैक करने के लिए बाँस की टोकरियाँ सबसे उत्तम है।

8. खीरा (Cucumber)

खीरा के लिए सबसे उपयुक्त पैकिंग 40.0–50.0 किलो ग्राम का होता है।

9. फराश बीन (French bean)

फराश बीन की पैकिंग 20.0 किलो ग्राम तक उत्तम पाया गया है। पैकिंग के लिए बाँस की टोकरियों का उपयोग करना सस्ता एवं सुविधाजनक है।

सब्जियों का विपणन (Marketing of Vegetable Crops)

फसल की कटाई के समय से लेकर इसे उपभोक्ता तक पहुँचाने के क्रम में किये जाने वाले सभी कार्य क्रय–विक्रय की व्यवस्था के अन्तर्गत आते हैं। किसानों के द्वारा व्यावसायिक रूप से

सब्जियाँ उगा लेना ही पर्याप्त नहीं है बल्कि उनके समस्या का समाधान भी उन्हीं की जिम्मेदारी है, जिसमें उसके द्वारा अनेक समस्यायें अनुभव की जाती हैं। सड़कों और यातायात के साधनों में विकास ने एक महत्वपूर्ण कड़ी को सब्जी विपणन में बना दिया है, जिससे अगर अपने आस–पास के बाजार में सब्जी का उचित मूल्य न मिले तो उसे दूरस्थ बाजारों में भी बेचा जा सकता है। उदाहरण के तौर पर वाराणसी क्षेत्र के किसान अपनी सब्जियाँ कानपुर, लखनऊ, कलकत्ता, दिल्ली और बड़े शहरों की मण्डियों में बेच कर मुनाफा कमा सकते हैं। देश के अधिकांश हिस्सों में सब्जियों की तुड़ाई उपरान्त किसान खेतों से सब्जियाँ बाजार में लाकर बेचता है, जिससे सूक्ष्म जीवों के संक्रमण से सब्जियाँ बहुत जल्दी संक्रमित हो जाती हैं और खराब होने लगती हैं। यह बात अब किसानों को समझ में आ रही है कि तुड़ाई उपरान्त खेत पर ही सावधानीपूर्वक सही पैकिंग सामग्री में रखकर आवश्यकतानुसार बाजारों में ले जाने से अच्छा दाम मिलता है और क्षति भी कम होता है। सब्जियों का क्रय–विक्रय बहुत हद तक कटाई से लेकर उनके उपभोक्ता तक पहुँचने की अवधि के दौरान किये जाने वाले सारे कार्य विपणन के अन्तर्गत ही आते हैं। क्रय–विक्रय का प्रमुख उद्‌देश्य उत्पादक को उसके उत्पादन का उचित मूल्य प्राप्त कराना है, जिससे उत्पाद अच्छे मूल्य पर बिके और उपभोक्ता को उच्च कोटी की सब्जियाँ मिलें। इसके लिए जरूरी है कि सब्जी के बाजार मूल्य पर नजर रखी जाये एवं उचित समय पर ही विक्रय के लिए बाजार में लाया जाये। सब्जी के विपणन में किसानों की सोच में परिवर्तन की आवश्यकता है क्योंकि सिर्फ ज्यादा मात्रा में सब्जी उगाकर किसान अधिक मुनाफा नहीं कमा सकता है। सब्जियों का उत्पादन मौसमी है जिससे अनुकूल मौसम में उत्पादन प्रचुर मात्रा में होता है, जिसकी वजह से बाजार में कभी–कभी सब्जी की अधिकता हो जाती है और किसान को उचित मूल्य भी नहीं मिल पाता है। कई बार तो मूल्य इतना ज्यादा कम हो जाता है कि उत्पादक फसलों की तुड़ाई ही नहीं करता है। यह सही है कि उत्पादकों ने अपने अनुभव और नये–नये अनुसंधान की मदद से सब्जी उगाने में तो महारथ प्राप्त कर ली है, किन्तु उसके बेचने में नहीं। अपने उत्पादों को दूसरों की सहायता (बिचौलियों के माध्यम) से बेचते हैं, जो बीच में अच्छा खासा लाभ उठा लेते हैं। इस तरह से क्रय–विक्रय की वर्तमान प्रणाली के अनुसार होने वाला लाभ कुछ बड़े उत्पादकों और अढ़तियों में बँट जाता है। विपणन के सन्दर्भ में कुछ समस्याएं उत्पादकों से जूड़ी होती हैं, जिन पर संक्षेप में प्रकाश डाला जा रहा है।

1. सब्जियों में भी अन्य जीवित पदार्थों की तरह अनेक रासायनिक क्रियायें होती रहती हैं। इन सभी क्रियाओं के फलस्वरूप यदि समय पर सब्जियों का उपयोग नहीं किया जाये तो वे धीरे–धीरे खराब होने लगती हैं। इसलिए उनको नष्ट होने से बचाने के लिए उचित भण्डारण व्यवस्था होनी चाहिए। ताजी सब्जियों के खराब होने में तापक्रम, आर्द्रता इत्यादि कारकों का अधिक हाथ होता है। हमारे देश में मुख्य मौसम की सब्जियाँ बहुत बड़ी मात्रा में खराब हो जाती हैं। इसका प्रमुख कारण उचित संग्रहण की सुविधायें और शीतगृहों का उपलब्ध नहीं होना है।

2. सब्जी मण्डियों में प्रायः क्रय–विक्रय का उचित प्रबन्ध नहीं होता है, जिसके कारण उत्पादकों को उनके उत्पाद का उचित मूल्य नहीं मिल पाता है। अधिकतर लाभ अढ़तियों और दुकानदारों के हिस्सें में चला जाता है।

3. सब्जियों को मण्डियों तक पहुँचाने के लिए हमारे देश में परिवहन व्यवस्था भी पर्याप्त नहीं है। अतः उत्पादक अपना उत्पाद ठीक समय पर मण्डियों में नहीं पहुँचा पाते हैं, जिससे उन्हें उत्पाद की उचित मूल्य नहीं मिल पाती है।
4. उपभोक्ताओं को पोषक गुणों से युक्त और स्वस्थ सब्जियाँ मिलनी चाहिए, जिन्हें उत्पादित करना उत्पादकों के लिए एक चुनौतीपूर्ण कार्य है। प्रायः ऐसा देखा गया है कि जानकारी के अभाव में ऐसा सम्भव नहीं हो पाता और उत्पादक को उसके परिश्रम का पूर्ण लाभ नहीं मिल पाता है।

सब्जी विपणन के महत्वपूर्ण तथ्य

सब्जियों का विपणन अधिकांशतः सफल प्रक्षेत्र प्रबन्घन पर निर्भर करता है। सब्जी विपणन के महत्वपूर्ण तथ्य इस प्रकार हैं–

1. उपभोक्ता को उच्च गुणवत्तायुक्त सब्जियाँ मिलनी चाहिए।
2. विक्रय के लिए सब्जियाँ आकर्षक होनी चाहिए।
3. सब्जी उत्पादन पर कम खर्च आना चाहिए।
4. सब्जी उत्पाद अच्छे कीमत पर बिकनी चाहिए।

विक्रय हेतु स्वस्थ्य एवं गुणवत्तायुक्त सब्जी प्राप्त करने के आवश्यक बिन्दु

सब्जियों को अच्छा व गुणवान बनाने के लिए निम्न बातों का ध्यान रखना चाहिए–

1. सब्जी फसलों की कटाई/फलों की तुड़ाई (Harvesting)

सब्जी फसल की कटाई/फलों की तुड़ाई के समय का सब्जियों के क्रय–विक्रय और गुणों पर महत्वपूर्ण प्रभाव पड़ता है। अगर सब्जियों की कटाई या फलों की तुड़ाई समय पर नहीं की जाये तो वे खराब होने लगती हैं। जब फलों में बीज पकने लगते हैं और रेशे वाली सब्जियाँ कड़ी होने लगती हैं, जिससे उनके गुणों में ह्रास हो जाता है और इनके फलस्वरूप उनका उचित बाजार मूल्य नहीं मिलता तथा वे खाने योग्य भी नहीं रह जाती हैं। कभी–कभी फल वाली सब्जियों की तुड़ाई सब्जी मण्डी की दूरी के आधार पर की जाती है। जैसे–टमाटर, खरबूजा आदि। इनके कम पके फलों को ही दूर के बाजारों के लिए तोड़ते हैं, जिससे कि वे रास्ते में पककर तैयार हो जायें। सब्जी फसल की कटाई/फलों की तुड़ाई के समय का निर्धारण निम्न बातों पर निर्भर करता है–

- बाजार की दूरी
- सब्जी फसल का बाजार मूल्य
- यातायात के साधन
- उपभोक्ता तक पहुँचने की अवधि
- फसल की किस्म
- फसल वृद्धि की अवस्था
- कटाई के समय जलवायु

2. यांत्रिक नुकसान

फसल की कटाई और फलों की तुड़ाई करते समय यह ध्यान रखना चाहिए कि उनको किसी भी प्रकार का नुकसान न हो अथवा फल फटने न पायें। इससे भी सब्जियों के गुणों में ह्वास (deterioration) होता है और बाजार में भाव कम मिलता है। प्रायः उत्पादक इस बात का ध्यान नहीं देते जिससे उनको हानि होती है। उदाहरण के लिए बैंगन की तुड़ाई करते समय फलों को झटका देकर तोड़ने से फल से लगा डण्ठल अगर अलग हो जाये, तो बाजार में विक्रय करना मुश्किल होता है, क्योंकि बैंगन का मूल्य उसके डण्ठल से ही आँका जाता है।

3. सब्जियों की सफाई (Cleaning of vegetables)

सब्जियों की कटाई या फलों की तुड़ाई के बाद उनको आकर्षक बनाने के लिए उनकी अच्छी तरह सफाई करनी अति आवश्यक होती है। फल, पत्तियों और जड़ वाली सब्जियों की पानी में अच्छी तरह धुलाई की जाती है, जिससे उन पर लगी हुई मिट्टी साफ हो जाये तथा वे चमकने लगें। जड़ वाली सब्जियों जैसे–मूली, गाजर व शलजम से पतली जड़ों को तोड़ देना आवश्यक होता है।

4. सब्जियों की छँटाई (Sorting of vegetables)

उपभोक्ताओं को आकर्षित करने तथा अधिक बाजार मूल्य पाने के लिए सब्जियों की छँटाई करना अति आवश्यक होता है। खराब या छोटे फल व रोग–कीड़ों से प्रभावित सब्जियाँ, अच्छी सब्जियों का महत्व कम कर देती हैं। इसलिए सड़ी और कीड़े लगी सब्जियों को निकाल देना चाहिए। फल और जड़ वाली सब्जियों में छोटे फलों अथवा जड़ों को छाँटकर अलग कर देना चाहिए। इससे बड़े आकार के फलों व जड़ वाली सब्जियों का महत्व बढ़ जाता है एवं बढ़ा हुआ मूल्य भी प्राप्त होता है।

5. सब्जियों की बँधाई (Tying of vegetables)

आकर्षित और विक्रय योग्य बनाने और यातायात के समय खराब होने से बचाने के लिए सब्जियों की अच्छी तरह बँधाई और पैकिंग (निचयन) करना आवश्यक होता है। उत्पादक प्रायः सब्जियों को बाजार में बिना बाँधे ही बेचने के लिए जे जाते हैं, इससे उनमें आकर्षण का अभाव रहता है तथा बाजार मूल्य भी कम मिलता है। सब्जियों की अच्छी तरह बँधाई अथवा निचयन पैकिंग करने के निम्न लाभ है–

- बँधी हुई सब्जियों का वितरण आसानी से होता है।
- उसके गुणों में शीघ्र ह्वास नहीं होता है।
- सब्जियाँ जल्दी सूखती नहीं हैं।
- सब्जियाँ आसानी से उपभोक्ता द्वारा पसन्द की जाती हैं।
- सब्जियाँ आसानी से एक स्थान से दूसरे स्थान पर ले जाई जा सकती है।
- बँधी हुई सब्जियों को आसानी से भण्डारित किया जा सकता है।
- बँधी हुई सब्जियाँ आसानी से तौली जा सकती हैं।

बँधाई के प्रकार

सामान्यतः हमारे देश में सब्जी उत्पादक सब्जियों की बँधाई नहीं करते। ऐसा देखा गया है कि कुछ पत्तिदार सब्जियों जैसे– धनिया, पालक, बथुआ, मेथी, चौलाई आदि को थोड़ी–थोड़ी मात्रा में सुतली से बँधाई करते हैं। आमतौर पर सब्जियों की बँधाई निम्न आधार पर की जाती है।

1. **दुरस्थ बाजार के लिए बँधाई**–फूल गोभी, पत्ता गोभी, गांठ गोभी, भिण्डी, ग्वार, हरी मिर्च, आदि सब्जियाँ बाँस या अरहर की लकड़ियों से बनी टोकरियों में बाँधी जाती है। इसके चारों ओर भरने के लिए घाँस या पत्तियों का उपयोग किया जाता है। उदाहरण के लिए नासिक से आने वाली प्याज, जूट या प्लास्टिक तार के बोरों में भर कर आती है। इसी प्रकार आलू, काशी फल और शकरकन्द को भी बोरे में बन्द कर बाजार में भेज दिया जाता है।
2. **स्थानीय बाजार के लिए बँधाई**–स्थानीय बाजार में भेजने के लिए सब्जियों की बँधाई अक्सर नहीं की जाती है। उन्हें टोकरियों, बोरों, थैलों या गठरियों में बाँध कर बाजार तक पहुचाया जाता है। टोकरियों में कुछ उत्तम गुण वाली सब्जियों को उपर रखा जाता है, ताकि सब्जियाँ अच्छी और आकर्षक दिखें।
3. **उपभोक्ता के लिए बँधाई**–हमारे देश में घरेलू उपभोक्ताओं के लिए बँधाई का कोई विशेष प्रबन्ध नहीं किया जाता है, जबकि विदेशों में धोने, संवारने के बाद उनकी उचित प्रकार से बँधाई की जाती है ताकि उपभोक्ता उनको कच्चा खा सके या पकाने के बाद उपयोग कर सकें। यह बँधाई पारदर्शी थैलियों में, पारदर्शी ढक्कन वाले गत्तों में, लुग्दी से बनी थैलियों में या कागज की थैलियों में की जाती है।

सब्जियों को रखने के लिए विभिन्न पात्र

सब्जियों को रखने के लिए पात्रों का चयन इस बात पर निर्भर करता है कि उन्हें कितनी दूरी तक के बाजार में भेजना है। सब्जियों को रखने के लिए पात्रों का महत्व निम्न कारणों से है–

1. पात्र उत्पादों के सुविधा पूर्वक भण्डारित करने के उत्तम साधन है।
2. पात्र सब्जियों की सुरक्षा करते है और मिलावट से बचाते है।
3. पात्र कुल माल को तौलने और छोटे आकार के उत्पादों को सुरक्षित रखने में सुविधा प्रदान करते है।
4. पात्र में उचित सफाई रहती है और रख–रखाव में सुविधा होती है।

सब्जियों के बँधाई के सामान एवं उनकी उचित बँधाई की तकनीक

सब्जियों की बँधाई के लिए सामान का चुनाव करते समय निम्न बातों का विशेष ध्यान रखना चाहिए–

1. बँधाई की सामग्री सस्ती होनी चाहिए। बड़े आकार के पैकेटों के तुलना में मध्यम एवं छोटे पैकेटों को प्राथमिकता देनी चाहिए। क्योंकि उनमें खराब होने का भय कम होता है और सब्जियों को ताजी अवस्था में प्रदर्शन के लिए खोल कर रखा जा सकता है।

2. पेटियों को चुनते समय ध्यान रखना चाहिए कि वे साफ–सुथरी हों और टुटी–फुटी न हों।
3. वे सब्जियों को इधर–उधर ले जाने में या उतारने चढ़ाने में सुविधाजनक एवं सुरक्षित होना चाहिए।
4. वे बाँधी जाने वाली सब्जियों के आकार प्रकार, कसावट एवं मौसम के अनुकूल बनी होनी चाहिए।

सब्जियों का नामांकन

पैकेटों को नामांकित करना भी आवश्यक है ताकि उत्पाद को बाजार में मान्यता मिल जाये और उससे अधिक मूल्य प्राप्त हो। नाम पत्र में उत्पादक का नाम, ट्रेड मार्क (यदि कोई हो), भार, पैकेट संख्या आदि स्पष्ट लिखे होने चाहिए। नामांकन करने के लिए निम्न प्रक्रिया को अफनाना चाहिए–

1. सीधे पैकेट पर लिखकर।
2. छपा नामांकन पत्र पेटी या बक्से पर लगाकर।
3. छपे कागज या थैली का उपयोग करके।

बाजार के लिए सब्जियाँ एकत्र करना

बाजार में बेचने के लिए सब्जियाँ निम्न लोगों द्वारा एकत्र किया जाता है–

1. उत्पादक द्वारा

प्रायः गाँवों में बड़े किसान छोटे किसानों से सब्जियाँ एकत्र करके स्वयं बाजार भेजते हैं।

2. गाँव के अढ़तियों द्वारा

सब्जियों को ग्राम्य स्तर पर इनके माध्यम से बेचा जाता है।

3. ठेकेदारों द्वारा

ये ठेकेदार उत्पादक के पूरे खेत को ठेके पर लेते हैं और सब्जियों को बाजार भेजते रहते हैं।

4. थोक विक्रेताओं और दलालों द्वारा

बाजार के थोक विक्रेता स्वयं या अपने दलालों द्वारा सब्जियाँ सीधे उत्पादकों से खरीदकर अन्य बड़े बाजारों में ले जाते हैं जहाँ कि उनकों अच्छा बाजार मूल्य मिलता है।

5. सहकारी समितियों द्वारा

सहकारी समितियाँ भी सीधे सदस्य किसानों की सब्जियाँ बड़े बाजारों में अच्छे बाजार भाव पर बेचती हैं।

सब्जी विक्रय की विधियाँ

प्रायः निम्न विधियों द्वारा सब्जियों का विक्रय किया जाता है।

1. स्वयं मोल–भाव करके
2. नीलामी द्वारा
3. गुप्त रूप से

विक्रय प्रणालियाँ

सब्जियाँ निम्न प्रणालियों द्वारा विक्रय की जाती है–

1. सीधे उपभोक्ता को सब्जियों की विक्रय

अगर उपभोक्ता को स्थानीय स्तर पर ताजी एवं अच्छी सब्जियाँ मिलती रहेगी तो यह प्रणाली कारगर सिद्ध होती है।

उपभोक्ताओं को सीधे निम्न प्रकार सब्जियाँ बेची जाती हैं–

(क) घर–घर जाकर

स्वयं उत्पादक द्वारा घर–घर जाकर सब्जियाँ बेचने का तरीका गाँवों के निकटवर्ती कुछ शहरों को छोड़कर अधिक प्रचलित नहीं है। यह तरीका छोटी जोत वाले किसानों द्वारा सब्जियों को साइकिल, ठेले, डलियों आदि से बेचने के लिए अपनाया जाता है। इस प्रकार एक नजदीकी रिस्ता उपभोक्ता व उत्पादक के साथ बन जाता है और नियमित सब्जियाँ उपभोक्ता के पास पहुँचती रहती है।

(ख) सड़क के किनारे के बाजारों में

यह तरीका मुख्य सड़क पर या घनी बस्ती के समीप सड़क के किनारे छोटी दुकान लगाकर सब्जियाँ बेची जाती हैं। कुछ दुकानों के मालिक अपनी उगाई सब्जियाँ बेचते हैं, तो कुछ दूसरों की भी खरीद कर बेचते हैं। इस तरह के तरीके की सफलता के साथ नम्र व्यवहार उचित मूल्य अच्छी दुकानदारी तथा अच्छी सब्जियों के नियमित विपणन पर निर्भर करती है।

(ग) छोटे बाजारों में

यह शहरों के विभिन्न भागों में छोटे–छोटे बाजार स्थित होते हैं। आरा–पारा के गाँवों से इन बाजारों में सब्जियाँ आती है तथा उपभोक्ता अपनी जरूरत के अनुसार सब्जियाँ खरीद लेता है। यहाँ से सब्जियाँ थोंक भाव पर शहरों में भी विक्रय के लिए भेजी जाती है।

(घ) साप्ताहिक बाजार में

छोटे शहरों में ऐसे बाजार सप्ताह में किसी एक दिन लगते हैं तथा इनमें बहुत छोटी जोत वाले उत्पादक अपनी सब्जियाँ बेचकर सायंकाल घर वापस लौट जाते हैं। इन बाजारों में कोई दलाल या एजेन्ट आदि की मध्यस्थता न होने के कारण अच्छा भाव मिल जाता हैं।

2. खुदरा व्यापारियों को सब्जियों की विक्रय

मण्डियों में किसान और दलाल सब्जियों के क्रय–विक्रय के उद्देश्य से एकत्र होते हैं। दलाल तथा खुदरा व्यापारी पुनः बेचने के उद्देश्य से सब्जियाँ खरीद लेते हैं। कुछ दलाल पहले से ही खरीदी गयी या एकत्रित सब्जियों को भी व्यापारियों को बेच देते हैं। ऐसी मण्डियों में व्यापार जल्दी ही सुबह से शुरू होकर दोपहर तक समाप्त हो जाता है। खुदरा व्यापारियों को निम्न तरीकों द्वारा सब्जियाँ बेची जाती हैं।

- मण्डियों में विक्रय
- नीलामी करने वाले बाजारों में विक्रय
- खेतों में विक्रय

• मण्डियों में थोक व्यापारियों को सब्जियों की विक्रय

बड़ी जोत वाले किसान अपनी सब्जियाँ सीधे थोक व्यापारियों को बेच देते हैं। कभी–कभी थोक व्यापारी किसी विशेष क्षेत्र के किसानों को अग्रिम भुगतान कर सुनिश्चित कर लेता है कि सम्पूर्ण सब्जियाँ उसे ही बेची जाये। थोक व्यापारी सब्जियों को संग्रहित भी करते हैं तथा पर्याप्त लाभ उठाकर सब्जियों को थोड़ी–थोड़ी मात्रा में शहरों के खुदरा विक्रेताओं को बेच देते हैं। ताजा बाजार की जानकारी रखते हुए अच्छे दामों में सब्जियों को ट्रक या रेल द्वारा भी दूर–दूर के शहरों में बेच देते हैं।

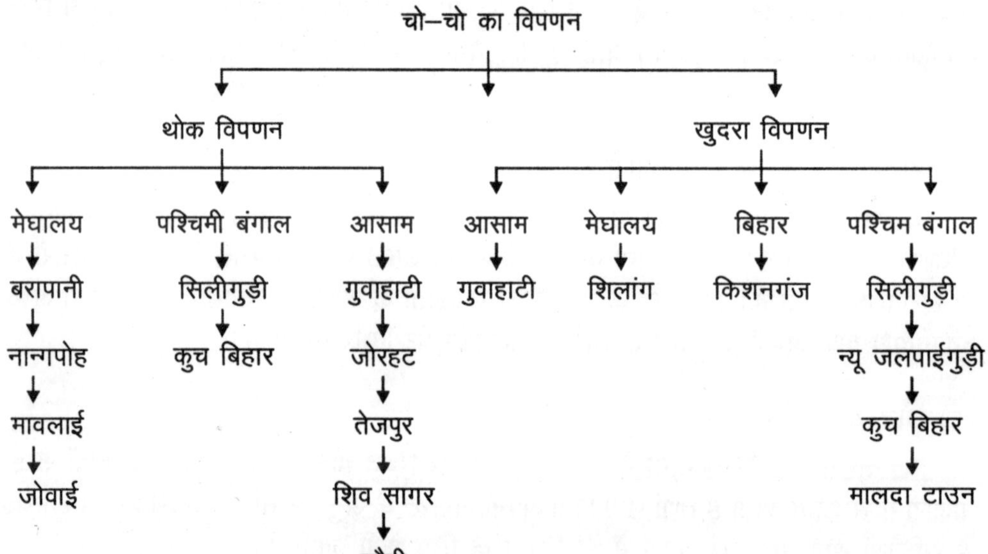

चित्रांकन : चो–चो उत्पाद का विक्रय

• नीलामी वाले बाजार

उत्पादक द्वारा लाई गयी सब्जियों की ढेरियाँ दलालों द्वारा निलाम की जाती हैं। खुदरा व्यापारी इन्हें खरीदते हैं तथा शहरों के विभिन्न भागों में लाभ के साथ पुनः बेचते हैं। इन बाजारों में सब्जियाँ

ढेरियों में बेची जाती हैं और ढेरी की निलामी अलग–अलग ढंग से की जाती है। नीलामी वाली प्रणाली में सभी खरीददार बाजार में एक स्थान पर इकट्ठे हो जाते हैं और सब्जी की प्रत्येंक ढेरी पर सबके सामने दलाल द्वारा बोली लगाई जाती है। सबसे अधिक बोली के दाम पर ढेरी बिक जाती है। यह प्रणाली लगभग सभी मण्डियों (शहरों एवं गाँवों) में प्रचलित है। गुप्त रूप वाली प्रणाली में खरीददार दलाल को इशारा करके बताता है कि किस मूल्य पर माल खरीदने को तैयार हैं। दलाल मूल्य तय करने से पहले सभी खरीददारों से गुप्त रूप से बोली लगाता है और ज्यादा दाम देनें वाले को बेच देता है। इस तरह से एक खरीददार को दूसरे खरीददार का निर्धारित मूल्य का पता नहीं चल पाता है और दलाल अधिक मूल्य पर सब्जियाँ बेच कर लाभ उठाता है। खरीदार से सब्जियों के मूल्य, विक्रेता के लिए दलाल द्वारा निश्चित किये जाते हैं। यह कार्य निजी मोल–भाव द्वारा, नीलामी द्वारा व गुप्त रूप से किया जाता है। नीलामी तब की जाती है, जब इच्छुक खरीददारों की संख्या काफी अधिक हो अन्यथा निजी थोक भाव द्वारा ही सब्जियों की खरीद पूरी कर ली जाती है। दूर के स्थानों से आयी सब्जियों को दलाल अपने मनपसन्द दामों पर बेचता है और अपना हिस्सा लेने के बाद शेष धनराशि मालिक को देता है। निजी मोल भाव प्रणाली देश में ज्यादा प्रचलित है। इसमें खरीददार स्वयं ही दलाल के साथ मोल भाव करता है और थोड़े बहुत मोल भाव के बाद दाम तय हो जाता है।

3. खेतों से बिक्रय

थोक व्यापारी या दलाल अपने साधन को लेकर सीधे उत्पादकों के खेत में जाकर, दाम तय करके सब्जियाँ खरीद लेते हैं। यहाँ निलामी करने वालों की सहायता के बिना ही सब्जी खरीद ली जाती है, इसलिये जरूरी है कि उत्पादक को प्रचलित दाम की जानकारी हो। सब्जी के दाम तय होने के बाद उसकी कटाई तथा परिवहन का खर्च भी व्यापारी ही उठाता है।

4. सहकारी आधार पर सब्जियों का विक्रय

कुछ सहकारी संस्थाओं द्वारा भी सब्जियाँ बेची जाती हैं। अपने सदस्यों एवं उत्पादकों से सब्जियाँ एकत्रकर इन्हें अच्छे दामों में बेच लेती हैं। ऐसी संस्थाएं सस्ती सब्जियाँ इकट्ठा करती हैं और बाद में बाजार में अच्छे भाव होने पर बेच देती हैं, जिससे प्रत्येक सदस्य को लाभ होता है। इस तरह के कार्य से सदस्य का अपना काफी समय बच जाता है और अपना उत्पाद बेचने के लिये भी कम मेहनत करनी पड़ती है। ऐसी संस्थाओं के माध्यम से सब्जियों की उचित छँटाई, बँधाई आदि का कार्य भी प्रमाणित ढंग से बाजार के अनुकूल हो जाता है, जिससे सब्जियों का नुकसान भी कम होता है और दूर की मण्डियों में अच्छा दाम मिल जाता है। ऐसी संस्थायें व्यापार का हिसाब–किताब रखती हैं, पैसा एकत्र करती हैं, मामले निबटाती तथा सदस्यों को हर तरह की सूचनायें व सहायता देती हैं। अपने देश में सब्जियों के विपणन के लिए ऐसी संस्थायें विकसित करने की बहुत जरूरत है। नीचे की सारिणी में फसलवार उनके विक्रय मूल्य जहाँ उचित रुप से मिलते हैं, उन शहरों का नाम दिया गया है।

सारिणी (20.6) सब्जियों के मुख्य बाजार व अच्छे दाम प्रदान करने वाले शहर

बाजार	टमाटर	बैंगन	भिण्डी	फूल गोभी	मटर	पत्ता गोभी
दिल्ली	जुलाई	मार्च –मई	जनवरी –अप्रैल	मई –सितम्बर	अप्रैल –नवम्बर	अगस्त–अक्टूबर
	अगस्त	अगस्त	जुलाई–सितम्बर	–	–	–
	नवम्बर	–	–	–	–	–
कानपुर	जून–जुलाई	अप्रैल–मई	जुलाई –अगस्त	अगस्त–अक्टूबर	अक्टूबर–दिसबर	अगस्त–सितम्बर
	नवम्बर	जुलाई–अगस्त	–	–	–	–
लखनऊ	जून–अगस्त	फरवरी–मार्च,	अप्रैल–अक्टूबर	अक्टूबर	नवम्बर	सितम्बर–जुलाई
	–	जुलाई–अगस्त	–	–	दिसम्बर–जनवरी	अक्टूबर
कोलकाता	जून–सितम्बर	जून–दिसम्बर	जुलाई–नवम्बर	सितम्बर–दिसम्बर	दिसम्बर–जनवरी	जुलाई–नवम्बर
आगरा	जुलाई–अगस्त	मई–जुलाई	अगस्त	अक्टूबर	नवम्बर–दिसम्बर	जुलाई–अक्टूबर
	नवम्बर	अगस्त	अक्टूबर	–	जनवरी	–

5. सुपर मार्केट (Super market)

विदेशी बाजार की तरह भारतीय बाजार में भी माँग के अनुसार उत्पाद को बढ़ावा मिल रहा है। इससे उपभोक्ता को वाँछित उत्पाद समय से व स्वस्थ रुप से प्राप्त होती है। पहले विकासशील देशों में सुपर मार्केट की अवधारणा नगण्य थी और स्थानीय तौर पर कहीं इसकी स्थापना हुई लेकिन उन क्षेत्रों में ही सीमित रही, जहाँ उपभोक्ता की अधिक आय थी। अमेरिका जैसे विकसित राष्ट्र में सुपर मार्केट की धूम सन् 1990 से प्रारम्भ हुई और वर्तमान समय में 50 प्रतिशत से ज्यादा सुपर मार्केट स्थापित किये जा चुके हैं। यह सुपर मार्केट का 'प्रथम लहर' ही कहा जा सकता है। दक्षिण–पूर्व एशिया के देशों में यह अवधारणा 5–7 वर्षों बाद 'दूसरी लहर' के रुप में प्रारम्भ हुई, लेकिन दिन–प्रतिदिन संख्या बढ़ती जा रही है। 'तृतीय लहर' के दौरान इस्ट सेन्ट्रल यूरोप व अफ्रीका, दक्षिणी अफ्रीका, पश्चिमी अफ्रीका, चीन व भारत जैसे देशों में सुपर मार्केट तेजी से विकसित हो रहे हैं। भारतवर्ष में सुपर मार्केट की वृद्धि बड़ी तेज गति से हो रही है, लेकिन इसकी शुरुआत दक्षिण भारतीय क्षेत्र जैसे बैंगलुरु, चेन्नई व हैदराबाद से प्रारम्भ हुई। वर्तमान समय में नई दिल्ली व मुम्बई जैसे बड़े

शहरों में सुपर मार्केट को देखा जा सकता है। यही नहीं सुपर मार्केट भारतवर्ष के छोटे शहरों व कस्बों में बहुतायत से देखा जा सकता है। भारतवर्ष में सुपर मार्केट का विकास कई घटकों जैसे तेज गति से शहरीकरण, अधिक आय, संरचनात्मक ढाँचा में सुधार, महिलाओं की भागीदारी में वृद्धि, भण्डारण सुविधाओं में विकास, सुचनातंत्र द्वारा नवीनतम् उपज, विविध उत्पाद, गुणवत्ता व उपभोक्ता की बदलती स्थिति एवं पसन्द, उपभोग की विविधता 'रेडी टू इट या रेडी टू कुक', परिवहन सुविधाओं आदि से प्रभावित होता है। सुपर मार्केट में घरेलू आवश्यकता के अनुरुप पैकिंग की जाती है। मुक्त बाजार व्यवस्था, खाद्य बाजार का भुमण्डलीकरण, प्रसंस्करण व विपणन एवं उन्नत तकनीकी के आगमन से खुदरा (retail) व्यापार प्रभावित हुआ है। खुदरा व्यापार व्यवस्था पहले अव्यवस्थित (unorganized) रुप से 60 प्रतिशत में था, लेकिन वर्तमान समय में व्यवस्थित (organized) रुप में बदल रहा है। आँकड़ों के मुताबिक वर्तमान समय में व्यवस्थित खुदरा (organized retail) के अन्तर्गत केवल 2.0 प्रतिशत की भागीदारी है, लेकिन भविष्य में यह बढ़कर 10 प्रतिशत होने की सम्भावना है। इसमें प्रति वर्ष 24–25 प्रतिशत की वृद्धि हो रही है। व्यवस्थित खुदरा (organized retail) के अन्तर्गत महत्वपूर्ण सहयोग प्रदान करने वालों में स्पेन्सर फूड वर्ल्ड, एम0टी0आर0, नीलगीरीस, सुभिक्षा, आई0टी0सी0 एवं रिलायंस फ्रेश प्रमुख हैं। इस प्रकार के बाजार स्थापित होने से उपभोक्ता एवं उत्पादक दोनों को उचित मूल्य मिलता है। उदाहरण के लिए रिलायंस फ्रेश शीत भण्डारण सुविधा से युक्त ट्रकों/गाड़ियों द्वारा सब्जी उत्पादकों से लेकर अपने रिटेल आउटलेट (retail outlet) तक पहुँचाता है। वर्तमान समय में भारत के 800 शहरों/कस्बों में आउटलेट्स (outlets) स्थापित करने की योजना है, जिसकी संख्या 5500 स्टोर्स की है। इसके अलावा 85 लाजिस्टिक सेन्टर (logistic centre) व 1600 फार्मल सेन्टर (formal centre) होंगे। इसी प्रकार भारती फील्ड फ्रेश की योजना कृषक उपज व दुकान का मूल्य एक निश्चित स्वरुप में स्थापित करने का हैं। आई0टी0सी0 ने चौपाल फ्रेश नाम से फल व सब्जी के लिए योजना बनायी है। इस प्रकार की योजनाओं से ताजी सब्जियाँ उपभोक्ता को मिलती हैं तथा अधिक उपज की स्थिति में नुकसान से बचा जा सकता है।

वर्तमान में भारतीय बाजार संरचना

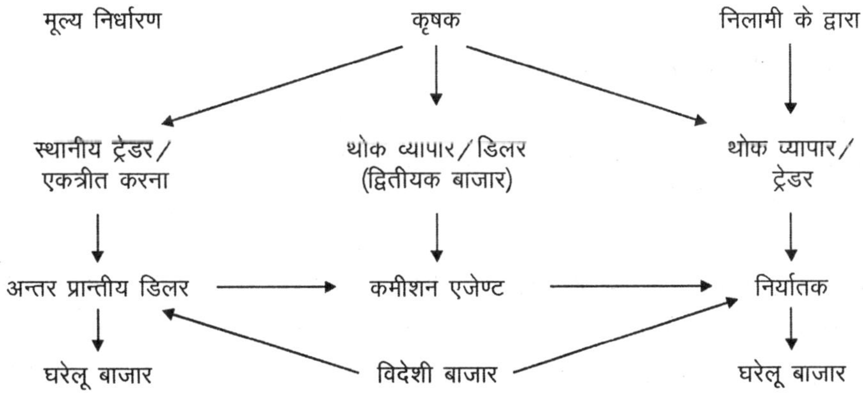

चित्रः सब्जी विक्रय हेतु भारतीय बाजार संरचना

सब्जी विपणन संरचना को मजबूत करने की तैयारी

सब्जियों की वर्तमान विपणन प्रणाली में अनेक दोष हैं। दलालों की बड़ी संख्या, श्रेणीकरण तथा मानकीकरण का अभाव, घटिया परिवहन एवं संचार व्यवस्था आदि कारक किसानों को मिलने वाले मूल्य में भारी गिरावट लाते हैं। संग्रहण के साधनों का अभाव तथा विक्रेता द्वारा भ्रष्ट तरीकों का प्रयोग, देश में उपस्थित घटिया विपणन व्यवस्था पर रोशनी डालता है। अब उत्पादकों में यह चेतना भी जगानी होगी कि वे सब्जी बाजार में प्रतिस्पर्धा के लिए स्वयं तैयार हों। व्यापार सीमाओं को खोलने के साथ–साथ बाजार को भी मुक्त कराना चाहिए। केन्द्र सरकार द्वारा कृषि सम्बन्धी मामलों के लिए गठित टास्क फोर्स के अध्यक्ष और किसान नेता ने कहा कि वैश्विक परिदृश्य में भारतीय किसानों को अग्रणी भूमिका में लाने के लिए सर्वप्रथम उन्हें देश में ही एक राष्ट्रीय बाजार उपलब्ध कराना होगा। वर्तमान में यह स्थिति न होने की वजह से कृषक अपनी उपज को लेकर संबन्धित क्षेत्र की मण्डी या राज्य तक ही सिमट कर रह जाते हैं। किसानों को एक अखिल भारतीय बाजार उपलब्ध कराने पर जहाँ उनमें प्रतिस्पर्धा की भावना का जन्म होगा वहीं उपज का समुचित मूल्य मिलने पर उत्साह का भी संचार होगा। इसके अलावा कृषकों के लिए एक आधुनिक सूचना तंत्र का जाल भी विकसित करना बहुत जरूरी है, जिससे उनके पास मण्डियों और विपणन तंत्र की पूरी जानकारी उपलब्ध हो। सब्जियों का विपणन बाजार में कुछ लोगों के हाथ में होने से उत्पादक एवं विक्रेता दोनों का शोषण होता है। उत्पादक का हिस्सा उपभोक्ता के मूल्य में बहुत कम होता है। अतः यह आवश्यक है कि विपणन की सबसे अच्छी चैनल उत्पादक–उपभोक्ता का चुनाव करें, जिससे कि उत्पादक को अपने उत्पाद का उचित मूल्य प्राप्त हो। योजना एवं नीति बनाने वालों का काम सब्जियों के विपणन क्षेत्र की तरफ कुछ समय पहले आया। राष्ट्रीय उद्यान बोर्ड (National Horticulture Board) की स्थापना सन् 1984 में कृषि एवं संसाधित खाद्य निर्यात को बढ़ावा देने के लिए किया गया। सन् 1988 में खाद्य संसाधन उद्योग मंत्रालय का गठन औद्यानिक फसलों के संसाधान के लिए किया गया। आठवीं पंचवर्षीय योजना में सबसे अधिक जोर औद्यानिक फसलों के विकास के लिए दिया गया। सन् 2011–12 में 200 करोड़ रूपये के निवेश की पहल केवल सब्जियों के लिए किया गया था। वर्तमान समय में सब्जी विकास के लिए अलग से 300 करोड़ रुपये की घोषणा राष्ट्रीय स्तर ''नेशलन हार्टीकल्चर मिशन'' (National Horticulture Mission) पर की गयी।

सब्जियों के विपणन में सम्मिलित संस्थाएँ

पिछले दशक एवं उसके पहले कुछ एजेंसियाँ स्थापित की गयी, जो कृषि उत्पाद के वितरण एवं विपणन को आगे बढ़ाने में सहयोग कर रही हैं। नीचे कुछ एजेंसियों के नाम दिये जा रहे हैं, जो सब्जी के विपणन में सम्मिलित हैं–

1. कृषि एवं संसाधित खाद्य उत्पाद निर्यात विकास प्राधिकरण (APEDA)

कृषि एवं संसाधित खाद्य उत्पाद निर्यात विकास प्राधिकरण (एपीडा) एक स्वायत्तशासी संस्था है, जो भारत सरकार के वाणिज्य मंत्रालय में आता है। एपीडा का मुख्य कार्य भारतीय उत्पादों एवं विश्व बाजार में सम्बन्ध स्थापित करना है।

कृषि एवं संसाधित खाद्य उत्पाद निर्यात विकास प्राधिकरण (एपीडा) का योगदान

कृषि उत्पादों और प्रसंस्कृत खाद्य को विकसित करने और उनके निर्यात को बढ़ाने के लिए कृषि एवं संसाधित खाद्य उत्पाद निर्यात विकास प्राधिकरण (एपीडा) की स्थापना की गयी। कृषि निर्यात के बढ़ाने से विदेशी मुद्रा उपार्जन मे अधिकतम वृद्धि एपीडा का लक्ष्य है, जिससे किसानों की आय में बढ़ोत्तरी हो और कृषि उत्पाद के उत्कृष्ट निर्यात के प्रोत्साहन से रोजगार की सम्भवनाएँ बढ़ जाये। एपीडा निम्नलिखित कार्यक्रमों का उत्तरदायित्व लेता है–

- उत्पाद, विपणन और सेवा का सूचिबद्ध विकास।
- प्रसार एवं सूचना प्रसारण।
- विदेशों से व्यवसाय प्रतिनिधि मंडल को निमंत्रित करना।
- विदेशों में उत्पाद संवर्धन संगठित करना और व्यापार प्रतिनिधि मंडलों को विदेश भेजना।
- भारत और विदेश में नियोजित अन्तर्राष्ट्रीय व्यापार मेले में सहभागिता।
- व्यापार और उद्योग को सिफारिश, सलाहकार और अन्य प्रोत्साहन सेवाएं प्रदान करना।
- सरकारी अभिकरणों और संगठनों, भारतीय रिजर्व बैंक, सीमा–शुल्क, आयात निर्यात प्रक्रियाओं आदि समस्याओं का समाधान। विदेश में स्थित भारतीय मिशन द्वारा आयातक की समस्याओं का सुझाव।
- निर्यातकों के लाभ हेतु प्रशीतन गृह और नश्वर (perishable) उत्पादों के लिए अन्तर्राष्ट्रीय हवाई अड्डों पर कार्गो संचालन सेवा बहाल करने की दिशा मे कदम उठाए हैं। शीघ्रता से नष्ट होने वाले उत्पादों के लिए निर्यात कार्गो में अलग से भंडारण और संचालन के लिए एपीडा ने इन्दिरा गाँधी अन्तर्राष्ट्रीय हवाई अड्डे पर सुविधाएं बहाल की है।
- चलते–फिरते शीत गृह कोलकाता (Kolkata) और गुवाहटी (Gowahati) हवाई अड्डों पर स्थापित किये गए है तथा अगरतल्ला हवाई अड्डे पर भी ऐसी ही व्यवस्था की गई है। ये सुविधाऐं उत्तरपूर्वी क्षेत्रों से ताजे उत्पादों को शीत अवस्था में कोलकाता और अन्य अतर्राष्ट्रीय हवाई अड्डों पर स्थानान्तरित करने में काफी मददगार साबित होगी। अहमदाबाद और अमृतसर अन्तर्राष्ट्रीय हवाई अड्डों पर भी मॉडल शीत गृहों की स्थापना और कार्गो सुविधाओं को शुरू करने का प्रस्ताव है।
- सब्जियों का निर्यात ऐसे देशों को करने के लिए जो किसी भी रसायन या कीटनाशकों से उपचारित किये गये उत्पादों को स्वीकार नहीं करते हैं। एपीडा ने सब्जियों के उपचार हेतु वाष्प उष्मा उपचार सुविधा विकास करने की दिशा में पहल की है। तुड़ाई से पहले सब्जियों को नुकशान पहुँचाने वाले कीड़ों के उन्मूलन एवं उनके बचाव हेतु एपीडा ने 1.5 क्विंटल क्षमता वाली एक वाष्प उष्मा उपचार मशीन प्राप्त की है, जिसकी सहायता से उन्मूलन संबंधी वाष्प उष्मा उपचार (Vapour Heat Treatment) मानक तैयार किये जायेंगे।
- माल भाड़ा सहायता योजना का संचालन एपीडा द्वारा किया जायेगा तथा सहायता अधिसूचित बागवानी उत्पादों पर मिलेगा।

- कृषि निर्यात क्षेत्रों की स्थापना से एपीडा कम ब्याज दर (8.0 प्रतिशत) पर बैंक ऋण की सहायता में मदद करता है।

2. भारतीय राष्ट्रीय कृषि सहकारी विपणन संघ लिमिटेड या नेफेड (National Agricultural Cooperative Marketing of India or NAFED)

राष्ट्रीय कृषि सहकारी विपणन संघ की स्थापना 2 अक्टूबर, 1958 को हुई। यह भारत में सहकारी विपणन की शीर्ष इकाई है। इसका कार्य 27 राज्य स्तरीय विपणन संघ, 16 राज्य स्तरीय विशिष्ट उत्पादन विपणन संघ, 10 राज्य स्तरीय जनजातीय विकास संघ एवं 172 जिला एवं क्षेत्रीय विपणन समितियों को समन्वित करता है। नेफेड कृषि उत्पाद का विपणन सहकारी समितियों के माध्यम से कराने का उद्‌देश्य उत्पादकों को अधिक लाभ प्राप्त करना है। इसकी शाखाएं देश के सभी भागों में है। नेफेड एवं इसके सहयोगियों द्वारा मिलकर लगभग 5.0 लाख मिट्रिक टन प्याज जिसका मूल्य रुपये 3000.0 मिलियन होता है, का निर्यात मुख्यतः मध्य पूर्व श्रीलंका, बांग्लादेश, नेपाल, मारीशस, सऊदी आदि देशों को प्रत्येक वर्ष किया जाता है।

3. मदर डेयरी (Mother Dairy)

राष्ट्रीय दुग्ध विकास बोर्ड (National Dairy Development Board) की स्थापना सन् 1988 में भारत सरकार द्वारा एक निगम के रुप में की गयी। अप्रैल, 2000 में उपभोक्ता की पूर्ण संतुष्टी के लिए मदर डेयरी फल एवं सब्जी को भी सम्मिलित कर राष्ट्रीय दुग्ध विकास बोर्ड को सहायक संस्था बना दिया गया। इसका संसाधित उत्पाद बाजार में **''सफल''** ब्राण्ड के नाम के साथ बिकता है। यह इकाई उत्पादकों को समय–समय पर प्रशिक्षण एवं उपभोक्ताओं तक पहुँचने तक गुणवत्ता बनाये रखने के लिए सभी प्रबंध करती है। वर्तमान में कम्पनी को 279 ताजे एवं संसाधित फल एवं सब्जियों की फुटकर दुकानें दिल्ली में विभिन्न जगहों पर है। प्रत्येक दुकानों की क्षमता 16.0 कुन्तल प्रति दिन की आवश्यकता की पूर्ति की है।

4. मार्कफेड (Marketing Federation Ltd.)

कुछ राज्यों जैसे मध्य प्रदेश, आन्ध्रप्रदेश एवं पंजाब में राज्य स्तरीय विपणन के लिए इस तरह का संगठन है। इसका मुख्य उद्‌देश्य उत्पादकों को अच्छा मूल्य दिलवाने के लिए बाजार की जरुरतों को ध्यान देना एवं उत्पादकों को कृषि लागत प्रदान करना है।

5. एच0पी0एम0सी0 (HPMC)

हिमाचल प्रदेश उद्यान उत्पादन विपणन एवं संसाधन निगम लिमिटेड की स्थापना सन् 1974 में हिमाचल प्रदेश सरकार द्वारा की गयी, जिसका उद्‌देश्य फल एवं सब्जियों के संसाधन एवं विपणन में उत्पादकों की सहायता करना है, जिससे उत्पादकों को उनके उत्पाद का उचित मूल्य मिल सके।

मंडियाँ इंटरनेट (internet) पर

उत्पादकों को अब मण्डियों के प्रमुख जिन्सों के भाव और आवक के अलावा अन्य जानकारियाँ इंटरनेट पर उपलब्ध हो सकेंगी। उत्तर प्रदेश मण्डी परिषद ने मंडियों के आधुनिकीकरण की एक

योजना के तहत् राज्य की 65 मंडियों के आधुनिकीकरण करके उन्हें इंटरनेट के जरिए जोड़ दिया है। इन सभी मण्डियों में शीघ्र ही कम्प्यूटर उपलब्ध होंगे। इस योजना के तहत् प्रदेश के भावों की जानकारी देने के लिए इलेक्ट्रॉनिक्स डिस्प्ले बोर्ड भी लगाये जायेंगे, जिनके माध्यम से किसी भी मण्डी स्थल से अन्य मंडियों के भाव कम्प्यूटर के माध्यम से किसानों को तुरन्त मिल सकेंगे। सभी मण्डियों को एक वेबसाइट के जरिए भी जोड़ा जायेगा। इसके लिए साफ्टवेयर बनाने की तैयारी राष्ट्रीय कृषि विपणन संस्थान को सौपी गयी है। बाजार में बिक्री के लिए समुचित आधारभूत सुविधाओं के लिए स्वर्ण जयन्ती ग्राम स्वरोजगार (एस0जे0जी0एस0 वाई0) नामक विशेष योजना के अंतर्गत जिला एवं ब्लाक स्तरों पर ग्रामीण उत्पाद विपणन केन्द्रों एवं उपकेन्द्रों की स्थापना तथा ग्रामीण हाटों को उन्नत बनाने के लिए ग्रामीण स्थानीय निकायों, सहकारिताओं और गैर सहकारी संगठनों को सहायता दी जायेगी। छोटे और सीमान्त किसानों को नई कृषि प्रौद्योगिकी और फसलों के विविधीकरण संबंधी जानकारी देना, वाँछित बीज, उर्वरक और कीटनाशक उपलब्ध कराना विपणन संरचना को मजबूत करने के तौर–तरीके बनाना आरंभ कर दिया है। संविधान के अनुसार कृषि राज्य का विषय है और इस कारण राज्यों को इसमें सभी कानूनी कार्यवाईयाँ, तकनीकी विषय, वायदा बाजार तथा राज्यों के हितों को ध्यान में रखना होगा।

सब्जियों के लिए परिवहन के साधन

1. नजदीक बाजारों में
   - साइकिल पर ढोकर
   - सिर पर ढोकर
   - रिक्शा द्वारा
   - बैलगाड़ी द्वारा

2. दूर बाजारों में
   - (क) ट्रैक्टर द्वारा
   - (ख) ट्रक द्वारा
   - (ग) रेलगाड़ियों द्वारा

3. विदेशों के बाजारों में सब्जियाँ हवाई जहाजों तथा पानी के जहाजों द्वारा भेजी जाती हैं।

सब्जियों का निर्यात (Export of vegetables)

अन्तर्राष्ट्रीय खाद्य नीति अनुसंधान संस्थान ने अनुमान लगाया है कि विकासशील देशों में खाद्यान्न अन्तर मांग और आपूर्ति दोगुने से अधिक हो जायेगी। निर्यात–आयात नीति में कृषि एवं सम्बद्ध उत्पादों के निर्यात की बढ़ोत्तरी के लिए अधिकांश देश प्रयास कर रहे हैं। हाल ही में केन्द्र सरकार ने राष्ट्रीय कृषि नीति की घोषणा की है, जिसमें कृषि निर्यात को बढ़ाकर अर्थव्यवस्था को तेजी से मजबूत बनाने पर जोर दिया है। इस कड़ी में सब्जियों का निर्यात सबसे महत्वपूर्ण है। विश्व बाजार में सब्जियों की सहभागिता बढ़ गयी है और बहुत से देश सब्जी निर्यात से अच्छी खासी विदेशी मुद्रा अर्जित कर रहे हैं।

सारिणी (20.7) ताजे प्याज का निर्यात

देश	2009-10 मात्रा (कि0ग्रा0)	2009-10 मूल्य (लाख रू0)	2010-11 मात्रा (कि0ग्रा0)	2010-11 मूल्य (लाख रू0)	2011-12 मात्रा (कि0ग्रा0)	2011-12 मूल्य (लाख रू0)
मलेशिया	30,31,37,819.00	41,329.53	28,13,60,453.00	49,186.60	30,13,13,838.00	44,344.78
बांग्लादेश	76,41,02,615.00	1,12,620.41	39,15,50,231.00	57,233.39	31,36,33,508.00	38,621.00
यूनाइटेड अरब अमीरात	14,71,65,073.00	17,904.37	12,72,64,960.00	16,574.42	17,90,49,812.00	22,189.62
श्रीलंका	12,93,28,016.00	19,304.31	12,03,78,990.00	17,842.25	15,32,66,705.00	17,463.96
पाकिस्तान	10,19,95,926.00	10,771.54	4,56,89,319.00	5,417.63	7,56,21,153.00	10,459.84
इण्डोनेशिया	96,07,393.00	1,329.78	4,43,77,133.00	9,384.31	4,85,11,000.00	8,732.16
नेपाल	3,89,85,355.00	3,181.60	2,99,80,547.00	2,530.42	3,48,57,061.00	4,345.58
सिंगापुर	2,46,22,094.00	3,435.13	2,12,26,596.00	2,937.44	3,06,61,027.00	3,911.44
ओमन	1,98,34,854.00	2,343.69	1,80,40,686.00	2,267.21	2,65,96,794.00	3,415.47
कतर	1,64,57,237.00	1,862.50	1,58,93,535.00	1,857.78	2,67,48,980.00	3,289.77
कुवैत	1,15,06,064.00	1,242.45	1,65,92,507.00	2,081.61	2,52,56,365.00	2,670.96
मारीशिस	1,10,13,022.00	2,224.83	66,75,600.00	1,237.63	1,05,02,028.00	1,908.76
सउदी अरबिया	1,52,25,963.00	1,972.73	1,11,97,165.00	1,352.30	1,87,63,606.00	1,826.30
बहरीन	1,36,40,068.00	1,722.50	1,06,03,985.00	1,324.29	1,30,94,341.00	1,493.00
वियनताम सोशल रिपब्लिक	39,04,054.00	607.22	1,42,93,693.00	2,072.86	95,71,000.00	1,433.70
हांग कांग	89,54,271.00	1,255.98	35,92,784.00	611.24	92,58,530.00	1,309.22
मालदीव	29,22,218.00	596.84	27,91,523.00	656.39	58,73,663.00	1,067.81
थाईलैण्ड	0.00	0.00	29,49,510.00	463.88	76,40,000.00	978.03
रियूनियन	44,70,083.00	695.46	34,21,360.00	503.11	49,92,000.00	702.14
ब्रुनेई	23,23,232.00	452.05	19,55,277.00	589.76	26,98,000.00	588.11
यूनाइटेड किंगडम	21,08,357.00	290.94	20,32,772.00	233.48	36,63,095.00	462.89
इटली	25,29,267.00	499.54	21,54,823.00	374.13	13,00,940.00	221.88
ग्रीस	19,98,560.00	280.78	21,64,520.00	306.30	13,28,800.00	150.87
सेकेलस	7,74,156.00	167.02	7,91,420.00	127.14	9,28,000.00	121.66
रूस	1,67,000.00	36.62	3,55,400.00	73.47	9,60,500.00	120.69
नीयरलैण्ड	51,354.00	11.87	1,83,055.00	38.93	4,08,870.00	66.60
नाइजेरिया	0.00	0.00	0.00	0.00	6,60,000.00	62.94
कोमोरोस	5,68,520.00	90.50	4,01,087.00	62.31	4,18,000.00	55.35
स्पेन	3,65,540.00	58.56	5,29,200.00	65.86	3,84,000.00	55.18
फ्रान्स	1,90,543.00	20.97	2,75,321.00	25.68	3,94,535.00	35.58
संयुक्त राज्य अमेरिका	58,169.00	9.26	50,010.00	14.14	1,77,801.00	29.96
जर्मनी	15,681.00	1.82	92,394.00	5.55	1,48,665.00	20.04
कनाडा	2,82,913.00	40.59	2,27,036.00	11.92	2,25,997.00	16.37
तवान	1,10,980.00	15.85	1,11,440.00	15.13	1,12,000.00	14.54
कांगो रिपब्लिक	58,000.00	13.12	45,000.00	10.19	62,000.00	11.52
दक्षिण अफ्रीका	51,720.00	6.74	23,520.00	2.41	1,01,000.00	10.33
कोरिया रिपब्लिक	0.00	0.00	0.00	0.00	75,000.00	9.70
फिलीपीन्स	1,08,66,172.00	3,263.47	0.00	0.00	99,000.00	8.88
अनस्पेसीफाइड	25,23,030.00	545.36	500.00	0.04	1,04,000.00	7.97
आस्ट्रेलिया	35,443.00	2.21	9,677.00	1.07	48,507.00	7.43
अल्जेरिया	0.00	0.00	0.00	0.00	20,000.00	6.26
स्वीटजरलैण्ड	59,071.00	13.23	54,038.00	9.01	24,227.00	5.75
जापान	33,000.00	4.58	52,500.00	8.04	38,015.00	4.86
सेनेगल	0.00	0.00	0.00	0.00	29,000.00	4.65
केनिया	56,105.00	5.90	53,900.00	7.91	56,000.00	4.57

तंजानिया रिपब्लिक	26,558.00	2.73	0.00	0.00	57,000.00	3.60
गाबोन	28,000.00	10.74	0.00	0.00	28,000.00	3.31
स्लोवाक रिपब्लिक	0.00	0.00	0.00	0.00	24,000.00	3.11
चीन रिपब्लिक	1,34,820.00	12.48	0.00	0.00	28,000.00	2.67
जोर्डन	0.00	0.00	0.00	0.00	30,000.00	2.42
आस्ट्रीया	1,888.00	0.14	1,055.00	0.10	12,130.00	1.62
नार्वे	9,702.00	0.62	11,917.00	0.70	6,743.00	0.52
गम्बिया	0.00	0.00	83,300.00	8.78	0.00	0.00
लेबनान	100.00	0.02	0.00	0.00	0.00	0.00
स्वीडेन	25.00	0.01	0.00	0.00	0.00	0.00
यूक्रेन	56,000.00	4.96	28,000.00	4.81	0.00	0.00
चेक रिपब्लिक	0.00	0.00	15,000.00	0.90	0.00	0.00
बेलिजे	0.00	0.00	30,000.00	3.27	0.00	0.00
इराक	13,60,800.00	165.10	0.00	0.00	0.00	0.00
बेल्जियम	4,99,200.00	101.66	2,58,000.00	47.65	0.00	0.00
बोत्सवाना	0.00	0.00	1,600.00	0.15	0.00	0.00
आइसलैण्ड	25,000.00	3.10	0.00	0.00	0.00	0.00
इरान	1,05,62,778.00	1,399.33	22,00,200.00	298.58	0.00	0.00
माली	0.00	0.00	1,664.00	0.18	0.00	0.00
मयनमार	1,18,580.00	10.23	0.00	0.00	0.00	0.00
अफगानिस्तान	0.00	0.00	2,50,000.00	46.26	0.00	0.00
कुल	**1,66,49,22,389.00**	**2,31,942.97**	**1,18,23,24,203.00**	**1,77,928.61**	**1,30,98,63,236.00**	**1,72,285.37**

स्रोतः डी0जी0सी0आई0एस0 वार्षिक रिपोर्ट–2012

सारिणी (20.8) प्याज के अलावा अन्य सब्जियों का निर्यात

देश	2009-10		2010-11		2011-12	
	मात्रा (कि0ग्रा0)	मूल्य (लाख रू0)	मात्रा (कि0ग्रा0)	मूल्य (लाख रू0)	मात्रा (कि0ग्रा0)	मूल्य (लाख रू0)
पाकिस्तान	8,10,40,204.00	8,763.26	64,70,158.00	1,057.66	21,98,11,715.00	39,887.27
यू0 अरब अमिरात	8,15,52,964.00	16,575.37	10,17,95,447.00	23,923.20	10,02,04,526.00	20,768.16
यूनाइटेड किंगडम	1,97,95,751.00	8,098.30	1,70,53,975.00	7,009.82	2,20,86,967.00	11,490.14
नेपाल	9,59,21,032.00	6,204.49	13,80,17,520.00	7,749.52	17,07,41,421.00	9,631.16
सउदी अरबिया	1,72,27,297.00	5,620.21	2,05,61,456.00	6,585.74	2,31,39,999.00	8,454.22
श्रीलंका	1,08,33,739.00	1,738.84	5,51,81,211.00	7,060.53	4,49,20,984.00	5,311.01
बांग्लादेश	4,27,91,124.00	5,498.71	3,16,20,745.00	6,110.93	3,01,24,341.00	5,067.20
कतर	1,01,86,856.00	3,659.20	1,22,72,119.00	3,791.14	1,19,77,009.00	4,014.18
कुवैत	87,34,594.00	3,187.11	1,02,84,550.00	3,422.97	87,90,414.00	2,968.28
संयुक्त राज्य अमेरिका	45,04,358.00	1,815.35	62,07,631.00	3,313.61	83,64,399.00	2,921.75
रूस	1,24,104.00	29.03	1,65,08,868.00	3,137.86	1,32,79,651.00	2,419.87
मालदीव	83,55,321.00	1,042.09	1,38,92,557.00	1,502.65	2,15,47,940.00	2,211.34
बहरीन	88,78,311.00	2,354.94	84,52,182.00	2,527.70	64,39,961.00	1,891.32
कनाडा	31,90,068.00	1,198.67	31,70,857.00	1,260.05	40,02,074.00	1,787.48
सिंगापुर	25,09,303.00	728.31	41,26,384.00	1,037.66	33,36,952.00	1,512.10
ओमन	33,59,590.00	854.91	71,55,776.00	1,745.09	50,30,098.00	1,481.75
आस्ट्रेलिया	23,81,570.00	740.28	24,69,903.00	788.22	35,11,884.00	1,084.40
मारीशस	29,80,187.00	538.82	56,70,751.00	901.48	49,45,897.00	846.17
मलेशिया	26,73,678.00	226.33	1,42,17,470.00	1,891.42	56,34,403.00	671.41
फ्रान्स	11,58,821.00	468.25	9,97,997.00	382.97	13,64,028.00	659.17

थाइलैण्ड	5,60,464.00	200.63	52,99,854.00	2,272.45	29,18,120.00	653.69
जर्मनी	15,68,833.00	925.42	12,40,357.00	739.63	11,23,349.00	558.47
अनस्पेसीफाइड	12,66,149.00	106.53	3,45,133.00	138.43	63,75,635.00	385.00
स्विटजरलैण्ड	6,47,265.00	294.44	6,63,039.00	213.76	7,71,985.00	376.95
बेल्जियम	74,467.00	32.46	3,46,670.00	214.38	6,37,891.00	376.87
नीदरलैण्ड	1,99,284.00	159.98	3,46,073.00	173.80	5,65,469.00	302.14
इरान	62,525.00	19.55	1,21,392.00	34.63	7,31,471.00	274.60
वियतनाम सोशल रिपब्लिक	1,09,518.00	11.07	10,57,744.00	207.68	13,06,304.00	217.54
सेकेलेस	11,63,480.00	171.23	14,20,859.00	178.47	11,32,778.00	211.31
हांगकांग	2,42,312.00	98.98	2,90,621.00	110.54	4,15,227.00	170.31
न्यूजीलैण्ड	3,19,493.00	116.48	2,42,449.00	102.20	3,44,820.00	153.67
ईटली	5,03,889.00	167.63	2,81,885.00	104.51	3,05,074.00	131.43
टर्की	10,14,395.00	380.69	3,01,398.00	102.33	2,08,619.00	93.36
जापान	1,99,973.00	18.70	26,982.00	11.75	2,61,131.00	87.39
दक्षिण अफ्रिका	5,27,762.00	178.29	2,33,103.00	106.90	2,23,200.00	74.44
आयरलैण्ड	1,00,050.00	33.61	42,514.00	16.00	1,55,636.00	71.59
चीन रिपब्लिक	1,24,140.00	74.03	58,078.00	3.09	2,39,370.00	71.53
ब्राजील	28,000.00	3.31	28,480.00	10.65	1,56,000.00	60.68
नार्वे	1,04,982.00	60.71	64,822.00	42.97	85,694.00	57.64
स्वीडेन	73,254.00	43.19	94,459.00	12.88	1,29,153.00	54.55
आस्ट्रिया	1,46,429.00	58.64	91,591.00	36.63	96,179.00	46.75
कांगो पी0 रिपब्लिक	0.00	0.00	13,000.00	2.86	9,15,482.00	45.79
ग्रीस	2,16,710.00	110.32	81,690.00	28.08	83,483.00	45.70
इजिप्ट अरब रिपब्लिक	20.00	0.01	32,70,680.00	112.13	1,35,794.00	45.65
फिलीपीन्स	82,000.00	37.12	1,13,002.00	80.52	1,06,025.00	32.94
पुर्तगाल	23,328.00	11.61	18,370.00	10.82	34,331.00	21.29
यूक्रेन	0.00	0.00	13,500.00	2.40	1,44,283.00	20.61
स्वाजीलैण्ड	500.00	0.37	23,602.00	7.92	53,809.00	19.45
पौलेण्ड	0.00	0.00	1,01,879.00	34.42	1,65,000.00	17.94
स्पेन	1,03,917.00	18.28	7,600.00	2.38	47,272.00	14.55
इण्डोनेशिया	2,58,200.00	73.65	14,93,880.00	444.15	83,500.00	14.07
अल्जेरिया	33,200.00	35.90	0.00	0.00	20,000.00	11.94
जोर्डन	14,100.00	5.34	530.00	0.21	26,000.00	11.40
नीदरलैण्ड एण्टील	0.00	0.00	10,930.00	1.97	32,570.00	10.24
कोरिया रिपब्लिक	40,012.00	18.54	20,745.00	10.52	22,010.00	9.42
ब्रुनेई	5,46,442.00	106.78	3,41,722.00	56.59	49,855.00	7.35
डेनमार्क	44,070.00	16.03	0.00	0.00	16,859.00	7.05
कोटे डी0 आइवोरी	0.00	0.00	0.00	0.00	56,000.00	7.01
अफगानिस्तान	0.00	0.00	45,131.00	27.94	24,717.00	6.67
जार्जिया	0.00	0.00	0.00	0.00	24,211.00	3.00
तवान	0.00	0.00	2,300.00	0.99	21,000.00	2.91
यमन रिपब्लिक	6,680.00	3.63	33,747.00	13.37	13,550.00	2.91
घाना	0.00	0.00	31,710.00	10.46	29,000.00	2.68
ईराक	0.00	0.00	1,24,950.00	42.57	28,000.00	2.51
साईप्रस	500.00	0.17	0.00	0.00	14,710.00	2.06
स्लोवेनिया	0.00	0.00	0.00	0.00	42,000.00	1.86
तेजानिया रिपब्लिक	11,065.00	4.22	1,315.00	0.23	15,000.00	1.45
लेबनान	1,29,381.00	49.10	20,190.00	11.25	1,940.00	1.38
गुयाना	0.00	0.00	0.00	0.00	24,340.00	1.29
ग्यूनिया	0.00	0.00	0.00	0.00	7,836.00	1.20

युगाण्डा	0.00	0.00	500.00	0.11	9,500.00	1.06
रियूनियन	536.00	0.17	60.00	0.02	1,612.00	0.68
केनिया	14,260.00	5.52	2,524.00	0.52	2,280.00	0.65
माली	1,069.00	0.34	2,385.00	0.58	1,483.00	0.57
ब्रहामास	0.00	0.00	384.00	0.12	1,554.00	0.54
मयन्मार	758.00	0.05	0.00	0.00	2,000.00	0.52
बोसनिया इर्जगोविना	3,941.00	1.92	4,184.00	1.59	980.00	0.44
फिनलैण्ड	0.00	0.00	0.00	0.00	599.00	0.41
बोत्सवाना	5,000.00	1.08	200.00	0.04	1,095.00	0.41
रोमानिया	53,542.00	17.63	26,000.00	4.52	1,103.00	0.36
फिजी आईलैण्ड	0.00	0.00	0.00	0.00	5,996.00	0.31
मोनाको	500.00	0.16	292.00	0.18	684.00	0.31
अरूणा	214.00	0.07	0.00	0.00	868.00	0.28
अंटार्कटिका	0.00	0.00	0.00	0.00	700.00	0.23
होण्डुरास	1,171.00	0.43	0.00	0.00	2,000.00	0.20
नाईजेरिया	170.00	0.05	950.00	0.79	246.00	0.20
सुड़ान	0.00	0.00	659.00	0.08	1,350.00	0.15
ग्वाटेमाला	0.00	0.00	0.00	0.00	2,402.00	0.07
समोआ	0.00	0.00	0.00	0.00	170.00	0.06
अर्जेन्टीना	2,174.00	5.95	70.00	0.00	100.00	0.03
सेनेगल	1,020.00	0.12	0.00	0.00	6.00	0.01
त्रीनदाद	30.00	0.01	0.00	0.00	0.00	0.00
पापुआग्ना	100.00	1.09	0.00	0.00	0.00	0.00
मालदोवा	695.00	0.54	0.00	0.00	0.00	0.00
मोजम्बिक	4,288.00	0.64	0.00	0.00	0.00	0.00
इस्टोनिया	0.00	0.00	1,350.00	1.28	0.00	0.00
ग्यूनिया बिसाउ	287.00	0.01	0.00	0.00	0.00	0.00
कोमोप्रास	0.00	0.00	1,000.00	0.18	0.00	0.00
ट्यूनिसिया	0.00	0.00	24,000.00	11.07	0.00	0.00
सूरीनाम	0.00	0.00	1,200.00	0.09	0.00	0.00
बेनीन	0.00	0.00	205.00	0.06	0.00	0.00
बारबाडास	300.00	0.08	990.00	0.24	0.00	0.00
इजराइल	3,79,966.00	150.37	0.00	0.00	0.00	0.00
गम्बियो	0.00	0.00	58,514.00	6.44	0.00	0.00
अजेरबैजान	0.00	0.00	4.00	0.00	0.00	0.00
डोमनिका	875.00	0.26	0.00	0.00	0.00	0.00
इथियोपिया	0.00	0.00	157.00	0.01	0.00	0.00
जम्बिया	100.00	0.02	0.00	0.00	0.00	0.00
सिरिया	300.00	0.06	0.00	0.00	0.00	0.00
मंगोलिया	370.00	0.29	0.00	0.00	0.00	0.00
लिबिया	23,000.00	9.36	0.00	0.00	0.00	0.00
मेक्सिको	141.00	0.05	4,000.00	0.99	0.00	0.00
अल्बानिया	884.00	0.49	25,000.00	3.71	0.00	0.00
चेक रिपब्लिक	0.00	0.00	80,200.00	3.21	0.00	0.00
कजकस्तान	0.00	0.00	3,852.00	1.03	0.00	0.00
मोरक्को	0.00	0.00	20,384.00	3.34	0.00	0.00
कुल	41,92,41,352.00	73,185.87	49,47,54,597.00	90,975.88	72,97,13,073.00	1,29,888.10

स्रोतः डी0जी0सी0आई0एस0 एक्सपोर्ट (वार्षिक रिपोर्ट–2012), एपेडा

सारिणी (20.9) भारत से शुष्क एवं परिरक्षित सब्जियों का निर्यात

देश	2009-10		2010-11		2011-12	
	मात्रा (कि0ग्रा0)	मूल्य (लाख रू0)	मात्रा (कि0ग्रा0)	मूल्य (लाख रू0)	मात्रा (कि0ग्रा0)	मूल्य (लाख रू0)
जर्मनी	50,02,838.00	4,351.70	60,31,823.00	5,744.05	69,84,847.00	7,928.62
फ्रांस	1,80,98,335.00	6,124.53	1,13,95,515.00	4,103.06	1,65,63,481.00	6,899.81
रूस	1,31,75,632.00	5,465.49	1,39,64,226.00	6,175.50	1,53,99,300.00	6,818.22
संयुक्त राज्य अमेरिका	2,64,67,363.00	9,061.75	1,17,67,009.00	4,238.50	1,60,94,942.00	6,584.81
यूनाईटेड किंगडम	39,73,838.00	2,573.80	36,22,410.00	2,407.68	61,40,910.00	5,328.17
स्पेन	1,30,10,907.00	4,032.03	1,08,19,181.00	3,069.06	1,24,31,272.00	4,351.09
बेल्जियम	60,71,928.00	2,597.01	50,68,431.00	2,012.47	87,97,895.00	3,905.77
ब्राजील	11,61,661.00	966.25	18,81,077.00	1,490.70	29,19,050.00	2,323.83
स्विटजरलैण्ड	1,31,510.00	697.75	32,399.00	1,348.15	1,69,422.00	2,194.15
नेपाल	15,07,079.00	518.29	67,49,032.00	1,362.39	82,05,113.00	2,124.00
नीदरलैण्ड	37,73,977.00	1,777.23	24,30,136.00	1,242.44	35,70,810.00	1,976.29
पोलैण्ड	9,33,689.00	650.86	21,43,642.00	1,652.59	23,73,990.00	1,968.85
दक्षिण अफ्रिका	15,15,323.00	1,122.73	17,47,553.00	1,433.74	17,86,078.00	1,541.13
इटली	27,81,491.00	1,165.70	22,09,958.00	1,131.70	22,41,108.00	1,312.84
आस्ट्रेलिया	46,32,807.00	1,844.11	48,17,052.00	1,305.11	32,28,785.00	1,206.16
कनाडा	34,90,244.00	2,028.64	17,47,683.00	982.72	18,00,085.00	1,192.17
बांग्लादेश	2,09,554.00	81.85	4,02,131.00	294.92	36,78,538.00	1,038.86
लिथुआनिया	7,58,226.00	349.88	18,72,782.00	678.68	89,36,623.00	815.94
नाईजेरिया	1,56,706.00	163.20	4,17,679.00	429.44	6,89,807.00	752.62
यूक्रेन	4,27,412.00	188.21	18,13,753.00	835.15	9,77,572.00	670.47
इजराइल	10,61,881.00	563.71	7,17,236.00	378.40	9,24,750.00	633.89
फिलीपीन्स	10,43,443.00	481.42	10,17,320.00	478.86	5,57,772.00	414.06
यू0 अरब अमिरात	4,82,922.00	230.78	7,39,296.00	370.71	4,49,746.00	391.81
न्यूजीलैण्ड	7,46,377.00	408.11	8,03,865.00	296.80	10,09,867.00	386.53
ग्रीस	4,30,619.00	184.31	6,76,124.00	385.69	6,20,472.00	378.23
लटविया	3,11,915.00	148.39	2,29,675.00	191.54	4,32,564.00	368.33
बुल्गारिया	7,75,248.00	191.60	5,08,460.00	240.26	3,87,320.00	330.16
कैमेरान	0.00	0.00	6.00	0.04	2,45,000.00	324.68
जापान	5,80,489.00	223.84	6,87,268.00	302.11	10,67,109.00	316.91
चिली	9,63,809.00	263.84	12,26,132.00	348.25	8,46,321.00	297.99
अल्जेरिया	6,51,321.00	250.45	5,92,305.00	219.21	6,22,523.00	289.42
सउदी अरबिया	5,99,384.00	397.17	5,43,725.00	369.58	4,05,660.00	289.09
कोरिया रिपब्लिक	7,55,533.00	182.13	8,81,680.00	182.02	16,11,041.00	255.82
स्वेडेन	1,32,505.00	145.01	1,49,166.00	116.55	2,26,733.00	253.76
रोमानिया	2,19,874.00	192.98	2,90,434.00	215.81	3,10,721.00	249.20
ग्वाटेमाला	1,87,237.00	200.11	1,11,622.00	101.42	2,15,024.00	219.64
डेनमार्क	39,653.00	38.92	1,03,231.00	160.11	1,95,720.00	205.55
सेनेगल	12,865.00	10.25	45,996.00	21.74	1,55,925.00	188.92
अर्जेन्टिना	1,57,408.00	74.19	3,34,425.00	200.91	2,41,130.00	186.13
कोलम्बिया	2,43,424.00	223.09	1,58,467.00	114.46	2,00,560.00	182.15
चीन रिपब्लिक	19,600.00	5.66	1,15,198.00	75.11	2,26,869.00	169.53

मलेशिया	3,56,412.00	150.07	23,47,288.00	977.63	2,15,596.00	165.44
फिनलैण्ड	5,19,551.00	376.32	2,12,598.00	75.18	2,44,221.00	164.00
कुवैत	1,38,111.00	58.92	1,92,254.00	64.10	4,01,129.00	158.98
केक्सिको	29,820.00	21.38	2,96,124.00	237.37	1,78,823.00	158.27
जोर्डन	35,742.00	22.63	74,091.00	37.54	1,78,241.00	155.66
श्री लंका	18,72,635.00	369.60	5,67,865.00	137.50	3,32,114.00	138.41
नार्वे	35,201.00	19.86	26,944.00	25.92	1,21,323.00	135.53
तुर्की	1,58,904.00	91.88	1,81,701.00	122.42	2,35,576.00	122.52
क्रोशिया	1,90,900.00	56.20	3,87,207.00	232.05	1,93,585.00	118.66
इस्टोनिया	15,40,096.00	417.42	3,08,058.00	68.46	1,57,023.00	99.31
आयरलैण्ड	59,917.00	49.94	32,588.00	25.64	77,120.00	79.41
स्लोवेनिया	16,425.00	15.15	63,161.00	52.42	88,071.00	75.64
जार्जिया	54,498.00	12.48	95,834.00	22.04	2,67,275.00	73.48
थाईलैण्ड	86,083.00	21.52	53,764.00	21.42	1,13,380.00	70.58
मोरक्को	1,05,136.00	49.87	82,274.00	44.37	85,528.00	67.88
मारीशस	37,742.00	26.02	21,592.00	19.69	91,914.00	63.18
इरान	45,835.00	39.04	39,241.00	33.30	67,235.00	59.99
सिंगापुर	1,47,971.00	63.83	2,15,890.00	98.72	1,14,389.00	56.96
केनिया	81,170.00	36.58	300.00	0.37	89,004.00	53.64
हांग कांग	56,173.00	16.19	17,747.00	16.84	45,097.00	53.03
अजरबैजान	40,768.00	7.55	0.00	0.00	50,985.00	50.64
बेनजुएला	1,14,864.00	128.33	0.00	0.00	72,604.00	49.94
लेबनान	1,01,400.00	59.82	2,16,677.00	76.39	1,37,220.00	46.69
नाइजर	0.00	0.00	0.00	0.00	26,104.00	41.03
पुर्तगाल	1,74,236.00	40.80	1,61,310.00	97.87	1,60,573.00	40.77
मालदीव	2,58,287.00	47.48	1,20,324.00	37.43	1,33,049.00	40.39
कोटे डी० आइवोरी	0.00	0.00	0.00	0.00	24,500.00	35.34
बहरीन	53,454.00	14.96	12,393.00	14.27	66,239.00	32.45
युरूगुवे	15,067.00	13.06	21,973.00	16.55	26,922.00	30.55
मैकडोनिया	0.00	0.00	8,400.00	6.33	34,332.00	30.48
इल सल्वाडोर	0.00	0.00	0.00	0.00	24,000.00	26.30
ओमन	73,254.00	15.57	3,338.00	2.23	35,085.00	23.24
इजिप्ट अरब रिपब्लिक	20,361.00	12.30	31,000.00	16.26	37,150.00	20.02
अनस्पेसीफाइड	5,31,226.00	223.02	84,975.00	69.54	19,028.00	17.15
सर्बिया	0.00	0.00	36,200.00	34.60	18,060.00	14.88
इक्वाडोर	14,750.00	9.81	0.00	0.00	16,000.00	13.68
ट्यूनिशिया	58,000.00	14.48	1,00,400.00	57.65	57,418.00	13.51
पनामा रिपब्लिक	0.00	0.00	0.00	0.00	16,000.00	13.32
साइप्रस	93,987.00	28.97	46,676.00	13.20	31,761.00	12.53
चैक रिपब्लिक	53,150.00	29.35	64,550.00	20.40	14,000.00	12.48
अरमेनिया	0.00	0.00	0.00	0.00	42,547.00	11.91
कतर	43,264.00	15.41	36,108.00	48.38	17,354.00	10.72
नीदरलैण्ड	0.00	0.00	0.00	0.00	15,200.00	10.04
अल्बानिया	18,844.00	19.53	42,836.00	28.42	9,000.00	9.87
हंगरी	0.00	0.00	99,802.00	25.39	10,714.00	9.75
कजकस्तान	99,412.00	25.69	1,59,273.00	37.42	40,320.00	9.62
बेनिन	45,193.00	33.41	19,950.00	13.96	7,405.00	7.68

आस्ट्रिया	7,766.00	11.24	0.00	0.00	170.00	7.42
स्लोवाक रिपब्लिक	0.00	0.00	28,000.00	24.77	8,000.00	7.14
युगाण्डा	0.00	0.00	760.00	0.29	6,400.00	6.72
यमन रिपब्लिक	5,287.00	2.54	1,370.00	1.08	2,365.00	6.20
इण्डोनेशिया	4,202.00	3.37	5,40,847.00	178.94	10,300.00	4.58
सूरीनाम	6,800.00	1.90	0.00	0.00	14,400.00	3.57
वियतनाम सोशल रिपब्लिक	26,858.00	24.49	42,304.00	17.48	24,000.00	3.33
मालटा	0.00	0.00	0.00	0.00	3,000.00	2.40
तन्जानिया रिपब्लिक	1,357.00	0.83	18,538.00	15.57	2,256.00	1.76
बेलारस	45,600.00	16.08	15,200.00	12.58	4,575.00	1.10
होण्डुरास	0.00	0.00	0.00	0.00	2,000.00	0.88
ताइवान	13,890.00	72.09	24,885.00	15.13	1,400.00	0.80
मलावी	200.00	0.13	0.00	0.00	500.00	0.47
पाकिस्तान	26,129.00	10.59	0.00	0.00	512.00	0.36
सायरालोने	0.00	0.00	0.00	0.00	880.00	0.27
घाना	0.00	0.00	0.00	0.00	300.00	0.22
सेकेलस	0.00	0.00	54,890.00	13.51	20.00	0.16
फिजी आइलैण्ड	845.00	0.54	2,573.00	1.80	110.00	0.10
गाम्बिया	0.00	0.00	100.00	0.05	100.00	0.09
डिजीबौती	0.00	0.00	0.00	0.00	50.00	0.06
कांगो पी0 रिपब्लिक	0.00	0.00	0.00	0.00	20.00	0.03
पेरू	709.00	0.37	0.00	0.00	0.00	0.00
स्वाजीलैण्ड	1,000.00	79.86	0.00	0.00	0.00	0.00
जिम्बावे	0.00	0.00	3,990.00	0.76	0.00	0.00
अफगानिस्तान	7,350.00	7.64	0.00	0.00	0.00	0.00
माल्डोवा	20,384.00	4.24	0.00	0.00	0.00	0.00
मोजम्बिक	10,232.00	11.75	0.00	0.00	0.00	0.00
रियुनियन	13,540.00	15.61	17,216.00	25.63	0.00	0.00
इराक	0.00	0.00	33,465.00	29.01	0.00	0.00
जमैका	14,938.00	7.83	0.00	0.00	0.00	0.00
बोत्सवाना	0.00	0.00	200.00	0.15	0.00	0.00
ब्रुनेई	89,000.00	19.39	2,48,655.00	109.79	0.00	0.00
कोस्टाटिका	46,553.00	36.54	31,235.00	26.25	0.00	0.00
बारबाडास	25.00	0.47	210.00	2.12	0.00	0.00
टोगो	0.00	0.00	8,780.00	8.71	0.00	0.00
बोलिमा	7,988.00	8.03	0.00	0.00	0.00	0.00
बुरकिना फासो	0.00	0.00	10,257.00	8.16	0.00	0.00
भूटान	16,000.00	3.40	0.00	0.00	0.00	0.00
इथियोपिया	0.00	0.00	36,168.00	30.49	0.00	0.00
सिरिया	0.00	0.00	19,400.00	14.42	0.00	0.00
मंगोलिया	1,72,727.00	36.96	0.00	0.00	0.00	0.00
जाम्बिया	250.00	0.16	0.00	0.00	0.00	0.00
कुल	12,46,13,496.00	53,207.46	10,84,86,852.00	50,173.59	13,84,64,027.00	70,018.81

स्रोतः डी0जी0सी0आई0एस0 एक्सपोर्ट (वार्षिक रिपोर्ट–2012), एपेडा

सारिणी (20.10) भारत से अन्य प्रसंस्कृत फल एवं सब्जियों का निर्यात

देश	2009-10		2010-11		2011-12	
	मात्रा (कि0ग्रा0)	मूल्य (लाख रू0)	मात्रा (कि0ग्रा0)	मूल्य (लाख रू0)	मात्रा (कि0ग्रा0)	मूल्य (लाख रू0)
संयुक्त राज्य अमेरिका	7,31,16,341.00	31,648.35	7,13,57,816.00	32,204.81	9,01,77,236.00	47,204.88
साउदी अरबिया	2,56,76,333.00	10,114.86	2,55,05,240.00	9,434.67	4,45,15,194.00	19,090.35
नीदरलैण्ड	2,63,35,699.00	12,379.05	2,91,39,338.00	11,836.01	3,57,18,201.00	18,246.45
युनाईटेड किंगडम	2,40,91,210.00	10,131.59	2,71,62,995.00	12,664.32	3,24,07,248.00	17,082.53
युनाईटेड अरब अमिरात	1,35,63,116.00	5,598.56	1,33,79,883.00	6,259.65	2,06,04,144.00	12,423.47
रूस	3,36,90,729.00	8,281.19	2,58,61,671.00	5,752.62	3,92,73,944.00	10,964.84
चांडा	2,52,75,320.00	7,775.34	1,75,31,130.00	5,471.26	1,76,16,119.00	6,749.65
बेल्जियम	2,05,37,667.00	7,470.25	1,21,14,790.00	3,699.15	1,58,19,988.00	5,821.10
आस्ट्रेलिया	1,19,47,394.00	4,743.63	1,13,41,873.00	4,460.37	1,33,10,743.00	5,731.78
फ्रान्स	1,04,10,018.00	3,569.72	1,08,98,151.00	3,348.52	1,27,11,787.00	5,114.26
इरान	45,08,697.00	2,716.44	63,71,482.00	4,548.67	44,89,853.00	4,961.39
जर्मनी	1,05,83,180.00	3,425.27	77,17,446.00	2,999.59	97,12,553.00	4,320.25
स्पेन	1,07,23,549.00	2,878.54	87,01,070.00	2,185.43	1,33,94,841.00	4,095.69
जापान	20,91,762.00	1,407.20	21,98,279.00	1,237.27	39,76,862.00	3,336.12
इस्टोनिया	91,63,648.00	2,013.84	90,05,628.00	1,786.38	1,05,88,664.00	2,712.92
कुवैत	32,13,259.00	1,125.68	25,92,884.00	1,019.13	57,28,597.00	2,563.17
मलेशिया	2,20,72,726.00	867.77	34,04,647.00	803.77	44,09,398.00	1,868.60
सिरिया	17,50,336.00	602.78	24,25,933.00	1,232.59	29,03,094.00	1,846.07
बाँगलादेश	58,71,162.00	931.43	39,03,364.00	561.61	90,31,583.00	1,737.09
इजिप्ट अरब रिपब्लिक	33,50,624.00	1,027.78	24,96,077.00	1,209.18	30,94,894.00	1,726.57
फिलीपाइन्स	8,94,945.00	395.32	25,34,210.00	1,296.95	26,23,444.00	1,624.22
पाकिस्तान	3,11,974.00	133.90	54,32,432.00	1,717.54	36,92,673.00	1,602.18
ओमन	23,78,163.00	1,039.19	23,95,771.00	963.62	29,74,048.00	1,426.46
यूक्रेन	13,78,231.00	527.58	20,63,590.00	796.63	33,36,098.00	1,369.40
कतर	25,39,131.00	958.24	21,59,043.00	848.13	28,15,655.00	1,339.63
इण्डोनेशिया	28,30,317.00	1,088.58	26,06,157.00	780.17	31,17,853.00	1,296.33
सिंगापुर	19,02,527.00	814.43	18,17,023.00	790.63	26,29,745.00	1,227.50
नेपाल	30,19,790.00	1,170.45	24,20,104.00	1,307.95	23,91,747.00	1,169.51
चीन रिपब्लिक	17,67,519.00	1,301.84	10,05,662.00	785.32	19,16,408.00	1,152.91
अल्जेरिया	1,79,168.00	88.86	12,67,971.00	580.49	16,92,681.00	1,090.64
केनिया	5,27,372.00	344.66	4,16,212.00	486.25	9,61,001.00	1,079.42
जोर्डन	17,75,098.00	633.69	17,43,764.00	769.57	26,53,501.00	1,070.83
न्यूजीलैण्ड	21,49,790.00	715.48	21,98,177.00	762.49	26,03,980.00	947.90
कोरिया रिपब्लिक	4,55,383.00	166.88	7,44,069.00	423.70	11,54,921.00	913.54
पोलैण्ड	2,39,530.00	109.93	2,03,905.00	70.97	25,05,056.00	869.95
लिथुआनिया	12,25,393.00	294.83	19,41,691.00	411.33	29,68,141.00	786.47
दक्षिण अफ्रिका	13,15,058.00	678.30	11,44,943.00	594.10	14,67,666.00	764.35
स्वेडेन	7,95,004.00	333.63	11,63,168.00	798.78	10,30,648.00	746.88
यमन रिपब्लिक	7,35,371.00	172.44	7,75,986.00	351.54	16,10,960.00	701.96

इटली	6,16,655.00	295.92	5,69,256.00	218.33	11,94,098.00	693.87
इजराइल	47,82,835.00	2,410.42	29,14,113.00	1,249.53	10,93,397.00	605.07
वियतनाम सोशल रिपब्लिक	17,13,345.00	451.81	1,32,342.00	45.76	11,93,514.00	603.47
डेनमार्क	9,51,484.00	349.44	8,49,307.00	471.33	13,16,161.00	589.45
पुर्तगाल	5,77,447.00	351.03	6,03,965.00	326.74	8,71,572.00	562.30
लेबनान	1,51,828.00	75.92	3,77,978.00	144.18	15,80,389.00	555.46
श्रीलंका	5,43,348.00	229.60	12,77,849.00	328.76	10,60,686.00	534.31
अफगानिस्तान	1,00,219.00	175.30	3,47,400.00	516.66	4,14,398.00	531.84
मेक्सिको	11,21,356.00	485.82	22,88,505.00	1,184.73	9,11,365.00	519.94
जार्जिया	8,60,521.00	231.44	9,89,443.00	218.31	18,31,732.00	507.64
बहरीन	8,85,844.00	356.64	12,27,726.00	433.38	11,97,140.00	500.20
नाइजेरिया	2,77,089.00	151.15	2,61,497.00	249.51	4,83,627.00	433.87
कजक्स्तान	19,76,084.00	460.85	11,50,365.00	257.54	11,53,308.00	360.89
भूटान	2,62,634.00	118.02	2,74,827.00	155.70	7,37,650.00	330.97
थाइलैण्ड	75,769.00	26.34	3,25,894.00	183.49	7,09,357.00	330.50
ट्यूनिशिया	3,04,612.00	169.19	4,92,761.00	276.28	6,34,366.00	312.40
लिबिया	42,76,663.00	2,034.79	6,09,660.00	278.62	5,53,611.00	278.03
स्वीटजरलैण्ड	2,04,672.00	93.88	2,43,544.00	113.97	2,65,348.00	260.35
तंजानिया रिपब्लिक	2,11,708.00	90.18	2,86,644.00	177.21	6,67,434.00	257.78
हांग कांग	2,72,709.00	126.15	2,85,474.00	178.15	3,31,757.00	245.77
ताइवान	2,14,780.00	93.07	1,92,838.00	98.83	4,34,146.00	238.64
फिनलैण्ड	1,99,597.00	142.27	5,11,515.00	315.82	3,21,455.00	203.47
कोरिया डी0पी0 रिपब्लिक	0.00	0.00	1,000.00	0.36	1,14,650.00	176.56
डीजीबौती	2,33,865.00	76.32	1,76,972.00	84.24	2,21,385.00	168.81
अनस्पेसीफाइड	7,74,716.00	299.57	34,722.00	25.67	1,09,380.00	161.88
ग्रीस	52,212.00	12.29	63,954.00	25.87	3,07,032.00	157.52
लटविया	3,39,450.00	75.93	7,79,021.00	150.88	6,87,129.00	156.96
इरीट्रीया	0.00	0.00	0.00	0.00	91,000.00	156.13
मारसिस	2,30,385.00	112.98	3,01,306.00	131.33	2,63,598.00	153.69
मालदीव	1,83,882.00	89.39	1,55,957.00	117.80	2,28,319.00	149.80
टर्की	2,04,915.00	92.43	2,85,301.00	181.06	2,02,921.00	145.07
अंगोला	8,97,412.00	340.20	3,78,660.00	180.48	2,36,774.00	133.16
इराक	23,24,355.00	1,081.59	10,46,983.00	425.48	2,62,148.00	123.32
चिली	82,784.00	33.28	1,73,996.00	61.02	2,86,917.00	108.93
ब्राजील	19,310.00	13.58	57,605.00	26.20	3,98,011.00	106.16
बुल्गारिया	2,01,861.00	51.19	1,26,383.00	50.90	3,15,620.00	105.15
आयरलैण्ड	2,17,443.00	81.81	1,12,260.00	48.64	2,13,982.00	103.40
कम्बोडिया	0.00	0.00	9,450.00	21.23	49,000.00	99.24
आस्ट्रिया	20,777.00	15.10	35,102.00	32.35	1,60,647.00	98.15
मयन्मार	0.00	0.00	93,500.00	137.64	53,860.00	97.91
कोसिया	7,61,920.00	201.40	2,53,360.00	117.04	2,27,954.00	90.57
इथियोपिया	0.00	0.00	3,112.00	1.01	1,54,740.00	90.14
सेनेगल	2,55,348.00	59.65	2,84,524.00	57.60	2,22,908.00	66.24
नार्वे	1,14,960.00	84.66	1,31,251.00	82.30	65,092.00	55.04

नीदरलैण्ड एण्टील	48,502.00	16.26	76,958.00	29.03	1,56,506.00	52.87
साइप्रस	2,18,829.00	84.25	1,28,772.00	40.93	1,52,350.00	51.69
कोलोम्बिया	0.00	0.00	0.00	0.00	1,11,606.00	46.28
चेक रिपब्लिक	21,45,102.00	505.63	93,503.00	33.58	1,40,186.00	43.25
फिजी आइलैण्ड	21,175.00	14.20	56,870.00	27.34	99,075.00	42.67
फ्रेन्च पालीनेसिया	2,25,246.00	98.60	2,02,050.00	81.46	74,480.00	42.28
रोमानिया	19,640.00	3.95	20,800.00	9.77	1,04,290.00	40.68
अर्जेन्टीना	26,591.00	19.18	93,272.00	20.50	1,35,571.00	39.85
अरमेनिया	1,25,580.00	35.26	18,000.00	9.03	1,38,742.00	37.38
सूडान	17,868.00	11.15	1,43,625.00	58.60	91,785.00	36.04
सूरीनाम	44,874.00	13.77	59,649.00	15.48	1,36,208.00	34.29
सेकेलस	33,464.00	16.69	9,578.00	5.39	58,266.00	27.16
हैती	17,991.00	13.29	0.00	0.00	55,220.00	23.29
बारबाडास	71,240.00	40.31	17,640.00	4.24	35,624.00	20.61
इस्ट टिमोर	0.00	0.00	7,500.00	11.67	10,700.00	19.18
युगाण्डा	16,61,082.00	618.73	2,836.00	3.95	21,203.00	18.67
बोत्सवाना	34,691.00	9.24	24,396.00	8.44	44,140.00	17.15
स्लोवेनिया	95,475.00	37.61	22,680.00	4.02	67,442.00	17.10
मोजाम्बिक	50,130.00	6.27	11,964.00	10.41	20,570.00	15.88
तुर्कमेनिस्तान	0.00	0.00	0.00	0.00	38,720.00	15.27
मोरक्को	75,549.00	20.64	1,23,640.00	45.94	18,000.00	14.85
काटे डी आइवोरी	1,910.00	0.82	994.00	0.65	20,688.00	14.11
बेलारस	2,43,464.00	112.33	1,05,616.00	24.37	31,131.00	14.09
नाइजर	0.00	0.00	0.00	0.00	45,887.00	14.00
मेडागास्कर	98,100.00	172.00	0.00	0.00	40,283.00	13.18
पुर्टोरिको	0.00	0.00	0.00	0.00	34,000.00	12.88
कोस्टारिका	396.00	0.59	18,709.00	4.81	22,000.00	10.51
घाना	37,373.00	27.71	24,665.00	14.44	14,898.00	9.94
त्रीनीनदाद	40,101.00	13.09	2,268.00	0.93	19,306.00	8.90
टाकिस्तान	0.00	0.00	0.00	0.00	20,808.00	8.02
कांगो रिपब्लिक	39,988.00	8.56	3,054.00	1.41	15,189.00	7.86
गाम्बिया	2,616.00	1.70	2,200.00	2.09	5,638.00	7.10
कोमोरोस	0.00	0.00	0.00	0.00	22,929.00	7.03
रियुनियन	19,040.00	10.14	19,957.00	20.76	8,215.00	6.73
लाओस	0.00	0.00	27,000.00	36.85	3,800.00	6.66
बुरकिना फासो	0.00	0.00	0.00	0.00	3,360.00	6.53
मलावी	21,323.00	5.62	6,540.00	4.33	3,759.00	6.24
बेनेजुएला	0.00	0.00	0.00	0.00	1,000.00	5.91
बहामास	0.00	0.00	0.00	0.00	1,296.00	4.98
ब्रूण्डी	0.00	0.00	0.00	0.00	1,600.00	4.26
मौरिशियाना	0.00	0.00	0.00	0.00	7,150.00	3.41
जाम्बिया	28,991.00	9.84	32,767.00	28.15	1,417.00	2.69
गुइना	0.00	0.00	325.00	0.72	1,842.00	2.60
बेनिन	65,710.00	13.64	17,930.00	10.13	4,244.00	2.57

ब्रुनेई	36,265.00	13.37	3,900.00	1.99	4,530.00	2.35
गैबान	456.00	0.34	0.00	0.00	1,056.00	2.18
माल्टा	11,700.00	8.83	500.00	0.66	392.00	2.09
ग्वाटेमाला	0.00	0.00	0.00	0.00	1,005.00	1.45
टांगो	514.00	0.27	9,996.00	3.15	1,340.00	0.91
जिम्बावे	0.00	0.00	800.00	0.34	900.00	0.66
हंगरी	25.00	0.02	1,008.00	0.60	497.00	0.46
लिबेरिया	3,115.00	2.41	5,377.00	2.57	1,228.00	0.45
लाम्बिया	600.00	0.46	48.00	0.04	160.00	0.31
केमान आइलैण्ड	0.00	0.00	0.00	0.00	300.00	0.22
अमेरी सामोआ	0.00	0.00	0.00	0.00	300.00	0.20
सैरिलियोन	274.00	0.22	824.00	0.34	450.00	0.20
पापुआग्ना	0.00	0.00	0.00	0.00	280.00	0.12
ग्रेन्डा	0.00	0.00	22.00	0.10	30.00	0.10
कजकस्तान	0.00	0.00	234.00	0.12	100.00	0.09
मकाओ	0.00	0.00	10.00	0.04	90.00	0.06
निकाटागुआ	0.00	0.00	0.00	0.00	100.00	0.05
बरविर्गन आइलैण्ड	0.00	0.00	0.00	0.00	30.00	0.03
पनामा रिपब्लिक	15,371.00	13.22	0.00	0.00	6.00	0.01
जमैका	0.00	0.00	0.00	0.00	13.00	0.01
मान्टसेरात	20.00	0.00	0.00	0.00	0.00	0.00
एन्टीगुआ व बरबुडा	56,146.00	41.54	0.00	0.00	0.00	0.00
ग्यूनिया	2,950.00	1.84	2,300.00	0.89	0.00	0.00
एन0 मरैना आइलैण्ड	0.00	0.00	61,000.00	5.51	0.00	0.00
पेरू	17,000.00	16.77	6,800.00	12.86	0.00	0.00
स्वाजीलैण्ड	19,391.00	6.56	5.00	0.01	0.00	0.00
माली	140.00	0.21	106.00	0.04	0.00	0.00
मार्टिनीक्यू	36,848.00	24.38	0.00	0.00	0.00	0.00
माल्डोवा	19,208.00	10.44	0.00	0.00	0.00	0.00
अजरबैजान	2,60,234.00	98.70	1,32,212.00	36.13	0.00	0.00
कैमरून	9,850.00	12.34	8.00	0.01	0.00	0.00
डामनिक रिपब्लिक	0.00	0.00	3,100.00	5.55	0.00	0.00
इक्वाडोर	12,300.00	12.58	0.00	0.00	0.00	0.00
सेन्ट किट्स नेविस	0.00	0.00	9,330.00	2.29	0.00	0.00
बेलिजे	1,280.00	1.82	0.00	0.00	0.00	0.00
नारफोल्क आइलैण्ड	18,919.00	11.32	0.00	0.00	0.00	0.00
रवाण्डा	0.00	0.00	1,160.00	0.35	0.00	0.00
लक्जमबर्ग	5.00	0.16	0.00	0.00	0.00	0.00
सर्बिया	34,186.00	13.65	22,856.00	6.54	0.00	0.00
कुल	39,79,78,166.00	1,43,550.62	34,94,98,251.00	1,37,282.64	45,95,14,678.00	2,11,785.90

स्रोतः डी0जी0सी0आई0एस0 एक्सपोर्ट (वार्षिक रिपोर्ट–2012), एपेडा

विश्व बाजार के लिए सब्जियों का मानक

सारिणी (20.11) विश्व बाजार के लिए सब्जियों का मानक

सब्जियाँ	मानक
भिण्डी	3.0–5.0 सेन्टी मीटर लम्बा, हरा, मुलायम, 5.0 किलो ग्राम की पैकिंग
कुन्दरू	2.5–5.0 सेन्टी मीटर लम्बा, हरा, मुलायम, 5.0 किलो ग्राम की पैकिंग
लौकी	30.0 सेन्टी मीटर लम्बा, हरी, मुलायम, सीधी, 5.0 किलो ग्राम की पैकिंग
मटर	12.5–18.0 सेन्टी मीटर लम्बा, हरी, मुलायम, सीधी, 5.0 किलो ग्राम की पैकिंग
ग्वार	10.0–12.5 सेन्टी मीटर लम्बा, हरी, मुलायम, सीधी, 5.0 किलो ग्राम की पैकिंग
जिमी कंद	5.0–10.0 किलो ग्राम वजन, साफ
हरी मिर्च	7.5–10.0 सेन्टी मीटर लम्बा, हरी, मुलायम, सीधी, 5.0 किलो ग्राम की पैकिंग
सहजन	60.0 सेन्टी मीटर लम्बा, हरी, मुलायम, सीधी, मोटी, 5.0 की पैकिंग

स्रोत: महाराष्ट्र स्टेट एग्रीकल्चर मार्केटिंग बोर्ड, 2009

अपने देश के कुल कृषि निर्यात में बागवानी उत्पादों का प्रतिशत अच्छा रहा है। सब्जियों के पर्याप्त उत्पादन के फलस्वरुप निर्यात से अच्छी आमदनी हुई है। इतना ही नहीं सब्जियों से तैयार संसाधित पदार्थों का निर्यात भी बड़े पैमाने पर किया जा रहा है।

निर्यात के समय सब्जियों में अधिकतम अनुमान्य रसायनों की मात्रा

सारिणी (20.12) निर्यात के समय सब्जियों में अनुमान्य कीटनाशी/अन्य रसायनों की अधिकतम मात्रा

कीटनाशी/अन्य रसायन	अधिकतम अनुमान्य मात्रा (मिली ग्राम/किलोग्राम) यरोप में
आर्गेनोक्लोरीन कीटनाशी/अन्य रसायन	एन0बी0एस0पी0
एल्ड्रीन	एन0डी0
क्लोरडेन (सिस एवं ट्रान्स)	एन0डी0
क्लोरोथैलोनील	1.00
डी0डी0टी0 (सभी आइसोमर्स)	एन0डी0
डाइक्लोफ्लुआनीड	10.00
डाइकोफाल	2.00एन0बी0एस0पी0
डाइएल्ड्रीन	एन0डी0
इन्डोसल्फन (सभी आइसोमर्स)	0.50
इन्ड्रीन	0.01
लिन्डेन	0.5
एच0सी0एच0	एन0डी0
हेप्टाक्लोर	0.01

सारिणी (20.13) आर्गेनोफास्फोरस कीटनाशी / अन्य रसायन

एसीफेट	0.02
एजीनफास मिथाइल	1.00
क्लोरफेनविनफास	0.05
क्लोरोपायरीफास मिथाइल	0.02
ड्राजीनन	0.02
डाइक्लोरवास	0.10
डाइमेथोएट	1.00
इहीओन	0.50
इट्रीमफास	एन0डी0
फेनक्लोरफास	0.01
2–क्लोरोफिनाल (मेटबोलाइट)	एन0डी0
मेथामीडोफास	0.01
मेथीडाथिओन	0.50
मेवीनफास	0.10

स्रोत: महाराष्ट्र स्टेट एग्रीकल्चर मार्केटिंग बोर्ड, 2009

एक आँकड़े के मुताबिक सब्जियों के निर्यात में करीब 180 प्रतिशत वृद्धि हुई है, जो अन्य उत्पादों के मुकाबले में अधिक है। साथ ही साथ रुपये के संदर्भ में ताजी सब्जी का प्रतिशत 74 से बढ़कर करीब 83 प्रतिशत हो गया है। इससे स्पष्ट है कि अपने देश के कृषि निर्यात में ताजी सब्जियों ने विश्व बाजार से ज्यादा विदेशी मुद्रा अर्जित करने में मदद की है। सूखी एवं संरक्षित सब्जियों का 7 प्रतिशत है। विश्व में भारत देश की सब्जियों ने अपनी साख बना ली है। यह भी सत्य है कि पिछले 10 सालों में ताजी सब्जियों के निर्यात में प्याज का योगदान 82 प्रतिशत तक रहा है, किन्तु अन्य ताजी सब्जियों का प्रतिशत भी 14 से बढ़कर 15 प्रतिशत तक हुआ है। सन् 1995–96 में सब्जियों का कुल निर्यात 698.68 करोड़ रुपये था, जो अब बढ़कर 1803.00 करोड़ रुपये हो गया है तथा मात्रा की बात करें तो 5.8 लाख टन से बढ़कर 14.2 लाख टन हो गया है। निर्यात होने वाली प्रमुख सब्जियाँ भिण्डी, करेला, बैंगन, पत्ता गोभी, फूल गोभी, ब्रोकली, हरी मटर तथा बीन्स हैं।

सारिणी (20.14) सब्जियों का बढ़ता निर्यात

सब्जियाँ एवं संसाधित पदार्थ	मात्रा (मिट्रिक टन)		कीमत (करोड़ रुपये)	
	1995–96	2005–06	1995–96	2005–06
फल एवं सब्जी बीज	9446.52	7472.9	43.08	92.83
प्याज	350989.17	960507.32	230.72	708.16
अन्य ताजी सब्जियाँ	83411.74	217280.49	70.47	267.69
ताजी सब्जियाँ	834400.91	1177787.91	301.19	975.85
शुष्क एवं संरक्षित सब्जियाँ	104067.95	124495.71	247.65	364.11
अन्य संरक्षित फल एवं सब्जियाँ	37821.02	107335.24	106.76	370.21
कुल निर्यात	1020137.31	2594879.57	999.87	2778.85

सारिणी (20.15) शुष्क एवं संरक्षित सब्जियों का निर्यात

मात्रा (मिट्रिक टन), कीमत (लाख रुपये)

देश	2008–2009		2009–2010		2010–2011	
	मात्रा	कीमत	मात्रा	कीमत	मात्रा	कीमत
रुस	13445.9	3574.3	13175.6	5465.5	13477.0	5962.2
जर्मनी	3093.8	2419.2	5002.8	4351.7	5900.0	5588.8
मलेशिया	237.2	81.7	356.4	150.1	7465.1	4063.4
संयुक्त राज्य अमेरिका	27128.5	8888.9	26467.4	9061.8	11164.4	4037.4
फ्रांस	24241.7	8341.2	18098.3	6124.5	10693.0	3869.7
स्पेन	14581.4	3967.8	13010.9	4032.0	10175.8	2884.1
यूनाइटेड किंगडम	4329.8	3250.8	3973.8	2573.8	3454.5	2337.1
बेल्जियम	11652.1	3684.6	6071.9	2597.0	5088.4	1987.1
पोलैण्ड	705.1	383.1	933.7	650.9	2110.2	1613.5
ब्राजील	820.6	577.1	1161.7	966.3	1834.1	1443.5
कुल	**47625.1**	**14472.8**	**36360.9**	**17234.0**	**38811.5**	**17910.3**
सम्पूर्ण	**147861.0**	**49641.5**	**124613.4**	**53207.5**	**110173.9**	**51697.1**

स्रोतः इण्डियन हार्टीकल्चर डाटाबेस, 2011

सब्जी निर्यात हेतु एग्री एक्सपोर्ट जोन (Agri Export Zone)

सरकार ने देश के कृषि निर्यात को बढ़ाने के उद्देश्य से 60 कृषि निर्यात क्षेत्र 20 राज्यों में स्थापित किये हैं। कृषि निर्यात क्षेत्रों की स्थापना पर कुल 1325 करोड़ रूपये व्यय हुए जिनमें 380.0 करोड़ रूपये का व्यय केन्द्र सरकार करेगी। वर्तमान में कुल 10300.0 करोड़ रूपये व्यय हो रहा है, जिससे प्रत्यक्ष व अप्रत्यक्ष रूपसे रोजगार सृजन भी हो रहा है। वर्तमान समय में कृषि निर्यात क्षेत्रों से 475.56 करोड़ रूपये का कुल कृषि निर्यात हुआ है।

सारिणी (20.16) कृषि निर्यात क्षेत्रों की स्थापना

राज्य	कृषि निर्यात			राज्य	कृषि निर्यात		
	क्षेत्र	अन्य	कुल		बागवानी उत्पाद	अन्य	कुल
पश्चिम बंगाल	2	4	6	गुजरात	2	1	3
उत्तराखण्ड	–	4	4	सिक्किम	1	1	2
कर्नाटक	2	2	4	हिमाचल	–	1	1
उत्तर प्रदेश	2	2	4	राजस्थान	–	2	2
पंजाब	2	1	3	झारखण्ड	1	–	1
महाराष्ट्र	1	7	8	केरल	1	1	2

तमिलनाडु	–	4	4	आसाम	1	–	1
आन्ध्र प्रदेश	3	2	5	जम्मू व कश्मीर	–	2	2
त्रिपुरा	–	1	1	बिहार	1	–	1
ओडिशा	1	–	1	**कुल**	21	39	60
मध्य प्रदेश	1	4	5				

कृषि निर्यात क्षेत्रों का एक उद्देश्य केन्द्र तथा राज्य सरकारों की विभिन्न योजनाओं को एकीकृत करके एक कड़ी को उत्पादक से उपभोक्ता तक बनाना है।

कृषि निर्यात क्षेत्र के लाभ

कृषि निर्यात क्षेत्र के निम्न लाभ हैं।

- विपणन व्यवस्था के सभी करकों का समावेश
- देश व विदेश में उत्पाद की उपलब्धता व प्रतिस्पर्धा
- कृषि उत्पादों का मूल्यांकन
- उत्पादन लागत को कम करना
- कृषि उत्पाद के अच्छे मूल्य की व्यवस्था करना
- गुणवत्ता तथा रखरखाव में सुधार
- व्यापार संबंधी अनुसंधान व विकास पर जोर
- रोजगार संभावनाओं को बढ़ाना

सारिणी (20.17) निर्यात योग्य फसलों की पहचान एवं निर्यात क्षेत्र

राज्य	**उत्पाद**	**लागत (करोड़ रूपये)**	**निर्यात लक्ष्य अगले 5 वर्ष में (करोड़ रूपये)**	**लाभ वाले क्षेत्र**
कर्नाटक	घरकीन	11.0	35.25	बैंग्लुरु
उत्तर प्रदेश	आम व सब्जियाँ	44.71	170.00	लखनऊ, उन्नाव, हरदोई, सीतापुर, बाराबंकी
	आलू	10.41	555.00	टारा, फर्रूखाबाद, बागपत, मेरठ, कन्नौज
पंजाब	सब्जियाँ	26.77	64.00	लुधियाना, जालंधर, अमृतसर, रामपुर, मुक्तसर
	आलू	10.41	–	लुधियाना, जालंधर, अमृतसर, रामपुर, मुक्तसर
आन्ध्र प्रदेश	आम गूदा व सब्जियाँ	53.00	250.00	चित्तूर

	घरकीन	20.05	313.00	महबूब नगर, रंगारेड्डी, मेडक, करीम नगर, वारंगल, अनन्तापुर, नलगोंडा
मध्य प्रदेश	प्याज, लहसुन व आलू	50.00	50.00	मालवा, उज्जैन, इन्दौर, धार, रतलाम, मंदसौर, नीमच, देवाश, साहाँजहापुर
बिहार	लीची, शहद व सब्जियाँ	12.13	154.00	मुजफ्फरपुर, समस्तीपुर, हाजीपुर, वैशाली, पूर्व पश्चिम चंपारण, भागलपुर, बेगुसराय, खगड़िया, सीतामढ़ी, गोपालगंज, सारन
गुजरात	आम व सब्जियाँ	33.72	90.00	अहमदाबाद, खेड़ा, आनंद, बड़ौदा, सूरत, नवसराय, वाल्सद
	प्याज उत्पाद	35.08	234.00	भावनगर, सुरेंद्रनगर, राजकोट, जूनागढ़, जामनगर, अमरेली
पश्चिम बंगाल	आलू	36.65	145.00	हूगली, वर्धमान, पश्चि मिदनापुर, हावड़ा
	सब्जियाँ	28.80	152.00	नाडिया, मुर्शीदाबाद, 24 परगना
सिक्किम	आर्किड पूष्प, चेरी व पेपर	32.31	36.00	—
आसाम	अदरक	24.61	76.00	—
	ताजी व संसाधित अदरक	17.54	63.00	बारपेटा, कामरूप, नालबाड़ी, नौगाँव, मौरीगाँव, एनालाँग, उत्तरी चचर
कर्नाटक	गुलाबी प्याज	6.10	50.00	—
महाराष्ट्र	प्याज व	32.24	154.49	नासिक, अहमदनगर, पूणे, सतारा, शोलापुर, जलगाँव
ओडिशा	अदरक व हल्दी	6.03	144.44	
झारखण्ड	सब्जियाँ	7.09	81.70	राँची, हजारीबाग, लौहरदग्गा
केरल	बागवानी उत्पाद	29.87	163.00	त्रिसूर, एर्नाकुलम, कोट्टयाम, ईडुकी, पालकक्काड, कोलायम

भारत वर्ष से सब्जियों के निर्यात का विवरण नीचे की सारिणी में दिया गया है—

टमाटर

सारिणी (20.18) टमाटर के निर्यात का विवरण

देश	2008—2009		2009—2010		2010—2011	
	मात्रा (मैट्रिक टन)	मूल्य (लाख)	मात्रा (मैट्रिक टन)	मूल्य (लाख)	मात्रा (मैट्रिक टन)	मूल्य (लाख)
यूनाइटेड अरब अमिरात	11617.3	1425.2	10153.4	1145.6	33902.9	7468.6
बांग्ला देश	9166.4	848.6	17020.5	1674.8	19711.9	2048.2

सउदी अरब	250.0	35.9	0.0	0.0	2261.5	539.4
ओमान	205.8	36.8	283.2	35.3	2203.6	532.0
पाकिस्तान	100764.7	10172.0	74716.1	7284.2	3708.9	340.6
नेपाल	1434.3	111.4	2570.2	121.9	3266.6	227.3
मालद्विव	483.3	53.1	942.3	55.5	2447.7	169.8
बहरीन	112.5	15.0	1.0	0.2	442.3	102.2
कुबैत	155.8	23.1	0.0	0.0	125.9	29.9
कत्तार	45.7	6.6	0.0	0.0	19.6	8.0
अन्य	**381.5**	**38.5**	**174.9**	**7.3**	**92.8**	**14.6**
कुल योग	**124617.2**	**12766.2**	**105861.6**	**10325.0**	**68183.7**	**11480.6**

स्रोतः अपेडा वेबसाइट, फरवरी 2012

शकरकन्द

सारिणी (20.19) शकरकन्द के निर्यात का विवरण

देश	**2008–2009**		**2009–2010**		**2010–2011**	
	मात्रा (मैट्रिक टन)	**मूल्य (लाख)**	**मात्रा (मैट्रिक टन)**	**मूल्य (लाख)**	**मात्रा (मैट्रिक टन)**	**मूल्य (लाख)**
यूनाइटेड अरब अमिरात	664.1	69.5	388.7	43.6	554.5	61.2
मालद्विव	146.0	1.0	141.4	10.8	194.7	12.1
मलेशिया	0.0	0.0	0.0	0.0	13.0	3.1
बहरीन	0.0	0.0	2.4	0.3	4.6	0.6
कुबैत	0.0	0.0	0.0	0.0	2.0	0.2
नेपाल	9.3	0.7	0.0	0.0	0.2	0.03
अन्य	59.8	10.0	17.9	1.4	0.0	0.0
कुल योग	**879.2**	**81.2**	**550.4**	**56.1**	**769.0**	**77.3**

स्रोतः अपेडा वेबसाइट, फरवरी 2012

मटर

सारिणी (20.20) मटर के निर्यात का विवरण

देश	**2008–2009**		**2009–2010**		**2010–2011**	
	मात्रा (मैट्रिक टन)	**मूल्य (लाख)**	**मात्रा (मैट्रिक टन)**	**मूल्य (लाख)**	**मात्रा (मैट्रिक टन)**	**मूल्य (लाख)**
सउदी अरब	1479.9	549.1	441.0	214.1	498.1	206.4
अरब अमिरात	341.8	109.2	155.6	53.1	118.3	32.8

contd...

नेपाल	168.5	13.4	166.5	67.1	367.1	21.5
कत्तार	10.3	2.5	0.0	0.0	3.0	1.2
यूनाइटेड स्टेट	294.4	96.0	0.0	0.0	0.9	0.8
ओमान	49.9	4.0	4.7	0.3	16.2	0.7
यूनाइटेड किंगडम	0.0	0.0	0.0	0.0	1.0	0.3
इण्डोनेशिया	0.0	0.0	0.0	0.0	0.0	0.0
अन्य	**174.6**	**21.1**	**502.9**	**19.0**	**0.0**	**0.0**
कुल योग	**2519.4**	**795.4**	**1270.7**	**353.7**	**1004.6**	**263.7**

स्रोतः अपेडा वेबसाइट, फरवरी 2012

फूल गोभी

सारिणी (20.21) फूल गोभी के निर्यात का विवरण

देश	**2008–2009**		**2009–2010**		**2010–2011**	
	मात्रा (मैट्रिक टन)	मूल्य (लाख)	मात्रा (मैट्रिक टन)	मूल्य (लाख)	मात्रा (मैट्रिक टन)	मूल्य (लाख)
यूनाइटेड अरब अमिरात	24.2	0.4	1197.5	72.7	519.7	20.0
मालद्विव	26.2	2.1	362.7	12.9	208.0	7.9
सउदी अरब	103.9	4.7	33.0	2.1	78.1	3.5
नेपाल	113.7	4.1	78.5	3.1	22.8	1.7
ओमान	0.0	0.0	0.0	0.0	1.2	0.0
माली	0.0	0.0	0.1	0.0	0.1	0.0
मेक्सिको	0.0	0.0	0.0	0.0	0.0	0.0
बहरीन	0.0	0.0	0.1	0.0	0.0	0.0
कनाडा	16.0	4.3	0.0	0.0	0.0	0.0
कत्तार	0.7	0.3	2.1	0.0	0.0	0.0
कुल योग	**284.6**	**15.9**	**1674.1**	**90.8**	**829.8**	**33.2**

स्रोतः अपेडा वेबसाइट फरवरी 2012

पत्ता गोभी

सारिणी (20.22) पत्ता गोभी के निर्यात का विवरण

देश	2008–2009		2009–2010		2010–2011	
	मात्रा (मैट्रिक टन)	मूल्य (लाख)	मात्रा (मैट्रिक टन)	मूल्य (लाख)	मात्रा (मैट्रिक टन)	मूल्य (लाख)
यूनाइटेड अरब अमिरात	1420.9	86.4	724.7	63.9	168.1	25.2
मालद्विव	201.2	11.6	77.0	7.8	214.9	19.2
नेपाल	22.5	1.3	21.3	1.1	20.7	0.9
सिंगापुर	0.0	0.0	0.0	0.0	1.2	0.3
बांग्लादेश	0.0	0.0	13.0	0.6	0.0	0.0
मारीसस	144.5	34.6	0.0	0.0	0.0	0.0
ओमान	0.0	0.0	8.8	0.9	0.0	0.0
कत्तार	0.2	0.0	0.0	0.0	0.0	0.0
सउदी अरब	0.0	0.0	3.0	0.5	0.0	0.0
कुल योग	**1789.2**	**133.9**	**847.9**	**74.8**	**404.9**	**45.6**

स्रोतः अपेडा वेबसाइट, फरवरी 2012

सब्जी फसलों का भण्डारण (Storage of Vegetable Crops)

सब्जियाँ हमारे दैनिक आहार का एक महत्वपूर्ण घटक हैं, इनके द्वारा शरीर को आवश्यक खनिज तत्व तथा विटामिनों की पूर्ति होती है तथा कई बिमारियों के लिए प्रतिरोधी है। ताजी सब्जियों (fresh vegetables) का प्रयोग अधिक सार्थक होता है, परन्तु ऐसा पूरे वर्ष सम्भव न होने के कारण तथा पूरे वर्ष की आवश्यकता को ध्यान में रखते हुए सब्जियों का उचित भण्डारण तथा रख–रखाव अति आवश्यक है। बाजार में सब्जियों की आवश्यकता अधिक होने पर उनके मूल्यों पर विपरीत प्रभाव को ध्यान में रखते हुए किसानों को कम खर्च में सब्जियों का भण्डारण करना और बाजार की आवक को निर्धारित करना भी जरूरी होता है। सब्जियों का भण्डारण तथा भण्डारण में होने वाले नुकसान को सब्जियों की अवस्था, परिपक्वता, जहाँ भण्डारण करना होता है वहाँ के तापमान तथा सब्जी उत्पादन करते समय दिए गये पानी एवं उर्वरकों का परिणाम आदि पर निर्भर होता है। विभिन्न प्रकार की सब्जियों के भण्डारण के लिए अलग–अलग तापमान की आवश्यकता होती है। यदि उचित भण्डारण किया जाये तो सब्जियों का सूखाकर होने वाला नुकसान तो कम होता ही है, इसके साथ–साथ सब्जियों में ताजापन भी बना रहाता है तथा बाजार में अच्छा भाव मिलने की सम्भावना बनी रहती है। ज्यादातर सब्जियों को कम तापमान में रखा जाता है, जिससे वाष्पीकरण (evaporaion), श्वसन (respiration), तथा पकने की क्रिया धीमी होकर सब्जियों की आयु बढ़ती है। श्वसन की क्रिया अधिक होने वाले सब्जियाँ जैसे सेम, ग्वार, पालक आदि बहुत कम समय में खराब होती हैं। उसी तरह अधिक पानी वाली सब्जियों जैसे पालक जल्दी खराब होती हैं।

पेड़ से निकालने के बाद धीमी गति से पकने वाली सब्जियों जैसे टमाटर अधिक समय तक रखा जा सकता है। सुप्तावस्था (dormancy) में रहने वाली सब्जियाँ जैसे प्याज, लहसुन, आलू इत्यादि खेत से निकालने के बाद काफी समय तक भण्डारण की जाती है।

भण्डारण में नुकसान कितना और कैसे?

हमारे देश में प्रति वर्ष 147 मिलियन टन सब्जियों का उत्पादन होता है, जिसमें से 20–30 प्रतिशत सब्जियों का उचित रख–रखाव एवं भण्डारण न होने के कारण नुकसान होता है। इनका मूल्य लगभग 50–80 हजार करोड़ रूपये के बराबर है। इसके अलावा सब्जियों को उत्पादन करने वाला खर्च एवं श्रम का भी व्यय होता है। सब्जी खेत से निकालने के बाद उसको गलत ढंग से रखना इस व्यय का मुख्य कारण है। इस नुकसान में सब्जियों का काटना, फटना, उगना तथा अन्य भौतिक बदलाव आते हैं। इसी प्रकार अनेक रासायनिक एवं जैविक बदलाव के कारण भी नुकसान होता है। अधिकतर सब्जियों में पानी का परिणाम 70–90 प्रतिशत होता है, जिससे 5–10 प्रतिशत पानी वाष्पीकरण द्वारा निकलने पर सब्जियों का सूखना, झुर्रिया पड़ना आदि से नुकसान होता है। सब्जियाँ निकालने के बाद उन पर सूक्ष्म जीवाणु का प्रभाव होने पर भी नुकसान बढ़ता है तथा पकने की और नष्ट होने की क्रिया चलती रहने पर नुकसान में बढ़ोत्तरी होती रहती है। यदि सब्जियों का उचित भण्डारण एवं रख रखाव किया जाये तो उनकी उपलब्धता बढ़कर आय में वृद्धि हो सकती है। सब्जियाँ खराब होने पर होने वाला प्रदूषण कम किया जा सकता है तथा सब्जियों की अधिक आय का लाभ उत्पादकों को प्राप्त हो सकता है।

सब्जी भण्डारण के लाभ (Benefit of vegetable storage)

सब्जियों की तुड़ाई करने के बाद ताजी अवस्था में कुछ दिन तक रखने के लिए अनुकूल वातारण में भण्डारित किया जाता है। इससे निम्नलिखित लाभ होता है–

1. प्रमुख मौसम में सब्जियों का ज्यादा उत्पादन होने से बाजार–भाव गिर जाता है और उत्पादक को अपनी उपज का कम लाभ मिलता है। अतः सब्जियों को भण्डारित करके तथा जब बाजार भाव अच्छा हो तब बेचकर अधिक लाभ कमाया जा सकता है।
2. तुड़ाई के बाद साधारण तापक्रम पर रखने से ज्यादातर सब्जियाँ सड़ने लगती हैं, जिससे उत्पादक को अधिक नुकसान होता है। इसलिए इनकी सुरक्षा उचित भण्डारण करके ही की जा सकती है।
3. उचित भण्डारण द्वारा सब्जियों को अन्य मौसम में भी उपभोग के लिए उपलब्ध हो सकती हैं।
4. भण्डारण द्वारा सब्जियाँ सालभर उपलब्ध कराई जा सकती हैं।
5. भण्डारण द्वारा सब्जियाँ दूर बाजार में भी उपलब्ध कराई जा सकती हैं।
6. कुछ सब्जियों जैसे–आलू, शकरकन्द, काशीफल, प्याज इत्यादि को आसानी से पूरे साल भण्डारित किया जा सकता है और प्रत्येक मौसम में उपलब्ध कराया जा सकता है।

सब्जी भण्डारण का सिद्धान्त (Principles of vegetable storage)

सब्जी भण्डारण में तापक्रम (temperature), आर्द्रता (humidity), हवा के आवागमन (ventilation) और सब्जियों के गुण (quality of vegetable) और अवस्था (stage) का भी अधिक प्रभाव पड़ता है। अतः इन सभी पर उचित नियन्त्रण होना अति आवश्यक है।

• तापमान (Temperature)

सब्जियों के भण्डारण के दौरान उचित तापमान को नियंत्रित रखना अति आवश्यक है, क्योंकि कम या अधिक तापमान अथवा तापमान का बार–बार घटना और बढ़ना भण्डारित सब्जियों के लिये नुकसानदायक होता है। भण्डारण में कम तापमान हो जाने पर हिमीकरण (freezing) के कारण सब्जियों को क्षति पहुँच सकती है, जबकि अधिक तापमान उनमें रासायनिक परिवर्तनों वाष्पोत्सर्जन एवं श्वसन (respiration) क्रिया को बढ़ाने के कारण हानि पहुँचाता है। फलस्वरूप सब्जियों में नुकसानदायी फफूँद और जीवाणु पैदा हो जाते हैं। तापमान के निरन्तर घटने बढ़ने से सब्जियों में सिकुड़न आ जाती है, जिससे सब्जियाँ बाजार के योग्य नहीं रह जाती हैं। अतः इन सभी कारणों से भण्डारण का तापमान नियंत्रित रखना जरूरी होता है।

• आर्द्रता (Humidity)

भण्डारण में सब्जियों के अनुसार आर्द्रता या नमी पर भी उचित नियंत्रण रखना आवश्यक होता है। भण्डारण में आर्द्रता की मात्रा में कमी या अधिकता सब्जियों के लिए नुकसानदायक होती हैं। आर्द्रता की कमी में जहाँ सब्जियाँ सिकुड़ जाती हैं, वहीं अधिक आर्द्रता से सड़न होने लगती है। कुछ सब्जियों जैसे प्याज और काशीफल आदि को कम आर्द्रता पर भण्डारित किया जाता है, जबकि गोभी वर्गीय और जड़ वाली सब्जियों का अधिक आर्द्रता (90–95 प्रतिशत) पर भण्डारण किया जाता है। आर्द्रता को हवा के आवागमन या कैल्सियम क्लोराइड द्वारा कम किया जा सकता है। साथ ही आर्द्रता की मात्रा फर्श पर पानी छिड़ककर बढ़ाई जा सकती है।

• हवा का आवागमन (Ventilation)

तापमान और आर्द्रता के नियंत्रण तथा अवाँछनीय गैसों जैसे–कार्बन डाइआक्साइड, मिथेन इत्यादि, जो कि श्वसन के समय उत्पन्न होती हैं, को इस समय भण्डारगृह से बाहर निकालने के लिए हवा का आवागमन अति आवश्यक है। भण्डारण में आक्सीजन की समुचित मात्रा रहना अति आवश्यक होती है। हवा के आवागमन की मात्रा की आवश्यकता भण्डार एवं सब्जियों के प्रकार के ऊपर निर्भर करती है। हवा का अधिक या कम आवगमन सब्जियों के लिए नुकसानदायक हो सकता है। हवा के अधिक आवागमन से सब्जियाँ सूखने तथा सिकुड़ने लगती हैं, वहीं कम आवागमन से पत्तीदार सब्जियाँ सड़ने लगती हैं। कभी–कभी भण्डारण में सब्जियाँ उगने भी लगती है जैसे प्याज, लहसुन, आलू आदि।

सारिणी (20.23) सब्जियों के भण्डारण हेतु आवश्यक तापमान और आर्द्रता

सब्जी	तापमान (डिग्री सेल्सियस)	आर्द्रता (प्रतिशत)	आयुमान (सप्ताह में)
आलू	4.4	90	20–28
सीताफल	11.7–15.6	70–75	24–36
मूली	0.0	95	3–4
पालक	0.0	95	2
शकरकन्द	10.0–12.8	80–90	13–20
टमाटर हरा	8.9–10.0	85–90	4.5
टमाटर पका	7.2	90	1
तरबूज	7.2–15.6	80–90	2
सूरन	26.7	60–70	3–5
भिण्डी	7.2–10.0	90–95	1–2
पत्ता गोभी	0.0	90–95	11–15
फूल गोभी	0.0	90–95	11–15
गाजर	0.0	90–95	15–18
मटर	0.0	85–90	2–3
प्याज	0.0	70–75	24
करेला	12.0–13.0	85–90	2–3
बैंगन	12.0	90–95	1
लहसुन	0.0	65–70	26–32
कटहल	13.0	85–90	2–9

सब्जियों के गुण तथा दशा (Quality and condition of vegetables)

सब्जियों का भण्डारण सब्जियों के गुण एवं दशा पर अधिक निर्भर करता है। भण्डारित करने वाली सब्जियाँ अच्छे गुण वाली, कीड़े एवं रोगरहित होनी चाहिए। भण्डारण प्रक्रिया पर परिपक्वता का भी असर पड़ता है। बन्द गोभी एवं फूल गोभी में ज्यादा समय तक खराब न होने के गुण मौजूद होते हैं। प्याज एवं लहसुन जैसी फसलों को जल्दी काट लिया जाना आवश्यक होता है। काशीफल, लौकी, आलू को पूर्ण परिपक्वता की दशा में भण्डारित करना अधिक अच्छा रहता है। जड़वाली सब्जियों को थोड़ा अधिक पक जाने पर भण्डारित करने में नुकसान होता है। साथ ही कटी–फटी सब्जियों को भी भण्डारित नहीं करना चाहिए अन्यथा वे जल्दी खराब हो जाती हैं और पास की अन्य स्वस्थ सब्जियों को भी खराब कर देती हैं।

भण्डार गृह बनाने के लिए स्थान का चयन (Selection of site)

भण्डारगृह बनाने के लिए ऐसे स्थान का चयन करना चाहिए, जहाँ–

1. जल के निकास का उत्तम प्रबन्ध हो तथा जिसमें नमी की मात्रा कम हो।
2. स्थान साफ और स्वच्छ हो।

3. कीड़े फफूँद और जीवाणु का प्रकोप होने की सम्भावना न हो।
4. भण्डार गृह में प्रवेश के लिए आसानी हो।
5. स्थायी स्थान जहाँ भण्डारगृह अधिक दिनों तक रह सके
6. वह स्थान जिसमें कम खर्च पड़े।

सब्जी भण्डारण की विधियाँ (Mrthods of vegetable storage)

सब्जियों का भण्डारण दो प्रकार से किया जा सकता है–

1. साधारण या सामान्य भण्डारण (General storage)

सामान्य तापमान और आर्द्रता पर सब्जियाँ दो प्रकार से भण्डारित की जाती हैं।

(क) घर के अन्दर (Inside the home)

घर के अन्दर हवादर कमरे में जहाँ नमी न हो, सब्जियाँ बोरों, टोकरियों अथवा फर्श पर फैलाकर या ढेरी बनाकर भण्डारित की जाती है।

(ख) घर के बाहर (Outside the home)

गड्ढों में या सरकंडों के पिरामिडों (कुप्पों) में रखकर सब्जियाँ भण्डारित की जाती हैं। इन दोनों प्रकार के भण्डारणों पर पुरेवाल और डारगम (1952) के शोध कार्यों के अनुसार यह ज्ञात हुआ है कि घर के अन्दर भण्डारित किये गये अरवी के कन्द का सड़न और कुल संक्रमण सबसे अधिक बोरों में तथा सबसे कम टोकरियों में था। फर्श पर फैले हुए कन्दों में सुखने का प्रतिशत सबसे अधिक था। घर के बाहर गड्ढों में भण्डारण करने पर सड़ने का प्रतिशतांक सरकंडों के पिरामिडों की अपेक्षा अधिक था, जबकि सुखने का प्रतिशतांक इसके ठीक विपरीत पाया गया। कुल भण्डारण का समय गड्ढों की अपेक्षा पिरामिडों में अधिक रहा।

2. शीतगृह (Cold storage)

शीतगृह में तापमान और आर्द्रता को सब्जियों के प्रकार के आधार पर नियंत्रित किया जाता है। भण्डारित सब्जियों पर बाहरी वातावरण का कोई प्रभाव नहीं पड़ता है। इसमें भण्डारित सब्जियाँ लम्बे समय तक ताजी बनी रहती हैं। नियंत्रित वातावरण भण्डारण में सब्जियों के परिपक्व होने के गति को घटा देता है। साथ ही विभिन्न रासायनिक प्रतिक्रियाओं की गति को घटाकर सूक्ष्मजीवों द्वारा होने वाली विकृति एवं सड़न को भी रोकता है। भण्डारण में सब्जियों को ठीक प्रकार से रखना चाहिए तथा उन्हें बोरों में ज्यादा मात्रा में दबाकर नहीं भरना चाहिए, अन्यथा सब्जियाँ सड़कर खराब हो सकती हैं। इस प्रकार के बड़े भण्डारगृह किसानों के लिये बहुत ही उपयोगी हैं, क्योंकि इनमें किसान सुखे मौसम में अपने खेतों या फार्मों की सब्जियाँ किराये पर रख सकते हैं। इन भण्डारगृहों में स्थान के हिसाब से प्रति माह की दर से किराया निश्चित रहता है। अगर इस प्रकार के भण्डारगृह सब्जी उत्पादन के क्षेत्रों में अधिक संख्या में बना दिये जायें तो सब्जी की समस्या का समाधान एक सीमा तक किया जा सकता है।

भण्डारण में सब्जियों का शीत नुकसान (Cold and freezing injury)

शीतगृह में सब्जी भण्डारण करने पर शीत नुकसान होता है।

सारिणी (20.24) सब्जियों के शीतगृह भण्डारण में शीत नुकसान

संवेदनशीलता	सब्जी फसल	औसत फ्रीजींग प्वाइन्ट (डिग्री फारेनहइट)
अतिसंवेदनशील	एस्पेरगस	30.0
	खीरा	31.0
	बैंगन	30.0
	शिमला मिर्च	30.0
	आलू	29.0
	शकरकन्द	29.0
	समर स्क्वाश	29.0
	टमाटर	30.0
मध्यम संवेदनशील	स्प्राउटिंग ब्रोकोली	29.0
	पत्ता गोभी	31.0
	लेट्यूस	31.0
	प्याज	30.0
	पार्सले	–
	मटर स्क्वाश	30.0
	विंटर स्क्वाश	29.0
कम संवेदनशील	चुकन्दर	27.0
	ब्रुसेल्स स्प्राउट्स	–
	सवाय पत्ता गोभी	31.0
	फूल गोभी	30.0
	गाजर	30.0
	केल	30.0
	पार्सनीप	30.0
	रूटाबगास	30.0
	सैल्सीफाइ	29.0
	पालक	30.0
	शलजम	31.0

शून्य ऊर्जा शीतकक्ष (Zero energy cool chamber)

शीतगृह का खर्च अधिक होने और सब्जी का भण्डारण कम समय तक करने के लिए शून्य ऊर्जा आधारित शीतकक्ष (zero energy cool chamber) अधिक उपयुक्त पाया गया है। यह कम व्यय में हर जगह बनाया जा सकता है तथा ग्रीष्मकाल में इसमें तापमान 15.0–18.0 डिग्री सेल्सियस रहता है। इसको ऊँचें स्थान तथा पानी के स्रोत के नजदीक ईंट की फर्श बनाकर करते हैं। दीवार बनाते

समय दो ईंट के बीच में रिक्त जगह छोड़ देते हैं। इनमें सब्जियाँ प्लास्टिक क्रेट में रखी जा सकती है और इनकी आयु आमतौर से 6–12 दिन तक बढ़ाई जा सकती है। प्याज व लहसुन जैसी सब्जी जिनकों कम नमी में रखा जाता है, छोड़कर अन्य प्रकार के सब्जियों को शून्य उर्जा आधारित शीत कक्ष में रखा जा सकता है।

सारिणी (20.25) लम्बी अवधि हेतु नियंत्रित वातावरण में सब्जी भण्डारण

सब्जियाँ	भण्डारण तापक्रम (डिग्री सेल्सियस)	आपेक्षित आर्द्रता (प्रतिशत)	कार्बन डाइ–आक्साइड (प्रतिशत)	आक्सीजन (प्रतिशत)	भण्डारण अवधि (दिन)
बैंगन	10.0	90—95	0	3—5	10—14
गाजर	0.0—1.0	95—100	—	1—2	14—28
चुकन्दर	0.0	95	5 से कम	—	90—150
मूली	0.0	90—95	—	—	60—120
करेला	11.7	85—90	—	—	14—21
फूल गोभी	0.0—1.0	95—100	2.5	1	15—28
पत्ता गोभी	0.0	95—100	2.5—5.0	2.5—5.0	90—180
ब्रोकली	0.0—1.0	95—100	5—10	1—2	7—14
ब्रुसेल्स स्प्राउट	0.0—1.0	95—100	5.0—7.5	2.5—5.0	21—30
शिमला मिर्च	7.0—10.0	95—100	0—3	3—5	7—14
हरी मिर्च	10.0	90—95	0	3—5	14—21
लौकी	10.0	90—95	5—7	3—5	10—14
भिण्डी	7.0—10.0	95—100	5—10	3—5	7—14
हरी मटर	0.0	90—95	0.8—1.0	2.0—2.5	150—180
टमाटर (हरा)	13.3	90—95	0	3—5	14—40
टमाटर (लाल)	10.0—20.0	90—95	0—3	3—5	7—14
शकरकन्द	10.0	80—90	—	—	60—80
गांठ गोभी	1.5	80—90	—	—	98

गलत ढंग से भण्डारण करने और संख्या में अधिक सब्जियों के रहने पर निम्नलिखित क्षति पहुँच सकती है–

1. सब्जियों के वजन में कमी आ जाती है।
2. सब्जियाँ सिकुड़ने लगती हैं और रासायनिक प्रकियाओं से उनके गुणों में कमी आ जाती है।

जनरेली रिगार्डेड एज सेफ (जी0आर0ए0एस0)

नवीनतम् शोध तकनीक जनरेली रिगार्डेड एज सेफ (जी0आर0ए0एस0) जो आई0आई0टी0, दिल्ली के वैज्ञानिकों द्वारा विकसित की गयी है, के माध्यम से अब सब्जियों को बगैर फ्रीज के भी

लम्बे समय तक किफायती दर पर घर में रख पाना संभव होगा। इसमें हैक्सान मैथानाल और लेक तत्वों से मिश्रण तैयार किया जाता है, जिसे सब्जियों पर छिड़काव (स्प्रे) करना होता है। 0.5–2.0 मिनट के छिड़काव के बाद सब्जियाँ भण्डारण के लिए तैयार हो जाती हैं। इसके प्रयोग से सब्जियों पर जीवाणु करीब तक भी फटक नहीं पाते। इस मिश्रण का मानव स्वास्थ पर कोई दुष्प्रभाव नहीं होता है। सब्जियों में टमाटर, बैंगन, हरी मिर्च या अन्य हरी सब्जियों को छः सप्ताह तक सुरक्षित रखा जा सकता है। यह तकनीकी उपभोक्ता व उत्पादक दोनों के लिए सुरक्षित रखा जा सकता है। इसमें इस्तेमाल होने वाला पदार्थ आसानी से कम दाम पर उपलब्ध है। इसका पेटेन्ट हासिल किया जा चुका है (कृषि अमृत 396, 01 अक्टूबर, अंक–4. सन् 2006)।

कुछ सब्जियों के रख–रखाव तथा भण्डारण के सुझाव

1. टमाटर (Tomato)

यदि टमाटर 20.0 डिग्री सेल्सियस पर रखा गया है, तो 21 दिन तक सुरक्षित रहता है लेकिन 7.0–8.0 डिग्री सेल्सियस से कम तापमान पर फलों में काले दाग आते हैं। हरे टमाटर 13.0 डिग्री सेल्सियस पर 2 सप्ताह से ज्यादा रखने पर उनगें गलन होती है तथा पकने की सम्भावना नष्ट हो जाती है। इसलिए हरे टमाटर को 18.0–20.0 डिग्री सेल्सियस पर ही रखना चाहिए। पूरे पके लाल टमाटर को 10.0 डिग्री सेल्सियस पर एक सप्ताह तक रख सकते हैं। पके टमाटर को 5 डिग्री सेल्सियस से कम तापमान पर रखने से उनका रंग बदलता है और आयु कम होती है। शीतगृह में टमाटर 85–90 प्रतिशत आर्द्रता पर भण्डारित करना उचित हैं। तुड़ाई के बाद टमाटर को जीब्रेलिक एसिड से शोधित करने पर उनकी पकने की अवधि बढ़ती है तथा इथेलीन, 2, 4, 5–टी, कायनेटीन आदि के प्रयोग से पकने की प्रक्रिया जल्दी होती है। कवकनाशी के साथ वैक्स (wax) का प्रयोग करने पर टमाटर के फल सूक्ष्म जीवाणु से बचाए जा सकते हैं। कैल्सियम के प्रयोग से भी टमाटर पकने की क्रिया धीमी की जा सकती है। यदि फलों में कैल्सियम का प्रमाण प्रति 100.0 ग्राम के लिए 40.0 मिलीग्राम से ज्यादा हो तो टमाटर को 20.0 डिग्री सेल्सियस तापमान पर छः सप्ताह तक रख सकते हैं। अगर 13.0 डिग्री सेल्सियस तापमान पर पूर्वशीतन किया जाये तो चिलींग इंन्जूरी (chilling injury) नहीं होता है। जहाँ कम वर्षा से टमाटर प्रभावित होते हैं वहाँ फास्फोरस या सायकोसेल (cycocel) जैसे संजीवकों का प्रयोग उपयुक्त सिद्ध हुआ है।

2. आलू (Potato)

भारतवर्ष में आलू की खेती 1.27 मिलियन हेक्टेयर में किया जाता है, जिससे कुल उपज 23. 12 मिलियन टन होता है। उपज का समुचित भण्डारण दो तरीके से किया जा सकता है। खुदाई के तुरन्त बाद आलू खेत से उठाकर छाँव में 15.0 डिग्री सेल्सियस तापमान पर रखने से तथा छोटे–छोटे ढेर बनाकर एक सप्ताह खुले हवादार जगह (छाँव में) सुखाने से भण्डारण से अच्छा परिणाम मिला है। आलू की सुखाई 16.0–20.0 डिग्री सेल्सियस तापमान पर 85 प्रतिशत आर्द्रता में की जाती है। इसके बाद आलू की छँटाई करके जालीदार बोरियों में पैंकिंग करके विपणन या स्टोर के लिए भेजा जा सकता है। आलू का भण्डारण 4.4 डिग्री सेल्सियस पर 90 प्रतिशत आर्द्रता

में लम्बे समय तक भण्डारित किया जाता है। देर से पकने वाली प्रजातियों को 3.3–4.4 डिग्री सेल्सियस तापमान और 90 प्रतिशत आर्द्रता वाले शीतगृह में 20–28 सप्ताह तक रखा जाता है। प्रसंस्करण (processing) के लिए अधिक तापमान का होना आवश्यक है। इसलिए आलू की अधिक तापमान पर भण्डारण होने वाली प्रजातियों का चयन किया जा रहा है। भण्डारण में आलू के अंकुरित होने को रोकने के लिए खोदाई के पहले जब पत्तियाँ पीली होना शुरू हों, 2500–3000 पी0पी0एम0 मैलिक हाइड्राजाइड या सी0पी0सी0 का प्रयोग उपयुक्त होता है। मैलिक हाइड्राजाइड पर प्रतिबंध होने पर सी0आई0पी0सी0 का प्रयोग या गामा किरणों का प्रयोग किया जाता है।

(1) अशीतित भण्डारण (Non- Refrigerated storage)

इस पद्धति से आलू का भण्डारण करने हेतु अनेक प्रकार की संरचनाएँ बनायी जाती हैं, जिनमें आलू का शीतगृह (cooled potato store house) ज्यादा महत्वपूर्ण है। इस गृह में आलू को जून माह तक भण्डारित किया जा सकता है। इस प्रकार के गृह पंजाब एवं पश्चिमी उत्तर प्रदेश में ज्यादा उपयोगी है, क्योंकि वहाँ पर सुखी गर्मी की वजह से वाष्पोर्त्सजन प्रक्रिया ठण्डक पहुँचाती है। इस प्रकार के शीतगृह वहाँ पर बिल्कुल काम नहीं करते जहाँ पर गर्मी और आर्द्रता दोनों ज्यादा हो।

(2) रेफ्रीजरेटेड भण्डारण (Refrigerated storage)

बिना रेफ्रीजरेशन के आलू का भण्डारण 9–10 महीना तक करना मुश्किल होता है। कोल्ड स्टोरेज में आलू का भण्डारण 2.0–4.0 डिग्री सेल्सियस तथा 90–95 प्रतिशत सापेक्ष आर्द्रता पर की जाती है। इतने कम तापमान पर भण्डारण करने पर आलू में मिठास उत्पन्न हो जाता है। ऐसी दशा में आलू का प्रसंस्करण नहीं किया जा सकता है।

(3) परम्परागत भण्डारण (Traditional storage methods)

इस पद्धति में ऊँची ढेर लगाना (heaps) और गड्ढे (pits) खोदकर भण्डारण करना सामान्यतः मैदानी एवं पठारी क्षेत्रों में किया जाता है। इस पद्धति का प्रचलन आज भी मध्य प्रदेश एवं गुजरात में ज्यादा है।

3. शकरकंद (Sweet potato)

खोदाई के लिए तैयार होने की पहचान यह है कि यदि कंद नाखुन से खरोचा जाए तो तुरन्त सूखता है और कन्द काटने पर अन्दर का हिस्सा तुरन्त सूखता है। खोदाई से 3–4 दिन पहले सिंचाई बन्द कर देना चाहिए। खोदाई के बाद कन्द पानी से धोकर आकार के अनुसार श्रेणीकरण (ग्रेडिंग) करके हवादार बोरियों में भरकर छाया में कुछ दिन रखने के बाद फिर भण्डारण किया जाता है। कन्दों का शोधन करते समय 29.0–35.0 डिग्री सेल्सियस तापमान रहना चाहिए। ताजे खोदे गये तथा रोग एवं कीट मुक्त कन्दों को फर्श पर फैला देना चाहिए तथा बाँस अथवा लकड़ी के खम्भों की सहायता से कन्दों से 6.0–8.0 इंच की ऊँचाई पर पालीथीन की चादर लगा देना चाहिए। रात

के समय पालीथीन की चादर हटा देना चाहिए तथा दिन में पुनः लगा देना चाहिए। इस प्रक्रिया को 7–10 तक लगातार दुहराना चाहिए। शीतगृह में भण्डारण के लिए 10.0–12.0 डिग्री सेल्सियस तापमान तथा 80–90 प्रतिशत आर्द्रता में 13–20 सप्ताह तक रखा जा सकता है।

4. प्याज (Onion)

खोदाई के समय बाजार में उपलब्धता अधिक होने के कारण प्याज का उचित भाव प्राप्त नहीं होता है अतः यदि प्याज का भण्डारण किया जाये तो अपेक्षाकृत अधिक लाभ अर्जित किया जा सकता है। प्याज की सुखाई के लिए 37.8 डिग्री सेल्सियस तापमान उपयुक्त है। इस तापमान पर तथा छाया में प्याज को सुखाते हैं। इस प्रकार सूखाये प्याज भण्डारण हेतु अच्छा रहता है। भण्डारण के लिए पूर्ण परिपक्व, निरोगी और सूखे हुए प्याज उपयुक्त होते हैं। ज्यादा नमी और कम तापमान पर अंकुरण क्षमता बढ़ती है। अधिक तापमान पर गलना तथा वाष्पीकरण से वजन में कमी आना सामान्य बात हैं। गोल, ज्यादा ठोस, ज्यादा कुल विलेय शर्करा वाला प्याज भण्डारण के लिए अच्छी होती है। इसलिए भण्डारण के लिए एग्रीफाउण्ड लाईट रेड जैसी प्रजाति उपयुक्त होती है। शीतगृह में भण्डारण के लिए 0.0 डिग्री सेल्सियस तापमान और 70–75 प्रतिशत आर्द्रता होनी चाहिए। इस तरह से प्याज 24 सप्ताह तक रखी जा सकती है, लेकिन तापमान बढ़ने पर अंकुरण अधिक होता है। इसलिए प्याज के लिए हवादार भण्डारण अधिक फायदेमन्द साबित होता है। गामा किरणों की प्रक्रिया से अंकुरण को रोका जा सकता है। परन्तु गलन कम करने के लिए खोदाई पूर्व तथा पश्चात् रख–रखाव तथा हवादार भण्डारण ही उपयुक्त है।

प्याज के सफल भण्डारण हेतु विभिन्न कारकों के विषय में ज्ञान अतिआवश्यक है, जो उसको प्रभावित करते हैं। ये निम्न प्रकार है–

1. उपयुक्त प्रजातियाँ

प्याज की केवल वहीं प्रजातियाँ भण्डारित की जा सकती है जिनमें कुल विलेय ठोस एवं शुष्क पदार्थ अधिक होता है। जिन प्रजातियों में 2–3 या अधिक बाहरी छिल्के सूखे होते हैं उनकी भण्डारण–क्षमता अच्छी होती है।

2. कृषि क्रियाएँ

फसल की सिंचाई एवं नत्रजन की मात्रा भण्डारण को बहुत अधिक प्रभावित करती है। अधिक सिंचाई एवं नत्रजन वाली गाँठे भण्डारण के लिए उपयुक्त नहीं होती है। भण्डारित करने वाली प्याज की सिंचाई खोदाई से 5–7 दिन पूर्व बन्द कर देनी चाहिए।

3. कन्द की गर्दन तथा व्यास

भण्डारण में रखने वाली गाँठ की गर्दन पतली तथा आकार 4.0–6.0 सेन्टी मीटर के बीच होनी चाहिए। उससे छोटी गाँठों में सूजन अधिक होती है तथा बड़ी में अंकुरण (फुटाव) अधिक होता है।

4. हस्तन (Handling)

भण्डारण में रखने वाली प्याज का हस्तन, पूर्ण सावधानी से करना चाहिए अन्यथा चोट लगने से खराब होने की सम्भावना होती है। नमी प्रतिशत प्याज में अधिक होने के कारण दबाव से प्याज खराब हो जाती है अतः ऊँचाई अधिक नहीं रखनी चाहिए।

प्याज के भण्डारण काल में होने वाली हानियाँ

भण्डारण की अवधि में प्याज में प्रमुख रुप से निम्न प्रकार की हानियाँ होती है।

1. सूखन हानि (Dry loss)
2. फुटाव हानि (Sprouting loss)
3. सड़न–गलन हानि (Rotting loss)

1. सूखन हानि (Dries loss)

प्याज भण्डारण में सूखन एक प्रक्रिया है, जिसका बचाव सम्भव नहीं हैं। यदि प्याज का आकार छोटा होता है तो यह अधिक सूखता है, अतः इसे कम करने के लिए 4.0 सेन्टी मीटर से अधिक आकार के प्याज का भण्डारण करना चाहिए। खोदाई के पश्चात् अच्छी प्रकार से सूखाई एवं पकाई गई प्याज में भी सूखन अपेक्षाकृत कम होती है (पाण्डेय एण्डं सिंह, 1994)।

2. फुटाव/जमाव हानि (Sprouting loss)

भण्डारण की अवधि में प्याज में फुटाव एक गम्भीर समस्या होती है, जिससे बहुत हानि होती है। इसकी रोकथाम हेतु मैलिक हाइड्राजाइड (M.H.) नामक पादप वृद्धि नियामक एवं फुटाव अवरोधक रसायन का 2500 पी0पी0एम0 का घोल बनाकर खड़ी फसल में रबी एवं खरीफ दानों ही मौसमों में खोदाई से 15 दिन पूर्व (पत्तियाँ जब लगभग 50 प्रतिशत सूखने लगे) छिड़काव उपयुक्त पाया जाता है (पाण्डेय एवं सहयोगी, 1987, पाण्डेय एवं सहयोगी, 1994)।

3. सड़न–गलन हानि (Rotting loss)

प्याज भण्डारण में सड़ने से होने वाले हानि को कम करने के लिए किए गये प्रयोग के अनुसार बेवस्टिन या टॉपसिन–एम0 का 1.0 प्रतिशत + स्ट्रेप्टोसाइक्लिन का 0.02 प्रतिशत का घोल बनाकर प्याज सुखाने एवं पकाने के बाद भण्डारण से पूर्व छिड़काव करके पुनः सुखाकर रखना चाहिए, इससे सड़न–गलन कम होती है (एनोनिमस, 1994–95)।

प्याज भण्डारण के रोग एवं रोकथाम

भण्डारण किए गये प्याज में निम्नलिखित रोग पाये जाते हैं।

1. काली फफूँद (Black mould)

एस्परजिल्लस नाइगर (*Aspergillus niger*) नामक कवक द्वारा पैदा होती है, जिसमें काला चूर्ण गाँठों की बाहरी त्वचा पर समूह में जमा हो जाता है, जिसे रगड़ कर आसानी से हटाया जा सकता है। गांठों को अच्छी प्रकार से सुखाकर एवं पकाकर नमी रहित तथा हवादार स्थान पर रखने से बीमारी नहीं आती है।

2. नीली फफूँद (Blue mould)

यह रोग पेनिसिलियम साइक्लोपियम एवं पेनिसिलियम कोरिम्बीफेरम नामक कवक के द्वारा जनित होता है। इस बीमारी में प्याज के कटे भाग पर सड़ने के कारण पानी दिखाई देता है। गाँठों का उचित रुप से सुखाकर एवं पकाना रोग की रोकथाम में उपयुक्त पाया गया हैं।

3. भूरा विगलन (Brown rot)

प्याज भण्डारण में यह रोग स्यूडोमोनास् एरुजिनोसा (*Pseudomonas eruginosa*) नामक बैक्टिरिया के द्वारा पैदा होता है, जिसमें गाँठ का छिलका गहरा भूरा होता है तथा बदबूदार दुर्गन्ध आती हैं। भण्डारण की यह सबसे भयंकर बीमारी है तथा भारत में सर्वप्रथम गुप्ता एवं सहयोगी (1986) द्वारा पाई गई थी। अच्छी प्रकार से सूखी तथा पकी गाँठों का भण्डारण ही इस बीमारी से बचाव हो सकता है।

भण्डारण की गई प्याज की देख–भाल

भण्डारण की गई प्याज की देख–भाल बहुत आवश्यक है अन्यथा बहुत हानि होती है। भण्डारण की अवधि में 2 बार छँटाई करना चाहिए–पहली बार भण्डारण से 45–60 दिन के बीच तथा दूसरी बार पहली छँटाई के 45–60 दिन बाद। छँटाई के समय सड़ी–गली तथा फुटाव वाली गाँठों को निकालकर अलग करके, अच्छी गाँठों को पुनः रख दिया जाता है। इस प्रकार से प्याज का 5 माह तक सुरक्षित भण्डारण करके अधिक लाभ प्राप्त किया जा सकता है।

प्याज भण्डारण की विधियाँ

प्याज के भण्डारण में तापमान व आर्द्रता (75 प्रतिशत से ज्यादा) सबसे बड़ी समस्या है, क्योंकि इससे भण्डारण में जड़ निकलने लगता है एवं भण्डारित शल्ककन्द में रोग आने लगाता है, इसके विपरीत कम आर्द्रता (65 प्रतिशत से कम) पर प्याज की नमी ज्यादा समाप्त हो जाती है, जिससे शल्ककन्द सिकुड़ जाते हैं एवं वजन कम हो जाता है। प्याज भण्डारण हेतु निम्नलिखित विधियाँ अपनायी जाती हैं–

- बाँस या सरकन्डा की जालियों से गृह बनाकर भण्डारण करना

सामान्यतया भण्डारण गृह का ढाँचा भारत के विभिन्न भागों में लगभग एक समान होती है, नीचे फर्श में थोड़ा सा अन्तर कहीं–कहीं पर होता है। उत्तर भारत में पानीपत के आस–पास ढाँचा बाँस

या सरकन्डा की जालियों से बना होता है, जिसको जूट के बोरे से ढक देते हैं जिससे पानी भण्डारित प्याज के संरचना गृह के अन्दर न जाये। सामान्यतः इसे चाल या टाट कहते हैं, इनकी ऊँचाई, चौड़ाई एवं लम्बाई क्रमशः 1.2×1.2×3.0 मीटर होती है तथा क्षमता 40.0 कुन्तल होती है। नीचे की जाली को जमीन से 30.0 सेन्टी मीटर ऊँचाई पर रखते हैं, जिससे नीचे से हवा का आवागमन हो सके। टाट या चाल को हमेशा पूर्व–पश्चिम (लम्बाई की ओर से) दिशा में रखा जाता है, जिससे नीचे से हवा का आवागमन हो सके।

• सतही हवादार भण्डारण संरचना (Bottom ventilated storage structure)

यह एक प्रकार से स्थानीय संरचना है, जो जी0आई0 पाइप से बना होता है। लकड़ी की तख्त, सतह को हवादार बनाती है। दीवार बाँस की बनाई जाती है तथा कभी–कभी मिट्टी या गाय की गोबर से लेप कर देते हैं। वातायन निचली सतह से अथवा पश्चिमी दीवार से होती है। लेप चढ़ी दीवार आर्द्रता को संरक्षित करती है। भण्डारण क्षमता 25.0–50.0 टन होती है। भण्डारण नुकसान 28–30 प्रतिशत तक होती है।

5. भिण्डी (Okra)

भिण्डी की तुड़ाई हर 2–3 दिन पर सुबह करनी चाहिए, जिससे फलों का तापमान बना रहें। तुड़ाई के तुरन्त बाद फलों को छाया में लाना तथा फलों को दबाकर न भरना गुणवत्ता बेहतर रखने के लिए जरूरी है। अधिक दबाव पड़ने पर फल काले पड़ते हैं। शीतगृह में 8.0–9.0 डिग्री सेल्सियस तापमान तथा 90 प्रतिशत आर्द्रता में भिण्डी को दो सप्ताह तक रख सकते हैं। भिण्डी के फलों को विरोसिल अंग्रो तथा अन्य एथिलीन प्रतिरोधी रसायनों की प्रक्रिया करने पर भी फलों को एक सप्ताह तक रख सकते हैं। भिण्डी की फलियों का भण्डारण करने से श्वसन की गति बढ़ जाती है, जिससे बदरंग व कठोरपन जल्दी विकसित हो जाता है। फलियों को ठण्डा रखने के लिए 10.0–12.0 डिग्री सेल्सियस तापमान उपयुक्त है। अगर तापमान 7.0–10.0 डिग्री सेल्सियस है और वातायन युक्त ठण्डक है तो उत्तम ढंग से फलियाँ संरक्षित की जा सकती है। सामान्य दशा में उन्हें 1–2 सप्ताह तक रखा जा सकता है।

6. मटर (Peas)

मटर की फलियाँ जैसे–जैसे तैयार होती है तुड़ाई करनी चाहिए, जिससे की गुणवत्ता बनी रहे। फलों की तुड़ाई सुबह या सायंकाल करनी चाहिए तथा तुरन्त ही विपणन के लिए भेजनी चाहिए, जिससे नुकसान कम हो। अधिक तापमान होने पर स्वाद खराब होता है। इसलिए यातायात में भी कम तापमान की सिफारिश की जाती है। शीतगृह में 0.0 डिग्री सेल्सियस तापमान तथा 85–96 प्रतिशत आर्द्रता पर मटर 2–3 सप्ताह तक अच्छी तरह से रख सकते हैं। इसी प्रकार विभिन्न सब्जियों का रख–रखाव करने पर सब्जियों का नुकसान कम होने तथा सब्जी उत्पादन करने वाले किसानों की आय बढ़ाने में मदद होती है।

7. बैंगन (Brinjal)

बैंगन का भण्डारण हमेशा 1–2 सप्ताह तक ही किया जा सकता है, अतः भण्डारण के लिए 8.0–12.0 डिग्री सेल्सियस तापमपन सबसे उत्तम होता है। मोमीकरण या वैक्सिंग (waxing) व उच्च आर्द्रता से नमी का नुकसान भण्डारण में रोका जा सकता है अन्यथा भण्डारण में फल पिचक जाते हैं या झुर्रीदार हो जाते हैं। बैंगन का पूर्व शीतन 10.0–12.0 डिग्री सेल्सियस तथा 85–95 प्रतिशत सापेक्ष आर्द्रता पर तुड़ाई के बाद 24 घण्टे के अन्दर करना चाहिए। इस प्रकार 7–10 दिन तक भण्डारण किया जा सकता है। परिवहन पूर्व 12.0 डिग्री सेल्सियस पर पूर्व शीतन उपयुक्त पाया गया है।

8. खीरा (Cucumber)

खीरा के भण्डारण के लिए उपयुक्त तापमान 10.0–12.0 डिग्री सेल्सियस तथा सापेक्ष आर्द्रता 90–95 प्रतिशत होना चाहिए। अगर तापमान 10.0 डिग्री सेल्सियस से नीचे आता है, तो शीत नुकसान (chilling injury) हो जाता है और फल में सिकुड़न (pitting) व बदरंग (discoloration) होने जैसे लक्षण उत्पन्न होते हैं।

9. शिमला मिर्च (Capsicum)

शिमला मिर्च को 7.0–10.0 डिग्री सेल्सियस तापमान पर 2–3 सप्ताह के लिए संरक्षित किया जा सकता है। अगर तापमान 7.5 डिग्री सेल्सियस से ज्यादा हो जाता है, तो फलों से नमी समाप्त होने के कारण सिकुड़ने लगते हैं। भण्डारण के लिए 7.5 डिग्री सेल्सियस तापमान उपयुक्त है और इस तापमान पर 3 सप्ताह तक भण्डारण सुगमता से किया जा सकता है।

10. मिर्च (Chillies)

अध्ययन में पाया गया है कि हरी फलियों को 200 गेज (gauge) मोटी हवादार (0.4 प्रतिशत), कम सघनता वाली थैले में रखकर अगर भण्डारण किया जाये तो, 12.5–25.0 डिग्री सेल्सियस तापमान पर 2–6 दिनों तक अच्छी दशा में रखा जा सकता है। अगर तापमान 7.8–10.0 डिग्री सेल्सियस तक कम किया जाये तो 18–20 दिन तक रखा जा सकता है।

11. फराश बीन (French bean)

फराश बीन का भण्डारण 5.0–8.0 डिग्री सेल्सियस पर करने से एक सप्ताह तक रखा जा सकता है। कम तापमान पर भण्डारण करने से फलियों में सिकुड़न, कम चमक व ढीलापन आ जाता है। कभी–कभी रेशा भी बनने लगता है। अगर तापमान 8.0–10.0 डिग्री सेल्सियस हो तथा सापेक्ष आर्द्रता 80–85 प्रतिशत हो, तो 15–16 दिनों तक भण्डारण किया जा सकता है। उपभोक्ता भण्डारण पैक के लिए पालीथीन थैले जिसकी मोटाई 200 गेज तथा वातायन का प्रतिशत 1.17 हो, उत्तम रहता है।

12. पत्ता गोभी (Cabbage)

पत्ता गोभी में मध्यम गति से श्वसन होता है, जिससे कई महीनों तक भण्डारित किया जा सकता है। शून्य तापमान लगभग 100 दिनों तक सुरक्षित रखी जा सकती है।

फूल गोभी (Cauliflower)

भण्डारण के लिए शून्य तापमान व 95 प्रतिशत सापेक्ष आर्द्रता पर कुछ सप्ताह तक भण्डारण किया जा सकता है।

भण्डारण हेतु सब्जियाँ रखने के पूर्व की क्रियाएँ

सब्जियों के सस्यकीय ढंग से कटाई, सुखाई, छँटाई, पैकिंग, यातायात, प्रसंस्करण प्रक्रियाएँ, निर्यात एवं विपणन आदि करने पर किसान लाभान्वित हो सकते हैं।

• कटाई एवं सुखाई

परिपक्वता के पश्चात् सब्जियों को निकालना चाहिए। कम तापमान पर सुबह के समय निकालना चाहिए। निकालते समय उन्हें सम्भालकर क्रेट (crate) या टोकरी में रखकर छाया (shade) में रखना चाहिए। क्लाईमेट्रिक सब्जियाँ जैसे टमाटर निकालने के बाद भी पकता रहता है इसलिए उन्हें अर्द्धपका निकालने पर नुकसान कम होता है। टमाटर निकालने का समय यातायात तथा विपणन के अनुसार निर्धारित करना चाहिए।

• छँटाई (Sorting)

सब्जियों को निकालने के बाद उन्हें उनके आकार, रंग या वजन के अनुसार छँटाई करनी चाहिए। इसमें ए, बी, सी, डी जैसे ग्रेड या सुपर, मीडियम जैसे ग्रेड किए जाते हैं। ए ग्रेड की सब्जियों को दूर के बाजार में तथा निर्यात के लिए तथा अन्य ग्रेड की स्थानीय बाजार में विपणन करनी चाहिए। प्रसंस्करण उद्योग के लिए इनकी आवश्यकतानुसार छँटाई करना आवश्यक है।

• पैंकिंग (Packing)

पैकिंग करने से सब्जियों का नुकसान तो कम होता है, उनके विपणन पर भी अच्छा प्रभाव होता है। इसलिए पैकिंग मजबूत तथा रसायनरहित, सुरक्षित तथा दोबारा प्रयोग करने योग्य तथा फुटकर विक्रय के लिए भी उपयुक्त होना चाहिए। ज्यादातर सब्जियाँ हसेन बैग या गनी बैग या बाँस के टोकरियों में पैकिंग की जाती हैं। हाल में नायलोन नेटिंग बैग या लिनो बैग तथा कोरोगेटेड बॉक्स, बास्केट तथा पॉलिथीन बैग का भी उपयोग किया जा रहा है तथा यातायात के लिए प्लास्टिक क्रेट का उपयोग अधिक पैमाने पर होता है। इससे सब्जियों में नुकसान कम होता है तथा साफ सुथरापन बना रहता है। निर्यात के लिए आवश्यकतानुसार कोरोगेटेड बॉक्स पैकिंग उपयुक्त सिद्ध हुआ है। लौकी, खरबूजा, तरबूज आदि की पैकिंग के समय अखबार या बटर पेपर का आवरण दिया जाता है, जिससे फलों में खरोंच नही आती और ताजापन बना रहता है।

- **परिवहन (Transport)**

परिवहन जल्दी तथा कम नुकसानदेह होना चाहिए इसलिए रास्तों का अच्छा होना तथा रेलवे से सब्जियों का यातायात जरूरी है। सब्जियों के परिवहन के लिए विशेष रेल का प्रयोग नासिक में उपयुक्त सिद्ध हुआ है। ट्रकों में टियर पद्धति का उपयोग होना चाहिए। क्षमता से अधिक सब्जियाँ भरना अधिक नुकसान करता है।

- **भण्डारण (Storage)**

सब्जियों का शीतगृह में भण्डारण किया जाता है। शीतगृह का खर्च अधिक होने से और सब्जी का भण्डारण अधिक समय तक करने की भी जरूरत न होने के कारण इनके लिए जीरो ऊर्जा आधारित शीतकक्ष अधिक उपयुक्त पाया गया है। यह कम खर्चे में हर जगह बनाया जा सकता है तथा ग्रीष्म काल में इसमें तापमान 15.0–18.0 डिग्री सेल्सियस कम रहता है। इसमें सब्जियाँ प्लास्टिक क्रेट (crate) में रखी जा सकती हैं और इनकी आयु आमतौर में 6–12 दिन तक बढ़ाई जा सकती है। प्याज, लहसुन जैसी सब्जी जिनको कम नमी में रखा जाता है, छोड़कर अन्य अनेक प्रकार की सब्जियों को शीतकक्ष (cold room) में रखे जाते हैं। इनके अतिरिक्त नियंत्रित वातावरण भण्डारण, परिवर्तित वातावरण भण्डारण, कम दबाव के वातावरण में भण्डारण तथा गामा किरणों द्वारा प्रक्रिया (अणु ऊर्जा) आदि का भी प्रयोग सब्जियों में किया जाता है। प्याज के लिए हवादार भण्डार गृहों का प्रयोग किया जाता है। राष्ट्रीय बागवानी अनुसंधान एवं विकास प्रतिष्ठान, नासिक (महारष्ट्र) द्वारा प्याज के आधुनिक भण्डार गृहों का प्रचार तथा प्रसार भारत सरकार की योजनाओं द्वारा प्याज उत्पादन करने वाले विभिन्न राज्यों में कर रहा है। इनकी लागत उपयोग में लाये गये सामान के अनुसार कम या ज्यादा होती है। आमतौर पर एक घन फुट में 20.0 किलो ग्राम प्याज का भण्डारण किया जा सकता है। इस आधार पर विभिन्न क्षमता का भण्डारगृह जिसकी चौड़ाई 3.0–4.0 फुट, प्याज रखने की ऊँचाई 90.0–120.0 सेन्टी मीटर तथा आवश्यकतानुसार लम्बाई रखी जा सकती है। कुछ रसायनों का प्रयोग करने पर भी सब्जियों की आयु बढ़ाई जा सकती है, जैसे पैराफिन बैक्स, विभिन्न कवकनाशी तथा विरोसिल अंग्रो जैसे रसायनों की प्रक्रिया करने से सब्जियाँ अधिक समय तक ताजी रहती हैं।

□□□

अध्याय 21

सब्जियों का प्रसंस्करण एवं परिरक्षण

(Processing and Preservation of Vegetables)

सब्जियाँ प्रकृति की अनमोल देन हैं। इनमें प्रोटीन, कार्बोहाइड्रेट्स, विटामिन, खनिज लवण आदि अधिक मात्रा में पाये जाते हैं। रबी तथा खरीफ दोनों ऋतुओं में सब्जियाँ अधिक मात्रा में उपलब्ध होती हैं तथा काफी सस्ती होती हैं। जनसामान्य के बदले हुए खानपान के परिवेश में आर0टी0एस0 (ready to serve) फूड के प्रचलन, आधुनिकीकरण, मशीनीकरण आदि के कारण समयाभाव में लोग उच्च गुणवत्ता वाले विभिन्न प्रकार के पैक जैसे 'रेडी टू सर्व' (ready to serve) फूड क्रय कर प्रयोग में लाने में अधिक सुगमता महसूस करते हैं। अब शहरी क्षेत्रों के अलावा ग्रामीण क्षेत्रों में भी संरक्षित खाद्य पदार्थ को प्रयोग में लाने की परम्परा बढ़ रही है। सब्जियों को यदि विभिन्न रूपों में संरक्षित कर लिया जाये, तो यह काफी उपयोगी सिद्ध होती है तथा ऐसे मौसम में जब यह उपलब्ध नहीं होती है, तब इनका उपयोग किया जा सकता है। सब्जियों का परिरक्षण एवं प्रसंस्करण उत्पाद लोगों को रोजगार उपलब्ध कराने में महत्वपूर्ण भूमिका निभा सकते हैं। आवश्कता है, अतिरिक्त समय का सदुपयोग कर अधिक आय की इच्छा रखते हुए इसे अपनाने की। तकनीकी दृष्टि से प्रसंस्करण का तात्पर्य उन विशिष्ट क्रियाओं को निष्पादित करने से है, जिनके द्वारा खाद्य वस्तुओं के मूल रूप को परिवर्तित करके उपभोक्ताओं के उपयोग के लिए अधिक उपयोगी बनाया जाता है। प्रसंस्करण क्रिया द्वारा वस्तुओं के खेत पर उत्पादित मूल्य से 80.0 प्रतिशत अधिक आय प्राप्त की जा सकती है। निरन्तर अनुसंधान से वस्तुएं अधिक उपयोगी होने के साथ–साथ अधिक लाभ अर्जित करने वाली हो रही हैं। हमारे देश में आज भी ताजी सब्जियों की तुलना में प्रशीतित एवं डिब्बा बन्द सब्जियों का प्रचलन बहुत कम है। यद्यपि प्रसंस्करण द्वारा सब्जियों का पोषण मूल्य कम होता है,

परन्तु यह क्षति तुड़ाई उपरान्त सब्जियों का कमरे के ताप पर भण्डारण एवं ताजी सब्जियों के पकाने पर होने वाले क्षति के सापेक्ष नगण्य है। इसी कारण विकसित देशों में ताजी सब्जियों के साथ–साथ प्रशीतित एवं डिब्बा बन्द उत्पादों का प्रचलन बढ़ता जा रहा है। उदाहरण के लिए अमेरिका के विभिन्न राज्यों में खायी जाने वाली विभिन्न ताजी, प्रशीतित एवं डिब्बा बन्द सब्जियों का प्रति व्यक्ति उपभोग नीचे की सारिणी में दिया गया है–

सारिणी (21.1) अमेरिका में कुछ चयनित प्रसंस्कृत सब्जियों का उपभोग दर (पौण्ड/व्यक्ति)

सब्जियाँ	ताजा	प्रशीतित	डिब्बा बन्द
गाजर	8.9	1.6	1.2
मटर	–	1.9	1.2
टमाटर	19.3	–	70.4
सेम	1.9	1.9	3.7
बेबी कार्न	9.6	9.1	8.2

वर्तमान समय में अनेकों प्रकार के प्रसंस्कृत उत्पाद बाजार में उपलब्ध हैं, जिनका विवरण नीचे की सारिणी में दिया गया है–

सारिणी (21.2) बाजार में उपलब्ध प्रसंस्कृत सब्जी उत्पाद

सब्जियां	प्रसंस्कृत उत्पाद
आलू	वैफर्स, चिप्स, रवा या ग्रेन्यूल्स, फिरस, फ्लैक्स, आलू आटा
टमाटर	जूस, प्यूरी, साँस, केचप, चिप्स, पाउडर
गोभी	अचार, डिब्बा बंद गोभी, सूखी गोभी
मटर	बोतल बंद मटर, सूखी मटर, डिब्बा बंद मटर
स्नो पी	डिब्बा बंद (हरी फली)
गाजर	मुरब्बा, अचार
जिमीकन्द	अचार, गुलाब जामुन, बर्फी
हरी मिर्च	अचार, चिली साँस
लाल भरवा मिर्च	अचार
पेठा	बरी, स्वीट कैण्डी
अदरक	अचार, अदरक पेय
पालक	सुखाकर रखना
मेथी	सुखाकर रखना
बथुआ	सुखाकर रखना
प्याज	सुखाकर रखना, पेस्ट
लहसुन	अचार, पेस्ट, पाउडर
परवल	अचार
चौलाई	सुखाकर
करेला	सुखाकर, अचार, चिप्स
पुदीना	पिपरमिंट
चने का साग	सुखाकर

सब्जी परिरक्षण क्यों?

भारत में विकास एवं आर्थिक वृद्धि के दृष्टिकोण से सब्जी प्रसंस्करण उद्योगों का विशेष महत्व है। इन्हें ग्रामीण क्षेत्रों में विशेशतः समाज के उन वर्गों के लिए आय एवं रोजगार उत्पन्न करने की उपयुक्तता से समझा जा सकता है, जिनके पास आर्थिक संसाधनों का कमजोर आधार होता है। पारिवारिक दृष्टिकोण से यह गृहिणी की निपुणता का परिचायक है तथा आय का अतिरिक्त स्रोत भी है। हमारे देश में सब्जी परिरक्षण के विकास की गति तेज न होने का एक प्रमुख कारण इस देश की मान्यताएं एवं प्रशिक्षण अथवा जानकारी का अभाव है। भारतवर्ष में सब्जी प्रसंस्करण उद्योग पर आधारित इकाईयों की स्थापना का प्रबल सम्भावना है, जिन्हें नीचे की सारिणी में दिया गया है।

1. सब्जी परिरक्षण करने से उनके बाजार में उपलब्ध होने का समय बढ़ जाता है।
2. संरक्षित सब्जियाँ कम स्थान घेरती हैं, इसलिए इनको सुगमतापूर्वक कम लागत के साथ एक स्थान से दूसरे स्थान तक पहुँचाया जा सकता है।
3. विकट परीस्थितियों जैसे—युद्ध, बाढ़, भूकम्प, तुफान आदि के समय सब्जी परिरक्षण का महत्व बढ़ जाता है, क्योंकि ऐसी परिस्थिति में ताजी सब्जियों का उपलब्ध होना मुश्किल होता है, लेकिन उनको डिब्बों, पैकेटों आदि में सुरक्षित करके सुविधापूर्वक हैलीकाप्टर इत्यादि से वाँछित स्थान पर उपलब्ध कराया जा सकता है।
4. मौसम में सब्जियों की अधिक उत्पादन होने से बाजार में अचानक आमद बढ़ जाती है, जिससे उनकी कीमत कम हो जाती है। अगर इस समय सब्जियों के कुछ हिस्से को परिरक्षित या प्रसंस्करण कर लिया जाये, तो सब्जियों की अतिरिक्त आपूर्ति नियन्त्रण की जा सकती है तथा उनकी गिरती हुई कीमत को फिर से बढ़ाया जा सकता है।
5. सब्जी परिरक्षण को उद्योग—धंधों के रूप में विकसित किया जा सकता है और दूसरी वस्तुओं के उद्योग को बढ़ावा दिया जा सकता है, जिनकी इन पर आधारित वस्तुओं की जरूरत है। जैसे—काँच के बर्तन, प्लास्टीक के डिब्बे, रासायनिक पदार्थों के कारखाने आदि।
6. ऐसी सब्जियाँ जो बाजार के अनुरूप (टेढ़ी—मेढ़ी, छोटी—बडी, बदरंग आदि) या किसी कारणवश कुछ खराब हो जाती हैं, जिनकी बाजार में कम कीमत मिलती है या बिल्कुल कीमत नही मिलती है, का उपयोग प्रसंस्करण करके विभिन्न उत्पाद तैयार किये जा सकते हैं तथा उनसे और भी अधिक कीमत वसूल की जा सकती है।
7. सब्जियों का परिरक्षण करके उस समय प्रयोग में लाया जा सकता है, जबकि उनके मिलने का समय नहीं होता है।
8. ऐसे स्थान जहाँ सब्जियों की उपज नहीं ली जा सकती है तथा ताजे रूप में उपलब्ध नहीं कराया जा सकता है, वहाँ पर सब्जियों को परिरक्षित करके सुविधापूर्वक भेज सकते हैं।

9. सब्जी परिरक्षण उद्योग शिक्षित व अशिक्षित लोगों को रोजगार देने के उद्देश्य से भी उत्तम साधन बन सकता है। विशेषकर महिलाओं को जिन्हें इस प्रकार के कामों में रूचि व दक्षता ज्यादा होती है।

10. बाजार में परिरक्षित पदार्थ जो उद्योगों से तैयार किए हुए मिलते हैं, मध्यम वर्गीय परिवारों के लिए महंगें कहे जा सकते हैं। इसलिए एक मध्यम वर्गीय परिवार में भी इनका उपयोग किया जा सकता है। निम्न श्रेणी परिवारों के लिए तो ऐसे पदार्थ विलासिता की श्रेणी में माने जायेंगे। इस दृष्टि से घरेलू सब्जी परिरक्षण अत्यन्त महत्वपूर्ण हैं, क्योंकि घर में तैयार किए गये पदार्थ सस्ते पड़ते हैं तथा शुद्ध होते हैं। अनावश्यक प्रयोग होने वाले विभिन्न प्रकार के रासायनिक पदार्थों के प्रयोग से भी बचा जा सकता हैं, क्योकि ये रसायन हमारे स्वास्थ्य के लिए हानीकारक होते हैं।

11. गाँवों में पेठा, हरी मिर्च, हरी धनिया, पुदीना, टमाटर आदि सब्जियाँ बहुतायत में उत्पादित होती हैं। इनका उपयोग अनेक तरह के परिरक्षित पदार्थ तैयार करने में किया जा सकता है।

12. परिरक्षित पदार्थों का निर्यात करके आय में वृद्धि की जा सकती है।

सारिणी (21.3) भारतवर्ष में सब्जी प्रसंस्करण इकाईयों की सम्भावना

सब्जी	प्रसंस्कृत उत्पाद	व्यवसाय का स्तर
टमाटर	जेली कन्सन्ट्रेट	मध्यम
आलू	आटा, चिप्स	छोटी और मध्यम
फूल गोभी	निर्जलीकरण	छोटी इकाईयाँ
हरा मटर	निर्जलीकरण	छोटी इकाईयाँ
प्याज	शुष्कीकरण / पाउडर	छोटी इकाईयाँ
मिर्च	निर्जलीकरण	छोटी इकाईयाँ
लहसुन	निर्जलीकरण, पाउडर	छोटी इकाईयाँ
अदरक	निर्जलीकरण, पाउडर	छोटी इकाईयाँ
हल्दी	निर्जलीकरण, पाउडर	छोटी इकाईयाँ

प्रशीतित डिब्बा बन्द एवं भण्डारित सब्जियों का ताजी सब्जियों के सापेक्ष पोषण महत्व

विटामिन 'ए' का प्रमुख स्रोत बीटा–कैरोटिन (β carotene) है। बीटा कैरोटिन के अलावा अल्फा कैरोटिन, बीटा क्रिप्टोजैन्थिन ऐसे कैरोटिनायड हैं, जिनमें प्रो–विटामिन 'ए' जैसी सक्रियता पायी जाती है। कैरोटिनॉयड का पोषण महत्व विटामिन 'ए' के कारण होता है। सब्जियों में पाये जाने वाला लाइकोपिन (lycopene) भी एक कैरोटिनॉयड है, जिनमें प्रो–विटामिन 'ए' की सक्रियता नहीं पायी जाती है। सामान्यतः लाइकोपिन एण्टीआक्सीडेंट (antioxidant) एवं कैंसर कोशिकाओं को बढ़ने से

रोकने में सहायक होता है। सब्जियों की डिब्बा बन्दी के समय उनमें मौजूद कैरोटिनॉयड की क्षति उनके वसा में घुलनशील प्रवृत्ति के कारण नगण्य होती है। इसके विपरीत कैरोटिनॉयड आक्सीकरण के प्रति संवेदी होते हैं, अतः डिब्बा बन्दी के समय तापीय उपचार के द्वारा कैरोटिनॉयड की कुछ मात्रा आक्सीकृत (oxidized) हो सकती है। प्रशीतन के दौरान कैरोटिनॉयड की लगभग 5–48 प्रतिशत तक की क्षति होती है।

सारिणी (21.4) ताजी, प्रशीतित एवं डिब्बा बन्द सब्जियों में बीटा कैरोटिन, अल्फा कैरोटिन एवं बीटा क्रिप्टोजैन्थिन की मात्रा

सब्जियाँ	बीटा कैरोटिन			अल्फा कैरोटिन			बीटा क्रिप्टोजैन्थिन		
	ताजी व पकी	प्रशीतित एवं पकी	डिब्बा बन्द	ताजी व पकी	प्रशीतित एवं पकी	डिब्बा बन्द	ताजी व पकी	प्रशीतित एवं पकी	डिब्बा बन्द
मटर	0.0038	0.0030	0.0035	0.0002	0.0002	0.0001	0.0007	0.0007	0.0005
ब्रोकली	0.0095	0.008	–	–	–	–	–	–	–
गाजर	0.089	0.0610	0.064	–	–	–	–	–	–
पलक	0.0311	0.0343	0.0334	–	–	–	–	–	–
बेबी कार्न	0.000157	0.000167	0.0000117	–	–	–	–	–	–
सेम	0.0039	0.0029	0.0030	0.0007	0.0006	0.0005	0.0007	0.0007	0.0005

• विटामिन 'ई'

सामान्यतः शकरकंद, पालक एवं टमाटर के अलावा अन्य सब्जियाँ विटामिन 'ई' की स्रोत नहीं होती हैं। प्रसंस्कृत टमाटर में अप्रसंस्कृत टमाटर की तुलना में अधिक अल्फा–टोकोफेराल होता है। ताप द्वारा प्रसंस्करण से अल्फा–टोकोफेराल के मात्रा में वृद्धि होती है। ताजी एवं प्रसंस्कृत सब्जियों की तुलना में डिब्बा बन्द सब्जियों में विटामिन 'ई' (नम भार) अधिक होती है, जबकि डिब्बा बन्द ऐस्पैरेगस में विटामिन 'ई' की मात्रा कम देखी गयी है। इसका विवरण नीचे की सारिणी में दिया गया है–

सारिणी (21.5) प्रसंस्कृत सब्जियों में विटामिन 'ई' की मात्रा

सब्जियाँ	ताजी		प्रशीतित		डिब्बा बन्द
	अनपका	पका	अनपका	पका	
टमाटर	0.0054	0.0056			0.0071
शकरकंद	0.0026	0.0071		0.0077	0.01
पालक	0.0203	0.0208	0.0290	0.0354	0.0194
ऐस्पैरेगस	0.0113	0.0150		0.0120	0.0031

• खनिज लवण (Minerals)

सब्जियों की डिब्बा बन्दी में सामान्यतः स्वाद बढ़ाने के लिए नमक के घोल का प्रयोग किया जाता है। अतः ताजी एवं प्रशीतित सब्जियों की तुलना में डिब्बा बन्द सब्जियों में सोडियम अधिक मिलता है। प्रसंस्कृत सब्जियों में खनिज की मात्रा विधियों एवं प्रयुक्त जल पर निर्भर करता है। प्रसंस्करण में कठोर जल के प्रयोग से सब्जियों में कैल्सियम एवं अन्य खनिजों की मात्रा बढ़ जाती है। बेबी कार्न के अलावा प्रशीतित सब्जियों में पोटैशियम की अधिकता होती है, जबकि ताजी एवं प्रशीतित बेबी कार्न की तुलना में डिब्बा बन्द बेबी कार्न में पोटैशियम अपेक्षाकृत अधिक होता है। उसी प्रकार ताजी सब्जियों की तुलना में डिब्बा बन्द सब्जियों में कैल्सियम की मात्रा ज्यादा अथवा समान देखी गयी है। यू0एस0डी0ए0 (United State Deapartment of Agriculture) से प्राप्त आकड़ों के अनुसार डिब्बाबन्द बीन्स तथा मटर में ताजी एवं प्रशीतित की तुलना में अपेक्षाकृत कम कैल्सियम होता है। भण्डारण के दौरान सब्जियों में लोहा एवं कॉपर को छोड़कर सभी खनिज (सोडियम, पोटैशियम एवं कैल्सियम) अप्रभावित होते हैं। जैसा कि सारिणी में दिया गया है–

सारिणी (21.6) प्रसंस्कृत सब्जियों में खनिज की मात्रा

सब्जियाँ	सोडियम			पोटैशियम			कैल्सियम		
	ताजी सब्जियाँ	प्रशी–तित	डिब्बा बन्द	ताजी सब्जियाँ	प्रशी–तित	डिब्बा बन्द	ताजी सब्जियाँ	प्रशी–तित	डिब्बा बन्द
कार्न (निर्वात पैक)	0.15	0.03	2.72	2.70	2.10	1.86	0.02	0.04	0.05
सेम	0.06	0.03	2.62	2.09	1.86	1.09	0.37	0.42	0.26
मटर	0.04	0.04	2.52	2.00	1.92	1.73	0.43	0.50	0.20

स्रोत : यू0एस0डी0ए0 डाटा

• रेशा (Fiber)

सामान्यतः प्रसंस्करण के दौरान तथा सब्जियों के काटने–छिलने जैसी प्रक्रियाओं में रेशा की क्षति होती है। कार्न, मटर एवं हरे, पीले बीन्स पर रेशा की मात्रा पर किये गये अध्ययनों से पता चला है कि डिब्बा बन्द एवं प्रशीतित से विलेय, अविलेय एवं कुल रेशा की मात्रा अप्रभावित होती है। पकाने पर रेशा की मात्रा पर किये गये अध्ययनों से ज्ञात होता है कि कार्न एवं बीन्स के पकाने पर उनमें नमी की मात्रा बढ़ती है। फलस्वरुप रेशा की मात्रा घट जाती है।

• विटामिन 'सी' (Vitamin C)

टमाटर, एस्पेरागस, कार्न, ब्रोकली एवं बीन्स पर किये गये प्रेक्षणों के अनुसार डिब्बा बन्द के दौरान तापीय उपचार से विटामिन 'सी' की मात्रा घट जाती है। इसी प्रकार गाजर में 90.0 प्रतिशत एवं बीन्स में 8.0 प्रतिशत विटामिन 'सी' की क्षति देखी गयी है। डिब्बा बन्द सब्जियों की तुलना में प्रशीतित सब्जियों में विटामिन 'सी' अधिक होती है। हावेल के अनुसार प्रशीतन के दौरान ब्रोकली

में 20.0 प्रतिशत व मटर में 30.0 प्रतिशत की क्षति होती है। फ्रिजिंग (freezing) की तुलना में डिब्बा बन्द पदार्थों में विटामिन 'सी' की क्षति 60.0 प्रतिशत होती है। प्रसंस्करण के बाद विटामिन 'सी' की मात्रा का विवरण नीचे दिया गया है–

सारिणी (21.7) प्रसंस्कृत सब्जियों में विटामिन 'सी' (ग्राम/किलो ग्राम नम भार)

सब्जियाँ	ताजी		प्रशीतित		डिब्बा बन्द
	अनपका	पका	अनपका	पका	
बीन्स	0.163	0.097	0.129	0.041	0.048
मटर	0.400	0.142	0.180	0.099	0.096
पालक	0.281	0.098	0.243	0.022	0.143
टमाटर	0.127	0.228	–	–	0.090

• विटामिन 'बी' (Vitamin B)

सब्जियों में उपस्थित विटामिन 'बी' डिब्बाबन्द एवं भण्डारण द्वारा प्रभावित होती है। राइबोफ्लेबिन, नियासिन, बी–6 एवं फोलेट थायमिन की अपेक्षा डिब्बाबन्द के लिए कम संवेदनशील होते हैं। डिब्बाबन्दी में होने वाले तापीय उपचार द्वारा एस्पेरागस में लगभग 25.0 प्रतिशत तथा पालक में 66 प्रतिशत तक थायमिन की क्षति होती है। डिब्बाबन्द सब्जियों में ताजे सब्जियों की अपेक्षा लगभग 57.0–77.0 प्रतिशत विटामिन 'बी–6' की क्षति होती है। चुकन्दर की कैनिंग में फोलेट की लगभग 30 प्रतिशत की कमी होती है, जबकि बीन्स में किसी भी प्रकार से फोलेट में कमी नहीं होती है। उसी प्रकार फ्रिजिंग (freezing) से 9.0–60.0 प्रतिशत थायमिन तथा 20.0 प्रतिशत तक राइबोफ्लेविन की क्षति मटर एवं बीन्स में होती हैं। पकाने पर भी थायमिन की लगभग 11.0–66.0 प्रतिशत की क्षति होती है।

सारिणी (21.8) डिब्बाबन्द सब्जियों में विटामिन 'बी' एवं फोलेट (ग्राम/किलोग्राम नम भार) की मात्रा

सब्जियाँ	प्रकार	थायमिन	राइबोफ्लेविन	नियासिन	बी–6	फोलेट
बीन्स	ताजी एवं पकी	0.00074	0.00097	0.00614	0.00056	0.00033
	प्रशीतित एवं पकी	0.00035	0.00090	0.00383	0.00060	0.00023
	डिब्बाबन्द	0.00015	0.00056	0.00201	0.00037	0.00032
मटर	ताजी एवं पकी	0.00259	0.00149	0.0202	0.00216	0.00063
	प्रशीतित एवं पकी	0.00283	0.00100	0.0198	0.00113	0.00059
	डिब्बाबन्द	0.00121	0.0078	0.0013	0.00064	0.00044
टमाटर	ताजी एवं पकी	0.00036	0.00022	0.00532	0.00079	0.00013
	डिब्बाबन्द	0.00045	0.00047	0.00735	0.00090	0.00008
पालक	ताजी एवं पकी	0.00095	0.00236	0.00490	0.00242	0.00146
	प्रशीतित एवं पकी	0.00078	0.00176	0.00439	0.00136	0.00121
	डिब्बाबन्द	0.00018	0.00106	0.00271	0.00080	0.00058

• फिनोलिक घटक (Phenolic components)

विभिन्न प्रकार के फिनोलिक घटक एण्टीआक्सीडेण्ट (antioxidant) होते हैं तथा कैंसर एवं हृदय से सम्बन्धित वैस्कुलर (vascular) जैसी बीमारी के रोकथाम में सहायक होते हैं। डिब्बाबन्दी की प्रक्रिया में होने वाले ब्लांचिंग (blanching) एवं प्रशीतन के दौरान निष्क्रिय हुए एन्जाइम फिनोलिक घटकों का आक्सीकरण करते हैं, जिसके कारण सब्जियों में उपस्थित फिनोलिक घटकों की क्षति होती है।

प्रसंस्कृत सब्जी पदार्थों का निर्यात (Export of processed vegetable products)

भारत वर्ष कृषि प्रधान देश होने के कारण निर्याततित आय में कृषि क्षेत्र का महत्वपूर्ण स्थान है। कुल कृषि निर्यात 2004–05 में 47.31 लाख टन से बढ़कर 2004–05 में 118.7 लाख टन तक पहुँच गया है। निर्यात किये जाने वाले कृषि उत्पादों की संख्या अधिक तो नहीं है, लेकिन कुछ वस्तुओं का निर्यात अधिक होता है। निर्यात–आयात नीति में कृषि उत्पादों के निर्यात की बढ़ोत्तरी के लिए प्रयास किये गये हैं। देश के कृषि निर्यात का करीब 21 प्रतिशत हिस्सा प्रसंस्कृत खाद्य पदार्थ द्वारा दिया जाता है। पिछले साल यह करीब 10 प्रतिशत था। प्रसंस्कृत फल एवं सब्जियों की कुल प्रसंस्कृत खाद्य पदार्थ के निर्यात में 48 प्रतिशत की हिस्सेदारी थी, जबकि सबसे ज्यादा अन्य प्रसंस्कृत खाद्य पदार्थों की 51 प्रतिशत भागीदारी देखी गई। भारत वर्ष ताजी सब्जी के साथ–साथ प्रसंस्कृत सब्जियों का निर्यात भी बड़ी मात्रा में करता है। वर्ष 2004–05 में 10.2 लाख टन से अधिक ताजी सब्जियों का निर्यात किया गया है, जिसका मूल्य 845.5 करोड़ रूपये था। साथ ही साथ 5.89 लाख टन प्रसंस्कृत फल एवं सब्जियों के निर्यात से 1462.7 करोड़ रूपये की विदेशी मुद्रा अर्जित की गई। इसके अलावा 3.51 लाख टन सूखी एवं संरक्षित सब्जियों के निर्यात से 765.7 करोड़ रूपये का व्यापार किया गया। कुल कृषि निर्यात में प्रसंस्कृत फल एवं सब्जियों की भागीदारी 4. 9 प्रतिशत थी, जबकि कुल प्रसंस्कृत खाद्य पदार्थों के निर्यात में इनकी 48.0 प्रतिशत की हिस्सेदारी थी। सूखी एवं संरक्षित सब्जियों में पिछले 5 वर्षों में 22.0 प्रतिशत की वृद्धि हासिल की है। साथ ही अपने हिस्से को कुल प्रसंस्कृत खाद्य पदार्थों के निर्यात में 20.0 प्रतिशत से बढ़कर 29 .0प्रतिशत कर लिया है। कुल प्रसंस्कृत फल एवं सब्ज्यिों के निर्यात में करीब 30.0 प्रतिशत की वृद्धि हुई है। प्रसंस्कृत खाद्य एवं सब्जियों को अनेकों देशों में निर्यात किया जाता है, जिनका विवरण नीचे की सारिणी में दिया गया है–

सारिणी (21.9) सब्जियों पर आधारित प्रसंस्कृत खाद्य पदार्थों का निर्यात

मुख्य उत्पाद	2000–01		2004–05		प्रतिशत बदलाव	
	मात्रा (मी0 टन)	कीमत (रू0 करोड़)	मात्रा (मी0 टन)	कीमत (रू0 करोड़)	मात्रा (मी0 टन)	कीमत (रू0 करोड़)
ताजी सब्जियाँ	477245.71	467.07	1015166.47	845.48	112.71	81.02
सूखी एवं संरक्षित सब्जियाँ	286927.20	738.29	351034.32	765.75	22.34	3072
अन्य प्रसंस्कृत फल एवं सब्जियाँ	70821.97	206.94	80760.50	275.53	14.03	33.15
कुल प्रसंस्कृत सब्जियाँ	455756.24	1345.54	589976.71	1462.72	29.45	8071

इसी प्रकार वर्ष 2007–08 में लगभग 245144.82 लाख रुपये का प्रसंस्कृत फल एवं सब्जियों का निर्यात किया गया। एक अनुमान के अनुसार कुल उत्पादन का मात्र 2.0 प्रतिशत ही सब्जियाँ प्रसंस्कृत की जाती हैं। यह सत्य है कि निर्जलीकृत फल एवं सब्जियों का व्यापक व्यापार कनाडा एवं संयुक्त राज्य अमेरिका द्वारा किया जाता है। ये देश सब्जी मटर, आलू एवं इसके उत्पाद, लहसुन प्याज आदि का निर्जलीकरण करके अच्छा निर्यात कर रहे हैं।

सारिणी (21.10) प्रसंस्कृत खाद्य पदार्थों का निर्यात

उत्पाद	वर्ष 2006–07		वर्ष 2007–08	
	मात्रा (मिट्रिक टन)	कीमत (लाख रुपये)	मात्रा (मिट्रिक टन)	कीमत (लाख रुपये)
शुष्क एवं संरक्षित सब्जियाँ	119270.43	42754.17	125726.28	4293.81
अचार एवं चटनी	145216.00	29359.48	125558.47	25061.71
अन्य प्रसंस्कृत फल एवं सब्जियाँ	172851.58	66191.34	184197.82	71219.94
कुल प्रसंस्कृत फल एवं सब्जियाँ	255084.47	78999.4	170614.39	54900.85

स्रोतः हार्टिकल्चर डेटाबेस, 2007–08

डिब्बा बन्द सब्जियों का निर्यात

वर्ष 2007–08 में 674551.0 मिट्रिक टन डिब्बा बन्द सब्जियों का निर्यात किया गया, जिसका विश्व बाजार में मूल्य 20.541 करोड़ रुपये था। यूनाइटेड किंगडम एवं संयुक्त राज्य अमेरिका, संयुक्त अरब एमिरात, न्यूजीलैण्ड, सिंगापुर एवं इटली, डिब्बा बन्द सब्जियों के प्रमुख आयातक देश हैं। नीचे की सारिणी में डिब्बा बन्द आयातक देशों के नाम, निर्यात की गयी डिब्बा बन्द सब्जियों की मात्रा एवं मूल्य को दिया गया है–

सारिणी (21.11) डिब्बाबन्द आयातक देश, निर्यात की गयी डिब्बा बन्द सब्जियों की मात्रा एवं मूल्य

देश	वर्ष 2006–07		वर्ष 2007–08	
	मात्रा (मिट्रिक टन)	कीमत (लाख रुपये)	मात्रा (मिट्रिक टन)	कीमत (लाख रुपये)
यूनाइटेड किंगडम	333787	10275082	331629	10046789
संयुक्त राज्य अमेरिका	125858	7050778	98131	2524138
आस्ट्रेलिया	21240	750417	22700	1639078
संयुक्त अरब एमिरात	46802	2797789	48406	1198096
न्यूजीलैण्ड	0	0	51000	1165066
कनाडा	112600	6729450	36404	1011640
सिंगापुर	19200	1147281	11876	758434

इटली	0	0	17000	625395
बहरीन	0	0	15256	521733
दक्षिण अफ्रीका	0	0	16000	461774
जर्मनी	5600	240134	20000	222528
अन्य	0	0	2000	192120
स्वीटजर लैण्ड	21821	2392226	430	57655
ओमान	12330	489362	1100	50678
डेनमार्क	0	0	1000	33099
आस्ट्रिया	4000	166666	1619	32821
बेल्जियम	17000	1924872	0	0
चीन	49000	2998315	0	0
ग्रीक	3000	140679	0	0
हांगकांग	10000	127953	0	0
कोरिया	3000	262665	0	0
कुबैत	1000	6771	0	0
सऊदी अरैबिया	17000	541888	0	0
तंजानिया	12000	240927	0	0
थाइलैण्ड	1400	55294	0	0
यूक्रेन	370	31201	0	0
सम्पूर्ण	**817008**	**38369750**	**674551**	**20541044**

स्रोतः एपीडा, 2009

सारिणी (21.12) प्रसंस्कृत खाद्य पदार्थों के प्रमुख निर्यातक देश

मुख्य उत्पाद	**प्रमुख देश**
सूखी एवं संरक्षित सब्जियाँ	बांग्लादेश, अमेरिका, श्रीलंका, जर्मनी, इग्लैण्ड
आम का गूदा	सऊदी अरब, नीदरलैण्ड, यू0ए0ई0, यमन, इग्लैण्ड
अचार व चटनी	अमेरिका, इग्लैण्ड, बेल्जियम, फ्रांस, यू0ए0ई0
अन्य प्रसंस्कृत फल एवं सब्जियाँ	अमेरिका, इन्डोनेशिया, नीदरलैण्ड, सऊदी अरब, इग्लैण्ड
अन्य प्रसंस्कृत खाद्य	अमेरिका, इग्लैण्ड, बांग्लादेश, मलेशिया, नेपाल, यू0ए0ई0

पिछले 5 सालों में कुल कृषि निर्यात ने 150.0 प्रतिशत हासिल कर विश्व बाजार में देश के कृषि की बढ़ती खपत को प्रकट किया है। अन्य प्रसंस्कृत फल एवं सब्जियों ने सबसे ज्यादा 30.0 प्रतिशत वृद्धि प्राप्त कर निर्यात बाजार में उनके बढ़ते उपयोग को बताया है। सूखी एवं संरक्षित सब्जियों की प्रसंस्कृत फल एवं सब्जियों में भागीदारी ने 75.43 प्रतिशत वृद्धि दर्ज कर अपनी बढ़ती हिस्सेदारी के महत्वपूर्ण होने का एहसाह कराया है। विदेशों में ताजे फल एवं सब्जियों के साथ ही साथ उनके प्रसंस्कृत पदार्थों के बढ़ते प्रचलन को नीचे की सारिणी में दिखाया गया है।

सारिणी (21.13) प्रसंस्कृत फल एवं सब्जी आयातक देश, निर्यात की गयी सब्जियों की मात्रा एवं मूल्य

देश	वर्ष 2006–07		वर्ष 2007–08	
	मात्रा (मिट्रिक टन)	कीमत (लाख रुपये)	मात्रा (मिट्रिक टन)	कीमत (लाख रुपये)
संयुक्त राज्य अमेरिका	36387.89	16906.43	27677.10	13754.13
यूनाइटेड किंगडम	19122.15	7778.88	20724.65	8061.00
सऊदी अरब	16858.16	5675.32	26119.31	7991.99
नीदरलैण्ड	11281.38	4842.81	18587.12	7675.87
संयुक्त अरब एमिरात	11592.71	4408.29	13783.91	5136.37
कनाडा	12701.21	3813.08	14821.06	3539.04
जापान	3150.45	1802.34	4158.63	2340.53
जर्मनी	2190.70	1175.33	4163.61	2161.64
आस्ट्रेलिया	3236.56	1360.70	4159.59	1909.77
नेपाल	2171.06	1048.85	3713.11	1485.09
इजराइल	3182.09	1216.26	2163.26	1044.97
इरान	481.20	242.59	2306.79	1039.72
कुबैत	2756.09	950.96	2910.20	961.32
युक्रेन	755.72	329.26	2286.12	907.20
ओमान	1720.56	618.96	2654.74	906.45
मलेशिया	5957.01	1739.52	2105.01	753.04
रुस	856.40	341.74	1775.82	616.00
फ्रांस	1029.31	518.24	1350.53	606.02
सिंगापुर	1254.11	535.80	1375.39	578.18
मैक्सिको	2928.45	1229.56	1083.37	562.42
यमन गणराज्य	2732.71	813.04	1816.71	538.91
कतर	1351.95	442.84	1401.35	482.51
इजिप्ट	1146.90	367.08	1493.33	404.35
सिरिया	1821.00	604.66	1213.65	385.46
बहरीन	962.69	301.78	1067.53	376.91
स्वेडेन	502.20	278.74	753.11	360.74
दक्षिण अफ्रीका	919.70	259.15	970.86	341.09
बेल्जियम	294.54	177.14	588034	333.55
न्यूजीलैण्ड	583.85	1949.53	750.31	284.29
अल्जिरिया	66.00	28.15	691.35	283.71
श्रीलंका	249.32	94.66	637.61	273.93

चीन	225.08	110.06	628.43	278.44
पूर्तगाल	234.16	100.88	625.38	269.88
डेनमार्क	292.63	137.67	846.66	254.09
स्पेन	330.20	102.14	666.22	249.73
बांग्लादेश	5655.64	301.81	2527.56	223.80
फिनलैण्ड	154.42	126.76	308.79	219.77
इराक	24.74	12.82	694.57	210.40
केन्या	81.34	25.98	512.99	207.58
इण्डोनेशिया	9019.99	2717.92	511.51	204.97
जार्डन	482.04	156.68	743.53	202.19
भूटान	115.25	62.31	440.00	194.01
इटली	569.70	278.34	341.39	175.39
तंजानिया	64.31	28.86	508.33	172.24
तूर्की	26.00	9.56	473.44	178.69
आस्ट्रिया	42.34	37.83	209.99	157.02
कोरिया	394.83	128.80	463.60	132.92
मारिसस	198.16	98.08	219.91	118.00
पोलैण्ड	90.01	40.54	322.55	114.80
फिलिपिन्स	1057.70	367.86	238.04	110.72
सम्पूर्ण	**172843.07**	**66183.11**	**184185.85**	**71212.4**

स्रोत : एपीडा, 2009

शुष्क एवं संरक्षित सब्जियाँ

प्रसंस्कृत खाद्य पदार्थों के अन्तर्गत प्रसंस्कृत फल एवं सब्जियों की सहभागिता में भी 25.28 प्रतिशत वृद्धि कर अपनी उपयोगिता को सिद्ध किया। वर्ष 2004–05 में 765.05 में 765.70 करोड़ रूपये की सूखी एवं संरक्षित सब्जियों का निर्यात किया गया है। देश के कुल प्रसंस्कृत खाद्य पदार्थों के निर्यात में कुल प्रसंस्कृत फल एवं सब्जियों का हिस्सा लगभग 41 प्रतिशत था, जबकि कुल प्रसंस्कृत फल एवं सब्जियों ने 1462.00 करोड़ रूपये से अधिक की विदेशी मुद्रा निर्यात द्वारा अर्जित की थी। रूपयों के सन्दर्भ में कुल प्रसंस्कृत खाद्य पदार्थों ने 11.2 प्रतिशत की वृद्धि प्राप्त की है। अन्य प्रसंस्कृत फल एवं सब्जियों ने सबसे ज्यादा 153.47 प्रतिशत कर अपनी उपयोगिता को देश के निर्यात में प्रदर्शित किया है। उल्लेखनीय है कि विश्व बाजार में ताजे फल एवं सब्जियों की बढ़ती भागीदारी के साथ प्रसंस्कृत फल एवं सब्जियों का कारोबार बढ़ गया है। सूखी एवं संरक्षित सब्जियों की हिस्सेदारी 22 प्रतिशत तक कुल प्रसंस्कृत खाद पदार्थों में रही। कुल प्रसंस्कृत फल एवं सब्जियों की 47 प्रतिशत सहभागिता देखी गई। साथ ही अन्य प्रसंस्कृत फल एवं सब्जियों ने 19.8 प्रतिशत हासिल कर उनके बढ़ते निर्यात के महत्व को सम्बल प्रदान किया है।

सारिणी (21.14) शुष्क एवं संरक्षित सब्जियों की प्रमुख आयातक देश एवं निर्यात की गयी मात्रा तथा मूल्य

देश	वर्ष 2006–07		वर्ष 2007–08	
	मात्रा (मिट्रिक टन)	कीमत (लाख रुपये)	मात्रा (मिट्रिक टन)	कीमत (लाख रुपये)
जर्मनी	4731.47	3429.88	17399.82	5663.15
संयुक्त राज्य अमेरिका	25655.11	8003.84	14439.65	5250.90
बांग्लादेश	68.68	13.70	23885.28	4646.93
फ्रांस	16150.00	6141.43	12651.78	4524.62
स्पेन	13892.69	3384.70	10531.81	2948.26
रुस	13192.39	3534.55	8345.60	2767.99
यूनाइटेड किंगडम	3654.39	1906.43	3411.13	2252.42
बेल्जियम	7731.82	2641.09	6592.59	2120.04
दक्षिण अफ्रीका	1235.09	656.56	1225.43	1216.82
नीदरलैण्ड	2811.12	1113.91	2520.66	1006.89
कनाडा	3087.36	1170.80	3088.70	1004.49
आस्ट्रेलिया	4129.80	1077.38	3732.70	979.20
स्वीटजरलैण्ड	55.33	879.59	83.16	842.67
ब्राजील	754.78	447.72	1023.93	667.32
इजराइल	572.23	254.34	959.10	510.64
श्रीलंका	794.05	146.16	2708.89	478.70
फिनलैण्ड	496.81	442.04	486.63	408.40
पोलैण्ड	691.39	435.83	600.25	388.75
इटली	2135.44	704.89	950.81	337.87
फिलिपिन्स	688.75	418.68	872.35	328.38
न्यूजीलैण्ड	292.39	175.19	508.12	290.65
ग्रीक	531.59	171.92	584.71	274.39
जापान	206.30	84.02	482.51	257.01
मलेशिया	878.89	190.27	785.62	253.56
डेनमार्क	383.16	405.81	227.86	237.30
अन्य	46.79	39.32	233.64	223.51
नार्वे	105.69	87.59	182.21	175.48
स्वेडेन	129.99	108.56	403.51	173.32
नामीबिया	186.82	204.51	296.81	168.47
बूलगैरिया	551.28	125.60	418.24	148.20
कोलम्बिया	358.32	213.73	199.35	142.18
डौमीनिक गणराज्य	180.14	113.82	194.29	138.56
ग्वाटेमाला	204.16	135.73	161.17	135.92

नेपाल	183.19	72.75	316.15	135.74
संयुक्त अरब एमिरात	344.61	149.41	296.08	129.91
लिथुआनिया	359.10	57.36	376.70	113.18
सऊदी अरबीया	346.18	304.61	249.52	103.08
स्टोनिया	3740.29	685.49	561.78	102.91
लटाविया	223.17	53.93	106.18	101.06
सम्पूर्ण	**119270.42**	**42754.22**	**125726.3**	**42993.81**

स्रोत : एपीडा, 2009

सारिणी (21.15) शुष्क एवं संरक्षित सब्जियों का निर्यात

मात्रा (मिट्रिक टन), कीमत (लाख रुपये)

देश	**2008—2009**		**2009—2010**		**2010—2011**	
	मात्रा	**कीमत**	**मात्रा**	**कीमत**	**मात्रा**	**कीमत**
रुस	13445.9	3574.3	13175.6	5465.5	13477.0	5962.2
जर्मनी	3093.8	2419.2	5002.8	4351.7	5900.0	5588.8
मलेशिया	237.2	81.7	356.4	150.1	7465.1	4063.4
संयुक्त राज्य अमेरिका	27128.5	8888.9	26467.4	9061.8	11164.4	4037.4
फ्रांस	24241.7	8341.2	18098.3	6124.5	10693.0	3869.7
स्पेन	14581.4	3967.8	13010.9	4032.0	10175.8	2884.1
यूनाइटेड किंगडम	4329.8	3250.8	3973.8	2573.8	3454.5	2337.1
बेल्जियम	11652.1	3684.6	6071.9	2597.0	5088.4	1987.1
पोलैण्ड	705.1	383.1	933.7	650.9	2110.2	1613.5
ब्राजील	820.6	577.1	1161.7	966.3	1834.1	1443.5
कुल	**47625.1**	**14472.8**	**36360.9**	**17234.0**	**38811.5**	**17910.3**
सम्पूर्ण	**147861.0**	**49641.5**	**124613.4**	**53207.5**	**110173.9**	**51697.1**

स्रोतः इण्डियन हार्टीकल्चर डाटाबेस, 2011

सारिणी (21.16) शुष्क सब्जियों का विक्रय दर (रूपया)

उत्पादित वस्तु	**मुक्त सौर शुष्कन**	**सौर शुष्कन**	**वृद्धि (प्रतिशत)**
लहसुन चूर्ण	200.00	300.00	50.00
हल्दी	100.00	200.00	100.00
मटर	100.00	300.00	200.00
लाल मिर्च	140.00	180.00	28.60

स्रोतः अग्रवाल, 2011

खाद्य प्रसंस्करण उद्योग

तेजी से बढते शहरीकरण, बढ़ती साक्षरता और प्रति व्यक्ति आय के कारण खाद्य प्रसंस्करण उद्योग का ज्यादा विकास हुआ है और लोगों के खान–पान में परिर्वतन आया है, जिससे उपलब्ध संसाधनों का समुचित उपयोग से नये अवसर विकसित हुए हैं। प्रसंस्करण एवं डिब्बा बन्द खाद्य पदार्थों की भांग लगातार बढ़ रहीं है। खाद्य प्रसंस्करण को बढ़ावा देने के लिए देश में खाद्य प्रसंस्करण उद्योग मंत्रालय की स्थापना की गई। खाद्य प्रसंस्करण कृषि क्षेत्र के विविधीकरण तथा व्यापारीकरण, कृषि उत्पादन को बढ़ाने, रोजगार के और अवसर प्रदान करने तथा निर्यात के लिए कृषि खाद्य उत्पादों के उत्पादन में एक महत्वपूर्ण भूमिका निभाता है। वर्तमान समय में सुरक्षित रखे गये उत्पादों जैसे मुरब्बा, चटनी, अचार एवं डिब्बा बन्द वस्तुओं का मूल्य एवं उपभोग ज्यादा है। ऐसी वस्तुओं की पश्चिमी देश, मध्य पूर्व के देशों तथा एशियाई देशों में ज्यादा मांग है। देश ऐसे उत्पादों के निर्यात को बढ़ाने कि स्थिति में है। इस समय देश में छः प्रसंस्करण इकाईयाँ कार्य कर रही हैं, जो कांडला (गुजरात), सेन्ट्राकुज (मुम्बई), कोचीन (केरल), चेन्नई, फाल्टा (कोलकाता) और नोएडा (दिल्ली) में स्थित है। इसकी 7वीं इकाई विशाखापत्तनम (आन्ध्र प्रदेश) में स्थित है। प्रसंस्कृत खाद्य पदार्थों के बढ़ते निर्यात को देखते हुए सरकार देश के विभिन्न हिस्सों में फूड पार्क की स्थापना को जरूरी महत्व दे रही है, जिनमें सरकारी और निजी कम्पिनियों के सहयोग से किसानों को हर तरह की सुविधाएं दे कर देश के कृषि निर्यात को नई दिशा प्रदान करता है। आने वाले समय में प्रसंस्कृत खाद्य पदार्थों के बढ़ते प्रचलन की उम्मीद विभिन्न शोध कार्यों से स्पष्ट हुई है।

फूड पार्कों की स्थापना

सारिणी (21.17) राज्यवार फूड पार्कों की संख्या

राज्य	फूड पार्क	राज्य	फूड पार्क	राज्य	फूड पार्क
राजस्थान	3	आन्ध्र प्रदेश	1	आसाम	1
जम्मू और कश्मीर	3	तमिलनाडु	2	कर्नाकट	3
पंजाब	1	पश्चिम बंगाल	8	केरल	4
उत्तर प्रदेश	5	बिहार	1	हरियाणा	2
महाराष्ट्र	5	छत्तीसगढ़	1	मणिपुर	2
मध्य प्रदेश	6	मिजोरम	1	**कुल**	**51**
ओडिशा	1	त्रिपुरा	1		

सरकार ने खाद्य प्रसंस्करण को उच्च प्राथमिकता दी है और उत्पाद के वाणिज्यीकरण और मूल्य संवर्धन को बढ़ावा देने, फसल क्षति को कम करने, रोजगार के अवसर पैदा करने और निर्यात बढ़ाने के उद्देश्य से कुछ वित्तीय (financial) प्रोत्साहन दिए हैं। सब्जियों पर आधारित प्रसंस्करण उद्योग के महत्वपूर्ण उप क्षेत्र है। असंगठित क्षेत्र में भी कई हजार परम्परागत खाद्य इकाई और फल/सब्जी/मसाला प्रसंस्करण इकाईया हैं। संगठित क्षेत्र में 6235 फल/सब्जी प्रसंस्करण इकाईयाँ हैं।

देश में फल एवं सब्जी परिरक्षण इकाईयाँ

सारिणी (21.18) राज्यवार परिरक्षण इकाईयों की संख्या

राज्य	फल/सब्जी	राज्य	फल/सब्जी	राज्य	फल/सब्जी
दिल्ली	408	महाराष्ट्र	1186	तमिलनाडु	494
चंड़ीगढ़	23	गोवा	157	पांडिचेरी	21
राजस्थान	258	मध्य प्रदेश	127	पश्चिम बंगाल	301
हरियाणा	328	छत्तीसगढ़	26	झारखंण्ड	22
जम्मू और कश्मीर	110	गुजरात	403	बिहार	45
पंजाब	280	दादरनगर हवेली और दमन द्वीप	10	ओडिशा	39
हिमाचल	139	आंन्ध्र प्रदेश	289	अण्डमान और निकोबार द्वीप	7
उत्तर प्रदेश	589	कर्नाटक	370	आसाम	37
उत्तराखण्ड	100	केरल	423	मेघालय	10
अरूणाचल प्रदेश	2	मिजोरम	3	सिक्किम	2
मणिपुर	14	नागालैण्ड	8	त्रिपुरा	4
				कुल	**6235**

सरकार ने देश के कृषि निर्यात को बढ़ाने के लिए 20 राज्यों में 60 कृषि निर्यात क्षेत्र स्थापित किये हैं। ऐसी आशा है। कि इन क्षेत्रों से करीब 10300.00 करोड़ रूपये से अधिक का निर्यात अगले पाँच सालों में होगा साथ ही साथ प्रतक्ष्य एवं अप्रतक्ष्य रोजगार की भी सम्भावना है।

परिरक्षण से पूर्व की तैयारियाँ

सब्जियों के परिरक्षण के लिए बेहद जरुरी है, सब्जियों को जीवाणु से बचाना और बाहर के सूक्ष्म जीवों द्वारा प्रदूशण को रोकना। परिरक्षण के दौरान कुछ विशेष बातों का ध्यान रखना जरुरी है–

1. परिरक्षण के लिए सब्जियों का चुनाव

- परिरक्षण के लिए अच्छे प्रकार की गुणवत्तायुक्त सब्जियों को ही उपयोग में लाना चाहिए।
- दागी तथा चोट खाई हुई सब्जियों को परिरक्षण के लिए नहीं चुनना चाहिए, क्योंकि इन पर जीवाणुओं का असर जल्दी हो जाता है।
- सब्जी अच्छी तरह से पका होना चाहिए न कि कम पका या अधिक।
- सब्जियों का रंग चटक होना चाहिए।
- उपयोग से पहले इन्हें पानी से अच्छी तरह से घोलकर साफ कर लें।
- सब्जी काटने पर यदि रंग बदल जाती है तो उन्हें पानी में भिंगोकर रखना चाहिए।

- जहाँ तक सम्भव हो सके, इन्हें सुबह या सायंकाल तोड़ना चाहिए, जिससे उत्पाद की गुणवत्ता प्राकृतिक लगे।
- जिस बोतल या मर्तबान में परिरक्षित उत्पाद रखना हो उसे 10 मिनट तक पानी में उबालें। साफ कपड़े से पोछकर तेज धूप में 2 दिन तक सुखाएं।
- हाथों को साबुन से धोकर सूखे तौलिये से पोछकर कार्य शुरू करें। साफ धुले कपड़े पहने व बालों को कसकर पीछे बाँध लें।
- परिरक्षण का कार्य शुरू करने से पहले सभी सामग्री पास में रख लें तथा बीच–बीच में अन्य किसी कार्य के लिए न उठे अन्यथा जलने या कुछ गिरने का भय रहता है।
- जो बर्तन प्रयोग में लेवें वे साफ धुले व सूखे हुए हों।
- परिरक्षक (preservative), रंग व खुशबु का प्रयोग निर्देशानुसार ही करें।

सब्जियाँ जैसे गाजर, मूली, अदरक को छिलकर तथा फूल गोभी, शलजम आदि को बिना छीले ही बड़े टुकड़ों में काट लें। मटर के दाने निकाल लें। परिरक्षण के लिए आकार में बड़े, साफ बिना कटे, दाग धब्बे रहित सब्जियों का चयन करें।

2. सब्जियों के छिलके उतारना

सब्जियों के छिलके उतारने के लिए चाकू, भाप, रगड़कर या आँच दिखाकर करते हैं। लाई पिलींग विधि (lye peeling) में सब्जियों को लाई (सोडियम हाइड्राक्साड) के 5–20 प्रतिशत सान्द्रता वाले घोल में रखकर काटें तथा धुलाई कर लाई की मात्रा निकाल देते हैं। फ्लेम पीलिंग (flame peeling) में उत्पाद को उच्च तापमान (1200 डिग्री सेल्सियस) पर रखने से छिलके हट जाते हैं, जैसे प्याज, आलू आदि।

3. सब्जियों का कर्तन या टुकड़ा बनाना

सब्जियों को सुखाने के लिए छोटे–छोटे आकार में कर्तन करना चाहिए अन्यथा उत्पाद से नमी (पानी) निकालना मुश्किल होता है और उत्पाद की संरचना बिगड़ जाती है। सामान्य तथा जड़ वाली सब्जियों में 10.0 × 10.0 × 10.0 मिली मीटर के टुकड़े (dice) या 50×10×6 मिली मीटर के स्ट्रिप बनाते हैं। स्लाइस या रिंग्रा 6.0–14.0 मिली मीटर मोटे होने चाहिए। पत्ता गोभी को 3.0 मिली मीटर का धज्जी / स्रेडेड (shredded) या 10.0 मिली मीटर के पाँसे / डाइस बनाते हैं।

4. ब्लाचिंग (Blanching)

खौलते पानी में सब्जियों को रखना या भाप देना जिससे उत्पाद की सम्पूर्ण जैविक क्रिया बन्द हो जाये और सब्जियों पर लगे सूक्ष्म जीव समाप्त हो जायें। ब्लाचिंग का समय लगभग 1–3 मिनट तक होता है। पत्तीदार सब्जियों के लिए 2–8 मिनट, मटर, बीन्स व कार्न्स के लिए 3–6 मिनट तथा आलू, गाजर व अन्य कठोर सब्जियों के लिए 6–8 मिनट रखते हैं।

5. सल्फाइडेशन (Sulphidation)

कटी सब्जियों को जलते सल्फर फ्यूम में या पोटैशियम मेटाबाई सल्फाइट घोल में रखते हैं।

परिरक्षंण के लिए आवश्यक सामग्री

1. गूदा निकालने की मशीन
2. स्टेनलेश स्टील के विभिन्न प्रकार के चाकू
3. मसाला पीसने की मशीन
4. काँच के जार
5. काँच की बोतलें (जैम, स्क्वाश व सास)
6. स्टेनलैस स्टील के बर्तन व भगोनें
7. लकड़ी के चम्मच
8. बारीक कपड़ा (छानने के लिए)
9. मोम (पैराफिन या मोमबत्ती का बोतलों को सील करने के लिए)
10. पालीथीन की शीट व थैलियाँ
11. साइट्रीक अम्ल या टाटरीक अम्ल
12. पोटैशियम मेटा बाई सल्फाइट (के0एम0एस0)
13. सोडियम बेन्जोएट

सब्जी परिरक्षण के लिए उपयुक्त बर्तन

बर्तन से तात्पर्य उस पात्र से है, जिसमें परिरक्षित पदार्थ को रखकर सुरक्षित रुप से ग्राहकों के हाथों में पहुँचाया जाता है। यह गन्दगी, धूल, नमी, ताप, कीट इत्यादि के सन्दूषण (contamination) से पदार्थ को बचाता है।

बर्तन दो तरह के होते हैं–

1. खाद्य–पदार्थ को भरकर रखा जाने वाला बर्तन
2. खाद्य–पर्दाथ से भरा बर्तन को रखकर परिवहन के लिए प्रयोग होने वाला बर्तन

इन बर्तनों का वर्गीकरण निम्न प्रकार से किया जा सकता है।

1. धातु के डिब्बे तथा मिश्रित पात्र
2. काँच की बोतल और मर्तबान
3. बोतल और प्लास्टिक के बर्तन

4. धातु और प्लास्टिक की टोटी दार नली
5. वलन और मजबूत गत्ते के पत्ते
6. संचित कागज
7. नम्य पात्र जो कागज, गत्ता, फिल्म (परत), पन्नी, पटसन, अत्यादि से बने होते हैं।

परिरक्षित पदार्थों के लिए बहुधा धातु और काँच के बर्तनों को ही उपयोग में लाया जाता है। परन्तु आज कल कागज, धातु और प्लास्टिक के दृढ़ और नम्य पात्रों का भी उपयोग होने लगा है। हमारे देश में सब्जियों पर आधारित संसाधित पदार्थ जैसे–सब्जी अचार, सब्जी चटनी, सब्जी रस व अन्य पेय इत्यादि, प्लास्टिक कंटेनर या सीसे के जार और टीन के बर्तनों में ही भर कर रखा जाता है। सूखे पदार्थ जैसे मटर, गाजर, सूप, मिश्रित अचार, प्याज, लहसुन के चूर्ण इत्यादि नम्य पात्र जो पालीथीन, सेलफोन, एल्यूमिनियम, पन्नी तथा इनके थैलों में रखा जाता है। इनका सबसे बड़ा फायदा यह है कि बर्तन काँच की तरह न तो भारी होता है और न ही इनके टूटने का खतरा होता है। टीन–डिब्बों की अपेक्षा ये बर्तन कई बार इस्तेमाल किए जा सकते हैं। ताप संसाधन द्वारा परिरक्षित पदार्थों को आमतौर पर धातु के बर्तनों में ही भरा जाता है। ये बर्तन इस्पात और ऐल्युमिनियम के बने होते हैं। संसाधित पदार्थों के लिए धातु के डिब्बे का प्रयोग कम करना चाहिए क्योंकि धातुओं के सम्पर्क में आने से पदार्थों की रासायनिक प्रक्रिया प्रारम्भ हो जाती है। कभी-2 धातु के साथ क्रिया करके धातु स्वाद (metal taste) देती है। कभी–कभी उत्पाद का रंग भी खराब हो जाता है, जिससे गुणवत्ता भी प्रभावित होती है। अधिक अम्लीय उत्पाद के लिए अम्ल रोधी बर्तन का उपयोग अच्छा रहता है। इसी प्रकार गन्धक विसर्जित करने वाले उत्पादों हेतु गन्धक रोधी जार का प्रयोग करना उत्तम रहता है। उदाहरण के लिए हरा मटर, बीन्स, बेबीकार्न इत्यादि।

सब्जियों के परिरक्षण के बुनियादी तथ्य

1. जल निष्कासन, निर्जलीकरण और सान्द्रता।
2. ताप उपचार, श्वेतन, पाश्तुरीकरण और निर्जलीकरण।
3. निम्न ताप उपचार, प्रशीतन और हिमीकरण। अम्लता नियंत्रण, किण्वन और अम्लीय योग्य।
4. विभिन्न रासायनिक योज्य

सब्जियों को परिरक्षित करने की विधियाँ

सब्जियों के परिरक्षण की अनेक विधियाँ हैं, इसका उपयोग खाद्य पदार्थों की अवस्था, किस्म व उपयोग की अवधि, पौष्टिकता आदि पर निर्भर करता है। निम्नलिखित विधियों द्वारा सब्जियों का परिरक्षण किया जाता है।

1. अल्प समय के लिये सुरक्षित रखने की विधियाँ

अल्प अर्थात कुछ दिनों तक संसाधित पदार्थों को सुरक्षित रखने की विधियों में निम्नलिखित बातों पर ध्यान देना चाहिए–

• सब्जियाँ को तोड़ने में सावधानी

फल एवं सब्जियों को तोड़ते समय इस बात का ध्यान रखना चाहिए कि इन पर खरोंच या चोट न लगें क्योंकि चोट खाये हुए फलों पर जीवाणुओं का असर जल्दी होने लगता है।

• कम तापमान

फल व सब्जियाँ ऊँचें तापमान में जल्दी खराब होने लगती हैं व जीवाणु की किया तेज हो जाती है। ताप मान कम होने पर जीवाणु निष्क्रिय हो जाते हैं। इस लिए शीतल–यन्त्र (रेफ्रिजरेटर) में फल तथा सब्जियों को कुछ दिनों तक खाने योग्य अवस्था में रखा जा सकात है।

खाने योग्य हल्के कीटाणुनाशक पदार्थ का प्रयोग

शक्कर, नमक, सिरका, मसाले, सोडियमबेंजोएट आदि का प्रयोग जब कम मात्रा में करते हैं, तो खाद्य पदार्थों को अल्पकाल के लिए सुरक्षित रखा जा सकता है, क्योंकि जीवाणुओं पर इनका अस्थाई असर होता है।

• नमी तथा हवा से दूर रखना

नमी में जीवाणु तेजी से बढ़ते हैं। नमी की अधिकता से खाद्य पदार्थों में रासायनिक परिवर्तन तेजी से होने लगते है। इसी तरह हवा भी जीवाणुओं के पनपने के लिये अनुकूल रहती है। अतः फल व सब्जियों को शुष्क वातारण में रखने से उनके टिकाऊपन को बढ़ाया जा सकता है।

• पाश्तुरीकरण (Pasturization)

इस विधि में खाद्य पदार्थों के अधिकांश जीवाणुओं को ताप द्वारा नष्ट किया जाता है। यह विधि तरल पदार्थों के परिरक्षण में काम आती है। इस विधि से खटास रहित खाद्य पदार्थों का परिरक्षण अस्थाई तौर पर, लेकिन खटासयुक्त (फलों के रस) पदार्थों का स्थाई परिरक्षण किया जा सकता है।

2. अधिक समय तक सुरक्षित रखनें की विधियाँ

अधिक समय तक फल एवं सब्जियों को सुरक्षित रखने के लिए यह आवश्यक है कि इनमें उपस्थित जीवाणु नष्ट या निष्क्रिय हो जाएं। इस तरह ये 1–2 वर्ष या इससे भी अधिक समय तक खाने योग्य अवस्था में रहते हैं। स्थाई परिरक्षण निम्नलिखित विधियों द्वारा किया जाता है–

1. सूखाना और निर्जलीकरण।
2. हिम शुष्कन।
3. सान्द्रता।
4. उच्च शर्करा व उच्च अम्लता (जैम, जैली व मुरब्बा)।

5. मध्यस्थ आर्द्रता वाली सब्जियाँ।
6. डिब्बा बन्दी।
7. प्रशीतन।
8. हिमीकरण।
9. किण्वन और अम्लोपचार (अचार)।
10. रासायनिक परिरक्षित घोल (सल्फर डाई आक्साइड, बेन्जोइक अम्ल)।
11. आयनीकरण विकिरण।
12. छानना।
13. दाब द्वारा परिरक्षण।

1. सब्जियों को सुखाना या निर्जलीकरण करना

खाद्य पदार्थों को सुखाकर रखने की प्रथा आदि काल से प्रयोग में लाई जाने वाली विधियों में से एक है। सब्जियों को सड़ाने में सूक्ष्म जीवों की महत्वपूर्ण भूमिका होती है और जीवाणुओं के पनपने के लिए पानी की आवश्यकता होती है। यदि उन्हें पानी न मिले तो इनका उगना बन्द हो जाता है। इन सूक्ष्मजीवों की क्रियायें सब्जियों में मुक्त जल को कम करके और ऊष्मा द्वारा नियंत्रित की जाती है। सब्जियों के मुक्त जल को कम करने से परासरण दबाव बढ़ जाता है, जिसमें जिवाणुओं की वृद्धि नहीं हो पाती। खाद्य पदार्थों को धूप में या मशीन द्वारा सूखा देने से इनमे उपस्थित पानी उड़ जाता है तथा कुल घुलनशील पदार्थों की मात्रा बढ़कर 70.0–72.0 प्रतिशत हो जाती है। बहुत से फल तथा सब्जियों को इसी सिद्धान्त पर सुखाकर सुरक्षित रखा जाता है। सब्जियाँ जिस समय प्रचुर मात्रा में उपलब्ध हों, उस समय इन्हें उपयुक्त विधि द्वारा सुखाया जा सकता है और कुटीर उद्योग के रूप में अपनाया जा सकता है, जिससे निम्न लाभ हैं।

- सब्जी में उपस्थित खनिज लवण पूरी मात्रा में सूखने के बाद भी रहते हैं।
- सूखे हुए उत्पाद का स्वरूप बहुत ही सान्द्र होता है। अतः संचय के लिए कम जगह की आवश्यकता होती है एवं उसमें कम भण्डारण खर्च आता है।
- परिवहन के दौरान ताजे सब्जियों की अपेक्षा कम जगह में अधिक सूखे उत्पाद रखे जा सकते हैं, जिससे परिवहन की लागत में कमी आती है।
- उत्तम पैकिंग एवं भण्डारण की दशा में शुष्क सब्जियों को लम्बे समय तक सुरक्षित रखा जा सकता है व कमी की स्थिति में काम में लाया जा सकता है।
- सुखाने की किया में किसी विशेष तकनीकी की आवश्यकता नहीं होती है। अतः यह अत्यंत सस्ती विधि है।
- अल्प विकसित व बेकार समझे जाने वाले सब्जियों को उपयोगी बनाया जा सकता है।

सुखाने के लिए सब्जियों का चुनाव

सब्जियाँ जो भली–भाँति पकी हुई हो जिनमें अधिकतम सुगन्ध, स्वाद और रंग उत्पन्न हो, सामान्यतः सुखाने के काम में लाये जा सकते हैं। सुखाने के लिए चुने गये सब्जियों में रोग व कीड़ों का प्रकोप नहीं होना चाहिए।

सब्जियों को सुखाने की तैयारी

सब्जियों को खौलते हुए पानी में साफ करके, सुखाने के लिए तैयार कर लिया जाता है। हरी सब्जियों के रंग को खराब होने से बचाने के लिए उन्हें 2–10 मिनट तक ही गर्म पानी में पकाना चाहिए। हरे मटर के रंग को प्राकृतिक बनाये रखने के लिए दानों को 1 प्रतिशत खाने वाले सोडे के घोल में रखने के बाद 1.0 लीटर पानी में आधा ग्राम चूना मिलाकर दानों को अल्प समय के लिए उबालना चाहिए तथा फूल गोभी व मशरुम के सफेद रंग को बनाये रखने के लिए 1.0 प्रतिशत पोटेशियम मेटाबाई सल्फाईट एवं 0.5 प्रतिशत साइट्रीक अम्ल के घोल में 2 घण्टे तक रखना चाहिए।

1. सब्जी को धुलकर, उपयुक्त आकार में काट लें।
2. कटी हुई सब्जी को उबलते हुए पानी मे 1–5 मिनट के लिये डालें।
3. सब्जी को उबलते पानी से निकाल कर पोटैशियम मेटाबाईसल्फाइट के 500.0 मिली लीटर घोल प्रति किलो ग्राम सब्जी के लिए पर्याप्त होता है।
4. घोल से निकालकर सब्जी को सुखाने के लिए पहले छायादार स्थान में रखें।
5. धूप में सुखाते समय इन्हें चटाई, चारपाई या चादर पर फैलाकर ऊपर से बारीक मलमल का कपड़ा डाल देना चाहिए, जिससे इन्हें धूल, मक्खियों तथा कीड़ों से बचाया जा सके।
6. सब्जियों को समय–समय पर उलटते–पलटते रहना चाहिए ताकि कोई भाग बिना सूखे न रह जाए।
7. सब्जियों को ट्रे में इस तरह फैलाना चाहिए कि कटा हुआ भाग ऊपर की ओर रहे।
8. सूख जाने के बाद सब्जियों को हवा बन्द डिब्बों में अथवा पालीथीन की थैलियों में सील बन्द (seal) करके रखना चाहिए।
9. सुखाई हुई फल–सब्जियों के भंडारण में विशेष सावधानी रखनी चाहिए। भण्डारण नमी तथा कीड़े रहित व शुष्क होना चाहिए।
10. सुखाई हुई सब्जियों को महीने में एक बार धूप में सुखा देना चाहिए।

सब्जियों को सुखाने की विधियाँ

1. प्राकृतिक रुप से धूप में सुखाना।
2. डिहाइड्रेटर में सुखाना।

(1) प्राकृतिक रुप से सुखाना

इस विधि में हवा को प्राकृतिक रूप से या जोर देकर प्रवाहित किया जाता है। सुखाने के लिए तैयार सब्जियों के टुकड़ों को साफ पतले कपड़े पर पतली परत के रूप में फैला देना चाहिए और दूषित होने से बचाने के लिए पतले कपड़े से ढक कर धूप में रख देना चाहिए। सुखाने के दौरान सब्जियों के टुकड़ों को दिन में 2–3 बार पलटते रहना चाहिए। इस तरह 4–5 दिन में सूखकर तैयार हो जाते हैं। केन्द्रीय खाद्य प्रौद्योगिकी अनुसंधान संस्थान, (CFTRI) मैसूर ने सब्जियों के निर्जलीकरण (सूखाना) के लिए प्रौद्योगिकी का मानकीकरण किया है। निर्जलीकृत सब्जियों की छोटी–छोटी इकाई ग्रामीण क्षेत्रों में स्थापित की जा सकती है। जहाँ अन्य सुविधाओं के साथ–साथ कच्चे माल की सुनिश्चितता भी रहती है। प्राकृतिक रुप (धूप) से सब्जियों को सुखाने की प्रक्रिया को नीचे की तालिका में दिया गया है–

सारिणी (21.19) प्राकृतिक रुप से धूप में सब्जियों को सुखाने का विवरण

सब्जी का नाम	तैयारी	गर्म पानी में उपचार (मिनट)	उपयुक्त तापक्रम (डिग्री सेल्सियस)	समय (घण्टा)	अनुपात
सेम	छोटे टुकड़े	–	60–65	8–10	7:1
करेला	पतली स्लाइस	7–8	66–71	7–9	16:1
पत्ता गोभी	छोटे–टोटे टुकड़े	5–6	60–66	12–14	18:1
फूल गोभी	छोटे–टोटे टुकड़े	4–5	60–66	10–12	35:1
लहसुन	छोटे–टोटे टुकड़े	–	50–60	7–8	8:1
प्याज	छोटे–टोटे टुकड़े	6 प्रतिशत नमक के घोल में 10 मिनट	55–60	11–13	10:1
कुम्हण	छोटे–टोटे टुकड़े	6 प्रतिशत नमक के घोल में 2 मिनट	65–71	9–11	22:1
पालक	छोटे–टोटे टुकड़े	–	63–68	7–8	22:1
टमाटर	पतली स्लाइस	–	60–65	9–10	27:1

(2) डिहाइड्रेटर में सुखाना

धूप द्वारा सूखाने में अधिक कठिनाईयों और परिरक्षित पदार्थ का रंग, सुगन्ध व गुणों में ताजे शाक–सब्जियों से अधिक भिन्नता आ जाने के कारण, सोलर ड्राईंग विधि द्वारा सुखाना उत्तम रहता है। धूल व कीडों आदि से उत्पाद संदूषित नहीं होता है। इस विधि द्वारा सूखाने में कम समय लगता है। आधुनिक समय में डिहाइड्रेटर के उपर तापक्रम थर्मामीटर व हवा बाहर निकालने का यन्त्र (exhaust) लगा होता है। निचले भाग में गर्म इकाई लगाई जाती है तथा अन्दर सब्जियों को फैलाने के लिए जालियाँ लगी होती हैं। डिहाईड्रेशन में सब्जियों को गर्म हवा से सुखाया जाता है, जिससे उत्पाद सुन्दर स्वरुप वाले व स्वादिष्ट हो जाता है।

(3) सोलर विधि (solar method) से सुखाना

धूप में सुखाने की विधि में परिवर्तन करके सोलर ड्राइंग तकनीकी (solar drying technique) विकसित की गयी है। इससे उत्पाद की गुणवत्ता में ज्यादा सुधार होता है। सोलर ड्रायर जो सीधे व अम्बर ग्लास युक्त हों, अच्छे होते हैं। ग्लास से गर्मी व अम्बर से विशेष गुण जैसे—क्लोरोफील, एन्थोसायनीन, कैरोटीन आदि सुरक्षित रहता है।

सारिणी (21.20) सब्जियों को डिहाइड्रेटर में सुखाने का विवरण

सब्जी	तैयारी	सुखाने से पूर्व उपचार	टुकड़ों का आकार (सेन्टी मीटर)	ड्रायर में सुखाने का तापक्रम (डिग्री सेल्सियस)	सुखाने का समय (घण्टे)
आलू	छिलकर व 1.0 सेन्टी मीटर टुकड़ों में काटना	3–4 मिनट ब्लांच व 0.125 पोटैशियम मेटाबाइ सल्फाइट में 10 मिनट डूबोना	0.4–0.6	66.0–71.0	7–9
गाजर	छिलकर धोयें व 1.0 सेन्टी मीटर मोटे टुकड़ें बनायें	3–4 मिनट ब्लांच व 0.15 प्रतिशत पोटैशियम मेटाबाइ सल्फाइट में 10 मिनट डूबोना	1.0	68.0–74.0	14–16
पत्ता गोभी	बाहरी पत्तियाँ हटाएं व 4.0–8.0 मिली मीटर के टुकड़े बनायें	5–6 मिनट ब्लांच व 0.25 प्रतिशत पोटैशियम मेटाबाइ सल्फाइट में 10 मिनट डूबोना	0.5	60.0–66.0	12–14
फूल गोभी	डण्ठल हटाना व 10.0–15.0 मिली मीटर के टुकड़े बनाना	5–6 मिनट ब्लांच व 0.125 प्रतिशत पोटैशियम मेटाबाइ सल्फाइट में 10 मिनट डूबोना	4.0×4.0	60.0–66.0	12–14
प्याज	छिलका हटाना व 4.0–8.0 मिली मीटर मोटे टुकड़े बनाना	–	–	55.0	11–13
लहसुन	कलियाँ छिलना व 6.0 मिली मीटर मोटे टुकड़ें बनाना	4–5 मिनट ब्लांच व 0.25 प्रतिशत पोटैशियम मेटाबाइ सल्फाइट में 10 मिनट डूबोना	–	55.0	11–13

भिण्डी	दोनों सिरों को काटकर अलग करना व 6.0 मिली मीटर टुकड़ों में काटना	4–5 मिनट ब्लांच व 0.25 प्रतिशत पोटैशियम मेटाबाइ सल्फाइट में 10 मिनट डूबोना	0.6	63.0–68.0	6–8
करेला	दोनों सिरों को काटकर अलग करना	8 मिनट तक ब्लांच व 0.5 प्रतिशत पोटैशियम मेटाबाइ सल्फाइट में 10 मिनट डूबोना	0.6	49.0–54.0	9–11
कद्दू	छिलना व 50.0–75.0 मिली मीटर चौड़ी पट्यिों में काटना व 6.0 मिली मीटर मोटे टुकड़े बनाना	भाप में 10 मिनट ब्लांच	–	65.0	9–11
बैंगन	6.0 मिली मीटर मोटे टुकड़े बनाना	4–5 मिनट ब्लांच व 0.5 प्रतिशत पोटैशियम मेटाबाइ सल्फाइट में 10 मिनट डूबोना	0.6	49.0–54.0	9–11
हरा मटर	फलियों को छिलकर दानें अलग करना	0.5 प्रतिशत पोटैशियम मेटाबाइ सल्फाइट व 0.1 प्रतिशत सोडियम बाईकार्बोनेट के घोल में 3–4 मिनट तक ब्लांच	–	60.0–63.0	10–11
मेथी की पत्तियाँ	छटनी करना व अच्छी तरह डण्ठल को हटाना	0.5 प्रतिशत पोटैशियम मेटाबाइ सल्फाइट, 0.1 प्रतिशत मैग्निशियम आक्साइड व 0.1 प्रतिशत सोडियम बाई कर्बोनेट के घोल में 3–4 मिनट ब्लांच	–	60.0	8–9

निर्जलीकरण विधि (Dehydration method)

निर्जलीकरण की निम्न विधियाँ है, जो सब्जियों को सुखाने के लिए उपयुक्त हैं।

1. क्रास फ्लो ड्राईंग

(अ) कैबिनेट ड्राईंग

(ब) टनेल ड्राईंग

(स) न्यूमैटिक ड्राईंग

(द) कनवेनर ड्राईंग

इस विधि में हवा का बहाव आमने–सामने होने से जल्दी ही उत्पाद सूख जाते हैं।

2. ट्रफ फ्लो ड्राईंग

(अ) टावर ड्राईंग (ब) बेल्ट ट्रफ ड्राईंग

(स) बीन ड्राईंग (द) फ्लूइडाज्ड बेड ड्राईंग

इस विधि में सब्जियों को सुखाने के लिए विभिन्न प्रकार की संरचनाएं प्रयोग में लाई जाती हैं। इस प्रकार सुखाई गई सब्जियों में गुणवत्ता ज्यादा अच्छी होती हैं।

3. ड्रम डाईंग विधि (Drum drying method)

ड्रम ड्राईंग विधि का प्रयोग आलू व टमाटर के फ्लैक्स सुखाने के लिए किया जाता है। इस विधि से सब्जियों की प्यूरी (गूदा), पेस्ट आदि को सुखाया जा सकता है। ड्रम ड्राईंग कम समय में सुखाने वाली पद्धति है।

4. स्प्रे ड्राईंग (Spray drying)

इस विधि द्वारा सब्जियों के जूस को सुखाया जा सकता है।

5. पफ ड्राईंग (Puff drying)

1. एक्स्प्लोसिव / पफ ड्राईंग (Explosive drying / puff drying)
2. वैक्यूम पफ ड्राईंग (Vacuum puff drying)

6. फ्रीज ड्राईंग (Freez drying)

फ्रीज ड्राईंग के अन्तर्गत पहले सब्जियेां का फोजेन किया जाता है।

7. एक्सीलीरेटेड फ्रीज ड्राईंग (Acclerated freez drying)

8. फोम मैट ड्राईंग (Foam mat drying)

9. माइक्रोवेव ड्राईंग (Microwave drying)

10. डिहाड्रो फ्रिजींग (Dehydro freezing)

11. ओस्मोटिक ड्राइंग (Osmotic drying)

बल पूर्वक तेज गर्म हवा द्वारा सुखाने की प्रक्रिया गाजर, लहसुन, प्याज, आलू या अन्य सब्जियों में की जाती है। बाद में मध्यम गर्म निर्वातकक्ष (vacuum chamber) में रखा जाता है। इस प्रकार ठोस पानी गैस के रूप में उड़ जाता है और उत्पाद में किसी प्रकार का सिकुड़न आदि नहीं होता है। फ्रीज ड्राईंग (freez dryng) द्वारा पानी को सुखाना काफी मंहगी प्रक्रिया है। अतः बहुमूल्य उत्पाद जैसे मशरूम आदि के लिए उत्तम है। स्प्रे ड्राईंग (spray dryng) विधि से तरल उत्पाद जैसे टमाटर की फ्यूरी आदि को सुखाना उत्तम रहता है। बीन ड्राईंग विधि में सब्जियों के टुकड़ों को 10–15

प्रतिशत के स्तर पर सुखाया जाता है। इसके द्वारा पुनः 3–6 प्रतिशत तक नमी के स्तर को लाया जा सकता है। बीन ड्रायर में 60–55 डिग्री सेल्सियस तक तापमान रखा जाता है। जल्द नमी को ग्रहण करने वाले उत्पाद जैसे प्याज व लहसुन को सुखाते समय डिह्यूमिडीफायर (dehumidifier) लगाना अच्छा रहता है।

सब्जियों को सुखाकर भण्डारण करने का रेखांकन

कच्चा माल
↓
छाँटना एवं श्रेणीकरण
↓
सफाई
↓
तैयारी
↓
ब्लाचिंग
↓
सल्फाइडेशन
↓
सुखाना
↓
पैकेजिंग
↓
भण्डारण

सरिणी (21.21) सब्जियों को सुखाने की उपयुक्त विधि

सब्जियाँ	टुकड़ों का आकार (सेन्टी मीटर में)	ब्लांचिंग	सूखाने हेतु तापमान
करेला	0.6	7–8 मिनट तक उबलते पानी में रखकर धुलाई	66–71 डिग्री सेल्सियस तापक्रम पर 7–9 घण्टे तक सुखाना
बैंगन	0.6	4–5 मिनट तक उबलते पानी में रखकर पोटैशियम मेटाबाई सल्फाइट के 0.5 प्रतिशत घोल में डालना	49–54 डिग्री सेल्सियस तापक्रम पर 9–11 घण्टे तक सुखाना
पत्ता गोभी	0.5	5–10 मिनट तक उबलते पानी में रखकर सोडियम बाई कार्बोनेट के 2.0 प्रतिशत घोल में 2 मिनट तक डालना	60–66 डिग्री सेल्सियस तापक्रम पर 12–14 घण्टे तक सुखाना

गाजर	0.5	2–4 मिनट तक उबलते पानी में रखकर पोटैशियम मेटा बाई सल्फाइट के 0.75 प्रतिशत घोल में 10 मिनट तक डुबोना	68–74 डिग्री सेल्सियस तापक्रम पर 14–16 घण्टे तक सुखाना
फूल गोभी	4.0×4.0	2–4 मिनट तक उबलते पानी में रखकर पोटैशियम मेटा बाई सल्फाइट के 0.5 प्रतिशत घोल में 10 मिनट तक डुबोना	60–66 डिग्री सेल्सियस तापक्रम पर 10–12 घण्टे तक सुखाना
भिण्डी	0.6	2–5 मिनट तक उबलते पानी में रखकर ठण्डे पानी द्वारा सफाई	63–68 डिग्री सेल्सियस तापक्रम पर 6–8 घण्टे तक सुखाना
हरी मटर	–	1–2 मिनट तक उबलते पानी में रखकर ठण्डा करना	63 डिग्री सेल्सियस तापक्रम पर सुखाना
आलू	0.4–0.6	2–4 मिनट तक उबलते पानी में रखकर पोटैशियम मेटा बाई सल्फाइट के घोल में 5 मिनट तक रखना	60–66 डिग्री सेल्सियस तापक्रम पर 7–8 घण्टे तक सुखाना

सब्जियों को धूआँ देना

सब्जियों की संरचना व रंगों को बनाये रखने के लिए धूआँ देना आवश्यक होता है। धूआँ देने के लिए 3.0×2.0×2.0 आकार की लकड़ी की ट्रे में रखकर फर्श से लगभग 20.0 सेन्टी मीटर की ऊँचाई पर रखते हुए एक छोटे कमरे में रखा जाता है। कमरे के फर्श पर प्रति किलो ग्राम सब्जियों के लिये 10.0 ग्राम गन्धक का धूआँ लगभग 3–6 घण्टे तक करना चाहिए।

सूखी सब्जियों को इकठ्ठा एवं संग्रह करना

पूर्ण रुप से धूप में सुखाने के पश्चात् उत्पाद को थोड़े समय के लिए छाया युक्त स्थान पर ठण्डा कर लेना चाहिए और किसी प्रकार से दूषित हुए कपड़े को अलग करते हुए पूर्ण सावधानी के साथ नमी रोधी पोलीपेक (poly pack) में रखकर बन्द (seal) कर देना चाहिए और हवादार ठण्डे कक्षों में भण्डारित करना चाहिए।

सरिणी (21.22) सब्जी उत्पाद को सुखाने के आधार पर विक्रय दर (रु0 प्रति किलोग्राम)

उत्पाद	धूप में सुखाया	सोलर विधि से सुखाया	वृद्धि (प्रतिशत)
लहसुन	200.0	300.0	50.0
हल्दी	100.0	200.0	100.0
अदरक (सोंठ)	300.0	500.0	66.7
मटर	100.0	300.0	200.0
लाल मिर्च	140.0	180.0	28.6

(3) रासायनिक विधि द्वारा परिरक्षित करना

रसायनों के सीमित प्रयोग से कुछ खाद्य पदार्थों का स्थाई परिरक्षण हो जाता है। रासायनिक विधि द्वारा परिरक्षित करने के लिए सिरका आदि का प्रयोग करते हैं। इस विधि में नमक (salting or brining) रासायनिक परिरक्षक (chemical preservative) का प्रयोग बहुतायत में किया जाता है। हमारे देश में निम्नलिखित रासायनिक पदार्थों (परिरक्षक) का प्रयोग सब्जियो को संरक्षित करने के लिए किया जाता है।

1. एसिटिक अम्ल (acetic acid)–सामान्यतः 2 प्रतिशत एसिटिक अम्ल की उपस्थिति में खाद्य पदार्थों का स्थाई परिरक्षण हो जाता है। सिरके में लगभग 4.0–5.0 प्रतिशत एसिटिक अम्ल होता है। इसलिए इसके द्वारा अचार सुरक्षित रहते हैं।
2. पोटैशियम मेटाबाई सल्फाइट या सोडियम मेटाबाईसल्फाइट
3. सोडियम बेन्जोएट

उपरोक्त रासायनिक पदार्थ केवल खटास युक्त खाद्य पदार्थों के परिरक्षण में ही प्रभावशाली होते हैं। इन्हे पानी में अच्छी तरह घोल कर मिलाना चाहिए।

सब्जियों का रासायनिक परिरक्षण

सब्जियों का परिरक्षण करने के लिए अनेक खाद्य रसायनों तथा रासायनिक घोलों (परिरक्षक) का उपयोग किया जाता है। पौष्टिक तत्वों से भरपूर मशरूम भी रासायनिक घोल में सुरक्षित रखा जा सकता है। साधारण रसायनों जैरो, नमक, ग्लेशियल एसीटीक अम्ल, पोटैशियम मटाबाई सल्फाइट और सोडियम बेन्जोएट आसानी से बाजार में कम कीमत पर मिल जाता है। रासायनिक घोल द्वारा विभिन्न सब्जियों को लगभग 6 माह तक सुरक्षित रख सकते हैं। कम तापमान (1.0–3.0 डिग्री सेल्सियस) पर उत्पाद एक साल से भी अधिक समय तक सुरक्षित रखा जा सकता है।

सब्जियों का रासायनिक घोल में परिरक्षण

↓

सब्जियों जैसे–फूल गोभी, गाजर, मूली, मटर, अदरक आदि का चुनाव

↓

सब्जियों को अच्छी तरह घोलकर छीलें एवं काट लें

↓

सब्जियों को काँच के साफ जार में रखें

↓

साधारण पानी में 3 प्रतिशत नमक, 0.8 प्रतिशत ग्लेशियल एसीटिक अम्ल और 0.2 प्रतिशत पोटैशियम मेटा बाई सल्फाइट का घोल बनावे

↓

इतना घोल डाले की सब्जियाँ पूरी तरह डूब जाएं

↓

सब्जी एवं घोल का अनुपात 1:1:5 होना चाहिए।

↓

जार को कसकर बन्द करें एवं ठण्डे व सूखे स्थान पर रखें

↓

सब्जी बनाने के पहले अच्छी तरह घोकर सब्जी बनावें

रासायनिक घोल बनाना

रासायनिक घोल बनाने के लिए ताजे व साफ पानी का ही प्रयोग करना चाहिए। घोल की मात्रा सब्जियों के टुकड़ों के आकार व बर्तन जिसमें सब्जियों को रखना है, उस पर निर्भर करता है। सामान्यतः घोल की मात्रा कटी हुई सब्जियों के वजन के अनुसार डेढ़ गुनी या दुगुनी रखी जाती है, लेकिन हरे मटर के दानों व जो सब्जियाँ छोटे आकार की हों, के लिए घोल की मात्रा बराबर रखी जाती है। घोल बनाने के लिए निम्नलिखित सामग्री की आवश्यकता पड़ती है–

सारिणी (21.23) घोल बनाने के लिए घटक व उनकी मात्रा

घटक	मात्रा
पानी	1.0 लीटर
नमक	30.0 ग्राम
पोटैशियम मेटाबाई सल्फाइट	2.0 ग्राम
ग्लेशियल एसीटिक एसिड	8.0 मिली लीटर

उपरोक्त पदार्थों को पानी में डालकर घोल तैयार कर लें व कटी हुई सब्जियों को काँच के जार में ऊपर तक भरकर उसमें तैयार घोल इतना डालें कि सब्जी भली भाँति डूब जाये। इसके बाद जार का ढक्कन बन्द कर दें।

4. विकिरण द्वारा सब्जियों का परिरक्षण

विकिरण द्वारा भोजन को सुरक्षित बनाने की खोज लगभग 80 वर्ष पहले हुई थी, परन्तु अब तो दुनिया के 80 से भी ज्यादा देशों में इस विधि को किसी न किसी खाद्य पदार्थों के संरक्षण के लिए अपनाया जा रहा है। भारत ने भी अब रेडियोधर्मिता तकनीक (radioactive technique) को अपनाकर कुछ सब्जियों जैसे–फूल गोभी, मशरूम आदि को सुरक्षित बनाने के क्षेत्र में अपना कदम रख दिया है। विकिरण की विधि में सब्जियों पर इलेक्ट्रॉनिक मशीन द्वारा रेडियोधर्मी किरण छोड़ी जाती है, जिसके लिए अधिकतर कोबाल्ट–60 (Cobalt-60) का प्रयोग किया जाता है। विकिरण से गुजरने के बाद सब्जियों में हानिकारक सूक्ष्मजीवों (microbes) का संक्रमण पूरी तरह नष्ट हो जाता है और खाद–पदार्थ ज्यादा दिनों तक सुरक्षित रह सकता है। विकिरणों की विधि को अपनाने से देश की सब्जियों की पूर्ति बढ़ाने के साथ–साथ निर्यात के द्वारा आर्थिक लाभ अतिरिक्त रूप से सम्भव होगा। भारत सरकार द्वारा भामा परमाणु अनुसंधान केन्द्र को तो महाराष्ट्र के कई गाँवों में ऐसे संयत्र लगाने की अनुमति भी मिली है जहाँ आलू और प्याज को भी संरक्षित किया जा रहा है। वर्ष 2006 में निर्यात किये जाने वाले अचार को रेडियोधार्मिता द्वारा संरक्षित करने के लिए एक संयत्र का उद्घाटन किया गया।

(5) अन्य विधियाँ

सब्जियों की ताप रहित प्रसंस्करण द्वारा परिरक्षण

प्राचीनकाल से सब्जियों का डिब्बाबन्द के सिद्धान्त पर प्रसंस्करण किया जा रहा है। डिब्बाबन्द विधि में ताप प्रसंस्करण द्वारा सब्जियों में विद्यमान सूक्ष्म हानिकारक जीवाणुओं को नष्ट किया जाता है। इस विधि द्वारा सब्जियों में परिरक्षण के दौरान अधिक तापमान का प्रयोग किया जाता है, जिससे सब्जियों के रंग, रुप, आकार एवं स्वाद पर बुरा प्रभाव पड़ता है और दूसरी तरफ सब्जियों में विद्यमान पोषक तत्वों व विटामिन्स का ह्वास होता है, जो वाँछनीय नहीं है। ताप रहित प्रसंस्करण के दौरान खाद्य पदार्थ का रंग, रुप, आकार, स्वाद एवं पौष्टिकता यथावत बनी रहती है। तापक्रम से प्रभावित विटामिन में नगण्य परिवर्तन होता है। खाद्य पदार्थों का ताप रहित प्रसंस्करण में कम ऊर्जा का इस्तेमाल होता है। इस विधि द्वारा सब्जियों के परिरक्षण से गुणवत्ता व पौष्टिकता ज्यादा दिनों तक बनी रहती है। सब्जियों में ताप रहित प्रसंस्करण की निम्नलिखित विधियों द्वारा किया जा सकता है–

1. उच्च दाब प्रसंस्करण,
2. अल्ट्रासोनिक प्रसंस्करण,
3. उच्च विभव युक्त विद्युत क्षेत्र स्पन्दन

1. उच्च दाब प्रसंस्करण

उच्च दाब तकनीकी से सब्जियों को न केवल ज्यादा दिन तक संरक्षित रख सकते हैं, बल्कि अतिरिक्त परिरक्षित सब्जियों के बहाव प्रवृत्ति एवं क्रियात्मक गुण में सुधार भी लाया जा सकता है। उच्च दाब विधि द्वारा सब्जियों का स्वाद, गंध एवं पौष्टिकता में कोई कमी नहीं आती है। सब्जियों

में विद्यमान प्राकृतिक एन्जाइम (natural enzymes) नष्ट हो जाते हैं, जबकि परिरक्षित सब्जियों की संरचना, स्वाद व गुणवत्ता उसी तरह विद्यमान रहती है। उच्च दाब प्रसंस्करण में सब्जियों पर 50–1000 मेगा पास्कल या स्थैतिक दाब प्रयोग में लाया जाता है। प्रसंस्करण का कुल समय कुछ सेकेण्ड से लेकर कुछ मिनट तक होता है। इस प्रक्रिया में तापमान 0.00–1000 डिग्री सेल्सियस तक हो सकता है। उच्च दाब समान एवं असमान सब्जियों से बने पदार्थों पर किया जा सकता है। उच्च दबाव प्रसंस्करण कमरे के तापक्रम पर किया जा सकता है। इससे ताप प्रसंस्करण की तुलना में ऊर्जा की बचत होती है। उच्च दाब प्रसंस्करण में रोगजनक (pathogen) तथा सड़न पैदा करने वाले जीवाणुओं को नष्ट करने की दर बढ़ जाती है। इस विधि से तैयार उत्पाद में 90–1000 डिग्री सेल्सियस का तापक्रम तथा 500–700 एम0पी0ए0 (MPA) का दाब एक साथ प्रयोग करने पर क्लास्ट्रीडियम बाटूलिनम (*Clostridium botulium*) नामक जीवाणु नष्ट हो जाते हैं। जीवाणुओं के हनन के साथ–साथ उच्च दबाव के प्रभाव से प्रोटीन, डीनैचुरेशन (protein denaturation)ए एन्जाइम उत्प्रेरण या निष्क्रिय, एन्जाइम सब्सट्रेट (enzyme substrate) क्रिया में परिवर्तन, शर्करा व वसा के गुणों में परिवर्तन होता है। वर्तमान समय में इस विकसित तकनीक का प्रयोग अमेरिका, इंग्लैण्ड, जापान एवं फ्रांस में विगत कई वर्षों से किया जा रहा है।

2. हर्डिल तकनीक से प्रसंस्करण

सब्जियों का स्वजीवन जीवाणुओं को नष्ट करके बढ़ाया जा सकता है। इस विधि में सम्मिलित कारकों के माध्यम से सब्जियों का स्वजीवन बढ़ाया जाता है। सम्मिलित कारकों से तापक्रम, पी0एच0 मान को कम करके, पानी की क्रियाशीलता को कम करके और एक सीमा तक परिरक्षक रसायन से सब्जियों का स्वजीवन काफी दिनों तक बढ़ाया जा सकता है। वर्तमान समय में हर्डिल तकनीक का महत्व काफी बढ़ गया है। जीवाणुओं से उत्पन्न रोगों एवं सब्जियों के किण्वन को इस पद्धति द्वारा नियंत्रित किया जा सकता है। टमाटर से बने प्यूरी (puree) व कैचप को बिना परिरक्षित रसायन से संरक्षित किया जाता है। भारतीय सब्जी अनुसंधान संस्थान, वाराणसी ने प्याज के पेस्ट को 2. 5 एवं 3.5 पी0एच0 मान पर रखकर एसिड अम्ल का संरक्षण 1–7 दिन तक रखकर 300 पी0एच0 मान पर सोडियम बेन्जोएट परिरक्षित रसायन और 1000 डिग्री सेल्सियस तापक्रम पर 3–5 मिनट तक गर्म करके प्याज के पेस्ट के जीवाणुओं की संख्या को 98–99 प्रतिशत कम की जा सकती है (सिंह एवं चौरसिया, 2009) ऐसा शोध में पाया है।

3. अल्ट्रासोनिक प्रसंस्करण

अल्ट्रासोनिक तरंगे (20,000 हट्र्ज या अधिक) तरल पदार्थ में गैस के बुल–बुले उत्पन्न करती है, जो अचानक फटने पर बहुत अधिक ताप एवं दाब उत्पन्न करती है। अल्ट्रासोनिक तरंगें जीवाणुओं के कोशिकीय संरचना एवं क्रियात्मक घटकों को तोड़ देती है। अल्ट्रासोनिक तरंग जीवाणुओं के प्रभाव, प्रकार, सब्जियों के आयतन, संगठन तथा तापमान पर आधारित रहती है। अल्ट्रासोनिक तरंगों को सम्मिलित रुप से अन्य परिरक्षण के दूसरे प्रभावों के साथ संयुक्त रुप से प्रयुक्त किया जाता है। अभी इस पद्धति का का वृहद् स्तर पर परिरक्षण के रुप में प्रयोग नहीं हो रहा है।

4. उच्च विभव युक्त विद्युत क्षेत्र स्पन्दन प्रकाश

स्पन्दन प्रकाश के द्वारा तीव्र तथा कम समय के लिए विस्तृत स्पेक्ट्रम की श्वेत प्रकाश का प्रयोग होता है। इस विधि द्वारा सूक्ष्म जीवाणुओं को नष्ट एवं निष्क्रिय करने के लिए प्रयुक्त होता है। इस तकनीकी के द्वारा प्लास्टिक में पैक सब्जियों से जीवाणुओं के हनन के लिए प्रयुक्त होता है। स्पन्दन प्रकाश की तकनीकि में प्लास्टिक की पैकिंग में सब्जियों को प्रकाश स्पन्दन जिसकी ऊर्जा घनत्व 0.01–50 जूल/सेन्टी मीटर^2 होता है, प्रयोग में लाया जाता है। स्पन्दन प्रकाश का समय/माइक्रो सेकेण्ड से 0.1 सेकेण्ड तक होता है। इस विधि से खाद्य पदार्थों का जीवन कम तापक्रम पर 8–10 महीनों तक बढ़ जाता है। प्रकाश किरणों का पोषक तत्वों पर कम असर पड़ता है। प्रकाश तरंगों की घातकता तरंग दैर्ध्य पर निर्भर करती है। स्पेक्ट्रम प्रकाश तरंगों का कुछ चुना हुआ स्पेक्ट्रम ही जीवाणुओं को निष्क्रिय करने के लिए उपयुक्त होता है। स्पन्दन प्रकाश कोशकीय न्यूक्लिक अम्लों को निष्क्रिय करती है। प्रकाश स्पन्दन से रासायनिक रुपान्तरण तथा डी0एन0ए0 का खण्डन होता है।

सब्जियों की डिब्बाबन्दी

सामान्यतः 115.0–121.0 डिग्री सेल्सियस तापक्रम पर 15 मिनट तक खौलते पानी में रखकर सब्जियों की डिब्बाबन्दी कर लेते हैं। इसमें 2.0 प्रतिशत नमक का घोल भर देते हैं। इस प्रक्रिया से मटर, गाजर, अदरक, फूल गोभी आदि की डिब्बाबन्दी की जाती है।

ऊष्मा द्वारा छिलका उतारना

इस विधि में वाष्प द्वारा ऊष्मा प्रदान की जाती है या गर्म पानी में उबाला जाता है जिससे छिलका मुलायम हो जाये और आसानी से उसे हाथों द्वारा निकाला जा सके। इसके लिए समान्यतः 40 डिग्री सेल्सियस तापमान पर 10.0–60.0 सेकेण्ड तक गर्म किया जाता है।

ब्लांचिंग (Blanching)

सब्जियों में ब्लांचिंग विधि का प्रयोग पूर्ण सफाई करने, किण्वन प्रक्रिया को अक्रिय करने तथा अन्य सूक्ष्म हानिकारक जीवों को समाप्त करने के लिए किया जाता है। इससे सब्जियों को लम्बे समय तक रखा जा सकता है। इस विधि में सब्जियों का रंग नही बदलता है। ब्लांचिग के लिए कठोर जल का प्रयोग नहीं करना चाहिए अन्यथा सब्जियों के ऊतक कठोर हो जाते हैं और आन्तरिक बनावट बिगड़ जाता है।

सब्जियों की स्टिपिंग (Steeping)

कुछ सब्जियों को हम विभिन्न प्रकार के घोल में 'स्टीप' करके भी संरक्षित कर सकते हैं। चूँकि सुखाते समय सब्जियों का प्राकृतिक व भौतिक संरचना बरकरार नहीं रह पाती है, जबकि "स्टिपिंग" के द्वारा सब्जियों का गुणधर्म काफी हद तक प्राकृतिक बना रहता है। इसमें पोषक तत्वों का ह्वास भी कम होता है। गोभी, करेला, भिण्डी आदि को ब्राइन घोल (नमक का घोल) में परिरक्षक

(preservative) डालकर काफी समय तक संरक्षित कर सकते हैं। घोल तैयार करने के लिए 2–6 प्रतिशत नमक के घोल में 1–2 प्रतिशत एसीटीक एसिड या सिरका (vinegar) तथा अल्प मात्रा में पोटैशियम मेटाबाई सल्फाइट (के0एम0एस0) डालकर तैयार करते हैं। तैयार घोल में निश्चित आकार के सब्जियों के टूकड़े को डुबोकर किसी जार आदि में भर कर रख देते हैं। उदाहरण के लिए गाजर को चीनी के घोल में के0एम0एस0 (C_6H_5COONa) व सिटरिक अम्ल में डालकर संरक्षित करते हैं। स्टीपींग पद्धति द्वारा सब्जियों को बिना ब्लाचिंग के भी संरक्षित किया जा सकता है।

लाइपीलींग (Lye peeling)

इस पद्धति में 1–2 प्रतिशत सान्द्रता का कास्टीक सोडा या लाई घोल में 30–120 सेकेण्ड तक डुबो कर रखने से सब्जियों की पिलींग (peeling) हो जाती है। अल्कली की मात्रा को पीलींग के बाद कई बार पानी से घोलकर दूर किया जाता है। कम सान्द्रता वाले हाइड्रोक्लोरिक घोल या सिटरीक अम्ल में डुबोकर भी अल्कली को दूर किया जा सकता है। यह विधि जल्दी व आसानी से हो जाता है। इसमें नुकसान कम होता है और कुल लागत भी कम आती है। लाई पीलींग के लिए एल्यूमिनीयम का बर्तन प्रयोग में नहीं लाना चाहिए, क्योंकि यह सोडियम हाइड्राक्साइड से प्रतिक्रिया करता है।

निर्जमीकरण (Sterilization)

किसी भी खाद्य पदार्थ के समस्त जीवाणुओं को नष्ट कर देने की क्रिया को निर्जमीकरण (sterilization) कहते हैं। इसके लिए खाद्य पदार्थों को बहुत अधिक गरम करना पड़ता है, जिससे उनमें मौजूद विटामिन, रंग, स्वाद आदि नष्ट हो जाते हैं। इसलिए खाद्य पदार्थों को केवल इतना ही गरम करते हैं कि इनमें उपस्थित, जीवाणु निष्क्रिय हो जायें। इस विधि को निर्जमीकरण (sterilization) कहते हैं। निर्जमीकरण करने के लिए निम्नलिखित पदार्थों का उपयोग करते हैं।

चीनी (Sugar)

खाद्य पदार्थों को चीनी द्वारा सुरक्षित करने की विधि बहुत पुरानी है। यदि किसी पदार्थ में चीनी की मात्रा 66.0 प्रतिशत से अधिक हो जाती है, तो वह पदार्थ अधिक मीठी हो जाती है, जिससे वह पदार्थ स्थायी रुप से सुरक्षित हो जाता है। चीनी जीवाणुओं के लिये विष (poison) का कार्य नहीं करती, बल्कि उसके गाढ़े घोल में जीवाणु परासरण की क्रिया होने से निष्क्रिय या नष्ट हो जाती है।

नमक (Salt)

नमक जीवाणुओं के लिए परासरण प्रक्रिया करने के साथ–साथ जीवाणुओं लिये विष का भी काम करता है। साथ ही साथ नमक की अधिकता से जीवाणुओं का परासरण भी हो जाता है। सामान्यतः 15 प्रतिशत या इससे अधिक नमक द्वारा सब्जियों का स्थाई परिरक्षण हो जाता है। नमक सब्जियों की नमी सोख लेता है तथा नमी के अभाव में सूक्ष्म जीव वृद्धि नहीं कर पाते हैं। नमक, आक्सीजन की घुलनशीलता को भी कम कर देता है, जिससे सूक्ष्म जीवों की वृद्धि रूक जाती है।

सब्जियों के प्रसंस्करण में आने वाली समस्याएँ

1. संसाधित होने योग्य सब्जियों को जानकारी का अभाव।
2. उचित भण्डारण की कम क्षमता होने के कारण सब्जियों के उत्पाद की बर्बादी, इसके परिणामस्वरुप संसाधित योग्य सब्जियों की गुणवत्ता का अभााव।
3. संसाधित होने योग्य सब्जियों की प्रजातियों का अभाव।
4. कम स्तर पर संसाधन के कारण अधिक लागत व खराब होने की अधिक सम्भावना की वजह से संसाधित सब्जियों की अधिक कीमत।
5. जलवायु में मामूली परिर्तन की वजह से पूरे वर्ष सब्जियों की अनुपलब्धता।
6. सब्जी प्रक्षेत्र/उत्पादक और प्रसंस्करण उद्योग के सम्बन्धों की कमी।
7. प्रशिक्षित उद्यमियों की कमी।
8. बाजार की अपर्याप्त जानकारी व ज्ञान की कमी।
9. महँगें तथा अनुपलब्ध वित्तीय कानून और नियम।
10. अपर्याप्त प्रशीतित भण्डारण क्षमता का अभाव।
11. अंतिम उत्पाद पर कर तथा चुंगी की अधिकता।
12. आसान शर्तों पर पूँजी की कमी।

सब्जियों से तैयार होने वाले विभिन्न प्रसंस्कृत उत्पाद

1. सब्जियों का अचार बनाना

मौसमानुसार जब सब्जियों का उत्पादन ज्यादा होने लगता है तथा मण्डी में आवक ज्यादा होने के कारण सब्जी के भाव सामान्यतः कम होने लगते हैं। इससे किसानों को आर्थिक हानि होती है, ऐसे समय में सब्जियों का अचार बना कर अतिरिक्त आय प्राप्त कर सकते हैं। सब्जियों का अचार बनाना भारतीय घरों का एक मौसमी पारम्परिक कार्य है, जिसे कभी एक घरेलू उपक्रम समझा जाता था लेकिन अब एक वाणिज्यिक उद्यम बन गया है। यह घरेलू तथा अन्तर्राष्ट्रीय बाजार की माँग को पूरा करता है। अचार व चटनी पर आधारित कुटीर इकाइयों की ग्रामीण क्षेत्रों में काफी सम्भावनाएँ है। आमतौर पर विगिन्न मौसमों में उपलब्ध सब्जियों जैसे टमाटर, गोभी, मूली, शलजम, गाजर, हरी मिर्च आदि को मसालों के साथ मिलाकर अचार बनाते हैं।

अचार बनाने कि प्रक्रिया

1. सब्जी को अच्छी तरह धोकर कपड़े से पोछकर सुखा लेना चाहिए, इसके बाद टुकड़ो में काट लेना चाहिए।
2. सामान्यतः 15–25 प्रतिशत नमक में लपेटकर अचार जार में भरकर दबा दिया जाता है। मर्तबान या जार को 4–5 दिनों तक धूप में रखा जाता है। इसके बाद टुकड़ों को नमक के

घोल से निकालकर मसाले तथा कुछ तेल मिलाकर फिर मर्तबान या जार में भर देते हैं, लेकिन कटहल का अचार बनाने में टुकड़ों को नमक के 8–15 प्रतिशत घोल में उपचारित कर मसाले तथा सिरका मिलाना चाहिए। सब्जियों का अचार बनाने के लिए इन्हें टुकड़ों में काटकर 3–5 मिनट तक उबलते पानी में रख देते हैं। कुछ सब्जियों को मसालेदार सिरका में डाला जाता है।

अचार बनान के दौरान सावधानियाँ

1. लोहे, ताँबे तथा पीतल के बर्तनों में कभी अचार नहीं बनना चाहिए।
2. नमक, सिरका, तेल तथा अम्ल हमेशा उपयुक्त मात्रा में ही डालना चाहिए।
3. अचार के बर्तन का ढक्कन हमेशा कसकर बन्द करना चाहिए, ताकि हवा अन्दर प्रवेश न कर सके। कुछ दिनों तक अचार को धूप में रखना चाहिए।
4. उपभोग के लिए अचार निकालते समय हमेशा सूखा हाथ अथवा चम्मच का प्रयोग करना चाहिए। गीला हाथ डालने से अचार में नमी प्रवेश कर जाने से फफूँद लग जाती है।
5. अचार बनाने के लिए हमेशा ताजे सब्जियों को प्रयोग में लाना चाहिए।
6. अचार में प्रायः एक सफेद परत जम जाती है। ऐसी अवस्था में इसे हटाकर इसमें एक प्रतिशत एसिटिक एसिड डाल देना चाहिए।
7. कभी–कभी यदि सेंधा नमक तथा फूल सहित लौंग का प्रयोग अचार बनाते समय किया गया है तो अचार का रंग काला पड़ने लगता है।
8. अचार को शुष्क तथा ठण्डे भण्डार गृह में रखना चाहिए। नम तथा ऊँचे तापमान वाले भण्डार गृह में रखने से इनमें फफूँद लग जाती है तथा इसका रंग खराब हो जाता है।

फूल गोभी का अचार

सारिणी (21.24) अचार बनाने की विधि व सामग्री

आवश्यक सामग्री	मात्रा
फूल गोभी	1.0 किलो ग्राम
नमक	150.0 ग्राम
अदरक	30.0 ग्राम
लहसुन	5.0 ग्राम
प्याज	30.0 ग्राम
लाल मिर्च	10.0 ग्राम
राई	25.0 ग्राम
हल्दी	10.0 ग्राम

दालचीनी	5.0 ग्राम
काली मिर्च	5.0 ग्राम
इमली	50.0 ग्राम
लौंग	1.0 ग्राम
गुड़	100.0 ग्राम
सरसों का तेल	200.0 ग्राम

1. ताजा व गठी हुए फूल गोभी लेकर धो लीजिए।
2. फूल गोभी को टुकड़ों में काटकर उसे एक दो घण्टे धूप में सूखा दीजिए।
3. कटे हुए अदरक, प्याज तथा लहसुन थोड़े से तेल में लाल होने तक भून लीजिए। अब उसमें अन्य पिसे हुए मसालें तथा गोभी के टुकड़े डालकर अच्छी तरह मिला लें।
4. जब गोभी के टुकड़े नरम हो जायें तो मसाले को आग से उतार कर ठण्डा कर दें।
5. गुड़ तथा इमली को सिरके में भिगोकर लुगदी बना लें तथा छलनी में छानकर अचार में मिला लें।
6. अचार को जार में दबा–दबाकर भर दीजिए। जार को 5–6 दिन तक धूप में रखिए।
7. इसमें सिरका तथा तेल मिलाकर फिर 3–4 दिन तक धुप में रखिए। लगभग 15 दिन बाद यह खाने योग्य हो जाएगा।

प्याज का अचार

सारिणी (21.25) अचार बनाने की विधि व सामग्री

आवश्यक सामग्री	**मात्रा**
प्याज	1.0 किलो ग्राम
नमक	200.0 ग्राम
सिरका	1.0 लीटर

1. प्याज को छील लें।
3. उसमें नमक मिलाकर 1–2 दिन तक जार में रखें।
4. जार से पानी निथारकर जार में सिरका भर दें।
5. उसमें मिर्च तथा अन्य मसालें भी इच्छानुसार मिला सकते हैं।

टमाटर का अचार

सारिणी (21.26) अचार बनाने की विधि व सामग्री

आवश्यक सामग्री	मात्रा
टमाटर	1.0 किलो ग्राम
लाल मिर्च	5.0 ग्राम
नमक	75.0 ग्राम
जीरा	10.0 ग्राम
हल्दी	5.0 ग्राम
मेथी	15.0 ग्राम
राई	100.0 ग्राम
लहसुन	30.0 ग्राम
अदरक	100.0 ग्राम
हरी–मिर्च	50.0 ग्राम
मीठे नीम की पत्ती	20.0 ग्राम
सिरका	500.0 ग्राम
सरसों तेल	250.0 ग्राम

1. अच्छी तरह से पके हुए सख्त तथा गूदेदार टमाटर लेकर धो लीजिए।
2. एक भगोने में पानी को उबलने के लिए रख दीजिए। टमाटर को एक बारीक कपड़े में लपेटकर एक मिनट के लिए उबलते पानी में डाल दीजिए तथा तुरन्त निकाल कर ठण्डे पानी में डाल दीलिए। ऐसा करने से टमाटर का छिलका फट जाएगा तथा आसानी से हाथ से उतर जाएगा।
3. लहसुन, अदरक तथा हरी मिर्च को टुकडों में काट लीजिए तथा अन्य मसालों को पीस लीजिए।
4. एक भगोने में थोड़ा सा तेल लेकर गरम कर लें। लहसुन, अदरक तथा हरी मिर्च को तेल में भून लीजिए। टमाटर को भी टुकड़ों में काटकर उसमें डाल दें। लगभग 2–3 मिनट तक पकाने के बाद सब मसाले उसमें डालकर अच्छी तरह इसमें मिला दीजिए तथा भगोने को आग से उतार कर अचार को ठण्डा कर लें।
5. अब इसमें सिरका तथा तेल डालकर अच्छी तरह उसमें मिला दीजिए तथा भगोने को आग से उतारकर अचार को ठण्डा कर दें।

खीरे का अचार

सारिणी (21.27) अचार बनाने की विधि व सामग्री

आवश्यक सामग्री	मात्रा
हरा खीरा	1.0 किलो ग्राम
नमक	200.0 ग्राम
अदरक	100.0 ग्राम
काली मिर्च	25.0 ग्राम
लाल मिर्च	30.0 ग्राम
लहसुन	100.0 ग्राम
बड़ी इलायची	10.0 ग्राम
जीरा	10.0 ग्राम
सिरका	750.0 ग्राम

1. अदरक तथा लहसुन को बारीक काट लें। मरालों को मोटा पिस लें।
2. इन्हें थोड़े से पानी में धीमी आँच पर 1.0 घण्टा तक पका लें तथा छान कर मसालों का अर्क प्राप्त कर लें।
3. खीरा को छिलकर लगभग 5.0 सेन्टी मीटर लम्बी फाकों में काट लें।
4. फाकों में नमक लपेटकर 5.0–6.0 घण्टे के लिए रख दें। अब इन्हें अच्छी तरह से निचोड़कर सूखें जार में भर दें।
5. मसालों के अर्क को मिलाकर तथा उसे जार में भर दें।
6. जार को एक सप्ताह तक धूप मे रखिए।

बैंगन का चटपटा अचार

सारिणी (21.28) अचार बनाने की विधि व सामग्री

आवश्यक सामग्री	मात्रा
बैंगन	1.0 किलोग्राम
नमक	100.0 ग्राम
लाल मिर्च	20.0 ग्राम
हल्दी	10.0 ग्राम
बड़ी इलायची	0.5 ग्राम
लौंग	0.5 ग्राम
राई	10.0 ग्राम
सरसों तेल	200.0 ग्राम

1. मुलायम बैंगन लेकर धो लीजिए।
2. टुकड़ों को 2 प्रतिशत नमक के पानी में पाँच मिनट तक पका लें।
3. अब इनका पानी निथारकर सूखा लें।
4. बारीक पीसे हुए मसालों को बैंगन के टुकड़े में मिलाकर, जार में गरम करके ठण्डा किया हुआ तेल डाल दीजिए।
5. जार को 3–4 दिन तक धूप में रखिए। यह अचार 3–4 दिन बाद खाने योग्य हो जायेगा।

बंद गोभी का अचार बनाना

बंद गोभी का अचार बड़ा ही स्वादिष्ट होता है। इसके लिए पूर्णतया परिपक्व ठोस बन्द गोभी लेकर अच्छी प्रकार पानी में धोकर साफ कर लें। बन्द गोभी की उपरी कड़ी पत्तियाँ निकाल देवें। फिर लम्बे व बारीक टुकड़े काटें। इसके बाद शीशे के चौड़े मूँह वाले बर्तन में नमक मिलाकर रखें। सामान्यतः 40.0 किलो ग्राम टूकड़ों / श्रेड्स (shreds) में 1.0 किलो ग्राम नमक मिलावें। इसे लकड़ी के एक भारी ढक्कन से ढक दें व 24 घण्टे के लिए छोड़ दें। अगले दिन जो नमक मिश्रित पानी निकले उसे निकाल देना चाहिए। उसके अगले दिन कुछ मसालें व सिरका मिलाकर पुनः 24 घण्टें के लिए छोड़ दें। अगर सिरका न हो तो एसीटीक एसीड का भी प्रयोग किया जा सकता है। इसे जार में रखकर संरक्षित कर लें।

सब्जियों का मिश्रित अचार

सारिणी (21.29) मिश्रित अचार बनाने की विधि व सामग्री

आवश्यक सामग्री	मात्रा
फूल गोभी	1.0 किलो ग्राम
गाजर	500.0 ग्राम
मूली	500.0 ग्राम
शलजम	500.0 ग्राम
मटर	500.0 ग्राम
लहसुन	150.0 ग्राम
अदरक	100.0 ग्राम
राई दाल	150.0 ग्राम
जीरा	30.0 ग्राम
हल्दी पाउडर	25.0 ग्राम
लाल मिर्च पाउडर	50.0 ग्राम
नमक	400.0 ग्राम
सरसों तेल	500.0 ग्राम
सिरका	500.0 मिली लीटर
शक्कर या गुड	500.0 ग्राम

सभी सब्जियों को साफ करके स्वच्छ पानी में धोकर व छीलकर छोटे टुकडों में काट लीजिये फिर उबलते पानी में 10–15 मिनट के लिए उबालें, पानी से निकाल कर धूप में सूखा लें। अदरक व लहसुन को बारीक काट लें। तेल गर्म करें और अदरक, लहसुन को हल्का गुलाबी रंग आने तक तलें। आग पर से अलग करें और नमक मसालें, सिरका व सब्जियों के टुकड़े भी डाल दें। खट्टा मीठा अचार बनाने के लिए शक्कर व गुड़ का शीरा बनाकर कपड़े से छानकर अचार में मिलायें। काँच के जार में या चीनी मिट्टी के मर्तबान में अचार भरें।

लाल मिर्च का भरवा अचार

सारिणी (21.30) भरवा अचार बनाने की विधि व सामग्री

आवश्यक सामग्री	मात्रा
लाल मिर्च	1.0 किलो ग्राम
नमक	150.0 ग्राम
अमचूर	200.0 ग्राम
राई पाउडर	150.0 ग्राम
सौंफ	15.0 ग्राम
जीरा	50.0 ग्राम
काली मिर्च	15.0 ग्राम
मेथी पाउडर	10.0 ग्राम
लौंग	3.0 ग्राम
बड़ी इलायची	15.0 ग्राम
सरसों का तेल	500.0 ग्राम

दाग रहित मोटी तथा लाल मिर्च छाँटकर धो लीजिए। साफ कपड़े से पोंछकर सतह सुखा लें। डंठल निकाल लें। अब डंठल वाले भाग को तेज चाकू से थोड़ा सा काट लीजिए तथा बाँस की तीली की सहायता से मिर्च के अंदर के सब बीज निकाल लीजिए। उपरोक्त सभी मसालों को पीसकर नमक मिला दें तथा मिर्च के बीज भी इसी मसालें में मिला दें। इसके बाद एक कड़ाही में लगभग 250.0 ग्राम तेल गरम करके ठण्डा करें। जब तेल हल्का गर्म रह जाये, तब इन मसालों को तेल में डालकर भूनें। अब इस मसाले को मिर्च के अंदर धीरे–धीरे भरें, जिससे मिर्च की त्वचा न फटे तथा भरी हुई मिर्च को काँच के जार या चीनी मिट्टी के जार में रखें और बचा हुआ आधा तेल थोड़ा गर्म करके जार में डाल दें। ढक्कन लगा कर जार को 8–10 दिन तक धूप में रखें।

हरी मिर्च का अचार

सारिणी (21.31) अचार बनाने की विधि व सामग्री

आवश्यक सामग्री	मात्रा
हरी मिर्च	1.0 किलो ग्राम
नमक	150.0 ग्राम
राई	50.0 ग्राम
तेल	250.0 ग्राम
मेथी	5.0 ग्राम
हल्दी	15.0 ग्राम
जीरा	10.0 ग्राम

मिर्च को धोकर डण्ठल निकाल दें। मिर्च के बीच में चीरा लगाकर मिर्च तैयार कर लें। फिर मसाले भूनकर पीस लें व नमक तथा मिर्च मिलाकर लगातार चलाते रहें। जब मिर्च थोड़ी सी तल जाये तो पिसे हुए सभी मसालों को मिला दें। आँच से उतार कर ठंडा कर दें। जार में ऊपर से नीबू का रस मिला दीजिए।

काचरी का अचार

काचरी का अचार बनाने में निम्नलिखित सामग्री एवं विधि अपनाकर उत्तम एवं स्वादिष्ट आचार बनाया जा सकता है।

सारिणी (21.32) अचार बनाने की विधि व सामग्री

आवश्यक सामग्री	मात्रा
ताजा काचरी फल	1.0 किलो ग्राम
हल्दी पाउडर	25.0 ग्राम
मिर्च पाउडर	25.0 ग्राम
नमक	25.0 ग्राम
साबुत राई	25.0 ग्राम
मेथी	25.0 ग्राम
सौंफ	25.0 ग्राम
धनिया	25.0 ग्राम
लौंग	5.0 ग्राम
काली मिर्च	5.0 ग्राम
सौंठ	5.0 ग्राम
बड़ी इलायची	5.0 ग्राम
सरसों का तेल	600.0 ग्राम

काचरी के ताजा फलों को साफ पानी से अच्छी तरह धुलकर साफ कर लें और पाँच मिनट तक गर्म पानी में रखें। उसके बाद इन फलों पर तीन तरफ हल्के लम्बाकार चीरें लगा दें। फलों को दो बराबर भागों में भी काटा जा सकता है। साबुत दानेदार मसालों को अच्छी तरह कुट–कुट कर रवेदार बना लें। एक बड़े भगोने में 200.0 ग्राम सरसों का तेल अच्छी तरह गर्म करें और फिर उसमे तैयार मसालों को पकाएं। पकाते समय हल्दी, मिर्च व नमक भी मिला दें। मसाले को अच्छी तरह से पकाने पर उसमें काचरी के कटे फल डालकर अच्छी तरह से मिला दें और भगोने का मुँह पतले कपड़े से बाँधकर 2–3 घण्टे धूप में रखें। इसके बाद फलों को काँच के मर्तबान में भरकर उसमे बचा हुआ 400.0 ग्राम तेल भी अच्छी तरह से गर्म करके तथा ठण्डा होने पर ऊपर स भरें। लगभग 4–5 दिन तक मर्तबान का मुँह कपड़े से बाँधे रखें।

काचरी की चटनी

काचरी की चटनी का अपना विशेष स्वाद है। इसे बनाने के लिये निम्न सामग्री की जरूरत होती है।

सारिणी (21.33) चटनी बनाने की विधि व सामग्री

आवश्यक सामग्री	मात्रा
काचरी के ताजा फल	1.0 किलो ग्राम
जीरा	10.0 ग्राम
मिर्च	50.0 ग्राम
लहसुन	50.0 ग्राम
धनिया पाउडर	50.0 ग्राम
मिर्च	15.0 ग्राम
हल्दी पाउडर	15.0 ग्राम
काली मिर्च	5.0 ग्राम
लौंग	5.0 ग्राम
सरसों का तेल	250.0 ग्राम
नमक	स्वादानुसार

काचरी के पूरे विकसित ताजा फलों को धुलकर साफ करके उनको 5 मिनट तक गुनगुने पानी में रखने के बाद छोटे–छोटे टुकड़ो में कॉट लें। हरी मिर्च एवं लहसुन को भी साफ करके कुट लें। कड़ाही में सरसों का तेल अच्छी तरह गर्म होने पर जीरा तथा कुटी हुई काली मिर्च, लौंग, हरी मिर्च, लहसुन और पिसी हुई हल्दी, मिर्च, धनिया व नमक डालकर पकाएं। मसाला पक कर तैयार होते ही काचरी क टुकड़ों को धीमी आँच पर 10–12 मिनट तक पकाएं। तैयार चटनी को चौड़े मुँह वाली बोतल में ठण्डे जगह पर या शीतल–यन्त्र (refrigerator) में रखें।

तुम्बा का अचार

सारिणी (21.34) अचार बनाने की विधि व सामग्री

आवश्यक सामग्री	मात्रा
तुम्बा	2.0 किलो ग्राम
प्याज	200.0 ग्राम
अदरक	100.0 ग्राम
सरसों का तेल	500.0 ग्राम
नमक	250.0 ग्राम
गर्म मसाला	50.0 ग्राम
राई (पिसी हुई)	20.0 ग्राम
लाल मिर्च	40.0 ग्राम
ग्लैशियल एसिटिक एसिड	15.0 मिली ग्राम
सेडियम बेन्जोएट	3.0 ग्राम

तुम्बा को साफकर बीच से काटकर टुकड़े (8 टुकड़े प्रति फल) कर लें तथा नमक लगाकर इनको कुछ देर तक छोड़ दें ताकि कड़ुवा पानी निकल जाए। तुम्बे के टुकड़े को अच्छी तरह साफ पानी से धुलकर किसी थाली में कुछ देर तक रखकर सुखा लें। प्याज और अदरक को छीलकर बारीक पीस लें। थोड़े से तेल में पीसे हुए प्याज और अदरक को हल्का भून लें फिर इसमें सारे मसाले मिश्रित कर दें। अब मसाले को तुम्बा के टुकडों में अच्छी तरह लगाकर इन्हें एक साफ सुखे बर्तन में डाल दें जिससे बाकी बचा हुआ तेल, एसिटिक एसिड तथा सभी मसाले आपस में मिल जाएं। लगभग 8 दिन तक इस आचार को धूप में रखना चाहिए।

• तुम्बा का मुरब्बा

सारिणी (21.35) मुरब्बा बनाने की विधि व सामग्री

आवश्यक सामग्री	मात्रा
तुम्बा	1.00 किलो ग्राम
चीनी	1.25 किलाग्राम
मीठा सोडा	50.00 ग्राम
सोडियम बेन्जोएट	1.50 ग्राम

तुम्बा को मीठे चूने के घोल में भिंगोये। ध्यान रहे की 12 दिन तक प्रति दिन पानी को बदलते रहें। तुम्बा मीठा होने के बाद चीनी की चाशनी बनाएं। चाशनी तैयार होने के बाद इसमें गाढ़ा करके सोडियम बेन्जोएट नामक परिरक्षक (preservative) मिला दें। लगभग 2–3 दिन बाद मुरब्बा तैयार हो जाएगा।

• तुम्बा का चुर्ण

सारिणी (21.36) तुम्बा चूर्ण बनाने की विधि व सामग्री

आवश्यक सामग्री	मात्रा
तुम्बा	1.0 किलो ग्राम
काला नमक	25.0 ग्राम
साधारण नमक	25.0 ग्राम
सेंधा नमक	25.0 ग्राम
अजवायन	10.0 ग्राम
मीठा चूना	50.0 ग्राम

तुम्बा के टुकड़ों को मीठे चूने मे पाँच दिन तक भिंगोकर, तुम्बा मुरब्बा की तरह मीठा कर लें। उसके बाद भीगे हुए टुकड़ों को साधारण पानी से साफ कर लें। इसके उपरान्त धूप या ओवन में सुखा कर मिक्सी से चूर्ण बना लें। नमक और अजवायन पाउडर में मिला दें। इस प्रकार से कोडतुम्बा का चूर्ण तैयार हो जाएगा। पेट में दर्द या गैस बनती हों, हाजमा ठीक न हों, एसिडिटी रहती हों, उसके लिए ये चूर्ण लाभप्रद साबित हुआ है।

अचार व चटनी को टिकाऊ बनाने के तरीके

प्रायः सभी घरों में अचार व चटनी बनाया जाता है। हमारे भोजन में चटनी व अचार का विशेष स्थान है। सब्जियाँ जैसे–फूल गोभी, शलजम, गाजर, टमाटर, मिर्च आदि में नमक, मिर्च, शक्कर, मसाले, तेल आदि डालकर चटनी व अचार बनाया जाता है, लेकिन कई बार सावधानी न होने के कारण ये पदार्थ खराब हो जातें हैं एवं इनका रंग बदल जाता है या फफूँद आदि लग जाती हैं। इनको खराब होने से बचाने के लिए या अधिक समय तक सुरक्षित रखने के लिए निम्नलिखित उपाय अपनाना चाहिए–

1. अचार या चटनी बनाते समय यह ध्यान रखना चाहिए कि सब्जी सड़े–गले न हों या कटे–फटे न हों तथा काटने से पहले इन्हें साफ पानी से अच्छी तरह धो लें।
2. अचार में तेल को गर्म करके ठंडा करने के बाद ही मिलाना चाहिए।
3. अचार में नमक की मात्रा कम डालने से यह जल्दी खराब हो जाते हैं। इसलिए नमक की मात्रा अचार में सही होनी चाहिए।
4. अचार व चटनी में पीसे हुए मसालों को हल्का सूखा भूनकर डालें। इससे भी अचार व चटनी जल्दी खराब नहीं होते हैं।
5. अनेक रसायनों का प्रयोग करके अचार या चटनी को टिकाऊ बनाया जा सकता है। जैसे–ग्लेशियल एसीटिक अम्ल (0.5 प्रतिशत), जो फफूँदनाशक है। अचार तैयार हो जाने पर इसे तेल डालने से पहले अचार में मिला दें।

टमाटर के उत्पाद

टमाटर का उपयोग प्रायः वर्ष भर सभी सब्जियों में एवं अन्य खाद्य पदार्थों में किया जाता है। सब्जियों में टमाटर गुणकारी माना जाता है। वैसे तो यह कच्चा ही खाने में अच्छा लगता है। लेकिन इससे बने खाद्य पदार्थ भी बहुत स्वादिष्ट होते हैं। फास्ट फूड (Fast food) यानी जल्दी पकने/खाने वाले भोज्य पदार्थों का प्रचलन बड़ी तेजी से हुआ है। उदाहरण के लिए टमाटर कैचप, जूस, सूप, सास, प्यूरी आदि उत्पाद की माँग भी बाजार में बढ़ रही है। टमाटर ग्रामीण क्षेत्रों में व्यापक पैमाने पर उगाया जाता है। टमाटर के विभिन्न उत्पादों से ग्रामीण क्षेत्रों की आय में सुधार लाया जा सकता है और रोजगार के नये अवसर पैदा किये जा सकते हैं।

• टमाटर सॉस व कैचप

टमाटर सॉस या कैचप टमाटर के गूदे या रस को शक्कर, नमक, मसाले तथा सिरके के साथ पकाकर तैयार किया जाता है। टमाटर सॉस और टमाटर कैचप लगभग एक ही श्रेणी के पदार्थ हैं। उनमें विभिन्नता मात्र गाढ़ेपन में है। सॉस, कैचप की अपेक्षा पतला होता है, टमाटर सॉस में नमक व शक्कर कैचप की अपेक्षा थोड़ा अधिक मिलाया जाता है। सॉस या कैचप में सिरका डालना अनिवार्य होता है, जो परिरक्षक (preservative) का काम करता है।

सामान्य लक्षण

1. सॉस व कैचप के उपयोग में लाने वाले टमाटर स्वस्थ लाल रंग के पूर्णतया पके हुए होना चाहिए। कीड़ों, बीमारी या अन्य दाग आदि वाले टमाटर का प्रयोग नहीं करना चाहिए।
2. तैयार गूदे में छिलके व बीज नहीं होना चाहिए।
3. टमाटर कैचप/सॉस में अन्य सब्जी जैसे आलू, कुम्हड़ा आदि मिश्रित नहीं होना चाहिए।
4. जलने या अन्य किसी प्रकार की आपत्तिजनक गंध नहीं होना चाहिए।
5. तैयार पदार्थ टमाटर की सुगन्ध से भरपूर होना चाहिए।

सारिणी (21.37) कैचप बनाने की विधि व सामग्री

आवश्यक सामग्री	मात्रा
टमाटर का रस	1.0 लीटर
शक्कर	100.0 ग्राम
नमक	10.0 ग्राम
लहसुन	5.0 ग्राम
प्याज	20.0 ग्राम
लाल मिर्च	1.0 ग्राम
जीरा	1.0 ग्राम
लौंग (बिना फूल का)	0.5 ग्राम

काली मिर्च	1.0 ग्राम
बड़ी इलायची	1.0 ग्राम
दालचीनी	1.0 ग्राम
जावित्री	1.0 ग्राम
एसीटिक अम्ल	4.0 मिली लीटर
सोडियम बेन्जोएट	750.0 मिली ग्राम

टमाटर को अच्छी तरह धोकर उसके छोटे–छोटे टुकड़े कर लीजिए एवं लगभग 15 मिनट तक उबाल लीजिए। उबालते समय टमाटर को कुचलते जायें या फिर रस निकालने के लिये टमाटर को कपड़े से बाँधकर उबलते हुए पानी में 5 मिनट रखिये, जिससे वे मुलायम हो जायें। मुलायम हो जाने पर उनको मसलकर गूदा बना लीजिए। फिर एल्युमीनियम या स्टेनलेस स्टील की छन्नी से गूदे सहित रस को अच्छे से छान लीजिए, जिससे बीज व छिलका अलग हो जायें। वृहद् पैमाने पर मशीनों द्वारा रस तैयार किया जा सकता है। छने हुए रस को मध्यम आँच पर रख दीजिए। प्याज और लहसुन काट लीजिए, अन्य मसालों को पीस लीजिए और उन्हें सफेद मलमल के कपड़े में बाँधकर रस में डाल दीजिए। ध्यान रहे पोटली कुछ ढीली रहें, किन्तु उसकी गाँठ अच्छी तरह बँधी हो, जिससे पोटली खुलने की सम्भावना न हो। रस को तेज आँच मे पकाये। जब तक कि वह प्रारम्भ में ली गई मात्रा से एक तिहाई न रह जायें। निश्चित मात्रा में शक्कर व नमक मिला दें। गाढ़ा होने तक पकायें। पोटली को निकालकर रस में निचोड़ दीजिए। रस में एसीटिक अम्ल को मिला दीजिए। लगभग 10 मिनट तक रस को पुनः पकाइये। थोड़ा सा रस लेकर निश्चित मात्रा में सोडियम बेन्जोएट घोलिये और इसे पूरे रस में मिला दीजिए। इस तरह टमाटर सॉस बनाने के बाद इसे गर्म जल से धुली हुई बोतलों में गर्म ही भर दीजिए। बोतलों को गर्म पानी में रखकर भरिये, जिससे बोतलें टूटे नहीं। बोतलों में कैचप या सॉस भरने के पश्चात् 15 मिनट तक पानी में भरकर खौलायें एवं बोतल गंज में रखने के पहले गंज में नीचे मोटे सूती कपड़े को बिछा दें, उसके ऊपर बोतल रखकर खौलायें। जब बोतल में रखकर खौलायें तो पानी की मात्रा इतनी रहे कि उबलते समय बोतलों के ढक्कन के पास न पहुँच पाये। बोतलों के ढक्कन अच्छी तरह लगाकर पिघले मोम में डुबोकर बन्द कर दें। बोतलों में सॉस या कैचप भरकर उन्हें पानी में उबालना (संसाधन करना) एक अनिवार्य क्रिया है। संसाधन के पश्चात् बोतल का ढक्कन शीघ्र ही बन्द कर देना चाहिए। टमाटर सॉस की बोतलों को ठंडे स्थान पर या कम तापमान पर रखने से ज्यादा दिनों तक सुरक्षित रखा जा सकता है।

सावधानियाँ

1. टमाटर का हरा भाग बिल्कुल ही काट कर अलग कर देना चाहिए, क्योंकि हरा भाग गर्म होने पर भूरा हो जाता है और खाद्य पदार्थ का रंग गहरा बना देता हैं।
2. लोहे क बर्तन या चम्मच का प्रयोग नहीं करना चाहिए।
3. लौंग का फूल, मसाले पीसते समय अलग कर देना चाहिए। इसके रहने से तैयार पदार्थ का रंग काला पड़ जाता है।

4. शक्कर, सिरका, नमक खाद्य पदार्थ तैयार करते समय अन्त में मिलाना चाहिए।
5. तैयार खाद्य पदार्थ को भरने के लिए स्क्वैश रखने की बोतल की अपेक्षा छोटी बोतल में रखना चाहिए।
6. रस निकालने के तुरन्त बाद ही खाद्य पदार्थ बनाना हो, तैयार कीजिए।

टमाटर का प्यूरी (Puree)

सब्जियों व अन्य पदार्थों में टमाटर का इस्तेमाल करने के लिये टमाटर का पकाया हुआ गाढ़ा गूदा (बीज व छिलके सहित) ताजे टमाटर का ही काम करता है। इस गूदे को टमाटर क्रश (crush) या साबुत टमाटर का गूदा कहते हैं। पूरे वर्ष में केवल कुछ सप्ताह ही टमाटर सस्ते और अधिकता से मिलते हैं। जब टमाटर सस्ते हों तो उनका गूदा गाढ़ा करके रखा जा सकता है, ताकि जब बाजार में टमाटर मँहगें हों तो इसका उपयोग किया जा सके। उसका उपयोग शाकाहारी या माँसाहारी दोनों की प्रकार के व्यंजनों में कर सकते हैं।

सारिणी (21.38) टमाटर की प्यूरी बनाने की विधि व सामग्री

आवश्यक सामग्री	मात्रा
टमाटर का गाढ़ा गूदा	1.0 किलो ग्राम (3.0–4.0 किलो ग्राम टमाटर से)
ग्लेशियल एसीटिक अम्ल	5.0 मिली ग्राम
पोटेशियम मेटा– बाई–सल्फाइट	400.0 मिली ग्राम
सोडियम बेन्जोएट	200.0 मिली ग्राम

टमाटर

↓

टमाटर का गूदा तैयार करना

↓

पूरी तरह पके हुए लाल व सख्त टमाटर का उपयोग करें।

↓

टमाटर को धोकर उनका काला व हरा भाग निकाल लें तथा छोटे टुकड़ो में काट लें।

↓

कटे हुए टमाटरों को स्टील के बर्तन में पकायें तथा बाद में थोड़ा ठंडा करके मसल लें या मिक्सी मे पीस कर गूदा बनायें।

↓

गूदे को तब तक उबालें, जब तक उसका वजन लगभग एक तिहाई न रह जायें, गूदा गाढ़ा पेस्ट न बन जाए।

↓

1.0 किलो ग्राम गाढ़े गूदे में एक चम्मच (5.0 मिली0) ग्लेशियल एसीटिक अम्ल डालें और 5 मिनट तक पकायें।

↓

1.0 किलो ग्राम तैयार गूदे में 0.4 ग्राम पोटेशियम मेटा–बाई–सल्फाइट व 0.2 ग्राम सोडियम बेन्जोएट को थोड़े से पानी में घोल कर मिला दें।

↓

टमाटर के गर्म व गाढ़े गूदे को साफ व सूखे काँच के जार में मुँह तक भर दें।

↓

जार को कसकर बन्द कर दें तथा सूखे व ठण्डे स्थान में रखें।

टमाटर की प्यूरी बनाने का रेखांकन

सावधानियाँ

1. गाढ़े गूदे में ग्लेशियल एसीटिक अम्ल (glacial acetic acid) डालकर कम से कम पाँच मिनट तक पकायें तथा बाद मे अन्य रसायन डालें।
2. तैयार उत्पाद में पोटैशियम मेटा–बाई–सल्फाइट और सोडियम बेन्जोएट को अलग–अलग 2–3 चम्मच पानी में घोलकर अच्छी तरह मिला दें।
3. यदि ग्लेशियल एसीटिक अम्ल उपलब्ध न हो तो सिरका लेकर 1.0 किलो ग्राम गाढ़े गूदे में 50 मिली लीटर डालकर 10–15 मिनट तक पकायें।
4. टमाटर ज्यादा पका हुआ व मुलायम न हो, क्योंकि ऐसे फलों को गाढ़ा करने के लिये ईधन ज्यादा व्यय होगा।
5. रसायनों को थोडें पानी में घोलकर अन्त में गाढ़े गूदे में मिलायें। सूखा मिलाने से रसायन का असर नहीं होगा।
6. क्रश या गूदे को चौड़े मुँह की बोतलों में भरने से पहले उनके ढक्कनों व बोतलों को गर्म पानी से भली–भाँति धुलकर धूप में सुखा लें।

• प्यूरी (puree) या क्रश (crush) या गूदे (pulp) का उपयोग

क्रश या गूदे का उपयोग कई तरह से कर सकते हैं।

1. जब बाजार में टमाटर बहुत मँहगें हों, उन दिनों किसी भी खाद्य पदार्थ में ताजा टमाटर के बदले 2–3 चम्मच क्रश डाल सकते हैं।
2. गाढ़ा गूदा से चटनी तैयार करने के लिए भी काम में लाया जा सकता है।
3. सब्जियों के सूप में भी इसका प्रयोग कर सकते हैं।

आलू से संरक्षित उत्पाद

• डिब्बों में संरक्षित आलू

हमारे देश में कैनिंग (canning) के लिए प्रयोग किये जाने वाले सेनेट्री, कैन्स (डिब्बों) का मूल्य बहुत अधिक है। इस कारण यह सोचना कठिन है कि यह उत्पाद (product) सामान्य जनता द्वारा

निकट भविष्य में अपनायी जा सकेगी। फिर भी, आलू की व्यापारिक स्तर पर कैंनिंग डिफेन्स डिपार्टमेन्ट की आवश्यकताओं की पूर्ति के लिए की जाती है। अन्य सब्जियों की भाँति आलू की प्रत्येक किस्म कैनिंग के लिए उपयुक्त है। कुछ में उनके आकार तथा कलिकाओं के गड्ढों में होने के कारण छीलने में हानि अधिक होती है तो अन्य के कन्द प्रसंसकरण (प्रोसेसिंग) के समय अधिक गहरे भूरे रंग के हो जाते हैं अथवा फसक जाते हैं। इस कार्य के लिए ऐसे कन्द उपयुक्त हैं, जो एक समान तथा मध्यम आकार के हों और जिसमें कलिकायें अधिक गहराई में न स्थित हों। यह भी आवश्यक है कि उनकी संरचना कसावट लिए हो, जिससे वह फसक न जाया करें। आलू के कन्दों को छिलने के लिए कई विधियाँ विदेशों में अपनाई जाती है, जिनमें लाई पीलिंग (lye peeling), कास्टिक सोडा, कास्टिक पोटाश, सोडियम कार्बोनेट आदि के घोल और प्लेम पीलिंग (flame peeling) उल्लेखनीय है। लाई पीलिंग कास्टिक के 10–25 प्रतिशत के घोल किसी लोहे की कढ़ाई जैसे बर्तन में उबाल आने तक गरम करते हैं और इस घोल में कन्दों को कुछ सेकेण्ड के लिए डुबो कर तुरन्त बहते हुए पानी से अच्छी तरह धो दिया जाता है, इससे लाई छूट जाती है। आलू के छिलके भी लाई के तापक्रम और इसमें डुबाने के समय का निर्धारित किस्म विशेष के साथ परीक्षण के आधार पर किया जाता है। इसी प्रकार फ्लेम द्वारा छिलाई के लिए कन्दों को कुछ सेकेण्ड के लिए ऐसी भट्ठियों से गुजारना पड़ता है, जिनमें तापक्रम 600–1200 डिग्री फारेनहाइट होता है। इससे कन्दों का छिलका झुलसकर काला हो जाता है और इसको मशीन के ब्रुशेश (brushes) से रगड़ कर साफ किया जाता है।

हमारे देश में अभी तक आलू छिलने का कार्य ऐसी मशीन में होता है, जो एक तेजी से घूमने वाली प्लेट तथा कारबॅरेन्ड्रम लगी खर–बिदरी एवं कड़ी सतह वाले ड्रम जैसे बर्तन से सुसज्जित होते हैं। इनमें ऊपर की ओर एक कन्द डालने वाले हॉपर और नीचे की ओर साइड में निकलने के लिए एक खिड़की जैसी संरचना होती है। इसमें पानी के ट्यूब से कन्दों को धोते रहने की भी व्यवस्था होती है। कन्द हॉपर से यन्त्र में डाले जाते हैं। यन्त्र की प्लेट के तीव्र गति से घूमने के कारण आलू तेजी से दूर गिरते जाते हैं। यह कन्द खर–बिदरी कड़ी सतह से बार–बार टकराते हैं और रगड़ के कारण उनका छिलका अलग हो जाता है। पानी से धुलते रहने के कारण छिलका निकल जाता है और कन्दों के छिल जाने पर उनको निकाल लिया जाता है। कैनिंग के लिए प्लेन कैन्स प्रयोग में लाये जाते है और नमक के घोल/ब्राइन (brine solution) की सान्द्रता सामान्यतः 2 प्रतिशत रहती है। ब्राइन में ही 0.07 प्रतिशत कैल्सियम क्लोराइड मिला दी जाती है, जिससे आलू में कसावट (firmness) आ जाती है और वह कम फसकते है। बन्द करने बाद ए–21/2 डिब्बों को 10 पौंड प्रेशर पर लगभग 20 मिनट गरम करके तुरन्त ठंडा कर लिया जाता है, जिससे उनका रंग मौलिक सफेद बना रहें।

• आलू के वेफर्स (Potato wafers)

इसके लिए आलू के कन्दों को मशीन की सहायता से छीलकर एक स्लाइसर से इस प्रकार काट लिया जाता है कि कतलों की मोटाई बराबर–बराबर तथा एक समान ही रहें। वेफर्स बनाने में एक बात पर विशेष ध्यान देना आवश्यक है कि सदा अधिक समय तक समान गुणवत्ता के वेफर्स

बनाने के लिए आलू को संग्रह कर लेना अनिवार्य है। इस भण्डारण काल में आलू की स्टार्च की कुछ मात्रा शर्करा में परिवर्तन हो जाती है। इसके फलस्वरूप इनमें तलने के समय इस शर्करा के जल जाने के कारण वेफर्स का रंग गहरा हो जाता है। इसलिए यह आवश्यक है कि कोल्ड स्टोरेज अथवा भण्डार गृह से निकालने के बाद लगभग 7–10 दिन तक कन्दों को इकहरी पर्त में हवा में फैला दिया जाये, जिससे श्वसन क्रिया के सम्पन्न होने से उनकी शर्करा खत्म हो जायें। कटे हुए कन्दों को 1000 पी0पी0एम0 के सल्फर डाईआक्साइड के घोल में 1–2 घण्टे तक पड़ा रहने देते हैं। इस घोल में 0.01 प्रतिशत साइट्रिक एसिड भी मिला होता है। यदि वेफर्स बनाना होता है, तो चिप्स (chips) को किसी कपड़े पर फैला देते हैं, जिससे उनका पानी समाप्त हो जाता है और उन्हें वनस्पति घी अथवा तेल में तला जा सकता है। स्वाद बहुत कुछ तलने के माध्यम (medium), उसके तापक्रम तथा समय पर निर्भर करता है। एक बैच के परीक्षण के आधार पर वेफर्स के तलने के तापक्रम तथा समय का निर्णय किया जा सकता है। बहुधा तैलीय पदार्थ में खट्टा रैन्सीडिटी (rancidity) के उत्पन्न हो जाने से वेफर्स के स्वाद तथा सुगन्ध में परिवर्तन हो जाता है। इनको रोकने के लिए ऐन्टीआक्सीडेन्ट्स प्रयोग किया जाता है। वेफर्स की पैकिंग पालीथीन की थैलियों में की जाती हैं। यह सुनिश्चित कर लेना आवश्यक है कि पैकिंग के पहले अथवा थैलियों के भण्डारण काल में उनमें नमी का प्रवेश न हो सके अथवा वह कुरकुरे न रह कर स्वादहीन व कड़े हो जाते हैं।

• आलू का चिप्स बनाना (Potato chips)

आलू का चिप्स बनाने के लिए कतरा (slices) को सुखाना पड़ता है। घरों में सहुलियत के लिए कन्दों को पहले उबाल लिया जाता है और फिर चिप्स काटे जाते हैं। इससे उनका रंग निश्चित रूप से गहरा हो जाता है और कन्दों के अधिकतम व फसक जाने के कारण चिप्स कम प्राप्त होते हैं। इसलिए अच्छा यह है कि मशीन से छील कर चिप्स बना लिये जायें और इस समय इनको पोटैशियम मेटाबाई सल्फाइट घोल में (2–3 औंस प्रति 10 पौड) रखा जाये। बाद में इन्हें ब्लान्च (blanch) किया जाये। ब्लान्च करने के समय का अनुमान चिप्स के रंग से लगाया जा सकता है। चिप्स को 5–6 घण्टे सल्फर के धुयें से उपचारित करना अच्छा रहता है। अब इनको धूप में अथवा डिहाड्रेटर (dehydrator) में सुखाकर पालीथिन की थैलिया में पैंक किया जा सकता है।

• आलू का आटा/मैश्ड पोटैटो (Potato floor or Potato mashed)

आलू के अधिक पैदावार के सदुपयोग हेतु आलू का आटा तैयार किया जाता है। यह आटा बहुत उपयोग और लम्बे समय तक भण्डारित किया जा सकता है। आटा तैयारी के लिए आलू के छिलने के पश्चात् (अथवा उबाल कर छिलने) उबालकर इतना मुलायम कर लिया जाता है कि इसको पीस कर लुगदी बनाई जा सके। फिर नमक एवं प्रमाणित परिरक्षक (preservative) रसायन मिलाये जाते हैं तथा इसके बाद अच्छी प्रकार सुखा लिया जाता है। सामान्यतः 500 पी0पी0एम0 सल्फर डाईआक्साइड के आधार पर पोटैशियम मेटाबाईसल्फाइट भली–भाँति मिलाकर एक ट्रे में फैला दिया जाता है और डिहाइड्रेसन में सुखा लिया जाता है। सूख जाने पर इसको ग्राइन्डर में पीस कर 70 मेश की जाली से छानकर पालीथीन की थैलियों में भली–भाँति पैक किया जा सकता है। आलू का आटा गरम पानी में मिलाकर प्रयोग में लाया जा सकता है। सुखे आलू का आटा भली–भाँति पैक

कर लिया जाता है। इसके आटे से स्वादिष्ट व्यंजन जैसे, टिकिया, कोफता, पकौड़े, कटलेट, भरवॉ–पराठे आदि आसानी से बनते हैं। देश के विभिन्न शहरों और कस्बों में आलू के आटे का बाजार धीरे–धीरे पनप रहा है। व्यावसायिक दृष्टि से आलू का आटा बहुपयोगी और अत्यन्त सुविधाजनक व्यंजक संघटक है। इस उद्योग को लगाने के लिए पोटैटो डीलर, कैक्निट स्लाइसर/मिक्सर, ब्लाचिंग टैंक, हीट सिलिंग, मशीन आदि उपकरण की आवश्यकता होती है। उपकरणों का खर्च 1. 5 लाख आता है और प्रति दिन 100.0 किलो ग्राम लगभग आटा तैयार हो सकती है। प्रति दिन 7 कर्मचारियों की आवश्यकता रहती है।

• आलू स्टार्च (Potato starch)

स्टार्च औद्योगिक क्षेत्र में एक बहुउद्देशीय पदार्थ बन गया है, क्योंकि इसका उपयोग खाद्य–समाग्री निर्माण कास्मेटिक्स, कागज, कपड़ा, ड्रिलिंग, गोला–बारूद बनाने सम्बन्धित कई उद्योगों में होने लगा है। अभी तक स्टार्च के मुख्य स्रोत मक्का तथा टेपियोका (tapioca) है। आलू के बहुत अधिक उत्पादन होने की स्थिति में इस कन्द का उपयोग स्टार्च उत्पादन में किया जा सकता है। परन्तु यह नितान्त आवश्यक है कि इकाई स्थापित करने से पहले इस योजना का आर्थिक दृष्टिकोण से विशेष अध्ययन कर लिया जायें। स्टार्च बनाने के लिए यह निम्न श्रेणी के कन्द भी प्रयोग में लाये जा सकते हैं, जो खोदते समय कट–फटा हों अथवा आकार या कन्दों की कुरूपता एवं अग्राह्यता के कारण बाजार में अच्छे मूल्य पर न बेचे जा सकते हों। भली–भाँति धो लेने के पश्चात् इसको मशीन की सहायता से पीस कर लुगदी बना ली जाती है। लुग्दी का गाढ़ापन पानी में मिलाकर कम कर दिया जाता है। इस समय 500 पी0पी0एम0 सल्फर डाईआक्साइड के आधार पर पोटैशियम मेटाबाई सल्फाइट पानी में भली–भाँति घोल कर लुग्दी में मिला दी जाती है। इस लुगदी के घोल को एक निर्धारित गति से ढालू तख्ते पर बहने दिया जाता है। पानी और छोटे कण तो बह जाते हैं परन्तु स्टार्च नीचे बैठता जाता है, जिसको इकट्ठा करके बाद में सुखा लिया जाता है।

• आलू की मदिरा (Potato wine)

आलू से बनाई 'बोडका' नामक मदिरा का अधिक उत्पादान रूस, पोलैण्ड और जर्मनी में किया जाता है। रूस का तो यह राष्ट्रीय पेय माना जाता है। पहले स्टार्च की हाइड्रोलाइसिस (hydrolysis) करके ग्लूकोज में परिणित किया जाता है और बाद में यीस्ट (yiest) की सहायता से नियन्त्रित दशा (controlled conditions) में इसका किण्वीकरण द्वारा अल्कोहल युक्त पदार्थ प्राप्त होता है। डिस्टीलेशन (distillation) से अल्कोहल की सान्द्रता बढ़ाई जाती है जिसके लिए मानक निर्धारित किये गये हैं।

• आलू का रवा (Granules)

इस पदार्थ के उत्पादन में एक विशेष प्रकार की मशीन प्रयोग की जाती है, जो "फ्लूडाइज्ड बेड ड्रेसर" के नाम से जानी जाती है। आलू से लुगदी तैयार करके पूर्व निर्मित स्प्रे के साथ एक निर्धारित अनुपात में मिलाकर उपरोक्त संयत्र में सुखाया जाता है। इस पदार्थ को बहुत जल्द

सोखता है। इसका उपयोग भी आलू के आटे की भाँति खाने अथवा अन्य पदार्थ के निर्माण में किया जाता है।

डाइस्ट पोटैटो (Diced Potato)

इसका उपयोग विदेशों में अधिकाशतः सूप मिश्रण तथा अन्य सब्जियों के साथ मिलाकर किया जाता है। आलू को छीलकर साफ कर लेते हैं और आयताकार टुकड़ों में काट लिया जाता है और ब्लान्च (blanch) किया जाता है। इसको 500 पी0पी0एम0 सल्फर डाईआक्साइड और 0.1 प्रतिशत साइट्रिक एसिड के घोल में भली–भाँति डूबोकर लगभग 15.0–20.0 मिनट रखा जाता है। इससे इसका रंग आकर्षक बना रहता है। उनमें भूरापन नही उत्पन्न होता है। इनको ट्रेज (trays) में रखकर डीहाइड्रेटर में सुखा कर मोटी पालीथीन की थैलियों में पैक करके रखा जाता है।

• आलू की सेवई

केवल आलू के आटा से सेवई का निर्माण नहीं किया जाता। इनको बनाने के लिए आलू को उबालकर छीला और पीस लिया जाता है। गूदे के भार का 10–15 प्रतिशत मैदा इसमें भती–भाँति मिलाकर गुथ लिया जाता है। इसी समय इसमें 500 पी0पी0एम0 सल्फर डाईआक्साइड के आधार पर पोटैशियम मेटाबाई सल्फाइट भी मिला दी जाती है। इस मिश्रण से एक स्टेनलेस अथवा एल्यूमिनियम मशीन से सेवई बना कर सुखा ली जाती है।

• आलू का गुलाब जामुन

आलू के आटे से स्वादिष्ट गुलाब जामुन बनाई जाती है। आलू के आटा को मिल्क पाउडर के साथ बराबर मात्रा में लेकर मिला दिया जाता है। इसके भार का 3–5 प्रतिशत घी, 1–3 प्रतिशत मैदा और थोड़ा सा खाने वाला सोडा मिलाकर आवश्यकतानुसार पानी के साथ अच्छी तरह गुथ लिया जाता है। इसमें सुगन्ध के लिए थोड़ी पिसी इलायची डाल दी जाती है। अब इसकी गोलियाँ बनाकर वनस्पति घी में तल कर 40 प्रतिशत सान्द्रता वाली शक्कर की चाशनी में डुबोकर रख दिया जाता है। बाद में चाशनी को पकाकर गाढ़ा किया जाता है। जब तक कि वह 55–60 प्रतिशत की सान्द्रता की नहीं हो जाती। थोड़ी देर तक इसे चाशनी में पड़े रहने के बाद इनका प्रयोग किया जा सकता है।

• फ्रेन्च फ्राइड पोटैटो (French fried potato)

फ्रेन्च फ्राइड पोटैटो विदेशों में बहुत प्रसिद्ध है। आलू को छीलकर साफ कर लेते हैं और पतली–पतली पट्टियों में कॉँट लिया जाता है। अब इनको पानी में ब्लान्च किया जाता है। इन ब्लान्च किये हुए टुकड़ों को 15–20 मिनट के लिए 500 पी0पी0एम0 सल्फर डाई आक्साइड युक्त पानी में डुबोकर रख दिया जाता है। बाद में इनको निकालकर या तो सेन्ट्रीफ्यूज (centrifuge) की सहायता से या वैसे ही अन्य यन्त्र में पानी की मात्रा कम कर दी जाती है। इनको पालीथीन की थैलियों में रखकर डीप फ्रीज (deep freez) में संरक्षित कर लिया जाता है। आवश्यकतानुसार डीप फ्रीज से निकालकर इनको ठंडक समाप्त हो जाने पर चिकनाई वाले घी–तेल में तल कर प्रयोग में लाया जाता है।

बेबी कार्न का डिब्बाबन्दी

बेबी कार्न का उपयोग कई प्रकार के व्यंजनों जैसे–सब्जी, सूप, अचार, सलाद आदि बनाने में किया जाता है। इसकी डिब्बाबन्दी करके विदेशों में निर्यात किया जाता है। डिब्बाबन्द बेबी कार्न से अचार के अलावा बेबी फूड़ (baby food) जैसे–अनेक उत्पाद बनाये जाते हैं। इसके अचार की युरोप तथा अमेरिका में बहुत माँग है। बेबीकार्न को डिब्बाबन्दी के लिए 4.5–10.0 सेन्टी मीटर लम्बे तथा 7.0–17.0 सेन्टी मीटर व्यास वाले शिशु भूट्टा (बेबी कार्न) का चयन किया जाता है। इनको 3.0 प्रतिशत नमक, 2.0 प्रतिशत चीनी तथा 0.3 प्रतिशत साइट्रिक अम्ल के घोल में परिरक्षित किया जाता है। इसका विपणन महानगरों जैसे दिल्ली, कोलकाता, चेन्नाई, बैंग्लुरु, मुम्बई आदि के बाजार में सुगमता से किया जा सकता है। इनका प्रयोग सलाद के रूप में पुडिंग, फ्रूट चाट आदि में भी किया जाता है।

कसावा एवं उसका उत्पाद

• कसावा रवा एवं दलिया

कसावा रवा, पूर्व जिलेटिनिट दानेदार उत्पाद गेंहूँ की सूजी की तरह होती है जिसका उपयोग नास्ते के पाक योग्य उत्पाद के रूप में होता है। कसावा रवा तैयार करने के लिए कन्द को छीलने के बाद गोल चिप्स में काँटना होता है। इसके बाद खौलते हुए पानी में 5–10 मिनट तक पकाया जाता है। इसके बाद पानी से अलगकर उबले हुए टुकड़ों को सूर्य के धूप में सुखाया जाता है एवं पीसकर महीन पाउडर में बदल दिया जाता है। पिसे हुए पदार्थ को पतली छलनी से छान दिया जाता है और इस तरह पतले अवशिष्ट को इलायची एवं काजू मिलाकर दलियाँ में परिवर्तित कर दिया जाता है। अवशिष्ट जो वापस प्रसंस्कृत कर रवा का रूप दिया जाता है।

• कसावा चिप्स (Casava chips)

केन्द्रीय कन्द फसल अनुसंधान संस्थान, श्री कार्यम, तिरूवनन्तपुरम (केरल) के अनुसंधान ने यह साबित किया है कि कसावा के चिप्स को कुरकुरा एवं स्वादिष्ट बनाया जा सकता है। इसके लिए चिप्स को एसिटिक एसिड–ब्राइन के घोल में एक घण्टा तक रखना पड़ता है। इसके बाद 5 मिनट तक उबालने के बाद सुखाना एवं तलना पड़ता है। कसावा कन्द को सूर्य के प्रकाश द्वारा सूखाने वाले चिप्स में आसानी से प्रतिरूपान्तरित किया जा सकता है।

• आटा एवं तला हुआ बेकरी उत्पाद

कसावा के आटे से कई तरह के तले हुए उत्पाद जैसे–पकौड़ा, मीठी एवं गरम सेवई मुरूक्कु, मीठा डायमण्टस इत्यादि बनाये जा सकते हैं। इन उत्पादों की दीर्घ भण्डारण अवधि एवं इनमें उच्च पोषण तत्व होता है। साथ ही इन्हें आसानी से कहीं भी ले जाया जा सकता है। अगर कन्द द्वारा तैयार किये गए आटे में अनाज या दाल की मात्रा मिला दें तो इन्हे तैयार भोज्य पदार्थ के रूप में उपयोग किया जा सकता है।

• साबूदाना

साबूदाना एक महत्वपूर्ण भोज्य बनने वाला पुडिंग एवं कस्टर्ड आधारित पूर्व जिलोटिनाइज्ड पाउडर स्टार्च बाजार में मिलना बहुत साधारण हो गया है। कसावा स्टार्च का उपयोग टेक्सटाइल उद्योग में स्टार्च, मॉझा लगाने, सज्जा एवं छपाई के रूप में इनके उच्च गुणों के कारण होता है। गोंद बनाने वाले उद्योग में स्टार्च और इनके दूसरे रूप डक्सट्रीन का बहुत उपयोग होता है। स्टार्च का रूपान्तरण ग्लूकोज, सीरप के रूप में एन्जाइम एवं अम्ल प्रतिक्रिया के बाद किया जाता है जिनका उपयोग मिष्ठान, डेक्स्ट्रोज के उत्पादन, दवा तैयारी इत्यादि में किया जाता है। ग्लूकोज सिरप का आशिंक रूप परिवर्तन फ्रक्टोज सिरप में किया जाता है जो कि ग्लूकोज से तीन गुना ज्यादा मीठा होता है। इनका उपयोग जेली, स्क्वाश आदि में किया जाता है। माल्टोडेक्स्ट्रीन एवं माल्टोज सिरप की तैयारी स्टार्च का आंशिक रूपान्तरण अल्फा एवं बीटा एमाइलेज के द्वारा होता है। इन उत्पादों की काफी माँग है। कुछ और उत्पाद जैसे इराइ थ्राइटोल, माल्टीटोल आदि डाइबिटीज रोगियों के लिए भोजन का काम करता है और साथ में कैन्सर से पीड़ित रोगियों के लिए भी। स्टार्च का उपयोग बेधन मड़ टायलेट पेपर में फिलर आदि में किया जाता है।

शकरकन्द का जैम, अचार एवं सास

वर्तमान समय में शकरकन्द की फसल से प्रचुर मात्रा में उत्तम गुणवत्ता वाली जैम, अचार, सास तैयार करने की विधि का विकास केन्द्रीय कन्द फसल अनुसंधान संस्थान, तिरूवनन्तपुरम (केरल) में किया गया है।

लहसुन का निर्जलीकरण (Dehydration of garlic)

फसल उत्पादन के समय बाजार भाव इतने कम होते हैं कि कभी–कभी उत्पादक को लागत भी नहीं मिल पाती, जिससे उन्हें काफी हानि उठानी पड़ती है। इसके अतिरिक्त जो कन्द थोड़ा बहुत कटे–फटे होते हैं, वह भी व्यर्थ हो जाते हैं। उच्च नमी प्रतिशत के कारण कन्दों में विभिन्न रोगों के जीवाणु सुगमता से प्रवेश कर जाते हैं तथा रोग ग्रसित कर देते हैं, जिससे बहुत हानि होती है। इन सभी समस्याओं एवं हानि को ध्यान में रखते हुए। लहसुन का निर्जलीकरण करना चाहिए। वर्तमान समय में निर्जलीकरण द्वारा चूर्ण बनाकर लहसुन के उपयोग का प्रचलन बहुत हो गया है। निर्जलीकरण द्वारा तैयार लहसुन चूर्ण की माँग विदेशी बाजार में बढ़ रही हैं, जिसकी पूर्ति हेतु कई प्रदेशों में औद्योगिक इकाइयों की स्थापना भी की गई है। राष्ट्रीय बागवानी अनुसंधान एवं विकास प्रतिष्ठान के क्षेत्रीय अनुसंधान केन्द्र, करनाल (हरियाणा) द्वारा लहसुन की अच्छी गुणवत्तावाली जी0–189 प्रजाति का विकास किया गया है, जो निर्जलीकरण हेतु सबसे उपयुक्त पाई गयी है (सिंह एवं गुप्ता ,1998)। निर्जलीकरण हेतु लहसुन के कन्द की कलियाँ (cloves) अलग–अलग करके उपरी छिलका हटा देते हैं। इसके पश्चात् इन्हे पतले–पतले टुकड़ों में काटकर 60.0–65.0 डिग्री सेल्सियस तापमान पर सुखाते हैं। जब यह भली–भाँति सुखाया जाता है, इसको पीसकर महीन चूर्ण बना लेते हैं तथा मोटी (750 गेज) पालिथिन की थैलियों में बन्द करके रख देते हैं, जिससे अन्दर हवा प्रवेश न कर सके। निर्जलीकरण हेतु औद्योगिक इकाइयों की स्थापना से रोजगार तो उपजब्ध हुआ ही

है, निर्यात की संभावनाएं भी प्रबल हुई है। निर्जलीकरण किये गये लहसुन के छल्ले (डीहाईड्रेटिड गारलिक फ्लेक्स) एवं चूर्ण (डीहाईड्रेटिड गारलीक पाउडर) की माँग पश्चिमी देशों में बहुत अधिक हो गयी है। भारत वर्ष में भी इसका प्रचलन तेजी से हो रहा है।

प्याज का निर्जलीकरण (Dehydration of onion)

प्याज के छोटे–छोटे टुकड़े या छल्ले बनाकर व सूखाकर नमी रहित बर्तन या पालिथीन की मोटी (750 गेज) थैलियों में रख लेते हैं, जिससे उत्पाद में वातावरण की नमी प्रवेश न कर सके। उन्हें ओनियन फ्लैक्स (onion flax) कहा जाता है। फ्लैक्स को पीसकर चूर्ण (पाउडर) बनाकर पोलिथीन की थैलियों में भी रखा जाता है, जो लम्बे समय तक प्रयोग किया जाता है। ''ओनियन फ्लैक्स'' (प्याज के टुकड़े) तथा निर्जलीकृत प्याज चूर्ण (''डीहाईड्रेटेड ओनियन पाउडर'') का प्रचलन वर्तमान समय में बहुत हो गया है तथा विदेशी बाजार में भी माँग के कारण इसके निर्यात की संभावनाएँ बहुत प्रबल हुई हैं।

कद्दू वर्गीय सब्जियों के उत्पाद

• कद्दूवर्गीय सब्जियों का रस

खीरा, तरबूज, खरबूजा, करेला, लौकी, ककड़ी आदि में पानी की अधिक मात्रा पाये जाने के कारण अब इनका उपयोग मिठाई उद्योग (Confectionery industries) में किया जाने लगा है। जब इनकी उपज अधिक हो जाने लगे तो मूल्य सवंर्धित करके पेय पदार्थ के रूप में तैयार कर बेचा जा सकता है। इसे ''रेडी टू सर्व'' (आर0टी0एस0) पेय पदार्थ कहते हैं। ककड़ी के रस में नीबू व नमक मिलाकर अच्छा पेय पदार्थ तैयार किया जा सकता है। इसका मीठा पेय पदार्थ बाजार में ज्यादा पसन्द किया जाता है।

• पेठा की कैण्डी

पेठा की कैण्डी एक अत्यंत प्रचलित उत्पाद है। आगरा का पेठा बहुत प्रसिद्ध है। पेठा की कैण्डी बनाने की विधि इस प्रकार है।

1. पूर्ण विकसित तथा कड़े गूदे वाला पेठा छाँट लीजिए।
2. इसे धुलकर, 4–5 टुकडों में काटकर छील लीजिए। यह ध्यान रहें कि हरा भाग बिल्कुल निकल जाए। बीज तथा भीतर का मुलायम भाग भी निकाल लिजिए।
3. फलों को बाँस की तीली या स्टील के काँटें से गोद लें तथा इच्छानुसार इसे छोटे–छोटे टुकड़ों में काट लें।
4. टुकड़ों को 2.0 प्रतिशत चूने के पानी में 12–14 घण्टे तक पड़ा रहने दें। इस उपचार से टुकड़े कड़े हो जाते हैं।

5. टुकड़ों को 2.0 प्रतिशत फिटकरी के घोल में 15–20 मिनट तक उबाल लीजिए। इस पानी में 0.5 प्रतिशत सोडियम सल्फाइट भी मिला देनी चाहिए। इस उपचार से टुकड़ों का रंग सफेद बना रहेगा।
6. उबलने के तुरंत बाद टुकड़ों को निकालकर हल्का सूखा लेते हैं तथा चीनी के घोल में डालते हैं।
7. अब टुकड़ों को चासनी से बाहर निकालकर चासनी को एक उबाल आने तक पका दीजिए। प्रति किलो ग्राम मिलायी गई चीनी में 1.0 ग्राम साइट्रिक एसिड मिला दीजिए तथा चासनी को मलमल के कपड़े से छानकर टुकड़ों को गरम चासनी में डालकर रख दीजिए।
8. तीसरे दिन फिर टुकड़ों को चासनी से निकालकर चासनी को इतना पका लीजिए कि इसमें चीनी की मात्रा 75–80 प्रतिशत हो जाए। ऐसी अवस्था में टुकड़ों को गरम चासनी में डालकर एक सप्ताह के लिए छोड़ दीजिए।
9. यदि चासनी में चीनी की मात्रा 75 प्रतिशत से कम है, तो इसे पुनः पकाकर गाढ़ा कर लीजिए।
10. अब 10–12 दिन बाद चासनी को लगभग 5 मिनट तक गरम करके टुकड़ों को चासनी से निकालकर तार की जाली में रखकर निथरने दीजिए। अच्छी तरह निथर जाने पर इन्हें फैलाकर कमरे के तापमान पर छाया में सुखने दें। इस तरह पेठा की कैण्डी तैयार होगी।

• सुखी काचरी एवं पाउडर

स्वस्थ एवं पूरे विकसित ताजा फलों को कपड़ें से साफकर गुनगुने पानी से धुलकर पोंछ लें और फलों के छिलके उतारकर निम्नलिखित में से किसी एक विधि से सुखा लें–

1. छिले हुए साबुत फलों को किसी चिकनी सतह पर फैला कर सुखायें या इनको माला बनाकर लटका कर सुखायें।
2. छिले फलों को काटकर गोल–गोल छल्ले बना लें और उनको किसी चिकनी सतह पर फैलाकर या माला बनाकर सुखायें।
3. छिले साबुत या कटे फलों को बिजली अथवा सौर ऊर्जा संचालित मशीन में रखकर सुखायें।

अच्छी तरह सुखाने पर 10.0 किलो ग्राम ताजा काचरी से 1.0 किलो ग्राम सुखी काचरी मिलती है। इस तरह 1.0 हेक्टेयर से एक फसल में मिली 100 क्विंटल काचरी को सुखाकर लगभग 10.0 क्विंटल सूखी काचरी हासिल की जा सकती है। इसे 40–50 रूपये प्रति किलो की दर से बेचने पर 40,000–50,000 रूपये तक आमदनी हो सकती है। आमतौर पर सूखी काचरी को डिब्बों या बोरियों में भरकर रखा जाता है। सुखी काचरी का बारीक पाउडर बनाकर उसको प्लास्टिक के डिब्बों में भी रखा जा सकता है।

चौलाई की पत्तियों का परिरक्षण

• पत्तियों को सूखाना

चौलाई की पत्तियों को सूखाने का काम फसल की बहुतायत में उपलब्धता एवं मौसम विशेष में किया जाता है। तुड़ाई के बाद एकत्रित पत्तियों को पहले अच्छी तरह धुलाई कर कॉंट–छॉंट किया जाता है। इसके बाद एक पतला कपड़ा चारपाई पर बिछाकर पत्तों को उस पर फैला देते हैं। चारपाई को धूप में रखकर पत्तियों के उपर भी पतला कपड़ा डालकर ढक देते हैं। अगर पत्तियों को जमीन पर सूखाना है, तो नीचे चटाई का प्रयोग करना चाहिए। अच्छी प्रकार सूख जाने पर पाउडर बना लें। पाउडर को हवाबन्द डिब्बों में या पालिथिन के थैलों में पैक कर रख सकते हैं। आधुनिक तकनीक से सूखाने के लिए सूखाने वाली मशीन (dehydrator) बिजली से चलने वाली या सोलर (सूर्य की रोशनी से चलने वाली) डिहाइड्रेटरों का प्रयोग कर निश्चित समय और तापक्रम पर सूखाने से अच्छी किस्म का गुणवत्तायुक्त पदार्थ तैयार किया जाता है। जब खेतों और बाजार में हरी पत्तीदार सब्जियों की कमी हो, उस समय सूखे शाक के रूप में प्रयोग कर सकते हैं।

• पत्तियों की डिब्बाबन्दी / बोतलबन्दी

चौलाई के शाक का डिब्बाबन्दी व्यापक रुप से किया जा रहा है, क्योंकि इससे विभिन्न प्रकार के व्यंजन तैयार किये जाते हैं। इसके लिए प्लेन (plain) या लिकर कैन (liquor can) में साफ और धुली हुई पत्तियों को 15 मिनट तक हल्के उबलते पानी में रखते हैं। इसके बाद कैन सीलर की सहायता से ढक्कन लगाकर सील कर देते हैं और फिर प्रेशर कुकर (pressor cooker) में भॉंप के दबाव में 20–25 मिनट तक पकाते हैं और प्रसंस्कृत उत्पाद को ठण्डा करते हैं तथा पोछकर सूखा लेते हैं। डिब्बों की बाहरी दीवार पर चिकनाई लगाकर डिब्बों को ठण्डी और सूखी जगह में रख देते हैं। यह विधि कैनिंग कारखाने (canning factories) में ही अपनाई जा सकती है। आम घरों में बोतलबन्दी ही सम्भव है। इसके लिए चौलाई का या अन्य पत्तीदार शाक चौड़े मुँह वाली बोतल में भरकर थोड़े पानी वाले भगोने में 15 मिनट तक हल्के उबलते हुए पानी में पत्तियों को पकाते हैं। इसके बाद हवा बन्द ढक्कन लगाकर व उबलते पानी में आधा घण्टा पकाकर ठण्डा कर लें और सूखी व ठण्डी जगह पर भण्डारित किया जाता है।

अदरक का संरक्षित उत्पाद

कच्चे अदरक से अचार, चटनी, मुरब्बा आदि बनाये जाते हैं। कार्डियल (cordial) जैसे शीतल पेयों के अलावा अदरक से बियर, ब्रांडी, वाइन जैसे अल्कोहलिक पेय भी बनाये जाते हैं, जो विदेशों में काफी प्रचलित है।

• अदकर की कैण्डी

कैण्डी बनाने के लिए बिना रेशे वाली बड़े आकार की अदरक लेकर अच्छी तरह से धुलकर स्टेनलेश स्टिल के चाकू से छिलकर 1/3 सेन्टी मीटर मोटाई के चिप्स काट लें। चिप्स को प्रेशर कुकर में डालें तथा पानी की मात्रा के अनुसार 5.0 ग्राम/लीटर के हिसाब से साइट्रिक अम्ल डाल

दें। साइट्रिक अम्ल चिप्स का रंग साफ करने के अतिरिक्त चिप्स को मुलायम करता है। कुकर का ढक्कन बन्द करके 15–20 सीटियाँ लगा लें। अच्छी तरह से मुलायम होने पर चिप्स को प्रेशर कुकर से निकालकर ठण्डा कर लें तथा स्टेनलेश स्टिल के काँटेंदार चाकू फोर्क (fork) से गोंद लें। एक किलो ग्राम अदरक के चिप्स की कैण्डी बनाने में 1.25 किलो ग्राम तक चीनी उपयोग में आती है। एक किलो ग्राम चिप्स के लिए 3.00 किलो ग्राम चीनी, 700.0 मिली लीटर पानी तथा 1.0 ग्राम साइट्रिक अम्ल डालकर घोल बनाते हैं तथा घोल को कपड़े से छान लेते हैं। चीनी के घोल में अदरक के चिप्स डालकर लगभग 10 मिनट तक उबालते हैं। इसके बाद घोल को 24 घण्टे के लिए ऐसे ही छोड़ देते हैं। दूसरे दिन चीनी के घोल की ब्रिक्स (brix) नाप लें तथा चिप्स को घोल से निकालकर घोल को गर्म तथा लगभग 250 ग्राम चीनी डालकर घोल की 10.0 डिग्री ब्रिक्स तक गाढ़ा कर लें। इस घोल में चिप्स को पुनः डालकर तथा 5 मिनट तक उबालकर चिप्स को घोल में पहले की भाँति 24 घण्टे के लिए छोड़ दें। लगभग 3–4 दिन बाद इसी प्रकार चीनी का गाढ़ापन 10.0 डिग्री ब्रिक्स बढ़ाते हुए चीनी का गाढ़ापन 60.0 डिग्री ब्रिक्स तक ले जायें। इसके पश्चात् चीनी का गाढ़ापन 5. 0 डिग्री ब्रिक्स बढ़ाते हुए 72.0 डिग्री ब्रिक्स तक ले जायें। इस घोल में चिप्स को एक सप्ताह तक पड़ा रहने दें। यदि ब्रिक्स में कोई गिरावट आती है, तो उबालकर ब्रिक्स बढ़ा दें अन्यथा घोल के साथ चिप्स को एक हल्का उबाल देकर चिप्स को छलनी में छानकर ठण्डा होने दें। अब चिप्स को पीसी चीनी में रोल कर लें, जिससे चिप्स आपस में चिपके नहीं। तैयार कैण्डी को पालिथिन के थैले या चौड़े मुँह की ढक्कनदार बोतलों में भरकर रख लेते हैं। बचा हुआ चीनी का घोल अदरक के पेय के रुप में या इसको पतला करके फिर से कैण्डी बनाने के कार्य में आ सकता है।

बड़े आकार के कसे अदरक प्रकन्द
↓
पानी से धुलाई कर मिट्टी के कणों की सफाई
↓
छिलके उतारना
↓
वाँछित आकार के टुकड़े बनाना
↓
0.5 प्रतिशत साइट्रिक अम्ल डालकर एक घण्टे तक उबालना
↓
पानी से पुनः धुलाई करना
↓
30 प्रतिशत चीनी के घोल में डालकर 15 मिनट तक उबालना
↓
12 घण्टे तक चीनी के घोल में रखना
↓
पुनः 25 प्रतिशत भार तक चीनी के घोल का प्रयोग
↓

उबालना
↓
24 घण्टे तक ठण्डी अवस्था में रखना
↓
पुनः 5 मिनट तक उबालना
↓
चीनी के घोल को निकाल दें
↓
टुकड़ों को रवेदार चीनी के उपर घुमायें
↓
छायादार स्थान पर लकड़ी के ट्रे में टुकड़ों को रखें
↓
सूखाने वाली मशीन (ड्रायर) में 9 डिग्री सेल्सियस तापक्रम पर रखें
↓
पैकिंग करें

चित्र : अदकर की कैण्डी बनाने का रेखांकन

- अदरक का आर0टी0एस0 पेय

आर0टी0एस0 (Ready to Serve) पेय पदार्थ बनाने के लिए 1.0 किलो ग्राम अदरक को अच्छी तरह से धुलकर छोटे–छोटे टुकड़ों में काटते हैं तथा इन्हें जूसर के माध्यम से जूस निकाल लेते हैं। एक किलो ग्राम चीनी में एक लीटर पानी तथा 20.0 ग्राम साइट्रिक अम्ल डालकर गर्म करके एक उबाल आने तक चीनी को घोल लेते हैं। तैयार घोल को महीन कपड़े से छानकर चीनी की गन्दगी हटा देते हैं। घोल के ठण्डा होने पर इसमें अदरक का जूस मिला देते हैं। अब इसमें इतना पानी मिला देते हैं कि घोल का गाढ़ापन 15.0 डिग्री ब्रिक्स (brix) हो जाये (एक किलो ग्राम चीनी हेतु लगभग 5.5 लीटर पानी)। अब इस पेय को कपड़े से ढककर 2–3 दिन के लिए ऐसे ही छोड़ देते हैं, जिससे अदरक के जूस के कण आदि तलहटी में बैठ जायें। पेय को रबर की ट्यूब की सहायता से साइफन (siphon) कर लेते हैं तथा एक उबाल देकर बोतल में भरकर क्राउन कार्क (crown cork) से बन्द कर देते हैं। इन बोतलों को 20 मिनट तक उबलते पानी में रखकर ठण्डा कर उपयोग हेतु रख लेते हैं। गर्मी में इस पेय का सेवन पेट विकारों को दूर करता है।

- अदरक–नीबू स्क्वैश

अदरक–नीबू स्क्वैश बनाने के लिए अदरक को छिलकर तथा महीन काटकर जूस निकालने वाली मशीन से अदरक का जूस निकाल लेते हैं। नीबू को भी दो हिस्सों में काटकर जूस निकाल लेते हैं। अब प्रति 750 मिली लीटर नीबू के जूस में 250 मिली लीटर अदरक का जूस मिला देते हैं। प्रति लीटर अदरक–नीबू जूस मिश्रण के लिए 2.0 किलो ग्राम चीनी एक लीटर पानी में गर्म करके घोल लेते हैं तथा इस घोल में 2 चम्मच नीबू का जूस डाल देते हैं, जिससे चीनी साफ हो जाये। नीबू के घोल को महीन कपड़े से छानकर ठण्डा होने के लिए रख देते हैं। ठण्डा होने पर अदरक–नीबू के रस के मिश्रण तथा 2.0 ग्राम पोटैशियम मेटाबाई सल्फाइट 10.0 मिली लीटर पानी में घोलकर

मिलाते हैं। स्क्वैश को प्लास्टिक या काँच के ढक्कनदार बोतलों में पैक करके रख देते हैं। एक भाग स्क्वैश में तीन भाग ठण्डा पानी मिलाकर स्वादिष्ट तथा स्वास्थ्यवर्धक पेय का सेवन किया जा सकता है।

• अदरक का पाउडर

जब अदरक बहुतायत व कम कीमत पर उपलब्ध हो, इसका पाउडर बनाकर पूरे वर्ष मसाले के रुप में प्रयोग कर सकते हैं। पाउडर बनाने हेतु अदरक को अच्छी तरह पानी से किसी खुरदरी वस्तु से रगड़कर साफ कर लें तथा क्षतिग्रस्त हिस्से को काटकर हटा दें। अदरक को बारीक चिप्स (2.0 मिली मीटर) मोटाई से काटकर धूप में सूखा लेते हैं। पूरी तरह से सूखने पर खरल या मिक्सी में कूटकर पाउडर बना लेते हैं। तैयार पाउडर को पालिथिन की थैलियों या टीन के ढक्कन वाले जैम जार में भरकर उपयोग हेतु रख लें।

सूरन का संरक्षित उत्पाद

सूरन प्रकृति की अनमोल उपहार है, जिसका उपयोग विभिन्न प्रसंस्कृत उत्पाद बनाने में किया जा सकता है।

• सूरन का हलुआ

सूरन का हलुआ बनाने के लिए गजेन्द्र प्रजाति का चयन करते हैं। इसे तैयार करने के लिए 1.00 किलो ग्राम सूरन, 400.00 ग्राम चीनी, 100.00 ग्राम शुद्ध देशी घी, 25.00 ग्राम किसमिस, 50.00 ग्राम काजू एवं 25.00 ग्राम नारियल का बुरादा की आवश्यकता पड़ती है।

बनाने की विधि

सर्वप्रथम कच्चे सूरन को धोकर अच्छी प्रकार साफ कर लेते हैं। तदोपरान्त सूरन की उपरी भूरी सतह को सावधानीपूर्वक स्टील की चाकू से छील लिया जाता है। अब उसे छोटे–छोटे आकार के एक समान टुकड़ों में विभक्त कर कुकर या अन्य किसी बर्तन में हल्की उबाल के लिए रख देते हैं। पक जाने पर सूरन को बाहर निकालकर ठण्डा कर लिया जाता है। इस अवस्था में सूरन को अच्छी प्रकार से गूथा जा सकता है। शुद्ध देशी घी को कड़ाही में रखकर हल्का लाल होने तक धीरे–धीरे गर्म किया जाता है। तैयार पदार्थ को हमेशा स्टील के चम्मच से मिश्रित करते रहते हैं तथा आवश्यकतानुसार उत्पाद को जमने की हालत में आ जाने के बाद तुरन्त कड़ाही से बाहर निकालकर उपभोग करते हैं।

• सूरन का कोफ्ता

सूरन का कोफ्ता बनाने के लिए 50.0 ग्राम सूरन का कद्दूकस, 50.0 ग्राम बेसन, 50.0 ग्राम प्याज का टुकड़ा एवं स्वादानुसार लहसुन का टुकड़ा, हल्दी एवं नमक की आवश्यकता पड़ती है। इसके अलावा 2.0 ग्राम गरम मसाला एवं 250.0 ग्राम सरसों के तेल की आवश्यकता पड़ती है।

बनाने की विधि

कद्दूकस सूरन को 50.0 ग्राम बेसन के साथ सावधानी पूर्वक मिलाया जाता है। इन मिलाये गये पदार्थ में पीसा हुआ हल्दी, नमक, प्याज एवं लहसुन के टुकड़ों को मिलाकर गोल–गोल संरचना बना लेते हैं। इसके बाद स्टील की कड़ाही में सरसों का तेल डालते हैं। तेल गर्म हो जाने पर गोलाकार बनाया हुआ सूरन का मिश्रण हल्की–हल्की आँच पर तेल में डालकर तला जाता है। तेल में पकाने के पश्चात् उसे अलग रख लिया जाता है। फिर उसी कड़ाही में तेज पत्ता, पंचफोरन तथा कटा प्याज को भुनने के लिए डालते हैं। इस प्रकार तैयार गाढ़े रसदार मसाले में पूर्व में तैयार गोलाकर संरचना को डाल देते हैं। पक जाने पर गरम मसाला डालकर उतार लेते हैं और खाने के लिए उपयोग करते हैं।

प्रसंसकृत पदार्थ को भरते समय सावधानियाँ

1. मर्तबान या बोतल में गरम–गरम पदार्थ भरते समय नीचे लकड़ी का टुकड़ा या कपड़े की कई तह बनाकर रख दें, जिससे मर्तबान या बोतल ठण्डे व गरम सम्पर्क से टूटे नहीं।
2. मर्तबान या बोतल भरते ही उस पर ढक्कन लगा दें तथा गर्म मोम से बन्द/पैक (seal/pack) कर दें।

प्रसंस्कृत सब्जियों का उपयोग

1. भण्डारण के दौरान प्रसंस्कृत सब्जियों के स्वाद में खट्टापन या अम्लीयता आ जाती है। यदि परिरक्षित सब्जियों का उपयोग सलाद, चटनी, अचार आदि में करना हो, तो इन्हें घोल से निकालकर सीधे ही प्रयोग में लाया जा सकता है। पकाने के लिए इनका खट्टापन कम करना पड़ता है। सामान्यतः 3–4 घण्टे पानी में डूबोकर रखने से इनका खट्टापन दूर हो जाता है। इसके लिए ताजे या गुनगुने पानी का उपयोग किया जा सकता है।
2. मर्तबान या बोतल से परिरक्षित सब्जियाँ निकालने से पूर्व हाथ साफ व सूखे हुए हों। अगर चम्मच गीला है, तो सूखे कपड़े से पोंछ लें।
3. वर्षा से पूर्व ही 1–2 महीने की खपत के अनुसार छोटी बोतल में परिरक्षित सब्जियाँ निकालकर रख लें।
4. परिरक्षित पदार्थ को बच्चों की पहुँच से दूर रखें।
5. सूखी सब्जियों को निकालने के बाद डिब्बे अच्छी तरह से बन्द रखें। सम्भव हो तो इन्हें हवा अवरोधी कंटेनर (air tight container) में ही रखें।

प्रसंस्कृत एवं परिरक्षित उत्पाद की गुणवत्ता

प्रसंस्कृत एवं परिरक्षित उत्पाद की गुणवत्ता व सुरक्षा को उन विशेषताओं के सम्मिश्र (composite) के रूप में किया जा सकता है, जो उत्पाद की नीजी इकईयों को विभाजित करती है।

प्रसंस्कृत एवं परिरक्षित उत्पाद की गुणवत्ता का वर्गीकरण

सारिणी (21.39) प्रसंस्कृत एवं परिरक्षित उत्पाद की गुणवत्ता का वर्गीकरण

देखना (sight)	दिखावट
	रंग
	चमक
	गाढ़ापन (viscosity)
	आकार
	दोष
स्पर्श / छूना (touch)	गतिबोधक बनावट (Kinesthetic texture)
सूँघना व स्वाद (smell and taste)	महक
	गंध
	स्वाद
प्रछन्न	पोषणात्मक
	मिलावटी पदार्थ

प्रसंस्कृत एवं परिरक्षित उत्पाद की विषाक्तता

हाल के वर्षों में प्रसंस्कृत एवं परिरक्षित उत्पाद की विषाक्तता रोगाणु, विषाणु और परजीवी जनित रोगजनकों के रूप में उभरे हैं। अतः प्रसंस्कृत उत्पादों को बाजार से खरीदने से पहले उनके बनने का समय तथा उपभोग अवधि आदि का ध्यान रखना चाहिए। प्रसंस्कृत पदार्थों में संक्रमण, रोगकारक एवं उनका विवरण नीचे की सारिणी में दिया गया है।

सारिणी (21.40) प्रसंस्कृत एवं परिरक्षित उत्पाद की विषाक्तता

संक्रमण	रोगजनक	विवरण
रोगाणुवीय	बैसिलस सिरीयस (*Bacillus cereus*)	चर (mobile), ग्राम पाजीटीव, अवायुवीय (anaerobic) एवं दंडरूपी (rod) होता है। यह प्रसंस्कृत एवं परिरक्षित उत्पाद में एन्ट्रोटाक्सिन (enterotoxins) उत्पन्न करता है, जिससे वमन (emetic) एवं अंतर्ग्रहण (ingestion) होता है।
	क्लास्ट्रीडीयम बोटुलिनम (*Clostridium botulinum*)	यह ग्राम पाजीटीव एवं दंडरूपी (rod) होता है। यह बीजाणुरूपी (spore forming) व अवायुवीय (obligate anaerobic) होता है। प्रसंस्कृत एवं परिरक्षित उत्पाद में पूर्वनिर्मित टाक्सिन (toxins) उत्पन्न करता है। उत्पाद में रोगजनक का गंधरहित विकास होता है।
	साल्मोनेला प्रजाति (*Salmonella* spp.)	साल्मोनेला ग्राम निगेटीव, चर (mobile) एवं दंडरूपी (rod) होता है। साल्मोनेलता (Salmonellosis) के कारण तंत्रिका–शोथ या पूतिजीवरक्त (meningitis or septicaemia) होता है, जिससे कभी–कभी मृत्यु हो जाती है।

	स्टैफइलोकोकस आरियस (*Staphylococcus aureus*)	स्टैफइलोकोकस आरियस ग्राम पाजीटीव, अविजाणुरूपी (non-spore forming) व अवायुवीय वातनिरपेक्ष वैकल्पिक (facultative anaerobic) होता है। इससे वमन (emetic) एवं अंतर्ग्रहण (ingestion) होता है।
	शिगेला स्पीसीज (*Shigella species*)	प्रसंस्कृत एवं परिरक्षित उत्पाद के उपभोग से शगेला स्पीसीज शिगेला रोग (snigelosis) उत्पन्न करता है। इससे वमन (emetic) एवं अंतर्ग्रहण (ingestion) होता है।
	विब्रियो कोलरी (*Vibrio cholerae*)	विब्रियो कोलरा ग्राम निगेटीव एवं दंडरूपी (rod) होता है। प्रसंस्कृत एवं परिरक्षित उत्पाद में पूर्वनिर्मित टाक्सिन (toxins) उत्पन्न करता है।
पानी एवं परिरक्षित उत्पाद से संम्बद्ध	नारवाक विषाणु, एकोवायरल	प्रसंस्कृत एवं परिरक्षित उत्पाद के उपभोग से हैप्टाइटीस ए एवं आंत्रशोथ उत्पन्न करता है।

□□□

अध्याय 22

सब्जी बीज उत्पादन

(Vegetables Seed Production)

भारतवर्ष की भौगोलिक एवं जलवायु विविधता के कारण यहाँ पर लगभग 60 से ज्यादा भारतीय व अन्य देशों की आयातित उपोष्ण एवं सम शीतोष्ण सब्जियाँ उगाई जाती हैं। हिमालय की ऊँची पहाड़ियों में 1500.0–2500.0 मीटर तक अनेकों उपोष्ण, सम–शीतोष्ण व शीतोष्ण सब्जियों के बीज उत्पादन के अनुकूल वातावरण प्राप्त है। इन स्थानों पर गर्मी, वर्षा व शीतकालीन सब्जियों के बीज बनते हैं। इण्डो–गैंगेटिक मैदानी भागों (Indo-Gangetic plains), जो हिमालय को दक्षिण प्रायद्वीप से अलग करता है, इनमें भी (रबी, जायद एवं खरीफ) ऋतुओं की सब्जियाँ बहुतायत से उत्पन्न की जाती हैं। अतः यह कहा जा सकता है कि भारतवर्ष में सब्जियों को उनकी वातावरण के अनुरूप उगाने की प्रबल सम्भावना है। अत्यधिक, कम व उच्च तापमान एवं वर्षा की वजह से कई सब्जियाँ जल्द तैयार हो जाती हैं। अतः यहाँ पर तापमान के प्रति असंवेदनशील किस्मों की महत्ता बढ़ जाती है। डेकन का पठारी भाग (समतल भाग) जिसकी ऊँचाई विभिन्नता 300.0–900.0 मीटर (नीलगीरी की पहाड़ियों को छोड़कर) में वातावरणीय विभिन्नता के कारण लम्बे समय तक सब्जी बीज उत्पादन सम्भव है। इसी प्रकार ऐसी सब्जियाँ जिनके उगाने में वातावरणीय उतार–चढ़ाव का प्रभाव कम पड़ता है या जिन्हें तापमान की आवश्यकता नहीं होती है, उन्हें सुगमतापूर्वक कर्नाटक एवं आन्ध्र प्रदेश में उगाया जा सकता है, जहाँ पर प्रति इकाई बीज ज्यादा मिलते हैं और उत्पादन लागत कम आता है। सब्जी फसलों के सफल उत्पादन का मूल आधार अच्छे किस्म का बीज ही है। सब्जी उत्पादकों के लिए अच्छे किस्म के बीजों का चुनाव व शुद्ध बीज की उपलब्धता एक जटिल समस्या बनी हुई है। प्रायः सब्जी उत्पादक स्थानीय दुकानदारों से ही उपलब्ध बीज खरीदते हैं, जिस पर शुद्धता का विश्वास नहीं रहता है। अन्य प्रमुख सुविधायें जैसे–अच्छी भूमि, खाद तथा उर्वरक, सिंचाई और पौध संरक्षण के साधन इत्यादि, उपलब्ध होने के अतिरिक्त भी अगर गुणवत्तायुक्त

शुद्ध (मुक्त एवं संकर) बीज नहीं है, तो फसल उत्पादन की प्रगति नहीं के बराबर होती है और पैदावार में आशातीत वृद्धि नहीं की जा सकती है।

भारत वर्ष में सब्जी बीज उत्पादन का ऐतिहासिक दृष्टिकोण

भारतवर्ष में पुर्तगीज व ब्रिटीश निवासियों द्वारा 18वीं व 19वीं शताब्दी में ठण्डे मुल्क की सब्जियों के बीज मँगायें जाते थे। सन् 1942 तक भारत वर्ष में सब्जी बीज यूरोपीय देशों से मँगायें जाते थे लेकिन द्वितीय विश्व युद्ध के समय शीतोष्ण जलवायु वाली सब्जी बीजों की आपूर्ति बन्द हो गयी। अतः भारत सरकार को इसकी आपूर्ति बनाये रखने हेतु स्थानीय किस्मों के उत्पादन पर बल दिया और क्वेटा, ब्लूचिस्तान में सन् 1942–43 में सफलतापूर्वक बीज बनाया जाने लगा। इसी समय काश्मीर व कुल्लू घाटी में भी बीज उत्पादन प्रारम्भ किया गया। वर्ष 1949 में एक सब्जी प्रजनन केन्द्र की स्थापना कटराई, कुल्लू घाटी (हिमाचल प्रदेश) में की गयी। यह केन्द्र भारतीय कृषि अनुसंधान संस्थान, नई दिल्ली के अन्तर्गत वर्ष 1955 कार्य करना शुरू किया। वर्ष 1947–48 में "इम्पिरियल कौंसिल आफ रिसर्च" वर्तमान में भारतीय कृषि अनुसंधान परिषद् (Indial Council of Agricultural Research, New Delhi) द्वारा अनेकों योजनाओं द्वारा सब्जी शोध को बढ़ावा दिया गया और वर्ष 1960 में प्रान्तीय कृषि विश्वविद्यालय खोले गये। वर्ष 1970–71 में अखिल भारतीय समन्वित अनुसंधान परियोजना, (सब्जी फसल) नई दिल्ली में प्रारम्भ की गयी, जिसके तहत सब्जी प्रजाति विकास, मूल्यांकन उनकी सस्य तकनीकी, पौध संरक्षण आदि के साथ–साथ सब्जी बीज उत्पादन पर भी कार्य प्रारम्भ हुआ। इसके बाद से ही बीज उद्योग को बढ़ावा मिलने लगा। बीज समस्याओं को ध्यान में रखते हुए सरकार द्वारा अच्छी किस्मों के शुद्ध बीजों की समय व सही जगह पर उपलब्धता सुनिश्चित करने हेतु सन् 1963 में राष्ट्रीय बीज निगम (National Seed Corporation, 1963) की स्थापना की गयी। राष्ट्रीय बीज योजना (National Seed Project) का मुख्य ध्येय शुद्ध एवं प्रमाणित बीज पैदा करना और उनका सही ढंग से वितरण करना है। बीज के महत्व को देखते हुए भारत सरकार ने "वर्ल्ड बैंक" (World Bank) की सहायता से राष्ट्रीय बीज योजना (National Seed Project) की स्थापना अक्टूबर, 1976 में की, जो पूरी तरह कार्य सन् 1977–78 में प्रारम्भ किया। सन् 1980 तक भारतीय कृषि अनुसंधान परिषद् इस परियोजना को छठवीं एवं सातवीं पंचवर्षीय योजना के अन्त तक नियमित कार्य प्रणाली के अन्तर्गत चलाता रहा। इसके बाद देश में कुल 13 स्टेट सीड कारपोरेशन (State Seed Corporation) की स्थापना की गयी। सन् 1966 में बीज अधिनियम (Seed Act, 1966) बनाया गया और इसी वर्ष नेशनल सीड कारर्पोरेशन (National Seed Corporation) तथा फार्मस कार्पोरेशन ऑफ इण्डिया (Farms Corporation of India) की भी स्थापना हुई। सीड एक्ट, 1966 (Seed Act, 1966) के अन्तर्गत बने बीज निगम को विज्ञप्त सन् 1968 (notified in 1968) में किया गया तथा समय–सयम पर इनमें संशोधन होता रहता है। सन् 1969 में तराई बीज निगम की स्थापना हुई। इनकी आशातीत प्रगति से आकर्षित होकर अब प्रत्येक राज्य में राज्य स्तर के बीज निगमों की स्थापना प्रारम्भ हो गई है तथा साथ ही साथ राज्य स्तर पर प्रमाणीकरण समितियों की भी स्थापना की गयी है। प्रारम्भ में सब्जी प्रजनक बीज उत्पादन (Vegetable Breeder Seed Production) का कार्य प्रारम्भ में देश के 7 केन्द्रों पर चलाया गया लेकिन इसे वर्ष 1985 में समाप्त कर दिया गया। स्वतंत्र रूप से बीज उत्पादन का कार्य 8वीं पचवंर्षीय

योजना में प्रारम्भ हुई। इस प्रकार नेशनल सीड प्रोजेक्ट (N.S.P.) के तहत बीज शोध व उत्पादन भारतीय कृषि अनुसाधन परिषद के संस्थानों एवं कृषि विश्वविद्यालयों द्वारा पनुः प्रारम्भ किया गया।

अंतर्राष्ट्रीय बीज व्यवसाय

"वर्ल्ड ट्रेड आर्गनाइजेशन" (World Trade Organization) के अन्तर्गत बीज व्यवसाय एक पूर्ण रूप में विकसित व स्थापित हो रहा है। इसके अन्तर्गत वर्तमान में बीज का व्यावसायिक मूल्य 34.0 बिलियन यू0एस0 डालर का है और यह बढ़कर आगामी वर्षों में 100.0 यू0एस0 बिलियन डालर का हो जायेगा। घरेलू बाजार के अन्तर्गत संयुक्त राज्य अमेरिका में बीज का सबसे बड़ा व्यावसायिक बाजार है, जिसका अनुमानित मूल्य 7.1 बिलियन यू0एस0 डालर है। इसके बाद चीन, फ्रांस, जापान, ब्राजील, भारत एवं अन्य देशों का है, जिसका विवरण नीचे की सारिणी में दिया गया है–

सारिणी (22.1) सब्जी बीज का अंतर्राष्ट्रीय व्यवसाय

देश	घरेलू बाजार (यू0एस0 मिलियन डालर)	सहभागिता (प्रतिशत)
संयुक्त राज्य अमेरिका	7080	20.82
चीन	4000	11.76
फ्रांस	1915	5.63
जापान	1500	4.41
ब्राजील	1500	4.41
भारत	1300	3.82
जर्मनी	1000	2.94
अन्य	15705	46.19
कुल योग	**34000**	**100.00**

सब्जी बीज आयात एवं निर्यात

सब्जियों की 50 प्रतिशत से ज्यादा बीज, व्यक्तिगत बीज कम्पनियों से आता है। इस प्रकार विगत वर्षों में बीज व्यवसाय को देखा जाये तो सन् 1991–92 की तुलना में कुल 150 प्रतिशत उपज बढ़ोतरी वर्ष 2001–2002 तक पायी गयी है। विगत वर्षों में भारतवर्ष द्वारा कुल बीजों का निर्यात 100.0 मिलियन डालर का किया गया, जिसमें सब्जी बीजों की सहभागिता 62.125 मिलियन डालर का रहा। सार्क (SAARC) एवं दक्षिण एशिया (South Asia) के देशों में भारतीय बीजों की गुणवत्ता के आधार पर प्रथम स्थान है, जिसकी वजह से इन देशों द्वारा मुक्त परागित बीजों को ज्यादातर खरीदा जाता है। निर्यात का मुख्य घटक उच्च मूल्य दर वाले संकर किस्में एवं उनके आयातित पितृ हैं। ज्यादातर बहुराष्ट्रीय कम्पनियाँ (Multi National Companies) संयुक्त राज्य अमेरिका, यूरोप, और जापान में हैं। बहुराष्ट्रीय कम्पनियाँ, भारतीय कम्पनियों को भी स्रोत के रूप में प्रयोग करती हैं या अपनी समरूप कम्पनियाँ संचालित करती हैं। वर्तमान में विकासशील देशों में 95.0 प्रतिशत से ज्यादा टमाटर के संकर किस्मों की खेती विकसित देशों से उत्पादित बीजों द्वारा किया जाता है, क्योंकि इन देशों की भौगोलिक परिस्थितियाँ बीज उत्पादन के अनुकूल हैं। वर्तमान में भारतीय कम्पनियाँ भी अपनी संस्थाओं में शोध एवं विकास के लिए ज्यादा निवेश कर रही हैं, जिससे उनका

बीज निर्यात बढ़ सके। सरकार बीज निर्यात को बढ़ावा दे रही है और इसके लिए अगली पंचवर्षीय योजना में 20.0–30.0 प्रतिशत वृद्धि का लक्ष्य रखा गया है। पूरे विश्व में सब्जी बीज का आयात एवं निर्यात का व्यवसाय 3.60 बिलियन यू0एस0 डालर का है, जबकि इसमें 14.50 प्रतिशत घरेलू खपत है। संयुक्त राज्य अमेरिका ने सन् 2005 में 321.0 मिलियन यू0एस0 डालर का आयात किया था। भारतवर्ष में बीज आयात 2.3 प्रतिशत घरेलू खपत के रुप में है, जिसका मूल्य 30.50 मिलियन डालर है, जो पूरे विश्व के बीज व्यवसाय का मात्र 0.83 प्रतिशत है। बीज निर्यात में भारत का स्थान विश्व में 20वें स्थान पर है, जो कुल 7560.0 टन बीज का निर्यात अन्तर्राष्ट्रीय बाजार में करता है, जिससे कुल 21.00 मिलियन यू0एस0 डालर प्राप्त होता है (एपेडा, 2001–2002)।

सारिणी (22.2) सब्जी बीज का आयात एवं निर्यात

फसल	सब्जी बीज का आयात एवं निर्यात							
	आयात				निर्यात			
	संकर (टन)	मूल्य (मिलियन डालर)	मुक्त परागित (टन)	मूल्य (मिलियन डालर)	संकर (टन)	मूल्य (मिलियन डालर)	मुक्त परागित (टन)	मूल्य (मिलियन डालर)
पत्ता गोभी	30.0	3.30	60.0	0.42	–	–	–	–
मिर्च	–	–	10.0	3.00	–	–	–	–
शिमला मिर्च	–	–	1.50	1.50	1.0	–	–	–
तरबूज	–	–	0.30	0.30	20.0	6.0	45.0	0.135
खरबूजा	–	–	0.60	0.60	–	–	–	–
स्वीट कार्न	–	–	0.08	0.08	–	–	–	–
गाजर	–	–	0.49	0.49	–	–	30.0	0.090
फूल गोभी	10.0	1.5	0.45	0.45	–	–	–	–
चुकन्दर	–	–	0.90	0.90	–	–	–	–
स्क्वाश	–	–	0.04	0.04	3.0	0.9	–	–
खीरा	5.0	0.5	0.49	0.49	–	–	–	–
धनिया	–	–	0.40	0.40	–	–	–	–
टमाटर	–	–	–	–	30.0	3.0	–	–
बैंगन	–	–	–	–	2.0	0.3	5.0	0.200
भिण्डी	–	–	–	–	250.0	50.0	350.0	0.420
लौकी	–	–	–	–	–	–	20.0	0.600
मूली	–	–	–	–	–	–	180.0	1.020
प्याज	–	–	–	–	–	–	6000.0	0.300
कुल	45.0	5.3	547.0	8.67	306.0	60.2	6630.0	2.765

कुल आयात (मिलियन डालर) = 13.97   कुल निर्यात (मिलियन डालर) = 12.65

भारतवर्ष से प्रतिवर्ष अनेकों सब्जी एवं फलों के बीजों का निर्यात बड़े पैमाने पर किया जाता है। विगत तीन वर्षों में भारत से निर्यात किये गये सब्जी एवं फलों के बीजों का विवरण नीचे की सारिणी में दिया गया है।

सारिणी (22.3) भारत से फल एवं सब्जी बीजों का निर्यात

देश	2009-10		2010-11		2011-12	
	मात्रा (कि०ग्रा०)	मूल्य (लाख रू०)	मात्रा (कि०ग्रा०)	मूल्य (लाख रू०)	मात्रा (कि०ग्रा०)	मूल्य (लाख रू०)
पाकिस्तान	38,67,653.00	4,126.46	59,67,625.00	6,572.16	48,83,904.00	7,329.36
बांग्लादेश	14,44,326.00	1,048.78	21,67,214.00	1,584.06	42,09,376.00	2,372.18
नीदरलैण्ड	1,32,828.00	1,524.45	75,356.00	1,212.84	2,19,537.00	2,124.85
मलेशिया	1,63,784.00	648.34	95,062.00	736.99	2,34,635.00	2,070.26
संयुक्त राज्य अमेरिका	1,28,341.00	1,318.97	1,16,991.00	1,601.03	1,25,001.00	1,991.54
जापान	96,683.00	883.78	1,96,629.00	759.17	2,25,553.00	1,280.43
इण्डोनेशिया	20,640.00	38.64	52,429.00	538.92	1,03,174.00	1,252.75
क्यूबा	0.00	0.00	0.00	0.00	77,657.00	874.85
सउदी बरबिया	2,61,878.00	206.48	2,22,236.00	141.32	13,04,224.00	748.94
नेपाल	3,69,234.00	280.41	3,53,886.00	842.05	7,67,536.00	685.28
केनिया	63,228.00	216.59	70,768.00	406.11	1,01,654.00	619.51
सिंगापुर	26,104.00	198.17	69,951.00	387.40	91,261.00	615.52
थाइलैण्ड	11,488.00	159.36	11,671.00	137.12	98,726.00	607.53
इटली	1,60,139.00	440.06	2,50,325.00	381.71	3,25,199.00	533.79
इजिप्ट	1,38,836.00	257.19	2,36,303.00	284.90	1,59,375.00	526.34
ताइवान	9,80,446.00	342.59	7,99,779.00	292.68	10,37,642.00	423.94
यूनाइटेड किंगडम	84,538.00	393.18	18,474.00	250.15	52,620.00	420.61
श्री लंका	1,16,811.00	294.18	74,384.00	271.09	67,734.00	410.98
फ्रान्स	24,998.00	141.87	21,893.00	193.84	22,564.00	314.86
चीन	28,331.00	174.66	5,988.00	56.15	1,81,105.00	291.51
वियतनाम	1,20,919.00	344.59	3,924.00	84.13	8,023.00	279.44
कोरिया रिपब्लिक	2,946.00	48.94	1,48,475.00	139.01	2,37,908.00	279.35
टर्की	559.00	17.54	1,999.00	52.44	79,960.00	245.27
ओमन	30,337.00	162.99	29,657.00	194.50	20,057.00	230.94
जर्मनी	18,164.00	79.31	24,152.00	74.94	28,573.00	190.00
इजराइल	2,442.00	128.39	1,627.00	68.64	1,280.00	143.21
कोरिया डी०पी० रिपब्लिक	110.00	0.28	0.00	0.00	1,00,172.00	142.48
दक्षिण अफ्रीका	1,40,855.00	111.90	2,45,710.00	163.55	1,62,738.00	137.02
रूस	0.00	0.00	364.00	6.61	6,246.00	134.96
यू०ए० अमिरात	56,006.00	43.32	50,016.00	29.38	26,470.00	114.03
मारीशस	6,736.00	67.05	7,156.00	36.63	18,280.00	109.26
फिलीपिन्स	13,473.00	68.69	62,803.00	178.58	18,861.00	104.53
जोर्डन	50,812.00	95.80	9,660.00	144.06	7,785.00	97.37
यूगाण्डा	3,110.00	12.63	3,878.00	16.50	19,136.00	92.31
न्यूजीलैण्ड	3,252.00	32.24	2,206.00	18.90	11,689.00	87.51
तन्जानिया	10,550.00	13.52	8,443.00	4.65	23,098.00	86.94
कोलम्बिया	0.00	0.00	2,482.00	36.85	3,190.00	69.41
ईरान	290.00	12.53	25,286.00	39.95	21,266.00	54.08
इजीबौती	0.00	0.00	0.00	0.00	9,000.00	37.28
बेल्जियम	306.00	8.83	36,170.00	56.56	1,400.00	36.27

यमन रिपब्लिक	22,650.00	35.19	10,000.00	11.39	21,100.00	33.53
पोलैण्ड	2,124.00	18.27	764.00	11.42	8,103.00	32.82
सुडान	40,080.00	12.85	11,104.00	33.64	8,089.00	30.34
मोरक्को	1,407.00	13.15	2,688.00	17.62	1,193.00	27.07
हँगरी	68.00	2.61	0.00	0.00	181.00	26.16
युक्रेन	3,014.00	5.82	20.00	6.94	5,664.00	25.66
कनाडा	5,181.00	24.79	6,865.00	23.38	6,714.00	25.45
बहरीन	1,977.00	11.48	916.00	8.41	2,073.00	25.42
हांग कांग	5,132.00	30.75	6,262.00	64.74	2,514.00	24.45
सेनेगल	0.00	0.00	783.00	28.87	550.00	23.05
घाना	0.00	0.00	1,370.00	4.01	772.00	22.97
स्पेन	1,484.00	12.51	73.00	12.32	4,102.00	22.32
कोस्टारिका	3,665.00	15.65	0.00	0.00	3,150.00	20.77
फिनलैण्ड	1,103.00	18.29	0.00	0.00	3,140.00	17.55
आयरलैण्ड	4,700.00	24.22	680.00	2.82	3,240.00	17.46
आस्ट्रेलिया	5,443.00	10.07	1,133.00	8.73	1,144.00	16.11
ग्वाटेमाला	16,500.00	59.35	10,900.00	41.92	1,125.00	15.99
लिबेरिया	0.00	0.00	0.00	0.00	470.00	15.31
इथियोपिया	0.00	0.00	525.00	1.17	4,942.00	15.23
माली	62.00	0.36	821.00	43.61	1,368.00	14.81
बरकिना फासो	0.00	0.00	1,010.00	17.28	540.00	11.89
कुवैत	9,130.00	17.70	7,371.00	16.93	4,683.00	11.63
स्वीटजरलैण्ड	0.00	0.00	35.00	0.24	2,215.00	11.08
चेक रिपब्लिक	185.00	11.07	26.00	1.49	80.00	11.02
जाम्बिया	120.00	9.09	120.00	4.21	36.00	10.03
लिथुआनिया	0.00	0.00	0.00	0.00	1,575.00	9.37
केमेरून	0.00	0.00	3,050.00	16.32	190.00	8.73
त्रीनिननाद	208.00	6.14	225.00	8.14	261.00	7.68
ब्राजील	4,050.00	5.15	15.00	3.10	172.00	7.38
पेरू	874.00	4.44	10,002.00	7.10	175.00	6.62
मैक्डोनिया	0.00	0.00	5,670.00	12.73	300.00	6.27
सिरिया	26,990.00	42.29	47,063.00	34.09	4,500.00	5.44
नाइजेरिया	11,100.00	37.94	10.00	0.08	620.00	4.78
ईराक	39.00	4.39	0.00	0.00	14.00	3.84
खाण्डा	0.00	0.00	0.00	0.00	318.00	3.77
ग्रीस	0.00	0.00	0.00	0.00	23.00	3.72
नार्वे	0.00	0.00	0.00	0.00	34.00	3.50
मयन्मार	40.00	0.01	0.00	0.00	9,000.00	3.26
मोजम्बिक	0.00	0.00	50.00	0.94	937.00	2.97
कतर	1,557.00	16.11	2,781.00	9.82	871.00	2.90
सैरालियोन	0.00	0.00	400.00	1.46	61.00	2.88
मलावी	0.00	0.00	500.00	4.97	150.00	2.67
अफगानिस्तान	335.00	7.44	3,351.00	11.82	1,000.00	2.12
रियूनियन	2,570.00	2.28	0.00	0.00	1,560.00	2.03
सेन्ट्रल अफ्रीकन रिपब्लिक	0.00	0.00	0.00	0.00	130.00	1.48

साईप्रस	1,675.00	4.06	0.00	0.00	227.00	1.24
मकाओ	0.00	0.00	0.00	0.00	62.00	1.16
इल सल्वाडोर	52.00	0.87	0.00	0.00	1,000.00	1.15
बेनिन	0.00	0.00	0.00	0.00	28.00	0.93
डामनिक रिपब्लिक	0.00	0.00	0.00	0.00	70.00	0.83
मेक्सिको	96,015.00	54.20	800.00	3.55	20.00	0.71
स्लोवानिया	0.00	0.00	0.00	0.00	400.00	0.70
गौडेलोप्पी	0.00	0.00	0.00	0.00	90.00	0.61
बुलगारिया	0.00	0.00	0.00	0.00	700.00	0.47
जिम्बावे	0.00	0.00	0.00	0.00	2.00	0.40
बेनेजुएला	0.00	0.00	0.00	0.00	10.00	0.29
अर्जेन्टिना	5,716.00	13.06	12,000.00	1.60	1.00	0.26
नीदरलैण्ड एण्टील	8.00	0.01	10.00	0.01	74.00	0.25
गुइनीया	1,152.00	10.01	0.00	0.00	1.00	0.24
ग्यूना	0.00	0.00	0.00	0.00	100.00	0.23
मालदीव	1,570.00	0.68	241.00	0.13	140.00	0.23
गाम्बिया	0.00	0.00	368.00	2.06	140.00	0.19
होण्डुरास	300.00	6.52	0.00	0.00	10.00	0.17
चिली	0.00	0.00	13.00	0.01	15.00	0.03
टोगो	0.00	0.00	0.00	0.00	30.00	0.01
रोमानिया	1.00	0.00	0.00	0.00	0.00	0.00
सेयकेलेस	60.00	0.28	0.00	0.00	0.00	0.00
सोलोमान आइलैण्ड	23.00	0.21	0.00	0.00	0.00	0.00
बेलिजे	0.00	0.00	4.00	0.08	0.00	0.00
फिजी आइलैण्ड	100.00	0.04	0.00	0.00	0.00	0.00
लिबिया	0.00	0.00	218.00	2.06	0.00	0.00
अल्जेरिया	15,000.00	3.96	0.00	0.00	0.00	0.00
चार्ड	50.00	0.25	0.00	0.00	0.00	0.00
लेबनान	0.00	0.00	10.00	0.04	0.00	0.00
स्वीडेन	200.00	0.22	120.00	0.83	0.00	0.00
कोंगो पी० रिपब्लिक	687.00	3.88	476.00	2.20	0.00	0.00
कम्बोडिया	100.00	0.41	350.00	11.08	0.00	0.00
ट्यूनिसिया	21.00	2.28	55.00	0.70	0.00	0.00
अमेरी समोआ	50.00	0.38	0.00	0.00	0.00	0.00
माल्टा	4.00	0.78	0.00	0.00	0.00	0.00
अनस्पेसीफाइड	8,040.00	2.44	10.00	0.00	0.00	0.00
डेनमार्क	91.00	0.84	0.00	0.00	0.00	0.00
जार्जिया	0.00	0.00	100.00	0.15	0.00	0.00
कुल	88,83,856.00	14,507.50	1,16,22,330.00	18,491.78	1,52,05,808.00	28,776.32

स्रोत: डी०जी०सी०आई०एस० एक्सपोर्ट (वार्षिक रिपोर्ट–2012), एपेडा

सब्जी बीज की माँग, उपलब्धता एवं प्रतिस्थापन (Seed demand, availability and replacement)

बीज के महत्व को देखते हुए देश के कृषि विश्वविद्यालय, कृषि संस्थान, राज्यों के कृषि विभाग आदि सब्जियों एवं अन्य फसलों के बीज तैयार करके उत्पादकों को वितरित कर रहे हैं। बीज की उपलब्धता बनाये रखने के लिए कुछ विशेष कार्यक्रम चलाया गया, जिसके अन्तर्गत बीज उत्पादन पैकिंग, विपणन एवं प्रशिक्षण पर विशेष ध्यान दिया जा रहा है।

सारिणी (22.4) सब्जी बीज की माँग, उपलब्धता एवं प्रतिस्थापन

सब्जी फसल	माँग (टन)	उपलब्धता (टन)	प्रतिस्थापन (प्रतिशत)
टमाटर	169.94	168.75	99.30
बैंगन	239.54	151.87	63.40
पत्ता गोभी	228.12	197.09	86.40
फूल गोभी	228.12	197.09	86.40
खीरा	54.10	39.27	72.60
मिर्च	2046.35	1504.06	73.50
गोर्डस	2046.35	1504.06	73.50
खरबूजा	423.37	377.65	89.20
प्याज	4849.37	4233.50	87.30
पत्तीदार सब्जियाँ	5530.00	2328.13	42.10
भिण्डी	4645.81	4292.73	92.40
मटर	17037.15	15929.74	93.50
मूली	745.80	719.69	96.50
बीन्स	11880.10	7983.43	67.20
अन्य	**3718.42**	**2699.57**	**72.60**
कुल	**5197591.00**	**40986.59**	**78.86**

भारतवर्ष में सब्जी बीज उत्पादन का क्षेत्रफल और माँग इस प्रकार है–

(क्षेत्रफल 000 हेक्टेयर) और माँग (माँग किलो ग्राम)

फसल	कुल क्षेत्रफल	बीज दर	एस0एम0 आर0	प्रमाणित बीज	आधारीय बीज	प्रजनक बीज	प्रजनक बीज माँग	प्रजनक बीज उत्पादन
टमाटर	499.0	300.0	200.0	150.0	749.0	4.0	25.0	49.0
बैंगन	493.0	500.0	400.0	246.0	616.0	2.0	18.0	56.0
मिर्च	421.0	600.0	250.0	253.0	1010.0	4.0	50.0	127.0
पत्ता गोभी	313.0	250.0	500.0	78.0	156.0	0.3	1.0	6.0

फूल गोभी	313.0	250.0	500.0	78.0	156.0	0.3	3.0	5.0
गोर्डस	421.0	4000.0	100.0	1684.0	16839.0	168.0	240.0	492.0
मेलन्स	174.0	3000.0	30.0	523.0	17420.0	581.0	127.0	326.0
भिण्डी	382.0	8000.0	60.0	3058.0	50974.0	850.0	1865.0	2674.0
प्याज	399.0	8000.0	500.0	3192.0	6385.0	13.0	264.0	334.0
मटर	234.0	10,0000.0	8.0	23366.0	2920799.0	365100.0	32070.0	46515.0
मूली	307.0	2500.0	200.0	766.0	3832.0	19.0	90.0	328.0
बीन्स	244.0	75000.0	8.0	18330.0	2291275.0	286409.0	2500.0	1901.0
कुल	4200.0	202400.0	2765.0	51726.0	5310212.0	653150.0	37251.0	52811.0

स्रोतः राय एवं सहयोगी (2004), सीड ए ग्लोबल पर्सपेक्टीव

सारिणी (22.5) कन्दीय फसलों का क्षेत्रफल, उत्पादन और अनुमानित कन्द बीज माँग

वर्तमान स्थिति			XII योजना के लिये प्रक्षेप		
फसल	क्षेत्रफल (000 हेक्टेयर)	उत्पादन (000 मैट्रिक टन)	क्षेत्रफल (000 हेक्टेयर)	उत्पादन (000 मैट्रिक टन)	अनुमानित कन्द बीज माँग (000 मैट्रिक टन)
आलू	1553.0	28470.0	2024.0	37100.0	5783.0
कसावा	270.0	9064.0	368.0	12340.0	6630.0
शकरकन्द	126.0	1146.0	179.0	1628.0	20.0
याम	100.0	1500.0	131.0	1965.0	1617.0
कोलोकेशिया	80.0	800.0	106.0	1050.0	106.0
एमार्फोफैलस	60.0	1500.0	79.0	1975.0	975.0

स्रोतः पाण्डेय एवं नस्कर, 2011

सारिणी (22.6) सब्जी फसलों का अनुमानित बीज माँग

सब्जी फसल	संपूर्ण माँग (टन)	उत्पादन संगठित क्षेत्र (टन)	अन्य विशेष बीज (टन)	कमी (टन)
टमाटर	360.0	190.0	80.0	90.0
बैंगन	435.0	85.0	50.0	330.0
मिर्च	200.0	68.0	80.0	52.0
फूल गोभी	280.0	130.0	35.0	115.0
खीरा	70.0	37.0	20.0	13.0
खरबूजा	110.0	37.0	40.0	33.0
तरबूज	320.0	135.0	100.0	85.0
लौकी	625.0	105.0	100.0	410.0
प्याज	1200.0	200.0	400.0	600.0
भिण्डी	4250.0	1350.0	800.0	2100.0

मूली	650.0	300.0	200.0	150.0
गाजर	700.0	200.0	250.0	250.0
चुकन्दर	400.0	100.0	120.0	180.0
मटर	6000.0	1500.0	2000.0	2500.0
बंद गोभी	200.0	80.0	60.0	60.0
कुल	**15820.0**	**4517.0**	**4335.0**	**6968.0**

स्रोतः सीड एसोसिएशन आफ इण्डिया, 2011

बीज उत्पादन एवं आपूर्ति

उच्च गुणवत्तायुक्त सब्जी बीज आपूर्ति का व्यावसाय विगत वर्षों में तेजी से बढ़ा है। बीज नियन्त्रण आदेश, सन् 1988 के अनुसार मुक्त सामान्य अधिकार (Open General Licence) के तहत व्यक्तिगत बीज कम्पनियों द्वारा भी उन्नतिशील प्रजातियों के बीज विदेशों से मँगाये जाने से इस दिशा में काफी प्रगति हुई है।

सारिणी (22.7) भारतवर्ष में मुक्त परागित प्रजातियों का बाजार मूल्य एवं आकार

सब्जी फसल	मुक्त परागित प्रजातियों की मात्रा (टन)	मुक्त परागित प्रजातियों का मूल्य मिलियन (यू0एस0 डालर)	कुल मुक्त परागित व संकर प्रजातियों का मूल्य (मिलियन यू0एस0 डालर)
बैंगन	250	1-531	3-371
भिण्डी	3800	9-846	18-006
प्याज	2190	12-296	12-420
टमाटर	403	3-701	9-201
फूल गोभी	300	2-437	11-107
पत्ता गोभी	400	3-930	7-200
फराश बीन	100	1-186	6-772
ग्वार	2085	2-126	2-126
लौकी	1350	2-154	2-154
नसदार तोरई	500	2-093	2-999
अन्य	500	1-681	2-125
कुल	**12785**	**58–991**	**65–374**

बाजार की स्थानीय माँग एवं निर्यात स्थिति में सुधार को देखते हुए अनेकों बहुराष्ट्रीय कम्पनी इस व्यावसाय में तेजी से जुड़ रहे हैं और इनके जुड़ने का दूसरा सबसे महत्वपूर्ण कारण यह है कि सस्ते श्रमिकों की उपलब्धता एवं वातावरण का बीज उत्पादन के लिए अनुकूलता है। भारतवर्ष में सब्जी बीज की आपूर्ति के लिए अतिरिक्त क्षेत्रफल की आवश्यकता का विवरण नीचे की सारिणी में दिया गया है–

सारिणी (22.8) सब्जी बीज की आपूर्ति के लिए अतिरिक्त क्षेत्रफल की आवश्यकता

सब्जी फसल	कुल क्षेत्रफल (हेक्टेयर) 2004–05	कुल क्षेत्रफल (हेक्टेयर) 2011–12	अतिरिक्त क्षेत्रफल की आवश्यकता (हेक्टेयर)	बीज की आवश्यकता (टन)
बैंगन	530300.0	1010500.0	480200.0	96.04
पत्ता गोभी	290300.0	389900.0	99600.0	74.70
फूल गोभी	238200.0	427300.0	189100.0	132.37
भिण्डी	358300.0	570600.0	212300.0	3184.50
प्याज	593900.0	815000.0	221100.0	2763.75
मटर	276700.0	554400.0	277700.0	27770.00
आलू	1542300.0	2133000.0	590700.0	1476750.00
टमाटर	497600.0	1554000.0	1056400.0	528.20
अन्य	2428000.0	2467000.0	39000.0	390.00
कुल	**6755600.0**	**9921700.0**	**3166100.0**	**1511689.56**

प्रारम्भ में उन्नतिशील प्रजातियों का विकास एवं उनका बीज उत्पादन केवल सरकारी संस्थाओं द्वारा किया जाता था। एक आँकड़े के मुताबिक लगभग 415 उन्नतिशील किस्मों का विभिन्न फसलों में विकास किया गया परन्तु व्यक्तिगत बीज कम्पनियों को सन् 1989 के पहले इन्हें व्यावसायिक स्तर पर ले जाने की अनुमति नहीं थी। सरकारी संस्थाओं द्वारा विकसित प्रजातियों की सम्पन्नता को देखते हुए व्यक्तिगत बीज कम्पनियों ने देश में सब्जी बीज क्रॉन्ति लाने में अहम् भूमिका प्रदान की है। वर्तमान समय में लगभग 95 प्रतिशत तक सब्जी बीज बाजार में व्यक्तिगत बीज कम्पनियों का एकाधिकार है। न्यूनतम स्तर तक बीज व्यापार सरकारी संस्थाओं के हाथ में है, जिनमें कम मूल्य वाली सब्जियाँ, उच्च विस्तार सब्जियाँ जैसे भिण्डी, मेलन्स, मटर आदि हैं। आज सब्जी उत्पादकों का पूरा विश्वास व्यक्तिगत बीज कम्पनियों पर बनता जा रहा है। अधिक उन्नतिशील मुक्त परागित प्रजातियों/संकर किस्में, उत्पादकों के बीच अपनी जगह बना रही हैं, क्योंकि ये प्रजातियाँ कम समय में अधिक उत्पादन दे रही हैं तथा उपभोक्ता द्वारा अच्छे गुणों वाली सब्जियों की माँग तेजी से स्वीकार की जा रही हैं। इस प्रकार स्थानीय प्रचलित किस्में पूरी तरह से समाप्त हो रही हैं। बीज बदलाव यानि प्रतिस्थापन का श्रेय पूरी तरह से व्यक्तिगत बीज कम्पनियों को जाता है।

सारिणी (22.9) भारतवर्ष से बीज निर्यात का विवरण

उत्पाद का नाम	कुल का प्रतिशत
सब्जी बीज	26.61
टमाटर बीज	5.08
आलू बीज	2.60
प्याज बीज	1.92
पत्ता गोभी बीज	0.82
ग्वार बीज	0.54
मटर बीज	0.36
मूली बीज	0.1
कुल मूल्य (मिलियन, यू0एस0 डालर)	**1596.06**

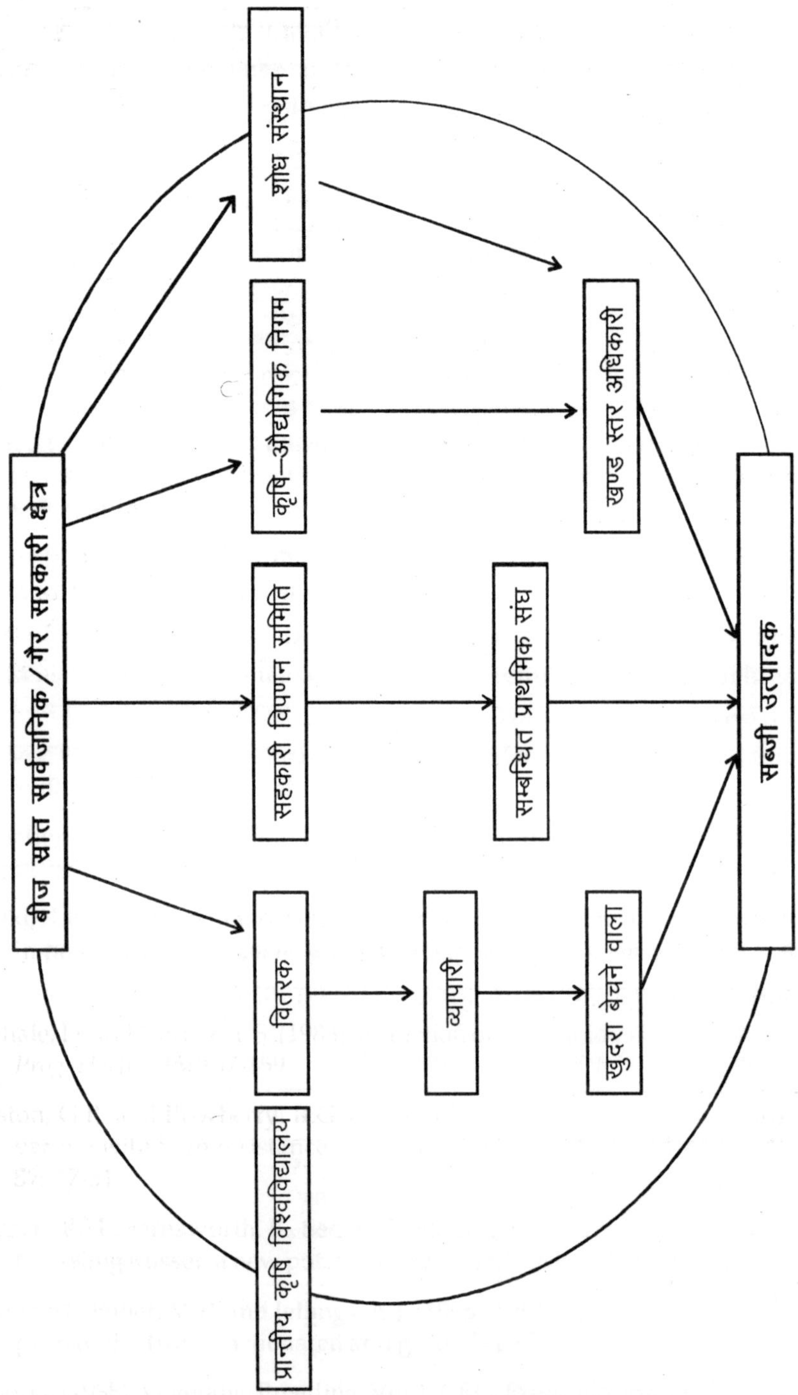

चित्रांकन : भारतवर्ष में बीज वितरण का माध्यम

भारत से बीज लेने वाले प्रमुख देश पाकिस्तान, बांग्लादेश, संयुक्त राज्य अमेरिका, जापान व निदरलैण्ड हैं। जिस देश को बीज निर्यात किया गया है उसका विवरण नीचे की सारिणी में दिया गया है–

सारिणी (22.10) भारतवर्ष से सब्जी बीज लेने वाले प्रमुख देश

देश का नाम	कुल (प्रतिशत)
पाकिस्तान	21.12
बांग्लादेश	13.28
संयुक्त राज्य अमेरिका	11.46
जापान	9.54
निदरलैण्ड	8.68
मलेशिया	5.91
यूनाइटेड किंगडम	3.61
इटली	3.37
इजिप्ट	2.69
फ्रांस	2.16
अन्य	18.23
कुल मूल्य (000, यू0एस0 डालर)	**21083.0**

सरकारी सहायता (Government support)

भारत में बीज नियामक कानून काफी कठोर है और इसकी सुरक्षात्मक योजनाएँ काफी हद तक कृषि शोध एवं विकास तंत्र को बड़ा स्वरूप प्रदान करता है। भारत सरकार व्यक्तिगत बीज कम्पनियों की अहम् भूमिका से बाजार अनुरूप योजनाएँ संचालित कर रहा है। इस प्रकार "सीड एक्ट" (Seed Act) में परिवर्तन कर गुणवत्तायुक्त बीज आपूर्ति अतिआवश्यक घटक हो गया है। अब सरकार निवेदक द्वारा प्रस्तावित प्रजातियों को उनकी अच्छी निष्पादन क्षमता के आधार पर पंजीकृत कराने के लिए बाध्य कर रही हैं और व्यक्तिगत बीज कम्पनियों को बीज का स्वयं प्रमाणन के लिए अधिकृत कर रही है। अनेकों शोधक, पेचीदेयुक्त बाधाओं एवं भुमण्डलीकरण को देखते हुए जटिल नियग कानून समाप्त किया जा रहा है। भारत "प्लान्ट वेरायटि प्रोटेक्सन" एवं "फामर्स राइट एक्ट" 2001 (Plant Variety Protection and Farmers Right Act, 2001) बनाकर अन्तर्राष्ट्रीय समुदाय के साथ चलने के लिए तत्पर है। भारतीय बीज कम्पनियाँ तेजी से भारतीय सब्जियों की अन्तर्राष्ट्रीय बीज विपणन में तकनीकी जानकारी के साथ आगे आ रही है। भारत में उपलब्ध श्रम सस्ता है और सब्जी बीज उत्पादन में ज्यादा श्रमिकों की आवश्यकता पड़ती है।

सारिणी (22.11) भारतीय सब्जी बीज उद्योग की स्थिति

सब्जी फसल	प्रजातियाँ (बीज उत्पादन टन में)		मूल्य (मिलियन यू0एस0 डालर)		कुल (मुक्त + संकर) मिलियन यू0एस0 डालर
	मुक्त परागित	संकर	मुक्त परागित	संकर	
बैंगन	250.0	15.0	1.53	1.84	03.37
भिण्डी	3800.0	500.0	9.85	8.16	18.01
प्याज	2190.0	–	12.3	–	12.30
मिर्च	403.0	15.0	3.70	5.5	09.20
टमाटर	300.0	28.0	2.44	8.57	11.11
फूल गोभी	400.0	10.0	3.93	3.27	07.20
पत्ता गोभी	100.0	40.0	1.19	6.12	06.77
फराश बीन	2085.0	–	2.13	–	02.13
ग्वार	1350.0	–	2.15	–	02.15
लौकी	500.0	30.0	2.09	–	03.00
नसदार तोरई	500.0		1.68	–	02.12
नेनुआ	100.0		1.90	–	01.95
चुकन्दर	40.0	–	0.8	–	00.80
सेम	500.0	–	2.55	–	02.55
तरबूज	800.0	40.0	2.70	3.27	05.97
खरबूजा	300.0	5.5	4.29	0.84	05.13
खीरा	1000.0	3.0	4.23	0.84	05.13
कुम्हण	50.0	–	0.24	–	00.31
मूली	800.0	–	2.43	–	02.43
गजर	800.0	–	16.00	–	16.06
शिमला मिर्च	25.0	1.0	0.87	1.02	02.14
करेला	300.0	00.0	4.30	–	04.76
मटर	8000.0	–	8.16	–	08.16
गांठ गोभी	70.0	–	0.43	–	00.43
धनिया	8000.0	–	16.33	–	16.33
कुल	**32663.0**	**658.0**	**118.30**	**40.45**	**159.1**

बीज क्या है ?

व्यावसायिक फसल उत्पादन में बीज एक आधारभूत इकाई है। वानस्पतिक दृष्टि से बीज को निम्न प्रकार परिभाषित किया गया है।

"Botanically a seed consists of an embryo, endosperm and testa or seed coat and is a unit of dispersal and multiplication of a species". Or

It may also be defined as fertilized ovule (embryo) having food storage tissue with protective covering or a unit of reproduction of flowering plants such as bud, sucker, rhizome and tuber etc.

बीज की सबसे प्रचलित परिभाषा इस प्रकार है।

"A miniature plant associated with morphological (seed coat) physiological (stored food) and genetical (dormancy etc.) protections and is capable of resurgence of metabolic processes and developmental activities on getting favourable environment which leads to establishment of adult plant."

बीजों के प्रकार (Classes of seed)

बीजों को विभिन्न प्रकार से वर्गीकृत किया जा सकता है–

(क) प्रजनन विधि के आधार पर

प्रजनन विधियों के अनुसार बीजों को दो समूहों में बाँटा जा सकता है–

• लैंगिक जनन (Sexual reproduction) द्वारा उत्पन्न बीज

इस श्रेणी में बीज की सामान्य परिभाषा के अनुसार वे बीज आते हैं, जो निषेचन (fertilization) के पश्चात् भ्रूण के विकास से उत्पन्न होते हैं।

• अलैंगिक जनन (Asexual reproduction) जनन द्वारा उत्पन्न बीज

कभी–कभी अगली फसल उगाने के लिए बीज के अलावा अन्य पादप सामग्री (वानस्पतिक भाग) जैसे–जड़, तने व पत्ती आदि प्रयोग में लायी जाती है, तो वह भी बीज ही कहलाती है। यह अलैंगिक जनन प्रक्रिया के अन्तर्गत आती है। इसे पुनः निम्नलिखित उपसमूहों में विभाजित किया जा सकता है–

(अ) भूमिगत तने (Under ground stem)

भूमिगत तने के अन्तर्गत पौधों के प्रसारण में कन्द (आलू), प्रकन्द (अदरक, हल्दी, केला), धनकन्द (अरवी, जिमीकन्द), शलकन्द (प्याज, लहसुन) आदि प्रयोग किये जाते हैं।

(ब) अर्धवायवीय तने (Semi-aerial stem)

अर्धवायवीय तने के अन्तर्गत उपरिभूस्तारी (दूब घास, ब्राह्मी बूटी आदि), अंतः भूस्तारी (पुदीना), भूस्तारिका (सिंघाड़ा) आदि प्रयोग किये जाते हैं।

(स) पत्तियाँ (Leaves)

पौधों में प्रसारण के लिए कुछ प्रजाति में पत्तियों का प्रयोग किया जाता है, जैसे– बिगोनिया।

(द) पत्र कलिका (Leaf bud)

कभी–कभी पौध प्रसारण के लिए पत्र कलिकाओं का उपयोग किया जाता है। उदाहरण के लिए रतालू।

(य) असंग जनित बीज

पौध प्रसारण के लिए असंग जनित बीज भी उपयोग में लाये जाते हैं, जैसे–आम, तम्बाकू।

(र) कृत्रिम प्रवर्धन

कृत्रिम प्रवर्धन के अन्तर्गत जड़ कलमें (नीबू, संतरा), तना कलमें (शकरकन्द), चश्मा चढ़ाना (गुलाब), कलम बन्धन (आम, लीची), दाब लगाना (अंगूर, गुलाब) एवं गूटी (रबड़, नीबू) प्रयोग में लाये जाते हैं।

(ख) बीजों के आयु काल के आधार पर वर्गीकरण (Classification on the basis of live age)

कुछ बीजों को यदि कटाई के तुरन्त बाद बोया जाये तो उनमें अंकुरण हो जाता है, लेकिन कुछ प्रजातियों के बीजों को परिपक्वता उचित नमी, ताप व वायु के मिलने के बाद भी नहीं उगते। ऐसा सुप्तावस्था (dormancy) के कारण होता है। ऐसे बीजों में कुछ समय के लिए विश्राम काल रहता है। एवर्ट (1908) ने बीजों को आयुकाल के आधार पर तीन वर्गों में विभाजित किया है–

(अ) अल्पायु जीवी बीज (Short live seed)

इस वर्ग में वे बीज आते हैं, जिनकी आयु लगभग 3 वर्ष होती है, जैसे–भिण्डी, मटर, लोबिया, फराश बीन, सेम आदि के पौधों के बीज

(ब) मध्यम आयु जीवी बीज (Medium live seed)

ऐसे बीज जिनकी आयु 3–15 वर्ष होती है। अधिकतर बीज इसी श्रेणी में आते हैं।

(स) दीर्घायु जीवी बीज (Long live seed)

इस श्रेणी के बीजों की आयु 15–100 वर्ष और कभी–कभी इससे भी अधिक होती है। उदाहरण के लिए मंचूरिया स्थित एक पुरानी झील से, जिसका पानी सूख चुका था, कुछ कमल के बीज एकत्र किये गये, जो जीवन क्षम पाये गये। आयु काल की विधि ''14–सी कालानुमान'' (C^{14} Dating Method) से ज्ञात है हुआ कि ये बीज 10–15 हजार वर्ष पुराने थे।

(ग) भण्डारण क्षमता के आधार पर वर्गीकरण (Classification on the basis seed storage)

राबर्ट (1973) ने बीजों को उनके भण्डारण क्षमता के आधार पर दो वर्गों में बाँटा है।

(अ) आर्थोडाक्स बीज (Orthodox seed)

इस वर्ग के बीजों को 5 प्रतिशत या इससे कम नमी मात्रा तक, बिना उनकी जीवन क्षमता को कम किये, सफलतापूर्वक सूखाया जा सकता है। ये बीज जमाव बिन्दु को भी सहन कर सकते हैं। ये बीज लम्बी अवधि तक भण्डारित किये जा सकते हैं। अधिकांशतः सब्जी फसलों के बीज इसी वर्ग में बाते हैं।

(ब) रीकैल्सिट्रेन्ट बीज (Recalcitrant seed)

इस श्रेणी के बीजों को 12–13 प्रतिशत से कम नमी मात्रा तक सूखाने से इनकी जीवन क्षमता में अप्रत्याशित कमी आती है। ये बीज जमाव बिन्दु को नहीं सहन कर सकते हैं। इस वर्ग में प्रायः जंगली पौधों और फल वृक्षों जैसे–कोकोआ, रबर, नारियल, चाय, कहवा तथा कटहल आदि के बीज आते हैं।

(घ) पीढ़ी पद्धति के आधार पर (Classification on the basis of generation)

सब्जी बीज पूर्ण गुणवत्ता के साथ उत्पादकों के पास कई स्तर से गुजरते हुए पहुँचता है। प्रत्येक स्तर पर बीज की गुणवत्ता की जाँच किसी विशिष्ट व्यक्ति या संस्था की देख–रेख में की जाती है। आवश्यकता पड़ने पर विशेषज्ञों के समूह द्वारा भी निरीक्षण किया जाता है। अन्तर्राष्ट्रीय फसल उन्नयन संघ, 1946 द्वारा बीज उत्पादन प्रक्रिया में शुद्ध बीज को 5 श्रेणियों में विभक्त किया जा सकता है–

1. केन्द्रक बीज (Nucleus seed)
2. प्रजनक बीज (Breeder seed)
3. आधारीय बीज (Foundation seed)
4. प्रमाणित बीज (Certified seed)
5. ट्रूथफूल बीज (Truthfully labelled seed or TLS)

1. केन्द्रक बीज (Nucleus seed)

इस श्रेणी का बीज बहुत ही अल्प मात्रा में बीज प्रजनक के पास (विकास व चयन प्रक्रिया के बाद) उपलब्ध होता है, लेकिन इस प्रकार का बीज आनुवंशिक रुप से शत् प्रतिशत शुद्ध होता है। यह प्रजनक बीज उत्पादन का आधारभूत बीज है। इस बीज का व्यावसायिक रुप से विक्रय नहीं किया जाता है। इस बीज का उत्पादन भी प्रजनक के गहन नियंत्रण में उत्पन्न किया जाता है। पौधों के वाह्यदृश्य प्रारुप (phenotype), जमाव व अन्य विशेष गुण का सम्पूर्ण आँकड़ा केवल प्रजनक के पास ही रहता है।

2. प्रजनक बीज (Breeder seed)

सामान्य रुप से प्रजनक बीज का तात्पर्य ऐसे बीज से है, जो प्रजनक द्वारा विकास कर उसकी ही देखभाल में उत्पादन किया जाता है। इसमें प्रजनक या उसकी संस्था सीधे तौर पर इस बीज के उत्पादन के लिए जिम्मेदार है। भारतवर्ष में भारतीय सब्जी अनुसंधान संस्थान वाराणसी (उत्तर प्रदेश) के अलावा अन्य संस्तुत संस्थाओं के द्वारा भी प्रजनक बीज को उत्पादन करने की आज्ञा दी जाती है। ऐसा इसलिए किया जाता है कि बीज की बढ़ती माँग को पूरा किया जाये या विकसित करने वाली संस्था बीज उत्पादन करने में असमर्थ हो। प्रजनक बीज आनुवंशिक रुप से शुद्ध होता है जो आधारीय बीज का स्रोत बनता है। प्रजनक बीज तैयार करते समय जमाव से लेकर फसल

की कटाई, पैकिंग तथा टैग लगाने की प्रक्रिया वैज्ञानिक तरीके से की जाती है। प्रजनक बीज पैदा करने के लिए क्रमिक रुप से निम्नलिखित बिन्दुओं पर ध्यान देने की आवश्यकता होती है–

- लगातार ऋणात्मक समूह चयन किया जाता है, जिससे घटिया किस्म के पौध को बाहर किया जा सके।
- अवाँछित पौधों को विभिन्न फसल अवस्था में छँटनी कर निकाल देते हैं।
- अवाँछित वाह्य परागण (cross pollination) को बचाया जाता है।
- उत्पादन पश्चात् बीज का रख–रखाव नियंत्रित होता है।

3. आधारीय बीज (Foundation seed)

आधारीय बीज, प्रजनक बीज की संतति है। यह आनुवंशिक रुप से शुद्ध बीज है तथा प्रमाणित बीज का आधार स्रोत है। इस बीज का उत्पादन बीज उत्पादन संस्थाओं, सरकारी प्रक्षेत्रों, प्रायोगिक केन्द्रों या प्रतिस्पर्धीय बीज उत्पादकों द्वारा अतिनियंत्रित अवस्था में किया जाता है। इसकी निगरानी के पश्चात् विशेषज्ञों द्वारा शुद्ध बीज होने का प्रमाणपत्र दिये जाते हैं। ऐसे बीज का उत्पादन पूरी तरह से फसल विशेष अनुकूलित क्षेत्र में की जाती है। इस बीज का उत्पादन व्यावसायिक स्तर पर विक्रय के लिए नहीं किया जाता है।

4. प्रमाणित बीज (Certified seed)

प्रमाणित बीज, आधारीय बीज की संतति है। प्रमाणित बीज का उत्पादन प्रांतीय बीज प्रक्षेत्रों, बीज कारपोरेशन आदि द्वारा व्यावसायिक स्तर पर किया जाता है। बीज प्रमाणीकरण संस्था, प्रजाति की शुद्धता को प्रमाणित करती है। एक प्रमाणित बीज में पर्याप्त गुणवत्ता जैसा प्रजाति में निहित है, प्रदर्शित करना चाहिए। इसमें आनुवंशिक शुद्धता भी शामिल है। प्रमाणित बीज हमेशा उचित मूल्य पर सब्जी उत्पादकों को प्राप्त होता है।

5. ट्रूथफूल बीज (Truthfully Labelled Seed)

ट्रूथफूल बीज कुछ औद्यानिक फसलों जैसे सब्जियों, फूलों, फलों आदि में व्यावसायिक स्तर पर विक्रय के लिए उपलब्ध करायी जाती हैं। ऐसे बीज तकनीकी रुप से दक्ष लोगों द्वारा, सरकारी प्रक्षेत्रों द्वारा तथा व्यक्तिगत बीज कम्पनियों द्वारा उत्पादित किये जाते हैं। इस बीज में टैग स्वयं का गुणवत्ता निर्धारण है। यह बीज भी आनुवंशिक एवं भौतिक रुप से शुद्ध तथा जमाव आदि में शत्–प्रतिशत होता है।

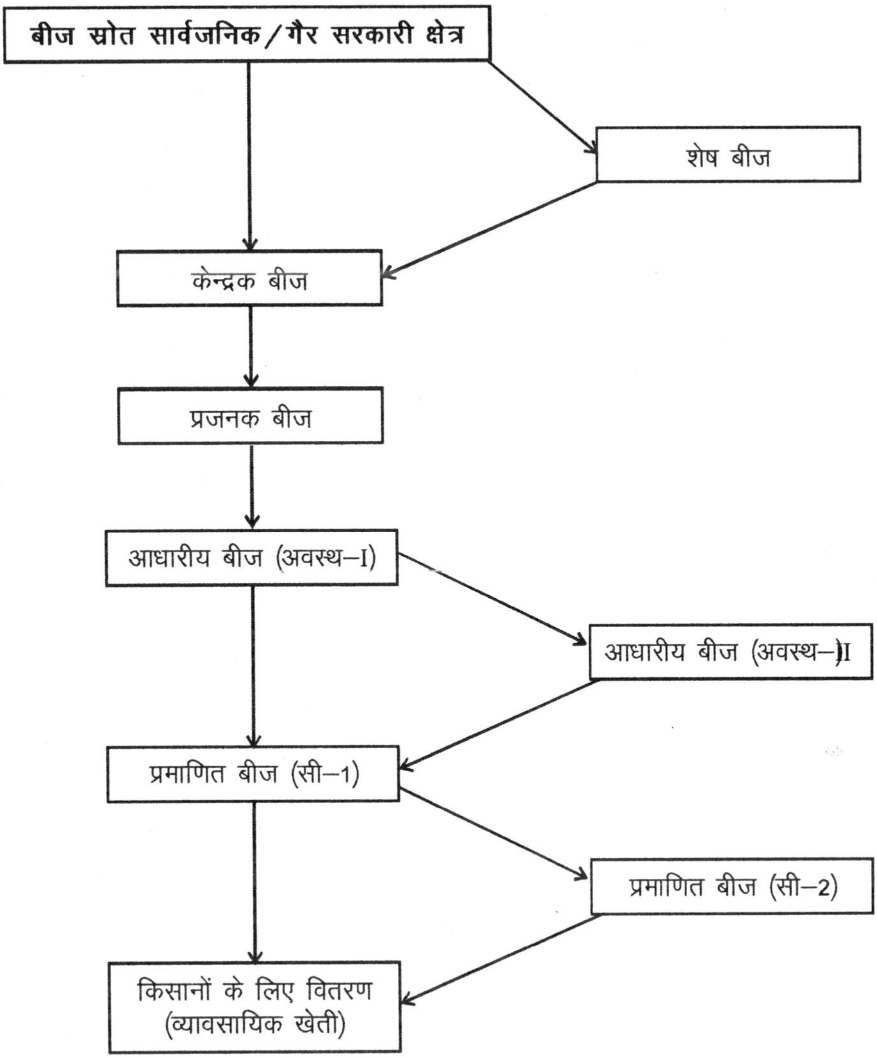

चित्रांकन : सब्जी बीज उत्पादन श्रृंखला

गुणवत्तायुक्त बीज (Quality seed)

सघन कृषि पद्यति में गुणवत्तायुक्त बीज का योगदान सबसे महत्वपूर्ण है, क्योंकि बिना गुणवत्तायुक्त बीज के न तो अधिक उपज प्राप्त की जा सकती है और न ही उत्पाद की गुणवत्ता स्थापित की जा सकती है (शर्मा, 2002)।

गुणवत्तायुक्त बीज के गुण धर्म

गुणवत्तायुक्त बीज के गुणधर्म को निम्न संकेतक के माध्यम से जाना जा सकता है–

1. बीज बुआई करने पर विभिन्न वातावरण में शीघ्र एवं एकसार जमाव करते हैं।
2. नवोद्भिद पौध (seedling) का विकास एवं ओज बहुत ही अच्छा होता है।
3. बीज का आनुवंशिक गुण शुद्ध एवं सत्य होने के कारण पौध संख्या उचित रुप से निर्धारित होती है। इससे उपज एक समान तथा एक समय पर बाजार में बेचने के लिए उपलब्ध होता है।
4. गुणवत्तायुक्त बीज, घास–फूस, भूसा, खरपतवार के बीज रोगाणु एवं कीटाणुओं से मुक्त होता है।
5. गुणवत्तायुक्त बीज के आकार–प्रकार एवं रंग एक समान एवं आकर्षक होते हैं।
6. गुणवत्तायुक्त बीज का सामान्य भण्डारण करने पर इसमें जमाव की क्षमता स्थिर रहती है।
7. गुणवत्तायुक्त बीज किसी संस्था या निगम द्वारा प्रमाणित होने के कारण उनके घटक निश्चित होते हैं।

गुणवत्तायुक्त बीज का सब्जी उत्पादकों के लिए महत्व

गुणवत्तायुक्त बीज का सब्जी उत्पादकों के लिए निम्नलिखित महत्व को दर्शाता है–

1. गुणवत्तायुक्त बीज से गुणवत्तायुक्त उत्पाद को सुनिश्चित करना।
2. गुणवत्तायुक्त बीज से अच्छी प्रकार एवं अतिशीघ्र फसल का स्थापित होना।
3. गुणवत्तायुक्त बीज के होने पर अन्य उत्पादक घटकों का प्रभावी प्रबंधन सम्भव।
4. गुणवत्तायुक्त बीज से आशातीत उपज का आँकलन।
5. गुणवत्तायुक्त बीज से प्रतिकूल परिस्थितियों में भी निश्चित उत्पादन सम्भव।
6. गुणवत्तायुक्त बीज के कारण ही एक समान पकाव तथा उपभोक्ता आकर्षण बनने से बाजार में शीघ्र विक्रय।
7. गुणवत्तायुक्त बीज के कारण पौध संरक्षण उपायों का कम से कम प्रयोग करना।

गुणवत्तायुक्त बीज के घटक (Components of quality seeds)

गुणवत्तायुक्त बीज के अन्तर्गत बीज ओज, बीज भण्डारण क्षमता, बीज की जमाव क्षमता, बीज को ज्यादा दिन तक रखने की क्षमता, बीज स्वास्थ्य तथा खेत में अच्छे गुणों का निष्पादन जैसे घटक सम्मिलित किये जाते हैं। कुछ घटक जो गुणवत्तायुक्त बीज से सम्बन्धित हैं, नीचे दिया जा रहा है–

1. बीज ओज (Seed Vigor)

अच्छे गुणों वाले बीजों से ही पौधों की उत्पादन क्षमता का आँकलन किया जा सकता है, क्योंकि इनका सीधा सम्बन्ध पौध वृद्धि से है। बीज जितना ओजस्वी होगा, फसल भी उतनी ही अच्छी होगी। बीज ओज से बीज जमाव व तीव्र पौध विकास अच्छे उपज का संकेतक है (चिंग, 1982)। कुछ वैज्ञानिकों द्वारा बीज ओज की परिभाषा इस प्रकार दी गयी है–

"Seed vigor is indicator of vigor per se in terms of rapidity of growth and tolerance to unfavourable growth conditions (Agrawal 1980)".

In applied concept, it is defined as *"the growing ability of an ordinary viable and germinable seed under a wide variety of field conditions."*

बीज ओज की महत्ता (Importance of seed vigor)

बीज ओज की महत्ता को निम्नलिखित बिन्दुओं द्वारा स्पष्ट किया जा सकता है–

- उत्तम एवं विश्वसनीय गुणवत्तायुक्त बीज का सूचक
- बीज ओज का सीधा सम्बन्ध फसल वृद्धि दर एवं उसके निष्पादन क्षमता को स्पष्ट करता है।
- ओजस्वी बीज समूह खेत में शीघ्र स्थापित हो जाते हैं और उत्तम प्रक्षेत्र पौध स्थापन प्रदर्शित करते हैं।
- ओजस्वी पौध समूह में रोग एवं कीटाणुओं का न्यूनतम या कम प्रकोप।
- ओजस्वी बीज खरपतवारों से सुगमता से प्रतिस्पर्धा करते हैं।
- ओजस्वी बीज वातावरणीय घटकों के प्रतिकूल होने पर सहने की क्षमता प्रदर्शित करते हैं।
- एक ही प्रजाति के अधिक ओजस्वी बीज सामान्यतः कम ओजस्वी बीज की तुलना में ज्यादा उपज प्रदान करते हैं (मैकडोनाल्ड, 1980)।

बीज ओज के घटक (Components of seed vigor)

1. आनुवंशिक संरचना।
2. बीज विकास, कटाई एवं भण्डारण।
3. बीज जमाव का वातारण।

1. आनुवंशिक संरचना (Genetic make up)

आनुवंशिक रुप से विकसित बीज की संरचना किसी विशेष उत्पाद को प्रदर्शित करता है। अतः संकर में बीज ओज एवं पैतृक लाइन में अन्तर आनुवंशिक संरचना को स्पष्ट करता है। इसी प्रकार किसी प्रजातियों के बीच विविधता अथवा स्पीशीज के बीच पाये जाने वाला अन्तर आनुवंशिक संरचना के द्वारा ही होता है।

2. बीज विकास, कटाई एवं भण्डारण (Seed development, harvest and storage)

दैहिकीय दृष्टि से बीज ओज पूर्णतया वातावरण से प्रभावित होता है क्योंकि किसी विशेष वातावरण में एक प्रजाति का प्रदर्शन एक ही प्रकार का होता है, जो कटाई एवं भण्डारण में प्रभावित करता है। जब इसी प्रजाति को कई वातावरणों में उगाते हैं तो विभिन्नता देखने को मिलती है। इतना ही नहीं सस्य क्रियाएँ, उर्वरक प्रयोग, पौध अन्तराल, तापमान, सिंचाई, पकने की अवधि, कटाई, पौध पर फल लगने की स्थिति, पकने का समय, भण्डारण की स्थिति आदि बीज ओज को प्रभावित करता है (चिंग, 1982)।

3. बीज जमाव का वातावरण (Seed germinating environment)

बीज में अतिसूक्ष्म (miniature) पौध, भ्रूण (embryo) के रुप में रहता है। सुसुप्त भ्रूण सबसे कम दैहिक क्रिया पर जीवित रहता है।

"Germination is characterized by resumption of metabolic activity that follows embryonic growth resulting in protrusion of radiclre and then plumule through coat."

बीज की दैहिक क्रिया स्वयं की संरचना तथा वाह्य वातावरण से नियंत्रित होता है। अनुवंशिक एवं दैहिक घटक का वातावरण के साथ सीधा सम्बन्ध उसके बीज ओज से है, जो अंततः बीज जमाव के रुप में देखा जा सकता है। इसके अलावा उपलब्ध नमी की मात्रा, मृदा की संरचना तथा प्रकाशकाल भी नवोद्‌भिद (seedling) विकास एवं पौध वृद्धि ओज को प्रभावित करता है। बीज जमाव अनेकों जटिल जैव रासायनिक, दैहिक एवं बाह्य कारकों से प्रभावित होता है। यह सत्य है कि बीज की प्रक्रिया पूरी तरह से आनुवंशिक कारकों से पूर्व निर्धारित होता है, लेकिन वातावरणीय घटक में अपना प्रभाव दिखाते हैं (हाजरा एवं सोम, 1999)।

बीज जमाव की प्रक्रिया (Process of seed germination)

बीज जमाव की प्रक्रिया के अन्तर्गत निम्नलिखित बिन्दु आते हैं–

• बीज का फुलाव (Swelling of the seed)

बीज के अन्तर्गत यह प्रक्रिया पानी के शोषण के द्वारा होता है। बीज के अन्तर्गत पानी अवशोषक पदार्थ जैसे कार्बोहाइड्रेट, प्रोटीन एवं म्यूसिलैजिनस पदार्थ उपस्थित होते हैं। जितनी शीघ्र पानी का अवशोषण होगा उतनी ही तेज गति से बीज का जमाव होगा। फलतः बीज ओज एवं नवोद्‌भिद विकास भी तेज होगा।

• हाइड्रोलाइटिक इन्जाइम्स की सक्रियता (Activation of Hydrolytic Enzymes)

इस अवस्था में बीज का पूर्ण फुलाव हो जाता है और बीज के अन्दर उपस्थित अनेकों प्रकार के इन्जाइम्स सक्रिय हो जाते हैं, जो खाद्य पदार्थों को हाइड्रोलाइज कर साधारण अवस्था में तोड़ देते हैं। इन्जाइम्स की यह सक्रियता बीज के जमाव एवं नवोद्‌भिद के निकलने को नियंत्रित करता है। इसमें अल्फा, बीटा एमाइलेज हाइड्रोलाइजिंग स्टार्च, साइटेस हाइड्रोलाइजिंग, हेमीसेलिलोज,

लिपेज हाइड्रोलाइजिंग लिपिड्स, प्रोटीनेज, हाइड्रोलाइजिंग प्रोटीन्स, राइबोन्यूक्लियेजेज, हाइड्रोलाइजिंग राइबोन्यूक्लिक एसिड्स आदि इन्जाइम सम्मिलित हैं।

• पौध–प्ररोह का श्वसन गति (Respiration shoot-up)

जलयोजना एवं जैव रासायनिक प्रक्रिया के माध्यम से खाद्य पदार्थ टूट जाते हैं, जिससे उगते बीज में श्वसन की गति प्रारम्भ हो जाती है। इस प्रकार श्वसन दर बीज जमाव का संकेतक है। तेज गति से श्वसन दर तभी होता है जब प्रजारण विधि (oxidative process) से खाद्य पदार्थ साधारण रुप में बदलते हैं, जैसे–ग्लूकोज, माल्टोज, फैटी एसिड्स आदि।

• तापमान एवं अंकुरण (Temperature and Germination)

तापमान का बीज जमाव पर सबसे ज्यादा प्रभाव पड़ता है। अन्य घटक सही अवस्था में होने पर भी तापमान की विभिन्नता बीज जमाव को नियंत्रित करता है और यह तापमान प्रत्येक प्रजाति के लिए अलग–अलग होती है।

सारिणी (22.12) रात्रि और दिन तापक्रम (डिग्री सेल्सियस) के प्रति बीज जमाव की संवेदनशीलता

फसल	अंक	जमाव तापक्रम (डिग्री सेल्सियस)	मृदा तापक्रम (डिग्री सेल्सियस)	जमाव (दिन)
खीरा	1–2	28.0–32.2	20–30	4–5
खरबूजा	3	28.0–32.2	25.0–30.0	5–6
स्क्वाश	2	28.0–32.2	28.0–30.0	3–4
तरबूज	3	28.0–32.2	25.0–30.0	5–9
लौकी	2	28.0–32.2	30.0–35.0	5–8
करेला	2	28.0–30.0	30.0–35.0	8–12
चिकनी तोरई	1–2	26.0–28.0	30.0–35.0	5–7
नसदार तोरई	1–2	16.0–28.0	30.0–35.0	9–6

यह स्पष्ट करना मुश्किल है कि किस प्रक्रिया के द्वारा कुछ बीज कम तापमान पर अंकुरित होते हैं जबकि कुछ बीज अधिकतम तापमान पर भी जमते हैं। तापमान एवं अंकुरण दर तथा प्रतिशत जमाव का विवरण पीट एवं वोल्फे (2000) ने स्पष्ट किया है।

सारिणी (22.13) बीज जमाव के लिए उपयुक्त तापक्रम (डिग्री सेल्सियस)

	तापमान (डिग्री सेल्सियस)			
फसल	**न्यूनतम**	**उचित**	**व्यवहारिक सीमा**	**अधिकतम**
टमाटर	9.0	25.0	15.0–25.0	30.0
बैंगन	15.5	28.0	24.0–32.0	35.0
मिर्च	15.5	29.0	18.0–35.0	35.0
आलू	10.0	25.0	15.0–25.0	30.0
पत्ता गोभी	4.4	20.0	10.0–30.0	37.8
ब्रोकली	2.0	15.0	5.0–20.0	25.0
गांठ गोभी	4.0	15.0	10.0–30.0	32.0
फूल गोभी	4.4	25.0	10.0–30.0	37.8
मूली	4.4	28.0	7.0–32.0	35.0
गाजर	4.4	24.0	7.0–26.0	35.0
शलजम	4.4	29.0	15.0–35.0	40.0
चुकन्दर	4.4	26.0	10.0–29.0	35.0
पर्सलेन	11.0	25.0	15.0–25.0	30.0
पर्सलिक	1.6	18.0	10.0–21.0	29.4
पार्सले	1.0	15.0	5.0–17.0	20.0
एस्परागस	10.0	30.0	25.0–30.0	35.0
खरबूजा	15.5	30.0	24.0–35.0	37.8
खीरा	15.5	30.0	15.5–35.0	40.5
तरबूज	15.5	30.0	21.0–35.0	40.5
समर स्क्वाश	15.5	30.0	21.0–35.0	37.8
कुम्हण	15.5	30.0	21.0–35.0	37.8
करेला	15.5	32.0	20.0–35.0	37.8
नसदार तोरई	15.5	30.0	21.0–35.0	40.5
स्वीट कार्न	10.0	35.0	15.5–35.0	40.5
भिण्डी	17.0	29.0	21.0–35.0	40.5
मटर	4.4	22.0	4.4–24.0	29.4
फराश बीन	15.5	26.0	15.5–29.0	35.0
लोबिया	15.5	28.5	15.5–29.0	40.5
सेम	15.5	28.0	15.5–29.0	35.0
ग्वार	15.5	29.0	15.5–29.0	35.0
बासेला	10.0	25.0	15.5–30.0	35.0
सेलेरी	4.4	21.1	15.5–21.1	29.4
प्याज	1.6	23.9	10.0–35.0	35.0
सहजन	15.5	29.0	20.0–35.0	40.0
लीक	2.0	17.0	5.0–20.0	25.0
मेथी	8.0	20.0	10.0–25.0	25.0
शिमला मिर्च	0.9	25.0	15.0–25.0	30.0
घरकीन	12.1	25.0	10.0–25.0	32.0

स्रोतः टेलर (1997), हाजरा एवं सोम (1999)

बीज अंकुरण का परीक्षण (Seed germination test)

बीज अंकुरण का परीक्षण किसी बीज समूह के गुणवत्ता का परीक्षण है। इसके लिए आई0एस0टी0ए0 जैसे विश्वसनीय परिणाम उत्तम माने जाते हैं।

- केवल स्वस्थ बीज ही शुद्धता परीक्षण एवं जमाव के लिए उपयोग में लाया जाता है।
- पोष माध्यम (medium) को अंकुरण परीक्षण हेतु पूर्ण रुप से निर्जमीकृत कर लेना चाहिए।
- बीज अंकुरण के लिए उचित वातावरण जैसे तापमान, पोष पदार्थ, नमी, हवा आदि का समावेश होना चाहिए।
- अंकुरण परीक्षण के लिए 400 बीज का उपयोग करते हैं। अगर ज्यादा मूल्यवान बीज है, तो परीक्षण के लिए केवल 200 बीज का ही प्रयोग किया जाता है।
- अंकुरण परीक्षण के लिए समूह से बिना चयन किये बीज का प्रयोग करते हैं।
- सामान्यतः बीज अंकुरण प्रतिदर्श को कम से कम 2 बार गणना करते हैं।
- अगर बीज अंकुरण 50 प्रतिशत से कम है, तो उसे प्रयोग नहीं करना चाहिए, लेकिन 60 प्रतिशत तक अंकुरण वाले बीज को प्रयोग करते समय बीज की मात्रा ज्यादा बढ़ा देनी चाहिए।

बीज परीक्षण की विधियाँ (Methods of seed testing)

• पेट्रीडिस विधि (Petridish method)

बीज परीक्षण की यह सबसे पुरानी विधि है, जिसमें उचित आकार के पेट्रीडिस (petridish) प्रयोग किये जाते हैं। इसमें सोख्ता पेपर (blotting paper) या छननी पेपर को पोष पदार्थ के रुप में प्रयोग करते हैं। पोष पदार्थ सर्वप्रथम पोटैशियम नाइट्रेट के 0.02 प्रतिशत घोल से संतृप्त करते हैं और पेट्रीडिस के तल पर रखते हैं। इस पर 20–30 बीज अंकुरण के लिए रखते हैं। इसके बाद पेट्रीडिस को ढककर रख देते हैं। ऐसा करने से पेट्रीडिस के अन्तर्गत नमी व अन्य वातावरणीय प्रभाव उचित रुप से मिलते हैं। इस प्रकार अंकुरित बीजों की गणना 2–3 बार की जाती है। यह विधि छोटे बीज वाली सब्जी फसलों जैसे–टमाटर, लेट्यूस, मिर्च, बैंगन, मेथी, गांठ गोभी, पत्ता गोभी, फूल गोभी, सरसों, ब्रोकली, ब्रूसेल्स स्प्राउट, केल, शलजम आदि के लिए उपयुक्त है।

• रोल्ड टावेल विधि (Rolled towel method)

इस विधि के अन्तर्गत एक समान बीज को गीले टावेल पेपर (towel paper) के उपर फैलाया जाता है और दूसरे टावेल से ढक दिया जाता है। इसके बाद इसको मोड़कर अंकुरण हेतु रख देते हैं। यह विधि बड़े बीज वाले सब्जी फसलों जैसे–मटर, बाकला, फराश बीन, कद्दू वर्गीय सब्जियाँ एवं भिण्डी के लिए उपयुक्त हैं।

• **सैण्ड विधि (Sand method)**

सैण्ड विधि के अन्तर्गत एल्यूमीनियम के पैन्स अथवा मिट्टी के पात्रों को उचित आकार का लेकर उसमें निर्जमीकृत बालू को 2–4 भाग तक भर देते हैं। इसके बाद एक समान बीज को बालू पर फैला देते हैं और पुनः बालू की एक सतह (25.0 मिली मीटर मोटी) से ढक देते हैं। इस पर निश्चित समय पर पानी का छिड़काव करते हैं और अंकुरण के प्रतिशत की गिनती करते हैं।

• **रैगरोल विधि (Rag roll method)**

इसमें रैग्स एवं गनी बैग (gynny bag) का प्रयोग किया जाता है। इस विधि के अन्तर्गत गीले रैग्स एवं गनी बैग में बीज को फैलाकर लपेट लेते हैं और कसकर बाँध देते हैं। इस प्रकार बाँधे पुलिन्दा (bundle) को उपयुक्त तापक्रम एवं नमी की अवस्था में उचित जगह पर रख देते हैं। कुछ दिनों के बाद बण्डल को खोलकर अंकुरित बीजों की गणना की जाती है।

• **बीज अंकुरण चैम्बर (Seed germinator)**

सीड जर्मिनेटर (seed germinator) विधि में उचित आकार के बाक्सनुमा संरचना बनी होती है, जिसमें बीज फैलाकर रखते हैं। यह पूर्णतया तापमान एवं आर्द्रता से नियंत्रित होता है। कुछ ऐसे सीड जर्मिनेटर होते हैं, जिनमें पेट्रीप्लेट्स (petriplates) अथवा रोल टावेल (rolled towels) या फोल्डेड टावेल पेपर (folded towel paper) रखे जाते हैं। बीज को इसमें रखकर अंकुरण हेतु रख दिया जाता है एवं एक निश्चित समय के बाद अंकुरित बीजों की गणना की जाती है।

सारिणी (22.14) सब्जियों में बीज अंकुरण का मूल्यांकन

फसल	अंकुरण विधि	तापमान (डिग्री सेल्सियस)	प्रथम गणना (दिन)	द्वितीय गणना (दिन)	विवरण
फराश बीन	बी0पी0, एस0	20–30, 25, 20	5	9	डिफ्यूज लाईट
सेम	बी0पी0	25	4	10	–
लोबिया	बी0पी0, एस0	20, 30, 32	5	8	–
मटर	एस, बी0पी0	20	5	8	डिफ्यूज लाईट
चुकन्दर	बी0पी0, एस0	20	4	14	1–2 बार पानी से धुलाई
लाल मिर्च	बी0पी0, टी0पी0, एस0	20–30	6	14	प्रकाश, पोटैशियम नाइट्रेट से संतृप्त
प्याज	बी0पी0, टी0पी0,	20, 15	6	12	–
ग्वार	बी0पी0	20–30	5	14	–
बाकला	बी0पी0, एस0	20	4	14	डिफ्यूज लाईट, पूर्व शीतन
लाईमा बीन	बी0पी0, एस0	20–30, 25	5	9	–
रनर बीन	बी0पी0, एस0	20–30, 25, 20	5	9	डिफ्यूज लाईट

पत्ता गोभी	टी0पी0, बी0पी0	15—25, 20—30, 20	3	10	प्रकाश, पूर्व शीतन, पोटैशियम नाइट्रेट
फूल गोभी	टी0पी0, बी0पी0	15—25, 20—30, 20	3	10	प्रकाश, पूर्व शीतन, पोटैशियम नाइट्रेट
गांठ गोभी	टी0पी0, बी0पी0	15—25, 20—30, 20	3	10	प्रकाश, पूर्व शीतन, पोटैशियम नाइट्रेट
बैंगन	टी0पी0	20—30	7	14	—
मिर्च	बी0पी0, टी0पी0	20—30	6	14	प्रकाश, पोटैशियम नाइट्रेट
भिण्डी	बी0पी0, टी0पी0 एस0	20—30, 20	4	21	—
टमाटर	बी0पी0, टी0पी0	20—30	5	14	प्रकाश, पोटैशियम नाइट्रेट
खीरा	बी0पी0, टी0पी0 एस0	20—30, 25	4	8	कम नमी
खरबूजा	बी0पी0, एस0	20—30, 32, 35	4	8	कम नमी
कुम्हण	बी0पी0, एस0	20—30, 32, 35	4	8	कम नमी
समर स्क्वाश	बी0पी0, एस0	20—30, 32, 35	4	8	कम नमी
टिण्डा	बी0पी0, टी0पी0 एस0	20—30, 25, 32	4	14	कम नमी, 6 घण्टे तक पानी में डूबोना
तरबूज	बी0पी0, टी0पी0 एस0	20—30, 25, 35	4	14	कम नमी, 6 घण्टे तक पानी में डूबोना
विण्टर स्क्वाश	बी0पी0, एस0	20—30, 25	4	8	कम नमी
सेलरी	टी0पी0	20—30, 15—25, 20	10	21	पूर्व शीतन, पोटैशियम नाइट्रेट
लेट्यूस	टी0पी0, बी0पी0	20	0	7	प्रकाश, पूर्व शीतन
पालक	बी0पी0	15, 10	7	21	पूर्व शीतन, कम नमी
गाजर	टी0पी0, बी0पी0	20—30, 20	7	14	प्रकाश
पर्सनीप	बी0पी0, टी0पी0 एस0	20—30	6	28	प्रकाश
शलजम	बी0पी0, टी0पी0 एस0	15—20, 20—30, 20	3	7	पोटैशियम नाइट्रेट
मूली	टी0पी0, बी0पी0, एस0	20—30, 20	3	6	पूर्व शीतन
लीक	बी0पी0, टी0पी0	20, 15	6	14	पूर्व शीतन
एस्परागरा	टी0पी0, बी0पी0, एस0	20—30	10	28	—
न्यूजीलैंड पालक	टी0पी0	20—30, 10—30	5	35	पानी में पूर्व धुलाई
रूहर्ब	टी0पी0, टी0एस0	20—30	7	21	—
ग्लोब आर्टीचोक	बी0पी0, टी0एस0 एस0	20—30, 20	7	21	—

टी0पी0=टाप आफ पेपर **बी0पी0**=बिटविन पेपर **एस0** =सैण्ड **टी0एस0**= टाप आफ सैण्ड

स्रोत—अग्रवाल (1980)

बीज अंकुरण वृद्धि की तकनीकी (Techniques for enhancing germination)

सब्जियों में यह आवश्यक है कि बीज का अंकुरण पूर्ण रुप से एवं सही समय पर स्वस्थ रुप से हो, इसके लिए बीज शोधन कभी–कभी आवश्यक होता है। अंकुरण वृद्धि की तकनीकी निम्नलिखित है–

• पूर्व शीतन (Pre-chilling)

इस प्रक्रिया में बीज प्रतिदर्श को कम तापमान (2.0–10.0 डिग्री सेल्सियस) पर 2–7 घण्टे तक रखते हैं। कुछ सब्जियाँ जिन्हें कम तापमान की आवश्यकता होती है उन्हें पूर्व शीतन आवश्यक है।

• पूर्व शुष्कन (Pre-drying)

पूर्व शीतन जैसा कुछ सब्जियों में पूर्व शुष्कन शोधन की आवश्यकता होती है। इस प्रकार की प्रक्रिया 38.0±2.0 डिग्री सेल्सियस पर 2–3 घण्टे तक किया जाता है।

अंकुरण के लिए पोषक संवर्ध के रुप में पोटैशियम नाइट्रेट (Potassium nitrate as germination substratun)

कुछ पदार्थ (कागज या तौलिया या थैले) बीज जमाव के लिए प्रयोग किये जाते हैं, जिनमें पोटैशियम नाइट्रेट घोल से पहले संतृप्त किया जाता है। इसके पश्चात् साधारण पानी का प्रयोग कर बीज अंकुरण का परीक्षण करते हैं।

बीज जमाव में उपयोगी पादप वृद्धि नियामक–वर्तमान समय में पादप वृद्धि नियामकों का प्रयोग बड़े पैमाने पर बीज की सुप्तावस्था (dormancy) समाप्त करने, समुचित जमाव तथा नवोद्भिद कठोरीकरण के लिए किया जा रहा है।

सारिणी (22.15) बीज की सुप्तावस्था समापन, समुचित जमाव एवं नवोद्भिद कठोरीकरण हेतु उपयुक्त पादप वृद्धि नियामक

उद्देश्य	फसल	पादप वृद्धि नियामक का प्रयोग
बीज की सुप्तावस्था समापन	टमाटर	बी0एन0ओ0ए0 (25–50 पी0पी0एम), 2, 4 डी0 (1.2 पी0 पी0एम0) व जी0ए0–3 (5.20 पी0पी0एम0) घोल में 24 घन्टे तक रखकर बीज शोधन
बीज जमाव	आलू	एक या दो घन्टे तक जी0ए0–3 (25 पी0पी0एम0) के घोल में डुबोना
	लेटयूस	जी0ए03 (1 पी0पी0एम0) के घोल में शोधन
	खरबूजा, लौकी, तरबूज	इथीफान (480 पी0पी0एम0) के घोल में डुबोना
नवोद्भिद कठोरीकरण	टमाटर, बैंगन, फूलगोभी पत्ता गोभी	एन0ए0ए0 (1–2 पी0पी0एम0) के घोल में बीज को 24 घन्टे तक डुबोकर शोधन

तापमान शोधन (Temperature treatment)

बीज प्रतिदर्श को जमाव के लिए सामान्य तापक्रम से कम तापमान पर 2–3 दिनों तक रखते हैं या बीज प्रतिदर्श को कम या अधिक तापमान के क्रमागत स्तर पर निश्चित समय के लिए रखा जाता है। इस प्रक्रिया को अपनाने से जमाव अच्छा होता है। साथ ही ओज एवं पौध वृद्धि भी उत्तम होती है।

बीज शोधन (Seed Treatment)

बीज शोधन का विवरण नीचे की सारिणी में दिया गया है–

सारिणी (22.16) बीज शोधन का विवरण

सब्जी फसल	रसायन	100.00 किलोग्राम बीजशोधन हेतु		पानी की
		रसायन की मात्रा (ग्राम)	शोधन की प्रकृति	मात्रा (लीटर)
बीन्स	कैप्टान 75 प्रतिशत (WDP)	100.0	एस0	½
	थिरम 75 प्रतिशत (Dust)	250.0	डी0	–
बीट	थिरम 75 प्रतिशत (Dust)	250.0	डी0	–
भिण्डी	थिरम 75 प्रतिशत (WDP)	100.0	एस0	½
	कैप्टान 75 प्रतिशत (Dust)	250.0	डी0	–
बैंगन	थिरम 75 प्रतिशत (Dust)	250.0	डी0	
	कैप्टान 75 प्रतिशत (Dust)	250.0	डी0	
गाजर	थिरम 75 प्रतिशत (Dust)	250.0	डी0	
गोभी वर्गीय	थिरम 75 प्रतिशत (Dust)	250.0	डी0	
मिर्च	थिरम 75 प्रतिशत (Dust)	250.0	डी0	
शिमल मिर्च	थिरम 75 प्रतिशत (Dust)	250.0	डी0	
	कैप्टान 75 प्रतिशत (Dust)	250.0	डी0	
ग्वार	थिरम 75 प्रतिशत (WDP)	75.0	एस0	
लोबिया	कैप्टान 75 प्रतिशत (WDP)	100.0	एस0	
	थिरम 75 प्रतिशत (Dust)	250.0	डी0	
कद्दू वर्गीय	थिरम 75 प्रतिशत (Dust)	250.0	डी0	
सब्जियाँ	कैप्टान 75 प्रतिशत (Dust)	250.0	डी0	
प्याज	थिरम 75 प्रतिशत (Dust)	250.0	डी0	
पालक	थिरम 75 प्रतिशत (Dust)	250.0	डी0	
मटर	कैप्टान 75 प्रतिशत (WDP)	100.0	एस0	½
	थिरम 75 प्रतिशत (Dust)	200.0	डी0	½
मूली	थिरम 75 प्रतिशत (Dust)	250.0	डी0	
चुकन्दर	थिरम 75 प्रतिशत (Dust)	250.0	डी0	
	कार्बोक्सिन 75 (WP)	100.0	डी0	
	कार्बेन्डाजीन 50 (WP)	100.0	डी0	
टमाटर	थिरम 75 प्रतिशत (Dust)	335.0	डी0	
शलजम	थिरम 75 प्रतिशत (Dust)	250.0	डी0	

स्रोतः राष्ट्रीय बीज निगम WDP = Wettable Dusting Powder D = Dust

बीज प्राइमिंग (Seed priming)

प्राइमिंग (priming) बीजों के जलीयकरण (hydration) की वह क्रिया है जिसमें जमाव की प्रक्रियाएं प्रारम्भ तो हो जाती हैं, किन्तु मूलांकुर का उद्‌भव नहीं होता है।

"Priming may be defined as "controlling the hydration level within seeds so that the metabolic activity necessary for germination can occur but radical emergence is prevented".

प्राइमिंग एक नियंत्रित जलीयकरण विधि है जिसके बाद बीजों को पुनः पहले की नमी के स्तर तक सूखा लिया जाता है। प्राइमिंग के सुप्रभाव निम्न कारणों पर निर्भर होते हैं–

- बीज की प्रारम्भिक गुणवत्ता
- उपचारित की जाने वाली फसल
- उपचार की स्थितियाँ यथा तापमान, जल विभव के उपचार में लगने वाला समय तथा विशिष्ट प्राइमिंग माध्यम की दूसरी स्थितियाँ।

जमते बीज द्वारा जल का अवशोषण तीन चरणों में होता है (लियोपोल्ड एवं वरटुक्की, 1989, टेलर एवं सहयोगी, 1997)

- **पहला चरण**–तीव्र गति से जल का अवशोषण
- **दूसरा चरण**–जल की मात्रा में बहुत कम बदलाव
- **तीसरा चरण**–मूलांकुर के उद्‌भव के साथ जल की बढ़ी मात्रा।

बीजों की प्राइमिंग में यह प्रयास किया जाता है कि उपरोक्त दूसरे चरण तक तो जमाव की प्रक्रिया को प्राइमिंग के दौरान ले जाया जाये, किन्तु तीसरे चरण में प्रवेश के ठीक पहले रोक दिया जाये, जिससे कि लगभग सभी बीज एक निश्चित अवस्था तक अपनी जमाव प्रक्रिया पूरी कर लें ताकि जब उन्हें बोया जाये तो उनमें पारस्परिक अन्तर न्यूनतम हो तथा मूलांकुर उद्‌भव में भी कम से कम समय लगे।

1. प्राइमिंग की विधियाँ (Methods of priming)

• अनियंत्रित जल अवशोषण

जब प्राइमिंग के लिए केवल जल का प्रयोग किया जाता है तब प्राइमिंग की अवधि जमाव बचाती है न कि जल विभव। चूँकि इस विधि में जल विभव पर कोई नियंत्रण नहीं रहता है, इसलिए इसे अनियंत्रित जल अवशोषण कहते हैं।

• नियंत्रित जल अवशोषण

बीज की प्राइमिंग की विधि (Methods of seed priming)

- आस्मो प्राइमिंग (Osmo priming)
- जल द्वारा प्राइमिंग (Hydro priming-"STEEPING")

- सालिड मैट्रिक्स प्राइमिंग (Solid matrix priming)
- जीव प्राइमिंग (Bio priming)
- प्रभामण्डल प्राइमिंग (Halo priming)
- पादप वृद्दि नियामक का उपयोग कर प्राइमिंग (Priming using growth regulators)

1. आस्मो प्राइमिंग (Osmo priming)

- इस विधि में बीजों का तरल विलयन में जलीयकरण किया जाता है।
- उपयुक्त प्राइमिंग प्रभाव उस न्यूनतम जल विभव पर मिलता है, जो मूलांकुर के प्रादुर्भाव को रोकता है।
- विभिन्न तरह के आस्मोटिका जैसे कि पालीइथायलीन ग्लायकाल, ग्लिसराल, मैनीटाल, पोटैशियम नाइट्रेट, पोटैशियम डाईहाइड्रोजन फास्फेट तथा अन्य लवणीय विलयन सफलतापूर्वक प्रयोग किये गये हैं।
- अधिक मात्रा में प्राइमिंग विलयनों को बनाने, प्रयोग करने तथा उनके निस्तारण में होने वाली समस्याओं के कारण व्यावसायिक स्तर पर इसका प्रयोग कठिन है।

  इसे निम्न भागों में बाँटा जा सकता है
  - लवणीय विलयन प्राइमिंग (Saline solute priming)
  - पालीइथायलीन ग्लायकाल प्राइमिंग (PEG priming)

लवणीय विलयन प्राइमिंग (Saline solute priming)

प्राइमिंग हेतु सबसे उपयुक्त आस्मोटिक उपचारित (osmotic treatment) की जाने वाली सब्जी के हिसाब से बदलता है। लवणीय विलयन टमाटर तथा खरबूजा आदि उन बीजों के लिए सबसे उपयुक्त प्रतीत होते हैं, जिनमें भ्रूण एक अर्धपारगम्य झिल्ली द्वारा घिरा होता है जो जल का अवशोषण तो होने देती है किन्तु विलेय (solute) के अवशोषण को रोक देती है। लवणीय विलयन द्वारा प्राइमिंग करने पर पत्ता गोभी तथा ब्रोकली जैसे बीजों के जमाव पर उल्टा प्रभाव होता है, क्योंकि इनमें अर्धपारगम्य अवरोध का अभाव होता है। इस प्रकार के बीजों के लिए पालीइथायलीन ग्लायकाल (अणुभार 8000) अधिक प्रभावशाली आस्मोटिक है, क्योंकि यह निष्क्रिय होता है तथा अपने अत्यधिक अणुभार के कारण भ्रूण द्वारा अवशोषित नहीं किया जा सकता है।

पालीइथायलीन ग्लायकाल प्राइमिंग (PEG priming)

पालीइथायलीन ग्लायकाल (PEG) व्यापक पैमाने पर आस्मोटिकम की तरह प्रयोग किया जा रहा है, क्योंकि यह अप्रवेश्य होता है तथा जल विभव को उन आस्मोटिक (osmotic) की तुलना में अधिक सही ढंग से नियंत्रित करता है, जो भ्रूण द्वारा अवशोषित कर लिये जाते हैं क्योंकि बीज जल अवशोषित करते हैं पेग (PEG) नहीं। जब भेद्य प्रकार के आस्मोटिक प्राइमिंग (osmotic priming) विलयन के जल विभव नियंत्रण को कठिन बना देता है उस समय आस्मोटिक प्राइमिंग हेतु तरल

और बीज का अनुपात सामान्यतः 7.0 मिली लीटर प्रति ग्राम होता है। पालीइथायलीन ग्लायकाल के प्रयोग करने में कुछ परेशानियाँ भी आती हैं। पालीइथायलीन ग्लायकाल विलयन गाढ़े होते हैं, अतः उनके साथ काम करना कठिन पड़ता है। पाली इथयलीन ग्यालकाल तापमान, सान्द्रता तथा जल विभव में सम्बन्ध रेखीय नहीं होते हैं जिसके कारण लवणों की अपेक्षा पाली इथयलीन ग्यालकाल का प्राइमिंग विलयन बनाना कठिन पड़ता है। एक और बाधा यह आती है कि पाली इथयलीन ग्यालकाल विलयनों में आक्सीजन की घुलनशीलता जल तथा अन्य लवणीय विलयनों की तुलना में अपेक्षाकृत कम होती है, जो प्राइमिंग हेतु इसके प्रभाव को कम कर सकती है।

2. जल द्वारा प्राइमिंग (Hydro priming)

केवल जल द्वारा प्राइमिंग को नियंत्रित करना कठिन होता है अतः जलीयकरण को नियंत्रित करने तथा जमाव बचाने के लिए बहुधा बीजों की प्राइमिंग आस्मोटिक विलयनों द्वारा की जाती है। प्राइमिंग का उपयुक्त प्रभाव उस न्यूनतम ऋणात्मक जल विभव पर प्राप्त होता है जो मूलांकुर के प्रादुर्भाव को रोकता है। सफल प्राइमिंग हेतु टमाटर, सलाद पत्ता तथा ब्रोकली के लिए न्यूनतम जल विभव –2.4 अथवा –2.5 मेगा पास्कल कुछ वैज्ञानिकों द्वारा अनुमोदित किया गया है।

3. सालिड मैट्रिक्स प्राइमिंग (Solid matrix priming)

इस विध में बीज, एक ठोस वाहक पदार्थ तथा जल एक बन्द डिब्बे में एक साथ एक निश्चित समय के लिए मिश्रित किये जाते हैं। इसमें समुचित मात्रा में जल मिला दिया जाता है, जिससे कि जल विभव बढ़कर उसी रेन्ज (–0.6 से –2.5 मेगा पास्कल) तक पहुँचा दिया जाये जैसा कि आस्मोटिक प्राइमिंग में करते हैं। बाद में इस मिश्रण को सूखाकर उसमें से बीज अलग करके सूखा लिये जाते हैं।

- इस विधि में वर्मीक्यूलाइट, सिन्थेटिक कैल्सियम सिलिकेट, कैलसाइटेड क्ले, स्फैगनम मास, शेल तथा बिट्यूमिनस चारकोल का प्रयोग बड़े पैमाने पर किया जा चुका है।
- बीजों को मिश्रण से अलग करने तथा वाहक पदार्थों के निस्तारण में आने वाली परेशानियों के कारण व्यावसायिक स्तर पर इस विधि का प्रयोग कठिन है।

सालिड मैट्रिक्स प्राइमिंग में सफलतापूर्वक उपयोग के लिए पदार्थों में निम्न गुण होने चाहिए–

- कोई पदार्थ विषाक्तता नहीं
- उच्च जल धारण क्षमता
- गुत्थी का न बनना
- उपचार के बाद सरलता से हट जाने वाले।
- जल में अत्यन्त कम घुलनशील

कुछ अध्ययनों ने दर्शाया है कि सालिड मैट्रिक्स प्राइमिंग द्वारा बढ़त का स्तर आस्मोटिक प्राइमिंग की अपेक्षा अधिक है। एक प्रयोग में माइक्रो–सेल नामक पदार्थ के साथ तुलनीय विभव

पर ब्रोकली के बीज की प्राइमिंग ने जमाव की दर तथा जड़ों की वृद्धि को पालीइथायलीन ग्लायकाल की अपेक्षा बढ़ा दिया। सालिड मैट्रिक्स प्राइमिंग में वाहक की तरह इस पदार्थ को प्रयोग करने पर यह अनुकूल जल विभव, वातीय स्थिति और आवश्यक पोषक तत्व, विशेषतया कैल्सियम प्रदान करता है, जो ब्रोकली तथा इसी प्रकार की अन्य प्रजातियों को लाभ पहुँचाता है। किन्तु कुछ बीजों जैसे खरबूजा में इससे लाभ नहीं मिलता है और वहाँ पालीइथायलीन ग्लायकाल (PEG) अथवा पोटैशियम नाइट्रेट अधिक अच्छे परिणाम देते हैं। सम्भवतः खरबूजा के परिपक्व बीज में भ्रूण के चारों ओर स्थित भ्रूणपोष का आवरण एक आणविक छन्नी की तरह कार्य करते हुए खनिज तत्वों को भ्रूण द्वारा अवशोषित किये जाने से प्रतिबंधित करता है। आस्मोटिक प्राइमिंग की अपेक्षा बड़े पैमाने पर उपयोग के लिए सालिड मैट्रिक्स प्राइमिंग अधिक उन्नत विधि है। यद्यपि पालीइथायलीन ग्लायकाल की अपेक्षा सालिड मैट्रिक्स प्राइमिंग में प्रयुक्त पदार्थों का निस्तारण सरल है, तथापि बड़े पैमाने पर अधिक मात्रा में प्राइमिंग करने पर यह भी कठिन हो जाता है। इसके अतिरिक्त माइक्रोसेल जैसे पदार्थ अत्यन्त धूल युक्त होते हैं तथा आन्तरिक रुप से ले लेने पर कैंसर के कारण भी हो सकते हैं। इन सब समस्याओं के फलस्वरुप ड्रम प्राइमिंग विकसित हुई।

4. ड्रम प्राइमिंग (Drum priming)

- पहले से निर्धारित जल विभव पर 24 घण्टे बीजों का जलीयकरण एक घुमते हुए क्षितिजीय ड्रम के अन्दर, जिसमें पानी की वाष्प छोड़ी जाती है, उसमें करते हैं।
- जलीयकरण का स्तर लगातार मापने के लिए ड्रम को कम्प्यूटर से जुड़ी इलेक्ट्रानिक तुला पर लगाया जाता है।
- उपचार के बाद बीजों को पुनः सूखा लेते हैं।
- आस्मोटिक तथा सालिड मैट्रिक्स प्राइमिंग की तरह इस विधि में पदार्थ निस्तारण की समस्या नहीं होती।
- इस विधि द्वारा बड़े पैमाने पर बीजों का उपचार किया जा सकता है।

5. पादप वृद्धि नियामक का उपयोग कर प्राइमिंग (Priming using growth regulators)

पादप वृद्धि नियामक जैसे जीब्रेलिक एसिड से बीज प्राइमिंग करने के लिए घोल की सान्द्रता 200–1000 पी0पी0एम0 रखते हैं। सामान्यतः 500 पी0पी0एम0 का घोल तैयार करने के लिए 500.0 मिली ग्राम जिब्रेलिक एसीड को 1.0 लीटर पानी में घोलते हैं या सोडियम फास्फेट बफर की 0.01एम0 को 1.0 लीटर पानी में घोलते हैं।

प्राइमिंग के प्रभाव (Effect of priming)

- जमाव दर में वृद्धि।
- जमाव में एकरुपता।
- जमाव प्रतिशत।

- जमाव के लिए तापमान की बढ़ी दूरी।
- अग्रिम परिपक्वता।
- भ्रूण वृद्धि के अवरोधों का क्षीण पड़ना।
- अधिक प्रोटीन संश्लेषण।

प्राइमिंग के प्रभाव उपचार की उपयुक्तता तथा उपचार के दौरान सावधानियों पर निर्भर करती हैं यद्यपि प्राइमिंग से उपरोक्त लाभ होते हैं, तथापि व्यापारिक स्तर पर इसे बड़ी सफलता नहीं मिल पाई है। इसके अतिरिक्त ऐसा भी पाया गया है कि प्राइमिंग किये गये बीज की भण्डारण क्षमता विपरीत रुप में प्रभावित होती है। कुल मिलाकर आने वाले समय में प्राइमिंग तकनीकी बीजों की जमाव व बढ़त हेतु एक सशक्त तकनीक के रुप में उभरने की संभावना हैं।

बीज आवरण चढ़ाना (Seed Coating) व बीज की छोटी–छोटी गोली बनाना (Seed pelleting)

• बीज आवरण चढ़ाना (Seed Coating)

बीज या नर्सरी पौध के जड़ों को पूर्ण रूप से जमाव व पौध स्थापन, अनेकों प्रकार के कीड़ों व रोगों तथा ओज वृद्धि के लिए बीज कवच पर आवश्यक रासायनिक या कार्बनिक पदार्थ का आवरण चढ़ाना ही सीड कोटिंग (seed coating) कहा जाता है। आवरण के रूप में फफूँदनाशक, सूक्ष्मजीव, सूक्ष्म पोषक तत्व आदि का बीज पर आवरण चढ़ा होने के कारण चीड़ियों, चूहों, खरगोश आदि से बहुत कम नुकसान होता हैं, क्योंकि बीजों का आकार काफी बढ़ जाता है। बीज आवरण चढ़ाने से असामान्य परिस्थिति जैसे सूखा (drought) व (flood) बाढ़ में आशातीत सफलता मिलती है। सम्पूर्ण यांत्रिक (compelete mechanization) में आवरण युक्त बीज का योदान ज्यादा है। ऐसी प्रक्रिया अपनाने से ग्रीन हाउस (green house) व गृह वाटिका (kitchen garden) की सस्य क्रिया आसान हो जाती है। खेत में वाँछित पदार्थों व बीजों की तुलना में कम मात्रा में बीज को ही लगाया जाता है। फिल्म आवरण एक महत्वपूर्ण तकनीकी है, जिसमें निर्धारित सक्रिय तत्व्र के साथ–साथ द्रव पदार्थ का सीधे समावेश बीज आवरण में किया जाता है, जिसमें 10 प्रतिशत तक बीज भार बढ़ जाता है।

• बीज की छोटी–छोटी गोली बनाना (Seed Pelleting)

यथार्थ बुआई/रोपण हेतु बीज का आकार बीज भार व बीज का आकार परिवर्तन हेतु अपनायी जाने वाली प्रक्रिया को सीड पेलेटिंग (seed pelleting) कहते है।

"Seed pelleting refers to the inert materials added to seed to change the size and shape resulting in substantial weight increase for improved plantability".

सीड पेलेटिंग (seed pelleting) प्रक्रिया के अन्तर्गत बीज के उपर अक्रिय पदार्थ का आवरण प्राकृतिक रूप से जलग्रहण करने वाले पोष पदार्थ होते हैं, जो नवोद्‌भिद पौधों (seedlings) को सूक्ष्म

मात्रा में पोषक तत्व प्रदान करते हैं। सीड पेलेटिंग के माध्यम से पौधों व मृदा के लिए आवश्यक पदार्थों की पूर्ति की जा सकती है।

सीड पेलेटिंग के लाभ (Advantages of seed pelleting)

- बीज आकर में वृद्धि।
- बीजों को पृथक कर आपस में चिपकने से बचाना।
- यथार्थ बुआई/रोपण।
- पानी के प्रति आकर्षण।
- पादप वृद्धि नियामक व सूक्ष्म पोषक तत्वों की आपूर्ति।
- जमाव को प्रेरित करना।
- सूक्ष्म वातावरण को प्रभावित करना।
- मृदा में प्रयोग होने वाले रसायनों/उर्वरकों में बचत।
- आक्सीजन की आपूर्ति।
- बीज जमाव के समय नवोद्भिद को संक्रमण से दूर कर स्वयं की शक्ति विकसित करना।
- बीज दर में कमी।
- प्रक्षेत्र में एक समान पौध स्थापन।
- बीज जमाव के बाद स्थान पूर्ति (gap filling) तथा पौध विगलन (plant thining) की आवश्यकता।
- अधिक उपज।
- समस्याग्रस्त मृदा में बीज की बुआई करना सम्भव।
- चीड़ियों, जानवरों व कीड़ों से बचाव।

पेलेटिंग की प्रक्रिया (Process of pelleting)

पेलेटिंग में मुख्य रूप से तीन प्रक्रिया सम्मलित है–

1. अंकित करना (Stamping)
2. आवरण चढ़ाना (Coating)
3. लुढ़काना (Rolling)

पेलेटिंग के लिए आवश्यक सामाग्री (Materials needed for pelleting)

1. बीज (Seed)-बीज एक समान तथा अवाँछित पदार्थों से मुक्त होना चाहिए।
2. गोंद (Adhesive) - चिपकाने के लिए।
3. भराव पदार्थ (Filler) - अक्रिय पदार्थ बीजों पर चिपकाने के लिए।

सर्वप्रथम बीज पर एक समान व सही मात्रा में गोंद का आवरण चढ़ाया जाता है। इसके बाद भराव पदार्थ का गोदयुक्त बीज पर भराव पदार्थ का छिड़काव किया जाता है तथा भराव पदार्थ पर बीज को लटकाया जाता है, जिससे प्रभावी व एक साथ आवरण चढ़ जाये।

पेलेटिंग के यन्त्र (Equipment for pelleting)

तमिलनाडु कृषि विश्वविद्यालय, कोयमबटूर ने हस्त चालित ''ड्रम विधि'' (Drum method) का विकास किया है। इस विधि में ड्रम एक अक्ष पर हाथ द्वारा घुमाया जाता है। प्रारम्भ में बीज पर आवरण चढ़ता है तथा उसके बाद भराव पदार्थ के साथ मिश्रित करते है, और इस प्रकार पेलेटेड सीड (pelleted seed) तैयार हो जाता है।

क्षमता वृद्धि सम्बन्धी सावधानियाँ

- गोंद का ज्यादा प्रयोग नहीं करना चाहिए। इससे बीज में चिपचिपापन आ जाता है।
- गोंद का स्निग्धता वाँछित हो अथवा आवरण उपयुक्त नहीं होगा।
- भराव पदार्थ महीन पाउडर के रूप में होना चाहिए। तभी आवरण पूर्ण होगा और आवरण देर तक रूका रहेगा।
- गोंदयुक्त आवरण बीज का भराव पदार्थ पर एक समान फैलाना चाहिए अन्यथा एक पेलेट में कई बीज आ जाते है। ऐसा करने से पेलेट भी एकसार बनते हैं।

• गोंद (Adhesive)

बीज में आवरण चढ़ाने में गोंद का सबसे ज्यादा योगदान होता है, क्योंकि यही पदार्थ पेलेटेड सीड का प्रभाव संभालना (handling), परिवहन व बनाई के समय देखने को मिलता है। विभिन्न शोधकर्ताओं द्वारा अरैबिक गम 45 प्रतिशत, मिथाइल सेलूलोज 3 प्रतिशत, जिलेटिन, केसिन केसमेट साल्ट्स, प्लास्टिक रेक्सिन्स, पालीविनायल एसीटेट, मिथाइल इथाइल सेलूलोज 5 प्रतिशत, पाली यूरेथेन, पालीविनाइक एल्कोहल, पालीविनाइल एसीटेट, पाली इलेक्ट्रोलाइट अथवा डेक्स्ट्रान और पालीइथीलीन आक्साइड आदि के प्रयोग की अनुशंसा की गयी है। आवरण चढ़ाने वाले गोंद की स्निग्धता व सान्द्रता का ध्यान आवश्यक है, जिससे भराव पदार्थ प्रभावी तरीके से लग जाये और टूटे भी नहीं बुरकाव भी हो जाये तथा छाया में सूख भी हो जाये। इसके अलावा कुछ सस्ते अल्प प्रयोग वाले बंधक पदार्थ जैसे राइस ग्रुएल, मैदा ग्रुएल, सागो ग्रुएल तथा स्टार्च ग्रुएल की 5.0–10.0 प्रतिशत सान्द्रता प्रयोग की जाती है और पेलेटिंग (pelleting) किये जाने वाले पदार्थ पर निर्भर रहता है। गोंद का चुनाव उद्‌देश्यपरक भी होता है जैसे–

सारिणी (22.17) विभिन्न प्रकार के गोंद जैसे पदार्थ एवं उपयोग

पदार्थ	उद्देश्य
प्लास्टीक रेगिन पाली विनाइल एसीटेट अघुलनशील पाली इलेक्ट्रोलाइट	बीज में कीटनाशी बन्धन हेतु
पाली इथीलीन आक्साइड	सतह पर बोई गयी बीज को क्षरण से रोकना
पाली यूरेथेन	चूना बन्धन के टूटने से रोकना
पाली विनाइल एल्कोहल, पाली विनाइल एसीटेट	वर्मीकुलाइट बन्धन में सहायक
पाली इलेक्ट्रोलाइट, डेक्स्ट्रान	बीज के पास मृदा को एग्रीगेट करता है जिससे बोये बीज के पास वातायन होता है।

आवरण पदार्थ का चयन (Selection of coating material)

- आवरण पदार्थ छिद्रयुक्त होना चाहिए जिससे बीज में वातायन होता रहे।
- आवरण पदार्थ मृदा में नमी के सम्पर्क में आने पर कमजोर या टूट जाये जिससे बीज जमाव में भौतिक बाधा न बने।
- आवरण पदार्थ बीज के लिए विषैला न हो।
- आवरण पदार्थ व्यावसायिक स्तर पर प्रयोग की जा सके।

- **भराव पदार्थ (Filling material)**

पेलेटिंग हेतु प्रयुक्त होने वाले भराव पदार्थ बीज व राइजोस्फियर दोंनो के लिए लाभकारी व नुकसान देय रहित हो। भराव के लिए लाइम, जिप्सम, डोलोमाइट तथा राक फास्फेट का प्रयोग किया जाता है। अन्य मृदीय पदार्थ जैसे– माण्टमोरिल्लोनाइट तथा वर्मी कुलाइट का भी प्रयोग किया जाता है। इसके अलावा रक्त पीट, पोल्ट्री खाद, मास, म्यूसीलेज आदि का प्रयोग भी किया जाता है। भराव पदार्थ के कण बीज की विरोधिता के लिए महत्वपूर्ण है। क्ले, लाइम व डोलोमाइट को 30 मेश की जाली से छाना गया हो। इसी प्रकार रक्त वुडचारकोल, दूध पाउडर व यीस्ट एक्स्ट्रेट को 150 मेश की जाली से छानना चाहिए। ये सभी अकेले या संयुक्त रूप से प्रयोग होते हैं।

- सूखा रक्त–15 : 85 (डब्ल्यू /डब्ल्यू) रक्त : डोलोमाइट
- सूखा दूध–3 : 85 (डब्ल्यू /डब्ल्यू) दूध पाउडर : डोलोमाइट
- यीस्ट एक्ट्रैक्ट– 1 : 99 (डब्ल्यू /डब्ल्यू) यीस्ट एक्ट्रैक्ट : डोलोमाइट

उपरोक्त पदार्थों के अलावा जैव उर्वरक भी भराव पदार्थ के रूप में प्रयोग किए जाते है। कम लागत व प्रकृति के अनुकूल, वानस्पतिक पौधों के पत्तियों के पाउडर का भी भराव के रूप में प्रयोग किये जा सकते हैं। वानस्पतिक पौधों में अरापुर, पोंगामिया, नाट्ची, प्रोसोपिस, नीम, सहजन व इमली का प्रयोग किया जाता है। इनका प्रयोग 200.0–300.0 ग्राम प्रति किलो ग्राम बीज हेतु किया जाता

है। पाउडर इतना महीन हो कि मसलिन कपड़े (muslin cloth) से छन जाये। पौधों की पत्तियों पर आक्सीन (auxin) नामक पदार्थ होने के कारण नवोद्भित पौधों के स्थापन को नियन्त्रित करते हैं।

भराव पदार्थ के गुण (Prperties of filling material)

- विषैला न हो।
- बीज गोंद व वातावरण के प्रति मित्रवत हो।
- आसानी से पानी में घुल जाये।
- व्यावसायिक उत्पादन के लिए आसानी से सुलभ हो।
- कम लागत वाला हो।

पेलेटिंग के प्रकार (Types of pelleting)

• इनोकुलेण्ट पेलेटिंग

विभिन्न प्रकार के जैव उर्वरक जैसे– राइजोबियम, फास्फोबैक्ट्रीया, एजोस्पीरल्लम अथवा, एजेटोबैक्टर का भराव पदार्थ के रूप में प्रयोग किया जाता है, जिसे बीज पर गोंद की सहायता से स्थिर/चिपकाया जाता है। इस प्रकार से पेलेटिंग करने से राइजोस्फियर के सूक्ष्म जीवों की क्रियाशीलता में सुधार होता है और नत्रजन स्थिरीकरण में भी सहायता प्रदान करता है। पावेल ने सन् 1979 में स्पष्ट किया कि वैम (VAM) की बीज के साथ पेलेटिंग (pelleting) की जा सकती है।

बचाव आवरण (coating)

रोग नियंत्रक जैव कारक जैसे–राइजोबैक्ट्रीया बटाटीकोला (*Rhizobactria bataticola*) या बैसिलस प्रजाति (*Bacillus* spp.) या इन्ट्रेप्टोमाइसिज प्रजाति की भी बीज के साथ पेलेटिंग की जा सकती है। इसी प्रकार बीज पेलेटिंग, फफूँदनाशक या अन्य रासायनिक नाशक को गोंद के साथ मिलाकर बीज पर आवरण चढ़ाया जा सकता है लेकिन ध्यान रखना होगा कि भराव पदार्थ के साथ मिलकर अनुकूल प्रभाव छोड़े। उदाहरण के लिए इनांकुलेन्ट व फफूँदनाशक एक साथ मिलाने पर अच्छा परिणाम नहीं देते हैं। चीड़ियाँ भगाने वाले रसायन जैसे–मेथियोकार्श, इन्ड्रिम या थिरम, चूहे आदि मारने वाले मेस्ट्रानाल व रिसोरीनाल का भी बीज पिलेटिंग के लिए उपयोग किया जा सकता हैं। पेलेट लोडिंग के अन्तर्गत बचाव सम्बन्धित प्रयोग एक क्रम में तथा पेलेट के अन्तर्गत होता है। इसमें पेलेट पौध सुरक्षा को नकारात्मक दृष्टि से कम करता हो या बाधक का काम करता है।

खरपतवार नाशक आवरण

खरपतवारनाशी जैसे–18 नैथ्यालिक एनहाइड्राइड का बीज पिलेटिंग के लिए उत्तम पाया गया है। सक्रिय कार्बन का भी भराव पदार्थ के रूप में प्रयोग किया जा सकता है जिससे 2,4–डी व एलाक्लोर खरपतावार नाशक के हानिकारक प्रभाव से बचा जा सकता है।

• पोषक तत्वों का आवरण

सूक्ष्म व मुख्य पोषक तत्वों को भी बीज आवरण के रूप में चढ़ाया जा सकता है, जिससे बीज जमाव ज्यादा होता है और नवोद्भिद पौध विकास भी अच्छा होता है। ये आवरणयुक्त तत्व सीधे पौधों को उपलब्ध होते हैं और खरपतवार के पौधे इसे नहीं उपयोग कर पाते। इस प्रक्रिया से पोषक तत्वों का अपव्यय नही होता है। सूक्ष्म पोषक तत्व के रूप में जिंक सल्फेट, फेरस सल्फेट, कापर सल्फेट, पोटैशियम क्लोराइड, बोरैक्स आदि का उपयोग पेलेटिंग हेतु उपयोग कर सकते हैं।

• हाइड्रोफिलीक तत्वों का आवरण

स्टार्च गैफ्ट पालीमर जो अपने भार से 1000 गुना ज्यादा पानी का अवशोषण करता है, बीज पेलेटिंग के रूप में उपयोग किया जा सकता है। उदाहरण के लिए मैगनिशियम कार्बोनेट वातायन एवं जल उपलब्धता में वृद्धि करता है। बीज जमाव सम्भवतः सूक्ष्मकण के सक्रिय ''वीक'' या नमी को अपने तरफ आकर्षित करने की क्षमता या बीज का मृदा के साथ उपयुक्त समागम से होती है।

• आक्सीजन वाहक का आवरण

अगर बीज आवरण के रूप में जिंक या कैल्सियम के पेराक्सीडेस का उपयोग करने पर आक्सीजन, अंकुरित बीजों को प्राप्त हो जाता है, जो तेज वृद्धि के लिए जिम्मेदार घटक बन जाता है। जिन सब्जी फसलों के बीज कवच कठोर या आक्सीजन के प्रति अपारगम्य होते हैं, के लिए यह तकनीक ज्यादा उपयोगी है, क्योंकि अंकुरण में सहायता प्रदान करते हैं।

नैनोटेक्नोलाजी द्वारा बीज शोधन (Seed treatment with nano technology)

नैनो एक ग्रीक शब्द है, जिसका शाब्दिक अर्थ है, बौना। नैनो टेक्नोलाजी किसी पदार्थ के परमाणुवीय या आणविक स्तर पर नियंत्रण के अध्ययन को कहते हैं। साधारणतया नैनो टेक्नोलाजी किसी बनावट की कम से कम एक आयाम के 1–100 नैनोमीटर आकार वाली रचनाओं और उसी आकार के भीतर पदार्थों या युक्तियों को विकसित करने से सम्बन्धित है। एक नैनोमीटर (nm) एक मीटर का एक करोड़वां भाग होता है। डी0एन0ए0 के डबल हेलिक्स का व्यास लगभग 2 नैनोमीटर होता है, जबकि जीनस (genus) माइकोप्लाज्मा (mycoplasma) के बैक्टीरिया लगभग 200 नैनोमीटर होते हैं। नैनो टेक्नोलाजी परिकल्पनाओं का पहली बार प्रयोग रिचर्ड फीनमैन नामक भौतिक शास्त्री ने 29 दिसम्बर, 1959 में अपने व्याख्यान "there is plenty of room at the bottom" में किया था। नैनोटेक्नोलाजी शब्द को प्रथम बार सन् 1974 में टोक्यो विज्ञान विश्वविद्यालय के प्रो0 नोरियो तानिगुची ने प्रयोग किया। सन् 1986 में डॉ0 के0 एरिक ड्रेक्सलर द्वारा लिखित पुस्तक ''इंजिन्स ऑफ क्रिएशनः द कमिंग एरा ऑफ नैनो टेक्नोलाजी'' को इस विषय पर लिखी पहली पुस्तक माना जाता है।

अमेरिका के अर्कन्सास विश्वविद्यालय के जीव विज्ञानियों तथा नैनोटेक्नोलाजीविदों की टीम ने पिछले वर्ष सम्भवतः पहली बार यह प्रदर्शित किया कि कार्बन नैनोट्यूब्स बीज के मोटे आवरण को भेद सकती है तथा बीज के भीतर जल के अवशोषण को बढ़ा सकती है। डॉ0 मारिया खोडाव्स्काया तथा एलेक्स बिरिस ने अपने प्रयोग में टमाटर के बीजों को 10–40 माइक्रोग्राम/मिली

कार्बन नैनोट्यूब मिश्रित विभिन्न एम0एस0 अगर–अगर (Agar-Agar) वृद्धि माध्यमों में जमाव के लिए रखा। उन्होंने पाया कि नैनोट्यूब मिश्रित वृद्धि माध्यम में बीज लगभग दोगुना तेजी से जमें तथा उन पौधों का वजन भी बिना कार्बन नैनोट्यूब मिश्रित माध्यम के पौधों की अपेक्षा दो गुना रहा। वैज्ञानिकों के अनुसार कार्बन नैनोट्यूब्स की वजह से जल अवशोषण की बढ़ी दर के कारण ही दोगुना तेज जमाव एवं पौधों का वजन प्राप्त किया गया। यद्यपि कार्बन नैनोट्यूब के कारण टमाटर के बीजों में बढ़ी जल अवशोषण दर की वास्तविक आणविक प्रक्रिया अभी भी स्पष्ट नहीं है तथा उस पर और अनुसंधान की आवश्यकता है। ए0सी0एस0 नैनो नामक प्रत्रिका में एक लेख के अनुसार वह उर्वरक जिनमें कार्बन नैनोट्यूब्स भी हो, पौधों की अधिक तेज तथा बेहतर वृद्धि में सहायक होते हैं। चीन के वैज्ञानिक ली योंग हांग तथा उनके सहयोगियों ने अपने शोध में पाया कि नैनो युक्तियों में बीजों को सोखने से उनके जमाव, जमाव दर तथा ओज में सार्थक वृद्धि होती है।

मटर के बीजों पर शोध करते हुए यानान विश्वविद्यालय, के डॉ0 ग्यूओ ली तथ उनके सहयोगियों ने पाया कि नैनो कण TiO_2 का प्रयोग उसके आकार तथा सान्द्रता पर निर्भर होता है। एक निश्चित सान्द्रता पर नैनो TiO_2 ने मटर के जमाव तथा वृद्धि को बढ़ा दिया, जबकि अधिक सान्द्रता पर इसका प्रभाव नियंत्रणकारी रहा। कुइंघाई विश्वविद्यालय के डॉ0 डोंग हुई जी0 के टीम ने पाया कि नैनो कणों की सान्द्रता के अतिरिक्त उपचार में लगने वाले समय तथा सूर्य के प्रकाश की उपलब्धता/अनुपलब्धता का भी असर बीजों की ज़माव क्षमता को प्रभावित करता है। उन्होंने पाया कि TiO_2 की 400.0 मिली ग्राम/ग्राम सान्द्रता पर 200.0 मिलीग्राम/ग्राम की अपेक्षा बीज जमाव में बेहतर परिणाम मिले। इसी प्रकार बीजों को सोखने का समय 9 घण्टे व सूर्य के प्रकाश की उपलब्धता ने, 12 घण्टे व सूर्य के प्रकाश की अनुपलब्धता की अपेक्षा बेहतर परिणाम दिये। सोयाबीन के बीजों पर काम करते हुए डॉ0 लू चांगमई तथा उनके सहयोगियों ने पाया कि नैनो TiO_2 पदार्थ सोयाबीन के जमाव तथा वृद्धि को बढ़ाते ही नहीं है, बल्कि उस पर फफूँद लगने से भी बचाते हैं। पालक पर शोध करते हुए डॉ0 झेंग ली तथा उनके सहयोगियों ने नैनोएनाटेज TiO_2 का विभिन्न प्रकाश परिस्थितियों में पालक के प्रकाश संश्लेषण पर प्रभाव देखा और पाया कि नैनो ने दृष्टिगोचर तथा पराबैगनी प्रकाश स्थितियों में प्रकाश संश्लेषण को बढ़ावा दिया तथा पालक की वृद्धि में अत्यन्त सुधार कर दिया। एक अन्य अध्ययन में पाया गया कि प्रकाश अपचयन क्रिया तथा इलेक्ट्रान परिवहन में अवरोधक पालक के क्लोरोप्लास्ट में मौजूद लिनोलिनिक एसिड के दुष्प्रभाव को भी नैनोएनाटेज TiO_2 कम करता है। पालक को 0.25 प्रतिशत नैनो TiO_2 से उपचारित करने पर हिल प्रतिक्रिया तथा आक्सीजन उद्‌भव की दर में त्वरण पाया गया है।

आनुवंशिक शुद्धता एवं प्रजातीय गुणों में गिरावट (Genetic Purity vs. Deterioration of Variety)

निश्चित रुप से आनुवंशिक शुद्धता, बीज समूह की शुद्धता का द्योतक है। एक समान तथा सत्य प्रकार (true to type) का उत्पाद लेने के लिए बीज में आनुवंशिक गुण विद्यमान होना चाहिए। प्रजाति के गुणों में गिरावट आनुवंशिक, वातावरणीय एवं तुड़ाई उपरान्त अपनाये गये तौर–तरीकों से आती है।

प्रजाति के आनुवंशिक शुद्धता में गिरावट के लिए जिम्मेदार घटक (Factors degrading genetic purity of a variety)

प्रजातीय आनुवंशिक शुद्धता को बनाये रखने के लिए प्रजनन, उत्पादन एवं तुड़ाई उपरान्त तकनीकों को लगातार प्रयोग में लाना चाहिए। प्रजाति के आनुवंशिक शुद्धता में गिरावट के लिए जिम्मेदार घटक इस प्रकार है–

1. उत्परिवर्तन (Mutation)

प्रकृति में उत्परिवर्तन की प्रक्रिया वातावरणीय घटकों से 10^{-6} के दर से होता है, जो वंशागतित्व के गुण को भी रखता है। सूक्ष्म रुप से होने वाले उत्परिवर्तन दिखाई तो नहीं पड़ते, लेकिन जब समूह में एकत्रित हो जाते हैं तो बाह्यदृश्य प्रारुप (phenotype) के रुप में दिखने लगते हैं। बीज उत्पादन के समय वृहद् रुप में दिखाई पड़ने वाले उत्परिवर्तन को अवाँछनीय पौध विगलन के समय निकाला जा सकता है।

2. आनुवंशिक अनुस्थापन (Genetic shift)

आनुवंशिक अनुस्थापन में समूह के अन्दर जीन बारम्बारता परिलक्षित होता है। जब किसी वातावरणीय स्थिति में पौध समूह का चयन करते हैं तो आनुवंशिक अनुस्थापन प्रमुख घटक बन जाता है। इससे प्रजाति की आनुवंशिक संरचना में परिवर्तन आता है। यह पूर्णतया प्रजनन से सम्बन्धित है, जो पर–परागित (cross pollinated) या बहुधा पर–परागित (often cross pollinated) फसलों में ज्यादा होता है।

3. प्राकृतिक बाह्य संकरण (Natural outcrossing)

बाह्य संकरण का तात्पर्य एक पौध के पुष्प का दूसरी पौध के पुष्प या प्रजाति या स्वयं के पौधे पर बनने वाले पुष्प से परागण का होना है। प्राकृतिक रुप से बाह्य संकरण होने के कारण किसी विकसित होने वाले प्रभेद में आनुवंशिक संरचनात्मक परिवर्तन आ जाता है।

4. अवशेष आनुवंशिक विविधता (Residual genetic variability)

संकरण द्वारा विकसित प्रजातियों में न्यूनतम मात्रा में आनुवंशिक विविधता क्रमिक रुप से देखने को मिलती है, क्योंकि विकसित प्रजाति में विषम युग्मजता होता है और यह 6वीं पीढ़ी तक चलता रहता है। बीज उत्पादन प्रक्रिया में अग्रसारित पीढ़ी के पौधों में भिन्न प्रकार के पौधों को लगातार निकालते रहने से दूर किया जा सकता है।

5. विकासशील विविधता (Developmental variation)

जब विकसित प्रजाति को प्रजनन स्थल से कहीं दूर वातावरण में उगाया जाता है तो विकासशील विविधता देखने को मिलता है। यह मृदा की उर्वरता विविधता, मृदा की संरचना, वहाँ पर होने वाले वातावरणीय विविधता आदि का सीधा सम्बन्ध प्रजाति के गुण प्रदर्शन एवं निष्पादन

पर पड़ता है। इसलिए किसी प्रजाति की संस्तुति ऐसे वातावरण एवं क्षेत्र के लिए की जाती है, जहाँ पर उसका अनुकूलन अच्छा हो तथा बीज की गुणवत्ता भी अच्छी हो।

6. यांत्रिक मिश्रण (Mechanical mixing)

अग्रवाल (1980) ने स्पष्ट किया कि बीज के अशुद्ध होने में सबसे बड़ा घटक यांत्रिक मिश्रण है। यांत्रिक मिश्रण किसी भी स्तर पर हो सकता है।

- सीड ड्रील के द्वारा बुआई करते समय यांत्रिक मिश्रण।
- दो प्रजातियों को सटाकर लगाते समय यांत्रिक मिश्रण।
- पिछले साल लगाये गये फसल का पुनः उग आने के कारण।
- कम्बाइन हारवेस्टर (Combine harvestor) से कटाई करते समय तथा थ्रेशर द्वारा बीज निकालते समय यांत्रिक मिश्रण।
- पुराने जूट के थैलों में बीज भरते समय अन्य प्रजाति के बीज का रह जाना।

उपरोक्त यांत्रिक कारणों को सावधानीपूर्वक (बीज बुआई तथा बीज हस्तानान्तरण) कृषि पद्धति में अपनाकर बीज की अशुद्धता से बचा जा सकता है।

7. अन्य घटक (Other factors)

इसमें निम्नलिखत घटक को सम्मिलित किया जाता है–

- रोग का प्रभाव (Selective influence of diseases)।
- अपरिपक्व एवं अस्थायी अवस्था में प्रजाति का अनुमोदन करना, जिससे अग्रसारित पीढ़ियों में विभिन्न प्रकार के पौधे दिखते हैं।
- पुनः संयोजन एवं बहुगुणता के कारण ।
- पुराने बीज को सम्मिलित करना।
- अन्य जातियों या सम्बन्धित फसलों के बीजों के मिश्रण द्वारा।
- खेत में उगायी गयी पूर्व फसल के बीजों द्वारा।
- कटाई तथा बीज निकालते समय।

सामान्य फसल उगाने, काटने तथा बीज निकालने के दौरान संदूषण होता है। बीज वाली फसल में संदूषण की रोकथाम के लिए यह आवश्यक है कि फसल को संदूषण स्रोतों से अलग रखने की व्यवस्था की जाये।

बीज स्वास्थ्य (Seed health)

बीज स्वास्थ्य के अन्तर्गत भौतिक एवं जैव रासायनिक दोनों गुणों को सम्मिलित किया जाता है। शर्मा, (1987) ने स्पष्ट किया कि गुणवत्तायुक्त बीज, स्वस्थ एवं उत्पादक पौध संख्या प्रति इकाई

का सीधा सम्बन्ध सापेक्ष उपज से है। इसके अन्तर्गत आनुवंशिक, पोषकीय एवं भण्डारण जैसे घटकों को सम्मिलित कर बीज स्वास्थ्य को स्पष्ट किया जाता है।

1. आनुवंशिक समावेश (Genetic considerations)

इस घटक के अन्तर्गत आनुवंशिक रुप से शुद्ध बीज का प्रयोग कर स्वस्थ पौध का उत्पादन करना है। बीज अपनी किस्म के अनुरुप आकार–प्रकार, रंग, भार आदि गुणों से युक्त होना चाहिए। बीजोत्पादन के लिए किया जाने वाला बीज आनुवंशिक रुप से शुद्ध होना चाहिए। इसके लिए यह आवश्यक है कि बीज किसी विश्वस्त स्रोत जैसे–भारतीय कृषि अनुसंधान परिषद् के शोध संस्थान, कृषि विश्वविद्यालय, राष्ट्रीय बीज निगम, तराई बीज निगम या प्रांतीय प्रक्षेत्र से प्राप्त करना चाहिए। ऐसे बीज के प्रजनक बीज तथा उसकी वंशावली की जानकारी प्राप्त कर लेने से उत्पादित बीज की आनुवंशिक शुद्धता की पुष्टि की जा सकती है। आनुवंशिक शुद्धता का स्तर आधार बीज में 99.5 प्रतिशत तथा प्रमाणित बीज में 99.0 प्रतिशत होना चाहिए। बीज उत्पादन के समय अनुपयोगी तथा अवाँछित पौधों को बीज समूह के पौधों से अलग कर देना चाहिए।

2. पोषकीय घटक (Nutritional considerations)

बीज स्वास्थ्य के अन्तर्गत बीज के रासायनिक घटक तथा इण्डोस्पर्म (endo-sperm) में उपस्थित भोज्य पदार्थ जैसे गुण भी आते हैं। बीज के अन्दर समाहित खनिज–लवण, विटामिन्स तथा इन्जाइम का सबसे ज्यादा भूमिका बीज जमाव तथा नवोद्भिद के ओज को प्रदर्शित करना है।

3. भौतिक उपयुक्तता (Physical fitness)

इसके अन्तर्गत बीज समूह में उपस्थित पिचके तथा कमजोर विकसित बीज सम्मिलित किये जाते हैं, जो बीज जमाव के लिए सीधे तौर पर जिम्मेदार होते हैं। बीज प्रसंस्करण के द्वारा कमजोर, टूटे तथा पिचके हुए बीज को निकाल दिया जाता है। बीज में अन्य फसलों, किस्मों या खरपतवारों के बीज मिश्रित नहीं होने चाहिए। बीज में धूल, भूसा या पौधे के अन्य भागों की मिलावट नहीं होनी चाहिए।

4. रोग तथा कीड़ों का स्तर (Diseases and pest status)

स्वस्थ बीज का तात्पर्य कीड़े–मकोड़े तथा रोगाणुओं से मुक्त बीज से है। अगर इनके उपस्थित होने की सम्भावना हो तो बीज शोधन के द्वारा इन्हें दूर किया जा सकता है। यह बात सही है कि रोग तथा कीड़े से ग्रसित बीज की बुआई करने से बीज का जमाव नहीं होता है या प्रभावित होता है।

5. उचित भण्डारण (Proper storage)

बीज का उचित तापमान तथा सापेक्ष आर्द्रता पर भण्डारण उसके जमाव तथा पौध ओज को प्रभावित करता है। अतः भण्डारण के लिए ऐसे स्थान का चुनाव करना चाहिए जहाँ पर नमी न हो। अतः बीज भण्डारण के लिए हमेशा चूने से सफेदी करना चाहिए। सतह पर लगे हुए कीड़े एवं रोगाणु समाप्त हो जायें।

6. जीवन क्षमता (Shelf life)

जीवन क्षमता का तात्पर्य बीज के ऐसे गुणों से है, जिसे लम्बे अवधि तक जीवित अवस्था में रखा जाये तथा बुआई करने पर पुनः अपनी गुणवत्ता व ओज को प्रदर्शित करे। उदाहरण के लिए सरसों कुल की सब्जियों का जीवन क्षमता कई वर्षों का होता है, जबकि कद्दू वर्गीय एवं सोयाबीन में बहुत कम। यह सही है कि जीवन क्षमता बीज का आनुवंशिक गुण है, लेकिन वातावरणीय परिवर्तन से लम्बे समय तक रखा जा सकता है।

सब्जी बीज उत्पादन हेतु ध्यान देने योग्य बातें

सब्जियों के बीज उत्पादन हेतु निम्नलिखित बातों को ध्यान देना चाहिए–

1. बीज का स्रोत (Seed source)

बीज उत्पादन के लिए प्रयुक्त किया जाने वाला बीज आनुवंशिक रुप से शुद्ध होना चाहिए। इसके लिए यह आवश्यक है कि बीज किसी विश्वसनीय संस्था से प्राप्त किया जाये। आधार बीज के लिए प्रजनक बीज एवं प्रमाणित बीज पैदा करने के लिए आधार बीज खरीदना चाहिए। बीज के थैले पर लगे टैग (tag) व खरीदने की रसीद सम्भालकर रखनी चाहिए।

2. नमी की मात्रा (Moisture content)

सामान्य भण्डारण के लिए बीज में नमी की मात्रा 8.0 प्रतिशत रखी गयी है। नमी रोधी भण्डारण की अवस्था में 6.0 प्रतिशत नमी रखी जानी चाहिए। अधिक नमी से भण्डारण के समय बीज की अंकुरण क्षमता व ओज पर हानिकारक प्रभाव पड़ता है।

3. अंकुरण क्षमता (Germination potentiality)

उच्च अंकुरण क्षमता वाला बीज उत्तम माना जाता है, क्योंकि अंकुरण कम होने पर पौधों की संख्या कम हो जाती है तथा अंततः उपज घट जाती है। बीज की अंकुरण क्षमता किसी भी दशा में 70.0 प्रतिशत से कम नहीं होना चाहिए।

4. फसल एवं किस्म का चुनाव (Selection of crop and variety)

सब्जी बीज उत्पादन के लिए उन्हीं फसलों का चयन करना चाहिए, जिनकी स्थानीय माँग हो। क्षेत्र विशेष के लिए उपयुक्त नवीन उन्नतिशील किस्मों का चयन आगामी वर्ष में उपयुक्तता को ध्यान में रखकर करना चाहिए।

5. फसल की सस्य विधि की जानकारी (Knowledge of agronomic practices)

फसल के उन्नतिशील बीज की उपलब्धता सुनिश्चित होने के साथ ही सम्बन्धित कृषि विश्वविद्यालय/कृषि विभाग/संस्था द्वारा सस्य विधि, रोग एवं कीट नियंत्रण की सम्पूर्ण जानकारी प्राप्त कर लेनी चाहिए। सिंचाई, खाद, भूमि शोधन, रोग एवं कीट नियंत्रण हेतु समस्त सामग्री/रसायन आदि की भी समय पर उपलब्धता सुनिश्चित कर लेनी चाहिए।

6. खेत का चुनाव (Selection of field)

जिस खेत में बीज उत्पादन करना हो उसका चुनाव करते समय निम्न बातों पर विशेष ध्यान देना चाहिए–

- खेत की मृदा हानिकारक कीड़ों एवं मृदा जनित रोगों से पूर्ण रुप से मुक्त होनी चाहिए।
- खेत की मृदा संरचना व प्रकार बोई जाने वाली फसल के अनुकूल होनी चाहिए।
- खेत की मिट्टी में पर्याप्त उर्वरा शक्ति होनी चाहिए।
- पिछले साल बोई गयी फसल या किस्म से आगामी फसल या उसकी किस्म में भिन्नता होनी चाहिए।
- कुछ खेत खरपतवार की भीषण समस्या से ग्रसित होते हैं। अतः इस समस्या से खेत मुक्त होना चाहिए।
- आस–पास के खेतों में तथा बीज हेतु बोई गयी फसल में मानक के अनुसार पृथक्करण दूरी रखनी चाहिए ताकि पर–परागण एवं भौतिक/यांत्रिक संदूषण से बीज को बचाया जा सके तथा शुद्ध बीज प्राप्त हो सके।

7. बुआई का समय (Sowing time)

अच्छी उपज एवं गुणवत्ता हेतु समय से बुआई एवं सस्य क्रियायें अति आवश्यक है। बिलम्ब से बुआई करने पर उपज कम होने के साथ ही बीज का आकार एवं ओज प्रभावित होता है, जिससे अंकुरण क्षमता भी प्रभवित होती है। साथ ही विधायन में गुणवत्तायुक्त बीज की मात्रा का प्रतिशत भी कम हो जाता है। सामान्यतः बीज की बुआई ग्रीष्मकाल, वर्षा एवं शीतकाल में की जाती है। कुछ बीजों को सीधे खेत में बोया जाता है, जबकि कुछ बीजों से नर्सरी बनाकर पौध तैयार करते हैं। सब्जी बीज उत्पादन के लिए नर्सरी बनाने का समय मैदानी भागों एवं पहाणों में अलग–अलग होता है, जिसका विवरण नीचे की सारिणी में दिया गया है–

नर्सरी तैयार करना एवं पौध रोपण (Nursery raising & transplanting)

सारिणी (22.18) मैदानी भागों में बीज फसल हेतु नर्सरी तैयार करने व पौध रोपण का समय

सब्जी फसल	नर्सरी लगाने का समय	पौध रोपण का समय
टमाटर	सितम्बर	अक्टूबर
बैंगन	जुलाई	अगस्त
मिर्च	जुलाई	अगस्त
फूल गोभी (अगेती)	जून–जुलाई	जुलाई–अगस्त
फूल गोभी (मध्य)	अगस्त–सितम्बर	सितम्बर–अक्टूबर
प्याज (खरीफ)	जून	अगस्त (कंद की खोदाई व रोपण–नवम्बर)
प्याज (रबी)	नवम्बर	जनवरी (कंद की खोदाई–अप्रैल–मई, भण्डारण–5–6 महीना व रोपण–नवम्बर)

सारिणी (22.19) शीतोष्ण भागों में बीज फसल हेतु नर्सरी तैयार करने का समय व पौध रोपण का समय

सब्जी फसल	बीज बुआई का समय		पौध रोपण का समय	
	1200 मीटर एवं उपर	800–1200 मीटर	1200 मीटर एवं उपर	800–1200 मीटर
माटर	मार्च–अप्रैल	फरवरी–अप्रैल	अप्रैल–मई	मार्च–मई
बैंगन	मार्च–अप्रैल	फरवरी–अप्रैल	अप्रैल–मई	मार्च–मई
फूल गोभी	अगस्त–सितम्बर	अगस्त–सितम्बर	सितम्बर	अगस्त–सितम्बर
पत्ता गोभी	मार्च–अप्रैल	फरवरी–मार्च	अप्रैल–मई	मार्च–अप्रैल
गांठ गोभी	अगस्त	अगस्त	सितम्बर	सितम्बर
लेट्यूस (पत्ती टाईप)	अगस्त–सितम्बर	अगस्त–सितम्बर	सितम्बर–अक्टूबर	सितम्बर–अक्टूबर
लेट्यूस (शीर्ष टाईप)	सितम्बर–अक्टूबर /दिसम्बर–जनवरी	सितम्बर–अक्टूबर	अक्टूबर–नवम्बर /मार्च	अक्टूबर–नवम्बर

सीधे खेत में बीज बुआई (Direct seed sowing)

सारिणी (22.20) मैदानी भागों में बीज बुआई का समय

सब्जी फसल	बुआई का समय
भिण्डी	फरवरी–मार्च (ग्रीष्म कालीन) जून–जुलाई (वर्षा कालीन)
सब्जी मटर	अक्टूबर (अन्तिम सप्ताह)–नवम्बर (प्रथम पखवाड़ा)
फराश बीन	अक्टूबर (अन्तिम सप्ताह)–नवम्बर (प्रथम सप्ताह)
लोबिया	अगस्त (प्रथम पखवाड़ा)
मूली (एशियाटिक टाईप)	सितम्बर (अन्तिम सप्ताह)–अक्टूबर (अन्तिम सप्ताह)
गाजर (एशियाटिक टाईप)	सितम्बर (अन्तिम सप्ताह)–अक्टूबर (अन्तिम सप्ताह)
पालक	अक्टूबर–नवम्बर
मेथी	अक्टूबर–नवम्बर
कद्दू वर्गीय सब्जियाँ	फरवरी–मार्च (ग्रीष्म कालीन) जून–जुलाई (वर्षा कालीन)

सारिणी (22.21) शीतोष्ण भागों में बीज बुआई का समय

सब्जी फसल	**बुआई का समय**	
	1200.0 मीटर एवं उपर	**800.0–1200.0 मीटर**
भिण्डी	जून	मई–जून
सब्जी मटर	अक्टूबर	अक्टूबर–नवम्बर
फराश बीन	जून	जून
मूली (शीतोष्ण टाईप)	सितम्बर–अक्टूबर	अक्टूबर
गाजर (शीतोष्ण टाईप)	जुलाई–अगस्त	जुलाई–सितम्बर
पालक	जुलाई–अगस्त	अगस्त–सितम्बर
खीरा	मार्च–अप्रैल	फरवरी–मार्च
शलजम	अगस्त	अगस्त–सितम्बर
चुकन्दर	जुलाई–अगस्त	अगस्त–सितम्बर

बीज दर, पौध रोपण दूरी व पोषक तत्व प्रयोग (Seed rate, transplanting distance and nutrient application)

सब्जी बीज उत्पादन एक सामान्य फसल उत्पादन के बराबर की ही प्रक्रिया अपनायी जाती है, लेकिन बीज फसल खेत में काफी लम्बे समय तक रहने के कारण विशेष सस्य प्रक्रिया पर ध्यान देना आवश्यक है। उदाहरण के लिए सामान्य फसल उत्पादन में पौधों को घना रखा जा सकता है, लेकिन बीज उत्पादन के लिए वाँछित पौध की दूरी रखना आवश्यक है, क्योंकि घने पौधों से गुणवत्तायुक्त बीज प्राप्त करना मुश्किल है। इसी प्रकार सामान्य उत्पादन के लिए पोषण प्रबंधन कम हो सकता है, लेकिन बीज उत्पादन के लिए पोषण प्रबंधन ज्यादा महत्व रखता है। सब्जी बीज उत्पादन के लिए बीज दर, पौध स्थापन की दूरी व पोषक तत्व प्रयोग का विवरण नीचे की सारिणी में दिया गया है–

सारिणी (22.22) बीज दर, पौध स्थापन की दूरी व पोषक तत्व प्रयोग का विवरण

सब्जी फसल	**बीज दर प्रति हेक्टेयर**	**बुआई एवं पौध रोपण की दूरी (सेन्टी मीटर)**	**पोषक तत्व प्रयोग (नत्रजन:फास्फोरस: पोटाश) किलोग्राम प्रति हेक्टेयर**	**अन्य पोषक तत्व प्रयोग का विवरण**
टमाटर	400.0 ग्राम	60.0×30.0 (सीमित बढ़वार)	120:60:60	20.0 किलो ग्राम / हेक्टेयर बोरेक्स एवं 0.5 प्रतिशत जिंक / हेक्टेयर
		100.0×60.0 (असीमित बढ़वार)		–

बैंगन	500.0 ग्राम	100.0×90.0	120:60:60	–
मिर्च	650.0 ग्राम	45.0×30.0	120:80:60	–
शिमला मिर्च	700.0 ग्राम	60.0×30.0	120:80:80	20.0 किलो ग्राम/हेक्टेयर बोरेक्स एवं 20.0 किलो ग्राम/हेक्टेयर कैल्सियम कार्बोनेट
सब्जी मटर	100.0–160.0 किलो ग्राम	23.0×5.0–7.0	60:60:60	–
फराश बीन	50.0 किलो ग्राम (बौनी किस्म)	40.0×15.0	120:60:60	–
	40.0 किलो ग्राम (लता किस्म)	60.0×30.0	120:60:60	–
लोबिया	20.0 किलो ग्राम (बौनी किस्म)	45.0×15.0	40:60:60	–
	15.0 किलो ग्राम (लता किस्म)	60.0×30.0	40:60:60	–
भिण्डी	18.0 किलो ग्राम (ग्रीष्म कालीन)	60.0×15.0	120:60:60	–
	10.0 किलो ग्राम (वर्षा कालीन)	60.0×30.0	120:60:60	–
फूल गोभी	600.0 ग्राम (अगेती)	40.0×30.0	120:60:60	25.0 किलो ग्राम/हेक्टेयर बोरेक्स एवं 1.5 किलो ग्राम/हेक्टेयर अमोनियम मालीब्डेट
	400.0 ग्राम (पिछेती)	60.0×45.0	120:60:60	25.0 किलो ग्राम/हेक्टेयर बोरेक्स एवं 1.5 किलो ग्राम/हेक्टेयर अमोनियम मालीब्डेट
पत्ता गोभी	600.0 ग्राम (अगेती)	40.0×30.0	150:60:60	–
	400.0 ग्राम (पिछेती)	60.0×45.0	150:60:60	–
मूली	8.0–10.0 किलो ग्राम	45.0×8.0 (बीज बुआई)	100:50:50	10.0 किलो ग्राम बोरान/हेक्टेयर
		75.0×60.0 (स्टेक्लिंगस)	100:80:60	10.0 किलो ग्राम बोरान/हेक्टेयर
गाजर	8.0–10.0 किलो ग्राम	50.0×10.0 (बीज बुआई)	80:60:80	–

	8.0–10.0 किलो ग्राम	75.0×60.0 (स्टेक्लिंग)	60:60:80	–
प्याज	10.0 किलो ग्राम	45.0×30.0 (कन्द की दूरी)	100:60:60	–
लौकी	4.0 किलो ग्राम	5.0×1.0 मीटर	80:60:60	–
करेला	5.0 किलोग्राम	2.0×0.5.0 मीटर	80:60:60	–
चिकनी तोरई	4.0 किलो ग्राम	5.0×1.0 मीटर	80:60:60	–
खीरा	3.0 किलो ग्राम	2.0×0.5 मीटर	80:60:60	–
खरबूजा	3.5 किलो ग्राम	2.0×0.3 मीटर	80:60:60	–
तरबूज	4.0 किलो ग्राम	2.0×0.5 मीटर	80:80:60	–

सब्जी बीज उत्पादन पद्धति (Vegetable Seed Production System)

स्वरूप (1985) ने भारतवर्ष में बीज उद्योग को नवीनतम तरीके से पहल करने के लिए निम्न सुझाव दिया था–

- प्रजनक, आधारीय एवं प्रमाणित बीज का उत्पादन
- बीज प्रमाणीकरण
- बीज गुणवत्ता नियन्त्रण
- बीज परीक्षण
- बीज प्रसंस्करण, पैकिंग, भण्डारण एवं परिवहन
- बीज विपणन

सब्जी बीज उत्पादन अन्य फसलों की तरह आसान काम नहीं है। इसके लिए विशेष तकनीकी ज्ञान का होना आवश्यक होता है, साथ ही निम्न जानकारियाँ भी अति आवश्यक है।

1. सब्जी बीज उत्पादन की विधियाँ
2. सब्जियों की किस्मों का पूर्ण विवरण
3. सब्जियों का परागण
4. पृथक्करण
5. अवाँछनीय पौधों का निकालना
6. सिंचाई
7. पौध संरक्षण
8. बीज निकालना
9. बीज सुखाना
10. बीज भण्डारण

1. सब्जी बीज उत्पादन की विधियाँ

प्रत्येक सब्जी बीज उत्पादक को प्रत्येक सब्जी की खेती के बारे में जानकारी रखना आवश्यक है कि कौन सी सब्जी कैसे लगाई जाती है जैसे–

(क) सब्जियाँ जिनकी सीधी बुआई होती है जैसे–जड़वाली सब्जियाँ, कद्दू कुल की सब्जियाँ, दलहनी कुल की सब्जियाँ, अथवा फलीदार सब्जियाँ।

(ख) कुछ सब्जियों की अंकुरित जड़ों द्वारा प्रसारण किया जाता है, अतः उनके जड़ की उपलब्धता आवश्यक है जैसे–ककरोल एवं करतोली।

इन सब्जियों के लगाने के समय व मौसम के बारे में भी जानकारी रखना अत्यन्त आवश्यक होता है। ये सभी बातें यहीं तक सीमित नहीं रह पाती बल्कि सब्जियों की बीज वाली फसल के बारे में भी जानकारी रखना अति आवश्यक होता है। इनको निम्न प्रकार वर्गीकृत किया जा सकता है।

1. वे सब्जियाँ जिनका बीज परिपक्व अवस्था में निकाला जाता है, जैसे–फलवाली सब्जियाँ–बैंगन, टमाटर, तरबूज, खरबूजा, करेला, टिण्डा इत्यादि।
2. वे सब्जियाँ जिनका बीज इनके फलों या फलियों के पककर सूखने पर निकाला जाता है, जैसे–मिर्च, ग्वार, मटर, तोरी, घीया, भिण्डी आदि।

बीज के लिए जड़वाली सब्जियों को छोड़कर लगभग सभी सब्जियों की फसल एक बार बुआई या रोपाण करके लगाई जाती हैं। जड़वाली सब्जियों के बीज उत्पादन हेतु एक बार जड़ें तैयार की जाती हैं और बाद में जड़ों को अच्छी प्रकार तैयार खेत में लगाया जाता हैं।

2. सब्जियों की किस्मों के बारे में पूर्ण जानकारी होना

बीज उत्पादन के लिए सब्जियों की उन्नतिशील व प्रचलित किस्मों का पूर्ण विवरण अति आवश्यक होता है, जिससे बीज मिश्रित होने से बचाया जा सके और बीज को शुद्ध अवस्था में रखा जा सके। यह जानकारी रखना भी अति आवश्यक होता है कि किस सब्जी की कौन सी किस्म का बीज कहाँ और किस प्रकार की जलवायु में पैदा किया जा सकता है। कुछ सब्जियाँ ऐसी है जिनकी कुछ किस्में उष्ण कटिबन्धीय जलवायु में बीज पैदा करती हैं तो दूसरी शीतोष्ण कटिबन्धीय जलवायु में ही बीज बनाती हैं। जैसे–फूल गोभी की पूसा कतकी, हिंसार–2 किस्में उष्ण कटिबन्धीय हैं और स्नोबाल–16 किस्म शीतोष्ण कटिबन्धीय। इनके अतिरिक्त कुछ सब्जियाँ जैसे– बन्द गोभी और गाँठ गोभी का बीज मात्र शीतोष्ण जलवायु में ही पैदा किया जा सकता है तथा उष्ण जलवायु (tropical climate) में इनमें फूल नहीं बनते क्योंकि इन सब्जियों एवं किस्मों को एक निश्चित तापमान (temperature) की आवश्यकता होती है। साथ ही साथ यह भी ध्यान देने योग्य बात है कि उन्हीं प्रजातियों का बीज बनाना चाहिए, जिनकी बाजार में माँग ज्यादा है।

3. सब्जियों में परागण (Pollination in Vegetable Crops)

फसलों की किस्मों एंव बीज की शुद्धता बनाये रखने के लिए सब्जियों के परागण के बारे में जानना अति आवश्यक है, जिससे एक किस्म का दूसरे से परागण होने से बचाया जा सके। सब्जियों में परागण को निम्नलिखित समूह में बाँटा जाता है–

- स्वपरागित सब्जियाँ (Self pollinated vegetables)

जिन सब्जियों में परागण स्वयं के पुष्प या उसी पौध के पुष्प से होता है, उन्हें स्वपरागित सब्जी कहते हैं। इनमें निम्नलिखित सब्जियाँ है–फराश बीन, सेम, लोबिया, सब्जी मटर, टमाटर, सलाद, मेथी, आलू।

- परपरागित सब्जियाँ (Cross pollinated vegetables)

जिन सब्जियों में परागण अन्य पौधे के पुष्प से वायु, कीड़ों, व जल के माध्यम होता है, उन्हें परपरागित सब्जियाँ कहते हैं। ऐसी सब्जियों में 5.0–10.0 प्रतिशत तक स्वरागण भी होता है। इनमें प्याज, पालक, धनिया, चुकन्दर, एस्पेरेगस, लीक, मूली, शलजम, गाजर, पार्सले, फूल गोभी, पत्ता गोभी, गांठ गोभी, ब्रोकली, ब्रुसेल्स स्प्राउट, केल, चाइनीज गोभी, करेला, लौकी, चिकनी तोरी, नसदार तोरी, खीरा, तरबूज, खरबूजा, कद्दू, टिण्डा, फूट, चिचिण्डा, परवल, कुन्दरू, ककरोल, चो–चो, ककड़ी, शकरकंद हैं।

- बहुधा पर परागित सब्जियाँ (Often cross pollinated vegetables)

कई स्वपरागित सब्जियों में पर परागण 5.50 प्रतिशत तक होता है, ऐसी सब्जियों को बहुधा पर परागित सब्जियाँ कहते हैं। इनमें बैंगन, मिर्च, भिण्डी, चौलाई, सेलरी आदि प्रमुख हैं।

खीरा वर्गीय सब्जियों में नर व मादा पुष्प अलग–अलग होते हैं जिनमें बुआई के 40–45 दिनों बाद पुष्पन होता है। क्रमागत रूप से पौधों पर पहले 4–5 नर पुष्प आते हैं, इसके बाद मादा पुष्प बनते हैं। नर मादा पुष्पों का अनुपात फसलानुसार 15:1 से 30:1 तक होता है। परवल, कुन्दरू व ककरोल में नर व मादा पुष्प अलग–अलग पौधों पर लगते हैं, लेकिन व्यावसायिक रूप से इनका प्रसारण वर्धीय भागों से ही किया जाता है। इन सब्जियों में परागण कीड़ों द्वारा होता है। कीड़ों में मधुमक्खी परागण के लिए महत्वपूर्ण है। भरपुर पुष्प परागण से ही भरपूर बीजोत्पादन सम्भव है। अतः पुष्पन के समय अगर खेत में मधुमक्खियों की कमी लग रही हो तो 0.20 हेक्टेयर क्षेत्रफल या 1.0 एकड़ हेतु एक मधुमक्खी के छत्ते के अनुसार उनका पालन 100.0 मीटर की दूरी पर खेत में रखकर परागण करने से ज्यादा बीज बनेगा। ध्यान इस बात का भी रखना चाहिए कि पुष्पन के समय कीटनाशी रसायनों का उपयोग न करें अथवा परागण करने वाले कीट मर जायेंगे और उत्पादन घट जायेगा। चिचिण्डा और परवल (सफेद पुष्प) में प्रायः चाँदनी रात में पुष्पण होता है, लेकिन आरा तोरई व लौकी में सायंकाल पुष्पन होता है। खीरा, खरबूजा, तरबूज, कुम्हण आदि में पुष्पन व परागण 13.0–18.0 डिग्री सेल्सियस तापमान के आस–पास होता हैं। सामान्यतः यह देखा गया है कि एक मधुमक्खी एक बार में लगभग 16.0 कि0मी0 तक उड़ सकती है अतः जातीय मिश्रण की सम्भावना से इन्कार नहीं किया जा सकता है, लेकिन ऐसा कम ही होता है। अगर बीजोत्पादन वाली फसल

में नर फूलों की अपेक्षा मादा पुष्पों की संख्या ज्यादा हो, तो अधिक बीज बनेगे। इनकी संख्या बढ़ाने के लिए कुछ पादप वृद्धि नियामकों (plant growth regulastors) जैसे–मैलिक हाइड्राजाइड (50–100 पी0पी0एम) या इथरेल (100 पी0पी0एम0) छिड़काव भी किया जा सकता है। इससे नर फूलों की अपेक्षा मादा पुष्पों को प्रोत्साहन मिलेगा। अगर हाथ द्वारा कृत्रिम रूप से मादा पुष्पों को परागित किया जाये तो बीज संख्या व फल भार दोनों बढ़ जाते हैं, लेकिन यह कार्य सुबह 9.00 बजे तक सम्पन्न हो जाना चाहिए।

4. पृथक्करण (Isolation)

सब्जी फसलों की किस्मों की शुद्धता बनाये रखने के लिए एक किस्म को दूसरी किस्म से परपरागित अथवा संकरित होने से रोकना आवश्यक होता है। इसके लिए इन्हें दूर–दूर उगाते हैं, इसी को पृथक्करण (isolation) कहा जाता है। अगर इन किस्मों को अलग–अलग दूरी पर न उगाया जाये तो शुद्ध तथा अच्छे बीज प्राप्त नहीं होते हैं साथ ही किस्म का अस्तित्व भी समाप्त हो जाता है। इसलिए इन फसलों को अलग–अलग दूरी पर उगाना आवश्यक होता है। गोभी वर्गीय सब्जियों में अन्य किस्म के साथ–साथ दूसरी गोभी वर्गीय सब्जियों तथा शलजम तथा सरसों से भी पृथककरण की आवश्यकता होती है। इसी प्रकार काशी फल, सीताफल तथा चप्पन कद्दू को भी 1000.0–1500.00 मीटर की पृथक्करण की दूरी पर लगाना चाहिए। प्रमाणित बीज हेतु यह दूरी मात्र 500.00 मीटर ही रखना चाहिए। करेला को जंगली करेला से, फूट को खरबूजा से, तरबूज को जंगली तरबूज से, आरा तोरई को चिकनी तोरई से तथा भिण्डी को जंगली भिण्डी से अनुशंसित पृथक्ककरण दूरी (recommended isolation) पर लगाना चाहिए। परवल व कुंदरु का प्रसारण वानस्पतिक विधि (cuttings) द्वारा करते हैं, इसलिए इन फसलों में पृथक्करण दूरी मात्र 20.0 मीटर ही रखते हैं। पृथक्करण दूरी (isolation distance) फसल के ऊपर निर्भर करती है, जिसे निम्न तालिका में दर्शाया गया है–

सारिणी (22.23) सब्जी फसलों में पृथककरण दूरी

सब्जियाँ	बीज का प्रकार (पृथक्करण दूरी मीटर)		
स्वपरागित सब्जियाँ	**आधारीय बीज (Foundation seed)**	**प्रमाणित बीज (Certified seed)**	**प्रजनक बीज (Breeder seed)**
फराश बीन	10.0	5.0	–
मेथी	10.0	5.0	–
सेम	10.0	5.0	–
बोड़ा	10.0	5.0	–
मटर	10.0	5.0	–
सलाद	10.0	5.0	–
टमाटर	20.0	25.0	–
परपरागित सब्जियाँ			
प्याज	50.0	25.0	–
चरण–I बल्ब उत्पादन	5.0	5.0	–
चरण–II बीज उत्पादन	1000.0	500.0	–

गाजर	5.0	5.0	–
चरण–I जड़ निर्माण	1000.0	800.0	–
चरण–II बीज उत्पादन			–
चुकन्दर			–
चरण–I जड़ निर्माण			–
चरण–II बीज उत्पादन	1600.0	1000.0	–
मूली	1600.0	1000.0	–
शलजम	1600.0	1000.0	–
कद्दू वर्गीय सब्जियाँ	1000.0	500.0	1500.0
परवल		20.0	20.0
कुन्दरू		20.0	20.0
करतोली		20.0	20.0
ककरोल		20.0	20.0
गोभी वर्गीय सब्जियाँ		1600.0	1000.0
पालक		1600.0	1000.0
एस्पेरेगस		500.0	300.0
पार्सले		500.0	300.0
बहुधा पर–परागित सब्जियाँ			
बैंगन		200.0	100.0
मिर्च		400.0	200.0
भिण्डी		400.0	200.0
चौलाई		400.0	200.0
सेलरी		400.0	200.0

5. अवाँछित पौधों को निकालना (Roguing)

सब्जियों में बीजों की जातीय शुद्धता बनाये रखने के लिए फलों के गुणों एवं प्राप्त होने वाले उपज पर ध्यान देना आवश्यक है। पर–परागित फसल होने के कारण जमाव से फल विकसित होने तक अवाँछनीय पौधों को निकालते रहना चाहिए। बीज की आनुवंशिक एवं भौतिक शुद्धता बनाये रखने के लिए प्रायः चार स्थिति में छँटनी की आवश्यकता पड़ती है–

1. किस्म से भिन्न प्रकार के पौधे
2. अन्य फसलों एवं खरपतवारों के पौधे
3. रोग–ग्रस्त, कीट ग्रस्त एवं भद्दे पौधे (off type plant)
4. यदि किसी पौधे के फल विशेष गुणों के अनुरूप न हो।

अतः आवश्यकता इस बात की है कि आपस में व अन्य जंगली पौधों से जातियों या वंशक्रमों से परागण करने वाली फसल को अलग–अलग रखना। फूट, खरबूजा व ककड़ी आपस में उच्च संकरण निषेच्यता रखते है, अतः इनकी किसी भी प्रजाति के साथ या नजदीक उगाना अच्छा नही

रहेगा अथवा बाह्य परागण की वजह से बीज में जातीय अशुद्धता आ सकती है। यह बात सत्य है कि तरबूज व टिण्डा किसी अन्य मेलन (melon) अर्थात् फूट, खरबूजा व ककड़ी से संकरण नही करते हैं। जैसा कि सारणी में दिया गया है–

सारिणी (22.24) जंगली पौधों से परागण करने वाली फसल

सब्जियाँ	परागण करने वाली फसल
कद्दू	जंगली कद्दू
खरबूजा	फूट
खरबूजा	ककड़ी
खीरा	ककड़ी
कुम्हणा	सुन्दरता के लिए उगाया गया तीखा कुम्हणा, कुकुरबिटा मोस्चाटा व कुकुरबिटा मैक्सिमा

पुष्पन की अवस्था या फल धारण करने की अवस्था में ही छँटनी करनी चाहिए। अवाँछित पौधों (off type plants) को अधिक समय तक खेत में रखकर फूलने नही देना चाहिए अन्यथा परागण कर शुद्ध पौधों को भी दूषित कर सकते हैं। कद्दू वर्गीय सब्जियों के आधारीय एवं प्रमाणित बीजोत्पादन हेतु अवाँछनीय (off type) पौधों की 0.10 प्रतिशत तथा 0.20 प्रतिशत अनुमन्य है।

शुद्ध बीज प्राप्त करने के लिए सब्जी की जो किस्म उगाई गई हो उसके पौधों को छोड़कर अन्य को खेत से निकालना अति आवश्यक होता है। जैसे अगर टमाटर की एच0एस0–101 किस्म लगाई गई है और उस खेत में एस0–12 किस्म के पौधे हों तो उनको उखाड़ देना चाहिए। अतः बीज उत्पादन में प्रयुक्त किस्मों के पौधों व फलों इत्यादि के गुणों के बारे में जानना आवश्यक होता है, जिससे दूसरी किस्म के अवाँछनीय पौधों को निकाला जा सके। सब्जी बीज उत्पादन में इसका बहुत महत्व है।

अवाँछनीय पौधों को फसल की कई अवस्थाओं पर निकालते हैं।

1. पौधों के वानस्पतिक वृद्धि की अवस्था पर प्रथम बार 20–30 दिन के अन्दर।
2. दूसरी बार पौधों में फूल और फल बनने की अवस्था पर।
3. जब फल पकने लगते हैं तब उनके रंग के आधार पर।

सारिणी (22.25) अवाँछनीय पौधों को निकालने की अवस्थाएँ व निरीक्षण की संख्या

सब्जी फसल	निरीक्षण की संख्या	निरीक्षण की अवस्थाएँ	अधिकतम अवाँछित पौध की संस्तुत संख्या (प्रतिशत)	
			आधारीय बीज	प्रमाणित बीज
टमाटर	3	पहला फूल बनने से पहले, दूसरा फूलने और फल लगते समय तथा तीसरा फल परिपक्वता के समय	0.10*	0.20*

बैंगन	3	पहला फूल बनने से पहले, दूसरा फूलने और फल लगते समय तथा तीसरा फल परिपक्वता के समय	0.10*	0.20*
मिर्च	3	पहला फूल बनने से पहले, दूसरा फूलने और फल लगते समय तथा तीसरा फल परिपक्वता के समय	0.10*	0.20*
शिमला मिर्च	3	पहला फूल बनने से पहले, दूसरा फूलने और फल लगते समय तथा तीसरा फल परिपक्वता के समय	0.10*	0.20*
लोबिया	2	फूल लगने के समय तथा फल परिपक्व होने के समय	0.10*	0.20
मटर	3	फूल लगने से पहले, फूलते समय तथा खाने योग्य फली की अवस्था में	0.10*	0.50*
भिण्डी	3	फूलने के समय, फूलते और फल लगते समय तथा परिपक्व फल की अवस्था में	0.10**	0.20**
चुकन्दर	3	बुआई के 20–30 दिन बाद, रोपण के समय तथा फूलते समय		
गाजर	4	बुआई के 20–30 दिन बाद, रोपण के समय, फूलते समय तथा परिपक्वता के समय	0.10*	0.20**
खरबूजा	3	पुष्पन के पूर्व की अवस्था, पुष्पन से अपरिपक्व फलत की अवस्था तथा पूर्ण रुप से विकसित फल की अवस्था	0.10**	0.20**
तरबूज	3	पुष्पन के पूर्व की अवस्था, पुष्पन से अपरिपक्व फलत की अवस्था तथा पूर्ण रुप से विकसित फल की अवस्था	0.10**	0.20**
कुम्हण	3	पुष्पन के पूर्व की अवस्था, पुष्पन से अपरिपक्व फलत की अवस्था तथा पूर्ण रुप से परिपक्व फल की अवस्था	0.10**	0.20**
समर स्क्वाश	3	पुष्पन के पूर्व की अवस्था, पुष्पन से अपरिपक्व फलत की अवस्था तथा पूर्ण रुप से परिपक्व फल की अवस्था	0.10**	0.20**
विण्टर स्क्वाश	3	पुष्पन के पूर्व की अवस्था, पुष्पन से अपरिपक्व फलत की अवस्था तथा पूर्ण रुप से परिपक्व फल की अवस्था	0.10**	0.20**
लौकी	3	पुष्पन के पूर्व की अवस्था, पुष्पन से अपरिपक्व फलत की अवस्था तथा पूर्ण रुप से परिपक्व फल की अवस्था	0.10**	0.20**

करेला	3	पुष्पन के पूर्व की अवस्था, पुष्पन से अपरिपक्व फलत की अवस्था तथा पूर्ण रुप से परिपक्व फल की अवस्था	0.10**	0.20**
नसदार तोरई	3	पुष्पन के पूर्व की अवस्था, पुष्पन से अपरिपक्व फलत की अवस्था तथा पूर्ण रुप से परिपक्व फल की अवस्था	0.10**	0.20**
चिकनी तोरई	3	पुष्पन के पूर्व की अवस्था, पुष्पन से अपरिपक्व फलत की अवस्था तथा पूर्ण रुप से परिपक्व फल की अवस्था	0.10**	0.20**
चिचिण्डा	3	पुष्पन के पूर्व की अवस्था, पुष्पन से अपरिपक्व फलत की अवस्था तथा पूर्ण रुप से परिपक्व फल की अवस्था	0.10**	0.20**
खीरा	3	पुष्पन के पूर्व की अवस्था, पुष्पन से अपरिपक्व फलत की अवस्था तथा पूर्ण रुप से परिपक्व फल की अवस्था	0.10**	0.20**
टिण्डा	3	पुष्पन के पूर्व की अवस्था, पुष्पन से अपरिपक्व फलत की अवस्था तथा पूर्ण रुप से परिपक्व फल की अवस्था	0.10**	0.20**
पत्ता गोभी	3	शीर्ष निर्माण, पूर्ण विकसित शीर्ष की अवस्था तथा पुष्पन की अवस्था	0.10*	0.20**
फूल गोभी	4	शीर्ष बनने के पूर्व की अवस्था, शीर्ष बनने की अवस्था, पूर्ण रुप से विकसित शीर्ष की अवस्था तथा पुष्पन की अवस्था	0.10*	0.20**
गांठ गोभी	3	गांठ निर्माण की अवस्था, पूर्ण रुप से विकसित गांठ की अवस्था तथा पुष्पन की अवस्था	0.10*	0.20**
चाइनीज पत्ता गोभी	3	शीर्ष बनने की अवस्था, पूर्ण रुप से विकसित शीर्ष की अवस्था तथा पुष्पन की अवस्था	0.10*	0.20**
शलजम	3	बीज लगाने के 20–30 दिन बाद की अवस्था, पुनः रोपण की अवस्था तथा पुष्पन की अवस्था	0.10** 0.10**	0.20** 0.20**
मूली	3	बुआई के 20–30 दिन बाद, रोपण के समय व फूलते समय		
प्याज	4	जब बीज की फसल कन्द रोपण विधि से लेते हैं—बुआई के 20–30 दिन बाद, कन्द उठाते समय, कन्द रोपण के समय तथा फूलते समय	0.10**	0.20**
चौलाई	2	वर्धीय वृद्धि की अवस्था तथा पुष्पन की अवस्था	0.10**	0.20**
पालक	2	वर्धीय वृद्धि की अवस्था तथा पुष्पन की अवस्था	0.10**	0.20**

मेथी	2	वर्धीय वृद्धि की अवस्था तथा पुष्पन की अवस्था	–	–
लेट्यूस	3	शीर्ष निर्माण करने वाली प्रभेद–शीर्ष बनने के पूर्व की अवस्था, पूर्ण विकसित शीर्ष की अवस्था तथा पुष्पन की अवस्था		
		शीर्ष निर्माण न करने वाले प्रभेद–पूर्ण विकास के पूर्व की अवस्था, पूर्ण विकसित अवस्था तथा पुष्पन की अवस्था	0.10*	0.20*

स्रोत: हाजरा एवं सोम (1999)
*= अंतिम निरीक्षण के समय अधिकतम संस्तुत
**= पुष्पन एवं पुष्पन के उपरान्त अधिकतम संस्तुत

6. सिंचाई (Irrigation)

बीज वाली फसल में सिंचाई अत्यन्त महत्वपूर्ण घटक है। अन्य फसल में अगर सिंचाई समय से न मिले तो बीज उत्पादन पर कम अन्तर पड़ता है, लेकिन बीज वाली फसल को अगर समय–समय पर सिंचाई नहीं की गई, खासकर बीज बनने से लेकर बीज पकने तक, तो बीज के गुणों में कमी आ जाती है तथा बीज सिकुड़ जाते हैं। इसलिए समय–समय पर सिंचाई करना आवश्यक होता है। विभिन्न सब्जी फसलों की जलमाँग, भिन्न–भिन्न होती है, जिसके अनुसार सिंचाई करते रहना चाहिये। बीज वाली फसल की सिंचाई फसल कटाई के 2–3 सप्ताह पहले बन्द कर देना चाहिये, जिससे बीज अच्छी प्रकार परिपक्व हो जाये।

7. पोषक तत्व (Nutrients)

सब्जी बीज उत्पादन में पोषक तत्वों का महत्वपूर्ण योगदान होता है। चाहे बीज की बुआई हो या पौध रोपण, पौधों के विकास हेतु उचित समय एवं उचित मात्रा में पोषक तत्वों का प्रयोग आवश्यक है। सामान्यतः नत्रजन, फास्फोरस, पोटाश, कैल्सियम, मैग्नीशियम एवं सल्फर की ज्यादा आवश्यकता होती है, लेकिन सूक्ष्म पोषक तत्वों जैसे लौह तत्व, मालीब्डेनम, निकिल, कॉपर, जिंक, क्लोरिन, बोरान एवं कोबाल्ट के महत्व को नजर अन्दाज नहीं किया जा सकता है।

सारिणी (22.26) सब्जी बीज उत्पादन में आवश्यक पोषक तत्वों का चक्रण

सब्जी फसल	उपज	पोषक तत्व (किलो ग्राम)								
		नत्रजन			फस्फोरस			पोटाश		
		ए0	आर0	बी0	ए0	आर0	बी0	ए0	आर0	बी0
आलू	30.0	120.0	131.0	–11.0	80.0	60.0	+20.0	80.0	233.0	–152.0
टमाटर	40.0	100.0	112.0	–12.0	60.0	52.0	+8.0	60.0	152.0	–92.0
बैंगन	30.0	100.0	88.0	+12.0	60.0	20.0	+40.0	40.0	150.0	–110.0
पत्ता गोभी	35.0	120.0	185.0	–35.0	80.0	43.0	+37.0	40.0	240.0	–200.0

फूल गोभी	30.0	120.0	150.0	−30.0	80.0	60.0	+20.0	40.0	210.0	−170.0
गांठ गोभी	30.0	100	133	−33	50	92	−42	40	112	−72
गाजर	30.0	60.0	125.0	−65.0	40.0	55.0	−15.0	40.0	200.0	−160.0
मूली	20.0	80.0	120.0	−40.0	40.0	60.0	−20.0	40.0	120.0	−80.0
प्याज	35.0	100.0	120.0	−20.0	60.0	50.0	+10.0	60.0	160.0	−100.0
लीक	30.0	100.0	100.0	00.0	40.0	65.0	−25.0	60.0	130.0	−70.0
खीरा	30.0	80.0	47.0	+33.0	50.0	34.0	+16.0	70.0	80.0	−10.0
कुम्हण	40.0	90.0	72.0	−18.0	80.0	56.0	+24.0	80.0	128.0	−48.0
खरबूजा	20.0	80.0	68.0	+22.0	50.0	20.0	+30.0	50.0	120.0	−70.0
मटर	10.0	35.0	112.0	−77.0	70.0	48.0	+22.0	50.0	97.0	−47.0
बीन्स	15.0	50.0	130.0	−80.0	80.0	40.0	+40.0	60.0	160.0	−100.0
भिण्डी	20.0	80.0	60.0	+20.0	50.0	25.0	+25.0	50.0	90.0	−40.0
सेलेरी	30.0	120.0	200.0	−80.0	40.0	80.0	+40.0	80.0	300.0	−220.0
लेट्यूस	30.0	100.0	90.0	+10.0	60.0	35.0	+25.0	60.0	160.0	−100.0
पालक	25.0	80.0	120.0	−40.0	40.0	45.0	−5.0	40.0	200.0	−160.0
एस्परागस	5.0	30.0	120.0	−90.0	80.0	60.0	+20.0	80.0	150.0	−70.0
कसावा	30.0	50.0	187.0	−137.0	50.0	33.0	+17.0	50.0	233.0	−183.0
शकरकन्द	40.0	80.0	190.0	−110.0	60.0	75.0	−15.0	60.0	340.0	−280.0
याम	28.0	120.0	160.0	−40.0	60.0	40.0	+20.0	80.0	172.0	−92.0

ए0= अप्लायड (Applied) **आर0**=रिमुव्ड (Removed) **बी0**=बैलेन्स (Balance)

स्रोतः नाट (1980), हाजरा एवं सोम (1999), भट्ट (2007), पीटर (1998)।

8. सब्जी बीज उत्पादन में पादप वृद्धि नियामक का प्रयोग (Use of plant growth regulators in seed production)

सब्जी बीज उत्पादन में पादप वृद्धि नियामक का महत्वपूर्ण योगदान होता है।

सारिणी (22.27) सब्जी बीज उत्पादन में पादप वृद्धि नियामक का प्रयोग

सब्जी फसल	पादप वृद्धि नियामक	प्रयोग मात्रा (पी0पी0एम0)	पौध अवस्था	परिणाम
लौकी	मैलिक हाइड्राजाइड	100	2–4 सत्य पत्ती अवस्था	फल की अवस्था तक नर पुष्प को रोकता है।
कुम्हण	इथीफान	200	2–4 सत्य पत्ती अवस्था	फल की अवस्था तक नर पुष्प को रोकता है।
	जिब्रेलिक एसीड	100	2–4 सत्य पत्ती अवस्था	फल की अवस्था तक नर पुष्प को रोकता है।
स्क्वाश	इथीफान	250	2–4 सत्य पत्ती अवस्था	फल की अवस्था तक नर पुष्प को रोकता है।

खरबूजा	इथीफान	500	2–4 सत्य पत्ती अवस्था	फल की अवस्था तक नर पुष्प को रोकता है।
खीरा	इथरेल	250	2–4 सत्य पत्ती अवस्था	फल की अवस्था तक (10–12 गाँठ तक) 10–12 नर पुष्प को रोकता है।
करेला	डिकेगुलाक	50	2–4 सत्य पत्ती अवस्था	फल की अवस्था तक नर पुष्प को रोकता है।
	इथीफान	200	2–4 सत्य पत्ती अवस्था	फल की अवस्था तक नर पुष्प को रोकता है।
	2,4–डी	50	2–4 सत्य पत्ती अवस्था	फल की अवस्था तक नर पुष्प को रोकता है।
	मैलिक हाइड्राजाइड	50	2–4 सत्य पत्ती अवस्था	फल की अवस्था तक नर पुष्प को रोकता है।

9. अस्थायी वासस्थान या पौधों का गिरना (Lodging)

सब्जी बीज फसलों का कटाई पूर्व खेत में गिर जाने को अस्थायी वासस्थान (lodging) कहते हैं। यह अवस्था तेज हवा के चलने, ज्यादा वर्षा के होने, ज्यादा नत्रजनयुक्त उर्वरक देने आदि से होता है। इससे बीज की गुणवत्ता खराब हो जाती है और कटाई बड़ा ही कठिन हो जाता है। पौध ों के गिर जाने से बीज की गुणवत्ता प्रभावित होती है।

10. छितराना (Shattering)

खेत में बीज शीर्ष या फलियों का कटाई पूर्व खुलना सामान्यतः छितराना या शैटरिंग (shattering) कहा जाता है। सामान्यतः ब्रेसिका परिवार की सब्जियों (पत्ता गोभी, फूल गोभी आदि) तथा सब्जी मटर एवं मेथी में छितराव बार–बार आता है। कम आर्द्रता से छितराव ज्यादा होता है। अतः जिस फसलों में छितराव होता है, उनका सावधानी पूर्वक कटाई की जानी चाहिए। यह प्रक्रिया बिल्कुल सुबह या वर्षा समाप्त हो जाये तब करना चाहिए। फसल को कटाई के पश्चात् हल्की छायादार जगह पर 2–3 दिन तक रखकर सूखाते हैं।

11. पौध संरक्षण (Plant protection)

बीज वाली फसल लम्बे समय तक खेत में पड़ी रहती हैं, इसलिए इसमें कीड़ों तथा बीमारियों का प्रकोप होने की सम्भावना अधिक बनी रहती है। इन राशी से फसल को बचाना अति आवश्यक है तथा खासकर बीज तैयार होते समय अधिक ध्यान देने की जरूरत पड़ती है। रोग एवं कीड़ों के प्रकोप से अनेकों हानियाँ होती हैं जैसे–पौधे कमजोर हो जाते हैं, फल कम लगते हैं और उनमें बीज कम बनता है। बीज के गुणों में कमी आ जाती है। कीड़ों की रोकथाम के लिए कीटनाशक दवाओं जैसे–मैलाथियान, रोगर या मैटासिस्टाक्स इत्यादि का छिड़काव किया जा सकता है तथा फफूँद जनित बीमारियों से बचाव के लिए फफूँदनाशक दवाओं जैसे डाइथेन एम0–45 या डाइथेन जेड0–78 और कैराथेन, घुलनशील गन्धक, मोरोसाइट आदि का छिड़काव किया जाता है। विषाणु रोग की रोकथाम करना बहुत ही कठिन होता है। यह रोग प्रायः कीटों द्वारा फैलता है, इसलिए इनसे

बचाव के लिए प्रारम्भ से ही कीड़ों की रोकथाम कर देना चाहिए। इसके लिए कीटनाशक दवाओं का छिड़काव करना चाहिए तथा ग्रसित पौधों को उखाड़कर/निकालकर जला देना चाहिए।

12. चिड़ियों से बचाव (Protection from birds)

सब्जी बीज फसलों को चिड़ियों से काफी नुकसान होता है। उदाहरण के लिए जब टमाटर व मटर की फसल तैयार होती है, चिड़ियों से ज्यादा नुकसान हो जाता है। अतः बचाव के लिए श्रमिक लगाकर चिड़ियों को भगा देना चाहिए या "बर्ड स्केयरीग रिबन" (bird scaring ribbon) का प्रयोग करना चाहिए।

संकर बीज (Hybrid seed)

भिन्न गुणों वाले चयनित एक मादा व एक नर किस्म को आपस में संकरण कराकर जो संतति उत्पन्न होती है उसे संकर कहा जाता है। व्यावसायिक तौर पर इन्हीं संतति को संकर बीज के रूप में उत्पादन हेतु प्रयोग किया जाता है।

संकर बीज उत्पादन का परिदृश्य

भारत में मुक्त परागित किस्मों (open pollinated varieties) द्वारा एक बहुत बड़े भू–भाग पर खेती की जा रही है, जबकि संकर किस्मों का विकास एवं सहभागिता बहुत कम है। भारत में पहली बार लौकी के पूसा मेघदूत नामक संकर किस्म का विकास सन् 1971 में किया गया, जबकि निजी क्षेत्र की इण्डो–अमेरिकन हाईब्रिड सिड कम्पनी द्वारा टमाटर की कर्नाटका (Karnataka) व शिमला मिर्च की भारत (Bharat) संकर किस्म का विकास सन् 1973 में किया गया। वर्तमान समय में टमाटर व पत्ता गोभी की संकर किस्मों की खेती कुल 80–90 प्रतिशत क्षेत्रफल में की जा रही है। भारतीय कृषि अनुसंधान परिषद ने सब्जियों के संकर किस्मों के विकास के लिए सन् 1995 में एक वृहद् परियोजना प्रारम्भ किया, जिसके अंतर्गत 7 सब्जी फसलों जैसे–टमाटर, बैंगन, मिर्च, शिमला मिर्च, भिण्डी, करेला और खीरा को सम्मिलित किया गया। इस परियोजना को देश के 12 केन्द्रों पर चलाई गई। इस परियोजना के समाप्त होने पर राष्ट्रीय कृषि तकनीकी परियोजना के अंतर्गत सन् 1999 में एक मिशन मोड (Mission Mode) नामक परियोजना चलायी गयी और इस परियोजना के अंतर्गत 12 केन्द्रों पर संकर किस्म विकास का कार्यक्रम चलाया गया। इस परियोजना के माध्यम से केवल ओजपुर्ण संकर किस्म का ही विकास नहीं करना था, बल्कि सार्वजनिक क्षेत्र के संस्थानों द्वारा नर वंध्य लाईन (male sterile line) को प्रयोग करके बहु प्रतिरोधी (multiple resistance) और अगेती उपज के लिए संकर किस्मों को विकसित करना तथा संकर बीज उत्पादन की विभिन्न तकनीकी को भी विकसित करना था। इस परियोजना से उत्प्रेरित होकर उत्तर प्रदेश कृषि विविधीकरण (UP-DASP) के द्वारा उत्तर प्रदेश कृषि अनुसंधान परिषद के तत्वाधान में उत्तर प्रदेश व उत्तराखण्ड के विभिन्न क्षेत्रों में लौकी, करेला, भिण्डी, शिमला मिर्च, गाजर व फूल गोभी की संकर किस्मों के विकास हेतु सन् 1995–1999 में परियोजना चलाई गयी।

सारिणी (22.28) भारतवर्ष में संकर बीज का बिक्रय व आयात

फसल	अखिल भारतीय बिक्रय (टन)	मूल्य (यू0एस0 मिलियन डालर)	आयात बीज (प्रतिशत)
भिण्डी	500.0	8.16	0
बैंगन	15.0	1.84	0
टमाटर	28.0	8.57	2
मिर्च	15.0	5.5	50
शिमला मिर्च	1.0	1.02	40
पत्ता गोभी	40.0	6.12	100
फूल गोभी	10.0	3.27	70
खीरा	3.0	0.42	15
खरबूजा	5.5	0.84	20
तरबूज	40.0	3.27	15
कुल (गोर्ड)	30.0	1.44	30
कुल	632.2	40.45	—

अखिल भारतीय समन्वित सब्जी सुधार परियोजना के द्वारा सार्वजनिक व निजी क्षेत्रों द्वारा कुल 70 संकर किस्मों का विकास, विभिन्न सस्य जलवायु के क्षेत्रों में मूल्याँकन व पहचान करके खेती के लिए संस्तुति की गयी है। ज्यादातर संकर किस्मों का विकास सार्वजनिक क्षेत्रों के द्वारा किया गया है, जबकि निजी क्षेत्रों द्वारा सब्जियों की प्राथमिकता के आधार पर ओजस्वी प्रजनन का चुनाव सावधानी पूर्वक माँग के अनुरूप की जा रही है (सिंह एवं सहयोगी, 2010)।

सारिणी (22.29) भारतवर्ष में संकर बीजों का बिक्रय

फसल	अनुमानित बिक्रय, 1998 (टन)	अनुमानित बिक्रय, 2008 (टन)	प्रतिशत मात्रा वृद्धि, 1998 से अधिक	बिक्रय अपेक्षा अगले 5 वर्ष में	प्रतिशत मात्रा वृद्धि, 2008 से अधिक
टमाटर	25.0	50.0	100.0	82.0	64.0.0
तरबूज	40.0	70.0	75.0	85.0	21.4
मिर्च	20.0	35.0	75.0	55.0	57.1
खरबूजा	7.0	12.0	41.4	15.0	44.4
भिण्डी	250.0	900.0	260.0	1300.0	25.0
पत्ता गोभी	30.0	50.0	66.7	60.0	20.0
फूल गोभी	20.0	30.0	50.0	50.0	66.7
बैंगन	15	25	66.7	35	40.0
खीरा	—	25	—	50	100.0

नसदार तोरी	7	27	285.7	42	55.6
करेला	15	50	233.3	70	40.0
लौकी	25	50	100	70	40.0
गाजर	—	12	—	25	108.3
शिमला मिर्च	0.5	1.5	200	2	33.3.0

स्रोतः डॉ एन0 आनन्द, नामधारी बीज कम्पनी (व्यक्तिगत सूचना)

संकर बीज उत्पादन द्वारा रोजगार सृजन

संकर बीज उत्पादन द्वारा रोजगर का सृजन बड़े पैमाने पर संभव है। नीचे की सारिणी में रोजगार सृजन के स्तर को दिया गया है–

सारिणी (22.30) भारतवर्ष में संकर बीज उत्पादन द्वारा रोजगार सृजन

फसल	उत्पादित संकर बीज (कुन्तल)	क्षेत्रफल (एकड़)	मानव दिन/प्रति एकड़	कुल मानव दिन (मिलियन)	सहभागिता (प्रतिशत)
टमाटर	380	1583	480	0.76	28.0
मिर्च	300	375	1800	0.76	24.8
भिण्डी	7000	2333	180	0.42	15.5
तरबूज	650	1083	165	0.18	6.6
खीरा	150	180	450	0.8	3.0
नसदार तोरई	200	166	472	0.8	2.9
खरबूजा	100	200	350	0.07	2.6
बैंगन	150	115	600	0.07	2.5
करेला	200	200	150	0.03	1.1
लौकी	200	166	150	0.02	0.9
शिमला मिर्च	10	56	534	0.03	1.1
स्क्वाश	600	1500	200	0.30	11.0
कुल	**9940**	**7957**	**5531**	**2.72**	**100.00**

स्रोतः हाजरा एवं सहयोगी (2005)।

संकर बीज उत्पादन से अनुमानित आय

संकर बीज उत्पादन बीज व्यवसाय का बहुत बड़ा घटक है। वर्तमान समय में भारतवर्ष संकर बीज उत्पादन में तेज गति से आगे बढ़ रहा है। आज बड़े पैमाने पर बीजों की क्रय–बिक्रय की जाती है। यह सही है कि संकर बीज उत्पादन सभी सब्जी फसलों में सम्भव नहीं है, लेकिन नीचे की सारिणी में महत्वपूर्ण सब्जी फसलों में संकर बीज उत्पादन का लेखा–जोखा दिया गया है–

सारिणी (22.31) संकर बीज उत्पादन एवं शुद्ध लाभ

सब्जी फसल	पौध/इकाई क्षे0	इकाई आकार (एकड़)	उत्पादन लागत/इकाई क्षे0 (रु0)	मानव दिन प्रयोग	बीज खरीद मूल्य (रु0/किलोग्राम)	बीज उपज/इकाई क्षे0 (किलोग्राम)	शुद्ध आय/इकाई क्षे0 रु0 (000)
शिमला मिर्च	3000.0	0.75	29000.0	400	10000.0–15000.0	12.0–15.0	121.0–151.0
मिर्च	500.0	0.25	26000.0	450	3000.0–4500.0	10.0–30.0	19.0–65.0
टमाटर	3000.0	0.75	19400.0	360	3000.0–4000.0	10.0–25.0	206.0–556.0
तरबूज	4000.0	1.00	11600.0	165	500.0–1200.0	40.0–100.0	36.4–38.4
भिण्डी	10000.0	1.00	10700.0	180	120.0–150.0	200.0–500.0	19.3–49.3
खरबूजा	2000.0	0.50	12800.0	175	1200.0–1700.0	20.0–450.0	21.2–35.2
करेला	500.0	0.50	9000.0	75	600.0–650.0	40.0–80.0	17.0–39.0
बैंगन	3000.0	0.50	15500.0	300	500.0–700.0	50.0–100.0	19.5–34.5
नसदार तोरई	2000.0	0.50	14940.0	236	650.0–700.0	40.0–80.0	13.0–39.0
लौकी	2000.0	0.50	8500.0	75	200.0–400.0	80.0–150.0	21.5–23.5
खीरा	1500.0	2.30	12400.0	135	1200.0–1800.0	15.0–35.0	14.6–29.6
स्क्वाश	2000.0	1.25	15000.0	250	500.0–1000.0	70.0–150.0	25.0–60.0

स्रोतः हाजरा एवं सहयोगी (2005)

संकर किस्मों के विकास की अवस्थाएँ

सब्जियों में संकर किस्मों/पित्रों के विकास करने की निम्न तीन अवस्थाएँ होती है–

1. नर व मादा किस्मों/पित्रों का विकास करना।
2. उपयुक्त नर व मादा किस्मों/पित्रों का चुनाव करना।
3. चुने गये मादा व नर किस्मों/पित्रों का संकरण कराकर संकर बीज बनाना।

1. नर व मादा किस्मों/पित्रों का विकास करना

स्वपरागित सब्जियों में प्रायः इसकी आवश्यकता नहीं होती है, क्योंकि नर व मादा किस्में प्रायः शुद्ध होते है एवं वे स्वपरागण से विकसित होती हैं। यदि नर व मादा किस्मों में शुद्धता न हो, तो इनको 2–4 बार आवश्यकता अनुसार कृत्रिम परागण से शुद्ध किया जा सकता है। इस प्रकार शुद्ध नर व मादा जनकों को शुद्ध पंक्ति (pure line) कहते हैं। इसके विपरीत पर–परागित या बहुधा पर–परागित सब्जियों की किस्में प्रायः अशुद्ध होती हैं, जिसमें विभिन्न प्रकार के जीन प्रारूप (genotype) होते हैं। अतः इस तरह की सब्जियों से संकर बीज बनाने से पहले यह आवश्यक हो जाता है कि इनको शुद्ध किया जाये। इसके लिए पर–परागित सब्जियों में 4–5 बार कृत्रिम/नियंत्रित स्वपरागण करना पड़ता है। चार से पाँच बार क्रमशः स्वपरागण से तैयार शुद्ध किस्मों को इनब्रेड

लाईन (inbread line) कहते हैं। अगर पर–परागित या बहुधा पर–परागित किस्मों को बिना स्वपरागण किये संकर बीज बनाया जायेगा तो फसल में एकरूपता (uniformity) का पूर्णतः अभाव होगा।

सारिणी (22.32) मुक्त एवं संकर बीज उत्पादन के लिए पित्रों का बहुगुणन व पृथक्करण दूरी

सब्जी फसल	पित्रों का अनुरक्षण दूरी (मीटर)	संकर बीज उत्पादन (मीटर)	मुक्त बीज उत्पादन (मीटर)
बैंगन	200.0	100.0	50.0
टमाटर	200.0	100.0	25.0
भिण्डी	400.0	200.0	200.0
प्याज	1000.0	500.0	500.0
खरबूजा	1500.0	1000.0	500.0
गोर्डस्	1500.0	1000.0	500.0
पत्ता गोभी	1600.0	1000.0	1000.0
फूल गोभी	1600.0	1000.0	1000.0
गाजर	1000.0	800.0	800.0
मिर्च	400.0	200.0	200.0
शिमला मिर्च	400.0	200.0	200.0

स्रोतः तोमर एवं सहयोगी (2011), इण्डियन हार्टीकल्चर मई–जून, 2011 पृष्ठ–59

2. उपयुक्त नर व मादा किस्मों/पित्रों का चुनाव करना

मादा व नर किस्मों को विकसित करने के बाद इनको आपस में संकरण कराकर बहुत से संकर किस्मों को प्रयोग के लिए तैयार किया जाता है। इसके बाद इन संकर बीजों से फसल लगाकर फसल में ओज देखी जाती है। फसल ओज के आधार (अच्छी पैदावार, अगेती परिपक्वता, रोग व कीट रोधिता) पर जो भी मादा व नर आपस में सबसे बढ़िया मेल खाते हैं उनको संकर बीज उत्पादन के लिए संस्तुत की जाती है।

3. चुने गये मादा व नर किस्मों/पित्रों का संकरण कराकर संकर बीज बनाना

संकर बीज उत्पादन व्यावसायिक स्तर पर मादा व नर पित्रों का संकरण कराकर करते हैं। संकरण कराने के लिए आवश्यक हो जाता है कि नर व मादा किस्मों में स्त्री केसर व पूंकेशर की परिपक्वता साथ–साथ हो। इसको प्राप्त करने के लिए निम्नलिखित तकनीकें प्रयोग में लायी जाती है–

- कई बार रोपण/बुआई करना
- दिशावधि का उपयोग करना
- काँट–छाँट के द्वारा
- पादप वृद्धि नियामकों के प्रयोग

संकर बीज उत्पादन पद्धति (Mechanism of hybrid seed production)

सब्जी फसलों में व्यावसायिक तथा प्रायोगिक तौर पर संकरण विधि से संकर बीज तैयार किये जाते हैं। भिन्न–भिन्न फसलों में संकरण की भिन्न–भिन्न विधियाँ प्रचलित है। मिर्च, बैंगन, खरबूजा, खीरा आदि आनुवंशिक विपुंसीकरण की क्रिया विधि द्वारा उपलब्ध है, लेकिन इनका उपयोग प्रायोगिक संकरण की विकास में कम है। भारतीय सब्जी अनुसंधान संस्थान, वाराणसी और पंजाब कृषि विश्वविद्यालय, लुधियाना द्वारा आनुवंशिक नरवंध्य लाईन का उपयोग करके कम लागत व प्रभावी संकर का विकास किया गया है। इसी प्रकार संतोष जनक कार्य महात्मा फूले कृषि विद्यापीठ, राहूरी (MPKV, Rahuri) द्वारा उष्ण जायांगी लाईन (tropical gynoecious line) का प्रयोग संकरण प्रजनन के लिए किया गया है। भारतीय सब्जी अनुसंधान संस्थान वाराणसी, भारतीय कृषि अनुसंधान संस्थान, नई दिल्ली और भारतीय बागवानी अनुसंधान संस्थान, बैंग्लुरु में बैंगन की कार्यशील नरवंध्य (functional male sterility) लाईन उपलब्ध है, जिनका प्रयोग प्रयोगिक संकरण के विकास में किया गया है। इसी प्रकार मिर्च में अस्थायी कोशिका द्रव्यी नरवंध्यता लाईन (cytoplasmic male sterile line) भारतीय सब्जी अनुसंधान संस्थान वाराणसी, भारतीय बागवानी अनुसंधान संस्थान, बैंग्लुरु तथा कृषि विश्वविद्यालय धारवाड़ (कर्नाटक) में उपलब्ध है और आने वाले समय में इसका प्रयोग सार्वजनिक क्षेत्र द्वारा संकर किस्म बनाने में किया जायेगा। भारतीय सब्जी अनुसंधान संस्थान, वाराणसी में करेले की ऐसी जायांगी लाईन (gynoecious line) की पहचान की गयी है, जिसमें जायांगी पौधों की संख्या शत प्रतिशत होती है (राम एवं सहयोगी, 2002)। इसका प्रयोग मादा पितृ के रूप में संकर बीज का उत्पादन करने के लिए किया जायेगा। इसी प्रकार भारतीय कृषि अनुसंधान संस्थान के क्षेत्रीय शोध केन्द्र, कटराईं (हिमाचल प्रदेश) पर गोभी के संकर बीज पैदा करने के लिए सीमित मात्रा में स्थायी और स्वअनिषेच्य लाईन (self incompatible line) का प्रयोग किया जा रहा है। प्याज में कोशिकाद्रव्यी नरवंध्य लाईन (cytoplasmic male sterile line) का विकास, प्रयोग व किस्म के विकास में भारतीय बागवानी अनुसंधान संस्थान, बैंग्लुरू तथा भारतीय कृषि अनुसंधान संस्थान, नई दिल्ली द्वारा किया जा रहा है। अभी कुछ समय पहले एशियन वेजिटेबल रिसर्च एवं डेवलपमेण्ट सेंटर (AVRDC) जिसे अब वर्ल्ड वेजिटेबल सेंटर, ताईवान (World Vegetable Centre, Taiwan) कहा जाता है, द्वारा ए और बी लाईन की जोड़ी को राष्ट्रीय अनुसंधान केन्द्र (प्याज और लहसुन) पुणे (महाराष्ट्र) में लाया गया है। विभिन्न फसलों में संकर बीज उत्पादन के प्रायोगिक और व्यावसायिक स्तर पर अपनायी जा रही क्रिया विधि को नीचे के सारिणी में दिया गया है–

सारिणी (22.33) सब्जियों में व्यवसायिक तथा प्रायोगिक तौर पर अपनायी जा रही संकर बीज उत्पादन पद्धति

सब्जी	संकर बीज उत्पादन की विधी		विवरण
	व्यवसायिक तौर पर	प्रायोगिक तौर पर	
टमाटर	हस्त विपुंसन + हस्त परागण	यांत्रिक + यांत्रिक परागण, अनुवांशिक नरवंध्यता + यांत्रिक परागण	आनुवंशिक नरवंध्यता का उपयोग प्रायोगिक तौर पर उत्तम

बैंगन	हस्त विपुंसन हस्त परागण	यांत्रिक + यांत्रिक परागण, आनुवंशिक नरवंध्यता + यांत्रिक परागण	सक्रिय नरवंध्यता के उपयोग को व्यावसायिक स्तर पर बढ़ावा देना
मिर्च	अनुवांशिक नरवंध्यता + प्राकृतिक परागण, हस्त विपुंसन + हस्त परागण	कोशिका द्रव्यी नरवंध्यता + हस्त परागण, आनुवंशिक नरवंध्यता + हस्त परागण, हस्त विपुंसन + हस्त परागण	कोशिकाद्रव्यी नरवंध्यता को व्यावसायिक स्तर पर बढ़ावा देना
शिमला मिर्च	हस्त विपुंसन + हस्त परागण	हस्त विपुंसन + हस्त परागण	कोशिकाद्रव्यी नरवंध्यता का सीमित उपयोग क्योंकि उर्वर जीन की उपलब्धता न होने के कारण कम होती है।
प्याज	कोशिका द्रव्यी नरवंध्यता + प्राकृतिक परागण	कोशिका द्रव्यी नरवंध्यता + प्राकृतिक परागण, हस्त विपुंसन + हस्त परागण	कोशिकाद्रव्यी नरवंध्यता का अनुकुलन हेतु विकास आवश्यक
भिण्डी	हस्त विपुंसन + हस्त परागण	हस्त विपुंसन + हस्त परागण	अन्य उपलब्ध विधि का विकास एवं प्रयोग आवश्यक
पत्ता गोभी	स्वअनिषेच्यता + प्राकृतिक परागण	हस्त विपुंसन + हस्त परागण	कोशिकाद्रव्यी नरवंध्यता या ट्रान्सजिनिक नरवंध्य लाईन का उपयोग
फूल गोभी	स्वअनिषेच्यता + प्राकृतिक परागण	हस्त विपुंसन + हस्त परागण	
करेला	पुंकेसरी पुष्प कलियों को तोड़ना + हस्त या प्राकृतिक परागण	पुंकेसरी पुष्प कलियों को तोड़ना + हस्त परागण	जायांगी लाइन का प्रयोग, अधिक मादा पुष्पन करने वाली प्रजाति का चयन एवं उपयोग
लौकी	पुंकेसरी पुष्प कलियों को तोड़ना + हस्त या प्राकृतिक परागण	पुंकेसरी पुष्प कलियों को तोड़ना + हस्त परागण	अधिक मादा पुष्पन करने वाली प्रजाति का चयन एवं उपयोग
खरबूजा	पुंकेसरी पुष्प कलियों को तोड़ना + हस्त	पुंकेसरी पुष्प कलियों को तोड़ना + हस्त	आनुवंशिक नरवंध्यता का अधिकतम उपयोग

	या प्राकृतिक परागण, आनुवंशिक नरवंध्यता + प्राकृतिक परागण	परागण, आनुवंशिक नरवंध्यता + प्राकृतिक परागण	
तरबूज	पुंकेसरी पुष्प कलियों को तोड़ना + हस्त या प्राकृतिक परागण, आनुवंशिक नरवंध्यता + प्राकृतिक परागण	पुंकेसरी पुष्प कलियों को तोड़ना + हस्त परागण, आनुवंशिक नरवंध्यता + हस्त परागण	आनुवंशिक नरवंध्यता का अधिकतम उपयोग
खीरा	जायांगी लाइन का प्रयोग + हस्त या प्राकृतिक परागण, पुंकेसरी पुष्प कलियों को तोड़ना + हस्त परागण	जायांगी लाइन का प्रयोग + हस्त परागण, पुंकेसरी पुष्प कलियों को तोड़ना + हस्त परागण,	जायांगी लाइन का प्रयोग, अधिक मादा पुष्पन करने वाली प्रजाति का चयन एवं उपयोग
कुम्हण	पुंकेसरी पुष्प कलियों को तोड़ना + हस्त या प्राकृतिक परागण	पुंकेसरी पुष्प कलियों को तोड़ना + हस्त या प्राकृतिक परागण	पुंकेसरी पुष्प कलियों को तोड़ना + हस्त या प्राकृतिक परागण
पेठा	पुंकेसरी पुष्प कलियों को तोड़ना + हस्त या प्राकृतिक परागण	पुंकेसरी पुष्प कलियों को तोड़ना + हस्त या प्राकृतिक परागण	पुंकेसरी पुष्प कलियों को तोड़ना + हस्त या प्राकृतिक परागण
चिकनी तोरई	पुंकेसरी पुष्प कलियों को तोड़ना + हस्त या प्राकृतिक परागण	पुंकेसरी पुष्प कलियों को तोड़ना + हस्त या प्राकृतिक परागण	पुंकेसरी पुष्प कलियों को तोड़ना + हस्त या प्राकृतिक परागण

नसदार तोरई	पुंकेसरी पुष्प कलियों को तोड़ना + हस्त या प्राकृतिक परागण	पुंकेसरी पुष्प कलियों को तोड़ना + हस्त या प्राकृतिक परागण	पुंकेसरी पुष्प कलियों को तोड़ना + हस्त या प्राकृतिक परागण
टिण्डा	पुंकेसरी पुष्प कलियों को तोड़ना + हस्त या प्राकृतिक परागण	पुंकेसरी पुष्प कलियों को तोड़ना + हस्त या प्राकृतिक परागण	पुंकेसरी पुष्प कलियों को तोड़ना + हस्त या प्राकृतिक परागण

उपरोक्त सारिणी से स्पष्ट है कि एक फसल में व्यावसायिक तौर पर संकर बीज बनाने के लिए कई विधियाँ अपनायी जाती हैं। उदाहरण के तौर पर मिर्च में विपुंसन के पश्चात् या तो कृत्रिम परागण किया जाता है या प्राकृतिक परागण से भी काम चल जाता है। इस प्रकार प्राकृतिक परागण करने से कृत्रिम (हस्त) परागण में लगने वाले श्रम की बचत की जा सकती है। इसी प्रकार अगर नर वंध्य किस्मों को मादा के रूप में उपयोग करें तो कृत्रिम विपुंसन पर लगने वाला खर्च बचाकर कम कीमत पर संकर बीज बना सकते हैं। संकर बीज बनाते समय निम्नलिखित बातों का ध्यान रखना चाहिए। अतः बड़े पैमाने पर संकर बीज उत्पादन के लिए निम्न अनिवार्यताएं हैं–

- मादा जनक का आसान एवं कम खर्चीला विपुंसन
- नर जनक के परागकणों का समुचित परिप्रेक्षण

कोशिकाद्रव्यी अनुवांशिक नरवंध्यता द्वारा संकर बीज बनाना (Development of hybrids by using cytoplasmic genetic male sterility)

संकर बीज उत्पादन में यह सर्वाधिक उपयोग की जाने वाली विधि है। संकर बीज उत्पादन के लिए नर वंध्य मादा जनक ए लाइन (A line) की प्रत्येक चार कतारों के बाद पुनः स्थापक (restorer gene) और नर उर्वरक (male fertile) अन्तः प्रजात की एक कतार उगाई जाती है। मादा जनक द्वारा उत्पन्न सभी बीज संकर बीज के रूप में प्रयोग करते हैं। कोशिकाद्रव्यी अनुवांशिक नरवंध्यता लाइन (cytoplasmic genetic male sterility) को बनाने के लिए नरवंध्य लाइन (ए लाइन) का परागण मेनटेनर लाइन (बी लाइन) से कराते हैं तथा ए लाइन (A line) पर बने बीज नर वंध्य होते हैं तथा बी लाइन (B line) को स्वपरागण द्वारा बनाते हैं।

कोशिका द्रव्यी नरवंध्यता (Cytoplasmic male sterility)

इस विधी में संकर बीज का उत्पादन प्रथम विधि के समान ही होता है परन्तु इस विधि में पुनः स्थापक जीन नहीं उपलब्ध होता है। अतः सभी संकर पौधे नरवंध्य होते हैं।

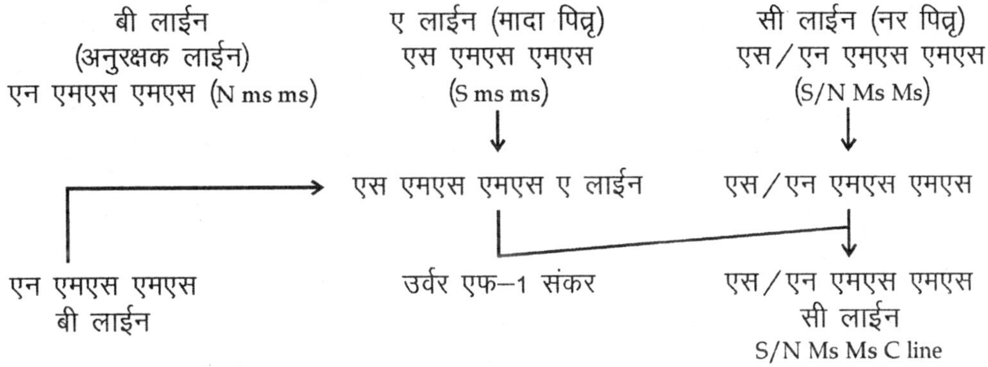

रेखांकन : कोशिका द्रव्यी नरवन्ध्यता का प्रयोग कर टमाटर में संकर बीज उत्पादन

आनुवंशिक नरवंध्यता (Genetic male sterility)

इय विधि में नरवंध्य अन्तः प्रजाति को नर उर्वर अन्तः प्रजाति से संकरित करते ही नरवंध्य अन्तः प्रजाति पर बने सभी बीज संकर तथा नर उर्वर होते हैं।

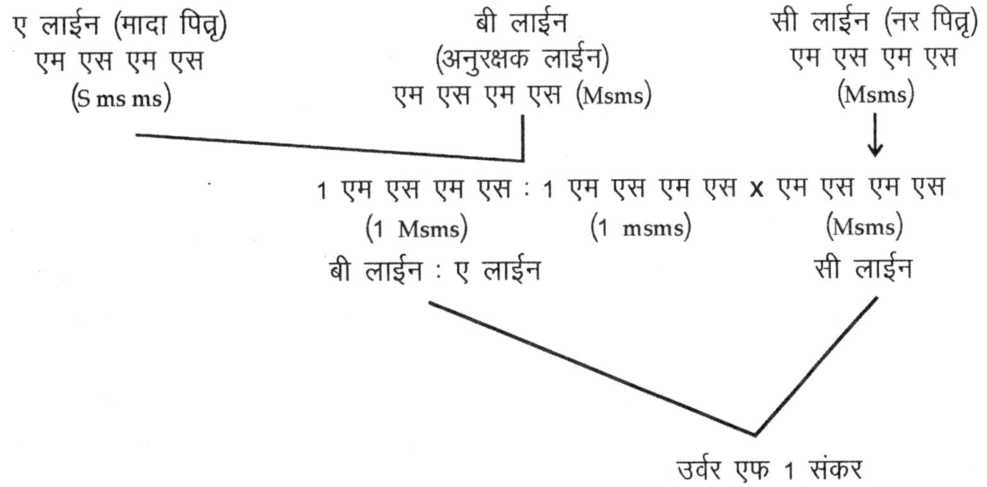

रेखांकन : आनुवंशिक नर वन्ध्यता का प्रयोग कर टमाटर में संकर बीज उत्पादन

स्वअनिषेच्यता (Self incompatibility)

दो स्वअनिषेच्य परन्तु आपस में निषेच्य अन्तः प्रजाति को एकांतर कतारों में लगाया जाता है। इन दोनों अन्तः प्रजातों में बने बीज संकर होगें। दो अन्तः प्रजातों में से एक अन्तः प्रजाति स्वनिषेच्य भी हो सकता है, इस दशा में केवल स्वअनिषेच्य अन्तः प्रजाति पर बने बीज संकर होगें। स्व–अनिषेच्यता दो प्रकार के स्पोरोफाइटिक (sporo phytkic) एवं गैमेटोफाइटिक (gametophytic) होते हैं। स्व–अनिषेच्यता का प्रयोग व्यावसायिक रूप से गोभी वर्गीय सब्जियों (फूल गोभी, पत्ता गोभी, केल, मूली वं ब्रुसेल्स स्प्राउट) में किया जाता है।

नर फूलों को तोड़ना / हस्त विपुंसन एवं परागण (Flower pinching/ hand emasculation)

इस विधि में मादा जनक का विपुंसन सायंकाल के समय किया जाता है, जिसमें सभी नर कलियों को तोड़ देते हैं तथा अगले दिन प्रातः काल मादा फूलों में परागण किया जाता है। इस विधि से संकर बीज उत्पादन की लागत अपेक्षाकृत अधिक होती है। यह विधि विशेष रूप से कद्दूवर्गीय सब्जियों में संकर बीज बनाने के लिये किया जाता है।

विपुंसन (Emasculation)

परागकणों के परिपक्व होने से पहले परागाकोषों या पुंकेसरों को, स्त्रीकेसर को बिना क्षति पहुचायें किसी पुष्प से निकाल देना या परागकणों को निर्जीव कर देना विपुंसन कहलाता है। विपुंसन का प्रयोग स्वपरागण रोकना है। कद्दू वर्गीय फसलों में नर तथा मादा पुष्प एक ही पौधे पर परन्तु अलग–अलग (monoecious) पाये जाते हैं। अतः ऐसी दशा में नर पुष्पों को तोड़ दिया जाताा है, जिससे स्वपरागण नहीं हो पाता है।

विपुंसन की प्रचलित विधियाँ (Methods of emasculation)

विपुंसन की दो विधियाँ प्रचलित हैं–

1. हस्त विपुंसन (Hand emasculation)
2. आनुवंशिक विपुंसन (Genetic emasculation)

1. हस्त विपुंसन (Hand emasculation)

इसके लिए उन पुष्प कलियों को चुना जाता है, जिनमें अगले दिन पुष्प खुलने की आशा होती है। विपुंसन अधिकतर सायंकाल के समय किया जाता है। इन कलियों को एक चिमटी की सहायता से खोलकर उनके अपरिपक्व परागकोषों को गिनकर निकाल देते हैं। इन कलियों को लिफाफे, जिसमें 4–5 छोटे छिद्र हों, से ढक देते हैं या केवल वर्तिकाग्र को रूई से ढक देते हैं। इस क्रिया में सावधानी बरती जाती है कि स्त्रीकेसर या जायांग को कोई क्षति न पहुचें। व्यावसायिक रूप से संकर बीज उत्पादन करने के लिये सुबह के समय या पुष्प बनावट तथा पुष्प खुलने के अनुसार विपुंसन किया जाता है।

2. आनुवंशिक विपुंसन (Genetic emasculation)

इस विधि में केन्द्र की या कोशिकाद्रव्यी जीनों द्वारा नर वंध्यता उत्पन्न होती है। संकर बीज उत्पादन के लिए इस विधि का व्यापक उपयोग किया जाता है। इनके उपयोग से लाभ यह होता है कि इसमें विपुंसन करने की आवश्यकता नहीं होती है, क्योंकि इनमें नर वंध्य होता है। अतः श्रम की बचत होती है और साथ ही साथ संकर बीज उत्पादन की लागत में कमी आती है।

पार्थक्य दूरी (Isolation distance)

दो किस्मों में अलगाव की दूरी रखने का उद्देश्य नर व मादा जनकों (किस्मों) को इस प्रकार अलग करना कि उनमें संगम या संकरण न हो सके। यह दूरी फसलों के अनुसार अलग–अलग होती है, जैसे–कद्दू वर्गीय फसलों व अन्य पर–परागित या बहुधा पर–परागित सब्जियों में पार्थक्य दूरी अधिक रखी जाती है क्योंकि इसमें कीड़ों, हवा आदि द्वारा परागण के संक्रमण होने की ज्यादा सम्भावना होती है, जबकि स्वपरागित फसलों (टमाटर) में पार्थक्य दूरी कम रखी जाती है, क्योंकि परागण का संक्रमण होने की सम्भावना कम होती है। अतः संकर प्रजातियों के नर व मादा किस्मों को संस्तुति दूरी के अनुसार दूर–दूर लगाकर बीज तैयार करना चाहिए। अगर पार्थक्य दूरी बनाना संम्भव नहीं हो तो भी लगभग सभी सब्जियों में संकर बीज उत्पादन हस्त विपुंसन व हस्त परागण से किया जा सकता है, लेकिन पर–परागित फसलों में जनक किस्मों के बीज उत्पादन के लिए पार्थक्य दूरी रखना जरूरी हो जाता है (जार्ज, 1999)।

टमाटर कुल की सब्जियों में संकर बीज उत्पादन (Hybrid seed production in Solanaceous vegetable)

टमाटर कुल की सब्जियों (टमाटर, बैंगन, मिर्च व शिमला मिर्च) में संकर प्रजातियों का बहुतायत रूप में प्रयोग किया जाता है। संकर प्रजातियाँ विकसित करने में निजी संस्थाए अग्रणी है। यद्यपि सरकारी संस्थाओं में संकर प्रजनन पर कार्य किया जा रहा है।

नर व मादा पितृ (Male and female parents)

संकर बीज बनाने के लिए नर व मादा जनक पूर्ण रूप से विशुद्ध होते हैं। चूँकि टमाटर कुल की सब्जियाँ अधिकांशत स्वनिषेचित होती हैं, इनका अनुरक्षण प्राकृतिक या कृत्रिम स्वनिषेचन द्वारा किया जाता है। यदि जनक शुद्ध नहीं है, तो उनकी 2–3 पीढ़ियों तक स्वनिषेचन कराकर शुद्ध कर लेते हैं। जनक किस्मों को एक समान करने के लिए किस्म के अतिरिक्त पौधों या रोगजनित पौधों को पुष्पन से पहले ही उखाड़कर नष्ट कर देते हैं। अब किस्मों के प्रदर्शन के आधार पर मातृ और पितृ जनक के रूप में स्थापित कर लेते हैं। एक बार स्थापित होने के बाद हम पृथक क्षेत्रों में बार–बार उगा सकते हैं तथा संकर बीज उत्पादन में प्रयोग कर सकते हैं। टमाटर, बैंगन और मिर्च के लिए क्रमशः पृथक्करण दूरी 25.0, 50.0 व 400.0 मीटर रखी जाती है। बैंगन व मिर्च में अक्सर पर–परागण भी हो जाता है।

संकरण (Hybridization)

संकरण के लिए खेत के एक भाग में नर किस्म तथा दूसरे भाग में मादा किस्म की रोपण करते हैं। टमाटर में संकरण कृत्रिम विधि द्वारा हाथ से करते हैं। एक नर पौध से प्राप्त फूल 4–5 मादा पौधों में संकरण के लिये पर्याप्त होता है। संकरण के लिए एक दिन बाद खुलने वाले फूल से नर भाग को चिमटी द्वारा या उंगलियों द्वारा निकाल लेते हैं। अब यह फूल पूर्णरूपेण मादा हो जाती है, इस क्रिया को विपुंसीकरण कहते हैं। नर भाग निकालने के बाद फूल को रूई के बारीक परत से

ढ़क देते हैं जिससे किसी भी अन्य माध्यम से नर भाग से परागकण उस फूल पर न जाने पाए। अगले दिन सुबह के समय वाँछित नर जनक के फूल से परागकण निकालकर उसे परागण वाली तुलिका (brush), चिमटी या अँगुठी विधि से मादा फूलों को परागित किया जाता है। परागण के पहले पुराने रूई के परत को हटा देते हैं और परागण के बाद नई साफ रूई की परत लगा देते हैं, जिससे अन्य पौधों के परागकण उस पर न पहुँच पायें।

परागकण इकट्ठा करने के लिए सुर्योदय के समय नर पौधे से ताजे खिले हुए फूलों को तोड़ लेते है तथा उसे एक कटोरी नुमा काँच या प्लास्टिक के प्लेट में रखकर धुप में या बल्ब (bulb) के नीचे रख देते हैं, जिससे फूलों के परागकोश में से स्फुटन द्वारा परागकण स्वयं ही बाहर आ जाते हैं। फूल के परागकोश को नाखून पर रगड़ने से छोटे–छोटे परागकण दिखाई पड़ते हैं। दूसरी विधि में नर फूलों को तोड़कर उसे एक प्याली में रख लेते हैं तथा उसे अधातुकीय कटोरी में रखकर छोटे से लोढ़ेनुमा आकृति से पिस लेते हैं (मार्टर–पेस्टल में)। अब इस मिश्रण को एक विशेष प्रकार की अँगुठी जिसमें ऊपर खाली स्थान होता है, में रख लेते हैं और मादा फूलों के वर्तिकाग्र (stigma) को उस अँगुठी में डुबो देते हैं। तत्पश्चात् उसे फिर से रूई पहना देते हैं। परागण की प्रक्रिया परागकण को पालिनेटिंग तुलिका (pollinating brush) में लगाकर मादा फूल के वर्तिकाग्र पर धीरे से स्पर्श कराकर भी कर सकते हैं। यदि चिमटी से परागण करना हो तो नर फूल को बायें हाथ में लेकर दायें हाथ से चिमटी के नोकदार भाग को परागकोश में धसाते हुए नीचे से उपर की ओर ले जाते हैं। बाहर निकालने पर चिमटी के नोक पर बहुत सारे परागकण चिपके रहते हैं, जिसे मादा फूल के वर्तीकाग्र पर लगा देते हैं और रूई से ढक देते हैं। दोपहर बाद परागण करने से सफलता कम मिलती है।

टमाटर में संकरण (Hybridization in tomato)

टमाटर में फूल अधिकांशतः सुबह देर से खिलते हैं। वर्तिकाग्र फूल खिलने से एक दिन पूर्व ही सुग्राही हो जाता है। टमाटर का परागकण 20.0–25.0 डिग्री सेल्सियस तापमान पर हफ्तों तक भंण्डारित किया जा सकता है। टमाटर में नर वंध्यकरण आसानी से चिमटी से किया जा सकता है। ऐसी कलिका को विपुंसीकरण (emasculation) के लिए चुना जाता है, जिसके दलपुंज (crolla) के सिरे अलग न हुए हों। चिमटी का इस प्रकार प्रयोग करते हैं कि उसकी एक नोक वर्तिकाग्र और परागकोश के बीच में तथा दूसरी नोक परागकोश व दलपुंज के बीच में हो। एक बार खींचने पर ही परागकोश दलपुंज सहित बाहर निकल जाती है। यदि पूरी टोपी एक बार में बाहर न आये, तो पुंकेसरों को एक–एक करके बाहर निकाला जाता है। दूसरी विधि में कलिका के पुष्प–पुट को बायें हाथ की उंगलियों से हल्के से नीचे की ओर दबाकर दाएँ हाथ के उंगलियों से परागकोश को दलपुंज सहित पकड़ कर धीरे से ऊपर की ओर झटका देते हैं, जिससे सभी परागकोश दलपुंज सहित बाहर आ जाते हैं। प्रति गुच्छा एक या दो फूलों को ही परागित किया जाता है। अन्य फूलों को तोड़ देना चाहिए। छोटे स्तर पर–परागण के लिए सुई या चिमटी की नोक से पराग शंकु (cone) को चीर कर परागकोशों को चिमटी की नोक पर ले लिया जाता है, फिर उसे वर्तिकाग्र पर लगाया जाता है। बड़े पैमाने पर परागकण को एकत्र करने के लिए अन्य विधियों का भी प्रयोग किया जा सकता है।

परागण दिन भर कर सकते हैं, परन्तु दोपहर बाद सफलता कम हो जाती है। बिना परागण किए हुए फूलों को यथा संभव तोड़कर निकाल देना चाहिए। इससे पुष्पन देर तक होता रहता है और फल अच्छे बैठते हैं। परागित पुष्पों के पहचान के लिए प्रायः दो पुष्पपुट (calyx) को आधा काट देते हैं या उसमें टैग (tag) बाँध देते हैं।

बैंगन में संकरण (Hybridization in brinjal)

बैंगन का पुष्प टमाटर व मिर्च की तुलना में बड़ा होता है। कभी–कभी 2–5 फूलों का गुच्छा भी होता है। इसमें दो तरह के पुष्प होते हैं। कुछ में फल लगते हैं तथा कुछ में फल नहीं लगते। जिन फूलों में फल लगते हैं, उनकी वर्तिका (style) लम्बी अथवा मध्यम आकार की होती है और जिनमें फल नहीं बैठते उनमें छोटा या बड़ा वर्तिका युक्त फूल होते हैं। बैंगन में पौध रोपण के लगभग 40 दिनों बाद फूल आ जाता है। गर्म मौसम में फूल साधारणतया 6.0–8.0 बजे प्रातः खुलते हैं, जाड़ों में फूल समान्यतया प्रातः 10.00–11.00 बजे खिलते हैं। वर्तिकाग्र (stigma) की सुग्राह्यता (receptivity) फूल खिलने के एक दिन पहले से लेकर 4 दिन बाद तक बनी रहती हैं। परागकण 1–2 दिन तक जीवित रहता है। परागण का सबसे अच्छा समय 10.00–11.00 बजे प्रातः का माना जाता है।

विपुंसीकरण या नर वंध्याकरण के लिए ऐसी कली (bud) चुनते हैं, जिसकी वर्तिका लम्बी अथवा मध्यम लम्बाई की हो। इसके लिए प्रायः मुख्य तने पर दूसरी कली तथा शाखाओं पर पहली कली का चुनाव किया जाता है। अन्य कलियाँ हटा दी जाती हैं। कली को चिमटी से खोलकर परागकोशों को अलग–अलग कर लिया जाता है और फिर उन्हें बाहर निकाल देते हैं। परागकण के लिए ताजा खिला हुआ फूल, जिसमें स्फूटन हो रहा हो, तोड़ते हैं। एक सुई या चिमटी के नोक से परागकोशों के नीचे से ऊपर की तरफ चीरते हुए नोक पर परागकण एकत्र कर लेते हैं और विपुंसीकृत पुष्प कलिका के वर्तिकाग्र पर उसे लगा देते हैं। तत्पश्चात उसमें आवश्यक टैग (tag) या लेबल (label) लगा देते हैं। फिर उसे रूई के बारीक परत से या कागज के छोटे लिफाफे से ढक देते हैं। परागित पुष्पों के पहचान के लिए दो पुष्पपुट (calyx) को आधे पर से काट भी सकते हैं।

मिर्च में संकर बीज उत्पादन (Hybrid seed production chillies)

मिर्च के गुच्छों में से पहले बने हुए उस कलिका को विपुंसन व परागण के लिए चुनते हैं जो एक दिन बाद खिलने वाली हो। गुच्छों के अन्य कलिकाओं या फूलों को तोड़ देते हैं। चुने हुए फूल से परागकोश निकालने के लिए चिमटी का इस्तेमाल करते हैं। सभी पाँचों परागकोशों को सावधानी से चिमटी से एक–एक कर निकाल लेते हैं। यह ध्यान रखना चाहिए कि वर्तिकाग्र या वर्तिका को कोई हानी ना पहुँचे। विपुंसीकरण के बाद रूई के पतले परत से कलिका को ढक देते है। ढके हुए कलिका को अगले दिन प्रातः काल परागण किया जाता है। चिमटी की सहायता से परागकण बाहर निकालकर वर्तिका पर लगा देते है।

1. नर वंध्य का प्रयोग (Use of male sterility)

मिर्च में नर वंध्य लाईन का प्रयोग कर संकर किस्मों का बीज सुगमता से बनाया जा सकता है। इस पद्धति में एक लाईन में 50 प्रतिशत पौधे जननक्षम (fertile) और 50 प्रतिशत नर वंध्य (sterile) होते हैं। इसे केन्द्रकीय नर–बंध्यता (nuclear male sterility) कहते हैं। नर वंध्य (male sterile) पौधों को हम उनके फूल को देखकर पता लगा सकते है। सामान्य (नर क्षम्य) फूलों के परागकोश पीलापन लिए हुए या हल्के बैंगनी रंग के होते हैं जबकि नर वंध्य फूल के परागकोश गहरे बैंगनी रंग के होते हैं। नर वंध्य जनक (मादा जनक) के फूलों से कृत्रिम परागण या प्राकृतिक पर–परागण से विकसित फलों के बीज को हम संकर बीज के रूप प्रयोग करते हैं। पंजाब के किसान स्वयं ही मिर्च में इस विधि का पयोग कर संकर बीज बनाते हैं और उनसे अच्छी आय प्राप्त कर रहे हैं। खरबूजा में भी नर वन्ध्य लाइन का उपयोग कर संकर बीज उत्पादन किया जा रहा है।

परागित पुष्पों की पहचान (Identification of fertilized flowers)

परागित पुष्प पर टैग (tag) बाँध दिया जाता है तथा उस पर जनकों के नाम तथा तिथि अंकित कर देते हैं। इससे अनजाने में विकसित स्वपरागित फलों को अलग किया जा सकता है अथवा टमाटर व बैंगन में फूल के बाहरी आवरण या पुष्प पुट जो 5 की संख्या में होते है, उनमें से 2–3 को आधे से काट देते है। फल परिपक्व होने पर भी वो पुष्प पुट आधे ही दिखते है, जिससे यह पता चलता है कि फल कृत्रिम परागित है और इनमें बना बीज संकर है।

भिण्डी में संकर बीज उत्पादन (Hybrid seed production in okra)

भिण्डी के पुष्प बड़े और एकल होते हैं। इसमें दूसरों पुष्पों की अपेक्षा विपुंसीकरण (emasculation) या पर–परागण करना आसान होता है। पुष्प कलिकाओं को खिलने से एक दिन पूर्व विपुंसीकृत किया जाता है। भिण्डी का फूल सुबह 6.00–10.30 बजे तक खुलता है, और परागकण भी सुबह 6.00–10.30 तक परागण के लिए सुलभ होता है और इसकी जनन क्षमता 6.0–12.0 घण्टे तक बनी रहती है। अपरान्ह (दोपहर बाद) 3.0 बजे के बाद का समय विपुंसीकरण के लिए उचित रहता है। चूँकि भिण्डी के फूल में स्त्रीपूर्वत (protogyny) की स्थिति पाई जाती है, इसलिए इसे स्वपरागण से बचाने के लिए फूल कली (flower bud) को दो दिन पूर्व विपुंसीकरण करना अधिक उत्तम होता है। ऐसा करने से स्वपरागण को रोका जा सकता है। पुंकेसरी स्तम्भ से परागकोशों को चिमटी की भोथरी धार की सहायता से खुरच देते हैं। चूँकि पुष्प के विभिन्न भाग चिप–चिपे (sticky) जैसे होते हैं, अतः परागकोशों को हटाते समय पुंकेसरी स्तम्भ या वर्तिकाग्र से परागकण के चिपकने की सम्भावना रहती है। अतः विपुंसीकरण करते समय इस बात का विशेष ध्यान रखना चाहिए कि कोई परागकोश पुष्प के भागों से चिपका न रह जाये। इसके बाद वर्तिकाग्र को रूई से ठीक प्रकार से ढक दिया जाता है ताकि इसके उपर कोई अन्य परागकण न गिरने पाए। परागण के लिए नर जनक पौधे। जिनसे फूल लेना होता है, उनको भी परागण के एक दिन पहले ढक दिया जाता है और दूसरे दिन जब परागण करना होता है तब खिले व ढके फूल से परागकण लेकर मादा–जनक के पौधे के विपुंसीकृत पुष्पों के वर्तिकाग्र पर सीधा छिड़क देते हैं या परागकणों को तुलिका (brush) की

सहायता से वर्तिकाग्र पर लगा दिया जाता है और पुनः रूई की सहायता से परागित वर्तिका को ढक दिया जाता है तथा इन्हें चिन्हित करने के लिए टैग लगा देते है। संकर बीज प्राप्त करने के लिए मादा व नर पौधों को 10:1–12:1 के अनुपात में लगाया जाता है। सामान्यतः एक पौध पर 5–6 कली को परागित किया जाता है। परागण की क्रिया तुलिका/ब्रुश की सहायता से करने पर परागित करने के अनुपात को और बढ़ाया जा सकता है।

कद्दू वर्गीय सब्जियों में संकर बीज उत्पादन (Hybrid seed production in cucurbits)

संकर किस्म का प्रजनन करने के लिए नर व मादा पितृ की आवश्यकता पड़ती है, जिन्हें प्रजनक (breeder) विभिन्न स्रोतों से प्राप्त करता है। प्राकृतिक रूप से प्रजनक पितृ को शुद्ध रखने के लिए निर्धारित पृथक्करण दूरी (1600.0 मीटर) पर लगाते हैं। इस प्रकार नर वंश लाईन व मादा वशं लाईन के क्रमशः फलों की तुड़ाई से नर व मादा पितृ के शुद्ध बीज प्राप्त किये जा सकते है। दूसरी बात यह है कि अगर पृथक्करण दूरी को बरकरार रखना मुश्किल हो तो क्रमागत विधि से नर पुष्प व मादा पुष्प की कलिका को अलग–अलग पुष्पन के लगभग 24 घण्टें पूर्व मोमिया कागज के थैले में बन्द कर देते हैं। कभी–कभी पुष्प कलिका को पतले धागे या पतले तार, चिपकने वाले सेल फोन से अच्छी प्रकार बाँध देते हैं। इस प्रकार मोमिया कागज के थैलों में बन्द करने की आवश्यकता नहीं पड़ती। दूसरे दिन नर व मादा पुष्प खिलते हैं। नर पुष्प से परागकण को एकत्रित कर मादा पुष्प पर परागण करते हैं। परागण के बाद मादा पुष्प को मोमिया कागज के थैलों में पुनः बन्द कर चिन्हक (label) लगा देते हैं। अच्छी प्रकार फल विकास हेतु परागण के 4–5 दिनों बाद बन्द किये गये पुष्पों से मोमिया कागज को हटा देते है।

कद्दू वर्गीय सब्जियों में संकर बीज उत्पादन तकनीकी (Hybrid seed production techniques in cucurbits)

कद्दू वर्गीय सब्जियों में संकर बीज उत्पादन के लिए निम्नलिखित तकनीक उपलब्ध है।

1. नर पुष्प को तोड़कर समाप्त करना और कृत्रिम परागण
2. नर पुष्प को तोड़कर समाप्त करना और कीड़ों द्वारा परागण करना।
3. नर वंध्यता का प्रयोग
4. जायांगी लाईनों का प्रयोग
5. एक लिंगाश्रयी का प्रयोग
6. वृद्धि नियामक पदार्थों का प्रयोग
7. चिन्हित जीन का प्रयोग

1. नर व मादा पुष्प को ढकना व कृत्रिम परागण (Piching of male flower and artificial pollination)

कद्दू वर्गीय सब्जियों में कृत्रिम परागण करके संकर बीज उत्पादन की प्रक्रिया काफी प्रचलित है। अधिकाशतः नर व मादा पुष्प इस समुदाय की सब्जियों में अलग–अलग बनते हैं। इस विधि में मादा व नर पुष्प कलिका को पुष्पन के लगभग 24 घण्टें पूर्व मोमिया कागज के थैले में बन्द कर देते हैं। नर पितृ पौधे का नर पुष्प कलिका को पतले धागे या पतले तार या गोद लगे व चिपकने वाले सेल फोन फीते से बाँध दिया जाता है। इसके बाद अब तक पुष्पित नर कलियाँ खुल न जायें, थैले में डालकर बन्द कर देते हैं। अगले दिन जब कलियाँ पुष्पित हो जाती हैं, नर पितृ पौध से परागकण एकत्रित करते हैं और परागकण को सीधे मादा पितृ के पुष्प जो पहले से ही थैले में बन्द हों, के वर्तीकाग्र पर छिड़क दिया जाता है। परागण के बाद मादा पुष्प को मोमिया कागज के थैले में पुनः बन्द कर दिया जाता है। अच्छी प्रकार फल लगने व बढ़ने हेतु परागण के 4–5 दिनों बाद मोमिया कागज के थैलों को हटा देना चाहिए। कद्दू वर्गीय सब्जियों (खीरा, तरबूज, लौकी, कुम्हण, करेला आदि) में संकर बीज उत्पादन हेतु यह विधि ज्यादा सफल है, क्योंकि एक फल से ही बहुत ज्यादा संख्या में बीज प्राप्त होते हैं। अतः संकर बीज उत्पादन में लागत भी कम आता है।

2. नर पुष्प को तोड़कर समाप्त करना व कीड़ों द्वारा परागण (Piching of male flower and insect pollination)

इस विधि का प्रयोग लौकी, तरबूज, खरबूजा, चप्पन कद्दू, कुम्हण, टिण्डा, करेला आदि में किया जाता है। इसमें 3–4 मादा कतारों के बाद एक कतार नर का लगाया जाता है। इस विधि द्वारा संकर बीज उत्पादन हेतु मातृ पौधों के कतारों से नर पुष्प कलिका को प्रतिदिन पुष्पन के पूर्व तोड़कर समाप्त कर दिया जाता है। इस प्रकार मातृ पौधें पर विकसित होने वाले फल निश्चित रूप से नर पितृ से आये परागकणों के परागण से ही बनते हैं। इस प्रकार प्राकृतिक तौर पर परागण कीड़ों के द्वारा सम्पन्न होता है, लेकिन बीज उत्पादन प्रक्षेत्र से अधिक बीज प्राप्त करने हेतु मधुमक्खी के छत्ते का प्रयोग हितकर रहता है। एक एकड़ में की जा रही संकर बीज उत्पादन हेतु 2–3 मधुमक्खी के छत्तों या कालोनी की जरूरत पड़ती है। यह ध्यान देना चाहिए कि जिस फसल का संकर बीज बनाया जा रहा है, उस फसल की दूसरी प्रखण्ड से लगभग 1000.0 मीटर दूरी आवश्य हो अथवा मधुमक्खी दूसरे खेत के पौधे से परागकण लेकर परागित कर सकती है। उपरोक्त दोनों विधियों द्वारा संकर बीज बनाने के लिए प्रत्येक नर पंक्ति के बाद 4 मादा पँक्ति को लगाना चाहिए (राम, 2007)। नर पँक्ति को चिन्हित करने के लिए झण्डी, टैग या छड़ का प्रयोग आवश्य करना चहिए। इस प्रकार 1.0 हेक्टेयर क्षेत्रफल में संकर बीज पैदा करने हेतु 4.0 किलो ग्राम मादा पितृ और 1.0 किलो ग्राम नर पितृ के बीज बोने की आवश्यकता पड़ती है।

3. नर बन्ध्यता का प्रयोग (Use of male sterility)

खरबूजा, खीरा तरबूज आदि के संकर बीज बनाने के लिए आनुवंशिक एवं कोशिकाद्रव्यी नर वंध्य लाइनों का प्रयोग तेजी से बढ़ रहा है। संकर बीजों का लागत मूल्य कम करने में नर वंध्य

लाईनों का बहुत बड़ा योगदान है। ऐसे नर वंध्य लाईनों की खोज अन्य कद्दू वर्गीय सब्जियों में जो प्राकृतिक वातावरण के अनुरूप अनुकूलित हैं, की जा रही है। नर वंध्यता में नर भाग वंध्य होता है और मादा भाग उपजाऊ होता है। अतः उचित रूप से नर वंध्य लाईन को शुद्ध रूप में बरकरार रखकर उपयुक्त संयोजन से संकर बीज बिना किसी परिश्रम से बनाया जा सकता है। उदाहरण के लिए खरबूजा में 5 आनुवंशिक नर वंध्य लाईनों (एम0एस0–1, एम0एस0–2, एम0एस0–3, एम0एस0–4 व एम0एस0–5) की खोज की जा चूकी है। भारतवर्ष में खरबूजा की आनुवंशिक नर वंध्य लाईन एम0एस0–1 (जीन प्रारूप एम0एस0–1) का उपस्थापन (introduction) आज से लगभग 25 वर्ष पूर्व हुआ था। आज तक वहीं उत्तम नर वंध्य लाईन मानी जा रही है। साथ ही साथ इस लाईन को व्यावसायिक रूप से अपनाया जा रहा है। खरबूजा में संकर प्रजाति ''पंजाब हाईब्रिड'' का विकास एम0एस0–1 नर पितृ व हरा मधु (Hara Madhu) मादा पितृ के संकरण से किया गया है। नर वंध्य लाईन (जीन प्रारूप एम0एस0–1) को शुद्ध रूप में बरकरार या अनुरक्षण करने हेतु समजीन अनुरक्षक (isogenic maintaner) के साथ किया जाता है। इस प्रकार नर वंध्य लाईन (जीन प्रारूप एम0एस0–1) हमेशा आगे एक उपजाऊ तथा एक नर वंध्य के अनुपात में पृथक होता रहता है। इस प्रकार बीज का उपयोग एम0एस0–1 जीन को अनुरक्षित करने के लिए बीज को पृथक्करण दूरी पर लगाते हैं और नर वंध्य पौधों पर लगे फलों से बीज प्राप्त करते हैं। आगे इस बीज का प्रयोग पितृ बीज उत्पादन प्रखण्ड से लगभग 50 प्रतिशत उपजाऊ पृथकों को मादा कतार से अलग कर समाप्त कर देना चाहिए। इस प्रक्रिया के लिए सुबह–सुबह प्रत्येक पौधे से 3 पुष्पित फूलों (मातृ पौधें से) को सुई से छेद देते हैं। सामान्यतः पहचान के लिए नर उपजाऊ पुष्प हल्के पीले जैसे होते हैं जबकि नर वंध्य परागकोश से चिपकदार, हरे अधपके परागकण उत्पन्न होते है। नर वंध्य पौधों को प्रतिदिन चिन्हित करना आवश्यक है। यह पाया गया है कि खरबूजा में इस विधि के प्रयोग से कम बीज 15.0–20.0 प्रतिशत ही बनते हैं।

4. जायांगी लाईन या अभिन्नस्थोमय स्त्रीलिंगी का प्रयोग (Use of gynoecious line)

कद्दू वर्गीय सब्जियों में जायांगी या अभिन्नस्थोमय स्त्रीलिंगी लाईनों का प्रयोग कर संकर बीज उत्पादन हेतु बहुत पहले से चला आ रहा है। उदाहरण के लिए खीरा में संकर बीज बनाने हेतु अभिन्नस्थोमय स्त्रीलिंगी के प्रयोग का जिक्र पिटरसन और बाग्ले ने सन् 1958 में किया था। इन लोगों ने स्पष्ट किया की खीरा की कोरियन प्रजाति ''सोगोइन'' कुछ जायांगी पौधों को जन्म देती हैं। इस प्रजाति का संकरण और अचार वाली (pickling type) प्रजाति ''विस्कोंसिन एस0एम0आर0–18'' के पश्च संरकण (back cross) द्वारा अभिन्नस्थोमय स्त्रीलिंगी लाइन का विकास किया, जिसमें जायांगी पौधों का प्रतिशत काफी भिन्न–भिन्न था। अभिन्नस्थोमय स्त्रीलिंगी (gynoecious) और उभयलिंगाश्रयी (पराग पितृ) लाईनों को क्रमागत रूप से लगाते हैं और पौधे के 10वी गाँठ पर बनने वाले सभी उभयलिंगाश्रयी और अन्य मध्यलिंग रूप को अभिन्नस्थोमय स्त्रीलिंगी लाईन से समाप्त करते रहते हैं। संकर बीजों का संग्रहण जायांगी पौधों से करते हैं, जो बीज बनने के लिए छोड़ा गया है। उभयलिंगाश्रयी और अन्य मध्यलिंग पौध को अभिन्नस्थोमय स्त्रीलिंगी लाईन से जितनी जल्दी की अवस्था में बाहर किया जाये, उत्तम रहता है, विशेषतः स्त्री कलिका के जायांगी पौधे पर पुष्पित होने के पहले। समयुग्मजी जायांगी लाईन का प्रयोग संकर बीज उत्पादन में क्रान्ति ला सकती है।

जायांगी पौधे में केवल मादा पुष्प ही आते हैं। इस लिए केवल उपयुक्त नर पुष्प धारण करने वाले उभयलिंगाश्रयी पौधों की होती है। संकर बीज उत्पादन हेतु समयुग्मजी जायांगी लाईन का प्रयोग खीरा, खरबूजा, करेला आदि में सफलता पूर्वक किया जा रहा है। जायांगी उभयलिंगाश्रयी पौधे, अभिन्नस्थोमय स्त्रीलिंगी संतति में उत्पन्न होते हैं। करेले में जायांगी लाईन का विकास भारतीय सब्जी अनुसंधान संस्थान वाराणसी में किया गया है (राम एवं सहयोगी, 2002)। जायांगी आधारित संकर को बाजार में बेचते समय यह आवश्यक है कि संकर बीज के साथ–साथ बाह्य दृश्य प्रारूप के समान उभयलिंगाश्रयी प्रजाति के बीज की 10 प्रतिशत मात्रा को मिश्रित कर देना चाहिए, जिससे मादा लाईन में लगने वाले अधिकतम फल को सुनिश्चित किया जा सके। प्रयास यह भी किया जा रहा है कि खीरे की जायांगी लाईन में आनुवंशिक बीज रहित गुण को समाहित कर दिया जाये, जिससे फल विकास हेतु परागण की आवश्यकता न रहे। समान्यतः जायांगी लाईन को परागणकर्ता लाईन के क्रमागत लगाते हैं। जायांगी लाईन से प्राप्त बीज संकर होगा और परागणकर्ता लाईन से प्राप्त बीज शत–प्रतिशत शुद्ध हो जाते हैं, जिससे अगले वर्ष पितृ लाईन के रूप में प्रयोग किया जा सकता है।

प्रकृति में पूर्ण रूप से ऐसी लाईन का अनुरक्षण स्वनिषेचन या रसायनों के प्रयोग के द्वारा किया जाता है। आनुवंशिक रूप से अनुरक्षण करने हेतु जायांगी लाईन को किसी उपयुक्त प्रजाति से कुछ पीढ़ियों तक पश्च संकरण (back cross) कराया जाता है और अन्त में स्वनिषेचन द्वारा समयुग्मजी जायांगी को उत्पन्न किया जाता है। मादा पौधों (जायांगी) 2–4 पत्ती वाले पौध अवस्था पर नरपुष्प उत्पन्न करने हेतु जिब्रेलिक एसीड 500–2000 पी0पी0एम0 एवं सिल्वर नाईट्रेट 500 पी0पी0एम0 या सिल्वर थायोसल्फेट की 200, 500 अथवा 2000 पी0पी0एम0 के घोल का छिड़काव क्रमशः किया जाता है, जिससे पौधे पर नर पुष्प आने के कारण स्वनिषेचन में काफी सुविधा हो जाती है। अन्य रसायनों की अपेक्षा जिब्रेलिक एसीड का प्रयोग खीरा में भी पाया गया है। अनुरक्षण के दूसरी प्रक्रिया में 3 कतार मादा (जायांगी लाईन) या बीज पितृ कतार के साथ एक परागण कतार (उभयलिंगाश्रयी) को लगा दिया जाता है। मादा लाईन से संकर बीज एकत्रित किये जाते हैं। संकर बीज उत्पादन हेतु प्रक्षेत्र में 4 मधुमक्खी के छत्ते प्रति हेक्टर क्षेत्रफल में सुनिश्चित करना चहिए, जिससे पर–परागण पुर्णरूपेण हो सके क्योंकि शोध में पाया गया है कि उभयलिंगाश्रयी परागण लाईन में बहुधा कम परागकण बनते हैं। जायांगी लाईन के उत्पादन की दुसरी तकनीक में एक अभिन्नोमय पुलिंगी से संकरण करना पड़ता है व लगातार कई पीढ़ियों तक पश्च संकरण करने पर उभयलिंगी प्रकार के पौधे स्थिर किये जा सकते हैं। प्रत्यावर्ती जायांगी लाईन के पश्च संकरण के फलस्वरूप उभयलिंगी पौधे विकसित किये जाते हैं, जो समजीन रूप से जायांगी लाईन होती है। जायांगी एवं उभयलिंगी जैसे 2 के संकरण से शत–प्रतिशत जायांगी पौधे प्राप्त होते हैं, जिसका उपयोग संकर बीज उत्पादन में किया जा सकता है। यह विधि काफी प्रभावी है क्योंकि मादा लाईन के बहुगुणन में जिब्रेलिक एसीड का प्रयोग नहीं करना पड़ता है।

5. एकलिंगाश्रयी का प्रयोग (Use of dioecious line)

ऐसी फसलें जिनमें नर व मादा पुष्प अलग–अलग पौधे पर बनते हैं, उन्हें एकलिगांश्रयी कहते हैं। ऐसी बहुवर्षीय कद्दू वर्गीय सब्जियाँ परवल, कुन्दरू, करतोली, ककोड़ा आदि हैं। इस प्रकार की सब्जियों में संकर बीज उत्पादन एक बार हो जाने पर क्लोन्स (clones) के द्वारा बार–बार बहुगुणन

करते रहते हैं। आवश्यकता केवल उपयुक्त संयोजी नर व मादा की चयन की होती है, जिनमें अधिक संकर ओज प्रदर्शित करने की क्षमता हो। प्रथम बार बीज बनाते समय एक प्रजाति के नर व मादा पौधों को एक साथ 1600 मीटर की पृथक्करण दूरी पर लगाते हैं, लेकिन लगाते समय यह भी ध्यान रहे कि उसके आस–पास किसी अन्य प्रजाति या अपने से उग आये पौधे न हों।

6. पादप वृद्धि नियामकों का संकर बीज उत्पादन हेतु प्रयोग (Use of plant growth regulators for hybrid seed production)

कद्दू वर्गीय सब्जियों में कुछ पादप वृद्धि नियामकों का प्रयोग लिंग परिवर्तन हेतु किया जा रहा है, जिससे मादा पुष्पों की संख्या पौधों पर ज्यादा लगती है और कभी–कभी तो मादा पुष्प पौधे पर पहले आते हैं (जबकि इस समुदाय की सब्जियों में समान्यतः नर पुष्प पहले आते हैं)। अतः शोधित पौधों पर पुष्पन (मादा) पहले होने के कारण, सामान्य पौधे (नर) पर बनने वाले नर पुष्प द्वारा प्राकृतिक पर परागण या कृत्रिम परागण करने पर आसानी से संकर बीज उत्पादन कम लागत पर व अधिक मात्रा में किया जा सकता है। पादप वृद्धि नियामकों का प्रयोग पौध जमाव के बाद 2–4 सत्य पत्ती की अवस्था पर करना पड़ता है। पुनः एक बार एक सप्ताह के बाद छिड़काव करने से प्रभाव को सुनिश्चित किया जा सकता है। ध्यान रहे की छिड़काव दोपहर के बाद या सायंकाल करें।

गोभी वर्गीय सब्जियों में संकर बीज उत्पादन (Hybrid seed production in cole crops)

गोभी वर्गीय सब्जियों में संकर बीज उत्पादन के लिए साधारणतः निम्न तीन चरण प्रयुक्त होते हैं–

- अन्तः प्रजात का विकास
- अन्तः प्रजातों की संयोजन क्षमता की जाँच करना या संकर संयोजन की क्षमता की परख करना।
- बड़े पैमाने पर संकर बीजों (एकल संकरण) का उत्पादन तथा वितरण।

गोभी वर्गीय सब्जियों में संकर प्रजनन का आधार इनमें पाये जाने वाली स्वअनिषेच्य प्रणाली है, जिसके कारण पर–परागण मुख्यतया इनमें पाया जाता है। इनमें अन्तः प्रजनन कलिका परागण के द्वारा संभव होता है। फूल गोभी शीर्ष (curd) या शीर्ष भार के लिए संकर ओज पाया जाता है।

स्वअनिषेच्यता का प्रयोग (Use of self incompatibility)

स्वअनिषेच्यता का अभिप्राय यह है कि एक पौधे का परागकण उसी पौधे के अंड (ovule) को निशेचित करने में असमर्थ होता है, लेकिन अन्य प्रकार के जीन प्रारूप वाले पौधे के अंड को वह निषेचित कर सकता है। इसमें बीजाणुउद्भिदी अनिषेच्यता पाई जाती है और इसके लिए उत्तरदायी लगभग 50 अनिषेच्यता युग्मविकल्पी या एलील (allele) पाए जाते हैं। ये सभी एक ही तने पर स्थित होते हैं अर्थात ये बहु–युग्मविकल्पी होते हैं। इसमें एस$_2$ एस$_5$ और एस$_{15}$ ही अधिक पाये जाते हैं। परपरागित दशाओं में गोभी वर्ग के सारे पौधे इस लोकस (locus) पर विषमयुग्मजी होते हैं। प्रत्येक

एस0–युग्मविकल्पी की प्रभावशीलता अलग–अलग हो सकती है, जिस किस्म विशेष में ये पाये जाते हैं, उसकी अनुपातिक पृष्ठ भूमि का प्रभाव भी इन युग्मविकल्पी की क्रियाशीलता पर पड़ता है, जैसे–एस0–युग्मविकल्पी पत्ता गोभी में तो स्वपरागण को रोकने में काफी सफल होते हैं, लेकिन ग्रीष्मकालीन फूल गोभी (स्नोबाल समूह) में काफी स्वपरागण पाया जाता है। जिस प्रकार पत्ता गोभी में एस0–युग्मविकल्पी प्रबल होते हैं, उसी प्रकार का व्यवहार ये शीतकालिन फूल गोभी में भी प्रदर्शित करते हैं और फलस्वरूप ये किस्में भी काफी हद तक स्वअनिषेच्य होती है। स्वअनिषेच्यता गोभी वर्गीय द्विगुणित किस्मों में ही पायी जाती हैं। एस0–युग्मविकल्पी की कार्य प्रणाली काफी जटिल होती है। परपरागण की दशा में पौधा एस0–लोकस पर मुख्यतः विषमयुग्मजी होती है। एक विशम युग्मज में स्थित 2 युग्मविकल्पियों की क्रिया प्रभावी या प्रबल से लेकर अप्रभावी या दुर्बल तक होती है। दो युग्म विकल्पी सहप्रभावी (codominant) भी हो सकते हैं या फिर आपस में अन्योन्य क्रिया करके किसी अन्य प्रकार का दृश्य प्रारूप भी उत्पन्न कर सकते हैं। दो प्रबल युग्मविकल्पी आपस में अन्योन्य क्रिया करके एक दुर्बल क्रिया भी प्रदर्शित कर सकते हैं। परागकण की बाहरी परत या वाह्य चोल टैपीटम से प्राप्त पदार्थ से बनती है। टैपीटम एक विजाणु उद्‌भिदी ऊतक होता है। परागकण में उसके अंकुरण के लिए आवश्यक इंजाइम मौजुद होते हैं। यदि परागकण वर्तिकाग्र के संपर्क में आता है तो 10 मिनट के अन्दर ही अनिषेच्यता प्रकट होने लगती है। वर्तिकाग्र की सतह पर एक विशेष प्रोटीन की परत पाई जाती है। बाह्य चोल की इसी स्रावित वर्तिकाग्र प्रोटीन से अन्योन्य क्रिया होती है और तभी यह निर्धारित होता है कि परागकण का अंकुरण होगा या नहीं। यह प्रोटीन फूल खिलने के ठीक पहले स्रावित होता है। यही कारण है कि यदि परागकण को किसी फली के वर्तिकाग्र पर लगाया जाये तो वह अंकुरित हो जाता है और स्वअनिषेच्य किस्मों में भी स्वपरागण संभव हो जाता है। इस क्रिया को कलिका परागण (bud pollination) कहते हैं। स्वअनिषेच्य किस्मों में स्वपरागण कराने तथा संकर बीज उत्पादन हेतु जनकीय किस्म के अनुरक्षण की भी तकनीक है।

पत्ता गोभी, फूल गोभी व गांठ गोभी में प्रायः स्वअनिषेच्यता के कारण कलिका परागण द्वारा स्वनिषेचन किया जा सकता है। पुष्प कलिकाओं में परागण की क्रिया उसके खिलने से 2 दिन पूर्व, पहले से ढके पुष्पों के ताजा परागकण को लेकर की जाती है। यह देखा गया है कि बीजों का बनना तभी उत्तम होता है, जबकि कलिकाओं के खिलने से 2 दिन पूर्व परागण कर दिया जाये। जब पौधों में कम से कम 30 प्रतिशत पुष्पन हो चुका हो तो कलिकाओं के खिलने से एक दिन पहले कलिका परागण किया जाता है। इस कार्य के लिए एक विशेष प्रकार की कैंची जिस्में ऊपर से 5.0 मिली मीटर की दूरी तक काटने वाली धारदार अर्द्धगोलाकार होती है, का इस्तेमाल किया जाता है। इससे पंखुड़ियों को सुविधा जनक तरीके से हटाने और कलिका परागण को बड़े पैमाने में करने में सहायता मिलती है। कलिका परागण में विपुंसीकरण आवश्यक नहीं होता है। यद्यपि परागण के पश्चात् पुष्पवृंत मोमिया कागज की थैली में बन्द कर दिया जाता हैं, जिससे उन्हें बाह्य परागण (cross pollination) से बचाया जा सके। यह अधिक सुविधाजनक रहता है कि 1–2 पुष्प शाखाओं को मसलिन कपड़े की थैली में बन्द कर दिया जाये और संकरण या कलिका परागण के लिए प्रत्येक पुष्प कलिका या पुष्प का उपयोग किया जाये। प्रायः प्रत्येक पुष्प क्रम में 8–10 पुष्प कलिकाओं या

पुष्पों में कलिका परागण या संकरण करते हैं, जिससे अधिक बीज बनता है। अन्य पुष्प कलिकाओं को जो ऊपरी सिरे पर विकसित होती हैं, तोड़ देते हैं।

संकरण में इसी पद्धति को अपनाते है जैसे कि कलिका परागण में। अन्तर केवल यह होता है कि मादा पौधों में पुष्पों के खिलने से एक दिन पूर्व विपुंसीकरण कर देते हैं। और दूसरी किस्म के नर जनक पौधे जो खिलने से पूर्व ही मसलिन कपड़े से ढके होते हैं, से परागकण एकत्रित करके परागण करते हैं। पराग कण को ब्रुश की सहायता से भी वर्तिकाग्र पर लगा सकते हैं। जब संकरित बीजों की अधिक मात्रा में आवश्यकता होती है तो जनकीय किस्मों को 60.0 सेन्टी मीटर की दूरी पर, कतारों में लगाया जाता है। पूष्प खिलने के करीब 3–4 दिन पश्चात् पौधों को 22–24 मैश की प्लास्टिक या तारों की जाली से बने पिजड़ों या कीट नियंत्रक जाली से ढक देते हैं। दोनों नर तथा मादा जनक को एक छोटे पिजड़े से ढक देते हैं। मधुमक्खियों से परागण की क्रिया कराने के लिए एक छोटी से मधुमक्खी की कालोनी को पुष्प खिलने से 3–4 दिन पहले ही पिजड़े (cage) के अन्दर रख देते हैं। यह विधि केवल उस समय प्रयोग की जाती है जबकि पौध या मूल अवस्था में प्रभावी चिन्हक की सहायता से सही संकर पहचाने जा सके तथा दोनों किस्में स्वअनिषेच्य हों यह विधि कीट रोधी पिजड़ों के अन्दर किस्मों के रख–रखाव हेतु सहोदर प्रजनित बीज पैदा करने के लिए भी प्रयोग की जा सकती है। इस दशा में 20–30 चुने हुए पौधों को अन्तः प्रजनन अवनमन से बचाने के लिए पिजड़े के अन्दर रखते हैं। किसी लोहे की जाली या प्लास्टिक पिंजड़े जिसकी लम्बाई 3.0 मीटर, चौड़ाई 3.0 मीटर तथा उँचाई 2.5 मीटर हो तथा एक किनारे पर छोटा सा दरवाजा हो, इस कार्य के लिये उपयुक्त रहता है। इस पिजड़े (cage) में फूल गोभी, पत्ता गोभी, या गांठ गोभी के 25 पौधे, 5 कतारों में 5 पौधे प्रति पंक्ति की दर से 0.6 x 0.6 मीटर की दूरी पर लगाये जा सकते हैं। पराग जनक की एक पंक्ति के साथ मादा जनक की 4 पंक्तियाँ लगायी जाती हैं। ब्रोकोली के संकर बीज इसी पद्धति से बनाये जाते हैं।

सारणी (22.34) गोभी वर्गीय सब्जियों में प्रजनन प्रणाली एवं बीज बनने की क्षमता

फसल	बीज बनने की क्षमता	वास्तविक क्षमता का प्रतिशत		एस0 में अवनमन प्रतिशत
		समूह परागण में बीज बनना	स्वपरागण में बीज बनना	
जायांगी केल	34–40	50–68	11	45
कर्ली केल	25–27	60–65	20	30
गांठ गोभी	24–26	49–60	12–18	17
ब्रूसेल्स स्पाउट्स	18–24	61–70	11–41	21
स्प्राउटिंग ब्रोकोली	21–28	35–49	9–10	26
पत्ता गोभी	24–31	18–67	3–22	10
शीत कालीन गोभी	20–30	28–62	5–39	29
वसन्त कालीन गोभी	22–34	29–59	12–43	24
ग्रीष्म कालीन गोभी	22–32	16–31	19–38	कुछ नहीं

$$\textbf{स्व अनिषेच्यता प्रतिशत} = \frac{\text{प्राकृतिक स्वनिषेच्य में बने बीज / फली}}{\text{मुक्त परागण में बने बीज / फली}} \times 100$$

फलों में बीज पकने की पहचान

सब्जी बीज निकालने हेतु फलों के पकने की अवस्था एवं पहचान अलग–अलग होती है। सब्जियों के बीजों की परिपक्वता, मानक अवस्था एवं उनकी तुड़ाई/कटाई का समय सारिणी में दिया गया है–

सारिणी (22.35) सब्जियों के बीजों की परिपक्वता एवं उनकी तुड़ाई/कटाई का समय

सब्जियाँ	फलों के पकने की अवस्था	तुड़ाई/कटाई का समय
टमाटर	फल का लाल या पीला होना (प्रजातीय गुणों के आधार पर)	किसी भी समय
मिर्च	जब हरा रंग लाल, सुर्ख या पीला हो जाये (प्रजातीय गुणों के आधार पर)	दिन में
शिमला मिर्च	लाल सुर्ख या पीला/लाल, नीला (प्रजातीय गुणों के आधार पर)	दिन में
बैंगन	बीज पकने पर फल हल्का भूरा, मटमैला या पीला कठोर हो जाना	किसी भी समय
मटर	पौधों का सुखना, फलियों का मुड़ना, फल में बीजों का सिकुड़ना	दिन में कटाई करें
फराश बीन	फलियों का हल्का सफेद एवं बीजों का सख्त होना तथा रंग विकसित होना	प्रातःकाल
सेम	फलियों का भूरा या हल्का पीला होना तथा फल के छिलके पर झुर्री पड़ना	दिन में
भिण्डी	जब फली भूरे रंग की सख्त हो, धारियों पर हल्का सफेद हो तथा बीज काले रंग के हो गये हों	किसी भी समय
आलू	पत्तियाँ हल्की पीली तथा कन्द का छिलका सख्त हो गया हों	दिन में
प्याज	गुच्छों का रंग मटमैला एवं 20 प्रतिशत कैप्सूल के बीज काले हों	प्रातःकाल
करेला	फल पकने पर जब पूर्णतः लाल रंग के हो जाये	किसी भी समय
चिचिण्डा	फल पकने पर जब पूर्णतः लाल रंग के हो जाये	किसी भी समय
खरबूजा	फल पककर डण्डल से स्वतः अलग हो जाये या डण्ठल सूख जाये	किसी भी समय
तरबूज	फल से लगा डण्ठल सूख जाये, फल पीटने पर धब–धब की आवाज आये, फल गहरा हरा हो जाये तथा जमीन से लगा फल भाग गहरा पीला हो जाये	किसी भी समय
टिण्डा	जब फल सुख जाये	दिन में

पेठा	फलों पर जब सफेद पाउडर आ जाये तथा फल से लगा डण्ठल सुख जाये	किसी भी समय
कुम्हण	फल पीला या गहरा लाल पड़ जाये	किसी भी समय
लौकी	सुखे फल को तोड़ लें	किसी भी समय
ककड़ी	जब फल पककर पीले या सुखकर फटने लगे	किसी भी समय
आरा तोरई	फल सुखने पर	दिन में
चिकनी तोरई	फल सुखने पर	दिन में
फूट	फल फटने पर	दिन में
खीरा	फल पीले, भूरे अथवा सुनहरी रंग के हो जायें	किसी भी समय
फूल गोभी	जब फलियाँ सुखकर भूरे रंग की एवं फूल जाये एवं बीज सख्त हो जायें	प्रातःकाल
पत्ता गोभी	जब फलियाँ सुखकर कर भूरे रंग की एवं फूल जाये एवं बीज सख्त हो जायें	प्रातःकाल
मूली	जब अधिकांश पौधे भूरे हो जायें तथा फलियाँ पीली पड़ने लगे	प्रातःकाल
लहसुन	पत्तियाँ पीली पड़ जाये एवं शुष्क कन्द से जवा चिपककर न रह जायें	किसी भी समय
मेथी	पौधे सुखकर भूरे रंग के हो जाये तथा फलियाँ सख्त हो जाये	दिन में
पालक	पौधे पीले पड़ने लगे	दिन में
गाजर	द्वितीयक एवं तृतीयक अम्बेल भूरे पड़ जायें	दिन में
शलजम	पौध हरा से भूरा हो जाये तथा बीज सख्त हो जाये	दिन में

सब्जी बीज फसल की कँटाई/फल तुड़ाई

सब्जी बीज फसलों की कँटाई का बीजोत्पादन पर ज्यादा प्रभाव पड़ता है। इसमें ध्यान देना पड़ता है कि फल तुड़ाई या फल कँटाई किस अवस्था में की जाये, जिससे गुणवत्तायुक्त बीजों का ज्यादा उत्पादन मिलें। सब्जी फसल कँटाई/फल तुड़ाई के आधार पर सब्जियों को 3 समूहों में बाँटा जा सकता है।

1. सूखा बीज (Dry seed)

कुछ ऐसी सब्जियाँ हैं जिनका बीज पौधों पर अच्छी तरह पक जाता है और फसल या फलियाँ मड़ाई करके बीज की सफाई की जाती है। जैसे–ग्वार, लोबिया, भिण्डी, गाजर, शलजम, धनिया सब्जी मटर, फराश बीन, सेम, पालक, प्याज, मेथी, मूली, फूल गोभी, पत्ता गोभी, इत्यादि।

2. गूदेदार फल (Fleshy fruits)

कद्दू वर्गीय सब्जियों में पौधे पर पके फलों को तोड़ लिया जाता है। फल जब अच्छी प्रकार पक जाते हैं तो उनको तोड़ कर चयन कर लिया जाता है तथा उनको छोटे–छोटे टुकड़ों में कॉंटकर

या बीज भाग काँटकर बीज निकाल लेते हैं। उदाहरण के लिए लौकी, चिकनी तोरी, नसदार तोरी, कुम्हण आदि।

3. गीला गूदेदार फल (Wet fleshy fruits)

कुद सब्जियों के फल पौधे पर पूरी तरह पक जाते उसी अवस्था में तुड़ाई की जाती है, लेकिन पके हुए फलों में नमी की मात्रा बहुत ज्यादा होती हैं। उदाहरण के लिए टमाटर, बैंगन, खीरा, खरबूजा, तरबूज इत्यादि। उदाहरण के लिए टमाटर में गूदे को गलाकर बीज को छलनी और पानी की सहायता से कई बार धुलकर साफ कर लिया जाता है।

पके फलों से बीज एकत्रित/निकालने की विधि

लौकी, आरा तोरई व चिकनी तोरई के फलों को सुखाकर बीज निकाला जाता है। यदि आवश्यकता पड़े तो बीज को एक बार पानी में धुलकर भी अलग किया जा सकता है। खीरा, ककड़ी, खरबूजा, तरबूज, पेठा, टिण्डा व कद्दू के फलों को लम्बाई में काँटकर बीज को गूदे सहित निकालते हैं। बीज को गूदे से अलग करने के लिए पानी से कई बार धुलाई कर लेते हैं। पानी की सतह पर तैरते हुए बीजों को अलग निकाल देना चाहिए। पूर्णतया भरा व स्वस्थ बीज नली में बैठ जाते हैं। तली के बीज को निकालकर धूप में सूखा लेते हैं। पके फलों के बीज एकत्रित करने की निम्न विधियाँ हैं–

सारिणी (22.36) पके फलों से बीज एकत्रित करने की विधियाँ

सब्जियाँ	फल कैसे काटें
खीरा	फलों को लम्बाई में काटकर गूदे सहित बीज निकालें
ककड़ी	लम्बवत फटे बीजों को गूदे सहित बीज को निकालें
खरबूजा	फलों को दो समान भागों में काटकर गूदे से लगे रेशे सहित बीज निकालें
तरबूज	फलों को दो समान भागों में काटकर गूदे सहित बीज निकालें
पेठा	फलों को दो समान भागों में काटकर गूदे सहित बीज निकालें
कुम्हण	पके फलों को द्विभाजित कर गूदे सहित बीज निकालें
लौकी	सुखे फलों को तोड़कर पीट लें
आरा तोरई	सुखे फलों को तोड़कर पीट लें
चिकनी तोरई	सुखे फलों को तोड़कर पीट ले
फूट	पके व फटे फलों से गूदे सहित बीज निकालें
चिचिण्डा	लाल गूदे सहित बीज को निकालें
टिण्डा	पके फलों को द्विभाजित कर

कँटाई/तुड़ाई की विधियाँ

सब्जी बीजों के लिए फसल कँटाई/फल तुड़ाई सामान्यतः हाथ द्वारा या मशीन के द्वारा किया जाता है। यह प्रक्रिया निम्नलिखित बातों पर आधारित होती है–

- बीज उत्पादन के अन्तर्गत कुल क्षेत्रफल
- श्रमिकों की उपलब्धता एवं उनकी मजदूरी
- उपयुक्त मशीन की उपलब्धता एवं उसकी ढाँचा

मिर्च के बीज फल तोड़ने के तुरन्त बाद निकालने पर चमकदार नहीं रहते तथा उनमें अंकुरण क्षमता एवं गुणवत्ता कम हो जाती है। अतः फलों को पूरी तरह पकने के बाद तोड़कर 4–6 दिन तक छाया में रखते हैं और फिर बीज निकालते हैं। प्याज में सभी फूलों में बीज एक साथ नहीं पकता है इसलिए कटाई बीज पकने के अनुसार करते हैं। सामान्यतः 10.0–15.0 सेन्टी मीटर डण्ठल के साथ गुच्छों को काटना चाहिए। इसके पश्चात् कैनवास कपड़े पर फैला देना चाहिए।

पिटाई व बीज निकालना (Threshing and seed extraction)

बीजों को सूखे बीज शीर्ष या सूखे फलों से या फलियों के गीले गूदेयुक्त भाग से बीज निकालना थ्रेसिंग (threshing) कहलाता है।

फलों को पीटकर बीज निकालना (Seed extraction from mature fruits)

इस विधि से सूखी फलियों को पीटकर या पौधों के शीर्ष को घुमाकर या पूरे पौधों को पीटकर बीज को निकाला जाता है। पिटाई जानवरों, मशीनों या हाथों द्वारा किया जाता है।

(i) हाथ द्वारा पिटाई कर बीज निकालना (Threshing with hands)

बीज निकालने की यह सामान्य विधि है जिनमें सुखे बीज शीर्ष को जमीन पर रखकर डंडे से पीटते हैं। ध्यान रखना चाहिए कि सुखे पौध या शीर्ष की मोटाई ज्यादा अन्यथा बीज टूट जाते हैं। यह पद्धति विशेषतः मूली, फूल गोभी, मटर, मेथी, फराश बीन, सेम आदि में प्रयोग किया जाता है।

(ii) ट्रैक्टर या जानवर द्वारा पिटाई कर बीज निकालना (Threshing with tracters or animals)

इस विधि में ट्रैक्टर या जानवर को फलियों, फल शीर्ष या पौध सहित कटाई की गई भाग के उपर चलाया जाता हैं, जिससे भूसा बीज से अलग हो जाता है। यह पद्धति वृहद् पैमाने पर मटर फराश बीन, मेथी आदि का बीज निकालने के लिए उपयुक्त है।

(iii) मशीन द्वारा पिटाई (Machine threshing)

मशीन द्वारा पिटाई कम गति वाले मशीनों से सुगमता पूर्वक किया जा सकता है। उदाहरण के लिए भिण्डी लेकिन ध्यान रहे कि मशीन का उपयोग सावधानी पूर्वक किया जाये। मशीन द्वारा पिटाई करने के लिए ऐसी मशीनें प्रयोग की जानी चाहिए जो समंजित (adjustable) सिलीण्डर गति वाली हों। साथ ही अनाश्रित हवा के बहाव वाली और स्क्रीन गति (screen movement) वाली हों।

गीले बीज को निकालना (Seed extraction by wet method)

इस पद्धति में गीले बीज को पके हुए फलों से निकाला जाता है। गीले गूदे से लगे हुए बीजों को निम्नलिखित विधियों से अलग किया जा सकता है

(i) किण्वन (Fermentation)

कुछ सब्जियों जैसे टमाटर खीरा, और खरबूजा में पके बीज गूदेदार भाग (pulp) में लगे होते हैं। बीज के चारों तरफ चिप–चिपी वस्तु लगी होती है और गूदा (pulp) को कटे हुए फलों से लेकर लकड़ी या सिमेन्ट के टैंक, प्लास्टिक के छोटे बर्तन में 2–5 दिनों के लिए (फल की पकावट व तापमान के आधार पर) रख दिया जाता है, लेकिन खीरे के लिए यह अवधि 1–2 दिन के लिए होता हैं। एकत्रित मिश्रण में थोड़ा सा पानी मिला देना चाहिए। किण्डवन हेतु रखे हुए गूदे के मिश्रण को समय–समय पर अवश्य हिलाते रहना चाहिए, जिससे बीज की सतह पर मोल्ड (fungus) न विकसित होने पाएं अन्यथा बीज का रंग बदल जायेगा व खराब हो जायेगा। इससे एक समान किण्डवन होता हैं। किण्डवन (fermentation) प्रक्रिया समाप्त होने के बाद गूदा एवं खराब बीज पानी के उपरी सतह पर तैरने लगते हैं। लगातार 2–3 बार साफ पानी से बीज की धुलाई करते हैं। इस प्रकार स्वस्थ बीज पानी की सतह में बैठ जाते हैं और गूदे व खराब बीज पानी के उपरी सतह पर तैरने से बाहर निकल जाते हैं। धुलाई का कार्य अतिशीघ्र करना चहिए अन्यथा 5 दिनों बाद बीज खराब हो जाते हैं। अच्छी प्रकार धुली हुई बीज को चलनी से छानकर छाँयादार स्थान में सुखाना चाहिए। टमाटर, खीरा, खरबूजा एवं स्क्वाश के लिए यह उत्तम विधि हैं। सुखाने के लिए जालीदार ढाँचा बनाना चाहिए। नियन्त्रित दशा में सुखाने के लिए 40.0 डिग्री सेन्टीग्रेड तापमान उत्तम रहता है। तरबूज व कुम्हण में किण्डवन नहीं करना चाहिए।

(ii) अम्ल भाोधन (Acid Treatment)

बीज के चारों तरफ चिप–चिपी पदार्थ लगी होने की स्थिति में अम्ल शोधन विधि से बीज को सुगमतापूर्वक अलग किया जा सकता है। इस विधि से बीज निकालने के लिए विभिन्न प्रकार के अम्ल का प्रयोग किया जाता हैं। उदाहरण के लिए टमाटर से बीज निकालने के लिए 10.0 लीटर व्यावसायिक स्तर वाला हाइड्रोक्लोरिक अम्ल (HCl) को 1.0 टन टमाटर के गूदे के साथ अच्छी प्रकार मिलाया जाता है। लगभग आधे घण्टे बाद बीज को पानी में डालकर अच्छी प्रकार साफ कर लेते हैं। इसी प्रकार कद्दू वर्गीय सब्जियों से बीज निकालने के लिए व्यावसायिक स्तर वाले हाइड्रोक्लोरिक अम्ल (HCl) की 50.0–60.0 मिली लीटर या सल्फ्यूरिक अम्ल (H_2SO_4) की 20. 0–25.0 मिली लीटर मात्रा को 10.0 किलो ग्राम बीज सहित गूदे में डालते हैं। लगभग 45 मिनट बाद बीज की धुलाई करते हैं, जिससे गूदे, कटे–फटे बीज तथा अन्य प्रकार की गन्दगी तैरकर उपर आ जाता है, जिसे निकाल देते हैं। पूर्णतया भरा स्वस्थ बीज तली में बैठ जाता है। तली के बीज को निकालकर सूर्य की गर्मी या कृत्रिम रूप से 40.0–45.0 डिग्री सेन्टीग्रेड तापमान पर रखकर सुखाते हैं। उपरोक्त अम्लों के अलावा बीज निकालने के लिए 12 भाग अमोनियम को 1000 भाग गूदे में मिलाकर प्रयोग कर सकते हैं। ध्यान रहे कि अम्ल शोधन विधि से बीज निकालने के समय बीज को अम्ल में ज्यादा देर तक नहीं रखना चाहिए अन्यथा बीज का जमाव प्रतिशत घटने लगता

है। फलों के कँटे हुए गूदे को लोहे के टैंक या लोहे के बाल्टी में नहीं रखना चाहिए, क्योंकि किण्डवन होते समय रासायनिक क्रिया तेज गति से होती है, जिससे धातु की क्रिया के कारण बीज का रंग खराब हो जाता है। अतः सिमेन्ट के बने टैंक अच्छे होते हैं।

(iii) अल्कली भाोधन (Alkali treatment)

इस विधि में 420.0 ग्राम कपड़ा धोने वाला साधारण पाउडर को 5.0 लीटर उबलते पानी में डालकर गूदे को मिलाया जाता है। इस प्रकार गूदे अल्कली के मिश्रण को मिट्टी के बर्तन में ठण्डा कर रात भर इसी प्रकार छोड़ देते हैं। दूसरे दिन रासायनिक क्रिया के कारण बीज बर्तन की तली में बैठ जाता है। इस प्रकार उपर का पानी निकाल कर बीज की सफाई करते हैं।

(iv) पानी में भिगोकर मुलायम करना (Macerations in water)

सामान्यतः तरबूज एवं बैंगन में इस विधि का उपयोग व्यापक पैमाने पर किया जाता है, क्योंकि इनके बीज को निकालने के किण्डवन (fermentaiton) की आवश्यकता नही होती है।

(v) मशीन द्वारा गीले बीज को निकालना (Wet seed extraction machine)

वर्तमान समय में व्यावसायिक रूप से भीगे या गीले बीज को गूदे से निकाला जाता है। इसके लिए गीले/भीगे बीज निकालने के लिए मशीन का विकास किया गया है। इस विध द्वारा बैंगन मिर्च, तरबूज आदि का बीज सुगमतापूर्वक अलग किया जाता है।

बीज सुखाना (Drying of seeds)

सफाई के बाद बीज में काफी नमी होती है, जो अवाँछनीय है। नम बीज कीड़े और बीमारियों से खराब हो जाता है और बीज की अंकुरण शक्ति भी कम हो जाती है। बीज को उचित नमी तक लाने के लिए सर्वप्रथम छायादार स्थान में सुखाने की जरूरत होती है। बीजों को तब तक सुखाना चाहिए जब तक उनमें भण्डारण के लिए उपयुक्त नमी की मानक मात्रा न पहुँच जाये क्योंकि नमी मानक मात्रा से अधिक होने पर भण्डारण के दौरान कवक जनित बीमारियाँ बीजों पर पनप जाती हैं तथा बीजों की अंकुरण क्षमता पर प्रतिकूल प्रभाव पड़ता है।

सामान्यतः बीजों को 2 प्रकार से सूखाया जाता है–

1. स्टार्चयुक्त बीजों को कम से कम 14.0 प्रतिशत तक तथा
2. तैलीय बीजों को 11.0 प्रतिशत तक सुखाना चाहिये।

1. धूप में सुखाना (Sun drying)

इसमें बीज को धूप में फैलाकर सुखाया जाता है, कुछ समय बाद यह उचित नमी पर आ जाता है। इसमें समय तो अधिक लगता है, लेकिन यह एक अच्छी विधि है, क्योंकि इसमें बीज खराब होने का खतरा नहीं रहता है। नमी की मात्रा धीरे–धीरे बीज से निकलता है जिसके कारण बीज की चमक व जमाव क्षमता ज्यादा होती है।

2. मशीन द्वारा सुखाना (Machine drying)

इसमें बीज शीघ्र सुखता है, लेकिन कभी–कभी अधिक सुखने से बीज की अंकुरण क्षमता नष्ट हो जाती है। बीज को लगभग 6–10 प्रतिशत नमी तक सुखाया जाता है। नीचे की तालिका में सब्जियों के बीज श्रेणी, जमाव, शुद्धता, वाँछित पदार्थ, मिश्रण तथा नमी का प्रतिशत में नमी की उचित मात्रा में रखने के बारे में जानकारी दी गई है–

सारिणी (22.37) बीज श्रेणी, जमाव, शुद्धता, वाँछित पदार्थ, मिश्रण तथा नमी का प्रतिशत

सब्जी फसल	बीज की श्रेणी (प्रतिशत)	जमाव (प्रति–शत	शुद्ध बीज (प्रति–शत	अवाँछित पदार्थ (प्रति–शत	अन्य फसलों के बीज (अधि–कतम)	खरपत–वार का बीज (अधि–कतम)	नमी का प्रतिशत	
							साधारण पैक	वाष्प अवरोधी पैक
टमाटर	आ0 बीज	70	98	2	5	कुछ नहीं	8	6
	प्र0 बीज	70	98	2	10	कुछ नहीं	8	6
बैंगन	आ0 बीज	70	98	2	कुछ नहीं	कुछ नहीं	8	6
	प्र0 बीज	70	98	2	कुछ नहीं	कुछ नहीं	8	6
मिर्च	आ0 बीज	60	98	2	5	5	8	6
शिमला मिर्च	प्र0 बीज	60	98	2	10	10	8	6
भिण्डी	आ0 बीज	65	65	99	1	कुछ नहीं	10	8
	प्र0 बीज	65	65	99	1	5	10	8
पत्ता गोभी	आ0 बीज	70	70	98	2	5	7	5
	प्र0 बीज	70	70	98	2	10	7	5
फूल गोभी	आ0 बीज	65	65	98	2	5	7	5
गांठ गोभी	प्र0 बीज	65	65	98	2	10	7	5
मूली	आ0 बीज	70	70	98	2	5	6	5
	प्र0 बीज	70	70	98	2	10	6	5
गाजर	आ0 बीज	60	60	95	5	5	8	7
	प्र0 बीज	60	60	95	5	10	8	7
चुकन्दर	आ0 बीज	60	60	96	4	5	9	8
	प्र0 बीज	60	60	96	4	10	9	8
पालक	आ0 बीज	60	60	96	4	5	9	8
	प्र0 बीज	60	60	96	4	10	9	8
चौलाई	आ0 बीज	70	70	95	5	5	8	6
	प्र0 बीज	70	70	95	5	10	8	6

लेट्यूस	आ0 बीज	70	70	98	2	कुछ नहीं	8	7
	प्र0 बीज	70	70	98	2	कुछ नहीं	8	7
प्याज	आ0 बीज	70	70	98	2	5	8	6
	प्र0 बीज	70	70	98	2	10	8	6
सब्जी मटर	आ0 बीज	75	75	98	2	कुछ नहीं	9	8
	प्र0 बीज	75	75	98	2	5	9	8
लोबिया	आ0 बीज	75	75	98	2	5	9	8
	प्र0 बीज	75	75	98	2	10	9	8
फराश बीन्	आ0 बीज	75	75	98	2	कुछ नहीं	9	7
	प्र0 बीज	75	75	98	2	कुछ नहीं	9	7
लौकी	प्र0 बीज	60	60	98	2	–	7	6
	आ0 बीज	60	60	98	2	–	7	6
करेला	प्र0 बीज	60	60	98	2	–	7	6
	आ0 बीज	60	60	98	2	–	7	6
खरबूजा	प्र0 बीज	60	60	98	2	–	7	6
	आ0 बीज	60	60	98	2	–	7	6
तरबूज	प्र0 बीज	60	60	98	2	–	7	6
	आ0 बीज	60	60	98	2	–	7	6
फूट	प्र0 बीज	60	60	98	2	–	7	6
	आ0 बीज	60	60	98	2	–	7	6
ककड़ी	प्र0 बीज	60	60	98	2	–	7	6
	आ0 बीज	60	60	98	2	–	7	6
कुम्हण	प्र0 बीज	60	60	98	2	–	7	6
	आ0 बीज	60	60	98	2	–	7	6
पेठा	प्र0 बीज	60	60	98	2	–	7	6
	आ0 बीज	60	60	98	2	–	7	6
चिचिण्डा	प्र0 बीज	60	60	98	2	–	7	6
	आ0 बीज	60	60	98	2	–	7	6
खीरा	प्र0 बीज	60	60	98	2	–	7	6
	आ0 बीज	60	60	98	2	–	7	6

आ0 बीज = आधारीय बीज

प्र0 बीज = प्रमाणित बीज

बीज उपज (Seed yield)

सब्जी फसलों में बीज उपज के बारे में जानकारी नीचे की तालिका में दी गई है–

सारिणी (22.38) सब्जी फसलों की बीज उपज

सब्जी फसल	बीज दर (प्रति हेक्टेयर)	बीज उपज (प्रति हेक्टेयर)
खीरा	2.5 किलो ग्रम	75.00 किलो ग्रम
करेला	5.0 किलो ग्रम	500.00 किलो ग्रम
टिण्डा	5.0 किलो ग्रम	500.00 किलो ग्रम
खरबूजा	2.5 किलो ग्रम	75.00 किलो ग्रम
तरबूज	3.5 किलो ग्रम	100.00 किलोग्रम
कुम्हण	2.5 किलो ग्रम	100.00 किलो ग्रम
चिचिण्डा	4.0 किलो ग्रम	500.00 किलो ग्रम
नसदार तोरई	5.0 किलो ग्रम	500.00 किलो ग्रम
चिकनी तोरई	5.0 किलो ग्रम	500.00 किलो ग्रम
लौकी	5.0 किलोग्रम	500.00 किलो ग्रम
ककड़ी	2.0 किलोग्रम	200.00 किलो ग्रम
पेठा	4.0 किलो ग्रम	400.00 किलो ग्रम
फूट	3.0 किलो ग्रम	300.00 किलो ग्रम
टमाटर	200.0 ग्रम	150 किलो ग्रम
बैंगन	300.0 ग्रम	300.0 किलो ग्रम
मिर्च	400.0 ग्रम	200.0 किलो ग्रम
फराश बीन	80.0 किलोग्रम	800.0 किलो ग्रम
भिण्डी	12.0 किलोग्रम	1200.0 किलो ग्रम
सब्जी मटर	160.0 किलोग्रम	1600.0 किलो ग्रम
मूली	10.0 किलो ग्रम	600.0 किलो ग्रम

बीज प्रमाणीकरण (Seed certification)

बीज प्रमाणीकरण, गुणवत्तायुक्त बीज उत्पादन का कानूनी तौर पर अनुमन्य पद्धति है। बीज प्रमाणीकरण का मुख्य उद्देश्य किसी अनुमोदित प्रजाति का गुणवत्तायुक्त शुद्ध बीज की उपलब्धता सुनिश्चित करना है। बीज प्रमाणीकरण का उद्देश्य निम्नलिखित है–

1. उत्तम प्रजाति की क्रमिक वृद्धि।
2. उत्पादन, प्रसंस्करण एवं पैंकिग की अवस्था में परीक्षण कर गुणवत्ता सुनिश्चित करना।
3. माँग के अनुसार अच्छी प्रजाति के बीज की लगातार आपूर्ति सुनिश्चित करना।
4. किसी फसल की अच्छी प्रजाति अवाँछित खरपतवार एवं रोग तथा कीड़ों से ग्रसित होने की स्थिति की पूर्ण अभिलेख बनाना एवं रखना।

बीज संस्थाओं हेतु वैधानिक नियंत्रण

अग्रवाल (1980) ने बीज प्रमाणीकरण संस्थानों हेतु निम्नलिखित वैधानिक नियंत्रण को बताया है–

1. बीज प्रमाणीकरण संस्था, बीज उत्पादन एवं बिक्रय में संलिप्त नहीं होगी।
2. यह स्वतंत्र/स्वराज्य संस्था होगी।
3. बीज प्रमाणीकरण संस्थाओं द्वारा अपनायी जाने वाली मानक एवं प्रक्रिया का स्पष्टीकरण, राष्ट्रीय स्तर पर अपनायी जाने वाली प्रक्रिया के समतुल्य होगी।
4. बीज प्रमाणीकरण संस्था का ताल–मेल तकनीकी संस्थानों से होगी।
5. यह पूर्णतया "न लाभ एवं न नुकसान" के आधार पर संचालित होगी।
6. बीज प्रमाणीकरण हेतु पर्याप्त मात्रा में प्रशिक्षित कर्मचारी होगें।
7. बीज प्रमाणीकरण हेतु समय पर एवं गहन परीक्षण की प्रतिस्पर्धात्मक दृष्टिकोण आवश्यक होगा।
8. बीज उत्पादक एवं बीज क्रेता के अनुरूप सेवा प्रदान करेगा।

बीज प्रमाणीकरण अधिकारी का कर्तव्य एवं जिम्मेदारी

प्रभावी रूप से बीज उत्पादन प्रक्रिया के परीक्षण हेतु, बीज प्रमाणीकरण अधिकारी को कम से कम 12 कार्य सौंपे गये है (डगलस 1971) –

1. उपयुक्त प्रयोग, परीक्षण एवं अभिलेख/प्रतिवेदन की व्यवस्था करना।
2. विश्वसनीय प्रजनक बीज के स्रोत का पता करना, जिससे आगे बीज बहुगुणन किया जा सके।
3. प्रक्षेत्र परीक्षण के द्वारा न्यूनतम मानक का निर्देश वाँछित दूरी रोपण अनुपात, अवाँछित पौधों को निकालना तथा अन्य आवश्यकताओं की पूर्ति हेतु ध्यान देना।
4. सभी आधार एवं प्रमाणित बीज उत्पदान का स्वीकार्य प्रजनक बीज स्रोत से किया जाना।
5. बीज उत्पादक के लिए उपयुक्त बीज/रोपण सामग्री को उपलबध कराना।
6. नये बीज उत्पादक को कँटाई/सुखाई एवं प्रसंस्करण हेतु तकनीकी सहायता देना।
7. प्रतिदर्श एवं परीक्षित बीज को बीज परीक्षण प्रयोगशाला को पहुँचाना, जिससे बीज मानक के निश्चित नियम को पूर्ण किया जा सके।
8. उचित बीज प्रमाणीकरण टैग (tag) को जारी करना जिसमें बीज परीक्षण भाग का विवरण हो।
9. बीज से सम्बंधित शैक्षणिक कार्यक्रम निर्धारित करना जिससे किसान प्रमाणित बीज स्वयं शुद्ध रूप से बना सके।

10. बीज बहुगुणन क्रम में विभिन्न अवस्थाओं पर वाँछित अभिलेख का उचित रख–रखाव।
11. प्रमाणित बीज उत्पादकों, बीज व्यवसाय से जुड़े लोगों, शोध संस्थान से जुड़े वैज्ञानिकों एवं अधिकारियों से मिलकर प्रमाणीकरण बीज उत्पादन की दिशा तैयार करना।
12. बीज प्रमाणीकरण से सम्बंधित किसी प्रकार की त्रुटियों/शिकायतों का निवारण उचित रूप से करना।

बीज प्रमाणीकरण मानक

बीज प्रमाणीकरण मानक बीज की गुणवत्ता को सुनिश्चित करता है। यदि अनुशंसित बीज लोगों के बीच उत्पादन हेतु दिया जाता है, तो इसमें निम्नलिखित क्रियाकलाप सम्मिलित किये जाते हैं–

- बीज स्रोत का सत्यापन
- फसलानुसार प्रक्षेत्र परीक्षण
- बीज भाग का मानक के अनुरूप विश्लेषण एवं निर्देशन
- टैगींग एवं सिलिंग (tagging and sealing)

बीज प्रमाणीकरण के प्रकार

बीज प्रमाणीकरण मानक को दो समूहों में बाँटा जा सकता है–

1. प्रक्षेत्र मानक (Field standards)
2. बीज मानक (Seed standards)

1. प्रक्षेत्र मानक (Field standards)

बीज शुद्धता एवं बीज स्वास्थ्य को बनाये रखने के लिए यह आवश्यक है कि जिस खेत में फसल ली जा रही है, वह मानक के अनुरूप हो क्योंकि अच्छी गुणवत्ता वाले खेत से गुणवत्तायुक्त बीज प्राप्त करने की सम्भावना बढ़ जाती है। प्रक्षेत्र मानक में निम्नलिखित बिन्दुओं को सम्मिलित किया जाता है–

1. खेत की आवश्यकता
2. न्यूनतम पौध दूरी
3. प्रक्षेत्र परीक्षण की संख्या
4. न्यूनतम फसल के अनुरूप मानक
    - अवाँछित पौध
    - रोग
    - अवाँछित खर–पतवार
    - अलग न होने वाले फसल पौध

सारिणी (22.37) बीज प्रमाणीकरण के लिए खेत की उपयुक्तता

सब्जी फसल	मौसम/वर्ष की संख्या	खेत की उपयुक्तता
चौलाई, ग्वार, लोबिया, सेम, फराश बीन, मटर, कसूरी मेथी, भिण्डी, बैंगन, गाजर, मिर्च, टमाटर,	एक मौसम	इस मौसम में बीज उत्पादन हेतु लगाई जाने वाली फसल को पिछले मौसम में न लगाया गया हो। अगर पिछले मौसम में वही प्रजाति या प्रभेद लगाया गया हो, तो इस मौसम में भी प्रजातिय शुद्धता (varietal purity) बनाये रखने के लिए बीज प्रमाणीकरण संस्था से अनुमति ले ली गयी हो।
कद्दू वर्गीय सब्जियाँ		बीज उत्पादन के लिए मृदा जनित रोगों से मुक्त खेत का चयन करना चाहिए। बीज उत्पादन के लिए खेत में अवाँछित पौध न हो।
प्याज, गार्डेन बीट, पालक	एक वर्ष	इस मौसम में बीज उत्पादन हेतु लगाई जाने वाली फसल को पिछले मौसम में न लगाया गया हो। अगर पिछले मौसम में वही प्रजाति या प्रभेद लगाया गया हो तो इस मौसम में भी प्रजातिय शुद्धता बनाये रखने के लिए बीज प्रमाणीकरण संस्था से अनुमति ले ली गयी हो। गार्डेन बीट एवं पालक के लिए, स्वीस चार्ड, चुकन्दर, मंगोल पालक या स्टाक बीट नहीं लगाना चाहिए। इसी प्रकार गार्डेन बीट के खेत में पालक, गार्डेन बीट को भी नहीं लगाना चाहिए।
आलू	एक वर्ष	जिस खेत में ब्राउन राट, वार्ट व सूत्रकृमि का प्रकोप हो, पुनः आलू के बीज उस खेत से तैयार नहीं करना चाहिए। अगर सरकार के तरफ से पौध संरक्षण अधिकारी यह घोषित करता है कि इस क्षेत्र में आलू के बीज तैयार नहीं किया जा सकता है, तो उस क्षेत्र का बीज प्रमाणित नहीं किया जा सकता।
फूल गोभी, पत्ता गोभी, गांठ गोभी, लेट्यूस, मूली, गाजर	दो वर्ष	इस मौसम में बीज उत्पादन हेतु लगाई जाने वाली फसल को पिछले मौसम में न लगाया गया हो। अगर पिछले मौसम में वही प्रजाति या

प्रभेद लगाया गया हो तो इस मौसम में भी प्रजातिय शुद्धता बनाये रखने के लिए बीज प्रमाणीकरण संस्था से अनुमति ले ली गयी हो।

ब्रोकली, स्प्राउटिंग ब्रोकली, ब्रुसेल्स स्प्राउट्स, कोलार्डस एवं केल के साथ–साथ करम साग फूल गोभी के लिए; पत्ता गोभी व फूल गोभी, गांठ गोभी के लिए तथा गांठ गोभी तथा फूल गोभी पत्ता गोभी के लिए पिछले दो वर्ष तक उस खेत में न उगाया गया हो।

बीज जनित रोग का प्रकोप होने पर बीज प्रमाणीकरण संस्था द्वारा अनुशंसा की गयी हो अथवा उस खेत में बीज उत्पादन नहीं करना चाहिए।

बीज मानक (Seed standard)

बीज मानक के अर्न्तगत फसल तुड़ाई/कटाई के बाद प्राप्त बीज को सम्मिलित किया जाता है, इसके अन्तर्गत निम्नलिखित मानक आते हैं–

- न्यूनतम भौतिक शुद्धता
- न्यूनतम अंकुरण प्रतिशत
- अधिकतम नमी की मात्रा (सामान्य भरे जाने वाले पात्र में)
- अधिकतम नमी की मात्रा (वाष्प रहित पात्र)
- अधिकतम अवाँछित पदार्थ
- अधिकतम अन्य फसल के बीज
- अधिकतम खर–पतवार के बीज
- अधिकतम मान्य अनुचित खर–पतवार के बीज

बीज प्रमाणीकरण के लिए क्षेत्र निरीक्षण (Roguing for seed certification)

बिना प्रमाणीकरण के बीज को बाजार में बेचना बड़ा ही मुश्किल कार्य हैं, अतः बीज प्रमाणीकरण संस्थान में समय–समय पर बीज प्रमाणन के लिय क्षेत्र निरीक्षण आवश्यक है। सब्जियों में बीज प्रमाणीकरण 3 अवस्था में क्षेत्र निरीक्षण होना चाहिए–

1. **पुष्पन से पूर्व** (Before flowering) – कद्दू वर्गीय सब्जियों से स्वस्थ्य बीजोत्पादन हेतु पौधों के वृद्धि काल के समय ही कमजोर रोगी, कीट से ग्रसित व पत्तियों एवं तनों के रूप, रंग के आधार पर भिन्न जाति के पौधों को निकाल देना चाहिए।

2. **पुष्पन के दौरान** (During flowering) – पुष्पन के समय अगर प्रजाति, गुणों के अनुरूप न हो, तो उन्हें तुरन्त खेत से बाहर कर देना चाहिए। इसके लिए मादा पुष्प के आकार व विकास को परखने की भी आवश्यकता होती है, जो फसलानुसार भिन्न प्रकार की होती है। उदाहरण के लिए खीरे में लम्बे व छोटे खीरे, लौकी लम्बी या गोल, कुम्हण में चिकनी या धारीदार आदि के द्वारा अन्तर स्पष्ट होता है। इसी अवस्था में फलों पर बनने वाले रोयें या काटें देखकर भी छँटनी कर सकते हैं।

3. **अपरिपक्व अवस्था** (Immature fruit stage) – अपरिपक्व अवस्था में अगर फल प्रजाति, गुणों के अनुरूप न हो, तो उन्हें तुरन्त खेत से बाहर कर देना चाहिए।

निम्नलिखित अवस्थाओं पर पौधों को निकाल देने से शुद्ध बीज की प्राप्ति सम्भव हो सकती है–

1. फूल आने से पहले उनके बाह्य गुणों के आधार पर
2. फूल आने के समय फूलों के गुणों के आधार पर
3. अपरिपक्व फल अवस्था में फलों के गुणों के आधार पर

बीज भण्डारण (Seed storage)

अच्छी तरह साफ और सुखाये हुए बीज को अगले वर्ष की बुआईं (seeding) के लिये भण्डारित किया जाता है। बीज का भण्डारण, बोतलों, डिब्बों या अन्य बर्तनों में करना चाहिए।

बीज भण्डारण को प्रभावित करने वाले घटक (Factors affecting seed storage)

बीज भण्डारण को प्रभावित करने वाले घटकों को 2 भागों में बाँटा जा सकता है–

(अ) बीज गुणवत्ता घटक (Seed quality aspects)

1. पुष्पीय संरचना (दूर किया जा सकता है)
2. बीज पकने की स्थिति (पूर्णतया पके बीजों का भण्डारण करना चाहिए)
3. भण्डारण पूर्व एवं उपरान्त देखभाल (अच्छी प्रकार से सुखाकर निर्धारित नमी की प्रतिशत पर ही भण्डार गृह में रखना चाहिए)

(ब) बीज एवं भण्डारण की स्थिति (Seed and storage condition)

1. बीज में नमी का प्रतिशत
2. भण्डारण तापक्रम
3. भण्डारण के समय आर्द्रता

सामान्यतः प्रत्येक 5.0 डिग्री सेल्सियस तपमान की कमी या प्रत्येक 1.0 प्रतिशत नमी में कमी बीज के जीवन काल को दूना कर देता है।

सारिणी (22.40) सब्जियों के बीज प्रमाणीकरण के मानक

सब्जी फसल	निम्नतम भौतिक शुद्धता (प्रतिशत)		निम्नतम जमाव (प्रतिशत)		अधिकतम नमी (प्रतिशत)		निष्क्रिय पदार्थ (प्रतिशत)	
	आधारीय	प्रमाणित	आधारीय	प्रमाणित	आधारीय	प्रमाणित	आधारीय	प्रमाणित
टमाटर	98	98	70	70	8	8	2	2
बैंगन	98	98	70	70	8	8	2	2
मिर्च	98	98	60	60	8	8	2	2
शिमला मिर्च	98	98	60	60	8	8	2	2
भिण्डी	9	9	65	65	10	10	1	1
सब्जी मटर	98	98	75	75	9	9	2	2
लोबिया	98	98	75	75	9	9	2	2
सेम	98	98	75	75	9	9	2	2
फराश बीन	98	98	75	75	9	9	2	2
ग्वार	98	98	70	70	9	9	2	2
पत्ता गोभी	98	98	70	70	7	7	2	2
फूल गोभी	98	98	65	65	7	7	2	2
गाँठ गोभी	98	98	70	70	7	7	2	2
चीनी पत्ता गोभी	98	98	70	70	7	7	2	2
प्याज	98	98	70	70	8	8	2	2
मूली	98	98	70	70	6	6	2	2
शलजम	98	98	70	70	6	6	2	2
गाजर	95	95	60	60	8	8	5	5
चुकन्दर	96	96	60	60	9	9	4	4
चौलाई	95	95	70	70	8	8	5	5
पालक	96	96	60	60	9	9	4	4
मेथी	98	98	70	70	8	8	2	2
लेट्यूस	98	98	70	70	8	8	2	2
खीरा	99	99	60	60	7	7	1	1
खरबूजा	99	99	60	60	7	7	1	1
ककड़ी	99	99	60	6	7	7	1	1
तरबूज	99	99	60	6	7	7	1	1
कुम्हण	99	99	60	6	7	7	1	1
समर स्क्वाश	99	99	60	6	7	7	1	1
विण्टर स्क्वाश	99	99	60	6	7	7	1	1
करेला	99	99	60	6	7	7	1	1
लौकी	99	99	60	6	7	7	1	1
नसदार तोरी	99	99	60	6	7	7	1	1
चिकनी तोरी	99	99	60	6	7	7	1	1
चिचिण्डा	99	99	60	6	7	7	1	1
टिण्डा	99	99	60	6	7	7	1	1

नोट : साधारण बीज रखने के संसाधन की तुलना में नमी की मात्रा 1–2 प्रतिशत कम वाष्प रोधी संसाधन में होना चाहिए।

सारिणी (22.41) बीज नमी एवं भण्डारण तापमान में सम्बन्ध

भण्डारण तापक्रम	4.5–10.0 डिग्री सेल्सियस	21.0 डिग्री सेल्सियस	26.5 डिग्री सेल्सियस
फसल	सहन करने योग्य बीज नमी की मात्रा (प्रतिशत)		
फराश बीन	15.0	11.0	8.0
लाइमा बीन	15.0	11.0	8.0
मटर	15.0	13.0	9.0
पत्ता गोभी	9.0	7.0	5.0
चुकन्दर	14.0	11.0	9.0
गाजर	13.0	9.0	7.0
शलजम	10.0	8.0	6.0
खीरा	11.0	9.0	8.0
तरबूज	10.0	8.0	7.0
टमाटर	13.0	11.0	9.0
मिर्च	10.0	9.0	7.0
भिण्डी	14.0	12.0	10.0
प्याज	11.0	8.0	6.0
सेलेरी	13.0	9.0	7.0
लेट्यूस	10.0	7.0	5.0
पालक	13.0	11.0	9.0
स्वीटकार्न	14.0	10.0	8.0

स्रोतः तुले (1957)

लम्बे समय तक बीज को भण्डारित करने के लिए 3.0–7.0 प्रतिशत (आई0पी0जी0 आर0ई0/एफ0ए0ओ0 मानक) नमी व 18.0 डिग्री सेन्टीग्रेड तापमान भण्डारण के लिए उपयुक्त रहता है।

सारिणी (22.42) पालीथीन पैकिंग के लिए बीज में नमी का प्रतिशत

फसल	नमी (प्रतिशत)	फसल	नमी (प्रतिशत)
पत्ता गोभी	6.0	प्याज	5.0
फूल गोभी	6.0	मिर्च	5.0
ब्रोकली	6.0	मटर	8.0
टमाटर	6.0	बीन	8.0
गाजर	5.0	तरबूज	8.0
लेट्यूस	5.0	पालक	8.0
खीरा	5.0	शिमला मिर्च	5.0
बैंगन	5.0	खरबूजा	5.0
सेलरी	6.0	कुम्हण	5.0

घटिया भण्डारण से उत्पन्न होने वाली जैविक परेशानियाँ (Genetic implication of poor storage)

बीजों के घटिया भण्डारण से निम्नलिखित जैविक परेशानियाँ उत्पन्न होती है–

1. गुणसूत्र का नुकसान
2. उत्परिवर्तन (नुकसान एवं डी0एन0ए0) होने से अप्रभावी उत्परिवर्तकर्ता की उत्पत्ति
3. बीज के पुनर्जीवन क्षमता में कमी आना

भण्डारगृह पूर्णतया साफ एवं कीटरहित होना चाहिये। बीजों को भण्डारगृह में रखने के पहले कीड़ों एवं रोग से सुरक्षा के लिए उपयुक्त रसायनों द्वारा उपचारित कर लेना चाहिये, जिससे बीज की अंकुरण क्षमता तथा ओज गुणवत्ता भी बनी रहे। बीजों को सर्वदा ठण्डे और शुष्क स्थानों पर रखना चाहिए। बर्तनों के ऊपर नाम पट्टी (label) चिपका कर सब्जी का नाम, किस्म, संचित करने की तारीख इत्यादि अंकित कर देनी चहिए। इस प्रकार बीज को मिश्रित होने से बचाया जा सकता है। अगर कीड़ों के प्रकोप की सम्भावना हो, तो कीटनाशक दवा जैसे–मैलाथियान धूल/पाउडर मिला देनी चाहिए।

सारिणी (22.43) सामान्य भण्डारण अवस्था में बीज का जीवनकाल/उम्र

जीवनकाल/उम्र (वर्ष)	फसल
एक वर्ष	सभी फसलें
दो वर्ष	सभी फसलें
तीन वर्ष	टमाटर, बैंगन, मिर्च, नसदार तोरई
चार वर्ष	खीरा, करेला, टिण्डा, खरबूजा, तरबूज, कुम्हण, चिचिण्डा, चिकनी तोरई, लौकी, ककड़ी, पेठा, फूट

बीज भण्डारण दशा (Seed storage condition)

1. लम्बी अवधि तक बीज भण्डारण (Long term seed storage)

इस विधि से बीज को भण्डारण करने के लिए 18.0 डिग्रीग्रेड या कम तापमान तथा 80 प्रतिशत सापेक्ष आर्द्रता की आवश्यकता पड़ती है।

2. मध्यम अवधि तक बीज भण्डारण (Medium term seed storage)

इस पद्धति से बीज को भण्डारित करने के लिए 4.0–10.0 डिग्री सेन्टीग्रेड तापमान की आवश्यकता पड़ती है। इसके लिए घर में प्रयोग आने वाला रेफ्रीजेरेटर उपयुक्त है।

3. कम अवधि तक बीज भण्डारण (Short term seed storage)

इस पद्धति से 20.0 ± 5.0 डिग्री सेल्सियस तापमान व 35.0 ± 5.0 प्रतिशत सापेक्ष आर्द्रता की आवश्यकता नहीं होती है।

सारिणी (22.44) सापेक्ष आर्द्रता एवं बीज में नमी की मात्रा (कमरे के सामान्य तापमान, 20 डिग्री सेल्सियस)

फसल	हवा में सापेक्ष आर्द्रता (प्रतिशत)					
	10	20	30	45	60	75
मटर	5.4	7.3	8.6	10.1	11.9	15.0
बाकला	4.2	5.8	7.2	9.3	11.1	14.5
लाइमा बीन	4.6	6.6	7.7	9.2	11.0	13.8
फराश बीन	3.0	4.8	6.8	9.4	12.0	15.0
पत्ता गोभी	3.2	4.6	5.4	6.4	7.6	9.6
चाइनीज पत्ता गोभी	2.4	3.4	4.6	6.3	7.8	9.4
मूली	2.6	3.8	5.1	6.8	8.3	10.2
गाजर	4.5	5.9	6.8	7.9	9.2	11.6
चुकन्दर	2.1	4.0	5.8	7.6	9.4	11.2
शलजम	2.6	4.0	5.1	6.3	7.4	9.0
टमाटर	3.2	5.0	6.3	7.8	9.2	11.1
बैंगन	3.1	4.9	6.3	8.0	9.8	11.9
मिर्च	2.8	4.5	6.0	7.8	9.2	11.0
खीरा	2.6	4.3	5.6	7.1	8.4	10.1
विण्टर स्क्वाश	3.0	4.3	5.6	7.4	9.0	10.8
तरबूज	3.0	4.8	6.1	7.6	8.8	10.4
भिण्डी	3.8	7.2	8.3	40.0	11.2	13.1
प्याज	4.6	6.8	8.0	9.5	11.2	13.4
वेल्श प्याज	3.4	5.1	6.9	9.4	11.8	14.0
पार्सनीप	5.0	6.1	7.0	8.2	9.5	11.2
सेलेरी	5.8	7.0	7.8	9.0	10.4	12.4
लेट्यूस	2.8	4.2	5.1	5.9	7.1	9.6
पालक	4.6	6.5	7.8	9.5	11.1	13.2
सरसों का साग	1.8	3.2	4.6	6.3	7.8	9.4
स्वीटकार्न	3.8	5.8	7.0	9.0	10.6	12.8

स्रोत : हारनिंगटन (1960)

सब्जी बीज उत्पादन की संस्थाए (Vegetable seed production agency)

सरकारी संस्थाओं के साथ–साथ व्यक्तिगत बीज कम्पनियों का सब्जी बीज उत्पादन में काफी योगदान है। भारतीय कृषि अनुसंधान परिषद एवं राज्य कृषि विश्वविद्यालय प्रमुख बीज उत्पादन के स्रोत हैं। अब स्वतंत्र रूप से उधान आयुक्त (Horticulture Commissioner) को कृषि एवं सहकारिता मन्त्रालय के अधीन नियुक्त किया गया है, जिससे सब्जी बीज उत्पादन को काफी बल मिला है। बीज उत्पादन के प्रमुख स्रोत जिससे बीज चक्रवत रहा है, उनमें खेत से बचाया गया बीज और कृषक

से कृषक के बीच आदान–प्रदान, जो स्वयं बीज बनाने के साथ बिक्री के लिए बीज खरीदते हैं जैसे–एन0एस0सी0 (NSC), एस0एस0सी (SSC), कृषि विश्वविद्यालय, कृषक सहकारिता, समूह संस्थान, बीज उत्पादक संगठन, स्वैच्छिक असहकारी संस्थाए, बीज व्यावसायी या सौदागर एवं वे जो संविदा के आधार पर बीज उत्पादन करते हैं, लेकिन बिक्रय के लिए बीज नहीं खरीदते हैं। भारतीय कृषि अनुसाधन परिषद् के संस्थानों में भारतीय सब्जी अनुसंधान संस्थान, वाराणसी एवं कृषि विश्वविद्यालयों में भारतीय कृषि अनुसंधान संस्थान, नई दिल्ली, हरियाणा कृषि विश्वविद्यालय, पंजाब कृषि विश्वविद्यालय, आदि में बीज शोध व उत्पादन प्रमुखता से की जा रही है।

गोविन्द बल्लभ पंत कृषि एवं प्रौद्योगिकी विश्व विद्यालय, पंतनगर, उधमसिंह नगर (उत्तराखण्ड)

सहकारी साधन/संस्थाएं (Government Agencies)

सारिणी (22.45) भारवर्ष में बीज व्यवसाय से जुड़े सहकारी साधन/संस्थायें

सहकारी साधन/संस्थाएं	पता
नेशनल सीड कारपोरेशन, नई दिल्ली	नेशनल सीड कार्पोरेशन, बीज भवन, पूसा, नई दिल्ली–110012
भारतीय कृषि अनुसंधान संस्थान, नई दिल्ली	विभागाध्यक्ष, सब्जी अनुभाग, भारतीय कृषि अनुसंधान संस्थान, नई दिल्ली–110012
भारतीय कृषि अनुसंधान संस्थान, क्षेलीय शोध केन्द्र (रिजनल स्टेशन), करनाल	विभागाध्यक्ष, सब्जी अनुभाग, भारतीय कृषि अनुसंधान संस्थान, (रिजनल स्टेशन), अग्रसेन मार्ग, करनाल (हरियाणा) –132001
भारतीय सब्जी अनुसंधान संस्थान, वाराणसी (उत्तर प्रदेश)	निदेशक, भारतीय सब्जी अनुसंधान संस्थान, पोस्ट बैग नं0–01, पोस्ट आफिस–जक्खिनी (शाहंशाहपुर) वाराणसी–221305 (उत्तर प्रदेश)
भारतीय कृषि अनुसंधान संस्थान, (रिजनल स्टेशन), कटराईं	विभागाध्यक्ष, सब्जी बीज अनुभाग, भारतीय कृषि अनुसंधान संस्थान, (रिजनल स्टेशन), कटराईं–175129, कुल्लूवैली, (हिमाचल प्रदेश)
भारतीय बागवानी अनुसंधान संस्थान, बैंग्लुरु (कर्नाटक)	निदेशक, भारतीय बागवानी अनुसंधान संस्थान, हेसारघट्टा बैंग्लुरु–560089 (कर्नाटक)
आनन्द कृषि विश्वविद्यालय, आनन्द (गुजरात)	प्रभारी मुख्य बीज उत्पादन केन्द्र आनन्द कृषि विश्वविद्यालय, आनन्द–388110
ए0पी0एच0यू0, लाम (आन्ध्र प्रदेश)	विभागाध्यक्ष बागवानी शोध केन्द्र, ए0पी0एच0यू0, लाम (गुण्टूर)–522034
विधानचन्द्र कृषि विश्वविद्यालय, कल्याणी (पश्चिम बंगाल)	प्रभारी अधिकारी शोध निदेशालय, विधानचन्द्र कृषि विश्वविद्यालय, कल्याणी, नाडिया–741235 (पश्चिम बंगाल)
चौधरी चरण सिंह हरियाणा कृषि विश्वविद्यालय, हिसार (हरियाणा)	विभागाध्यक्ष, सब्जी फसल विभाग चौधरी चरण सिंह हरियाणा कृषि विश्वविद्यालय, हिसार–125004 (हरियाणा)
चन्द्रशेखर आजाद कृषि एवं प्रौद्योगिकी विश्वविद्यालय, कल्याणपुर कानपुर (उ0प्र0)	विभागाध्यक्ष, सब्जी विज्ञान विभाग, चन्द्रशेखर आजाद कृषि एवं प्रौद्योगिकी विश्वविद्यालय, कल्याणपुर, कानपुर–208024 (उत्तर प्रदेश)

गोविन्द बल्लभ पंत कृषि एवं प्रौद्योगिकी विश्वविद्यालय, पंत नगर	विभागाध्यक्ष, सब्जी विज्ञान विभाग, गोविन्द बल्लभ पंत कृषि एवं प्रौद्योगिकी विश्वविद्यालय, पंत नगर उधम सिंह नगर–263145 (उत्तराखण्ड)
जवाहरलाल नेहरु कृषि विश्वविद्यालय, जबलपुर	विभागाध्यक्ष, सब्जी विज्ञान विभाग, कालेज ऑफ एग्रीकल्चर, जवाहरलाल नेहरु कृषि विश्वविद्यालय, जबलपुर–482004 (मध्य प्रदेश)
जूनागढ़ कृषि विश्वविद्यालय, जूनागढ़	शोध वैज्ञानिक, सब्जी अनुसंधान केन्द्र, जूनागढ़ कृषि विश्वविद्यालय, जूनागढ़–362001 (गुजरात)
केरल कृषि विश्वविद्यालय, वेल्लानिकारा	विभागाध्यक्ष, सब्जी विज्ञान विभाग, कॉलेज ऑफ हार्टिकल्चर, केरल कृषि विश्वविद्यालय, वेल्लानिकारा–680654 (केरल)
मराठवाड़ा कृषि विश्वविद्यालय, परभनी	वरिष्ठ सब्जी शोध अधिकारी, हार्टिकल्चर रिसर्च स्टेशन, सब कैम्पस, मराठवाड़ा कृषि विश्वविद्यालय, परभनी–431402, (महाराष्ट्र)
महात्मा फूले कृषि विद्यापीठ, राहुरी	वरिष्ठ सब्जी प्रजनक, उद्यान विज्ञान विभाग, महात्मा फूले कृषि विद्यापीठ, राहुरी–413722, (महाराष्ट्र)
नरेन्द्रदेव कृषि एवं प्रौद्योगिकी विश्वविद्यालय, फैजाबाद	विभागाध्यक्ष, सब्जी विज्ञान विभाग, नरेन्द्रदेव कृषि एवं प्रौद्योगिकी विश्वविद्यालय, फैजाबाद–224229 (उत्तर प्रदेश)
राष्ट्रीय बागवानी अनुसंधान एवं विकास प्रतिष्ठा, नासिक	निदेशक, राष्ट्रीय बागवानी अनुसंधान एवं विकास प्रतिष्ठान, चितेगांव फाटा, पोस्ट–उरहे दरना, तालुका निफाड, जिला– नासिक–4222001 (महाराष्ट्र)
ओड़ीशा कृषि विश्वविद्यालय, भुवनेश्वर (ओड़ीषा)	सब्जी प्रजनक, शोध निदेशालय, ओड़ीशा कृषि विश्वविद्यालय, भुवनेश्वर–751003 (ओड़ीशा)
पंजाब कृषि विश्वविद्यालय, लुधियाना	विभागाध्यक्ष, सब्जी विज्ञान विभाग, पंजाब कृषि विश्वविद्यालय, लुधियाना–141004 (पंजाब)
परियोजना निदेशालय, प्याज एवं लहसुन, पुणे	निदेशक, परियोजना निदेशालय, प्याज एवं लहसुन, राजगुरु नगर पुणे–410505, (महाराष्ट्र)
पी0के0वी0, अकोला	विभागाध्यक्ष, सब्जी विज्ञान विभाग (मिर्च एवं सब्जी शोध इकाई), पी0के0वी0, अकोला (महाराष्ट्र)
राजस्थान कृषि विश्वविद्यालय, एग्रीकल्चरल, रिसर्च स्टेशन, दुर्गापुरा	प्रभारी सब्जी फसल, उद्यान विज्ञान विभाग, राजस्थान कृषि विश्वविद्यालय, एग्रीकल्चरल, रिसर्च स्टेशन, दुर्गापुरा, जयपुर–302018 (राजस्थान)
शेर–ए–कश्मीर, कृषि एवं प्रौद्यौगिकी विश्वविद्यालय, श्रीनगर	विभागाध्यक्ष सब्जी विज्ञान विभाग, शेर–ए–कश्मीर, कृषि एवं प्रौद्यौगिकी विश्वविद्यालय, श्रीनगर, शालीमार, श्रीनगर–191121 (जम्मू एण्ड काश्मीर)
तमिलनाडु कृषि विश्वविद्यालय, पेरियाकुलम, तमिलनाडु	संकाय प्रमुख, उद्यान महाविद्यालय एवं शोध संस्थान, तमिलनाडु कृषि विश्वविद्यालय, पेरियाकुलम इस्ट–625604, तमिलनाडु
तमिलनाडु कृषि विश्वविद्यालय, कायेम्बटूर, तमिलनाडु	विभागाध्यक्ष सब्जी विज्ञान विभाग, उद्यान महाविद्यालय एवं शोध संस्थान, तमिलनाडु कृषि विश्वविद्यालय, कोयम्बटूर, 641003, तमिलनाडु

विवेकानन्द पर्वतीय कृषि अनुसंधानशाला, अल्मोड़ा	निदेशक, विवेकानन्द पर्वतीय कृषि अनुसंधानशाला, अल्मोड़ा–263601 (उत्तराखण्ड)
वाई0एस0 परमार, यूनिवर्सिटी ऑफ हार्टिकल्चर एण्ड फारेस्ट्री, सोलन	विभागाध्यक्ष सब्जी विज्ञान विभाग, उद्यान महाविद्यालय, वाई0एस0 परमार, यूनिवर्सिटी ऑफ हार्टिकल्चर एण्ड फारेस्ट्री, सोलन–173230 (हिमाचल प्रदेश)
हार्टिकल्चर एण्ड एग्रोफारेस्ट्री रिसर्च प्रोग्राम, नामकुम्भ, राँची	विभागाध्यक्ष, हार्टिकल्चर एण्ड एग्रोफारेस्ट्री रिसर्च प्रोग्राम, नामकुम, राँची–834010 (झारखण्ड)

व्यक्तिगत संस्थाएं

इण्डोअमेरिकन हाईब्रिड सीड्स	इण्डोअमेरिकन हाईब्रिड सीड्स, पो0 बाक्स नं0 7099, 17वीं क्रांस, 2 मुख्य रोड बानाभंकारी द्वितीय स्टेज, बेंगलौर, भारत
महाराष्ट्र हाईब्रिड सीड्स	महिको वेजिटेबल सीड्स लिमिटेड, बेतानागेरे गांव, हुसकर रोड दोसानापुरा, हुब्ली, उत्तर बैंग्लुरु–502123
नुनहेम्स हाईब्रिड सीड्स,	नुनहेम्स हाईब्रिड सीड्स, धुमसपुर रोड, बादशाहपुर, गुड़गाव–122001
रासी सीड्स	रासी सीड्स प्राइवेट लिमिटेड, 273, कामराजानार रोड, अत्तूर–636102, जिला–सलेम
राष्ट्रीय बागवानी अनुसंधान एवं विकास प्रतिश्ठान	राष्ट्रीय बागवानी अनुसंधान एवं विकास प्रतिष्ठान, पो0 आ0 बाक्स 61, कन्दा बटाटा भवन, 2954 ई0 न्यू मुम्बई आगरा रोड, नासिक–422011
ईस्ट–वेस्ट सीड्स	ईस्ट–वेस्ट सीड्स, इण्डिया प्रा0लि0, नं0 66 नरायनपुर, वालुज औरंगाबाद
नामधारी सीड्स	नामधारी सीड्स प्राइवेट लिमिटेड, नं0 119, 9वीं मंजिल मेन रोड आइडियल, राजा राजेशन नगर, बैंग्लुरू–560039
सन्ग्रो सीड्स	सन्ग्रो सीड्स लिमिटेड, सन्ग्रो चैम्बर, द्वितीय एवं तृतीय तल, बी0एन0 ब्लाक, लोकल शापिंग सेन्टर, शालीमार बाग, दिल्ली–110052
सेंचुरी सीड्स	सेंचुरी सीड्स प्राइवेट लिमिटेड यू0/एल0 फ्लोर, अनुपम भवन, नानीवाला बाग, आजादपुर, नई दिल्ली–110033
अंकुर सीड्स	अंकुर सीड्स प्राइवेट लिमिटेड, 27 न्यू काटन मार्केट ले आउट बस स्टेशन, नागपुर–440018
नूजिवीडू सीड्स	नूजिवीडू सीड्स लिमिटेड, नं0 905 कंचनजंगा बिल्डिंग बाराखम्बा रोड, कनाट प्लेस, नई दिल्ली–110001
बीजोशीतल	बीजोशीतल हाइब्रिड सीड कम्पनी लि0, पोस्ट बाक्स नं0 72, ए–2, मामा चौक, जालना–431203, महाराष्ट्र
क्लाउज	क्लाउज टेजियर इण्डिया–6–1–20/2 वाकर टाउन नई भोइगुडा, सिकन्दराबाद–500025 (आन्ध्र प्रदेश)

जे0के0 एग्री0 जेनेटिक्स	जे0के0 एग्री0 जेनेटिक्स, प्रा0लि0 1–10–177 चौथी मंजिल वरुण टावर बेगमपेठ, हैदराबाद–500016
कावेरी सीड	कावेरी सीड कम्पनी, प्रा0लि0–513बी 5वीं मंजिल मीनवेरा कम्पलेक्स, सिकन्दराबाद–500003
कृषि धन सीड्स	कृषिधन सीड्स प्रा0लि0 साई कैपिटल 9वीं मंजिल आई0सी0सी0 कम्पलेक्स, सेनापति बापत रोड शिवाजी नगर, पुणे–411005, (महाराष्ट्र)
नाथ बायोजिन्स	नाथ बायोजिन्स, प्रा0लि0 नाथ हाउस नाथ रोड, पोस्ट बाक्स नं0 318 औरंगाबाद–431005 (महाराष्ट्र)
निर्मल सीड्स	निर्मल सीड्स प्रा0लि0 भाद गांव रोड पचोरा जलगांव, 424201 (महाराष्ट्र)
सेमिनीस सीड्स	सेमिनीस सीड्स प्रा0लि0, 24, पिथानरोड, चितेगांव औरंगाबाद–431105
श्री वेंकटेश्वरा हाइब्रिड सीड्स	श्री वेंकटेश्वरा हाइब्रिड सीड्स प्रा0लि0, गोसा हास्पिटल रोड अदोनी–518301 (आन्ध्र प्रदेश)
वी0एन0आर0 सीड्स	वी0एन0आर0 सीड्स प्रा0लि0, प्रथम तल, नं0 1 दुर्गा कालेज कम्पलेक्स, जी0ई0 रोड रायपुर 402001 (छत्तीसगढ़)
जुआरी सीड्स	जुआरी सीड्स प्रा0लि0, 759, सेक्टर ए येलाहंका न्यू टाउन, बैंग्लुरु–560064

स्रोतः सिंह एवं सहयोगी, 2010

बीज उद्योग की धीमी गति के कारण

भारतवर्ष में सब्जी फसल सुधार एवं बीज बहुगुणन की अनेकों योजनाओं के संचालन के बावजूद इसकी धीमी गति है, इसके निम्न कारण हैं–

- प्रचुर संख्या में संस्थाओं की कमी
- प्रजनक बीज आपूर्ति की कमी।
- अधिकांश बीज उत्पादकों को तकनीकी जानकारी का अभाव।
- बीज भण्डारण सुविधाओं का अभाव।
- बीज उत्पादक सम्मिलन (association) की कमी एवं उचित व्यवसाय स्रोत का अभाव।

बीज उद्योग की धीमी गति को दूर करने के उपाय

- विशुद्ध बीज उपज के लिए बीज उत्पादकों का प्रशिक्षण
- कठोर एवं प्रायोगिक नियम कानून बनाकर बीज प्रजाति की स्थिति को बरकरार रखना तथा तथा नवीन प्रजातियों के विकास एवं बीज उत्पादन पर बल देना।
- प्रजातीय अशुद्धता को कम करना।
- बीज गाँव (Seed Village) को स्थापित करना।
- प्रति इकाई अधिक बीज उत्पादन की तकनीक को विकसित करना।

□□□

अध्याय 23

सन्दर्भ

(References)

Abd-Elsalam, K.A. (2003). Non-gel based techniques for plant pathogen genotyping. *Acta. Microbiol. Polon.* **52:** 329-341.

Abed, T. and Sharabash, M, T.M. (1985). Physiological response of summer squash to soaking seeds in Cu, Mn or Zn solutions. *Ann. Agric. Sci.*, **22 (2):** 473-486.

Abdul-Wahid, O.A., Moustafa, A.F. and Ibrahim, M.E. (2001). Integrated control of tomato Fusarium wilt through implementation of soil solarization and filamentous fungi. *Zeitschrift fur Pflaanzenkrankheiten und Pflanzenschutz*. 345-355.

Agarwal, R.K. (2011). Indirect solar drier for faster drying of crops. International Conference on "Issues for Climate Change, Land Use Diversification and Biotechnological Tools for Livelihood security" . Organized by Hi-Tech Horticultural Society, Meerut. Held at SVP Univ. of Agril. & Tech., Meerut (U.P.)

Agarwal, R.L. (1980). Seed Technology. Oxford and IBH Publishing Co. vt. Ltd. New Delhi. pp. 685.

Ai, X.Z., Yu, X.C., Wang, S.H. and Xing, Y.X. (1999). Changes of some substances of grafted and gown cucumber seedlings under low temperature stress. *Plant Physiology*, **35(1):** 26-28

Akmuradov, B. and Sidorova, S.F. (1983). Morphological and cultural variability of pathogens of Fusarium wilt of cotton and vegetable crops. *Mikologiya I Fitopatologiya*. **17:** 392-395.

Anand, Lalitha. (2001). Genetic transformation in vegetable crops, Present status and future prospects. In, Emerging Scenario in Vegetable Research and Development (G. Kalloo and Kirti Singh eds.) RPBPH, pp. 85-95.

Anand, N., Singh, V. and Dutta, O.P. (2003). Vegetable seed industry in India-vibrant and looking heads. Paper presented in World Seed Congress, Bangalore, India.

Anonymous (1983). Biosphere Reserves. Indian Approach, Indian Nat. MAB, Committee, Department of Environment, New Delhi

Anonymous (1987). Biosphere Reserves. Proe. Ist Nat. Symposium Vdhagamandalum-lsp 1986, Ministry of Environment and Forests, New Dilhi, pp. 258.

APEDA (2012). Annual Report.

Arai, K., Tanaka, K. and Ikeda, H. (1985). Effect of excess application of ammonium, potassium or calcium on magnesium deficiency disorders in grafted or non grafted cucumber leaves. Bull. *Veg.* and *Ornamental Crops Res. Station* **8:** 71-80

Arora, R.K. (1985). Genetic resources of less known cultivated plants. NBPGR. Sci. Monograph No. 9. NBPGR New Delhi, pp-126.

Arora, S.K., Pandita, M.L., Pratap, P.S. and Sidhu, A.S. (1985). Effect of Ethephon, Gibberellic acid and Maleic hydrazide on vegetative growth, flowering and fruiting of cucurbitaceous crops. *J. Am. Soc. Hortic. Sci.* **110:** 442-445.

Arora, S.K., Pandita, M.L. and Dahiya, M.S. (1987). Effect of plant growth regulators on vegetative growth, flowering and yield of ridge gourd (*Luffa acutangula* Roxb.). *Haryana Agric. Univ. J. Res.,* **17(4):** 319-324.

Arora, S.K., Pandita, M.L. and Pratap, P.S. (1988). Effect of plant growth regulators on vegetative growth, flowering and yield of ridge gourd (*Luffa acutangula* Roxb.). *Res. Dev. Rep.,* **5(1-2):** 95-98.

Arora, S.K., Vashistha, R.N. and Pratap, P.S. (1989). Effect of plant growth regulators on growth, flowering and yield of pumpkin (*Cucurbita moschata* Duch.). *Res. Dev. Rep.,* 6: 31-34.

Arora, R.K. and Nayar, E.R. (1984).Wild relatives of crop plants in India. NBPGR Sci. Monograph No. 7. Indian Council of Agricultural Research, New Delhi.

Asao, T., Shimizu, N., Ohta, K. and Hosoki, T. (1999). Effect of rootstocks on the extension of harvest period of cucumber (*Cucumis sativus* L.) grown in non-renewal hydroponics. *J. Japanese Soc. Hort. Sci.* **68(3):** 598-602.

Atta, M.A. (1998). Soaking summer squash seeds in low concentrations of cobalt solution before sowing increased plant growth, femaleness and fruit yield via increasing plant ethylene level. *J.Pl. Growth Regulation,* **17(1):** 25-32.

Bala Ravi, S. (2002). Who benefits and loses with India's accession to UPOV?. Paper presented at the workshop of UPOV for developing countries. Gene Campaign, July 10, 2002, New Delhi.

Balaz, F. (1982). Possibilities of grafting certain watermelon cultivars on *Lagenaria vulgaris* to prevent Fusarium wilt. *Savremna-Poljoprivreda* **30:** 11-12.

Baruah, R. (2013). Heavy metal pollution and its management. *Agrobios News Letter.* 11(10): 92-93.

Beachy, R.N., Loesh, F. and Tumer, N.E. (1990). Coat mediated resistance against virus infection. *Ann. Rev. Phytopathol.* **28:** 451-475.

Belletti, P. (1994). Effects of seed osmo-conditioning on emergence characteristics of the summer squash (*Cucurbita pepo* L.). *Acta Horticulturae,* **362 :** 221-228.

Bhattacharyya, P. and Chakraborty, G. (2005). Current status of organic farming in India and other countries. *Indian Journal of Fertilizers*, **1(9):** 111-123.

Bhandari, K.R., Shetty, K.P.V. and Sulikeri, G.S. (1974). Effect of Ethrel (2 Chloroethyl Phosphonic acid) on the sex expression and yield of cucumber. *Prog. Hort.*, **6:** 49-57.

Basu, P.S., Banerjee, S. and Das, S. (1996). Effect of penicillin on flowering, fruit setting and development in ridge gourd (*Luffa acutangula* Roxb.). *Indian J. Pl. Physiol.*, **1(3):** 148-152.

Bhardwaj, D.R., Sharma, J.P and Pathania, N.K. (2010). Role of plant growth regulators in vegetable seed production. In : Quality seed production of vegetable crops : Technological Interventions (vol. General Aspect) ed. J.P. Sharma, 264-282.

Bhattacharyya, P. and Chakravorty, G. (2005). Current status of organic farming in India and other countries. *Indian J. Fertilizers*. **1(a):**111-123.

Bird, C.R., Ray, J.A., Fletcher J.D., Boniwell, J.M., Bird, A.S., Teulieres, C., Blain, I., Bramley, P.M. and Schuch, W. (1991). Using antisense RNA to study gene function inhibition of carotenoid biosynthesis in transgenic tomato. *Biotechnology*. **14:** 875-879.

Bisaria, A.K. (1974). Effect of foliar spray of alpha naphthalene acetic acid on sex expression in bitter goud (*Momordica charantia* L.). *Sci. Cult.*, **40:** 70-80.

Blakely, L.M. and Steward, F.C. (1964). Growth and organized development of cultured cells.7. Cellular variation. *Am. J. Bot.*, **51:** 809-820.

Borovec, V. (1988). Micropropagation of cauliflower winter varieties. *Bull. Vyzkmny Slech. Univ.*, **15:** 31-45.

Briggs, F.N. and Knowles, P.F. (1967). Introduction to Plant Breeding. Reinhold Publishing Corporation Davis, California. 426 pp.

Broglie, K., Chet, I., Holliday, M, Crossman, R., Biddle, P., Knowlton, S, Manain, I.J. and Broglie, R. (199). Transgenic plants with enhanced resistance to fungal pathogen *Rhizoctonia solani*. *Science*, **254:** 1194-1197.

Bryan, E., Daressa, T. T.., Gbetibouo, G.A. and Rainglar, C. (2009). Adaptation to climate change in Ethopia and South Africa: Option and Constrains. *Environmental Science* and *Policy*, **12:** 413-426.

Brown, A.H.D. (1989a). The case of core collection. In: Use of plant genetic resources. Eds. Brown, A.H.D., *et al.*, Cambridge University Press, Cambridge. pp. 136 156.

Buitelaar, K. (1987). Cultivars for the very early culture of melon. *Green en Fruit* **42:** 26-29.

Campiglia, E., Temperini, O., Macinelli, R., Saccardo, F., Stofella, P., Cantifte, D. and Damato, G. (2000). Effects of soil solarization on the weed control of vegetable crops and on cauliflower and fennel production in the open air. 8th Int. Symp. on Timing of Field Production in Vegetable crops. Bari, Italy. *Acta Horticultural* **583 :** 249-255.

Carlson. P.S., Smith, H.H. and Dearing, R.D. (1972). Para sexual inter-specific plant hybridization. *Proceedings of National Academy of Science*, USA, **69:** 26-29.

Carter, A.K. and Stevens, R. (1998). Using ethephon and GA_3 to overcome thermo inhibition in jalapeno M pepper seed. *Hort Science*, **33:**1026-1027.

Chandra, P., Singh, A.K., Behra, T.K. and Shrivastava, R. (2003). Influence of graded levels of nitrogen, phosphorus and potassium on yield and quality of poly house grown tomato (*Lycopersicon esculentum*) hybrids. *Indian J. Agric. Sci.* **73(9):** 497-499.

Chaudhury, B. (1983). Vegetables. National Book Trust of India, New Delhi.

Chaudhury, B. and George, P.V.(1962). Preliminary trials on the induction of male sterility in Brinjal (*Solanum melongena* L.). *Indian J. Hort.* **19:** 140-142.

Chaudhury, B. and Pathak, S.C. (1983). Studies on floral biology in cucumber (*Cucumis sativus* L.). *Indian J.Hort.*, **18:** 212-221.

Chatterjee, S.S. (1993). Cole crops. In Vegetable Crops. Bose, T.K., Som, M.G. and Kabir, J. (eds) Naya Prokash India. pp. 125-223.

Chaturvedi, H.C. and Mitra, G.C. (1975). A shift in morphogenetic pattern in citrus callus tissue during prolonged culture. *Ann. Bot.* **39:** 683-687.

Chawla, H.S. (2002). Introduction to Plant Biotechnology. Oxford & IBH Publishing Co. Pvt. Ltd., New Delhi. pp. 3-132.

Chen, C.C and Sung, J.M. (2001). Priming bitter gourd seeds with selenium solution enhances germinability and anti-oxidative responses under sub-optimal temperature. *Physiologia Plaantarum*, **111 (1):** 9-16.

Chen, G.L., Nie, L.C., Li, J.W. and Xian, K. (2000). Effect of low temperature stress on photosynthetic characteristics of grafted squash seedlings. *Acta Agriculturae-Shanghai.* **16(1):** 42-45.

Chhonkar, V.S. and Ghufran, M.H. (1968). Effect of starters and Naphthalene acetic acid on growth and yield of tomato (*L. esculentum* Mill.). *Indian J. Hort.*, **25:** 72-75.

Chhonkar, P.K. and Dwivedi, B.S. (1968).Organic farming and its implications on India's food security. *Fertilizer News.* **49(11):** 15-31 & 38.

Ching, T.M. (1982). Adenosine triphosphate and seed vigor. In: The physiology and biochemistry of seed development and germination (Khan, A.A., ed). *Elsevier Biomedical Press.* pp. 487-506.

Chopra, V.L., Jain, S.K. and Swaminathan, M.S. (1960). Studies on chemical induction of pollen sterility in some crop plants. *Indial J. Genet. and Pl. Breed.* **20:** 188-199.

Christopher, M. (2000). The application of molecular marker in rice. In: Abstract-4th International Rice Genetics. Symposium (22-27, October), IRRI, Los Banos, Philippines.

Chung, H., Youn, S. and Chei, Y.J. (1997). Effect of rootstocks on yield, quality and components of tomato fruits. *J. Korean Soc. Hort. Sci.* **38(6):** 603-607.

Cocking, E.C. (1960). A method for the isolation of plant protoplast and vacuoles. *Nature.* **187:** 962-963.

Coelho,-Netto, R.A., Noda, H. and Boher, B. (2007). *Melanthera discoidea*: a new *Ralstonia Solanacearum* host. *Fitopatologia Brasileira.* **26:** 781.

Comstock, R.E., Robinson. H.F. and Harvey, P.H. (1949). A breeding procedure designed to make maximum use of both general and specific combining ability. *Agronomy Journal*. **41:** 360-367.

Correa, J.R.V., Nelto, A.J., Rezendo, De, P.M. and Andrede, L.A. De. B. (1990). Effect of *Rhizobium*, molybdenum and cobalt on *Phaseolus vulgaris* cv. Caioca. *Pesquisa Agropecuaria Brasileira*. **25:** 513-519.

Costache, M. (1977). Results obtained in the control of vascular disease in vegetables by means of systemic fungicides. *Acta Horticulturae*. **58:** 461-468.

Costache, M. and Tomescu, A. (1987). Research on the cucumber wilt produced by *Fusarium oxysporum* (Schlecht) Snyder et Hansen and Verticillium Dahlia Kleb. II. Specialization of the pathogen. *Bulletin del' Academie des Sciences Agricoles et Forestieres*. **15:** 199-204.

Das, B.C. and Das, T.K. (1995). Efficacy of GA_3, NAA, and Ethrel on sex expression in pumpkin (*Cucurbita moschata* Poir.) cv. Guamala Local. *Orissa J. Hort.*, **23(1-2):** 87-91.

Dasgupta, I., Malathi, V.G. and Mukherjee, S.K. (2003). Genetic engineering for virus resistance. *Current Science*, **84(3):** 341-354.

Das, R.C. (1975). Effect of growth regulators and nitrogen on growth, yield and quality of ribbed gourd (*Luffa acutangula* Roxb.) var. Satputia. *Madras Agri. J.*, **62(8):** 463-467.

Davey, M.R., Flower, M.W. and Street H.F. (1971). Cell clones constructed in growth morphology and pigmentation isolated from a callus culture of *Atropa bellaclona* var. *lutea*. *Phytochem.*, **10:** 2559-2575.

Debode, J. Claeys, D. and Hofte, M. (2004). Control of Verticillium wilt of cauliflower with crop residue, lignin and microbial antagonists. *Bulletin OILB/SROP*. **27:** 41-45.

De, N. (2010). Technologies for diseases and insect post management in vegetable crops. In : Quality seed production of vegetable crops : Technological interventions (vol. I, General Aspect), 147-187.

DenNijs, A.P.M. and Visser, D.L. (1985). Relationship between African species of genus *Cucumis* L. estimated by production of vigour and fertility of F_1 hybrids. *Euphytica*, **34:** 279-284.

Devi, J.R. and Selvaraj, J.A. (1995). Seed pelleting and soil type on germination and vigour of seeds in ash gourd and ribbed gourd. *Madras Agric. J.*, **82(2):**75-77.

Devi, J.R. and Selvaraj, J.A. (1996). Effect of pre-sowing treatment on germination and vigour in bitter goud (*Momordica charantia* L.) cv. CO-1. *Seed Res.* **22(1):** 64-65.

Dhingra, O.D. (1999). Hosts of *Fusarium oxysporum f. sp. phaseoli*. *Fitopatologia brasileira*. **24:** 156-159.

Douglas, J.E. (1972). Opening opportunities for seed technologists. Seed Tech. *News*, **2(4):** 2

Dutta, T. (1993). Protected cover cultivation for high humid regions. National Conference on Plastic in Agriculture, NCPA, Ministry of Agriculture, Deptt. of Agriculture and Cooperation, Himalaya house, New Delhi (May 19-20). pp. 95-102.

Edelstein, M. (2004). Grafting vegetable crop plants: Pros and Cons. *Acta Horticulturae*, 65.

Evans, D.A. and Sharp, W.R. (1986). Somaclonal and gametoclonal variation. Hand Book of Plant Cell Culture. MacMillan Publishing Co. New York.

Friedlander, M., Atsmon, D. and Galvn, E. (1977). The effect of grafting on sex expression in cucumber. *Plant Cell Physiol.* **18(6):** 1343-1350.

Fuchs, Y. and Barkai-Golan, R. (1979). Post harvest studies with fresh market tomatoes intended for export. Preliminary report, Agril, Research Organisation, Israel. No. 777, pp.88.

Gahukar, R.T. (2009). Food Security: The challenges of climate change and bioenergy. *Current Science*, **96(1):** 26-28.

Gamborg, O.L., Miller. R.A. and Ojima. K. (1968). Nutrition requirements of suspension culture of soybean root cells. *Expt. Cell Res.* **50:** 151-158.

Gao, L.H., Ling, L.J., Shi, H.X. and Zhang, Z.H. (1998). Grafting culture and freeze resistance of winter spring cucumber in green house. *Adv. Hort.* **2:** 443-447.

Gaur, G.S. and Bajpai, P.N. (1982). Effects of storage on tomato harvested at different stages of maturity. *Progr. Horti..* **14:** 47-49.

Gautam, P.L., Karihaloo, J.L., Kumar, A., Kochar, S. and Singh, B.M. (2001). Vegetable Germplasm management: Development, issues and strategies. In: Emerging Scenario in Vegetable Research and Development (Kalloo, G. and Singh, K. Ed.). Research Periodicals and Book Publishing House, New Delhi, India. pp. 45-57.

Gautam, P.L. and Singh, A.K. (1998). Agro-biodiversity and intellectual property rights related issues. *Indian J. Plant Genet. Resour.*, **1(2)** :129-152.

Garg, A., Shukla, P.R. and Kapshe, M. (2007). From climate change impacts to adaptation: A development perspective for India. *Nat. Resour. Forum*, **31:** 132-141.

Gedam, V,M., Patil, R. B., Suryawanshi, Y.B. and Mate, S. N. (1998). Effect of plant growth regulators and boron on flowering, fruiting and seed yield in bitter gourd. *Seed Research.* **26(1):** 97-100.

Ghonsikar, C.P. and Saxena, S.N. (1973). Influence of molybdenum and tryptophane on nodulation in cluster bean (*Cyamopsis tetragonoloba* L.). *Indian J. Agric. Sci.*, **43:** 938-941.

Ghose, M.S. and Bose, T.K. (1970). Sex modification in cucurbitaceous plants by using CCC. *Phyton. (Buenos Aires).* **27:** 131-135.

Ghose, M.S. and Bose, T.K. (1972). B-nine, an effective growth retardant for sex modification in some cucurbitaceous plants. *Indian Agriculturist*, **16:** 295-300.

Giannini, G.R., Chancellor, W.J. and Garett, R.E. (1976). Precision Planter using Vaccum for seed pickup. *Trans ASAE* **10(5)** : 607-610.

Ginoux, G., Dauple, P. and Lefbvue, J.M. (1978). Tomato grafting method of controlling soil pests. *Pepinieristes Horticulteurs Maraichers.* **192:** 33-44

Giraldo, L.F., Forero, R.A., Salazar, C.R. and torres, R. (1977). The effect of packaging and potassium permanganate on the storage of tomatoes under room conditions. Hort. Abst. (49:4289), Ravista Inst. *Collanbiano Agropecuario*, **12(14):** 393-405.

Global Humanitarian Forum (2009). Human Impact Report: Climate change-The Anatomy of a silent crisis (online) available from://www.ghfgeneva.org/Portals/pdfs/humau-impact report.

Golgman, I. L., Kader, A.A. and Heintz, C. (1999). Influence of production, handling and storage on phytonutrient content of foods. *Nutr. Rev.* **57:** S46-S52.

Golemboski, D.B., Lomonossoff, G.P. and Zaitlin, M. (1990). Plants transformed with a tobacco mosaic virus non-structural gene sequence are resistant to the virus. *Proc. Natl. Acad. Sci. USA*, **87:** 6311

Gopal krishnan, R., Jayaraman, M., Bala, G. and Ravindra nath, N.H. (2011). Climate Change and Indian Forests. *Current Science* 101 (3) : 348-355.

Govindan, K. and Thondaiman, V. (2013). *Bacillus thuringiensis* (Bt.) Crystal toxins for pest management. *Agrobios News Letter*, 11(10): 10-11.

Grover, A. and Growthaman, R. (2003). Strategies for development of fungus resistance transgenic plants. *Current Science*, **84(3):** 330-340.

Grover, A., Agarwal, P.K, Kapoor, A., Katiyar, S., Agarwal, M., and Chandermouli, A. (2003). Addressing abiotic stresses in agriculture through transgenic technology. *Current Science*, 84(3): 355-367.

Gross, J. (1991). Pigments in vegetables: Chlorophylls and carotenoids. AVI Book, Van Nostrand Reinold Pub. New York.

Gupta, A.K. and Kashyap, M.M. (1984). Post harvest deterioration of vegetables. In: Production, post harvest handling and processing of vegetables and vegetable seeds (ed. K.S Randhawa) Summer Institute, PAU, Ludhiana, India.

Gupta, P.N., Rai, M. and Rana, R.S. (1995). Centers of origin and genetic variability of vegetable crops. In: Genetic Resources of vegetable crops. NBPGR, New Delhi. pp.52-62.

Guttal, G.B. (1993). Mulching effect on yield of tomato crop. National Conference on Plastic in Agriculture, NCPA, Ministry of Agriculture, Deptt. of Agriculture and Coopration, Himalaua house, New Delhi-01, (May, 19-20). pp. 59-64.

Hamilton, A.J., Lycett, G.W. and Grierson, D. (1990). Antisense gene that inhibits synthesis of the hormone ethylene in transgenic plants. *Nature*. **336:** 284-287.

Haring, M.A., Gao, J., Volvetta, T., Rommens, C.M.T., Nejkamp, H.J.J. and Hille, J. (1989). A comparative study of Tam3 and Ac transposition in transgenic tobacco and petunia plants. *Plant Mol. Biol.* **13:** 189-201.

Harlan, J.R. (1975). Our vanishing genetic resources. *Science*, **188:** 618-621.

Harrington, J.F. (1960). Thumb rule for seed drying. *Crop Soils*. **13:** 16-17.

Harrington, J.F. (1960). Drying, storing, packing seed to maintain germination and vigor. *Seed Man's Digest*. **11:** 56-57.

Hawkes, J.G. (1976). Sampling gene pools. Proc. NATO Conference on Conservation of Threatened Plants. *Sec. Ecology*. Plenum, London.

Hazra, P., Chauthopadhyaya, P., and Mukho Padhyay, T.P. (2005). Scenario of Vegetable Seed Production in India through farmers Participatory approach and its prospects in West Bengal. Souvenir 23rd Annual Group Meeting AICRP on Vegetable crops BCKVV, (W.B.) pp. 64-76.

Hazra, P., Singh, Major and Kumar, S. (2005). Vegetable hybrid research and development at Indian Public Sector. Souvenir, 23rd Annual Group Meeting, AICRP on Vegetable Crops. BCKVV Mohanpur, pp, 97-106.

Hazra, P. and Som, M.G. (1999). Technology for vegetable production and improvement. Naya Prokash, Calcutta. pp. 291-349.

Heath-Pagliuso, S. and Rappaport, L. (1990). Somaclonal variant UC-T3: The expression of *Fusarium* wilt rsistance in progeny arrays of celery, *Apium graveolens* L. *Theoretical and Applied Genetics*. **80:** 390-394.

Hoque, M. E., Bhoumik, A., and Khalequzzaman, M. (1998). In vitro culture of pointed gourd (*Trichosanthes dioica* Roxb.). *Thai J. Agril. Sci.* **31(1):** 369-374.

Horvath, I., Vigh, L., Hasselt, P.R.-Van, Woltes, J and Kuiper, P.J.C. (1983). Lipid composition in leaves of cucumber genotypes as affected by different temperature regimes and grafting. *Physiologia Pl.* **57(4):** 532-536.

Hoyas, E.P., Fernandez, J.A., Martinez, P.E. and Castilla, N. (2001). Influence of different rootstocks on the yield and quality of green house grown cucumber. *Acta Horticulturae*, **559:** 139-143.

Hull, F.H. (1945). Recurrent selection for species combining ability in corn. *Journal of American Society of Agronomy*. **37:** 134-145.

Huner, N.P.A and and Van Huystee, R.B. (1982). Pollen germination and chilling sensitivity in two tomato cvs of differing sensitivity to cool night temperature. *Can.J. Pl. Sci.*, **62:** 765-770.

IFOAM (2004). The World Organic Agriculture Statistics and emerging trends (Hegla Willer and Minou Yussefi. Eds.), 1-167.

International Workshop (1990). 'Okra Genetic Resources' held at the National Bureau of Plant Genetic Resources, New Delhi, India. 8-12October.1990.

Iwasaki, K. and Matsumura, A. (1999). Effect of silicon on alleviation of manganese toxicity in pumpkin (*Cucurbita moschata* Duch cv. Shintosa). *Soil Sci.* and *Pl. Nutri.* **45(4):** 909-920.

Jambhale, D. and Nerkar, Y.S. (1983). Induction of polyploidy in the *Abelmoschus* species. *Prog. Hortic.*, **15:** 157-159.

Johnston, G.R. and Rowberry, R.G. (1980). Rideau: a new red-skinned maincrop table variety with high resistance to Verticillium wilts strains. *American Potato Journal*. **57:** 47-51.

Johansen, R.H., Farnsworth, B., Secor, G., Nelson, D.C., Orr, P.H. and Boe, A.A. (1985). Nor-King Russet: a new potato variety. *North Dakota Farm Research*. **43:** 13-14.

Kaieffer, M., Fuller, M.P. and Jellings, A.J. (1995). Rapid mass production of cauliflower propagules from fractionated and graded curd, *Plant Sci. Limerick.*, **96:** 229-235.

Kalloo, G. (1988). Vegetable Breeding, Vol.1. CRC, Press, Florida, U.S. pp. 1-40.

Kalloo, G. (1992).Utilization of wild species. In: Kalloo, G. and Choudhary, J.B. (ed.) Distant hybridization in crop plants. pp. 149-167. TAG monograph Vol. 16 Springer-Verlag, Berlin.

Kalloo, G., Banerjiee, M.K., Singh, M. and Kumar, S. (2002). Vegetable varieties, IIVR Technical Bulletin-3 pp.59

Kalloo, G. and Frankin, S. (1978). Chemical induction of staminate flowers in gynoecious lines of pickling cucumber. *Gartenbuwissenshaft*, **43:** 280-282.

Kamar, M.E., Khalf-Allah, A.K., El-Sharkawy, A.M. and Metwaly, S. (1986). Effect of copper and manganese on the yield characteristics of summer squash (*Cucurbita pepo* L.). *Alexandria J. Agric. Res.*, **31(2):** 253-263.

Kar, P.L., Laykumar, M. and Sanyal, D. (1993). Effect of plant growth regulators and their methods of application on growth, flowering and yield in tomato (*Solanum esculentum* Mill.) cv. Pusa Early Dwarf. *Hort. For.*, **4:** 73-84.

Katiyar, R.P. (2002). PVPFR-2002, its provisions, formulation of rules and regulations: Issues in relation to pulse crops. In, Recent Advances in methods of improvement of pulse crops (Short course, May 27-June 5, 2002). pp. 261-268. IIPR, Kanpur.

Kato, T. and Horiuchi, S. (1981). Studies on the control of physiological disorders in fruit vegetables crops under plastic films. XII. On the occurrence of green leaves in cucumber plants. Res. Reports Kochi Univ. *Agril. Sci.* **30:** 91-99.

Khus, G.S. and Barar, D.S. (1992). Overcoming the barriers in hybridization. In Kalloo, G. and Choudhary, J.B. (ed.): Distant hybridization in crop plants. pp. 47-61.

Kim-DuHyun and Lee-JungMyung (2000). Seed treatment for cucumber green mottle mosaic virus (CGMV) in bottle gourd (*Lagenaria siceraria*) and its detection. *J. The Korean Society for Hort. Sci.* **41 (1):** 1-6.

Kim, S.E. and Lee, J.M. (1989). The effect of grafting and fertilizers on growth and mineral contents of leaves of cucumber (*Cucumis sativus* L.). *Korean Soc. Hort. Sci.* **7(1):** 46-47.

Klein, T.M., Wolf, E.D., Wu, R. and Sanford, J.C. (1987). High velocity micro projectile for delivering nucleic acids in to living cells. *Nature*. **327:** 70-73.

Klose, P., Hertwig, H.J. and Kuhnert, K. (1980). Long term experiment with grafting of green house cucumbers on *Cucurbita ficifolia* in the LPG "Fruhgmusezentrum Dresden" *Gartenbau*. **27(1):** 330-332.

Knott, P. (1980). Hand book of Vegetable Growers. John Wiley & Sons, New York.

Koutsika, Sotiriou M., Traka-Mavrona, E., Paroussi, G., Voyiatzis, D. and Paraoussis, E. (2002). The cultivation of grafted melon in Greece, Current status prospects. *Acta Horticulturae*, **579:**325-330.

Kraevoi, I.M. (1978). The development of new forms of tomato and their use in practical breeding.Sel'Skokhozyaistvennaya. *Biologiya* **13(3):** 375-380.

Kreuzman, J. (2001). Pea variety Kamelot. *Czech Journal of Genetics and Plant Breeding*. **37:** 129-130.

Krug, H. (1997). Environmental influences on development, growth and yeild. In : The Physiology of Vegetable Crops (Wein H.C. ed.) (AB International, Walling ford, IJ.K. pp. 101-180.

Kumar, A and Sharma, B.C (2010). Weed management strategies for quality seed production in vegetable crops. In : Quality Seed Production of Vegetable Crops : Technological Interventions (vol. - General Aspects) (ed. by J.P.Sharma). pp 130-145.

Kumar, B.S. and Rao, M.R. (1988). Effect of certain plant growth regulators on growth, sex expression and yield of ridge gourd. *South Indian Hort.*, **36(6):** 336-339.

Kumar, R. Jawale, P. and Tondon, S. (2008). Economic Impact of Climate Change on Mumbai - India. *Regional Health Forum,* **12(1)** : 38-42.

Kunte, Y.N. and Rawthalkar, M.P. (1981). Effect of tricontanol on growth of palak (*Beta vulgaris*). College of Agriculture, Nagpur, Magazine, **53:** 76-78.

Labrada, R. (1996). Manejo de malezas en hortalizas. In : Labrada, R. Casley, J.C. Parker, C. Manejo de malezas para paises en desarrollo. Estudio FAO Production of Protection Vegetal 120. FAO, Roma. pp. 298-308.

Lakra, B.S. and Dasgupta, M.K. (2000). Disease of coriander: introspection and strategies in their management. Diseases of Plantation Crops, Spices, Betel vine and Mulberry, pp. 111-114.

Lal, H., Rathore, S.V.S. and Kumar, P. (1998). Influence of irrigation and mixtalol spray on yield and yield components of coriander. *Indian J. Soil Conservation*, **26(2):** 141-143.

Larkin, P.J., and Scowcraft, W.R. (1981). Somaclonal variation a novel source of variability from cell culture for plant improvement. *Theor. Appl. Genet.*, **60:** 197-214.

Liebig, H.P. (1985). Model of cucumber growth and yield. Raising the crop under low temperature regimes. *Acta Horticulturae*. **156:** 127-137.

Lin, J., Dickson, M.H. and Eckenrode C.J. (1984). Resistance of *Brassica* lines to the diamondback moth (*Lepidoptera yponomeutidae*) in the field, and inheritance of resistance. *J. Econ. Entomol.* **77:** 1293-1296.

Lee, J.M. (1994). Cultivation of grafted vegetables. 1. Current status, grafting method and benefits. *HortSci.***29:** 235-239.

Li, J.W., Zhang, W.J., Sun, Z.K. and Wang, L.J. (2000). A new cucumber variety for solar greenhouse production-'Jinyou No.5'. *Acta Horticulturae Sinica*. **27:** 232.

Lin, Y.S., Hwong, C.H. and Soong, S.C. (1998). Resistance of bitter gourd. *Luffa* grafts to *Fusarium oxysporum* f. sp. *momordicae* and their yield. *Plant Protection Bulletin* (Taipei). **40(3):** 121-132.

Liu, M.T., Xu, R.F., Wu, Q.S. and Chang, Q.X. (1998). Controlling nematodes by grafting cucumbers. *China Vegetables*. **5:** 36.

Lori, B. (2008). Selected list of vegetable varieties for gardeners in New York State.

Madhvan, M.R. and Sanyal, Kaushiki (2006). Seed Bill Act-2004. India together, A-1205, Mautri Elegance, N.S. Palya, Bannerghatta Road, Bangalore-560076, editor@indiatogether.org.

Mahapatra, B.S., Ramasubramanian, T. and Chowdhury, H. (2009). Organic farming for sustainable agriculture: Global and Indian perspective, *Indian Journal of Agronomy*, **54(2):** 178-185.

Maheshwari, J.K. (1987) Ethnobotany in development and conservation of resources. pp. 23-32, In "*A manual of Ethnobotany*. (Ed. S.K. Jain) Sci. Publ. Jodhpur.

Mandal, D., Paria, N.C. and Maity, T.K. (1990). Response of bottle gourd (*Lagenaria siceraria* Molina Standl.) to some plant growth regulators. *Crop Res. Hisar*, **3(2):** 244-246.

Mangal, J.L.., Pandita, M.L. and Singh, G.R. (1981). Effect of various chemicals on growth, flowering and yield of bitter gourd. *Indian J. Agric. Res.*, **15(3):** 185-188.

Mariani, C., Gossele, V., De Beuckellen, M., De Black, M. Gold berg, R.B., De Greef, W. and Lecmans, J. (1992). Achimeric ribnuclease inhibitor gen restores fertility to male sterile plants. *Nature*, **357 :** 384-387.

Martin, G.B., Ganal, M.W. and Tanksley, S.D. (1992). Construction of a yeast artificial chromosome library of tomato and identification of cloned segments linked to two disease resistance loci. *Mol. & Gen. Genet*, **233:** 25-32.

Marwaha, B.C. and Jat, S.L. (2004). Status and scope of organic farming in India. *Fertilizer News*, **49(11):** 41-48.

Matsubara, S. (1989). Studies on salt tolerance of vegetables-3. Salt tolerance rootstock. *Agric. Bull., Okayama Univ.* **73:** 17-25.

Matsuda, T. and Honda, I. (1981). Studies on physiological disorders of melon fruits. Influence of grafting and fruit pruning in 'Prince' melon. Bull. *Vegetable, Ornamental Crop Res. Station*. **5:** 31-50.

Matsumoto, M. (1980). The mechanism of bloom occurrence on the surface of the cucumber fruits and methods for its prevention. *Bull. Toyama Agril. Exp. Station*. **11:** 29-35.

Mazollier, C. (1999). Grafting of tomato under protected cultivation. PHM Revue *Horticola* **404:** 44-48.

Mehta, S.S. and Nath, Prem (1971). Exploitation of seed production potential of genetically uniform radish varieties through various root and shoot cut techniques in succeeding generation. *Hort. Sci.* **2(1):** 1-10.

Midmore, D. J., Roan, Y. C. and Wu, D. L. (1997). Managerial practice to improve lowland subtropical summer tomato production: yields, economic returns and risk. *Exptl. Agric.* **33:** 125-137.

Mishra, B.B. and Nayak, K.G. (2004). Organic farming for sustainable agriculture. *Orissa Review*. 42-45.

Miyata, T., Terada, T., Umekage, O. and Masago, H. (1976). *Phytophthora* wilt of cucumber in Sagano district of Kyoto. II. Experiments on the control of the disease by Utsugi grafting method. *Proceed. Kamsai Plant Protection Soc.* **18:** 33-40.

Mondal, S.N., Hossain, A.K.M.A., Hossain, A.E., Islam, M.A. and Bashar, M.A. (1994). Effect of various rootstocks in the graft culture of watermelon in Bangladesh. *Punjab Vegetable Grower*. **29:** 15-19.

More, T.A. and Jagtap, K.B. (2011). Hi-Tech. Floriculture: A technology to buffer climate change. Int. Conference on "Issues for Climate Change, Land Use Diversification and Biotechnological Tools for Livelihood Security. Organized by Hi-Tech Horticultural Society, Meerut. Held at SVPUniv. & Tech. Meerut.

Mozarkar, D.R., Paradkar, V.K., Upadhyay, P.C. and Sharma, T.R. (1991). Effect of seed treatment with growth regulators on tomato varieties. *Orissa J. Hort.*, **19:** 27-29.

Muller, H., Kurze, S., Richter, I. and Berg, G. (2004). Strategies in developing an efficient commercial product for biological control of soil borne fungal pathogens by *Serratia plymuthica* HRO-C48.Bulletin OILB/SROP. **27:** 199-201.

Munsi, P.S. and Sadhukhan, S.K. (1998). Effect of growth regulator on the performance of chilli under coastal saline soils. *J. Andaman Sci. Assoc.*, **14(2):** 70-72 (Hort. Abstr.,70: 490).

Murashige, T. and Skoog, F. (1962). A revised medium for rapid growth and bioassays with tobacco tissue cultures. *Physical Plant*, **15 :** 437-497.

Naamini, F., Rabinowitch, H.D. and Kedar, N. (1980). The effect of GA_3 application in flowering and seed productionin onion. *J.Am. Soc. Hortic. Sci.*, **105:** 164-167.

Nandini, K. and Potty, N.N. (2001). Co-factors on simultaneous improvement of yield and quality in bitter goud *(Momordica charantia* L.). *Madras Agric. J.* **87:** 721-723.

Nationnal Action Plan on Climate Change (NAPCC) (2008). Prime Minister's Office. Government of India, New Delhi.

Nath, P. (1976). Breeding of cucurbitaceous crops for quality, yield and resistance to disease and insect pests. *Third Intn. Symp. Sub-Tropic. Trop. Hort. Plant. Med. Plants.* 44-54.

National Horticultural Board (1992-93). Data Base. Ministry of Agriculture, Govt. of India.

National Horticultur Data Base (2010-2011). Vegetable crops. Data Base Ministry of Agric. Govt. of India.

Neumann, E., Schaeffer-Ridder, M., Wang, Y. and Hofs cheider, P.H. (1982). Gene transfer in to mouse lymphoma cells by electroporation in high electric fields. *EMBO. J.* **11:841-845.**

Nienhuis, J. Lower, R.L. and Pharr, D.M. (1979). Inter-specific grafting to promote flowering in *Cucumis hardwickii. Cucurbit Genet. Cooperative.* **2:** 11-12.

Nijs, APM-Den (1981). The effect of grafting on growth and early production of cucumbers at low temperature. *Acta Horticulturae.* **118:** 57-63.

Nogueroles-Andreu C. and Zaragoza C. (1999). Buenas practices para elcontrol de malas hierbas en agricultura ecologica. In : Fernandez-Quintanilla, C. Garrido, M., Zaragoza C. eds. Control Integrado de las Malas Hierbs. Phytoma-Espana, C.S. Jacinto, I. Valencia, Spain pp. 185-206.

Nomura, K., Komada, H. Kobayashi, N. and Ishii, K. (1979). Breeding for resistance to Fusarium wilt disease in vegetable crops-1. Pathogenicity of yellows fusaria to cruciferous plants. *Bulletin of the College of Agriculture and Veterinary Medicine Nihon University*.**36:** 81-88.

Nothmann, J., Avielie, E. and Sachs, M. (1974). Improvement of fruit set of the eggplant (*Solanum melongena*) during the cool season of a subtropical climate by application of growth regulators. *Israel J. Agric. Res.*, **23:**129-136.

Oda, M., Tsuji, K.V. and Sasaki, H. (1993). Effect of hypocotyls morphology on survival rate and growth of cucumber seedlings grafted on *Cucurbita* spp. *Japan Agril. Res.* **26:** 259-263.

Oenofeghara (1981). The effect of growth substances on flowering and fruiting of *Lycopersicon esculentum* and *Vigna unguiculata*. *Phyton Argentina*, **40:** 107-116.

Oda, M., Akazawa, S., Mori, T. and Sei, M. (1995). Growth and yield of tomato plants grafted using a grafting instrument. Bull. National Research Institute for Vegetables, Ornamental Plants and Tea. **A10:** 33-38.

Oda, M. (1993). Present status of vegetable production using grafted plants in *Japan. Agr. Hort.* **68:** 442-446.

Oda, M. (1995). New grafting method for fruit-bearing vegetables in Japan. Japan *Agricultural Research, Quarterly*. **29:** 187-194.

Oda, M. and Nakajima, T. (1992). Adhesive grafting of Chinese cabbage on turnip. *HortSci.* **27:** 1136.

Oda, M., Okada, K., Sasaki, K., Akazawa, S. and Sei, M. (1997). Growth and yield of eggplants grafted by newly developed robot. *HortSci.* **32:** 848-849.

Oda, M., Tsuji, K. and Sasaki, H. (1993). Effects of hypocotyls morphology on survival rate and growth of cucumber seedlings grafted on *Cucurbita* species. *Japan Agricultural Research*, **26:** 259-263.

Oda, M., Tsuji, K., Ichimura, K. and Sasaki, H. (1994b). Factors affecting the survival of cucumber plants grafted on pumpkin plants by horizontal grafting at the hypocotyls levels. Bull. National Research Institute for Vegetables, Ornamental Plants and Tea. **9:** 51-60

Oda, M., Nagaoka, M., Mori, T. and Sei, M. (1994a). Simultaneuous grafting of young tomato plants using grafting plates. *Scientia Horticulture* **58:** 259-264.

Okimura, M., Matsou, S., Arai, K. and Okitso, S. (1986). Influence of soil temperature on the growth of fruit vegetable grafted on different stocks. *Bull. Veg. Ornam Crops Res. Stn., Japan.* **C9:** 3-58.

Oller, P.W., Ming-Wong, L., Taylor, L.P., Pike, D.A. and Theologis, A. (1991). Reversible inhibition of tomato fruit senescence by antisense RNA. *Science*. 254-437.

Oyabu, T. and Aoyagi, M. (1990). Studies on the problem of cucumber fruit (*Cucumis* species).: Effects of relative humidity in the green house on bloom occurrence. Res. Bull. Aichiken Agril. Res. Centre. **22:** 141-146.

Pandey, U.C. and Singh, I.S. (1970). Effect of nitrogen plant population and soil moisture regimes on seed production of okra [*Abelmoschus esculentus* (L.) Moench], *Veg. Sci.* **6:** 81-91.

Pandey, A.K. and Pandita, M.L. (2002). Hi-Tech transplant production in vegetables. Proceed. Int. Conf. Veg., Bangalore, pp. 155-206.

Pandey K.K., Pandey, P.K., Singh, B., Kalloo, G. and Kapoor, K.S. (2001). Source of resistance to downy mildew disease in Asiatic group of cauliflower. *Veg. Sci.* **28:**55-57.

Pandey, P.K. and Pandey, K.K. (2002). Important fungal and bacterial diseases of vegetable crops and their management. In : Compendium of Recent Advances in Vegetable Production Technology (De & Singh ed.), Winter School form 3-23 Dec. pp. 158-164.

Pandey, S. K. And Naskar, S.K. (2011). Status of planting material production in potato and other tuber crops. In: National Conference on " Production of quality seeds and planting material in horticultural crops". Organized by Society for Promotion of Horticulture, IIHR and Confederation of Horticultural Association of India. Held at NASC, New Delhi, pp.39.

Pandita, M.L., Arora, S.K. and Sidhu, A.S., (1981). Effect of Atonic on the green and seed yield of palak (*Beta vulgaris* var. *bengalensis*) *H.A.U. J. Res.*, **11(2):** 262-265.

Pantastico, E. (1975). Post harvest physiology, handling and utilization of tropical and subtropical fruits and vegetables. The AVI Publishing Company, INC. West Port, Connecticut, pp.267.

Patil, R.R., Dunbre, A.D. and Bher, I.J. (2001). Effect of plant growth regulators on seed yield and quality of sponge gourd (*Luffa cylindrica* Roem.) cv. Pusa Chikni. *Seed Res.*, **29(1):** 43-46.

Patil, V.A., Jamdagini, B.A., Kale, V.R. and Bungal, D.B. (1984). Effect of plant growth regulators in changing the position of male and female flower in cucumbers. *J. Maharashtra Agric. Univ.*, **9(3):** 329-330.

Patnaik, A.M., Mishra, R.S., Nayak, G.C. and Maharana, T. (1974). Effect of cycocel and ethrel on sex expression and yield of ridge gourd. *Bangladesh Hort.*, **10:** 19-22.

Prakash, G. (1976). Effect of plant growth substances and vernalization on sex expression in bitter goud (*Momordica charantia* L.). *Indian J. Expt. Biol.* **14:** 360-363.

Powell-Abel, P.A., Nelson, R.S., De, B., Hoffman, N., Rogers, S.G., Fralley, R.T. ant Breachy, R.N. (1986). Delay of disease development in transgenic plants that express TMV coat protein gene. *Science*. **225:** 738-743.

Power, J.B., Cummins, S.E. and Coking, E.C. (19700. Fusion of isolated protoplast. *Nature*. **225:** 1016-1018.

Prasad, A. and Prasad, R. (1977). Response of tomato to plant growth regulators. *Pl. Sci.*, **9:** 89-90.

Prasad, K.K., Chowdhry, B.M., and Kumar, A. (1998). Effect of boron on the economic yield of pea (*Pisum sativum* L.) in Chotanagpur region of Bihar. *J. Res. Birsa Agric. Univ.*, **10(1):** 75-77.

Prasad, R.N. and Prasad, A. (1999). Interaction effect of *Rhizobium*, phosphorus and gibberellic acid on nodulation of garden pea cv. Arkel. *Scientific Hort.*, **6:** 133-135.

Peter, K.V. (1998). Knoll Kohl. In: Genetics and Breeding of Vegetables. ICAR, New Delhi, 57 pp.

Ponnuswamy, A.S. and Vijaya, J. (1997). Effect of seed fortification and pelleting on crop growth and yield in cowpea. *Madras Agri. J.*, **84:** 393-395.

Qwens, K.W., Peterson, C. E. and Tolla, G. E. (1980). Induction of perfect flowers on gynoecios muskmelon by silver nitrate and aminoethoxyvinylglycine. *HortSci.* **15 (5):** 654-655.

Rahman, M.A. and Karim, M. R. (, 1197). Effect of foliar treatment of NAA, TIBA and GA_3 on vegetative growth, NPK concentration, sex expression and yield of bottle gourd. *Science*, **21(1):** 9-13.

Rahman, M.H., Haque, M.S., Karim, M.A. and Ahmed, M. (2006). Effect of gibberelic acid (GA_3) on breaking dormancy in garlic (*Allium sativum* L.). *Intern. J. Agri. Biol.*, **8 (1):** 63-65.

Rai, N., Nath, A., Yadav, D.S. and Yadav, R.K. (2003). Effect of different concentration of Paclobutrazol (PP333) on growth, flowering and quality of bottle gourd. *Agric. Sci. Digest*, **23(1):** 44-46.

Rajurkar, D.W., Dalal, S.R., Dala, N.R., Golliwar, V.J. and Khobragade, R.I. (1999). Effect of potassium dihydrogen phosphate and *Rhizobium* culture with reduced dose of N on yield of cowpea (*Vigna sinensis* Savi). *J. Soils and Crops*, **9:** 94-96.

Ram, D., Kalloo, G., Banerjee, M.K. and Singh, Billu. (2003). Seedless and long duration fruiting pointed gourd (*Trichosanthes dioica* Roxb.). *Indian J. Genet. Resour.* **16(2):** 163-164.

Ram, D., G. Kalloo and Singh, B., (2003). Gynoecious line of bitter gourd (*Momordica charantia* L.) Gy 63. *Indian J. Plant Genet. Resour.* 16 (2) : 149-171.

Ram, D., Kumar, S., Banerjee, M.K., Singh, B. and Singh, S. (2002). Developing bitter gourd (*Momordica charantia* L.) populations with a very high proportion of pistillate flowers. *Cucurbit Genetic Cooperative Report* 25 : 65-66.

Ram, D., Kumar, S., Banerjee, M.K. and G. Kalloo (2002). Occurence identification and perlimary chracterization of gynoecism in bitter gourd (*Momordica charantia* L.) *India J. Agril. Sci.*, **72(6):** 348-349.

Ram, D., Kumar, S., Singh, M., and G. Kalloo. (2006). Inheritance of gynoecism in bitter gourd. *Journal of Heridity*, **97(3):** 294-295.

Ram, H.H. (1997). Vegetable Breeding: Principles and Practices. Kalyani Publishers, New Delhi.pp.421.

Ramamoorthy, K., Palaniswamy, V. and Karivaratharaju, T.V. (1989). Seed storage. *Seeds and Farms*. **15:** 36-41.

Randhawa, K.S. and Singh, Daljit (1976). The effect of certain growth influencing substances and sowing techniques on the vegetative growth, sex ratio, earliness and total yields of bottle gourd. *J. Res. India*, **3(4):** 367-371.

Ranjekar, P.K., Patankar, A., Gupta, V., Bhatnagar, R., Bentur, J. and Kumar, P.A. (2003). Genetic engineering of crop plants for insect resistance. *Current Science*. **84**:321-329.

Rao, G.U., Jain, A. and Shivanna, K.R. (2005). Effects of high temperature stress on *Brassica* pollen: viability, germination and ability to set fruits and seeds. *Annals of Botany*, **69**: 193-198.

Ravindran, P.N. (1971). Effect of ethrel on bitter goud (*Momordica charantia* L.). *Indian J. Agri. Sci.*, **41**: 704-706.

Reddy, K.S. and Yaragutaiah, R.C. (1980). Effect of certain plant growth regulators on leaf curl infected tomato (*Lycopersicon esculentum* Mill.). *South Indian Hort.* **28**: 199-201.

Renzoni, G. and Lamberti, F. (1974). Herbaceous grafting and chemical treatment to control root-knot nematodes (*Meloidogyne* species) on tomato. *Nematologia Mediterranea* **2(2)**: 83-90.

Reeves, A.F., Cunningham, C.E., Nickson, R.L., Akeley, R.V., Murphy H.J., Manzer, F.E. and True, R.H. (1985). Campbell 14: a *Verticillium* resistant round white potato variety. *American Potato J.* **62**: 215-220.

Reeves, A.F., Porter, G.A., Work, T.M., Lambert, D.H., Davis, A.A. and Plissey, E.S. (1997). Mainstay: a high yielding round white potato variety for fresh market. *American Potato J.* **74**: 255-263.

Roberts, E.H. (1978). The long term storage of viable seeds. In: Coservation of plant genetic resources (Hughes, J. G. Ed.). Proc. Sect. K., Br. Assoc. *Adv. of Sci.* 1977. University of Aston, Birmingham. pp. 26-35.

Roddick, J.G. and Butcher, D.N. (1972). Tomato production in cultured excised tomato roots. *Phytochem*. **11**:2991-2997.

Rodolfo, V.V. and Schwartz, H.F. (2000). Resistance of two bean lines to wilt by *Fusarium oxysporum f. sp. phaseoli* under different soil temperatures. *Agro Ciencia*. **16**: 81-86.

Romera, F.J., Alcantara, E. and Guardia, M.D. (1992). Role of root and shoots in regulation of Fe efficiency responses in sunflower and cucumber. *Physiologia Pl.* **85(2)**: 141-146.

Romero, L. Belakbir, A., Ragala, L. and Ruiz, M.J. (1997). Response of plant yield and leaf pigments to saline conditions: effectiveness of different rootstocks in melon plant (*Cucumis melo* L.). *Soil Sci. Plant Nutr.* **3**: 855-862.

Ruggeri, A. and Branca, F. (1994). Sowing date and GA_3 in Onion seed production. *Acta Hortculturae*, **362**: 35-42.Naamini.

Sahai, S. (2001). An analysis of Plant Variety Protection and Farmer's Right Act-2001, Gene Campaign, New Delhi 2001.

Sahai, S. (2003). India's Plant Variety Protection and Farmers Right Act 2001. *Current Science*, **84(3)**: 407-412.

Sahota, A. (2007). Overview of the global market for organic food and drink. In: The world of organic agriculture: statistics and emerging trends-2007 (Willer, H. And Yussefi-Menzler, M., Eds.). International Federation of Organic Agriculture Movements

(IFOAM), Bonn, Germany and Research Institute of Organic Agriculture (FiBL), Frick, Switzerland, pp. 52-55.

Sahu, D.K., Chattopadhyay, P.K., Pariari, A., Sharangi, A.B. and Chatterjee, R., (2004). Effect of GA_3 and ethrel on growth, yield and quality of fenugreek. In: *Proc. Nat. Sem. Opportunities and Potentials of Spices for crop Diversification* held at JNKVV, Jabalpur from 19-21 Jan. 2004, pp. 177-180.

Saimbhi, M.S. (1975). Effect of 2-chloro ethyl phosphonic acid on growth and sex expression of bitter goud (*Momordica charantia* L.). *Haryana J. Hortic. Sci.*, **4:** 157-160.

Saimbhi, M.S. (1976). The response of two ridge gourd (*Luffa acutangula* Roxb.) varieties differing in sex form to foliar spray of 2-chloro ethyl phosphonic acid. *Punjab Agric. Univ. J. Res.*, **13(2):** 177-181.

Sakal, R. and Singh, A.P. (20014). Micronutrients in relation to yield response and quality of crops. *Indian J. Agril. Chemistry*, **34(1&2):** 36-37.

Sakoda, T. Motokura, Y and Ueda, K. (2004). Diagnostic keys of *Fusarium* wilt pea caused by *Fusarium oxysporum f. sp. pisi*. Research Bulletin of the Plant Protection Service Japan. **40:** 157-161.

Samagina, V.N. (1977). The effectiveness of single or combination application of minor elements for seed production in red beet. *Retraliving zhurnal*, 8 : 585-592.

Sandhu, G.S., Sharma, B.R., Singh, B. And Bhalla, J.S. (1974). Sources of resistance to jassid and white fly in okra germplasm. *Crop Improvement*, **1(1&2):** 77-81.

Sandhu, K.S. (1984). Harvesting indices of different vegetables. In "Production, post harvest handling and processing of vegetables and seeds (ed. K.S. Randhawa), Summer Institute, PAU, Ludhiana (Punjab), India.

Sandooja, J.K., Sharma, R.K., Pandita, M.L. and Batra, B.R. (1987). Storage studies of tomato in zero energy chambers in relation to stage of maturity and packing material used. *Haryana Agric. Univ. J. Res.* **17:** 221-228.

Satoh (1996). Inhibition of flowering of cucumber grafted on rooted squash stock. *Physiologia Pl.* **97(3):** 440-444.

Satpathy, B. (1998). By grafting get a disease free brinjal. *Indian Hort.* **43(3):** 18-19.

Satpathy, B. and Pradhan, K. (1996). By grafting get a disease free tomato crop. *Indian Hort.* **40(4):** 31

Savin, K.W., Bandinetle, S.C., Graham, M.W, Michel, M.Z. Nugent, G.D., Lu, C.Y., Chandler, S.F. and Cornish, E.C. (1996). Antisense ACC oxidase delays cornation petyal senescence. *Hort. Sci.*, **30:** 970-972.

Serges, T., Colombo, A. And Donzella, G. (2000). The effect of herbaceous grafts on resistant rootstocks on some soil parasites. *Informatore-Agrario.* **56(28):** 29-33.

Seshadri, V.S. (2001). Breeding for disease resistance in vegetable crops in India. In: Emerging scenario in vegetable research and development (Kalloo, G. and Singh, Kirti ed.) RPB P H, India. pp. 356-369.

Shakir, A.S. (1994). Fungi associated with tinda (*Praecitrullus fistulosus*) seed, their effect on seed germination and their chemical control. *Pakistan J. Phytopathol.* **6(2):** 120-124.

Sharma, A.K., Rattan, R.S. and Pathania, N.K (1992). Effect of plant growth regulators on yield and morphological traits in brinjal (*Solanum melongena* L.). *Agric. Sci. Dig.* (Karnal), **12:** 219-222.

Sharma B.R, Dhiman J.S, Thakur J.C, Singh A and Bajaj K.L. (1991). Multiple disease resistance in cauliflower. *Advances in Hort. Sci.* **5:** 30-34.

Sharma, Devinder (2005). New Seed Bill. Seedlings, July 2005:23-27

Sharma, H.C. and Oritz, R. (2000). Transgenic, pest management and the environment. *Current Science*, **79:** 424-436.

Sharma, J.P. (2000). Genetic improvement in crop plants through conventional approaches. In: Dynamics of cold and agriculture (Sharma, J.P. and Mir, A.A. Eds.). Kalyani Publishers, Ludhiana. pp.101-117.

Sharma, J.P. (1987). Seed quality: a pre-requisite for higher yield. *Indian Farmers Digest*, **20:** 19-20.

Sharma, K.S. and Chauhan, R. (2011). Climate change research initiative: Indian Network for Climate Change Assessment. *Current Science*, **101(3):** 308-311.

Sharma, R.P., Lama, T.D., Yadav, R.B., Singh, B., Pandey, A.K., Rai, A.B. and Chaurasia, S.N.S. (2011). Nutrient Management for Commercial Vegetable Production in India. *Tech. Bull.* No. **42**, IIVR, Varanasi (U.P.).

Sharma, S. R. and Gill, H.S. (1999). Cauliflower Pusa Sarad. *Indian Hort.* 44:7-8.

Sharma, S.R., Kapoor, K.S. and Gill, H.S. (1995). Screening against Sclerotinia rot (*Sclerotinia sclerotiarum*), Downy mildew (*Pernospora parasitica*) and Black rot (*Xanthomonas campestris*) in cauliflower (*Brasica oleracea* var. *botrytis* sub var. *cauliflora* DC). *Indian J. Agril. Sci.* **65:** 916-918.

Sharma, S. R., Singh, P. K., Chable V. and Tripathi, S.K. (2005). A Review of Hybrid Cauliflower Development. *Journal of New Seeds*. **6(2-3):** 151-193.

Sharma, Y.K., Singh, K.P. and Agrawal, M. (1982). Effect of chemical vernalization of seeds on sex expression in cucumber (*Cucumis sativus* L.) and maize. *Seed Res.*, **10 (2):** 98-108.

Shivalingaswamy, T.M., Sathpathy, S., Singh, B. and Akhilesh Kumar. (2002). Predator-prey interaction between jassid *Amarasca devastance* and *Staphylinid* in okra. In: International Conference on Vegetables. Nov. 11-14, Bangalore (India), 275pp.

Sidhu, A.S., Pandita, M.L. and Arora, S.K. (1981). Effect of Maleic hydrazide on round melon. *Haryana Aric. Univ. J. Res.*, **11(4):** 485-489.

Sigarava, M.A. and Earle, E.D. (1997). Transfer of cold tolerant ougura male sterile cytoplasm into cabbage. *Theor. Appl. Genet.* **99:** 213-220.

Singh, A.K., Srivastava, R, Gupta, M.J. and Chandra, P. (2005). Effect of protected and unprotected condition and biotic stress, yield and economics of spring summer vegetables. *Indian Journal of Agricultural Sciences*. **75(8):** 485-487.

Singh, B., Singh, P. M., Chaube, T. and Kumar, Rajesh (2012). Status planting material production in potato and other tuber crops. In: National Conference on " Production of quality seeds and planting material in horticultural crops". Organized by Society for Promotion of Horticulture, IIHR and Confederation of Horticultural Association of India. Held At NASC, New Delhi, pp.86.

Singh, B., Chaube, T. and Pandey Sudhakar (2012). Vegetables: Protection of Plant Variety and Farmers Right (edt. Dr. Tejvir Singh, Dr. Manoj Srivastava, Shri Umakant Dube, PPVFRA, New Delhi), Awareness, *Tech. Bull.* **44**, IIVR Varanasi, pp.1-6

Singh, B., Vashistha, R.N. And Singh, K. (1973). Note on the effect of certain chemicals on seed germination of bottle gourd, bitter gourd, watermelon and bhindi. *Haryana J. Hortic. Sci.*, **2(1-2):** 70-71.

Singh, B. D. (1983) Plant Breeding: Principles and Methods. Kalyani Publishers, Ludhiana. pp. 496-509.

Singh, B.P., Singh, B and Singh, B.N. (1989). Influence of P and B on picking behaviour and quality of French bean under limited irrigation grown in Alfisol deficient in P and B. *Indian J. Agric Sci.*, **59(8):** 541-543.

Singh, Major, Kumar, Sanjeev, Singh, A.K., Ram, D. and Kalloo, G. (2002). Female sex associated RAPD marker in pointed gourd (*Trichosanthes dioica* Roxb.), *Current Science*, **82(2):** 131-132.

Singh, M.V. (2004). Micronutrients deficiencies in Indian soils and field usable practices for their correction.IFA International Conferences on Micronutrients, IISS, Feb., 23-24, 2004, at New Delhi.

Singh, P.K. (2000). Utilization and seed production of vegetable varieties in India. *J. New Seeds* **2:** 37-42.

Singh, P.M., Singh, B., Pandey, A.K. and Singh, R. (2010). Vegetable seed production-A Ready Reckoner. *Tech. Bull.* No. **37** Publ. from IIVR, Varanasi (U.P.)

Singh, S.P. (1995). Responses of tomatoes to growth substances - A review. *Adv. Hort. For.* **4:** 73-94.

Smith, M.K. and Drew, R.A. (1990). Current application of tissue culture in plant propagation and improvement. *Aust. J. Plant Physiol.* **17:** 267-289.

Singh, R.K. and Choudhury, B.(1989). Differential response of three genera of cucurbits to boron and plant growth regulators. *Indian J. Hort.*, **46:** 215-221.

Singh, R.K. and Choudhury, B. (1998). Differential response of chemical on sex modification of genera cucurbits. *Indian J. Hort.*, **45(1-2):** 84-89.

Singh, R.K. and Singh, G.P. (1984). Effect of growth regulators on sex expression, sex ratio and yield in cucumber (*Cucumis sativus* L.). *Veg. sci.*, **11:** 15-20.

Singh, T., Jaiswal, R.C. and Singh, A.K. (1991). Effect of Mixtalol on growth, yield, seed yield and quality of gourd (*Lagenaria siceraria* (Mol.) Standl.). *Veg. Sci.*, **18(2):** 217-221.

Singh,V. and Singh, H.B. (1994). Influence of cobalt and phosphorus on their uptake and growth of cluster bean (*Cyamopsis tetragonoloba* L.). *Indian J. Pl. Physiol,*. **37:** 221-223.

Singh, V.P. and Ramanujam, S. (1973). Expression of andromonoecy in coriander (*Coriandrum sativum* L.). *Euphytica,* **22(1):** 181-188.

Smith, M.K. and Dre, R.A. (1990). Current applications of tissue culture in plant propogation and improvement. *Aust J. Plant Physiol.* **17:** 267-289.

Smith, O. (1932). Relation of temperature to anthesis and blossom drop of the tomato together with the histological studies of the pistils. *J.Agric. Res.* **44:**183-190.

Singh, Major, Chakaraborty, S., Srivastava, K and Kalloo, G. (2001). Biotechnological advances in vegetable crops. In: Emerging scenario in vegetable research and development (Kalloo, G. and Singh, Kirti ed.) RPBPH, USA, pp. 58-84.

Srivastava, Umesh (2006). New Seed Bill 2004: Issues and Analysis. *Indian J. Plant Genet. Resource,* **19(2):** 141-153.

Stoskopf, N.C., Tomes, D.T. and Christie, B.R. (1999). Plant Breeding: Theory and Practices. Scientific Publishing, Jodhpur.

Stuber, C.W. (1999). Synergy of empirical breeding marker assisted selection and genomics increase crop yield potential. *Crop Science.* **39:**1571-1583.

Suzuki, M., Kobayashi, K., Indooku, K. and Miura, K. (1995a). Development of grafting robot for cucurbitaceous vegetables (Part III). *J. Japanese Soc. Agril. Machinery.* **57(3):** 103-110.

Suzuki, M., Kobayashi, K., Indooku, K., Miura, K. and Hirata, K. (1995b). Development of grafting robot for cucurbitaceous vegetables (Part II). *J. Japanese Soc. Agril. Machinery.* **57(2):** 67-75.

Takahashi, K., Satio, T. and Suge, H. (1982). Intergeneric translocation of floral stimulus across a graft monoecious cucurbitaceae with special reference to the sex expression of flowers. *Plant Cell Physiol.* **23(1):** 1-9.

Takahashi, K. (1984). Injury by continuous cropping in vegetables: various problems in the cultivation using grafted plants. *Yasaihikenjo Kenkyu Shiryo.* **18:** 87-89.

Taylor, A.G. (1997). Seed storage, germination and quality. In : Wein, H.C. (ed.). The physiology of vegetable crops. CAB International, Walling ford, W.K. pp 1-36.

Thamburaj, S. and Singh, N. (2003). Vegetable, Tuber and Spices. ICAR, New Delhi.

Thapa, U., Rai, P., Suresh, C.P. and Pal, P. (2003). Effect of micronutrients on growth and yield of pea in Gangetic alluvial soil of West Bengal. *Environ. Ecol.,* **21(1):** 179-182.

Thomas, B.R. and Pratt, D. (1981). Efficient hybridization between *Lycopersicon esculentum* and *Lycopersicon peruvianum* via embryo callus. *Theoretical and Applied Genetics.* **59:** 215-219.

Tiedemann, R. (1989). Graft union development and symplastic phloem contact in heterograft *Cucumis sativus* on *Cucurbita ficifolia*. *J.Pl. Physiol.* **134(4):** 427-440.

Tieman, D.M., Harriman, R.W., Ramamohan, G. And Handa, A.K. (1992). An antisense pectin methyltransferase gene alters pectin chemistry and soluble solids in tomato fruit. *Plant Cell*, **4:** 670-679.

Toit, L.J. and Pelter, G.Q. (2003). Wilt of radish caused by *Fusarium oxysporum* f. sp. Raphani in Washington State. *Plant Health Progress*.1-3.

Toole, E.H. (1957). Storage of vegetable seeds, USDA, leaflet - 220, pp - 8.

Tripathi, K.K. (2005). Biotechnology and IPR regime: In the context of India and developing countries. *Asian Biotechnology and Development Review*. **7:** 1-24.

Tsabankis, J. (1984). Grafting cucumber hybrids on the rootstocks *Cucurbita ficifolia*. Proceed. 3rd Conf. *Protected Vegetable and Flowers*, pp.28.

Uffelen, JAM-Van (1983). Rootstocks for grafting cucumbers. *Groenten-en Fruit*. **38(45):** 34-35.

Vavilov, N.I. (1951). The Origin, Variation, Immunity and Breeding of Cultivated Plant. *Chronica Botanica* **13: (1-6):**1949-50, 366 (Truncated) from Russian by K. Starr. Cheste.

Velayudhan, K.C., Abraham, Z., Amalraj, V.A. and Murlidharan, V.K. (1996). Collecting diversity of egg plant and its wild relatives from South India. *Indian J. Plant Genet. Resour.* **9(10):** 89-95.

Veluthambi, K., Gupta, A.K. and Sharma, A. (2003). The current status of plant transformation. Technologies. *Current Science*, **84:** 368-380.

Verma, V.K., Singh, N. and Choudhury, B. (1986). Effect of chemicals on growth and yield and fruiting in pumpkin (*Cucurbita moschata* Duch.) *South Indian Hort.*, **34:** 105-111.

Verma, V.K., Sirohi, P.S. and Choudhury, B. (1984). Chemical sex modification and its effect on yield in bitter gourd (*Momordica charantia* L.). *Prog. Hort.*, **16(1/2):** 52-54.

Wang, X.Q. (2000). A new muskmelon variety- Longtianxueguan. *China Vegetables*, **6:** 25-26.

Waskar, D.P., Gaikwad, R.S. and Damame, S.V (1998b). Studies on various methods of dehydration of leafy vegetables. *Orissa J. Hort.* **26 (2):** 29-30.

Wein, H.C. (1997 a). The physiology of Vegetable Crops. CAB International Walling Ford, U.K. pp 662.

Wilkins, D.E. (1978). Punch Planten attracts attention. *Am. Veg. Grower*. **26(11):** 82-83.

Yamamoto, Y., Hayashi, M. Majamaru, T. and Tanaka, Y. (1988). Studies on bloom on the surface of cucumber fruits. The degree of bloom occurrence and trichome characteristics. *Bulletin of the Fukuoka Agricultural Research Centre*. **8:** 23-26.

Yoder, J.I., Palys, J., Alpert, K. And Lassner, M. (1988). Ac transposition in transgenic tomato plants. *Mol. & Gen.Gent.* **213:**291-296

Yoneyama, S. (1976). Studies on the pathological physiology of *Fusarium* wilt of cucumber and mechanism of protection from it given by grafting on *Cucurbita* species. *Bulletin of Ibaraki-Ken Hort. Exp. Station*. **2:** 89.

Young, N.D. (1999). A cautiously optimistic vision for marker assisted breeding. *Mol. Breed.* **5:** 505-510.

Yu, J.Q., Shou, S.Y., Quian-Y.R., Ju, Z.Z., and Hu, W.H.(2001). Autotoxic potential of cucurbit crops. *Plants and Soil*. **223(1-2):** 147-151.

Yu, J.Q. (2001). Autotoxic potential of cucurbit crops: phenonmenon, chemicals, mechanisms and means to overcome. *J. Crop Production*. **4(2):** 335-348.

Zaragoza C., Branthome X., Portugal, J.M., Pardo A., Suso, M., Rodrignez, A., Monserrat A., Tiebas, A., Fernandez, S. and Gutierrez M. (1994). Itineraires techniques compares pour le controle des mau vaises herbs chez la tomate en differentes regions europeanes. 5th EWRS Mediterranean Symposium. Perugia, Italy pp. 179-186.

Zeven, A.C. and Zhukovsky, P.M. (1975). Dictionary of cultivated plants and their centers of diversity. PVDOC, Wageningen. pp.219.

Zhang, Z.F., Xu, X.L., Shi, X.J., Li, J.W. and Chen, X. (1999). Qingfa No. 8′-a new watermelon hybrid variety. *Acta Horticulturae Sinica*. **26:** 349.

Zhou, X.G. and Everts, K.L. (2004). Quantification of root and stem colonization of watermelon by *Fusarium oxysporum f. sp. Niveum* and its use in evaluating resistance. *Phytopathology*. **94:** 832-841.

□□□